TEAMWORK
EROBERUNG DES UNTERGRUNDS
Gemeinsam Großartiges erschaffen: Mehr als 6.700 Projekte weltweit für Infrastrukturen der Spitzenklasse.
› herrenknecht.com
PIONEERING UNDERGROUND TOGETHER
HERRENKNECHT
Tunnelling Systems

HANDBUCH DES SPEZIALTIEFBAUS

HANDBUCH DES SPEZIALTIEFBAUS

Geräte und Verfahren

Herausgegeben von
Prof. Dr.-Ing. Rolf Katzenbach
Prof. Dr.-Ing. Steffen Leppla

Bearbeitet von
Dr. Rolf Balthes, Zeitz
Prof. Dr.-Ing. Sebastian Bauer, Schrobenhausen
Gebhard Dausch, Mannheim
Dr. Stefan Ebneth, Kloster Lehnin
Andreas Ehmke, Wuppertal
Dr. Volker Eitner, Diekirch
Melvin England, PhD, Sunburg Upon Thames
Dr. iur. Florian Englert, Schrobenhausen
Prof. Dr. jur. Klaus Englert, Schrobenhausen
Dr.-Ing. Claas Heitz, Duisburg
Roland Jörger, Wiesbaden
Prof. Dr.-Ing. Rolf Katzenbach, Darmstadt
Prof. Dr.-Ing. Steffen Leppla, Darmstadt
Bernhard Lindermair, Schrobenhausen
Dr.-Ing. Josef Pusztai, PhD, Budapest
Marcus Lübbers, Schwanau
Boris von Luebtow, Stuttgart
Alexander Rostert, Stuttgart
Ferdinand Stölben, Zell (Mosel)
Prof. Dr. Roland Strauß, Krefeld
Dr.-Ing. Jens Turek, Leinfelden-Echterdingen
David Turi, Budapest
Prof. Dr.-Ing. Matthias Vogler, Darmstadt
Dr.-Ing. Alexandra Weidle, Darmstadt
Dr.-Ing. Jörg Zimbelmann, Schrobenhausen

4. Auflage

Reguvis

Bibliografische Information der Deutschen Nationalbibliothek
Die Deutsche Nationalbibliothek verzeichnet diese Publikation in der Deutschen Nationalbibliografie; detaillierte bibliografische Daten sind im Internet über http://dnb.d-nb.de abrufbar.

Reguvis Fachmedien GmbH
Amsterdamer Str. 192
50735 Köln

www.reguvis.de

service@reguvis.de

ISBN (Print): 978-3-8462-1275-2
ISBN (E-Book): 978-3-8462-1276-9

Satz: MainTypo, Reutlingen
Druck und buchbinderische Verarbeitung: Druckerei Plump Druck & Medien GmbH, Rheinbreitbach
Printed in Germany

Vorwort

Das *Handbuch des Spezialtiefbaus* ist ein umfassendes Kompendium, das in der Fachwelt wohlbekannt und geschätzt ist. Die stetig weiterentwickelten Techniken und Verfahren des Spezialtiefbaus machten eine vollständige Überarbeitung der 3. Auflage erforderlich. Dabei wurde die bisherige Struktur mit ihrer inhaltlichen Schwerpunktbildung beibehalten. Gemeinsam mit den Reguvis Fachmedien haben sich die Herausgeber dazu entschlossen, die Abbildungen in Farbe zu drucken. Damit gewinnt dieses Fachbuch an Qualität und Attraktivität. Zur besseren Lesbarkeit wird im gesamten Buch das generische Maskulinum verwendet. Trotzdem sind alle Geschlechter gleichermaßen gemeint, die selbstverständlich alle gleichberechtigt angesprochen sind.

Wie in der vorherigen Auflage auch wurden die einzelnen Kapitel von namhaften Fachleuten geschrieben. Ihnen gilt großer Dank für das enorme Engagement, ohne das die erfolgreiche Vollendung dieser 4. Auflage des *Handbuchs des Spezialtiefbaus* nicht möglich gewesen wäre.

Damit bleibt auch diese Auflage ein umfassendes Nachschlagewerk für angehende und bereits in der Praxis tätige Baufachleute, unabhängig davon, ob sie in der Planung, der Ausführung oder der Genehmigung tätig werden bzw. bereits tätig sind.

Darmstadt, August 2024

Rolf Katzenbach
Steffen Leppla

Inhaltsübersicht

Inhalt

Autoren

Dr. Rolf Balthes

MIBRAG GmbH, Glück-Auf-Straße 1, 06711 Zeitz, rolf.balthes@mibrag.de, www.mibrag.de

Jahrgang 1962, studierte von 1984 bis 1990 an der Universität Mainz Geowissenschaften (Vertiefungsfächer Ingenieur- und Hydrogeologie). 1990–1992 Promotion in Zusammenarbeit mit der BfG – Bundesanstalt für Gewässerkunde in Koblenz. Von 1992 bis 2000 Gründungsgesellschafter des ingenieurgeologischen Büros IDE GmbH bei Leipzig. Zwischen 2000 und 2020 war er in verschiedenen nationalen und internationalen Funktionen im Bereich onshore- und offshore Geotechnik bei Fugro N.V. tätig. 2020–2023 Geschäftsführer der Mull und Partner Ingenieurgesellschaft mbH mit Sitz in Leipzig. Seit Juni 2023 ist er als Leiter Ingenieurdienstleistungen bei MIBRAG GmbH tätig. Ab 2003 Mitarbeit am BSH Standard Baugrunderkundung und im AK 2.10 (Geomesstechnik) der DGGT.

Prof. Dr.-Ing. Sebastian Bauer

Geschäftsführer der BAUER Maschinen GmbH, BAUER-Straße 1, 86529 Schrobenhausen, Sebastian.Bauer@bauer.de, http://www.bauer.de

Jahrgang 1965, studierte an der Technischen Universität in München Maschinenwesen. Nach einem einjährigen Auslandsaufenthalt als Production Engineer in den USA arbeitete er als Wissenschaftlicher Mitarbeiter am Lehrstuhl B für Mechanik (mittlerweile Lehrstuhl für Angewandte Mechanik) der TU München und promovierte dort bei Prof. Friedrich Pfeiffer mit Auszeichnung über »Fehlerdiagnose bei Luftfahrttriebwerken«. Seit 1996 ist er in leitender Stellung in der BAUER Spezialtiefbau GmbH bzw. später der BAUER Maschinen GmbH für die Maschinen-Entwicklung verantwortlich, seit 2006 in der Stellung als Geschäftsführer. Zwischenzeitlich außerdem Verantwortung für Markt und Produktion in China, für die Maschinenproduktion weltweit (2008-2011 auch als CEO der BAUER Manufacturing in Conroe, TX, USA) und seit 2011 für die Geschäftsbereiche »Bohrgeräte Premium-Line« und »Schlitzwandtechnik« einschließlich dem Themenfeld »Maritime Technologien« und für den Bereich Forschung.

Seit 2005 ist er als Lehrbeauftragter an der Ruhr-Universität Bochum tätig, seit 2011 als Honorarprofessor. Er ist außerdem Vorstandsvorsitzender der Forschungsvereinigung Bau- und Baustoffmaschinen e. V. (FVB), stellvertretender Beiratsvorsitzender der Gesellschaft für Maritime Technik e. V. (GMT), Mitglied des Hochschulrats der Technischen Hochschule Ingolstadt, Vorstandsmitglied des Fachverbands Bau- und Baustoffmaschinen im VDMA und Mitglied des Hauptvorstands des VDMA.

Dipl.-Ing. Gebhard Dausch

Geschäftsleiter der Implenia Civil Engineering GmbH, Diffenéstraße 14, 68169 Mannheim, gebhard.dausch@implenia.com, www.implenia.com

Jahrgang 1966, studierte an der Technischen Universität Fridericiana Karlsruhe Bauingenieurwesen. 1992 begann er seine berufliche Karriere bei der Firma Bilfinger + Berger Bauaktiengesellschaft in der Tiefbauabteilung in Mannheim. Nach einigen Jahren in der Bau- und Oberbauleitung von Spezialtiefbauprojekten im In- und Ausland übernahm er 2007 die Leitung der Gerätetechnik der Bilfinger Spezialtiefbau GmbH. Im Jahre 2010 wurde er Geschäftsführer der Bilfinger Spezialtiefbau GmbH. Durch den Verkauf der Ingenieurbaueinheit von Bilfinger an Implenia Schweiz leitete er von 2015 bis 2017 die Spezialtiefbauaktivitäten von Implenia in der DACH-Region und in Skandinavien. Der Wechsel in die Geschäftsleitung der BAUER Spezialtiefbau GmbH erfolgte 2017. Hier verantwortete er die technischen Support-Einheiten Maschinentechnik, Baustofftechnik, Baukonstruktion und Logistik. Der Weg zurück zu Implenia erfolgte im Jahre 2022. Hier übernahm er die Aufgabe des Geschäftsführers in der Implenia Spezialtiefbau GmbH. Die Verschmelzung der beiden Implenia-Einheiten Construction GmbH und Spezialtiefbau GmbH zu Implenia Civil Engineering GmbH erfolgte 2024.

Gebhard Dausch ist aktuell Obmann des Lenkungsgremiums Fachbereich Grundbau, Geotechnik im DIN, Obmann der Schlitzwandausschusses und in weiteren nationalen und internationalen Normungsgremien tätig. Im Vorstand der Bundesfachabteilung Spezialtiefbau des Hauptverbandes der Bauindustrie ist er Berichterstatter für nationale und internationale Normungsaktivitäten.

Dipl.-Geol. Stefan Ebneth

Manager KOOP Wasserbau GmbH, Gewerbepark Damsdorf 36, 14797 Kloster Lehnin, s.ebneth@koopwasserbau.de, http://koop-wasserbau.de

Jahrgang 1963, studierte an der Ruhr-Universität Bochum Geologie.

Nach Tätigkeiten in Ingenieurbüros wechselte er 1989 in die Bauwirtschaft und arbeitete dort als Bau- und Projektleiter im Bereich Spezialtiefbau und Wasserhaltung. Seit 2020 als leitender Mitarbeiter bei der Firma KOOP Wasserbau mit der Planung und Ausführung von Arbeiten im Bereich der Wasserhaltung, Wasseraufbereitung und Brunnenhaus beschäftigt.

Dipl.-Ing. Andreas Ehmke

BG BAU, Berufsgenossenschaft der Bauwirtschaft, Viktoriastraße 21, 42115 Wuppertal

Jahrgang 1966, studierte an der Ruhr-Universität Bochum Bauingenieurwesen. Seine berufliche Laufbahn begann 1992 in der Technischen Abteilungen eines Baukonzerns. Dort beschäftigte er sich mit der Statik und mit Konstruktionen im Ingenieurbau. Im Jahr 1995 wurde er mit Bauleitungsaufgaben betraut. 1999 wechselte er als Aufsichtsperson zur Prävention der BG BAU und war dort in der Beratung, Schulung und Baustellenüberwachung tätig. 2002 übernahm er das Referat Technik, 2007 wurde er Referent der Prävention Mitte und 2014 Leiter im Gebiet NRW-Südwest. Seit 2019 ist er Fachabteilungsleiter der Prävention Mitte.

Dipl.-Geol. Dr. Volker Eitner

Luxcert GmbH, 91, Rue Clairefontaine, L-9220 Diekirch; volker.eitner@luxcert.com

Jahrgang 1963, studierte Geologie in Marburg, Liverpool und Münster. Nach dem Diplom war er beim Niedersächsischen Landesamt für Wasser und Abfall, Außenstelle Küste, Norderney beschäftigt. 1994 Promotion zum Dr. rer. nat. zum Effekt von künstlichen Strandaufüllungen als Küstenschutzmaßnahme. Danach war er Referent für »Grundbau, Geotechnik« beim DIN Deutsches Institut für Normung.

Von 2005 bis 2023 war er geschäftsführender Gesellschafter der Geopartner S.a r. l. in Luxemburg und seit 2012 ist er geschäftsführender Gesellschafter der Luxcert GmbH ebenfalls in Luxemburg.

Er war viele Jahre Obmann der DIN-Arbeitsausschüsse »Benennung von Boden und Fels« und »Untersuchungen von Boden und Fels« sowie Mitarbeiter in den Ausschüssen »Bohr- und Entnahmeverfahren« und »Baugrund, Feldversuche«.

Gegenwärtig ist er Luxemburger Delegierter und Experte in verschiedenen internationalen und europäischen Gremien (ISO und CEN).

Melvin England, BSc., MSc., PhD., DIC

Fugro Manager Foundation Testing, Fugro Caspian Europe, 14 Scotts Avenue, Sunbury Upon, Thames, Middlesex, TW16 7HZ, UK, melvin@loadtest.com, www.loadtest.com

Melvin England studierte Physik und Bodenmechanik in London und promovierte 1999 in Bodenmechanik am Imperial College in London. Schwerpunkt seiner Arbeit bilden Durchführung und Auswertung von Pfahlprüfungen mit statischen und dynamischen Methoden sowie Integritätsprüfungen an Pfählen.

Melvin England hat an der Entwicklung und Umsetzung einer Vielzahl von > 5000 Pfahlprobebelastungsprogrammen gerade für großmaßstäbliche Versuche mit traditionellen und bi-direktionalen statischen Probebelastungen nach dem Osterbergverfahren mitgewirkt, hat die Entwicklung vollautomatisierter, ferngesteuerter konventioneller Pfahlprobelastungen vorangetrieben und hält zahlreiche Patente im Bereich Pfahlherstellung und Pfahlprüfung.

Er hat federführend die Entwicklung der Auswerteroutinen Cemset® and Timeset®zur Charakterisierung von Zeit- und Lastanhängigem Pfahltragverhaltens entwickelt. Melvin England arbeitet weltweit in nationalen und internationalen Normenausschüssen und technischen Komitees und ist Key-note Speaker auf vielen internationalen Konferenzen.

Prof. Dr. jur. Klaus Englert

prof englert + partner Rechtsanwälte PartGmbB, Lenbachstr. 40, 86529 Schrobenhausen, k.englert@englert.legal; www.englert.legal

Jahrgang 1949, studierte Rechtswissenschaften an der LMU München und Bilanzwesen an der TU München; promovierte 1978 an der LMU München, wurde 2002 Honorarprofessor für Bau-, Architekten- und Vergaberecht an der THD Technischen Hochschule Deggendorf und 2009 Vorstand des Instituts für Baurecht an der Humboldt-Universität zu Berlin; Mitautor und Mitherausgeber zusammen mit Univ.-Prof. Dr.-Ing. Rolf Katzenbach des Titel Praxis des Tiefbaurechts – unter Einbeziehung der geotechnischen Wechselwirkungen mit allen Tiefbautechnologien (Werner Verlag, 2023), Mitglied des AK 2.21 Geotechnische Sachverständige und des AK 1.11 »Verschleiß und Verklebung« der DGGT e. V. sowie der Normungsgremien DIN EN 1997-2 / DIN 4020 (bis 2022); ATV DIN 18301 (Bohrarbeiten), ATV DIN 18302 (Spezialtiefbauarbeiten für den Ausbau von Bohrungen), ATV DIN 18305 (Wasserhaltungsarbeiten) und ATV DIN 18327 Brunnenbau- und Geothermiearbeiten; stellv. Vorsitzender der Deutschen Gesellschaft für Baurecht e. V. bis 2020; federführender Herausgeber u. a. Handbuch des Baugrund- und Tiefbaurechts (Werner Verlag) sowie des Beck'schen Großkommentars zur VOB, Teil C (Verlage C.H. Beck und Beuth) und Baurechts-

Taschenbuch, Sonderbauverfahren Tiefbau (Verlag Ernst + Sohn); wissenschaftl. Beirat der STUVA e. V. und des CBTR Centrum für Deutsches und Internationales Baugrund- und Tiefbaurecht e. V., dessen Gründungspräsident er 2001 war; mehr als 500 tiefbaurechtliche Veröffentlichungen und über 1000 Vorlesungs-, Vortrags- und Firmenschulungsveranstaltungen zur Thematik Baugrund und Recht. Seniorpartner der Baurechtskanzlei prof englert + partner PartGmbB, Schrobenhausen – München und Mitglied im BKM Baukompetenz München e.V. sowie Netzwerk Bauanwälte.

Dr. iur. Florian Englert

prof englert + partner Rechtsanwälte PartGmbB, Lenbachstr. 40, 86529 Schrobenhausen, f.englert@englert.legal; www.englert.legal

Jahrgang 1978, staatl. geprüfter Börsenhändler, Studium der Rechtswissenschaften an der Julius-Maximilians-Universität Würzburg und der Universität Augsburg; 2. Jur. Staatsexamen 2010; Mitglied im DVA-Normungsgremium ATV DIN 18323 Kampfmittelräumarbeiten; Autor des im Kampfmittelrecht maßgebenden Buchs »Die Störerhaftung der Bundesrepubilk Deutschland für Kampfmittel«. Berlin 2016, Mitautor Praxis des Tiefbaurechts – unter Einbeziehung der geotechnischen Wechselwirkungen mit allen Tiefbautechnologien (Hrsg. von Univ.-Prof. Dr.-Ing. Rolf Katzenbach und Prof. Dr. jur. Klaus Englert) im Werner Verlag, 2023; zahlreiche Vorlesungs-, Vortrags- und Firmenveranstaltungen zu der Thematik Baugrund- und Kampfmittelrecht sowie viele Veröffentlichungen dazu; insb. Mitautor Handbuch des Baugrund- und Tiefbaurechts (Werner Verlag 2016) sowie als leitender Redakteur des Beck'schen Großkommentars zur VOB, Teil C, 4. Aufl. 2021 (Verlage C.H. Beck und Beuth) mit Kommentierung u.a. ATV DIN 18323 und 18305; geschäftsführender Partner der Baurechtskanzlei prof englert + partner PartGmbB, Schrobenhausen – München und Mitglied im Netzwerk Bauanwälte sowie Of Counsel der ebenfalls bundesweit tätigen Kanzlei Ratajczak & Partner Rechtsanwälte mbB.

Dr.-Ing. Claas Heitz

Projektleiter im Technischen Büro Tiefbau, Zentrale Technik, Ed. Züblin AG, Düsseldorfer Straße181-185, 47053 Duisburg, claas.heitz@zueblin.de, http://www.zueblin.de

Jahrgang 1974, studierte an der Rheinisch-Westfälisch Technischen Hochschule in Aachen Bauingenieurwesen. Danach arbeitete er als wissenschaftlicher Mitarbeiter am Institut für Geotechnik und Geohydraulik der Universität Kassel und promovierte 2006 zum Thema »Bodengewölbe unter ruhender und nichtruhender Belastung bei Berücksichtigung von Bewehrungseinlagen aus Geogittern«. Seit 2006 arbeitet er als Projektleiter im Technischen Büro Tiefbau der Ed. Züblin AG und ist mit der technischen Angebots- und Ausführungsplanung sowie der Planungskoordination von nationalen und internationalen Tiefbauprojekten betraut.

Dipl.-Ing. Roland Jörger

Geschäftsführer der Bilfinger Infrastructure Mannheim GmbH, Gustav-Nachtigal-Str. 3, 65189 Wiesbaden, Roland.Joerger@bilfinger.com, www.bilfinger.com

Jahrgang 1957, studierte an der Technischen Universität Karlsruhe Bauingenieurwesen. Im Jahre 1983 begann er seine berufliche Karriere bei der Firma Bauer Spezialtiefbau GmbH in

Schrobenhausen, wo eine klassische Ingenieurstätigkeit in Statik, Bau- und Projektleitung sowie der Akquisition im In- und Ausland folgte. Seit 1990 ist er im Bilfinger Konzern tätig. Bis zum Jahre 2007 war er unterschiedlichen technischen Einheiten des Spezialtiefbaus zugehörig, bevor er in der Einheit Major Projects die Betreuung und Leitung von Großprojekten im In- und Ausland übernahm und danach das Technische Büro der Bilfinger Construction GmbH bis zum Jahre 2014 leitete. Aktuell ist er als Geschäftsführer der Bilfinger Infrastructure Mannheim GmbH tätig.

Roland Jörger ist aktuell Vorsitzender des NABau-Beirats, stellvertretender Vorsitzender des Pfahlausschusses sowie in weiteren Normungsgremien tätig. Daneben ist in verschiedenen Gremien des Hauptverbands der Deutschen Bauindustrie tätig bzw. wird von dort als deren Vertreter entsendet (Werkpolierausbildung Spezialtiefbau, ZTV-ING, etc.).

Prof. Dr.-Ing. Rolf Katzenbach

Geschäftsführender Gesellschafter der Ingenieursozietät Professor Dr.-Ing. Katzenbach GmbH, Vereidigter Sachverständiger, Robert-Bosch-Straße 9, 64293 Darmstadt, katzenbach@katzenbach-ingenieure.de, www.katzenbach-ingenieure.de

Jahrgang 1950, studierte an der Technischen Universität (TU) Darmstadt Bauingenieurwesen und ist dort 1981 mit Auszeichnung zum Dr.-Ing. promoviert worden. Das Thema seiner Doktorarbeit war die von ihm neu entwickelte dreidimensionale, nichtlineare Modellierung des Tunnelbaus in Frankfurt. Zunächst in leitender Position in Ingenieurbüros, leitet er seit 1993 sein eigenes Ingenieurbüro, die Ingenieursozietät Professor Dr.-Ing. Katzenbach GmbH. Im Jahr 1993 wurde er von der Technischen Universität Darmstadt zum Universitätsprofessor berufen und leitete bis 2018 das Institut und die Versuchsanstalt für Geotechnik. Darüber hinaus engagiert er sich seit Jahren ehrenamtlich in zahlreichen nationalen und internationalen Institutionen, wie zum Beispiel der International Society for Soil Mechanics and Geotechnical Engineering (ISSMGE), dem Deep Foundations Institute (DFI), der Studiengesellschaft für Tunnel und Verkehrsanlagen (STUVA), der Deutschen Gesellschaft für Baurecht e.V. und der Deutschen Gesellschaft für Geotechnik (DGGT). Er ist öffentlich bestellter und vereidigter Sachverständiger für Grund- und Felsbau und vom Sächsischen Oberbergamt als Sachverständiger für Geotechnik anerkannt.

Prof. Dr.-Ing. Steffen Leppla

Frankfurt University of Applied Sciences, Nibelungenplatz 1, 60318 Frankfurt am Main, steffen.leppla@fb1.fra-uas.de, www.frankfurt-university.de

Jahrgang 1979, studierte in Frankfurt am Main und in Darmstadt Bauingenieurwesen. Danach war er wissenschaftlicher Mitarbeiter am Institut und der Versuchsanstalt für Geotechnik der TU Darmstadt und promovierte dort mit Auszeichnung zu dem Thema »Zeitvariantes Materialverhalten von granularem Steinsalz und Simulation in numerischen Modellen«. Parallel dazu begann er seine Tätigkeit für die Ingenieursozietät Professor Dr.-Ing. Katzenbach GmbH, zunächst als Projektleiter und inzwischen auch als wissenschaftlicher Berater. 2021 wurde er zum Professor für Geotechnik an die Frankfurt University of Applied Sciences berufen. Seine Arbeits- und Forschungsschwerpunkte bilden die Boden-, Fels- und Salzmechanik, der Tunnel- und der Spezialtiefbau sowie die Baugrund-Tragwerk-Interaktion. Er ist Sachkundige Person gemäß Straßenbahn-Bau- und Betriebsordnung (BOStrab) und in diesem Zusammenhang auch als Prüfsachverständiger für Erd- und Grundbau tätig.

Dipl.-Ing. Bernhard Lindermair

Geschäftsführer der RTG Rammtechnik GmbH, Direktor des Geschäftsbereiches Rammtechnik der BAUER Maschinen GmbH, BAUER-Straße 1, 86529 Schrobenhausen, Bernhard.Lindermair@bauer.de, http://www.rtg-rammtechnik.de

Jahrgang 1964, studierte an der Technischen Universität in München Maschinenwesen. Die Diplomarbeit und Tätigkeit als wissenschaftlicher Mitarbeiter erfolgte am Lehrstuhl für Werkzeugmaschinen der TU München. Seit 1992 als Mitarbeiter für BAUER tätig. Zunächst betreute er Spezialtiefbauprojekte in China, Südkorea und Taiwan. Es folgte in leitender Position der internationale Gerätevertrieb. 2000 wird er zum Geschäftsführer der RTG berufen.

Dipl.-Ing. Marcus Lübbers

Leiter Produktmanagement, Geschäftsbereich Utility Tunnelling der Herrenknecht AG, Schlehenweg 2, 77963 Schwanau-Allmannsweier, luebbers.marcus@herrenknecht.de, www.herrenknecht.com

Jahrgang 1982, studierte an der FH Wilhelmshaven und der TU Clausthal Maschinenbau. Seit 2006 arbeitet Marcus Lübbers bei der Herrenknecht AG und war in verschiedenen Positionen im Geschäftsbereich Utility Tunnelling tätig. Als Projektleiter betreute er zunächst Projekte weltweit und wechselte 2010 ins Produktmanagement. Dort fokussierte er sich als Produktmanager fortan auf kleine Hartgesteins-TBMs im Durchmesserbereich von 3 m bis 4,8 m. Im Jahr 2015 übernahm er die Leitung des Produktmanagements für Sondermaschinen. In diesen Bereich fallen nicht nur offene TBMs und Tunnelvortriebsmaschinen für den Tübbingausbau, sondern auch Spezialanlagen für das Abteufen von Schächten im Grundwasser. Heute verantwortet er im Produktmanagement außerdem Maschinen für Rohrvortrieb, Anlagen für Horizontalbohrtechnik und Sonderanlagen zum Erstellen von Pfahlbohrungen für Fundamente von Offshore-Windkraftanlagen.

Dipl.-Ing. Boris von Lübtow

Geschäftsführer der Züblin Spezialtiefbau GmbH, Albstadtweg 1, 70567 Stuttgart, Boris.vonluebtow@zueblin.de, www.zueblin-spezialtiefbau.de

Jahrgang 1970, studierte Bauingenieurwesen an der Universität Kaiserlautern und der University of Edinburgh. Nach seinem Studium trat er in den Züblin-Konzern ein und arbeitete zunächst im Technischen Büro Tiefbau der Ed. Züblin AG in Stuttgart. Nach mehreren Auslandsaufenthalten u.a. in Irland, den Niederlanden, Schweden und Dänemark übernahm er 2012 die Bereichsleitung für das Auslandsgeschäft der Züblin Spezialtiefbau GmbH, deren Geschäftsführer er seit 2024 ist. Des Weiteren ist er noch Officer in der European Federation of Foundation Contractors (EFFC).

Dr. (PhD) Ing. Josef Pusztai

Geschäftsführer FUGRO Consult Kft (GmbH), Service-Linie Manager für Monitoring und Testing Fugro Caspian Europe, Fugro Consult Kft., Ungarn, Kelenfoldi utca 2, 1115 Budapest, turi@fugro.hu, www.fugro.hu

Jahrgang 1969, studierte an der Technischen und Wirtschaftswissenschaftliche Universität Budapest (BME) Bauingenieurwesen (1988-1993). Danach (1993-1995) arbeitete er als wissenschaftlicher Mitarbeiter am Lehrstuhl für Geotechnik an der BME Budapest. Stipendium (1994) in Taiwan an der Internationalen Forschungszentrum für Geotechnik und Landwirtschaft. Assistent 1995 bis 2000 am Lehrstuhl für Geotechnik an der BME Budapest. PhD (2005) im Fach Bauingenieur an der TBME. Von 2006 bis 2012 Dozent am Lehrstuhl für Geotechnik an der BME, Lehrstuhlleiter und Vizedekan von 2009 bis 2012. Vereidigter Sachverständiger für Geotechnik und Tiefbau seit 2012. Seit 2012 Geschäftsführer der FUGRO ConsultKft (GmbH) und Leiter des Bereiches Monitoring und Testing für die Region Europa Caspian.

Dipl.-Ing. Alexander Rostert

Qualitätsbeauftragter und Sicherheitsingenieur der Züblin Spezialtiefbau GmbH, Albstadtweg 1, 70567 Stuttgart, Alexander.Rostert@zueblin.de, http://www.zueblin-spezialtiefbau.de

Jahrgang 1966, studierte Bauingenieurwesen mit der Vertiefungsrichtung Grundbau an der Universität Karlsruhe (heute KIT), anschließend Bauleitungstätigkeit im Spezialtiefbau im In- und Ausland. Seit 1999 ist er Qualitätsbeauftragter und seit 2000 zusätzlich Sicherheitsingenieur der Züblin Spezialtiefbau GmbH. Seit 2007 koordiniert und unterstützt er die qualitäts- und sicherheitsbezogenen Managementaktivitäten aller Spezialtiefbaufirmen im Konzernverbund der Strabag SE.

Dipl.-Geol. Dr. Roland Strauß

Regierungsangestellter beim Geologischen Dienst NRW, De-Greiff-Straße 195, 47803 Krefeld, roland.strauss@gd.nrw.de, http://www.gd.nrw.de

Jahrgang 1964, studierte an der Philipps-Universität Marburg Physik, Geologie und Vor- und Frühgeschichte. Danach war er beim Hessischen Landesamt für Bodenforschung, Wiesbaden im Dezernat Fels- und Tunnelbau beschäftigt. 1994 Promotion zum Dr. rer. nat. mit dem Thema »Geotechnik des gipsführenden Röt in Nordhessen«. Bis 1997 war er Hochschulassistent (C1) an der TU Darmstadt, im Anschluss daran Regierungsangestellter beim Geologischen Landesamt Nordrhein-Westfalen im Fachdezernat »Fels- und Tunnelbau, Talsperrengeologie«. Von 1997 bis 2006 war er Lehrbeauftragter für Ingenieurgeologie an der Philipps-Universität Marburg. Seit 2011 nimmt er einen Lehrauftrag für »Ingenieurgeologie« an der TU Clausthal wahr. 2018 wurde er zum Honorarprofessor an der TU Clausthal bestellt. Seit 2024 ist er Leiter des Geschäftsbereichs 3 »Angewandte Geowissenschaften« des Geologischen Dienstes NRW.

Ab 2000 ist er u. a. Mitarbeiter in den DIN-Ausschüssen »Benennung von Boden und Fels«, »Bohr- und Entnahmeverfahren« sowie Obmann im Ausschuss »Geologische Zeichen und Begriffe« im Fachausschuss Bergbau im DIN (FABERG).

Er ist neben Helmut Prinz Autor des Standardwerkes »Ingenieurgeologie«, das 2018 in 6. Auflage erschienen ist.

Dipl.-Geol. Ferdinand Stölben

Geschäftsführender Gesellschafter, Barlstr. 42, 56856 Zell (Mosel), ferdinand.stoelben@stoelben.eu, http://www.stoelben.eu

Jahrgang 1955, studierte Geologie an der Albert-Ludwigs-Universität Freiburg. Danach war er für eine amerikanische Goldbergbaugesellschaft in Arizona und die Erkelenzer Bohrgesellschaft, Wittlich tätig. Seit 1989 ist er geschäftsführender Gesellschafter der Stölben GmbH Angewandte Geowissenschaften, Zell (Mosel).

Er ist Obmann des DIN-Arbeitsausschusses »Bohr- und Entnahmeverfahren« sowie Mitarbeiter in den Ausschüssen »Benennung von Boden und Fels«, »Untersuchungen von Boden und Fels« und »Baugrund, Feldversuche«. Ferner ist er Vorsitzender des Internationalen Komitees »Erkundung und Untersuchung von Baugrund« (ISO/TC 182/SC 1) sowie der Europäischen Arbeitsgruppe »Bohr- und Entnahmeverfahren und Grundwassermessungen« (CEN/TC 341/WG 1). Seit 2013 ist er Mitglied der Akademie für Geowissenschaften und Geotechnologien.

Dipl.-Ing. David Turi

Manager Geotechnik, Fugro Consult Kft., Ungarn, Kelenfoldi utca 2, 1115 Budapest, turi@fugro.hu, www.fugro.hu

Jahrgang 1980, studierte an der Technischen Universität Budapest Bauingenieurwesen. Bis 2011 war er als wissenschaftliche Mitarbeiter im Lehrstuhl für Geotechnik der Technischen Universität Budapest mit den Forschungsschwerpunkten Tiefe Baugruben, Tunnel- und Spezialtiefbau befasst. Seit 2012 ist er Manager Geotechnik bei Fugro Consult Kft., Ungarn.

Dr.-Ing. Jens Turek

Geschäftsführer und Gesellschafter, Prof. Dr.-Ing. E. Vees und Partner Baugrundinstitut GmbH, Waldenbucher Straße 19, 70771 Leinfelden-Echterdingen

Jahrgang 1970, studierte an der Universität Karlsruhe (TH) Bauingenieurwesen. Nach seiner Tätigkeit im technischen Büro einer Bauunternehmung arbeitete er als wissenschaftlicher Mitarbeiter am Institut und der Versuchsanstalt für Geotechnik der Technischen Universität Darmstadt und promovierte 2006 zum Thema »Trag- und Verformungsverhalten horizontal belasteter Kombinierter Pfahl-Plattengründungen«. Anschließend war er bei zahlreichen nationalen und internationalen Projekten beratend tätig und ist seit 2011 Geschäftsführer und Gesellschafter des Ingenierbüros Prof. Dr.-Ing. E. Vees und Partner Baugrundinstitut GmbH.

Prof. Dr.-Ing. Matthias Vogler

Vereidigter Sachverständiger für Grundbau, Boden- und Felsmechanik, Prüfsachverständiger für Erd- und Grundbau, Beratender Ingenieur, Stadtplaner IngKH, Geschäftsführender Gesellschafter der Ingenieursozietät Prof. Dr.-Ing. Katzenbach GmbH, Wachenbergstraße 13, 69469 Weinheim, vogler@katzenbach-ingenieure.de, http://www.katzenbach-ingenieure.de

Jahrgang 1964, studierte an der Technischen Universität Darmstadt Bauingenieurwesen. Danach arbeitete er als wissenschaftlicher Mitarbeiter am Institut und der Versuchsanstalt für Geotechnik der TU Darmstadt und promovierte 1999 mit Auszeichnung zum Thema »Einfluss der Kapillarität auf die Mehrphasenströmung bei der Sanierung von Mineralölschadensfällen im Boden«. Nach leitender Tätigkeit in Ingenieurbüros seit 2001 als Geschäftsführender Gesellschafter der Ingenieursozietät Prof. Dr.-Ing. Katzenbach GmbH auf allen Gebieten der Geotechnik und der Umweltgeotechnik tätig. Seit 2015 Honorarprofessor für die Vorlesung Umweltgeotechnik an der TU Darmstadt. Seit 2004 von der Industrie und Handelskammer Rhein-Neckar als Sachverständiger für Grundbau, Boden- und Felsmechanik öffentlich bestellt und vereidigt. Seit der bauordnungsrechtlichen Anerkennung in 2004 tätig als Prüfsachverständiger für Erd- und Grundbau bei der Prüfung von Hochhausgründungen, tiefen Baugruben sowie Brücken- und Tunnelbauwerken. Seit 2006 Vorstand und Schatzmeister der Ingenieurkammer Hessen und seit 2008 Vorstand der Studienstiftung Hessischer Ingenieure. 2014 Anerkennung als Stadtplaner durch die Ingenieurkammer Hessen.

Dipl.-Ing. Alexandra Weidle

Ingenieursozietät Professor Dr.-Ing. Katzenbach GmbH, Robert-Bosch-Straße 9, 64293 Darmstadt, weidle@katzenbach-ingenieure.de, www.katzenbach-ingenieure.de

Jahrgang 1971, studierte an der Technischen Universität Braunschweig Bauingenieurwesen. Danach war sie wissenschaftliche Mitarbeiterin am Institut und der Versuchsanstalt für Geotechnik der TU Darmstadt und promovierte dort zu dem Thema »Untersuchungen zur schädigenden Ettringgitbildung bei der Baugrundverbesserung mit hydraulischen Bindemitteln in tonmineralhaltigen Böden«. Parallel dazu begann sie ihre Tätigkeit für die Ingenieursozietät Professor Dr.-Ing. Katzenbach GmbH als Projektleiterin und inzwischen auch als Prokuristin. Ihre Arbeitsschwerpunkte liegen insbesondere im Bereich der Baugrund- und Bodenverbesserung sowie im Tunnel- und Spezialtiefbau einschließlich tiefer Baugruben.

Dr.-Ing. Jörg Zimbelmann

Teamleiter »Geotechnik« in der Abteilung BT Bautechnik der BAUER Spezialtiefbau GmbH, Bauer-Straße 1, 86529 Schrobenhausen, joerg.zimbelmann@bauer.de, www.bauer.de

Jahrgang 1979, studierte an der Universität Stuttgart Bauingenieurwesen. Nach zwei Jahren in Ingenieurbüros mit den Tätigkeitsschwerpunkten Tragwerksplanung, FE-Simulation und Strukturanalyse wechselte er in die Geotechnik und arbeitete für knapp vier Jahre als Projektingenieur im Technischen Büro Tiefbau der Ed. Züblin AG mit den Tätigkeitsschwerpunkten Angebots- und Ausführungsplanung von Baugruben, Tief- und Flachgründungen sowie Tunneln in offener Bauweise. Im Anschluss arbeitete er fünf Jahre als wissenschaftlicher Mitarbeiter an der Universität der Bundeswehr München und promovierte am Lehrstuhl für Bodenmechanik und Grundbau zur Boden-Bauwerk-Interaktion infolge hochdynamischer Anregung (Explosionen im Baugrund). Weitere zwei Jahre arbeitete er als Projektleiter im geotechnischen Consulting. Seit 2017 ist Dr. Zimbelmann Teamleiter für den Bereich Geotechnik bei der BAUER Spezialtiefbau GmbH. Seine Aufgaben umfassen neben dem firmeninternen geotechnischen Consulting die Erwirkung und Verlängerung von Zulassungen von Ankern, Mikropfählen und Bodenvernagelungen. Dr. Zimbelmann ist aktiver Mitarbeiter im DIN-Normenarbeitskreis »Verpressanker« und in der Working Group 23 des CEN/TC288. Des Weiteren hat er beim Kapitel »Pfahlprobebelastungen« der 3. Auflage der EA-Pfähle mitgewirkt.

1 Spezialtiefbau

Rolf Katzenbach, Steffen Leppla, Alexandra Weidle

1.1 Einführung

Innerhalb der Fachdisziplinen des Bauwesens befasst sich der Tiefbau mit der Planung und Errichtung von Bauwerken, die an oder unter der Erdoberfläche bzw. unter der Ebene von Verkehrswegen liegen. Der Tiefbau besteht nach [1] aus den Teilbereichen

- Straßen- und Wegebau
- Eisenbahnbau
- Erdbau
- Grundbau
- Tunnelbau
- Wasserbau
- Kanal- und Leitungsbau
- *Spezialtiefbau*
- Siedlungswasserwirtschaft

Unter dem Begriff *Spezialtiefbau* werden allgemein alle Techniken und Methoden zur Erstellung von Tiefgründungen, Baugruben, Böschungs- und Hangsicherungen sowie zur Baugrundverbesserung zusammengefasst. Obwohl der Begriff des Spezialtiefbaus selbst in den technischen Regelwerken nicht näher definiert ist, wird er als feststehender Begriff in den europäischen Normen zur Ausführung von besonderen geotechnischen Arbeiten (z.B. Herstellung von Düsenstrahlkörpern, Verpressankern, Bohrpfählen) verwendet.

Damit umfasst der Spezialtiefbau alle Verfahren und Methoden, die spezielle Kenntnisse und in der Regel auch spezielle Maschinen zu ihrer Ausführung benötigen und deren sichere Anwendung nur durch darauf spezialisierte Unternehmen beherrscht werden kann [2]. Qualität, Funktionsfähigkeit und Geometrie der mit den Spezialtiefbauverfahren im Baugrund hergestellten Bauteile und Bauwerke können in den meisten Fällen nur durch indirekte Methoden überprüft werden. Daher ist neben besonderem Fachwissen der planenden Ingenieure und ausführenden Fachkräfte in Boden- bzw. Felsmechanik und Maschinentechnik auch sehr viel Erfahrung für eine erfolgreiche Bauausführung erforderlich.

Aus dem weiten Spektrum der Verfahren und Methoden des *Spezialtiefbaus* werden im *Handbuch des Spezialtiefbaus* die wichtigsten Bereiche anhand von umfassenden Darstellungen der Verfahrens- und Gerätetechnik behandelt und auch die Fragestellungen des Arbeits- und Gesundheitsschutzes sowie speziell für den Spezialtiefbau wichtige Aspekte der Vertrags- und Rechtsfragen erläutert. Die Verfahren, Techniken und Aspekte sind dazu in drei Hauptbereiche untergliedert (Abbildung 1). Die Baugrunderkundung und die Belastungsprüfungen dienen der Vorbereitung (1. Hauptbereich) für die eigentliche

Bauausführung (2. Hauptbereich). Der 3. Hauptbereich (Arbeits- und Gesundheitsschutz, Beobachtungsmethode und Messtechnik, Qualitätssicherung) dient der grundsätzlichen Kontrolle und der Gewährleistung einer reibungslosen, mangelfreien Bauausführung [1].

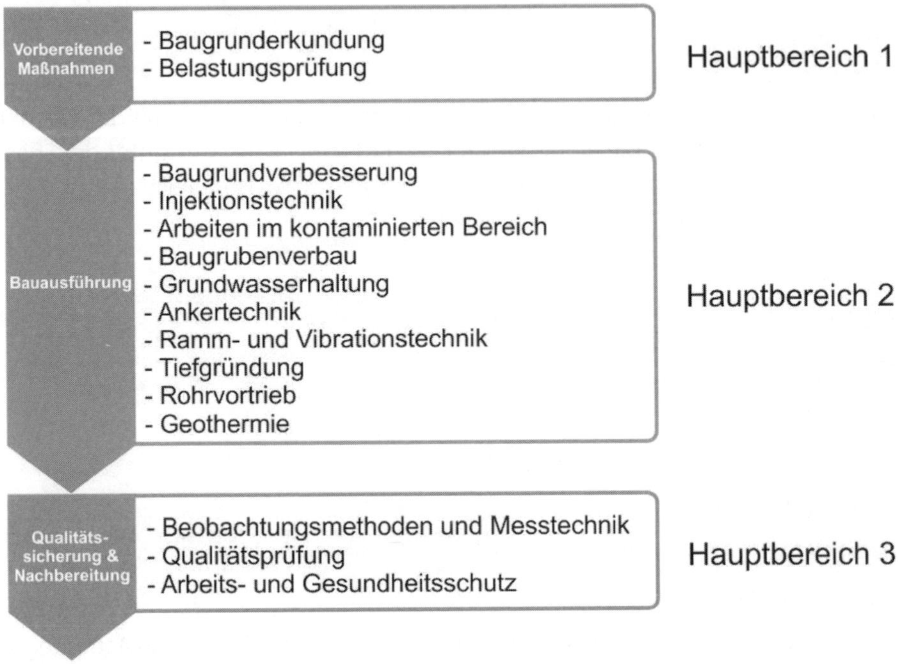

Abbildung 1: Übersicht über die im Handbuch des Spezialtiefbaus behandelten Techniken und Aspekte des Spezialtiefbaus.

1.2 Historische Entwicklung

Die Anfänge des Spezialtiefbaus reichen bis weit in die vorchristliche Zeit zurück. Die Bohrtechnik zählt nachweislich mit zu den ältesten Spezialtiefbauverfahren der Menschheit [3 bis 6]. Bereits in der Steinzeit wurden Bohrungen insbesondere zur Förderung von Wasser, Salz und Metallen bis in mehrere Hundert Meter Tiefe ausgeführt.

Erste nennenswerte Bohrungen konnten auf die Jungsteinzeit (4.000 bis 1.800 v. Chr.) datiert werden. Beim Bau der Pyramiden entwickelten die Ägypter besondere Bohrtechniken mit Bohremulsionen. In der Zeit von 600 bis 260 v. Chr. wurden in China erste Bohrungen mit Tiefen von 600 m erstellt.

Für römische Baumeister gehörten Holzpfahlgründungen für Wegebrücken und Aquädukte bereits ab etwa 300 v. Chr. zur gängigen Baupraxis. Im Mittelalter wurden erstmals Holzspundwände zum Sichern und Abdichten von Baugruben verwendet. Mit Erfindung von Dampfmaschinen und Motoren sowie besonderen Baustoffen wie Zement und Stahl im 19. Jh. wurden die handbetriebenen, einfachen mechanischen Arbeitsgeräte durch automatisierte Techniken abgelöst (Abbildung 2).

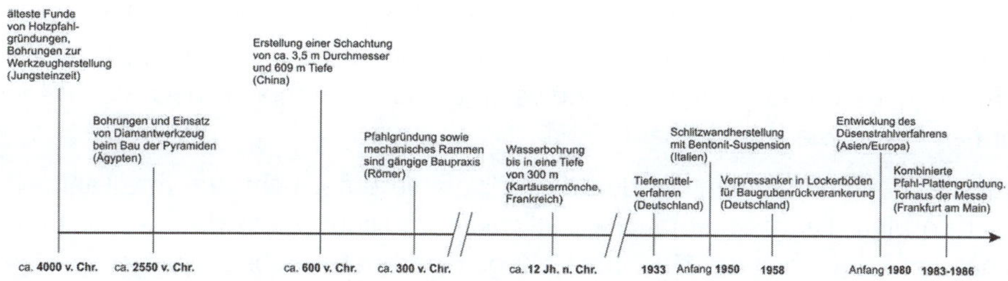

Abbildung 2: Historische Entwicklung des Spezialtiefbaus.

1.3 Beispiele aus der Ingenieurpraxis

1.3.1 Wiedernutzung von Bestandsbauteilen

Ein Beispiel für die Leistungsfähigkeit des Spezialtiefbaus und die Nachhaltigkeit der Ende des 19. Jahrhunderts errichteten Gründungssysteme ist der in den Jahren 1884 bis 1894 nach den Plänen des Frankfurter Architekten Paul Wallot errichtete Reichstag in Berlin (Abbildung 3). Das Gebäude hat eine Grundfläche von rd. 90 m x 130 m. Der tragfähige Baugrund steht im südlichen Bereich des Gebäudes bis zur Geländeoberfläche an, während im nördlichen Bereich weiche schwemmsandartige Schichten bis in rund 5 m Tiefe anstehen. Archivunterlagen zufolge wurden zur Gründung der Kuppelkonstruktion 2.232 Holzpfähle und weitere 832 Holzpfähle im Bereich der Nordtürme eingebracht (Abbildung 4).

Abbildung 3: Reichstag in Berlin in den Jahren 1895 (links) und 2004 (rechts).

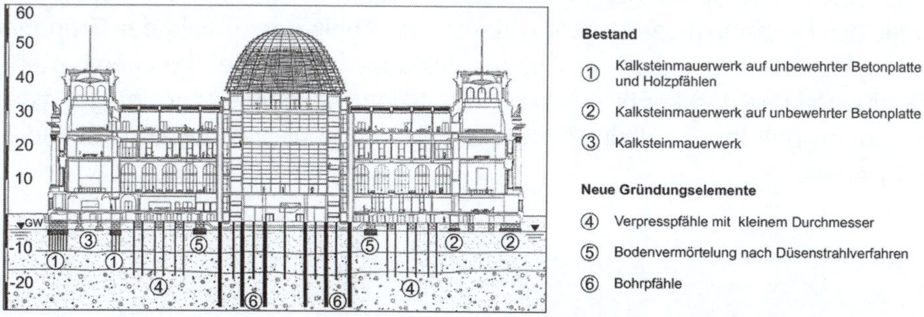

Abbildung 4: Alte und neue Gründungselemente des Reichstags (Nord-Süd-Schnitt).

Gegen Ende des Zweiten Weltkriegs wurde der Reichstag fast vollständig zerstört. Nach der Sprengung der Kuppel im Jahr 1954 wurde das Gebäude in den Jahren 1963 bis 1971 zunächst umgebaut und nach der Wiedervereinigung Deutschlands nach den Plänen von Sir Norman Foster wiederaufgebaut [7, 8].

Im Zuge der Baumaßnahmen wurden die Holzpfähle untersucht, um ihre Langzeit-tragfähigkeit und ihre Langzeitgebrauchstauglichkeit im Hinblick auf die eventuell materialschädigenden Folgen der von 1936 bis 1942 geänderten Milieubedingungen infolge einer großflächigen Grundwasserabsenkung für den U-Bahn-Bau beurteilen zu können (Abbildung 5). Dazu wurden u.a. Pfahlprobebelastungen und Analysen der Qualität der Holzpfähle durchgeführt. Es wurde festgestellt, dass unter der Voraussetzung, dass die Pfähle stets unter Wasser bleiben, eine weitere Nutzung der Holzpfähle möglich ist.

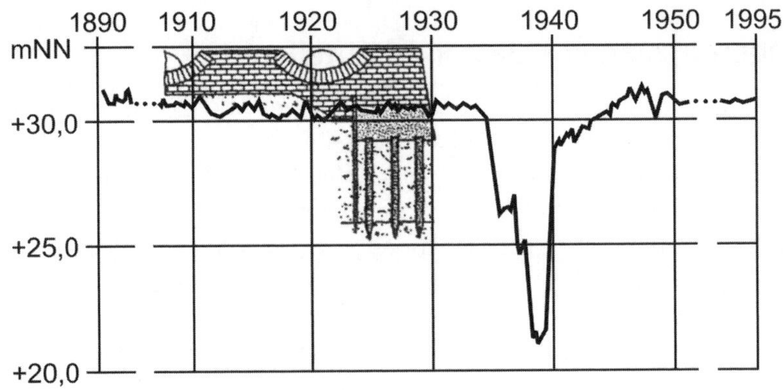

Abbildung 5: Grundwasserganglinie 1890-1995 im Bereich des Reichstags.

In Ergänzung zur bestehenden Holzpfahlgründung wurden der neue Plenarsaal und die Kuppel auf 90 mantel- und fußverpressten Bohrpfählen gegründet (siehe Abbildung 4). Um die Setzungen von neuen und alten Gebäudeteilen zu vergleichmäßigen, wurden Kleinbohrverpresspfähle eingesetzt. Diese Pfähle wurden außerdem in hochbelasteten Bereichen zur Verstärkung der bestehenden Flachgründungen im Sinne der ressourcenschonenden Nutzung des Altbestandes verwendet. In anderen Bereichen, z.B. unter den Aufzügen, wurden bodenvermörtelte Körper mit dem Düsenstrahlverfahren hergestellt.

Die Wiedernutzung von Bestandsbauteilen ist nicht nur auf historische Gründungselemente beschränkt. So wurden auch für den Neubau des 2008 fertig gestellten Plenargebäudes des Hessischen Landtags in Wiesbaden (Abbildung 6) Teile der Gründung des im Jahr 1962 an derselben Stelle errichteten Gebäudes verwendet. Von den bestehenden Tiefgründungselementen konnte, basierend auf den Ergebnissen von Integritätstests an den Gründungspfählen, rund ein Viertel der Bestandspfähle ressourcenschonend wieder genutzt werden.

Abbildung 6: Neues Plenargebäude des Hessischen Landtages in Wiesbaden.

1.3.2 Entwicklungen im Hochhausbau

Die rasante Entwicklung im Hochhausbau, wie sie in Abbildung 7 am Beispiel von Frankfurt am Main dargestellt ist, ist eng verknüpft mit der technischen Fortentwicklung der Spezialtiefbautechniken. Zur Errichtung der Hochhäuser im komplexen Frankfurter Baugrund wurden in engen Kooperationen zwischen Bauherren, Spezialtiefbau-unternehmungen und Forschungseinrichtungen neue Gründungstechniken entwickelt, um die zu erwartenden Setzungen der im vergleichsweise weichen Frankfurter Ton gegründeten Hochhäuser mit ihren enormen Gebäudelasten zu reduzieren. Dank der Entwicklung der Kombinierten Pfahl-Plattengründung (KPP), die die Vorteile einer Tiefgründung auf Großbohrpfählen mit einer konventionellen Flachgründung kombiniert, können die Hochhäuser heutzutage mit einer kostenoptimierten Gründungsvariante bei vergleichsweise geringen Setzungen errichtet werden [9 bis 11]. Abbildung 8 zeigt die aktuelle Skyline mit den Hochhäusern am westlichen Rand des Zentrums von Frankfurt am Main.

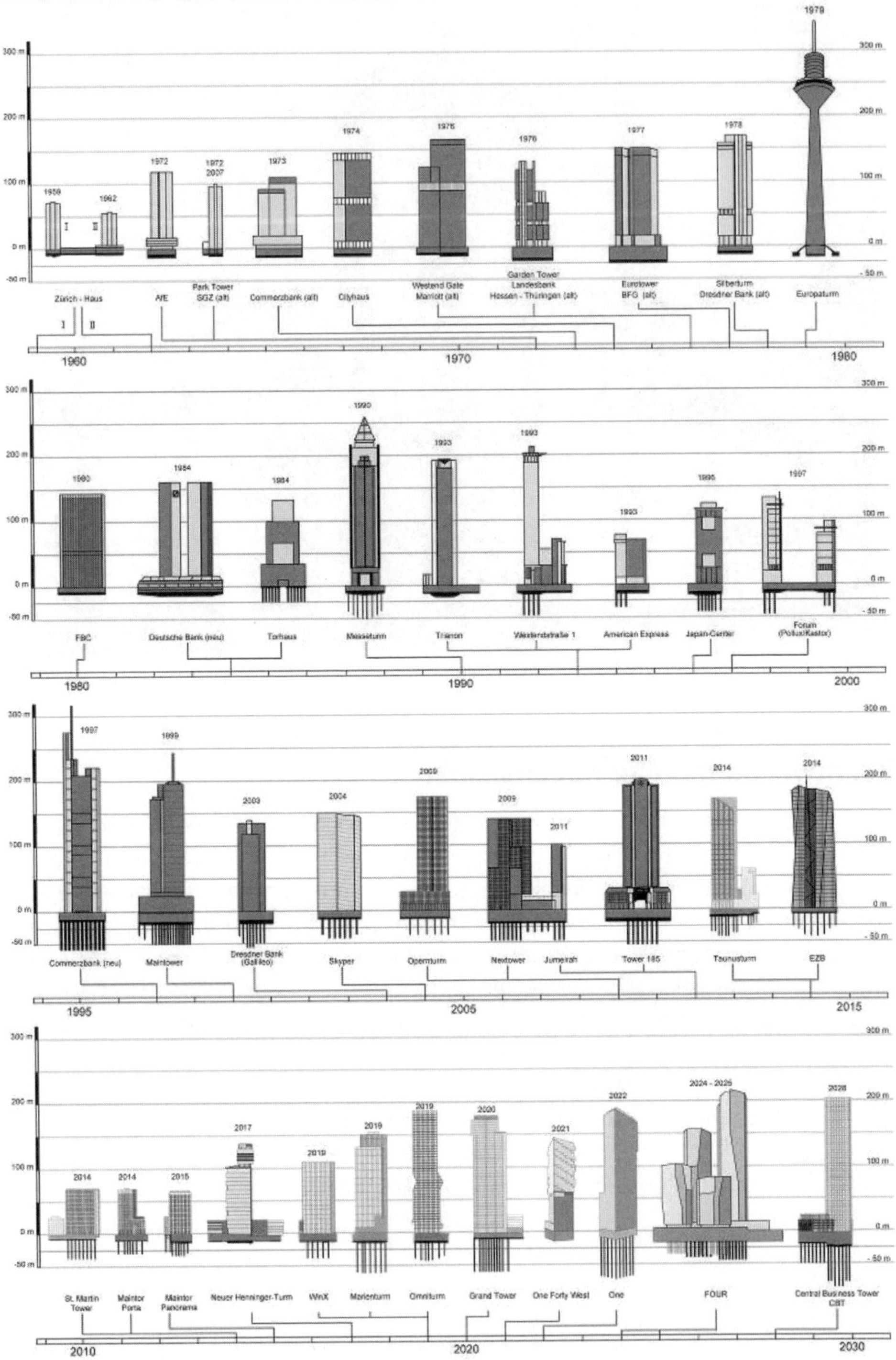

Abbildung 7: Historische Entwicklung des Hochhausbaus in Frankfurt am Main.

Abbildung 8: Skyline von Frankfurt am Main.

1.3.3 Innerstädtische Großbaumaßnahmen und Tiefe Baugruben

Auch beim Ausbau der Verkehrswege mit neuen Straßen- und Bahntunneln, wie dies derzeit in zahlreichen deutschen sowie europäischen Großstädten (aktuell u.a. in Berlin, Frankfurt am Main, München und Stuttgart sowie in Wien, Rom, Budapest, Madrid und Barcelona) passiert, ist der Spezialtiefbau ein wesentliches, unverzichtbares Element der Baumaßnahmen. Neben verschiedenen Sicherungsmaßnahmen für die Bestandsbebauung (Rückverankerungen, Unterfangung etc.) sind u.a. für die Errichtung der unterirdischen Haltestellen tiefe Baugruben erforderlich.

Tiefe Baugruben werden durch die Baugrubenkennzahl T_{BK} klassifiziert:

$$T_{BK} = \frac{H_{res}}{E_s} \cdot 100 \text{ [m]} \qquad (1)$$

Die dimensionsbehaftete Baugrubenkennzahl T_{BK} ist das Verhältnis der horizontalen Einwirkungen H_{res} in MN/m zum maßgeblichen Steifemodul des Baugrundes in MN/m² [11, 12]. Ab einer Baugrubenkennzahl von $T_{BK} = 0{,}4$ m wird eine Baugrube als Tiefe Baugrube bezeichnet (Abbildung 9).

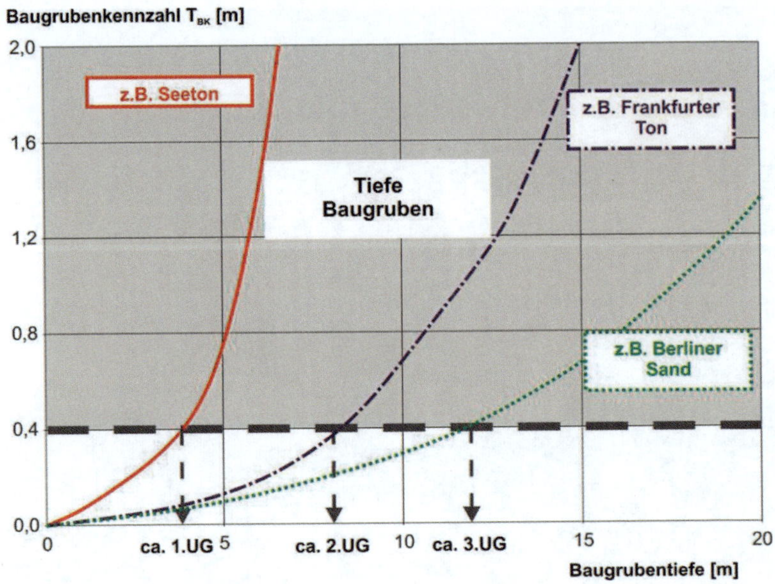

Abbildung 9: Baugrubenkennzahl T_{BK}

Im meist sehr weichen Seeton handelt es sich bereits ab einer Aushubtiefe von 4 m um eine Tiefe Baugrube, im Frankfurter Ton gilt dies ab 8 m Aushubtiefe, im Berliner Sand ab 12 m Aushubtiefe. Tiefe Baugruben fallen grundsätzlich in die Geotechnische Kategorie 3, die über den EC 7 [13] bauaufsichtlich eingeführt ist, und müssen nach dem Prinzip der Beobachtungsmethode ausgeführt und messtechnisch überwacht werden. Ein Verzicht auf die Anwendung der Beobachtungsmethode stellt einen Verstoß gegen die allgemein anerkannten Regeln der Technik dar.

Für die Errichtung von Tiefen Baugruben für innerstädtische Infrastrukturprojekte kommen alle zur Verfügung stehenden Verfahren des Spezialtiefbaus zum Einsatz. Für die in vielen Fällen erforderlichen wasserdruckhaltenden Verbauwände stehen Bohrpfahl- und Schlitzwände sowie Spundwände und Mixed-in-Place-Lösungen bis in sehr große Tiefen von über 30 m zur Verfügung. Als Stützsysteme kommen Verpressanker oder Aussteifungssysteme (Abbildungen 10 und 11) zur Anwendung. Zur Reduktion der Bauzeit können Sonderformen der Bauausführung wie z.B. die Deckelbauweise Anwendung finden. Als horizontale Abdichtung sind häufig künstliche Dichtsohlen erforderlich, hier kommen z.B. Konstruktionen mit überschnittenen Düsenstrahlkörpern oder Weichgele als Alternative zur Unterwasserbetonsohle zum Einsatz.

Abbildung 10: Rückverankerte Baugrube für den Neubau der Deutschen Bibliothek in Frankfurt am Main.

Abbildung 11: Ausgesteifte Baugrube für das Hochhaus Maintower in Frankfurt am Main.

Insbesondere bei den innerstädtischen Infrastrukturprojekten sind die Wechselwirkungen zwischen Bestand, Baumaßnahme, Baugrund und Grundwasser so komplex, dass rechnerische Untersuchungen hinsichtlich der Quantität der zu erwartenden Effekte sehr schnell an ihre Grenzen gelangen. Hier kommt den die Bauausführung begleitenden Kontroll- und Überwachungsmaßnahmen (DIN 1054 [14], EC 7 [13]) besondere Bedeutung zu.

Beispielhaft sei hier der Neubau des Hochgeschwindigkeitseisenbahntunnels in Barcelona erwähnt, der dicht an historisch bedeutender Bebauung, nämlich den zum Weltkulturerbe der UNESCO gehörenden Bauten der Sagrada Familia und der Casa Milà, vorbeiführt. Der 5,6 km lange Tunnel ist Teil der Hochgeschwindigkeits-eisenbahnstrecke zwischen Madrid und der französischen Grenze. Die Trasse verläuft in einem horizontalen Abstand von nur 3,5 m zur Sagrada Familia in einer Tiefe von rd. 37 m. Zum Schutz des Bauwerk wurde eine aufgelöste, 1,5 m dicke Bohrpfahlwand mit Pfahlkopfbalken als unabhängige Sicherungsmaßnahme hergestellt (Abbildung 12). Auch zum Schutz der Casa Milà wurde eine aufgelöste Bohrpfahlwand mit Pfahlkopfbalken errichtet (Abbildung 13). Ergänzt wurden die Sicherungsmaßnahmen durch eine intensive Überwachung der verformungsempfindlichen historischen Gebäude während des Tunnelvortriebs [15].

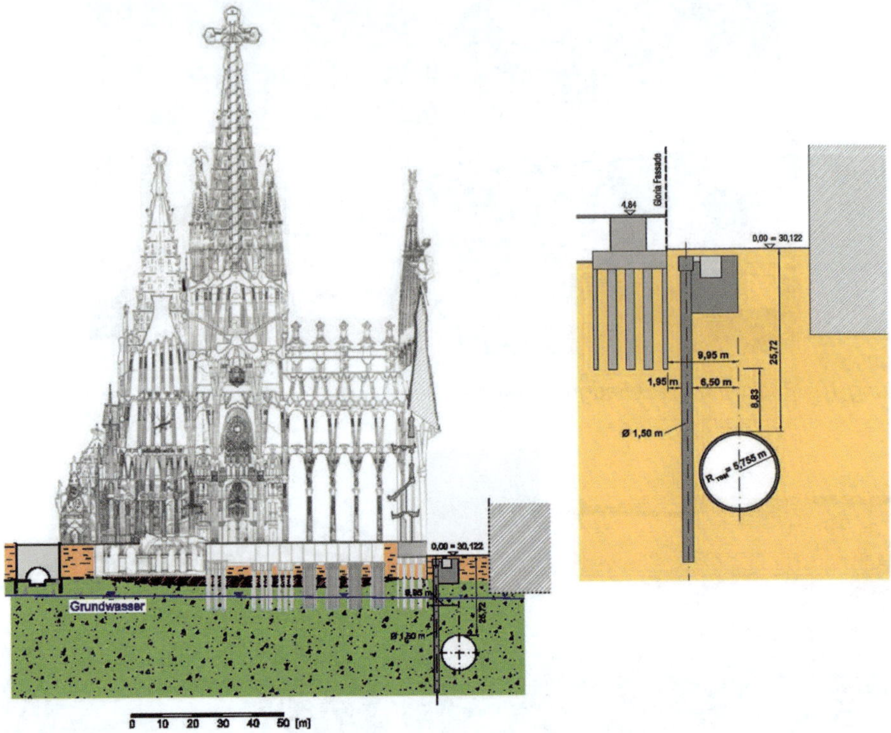

Abbildung 12: Systemschnitt an der Sagrada Familia mit aufgelöster Bohrpfahlwand und Kopfbalken als temporäre Sicherungsmaßnahme für die Tunneldurchfahrt.

Abbildung 13: Casa Milà und Systemschnitt mit aufgelöster Bohrpfahlwand als temporäre Sicherungsmaßnahme für die Tunneldurchfahrt.

Mit dem im Rahmen der Beobachtungsmethode installierten Messprogramm wurden u.a. die Auswirkungen der Vortriebsarbeiten auf den Baugrund und die im Einflussbereich liegenden Bauwerke vollständig erfasst. Die tatsächlich aufgetretenen Setzungen an der Geländeoberfläche lagen mit max. 0,5 cm weit unterhalb der prognostizierten Werte. Bau- bzw. messtechnisch identifizierbare Auswirkungen auf die Sagrada Familia durch den Tunnelvortrieb konnten nicht festgestellt werden (Abbildung 14).

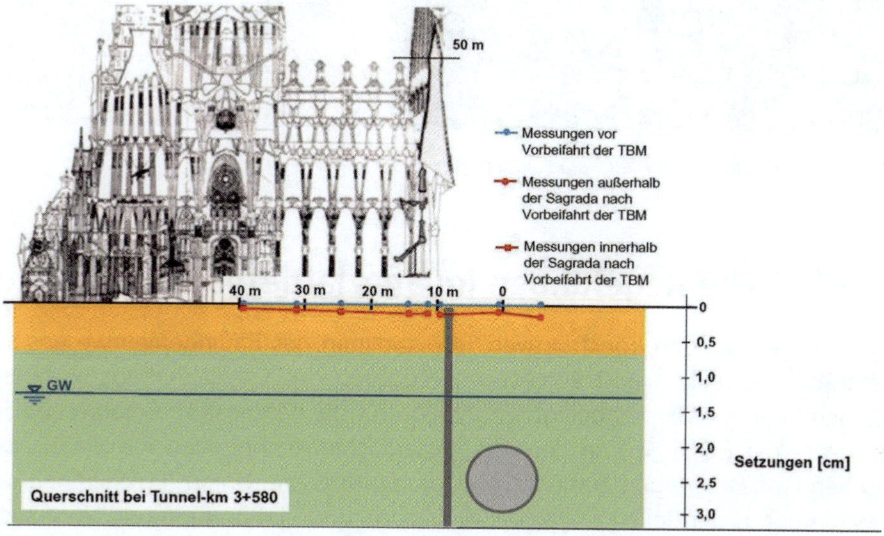

Abbildung 14: Setzungen der Oberfläche quer zur Tunnelachse im Bereich der Sagrada Familia.

1.3.4 Spezialtiefbau und Geothermie

Die thermische Nutzung von Baugrund und Grundwasser zur nachhaltigen und grundlastfähigen Gewinnung und Speicherung thermischer Energie wird als Geothermie bezeichnet. Diese umweltfreundliche und ressourcenschonende Alternative zu konventionellen Heiz- und Kühlsystemen wird inzwischen nicht nur in kleineren Anlagen im privaten Hausbau, sondern häufig auch bei großen industriellen Bauten und Bürogebäuden genutzt. Für die oberflächennahe Geothermie, d.h. die thermische Nutzung des Baugrundes bis in 400 m Tiefe, werden dazu die durch den Spezialtiefbau installierten Bauteile (i.d.R. Gründungspfähle und massive Verbaukonstruktionen) mit Wärmetauscherrohren ausgestattet. Zahlreiche Hochhäuser und Gebäudekomplexe sind bereits mit geothermischen Anlagen ausgerüstet. Beispielhaft sei hier der Gebäudekomplex PalaisQuartier in Frankfurt am Main genannt (Abbildung 15), dessen geothermische Anlage aus 262 bis zu 27 m langen, als Energiepfähle genutzten Gründungspfählen (Ø bis 1,86 m) und 130 bis zu 28 m langen, ebenfalls thermisch aktivierten Verbauwandpfählen (Ø bis 1,50 m) besteht [16, 17].

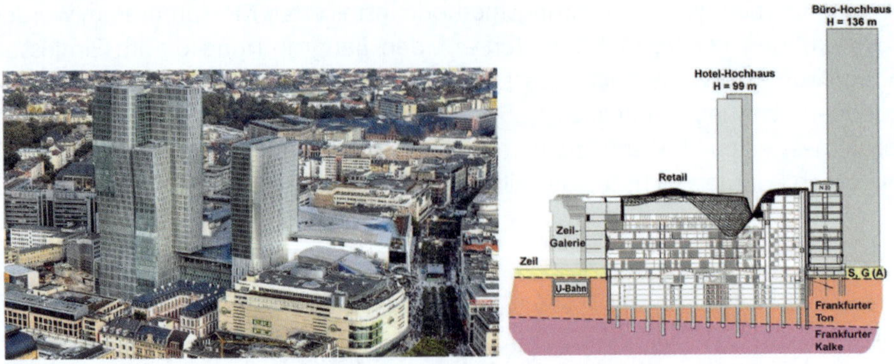

Abbildung 15: Gebäudekomplex PalaisQuartier in Frankfurt am Main.

1.4 Technische Regelungen im Spezialtiefbau

Wie auch in den übrigen konstruktiven Teildisziplinen des Bauingenieurwesens sind die Bauverfahren, -techniken und Bemessungsverfahren des Spezialtiefbaus in zahlreichen technischen Regelwerken festgelegt. Grundlage für die gängigsten Verfahren im Spezialtiefbau bildet der EC 7 [13], in dem die wesentlichen technischen Regeln für die geotechnischen Fragestellungen einheitlich für die Europäische Union (EU) geregelt sind. Ergänzt wird der aus den Teilen „Allgemeine Regeln" und „Erkundung und Untersuchung" bestehende Eurocode 7 jeweils durch einen Nationalen Anhang, der die Informationen und Regelungen enthält, die für die Anwendung im jeweiligen Land erforderlich sind. So enthält der Nationale Anhang die für Deutschland festgelegten Parameter sowie Hinweise auf ergänzende nationale Regelungen, die ihrerseits dem Eurocode nicht widersprechen dürfen [18, 19]. Eine Übersicht über die strukturelle Gliederung (Normenhierarchie) ist beispielhaft in Abbildung 16 dargestellt [19].

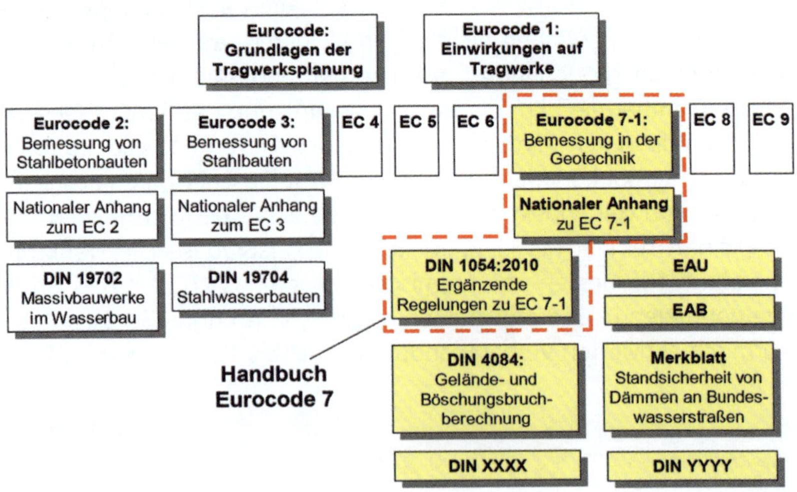

Abbildung 16: Normenhierarchie im Bauwesen für den Spezialtiefbau als Teil der Geotechnik.

Sowohl im EC 7 selbst als auch im nationalen Anhang sind die Verweise auf die jeweiligen nationalen Anwendungsdokumente enthalten, die auch die Anwendungskriterien für die Dimensionierung und Ausführung der Spezialtiefbauarbeiten enthalten.

Bauverfahren und Bauprodukte des Spezialtiefbaus, die nicht in den o.g. Normen geregelt sind, unterliegen in Deutschland im Allgemeinen der allgemeinen bauaufsichtlichen Zulassung, die ihrerseits von den Spezialtiefbauunternehmen beim Deutschen Institut für Bautechnik (DIBt) beantragt werden müssen und zeitlich begrenzt gelten. Hinweise auf diese technischen Regelwerke finden sich ebenfalls in den o.g. Nationalen Anhängen.

Hinzu kommen Vorschriften und Merkblätter von Baufirmen sowie Maschinen- und Geräteherstellern, Vorschriften und Merkblätter von Behörden und Unfallversicherungsträgern, Empfehlungen von Interessenverbänden (z.B. Empfehlungen der Deutschen Gesellschaft für Geotechnik e.V.) u.a.

Aufgrund der enormen Komplexität der im Spezialtiefbau eingesetzten Verfahren und Techniken ist eine intensive Begleitung der Planung und Bauausführung durch fachkompetentes Personal erforderlich [20]. Die Fachbauüberwachung durch erfahrene Ingenieure auf der Baustelle ist hierzu ein wesentlicher Teil. Ggf. ist zusätzlich ein Prüfsachverständiger für Erd- und Grundbau einzuschalten.

Zur Festlegung der Mindestanforderungen an Umfang und Qualität von geotechnischen Untersuchungen, Berechnungen und Bauüberwachung im Sinne des Vier-Augen-Prinzips sind im EC 7 in Abhängigkeit von der Schwierigkeit der Baumaßnahme und des Baugrundes die Geotechnischen Kategorien 1 bis 3 festgelegt [21]. Baumaßnahmen, die mit Hilfe von Verfahren des Spezialtiefbaus errichtet werden, sind mindestens in die Geotechnische Kategorie 2, das sind Baumaßnahmen mit mittlerem Schwierigkeitsgrad im Hinblick auf das Zusammenwirken von Bauwerk und Baugrund, einzuordnen. Eine Fachbauüberwachung auf der Baustelle ist für die Geotechnischen Kategorien 2 und 3 vorgeschrieben. Ein Prüfsachverständiger für Erd- und Grundbau ist nur in besonderen Fällen für Baumaßnahmen der Geotechnischen Kategorie 2 notwendig, während für Baumaßnahmen der Geotechnischen Kategorien 3 zusätzlich zur Fachbauüberwachung eine Begleitung der Planungen und der Bauausführung durch einen Prüfsachverständigen für Erd- und Grundbau notwendig ist. Darüber hinaus ist bei Baumaßnahmen der Geotechnischen Kategorie 3 immer die Beobachtungs-methode anzuwenden.

1.5 Literatur

[1] Schmidt, H.-H. (2006): Grundlagen der Geotechnik. B. G Teubner Verlag, Wiesbaden, 3. Auflage.

[2] Triantafyllidis, T. (2004): Schlitzwand- und Dichtwandtechnik. Teil 1, Ernst & Sohn Verlag, Berlin.

[3] Neuburger, A. (1920): Technik des Altertums. Voigtländer Verlag, Leipzig, 2. Auflage.

[4] Buja, H. O. (2011): Handbuch der Tief-, Flach-, Geothermie- und Horizontalbohrtechnik in Grundlagen und Anwendung. Vieweg + Teubner Verlag, Wiesbaden, 1. Auflage.

[5] Scheidegge, F. (Hrsg.) (1994): Aus der Geschichte der Bautechnik, Band 1: Grundlagen. Birkhäuser Verlag, Basel, 2. Auflage.

[6] Buja, H. O. (2001): Handbuch des Spezialtiefbaus. Werner Verlag, Düsseldorf, 2. Auflage.

[7] Katzenbach, R., Ittershagen, M., Ramm, H., Werner, A. (2004): Die Entwicklung neuer Gründungstechnologien am Beispiel der Forschungs-Kooperation der TU Berlin mit der TU Darmstadt. Festschrift zum 60. Geburtstag von Prof. Dr.-Ing. habil. S.A. Savidis am 11.9.2004, Springer Verlag.

[8] Katzenbach, R., Weidle, A., Ramm, H. (2003): Geotechnical basics in modelling of the soil-structure-interaction due to the sustainable re-use of historical foundations and structures. International Conference on Reconstruction of Historical Cities and Geotechnical Engineering, St. Petersburg, Russland, 17.-19.9.2003, Vol. 1, 85-94.

[8] Katzenbach, R. (1995): Hochhausgründungen im setzungsaktiven Frankfurter Ton – Innovationen für neue Gründungstechniken. Mitteilungsheft 13, Institut für Bodenmechanik und Grundbau der TU Graz, 44-58.

[9] Hanisch, J., Katzenbach, R., König, G. (Hrsg.) (2002): Kombinierte Pfahl-Plattengründungen. Ernst & Sohn Verlag, Berlin.

[10] Katzenbach, R., Leppla, S., Waberseck, T. (2012): Deep excavations and deep foundation systems combined with energypiles. Baltic Piling Days 2012, 03.-05.09.2012, Tallin, Estland, 14 S.

[11] Katzenbach, R., Hoffmann, H., Vogler, M., Weidle, A. (2006): Beherrschung des Risikopotentials Tiefer Baugruben im urbanen Umfeld · Aktuelle Szenarien. 29. Baugrundtagung der Deutschen Gesellschaft für Geotechnik e.V., 27. – 30. September 2006, Bremen, 135-142.

[12] Katzenbach, R., Wachter, St., Vogler, M., Seip, M. (2006): Sanierung einer instabilen tiefen Baugrube und deren numerische Untersuchung. Mitteilungen des Instituts und der Versuchsanstalt für Geotechnik der Technischen Universität Darmstadt, Heft 76, 221-231.

[13] DIN EN 1997-1:2014-3: Eurocode 7: Entwurf, Berechnung und Bemessung in der Geotechnik – Teil 1: Allgemeine Regeln. Beuth Verlag, Berlin.

[14] DIN 1054:2010-12: Baugrund – Sicherheitsnachweise im Erd- und Grundbau – Ergänzenden Regelungen zu DIN EN 1997-1. Beuth Verlag, Berlin.

[15] Katzenbach, R., Vogler, M., Dunaevskiy, R., Kurze, S. (2011): Verformungsminimierter Hochleistungstunnelbau neben historischer Bebauung. Mitteilungen des Instituts und der Versuchsanstalt für Geotechnik der Technischen Universität Darmstadt, Heft 88, 95-108.

[16] Katzenbach, R., Leppla, S., Ramm, H., Waberseck, T., Vogler, M., Seip, M. (2012): Geotechnik und Geothermie in der Region Rhein-Main-Neckar. 32. Baugrundtagung der Deutschen Gesellschaft für Geotechnik e.V., 26. – 29. September 2012, Mainz, 7-14.

[17] Katzenbach, R., Vogler, M., Waberseck, T. (2008): Große Energiepfahlanlagen in urbanen Ballungsgebieten. Bauingenieur 83, Heft 7/8, Springer VDI Verlag, Düsseldorf, 343-348.

[18] Katzenbach, R., Schuppener, B. (2012): EC 7 – Geotechnik. 36. Massivbauseminar, Darmstadt.

[19] Katzenbach, R., Schuppener, B., Weidle, A., Ruppert, T. (2011): Grenzzustandsnachweise in der Geotechnik nach EC 7-1. Bauingenieur 86, Heft 7/8, Springer VDI Verlag, Düsseldorf, 356-363.

[20] Buja, H. O. (2004): Der Spezialtiefbau – Aktueller Stand der Geräte- und Verfahrenstechnik. Bautechnik Spezial, Ernst & Sohn Verlag, Berlin, 25-109.

[21] Katzenbach, R., Leppla, St., Weidle, A., Werner, A. (2011): Das Vier-Augen-Prinzip in der Geotechnik: Der Prüfsachverständige für Erd- und Grundbau. Geotechnik-Kolloquium anlässlich des 60. Geburtstags von Prof. Dr.-Ing. Dietmar Placzek, Universität Duisburg-Essen, 26.05.2011, 255-267.

2 Baugrunderkundung

Volker Eitner, Ferdinand Stölben, Roland Strauß

2.1 Grundlagen der Baugrunderkundung

Art und Umfang einer Baugrunderkundung richten sich nach der Art des Bauwerks, den in Betracht kommenden Baugrundverhältnissen und den Bauverfahren.

Die Baugrunderkundung muss alle relevanten Einflüsse auf das Bauwerk und die Wechselwirkungen des Baugrundes mit dem Bauwerk erfassen. Insbesondere bei Arbeiten des Spezialtiefbaus ist dies und zusätzlich die Erfassung und Bewertung der Bearbeitbarkeit des Baugrundes und seiner Komponenten von besonderer Bedeutung.

Im folgenden Kapitel werden die üblichen Untersuchungsmethoden und ihre Auswertung behandelt.

Die Grundlagen von Baugrunderkundungen werden im Wesentlichen in drei Normen geregelt:

- DIN EN 1997-2: 2010 »Entwurf, Berechnung und Bemessung in der Geotechnik – Teil 2: Erkundung und Untersuchung des Baugrunds (EC 7-2)«
- DIN EN 1997-2/NA: 2010 – Nationaler Anhang
- DIN 4020: 2010 »Geotechnische Untersuchungen für bautechnische Zwecke – Ergänzende Regelungen zu DIN EN 1997-2«

Diese drei Normen sind in einem Normenhandbuch zusammengefasst [1]. In DIN EN 1997-2 sind Angaben über Art und Umfang der geotechnischen Untersuchungen enthalten. Die Normen liefern Regeln für die Bewertung von Labor- und Feldversuchen sowie über die Berichterstattung.

In DIN EN 1997-1 sind drei **Geotechnische Kategorien** (GK) definiert [2]:

Kategorie 1 umfasst einfache Bauobjekte bei einfachen und überschaubaren Baugrundverhältnissen ohne Grundwassereinfluss.

Kategorie 2 umfasst Bauobjekte und Baugrundverhältnisse mittleren Schwierigkeitsgrades, sowie durchschnittliche Grundwasserverhältnisse.

Kategorie 3 umfasst Bauobjekte mit schwieriger Konstruktion und/oder schwierigen Baugrund- und Grundwasserverhältnissen.

Eine Baumaßnahme ist zu Beginn der Planung in eine der geotechnischen Kategorien einzuordnen. DIN 1054:2021 und DIN 4020:2010 enthalten zahlreiche Zuordnungskriterien für die Einordnung. Wenn spätere Ergebnisse es erfordern, ist eine Änderung der Einstufung vorzunehmen. Auch einzelne Bauabschnitte oder Bauphasen können in eine andere Kategorie eingeordnet werden. Die Einstufung von Baumaßnahmen des Straßenbaus sind dem FGSV-Merkblatt M GUB 04 zu entnehmen.

DIN EN 1997-2 definiert den »**Geotechnischen Untersuchungsbericht**« mit den Ergebnissen der Baugrunduntersuchung und der Angabe abgeleiteter Kennwerte. Dieser ist Teil des »**Geotechnischen Entwurfsberichtes**« nach DIN EN 1997-1, der zusätzlich charakteristische Werte, Gründungsempfehlungen sowie Standsicherheits- und Gebrauchstauglichkeitsnachweise enthält. In DIN 4020 ist der »**Geotechnische Bericht**« enthalten, der mit den Festlegungen des »**Geotechnischen Untersuchungsberichtes**«, der Angabe von charakteristischen Kennwerten sowie einer Gründungsempfehlung dem in Deutschland gängigen Baugrund- und Gründungsgutachten entspricht (Abbildung 1).

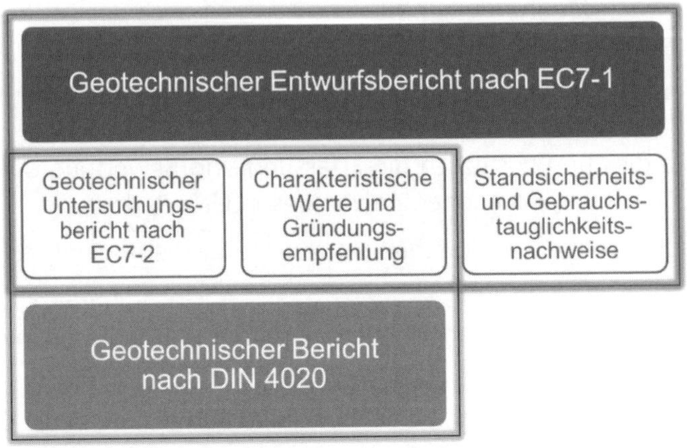

Abbildung 1: Einordnung des Geotechnischen Berichts nach DIN 4020 in das Berichtswesens des Eurocode 7 [3]

Bei Baugrunderkundungen für größere Projekte können **drei Untersuchungsphasen** unterschieden werden:

- Voruntersuchung
- Hauptuntersuchung
- baubegleitende Untersuchungen

Die Erkundung des Baugrundes und der Grundwasserverhältnisse erfolgt zweckmäßigerweise in mehreren, dem Planungsstand angepassten Untersuchungsstufen. Wenn keine modernen geologischen Karten zur Verfügung stehen, kann es sinnvoll sein, zu Beginn der Untersuchungsarbeiten eine **Kartierung** unter Berücksichtigung der tektonischen und hydrogeologischen Verhältnisse durchzuführen, um geologische Besonderheiten und Risiken rechtzeitig zu erkennen und die Erkundung des Baugrunds darauf abzustimmen.

Sofern in der **Projektumgebung** Bauten, Verkehrswege oder Versorgungseinrichtungen (z.B. Trinkwassergewinnungsanlagen) vorhanden sind, die durch die geplante Baumaßnahme beeinträchtigt werden können, sind die Untersuchungen daraufhin auszudehnen und Beweissicherungsmaßnahmen vorzusehen (z.B. Dokumentation der Schadensfreiheit bzw. der Rissentwicklung, Setzungsmessungen, Erschütterungsmessungen etc.).

Die **Voruntersuchung** dient der Entscheidung, ob das geplante Objekt bei den zu erwartenden Baugrundverhältnissen ohne besondere Probleme errichtet werden kann. Dazu gehört auch bereits eine Abwägung der möglichen Gründungsarten und ggf. ein Vergleich mit Alternativstandorten. Dafür sind im Bedarfsfall bereits erste Aufschlüsse vorzunehmen und die Baugrundeigenschaften sowie die Grundwassersituation stichprobenartig zu ermitteln.

Der Umfang der **Hauptuntersuchung** richtet sich nach den örtlichen Gegebenheiten und soll sicherstellen, dass Aufbau und Eigenschaften des Baugrundes bzw. eines als Baustoff vorgesehenen Bodens oder Festgesteins für die Entwurfsbearbeitung des Objektes bekannt sind und soll die Beurteilung voraussehbarer Varianten der Gründung und der Baudurchführung ermöglichen. Bei den Erkundungsmethoden für die Hauptuntersuchung werden direkte Aufschlüsse, indirekte Aufschlüsse sowie Feld- und Laborversuche unterschieden, die sich ergänzend eingesetzt werden.

In der **baubegleitenden Untersuchung** sind die angetroffenen Baugrundverhältnisse auf Übereinstimmung mit der Vorhersage zu überprüfen und zu dokumentieren. Im Bedarfsfall sind baubegleitende Messungen zur Kontrolle der rechnerischen Nachweise vorzunehmen (s. DIN EN 1997-1 und FGSV-Merkblatt M GUB 04).

In Österreich gilt für Baumaßnahmen des Straßenbaus der sog. »Geologenerlass«, in dem festgelegt ist, dass die einzelnen Untersuchungs- und Planungsphasen jeweils von einem unabhängigen Prüfgeologen beurteilt werden müssen.

Falls die Grundsätze der »**Beobachtungsmethode**« gemäß DIN EN 1997-1 angewendet werden sollen, sind bereits im Rahmen der Baugrunderkundung Überwachungs- und Kontrolleinrichtungen zu installieren, die in der Bau- und in der Nutzungsphase des Bauwerks zur Verfügung stehen.

2.2 Vorstudie

2.2.1 Allgemeines

Zu einer Voruntersuchung gehört zunächst das Beschaffen von Karten und anderer Informationen einschließlich einer intensiven Ortsbegehung. Im Bedarfsfall sind ggf. auch indirekte Aufschlussmethoden (z.B. Luftbildauswertung; Drohnenbefliegungen, Laserscanning, Geophysik) einzusetzen, die erste Aufschlussbohrungen und deren Ergebnisse unterstützen. Im Rahmen der Vorstudie sind auch Angaben über etwaige Altlasten oder Altbergbau, Kampfmittel, über eine Erdbebengefährdung sowie über geologische Besonderheiten (Rutschungen, Karstprobleme etc.) und bei größeren Projekten auch über die tektonische Gesamtsituation eines Gebietes zu machen.

2.2.2 Geologische und ingenieurgeologische Karten

Bei Fehlen natürlicher Aufschlüsse, die einen Einblick in den Untergrundaufbau ermöglichen, kommt der Auswertung **geologischer und ingenieurgeologischer Karten** besondere Bedeutung zu.

Baugrundkarten sollen zwar die für eine Baumaßnahme relevanten Eigenschaften des oberflächennahen Untergrundes wiedergeben, können aber eine objektbezogene Baugrunderkundung nicht ersetzen. Sie bestehen meist aus einer Hauptkarte mit Darstellung der auftretenden Gesteinsarten und ihrer wichtigsten Baugrundeigenschaften sowie punktweisen Angaben über Grundwasserstände.

2.2.3 Gefahrenhinweis- und Risikokarten

Zur Eindämmung der Naturgefahren werden **Gefahrenhinweiskarten** erstellt. In Deutschland bestehen die Gefahrenhinweiskarten im Wesentlichen aus einem Ereignis- und Flächenkataster über z.B.:

- Hanginstabilitäten (Rutschungen, Felsstürze, Steinschlag etc.)
- Erdfälle und andere Karsterscheinungen
- besonders ungünstige Baugrundverhältnisse (Tabelle 1)
- Erdbeben
- Hochwassergefahren
- Bergbaufolgen
- Grundwasserversalzung
- Bodengasaustritte (Methan, CO_2, Radon etc.)

Tabelle 1: Zusammenstellung ungünstiger Baugrundverhältnisse mit Gefahr für ungewöhnliche Setzungen/Hebungen [4]

Organische Sedimente Setzungsgefahr auf Grund organischer Einlagerungen (marine, brackische, fluviatile Sedimente wie Mudde, Klei, Schlick oder Torf)
Anthropogene Auffüllung Gefahr von uneinheitlichem Setzungsverhalten auf Grund größerer anthropogener Auffüllung
Tonig-schluffige Gesteine Gefahr von Setzung und Hebung auf Grund jahreszeitlicher Volumenänderungen infolge von Schrumpfungen bei Austrocknung und von Quellen bei Wiederbefeuchtung
Bituminöse, pyritführende Tongesteine Gefahr von Baugrundhebung bei Austrocknung pyritführender, bituminöser Tonsteine infolge Kristallisationsdruck von Sulfatmineralen auf Schichtflächen
Gesteine mit Anhydrit und quellfähigen Tonmineralen Gefahr der Volumenzunahme bei Wasserzutritt durch Umwandlung von Anhydrit in Gips bzw. Quellung von Tonmineralen

Die Gefahrenhinweiskarten sind auf die Belange der Raumplanung ausgerichtet und enthalten in der Regel noch keine Angaben über Intensität und Eintrittswahrscheinlichkeit der Ereignisse.

Nähere Angaben zu den jeweiligen Ereignissen sind der nächsten Entwicklungsstufe, den **Risikokarten**, vorbehalten. In diese Kategorie gehören auch die verschiedenen Hangstabilitätskarten und Erdfallkarten, wie sie beispielsweise in Rheinland-Pfalz und Thüringen vorliegen. Die Risikokarten, in einigen alpinen Ländern auch Gefahrenzonenpläne (GZP) genannt, sind in der Regel Planungsgrundlagen. Ihre Bearbeitung erfolgt hauptsächlich nach den Vorgaben der sog. »Schweizer Methode« [5]. In den Gefahrenkarten sind verschiedene Gefahrenzonen ausgehalten, aus denen sich die damit verbundenen Nutzungseinschränkungen ergeben. Die Art der Gefährdung und ihr Ausmaß müssen möglichst zutreffend, objektiv und nachvollziehbar aufgezeigt werden. Eine korrekte Gefahrenbeurteilung erfordert eine möglichst gute Datengrundlage mit konkretem örtlichem Bezug, was in der Regel eine Überarbeitung im Gelände erfordert.

Als Ergebnis umfangreicher Datensammlungen können auch die **webbasierten Geoinformationssysteme** einzelner Bundesländer genannt werden, wie »Gefährdungspotenziale des Untergrunds in NRW« [6], [7] und »Georisiko Thüringen« [8]. In Kartendarstellungen verschiedener Maßstäbe stehen Informationen über die Verbreitung der jeweiligen Gefährdungen zur Verfügung.

2.2.4 Erdbebengefährdung

In Deutschland gilt für die Erdbebenproblematik die DIN EN 1998-1 »Eurocode 8: Auslegung von Bauwerken gegen Erdbeben – Teil 1 Grundlagen, Erdbebeneinwirkungen und Regeln für Hochbauten«. Die nationalen Belange und Parameter sind in einem Nationalen Anhang, DIN EN 1998-1/NA:2023 festgelegt. Dieser gilt nur in Verbindung mit der Norm.

Die DIN EN 1998-1 gilt für die Auslegung von Bauwerken des Hoch- und Ingenieurbaus in Erdbebengebieten. Weitere Teile der Norm gelten für Brücken (Teil 2), für bestehende Hochbauten (Teil 3), für Silos und Tankbauwerke (Teil 4), für Gründungen und Stützbauwerke (Teil 5, mit NA) und für Türme, Masten und Schornsteine (Teil 6). Sicherheitsrelevante Anlagen wie Kernkraftwerke und Talsperren fallen nicht in den Anwendungsbereich dieser Normenreihe. Für Bauwerke dieser Art werden genaue Standortanalysen verlangt und es liegen z.T. spezielle Richtlinien vor (z.B. die Talsperrennormenreihe DIN 19700-10 bis DIN 19700-15).

Für die Abschätzung der Erdbebeneinwirkung werden in Deutschland je nach örtlicher seismischer Gefährdung **Erdbebenzonen** festgelegt, in denen die Gefährdung jeweils als konstant angenommen wird. Grundlage der Erdbebenzonen nach DIN 4149 (Zone 0 bis 3; sind aktualisierte Erschütterungsintensitäten mit einer Referenz-Wiederkehrperiode von 475 Jahren und einer Eintritts- bzw. Überschreitungswahrscheinlichkeit von 10 % in 50 Jahren für die Intensitäten der Europäischen Makroseismischen Skala (EMS) [9]. Die DIN 4149 wurde vom Regelsetzer zwischenzeitlich zurückgezogen. Die bauaufsichtliche Einführung von DIN EN 1998-1/NA:2023 durch die Bauministerien des Bundes und der Länder (ArgeBau) soll 2024/25 erfolgen. Gemäß dem NA müssen die Erschütterungsintensitäten dann standortspezifisch durchgeführt werden. Das Geoforschungsinstitut Potsdam stellt die erforderlichen Basisdaten zur Verfügung.

Der **Einfluss der Baugrundbeschaffenheit** auf die Erdbebeneinwirkung wird nach DIN EN 1998-1 durch verschiedene Baugrundklassen (A bis E sowie S_1 und S_2) ausgedrückt, definiert nach bestimmten Bodenkennwerten (N_{30} bzw. c_u in kN/m²) und der Scherwellengeschwindigkeit ($v_{s,30}$ in m/s) für die oberen 30 m des Untergrundaufbaus. Von diesen **Baugrundklassen** sind drei in den Nationalen Anhang der DIN EN 1998-1 übernommen worden (Tabelle 2).

Tabelle 2: Baugrundklassen der DIN EN 1998-1/NA

Klasse		$v_{s,30}$	N_{30}*	c_u*
A	Unverwitterte Festgesteine hoher Festigkeit	> 800	–	–
B	Mäßig verwitterte Festgesteine geringer Festigkeit Grob- bzw. gemischtkörnige Böden dichter Lagerung oder fester Konsistenz	350 bis 800	> 50	> 250
C	Stark verwitterte (entfestigte) Festgesteine Grob- bzw. gemischtkörnige Böden mitteldichter Lagerung Feinkörnige Böden von min. steifer Konsistenz	150 bis 350	15 bis 50	70 bis 250

* bedeutet Festlegung nur in DIN EN 1998-1.

Wenn sich der Baugrund nicht in eine dieser drei Klassen einordnen lässt, sind gesonderte Untersuchungen vorzunehmen. Dasselbe gilt für besondere Baugrundrisiken, wie Verlust der Lagesicherheit und große Verformungen, z.B. infolge instabiler Hanglage oder Bodenverflüssigung.

2.3 Art und Umfang der Baugrunderkundung

Der **Umfang der Untersuchung,** d.h. der Abstand und die Tiefe der Aufschlüsse, sind abhängig von den geologischen Gegebenheiten, den Bauwerksabmessungen und den bautechnischen Fragestellungen. Die Normen DIN EN 1997-2 und DIN 4020 enthalten detaillierte Angaben darüber. Die endgültige Festlegung der Bohransatzpunkte erfolgt dann nach Erhebungen vor Ort bzw. sie werden statistisch über das Projektgelände verteilt. Bei Hoch- und Industriebauten beträgt der Abstand der Aufschlüsse üblicherweise 20 bis 40 m, bei großflächigen oder lang gestreckten Bauwerken bis 60 m. Die Bohrungen sind so tief zu führen, dass alle Schichten, welche Einfluss auf die Standfestigkeit und die Setzungen des Bauwerks sowie auf die Wasserführung des Baugrundes haben, erfasst werden.

Die Aufschlusstiefe (z_a) beträgt mindestens 6 m ab Fundamentsohle bzw. Aushubsohle, bei Pfahlgründungen ab Pfahlfußebene. Darüber hinaus geben die Normen weitere Angaben für z_a in Abhängigkeit vom Bauwerk (auch Erdbauwerke und Hohlraumbauten) sowie der Art und Abmessung der Gründungskörper bzw. der Baugrubentiefen und der Grundwasserstände. Im Felsuntergrund darf die Bohrtiefe auf 2 bis 5 m unter Bauwerkssohle reduziert werden.

Bei Trassenuntersuchungen betragen die durchschnittlichen Bohrabstände 20 m bis 200 m, im Mittel etwa 100 m (ZTVE-StB 09). In Hanglage sollen Querprofile mit zwei oder drei Bohrungen aufgeschlossen werden. Bei Brückenbauwerken sollen alle Fundamentstandorte mit je zwei bis vier Aufschlüssen untersucht werden. Der Untersuchungsaufwand richtet sich dabei nach der Variabilität des zu erwartenden Untergrundes.

Im Rahmen des Baugenehmigungsverfahrens ist heute in der Regel der Nachweis fehlender Schadstoffbelastung des Baugrubenaushubs zu erbringen.

Die notwendige Anzahl der zu untersuchenden Proben muss anhand des Schichtaufbaus, der Homogenität des Untergrundes, der geotechnischen Fragestellung bzw. Kategorie des Projektes und letztlich nach der regionalen Erfahrung festgelegt werden. Die DIN EN 1997-2 gibt für einige Versuchsarten konkrete Mindestzahlen an. Nach der Norm werden außerdem folgende Arten von Bodenproben bzw. Probekörper unterschieden:

- Natürliche Proben, gestört oder ungestört
- Aufgearbeitete, durchwalkte Proben
- Wiederhergestellte Proben (Sand, Kies, Schlamm, Auffüllung)

Gestörte und auch wiederhergestellte Proben sollten möglichst die gleiche Zusammensetzung, Dichte und Wassergehalt haben, wie der anstehende Boden. Besonders bei der Entnahme von Bodenproben aus kiesig-sandig-schluffigen Wechsellagerungen ist zu beachten, dass ein nicht erkannter Sand- oder Schluffanteil, auch einzelner Lagen, zu Fehlbeurteilungen der Durchlässigkeiten führen kann.

2.4 Felduntersuchungen

2.4.1 Rechtliche Grundlage

Alle in Deutschland durch mechanische Kraft angetriebenen Bohrungen müssen nach dem deutschen **Geologiedatengesetz** vor Beginn der Arbeiten dem jeweils zuständigen Geologischen Landesdienst angezeigt und die Bohrergebnisse zur Verfügung gestellt werden.

Durch das Geologiedatengesetz vom 30. Juni 2020 wurde das Lagerstättengesetz abgelöst und soll die Voraussetzung für die geologische Landesaufnahme sowie für die Übermittlung und Sicherung geologischer Daten schaffen. Mit dem Gesetz wird eine umfassende Pflicht zur Sicherung geologischer Daten zum Zweck des Erhalts, der dauerhaften Lesbarkeit und Verfügbarkeit dieser Daten für alle bestehenden und künftigen geologischen Aufgaben des Bundes und der Länder verankert. Zudem ist die öffentliche Bereitstellung geologischer Daten ein wesentliches Element des Gesetzes.

Bohrungen von über 100 m Tiefe stehen darüber hinaus nach dem **Bundesberggesetz** (BBergG) unter Bergaufsicht und sind vorab der zuständigen Bergbehörde anzuzeigen. Hierbei sind Angaben über die Lage der Bohrpunkte, den Zweck der Bohrungen und auch verschiedene bohrtechnische Daten (Bohrverfahren, Durchmesser, Tiefe) zu machen. Die vorgesehene Bohranlage muss den Anforderungen der Bergbehörde entsprechen.

Außerdem muss in weiten Bereichen von Deutschland vor Bohrbeginn das Einvernehmen mit dem Bundesamt für die Sicherheit der nuklearen Entsorgung (BASE) im Hinblick auf die Belange des Standortauswahlgesetzes (StandAG) hergestellt werden.

Die **EU-Wasserrahmenrichtlinie** (WRRL) verlangt von den Mitgliedsstaaten einen verstärkten Schutz des Grundwassers. Nach dem **Wasserhaushaltsgesetz** (WHG) und den entsprechenden Ländergesetzen (LWG) gelten sowohl Eingriffe in das Grundwasser als auch die Entnahme von Bohrwasser aus oberirdischen Gewässern bzw. seine Einleitung als Benutzung und bedürfen einer behördlichen Zulassung. Für eine solche Zulassung liegen verschiedene Rechtsformen vor. In einigen Bundesländern gilt bereits das Anbohren des

Grundwassers als Benutzung und ist, wie auch die Einrichtung von Grundwassermessstellen oder die Durchführung von Pumpversuchen, erlaubnispflichtig. Hierbei ist auch das Verrieseln oder das Wiedereinleiten des beim Klarspülen von Bohrungen oder bei Pumpversuchen anfallenden Wassers mitzubeantragen. Soll aus dem Bohrloch abgepumptes Wasser in die Kanalisation eingeleitet werden, so ist auch dafür eine Genehmigung einzuholen.

Bei Aufschlussarbeiten in **Wasserschutzgebieten** sind sowohl die Richtlinien für Trinkwasserschutzgebiete bzw. Heilquellenschutzgebiete zu beachten als auch im Bedarfsfall die Richtlinien für bautechnische Maßnahmen an Straßen in Wasserschutzgebieten (RiStWag; BeStWag) bzw. die Richtlinien für die Anwendung von Wasserrecht auf Betriebsanlagen der Deutschen Bahn AG. Die üblichen Auflagen bzw. Schutzmaßnahmen für Arbeiten in Trinkwasserschutzgebieten, deren Anwendung im Einzelnen von der Untergrundbeschaffenheit abhängt, sind in Tabelle 3 zusammengefasst.

In den Heilquellenschutzgebieten sind außer den qualitativen Schutzzonen I bis III besonders die Zonen A und B gegen quantitative Beeinträchtigung maßgebend (Zone A = engerer Zustrombereich, Zone B = weiterer Zustrombereich).

In Grabungsschutzgebieten ist nach den **Denkmalschutzgesetzen** (DSchG) der Bundesländer für Grabungen und auch Bohrungen, welche verborgene Kulturdenkmäler gefährden können, eine Genehmigung der Unteren Denkmalschutzbehörde einzuholen.

Tabelle 3: Richtlinien für das Arbeiten in Wasserschutzgebieten

Schutzzone	Größe der Schutzzone	Anmerkungen
Zone I	Fassungsbereich im Allgemeinen < 10 bis 50 m	Aufschlussarbeiten in der Regel nicht zulässig.
Zone II	Engere Schutzzone > 50 m, 50 Tage Verweildauer kann bei günstiger Untergrundbeschaffenheit entfallen.	Aufschlussarbeiten nur ausnahmsweise und im Einvernehmen mit der Wasserbehörde und den betr. Wasserversorgungsunternehmen. Schürfe und Bohrungen sind, abgestimmt auf die ursprünglichen Verhältnisse, sorgfältig und kurzfristig zu verfüllen. Die eingesetzten Geräte sind gegen Öl- und Treibstoffverluste zu sichern (Ölauffangwannen).
Zone III	Weitere Schutzzone bis 2 km III A entspricht meist dem Einzugsgebiet der Trinkwassergewinnungsanlage	Schürfe und Bohrungen sind, abgestimmt auf die ursprünglichen Verhältnisse, sorgfältig zu verfüllen. Grundwassermessstellen sind in den oberen Metern nötigenfalls zu zementieren. Versickerung von Wasser gefährdenden Flüssigkeiten (Treibstoffe, Hydrauliköl, Schmiermittel) ist durch Folien o.Ä. zu verhindern. Liegen Bohrpunkte näher als etwa 500 m zu den Gewinnungsanlagen, können zusätzliche Maßnahmen nötig werden.
	über 2 km III B	Gewisse Erleichterungen gegenüber III A möglich.

In Naturschutz- oder Landschaftsschutzgebieten ist gemäß **Bundesnaturschutzgesetz** (BNatSchG) ein Antrag auf Genehmigung zur Durchführung der Aufschlussarbeiten bei der Unteren Naturschutzbehörde zu stellen.

Wichtig ist bei allen Aufschlussarbeiten die **Beachtung der Lage von Ver- und Entsorgungsleitungen.** Ferner ist die **Kampfmittelfreiheit** sicherzustellen.

2.4.2 Probenentnahmeverfahren

2.4.2.1 Allgemeines

In der Normenreihe DIN EN ISO 22475 sind die Voraussetzungen und die technischen Grundlagen für eine Baugrunderkundung im Einzelnen festgelegt. DIN EN ISO 22475-1:2022 behandelt die Aufschlussarbeiten durch Bohrungen, Schürfe und Kleinbohrungen sowie die Entnahme von Proben und Grundwassermessungen.

Nach DIN EN ISO 22475-1 werden bei der **Entnahme von Bodenproben** folgende Verfahren unterschieden:

- durchgehende Gewinnung von Proben mittels Bohrverfahren
- Probenentnahme mittels Entnahmegeräten
- Entnahme von Blockproben

Darüber hinaus werden drei Kategorien der Probenentnahme definiert, bezogen auf die Güteklassen von Bodenproben für Laborversuche, je nachdem welche Eigenschaften daran ermittelt werden sollen (Tabelle 4):

- Kategorie A für Proben der Güteklassen 1 bis 5
- Kategorie B für Proben der Güteklassen 2 bis 5
- Kategorie C für Proben der Güteklassen 3 bis 5
- Kategorie D für Proben der Güteklassen 4 bis 5
- Kategorie E nur für Proben der Güteklasse 5

Sollen die entnommenen Proben die höchste Güteklasse erreichen, so sind sie mit einem Verfahren der Kategorie A zu entnehmen.

Tabelle 4: Güteklassen von Bodenproben für Laborversuche (nach DIN EN 1997-2)

Güteklasse	Bodenproben unverändert in	Feststellbar sind im Wesentlichen	
1	Z, w, γ, E_s, τ	Feinschichtgrenzen Kornzusammensetzung Konsistenzgrenzen Grenzen der Lagerungsdichte Kornwichte Organische Bestandteile	Wassergehalt Wichte des feuchten Bodens Wasserdurchlässigkeit Steifemodul Scherfestigkeit

Güte-klasse	Bodenproben unverändert in	Feststellbar sind im Wesentlichen	
2	Z, w, γ	Feinschichtgrenzen Kornzusammensetzung Konsistenzgrenzen Grenzen der Lagerungs-dichte Kornwichte	Organische Bestandteile Wassergehalt Wichte des feuchten Bo-dens Porenanteil Wasserdurchlässigkeit
3	Z, w	Schichtgrenzen Kornzusammensetzung Konsistenzgrenzen Grenzen der Lagerungs-dichte	Kornwichte Organische Bestandteile Wassergehalt
4	Z	Schichtgrenzen Kornzusammensetzung Konsistenzgrenzen	Kornwichte Organische Bestandteile
5	– (auch Z verändert, unvollständige Bodenprobe)	Schichtenfolge	

Anmerkung: Güteklasse 1 zeichnet sich gegenüber Güteklasse 2 dadurch aus, dass auch das Korngefüge unverändert bleibt.

Hierin bedeuten: Z = Kornzusammensetzung
w = Wassergehalt
γ = Wichte des feuchten Bodens
E_s = Steifemodul
τ = Scherfestigkeit

Neben der durchgehenden Gewinnung gekernter Proben stehen besondere Entnahmegeräte zur Verfügung. Die verschiedenen Entnahmegeräte und die Probenbehandlung sind in DIN EN ISO 22475-1 beschrieben. Üblich sind sog. offene Geräte (OS) wie dünn- oder dickwandige Stahlzylinder, die in den Boden eingedrückt oder eingerammt werden.

Absolut ungestörte Bodenproben aus Bohrungen gibt es nicht. Die Proben sind auch bei vorsichtiger Entnahme häufig etwas gestaucht, sodass die Ergebnisse der Laborversuche hiervon beeinflusst werden können. Aus Schürfen und anderen Großaufschlüssen werden daher Ausstechzylinderproben entsprechend vorsichtig entnommen oder es werden Großproben (z.B. Ø 400 mm), sog. Blockproben entnommen.

Nach DIN EN ISO 22475-1 werden zur **Entnahme von Festgesteinsproben** folgende Verfahren unterschieden:

- durchgehende Gewinnung aus Kernstrecken
- Entnahme von Blockproben aus Großaufschlüssen
- ganzheitliche Probenentnahme (Integral Sampling).

In der Norm sind auch für Fels fünf Kategorien der Probenentnahme in Abhängigkeit der Güteklassen von Felsproben für Laborversuche definiert:

- Kategorie A für Proben der Güteklassen 1 bis 5
- Kategorie B für Proben der Güteklassen 2 bis 5
- Kategorie C für Proben der Güteklassen 3 bis 5
- Kategorie D für Proben der Güteklassen 4 bis 5
- Kategorie E nur für Proben der Güteklasse 5

Für Festigkeitsbestimmungen an Gesteinsproben müssen diese mit Verfahren der Kategorien A entnommen worden sein.

Die Probenentnahme nach Kategorie A erfordert zumindest den Einsatz von Doppelkernrohren und sofortige Entnahme der Probe und deren Verpackung in Kunststoff- oder Alufolie sowie ihren umgehenden Transport zur Prüfstelle. Bei veränderlichfesten Gesteinen ist der Einsatz von PVC-Linern während des Bohrvorgangs von Vorteil. Proben bereits leicht veränderlich fester Gesteine dürfen in der Regel keiner anfänglichen Trocknung ausgesetzt werden, von der bereits eine Gefügelockerung ausgehen kann. Andererseits kann bei diesen Gesteinen eine Veränderung des natürlichen Wassergehalts auch zu höheren Festigkeitswerten führen. Die Beprobung anisotroper Gesteine erfordert Probekörper mit einer definierten Orientierung der Strukturelemente. Nötigenfalls ist die maßgebende Gefügerichtung auf der Probe zu kennzeichnen.

2.4.2.2 Schürfe

Schürfe bieten einen Einblick in den Untergrundaufbau und die Schichtlagerung. Sie sind überall da zu empfehlen, wo in den oberen 3 bis 5 m ein unregelmäßiger Wechsel in Schichtaufbau und -lagerung sowie schwer voneinander zu unterscheidende Bodenarten vorliegen, wie z.B. Auffüllung oder wenig umgelagerter Verwitterungsschutt über entfestigtem Felsuntergrund, der in Bohrungen leicht zerbohrt wird und vom Verwitterungsschutt schwer zu unterscheiden ist. Auch die Raumlage und Ausbildung von Trennflächen ist durch Schürfe oder Schurfgräben gut zu erfassen. Im Grundwasserbereich oder bei starkem Schichtwasserzutritt sind Schürfe dagegen nicht zu empfehlen.

Zur besseren Begehbarkeit und zur Erleichterung von Probenentnahmen sollte eine Seite des Schurfes abgetreppt oder abgeschrägt sein. Bei Schurfarbeiten sind die geltenden BG-Unfallverhütungsvorschriften zu beachten. Schürfe sind ab einer Tiefe von 1,25 m bzw. 1,75 m nach DIN 4124 zu verbauen. Bei der Aufnahme muss nach den Sicherheitsvorschriften immer eine zweite Person zugegen sein.

Die Ergebnisse von Bohrungen, Schürfen und anderen Aufschlüssen werden zeichnerisch gemäß DIN 4023 dargestellt.

2.4.2.3 Bohrungen

2.4.2.3.1 Allgemeines

In DIN EN ISO 22475-1 sind die verschiedenen **Bohrverfahren** zur Baugrunderkundung beschrieben.

Für die Baugrunderkundung sind alle Bohrverfahren zulässig, die einen für den jeweiligen Untersuchungsfall hinreichenden Aufschluss sowie die nötigen Bodenproben liefern. Bohrverfahren und Bohrdurchmesser richten sich also nach der Art der verlangten Bodenproben und Bohrlochversuche. Es sind Bohrverfahren mit fortlaufender Probengewinnung vorzuziehen, bei denen das Bohrgut wenig gestört gewonnen werden kann. In Lockergesteinen und der lockergesteinsähnlichen Verwitterungs- und Auflockerungszone des Felsuntergrundes sollen Trockenbohrverfahren angewendet werden. Trifft eine Lockergesteinsbohrung auf einen größeren Stein, so wird dieser entweder durch Meißeln zerkleinert oder durchkernt. Die Korngröße wird in beiden Fällen nicht zuverlässig festgestellt und im ersteren Fall auch nicht die Gesteinsfestigkeit. Im Extremfall können Blöcke mit mehreren m^3 Volumen nicht erkannt und mit Festgestein verwechselt werden, die bei der Bauausführung zu erheblichen Erschwernissen und Fehleinschätzungen führen können.

Die Bohrlöcher sind mit dem Bohrfortschritt bei Erfordernis zu verrohren. Bohrlöcher, die nicht mehr genutzt werden, sind mit dem Ziehen der Verrohrung sach- und schichtengerecht sowie setzungsfrei zu verfüllen. Die Verfüllung sollte nach einiger Zeit im Hinblick auf Nachsackungen kontrolliert werden. Bei Grundwasserstockwerken oder gespanntem Grundwasser muss durch die Verfüllung die Wirkung der ursprünglichen Sperrschichten wieder hergestellt werden. Durchgehend gewonnene Bodenproben werden bis zur Aufnahme durch den Bearbeiter in Kernkisten ausgelegt, wobei bindiges Kernmaterial in Plastikfolie einzuschlagen ist, damit der natürliche Wassergehalt weitgehend erhalten bleibt. Schlauchkern- bzw. Probenentnahmen mit durchgehender Gewinnung gekernter Proben mit eingezogener fester Kernumhüllung (Liner) erlauben es, den natürlichen Wassergehalt und feinere Strukturen für längere Zeit zu konservieren (Abbildung 2).

Abbildung 2: Feinschichtung und Schichtwechsel in quartären fluviatilen Sedimenten (Liner)

Im Bedarfsfall sind Einzelproben sofort in luftdicht abschließbare Behälter zu füllen. Kernverluststrecken sind zu markieren. Bei nicht durchgehend gekernten Bohrungen ist bei jedem Schichtwechsel, mindestens aber alle Meter, eine Probe zu entnehmen und in luftdicht verschließbaren Behältern aufzubewahren.

2.4.2.3.2 Rotationskernbohrungen

Bei Baugrunderkundungen mittels Rotationskernbohrungen ist ein möglichst vollständiger Kerngewinn anzustreben, wozu ein Bohrgerät mit ruhigem, schlagfreiem Lauf und der Möglichkeit einer Drehzahl- und Bohrandruckregelung sowie eine druckdosierbare Spüleinrichtung nötig sind. Moderne Geräte sind mit einem elektronischen Bohrdatenschreiber ausgestattet, der alle relevanten Daten, wie Anpressdruck, Drehmoment, Bohrfortschritt, Spülungsmenge und Spüldruck in Abhängigkeit von der Zeit und der Bohrtiefe registriert (Abbildung 3).

Bei Rotationskernbohrungen im Fels wird meist mit Wasserspülung gebohrt. Bei instabilen Bohrlochwänden werden auch Spülungszusätze verwendet, die eine Erhöhung der Austragsfähigkeit und eine Stabilisierung des Bohrloches bewirken. Die Verwendung von Spülungszusätzen ist erlaubnispflichtig.

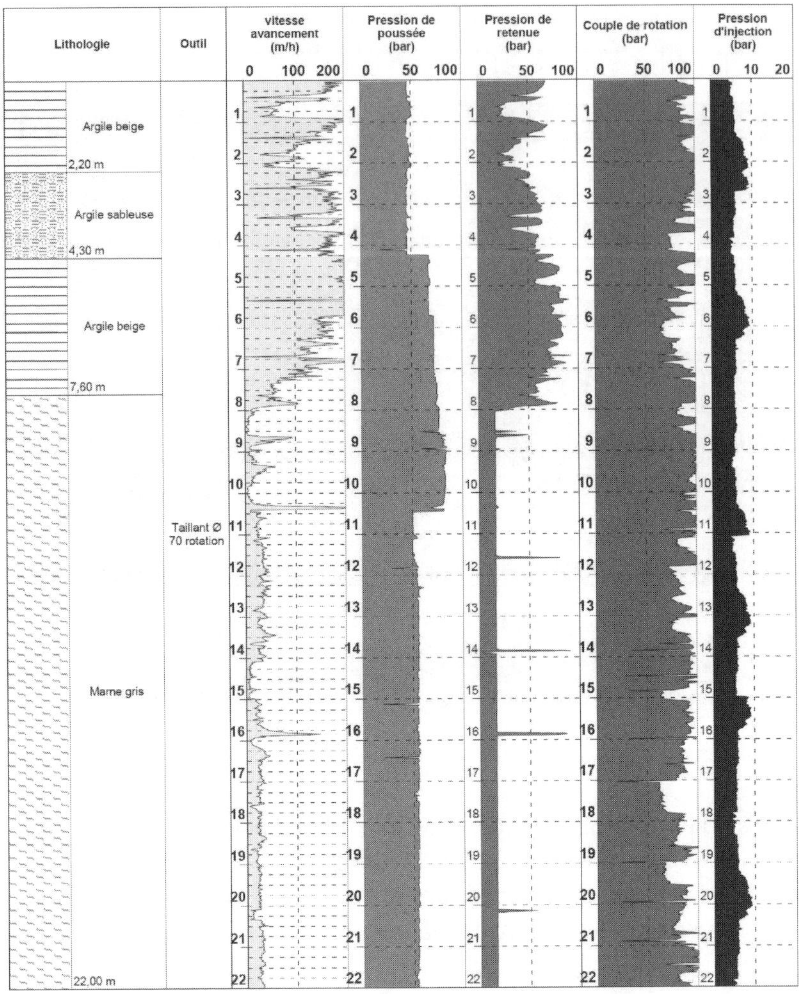

Abbildung 3: Beispiel einer automatischen Bohrparameteraufzeichnung

Bestimmend für die Qualität der Bohrkerne sind neben dem Gerät und dem Können des Geräteführers das eingesetzte Kernrohr und die Bohrkrone, deren Gestaltung wieder vom zu durchbohrenden Gebirge abhängig ist. Bei den Kernrohren werden verschiedene Reihen (metrische Reihe, W-Reihe; s. DIN EN ISO 22475-1) und darin jeweils folgende Typen unterschieden:

Einfachkernrohre mit einer einfachen Schneidkrone am unteren Ende werden für Rotations-Trockenkernbohrungen in geeigneten Böden und stark aufgelockerten Festgesteinen verwendet. Dabei sollten die Kernmärsche auf < 0,5 m begrenzt werden. Trotzdem kommt es häufig zu Drehharnischen in der Kernprobe. Wird Spülung eingesetzt, so läuft diese im Kernrohr an dem abgebohrten Kern entlang, sodass dieser erodiert und beschädigt wird.

Doppelkernrohre (Abbildung 4) sind so konstruiert, dass die Spülung zwischen Außen- und Innenrohr geleitet wird und erst zwischen Kernfanghülse und Kronenlippe mit dem

Kern in Kontakt kommt. Der Kern ist damit nur einer sehr geringen Ausspülung ausgesetzt. Das Doppelkernrohr kann wahlweise zusätzlich mit einem Kunststoffinnenrohr (sog. Liner oder feste Kernumhüllung) ausgestattet werden, das aufgeschnitten werden kann (Dreifachkernrohr) (Abbildung 5).

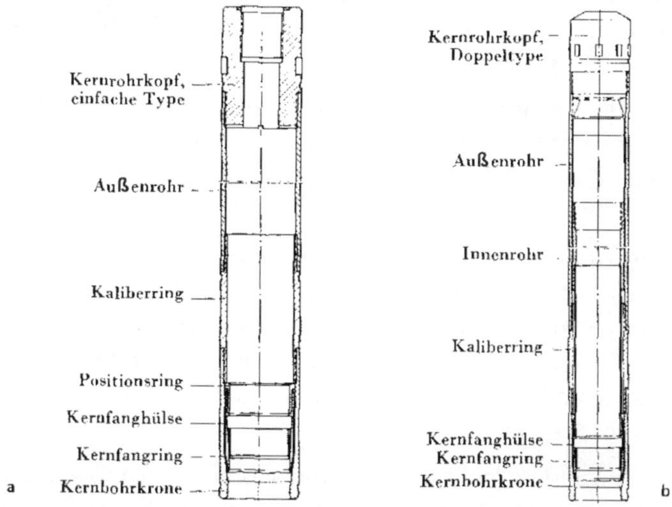

Abbildung 4: Aufbau eines Einfachkernrohres (a) und eines Doppelkernrohres (b)

Im **Dreifachkernrohr** wird der Kern zusätzlich von einem dritten, dünnwandigen und geschlitzten Innenrohr aufgenommen. Das Innenrohr kann auch ein Kunststoffrohr (Liner) sein. Es wird für wasserempfindliche oder quellfähige Gebirgsarten eingesetzt, bzw. wenn kurzzeitiges Entweichen leicht flüchtiger Kontaminanten zu erwarten ist. Ähnlich ist auch das Prinzip des Schlauchkernrohres, bei dem der Kern von einer schlauchartigen Plastikhülle aufgenommen und umhüllt wird.

Abbildung 5: Bohrkern aus Dreifachkernrohr mit Braunkohleschichten und Feinstschichtung

Bei tieferen oder Bohrungen in gebrächem Gebirge wird bevorzugt das **Seilkernrohr** eingesetzt. Das Bohrverfahren unterscheidet sich vom konventionellen Doppelkernrohr dadurch, dass zum Entleeren des Kernrohres nur das Innenkernrohr mittels eines am Seil geführten Fängers nach oben gebracht (Abbildung 8), entleert und wieder in das Bohrloch eingeführt wird. Der rotierende Bohrstrang bleibt als Verrohrung im Bohrloch. Bei normalen Doppelkernrohren betragen die üblichen Kernmarschlängen in gutem Gebirge 1 bis 3 m, in schlecht kernfähigem Gebirge 0,5 bis 1 m. Bei Seilkernrohren werden häufig 1,5 bis 3 m lange Kernmärsche abgebohrt. Das Innenrohr des Seilkernrohres ist zur Aufnahme eines Liners (feste Kernumhüllung) geeignet.

Die **Durchmesser der Kernrohre** sind je nach Fabrikat unterschiedlich groß. Sie richten sich nach dem Zweck der Bohrung. Grundsätzlich sollten die Kerndurchmesser nicht zu klein gewählt werden, da die Kernqualität ab einem Durchmesser < 101 mm oft beeinträchtigt ist.

Genauere Angaben zu Kernrohrtypen und deren Durchmesser sowie zu Entnahmewerkzeugen macht die DIN EN ISO 22475-1. Das Verhältnis Bohrlochdurchmesser/Kerndurchmesser ist auch vom Kernrohrtyp abhängig. Normalwandige Kernrohre eignen sich für brüchiges Gebirge. Dünnwandige Kernrohre haben in mittelhartem und hartem Gebirge den Vorteil einer kleineren Schneidfläche. Dickwandige Kernrohre liefern häufig Kerne von mäßiger bis schlechter Qualität.

Die **Bohrkronen** müssen dem jeweiligen Gebirge angepasst sein. Die üblichen Bohrkronen sind Hartmetallbohrkronen und Diamantbohrkronen. Bei den Hartmetallbohrkronen werden Zahnkronen mit Widia-Besatz oder Hartstiftkronen mit z.T. schräg gestellten Widia-Stiften und Karbidbesatz unterschieden. Insgesamt wird eine Vielzahl verschiedener Kronentypen für verschiedene Gesteinsarten angeboten. Hartmetallbohrkronen sind verhältnismäßig grob und nur für weiche und mittelharte Gesteine geeignet. Bei den Diamantbohrkronen werden oberflächenbesetzte Kronen und mit Diamantsplittern imprägnierte Kronen unterschieden. Oberflächenbesetzte Diamantbohrkronen sind die Universalkronen für mittelhartes, homogenes Gebirge. Der Bohrfortschritt ist sehr vom Kronenzustand abhängig. Imprägnierte Diamantbohrkronen eignen sich für harte bis sehr harte, zerklüftete Gesteine. Sie gewährleisten einen gleichmäßigen Bohrfortschritt während ihrer gesamten Lebensdauer.

Die richtige Auswahl der Kronen ist Erfahrungssache. Die DIN EN ISO 22475-1 enthält mehrere Tabellen für die Kronenauswahl. In wasser- oder ausspülungsempfindlichem Gebirge werden spezielle Bohrkronen eingesetzt, die den Kontakt zwischen Bohrkern und Spülung weitgehend verhindern.

Für die **Gewinnung orientierter Bohrkerne** zur Erfassung der Raumstellung von Trennflächen im Gebirge sind spezielle Entnahmewerkzeuge und -verfahren entwickelt worden. Insgesamt stehen mehrere Verfahren zur Verfügung:

- Bohrkernmarkierung während des Bohrens
- Pilotloch-Orientierung und Überbohrverfahren
- Integral Sampling Methode

Bei dem erstgenannten Verfahren wird der Kern beim Eintritt in das feststehende Innenrohr meist an drei Stellen angeritzt. Die Richtung der (Einzel-)Kerbe wird beim Einbau durch ein feststehendes Doppelgestänge auf Nord ausgerichtet. Das Verfahren ist wenig zuverlässig.

Bei der Pilotloch-Orientierung wird mit einer ebenfalls auf Nord ausgerichtet eingebauten Ablenkrohrtour eine kleinkalibrige Pilotbohrung vorgebohrt und der Kernmarsch anschließend nachgebohrt (Abbildung 6). Die Einsatztiefe beider Verfahren ist auf wenige Dekameter beschränkt. Die doppelte Beanspruchung des Bohrkerns wirkt sich allerdings negativ auf die Probenqualität aus. In Zweifelsfällen ist eine Kontrolle der Orientierung durch optische Bohrlochsondierungen zu empfehlen.

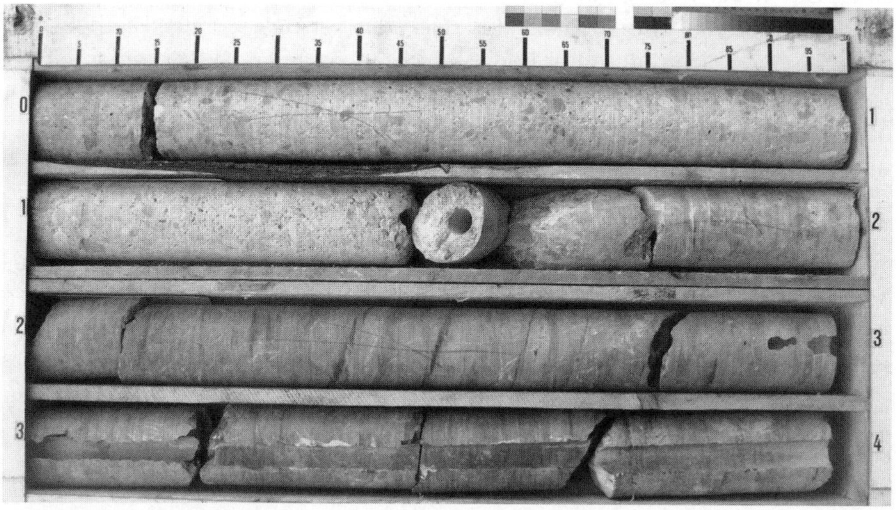

Abbildung 6: Bohrkern mit Pilotbohrung zur Kernorientierung

Eine Möglichkeit zur Entnahme ganzheitlicher Felsproben bietet die sog. **Integral Sampling Methode,** bei der in eine koaxiale Vorbohrung ein Bewehrungsstab in das Gebirge eingeführt und Zementleim oder Kunststoffkleber als Bindemittel in das Gebirge eingepresst wird. An dem so vergüteten, überbohrten Bohrkern bleiben alle Klüfte, Kluftabstände, Art der Füllung bzw. der Grad der Gebirgszerlegung vollständig erhalten.

2.4.2.3.3 Rammkernbohrungen

Zur Probenentnahme in Böden werden häufig Rammkernbohrverfahren eingesetzt. Hierbei wird ein Rammkernrohr mit einer am unteren Ende befindlichen innenliegenden Schnittkante durch Hammerschläge in den Boden gerammt. An den druckluftbetriebenen Rammbohrhammer oder das Fallgewicht können verschiedene Schappen oder Kernrohre aufgesteckt werden, die durchgehend gekernte Bodenproben von hoher Qualität liefern und auch zur Probenentnahme aus der Felszersetzungs- oder Felsauflockerungszone geeignet sind. Zur Steigerung der Probenentnahmequalität kann das Rammkernrohr mit eingezogener fester Kernumhüllung (Liner) und Kernfangfederring verwendet werden.

Die Probenentnahme mittels Rammkernbohrverfahren wird bevorzugt in Böden eingesetzt. Hierbei muss meist die Bohrlochwandung durch das Mitführen einer nacheilenden Verrohrung stabilisiert werden. Das dabei anfallende Bohrgut wird vor dem nächsten Probenentnahmevorgang aus der Bohrung bis zur jeweiligen Sohle entfernt. Die beiden vorgenannten Arbeitsschritte wechseln sich ab. Zur Beschleunigung des Probenentnahme- und Bohrvorgangs wurde die Rammkernbohrmethode mit der Seilkernbohrtechnik verknüpft. Hierbei wird das Rammkernrohr mit dem Rammwerkzeug zusammen mittels eines am Seil geführten Fängers nach oben gebracht, nachdem es mit der Verrohrung nach Beendigung des Rammvorgangs rotierend überbohrt wurde (Überspültechnik). Die Rammkernbohrmethode wird ohne Hilfe von Spülung angewendet, während der Überspülvorgang jedoch die Verwendung von Spülung (meist Wasser mit Additiven) erfordert. Während des Überspülvorgangs kann der sich im Rammkernrohr befindende Bohrkern mit Spülwasser in Berührung kommen. Zusätzlich wirkt sich der Spülstrom auf das umliegende Bodenmaterial, also auch auf den nächsten Kernmarsch aus. Hierbei kann es zu Ausspülungen noch nicht beprobter Bodenschichten kommen. Die Kernmantelfläche des Rammkerns zeigt häufig eine Vernässung und ist oft mit einer Haut aus Bohrschmand überzogen. Zur Minimierung dieser Nachteile sollte der Überspülvorgang ungefähr 20 cm oberhalb der Unterkante des Rammkernrohrs abgebrochen werden.

2.4.3.2.4 Kleinbohrungen

Zu den Kleinbohrungen zählen alle Arten von Dreh- und Rammbohrungen mit einem Durchmesser von 30 bis 80 mm. Bei den häufigsten Kleinbohrungen wird ein Gestänge, in dessen untersten Metern eine Nut eingefräst ist, mit einem Motorhammer jeweils 1 m in den Boden eingetrieben und wieder gezogen. Kleinbohrungen dienen einer allgemeinen Übersicht und zur Ergänzung anderer Aufschlüsse. Allerdings ist die Gefahr der Verschleppung von Bodenschichten aufgrund fehlender Verrohrung zu beachten.

Voraussetzung für eine sinnvolle Anwendung sind Erfahrung mit dem Bohrverfahren und entsprechende geologische Kenntnisse. Das Probenmaterial der Kleinbohrungen muss immer direkt beschrieben werden. Die Bohrtiefen hängen vom Eindringwiderstand des Baugrundes und der Stabilität der Bohrlochwandung ab. Sie betragen meist nur wenige Meter.

2.4.2.4 Berichterstattung

DIN EN ISO 22475-1 enthält umfangreiche Festlegungen zur Protokollierung der Arbeiten an den direkten Aufschlüssen (Bohrungen und Schürfe), die in einem Ergebnisbericht zusammengefasst werden.

Hierzu gehören:

- Kopfblatt
- Bohrprotokoll
- Probenentnahmeprotokoll
- Schichtenverzeichnis
- Verfüllprotokoll
- Protokoll zur Grundwassermessung
- Tagesbericht

2.4.3 Feldversuche

2.4.3.1 Allgemeines

Feldversuche mit Ramm- und Drucksondierungen zählen zu den indirekten Aufschlussverfahren. Für sie gelten die DIN EN 1997-2 sowie die Geräte- und Ausführungsnorm für Feldversuche, die DIN EN ISO 22476-Reihe. Erschienen sind bis jetzt die Normen:

- Teil 1 Drucksondierungen mit elektrischen Messwertaufnehmern und Messeinrichtungen für den Porenwasserdruck
- Teil 2 Rammsondierungen
- Teil 3 Standard Penetration Test
- Teil 4 Vorgebohrter Pressiometerversuch nach Ménard
- Teil 5 Pressiometerversuch in Vorbohrungen
- Teil 7 Seitendruckversuch
- Teil 8 Versuch mit dem Verdrängungspressiometer
- Teil 9 Flügelscherversuch
- Teil 10 Gewichtssondierung
- Teil 11 Flachdilatometerversuch
- Teil 12 Drucksondierungen mit mechanischen Messwertaufnehmern
- Teil 14 Bohrlochrammsondierungen
- Teil 15 Aufzeichnung der Bohrparameter
- Teil 16 Bohrscherversuch mit Phikometer (Entwurf).

Nachstehend werden nur die in Deutschland üblichen Versuche behandelt.

Die Versuchsergebnisse geben nicht nur einen durch Kennzahlen belegten Aufschluss über die Lagerungsdichte D bzw. I_D, sondern ermöglichen z.T. auch direkte Festigkeitsangaben über den Baugrund, ausgedrückt durch den Steifemodul E_s und den Reibungswinkel ϕ'.

2.4.3.2 Rammsondierungen (DP)

Die in Deutschland verwendeten Geräte für Rammsondierungen (Dynamic Probing, DP) und ihre Anwendung sind nach DIN EN ISO 22476-2 genormt. Bei allen Rammsonden

- DPL 10 (Dynamic Probing Light) Schlagzahl N_{10L}
- DPM15 (Dynamic Probing Medium) Schlagzahl N_{10M}
- DPH 15 (Dynamic Probing Heavy) Schlagzahl N_{10H}

werden die Schläge je 10 cm Eindringung in den Boden gezählt und als N_{10} aufgetragen (Abbildung 7). Die obigen Zahlenangaben 10 bis 15 geben die Querschnittsfläche der Sondenspitze (in cm²) an. Darüber hinaus gibt es noch die Überschweren Rammsondierungen (DPSH-A und -B), bei denen die Schlagzahlen teilweise auf 20 cm Eindringtiefe angegeben werden.

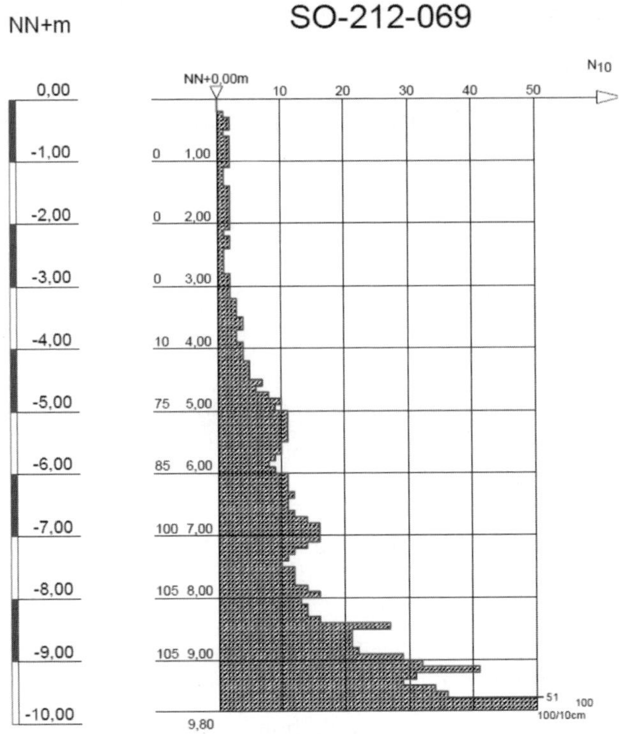

Abbildung 7: Beispiel für ein Rammdiagramm mit der DPH

Die Rammsonden sind handliche, weit verbreitete Geräte. Außer den handbetriebenen Geräten sind sowohl mechanisch als auch pneumatisch selbsttätig arbeitende Geräte auf dem Markt. Die Sonden werden üblicherweise vom Gelände oder der Baugrubensohle aus fortlaufend in den Boden eingerammt. Die Untersuchungstiefen betragen je nach Untergrundaufbau für die leichte Rammsonde bis 10 m, für die mittelschwere und schwere Rammsonde 20 bis 25 m und für die überschwere Rammsonde DPSH bis 40 m.

Auf der Grundlage von Erfahrungswerten und den verschiedenen Normen ergeben sich bei der leichten Rammsonde für die Lagerungsdichte D eines Sandbodens mit $C_u < 3$ folgende Schlagzahlen N_{10L}:

Lagerungsdichte	**über GW** $\mathbf{N_{10L}}$	**unter GW** $\mathbf{N_{10L}}$
Lockere Lagerung ($D < 0{,}3$)	< 10	< 5
Mitteldichte Lagerung	10 bis 50	5 bis 30
Dichte Lagerung ($D > 0{,}5$)	> 50	> 30

Für die Beziehung zwischen den verschiedenen Rammsonden gilt nach DIN EN 1997-2:

- $N_{10L} = 3\ N_{10H}$ (gilt bis $N_{10H} < 20$)
- $N_{10H} = 0{,}34\ N_{10L}$ (gilt bis $N_{10L} < 50$).

Sondierungen mit der Rammsonde dürfen nicht allein ohne weitere Aufschlüsse ausgewertet werden, da die Schlagzahlen in Unkenntnis der jeweiligen Bodenarten ein falsches Bild ergeben können. Von den zahlreichen Beispielen in den Normen seien hier als Störeinflüsse auf die Sondierergebnisse nur die besonders bei weichen, bindigen Böden auftretende Mantelreibung erwähnt, die mit zunehmender Tiefe einen Anstieg des Spitzenwiderstandes vortäuscht, sowie die teilweise sehr hohen Schlagzahlen in faserigen Torfen. Rammsondierergebnisse liefern nicht nur in nichtbindigen Böden Angaben über die Lagerungsdichte, sondern auch in Verwitterungsböden wertvolle Hinweise auf die Verwitterungs- bzw. Auflockerungstiefe des felsigen Untergrundes (Abbildung 7).

2.4.3.3 Bohrlochrammsondierungen (BDP) und Standard Penetration Test (SPT)

Die Bohrlochrammsondierung ist nach DIN EN ISO 22476-14-2 genormt. Der Rammbär der Bohrlochrammsonde von 63,5 kg und einer Fallhöhe von 76 cm wird in einem wasserdichten Gehäuse geführt und kann auch unter Wasser in der Bohrung eingesetzt werden (Abbildung 8). Die Sonde selbst hat einen Durchmesser von 50,5 mm und wird mit offener oder geschlossener Spitze verwendet. Die offene Spitze zählt als Bodenproben-Entnahmegerät. Beim Einrammen wird die Anzahl der Schläge gezählt, die für das Eindringen der ersten 15 cm und der darauf folgenden 30 cm (2 × 15 cm Zählung) der Sonde nötig sind. Gewertet werden die letzten 30 cm (= N_{30}). Die Auftragung erfolgt meist in Balkendarstellung in der jeweiligen Tiefe. Angaben über die Abhängigkeit der Lagerungsdichte D bzw. der bezogenen Lagerungsdichte I_D von der Schlagzahl N_{30} bezogen auf die Bodenart, die Ungleichkörnigkeit, die Konsistenz sowie den Grundwasserstand enthält DIN 4049-2. In bindigen Böden wird der Rammwiderstand durch den Porenwasserdruck beeinflusst.

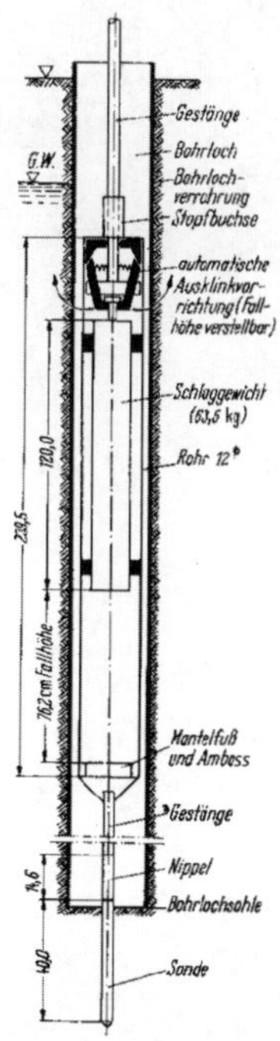

Abbildung 8: Aufbau der Bohrlochrammsonde nach 4094-2 [12]

Die Bohrlochrammsondierung stellt eine Weiterentwicklung des SPT (Standard Penetration Test) dar, wie er in der DIN EN ISO 22476-3 genormt ist. Hier wird die Schlagenergie stets von einem Rammbären außerhalb der Bohrung oberhalb der Geländeoberfläche erzeugt, wobei der Gestängeeinfluss mit der Teufe zunimmt und daher berücksichtigt werden muss. Ansonsten unterscheidet sich der SPT nicht von der Bohrlochrammsondierung nach DIN 4094-2.

Bisher ist der SPT nach DIN EN ISO 22476-3 (Abbildung 9) als einziger Feldversuch zur Feststellung der Lagerungsdichte im Zusammenhang mit der Bewertung von Böden zur Erdbebensicherheit nach Eurocode 8 zugelassen.

Abbildung 9: Standard-Penetration-Test-Sonde nach DIN EN ISO 22476-3

2.4.3.4 Drucksondierungen (CPT)

Drucksondierungen mit elektronischen Messwertaufnehmern und Messeinrichtung für den Porenwasserdruck (CPTU) sind in DIN EN ISO 22476-1 genormt. Die weniger gebräuchliche Drucksonde mit mechanischen Messwertaufnehmern (CPTM) ist in DIN EN 22476-12 enthalten.

Bei Drucksondierungen wird ein Druckgestänge mit genormter Spitze, und zwar je nach der Art des Geräts

- M 1 mit Mantelkegel (Spitze) zur Messung des Spitzenwiderstandes
- M 2 mit Mantelkegel und Reibungshülse zur Messung auch der lokalen Mantelreibung

mit gleichbleibender Geschwindigkeit in den Boden gedrückt und der Sondierwiderstand, der Gesamteindringwiderstand und/oder die Mantelreibung aufgezeichnet.

Drucksondierungen sind für Ton-, Schluff- und Sandböden geeignet. Die Auftragung erfolgt über den Spitzenwiderstand q_c und die gemessene lokale Mantelreibung f_s und ggf. das Reibungsverhältnis über die jeweiligen Tiefen (Abbildung 10). Aus dem Reibungsverhältnis R_f kann näherungsweise auf die Bodenart geschlossen werden (Abbildung 11). Die Ergebnisse von Drucksondierungen können auf die Lagerungsdichte nicht bindiger Böden bzw. auf die Konsistenz bindiger Böden sowie auf direkte Festigkeitseigenschaften bezogen werden (DIN EN 1997-2). Ferner kann die Steifeziffer E_s ermittelt werden.

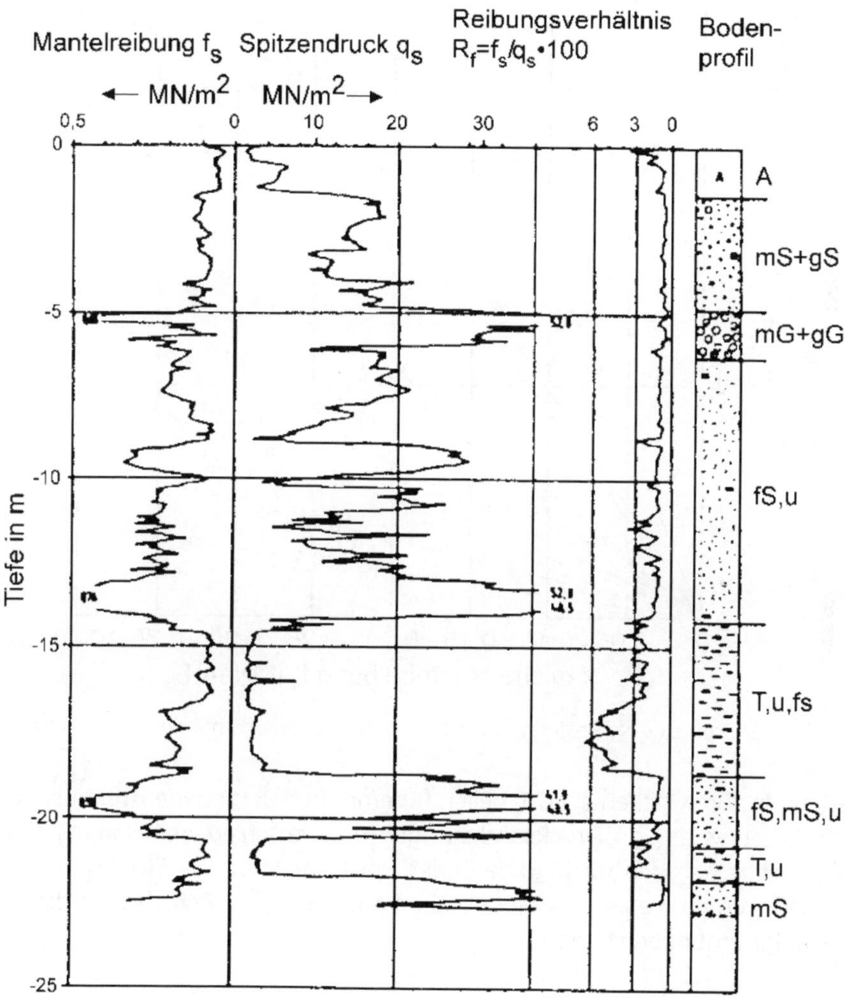

Abbildung 10: Drucksondierung mit Auftragung des Spitzendrucks, der anteiligen Mantelreibung und dem Reibungsverhältnis [13]

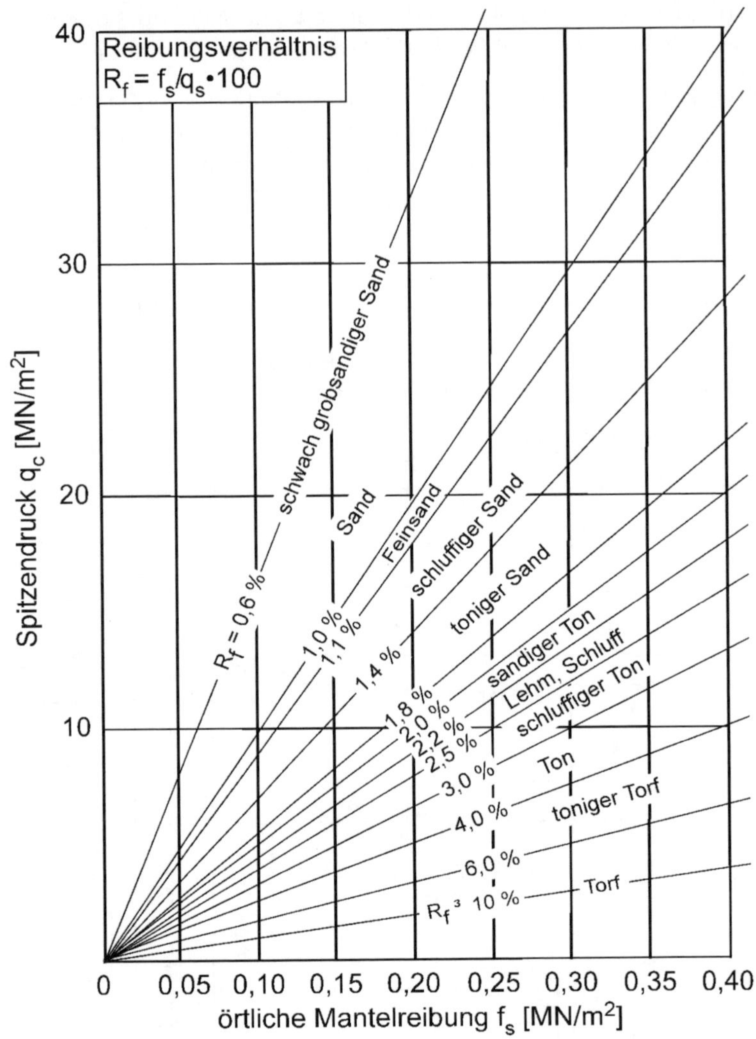

Abbildung 11: Näherungsweise Bestimmung der Bodenarten aus dem Reibungsverhältnis R_f [13]

Verschiedene Autoren stellen auch Tabellen für empirisch gefundene Abhängigkeiten zwischen den Ergebnissen von Drucksondierungen und verschiedenen Rammsondierungen sowohl für rollige als auch für bindige Böden vor (Tabelle 5). Die Ergebnisse von Drucksondierungen werden wegen des Modellcharakters häufig zur Berechnung der Tragfähigkeit von Pfahlgründungen verwendet.

Tabelle 5: Empirische Abhängigkeit zwischen dem Spitzendruck q_c in MN/m² und den Schlagzahlen N_{10} der leichten (DPL), mittelschweren (DPM) und schweren Rammsonde (DPH). Von-bis-Werte je nach Bodenart und über dem Grundwasser (s. a. DIN EN ISO 14688-2 und DIN EN 1997-2).

Lagerung	**Spitzendruck q_c [MN/m²]**	**DPH N_{10H}**	**DPM N_{10M}**	**DPL N_{10L}**	**SPT N_{30}**
Locker	< 5/7,5	1 bis 4	4 bis 11	6 bis 10	3 bis 8
Mitteldicht	5/7,5 bis 10/15	4 bis 13	11 bis 26	10 bis 50	8 bis 25
Dicht	10/15 bis 20/25	13 bis 24	26 bis 44	50 bis 64	25 bis 42
Sehr dicht	> 20/25	> 24	> 44	> 64	42 bis 58
Konsistenz	**Spitzendruck q_c [MN/m²]**	**DPH N_{10}**	**DPM N_{10}**	**DPL N_{10}**	**SPT N_{30}**
Weich	1,0 bis 1,5	2 bis 5 (4)	3 bis 8	3 bis 10	2 bis 8
Steif	1,5 bis 2,5	(4) 5 bis 9 (8)	8 bis 14	10 bis 17	8 bis 15
Halbfest	2,5 bis 5	(8) 9 bis 17	14 bis 28	17 bis 37	15 bis 30
Fest	> 5	> 17	> 28	> 37	> 30

2.4.3.5 Flügelsondierungen (FVT)

Die Flügelsonde besteht aus einem Stab, an dessen unterem Ende vier Flügel mit einer Flügelbreite von 50 bzw. 75 mm (FVT 50 bzw. FVT 75) angeordnet sind. Die Abmessungen und die Arbeitsweise sind nach DIN EN ISO 22476-9 genormt.

Für die Versuchsdurchführung wird die Flügelsonde abschnittsweise in den Boden eingedrückt und langsam (0,1 bis 0,5°/s) bis zum Bruch des Bodens entlang einer zylindrischen Gleitfläche gedreht. Das beim Bruch auftretende Drehmoment wird gemessen. Der sich daraus ergebende max. Scherwiderstand c_{fv} ist die Gesamtscherfestigkeit unter undränierten Bedingungen. Sie entspricht damit der Scherfestigkeit c_u des undränierten Bodens im Bruchzustand.

Durch mehrmaliges Drehen wird der Rest-Scherwiderstand (Gleitfestigkeit) ermittelt (c_{Rv}). Aus dem Verhältnis c_{fv}/c_{Rv} kann auf die Sensitivität (S_{tv}) eines Bodens geschlossen werden.

Böden mit organischen Anteilen zeigen eine deutliche Abhängigkeit der Ergebnisse von der Drehgeschwindigkeit, die bei Handgeräten mit Kraftübertragung über Drehmomentschlüssel nur sehr schwer zu kontrollieren ist. Besser sind hier Motorsonden.

Die Flügelsonde ist nur für weiche und weiche bis steife Böden geeignet. Die undränierte Scherfestigkeit c_u nimmt in einem normal konsolidierten Boden mit der Tiefe zu. Im Allgemeinen streuen jedoch die Ergebnisse von Flügelsondierungen recht stark und korrelieren häufig schlecht mit an vergleichbaren Proben durchgeführten Zylinderdruckversuchen. Für die praktische Anwendung werden daher Korrekturfaktoren (μ) angesetzt (s. DIN EN 1997-2). Der Korrekturfaktor ist abhängig von der Fließgrenze.

2.4.3.6 Bohrlochaufweitungsversuche

Die Bohrlochaufweitungsversuche sind in DIN EN ISO 22476-4 bis -8 behandelt:

Teil 4: Vorgebohrter Pressiometerversuch nach MÉNARD

Teil 5: Pressiometerversuch in Vorbohrungen

Teil 6: Versuch mit dem selbstbohrenden Pressiometer

Teil 7: Seitendruckversuch.

Der vom französischen Ingenieur Louis Ménard weiterentwickelte Pressiometerversuch wird in Frankreich und anderen Ländern als Standardversuch für die die Bemessung von Gründungen angewendet und ist in DIN EN ISO 22476-4 genormt (Abbildung 12). Es handelt sich um einen Bohrlochaufweitungsversuch, der mit einer aufblasbaren Sonde praktiziert wird. Die Sonde wird in ein zuvor erstelltes Bohrloch von ca. 65 mm Durchmesser eingeführt und unter Messung der Volumenänderung gegen die Bohrlochwandung aufgeblasen. Der Versuch ermöglicht somit eine Bestimmung der Verformungseigenschaften des Bodens unter in-situ, d.h. nahezu ungestörten Verhältnissen [13].

Aus der Auswertung der Pressiometerversuche lassen sich dann mittels mathematischer und grafischer Verfahren die folgenden drei charakteristischen Pressiometerkennwerte ableiten:

- E_m – der Ménard- oder Pressiometer-Modul
- P_f – der Fließdruck
- P_l – der Grenzdruck

Der Erfolg des Pressiometerversuchs basiert auf folgenden Vorteilen:

- Relativ einfacher Versuch, schnelle Versuchsdurchführung und eine kostengünstige Auswertung der Ergebnisse.
- Der Versuch ist in jedem Bodentyp durchführbar, von lockeren Auffüllungen bis hin zum verwitterten Festgestein.
- Der Versuch liefert sowohl ein Deformationskriterium (E_m) als auch ein Bruchkriterium (P_l) des Bodens.
- Die Ergebnisse sind direkt für die Dimensionierung von Fundamenten und Pfählen mittels semi-empirischer Verfahren anwendbar.

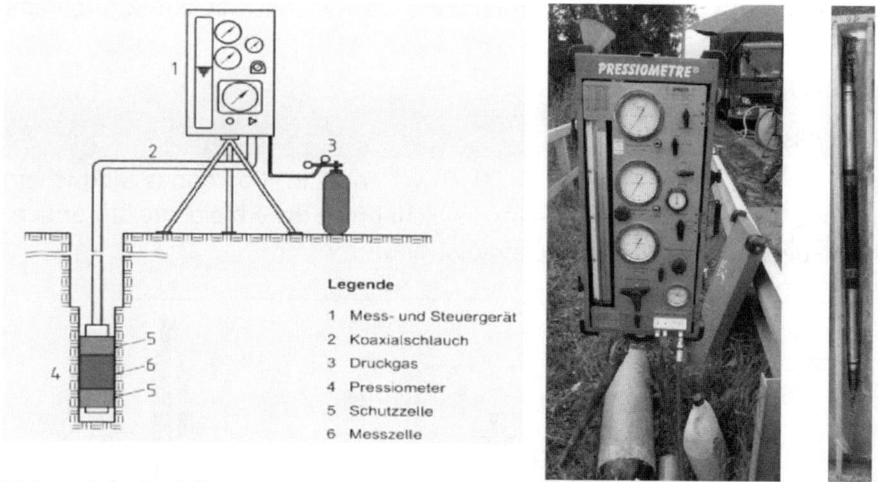

a) Schematische Darstellung **b) Mess- und Steuergerät** **c) Pressiometer**

Abbildung 12: Versuchseinrichtung Pressiometer-Versuch

Dieser Versuch wird regelmäßig zur Überprüfung der dynamischen Intensivverdichtung eingesetzt.

Beim Pressiometerversuch in Vorbohrungen nach DIN EN ISO 22476-5 wird die Verformbarkeit von Fels und Boden durch das Messen der radialen Ausdehnung eines Bohrlochabschnitts unter dem gleichförmigen Druck, der mit Hilfe einer zylindrischen Pressiometersondeaufgebracht wird, ermittelt.

Der Seitendruckversuch, der in DIN EN ISO 22476-7 genormt ist, erfolgt durch die diametrale Spreizung zweier in die Bohrung eingebrachter zylindrischer Druckplatten aus Stahl. Es wird Druck ausgeübt und die dadurch bewirkte Öffnung der Messsonde wird gemessen und aufgezeichnet, um das Verhältnis von Belastung und Aufweitung des Baugrundes im Bereich der angenommenen zulässigen Belastungen zu untersuchen.

Die anderen oben genannten Versuche sind nur wenig gebräuchlich und werden in der Baugrunderkundung im Spezialtiefbau nur selten eingesetzt.

2.4.3.7 In-situ-Scherversuch mittels Phicometersonde

Der Phicometerversuch wurde aus der Problematik heraus entwickelt, dass es sehr schwierig bis unmöglich ist, in groben und störungsempfindlichen Böden ungestörte Proben entnehmen zu können. Der Versuch wird nach DIN EN ISO 22476-16 durchgeführt.

Es handelt sich hier um einen Scherversuch mit einer aufblasbaren Sonde (Abbildung 13). Die Sonde wird in ein zuvor erstelltes Bohrloch mit einem Durchmesser von ca. 65 mm eingeführt. Die Verankerung mit dem Boden in der Bohrlochwandung erfolgt über Querrippen. Die Scherlast wird durch vertikales Ziehen des Gestänges mit konstanter Geschwindigkeit aktiviert. Während des Versuchs wird der Anpressdruck auf die Bohrlochwand stufenweise erhöht.

Aus der Auswertung des Phicometerversuchs sind die folgenden In-situ Scherparameter des Bodens ableitbar:

- ϕ_i – der innere Reibungswinkel
- c_i – die Kohäsion

Auf diese Weise können erdstatischen Nachweisen (z.B. Böschungsstandsicherheit) Bodenkennwerte zugrunde gelegt werden, die nicht durch unvermeidbare Störungen des Bodens infolge der Probenentnahme beeinflusst sind.

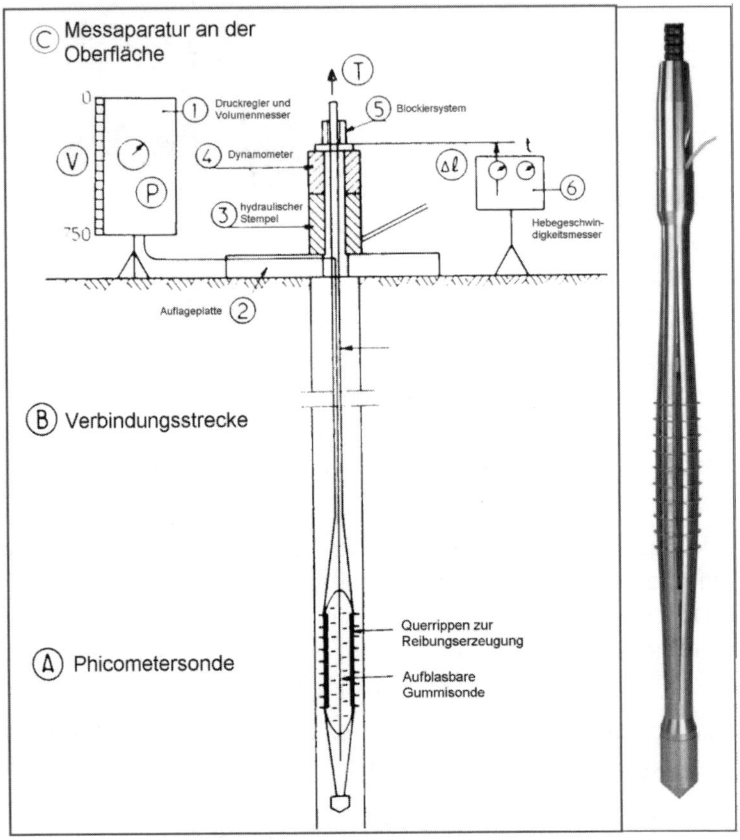

Abbildung 13: Versuchseinrichtung Phicometer-Versuch

2.4.3.8 Geohydraulische Feldversuche

2.4.3.8.1 Allgemeines

Die EU-Wasserrahmenrichtlinie verlangt von den Mitgliedsstaaten, dass diese ihre Aktivitäten zum Schutz des Grundwassers und des Oberflächenwassers sowohl quantitativ als auch qualitativ verstärken. Gleichzeitig verlangt die Gesellschaft nach mehr Wasser sowie nach einer größeren Anzahl und tiefer unter dem Grundwasserspiegel gelegenen Bauwerken. Dieser Widerspruch verlangt für Bauprojekte unter dem Grundwasserspiegel zuverlässige Vorhersagen zu den Auswirkungen derartiger Bauwerke auf die Bedingungen des Grundwassers.

Grundwasseruntersuchungen müssen alle wichtigen Informationen liefern, die für die geotechnische Bemessung und das Bauvorhaben benötigt werden. Sie sollten in Abhängigkeit der Fragestellung folgende Informationen über:

- die Tiefe, die Mächtigkeit, die Ausdehnung und die Durchlässigkeit der wasserführenden Horizonte in Grundwasserleitern;
- die chemische Zusammensetzung und Temperatur des Grundwassers

liefern.

Mit den Untersuchungsergebnissen sollen u.a. folgende Gesichtspunkte bewertet werden:

- Möglichkeit zur Grundwasserabsenkung
- mögliche schädliche Auswirkungen des Grundwassers auf Abgrabungen oder Böschungen (z.B. Gefahr von hydraulischem Grundbruch, übermäßigem Strömungsdruck oder Erosion)
- jede Art von Maßnahmen, die zum Schutz des Bauwerkes erforderlich sind (z.B. Grundwasserabdichtung, Entwässerung und Maßnahmen gegen aggressives Wasser)
- Auswirkungen von Grundwasserabsenkung, Trockenlegung, Wasseraufstau usw. auf die Umgebung
- das Wasseraufnahmevermögen des Untergrunds von während der Bauarbeiten zugeführtem Wasser
- Eignung des örtlichen Grundwassers aufgrund seiner chemischen Zusammensetzung für bautechnische Zwecke

DIN EN ISO 22282-1 behandelt die Planung und Auswertung von geohydraulischen Versuchen. Geohydraulische Versuche ermitteln Informationen zur Durchlässigkeit von Locker- und Festgesteinen, zur Transmissivität und zum Speicherkoeffizienten sowie zu weiteren geohydraulischen Parametern von Grundwasserleitern. Die Ausführung von geohydraulischen Feldversuchen ist in DIN EN ISO 22282-2 bis -6 geregelt. Feldversuche ergeben in der Regel zuverlässigere Daten als Laborversuche, da sie die hydraulischen Eigenschaften der Umgebungsstrukturen (d.h. des Gebirges) mit einbeziehen.

2.4.8.3.2 Wasserdurchlässigkeitsversuche in einem Bohrloch unter Verwendung offener Systeme

Das Ziel des Wasserdurchlässigkeitsversuches in einem Bohrloch unter Verwendung offener Systeme besteht darin, die örtliche Wasserdurchlässigkeit von Locker- und Festgesteinen unter und oberhalb des Grundwasserspiegels zu bestimmen. Er wird nach DIN EN ISO 22282-2 durchgeführt.

Es werden drei Versuchsverfahren unterschieden:

- **Versuchsverfahren mit konstanter Fließrate (geeignet für Durchlässigkeitsbeiwerte $k_f > 10^{-6}$ m/s)**
  Bei diesem Versuch wird in einem Abschnitt eines Bohrlochs durch Zugabe oder Entnahme von Wasser bei konstanter Fließrate eine Änderung der hydraulischen Druckhöhe erzeugt. Dabei wird die zeitliche Änderung der hydraulischen Druckhöhe gemessen.

- **Versuchsverfahren mit veränderlicher Druckhöhe (geeignet für Durchlässigkeitsbeiwerte k_f = 10^{-4} m/s bis 10^{-9} m/S)**
  Bei dem Versuch wird in einem Abschnitt eines Bohrlochs eine schlagartige Änderung der hydraulischen Druckhöhe erzeugt. Dabei wird die zeitliche Änderung der hydraulischen Druckhöhe gemessen.
- **Versuchsverfahren mit konstanter Druckhöhe (geeignet für Durchlässigkeitsbeiwerte k_f = 10^{-4} m/s bis 10^{-9} m/s)**
  Bei dem Versuch wird in einem Abschnitt eines Bohrlochs eine konstante hydraulische Druckhöhe aufrechterhalten und die Fließrate gemessen.

2.4.3.8.3 Wasserdruckversuche im Fels

Mit dem Wasserdruckversuch im Fels nach DIN EN ISO 22282-3 (Abbildung 14) lassen sich folgende Ergebnisse erreichen:

- hydraulische Eigenschaften des Gebirges, die überwiegend durch Trennflächen bestimmt werden
- Wasseraufnahmevermögen des Gebirges
- Dichtigkeit des Gebirges
- Wirksamkeit von Verpressungen
- geomechanisches Verhalten, z.B. hydraulisches Aufspalten, hydraulisches Aufweiten

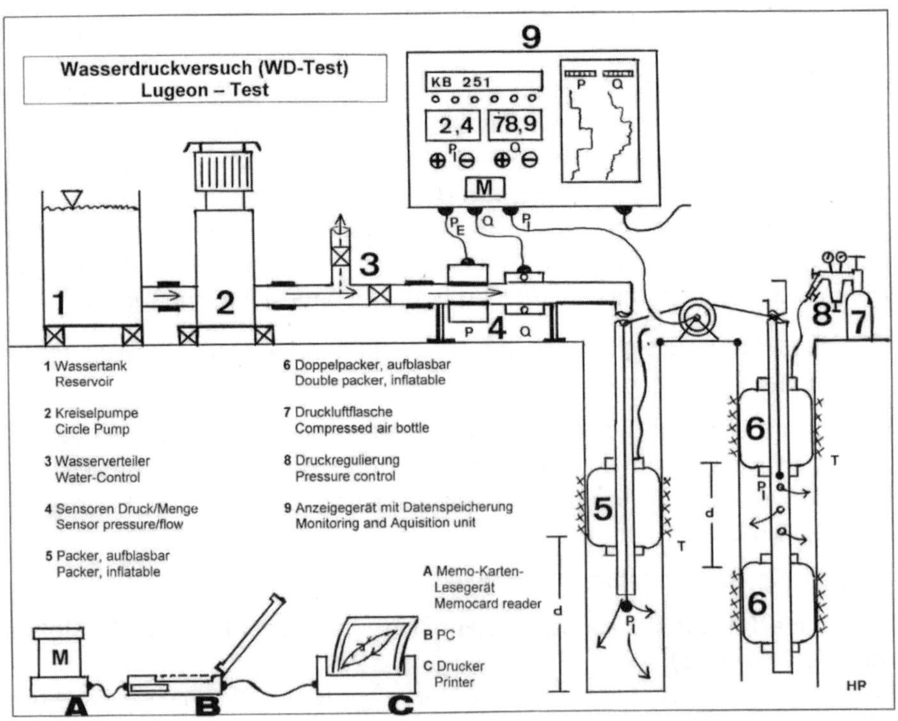

Abbildung 14: Versuchsaufbau für Wasserdruckversuche im Fels; Darstellung Fa. Comdrill GmbH

Die Ergebnisse von Wasserdruckversuchen führen:

- zur Bestimmung und Lokalisierung von undurchlässigen und durchlässigen Felsabschnitten
- zur Feststellung des Wasserdurchflusses und des Wasseraufnahmevermögens von durchlässigem Fels
- zur Festlegung der Anforderungen an die Verpressung

Ferner dienen sie zur Bestimmung des Verformungsverhaltens des geprüften Felsabschnitts und zur Überprüfung des Verpresserfolges.

Das Versuchsverfahren wird daher häufig in Projekten des Talsperren- und Tunnelbaus angewendet. Der Vorteil des Verfahrens besteht in der genauen tiefenorientierten Charakterisierung der einzelnen Abschnitte.

2.4.3.8.4 Pumpversuche

Das Ziel der Pumpversuche nach DIN EN ISO 22282-4 besteht darin, die hydraulischen Kenngrößen eines Grundwasserleiters und die Brunnenparameter zu bestimmen (Abbildung 15):

- Durchlässigkeit des Grundwasserleiters
- Einflussbereich des Pumpens
- Ergiebigkeit eines Brunnens
- Absenkverhalten des Grundwasserleiters
- hydraulische Anbindung des Brunnens an den Grundwasserleiter (Skin-Effekt)
- Brunnenspeicherung
- Beprobung des Grundwassers

Der Versuch ermöglicht die Bestimmung der Transmissivität und des Speicherkoeffizienten des Grundwasserleiters, die Abschätzung des Absenkbereiches und die Berechnung des Durchlässigkeitsbeiwerts des Untergrunds.

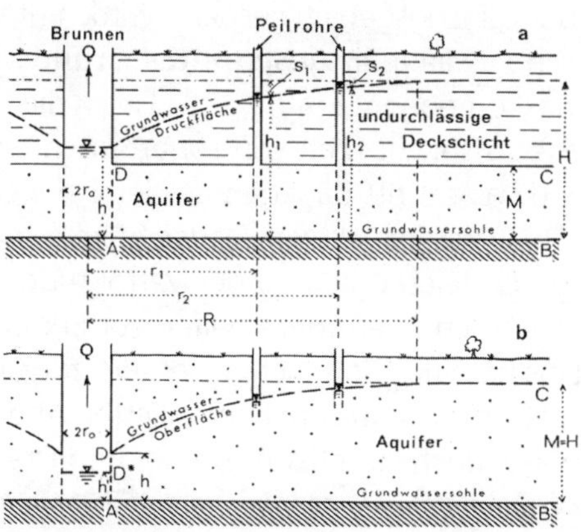

Abbildung 15: Darstellung der Parameter für die Auswertung von Pumpversuchen im Grundwasser [13]

2.4.3.8.5 *Infiltrometerversuche*

Das Ziel des Infiltrometerversuchs nach DIN EN ISO 22282-5 besteht darin, das Versickerungsvermögen des Untergrunds an der Geländeoberfläche oder in geringen Tiefen zu bestimmen. Es handelt sich um einen Versuch zur Bestimmung des Durchlässigkeitsbeiwerts. Das Verfahren kann in gesättigten oder ungesättigten Böden und unter Verwendung von sowohl stationären als auch instationären Zuständen durchgeführt werden.

Das Verfahren erlaubt die Abschätzung des vertikalen Durchlässigkeitsbeiwerts durch Messen der Infiltrationsrate.

2.4.3.8.6 *Wasserdurchlässigkeitsversuche im Bohrloch unter Verwendung geschlossener Systeme*

Das Ziel der Wasserdurchlässigkeitsversuche in einem Bohrloch unter Verwendung geschlossener Systeme nach DIN EN ISO 22282-6 besteht darin, die Wasserdurchlässigkeit in Locker- und Festgesteinen unter- und oberhalb des Grundwasserspiegels zu bestimmen.

Der Versuch wird zur Charakterisierung für einen Untergrund mit geringer Durchlässigkeit angewendet.

2.4.4 Erfassen der Grundwasserverhältnisse

2.4.4.1 Allgemeines

Für die Erfassung der Grundwasserverhältnisse gilt die DIN EN 1997-2 und DIN 4020. In Bezug auf die verschiedenen Arten des Auftretens von Grundwasser und die zu verwendenden Begriffe wird auf DIN 4049 sowie DIN EN ISO 22475-1 verwiesen.

Bei der Beschreibung von Boden und Fels in direkten Aufschlüssen ist auf Merkmale für langzeitige Hoch- und Niedrigstände, d.h. auf den Schwankungsbereich des Grundwassers zu achten (z.B. Verteilung der Bodenverfärbung, Oxidationsflecken und -streifen sowie Konkretionen im Grundwasserschwankungsbereich, reine Reduktionsfarben im permanenten Grundwasserbereich).

Unter Grundwasserhemmschichten oder Grundwassernichtleitern kann Grundwasser, das von einem höher gelegenen Einzugsgebiet gespeist wird, unter einem höheren hydrostatischen Druck stehen, d.h., es liegt als **gespanntes Grundwasser** vor, das eine nach oben gerichtete Strömungskomponente aufweist. Liegt die Grundwasserdruckfläche unterhalb der Erdoberfläche so spricht man von subartesisch gespanntem Grundwasser. Artesisch gespanntes Grundwasser tritt dagegen an der Erdoberfläche aus. In Gebieten, in denen verschiedene Grundwasserstockwerke oder höhere Wasserdrücke nicht auszuschließen sind, ist diesen durch Teleskopierung der Verrohrung und nötigenfalls den Einbau einer Sperrverrohrung während der Bohrarbeiten zur Erkundung des Baugrundes zu begegnen und ggf. der Einsatz eines Bohrlochpreventers zur sicheren Absperrung eines plötzlich auftretenden Wasserdrucks und zum kontrollierten Abbau desselben vorzusehen. Zu unterscheiden sind sog. Bohrlochabschlusspreventer und Drehpreventer, bei denen die Bohrarbeiten auch gegen drückendes Wasser weitergeführt werden können.

Bei Bohrungen ist jedes Auftreten von Wasser, auch von Wasserzulauf oberhalb der Grundwasseroberfläche, im Schichtenverzeichnis anzugeben. Auch jede merkbare Veränderung des Wasserstandes im Bohrloch ist festzuhalten. Bei Einsatz von Spülhilfe (Wasserzusatz) sind alle wesentlichen Veränderungen der Spülung, die Spülwasserstände zu Beginn eines jeden Bohrtages und Spülverluste in den Tagesberichten bzw. Schichtenverzeichnissen anzugeben. Die **Auswertung der täglichen Bohrwasserstände** zu Beginn der Arbeitszeit (Abbildung 20) ergibt wertvolle Hinweise auf die Höhenlage der Grundwasseroberfläche sowie auf verschiedene Grundwasserstockwerke und auch auf die Durchlässigkeit des Gebirges.

2.4.4.2 Grundwassermessstellen

Der Ausbau von Bohrungen zu **Grundwassermessstellen** im Zuge der Baugrunderkundung ist in DIN EN 18674-4 geregelt. Sie werden eingerichtet, um Angaben über die Größenordnung, die Schwankungsbereiche und die Verteilung der Grundwasserstände oder des Porendrucks im Boden zu erhalten. Allgemein werden offene Systeme in gut durchlässigem Untergrund eingesetzt und geschlossene Systeme zur Porenwasserdruckmessung bei geringer Durchlässigkeit. Über den Ausbau einer Grundwassermessstelle bzw. eines Piezometers ist ein Protokoll zu führen. Außerdem ist eine zeichnerische Darstellung zu fertigen. Unterschiedliche Grundwasserstockwerke sollten in nebeneinander liegenden getrennten Messstellen (Messstellengruppen) erfasst werden. Die Norm enthält darüber hinaus weitere Vorgaben über die Durchführung von Grundwassermessungen. Auch beim Rückbau von Grundwassermessstellen ist DIN EN ISO 18164-4 zu beachten. Der Ausbau der Grundwassermessstellen ist zeichnerisch darzustellen.

Ein **offenes System** besteht aus einem Standrohr, in dem der Wasserstand im Niveau des abgefilterten Bohrlochabschnitts gemessen wird.

Die Durchmesser von Grundwassermessstellen betragen meist DN 50 bis DN 150. Ein Durchmesser von DN 50 reicht zur Grundwasserbeobachtung aus und kann aber nur mit kleinkalibrigen Schöpfhülsen, Saugpumpen (bis 7 m Tiefe) oder mit leistungsschwachen Kleinstpumpen mit Ø 35 bis 45 mm Durchmesser beprobt werden. Sind häufigere Probenentnahmen oder ein Pumpversuch vorgesehen, so sollten Grundwassermessstellen mit Ø DN 125 ausgebaut werden.

Filtersande und -kiese sind ungebrochene, natürliche Quarzsande und -kiese (Rundkorn). Die abschlämmbaren Bestandteile dürfen max. 1 % betragen.

Die Einteilung der Korngruppen von Filtersanden und -kiesen für den Brunnenbau sind in DIN 4924 festgelegt. Die Filtersand- und Filterkiesschüttungen müssen gegenüber dem umgebenden Bodenmaterial filterstabil sein. Ihre Korngrößengruppe ist darauf abzustimmen. Liegen mehrere **Grundwasserstockwerke** oder vertikale hydraulische Gradienten vor, so müssen die einzelnen Stockwerke getrennt verfiltert werden.

Für jede Messstelle ist grundsätzlich eine eigene Bohrung niederzubringen, um hydraulische Kurzschlüsse zu vermeiden. Die Abdichtung der Grundwassermessstellen erfolgt nach der oben genannten Norm mittels hochquellfähigem Ton oder einer Zement-Bentonit-Suspension, die im Kontraktorverfahren von unten nach oben in den Ringraum eingebracht wird. Im Falle einer geophysikalischen Überprüfung der Lage der Abdichtungsstrecken sollten entsprechend geeignete Abdichtungsmedien eingebaut werden.

Grundwassermessstellen müssen direkt nach ihrer Herstellung und darüber hinaus im Abstand von vier Jahren wiederkehrend [16] auf ihre Funktionsfähigkeit geprüft werden.

Geschlossene Systeme sind nur punktuell in einer bestimmten Tiefe verfilterte, sonst abgedichtete Messstellen des Porenwasserdrucks (Abbildung 16). Sie werden bevorzugt zur Bestimmung des Porendrucks in Böden sehr geringer Durchlässigkeit sowie zur Messung von Porendruckänderungen eingesetzt.

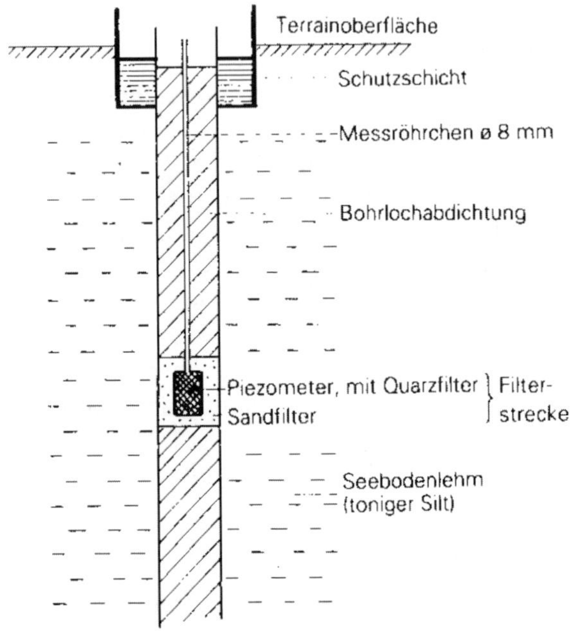

Abbildung 16: Prinzip eines Piezometers in einem wenig durchlässigen Untergrund [13]

2.4.4.3 Grundwasserprobenentnahme

Verschiedene geotechnische Zwecke erfordern die Entnahme von Grundwasserproben:

- Untersuchung auf den Angriffsgrad gegenüber Beton und andere korrosive Eigenschaften
- Untersuchung auf Verockerungsgefahr und andere Ausfällungen
- Untersuchung der Grundwasserbeschaffenheit als Folge von Baumaßnahmen oder Umweltfaktoren

Allgemeine Hinweise über Geräte und das Vorgehen bei der Entnahme von Wasserproben enthält DIN EN ISO 22475-1. Bei Pumpversuchen sind in der Regel die Feldparameter für die Grundwasserbeschaffenheit zu messen und anzugeben (pH-Wert, elektrische Leitfähigkeit, Redoxpotenzial, Temperatur).

2.4.4.4 Grundwasserstandsmessungen

Das **Messen der Wasserstände in offenen Systemen** erfolgt in der Regel mittels Kabellichtlot (Ø 14 bis 20 mm) auf ± 1 cm genau. Die Messung von artesischem Grundwasser kann entweder durch entsprechende Rohrüberstände oder durch aufgesetzte Druckmesswertaufnehmer (Manometer) vorgenommen werden. Hierbei ist auf Frostsicherheit der Messstellen zu achten. Für Messungen über einen längeren Zeitraum können die einzelnen Grundwassermessstellen mit auslesbaren Datensammlern ausgestattet werden. Bei Grundwasserleitern mit mächtigen, relativ undurchlässigen Deckschichten können Luftdruckänderungen Standrohrspiegeldifferenzen von einigen Dezimetern bewirken. Dieser barometrische Effekt ist zu beachten. Bei der Bewertung von Grundwassermessungen müssen die Lokalität, der Untergrundaufbau, die Jahreszeit und das Niederschlagsgeschehen sowie die Dauer der Messperiode berücksichtigt werden.

Die **Messung in geschlossenen Systemen** erfolgt mittels hydraulischer, pneumatischer oder elektrischer Systeme. Einzelheiten dazu siehe DIN EN ISO 18674-4. Der gemessene Porenwasserdruck ist bezogen auf den atmosphärischen Druck in Geländeniveau anzugeben. Mit modernen Geräten können die Messwerte automatisch zu einem Datensammler (Daten-Logger) in einer Zentrale übermittelt werden. Die erforderliche Messgenauigkeit muss vorab festgelegt und eine entsprechende Messeinrichtung gewählt werden. Vor Einbau ist der Porenwasserdruckmesser zu kalibrieren.

2.5 Benennung, Beschreibung und Klassifizierung von Boden und Fels

2.5.1 Benennung und Beschreibung von Boden

DIN EN ISO 14688-1 verlangt für die **Beschreibung der Böden** Angaben der Korngröße (Haupt- und Nebenanteile), der Plastizität und des organischen Anteils sowie ergänzende Angaben über Zustandsform, sonstige Merkmale, Farbe, Geruch und die ortsübliche Benennung einschließlich der geologischen Zuordnung.

Die Benennung von Böden erfolgt nach Gewichtsanteilen. Reine grobkörnige Bodenarten können bis 5 % Schluff und Ton enthalten. Für die Benennung entscheidend ist der Kornanteil > 40 % (Hauptbodenart). Bodenarten wie Kies, sandig bzw. Sand, kiesig enthalten jeweils mehr als 40 % Sand- bzw. Kiesanteile. Feinkörnige Böden enthalten über 40 % Schluff und Ton. Sie werden nach ihren plastischen Eigenschaften benannt.

Organische Böden und organogene Böden bzw. Böden mit organischen Beimengungen weisen eine große Variabilität auf. Je nach Anteilmenge werden diese Böden als schwach oder stark organisch bzw. humos, torfig bezeichnet. Die wesentlichen Merkmale dieser Böden sind der höhere Wassergehalt, die hohen Fließgrenzen und Plastizitätszahlen sowie ihre starke Kompressibilität.

Torf entsteht durch Zersetzung von pflanzlichen Substanzen an Ort und Stelle. Bei den Torfen werden nicht bis mäßig zersetzte Torfe und zersetzte Torfe unterschieden und weiter nach DIN EN ISO 14688-1 faseriger Torf, schwach faseriger Torf und amorpher Torf. Die

Bestimmung des Zersetzungsgrades erfolgt mittels Ausquetschversuch. Dazu wird eine nasse Torfprobe in der Faust kräftig gequetscht. Die Probe zeigt bei nicht bis mäßig zersetztem Torf gut erhaltene und erkennbare Pflanzenreste und es tritt klares bis trübes Wasser aus. Bei stark bis völlig zersetztem Torf (auch amorpher Torf genannt) sind keine Pflanzenreste erkennbar und es wird wässriger Brei ausgequetscht (s. DIN 19682-12, Bestimmung des Zersetzungsgrades der Torfe).

In Böden können neben den Schichtflächen mehr oder weniger steil stehende, mechanisch bedingte kluft- oder scherflächenartige Trennflächen auftreten, die das bautechnische Verhalten maßgeblich beeinflussen (Abbildung 17). Diese mechanisch bedingten Bruchflächen in Böden können eine Folge von tektonischen oder atektonischen Spannungen sein, sie können durch Eislast oder frühere Rutschungen bedingt sein oder sind auf Schrumpfvorgänge zurückzuführen. In überkonsolidierten Tonböden sind solche Trennflächen relativ häufig anzutreffen.

Abbildung 17: Harnische in tertiären Tonen

2.5.2 Klassifizierung von Böden nach DIN 18196:2011

Die nachstehende Bodenklassifizierung für bautechnische Zwecke ist eine Zusammenfassung von Bodenarten zu Bodengruppen mit annähernd gleicher stofflicher Zusammensetzung und ähnlichen bodenphysikalischen Eigenschaften. Die Grundlage dafür bieten neben den DIN EN ISO 14688-1 und -2 die DIN 18196, die außer der auf der stofflichen Zusammensetzung aufbauenden Einteilung nach

- Korngrößenbereichen und -verteilung
- plastischen Eigenschaften
- organischen Bestandteilen

auch noch weitere Erkennungsmerkmale angibt sowie eine qualitative Bewertung der bautechnischen Eigenschaften und ihre Eignung als Baustoff.

Nach DIN 18196 sollen für die Klassifizierung einer Bodenprobe Versuchsergebnisse herangezogen werden. Die Norm gilt nicht für Fels und für Böden mit > 40 % Anteil von Steinen und Blöcken.

Für die Bezeichnung der Bodenarten werden Kurzzeichen benutzt, bestehend aus Großbuchstaben für den Hauptanteil und Kleinbuchstaben für die Nebenanteile bzw. die kennzeichnende Eigenschaft (siehe DIN 4023).

Kurzzeichen für die wichtigsten Hauptbodenarten nach DIN 18196:

G = Kies

S = Sand

U = Schluff

T = Ton

O = Organische Böden

A = Auffüllung

H = Torf

F = Mudde

K = Kalk

DIN 18196 enthält Buchstaben für kennzeichnende Eigenschaften und für die Art der Korngrößenverteilung:

W = weit gestufte Korngrößenverteilung

E = eng gestufte Korngrößenverteilung

I = intermittierend gestufte Korngrößenverteilung

oder nach den plastischen Eigenschaften:

L = leicht plastisch

M = mittel plastisch

A = ausgeprägt plastisch

bzw. nach dem Zersetzungsgrad von Torfen:

N = nicht bis kaum zersetzter Torf

Z = zersetzter Torf

Die Grenze zwischen enggestufter und weitgestufter Korngrößenverteilung ist bei $C_u = 6$ festgelegt.

Während die Bodenklassifizierung nach DIN 18196 nur Korngrößen bis 63 mm berücksichtigt, werden in DIN EN ISO 14688-2 auch »sehr grobkörnige Böden« ausgehalten mit Steinen (63 bis 200 mm), Blöcken (200 bis 630 mm) und sog. großen Blöcken (> 630 mm), sowie eine Unterteilung in geringen (< 5 % bzw. < 10 %), mittleren (> 5 % bzw. 10 bis 20 %) und hohen Block- bzw. Steinanteil (> 20 %).

Bei gemischtkörnigen Böden handelt es sich um grobkörnige Böden mit 5 % bis 40 % Schluff und Ton. Die weitere Unterteilung erfolgt in % der Trockenmasse:

5 bis 15 % Schluff und Ton = gering bzw. schwach schluffig/tonig (U/T).

15 bis 40 % Schluff und Ton = stark schluffig/tonig ($\bar{U}/\bar{T}$) bzw. U*/T*.

Zu den gemischtkörnigen Bodenarten im weiteren Sinne gehören auch die »Block-in-Matrix-Gesteine«. Dabei handelt es sich um ein Gemisch von Kiesen, Steinen und Blöcken in feinkörniger Grundmasse, die sich bei nicht verfestigtem Feinkornanteil wie Lockergesteine verhalten.

Die feinkörnigen Böden enthalten über 40 % Schluff und Ton. Sie werden nach der Plastizität bzw. nach der Lage zur A-Linie im Plastizitätsdiagramm von Casagrande eingeteilt (Abbildung 18). Schluffe liegen zusammen mit den organischen bzw. organogenen Böden (OT, OU) unterhalb der A-Linie:

Leicht plastische Schluffe	w_L < 35 %	(UL)
Mittel plastische Schluffe	w_L = 35 bis 50 %	(UM)
Ausgeprägt plastische Schluffe	w_L > 50 %	(UA)

Tone haben Plastizitätszahlen > 7, sie liegen oberhalb der A- Linie:

Leicht plastische Tone	w_L > 35 %	(TL)
Mittel plastische Tone	w_L = 35 bis 50 %	(TM)
Ausgeprägt plastische Tone	w_L > 50 %	(TA)

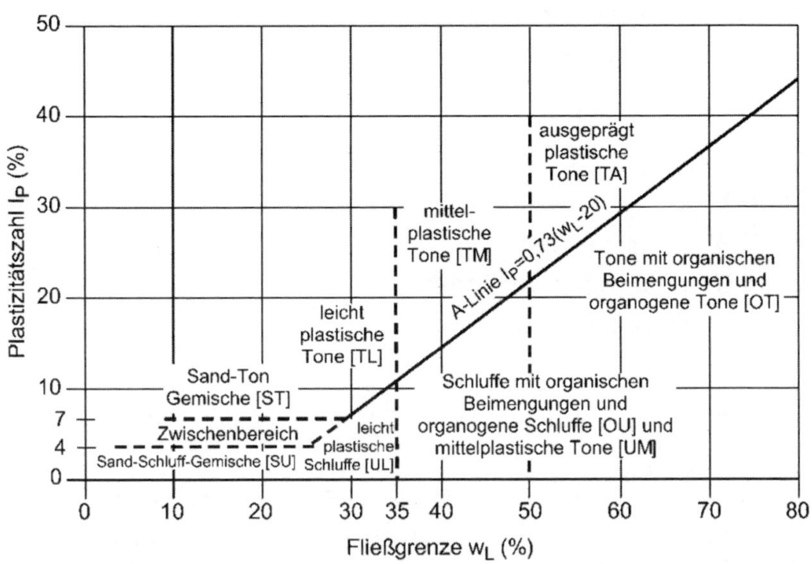

Abbildung 18: Plastizitätsdiagramm nach Casagrande

Die Einstufung der feinkörnigen Böden nach der Lage zur A-Linie im Plastizitätsdiagramm von Casagrande führt zu einer Überbewertung der Tonböden (TL bis TA) und zu einer gewissen Vernachlässigung der weit verbreiteten Schluffböden mit typischen geotechnischen

Eigenschaften, wie relativ hohe Reibungswinkel bei kleiner Kohäsion, schnell ablaufende, aber meist relativ geringe Zusammendrückbarkeit und starke Wasserempfindlichkeit.

Die organischen und organogenen Böden liegen im Plastizitätsdiagramm an bzw. meist unterhalb der A-Linie. Organische Böden pleistozänen Alters können infolge mehrmaligen Wiedervordringens der Gletscher eine merkbare Vorbelastung aufweisen. Im Holozän abgelagerte, oberflächennah anstehende organische Böden sind in der Regel nicht vorbelastet.

Als **organogene Böden** werden nichtbindige Böden mit mehr als 3 % und bindige Böden mit mehr als 5 % organischer Beimengungen (pflanzliche und tierische Reste) bezeichnet. Dazu gehören Böden mit humosen (OH, z.B. Oberboden) bzw. kalkigen Beimengungen (OK, z.B. Wiesenkalk).

Organische Böden werden unterteilt in Torfe (H) und Faulschlamm bzw. Mudde (F). **Mudden** sind feinkörnige limnische Ablagerungen mit > 5 % organischen Anteilen. Nach ihrer Zusammensetzung werden mineralische Mudde (Ton-, Schluff-, Feinsandmudde mit z.T. > 45 % V_{ca}), organische Mudde (V_{gl} > 35 %) und Torfmudde unterschieden. Tonmudden (> 40 % Ton) werden auch als **Klei** oder **Schlick** bezeichnet.

Bei den Auffüllungen werden solche aus natürlichen Böden unterschieden, deren Gruppensymbol in eckige Klammern gesetzt wird und Auffüllungen aus Fremdstoffen (z.B. Müll, Schlacke, Bauschutt, Industrieabfälle), die das Gruppensymbol A erhalten.

Die **Bodenverflüssigung** (Liquefaction) stellt ein besonderes Phänomen dar, das zu Gebäudesetzungen oder Verkippungen bzw. zu Böschungsrutschungen führen kann. Die Bodenverflüssigung infolge von Erdbeben oder anderen schweren Erschütterungen beruht auf einer Reduzierung der Steifigkeit bzw. des Scherwiderstandes eines wassergesättigten, kohäsionslosen oder kohäsionsarmen Bodens infolge Porenwasserüberdrucks und Verlustes der effektiven Korn-zu-Korn-Spannungen. Die Neigung eines Bodens zur Verflüssigung, das sog. Verflüssigungspotenzial, hängt in erster Linie ab von der Bodenart, der Lagerungsdichte und dem Grundwasserstand. Je höher das Grundwasser ansteht, desto größer ist das Verflüssigungsrisiko. Als hochgradig verflüssigungsgefährdete Korngrößenbereiche gelten gleichkörnige, mehr oder weniger schluffige Fein- und Mittelsande. Gleichkörnige Mittel- und Grobschluffe sowie ebensolche Mittel- und Grobsande bis z.T. Feinkiese werden als mäßig verflüssigungsfähig eingestuft. Weitere verflüssigungsbegünstigende Materialeigenschaften sind runde Kornformen und glatte Kornoberflächen. Darüber hinaus sind auch die Kennziffern für die Zustandsgrenzen bzw. die Lagerungsdichte, die Scherfestigkeitsparameter und der Steifemodul anzugeben. Die Lagerungsdichte wird mittels SPT-Schlagzahlen N_{30} oder Drucksondierungen ermittelt. Die häufigste Methode zur Bewertung der Gefahr einer Bodenverflüssigung beruht auf dem empirischen Vergleich der SPT-Schlagzahlen mit beobachteten bzw. eingetretenen Fällen von Bodenverflüssigung [10]. Die DIN EN 1998-5 enthält Diagramme zwischen dem Spannungsverhältnis potenzieller Verflüssigung und den SPT-Schlagzahlen $N_1(60)$, d.h. bezogen auf die Überlagerung. Der N_1-Wert ist die SPT-Schlagzahl für 1 kg/cm^2.

Außer der Bodenverflüssigung ist auch die Empfindlichkeit der Böden gegen übermäßige Setzungen und Verdichtung bei erdbebeninduzierter zyklischer Beanspruchung zu berücksichtigen. Als empfindlich gelten locker gelagerte Sande (auch Kippen oder Halden) sowie sehr weiche Tonböden.

2.5.3 Benennung und Beschreibung von Gestein und Gebirge (Fels)

2.5.3.1 Allgemeines

Die Beschreibung von Gestein und Fels erfolgt nach DIN EN ISO 14689 auf der Grundlage der geologischen Benennung und der mineralogischen Zusammensetzung sowie der Gesteinshärte bzw. Festigkeit. Das Gebirge wird zusätzlich auch nach der geologischen Struktur, d.h. der räumlichen Anordnung der Trennflächen (z.B. Schichtung, Schieferung) und des Verwitterungsprofils beschrieben.

Üblicherweise erfolgt die Beschreibung nach folgenden Merkmalen:

- Gesteinsart (petrographische Zusammensetzung, Korngröße, -anordnung, -bindung etc.)
- Farbe
- Verwitterungszustand
- Härte, Festigkeit
- Beständigkeit gegen Atmosphärilien (Erweichbarkeit, Löslichkeit, Quellbarkeit und andere Mineralumwandlungen etc.).

Die Beschreibung soll umfassend sein. Eine Hilfestellung für die Benennung der Gesteinsart auf genetischer Grundlage geben Tabelle 6 und EN ISO 14689.

Tabelle 6: Beispiele von Gesteinsarten in Abhängigkeit von ihrer Genese

Magmatische Gesteine (Tiefen- und Ergussgesteine bzw. Plutonite und Vulkanite)		**Sedimentgesteine**	**Metamorphe Gesteine (mechanisch und thermisch umgewandelte Gesteine mit Verformungsgefügen)**
Granit	Quarzporphyr	Konglomerat	Gneis
Syenit	Keratophyr	Brekzie	Sericitgneis
	Trachyt	Sandstein	Tonschiefer
Diorit	Porphyrit	Tonstein	Phyllit, z.T. graphitisch oder chloritisch bzw. serizitisch
	Phonolith	Mergelstein	Glimmerschiefer
	Andesit	Kalkstein	Quarzit
Gabbro	Diabas	Dolomitstein	Quarzitschiefer
	Melaphyr	Tuffstein	Marmor
	Basalt	Kalktuff (Travertin, Quellsinter)	Kalkglimmerschiefer
		Anhydrit	
		Gips	
		Salz	
		Steinkohle, Braunkohle	

Das Gestein in der Größenordnung einzelner Kluftkörper oder Probestücke weist in der Regel andere Eigenschaften auf als der Fels im Gebirgsverband, der von Trennflächen verschiedenster Art durchzogen ist und dessen Eigenschaften deshalb in hohem Maße richtungsabhängig sind. Gebirgseigenschaften können daher immer nur für einen bestimmten Gültigkeitsbereich angegeben werden, den sog. Homogenbereich, der projektbezogen zu definieren ist.

Die Eigenschaften eines Gesteins werden im Wesentlichen durch drei Elemente bestimmt:

- den Mineralbestand,
- das Korngefüge sowie
- die Porosität.

2.5.3.2 Mineralbestand und Korngefüge

Die **Härte der Minerale** wird an möglichst großen Mineralkörnern ermittelt und nach der Ritzhärte, d.h. nach der zehnstufigen relativen Härteskala von Mohs angegeben. Bei nichtkörnigen Gesteinen kann die Mineralkornhärte auch an frischen Probeflächen vorgenommen werden und entspricht dann dem mineralischen Bindemittel (Kornbindung).

Der Begriff der **Gesteinshärte** ist wegen der sehr variablen Zusammensetzung der Gesteine und der Anisotropieeffekte der gesteinsbildenden Minerale eingeschränkt verwendbar. Unter Härte eines Gesteins versteht man seinen Widerstand gegen mechanischen Angriff. Die einfachste Art der Festlegung ist die Ritzhärte. Als Hartgesteine gelten allgemein die meisten magmatischen Gesteine und Sedimentgesteine mit kieseligem Bindemittel, während die übrigen Gesteine oft als Weichgesteine bezeichnet werden. Bei den monomineralischen Gesteinen wie reinen Karbonatgesteinen und Quarziten ist dies recht gut möglich, nicht hingegen bei Sandsteinen mit unterschiedlichen Bindemitteln und bei tonigen Karbonatgesteinen.

Die Härte bzw. Festigkeit eines Gesteins, auch als Kornbindung bezeichnet (s. Tabelle 7), wird in der Baupraxis durch Handprüfverfahren ermittelt bzw. durch die Gesteinsdruckfestigkeit und seine Abrassivität ausgedrückt. Die Kenntnis der Gesteinsfestigkeit ist für zahlreiche Fragestellungen des Tiefbaus von Bedeutung (Lösearbeiten, Bohrarbeiten, Herstellen von Großbohrpfählen im Fels und grobkörnigen Lockergesteinen).

Tabelle 7: Klassifikation der Gesteine in Abhängigkeit von der einaxialen Druckfestigkeit q_u (in MN/m^2).

DIN 1054	IAEG-Empfehlung (Matula 1981)	DIN EN ISO 14689	Gesteinsarten (Beispiele)
	> 230 = extrem fest	> 250 = extrem hoch	Basalt, Diabas, Quarzit, feinkörniger Granit, Gneis, quarzitischer Sandstein, Kalkmarmor
	120 bis 230 = sehr fest	100 bis 250 = sehr hoch	

DIN 1054	IAEG-Empfehlung (Matula 1981)	DIN EN ISO 14689	Gesteinsarten (Beispiele)
> 50 = hart	50 bis120 = fest	50 bis 100 = hoch	Gneis, Kalkstein, Tonschiefer, Sandstein, Granit, Dolomitstein
12,5 bis 50 = mäßig hart	15 bis 50 = mäßig(-fest)	25 bis 50 = mäßig hoch	Sandstein, Tonschiefer, Tonstein, Kalkmergelstein
5 bis 12,5 = mäßig mürb	1,5 bis 15 = gering(-fest)	5 bis 25 = gering	Salzgesteine, Kreide
1,25 bis 5 = mürb		1 bis 5 = sehr gering	verwitterte Gesteine
< 1,25 = sehr mürb		< 1 = extrem gering	stark verwitterte und entfestigte Gesteine

Die **Festigkeit der Gesteine** wird bei der Beschreibung zunächst durch sog. Handprüfverfahren ermittelt. Es kann die Einteilung nach den Tabellen 8 und 9 verwendet werden.

Tabelle 8: Klassifikation der Gesteinsfestigkeit

Bezeichnung	Beschreibungsmerkmal	Druckfestigkeit q_u (MN/m^2)
Sehr mürb	Von Hand zerbrechbar	< 1,25 MN/m^2
Mürb	Abreiben von Körnern möglich	1,25 bis 5,0 MN/m^2
Mäßig mürb, gering fest	Mit Stahlnagel leicht ritzbar	5,0 bis 12,5 MN/m^2
Mäßig hart, fest	Leicht zerschlagbar, dumpfer Klang, mit Stahlnagel schwer ritzbar	12,5 bis 50 MN/m^2
Hart, sehr fest	Mittelschwer zerschlagbar, heller Klang, mit Stahlnagel nicht mehr ritzbar	50 bis 150 MN/m^2
Sehr hart	Schwer zerschlagbar, hell bis hoch klingend	150 bis 250 MN/m^2

Tabelle 9: Gesteinsfestigkeiten in Abhängigkeit vom Verwitterungsgrad und den üblichen Feldversuchen (in Anlehnung an FGSV-Merkblatt und DIN EN ISO 14689)

Gesteins-verwitterungs-grade	**Beschreibung, Erscheinungsbild**	**Kornbindung, Festigkeit, ein-axiale Druck-festigkeit**	**Feldversuche: Hammerschlag/ Rückprallhammer (R_m)**
Unverwittert	Keine sichtbare Verwitterung, schwache Verfärbung an Trennflächen	Gute Kornbindung sehr hart, hart, sehr fest bzw. hoch q_u = 50 bis 250 MPa	Heller Klang bei Hammerschlag, hinterlässt keinen Eindruck, mehrere Hammerschläge erforderlich, $R_m = 30 \pm 10$
Angewittert	Gestein fest – gering entfestigt, Verfärbung an Kluftwandungen und der angrenzenden Gesteinsbereiche. Variante: Gestein leicht verfärbt, aber fest	Mäßige Kornbindung, mäßig hart-fest q_u = 25 bis 50 MPa	Wenig heller Klang evtl. leichte Einkerbung mit wenigen Schlägen zerschlagbar, nicht bis schwach ritzbar $R_m = 20 \pm 10$
Mäßig entfestigt	Gestein ist teilentfestigt (spürbar verändert), aber noch nicht mürbe. Verfärbung der Kluftwandungen und des Gesteins	Geringe Kornbindung, mäßig fest, schwach absandend q_u = 5 bis 25 MPa	Dumpfer Klang, Einkerbung bei festem Schlag mit Hammer, leicht zu zerschlagen, mit Hand nicht zerbrechbar, schwer ritzbar, R_m < 10 bis 15
Stark entfestigt	Gestein ist deutlich bis stark entfestigt. Starke Verfärbung an Kluftwandungen und des Gesteins	Gestein ist brüchig mürbe, absandend halbfest q_u = 1 bis 5 MPa	Bei Hammerschlag brüchig, mit Hand zerbrechbar; gut ritzbar $R_m = 0$
Zersetzt	Gestein ist völlig entfestigt oder zersetzt, Gesteinsgefüge jedoch erkennbar	Steif-halbfest q_u < 1 MPa	Von Hand zerdrückbar; in Wasser zu plastifizieren

Erläuterungen: q_u = einaxiale Druckfestigkeit des Gesteins, R_m = Werte der Prüfung mit dem Rückprallhammer DIN 1048-2, Mittel aus zehn Einzelwerten. Der Begriff »hart« bezieht sich genau genommen auf die (Mineral-)Härte eines Gesteins, wird aber üblicherweise auch als Festigkeitsangabe verwendet.

Ein Festgestein ist charakterisiert durch seine mineralische Kornbindung. Als solche kommen bei voll- oder teilkörnigen Gesteinen in Betracht

- toniges bzw. tonig-ferritisches
- karbonatisches
- quarzitisches bzw. kieseliges Bindemittel

Entscheidend für die Gesteinsfestigkeit ist nicht nur die Art des Bindemittels, sondern auch seine Raumausfüllung. Als Maßstab für die mineralische Kornbindung können Feldversuche gem. Tabelle 9 herangezogen werden. Toniges Bindemittel stellt einen Sonderfall dar und zählt streng genommen nicht als mineralische Bindung, da sie bei Wassereinfluss verloren geht.

Bezüglich ihrer Festigkeitseigenschaften werden Gesteine unterteilt in kompetente Gesteine, die unelastisch mit Sprödbruch reagieren, und in inkompetente Gesteine, die mehr oder weniger plastisch (duktil) reagieren.

Unter Gefüge versteht man allgemein die Ausbildung, räumliche Anordnung sowie die flächenhafte und/oder lineare Orientierung aller Einzelbestandteile geologischer Körper, angefangen von den Mineralen über das Gestein bis zum Gebirge (Trennflächengefüge). Das Korngefüge eines Gesteins wird von den Mineralkörnern und dem Porenraum bestimmt und ist oft nur mit mikroskopischen Methoden zu erfassen. Die maßgebenden Merkmale sind die Mineralart, die Korngröße und die Kornform (Struktur), die Korngrößenverteilung bzw. Korneinregelung sowie die Verwachsungsverhältnisse, die als Textur bezeichnet werden. Letztere bestimmt die Kornbindung.

Die DIN EN ISO 14689 verwendet für die Körnigkeit folgende Begriffe:

- Vollkörnig = Ein Gestein, das nur aus erkennbaren Einzelkörnern besteht
- Teilkörnig = ein Gestein mit Einzelkörnern in einer nicht körnigen Grundmasse (z.B. Bindemittel)
- Nichtkörnig = oder dicht, ein Gestein, bei dem visuell keine Körner unterscheidbar sind

Hinsichtlich des Korngefüges werden folgende Einregelungen unterscheiden:

- Richtungslos-körnig = keine bevorzugte Regelung (z.B. Granit)
- Geschichtet = regelmäßiger oder unregelmäßiger Wechsel der Korngröße, z. T. mit plättchenförmigen Einlagerungen (z.B. Glimmer)
- Geschiefert = parallele Einregelung
- Gefältelt = Kleinstfaltenbildung

Ein Festgestein weist eine mineralische Bindung auf, d.h., die Mineralkomponenten sind mehr oder weniger fest untereinander verbunden bzw. verwachsen. Das Gestein darf bei 24-stündiger Wasserlagerung keine Veränderung zeigen. Die Probe darf weder zerfallen noch an der Oberfläche aufweichen. EN ISO 14689 unterscheidet fünf Veränderlichkeitsgrade:

- Nicht veränderlich (Grad 1)
- Veränderlich (Grad 2 und 3)
- Stark veränderlich (Grad 4 und 5)

Gesteine, die beim Wasserlagerungsversuch Veränderungen zeigen, werden nach der Norm als veränderlich feste Gesteine bzw. Halbfestgesteine bezeichnet. Sie haben im ursprünglichen Zustand weitestgehend Festgesteinscharakter, sind aber deutlich verwitterungs- bzw. wasserempfindlich und zerfallen bei Austrocknung und Wiederbefeuchtung innerhalb kurzer Zeit (Tage bis Jahre) irreversibel. Das Zerfallsverhalten reicht dabei von einem zunehmenden Zerbrechen des Gesteins bis zu grusig-feinkörnigem Zerfall. Die Abgrenzung der Halbfestgesteine gegenüber den Locker- bzw. Festgesteinen erfolgt in der Praxis nach dem Wasserlagerungsversuch oder der Druckfestigkeit. Dabei wird die Abgrenzung zu den Lockergesteinen bei q_u = 0,2 bis 1,0 MN/m², häufig 0,6 MN/m² angenommen, während die Grenze zu den Festgesteinen allgemein bei q_u = 50 bis 60 MN/m² liegt. Über diese Grenze hinaus treten aber noch zahlreiche »gering veränderliche Gesteine« auf, die in abgeschwächter Form ähnliche Reaktionen zeigen, wie die ausgewiesen veränderlichfesten Gesteine. Nach **ZTVE-StB 09** bzw. **TP BF-StB, Teil C,** wird für die Einstufung veränderlich fester Gesteine auch der Siebtrommelversuch herangezogen.

Die Ursachen für die Veränderlichkeit der Halbfestgesteine beruhen auf der Gesteinsart (Korngrößen und ihre Verteilung, Bindemittel und seine Verteilung, quellfähige Minerale), den Eigenschaften des Porenraums sowie dem Auftreten mikroskopisch kleiner, mit dem Auge meist nicht sichtbarer Mikrorisse, die einen leichteren Zutritt von Wasser ermöglichen. Auch Feinschichtung ergibt latente Schwächezonen.

2.5.3.3 Porosität

Die **Porosität** ist ein relatives Maß für die Dichte (Raumausfüllung) und die Gesteinsfestigkeit. Unter Gesamtporosität werden sowohl die offenen als auch die geschlossenen Poren zusammengefasst. Erstere bestimmen im Wesentlichen die Gesteinsdurchlässigkeit oder Permeabilität.

Gesteine mit einer Porosität < 1 % gelten als kompakt bzw. dicht. Dazu gehören fast alle Tiefengesteine und viele Metamorphite. Diese Gesteine zeigen aber im Verlauf der Verwitterung durch Lösungsprozesse im Zement und an Mineraloberflächen eine deutliche Zunahme der Porosität (Granit z.B. auf 14 bis 20 %). Bei Porositäten über 20 % spricht man von stark porig.

Allgemein weisen Sandsteine je nach Festigkeit bzw. Verwitterungsgrad eine Porosität von 10 bis 20 %, z.T. bis 30 % auf, Kalksteine eine solche von 1 bis 20 %, selten mehr, und Vulkanite im Mittel 20 bis 30 %, mit Extremwerten von 1 bis 45 %. Für Tonsteine werden Porositäten von < 20 % genannt.

Für visuell erkennbare Poren gelten folgende Definitionen:

- Dicht = keine Poren erkennbar
- Porös = sandkorngroße Poren (< 2 mm) sind unregelmäßig verteilt
- Löcherig = über sandkorngroße Poren sind unregelmäßig verteilt
- Kavernös = kleine und größere Hohlräume sind unregelmäßig verteilt

2.5.3.4 Verwitterung

Unter **Verwitterung** versteht man die Auflösung des Gesteinsverbandes und einen Gesteinszerfall durch physikalische oder chemische Prozesse. Bei den Erscheinungsformen der Verwitterung ist zwischen verwitterungsbeständigen und verwitterungsempfindlichen Gesteinen zu unterscheiden. Allgemein wird die Grenze zwischen den verwitterungsempfindlichen und den verwitterungsbeständigen Festgesteinen bei einer Gesteinsdruckfestigkeit von 50 bis 60 MN/m^2 gezogen.

Je nach den klimatischen Bedingungen herrscht **physikalische oder chemische Verwitterung** vor. Die physikalische Verwitterung infolge Temperaturwechsel und Änderung des Spannungszustandes und des Wassergehalts verursacht einen Zerfall des Gesteins, ohne dessen Zusammensetzung zu verändern. Bei der chemischen Verwitterung erfolgt unter der Wirkung von Wasser, Sauerstoff und Temperatur eine chemische Umwandlung der Minerale. Die chemische Verwitterung setzt fast immer an Trennflächen an und erfasst von da ausgehend das Gestein durch Verfärbung und Entfestigung. Die Gesteinsarten sind verschieden verwitterungsanfällig und verwittern unterschiedlich. Die chemische Verwitterung wird oberflächennah von einer physikalischen Gesteinszerlegung infolge Trocknung und Befeuchtung sowie Temperaturwechsel überprägt. In der Praxis hat sich nachfolgende Einteilung in Homogenbereiche gleicher Verwitterungsintensitäten bewährt:

Unverwittert bzw. frisch	Das Gestein zeigt keine Verwitterungserscheinungen bis höchstens Verfärbung an den Trennflächen.
Angewittert bzw. verfärbt	Das Gestein ist weitgehend verfärbt und zeigt an Trennflächen leichte Entfestigung.
Verwittert bzw. entfestigt	Das Gestein ist weitgehend zerbrochen und entfestigt, der ursprüngliche Gesteinsverband ist aber noch erhalten.
Zersetzt	Die mineralische Bindung ist verloren, so dass die Eigenschaften eines Lockergesteins vorliegen

Das Merkblatt über Felsbeschreibung für den Straßenbau (FGSV 1992) verwendet für die vier Verwitterungsgrade die Kennbuchstaben VU (unverwittert), VA (angewittert), VE (entfestigt) und VZ (zersetzt) und enthält sowohl eine erweiterte Klassifikation mit Angabe von Druckfestigkeiten und Rückprallhammerwerten. DIN EN ISO 14689 unterscheidet sechs Verwitterungsstufen, wobei aber die Differenzierung der Stufen 1 und 2 sowie 3 und 4 in der Praxis oft schwer auszumachen ist (Abbildung 19).

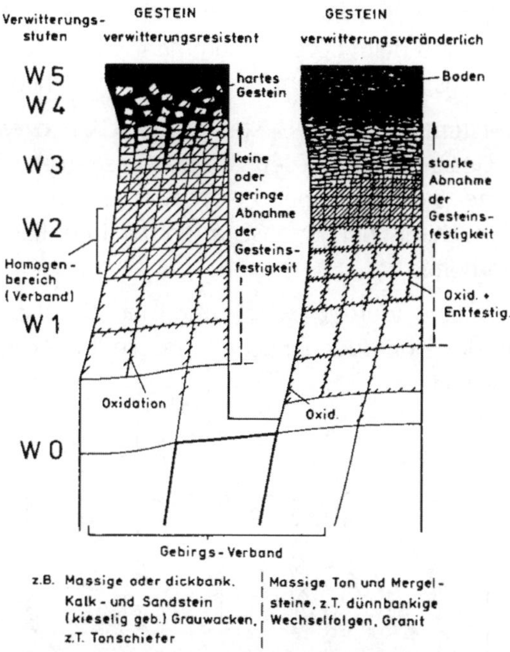

Abbildung 19: Schematische Profile typischer Verwitterungszonen (W0 = unverwittert, W1 = angewittert, W2 = mäßig verwittert, W3 = stark verwittert W4 = vollständig verwittert, W5 = Bodenbildung) [13]

Die Tiefenwirkung der Verwitterung ist nicht nur vom Ausgangsgestein und den Dränagebedingungen (Wasserführung) abhängig, sondern auch von der tektonischen Gebirgszerlegung und -auflockerung. In tektonischen Störungszonen ist die Verwitterung gewöhnlich viel intensiver und reicht wesentlich tiefer als in tektonisch wenig oder ungestörten Bereichen, in denen meist eine deutliche vertikale Zonalität zu erkennen ist.

Unabhängig von diesen vertikalen Verwitterungsprofilen können auch in größeren Tiefen einzelne, entweder besonders verwitterungsanfällige oder besonders beanspruchte Tonsteinlagen eine deutliche Verwitterung zeigen.

Eine praxisrelevante Frage der Verwitterungstiefe ist häufig die nach dem sog. Verlauf der Felsoberfläche, der in der Regel zwischen den Verwitterungsstufen W1 und W2 angenommen wird. Diese bautechnisch relevante Felsoberfläche muss nicht identisch sein mit der »geologischen Felsoberfläche«.

Die Festigkeit bzw. Kornbindung eines Gesteins hängt mit dem Verwitterungsgrad eng zusammen. In Anlehnung an DIN EN ISO 14689 und dem FGSV-Merkblatt (1992) können die Abstufungen und Abhängigkeiten verwendet werden. Die genaue Spezifikation der Gesteinsfestigkeit erfolgt über die einaxiale Druckfestigkeit.

2.5.3.5 Trennflächengefüge

Fels ist ein Vielkörpersystem. Er ist zerbrochen und von Trennflächen durchzogen, welche die Entstehungsbedingungen, die Art und das Ausmaß der Vorbeanspruchung (Tektonik) und auch die Gesteinseigenschaften widerspiegeln und weitgehend das Verhalten des Gebirges bei Beanspruchung und beim Lösen bestimmen. Die Gesamtheit der Trennflächen (Schichtflächen, Schieferungsflächen, Klüfte) wird als Trennflächengefüge bezeichnet.

Unter **Trennflächen** versteht man alle Unstetigkeitsflächen bzw. Diskontinuitäten, an denen die Festigkeit der Gesteine herabgesetzt ist. Das wesentliche Ziel einer Trennflächenanalyse aus geotechnischer Sicht ist, anhand einer für die Praxis brauchbaren Systematik die geometrischen und mechanischen Eigenschaften der Trennflächen zu erfassen und in Gefügemodellen zu verarbeiten.

Die Begriffe für das Trennflächengefüge (Schichtung, Hauptkluftscharen) und die Flächenorientierung sowie für die Homogenbereiche und die Kluftkörpergröße sind in Abbildung 20 zusammengestellt.

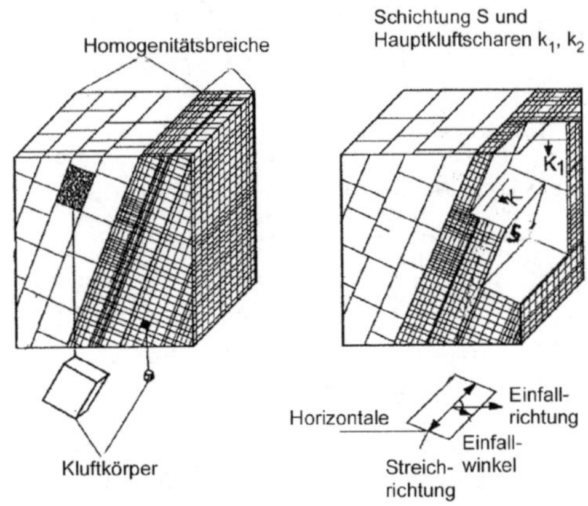

Abbildung 20: Schematische Darstellung des Trennflächengefüges [13]

Die Beschreibung der Trennflächen enthält je nach Aufgabenstellung folgende Angaben:

Lage	nur bei Großklüften, sonst Angabe des Homogenbereiches
Art der Trennflächen	Schichtflächen (ss oder S, Schieferungsfläche (sf oder Sf, Großkluft (GK oder K, Mittel-/ Kleinkluft (K oder k, Störung (St)
Raumstellung	Streichen und Fallen (z. B. N 30° E, 70° SE) bzw. Fallrichtungund Fallwinkel (z.B. 120°/70°)
Abstand	senkrechter Abstand, getrennt nach den einzelnen Kluftscharen; Angaben in m oder cm
Erstreckung	Angabe in m oder m² (bezogen auf Aufschlussgröße)
Beschaffenheit der Flächen	eben, uneben, wellig, abgesetzt; Oberfläche rau, glatt, spiegelglatt, gestriemt (Harnischflächen)
Beläge, Verwitterungserscheinungen	Beläge (Mn, Fe, Kristallrasen), Verfärbung, Entfestigung (Tiefe in cm), Lösungserscheinungen

Öffnungsweite	Angabe der mittleren, der größten und der kleinsten Weite (in mm oder cm)
Füllung	Quarzit, Calcit, Brekzie, Ton, Lehm usw.
Durchtrennungsgrad	Häufigkeit des Durchsetzens einer Kluft zur nächsten
Dichtigkeit	stellenweise Vernässung, Tropfwasser u.a.m.

Die felsbaulich relevanten Informationen aus der Trennflächenaufnahme können in zwei Komplexe gegliedert werden:

- quantitative Angaben zu Raumlage, Abstand und Erstreckung
- qualitative Angaben zur Gesteinsausbildung, zur Oberflächenbeschaffenheit der Trennflächenwandungen und zur Öffnungsweite bzw. der Füllung sowie etwaiger Wasserführung

Die mechanische und hydraulische Wirksamkeit von Trennflächen wird außer den genannten quantitativen Angaben und dem Grad der Durchtrennung besonders von der Ausbildung der Trennflächenwandungen bestimmt. Die Beschreibung der **Oberflächenbeschaffenheit** der Trennflächen erfolgt meist nur visuell. Dabei werden ebenflächige, stufige und wellige Oberflächenformen unterschieden, die jeweils wieder rau, glatt oder harnischartig ausgebildet sein können. In Anlehnung an EN ISO 14689 werden dabei drei Größenbereiche unterschieden:

- Unebenheitsgrad im m^2-Bereich mit Unebenheiten von mehreren cm Höhe
- Makrorauigkeitsgrad im dm^2-Bereich mit Rauigkeiten von mehreren mm Höhe
- Mikrorauigkeitsgrad im cm^2-Bereich mit Rauigkeiten bis zu 1 mm Höhe

DIN EN ISO 14689 ist eine vereinfachte Darstellung der Trennflächenrauigkeit zu entnehmen (Abbildung 21).

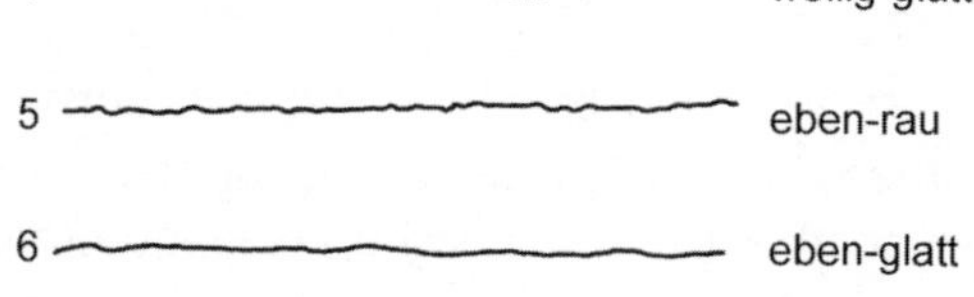

Abbildung 21: Bezeichnungen für die Rauigkeit von Trennflächen gemäß DIN EN ISO 14689

Durch Aufzeichnungen des Bohrlochs können mittels spezieller Videokameras Bohrlochscanneraufnahmen erstellt werden, die eine komplette 360°-Aufnahme der Bohrlochwandung ergeben und zusätzlich eine räumliche Auswertung des Trennflächengefüges ermöglichen. Auch Wassereintrittsstellen können erkannt und lokalisiert werden.

Klüfte sind weitgehend ebene Diskontinuitäten als Folge unterschiedlicher Beanspruchungen ohne ersichtliche Verschiebung entlang von Bruchflächen. Sie treten in der Regel nicht einzeln, sondern in Scharen paralleler Kluftflächen auf. Die verschiedenen Kluftrichtungen stehen normalerweise in bestimmten Winkelbeziehungen zueinander, wobei häufig angenähert rechte Winkel auftreten. In ungefalteten Schichtgesteinen stehen die Klüfte außerdem oft senkrecht zu den Schichtflächen.

Unter Klüftigkeit oder Klufthäufigkeit wird der Abstand der Klüfte einer Kluftschar zueinander verstanden.

Die Ermittlung der Öffnungsweite der Klüfte ermöglicht Angaben über die Gebirgsauflockerung und damit Rückschlüsse auf die Gebirgseinspannung (Scherfestigkeit), die Verformbarkeit sowie die Wasserwegigkeit. Durch Horizontalverformungen auf Schichtflächen kann es gemäß Abbildung 22 auch zu einer partiellen Öffnung der Schichtflächen und zur Ausbildung von sog. Bankungsfugen kommen.

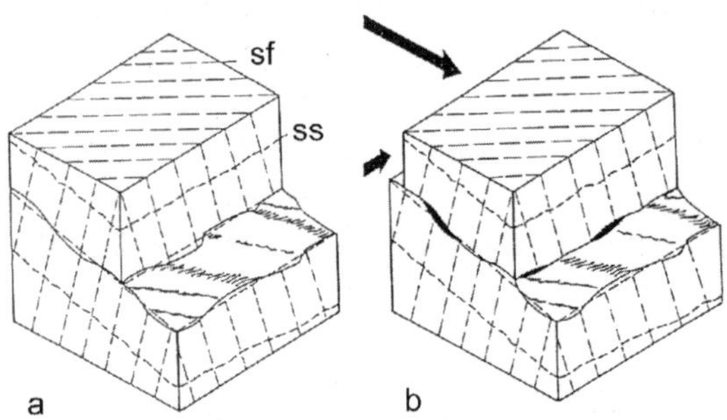

Abbildung 22: Modellvorstellung für das Öffnen von Schichtflächen infolge Schichtverschiebungen [13]

Die Öffnungsweite kann wie folgt klassifiziert werden:

- Weite oder klaffende Trennflächen 1,0 bis 100 cm
- Offene Trennflächen 0,5 bis 10 mm
- Enge oder geschlossene Trennflächen < 0,5 mm

Die DIN EN ISO 14689 enthält sehr detaillierte Bezeichnungen für die Öffnungsweite mit acht Abstufungen von sehr eng (< 0,1 mm) über offen (0,5 bis 2,5 mm) bis extrem weit (> 1 m).

Bei den **Kluftfüllungen** ist zwischen an Ort und Stelle entstandenen und Füllungen aus Fremdmaterial, zu unterscheiden. Zu der erstgenannten Gruppe gehören z.B. Verschiebungsbrekzien oder feinkörnige Kataklasite, eingequetschtes Material und Verwitterungsrückstände. Zu der zweiten Gruppe von Kluftfüllungen gehören von der Oberfläche eingespültes Material oder umgelagerte Residualbildungen.

Der **Kluftabstand** ist nicht nur von der mechanischen (tektonischen) Beanspruchung des Gebirges abhängig, sondern sehr stark vom Gestein und der Bankdicke. Die Verteilung der Kluftabstände ist jedoch nicht stetig, sondern kann zonenweise zwischen eng- bis mittelständig und weitständig wechseln.

Die Maßangaben für den **Trennflächenabstand** (Kluftabstand und Bankdicke) sind in DIN EN ISO 14689 geregelt:

Außerordentlich engständig, laminiert bzw. geschiefert	< 20 mm
Sehr engständig bzw. sehr dünnbankig	20 bis 60 mm
Engständig bzw. dünnbankig	60 bis 200 mm
Mittelständig bzw. mittelbankig	200 bis 600 mm
Weitständig bzw. dickbankig	600 bis 2000 mm
Sehr weitständig bzw. sehr dickbankig	> 2000 mm

Die **Kluftkörpergröße** und -form sind das Produkt aus dem **Kluftabstand** der verschiedenen Kluftscharen und ihrem **Durchtrennungsgrad**. Für die Beschreibung der Form der Kluftkörper kann die Klassifikation nach Abbildung 23 oder die Größeneinteilung nach DIN EN ISO 14689 mit einer Kantenlänge von

klein	6 bis 20 cm
mittel	20 bis 60 cm
groß	60 bis 200 cm
sehr groß	> 200 cm

herangezogen werden.

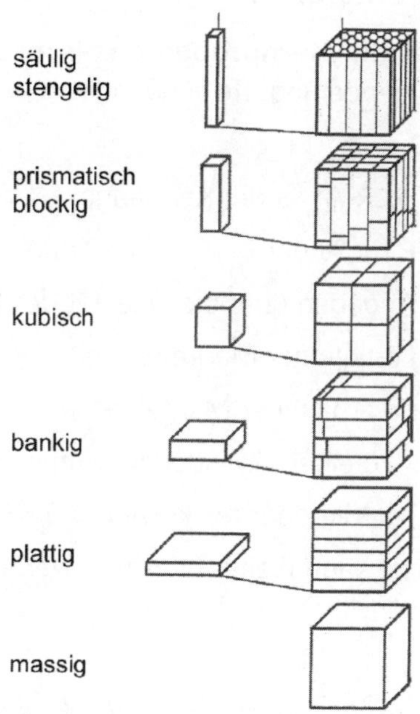

Abbildung 23: Bezeichnungen für die Kluftkörperform [17]

Unter **Verbandsfestigkeit** wird die Einspannung der Kluftkörper, der Reibungsschluss und die Lösbarkeit in einer bevorzugten Richtung verstanden. Sie ist abhängig von der Klüftigkeit, dem Durchtrennungsgrad und der Öffnungsweite der Trennflächen:

Kompakt	keine erkennbar offenen Trennflächen, gute Verzahnung
Mäßig aufgelockert	geringer Reibungsschluss innerhalb der Trennflächenschar
Aufgelockert	mehrere offene Trennflächenscharen mit geringem Reibungsschluss
Lose	Kluftkörper ohne Reibungsschluss, nahezu loses Haufwerk

Die **Schichtflächen** sind durch Materialwechsel während der Sedimentation entstanden. **Schieferungsflächen** sind durch sekundäre Mineraleinregelung und -plättung im Zuge der tektonischen Deformation (Faltung) bzw. Metamorphose entstanden, wodurch eine dünnplattige Spaltbarkeit des Gesteins hervorgerufen wird. In der Regel ist die Schieferung umso engständiger und regelmäßiger je feinkörniger das Ausgangsgestein war. Obwohl auf den Schieferungsflächen primär noch Kohäsion vorhanden ist, stellen sie durchgehende, häufig glatte oder leicht gewellte Ablösungsflächen dar.

Harnische sind Striemungen an der Oberfläche einer Trennfläche (Schicht- oder Kluftfläche) infolge Bewegung und Druck. Bei Harnischlineationen kann die relative Bewegungsrichtung aus der Orientierung der Lineationen und den senkrecht zur Bewegungsrichtung verlaufenden Abrissstufen, erkannt werden, deren Steilkanten immer gegen die Bewegungsrichtung angeordnet sind.

2.5.3.6 Beschreibung von Kernproben

Die Beschreibung der **Qualität der Kernproben aus Bohrungen** erfolgt nach DIN EN ISO 22475-1. Darin werden folgende Begriffe verwendet:

- Felsgütebezeichnung **RQD**
- Vollständiger Kerngewinn **SCR** (in % der Kernlänge)
- Gesamter Kerngewinn **TCR** (in % der Kernmarschlänge)

Darüber hinaus sind folgende Angaben über die Qualität des Kernmaterials zweckmäßig:

- Kernstücke mit vollständig erhaltener Mantelfläche
- Kernstücke mit nur teilweise erhaltener Mantelfläche
- Kernstücke, die nicht mehr zu einem Zylinder zusammengefügt werden können
- Bohrklein, wie z.B. grusig, sandig oder feinkörnig (< 0,63 mm) zerriebenes Gestein

Die Beschreibung der Kernstücke kann weiter unterteilt werden in:

- Großstückig > 10 cm
- Stückig 10 bis 6 cm
- Kleinstückig 6 bis 2 cm

Die Angaben über die Qualität des Kernmaterials sind maßgebend für die Abschätzung des Zerklüftungsgrades des Gebirges und für das Erkennen von Störungszonen. Diese werden häufig von Klüften in Abständen von wenigen Zentimetern begleitet, die den Bohrkern stückig bis kleinstückig zerfallen lassen (Abbildung 24).

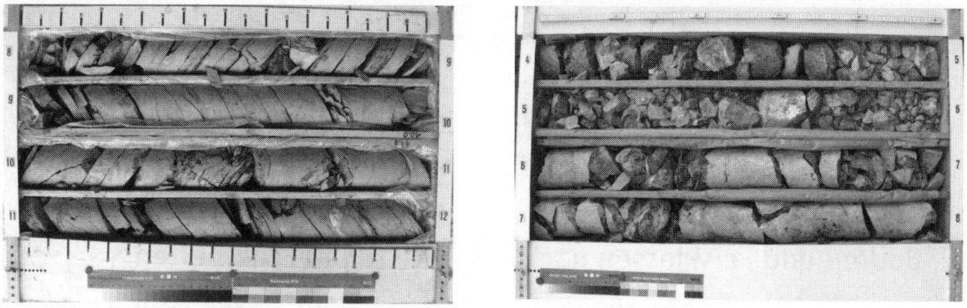

a) Devonischer Tonschiefer b) Triassischer Dolomitstein

Abbildung 24: Beispiel für den Zerfall von Bohrkernen

Der **RQD-Index** dient als einfache qualitative Bewertung der Felsqualität (Abbildung 32):

RQD (%)	Gebirgsqualität
0 bis 25	sehr schlecht
25 bis 50	schlecht
50 bis 75	mäßig/mittel
75 bis 90	gut
90 bis 100	sehr gut

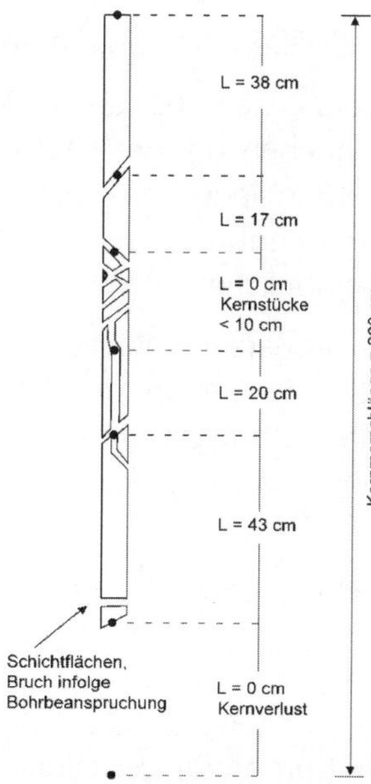

Abbildung 25: Ermittlung der RQD-Zahl an einem Bohrkern [13]

2.5.4 Beschreibung und Einstufung von Boden und Fels nach den ATV der VOB

2.5.4.1 Allgemeines

Die ATV-Normen sind Teil der Vergabe- und Vertragsbedingungen (VOB Teil C) »Allgemeine technische Vertragsbedingungen« für Bauleistungen. Dazu gehören die ATV DIN 18300, 18301, 18311, 18319 und die 18312. Es handelt sich dabei um die oben erwähnten gerätespezifischen Normen für den Löse- und Bohrvorgang. Sie stellen Abrechnungsregeln dar.

2.5.4.2 Boden- und Felsklassen nach ATV DIN 18300 Erdarbeiten

Die Bodenklassen der ATV DIN 18300 beschreiben die Lösungsfestigkeit bei Erdarbeiten für die Ausschreibung und Abrechnung. Darüber hinaus sind dem Bieter zum besseren Verständnis zusätzlich eine Beschreibung der Bodenarten gemäß DIN EN ISO 14688-1 und DIN 18196 sowie nötigenfalls auch Laborwerte an die Hand zu geben, die ihm die tatsächliche Lösbarkeit eindeutig erkennen lässt und eine entsprechende Kalkulation ermöglicht für Erdwärmesonden, und zwar für Bohrungen jeder Art, Neigung und Tiefe.

Die einzusetzenden Geräte, die Art der Bohrspülung und der Bauablauf sind Sache des Auftragnehmers. Die Angaben dazu sind aber dem Auftraggeber auf Verlangen vorzulegen.

Bei anfänglich geringen Vorkenntnissen über die Geologie kann man sich bei der Ausschreibung von Bohrarbeiten auf allgemeine Angaben über den Untergrundaufbau beschränken und gemäß Norm nur angeben, ob es sich erwartungsgemäß um

- bindige, nichtbindige oder organische Böden,
- Fels (unter Angabe des Verwitterungszustands) oder
- künstliche Böden (Auffüllung, Straßenoberbau, Baureste)

handelt. Dies bedeutet praktisch, dass wie bisher auch, die bei den Aufschlussarbeiten zu erwartenden Schichten kurz beschrieben und im Leistungsverzeichnis in bohrtechnisch relevante Abrechnungseinheiten untergliedert ausgeschrieben werden. Erst für die weiteren Gewerke liegen dann nähere Kenntnisse über den Untergrundaufbau vor, die eine Einstufung in Homogenbereiche ermöglichen.

Aus diesem Grund dürfte es bei größeren Projekten zweckmäßig sein, die Baugrunderkundung zwei- oder mehrstufig vorzunehmen, mit einer Hauptuntersuchung und einer oder mehreren ergänzenden Untersuchungsphasen, wenn nähere Kenntnisse sowohl über den Untergrundaufbau vorliegen als auch konkrete Vorstellungen über das Projekt und den Bauablauf bestehen.

Die Liste der Eigenschaften und Kennwerte nach DIN 18 301 enthält folgende Angaben:

Für Böden:

- ortsübliche Bezeichnung
- Bodengruppe nach DIN 18196 Korngrößenverteilung mit Körnungsbändern nach DIN 18123 Massenanteil an Steinen und Blöcken gem. DIN EN ISO 14688-1

- Kohäsion nach DIN 18137-1 bis -3
- undränierte Scherfestigkeit nach DIN 4094-4 oder DIN 18136
- Wassergehalt nach DIN EN ISO 17892-1 Plastizitätszahl und Konsistenzzahl nach DIN 18127-1
- Lagerungsdichte nach DIN 18126
- Abrasivität

Für Fels:

- ortsübliche Bezeichnung
- Benennung nach DIN EN ISO 14689
- Verwitterungszustand und Veränderlichkeit nach DIN EN ISO 14689
- einaxiale Gesteinsdruckfestigkeit
- Trennflächenrichtung und -abstand, Kluftkörperform
- Abrasivität

Die ZTVE-StB 09 enthält für Zwecke des Straßenbaus ergänzende Erläuterungen zu den Bodenklassen der DIN 18300 und gibt die zu den einzelnen Bodenklassen gehörenden Bodengruppen der DIN 18196 an.

Die Einteilung in Boden- und Felsklassen erfolgt unabhängig von den maschinentechnischen Daten allein nach boden- und felstypischen Merkmalen, wobei für die Einstufung der Zustand beim Lösen maßgebend ist:

Klasse 1: Oberboden

Oberboden ist die oberste Schicht des Bodens, die neben anorganischen Stoffen, z.B. Kies-, Sand-, Schluff- und Tongemischen, auch Humus und Bodenlebewesen enthält.

Klasse 2: Fließende Bodenarten

Bodenarten, die von flüssiger bis breiiger Beschaffenheit sind und die das Wasser schwer abgeben. Hierzu gehören nach ZTVE-StB 09:

- Organische Böden der Gruppen HN, HZ und F
- Feinkörnige Böden der Gruppen UL, UM, TL, TM, TA sowie organogene Böden und solche mit organischen Beimengungen der Gruppen OU, OT, OH und OK, wenn sie breiige oder flüssige Konsistenz haben
- Gemischtkörnige Böden der Gruppen SU*, ST*, GU* und GT*, wenn sie breiige oder flüssige Konsistenz haben

Klasse 3: Leicht lösbare Bodenarten

Nichtbindige bis schwachbindige Sande, Kiese und Sand-Kies-Gemische mit bis zu 15 Gew.-% Beimengungen von Schluff und Ton (Korngröße < 0,06 mm) und mit höchstens 30 Gew.-% Steinen von über 63 mm Korngröße bis zu 0,01 m^3 Rauminhalt (entspricht einem Kugeldurchmesser von rd. 0,3 m).

Organische Bodenarten mit einem geringen Wassergehalt (z.B. feste Torfe).

Zu Klasse 3 gehören nach ZTVE-StB 09:

- Grobkörnige Böden der Gruppen SW, SI, SE, GW, GI, GE
- Gemischtkörnige Böden der Gruppen SU, ST, GU, und GT
- Torfe der Gruppen HN mit geringem Wassergehalt, soweit sie beim Ausheben standfest bleiben

Klasse 4: Mittelschwer lösbare Bodenarten

Gemische von Sand, Kies, Schluff und Ton mit einem Anteil von mehr als 15 Gew.-% Korngröße < 0,06 mm.

Bindige Bodenarten von leichter bis mittlerer Plastizität, die je nach Wassergehalt weich bis fest sind und die höchstens 30 Gew.-% Steine von über 63 mm Korngröße bis zu 0,01 m^3 Rauminhalt enthalten. Zu Klasse 4 gehören nach ZTVE-StB 09:

- Feinkörnige Böden der Gruppen UL, UM, TL und TM
- Gemischtkörnige Böden der Gruppen SU*, ST*, GU* und GT*
- Organogene Böden und Böden mit organischen Beimengungen der Gruppen OU, OH, OK.

Klasse 5: Schwer lösbare Bodenarten

Bodenarten nach den Klassen 3 und 4, jedoch mit mehr als 30 Gew.-% Steinen von über 63 mm Korngröße bis zu 0,1 m^3 Rauminhalt.

Nichtbindige und bindige Bodenarten mit höchstens 30 Gew.-% Steinen von über 0,01 m^3 bis 0,1 m^3 Rauminhalt (entspricht einer Kugeldurchmesser von rd. 0,6 m).

Ausgeprägt plastische und organische Tone, die je nach Wassergehalt weich bis halbfest sind.

Klasse 6: Leicht lösbarer Fels und vergleichbare Bodenarten

Felsarten, die einen inneren, mineralisch gebundenen Zusammenhalt haben, jedoch stark klüftig brüchig, bröcklig, schiefrig, weich oder verwittert sind sowie vergleichbare verfestigte, nichtbindige und bindige Bodenarten mit fester Konsistenz, z.B. durch Austrocknung, Gefrieren oder Verfestigung.

Nichtbindige und bindige Bodenarten mit mehr als 30 Gew.-% Steinen von über 0,01 m^3 bis 0,1 m^3 Rauminhalt.

Klasse 7: Schwer lösbarer Fels

Felsarten, die einen inneren, mineralisch gebundenen Zusammenhalt und hohe Gefügefestigkeit haben und die nur wenig klüftig oder verwittert sind.

Steine von über 0,1 m^3 Rauminhalt.

Sonstige Stoffe, z.B. Recyclingmaterial, industrielle Nebenprodukte, Abfälle usw. werden nach ingenieurgeologisch-erdbautechnischen Gesichtspunkten beschrieben und in die o.g. Klassen eingestuft.

Der Schwachpunkt dieser Normung liegt in der unklaren **Unterscheidung der Klassen 6 und 7**. Nach DIN 18300 erfolgt die Unterteilung nach Klüftigkeit und Verwitterungszustand. Die Einstufung sollte aber auf einer möglichst umfassenden Gebirgsbeschreibung aufbauen, bei der folgende Parameter berücksichtigt werden: Gesteinsart und -festigkeit, Abrasivität, Verwitterungsgrad, Schichtung, Klüftung (Kluftkörpergröße) sowie die Verbandsfestigkeit.

Als brauchbares Hilfskriterium hat sich auch der beim Lösen anfallende Anteil von Blöcken von über 0,1 m³ Rauminhalt erwiesen, was Kluftkörpern von rd. 0,5 · 0,5 · 0,4 m entspricht. Allgemein gelten Gesteine ab Druckfestigkeiten von 50 bis 60 MN/m² und Bankdicken ab etwa 0,5 m als Fels der Klasse 7. Bei Wechsellagerungen von Gesteinen der Klassen 6 und 7 können Mischfelsklassen nach prozentualer Aufteilung oder als einheitlicher Mischpreis gebildet werden.

Wird Fels der Klasse 6 zur Erleichterung der Gewinnung durch Bohr- oder Sprengarbeit gelockert, so ändert sich die Einstufung ebenso wenig, als wenn Fels der Klasse 7 noch durch Reißgeräte gelöst werden kann.

Die nachfolgende Tabelle 10 zeigt in einer Übersicht die Unterschiede der Klassifizierungen. Heute wird von vielen Auftraggebern das »alte System« der DIN 18300 verwendet.

Tabelle 10: Unterschiedliche Homogenbereiche für die Gewerke Erdbau und Bohrarbeiten im Vergleich zum bisherigen Klassifizierungssystem

<table>
<tr><th colspan="2">altes System der Bodenklassen</th><th colspan="2">neues System der Homogenbereiche</th></tr>
<tr><td>Boden- oder Felsschicht</td><td>altes System DIN 18300</td><td>Homogenbereich DIN 18300:2015 Erdbau</td><td>Homogenbereich DIN 18301:2015 Bohrarbeiten</td></tr>
<tr><td>Lehm</td><td>Klasse 4</td><td rowspan="3">Homogenbereich A0</td><td>Homogenbereich A1</td></tr>
<tr><td>Schluff, tonig</td><td>Klasse 3</td><td rowspan="2">Homogenbereich B1</td></tr>
<tr><td>Sand, schluffig</td><td></td></tr>
<tr><td>Felsverwitterung</td><td>Klasse 6</td><td>Homogenbereich Bc</td><td>Homogenbereich C1</td></tr>
</table>

2.5.4.3 Boden- und Felsklassen für Bohrarbeiten

Bohrarbeiten für Baugrundaufschlüsse und auch für die Bohrpfahlherstellung, für Einpressarbeiten und für Anker sollen nach ATV DIN 18301, Boden- und Felsklassen für Bohrarbeiten, ausgeschrieben und abgerechnet werden:

Lockergesteins-Klasse BN: Nichtbindige Lockergesteine

BN = Sand und Kies

BN 1 = mit Feinkornanteil bis 15 %

BN 2 = mit Feinkornanteil über 15 %

Lockergesteins-Klasse BB: Bindige Lockergesteine (Hauptbestandteile Schluff, Ton bzw. Sand, Kies, mit starkem Einfluss der bindigen Anteile)

BB 1 = flüssig – breiig $c_u < 20$ kN/m²

BB 2 = weich, steif $c_u = 20$ bis 200 kN/m²

BB 3 = halbfest c_u = 200 bis 600 kN/m²

BB 4 = fest, sehr fest c_u > 600 kN/m².

Lockergesteins-Klasse BO: Organische Böden

BO 1 = zersetzte Torfe, Mudde, Humus

BO 2 = unzersetzte Torfe.

Festgesteins-Klasse F: Festgesteine werden weiter unterteilt nach der Verwitterung und dem Trennflächenabstand

Verwitterungsgrad	Trennflächenabstand		
	bis 10 cm	10 bis 30 cm	Über 30 cm
Entfestigt	FV 1		
Angewittert	FV 2		FV 3
Unverwittert	FV 4	FV 5	FV 6

sowie nach der einaxialen Druckfestigkeit q_u

FD 1 < 20 MN/m²

FD 2 20 bis 80 MN/m²

FD 3 80 bis 200 MN/m²

FD 4 200 bis 300 MN/m²

FD 5 > 300 MN/m²

Als gut bohrbar gelten Festgesteine mit einer Druckfestigkeit q_u < 20 MN/m². Darüber hinaus ist es zweckmäßig, auch auf den Abrassivitätsgrad der Gesteine hinzuweisen.

Kommen in Lockergesteinen Steine (Korngröße 63 bis 200 mm) oder Blöcke (200 bis 600 mm) vor, so werden sie in Abhängigkeit von der Größe und dem Volumenanteil in die Zusatzklasse BS eingestuft:

Korngröße	Volumenanteil	
	bis 30 %	über 30 %
63 bis 200 mm	BS 1	BS 2
200 bis 600 mm	BS 3	BS 4

Große Blöcke über 600 mm werden gesondert beschrieben. Auffüllungen werden, soweit möglich, in die o g. Klassen eingestuft und im Hinblick auf ihre Eigenschaften für Bohrarbeiten beschrieben.

2.5.5 Bohrlochmessungen

2.5.5.1 Allgemeines

Geophysikalische und geotechnische Bohrlochmessverfahren werden entsprechend der geotechnischen Fragestellung bzw. der Aussagekraft des einzelnen Verfahrens und den gebirgsspezifischen Möglichkeiten eingesetzt. Wenn solche Messungen beabsichtigt sind, ist der nötige Bohrlochdurchmesser bzw. Ausbau zu beachten.

2.5.5.2 Bohrlochsondierungen

Bei standfester Bohrlochwandung kann die Aufnahme bzw. Überprüfung des Trennflächengefüges mittels Kamerabefahrung erfolgen. Die Aufnahmen sind in axialer (nach unten) und in radialer (seitlicher) Richtung möglich.

Bohrlochfarbfernsehsonden liefern ein direktes Bild der Bohrlochwandung, der Raumstellung der Trennflächen, ihrer Öffnungsweite und auch über den Wasserzulauf aus Klüften. Durch Abpumpen und Befahren mit einer Kamera können Wasserzutritte in das Bohrloch lokalisiert werden. Die erforderlichen Bohrlochdurchmesser sind geräteabhängig.

Die Auswertung sollte im Vergleich mit dem Bohrkern erfolgen und erlaubt eine zutreffende Deutung der Kernzerbrechung (auch von Kernverluststrecken) und von zerbohrtem Kernmaterial.

2.5.5.3 Bohrlochabweichungsmessungen

Die **Bohrlochabweichungsmessungen (BA)** basieren auf dem Messprinzip der Inklinometer bzw. elektronischen Deflektometer, auf Kompasssonden (Single- oder Multishot-Messungen) oder auf inertialen Navigationssystemen. Bei den Kompasssonden wird das Bild eines Neigungsmessers und eines Kompasses in regelmäßigen Zeit- bzw. Tiefenabständen fotografiert und so die Lage und Richtung der Messsonde im Bohrloch festgehalten. Die genannten Verfahren werden in Vertikalbohrungen eingesetzt. In geneigten oder horizontalen Bohrungen werden Inertialmesssysteme verwendet.

2.6 Literatur

[1] DIN (Hrsg.) (2011): Normenhandbuch Eurocode 7 Geotechnische Bemessung Band 1: Allgemeine Regeln, Beuth-Verlag, Berlin

[2] DIN (Hrsg.) (2011): Normenhandbuch Eurocode 7 Geotechnische Bemessung Band 2: Erkundung und Untersuchung, Beuth- Verlag, Berlin

[3] Stölben, F. & Eitner, V. (2011): Das Normenhandbuch Eurocode 7 Teil 2 Erkundung und Untersuchung des Baugrunds. – Schriftenreihe des Lehrstuhls Baugrund-Grundbau der TU Dortmund, Heft 30, S. 49-64; Dortmund

[4] Heinimann, H. R. et al. (1998): Methoden zur Analyse und Bewertung von Naturgefahren.- Umwelt-Materialien N. 85, Naturgefahren, 248 S. (BUWAL, Bern)

[5] Strauß, R. (2007): Sicher ist sicher? Das neue webbasierte Informationssystem zu Gefährdungspotenzialen des Untergrundes in Nordrhein-Westfalen. – 16. Tag. Ingenieurgeologie Bochum, 355-359.

[6] Strauß, R. (2008): Das neue web-basierte Informationssystem zu Gefährdungspotenzialen des Untergrundes in NRW.- geotechnik, 31:4, 282-286.

[7] Schmidt, S. (2008): Das Subrosionskataster der Thüringer Landesanstalt für Umwelt und Geologie (TLUG) als Grundlage des Fachinformationssystems »Georisiko-Thüringen«. – EDGG, H. 235, 42-47.

[8] Grünthal. G., Mayer-Rosa, D. & Lenhardt, R. (1998): Abschätzung der Erdbebengefährdung für die D-A-CH-Staaten Deutschland, Österreich, Schweiz. – Bautechnik, 75:10, 735-767.

[9] Meskouris, K., Hinzen, K.-G. Butenweg, Ch. & Mistler, M. (2007): Bauwerke und Erdbeben – Grundlagen, Anwendung, Beispiele.- 2. Aufl. 493 S, Vieweg Vlg.

[10] Laue, J. & Studer, J. A. (2003): Mikrozonierung für Erdbeben – Probleme und Erfahrungen. – GEOLEX 3.03, 11-21.

[11] Stölben, F. & Eitner, V. (2004): Standardised methods for sampling by drilling and excavation and for groundwater measurements – In Hack, R., Azzam, R. & Charlier, R.: Engineering geology for infrastructure planning in Europe – A European perspective. – Lecture Notes in Earth Science 104, pp. 101-109, Berlin (Springer).

[12] Prinz, H & Strauß, R. (2018): Ingenieurgeologie. – 895 S. ; Heidelberg (Springer).

[13] Witte, M., Nendza, M. & Stölben, F. (2008): Verwendung des Verformungsmoduls aus Bohrlochaufweitungsversuchen für Setzungsberechnungen, Tiefbau, Jg.: 119, Nr. 6, S. 360-365.

[14] Prinz, H. & Holtz, S. (1989): Zur Durchlässigkeit des Buntsandsteingebirges – Erfahrungen aus dem Tunnel- und Talsperrenbau in Hessen. – Mitt. Ing. – u. Hydrogeol. Aachen, 32, 197-224.

[15] Schwerter, R. & Kunze, M. (1994): Erkundung und Sanierung von Altlasten. – Lehrbrief 3.13, Hochschule für Technik, Wirtschaft und Sozialwesen Zittau/Görlitz (FH).

[16] Länderarbeitsgemeinschaft Wasser (1982): Grundwasserrichtlinie 1/82 Grundwasser-Richtlinien für Beobachtung und Auswertung – Teil 1 Grundwasserstand.

[17] Müller, B. & Pippig, U. (2011): Praktikable geotechnische Klassifikationen von Festgesteinen und Festgebirgen für das Bauwesen und den Bergbau. Glückauf 147, Nr. 9, S. 423-435.

3 Tiefgründungen

Gebhard Dausch und Roland Jörger

3.1 Allgemeines

Das gesamte Kapitel »Tiefgründungen« ist als Fortschreibung des in [1], [2] und [2a] aufgeführten fachlichen Inhalts zu sehen und wurde vorwiegend im Hinblick auf aktuelle Normen, Vorschriften und technische Entwicklungen überarbeitet.

Die Tiefenlage eines Bauwerks wird von der Funktion und der hieraus resultierenden Planung bestimmt. In der vorgesehenen Tiefe muss der Baugrund die vorhandenen Bauwerkslasten aufnehmen. Ist dies nicht der Fall, so sind besondere Maßnahmen zu treffen, damit nicht aus technischen Gründen oder Kostengesichtspunkten der Entwurf geändert oder das Bauvorhaben unter Umständen am vorgesehenen Standort aufgegeben werden muss.

Jedem Planungsentwurf muss ein entsprechender geotechnischer Bericht gemäß DIN EN 1997-2 [3] zugrunde liegen.

Eine Sonder- bzw. Tiefgründung ist nicht von der Tiefenlage der Gründungsebene abhängig, sondern davon, ob in der vorgesehenen Gründungstiefe ausreichend tragfähiger Baugrund zur Abtragung der Gebäudelasten ansteht. Eine Sondergründungsmaßnahme wird ebenfalls von der Höhe des Grundwasserstands bestimmt. Weitere Maßnahmen ergeben sich aus dem Umfeld der Baumaßnahme (Nachbarbebauung, Auflagen des Umweltschutzes, Vorgaben der Baubehörden usw.).

Für die Ausführung von Sonder- bzw. Tiefgründungen stehen folgende Systeme zur Verfügung:

- Pfahlgründungen
- Kombinierte Pfahl-Plattengründungen
- Brunnen- und Senkkastengründungen
- Druckluftgründungen
- Baugrundverbesserungen

3.2 Pfahlgründungen

3.2.1 Allgemeines

Eine verlässliche Angabe über die Anzahl der unterschiedlichen Pfahltypen ist nur sehr schwer möglich. In der Literatur gibt es hier divergierende Angaben, jedoch ist von sicher mehr als 100 auszugehen. Einen Großteil stellen wohl die Bohrpfahltypen dar. Viele dieser Systeme werden heute nicht mehr angewendet und haben somit nur noch historische Bedeutung. Beim überwiegenden Teil der Pfahlgründungen verwendet man heute folgende Pfahlsysteme:

- Bohrpfähle nach DIN EN 1536 [4]
- Verdrängungspfähle nach DIN EN 12699 [5]
- Mikropfähle nach DIN EN 14199 [6]
- Pfahlähnliche Elemente (siehe EA-Pfähle [7])

Durch Pfahlgründungen können hohe Lasten auf kleinster Grundfläche sicher abgetragen und die sonst erforderlichen großen Fundamentmassen, aufwendigen Senkkastengründungen, Spundwandumschließungen usw. vermieden werden. Auch enge Baulücken können somit noch wirtschaftlich bebaut werden.

Die wachsenden Anforderungen, ständig größer werdende Belastungen, ein hinsichtlich Lärm und Erschütterungen und des CO_2-Footprints gestiegenes Umweltbewusstsein, aber auch neue Möglichkeiten der Maschinentechnik haben zu neuen Pfahltypen bzw. zur Verbesserung vorhandener Verfahren geführt, welche diesen Anforderungen gerecht werden. Zum Teil gibt es hierfür jedoch noch kein entsprechendes Regelwerk.

Für Pfähle, deren Bauart von den vorhandenen DIN EN-Normen abweicht, bedarf es in Deutschland einer allgemeinen Bauartgenehmigung (aBG) bzw. bauaufsichtlichen Zulassung (abZ) oder einer Zulassung im Einzelfall (ZiE) (siehe hier auch [8]), die u.a. vom Institut für Bautechnik, Berlin, nach umfangreichen Grundsatzuntersuchungen erteilt wird. Bei den folgenden Beschreibungen der jeweiligen Pfahltypen wird immer darauf verwiesen, ob der betreffende Pfahltyp eine dieser o.g. Zulassungsarten benötigt.

3.2.2 Allgemeine Konstruktionsgrundlagen

3.2.2.1 Pfahlanordnung

Die Pfahlanordnung (Abbildung 1) richtet sich nach der Konstruktion des Bauwerks, Pfahlart, Größe und Richtung der angreifenden Lasten usw.; dabei können unterschieden werden:

- Einzelpfähle
- Pfahlböcke
- Pfahlgruppen
- Pfahlroste
- Ringförmige Anordnung

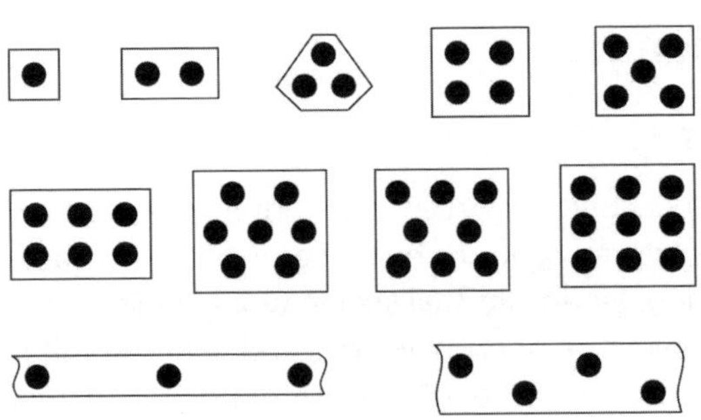

Abbildung 1: Typische Pfahlanordnungen

- Einzelpfähle sind unter einem Pfahlkopfbalken oder Einzelfundament angeordnet.
- Pfahlböcke werden üblicherweise dann angeordnet, wenn Horizontalkräfte aufzunehmen sind. Sie erhalten grundsätzlich eine gemeinsame Kopfplatte (Abbildung 2).
- Pfahlgruppen stehen im Allgemeinen unter großen Lasten (Stützen, Maschinenfundamente usw.)
- Pfahlroste werden unter Brückenfundamenten, Silos, Kranbahnen usw. angeordnet und mit einer gemeinsamen Pfahlrostplatte verbunden. Pfahlroste sind besonders geeignet, hohe Eigenlasten sowie Lasten aus Wind, Erde und Wasser sowie vertikale und horizontale Verkehrslasten zu übernehmen. Dabei werden Horizontalkräfte im Allgemeinen durch Pfahlböcke (Abbildungen 2 und 3) abgetragen.

Man unterscheidet tiefe und hohe Pfahlroste. Der tiefe Pfahlrost besteht aus Pfählen, die bei massigen Baukörpern, wie z.B. Brückenpfeilern, in den Baukörper hineinreichen und die Lasten meist unmittelbar aufnehmen. Der hohe Pfahlrost besteht aus langen Pfählen. Sie ragen teilweise aus dem Boden heraus und werden zusätzlich auf Knicken beansprucht. Angewendet werden hohe Pfahlroste z.B. bei Kaimauern und Anlegebrücken (Abbildung 2).

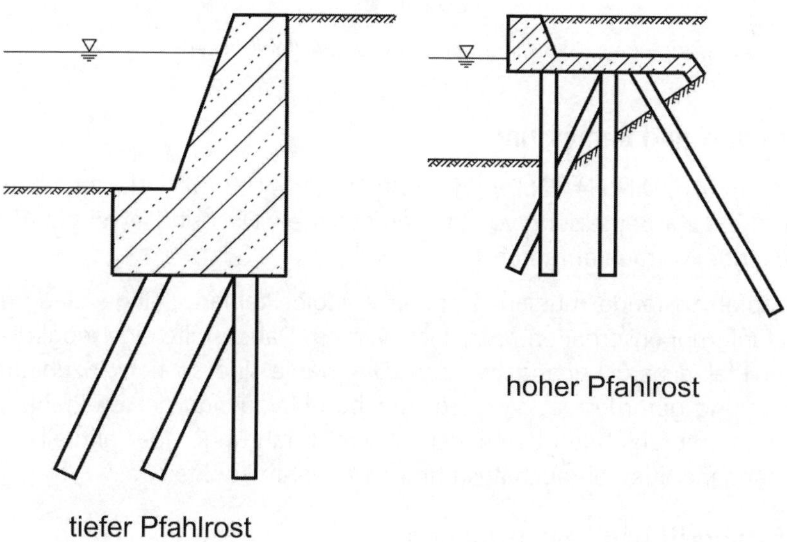

Abbildung 2: Pfahlroste

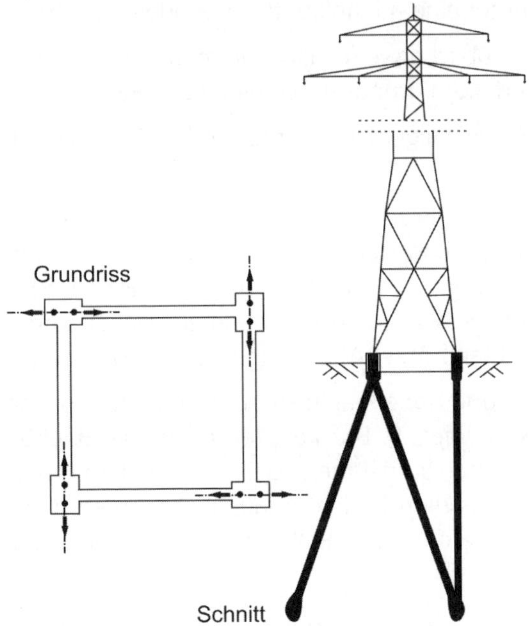

Abbildung 3: Gründung eines Hochspannungsmastes auf Pfahlböcken

3.2.2.2 Entwurf und Bemessung

In DIN EN 1536 [4] , DIN EN 12699 [5] und DIN EN 14199 [6] sind allgemeine Angaben zum Entwurf und zur Bemessung von Pfählen gegeben. Dort sind jeweils in Abschnitt 3.2 auch mitgeltende Normen aufgeführt.

Die Mindestpfahlabstände müssen bezogen auf die Pfahlart, -länge, Baugrundverhältnisse und Pfahlgruppenverhalten festgelegt werden. Dabei sollte eine mögliche Wechselwirkung der Pfähle berücksichtigt werden. Die Pfähle sind so tief einzubinden, wie es in der Bemessung gefordert ist. Weitere Angaben hierzu sind der EA-Pfähle [7] zu entnehmen; diese Empfehlungen beinhalten sowohl Erfahrungen der aktuellen (und auch alten) Normengeneration als auch ausführungsrelevante Punkte.

3.2.2.3 Lastangriff und Lastabtragung

Bei der Bemessung sind die Lastfälle und Möglichkeiten der Lastabtragung zu berücksichtigen (Abbildungen 4 und 5) und die entsprechenden Pfahlsysteme zu wählen.

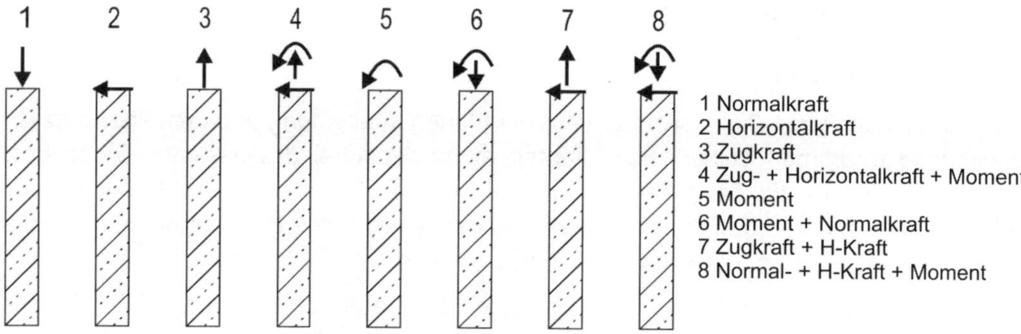

Abbildung 4: Mögliche Lastangriffe

Die Lastabtragung (Abbildung 5) von Druck- bzw. Zuglasten lässt sich verhältnismäßig einfach nachweisen. Dagegen ist die Abtragung von Horizontalkräften bei einem Einzelpfahl wesentlich aufwendiger, wenn keine Neigungspfähle (Pfahlböcke) angeordnet werden können. Eine Berechnung kann nach dem Bettungsmodulverfahren, der Elastizitätstheorie oder mit Hilfe finiter Elemente erfolgen, wobei heute für alle Berechnungsverfahren entsprechende EDV-Programme zur Verfügung stehen.

Pfähle mit großen Durchmessern sind für die Ableitung von Horizontalkräften aufgrund ihrer Biegesteifigkeit zu bevorzugen. Der sicherste Tragfähigkeitsnachweis für diese erfolgt immer auf Basis von horizontalen Pfahlprobebelastungen.

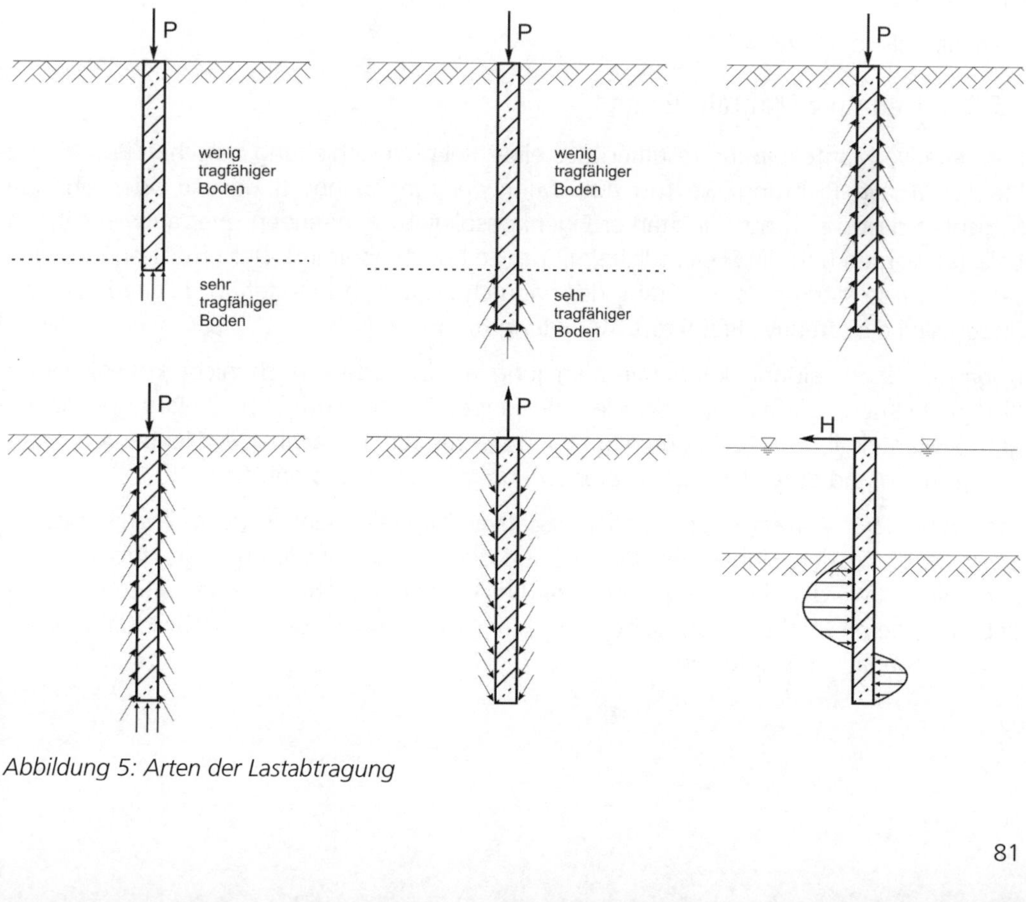

Abbildung 5: Arten der Lastabtragung

3.2.3 Grundbegriffe für Pfahlgründungen

3.2.3.1 Mantelreibung

Die Tragfähigkeit eines Pfahls setzt sich aus der Pfahlmantelreibung und dem Pfahlspitzenwiderstand zusammen. Dabei ist die Mantelreibung der Anteil des Gesamtwiderstandes, der auf der Scherfestigkeit in der Grenzfläche zwischen Pfahlmantel und Baugrund beruht. Sie kann niemals größer sein als die Scherfestigkeit des Bodens selbst. Je rauer die Grenzfläche ist, desto näher kommen sich beide Werte.

Die Mantelreibung kann daher durch Einpressen des Betons (Pressbetonpfähle), Bodenverdichtung (Verdrängungspfähle, Rammpfähle) und Injektionen (Mantelverpressung) wesentlich beeinflusst werden.

Einen ebenso signifikanten Einfluss auf die Mantelreibung (grundsätzlich auch auf die gesamte Tragfähigkeit) kann bei Verdrängungspfählen die Zeit zwischen Pfahlherstellung und Belastung haben. Dr.-Ing. Schenck [9] hat bereits 1950 bei Großversuchen an Rammpfählen im Hamburger Hafen nachgewiesen, dass die Mantelreibung drei Monate nach der Rammung bis zu 190 % zugenommen hat (der kleinste Wert lag bei 25 %). Da die Pfähle normalerweise nicht sofort belastet werden, besteht hier eine zusätzliche Sicherheit.

Bei der Bemessung werden folgende Kurzzeichen in Verbindung mit der Mantelreibung verwendet:

Mantelreibung = q_s

Pfahlmantelwiderstand = R_s

3.2.3.2 Negative Mantelreibung

Die negative Mantelreibung resultiert aus einer Relativverschiebung zwischen Boden und Pfahl in axialer Richtung. Sie tritt auf, wenn der umgebende Baugrund oder einzelne Schichten davon sich noch in starker Eigenkonsolidierung befinden oder auch zusätzlich belastet werden und die Schichtdicke mit der Zeit noch abnimmt. Der umgebende Boden setzt sich also stärker als der Pfahl, der dadurch zusätzlich belastet wird. Hierdurch verringert sich die effektive Pfahlkraft (Abbildung 6).

Negative Mantelreibung kann bei allen jung abgelagerten, noch nicht konsolidierten Bodenschichten, wie z.B. Schlick, Klei und jungen Tonen, auftreten. Weiterhin wird negative Mantelreibung auch durch Bauwerkssetzungen benachbarter Neubauten, Aufschüttungen und durch Grundwasserabsenkungen usw. hervorgerufen.

Die Größe der in Ansatz zu bringenden negativen Mantelreibung ist nach [7] zu ermitteln. Sie kann durch den Einbau von Blechhülsen oder Kunststoffvliesen (sog. Hülsenpfähle) abgemindert werden; bei Fertigpfählen wird teilweise eine Gleitschicht (z.B. Bitumen) aufgebracht, deren Effekt jedoch nicht überschätzt werden darf, d.h. es verbleibt immer ein Anteil an negativer Mantelreibung.

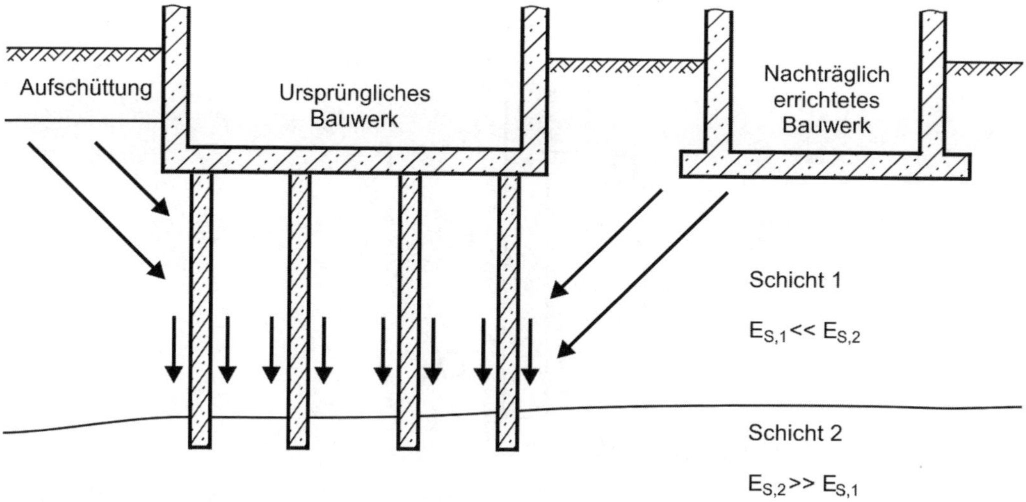

Abbildung 6: Entstehung negativer Mantelreibung

3.2.3.3 Pfahlspitzenwiderstand

Der Pfahlspitzenwiderstand beschreibt eine Kraftgröße, die Ausgangswert für die Ermittlung der Tragfähigkeit einer Pfahlgründung ist. Ausschlaggebend dafür sind der Querschnitt des Pfahlfußes sowie die Tragfähigkeit der einbindenden Schicht. Der Pfahlspitzenwiderstand wird anhand von Pfahlprobebelastungen bzw. Erfahrungswerten ermittelt. Bei der Bemessung werden in Verbindung mit dem Pfahlspitzenwiderstand folgende Kurzzeichen verwendet:

Pfahlspitzenwiderstand = q_b

Sondierspitzenwiderstand = q_c

Pfahlfußwiderstand = R_b

3.2.3.4 Horizontale Belastung von Pfählen

Horizontalkräfte und Momente werden durch seitliche Abstützung im Erdreich aufgenommen (Abbildung 7). Die Bemessung kann durch verschiedene Verfahren erfolgen. In der Praxis hat sich das Bettungsmodulverfahren [7] durchgesetzt, das üblicherweise ausreichend genaue Ergebnisse liefert. Bei diesem Verfahren wird davon ausgegangen, dass der Pfahl elastisch gelagert ist. Die Berechnung erfolgt heute in der Regel mit EDV-Programmen. Der für die Bemessung maßgebende Steifemodul E_s ist dem geotechnischen Bericht zu entnehmen; bei der Verwendung von Tabellenwerten ist eine große Erfahrung des geotechnischen Sachverständigen notwendig.

Nur Pfähle mit entsprechend großem Durchmesser (mindestens 900 mm) sind zur Aufnahme größerer Momente und Horizontalkräfte geeignet. Bei Pfählen mit kleinerem Durchmesser werden Neigungspfähle angeordnet.

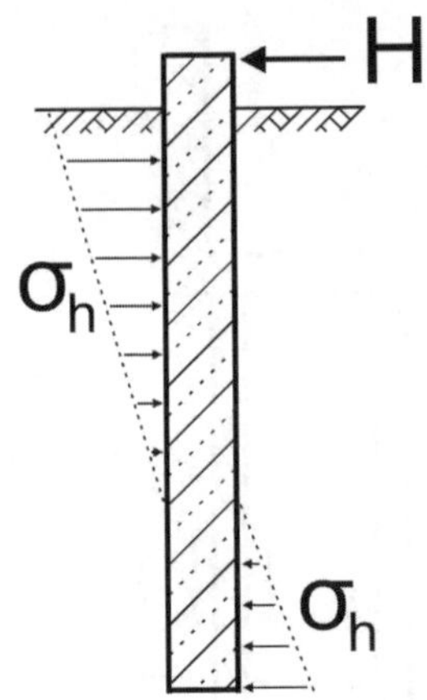

Abbildung 7: Horizontalbelastung von Pfählen

3.2.3.5 Spitzendruckpfähle

Spitzendruckpfähle tragen ihre Lasten im Wesentlichen über den Pfahlfuß ab (Abbildung 8). Dies sind z.B. Pfähle, die durch eine wenig tragfähige Schicht reichen und auf sehr tragfähigen Horizont, z.B. Fels, abgesetzt werden, aber auch Rammpfähle mit einer Fußverbreiterung. Ein Pfahlmantelwiderstand wird hierbei üblicherweise nicht in Ansatz gebracht, jedoch muss die Möglichkeit einer negativen Mantelreibung überprüft werden.

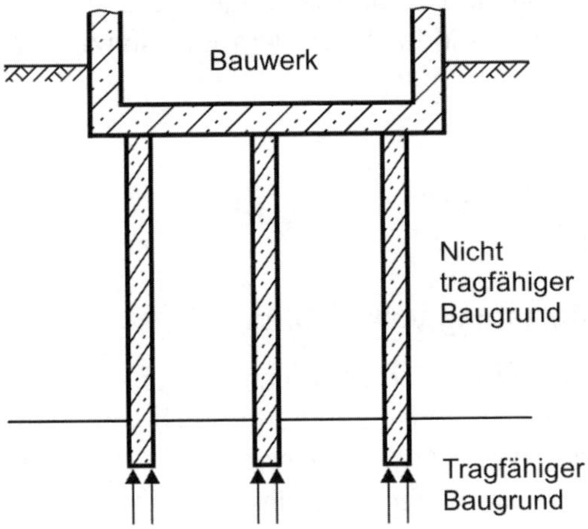

Abbildung 8: Spitzendruckpfähle

3.2.3.6 Schwimmende Pfahlgründung

Bei der sogenannten schwimmenden Pfahlgründung (Abbildung 9) übertragen die Pfähle die Belastung aus dem Bauwerk überwiegend über die an ihren Seitenflächen auftretende Mantelreibung, der Spitzenwiderstand wird nicht oder nur in geringem Maß aktiviert. Die Anwendung erfolgt überall dort, wo auch die tiefer liegenden Bodenschichten nicht sehr tragfähig sind. Schwimmende Pfahlgründungen sind nach Möglichkeit zu vermeiden, vor allem dann, wenn die in Anspruch genommenen Bodenschichten noch nicht voll konsolidiert sind. Bei ihrer Anwendung sind detaillierte Berechnungen des Setzungsverhaltens des Einzelpfahls bzw. der Pfahlgruppe durchzuführen.

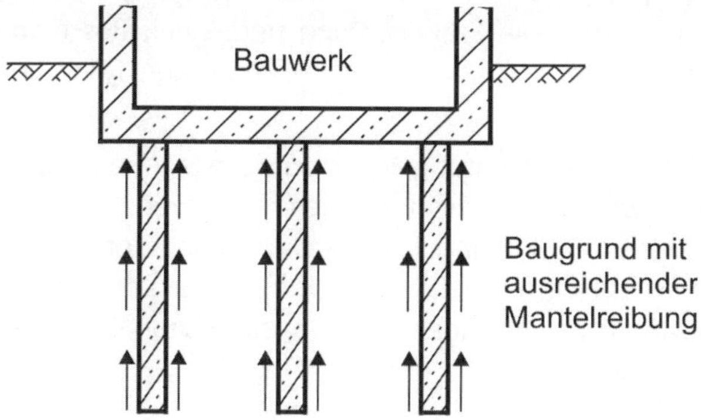

Abbildung 9: Schwimmende Pfahlgründung

3.2.3.7 Zugpfähle

Bei Zugpfählen findet der Lastabtrag ausschließlich über Mantelreibung statt. Der Regelfall zur Bestimmung der charakteristischen Pfahlwiderstände ist hier die Pfahlprobebelastung. Zusätzlich zu berücksichtigen bzw. nachzuweisen ist bei Einzelpfählen und Pfahlgruppen der maximal aktivierbare Erdkörper (Abbildung 10).

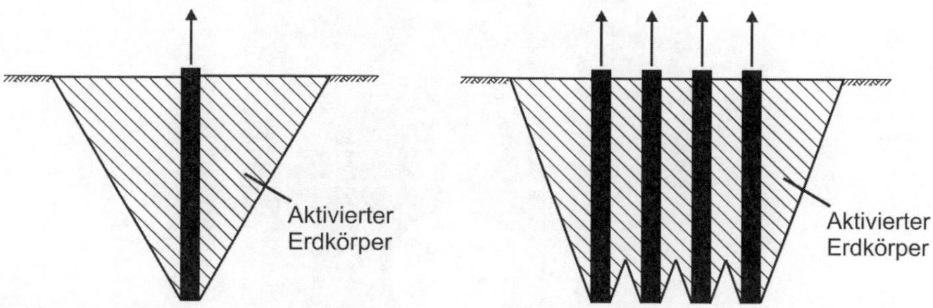

Abbildung 10: Aktivierbarer Erdkörper bei Zugpfählen

3.2.3.8 Schutzpfähle

Ein besonderes Problem kann bei Pfahlgründungen in weichen bindigen oder organischen Böden neben hohen Geländeauflasten (Halden, Dämme usw.) auftreten [11]. Diese Lasten führen zu vertikalen und horizontalen Bodenspannungen, die entsprechende Verformungen an den Pfählen auslösen und sogar den Bruch herbeiführen können. Die größten horizontalen Verschiebungen treten dabei immer am Rand der Auflast auf und bewegen sich in einer Größenordnung zwischen 40 und 60 % der auftretenden vertikalen Verschiebungen. Bei Schichtdicken von 10 m können die horizontalen Verschiebungen durchaus im Dezimeterbereich liegen. Eine entsprechende Bemessung solcher Pfähle ist aber nur dann möglich, wenn die Größe und Verteilung des Seitendrucks bekannt sind.

Da eine genaue Ermittlung sehr schwierig ist und man tendenziell eher zu einer Überbemessung neigt, ist man teilweise in der Praxis auf andere konstruktive Lösungen ausgewichen. Hierbei werden starre Scheiben aus Schlitz- oder Bohrpfahlwänden bzw. vorgesetzte Abschirmpfähle parallel zur Fließrichtung angeordnet, um das Problem wirtschaftlich zu lösen. Auch die Entwässerung und damit Beschleunigung der Konsolidierung der weichen Baugrundschichten sollte in solchen Fällen in die Überlegungen einbezogen werden.

Ein aktuelles Beispiel ist die Errichtung einer aufgelösten Bohrpfahlwand zur Gewährleistung der Sicherheit und Gebrauchstauglichkeit der Sagrada Familia [12] sowie der Casa Mila in Barcelona, Spanien (Abbildung 11). Hierbei wurden Bohrpfähle mit Durchmessern von 1,2 m und 1,5 m in einem Achsabstand von 2,0 m gegründet. Diese Maßnahmen wurden im Zuge des Baus der Hochgeschwindigkeits-Eisenbahnstrecke von Madrid über Barcelona nach Paris ausgeführt.

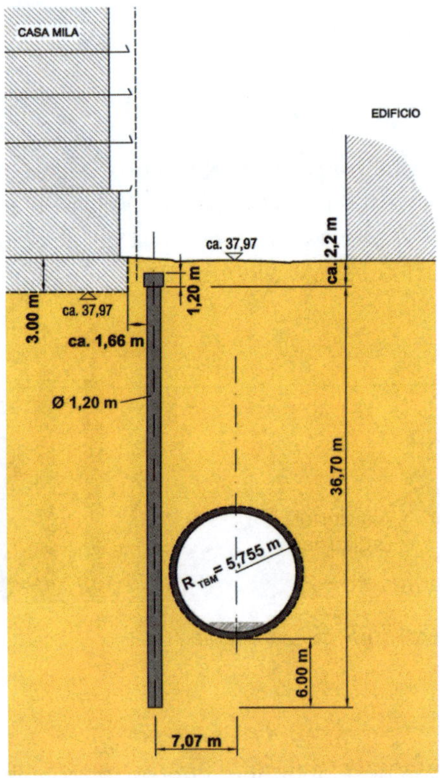

Abbildung 11: Schutzpfähle zur Gewährleistung der Sicherheit und Gebrauchstauglichkeit der Sagrada Familia

3.2.4 Wahl der Pfahlart

Verbindliche Regeln für die Wahl einer Pfahlart bzw. eines Pfahlsystems gibt es nicht. Neben den allgemeinen Randbedingungen wie Baugrund- und Grundwasserverhältnisse, Lasten und Setzungsempfindlichkeit des geplanten Bauwerks und der Nachbarbebauung sowie die vorhandenen Platzverhältnisse, sind auch die zu erwartenden Kosten des jeweiligen Verfahrens zu bewerten. Die Umweltverträglichkeit eines Verfahrens, insbesondere der Materialeinsatz, muss durch den Entwurfsingenieur gerade in der heutigen Zeit immer berücksichtigt werden.

3.2.5 Herstelleinflüsse auf die Tragfähigkeit von Pfählen

Die Pfahltragfähigkeit wird nach der inneren Tragfähigkeit, d.h. nach dem Material des Pfahls (Beton-/Stahlgüte), und der äußeren Tragfähigkeit, d.h. der Belastbarkeit des Baugrundes, unterschieden.

Die innere Tragfähigkeit wird nach den Bemessungsregeln der verwendeten Baustoffe (Beton, Stahl, Holz) aufgrund der vorhandenen Beanspruchung nachgewiesen.

Die äußere Tragfähigkeit von Pfählen wird in der Praxis festgelegt

- nach den geltenden Normen und Vorschriften,
- durch dynamische und/oder statische Probebelastungen,
- durch vorhandene Erfahrungswerte in vergleichbaren geotechnischen Verhältnissen.

Herstellungsbedingte Beanspruchungen können Pfähle in unterschiedlichster Art und Weise beeinflussen, wozu auch das Einbringverfahren und bei Fertigpfählen die Fertigung, die Lagerung, der Transport und das Handling gehören.

3.3 Bohrpfähle

3.3.1 Allgemeines

Die hier behandelten Bohrpfähle mit einem Durchmesser von 0,3 bis 3,0 m entsprechen dem Geltungsbereich der DIN EN 1536 [4]. Außerhalb Europas werden heute auch Pfähle mit größeren Durchmessern ausgeführt. Bohrpfähle gehören zur Gruppe der Ortbetonpfähle. Zur Herstellung wird ein im Baugrund durch eine Bohrung hergestellter Hohlraum mit Beton verfüllt und üblicherweise ganz oder teilweise bewehrt. Die Bewehrung kann nur unter bestimmten Voraussetzungen komplett entfallen (siehe 3.3.2). Die Bohrung wird entweder im Schutz einer temporären Verrohrung oder bei standfesten Böden auch ohne diese abgeteuft. Es kann flüssigkeitsgestützt nach dem Schlitzwandverfahren ohne Verrohrung gearbeitet werden. Der Bohrpfahl gehört aufgrund des großen Durchmesserbereichs und weiteren Vorteilen zu den am häufigsten angewendeten Pfahlsystemen.

Vorteile der Bohrpfahlsysteme:

- Zur Herstellung können die unterschiedlichsten Bohrverfahren angewendet werden.
- Der geförderte Boden lässt eine gute Beurteilung der vorgesehenen Pfahltragfähigkeit zu. Die Pfahllänge kann dem angetroffenen Baugrundprofil angepasst werden.
- Die Pfähle sind bei entsprechender Durchmesserwahl gut geeignet, Horizontallasten und Biegemomente aufzunehmen.
- Bei der Ausführung entstehen kaum Lärm und Erschütterungen (umweltfreundlich).

- Die Herstellung ist mit entsprechenden Geräten auch bei geringer Arbeitshöhe (z.B. unter Brücken oder Decken und auch in geschlossenen Räumen/Hallen) möglich.
- Das Herstellverfahren lässt große Tiefen und Durchmesser zu.
- Bohrhindernisse können durch Meißeln, mit dem Im-Loch-Hammer- bzw. dem Kernbohrverfahren überwunden werden.
- Die Tragfähigkeit lässt sich durch Fußverbreiterungen und Nachverpressungen am Mantel und/oder an der Spitze vergrößern.

Nachteile der Bohrpfahlsysteme:

- Die Bodenschichten, insbesondere im Bereich des Pfahlfußes, werden bei schlechter Ausführungsqualität zum Teil aufgelockert, was die Tragfähigkeit verringern kann.
- Eine adäquate Ausführungsqualität erfordert eine große Erfahrung mit dem jeweiligen Herstellungsverfahren und damit eine sehr erfahrene Mannschaft.
- Steht Grundwasser an, muss der Beton im Kontraktorverfahren, d.h. mit Schüttrohr eingebracht werden (problematisch bei kleinen Querschnitten).
- Falls der Außenwasserspiegel höher liegt als im Bohrrohr, kann ein hydraulischer Grundbruch auftreten. Dieses Problem tritt z.B. auch beim Bohren mit zu großen und sehr stark gefüllten Drehbohrwerkzeugen auf (Luftpumpenprinzip).
- Bei suspensionsgestützten Bohrungen besteht die Gefahr des Ausbruchs der Bohrlochwandung.

3.3.2 Normen und Vorschriften

3.3.2.1 Allgemeines

Für die Ausführung von Bohrpfählen gelten in Deutschland DIN EN 1536 [4] und DIN SPEC 18140 [13] sowie die ATVen DIN 18301 [14] , DIN 18302 [15] und DIN 18331 [16]; weiter ist auf die EA-Pfähle [7] zu verweisen.

3.3.2.2 Definitionen und Geltungsbereiche

Bohrpfähle sind Ortbetonpfähle, die entweder verrohrt, verrohrt mit durchgehender Bohrschnecke, unverrohrt, unverrohrt mit Stützflüssigkeit oder unverrohrt mit durchgehender Bohrschnecke hergestellt werden.

Die Norm DIN EN 1536 [4] gilt nur für Bohrpfähle (nicht für pfahlartige Elemente):

- mit konstantem Querschnitt (mit gleichbleibenden Schaftabmessungen)
- mit teleskopartig veränderlichen Schaftabmessungen
- mit ausgehobener Fußaufweitung
- mit teleskopartig veränderlichen Schaftabmessungen
- mit ausgehobener Schaftaufweitung
- im Durchmesserbereich von 0,3 bis 3,0 m
- mit einem Verhältnis Tiefe/Breite > 5

- Schlitzwandelemente (Barettes) mit einer kleinsten Abmessung (Dicke) $W_i > 0{,}4$ m, einem Verhältnis zwischen der größten und kleinsten Abmessung $L_i/W_i < 6$ und einer Querschnittsfläche $A < 15$ m^2
- mit einer Neigung $n > 4$ bzw. $n > 3$ bei bleibenden Verrohrungen
- mit Fußaufweitungen in nichtbindigen Böden von $D_B/D < 2$ und in bindigen Böden von $D_B/D < 3$
- mit Schaftaufweitungen in allen Böden von $D_E/D < 2$
- mit einer Neigung der Aufweitung in nichtbindigen Böden von $n > 3$ und in bindigen Böden von $n > 1{,}5$
- mit der Fläche der Fußaufweitung eines Schlitzwandelementes von $A < 15$ m^2
- als einzelne Bohrpfähle, Bohrpfahlgruppen oder Bohrpfahlwände
- die durch kontinuierliche oder diskontinuierliche Aushubverfahren hergestellt werden, wobei die Bohrlochwände, soweit nötig, gestützt sind
- mit einem Herstellungsverfahren, das erlaubt, die in der Bemessung vorgesehenen Querschnittsformen auszuführen
- aus unbewehrtem Beton; aus Stahlbeton, aus Beton mit besonderer Bewehrung, wie Stahlrohren, Stahlprofilen oder Stahlfasern oder aus Betonfertigteilen (auch aus Spannbeton) oder Stahlrohren, bei denen der Ringspalt zwischen dem Fertigteil oder dem Rohr und dem Baugrund mit Beton, Zement oder Zement-Bentonit-Mörtel ausgefüllt wird

Pfähle mit einem Durchmesser kleiner 0,3 m werden in DIN EN 14199 [6] behandelt, für Verdrängungspfähle gilt die DIN EN 12699 [5]. Nicht erfasst sind hier sogenannte pfahlähnliche Elemente wie Erdbetonsäulen, Hochdruck-Bodenvermörtelungen, Bodenverbesserungen für Pfahlgründungen oder Pfahlfüße aus Erdbeton (siehe Kapitel 3.6).

3.3.2.3 Wesentliche Regelungen der DIN EN 1536 [4]

3.3.2.3.1 Allgemeines

Die nachfolgenden Auszüge stellen keinesfalls einen Ersatz für die Durchsicht der DIN EN 1536 [4] und der korrespondierenden Normen dar, sondern sind nur als Übersicht zu verstehen. Die vorhandenen DIN EN-Normen werden üblicherweise in einem fünfjährigen Rhythmus überarbeitet und den Erfahrungen in den einzelnen Ländern in Europa angepasst.

Grundlegend ist aufzuführen:

- Der Entwurf, die Planung und die Ausführung von Bohrpfählen verlangen Erfahrung und Kenntnis in diesem besonderen Aufgabengebiet.
- Die Ausführung von Bohrpfählen erfordert geschultes Fachpersonal.
- Die Anwendung der Norm kann die Kenntnisse von Fachunternehmen nicht ersetzen.
- Für jeden Bohrpfahl ist ein Herstellprotokoll (Anhang C DIN EN 1536 [4]) zu erstellen.

3.3.2.3.2 Bohrarbeiten

- Die Art der Bohrwerkzeuge ist auf die anstehenden Boden- und Gesteinsarten, die Grundwasserverhältnisse und die Umgebungsbedingungen anzupassen und so auszuwählen, dass Auflockerungen um den Pfahl herum und unter der Pfahlsohle vermieden werden und so ein schneller Bohrfortschritt ermöglicht wird.
- Während des Bohrens ist eine laufende Überwachung und Aufzeichnung der durchbohrten Boden- oder Gesteinsschichten vorzunehmen.
- Sofern der zu durchörternde Boden oder Fels nicht standsicher ist, muss die Bohrlochwand durch eine vorübergehende oder bleibende Verrohrung, eine Stützflüssigkeit oder die bodengefüllten Gänge einer durchgehenden Bohrschnecke gesichert werden.
- Die Verrohrung muss dem Werkzeug vorauseilen, sofern die Böden nicht standsicher sind; dabei ist das Voreilmaß gegenüber dem Aushub den Boden- und Grundwasserverhältnissen anzupassen.
- Schrägpfähle (Neigung $n < 15$) sind über die gesamte Länge zu verrohren.
- In standfestem Baugrund darf unverrohrt gebohrt werden. Dabei ist der obere Teil der Bohrung zur Führung des Bohrwerkzeugs und wegen des Einflusses des Baubetriebs durch ein Schutzrohr zu sichern.
- Bei Bohrungen in durchlässigem Baugrund unterhalb des Grundwasserspiegels oder bei Untergrundverhältnissen mit artesisch gespanntem Grundwasser ist innerhalb der Verrohrung ein Überdruck durch Wasser oder eine andere geeignete Flüssigkeit mit mindestens 1,0 m Spiegeldifferenz zum höchsten äußeren Grundwasserstand zu erzeugen und so lange aufrecht zu halten, bis der Bohrpfahl betoniert ist.
- Bei Bohrungen unter dem Grundwasserspiegel und solchen, die mit Flüssigkeitsüberdruck gestützt werden, darf der Überdruck durch die Kolbenwirkung beim Ziehen des Bohrwerkzeugs nicht beeinträchtigt werden.
- Bohrpfähle mit durchgehender Bohrschnecke dürfen nicht mit einer Neigung von $n < 10$ hergestellt werden, es sei denn, dass besondere Vorkehrungen getroffen werden, um die Richtung der Bohrung und die richtige Lage der Bewehrung einzuhalten.
- Werden beim Bohren mit durchgehender Bohrschnecke instabile Bodenschichten mit einer Mächtigkeit, die größer als ein Pfahldurchmesser ist, angetroffen, muss die Machbarkeit des Herstellungsverfahrens vor Beginn der Bauausführung durch Probepfähle oder örtliche Erfahrungen nachgewiesen werden.
- Wenn Pfähle in einem Baugrund hergestellt werden, dessen Zustand sich zeitabhängig verschlechtern kann, und es nicht möglich ist, den Bohrpfahl bis zum Ende des Arbeitstages fertigzustellen, sollte eine Resttiefe von mindestens dem zweifachen Schaftdurchmesser, aber nicht weniger als 1,5 m, erst am folgenden Arbeitstag unmittelbar vor dem Betonieren ausgehoben werden.
- Der Achsabstand von Bohrpfählen, die innerhalb von vier Stunden hergestellt werden, sollte mindestens den 4-fachen Wert für D oder W, mindestens jedoch 2 m, betragen.

3.3.2.3.3 Bewehren

- Die Bewehrung ist möglichst bald nach dem Reinigen des Bohrloches einzubauen.
- Der Bewehrungskorb ist so auszubilden und aufzuhängen bzw. aufzustellen, dass er beim Betonieren und Ziehen des Bohrrohres nicht verformt wird.
- Als Längsbewehrung für bewehrte Bohrpfähle sind mindestens vier Stäbe mit 12 mm Durchmesser anzusetzen, wobei der lichte Abstand möglichst groß, jedoch kleiner als 400 mm, sein sollte. Der lichte horizontale Abstand zwischen den Längsstäben oder Stabbündeln einer Lage darf 100 mm nicht unterschreiten.
- Die Querbewehrung sollte mindestens aus Stäben von 6 mm Durchmesser bestehen und der lichte Abstand nicht größer als 400 mm sein.
- Mehrlagige Längsbewehrungen sollten so weit wie möglich vermieden werden; sofern solche erforderlich werden, ist das Größtkorn des Betons zu reduzieren.
- In weichen oder lockeren Böden sollten Bohrpfähle über die entsprechende Länge bewehrt werden.
- Die Abweichung von der Soll-Lage ist zu kontrollieren und zu dokumentieren.
- Die Bewehrung darf nach dem Betonieren eingebracht werden, wenn das Verfahren unter den gleichen Baugrundverhältnissen erprobt ist; es muss unverzüglich nach dem Betonieren ausgeführt werden.
- Abstandhalter sind symmetrisch am Korb anzuordnen mit mindestens drei Stück je Querschnitt, Längsabständen von höchstens 3,0 m und ausreichendem Spiel zur inneren Wand der Verrohrung oder zum Bohrloch, um sicheres Einbringen zu ermöglichen und eine Beschädigung der Bohrlochwand zu vermeiden.
- Die Betondeckung der Bewehrung darf 50 mm nicht unterschreiten, bei Pfählen mit $d > 0{,}6$ m beträgt diese 60 mm. Werden unverrohrte Pfähle in weichen Böden ausgeführt oder ein Größtkorn im Beton von 32 mm verwendet, so ist eine Betondeckung von 75 mm vorzusehen.

3.3.2.3.4 Betonieren

- Für das Herstellen des Betons gilt DIN EN 206 [17].
- Der für Bohrpfähle üblicherweise verwendete Beton ist ein C30/37, wobei Festigkeitsbereiche zwischen C20/25 und C45/55 möglich sind; für Primärpfähle von Pfahlwänden darf Beton oder Mörtel einer niedrigeren Festigkeitsklasse verwendet werden. Beton mit einer höheren Festigkeit darf immer verwendet werden. Die Verarbeitbarkeit wird jedoch mit steigender Festigkeit schwieriger.
- Das Größtkorn der Gesteinskörnung darf 32 mm oder $^1/_4$ des lichten Abstandes der Längsbewehrungsstäbe nicht überschreiten. Der kleinere Wert ist maßgebend.
- Der Zementgehalt darf beim Einbringen im Trockenen 325 kg/m^3 und beim Einbringen unter Wasser 375 kg/m^3 nicht unterschreiten, wobei unter bestimmten Voraussetzungen eine Zugabe von Flugasche angerechnet werden darf.

- Der Feinkornanteil (d < 0,125 mm einschließlich Zusatzstoffe und Zement) muss bei einem Größtkorn d > 8 mm mindestens 400 kg/m^3 und bei einem Größtkorn d < 8 mm mindestens 450 kg/m^3 betragen.
- Die Zielwerte und Toleranzen für die Konsistenz von Frischbeton vor dem Einbringen müssen für unterschiedliche Einbaubedingungen nachfolgenden Werten entsprechen:

Tabelle 1: Zielwerte und Toleranzen für die Konsistenz von Frischbeton

Ausbreitmaß Durchmesser (mm)	**Setzmaß** H (mm)	**Typische Anwendungsbedingungen** (Beispiele)
500 +/- 30	150 +/- 30	- Betonieren im Trockenen
560 +/- 30	180 +/- 30	- Pumpbeton oder - mit Kontraktorrohren eingebrachter Unterwasserbeton
600 +/- 30	200 +/- 30	- im Kontraktorverfahren unter Stützflüssigkeit eingebrachter Beton
ANMERKUNG: Das gemessene Setzmaß oder Ausbreitmaß sollte auf 10 mm gerundet werden.		

- Die Pause zwischen der Fertigstellung des Bohrloches und dem Beginn des Betonierens ist so kurz wie möglich zu halten. Vor dem Betonieren ist die Sauberkeit des Bohrloches zu prüfen.
- Alle Probenahmen und Prüfungen des Frischbetons auf der Baustelle müssen mit den Vorgaben der DIN EN 13670 [18] und den bautechnischen Unterlagen übereinstimmen.
- Während des Betonierens sind das eingebrachte Volumen und die Höhe des Betonspiegels im Bohrloch zu messen und aufzuzeichnen. Die Höhe des Betonspiegels ist mindestens einmal nach jeder Betoncharge oder vor bzw. nach dem Ziehen einer vorübergehenden Verrohrung zu überprüfen.
- Eine Innenrüttlung zur Verdichtung des eingebrachten Betons ist nicht zulässig.
- Betonieren im Trockenen darf durchgeführt werden, wenn auf der Bohrlochsohle kein Wasser steht. Der Beton ist mit Hilfe eines Trichters und eines Schüttrohres (Länge mindestens 2,0 m) vertikal in der Mitte des Bohrloches so einzubringen, dass er weder gegen die Bewehrung bzw. gegen die Bohrlochwand prallt noch frei in das Bohrloch fällt, sich entmischt oder verunreinigt wird.
- Bei anstehendem Grundwasser ist der Beton mit durchgehendem, wasserdichtem Schütt- oder Pumprohr im Kontraktorverfahren einzubringen.
- Beim Ziehen der Bohrrohre ist darauf zu achten, dass die Betonsäule weder abreißt noch eingeschnürt wird. Die Betonsäule muss so hoch in das Bohrrohr hineinreichen, dass stets ein ausreichender Überdruck gegen Wasser- und Bodeneindringung vorhanden und eine Steiggeschwindigkeit von mindestens 3,0 m/h gewährleistet ist.

- Da die oberste Zone der Betonsäule nicht die erforderliche Qualität aufweisen kann, ist eine ausreichende Menge Beton in das Bohrloch einzubringen, um sicherzustellen, dass der Beton unterhalb der späteren Kapphöhe die erforderlichen Eigenschaften aufweist. Die Höhe dieser Zone liegt erfahrungsgemäß bei 30 bis 50 cm, ist jedoch bei größeren Pfahltiefen oder Leerbohrungen nach oben anzupassen.

3.3.2.3.5 Bemessungshinweise

- Ein Bohrpfahl darf als unbewehrtes Betonelement entworfen und bemessen werden, wenn der Bohrpfahl eine Pfahlkopfbewehrung erhält. Diese muss bis in eine ausreichende Tiefe eingebaut werden, so dass unterhalb die Bemessungswerte der Einwirkungen nur Druckspannungen im Bohrpfahl erzeugen.
- Bei bewehrten Pfählen muss die Längsbewehrung den Mindestwerten der Tabelle 2 entsprechen, sofern durch die Bemessung nichts anderes festgelegt ist.

Tabelle 2: Mindestlängsbewehrung

Nennquerschnitt des Bohrpfahles A_c	Querschnittsfläche der Längsbewehrung A_s
$A_c \leq 0{,}5\ m^2$	$A_s \geq 0{,}5\ \%\ A_c$
$0{,}5\ m^2 < A_c \leq 1{,}0\ m^2$	$A_s \geq 0{,}0025\ m^2$
$A_c > 1{,}0\ m^2$	$A_s > 0{,}25\ \%\ A_c$

- Bei dem Entwurf und der Bemessung von Bohrpfählen sind die Herstelltoleranzen bezüglich Ansatzpunkt und Neigungsabweichung lt. Norm sowie die Ausführungsbedingungen zu berücksichtigen.
- Der Nachweis der äußeren Tragfähigkeit ist nach Handbuch EC 7-1 [35] sowie EA-Pfähle [7] zu führen.
- Für den Nachweis der inneren Tragfähigkeit gelten die DIN EN 1992 [19] sowie die dazu mitgeltenden Normen.

3.3.3 Einbaustoffe und Materialien

3.3.3.1 Allgemeines

Von unbewehrten Pfählen einmal abgesehen, bestehen Bohrpfähle in der Regel aus bewehrtem Beton.

Ergänzend zu den Regeln der DIN EN 1536 [4] (siehe 3.2.3.3 – Bewehren und 3.2.3.4 – Betonieren) soll nachfolgend auf das Wesentliche der Einbaustoffe Beton, Stahl und Suspension eingegangen werden.

3.3.3.2 Beton

3.3.3.2.1 Allgemeines

Heute wird auf Baustellen des Spezialtiefbaus (mit Ausnahme bei großen Infrastrukturprojekten) fast ausschließlich Frischbeton aus Transportbetonwerken verarbeitet. Daher liegt der Fokus auf der Baustelle in der Bestellung und Qualitätssicherung/Abnahme des Betons vom Lieferanten und den daraus resultierenden Verantwortlichkeiten.

Die relevanten Normen für die Abwicklung sind:

DIN EN 206 [17]

DIN 1045-2 und 3 [21]

DIN EN 13670 [18]

3.3.3.2.2 Kenndaten und Grundbegriffe

Beton (Normalbeton)

Gemisch aus Zement, Gesteinskörnung (z.B. Sand, Kies, Splitt), Wasser und gegebenenfalls Zusatzstoffen und Zusatzmitteln mit einer Trockenrohdichte (ofentrocken) von > 2,0 t/m^3 und < 2,6 t/m^3.

Leichtbeton

Gemisch aus Zement, leichter Gesteinskörnung (z.B. Naturbims, Hüttenbims, Blähton, Blähschiefer), Wasser und gegebenenfalls Zusätzen mit einer Trockenrohdichte (ofentrocken) von > 0,8 t/m^3 und < 2,0 t/m^3.

Schwerbeton

Gemisch aus Zement, Schwerzuschlag schwerer Gesteinskörnung (z.B. Schwerspat, Eisenerz, Baryt, Stahlgranulat), Wasser sowie gegebenenfalls normalschwerer Gesteinskörnung, Zusatzstoffen und Zusatzmitteln mit einer Trockenrohdichte (ofentrocken) > 2,6 t/m^3.

Beton nach Eigenschaften

Beton, für den die geforderten Eigenschaften und zusätzlichen Anforderungen dem Hersteller gegenüber festgelegt sind, welcher für die Bereitstellung eines Betons, der den geforderten Eigenschaften und den zusätzlichen Anforderungen entspricht, verantwortlich ist.

Beton nach Zusammensetzung

Beton, für den die Zusammensetzung der Ausgangsstoffe, die verwendet werden müssen, dem Hersteller vorgegeben wird, der für die Lieferung eines Betons mit der festgelegten Zusammensetzung verantwortlich ist.

Überwachungsklasse des Betons (DIN EN 13670 [18] ; DIN 1045-3 [21])

Einteilung des Betons in Klassen nach Festigkeit, Umweltbedingungen und besonderen Eigenschaften mit unterschiedlichen Anforderungen an die Überwachung.

Überwachung durch das Bauunternehmen

Regelmäßige Überprüfung aller Tätigkeiten zur Herstellung eines Betonbauteils oder eines Betonbauwerks durch das Bauunternehmen, um sicherzustellen, dass die hergestellten Betonbauteile oder Betonbauwerke der zugrunde liegenden Projektbeschreibung entsprechen.

Überwachung durch eine Überwachungsstelle

Regelmäßige Überprüfung des Einbaus von Beton der Überwachungsklassen 2 und 3 und der damit zusammenhängenden Überwachung durch das Bauunternehmen durch eine dafür anerkannte Stelle (Überwachungsstelle), um festzustellen, ob diese Tätigkeiten in Übereinstimmung mit dieser Norm (DIN 1045-3 [21]) durchgeführt werden.

Fließbeton

Beton mit der Konsistenzbeschreibung sehr weich, fließfähig oder sehr fließfähig.

Sehr weich	= Konsistenzklasse F4	= Ausbreitmaß 490 bis 550 mm,
fließfähig	= Konsistenzklasse F5	= Ausbreitmaß 560 bis 620 mm,
sehr fließfähig	= Konsistenzklasse F6	= Ausbreitmaß > 620 mm.

Hochfester Beton

Beton der Festigkeitsklassen > C 50/60

(ab C 90/105 nur mit aBG bzw. ZiE [8]).

Elastizitätsmodul (E-Modul)

Verhältnis von Spannung σ zu elastischer Dehnung ε_{el}

Rechenwerte E_b (N/mm²) nach DIN 1045 [21] und DIN EN 1992-1 [19]

Beton	C 12/15	C 16/20	C 20/25	C 25/30	C 30/37	C 35/45
E_b	27 000	29 000	30 000	31 000	33 000	34 000

3.3.3.2.3 Zemente

Bezüglich der verwendbaren Zemente wird auf DIN EN 1536 [4] bzw. DIN EN 206 [17] verwiesen.

Zemente mit besonderen Eigenschaften sind SR-Zemente mit hohem Sulfatwiderstand. Nach DIN EN 206 [17] müssen diese bei Sulfatgehalten des auf ein Bauwerk einwirkenden Wassers von über 600 mg/l verwendet werden. Die nationalen Regelungen gemäß DIN 1045-2 [21] sind zu beachten.

3.3.3.2.4 Betoneigenschaften

Frischbeton

Ein Maß für die Verarbeitbarkeit von Frischbeton ist die Konsistenz (Tabelle 3). Die Konsistenz muss den baupraktischen Gegebenheiten angepasst werden. Feingliedrige Querschnitte oder dicht bewehrte Bauteile erfordern im Allgemeinen einen sehr weichen, fließfähigen oder sehr fließfähigen Beton.

Auch für andere Bauteile ist, z.B. aus Gründen der Dauerhaftigkeit, Verarbeitbarkeit und Dichtigkeit, eine weiche bzw. fließfähige Konsistenz von Vorteil.

Tabelle 3: Konsistenzklassen und Verarbeitbarkeit des Frischbetons

Konsistenzklasse	Eigenschaften des Frischbetons	Ausbreitmaß [mm]	Verdichtungsart des Frischbetons
F1	steif	< 340	Kräftig wirkende Rüttler oder Stampfen in dünner Schüttlage
F2	plastisch	350 bis 410	Rütteln
F3	weich	420 bis 480	Leichtes Rütteln
F4	sehr weich	490 bis 550	»Entlüften« durch Stochern bzw. leichtes Rütteln
F5	fließfähig	560 bis 620	Stochern
F6	sehr fließfähig	>630	Selbstverdichtend

In der obigen Tabelle sind beispielhaft die Ausbreitmaßklassen angeführt. Das Ausbreitmaßverfahren (DIN EN 12350-5 [22]) ist das in Deutschland übliche Prüfverfahren zur Quantifizierung der Konsistenz plastischer bis fließfähiger Betone.

Alternativ kann die Frischbetonkonsistenz im genannten Bereich auch mit dem Setzmaßversuch (slump) gemäß DIN EN 12350-2 [22] bestimmt werden. Allerdings ist die Aussagegenauigkeit dieses Verfahrens im Bereich fließfähiger Betone etwas geringer.

Tabelle 4: Anrechenbarkeit von Steinkohlenflugasche auf den Mindestzementgehalt und den w/z-Wert

Anwendungsbereich	Mindestzementgehalt kg/m³	
	ohne Zugabe von SFA	bei Zugabe von SFA
Außenbauteil	300	270
Bohrpfahlbeton DIN 1045-2, DIN EN 1536 und DIN SPEC 18140 (Ersatz f. DIN FB 129) Größtkorn 16 mm Größtkorn 32 mm	 400 350	 320 280
Beton für Unterwasserschüttung	350	280
Anwendungsbereich	höchstzulässiger w/z-Wert ersetzt durch	
Innenbauteil Außenbauteile Beton mit besonderen Eigenschaften	$\frac{w}{z + 0{,}4 \times f}$	
Unterwasserschüttung Bohrpfahlbeton	$\frac{w}{z + 0{,}7 \times f}$	

Anmerkung:

Die Zahlenwerte sind als Orientierungswerte zu interpretieren, da die eigentlichen Grenzwerte insbesondere von der jeweiligen Zementart und den Expositionsbedingungen abhängen. Hier werden aktuell auch die DIN SPEC 18140 [13] und die DIN EN 206 [17] überarbeitet.

Die Festbetoneigenschaften hängen wesentlich von der Dichtigkeit des Zementsteins ab. Deshalb sind in DIN EN 206 [17], DIN 1045-2 [21], DIN EN 1536 [4] obere Grenzwerte für den Wasserzementwert festgelegt. Darüber hinaus dürfen aus Gründen des Korrosionsschutzes bestimmte Mindestzementgehalte nicht unterschritten werden. Die Anrechenbarkeit von Steinkohlenflugasche auf den Mindestzementgehalt und den Wasserzementwert zeigt Tabelle 4. Die Zugabe an Steinkohlenflugasche muss mindestens der Zementverringerungsmenge entsprechen.

Konsistenz

Die Konsistenz ist ein Maß für die Steife und damit für die Verarbeitbarkeit des Betons. Um die Konsistenz nicht nur verbal zu beschreiben, sondern auch mit Zahlenwerten versehen zu können, sind für vier typische Prüfverfahren Konsistenzklassen in DIN EN 206 [17] und DIN 1045-2 [21] definiert worden.

- **Ausbreitmaßklassen (F1 bis F6),**
- **Setzmaßklassen (S1 bis S5),**
- **Verdichtungsmaßklassen (C0 bis C3),**
- **Setzzeitklassen (V0 bis V4).**

Es ist zu beachten, dass die einzelnen Prüfverfahren unterschiedliche Facetten der komplexen Eigenschaft »Verarbeitbarkeit« beschreiben. Daher können zu unterschiedlichen Messverfahren gehörende Klassen nur bedingt miteinander verglichen werden.

Die Ausbreitmaßklassen F1 bis F6 wurden in Tabelle 3 bereits vorgestellt. Man kann diesen Klassen vereinfacht folgende Beschreibung der Verarbeitbarkeit zur Seite stellen:

F1 (< 340 mm)

Beton dieser Konsistenz ist beim Schütten lose, zum Teil schollig zusammenhängend. Der Feinmörtel im Beton ist etwas nasser als erdfeucht. Durch kräftiges Klatschen mit der Kelle lässt sich ein an der Oberfläche geschlossenes, feucht glänzendes Gefüge erzielen. Dies ist in etwa die Mindestkonsistenz, die für das ordnungsgemäße Verdichten mit kräftigen Rüttlern bzw. durch kräftiges Stampfen bei dünner Schüttlage erforderlich ist.

F2 (350 bis 410 mm)

Dieser Beton ist beim Schütten schollig bis knapp zusammenhängend, sein Feinmörtel ist weich. Beton dieser Konsistenz wird i.d.R. durch Rütteln verdichtet.

F3 (420 bis 480 mm)

Beton dieser Konsistenz ist beim Schütten schwach fließend. Sein Feinmörtel ist flüssig. Größere Verdichtungsarbeit erübrigt sich; leichtes Rütteln oder Stochern ist im Allgemeinen zweckmäßig.

F4 (490 bis 550 mm)

Übergangsbereich zum fließfähigen Beton

F5 (560 bis 620 mm)

Beton dieser Konsistenz ist so fließfähig, dass er durch Stochern allein verdichtet werden kann. Er muss aber andererseits ein gutes Zusammenhaltevermögen besitzen, um gegebenenfalls leichtes Rütteln ohne schädliches Entmischen zu ermöglichen.

Nach deutscher Vorschriftenlage muss Fließbeton F4 grundsätzlich unter Verwendung von Fließmittel hergestellt werden. Für Beton, der als Pumpbeton oder Unterwasserbeton (Ausbreitmaß > 560 mm bzw. Setzmaß > 180 mm) eingebracht wird, gilt diese Einschränkung jedoch ausdrücklich nicht (DIN EN 1536 [4]).

Betonzusätze

Zu den Betonzusätzen zählen Zusatzstoffe und Zusatzmittel.

Zusatzstoffe sind fein verteilte Zusätze wie Trass, Gesteinsmehl, Flugasche, Hüttensand und Silicastaub, die bestimmte Eigenschaften des Betons, wie z.B. die Verarbeitbarkeit, das Erstarren oder das Erhärten beeinflussen. Sie müssen genormt oder bauaufsichtlich zugelassen sein und eine entsprechende Kennzeichnung (allgemeine bauaufsichtliche Zulassung bzw. Prüfzeichen) besitzen.

Es dürfen nur Betonzusatzstoffe (siehe Tabelle 5) verwendet werden, die nach EN 934 [24] zertifiziert sind (CE-Zeichen) bzw. für die eine gültige allgemeine bauaufsichtliche Zulassung vorliegt. Die dort jeweils verankerten Anwendungsregeln sind zu beachten.

Bei Transportbeton müssen mit Ausnahme der Fließmittel und unter bestimmten Bedingungen der Verzögerer alle Zusatzmittel im Werk zugegeben werden. Bei Erstarrungsverzögerern ist die »DAfStb-Richtlinie für Beton mit verlängerter Verarbeitbarkeit (Verzögerter Beton)« November 2006 [25] zu beachten, wenn die Verarbeitbarkeitszeit um mehr als 3 Stunden verlängert wird.

Die Überwachung eines in dieser Weise verzögerten Betons erfolgt gemäß den Regelungen für Überwachungsklasse 2. Das schließt die Einschaltung einer anerkannten Überwachungsstelle (DIN 1045-3, Anhang C [21]) ein.

Bei Einsatz von Fließmitteln sind die Festlegungen der EN 206 bzw. DIN 1045-2 zu beachten. Werden mehrere Zusatzmittel verwendet (z.B. VZ + FM), muss deren Verträglichkeit und Wirksamkeit vom Lieferanten nachgewiesen werden.

Tabelle 5: Betonzusatzmittel

Wirkungsgruppe	Kurzzeichen	Farbkennzeichen
Betonverflüssiger	BV	gelb
Fließmittel	FM	grau
Luftporenbildner	LP	blau
Dichtungsmittel	DM	braun
Verzögerer	VZ	rot

Wirkungsgruppe	Kurzzeichen	Farbkennzeichen
Beschleuniger	BE	grün
Einpresshilfen für Einpressmörtel bei Spannbeton	EH	weiß
Stabilisierer	ST	violett

Beton mit besonderen Eigenschaften

Vom fertigen Bauteil wird außer dem Erreichen der konstruktiv erforderlichen Mindestfestigkeit auch eine Mindestdauerhaftigkeit erwartet. Diese basiert im Fall eines Stahlbetonbauteils wesentlich auf drei Aspekten:

a) Einer baustofflichen Zusammensetzung (Mindestzementgehalt, maximal zulässiger w/z-Wert, Zementart usw.), die den entsprechenden Umweltbedingungen (Expositionsklassen) angepasst ist (DIN EN 206 [17] , DIN 1045-2 [21]).

b) Einer ausreichenden (Beton-)Überdeckung der Bewehrungsstähle.
(DIN EN 1992-1-1, DIN EN 1992-1-1/NA A [19])

c) Einer angemessenen Betonnachbehandlung.
(DIN EN 13670 [18] , DIN 1045-3 [21])

Nach den in DIN EN 206 [17] und DIN 1045-2 [21] definierten Expositionsklassen unterscheidet man u.a.:

Korrosionsschutz der Bewehrung

In Beton eingebetteter Stahl ist bei Einhaltung vorgegebener Mindestzementgehalte und maximal zulässiger w/z-Werte durch das entstehende hochalkalische Milieu grundsätzlich vor Korrosion geschützt (DIN EN 206 [17] und DIN 1045-2 [21], jeweils Anhang F).

Allerdings verringert sich die Alkalität der Betonrandzone unter der Wirkung von eindringendem Kohlendioxid mit der Zeit. Dieser sehr langsam ablaufende Prozess wird als Karbonatisierung bezeichnet. Der ausreichenden Dichtigkeit und Dicke der die Bewehrungsstähle überdeckenden Betonrandzone (Betondeckung) kommt daher hohe Bedeutung zu (DIN EN 1992-1-1 + Nationaler Anhang [19]). Für Bohrpfähle ist weiterhin DIN SPEC 18140 [13] zu beachten.

Ist die Betondeckung zu gering oder die Dichtigkeit der Betonrandzone z.B. infolge zu hohen w/z-Wertes, mangelhafter Verdichtung oder schlechter Nachbehandlung ungenügend, so setzt Bewehrungskorrosion ein, die schließlich zu Rissbildung und zum Absprengen der Betondeckungszone führen kann.

Bei Vorhandensein von Chloriden (z.B. aus dem Straßenwinterdienst bzw. im Meerwasserbereich) kann Bewehrungskorrosion selbst bei nicht karbonatisierter Betonrandzone ausgelöst werden.

Wasserundurchlässigkeit

Nur richtig zusammengesetzter und gut verdichteter sowie ausreichend nachbehandelter Beton ist wasserundurchlässig. Selbst unter Druck stehendes Wasser kann dann nur bis zu einer bestimmten Grenze in sein Gefüge eindringen.

Frostwiderstand

Frost/Tau-Wechsel können an Betonbauteilen insbesondere Oberflächenabplatzungen hervorrufen; dies umso mehr, je höher die Wassersättigung der Bauteile ist. Eine hohe Dichtigkeit des Betons ist bei dieser Exposition noch wichtiger als bei den o.g. und folglich sind hier üblicherweise niedrigere w/z-Werte und längere Nachbehandlungsdauern gefordert.

Erfolgen die Frost/Tau-Wechsel unter der Einwirkung von Chloriden (oder anderen chemischen Auftaumitteln), ist die Beanspruchung des Betons noch einmal deutlich stärker. Hier muss häufig zu einer Sondermaßname – dem Einführen künstlicher Luftporen – gegriffen werden. Das ist vor allem im Betonstraßenbau üblich.

Widerstand gegen chemische Angriffe

Chemische Einwirkungen auf erhärteten Beton können hervorgerufen werden durch sog. angreifende, d.h. betonaggressive Grundwässer und Böden, Betriebs- und Abwässer der Industrie sowie durch Abgase. Die entsprechenden Stoffe und Stoffkonzentrationen sind in DIN EN 206 [17] sowie DIN 4030-1 [26] definiert.

Man kann zwei Angriffsarten unterscheiden: Im Wasser gelöste Sulfate wirken treibend; Säuren, bestimmte Salze, pflanzliche und tierische Öle und Fette wirken lösend.

Das Angriffsvermögen von Wässern wird in die Angriffsgrade schwach, stark und sehr stark unterteilt (Tabelle 6). Für die Beurteilung ist der höchste Angriffsgrad maßgebend, auch wenn er nur von einem der Werte, z.B. nur vom Gehalt an Sulfat, erreicht wird. Liegen zwei oder mehr Werte im oberen Viertel eines Bereichs (bei pH im unteren Viertel), so erhöht sich der Angriffsgrad um eine Stufe. Diese Erhöhung gilt nicht für Meerwasser. Je nach Stärke des Angriffs sind besondere Maßnahmen (Betonzusammensetzung und bauliche Ausbildung) erforderlich.

Tabelle 6: Grenzwerte zur Beurteilung des Angriffsgrades von Wässern nach DIN 4030-1

Angreifende Bestandteile	**Angriffsgrad**		
	schwach angreifend	stark angreifend	sehr stark angreifend
pH-Wert*	6,5 ... 5,5	5,5 ... 4,5	unter 4,5
kalklösende Kohlensäure (CO_2) [mg/l]	15 ... 40	> 40 ... 100	> 100
Ammonium (NH_4^+) [mg/l]	15 ... 30	> 30 ... 60	> 60
Magnesium (Mg^{2+}) [mg/l]	300 ... 1000	> 1000 ... 3000	> 3000
Sulfat (SO_4^{2-}) [mg/l]	200 ... 600	> 600 ... 3000	> 3000

** Säuregrad wässriger Lösungen, je kleiner der Wert, desto stärker die Säure.*

3.3.3.2.5 Transportbeton

Allgemeines

Die Bestandteile von Transportbeton werden außerhalb der Baustelle zugemessen, in geeigneten Fahrzeugen zur Baustelle befördert und einbaufertig übergeben. Es wird unterschieden in werkgemischten Transportbeton, der bereits im Werk fertiggemischt wird, und fahrzeuggemischten Transportbeton, der in der Regel nach Eintreffen auf der Baustelle im Mischfahrzeug gemischt wird.

Frischbeton steifer Konsistenz darf mit Fahrzeugen ohne Mischer befördert werden.

Frischbeton von anderer als steifer Konsistenz darf nur in Fahrmischern zum Verwendungsort befördert werden. Unmittelbar vor dem Entladen ist der Beton nochmals so durchzumischen, dass er auf der Baustelle gleichmäßig durchgemischt übergeben werden kann (DIN 1045-3 [21]).

Hinsichtlich der Güteüberwachung werden nach DIN EN 13670 [18] und DIN 1045-3 [21] drei Überwachungsklassen (ÜK) unterschieden.

Betone der Festigkeitsklassen < C 25/30 gehören zur ÜK 1, wenn keine besonderen Eigenschaften verlangt werden und es sich nicht um Spannbeton handelt.

Dieser einfache Fall betrifft z.B. Betone für die Expositionsklassen XC und XF1 bis zur genannten Festigkeitsklasse.

Betone der Festigkeitsklasse > C 55/67 gehören zur ÜK 3.

Alle anderen Betone sind grundsätzlich in ÜK 2 einzuordnen. Dies hat eine im Vergleich zu ÜK 1 intensivere Qualitätskontrolle durch das bauausführende Unternehmen zur Folge. Darüber hinaus ist für ÜK 2/ÜK3-Betone die Überwachung durch eine anerkannte Überwachungsstelle gefordert.

Unterwasserbetone gehören gemäß DIN 1045-3 [21] im Allgemeinen zu ÜK 2.

Für Bohrpfähle gibt es allerdings eine Sonderregelung (DIN SPEC 18140 [13]). Abweichend von DIN 1045-3:2008-08, Tabelle 4, wird Unterwasserbeton für Konstruktionen des Spezialtiefbaus nur dann in die Überwachungsklasse 2 eingeordnet, wenn zusätzlich mindestens eine der übrigen Bedingungen für Betone der Überwachungsklasse 2 (z. B. die Expositionsklassen, die Druckfestigkeitsklasse oder eine andere besondere Eigenschaft) zutrifft.

Betonsortenverzeichnis

Jede Betonsorte eines Transportbetonwerkes (TBW) muss, unterschieden nach Festigkeitsklasse, Konsistenzbereich und Zusammensetzung, in einem Sortenverzeichnis mit bestimmten Angaben geführt werden. Der Hersteller des Betons soll daher dem Verwender auf Verlangen Angaben zur Betonzusammensetzung und zu den Eigenschaften des Frisch- und Festbetons übergeben.

Dies kann zweckmäßigerweise durch Übergabe eines Standardsortenverzeichnisses oder eines baustellenbezogenen Sortenverzeichnisses erfolgen.

Gemäß DIN EN 206 [17] und DIN 1045-2 [21] sollen diese Unterlegen mindestens Informationen enthalten zu:

- Art und Festigkeitsklasse des Zements,
- Art der Gesteinskörnung,
- Art der Zusatzmittel,

- Art und Gehalt der Zusatzstoffe bzw. Fasern,
- Zielgröße des w/z-Wertes,
- Ergebnisse einschlägiger Prüfungen des Betons,
- Festigkeitsentwicklung,
- Herkunft der Ausgangsstoffe,
- Konsistenzklasse bzw. Zielwert der Konsistenz vor Zugabe des Fließmittels bei Beton, für den die Zugabe von Fließmittel auf der Baustelle vorgesehen ist.

Bestellung

Der Einbau von Beton muss in jedem Fall durch qualifiziertes Personal erfolgen und angemessen überwacht und dokumentiert werden.

Aufbauend auf DIN EN 13670 [18] sind für Deutschland in DIN 1045-3 [21] Betone entsprechend ihrer Festigkeitsklasse, Expositionsklasse und weiteren Eigenschaften drei Überwachungsklassen (ÜK) zugeordnet. DIN 1045-3/Anhang A [21] definiert ebenfalls, welcher Überwachungs-, Prüf- und Dokumentationsaufwand je nach ÜK zu betreiben ist.

In ÜK 1 fallen nur Betone bis einschließlich der Festigkeitsklasse < C 25/30, deren Exposition X0, XC1 bis 4 und XF F 1 nicht überschreitet und die keine besonderen Betoneigenschaften aufweisen.

Werden Betone der ÜK 2 und ÜK 3 verarbeitet, muss das ausführende Unternehmen über eine ständige Betonprüfstelle verfügen bzw. eine geeignete Prüfstelle mit der Überwachung beauftragen. Auf diese Weise wird die sachgerechte Überwachung durch das Bauunternehmen (früher »Eigenüberwachung«) sichergestellt. Einzelheiten regelt DIN 1045-3/Anhang NC [21].

Bei der Verarbeitung von Beton ÜK 2/ÜK 3 hat das ausführende Unternehmen noch zusätzlich eine unabhängige, für diese Aufgabe anerkannte Überwachungsstelle einzuschalten. Art und Umfang der Überwachung (»Fremdüberwachung«) sind in Anhang NC der DIN 1045-3 [21] definiert.

Bei der Bestellung von Transportbeton (Beton nach Eigenschaften) sind folgende Angaben wichtig:

- Rezepturnummer laut Sortenverzeichnis (muss vom TBW angefordert werden),
- Übereinstimmung mit DIN EN 206-1/DIN 1045-2 und DIN SPEC 18140,
- Art der Verwendung des Betons (z.B. unbewehrter Beton, Stahlbeton, Spannbeton),
- Druckfestigkeitsklasse,
- Expositionsklasse und Feuchtigkeitsklasse,
- Konsistenzklasse oder in besonderen Fällen ein Zielwert der Konsistenz, gegebenenfalls gewünschte Frühfestigkeit oder Erhärtungsverlauf (Zementart, Festigkeitsklasse, besondere Zementeigenschaften), bei verzögertem Beton gewünschte Verarbeitbarkeitszeit,
- Größtkorn der Gesteinskörnung,
- Tag und Uhrzeit des Betonierbeginns,

- Gesamtmenge und stündlicher Bedarf,
- Besondere Einbauverfahren,
- Genaue Anschrift, Zufahrt zur Baustelle und Telefonnummer der Baustelle.

Abnahme

Jeder Lieferung wird ein nummerierter Lieferschein beigegeben, der von je einem Beauftragten des Herstellwerks und des Abnehmers zu unterschreiben ist. Der Lieferschein muss folgende Angaben enthalten (DIN EN 206 [17]; DIN 1045-2 [21]):

- Herstellwerk, Angabe der fremdüberwachenden Stelle,
- Lieferscheinnummer,
- Empfänger der Lieferung und Bezeichnung der Baustelle,
- Tag der Lieferung,
- Uhrzeit des Beladens, des Eintreffens auf der Baustelle, des Beginns des Entladens sowie des Beendens des Entladens,
- Bauaufsichtliches Übereinstimmungszeichen unter Angabe von DIN EN 206 [17] und DIN 1045-2 [21],
- Nummer der Betonsorte nach Betonsorten- oder Listenverzeichnis,
- Druckfestigkeitsklasse (gegebenenfalls von 28d abweichender Zeitpunkt der Bestimmung der Druckfestigkeit),
- Expositionsklassen des Betons inkl. Feuchtigkeitsklasse,
- Klasse des Chloridgehalts bzw. Angabe zur Betonverwendung (unbewehrter Beton, Stahlbeton, Spannbeton),
- Konsistenzklasse oder Zielwert der Konsistenz,
- Grenzwerte der Betonzusammensetzung, falls festgelegt,
- Art und Festigkeitsklasse des Zements, falls festgelegt,
- Art der Zusatzstoffe und Zusatzmittel, falls festgelegt,
- Besondere Eigenschaften, falls gefordert,
- Art und Menge evtl. zugegebener Fasern,
- Rohdichteklasse oder Zielwert der Rohdichte bei Leichtbeton oder Schwerbeton,
- Hinweis auf eine verlängerte Nachbehandlungszeit, falls der Mindestzementgehalt für Außenbauteile durch Flugaschezugabe verringert wird,
- Nummer des Fahrzeugs laut Fahrzeugverzeichnis. Auf die Übergabe des Fahrzeugverzeichnisses bei der ersten Lieferung kann verzichtet werden, wenn am Fahrzeug eine gültige, sichtbar angebrachte Transportbeton-Fahrzeug-Bescheinigung vorhanden ist,
- Verarbeitbarkeitszeit bei Zugabe von verzögernden Zusatzmitteln. Wenn die Verarbeitbarkeitszeit mehr als 12 Std. beträgt und der Verzögerer auf der Baustelle zugegeben wird, ist handschriftlich einzutragen,

  - Ort und Zeitpunkt der Verzögererzugabe, Menge und Bezeichnung des Verzögerers, Name des überwachenden Fachmanns und Bestätigung des Abnehmers,
- Gegebenenfalls zulässige Höchstmenge an Fließmittel,
- Ort und Zeitpunkt der Zugabe von Fließmitteln, zugegebene Menge sowie gegebenenfalls in der Mischertrommel noch vorhandene, geschätzte Restbetonmenge vor der Nachdosierung.

Die vereinbarte Konsistenz muss bei der Übergabe auf der Baustelle vorhanden sein und ist mindestens nach der in DIN 1045-3 [21] angegebenen Häufigkeit zu prüfen. Das Konsistenzprüfverfahren ist vorab zu vereinbaren.

Frischbeton darf auf der Baustelle kein Wasser zugegeben werde, es sei denn, dies ist planmäßig so vorgesehen und geschieht in einer kontrollierten, durch vorherige Erstprüfung erprobten Weise.

3.3.3.2.6 Befördern und Fördern von Frischbeton

Unter Befördern wird die Anlieferung des Frischbetons verstanden, z.B. vom Transportbetonwerk oder von einer benachbarten Baustelle. Der Beton ist während des Beförderns vor schädlichen Witterungseinflüssen (Hitze, Kälte, Niederschläge, Wind) zu schützen.

Es muss gewährleistet ein, dass keine Bestandteile, insbesondere kein Zementleim, verlorengehen. Letzteres gilt auch für Transportbeton.

Beton soll im Allgemeinen ca. 90 Minuten nach dem Mischen vollständig entladen sein, steifer Beton schon nach 45 Minuten. Warme Witterung und starke Sonneneinstrahlung können kürzere Fristen erforderlich machen.

Das Fördern des Frischbetons beginnt mit der Übergabe des Transportbetons auf der Baustelle bzw. bei Baustellenbeton mit der Entleerung des Mischers, und es endet an der jeweiligen Einbaustelle. Förderart und Betonzusammensetzung sind so aufeinander abzustimmen, dass Entmischungen zuverlässig verhindert werden. Außerdem hängt die Wahl des Fördermittels (Krankübel, Pumpe usw.) von den Besonderheiten der jeweiligen Baustelle (z.B. Einbauleistung), von der einzubringenden Menge, der Förderweite und Förderhöhe, den Bauteilabmessungen (z.B. Pfahldurchmesser und -länge) und den für die Baustelle verfügbaren Geräten des Unternehmens ab.

In Krankübeln wird vorwiegend weicher oder plastischer Beton gefördert. Eine Entmischung ist bei dieser Förderart nicht zu befürchten, solange die Verschlusskappen der Kübel dicht schließen und somit kein Zementleim auslaufen kann. Werden fahrbare Behälter, z.B. Minidumper, o.ä. eingesetzt, besteht bei langen und unebenen Wegen die Gefahr einer Entmischung des Betons, vor allem bei weicher Konsistenz. Beim Fördern durch Pumpen soll der Beton eine gleichmäßige Konsistenz aufweisen.

3.3.3.2.7 Einbringen des Betons

Für das Einbringen des Betons zur Herstellung der Bohrpfähle gilt DIN EN 1536 [4], 8.4.

Nachfolgend werden nochmals die wesentlichen Hinweise zusammengefasst. Der eigentliche Betoniervorgang wird unter dem Punkt »Verfahrenstechnik« beschrieben.

Es ist sicherzustellen, dass

- der Beton in der vorgesehenen Zusammensetzung und Konsistenz bis zur Bohrungssohle gelangt,
- der Beton nicht entmischt und verunreinigt wird,
- die Betonsäule weder unterbrochen noch eingeschnürt wird.

Dabei dürfen lotrecht, verrohrt oder mit durchgehender Bohrschnecke hergestellte Bohrungen, in denen kein Wasser steht, unter Zuhilfenahme eines Schütttrichters mit einem anschließenden, mindestens 2 m langen Schüttrohr ausbetoniert werden. Es muss dabei sichergestellt sein, dass dieses Schüttrohr während des Betoniervorgangs seine lotrechte Lage in der Bohrung behält. In allen anderen Fällen ist mit Schüttrohr, Pumprohr oder Schläuchen zu betonieren, die zu Beginn des Betoniervorgangs bis zur Bohrungssohle reichen und auch während des Betonierens stets in den Frischbeton eintauchen müssen.

Im Grundwasser bzw. in einer Tonsuspension muss der Beton im Kontraktorverfahren eingebracht werden. Beim Einschütten des Betons ist eine Vermischung von Beton und Tonsuspension zu verhindern. Das Schüttrohr darf beim Betonieren erst gezogen werden, wenn es mindestens 3 m in den eingebauten Beton hineinreicht, damit die Betonsäule nicht abreißt und keine Stützflüssigkeit in das Schüttrohr eindringt.

Beim Betonieren von Bohrpfählen mit Pfahlfußverbreiterung muss der Frischbetonvorrat das Füllen des Pfahlfußes bis in den Schaft hinein ohne Arbeitspause gestatten.

Da bei der Bohrpfahlherstellung gemäß DIN EN 1536 [4] grundsätzlich die Konsistenz F5 zur Anwendung kommt, ist Verdichten nicht erforderlich bzw. auch nicht zulässig.

3.3.3.2.8 Betonüberwachung während der Bauausführung

Wenn der Beton auf der Baustelle eintrifft, ist in jedem Fall, d.h. ganz unabhängig von der Art des Betons und für jede Fahrzeugladung, anhand des Lieferscheins zu kontrollieren, ob das gelieferte Material mit der Bestellung übereinstimmt.

Die weitere Verfahrensweise hängt formell zunächst davon ab, zu welcher Überwachungsklasse (ÜK) der Beton gehört. Darüber hinaus können sich weitergehende Überwachungsanforderungen aus der Projektbeschreibung, einem gegebenenfalls existierenden Qualitätssicherungsplan bzw. Arbeitsanweisungen ergeben.

Überwachungsklassen (ÜK) für Beton sind grundsätzlich in DIN EN 13670 [18] definiert und für die deutschen Verhältnisse in DIN 1045-3 [21] präzisiert.

Der jeweilige Prüfumfang kann ebenfalls DIN 1045-3 [21] entnommen werden.

Bei ÜK 2 ist der Überwachungs- und Prüfaufwand im Vergleich zu ÜK 1 naturgemäß höher. Hinzu kommt, dass das bauausführende Unternehmen in diesem Fall

a) über eine eigene, ständige Betonprüfstelle verfügen bzw. eine solche Betonprüfstelle unter Vertrag haben muss. Diese Prüfstelle muss von einem in der Betontechnik erfahrenen Fachmann (E-Schein-Inhaber) geleitet werden. Alle Mitarbeiter sind regelmäßig zu schulen (DIN 1045-3 [21], Anhang NC);

b) die Baumaßnahme bei einer Anerkannten Überwachungsstelle anzumelden hat (Fremdüberwachung). Die Aufgaben der Anerkannten Überwachungsstellen sind in DIN 1045- 3 [21], Anhang ND, und den Landesbauordnungen geregelt. Sie überprüfen die Baustelle mindestens zweimal jährlich. Die Anerkennung dieser Überwachungsstellen erfolgt durch das DIBt (Deutsches Institut für Bautechnik);

c) die Baustelle deutlich als überwacht kennzeichnen muss (Schild am Bauzaun).

Bei der hier behandelten Überwachung der Frisch- und Festbetoneigenschaften auf der Baustelle handelt es sich um eine Identitätsprüfung, d.h., es wird untersucht, ob der gelieferte Beton der Qualität entspricht, die vom Hersteller ausgewiesen wurde.

Ein Ausweis der Herstellqualität ist formal das Betonsortenverzeichnis bzw. weitere im Liefervertrag zugesicherte Eigenschaften. Die Basis dessen bilden jedoch Erstprüfungs- (früher Eignungsprüfungs-)unterlagen sowie die Ergebnisse der laufenden Produktionskontrolle.

Erstprüfungen (DIN EN 206-1, Anhang A [15]) sind für alle Betone erforderlich. Bei Beton nach Eigenschaften (Regelfall, d.h., der Hersteller ist für das Erreichen der geforderten Eigenschaften verantwortlich) liegt die Verantwortung für die Erstprüfungen beim Hersteller.

Der Verwender des Betons sollte sich im Vorfeld der Baumaßnahme davon überzeugen, dass die vorhandenen Erstprüfungsunterlagen bzw. Unterlagen der Produktionskontrolle die aktuelle Mischungszusammensetzung widerspiegeln, die Prüfbedingungen in guter Näherung den zu erwartenden Einbaubedingungen entsprechen und alle wichtigen Eigenschaften mit hinreichender Genauigkeit geprüft wurden.

3.3.3.2.9 Umfang der Frischbetonuntersuchungen auf der Baustelle

Allgemeines

Während der Bauausführung soll die Identitätsprüfung (früher Güteprüfung) den Nachweis erbringen, dass ein definiertes Betonvolumen zur selben Grundgesamtheit gehört, für die die Konformität mit den zugesicherten Eigenschaften beim Hersteller bereits nachgewiesen wurde.

Da die Bedingungen am Bauwerk im Allgemeinen nicht den genormten Herstell- und Lagerungsbedingungen für Laborprüfkörper entsprechen, kann die Festigkeit des Betons im Bauwerk von der der Prüfkörper abweichen.

Prüfumfang und Anforderungen

Der Umfang der Identitätsprüfungen von Beton auf der Baustelle richtet sich in Deutschland grundsätzlich nach DIN EN 13670 [18] und DIN 1045-3 [21] (Anhang A) (diese Regelungen unterscheiden sich von den in DIN EN 206/Anhang B [17] angeführten).

Für Bohrpfahlbeton sind weiterhin die DIN EN 1536 (Abschnitt 6.8) [4] sowie die DIN SPEC 18140 [13] zu beachten.

Für das Einbringen des Pfahlbetons, die je nach Menge über einen längeren Zeitraum erfolgt, sind die rheologischen Eigenschaften wie Konsistenz, Fließverhalten und Entmischungsneigung maßgebend. Da sich diese Eigenschaften über die Zeit verändern, sind entsprechende Kenngrößen bei der Festlegung der Betonzusammensetzung zu definieren und während der Bauausführung zu überprüfen. Diese Kenngrößen sind im Wesentlichen das Ausbreitmaß über die Zeit (Rücksteifen) und das Wasserabsondern (Bluten).

Wasserabsonderung wird i.d.R. mit dem »Bluteimer« bestimmt, der die Absetzneigung der Einzelbestandteile des Frischbetons unter Schwerkraft beschreibt. Dabei wird das »Blutwasser«, das sich auf der Oberfläche des Frischbetons bildet, in Zeitabschnitten über die gesamte Betonierdauer ermittelt. Als empirischer Grenzwert haben sich 10 Liter »Bluten« pro 1 m^3 Frischbeton bewährt. Zusätzlich geben diese Rückstellproben im Eimer Informationen über das Betonverhalten (Beginn der Festigkeitsbildung, Sand- und Schlämmeschicht etc.). Das Verfahren wird im DBV-Merkblatt »Besondere Verfahren zur Prüfung von Frischbeton« [23] beschrieben.

Zur Abkürzung der Versuchsdauer werden auch Prüfgeräte eingesetzt, die auf dem Prinzip der »Filterpresse« basieren. Damit wird unter erhöhtem Luftdruck Wasser aus einer Frischbetonprobe gepresst.

Bei der österreichischen Filterpresse [68] wird eine Frischbetonprobe unter Druck entwässert, während bei der »Bauer Filterpresse« (Eigenentwicklung Fa. Bauer Spezialtiefbau GmbH, Schrobenhausen, keine Literaturstelle) nur der abgesiebte Mörtel verwendet wird.

Im ÖVB-Merkblatt »weiche Betone« [68] sind auch Grenzwerte für die zulässige Wasserabsonderung angegeben.

Eine Zusammenstellung von weiteren Prüfungen und Anforderungen sind im »Guide to Tremie Concrete for Deep Foundations«, Appendix A [69] zusammengestellt.

Auf der Baustelle muss in nachvollziehbarer Form dokumentiert werden, dass die Bauausführung in Übereinstimmung mit den gültigen Normen und der Projektbeschreibung erfolgt (DIN EN 13670; Anhang A [18]). Diese Dokumentation beginnt mit der Kontrolle und Ablage aller Lieferscheine.

Die bis hierhin genannten Regelungen gelten für Betone aller Überwachungsklassen.

Im Weiteren ist es für den Umfang der Überwachungsarbeiten entscheidend, ob es sich um Beton der ÜK 1 bzw. der ÜK 2/ÜK 3 handelt. Welche Prüfungen im Einzelnen und in welcher Häufigkeit auszuführen sind, kann grundsätzlich den Tabellen A1/A2 der DIN 1045-3 [21] entnommen werden.

Wie bereits erwähnt, kann Pfahlbeton in Deutschland, abweichend von DIN 1045-3 [21], nach den besonderen Regelungen der DIN SPEC 18140 [13] zur ÜK 1 gehören, wenn er die Festigkeitsklasse C 25/30 und die Expositionsklassen XC4/XF1 nicht überschreitet.

Für Beton ÜK 1 ist der in der Norm geforderte Überwachungsaufwand begrenzt. Konsistenzprüfungen sind z.B. nur in Zweifelsfällen gefordert.

Die Baustelle hat bei ÜK 1 sogar die Möglichkeit, auf die Herstellung von Prüfkörpern auf der Baustelle zum Nachweis der Druckfestigkeit zu verzichten, wenn der Betonhersteller für die betreffende Betonsorte die Ergebnisse der werkseigenen Produktionskontrolle (mindestens drei Proben für höchstens 300 m^3 oder drei Betoniertage) vorlegt.

Das Baustellenpersonal hat hier demnach besonders viel Spielraum. Auf der anderen Seite darf nicht vergessen werden, dass die in Normen angegeben Vorgaben stets Mindestforderungen sind. Die Baustelle muss selbst entscheiden, ob ihr nicht z.B. aus einer stichprobenartigen Messung der Betonkonsistenz bei Anlieferung Vorteile erwachsen. »Zu steif« ist ein dehnbarer Begriff – Zahlenwerte dagegen sind belastbar.

Gleiches betrifft die Bestimmung der Druckfestigkeit. Die Tatsache, dass ein Bauteil »nur« zur Festigkeitsklasse C 25/30 gehört, sagt noch nicht viel über den Schwierigkeitsgrad der Bauaufgabe aus. Für eine überschnittene Pfahlwand z.B. kann die zeitnahe Verfolgung der Frühfestigkeitsentwicklung sehr sinnvoll sein, auch wenn die Norm diesbezüglich nichts fordert.

Bei Verwendung von Betonen der ÜK 2/ÜK 3 gelten von Haus aus schärfere Anforderungen an die Überwachung. Hier ist die Führung eines Betoniertagebuches vorgeschrieben (DIN 1045-3 [21]; Abs. 11.5). Es soll insbesondere enthalten:

- Angaben zum Bauteil/Bauabschnitt,
- Angaben gemäß Lieferschein (wie oben dargestellt, angefangen von Datum, Zeiten, Lieferscheinnummer, Betonsortennummer bis hin zu Angaben zur Betonzusammensetzung),
- Angaben zur jeweiligen Lufttemperatur (Max./Min.), Witterungsverhältnissen und gegebenenfalls Betontemperatur,
- Ergebnisse der Betonprüfungen vor Ort (inkl. augenscheinlicher Beurteilung),
- Angaben zu hergestellten Prüfkörpern (Type; Probennummer),
- Sonstige Beobachtungen (z.B. zurückgewiesene Betonlieferungen).

Vordrucke können u.a. von der GÜB (Gemeinschaft für Überwachung im Bauwesen e.V.) [67] oder den einzelnen Prüfstellen bezogen werden.

Nach der Kontrolle der Lieferscheinangaben auf Übereinstimmung mit der Bestellung und der Kontrolle der vom Mischen bis zum Eintreffen des Fahrzeugs verstrichenen Zeit kommt der augenscheinlichen Kontrolle der Betonqualität und der Messung der Konsistenz (z.B. Ausbreitmaß) besondere Bedeutung zu.

Gemäß DIN 1045-3 [21] ist die Konsistenz zumindest beim ersten Einbringen jeder Betonsorte, dann stets zusammen mit der Herstellung von Probekörpern sowie in Zweifelsfällen zu bestimmen. Jede Fahrzeugladung ist mindestens augenscheinlich zu beurteilen.

Bei Pfahlbeton sind zudem der Konsistenzrückgang und die Wasserabsonderung (Bluten) als Funktion der Zeit von Interesse.

Die Bestimmung der Frischbetonrohdichte ist bei Normalbeton nicht regelmäßig gefordert, kann aber als zeitnah gewonnene Information über die Gleichmäßigkeit der Betonqualität sinnvoll sein.

Die Bestimmung des Luftporengehaltes im Frischbeton wird im Allgemeinen nur durchgeführt, wenn dem Beton LP-Mittel zugesetzt worden sind, um die Eignung für eine Expositionsklasse > XF1 nachzuweisen.

Zur Bestimmung der Betondruckfestigkeit werden Probekörper (Würfel der Kantenlänge 150 mm oder Zylinder des Durchmessers 150 mm, Höhe 300 mm) verwendet.

Probenahme und Prüfkörperherstellung sind in DIN EN 12350 [22] geregelt. Zu beachten ist, dass die Probenahme zwar gleichmäßig über die Betonproduktion/Betonanlieferung verteilt, aber nicht »gezielt« zu erfolgen hat. Es dürfen also z.B. nicht bewusst Ladungen mit Konsistenz am oberen bzw. unteren Ende des Akzeptanzbereichs für die Probenahme

»ausgesucht« werden. Vielmehr sollte im Vorfeld, also ohne Ansehen der Charge, festgelegt werden, aus welchen Fahrzeugladungen Proben zu entnehmen sind.

Aus einer Probe können entweder nur ein oder auch mehrere Prüfkörper hergestellt werden. Es gilt der Grundsatz, dass eine Fahrzeugladung nur mit einem Prüfergebnis für den Festigkeitsnachweis berücksichtigt werden darf. Wird also aus einer Probe ein Würfelpaar entnommen, dann zählt der Mittelwert der beiden Prüfergebnisse als Testergebnis (DIN EN 206; 8.2.1.2 [17]).

Zusätzlich zu den für den eigentlichen Festigkeitsnachweis (siehe 3.3.3.2.10) benötigten Prüfkörpern kann es sehr sinnvoll sein, weitere für die Kontrolle der Frühfestigkeitsentwicklung und gegebenenfalls als Rückstellproben vorzusehen.

DIN EN 1536 [4] schreibt solche zusätzlichen Prüfkörper sogar vor. Diese Regelung wurde in der deutschen Anwendungsnorm DIN SPEC 18140 [13] jedoch aufgehoben, sodass es hier bei der Mindestanforderung (ein Prüfkörper pro Probe) bleibt.

Die Mindestanzahl der Proben nach DIN EN 1536 [4] beträgt:

- je eine Probe (mindestens drei Probekörper) von den ersten drei Bohrpfählen (pro Sorte),
- je eine Probe für jeweils 5 folgende Pfähle (bzw. für jeweils 15 Bohrpfähle, wenn die Betonmenge je Pfahl 4 m^3 oder geringer ist),
- zwei zusätzliche Proben nach Arbeitsunterbrechungen > 7 d,
- mindestens eine Probe pro 75 m^3 bzw. pro Tag (das entspricht näherungsweise der in DIN 1045-3 [21], Anhang A.2 für ÜK 2 im allg. Betonbau geforderten 3 Proben für je 300 m^3 Beton bzw. 3 Betoniertage).

Alle diese Angaben sind Mindeststichprobenumfänge und gelten natürlich pro Betonsorte. Es kann z.B. sinnvoll sein, die Anzahl der Prüfkörper je Probe von 3 auf 6 zu verdoppeln, um Prüfergebnisse nach 2d/3d (1x), 7d (1x), 28d (2x) und 56d (2x) zu erhalten.

3.3.3.2.10 Festbeton

Eine der wichtigsten Betoneigenschaften ist die Druckfestigkeit.

Die Beurteilung gemäß DIN EN 206 [17] und DIN EN 1045-3 [21] erfolgt an Würfeln der Kantenlänge 150 mm oder Zylindern des Durchmessers 150 mm/Höhe 300 mm regelmäßig im Betonalter von 28d. Ein höheres Prüfalter, i.d.R. 56d, darf im Prinzip nur in zwei Fällen vereinbart werden:

Entweder es kommt die Richtlinie »Massige Bauteile aus Beton« des DAfStb (Deutscher Ausschuss für Stahlbeton) [66] zur Anwendung, oder es werden die folgenden, vom DIBt (Deutsches Institut für Bautechnik) definierten Bedingungen gleichzeitig erfüllt:

- Es besteht ein technisches Erfordernis (hochfester Beton, fugenarme bzw. fugenfreie Konstruktion, Konstruktionen mit hohen Anforderungen an die Rissbreitenbegrenzung, hochfester Beton, Pfahlbeton).
- Die Betonüberwachung erfolgt nach den Regelungen für ÜK 2/ÜK 3 und die anerkannte Überwachungsstelle (Fremdüberwacher) bestätigt die Notwendigkeit der Anwendung eines erhöhten Prüfalters.

- Es liegt ein vom Bauunternehmen erstellter Qualitätssicherungsplan vor, in dem projektbezogen angepasste Ausschalfristen, Nachbehandlungsdauern usw. berücksichtigt sind. Auch dieser Qualitätssicherungsplan ist von der anerkannten Überwachungsstelle (Fremdüberwachung) zu genehmigen.
- Im Lieferverzeichnis und auf dem Lieferschein ist ausdrücklich angegeben, dass die Druckfestigkeit nach mehr als 28d bestimmt wird.

Beim Festigkeitsnachweis werden Prüfergebnisse mit der charakteristischen Festigkeit (früher »Nennfestigkeit«) einer Festigkeitsklasse, die in DIN EN 206 [17] definiert sind, verglichen.

Im Falle eines C 20/25 beträgt die charakteristische Druckfestigkeit 20 N/mm^2 für Zylinder (H/D = 300/150 mm) bzw. 25 N/mm^2 für Würfel (150 mm).

Zu beachten ist, dass sich die charakteristische Festigkeit auf eine Prüfkörperlagerung gemäß DIN EN 12390-2 [27] (Nasslagerung) bezieht. Die Prüfkörper verbleiben dabei für den gesamten Zeitraum vom Ausschalen bis kurz vor der Prüfung im Wasserbad.

Nach dem Nationalen Anhang der DIN EN 12390-2 [27] wird dies in Deutschland jedoch traditionell anders gehandhabt; hier verbleiben die Prüfkörper nur bis zum Ablauf des siebten Tages unter Wasser und werden anschließend im Raumklima gelagert.

Da diese trockenen Prüfkörper systematisch höhere Druckfestigkeiten ($f_{c,dry}$) erbringen als man sie bei Nasslagerung ($f_{c,cube}$) erhalten würde, sind die Ergebnisse abzumindern, bevor sie mit den charakteristischen Festigkeiten verglichen werden können.

Für Normalbeton bis einschließlich C 50/60 gilt:

$$f_{c,cube} = 0{,}92 \times f_{c,dry}$$

Falls Würfel der Kantenlänge 100 mm für die Probenherstellung verwendet werden, gilt:

$$f_{c,dry,150\,mm} = 0{,}97 \times f_{c,dry,100\,mm}$$

Für die Durchführung des Festigkeitsnachweises anhand auf der Baustelle hergestellter Prüfkörper (Identitätsprüfung) gilt DIN 1045-3 [21], Anhang A.2 (die Verfahrensweise ist nicht mit der vom Betonhersteller durchzuführenden Konformitätsprüfung nach DIN EN 206 [17] identisch).

Die Bewertung der Prüfergebnisse erfolgt nach zwei Kriterien, nämlich Mittelwert der Prüfergebnisse (unter Berücksichtigung der Standardabweichung) und kleinster Einzelwert. Diese werden mit der nachzuweisenden charakteristischen Festigkeit verglichen.

Die Vergleichskriterien sind abhängig von der Anzahl der verfügbaren Prüfergebnisse.

Grundsätzlich erfolgt der Nachweis getrennt für jede Betonsorte, jedoch dürfen Sorten mit gleichen Ausgangsstoffen und gleichem w/z-Wert, aber unterschiedlichem Größtkorn der Gesteinskörnung als eine Sorte betrachtet werden.

3.3.3.2.11 Besondere Anforderungen an Pfahlbeton

Gemäß DIN EN 1536 [4] muss Beton für Bohrpfähle

- einen hohen Widerstand gegen Entmischung,
- eine hohe Plastizität und einen guten Zusammenhalt,

- eine gute Fließfähigkeit,
- die Fähigkeit sich selbst ausreichend zu verdichten und
- eine ausreichende Verarbeitbarkeit für die Dauer des Betonierens und des Ziehens einer vorrübergehenden Verrohrung

aufweisen.

Weiterhin gilt:

- Die verwendete Gesteinskörnung darf keine Ausfallkörnung sein.
- Gemäß DIN SPEC 18140 [13] soll:
  - der Mindestgehalt an Zement + Flugasche 350 kg/m³ (32 mm Größtkorn) bzw. 400 kg/m³ (16 mm Größtkorn)
  - der Mindestgehalt an Zement (bei Anrechnung von Flugasche) 270 kg/m³ (32 mm Größtkorn) bzw. 300 kg/m³ (16 mm Größtkorn)
- betragen.
- Für die Anrechnung von Flugasche sind die Regeln der DIN 1045-2 [21] einzuhalten, jedoch darf der äquivalente w/z-Wert mit $k_f = 0{,}7$ berechnet werden.
- Der Feinkornanteil < 0,125 mm (Zement + Zusatzstoff + anteilige Körnungsfraktion) soll 400 kg/m³ nicht unterschreiten.
- Der w/z-Wert darf 0,7 nicht überschreiten.
- Bohrpfahlbeton der Konsistenzklassen F5 bzw. S4 oder höher darf auch ohne Verwendung von Fließmitteln hergestellt werden.

3.3.3.3 Bewehrung

3.3.3.3.1 Allgemeines

Stahlbeton ist ein Verbundbaustoff, in dem der Beton im Allgemeinen die Druckkräfte und der Stahl die Zugkräfte aufnimmt. Reicht der Betonquerschnitt nicht aus, um die auftretenden Druckkräfte und Momente abzutragen, so können Bewehrungsstäbe auch in der Druckzone angeordnet werden.

3.3.3.3.2 Stahlsorten und Kennzeichnung

Stähle, die zur Bewehrung von Beton verwendet werden sollen, müssen DIN 488 [28] entsprechen oder allgemein bauaufsichtlich zugelassen sein.

Alle Stäbe nach DIN 488 [28] sind zum Schweißen geeignet. Einzelheiten über Ausführung und Überwachung von Schweißarbeiten bei Betonstahl regelt DIN EN ISO 17660 »Schweißen von Betonstahl« [29]. Die Normbezeichnung der Stähle setzt sich zusammen aus

- der Benennung des Stahls
- der DIN-Norm
- dem Kurznamen
- der Werkstoffnummer

- dem Nenndurchmesser
- dem Kurznamen aus dem Kürzel »BSt« für Betonstahl
- der Streckgrenze
- der Betonstahlbezeichnung

Tabelle 7: Sorteneinteilung und Eigenschaften der Betonstähle nach DIN 488 [28]

Kurzname	B 500A	B 500B	B 500A
Werkstoffnummer	1.0438	1.0439	1.0438
Oberfläche	gerippt	gerippt	glatt (+G) / profiliert (+P)
Erzeugnisform	Betonstahl in Ringen, abgewickelte Erzeugnisse, Betonstahlmatten, Gitterträger	Betonstabstahl, Betonstahl in Ringen, abgewickelte Erzeugnisse, Betonstahlmatten, Gitterträger	Bewehrungsdraht in Ringen und Stäben, Gitterträger
Nenndurchmesser d_s	4 mm bis 16 mm	4 mm bis 40 mm	4 mm bis 16 mm
Streckgrenze R_e bzw. 0,2%-Dehngrenze $R_{p,0,2}$	500 N/mm^2		
Schweißeignung a)	C_{eq} b) $\leq$ 0,50 (0,52) für d $\leq$ 28 mm C_{eq} b) $\leq$ 0,47 (0,49) für d > 28 mm Kohlenstoff: C $\leq$ 0,22 (0,24) Phosphor: P $\leq$ 0,050 (0,055) Schwefel: S $\leq$ 0,050 (0,055) Stickstoff: N $\leq$ 0,012 (0,014) c) Kupfer: Cu $\leq$ 0,60 (0,65) d)		

a) Die Werte (Massenanteile in %) gelten für die Schmelzanalyse. Die Werte in Klammern gelten für die Stückanalyse.

b) $C_{eq} = C + Mn/6 + (Cr + Mo + V)/5 + Ni + Cu)/15$

c) Höhere Anteile sind zulässig, wenn Stickstoff abbindende Elemente in ausreichender Menge vorhanden sind.

d) Cu-Anteile bis 0,80 % (0,85 %) sind bei besonderen Nachweisen zulässig, siehe DIN 488-6.

Die Sorteneinteilung und Eigenschaften der Betonstähle sind in Tabelle 7 auszugsweise wiedergegeben. Abbildung 12 zeigt die Anordnung der Schräg- und Längsrippen bei nicht verwundenen Betonstabstählen mit Längsrippen.

Bei Betonstabstahl wird die Stahlsorte durch unterschiedliche Oberflächengestalt in Form von Schrägrippen auf einer Umfangshälfte des Stabes gekennzeichnet. Darüber hinaus werden auf der zweiten Umfangshälfte Herstellungsland und -werk ebenfalls durch eine bestimmte Anzahl von Schrägrippen zwischen verbreiterten Rippen angegeben (Abbildung 12).

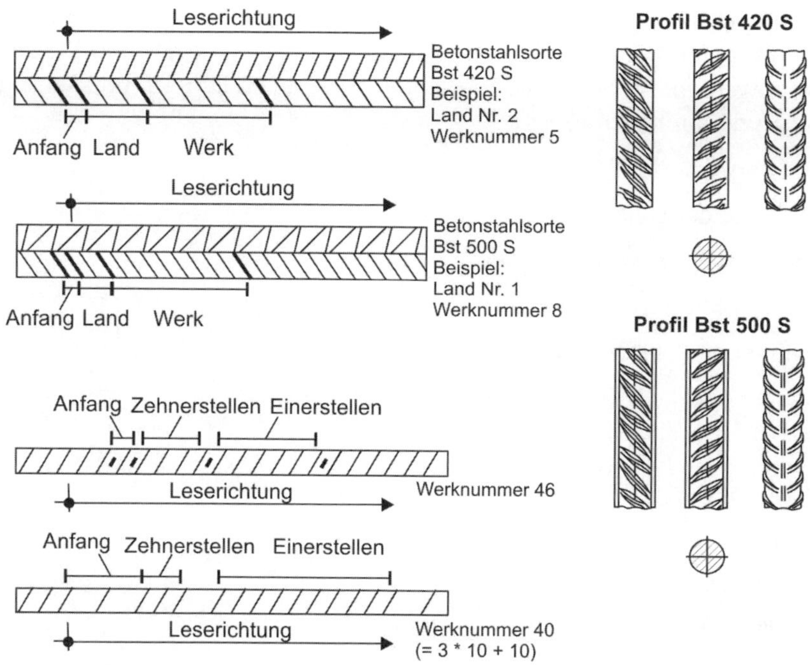

Abbildung 12: Oberflächenform der Betonstähle BSt 500 nach DIN 488 [28]

3.3.3.3.3 Lieferung, Abnahme und Lagerung

Nach DIN 488 [28] hergestellter Betonstahl ist mit einem nummerierten Lieferschein auszuliefern, der folgende Angaben enthalten muss:

- Hersteller und Werk
- Werkkennzeichen bzw. Werknummer
- Übereinstimmungszeichen
- vollständige Bezeichnung des Betonstahls
- Liefermenge
- Tag der Lieferung
- Empfänger

Bei Lieferung ab Händlerlager oder ab Biegebetrieb ist auf dem Lieferschein zu bestätigen, dass Betonstahl nur aus Herstellerwerken bezogen wird, die einer Überwachung unterliegen. Ist ein Betonstahl nicht in DIN 488 [28] genormt, muss der Lieferschein eine eindeutige Bezeichnung sowie einen Hinweis auf die allgemeine Bauartgenehmigung (aBG) enthalten.

Die Abnahme auf der Baustelle erfordert zunächst die Kontrolle, ob der Lieferschein alle notwendigen Angaben enthält. Außerdem müssen diese mit der angelieferten Ware übereinstimmen. Fehlen am Stahl Kennzeichen der Stahlgruppe und Werkkennzeichen, so darf dieser nicht verwendet werden. Daneben ist der angelieferte Betonstahl auf erkennbare Schäden (tiefe Rostnarben, Quetschungen, Knicke) zu überprüfen. Zum Schutz vor

Verwechslungen sind die Lieferungen nach Positionen, Längen und Durchmesser getrennt zu lagern und sollten durch Schilder mit Angabe von Durchmesser und Kurzzeichen gekennzeichnet werden. Als Schutz vor Verschmutzung durch Erdreich und Nässe empfiehlt sich die Lagerung auf Kanthölzern.

Die Prüfung angelieferter Bewehrungskörbe umfasst:

- Durchmesser der Längsstäbe und Wendel
- Wendel- und Distanzringabstände
- Verbindungsknoten
- Schweißungen (hier insbesondere auf Einbrand)
- Korblänge
- Stöße
- Durchmesser
- Fußkreuz
- Aussteifungen
- Abstandshalter

3.3.3.3.4 Besondere Hinweise für die Bohrpfahlbewehrung

Bewehrungskörbe für Bohrpfähle weisen einige Merkmale auf, die bei der Herstellung und dem Einbau zu beachten sind (Abbildung 13). Im Einzelnen sind dies:

Distanzringe, die der Montage und der Aussteifung des Korbes bei Transport und Einbau dienen. Am Fuß, wo die Bewehrung statisch normalerweise nicht mehr erforderlich ist, und am Kopf, wo sie nach Fertigstellung des Pfahls bei Einhaltung der entsprechenden Anschlusslänge abgeschnitten werden kann, werden die Stäbe der Längsbewehrung an den Ring geschweißt. In den Distanzring am Fuß wird ein Kreuz aus Flachstahl eingeschweißt, das verhindern soll, dass der Korb beim Ziehen der Verrohrung mit angehoben wird bzw. sich in die Bohrlochsohle eindrückt.

Rhönräder, die bei sehr langen Körben an die Stelle der Distanzringe treten, bestehen aus zwei Stahlringen im Abstand von etwa 30 cm, die durch angeschweißte kurze Längsstäbe verbunden sind. Sie werden in den Korb eingeflochten oder eingeschweißt. Diese Version wird heute nur noch relativ selten ausgeführt.

Seilklemmen, die dann verwendet werden, wenn ein Bewehrungskorb z.B. bei zu geringer Arbeitshöhe gestoßen werden muss. Dabei wird zuerst das erste Teilstück eingebaut, abgefangen und anschließend das zweite Teilstück eingesetzt und die Längsstäbe durch Seilklemmen verbunden. Die Seilklemmen dienen dabei nur der Montage; für die Kraftüberleitung wird ein Übergreifungsstoß nach DIN 1045 [21] ausgeführt.

Muffenstöße (Schraub- oder Pressmuffen), die bei geringer Arbeitshöhe verwendet werden, um die Übergreifungslänge einzusparen. Bei geschweißten Stößen (Stumpf-, Laschen- oder Überlappungsstoß) ist DIN EN ISO 17660 [29] zu beachten. Betonabstandshalter werden im Bereich der Distanzringe in Form von Bügeln angeschweißt. Es können aber auch handelsübliche Betonabstandshalter verwendet werden, wenn gewährleistet ist, dass sich diese beim Einbau des Korbes sowie bei Drehbewegung und Ziehen der Bohrrohre nicht lösen. Bei unverrohrten Bohrungen müssen großflächige Abstandshalter gewählt werden, die gewährleisten, dass beim Einbau des Korbes kein Nachbruch aus der Bohrlochwand auftritt und die Abstandshalter sich nicht in die Wand hineindrücken, was zu einer ungenügenden Betonüberdeckung führen würde.

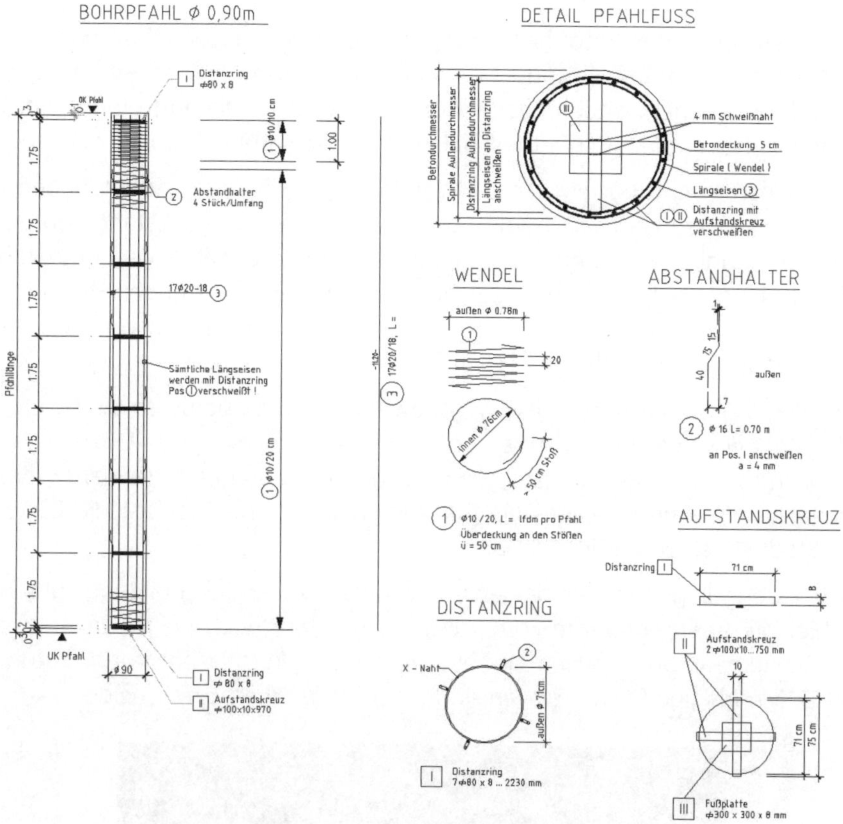

Abbildung 13: Typischer Bewehrungskorb für Bohrpfähle

Werden bei der Bohrpfahlherstellung doppelwandige Bohrrohre verwendet, so wird beim Ziehen der Rohre am Fußende ein entsprechend breiter Ringspalt (in der Regel 4 bis 5 cm) frei, in den der Beton nachfließen muss. Dabei wirken nach unten gerichtete Kräfte auf den Bewehrungskorb. Damit der Bewehrungskorb dabei nicht ausknickt bzw. sich verformt, muss er ausreichend stabil hergestellt sein.

Ist die Bewehrung nicht zentralsymmetrisch angeordnet, so besteht die Fehlermöglichkeit, dass die verstärkte Bewehrung im fertigen Pfahl an der falschen Stelle liegt. Die Verwendung solcher Körbe erfordert besondere Maßnahmen und Kontrollen sowie große Erfahrung des Personals.

Die Bewehrungskörbe müssen, unabhängig von den statischen Anforderungen, so stabil sein, dass sie sich beim Transport zur Baustelle und beim Einbauen in die Bohrung nicht bleibend verformen.

Bei der Herstellung von verrohrten Bohrpfählen besteht beim Ziehen der Bohrrohre, das in der Regel durch Hin- und Herbewegung (Oszillation) unterstützt wird, die Gefahr, dass der Bewehrungskorb mitgezogen wird. Daher müssen diese Rohrdrehungen möglichst klein gehalten werden, um eine Übertragung durch den Beton auf die Bewehrung zu vermeiden. Besonders bei asymmetrisch angeordneter Bewehrung kann hierbei der Korb aus der Soll-Lage geraten.

Durch die bereits erwähnte Betonfließbewegung beim Ziehen des Bohrrohrs ist der an der Pfahlsohle aufstehende Bewehrungskorb hohen Fließkräften ausgesetzt. Diese muss der Korb aufnehmen können, ohne dabei verformt zu werden. Die auftretenden Kräfte sind umso größer, je höher die Frischbetonsäule innerhalb des Bohrrohrs ist.

Zur Pfahlmindestbewehrung gibt die DIN EN 1536 [4] Hinweise, jedoch haben sich aus konstruktiven Gründen Längseisen von 16 mm Durchmesser im Abstand von 30 cm bewährt. Bei Bohrpfählen mit einem Pfahldurchmesser von mehr als 90 cm und Pfahllängen von mehr als 10 m reicht aufgrund der oben erwähnten Belastungen die vorgenannte Mindestbewehrung in der Regel nicht mehr aus, sodass Längseisen von 20 mm Durchmesser Verwendung finden sollten.

Bei der Festlegung des Abstands der Längsbewehrung muss berücksichtigt werden, dass der Beton stets einen gewissen Anteil an Überkorn enthält. Dieses Überkorn kann zur Brückenbildung führen. Der Abstand zwischen den Längsstäben muss daher mindestens dem zweifachen Durchmesser des Größtkorns entsprechen. Dabei ist die Bewehrungsdichte im Stoßbereich zu berücksichtigen.

Aber auch zu eng liegende Wendelbewehrung kann zur Brückenbildung führen. Daher ist auch hier die oben erwähnte Forderung einzuhalten, noch besser zu überschreiten. Sehr viele Schäden an Bohrpfählen sind auf die erwähnten Ursachen zurückzuführen (Abbildung 14). Mehrlagige Bewehrungen sind nach Möglichkeit zu vermeiden.

Abbildung 14: Betonfehlstelle in Bohrpfahl (Bilfinger)

3.3.3.4 Stützflüssigkeit

3.3.3.4.1 Allgemeines

Werden mit unverrohrten Bohrungen nichtstandfeste Bodenschichten durchfahren, so ist die Bohrlochwand durch einen Flüssigkeitsüberdruck zu stützen. Falls Wasser als stützende Flüssigkeit nicht ausreicht (was in aller Regel der Fall ist), muss eine Tonsuspension nach DIN 4127 [20] verwendet werden. Bei Schlitzwandelementen ist stets mit Tonsuspension zu stützen. Als stützende Flüssigkeit wird im Allgemeinen eine Suspension (Aufschlämmung) von sehr feinkörnigen Tonen, vorzugsweise von Bentoniten in Wasser, verwendet.

Die Stützung der unverrohrten Bohrung in durchlässigen Böden mit einer Suspension oder Wasser setzt in jedem Fall eine Strömung vom Bohrlochrand ins Erdreich voraus. Diese wird durch den vorhandenen höheren Flüssigkeitsdruck in der Bohrung gegenüber dem anstehenden Grundwasserspiegel bewirkt. Es entsteht dabei eine Filtration an der Bohrlochwand mit Bildung eines Filterkuchens. Wenn kein Filtrationsprozess in das umgebende Erdreich stattfinden kann, versagt die Suspensionsstützung. Beim Betonieren wird die stützende Flüssigkeit durch den Frischbeton verdrängt.

Alternativ zur Bentonitsuspension werden heute auch Polymere eingesetzt, die im Hinblick auf die Regenerierung Vorteile bieten. In Deutschland werden diese Materialien nur selten verwendet.

3.3.3.4.2 Bentonitsuspension

Bentonit (Name nach dem ersten Fundort Benton im US-Staat Wyoming) ist der übergeordnete Begriff für ein Gestein, das im Wesentlichen aus dem Tonmineral Montmorillonit besteht. Der Montmorillonit ist ein Schichtkristall mit plättchenartiger Struktur. Auf den Oberflächen der negativ geladenen Plättchen sind beim Bohrbentonit Natriumionen angelagert. Beim Eindispergieren in Wasser findet die Auflösung des Kristallverbandes statt und die einzelnen Montmorillonitplättchen schweben frei in der Wasserphase. Im Ruhezustand bauen sich kartenhausähnliche Strukturen auf, aus denen sich die Fähigkeit zur Vergelung erklärt.

Die handelsüblichen, hochquellfähigen Bentonite werden meist bei der industriellen Aufbereitung aktiviert. Die Bentonitsuspension entsteht durch Einmischen pulverförmig gemahlenen Bentonits in Wasser unter intensiver Rührtätigkeit. Dafür werden hochtourige Mischanlagen benötigt.

Je nach anstehender Bodenart und verwendeter Bentonitsorte wird die stützende Flüssigkeit mit einer Konzentration von 30 g/l bis 60 g/l Wasser aufbereitet. Ihre volle Wirksamkeit, d.h. die Maximalwerte der statischen und der dynamischen Fließgrenze, erreicht diese Flüssigkeit erst nach einer Quellzeit, die mit der Bentonitkonzentration, der Qualität und der Temperatur des Anmachwassers zusammenhängt. Die Fließgrenze ist auch von der Bentonitsorte und der Art der Aufbereitung abhängig. Das Anmachwasser muss frei von Elektrolyten und insbesondere von Salzen sein. Schon ein geringer Salzgehalt bewirkt ein Ausflocken der Suspension und macht sie unbrauchbar.

Bentonitspülungen erreichen ihre volle Wirksamkeit erst nach einer ausreichenden Quellzeit, die u.a. von der Intensität des Einrührvorgangs abhängt.

Die handelsüblichen Bentonite weisen in Qualität und Preis Unterschiede auf, die sich auf die erforderliche Konzentration der Suspension auswirken. Die Mindest-Bentonitkonzentration ergibt sich aus einem erforderlichen Minimalwert der Fließgrenze, der ein Herauslösen von Einzelkörnern aus der gestützten Erdwand und deren Absinken in der Suspension verhindert. Die Suspension muss stabil sein, d.h. sie darf nicht in ihre Bestandteile Wasser und Feststoff zerfallen. Sie soll infolge zu großer Fließgrenze aber auch nicht ihre Pumpfähigkeit verlieren oder die Arbeit des Bohrwerkzeugs behindern.

Als Beurteilungsmaßstab gelten folgende Kriterien und Eigenschaften der Suspension:

- Die Stützwirkung von Bentonit-Suspensionen wird von der Scherfestigkeit bestimmt. Sie liegt zwischen 0 und 150 N/m^2.
- Der hydrostatische Druck und die Verdrängbarkeit durch den Beton werden durch die Dichte bestimmt, die zwischen 1,03 und 1,05 t/m^3 beträgt und auf 1,3 t/m^3 ansteigen kann.
- Die Verarbeitbarkeit (Pumpbarkeit) und das Eindringverhalten werden vom Fließverhalten bestimmt. Die Fließgrenze ist die Scherspannung, bei der in einer stützenden Flüssigkeit das Fließen eintritt. Sie wird in N/m^2 angegeben.
- Die Stabilität der Suspension und das Eindringverhalten werden durch das Filtrationsverhalten bestimmt.

3.3.3.4.3 Überwachung der Suspensionsqualität

Bei der Herstellung von suspensionsgestützten Bohrungen ist ein leistungsfähiges Baustellenlabor mit entsprechendem Fachpersonal für Eignungsprüfungen und Qualitätsüberwachung vorzuhalten. Im Einzelnen sind folgende Prüfungen durchzuführen:

- Fließgrenze mit dem Pendelgerät
- Sedimentation mit dem Standzylinder
- Wichte der Suspension mit der Spülungswaage
- Viskosität mit dem Marshtrichter
- Filtrationsabgabe mit dem Filterabpressversuch

Auf die Durchführung der Versuche und Prüfungen wird hier nicht näher eingegangen. Sie sind von ausgebildeten bzw. geschulten Laboranten durchzuführen.

3.3.3.4.4 Hinweise der DIN EN 1536 [4]

Bei Verwendung von Bentonitsuspensionen als Stützflüssigkeit gibt die DIN EN 1536 [4] folgende Grenzwerte bezüglich der Qualität der Frischsuspension bzw. deren Wiederverwendung an (Tabellen 8 und 9).

Tabelle 8: Eigenschaften von Bentonitsuspensionen im frischen Zustand

Eigenschaft[a]	Werte
Dichte, in g/cm³	< 1,10
Marsh-Zeit, in s	32 bis 50
Filtratwasserabgabe, in cm³	< 30
pH-Wert	7 bis 11
Filterkuchendicke, in mm	< 3
[a] Für die Prüfverfahren siehe Tabelle 9, Anmerkungen a bis c	

Tabelle 9: Eigenschaften von Bentonitsuspensionen zum Betonieren

Eigenschaft[a]	Zustand	
	zur Wiederverwendung	vor dem Betonieren
Dichte, in g/cm³	nicht anzuwenden	< 1,15
Marsh-Zeit[b], in s	32 bis 60	32 bis 50
Filtratwasserabgabe[c], in cm³	< 50	nicht anzuwenden
pH-Wert[d]	7 bis 12	nicht anzuwenden
Sandgehalt, in Volumen-%	nicht anzuwenden	< 4
Filterkuchendicke, in mm	< 6	nicht anzuwenden

[a] Die Marsh-Zeit, die Filtratwasserabgabe, der Sandgehalt und der Filterkuchen können z.B. mit den Prüfungen nach EN ISO 13500 ermittelt werden.

[b] Die Marsh-Zeit ist die Zeit, die ein Volumen von 946 ml der Bentonitsuspension benötigt, um aus dem Marsh-Trichter auszulaufen. Ein Volumen von 1000 ml darf verwendet werden; in diesem Fall müssen die in den Tabellen 8 und 9 angegebenen Marsh-Zeiten entsprechend angepasst werden.

[c] Die Dauer der Prüfung der Filtratwasserabgabe darf für Regelkontrollprüfungen auf 7,5 min reduziert werden. In diesem Fall müssen die Werte für die Filtratwasserabgabe und für den Filterkuchen entsprechend angepasst werden. Die Filtratwasserabgabe für die Prüfung mit einer Dauer von 7,5 min beträgt etwa die Hälfte vom Wert, der nach 30 min erreicht wird.

[d] Anhaltswerte.

Weiterhin sind unmittelbar vor dem Betonieren die Eigenschaften der Suspension zu überprüfen. Für den Zustand vor dem Betonieren ist in besonderen Fällen, wie z.B. bei Salzwasser oder bei sehr weichen Böden, ein Wert bis zu 1,20 g/cm³ für die Dichte erlaubt. Im Zustand vor dem Betonieren sind in besonderen Fällen 6 % Massenanteile an Sand erlaubt, wenn es sich um reine Reibungspfähle oder unbewehrte Pfähle handelt.

Die Suspensionsproben sollten etwa 0,5 m über der Bohrlochsohle entnommen werden. Sind die Werte der Norm überschritten, so ist die Tonsuspension ganz oder teilweise auszutauschen. Bei einem teilweisen Austausch muss die Tonsuspension über die gesamte Pfahltiefe homogenisiert werden.

Vor Beendigung des Betoniervorgangs ist erneut eine Probe der Tonsuspension etwa 1,5 m oberhalb des Betonierspiegels zu entnehmen, um die Werte der Dichte und der Fließgrenze auch gegen Ende des Betonierens zu überprüfen.

3.3.3.4.5 Aufbereitung und Entsorgung der Suspension

Eine stützende Flüssigkeit kann zur Herstellung mehrfach verwendet werden, wenn sie ihre Eigenschaften beibehalten hat. Anderenfalls muss sie ersetzt oder regeneriert werden. Zum Abscheiden eignen sich Zyklone, die durch Zentrifugalkraft Teile größerer Dichte, z.B. Sandpartikel, aus der Flüssigkeit ausscheiden.

Bei der Entsorgung von nicht mehr verwendungsfähiger Bentonitsuspension ergeben sich teilweise hohe Kosten. Seit Jahren wird daher versucht, Ersatzstoffe zu verwenden. Die bisherigen Entwicklungen zeigen jedoch, dass das Bentonit einen universellen Anwendungsbereich hat.

Sogenannte Polymere als Ersatzprodukte bleiben vorerst auf bestimmte Bodenarten beschränkt. Bei Anwendung von Polymersuspensionen als Stütz- und Förderflüssigkeit kann die Separierung wesentlich leichter und vor allem vollständiger erreicht werden.

Polymere können in Verbindung mit Bentonit oder allein für die Herstellung einer Stützflüssigkeit verwendet werden. Die Verwendung von Polymerlösungen muss auf der Grundlage von Versuchsbohrungen im Originalmaßstab auf der Baustelle oder auf der Basis vergleichbarer Erfahrung unter ähnlichen oder ungünstigeren geotechnischen Bedingungen erfolgen.

3.3.3.4.6 Stützwirkung in fein- und grobkörnigen Böden

Durch den Druckunterschied zwischen der Suspension und dem Porenraum des Bodens kommt es bei feinkörnigen Böden (d_{10} < 0,2 mm) kaum zum Eindringen von Suspension in den Boden. An der Grenzfläche zwischen Boden und Suspension erfolgt eine teilweise Trennung der festen und der flüssigen Bestandteile, die Filtration. Während die Tonpartikel an der Bohrlochwand abgefiltert werden, fließt das Filtrat in den Boden ab. Dabei bildet sich der sogenannte Filterkuchen, welcher als Membran wirkt. Der hydrostatische Stützdruck wird dadurch auf die zu stützende Bohrlochwand übertragen (Abbildung 15).

Aufgrund der Porengröße bei grobkörnigen Böden sind die Tonteilchen der Suspension nicht in der Lage, die Poren durch Brückenbildung zu schließen. Damit kann die Suspension in den Boden eindringen. In Abhängigkeit von der Korngröße und dem Gefüge kommt der Eindringvorgang nach einer bestimmten Strecke zur Ruhe, wenn der Suspensionsdruck auf das Korngerüst übertragen ist.

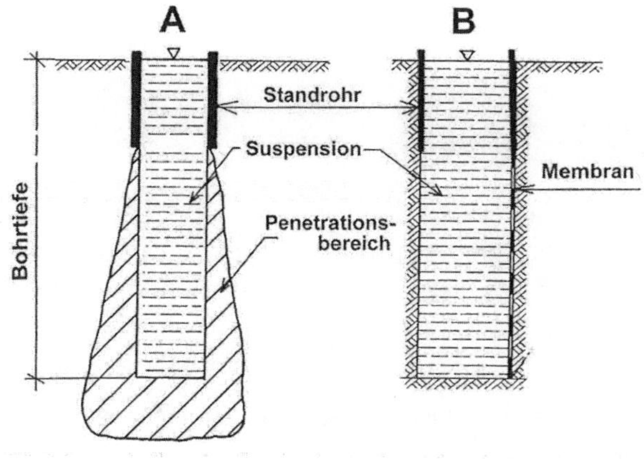

Abbildung 15: Eindringverhalten Suspension bei grob- (A) und feinkörnigen (B) Böden

3.3.4 Bohrpfahlsysteme und Herstellverfahren

3.3.4.1 Allgemeines

In diesem Abschnitt wird ein Überblick über die verschiedenen Bohrpfahlsysteme und die relevanten Herstellverfahren gegeben. Der Begriff Bohrpfähle wird in der DIN EN 1536 [4] eindeutig definiert. Die deutsche ATV DIN 18301 [14] folgt diesem Gedanken; sie regelt die Themen der Herstellung des »Hohlraums = Bohrung«, wohingegen der Ausbau in ATV DIN 18302 [15] bzw. 18331 [16] geregelt ist.

Bohrverfahren können nach unterschiedlichsten Kriterien eingeteilt werden. Für den Spezialtiefbau haben sich hier anwenderbezogene und verfahrenstechnische Kriterien durchgesetzt. Nachfolgend wird eine verfahrenstechnische Unterscheidung in Trocken- und Spülbohrverfahren vorgenommen. Beim Trockenbohrverfahren wird das Bohrgut periodisch im Bohrwerkzeug und beim Spülbohrverfahren kontinuierlich in einem Spülstrom gefördert. Trockenbohrverfahren sind im Schlag-, Dreh- oder Rammbohrverfahren möglich, wohingegen Spülbohrverfahren ausschließlich in drehenden oder drehschlagenden Verfahren ausgeführt werden.

Die einzelnen Bohrpfahlsysteme unterscheiden sich im Detail durch die angewendeten Bohrverfahren, die wiederum entsprechende Geräte- und Werkzeugkonfigurationen sowie Verfahrensabfolgen bedingen, worauf hier näher eingegangen wird. Grundsätzlich sei vorausgeschickt, dass der weit überwiegende Teil der heute produzierten Bohrpfähle im Trockenbohrverfahren hergestellt wird.

3.3.4.2 Greiferbohrverfahren

3.3.4.2.1 Allgemeines

Das Greiferbohrverfahren als Trockenbohrverfahren gehört zu den wohl ältesten Bohrverfahren überhaupt; es handelt sich um ein sogenanntes Schlagbohrverfahren. Der Bohrvorgang kann dem Grunde nach mit der Tätigkeit des Erdbaus verglichen werden, wo man nach den Schritten

- Lösen
- Laden
- Transportieren

unterscheidet.

Das Lösen des Materials in-situ erfolgt durch ein mechanisches Werkzeug, das gleichzeitig das Material im Ladevorgang aufnimmt und sichert. Transportiert wird das Material aus dem Bohrloch im Werkzeug, das an einem bzw. mehreren Seilen hängt. Da man hier von einer Grabwirkung sprechen kann, wurden die ersten Seilgreifer auch als »Hammergrab« bezeichnet.

Das Greiferbohrverfahren ist eigentlich ein Schlagbohrverfahren, wobei dieses Verfahren noch untergliedert wird in

- Gestängefreifallbohren

und

- Seilfreifallbohren.

Das Gestängefreifallbohren spielt bei der Pfahlherstellung keine Rolle, daher wird hier nicht weiter darauf eingegangen. Beim Seilfreifallbohren hängt das Bohrwerkzeug (Greifer oder Meißel) am Seil und wird im freien Fall auf die Bohrlochsohle fallengelassen. Hierbei unterscheidet man den freien Fall aus mittlerer Höhe (im Greifer), das Bohren mit geringen Fallhöhen (Schlagbüchsen und Meißel) sowie das Kiespumpenverfahren. Hierbei steht der Pumpenkörper auf der Sohle und nur der Kolben wird hochgezogen und abgelassen.

Seilfreifallbohren mit dem Greifer

Das Verfahren kommt nur in Verbindung mit Seilbaggern und für rollige und bindige Böden zum Einsatz. Es wird ebenfalls eingesetzt zum Fördern von durch Meißeln gelöstem Material. Von wenigen Ausnahmen abgesehen (zuverlässig standfester Boden), ist beim Greiferbohren eine Verrohrung erforderlich. Das Bohrwerkzeug muss dabei immer über der Rohrunterkante bleiben, um einen seitlichen Bodenentzug zu vermeiden.

Seilfreifallbohren mit Schlamm- und Schlagbüchsen

Für die Bohrpfahlherstellung ist die Ventilschlagbüchse nur von untergeordneter Bedeutung für das Säubern der Bohrlochsohle. Der Einsatz ist mit Seilbaggern außerdem nur sehr bedingt möglich. Trotz der einfachen Konstruktion bedarf es beim Betrieb einer ausreichenden Erfahrung. Die Fallhöhe ist in Abhängigkeit von Boden und Wasserstand zu regulieren. Zu hoher Wasserstand über der Bohrlochsohle kann dazu führen, dass die Schlagbüchse nicht arbeitet.

Seilfreifallbohren mit der Kiespumpe

Die Kiespumpe arbeitet nur einwandfrei in groben Sanden sowie Kiesböden und, wie die Ventilschlagbüchse, nur unter Wasser. Auch das Arbeiten mit der Kiespumpe erfordert sehr viel Erfahrung. Für den Einsatz bei der Bohrpfahlherstellung hat die Kiespumpe nur noch eine untergeordnete Bedeutung.

Seilfreifallbohren mit dem Meißel

Der Fallmeißel dient nur der Zertrümmerung von Hindernissen und dem Lösen von Fels oder felsähnlichen Böden. Zur Förderung werden andere Werkzeuge (Greifer, Schlagbüchse usw.) benötigt.

Die Fallhöhe darf nicht zu groß gewählt werden, da die hohe Energie, die beim Auftreffen auf die Sohle erzeugt wird, zu Schäden (Risse, Brüche) am Werkzeug führen kann. Eine Fallhöhe von 2 m sollte nicht überschritten werden. Mit kurzen Fallhöhen in schneller Folge kann insbesondere im Fels üblicherweise eine wesentlich bessere Leistung als mit großen Fallhöhen erzielt werden.

Sehr wichtig ist die ständige Entfernung des gelösten Materials (Säubern der Sohle), da dies den Meißel sehr stark abbremst und kaum noch Bohrfortschritt festzustellen ist. Es ist nicht ratsam, größere Felsstrecken im Meißelverfahren zu durchteufen, da dieses Verfahren sehr unwirtschaftlich ist (mangelnde Bohrleistung, hohe Reparaturkosten am Meißel, großer Verschleiß an Winden).

Die Wirtschaftlichkeit des Verfahrens konnte durch eine wesentliche Verbesserung der Schlagbohrmeißel erhöht werden.

3.3.4.2.2 Greiferbohrverfahren in unverrohrter Bohrung

Das Verfahren des Greiferbohrens im unverrohrten Bohrloch ist anwendbar bei bindigen Böden mit halbfester bis fester Konsistenz oder bei entsprechenden Mischböden bzw. in gebrächem Fels. Hierzu gibt die DIN EN 1536 [4] weitere Hinweise.

Ein unverrohrtes Bohren im Greiferverfahren wird in der Praxis nur im Sohlbereich von Pfählen ausgeführt, d.h. in der Pfahleinbindestrecke. Die darüber liegenden Böden werden immer im Schutz einer Verrohrung (Länge variabel) durchfahren.

Zu beachten ist, dass in Deutschland im Geltungsbereich der ZTV-ING, Teil 2.2 [30], unverrohrte Bohrungen nur im Fels und auch dann nur mit Zustimmung des Baugrundsachverständigen ausgeführt werden dürfen.

3.3.4.2.3 Greiferbohrverfahren mit Bohrlochsicherung durch Stützflüssigkeit

Nach DIN EN 1536 [4], Abschnitt 8.2.1.2, kann beim Abteufen von Bohrpfählen die Sicherung der Bohrlochwandung über eine Stützflüssigkeit aus Bentonit oder Polymeren erfolgen. Das Verfahren der suspensionsgestützt hergestellten Bohrpfähle eignet sich für alle nichtbindigen und bindigen Böden, jedoch sollte bei bindigen Böden die undränierte Kohäsion $c_u > 15\ kN/m^2$ sein.

Die Stützwirkung wird durch die Infiltration in das umgebende Erdreich erzielt; es bildet sich ein »Filterkuchen« aus, der die Bodenporen verschließt. Durch den hydrostatischen Überdruck wird die Bohrlochwandung gestützt.

Grundsätzlich ist jedoch auch hier immer eine Anfängerverrohrung (Abbildung 16) einzusetzen, da die Schwankungen des Stützflüssigkeitspegels auszugleichen sind. Wegen der fehlenden Verrohrung kann die Bohrung ohne Unterbrechung abgeteuft werden. Das Verfahren wird in Kombination mit dem Greiferbohrverfahren üblicherweise im Durchmesserbereich über 1,20 m eingesetzt.

Zu beachten sind die Hinweise der DIN EN 1536 [4] zu den Eigenschaften der Stützflüssigkeit. Dieses Verfahren wird aufgrund der hohen Anforderungen an die Überwachung der Arbeiten (qualifiziertes Personal), die aufwendige Misch- und Regeneriertechnik sowie die Entsorgungskosten für die verbrauchte Stützflüssigkeit heute nur in Sonderfällen bei großen Bohrtiefen und großen Durchmessern eingesetzt.

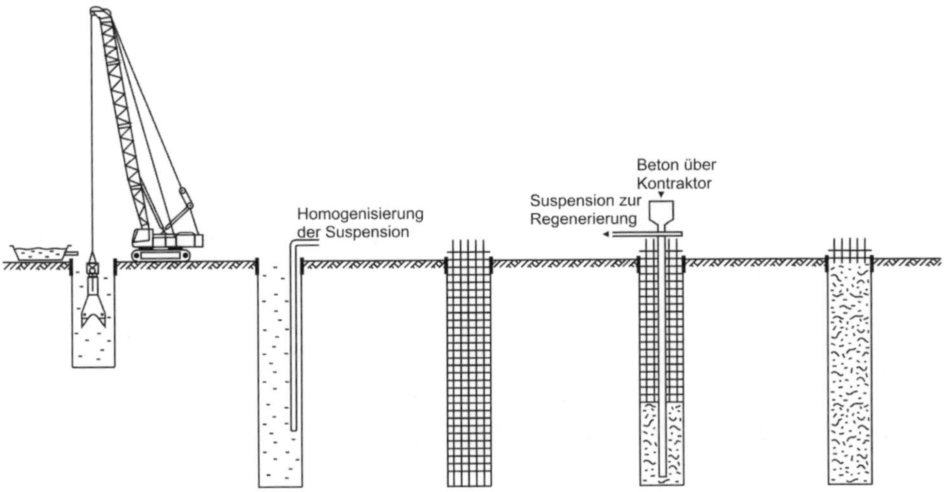

Abbildung 16: Bohrpfahlherstellung im Greiferbohrverfahren mit Suspensionsstützung

3.3.4.2.4 Greiferbohrverfahren in voll verrohrter Bohrung

Dieses Verfahren gelangte bis zum Aufkommen des Drehbohrverfahrens am häufigsten bei der Bohrpfahlherstellung zum Einsatz. Es findet üblicherweise Anwendung bei Pfahldurchmessern von 88 bis 300 cm. Beim verrohrten Bohren wird die Bohrlochwandung bis zur Endtiefe des Pfahles durch eine temporäre oder verbleibende Verrohrung gestützt (Abbildung 17).

Das Greiferbohrverfahren mit verrohrter Bohrung ist grundsätzlich in allen Bodenformationen anwendbar, besonders aber in wasserführenden, rolligen Böden mit hohem Anspruch an die Verrohrungstechnik, ferner dort, wo sehr viel Meißelarbeit erforderlich ist. Die üblichen Pfahldurchmesser betragen 88 bis 300 cm bei Bohrtiefen bis max. 100 m. Zum Einsatz kommen überwiegend doppelwandige Bohrrohre mit Schnellverschlussbindungen (sog. Nippelrohre). Einwandige Rohre können ebenso verwendet werden, sofern die Wandstärke und die Ausbildung der Kupplungen auf die Schließkräfte und Drehmomente der Verrohrungsanlage angepasst sind.

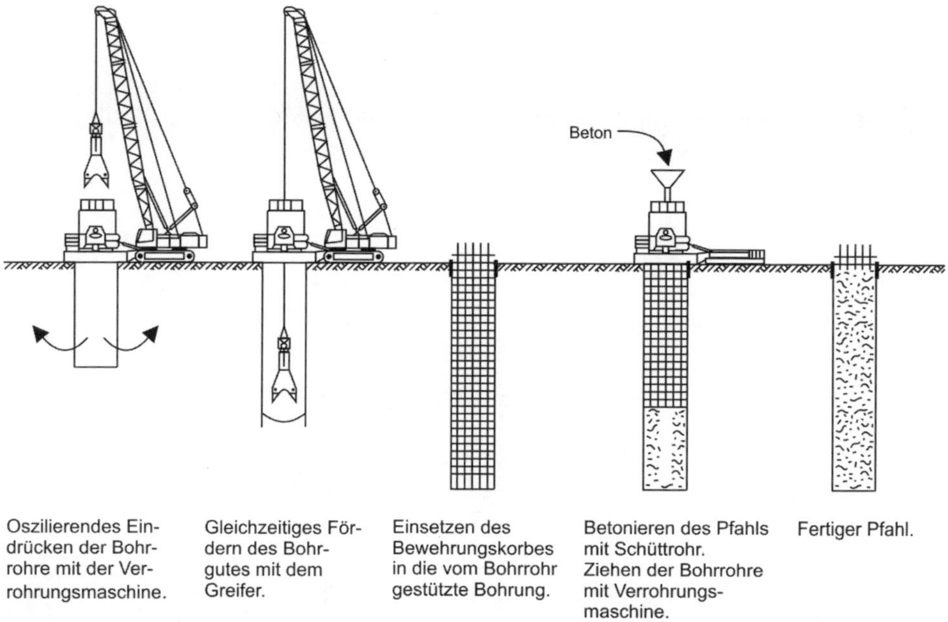

Abbildung 17: Bohrpfahlherstellung im Greiferbohrverfahren in voll verrohrter Bohrung

Bohrpfähle, die in unmittelbarer Nähe bzw. unter vorhandenen Versorgungs- und Stromleitungen sowie in Gebäuden herzustellenden sind, erfordern Geräte mit niedriger Bauhöhe zum Abteufen der Bohrungen. Dies kann im Greiferbohrverfahren durch ein Trägergerät mit einem speziellen, extrem kurzen Ausleger erfolgen. Die Bohrwerkzeuge müssen ebenfalls eine sehr geringe Bauhöhe haben und es können nur Rohrschüsse mit kurzen Einzellängen zum Einsatz kommen. Für weitere Details siehe hierzu Abschnitt 3.3.5 Gerätetechnik.

3.3.4.2.5 Abteufen der Verrohrung

Das Einbringen der Verrohrung zur Sicherung der Bohrlochwandung kann auf unterschiedliche Weise erfolgen. In Kombination mit dem Greiferbohrverfahren ist die häufigste Anwendung das Abteufen mittels hydraulischer Verrohrungsmaschine, die am Trägergerät (= Seilbagger) befestigt ist. Für besonders tiefe Bohrungen erfolgt das Abteufen mittels einer Rohrdrehmaschine. Beide Verfahren bedingen jedoch ein diskontinuierliches Bohren, d.h., Aushub und Abteufen der Verrohrung können nicht komplett parallel erfolgen. Während des Aufsetzens eines Rohres muss der Aushub immer stoppen.

Details zu den eingesetzten Geräten sind in Abschnitt 3.3.5 aufgeführt.

Ein kontinuierliches Arbeiten mit Aushub und gleichzeitigem Abteufen der durchgehenden Verrohrung kann bei Anwendung des Hochstrasser-Weise-Verfahrens (abgekürzt HW) [31] erfolgen. Das Verfahren (Abbildung 18) ist durch die Art des Verrohrungssystems gekennzeichnet. Als typisches Merkmal erfolgt das Einbringen des Bohrrohrs durch eine mit Druckluft angetriebene, doppelseitig wirkende Drehschwinge, die als geschlossener Schwenkkopf oben am Rohr befestigt ist. Die Rohre, Durchmesser üblicherweise 88 bis 200 cm, werden in ein vorher gesetztes Standrohr (zur Führung) eingestellt. Die nach beiden Seiten weit ausladende Drehschwinge dreht sich mit schweren Schwunggewichten auf Kugellagern um jeweils ca. 50° und stößt gegen einen Anschlag, wobei gleichzeitig die Umsteuerung ausgelöst wird, mit der Wirkung, dass die Schwinge nach der anderen Seite hin den gleichen Drehimpuls auf das Rohr überträgt. Durch das gleichzeitig wirkende Eigengewicht der Schwinge und des Bohrrohres wird dieses abgeteuft.

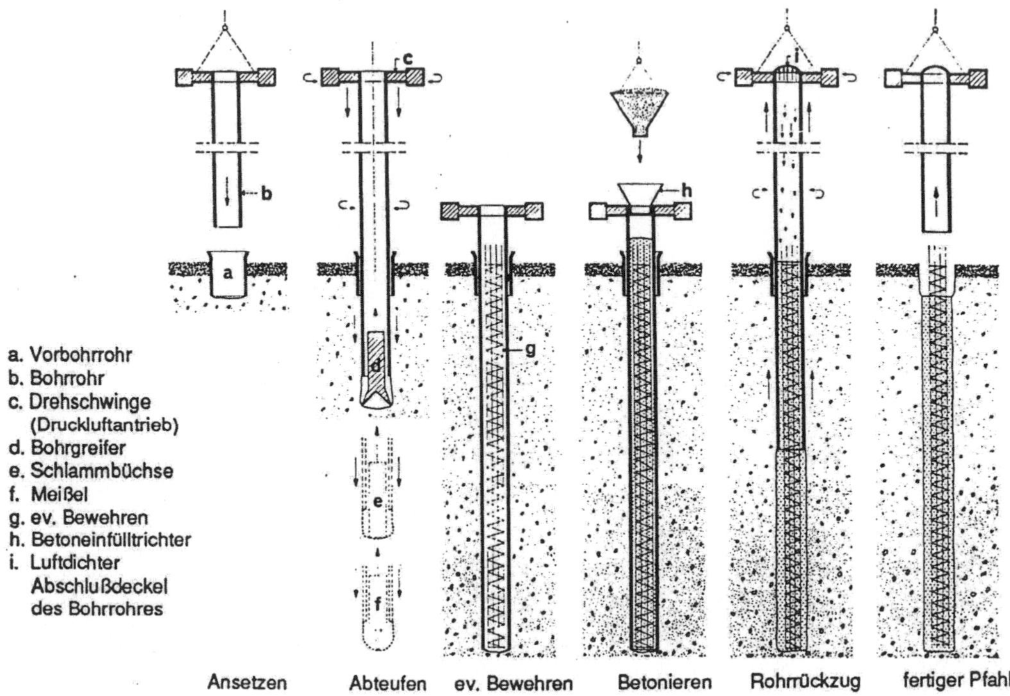

Abbildung 18: Arbeitsablauf Bohrpfahlherstellung im HW-Verfahren

Eine Alternative zum Einbringen der Verrohrung stellt das Vibrationsverfahren dar; hier erfolgt das Einbringen der Verrohrung über Rüttler, die über hydraulische Doppelklemmen oder als sogenannte Gürtelrüttler am Bohrrohr befestigt sind. Es werden wie beim HW-Verfahren durchgehende Bohrrohre verwendet.

Bei Verwendung dieser Verfahren kann gegebenenfalls bei sehr kurzen Pfählen die gesamte Rohrlänge in einem Arbeitsgang ohne Aushub eingebracht werden. Es können jedoch nur durchgehende oder verschweißte Rohre zum Einsatz kommen. Rohrschraubverbindungen würden durch die Vibration beschädigt und wären auch nicht mehr (bzw. nur schwer) lösbar.

Zu unterscheiden sind Verfahren mit aufgesetzten Rüttlern und Verfahren mit Gürtelrüttlern (siehe auch Abschnitt 3.3.5 Gerätetechnik). Bei dem ersten Verfahren muss der Rüttler für die Bohrarbeit vom Rohr abgenommen werden, da das Einrütteln der kompletten Rohrlänge in der Regel nicht möglich ist. Bei den Gürtelrüttlern ist ein kontinuierliches Rütteln und Bohren möglich. Diese Verfahren werden heute nur noch extrem selten eingesetzt.

3.3.4.3 Drehbohrverfahren

3.3.4.3.1 Allgemeines

Das Trockenbohrverfahren ist durch eine überwiegend diskontinuierliche Bohrgutförderung gekennzeichnet. Das dazu verwendete Werkzeug kann an einem Gestänge oder einer Kelly-Stange befestigt sein; bei Verwendung einer Endlosschnecke erfolgt die Bohrgutförderung kontinuierlich.

Wenn heute in der Bohrpfahlherstellung vom Drehbohrverfahren gesprochen wird, wird damit üblicherweise das Kelly-Bohrverfahren gemeint, da dieses das am häufigsten verwendete Verfahren für die Bohrpfahlherstellung geworden ist. Der Name resultiert aus der Verwendung eines besonderen Bohrgestänges, der Kelly-Stange. Dies ist eine mehrfach teleskopierbare Bohrstange, mit der eine Drehbewegung von einem Antrieb auf ein Bohrwerkzeug übertragen wird. Durch die Möglichkeit, diesen Antrieb auch vertikal bewegen zu können, werden Vorschubkräfte übertragen.

Mit dem Kelly-Bohrverfahren werden damit Bohrtiefen bis zu 100 m und Pfahldurchmesser bis zu 300 cm erreicht. Für Details zu den eingesetzten Drehbohrgeräten wird auf Abschnitt 3.3.5 Gerätetechnik verwiesen.

3.3.4.3.2 Kelly-Bohrverfahren in unverrohrter Bohrung

Dieses Verfahren kann in wasserfreien und standfesten Böden oder im Fels eingesetzt werden und ermöglicht sehr hohe Bohrleistungen. An Bohrwerkzeugen kommen Bohrschnecken, Bohreimer und Kernbohrrohre zum Einsatz.

Bezüglich der Anforderungen der Normung wird auf den vorgenannten Abschnitt 3.3.4.2 verwiesen.

3.3.4.3.3 Kelly-Bohrverfahren mit Bohrlochsicherung durch Stützflüssigkeit

Grundsätzlich kann dieses Verfahren (Abbildung 19) in nahezu allen Böden angewendet werden. Die Standfestigkeit der Bohrlochwandung wird durch eine Stützflüssigkeit aus Bentonit- oder Polymersuspension hergestellt (s. Pkt. 3.4.2). Neigungspfähle dürfen lt. DIN EN 1536 [4] nicht unverrohrt hergestellt werden. Beim Drehbohrverfahren sind maximal Bohrtiefen bis 100 m bei Durchmessern bis 300 cm möglich.

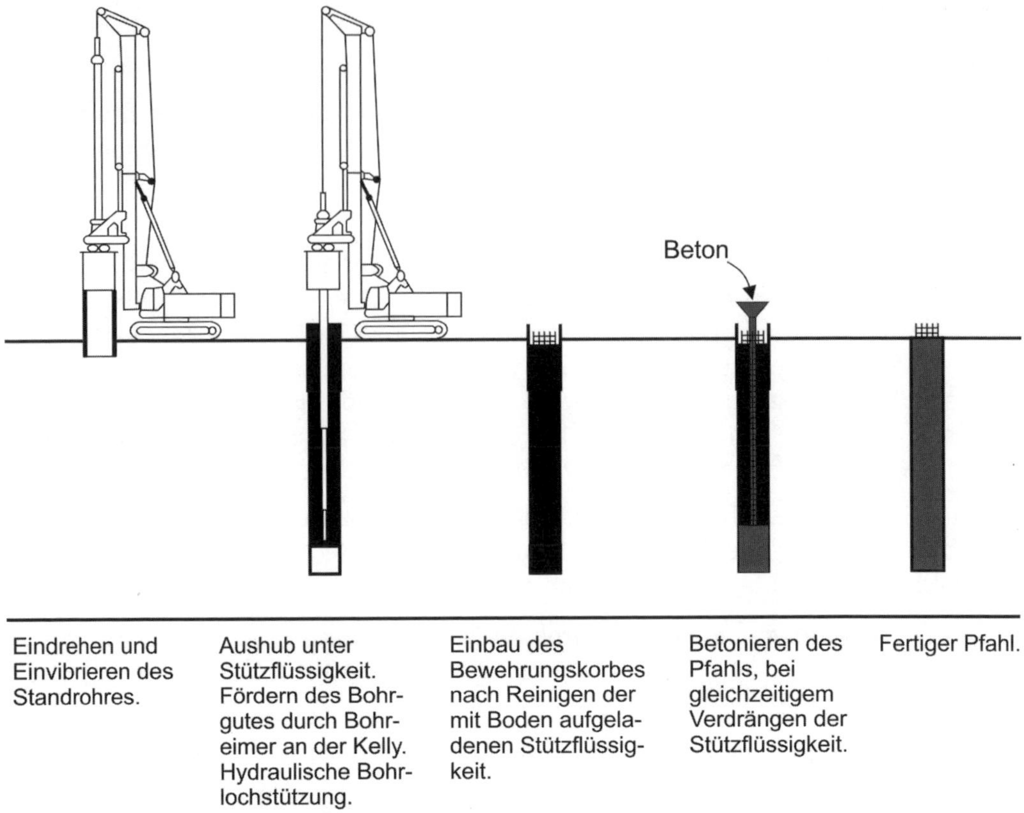

Abbildung 19: Bohrpfahlherstellung im Kelly-Drehbohrverfahren mit Suspensionsstützung

3.3.4.3.4 Kelly-Bohrverfahren in voll verrohrter Bohrung

Das Kelly-Bohrverfahren in Kombination mit einer verrohrten Bohrung ist die heute meistverbreitete Variante der Bohrpfahlherstellung. Sie wird immer dann eingesetzt, wenn keine extremen Bohrtiefen oder Durchmesser auszuführen sind und die Bodenverhältnisse keine besonderen Ansprüche an die Verrohrung stellen. Maßgebend ist natürlich, dass für die entsprechende Aufgabe das adäquate Gerät zur Verfügung steht. Dabei steht primär nicht der reine Bohrvorgang, sondern die Anforderung an die Verrohrung im Vordergrund.

Die Vorteile des Verfahrens sind:

- umweltverträgliche Herstellung bei geringer Erschütterung
- hohe Bohrleistung
- große Bewegungsfreiheit
- anwendbar unmittelbar neben vorhandenen Gebäuden
- große Neigungsmöglichkeiten seitlich, nach hinten und nach vorn

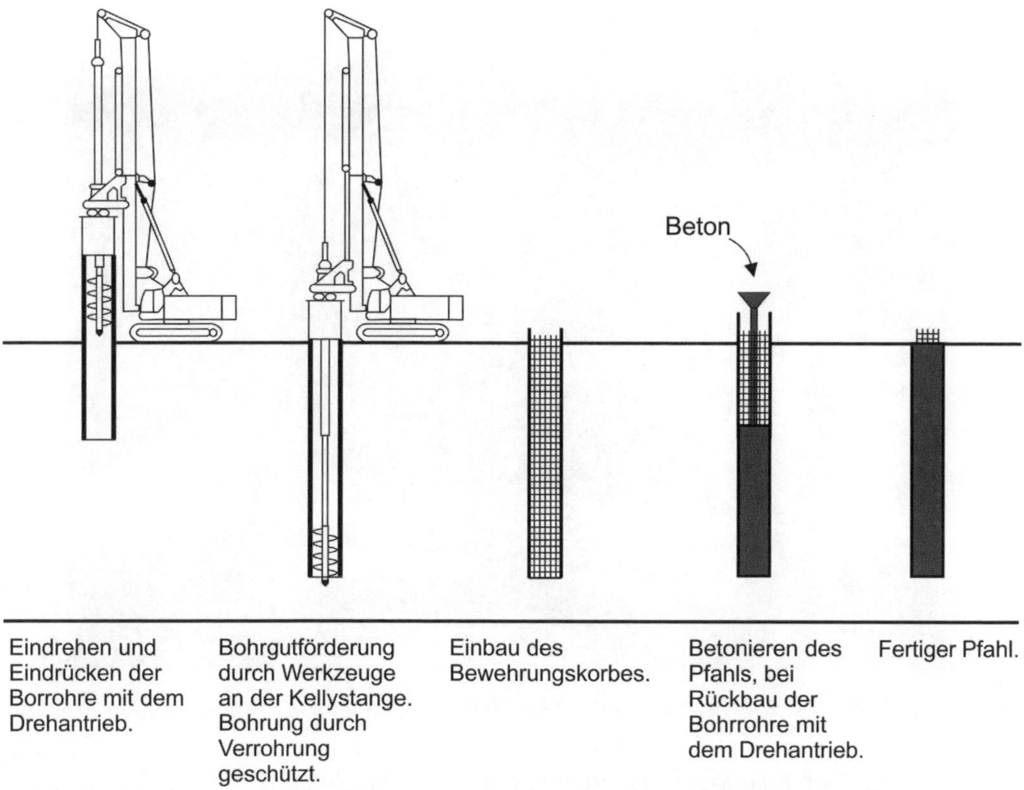

Abbildung 20: Bohrpfahlherstellung im Kelly-Drehbohrverfahren mit voller Verrohrung

Das Abteufen der Verrohrung kann entweder über den Kraftdrehkopf des Drehbohrgerätes (Abbildung 20) oder aber über eine zusätzliche am Gerät angekoppelte Verrohrungsmaschine, die über das Drehbohrgerät angetrieben wird, erfolgen. Die letztere Variante wird bei größeren Durchmessern und Bohrtiefen angewendet, was zwei Gründe haben kann: Zum einen, wenn die Verrohrung durch das Drehmoment des Kraftdrehkopfes nicht mehr bewegt werden kann, was bei hohen Mantelreibungskräften der Fall ist; zum anderen, wenn das Gewicht der Verrohrung so groß ist, dass die gesamte Rohrtour im Zuge des Betoniervorganges nicht mehr vom Gerät allein (über die Winde) gezogen werden kann (Abbildung 21).

Abbildung 21: Externe Verrohrungsanlage an Drehbohrgerät (Bauer)

3.3.4.3.5 Pfahlherstellung mit durchgehender Hohlbohrschnecke

Die mittels Endlosschnecke hergestellten Bohrpfähle (auch Schneckenortbetonpfähle genannt) haben stark an Bedeutung zugenommen, nachdem ausreichend Erfahrungen mit diesem System gesammelt wurden.

Man unterscheidet die Verwendung von Bohrschnecken mit dünnem und dickem Seelenrohr. Bei Schnecken mit kleinem Seelenrohr ist das Verhältnis von Seelenrohrdurchmesser D_i zu Außendurchmesser D_a der Bohrschnecke üblicherweise $D_i/D_a < 0{,}4$, bei Schnecken mit großem Seelenrohr ist $D_i/D_a > 0{,}6$. Die Verfahren sind in der DIN EN 1536 [4] geregelt. Sofern Schnecken mit großem Seelenrohr verwendet werden, spricht man von Teilverdrängungsbohrpfählen.

Die Bohrschnecke wird, wenn möglich in voller Länge, bei geringer Verdrängung des Bodens abgeteuft, wobei der Boden kontinuierlich gefördert wird. Ein Verlängern der Bohrschnecke ist möglich. Die Stützung der Bohrlochwand muss durch das auf den Schneckengängen liegende Material gewährleistet sein (Abbildung 22). Das Verfahren darf nur bis Neigungen von 1:10 ausgeführt werden; in instabilen bzw. sensitiven Böden (Definition siehe DIN EN 1536 [4], Absatz 8.2.5.4) ist die Machbarkeit nachzuweisen.

Je nach Zeitpunkt des Einbaus des Bewehrungskorbes unterscheidet man zwischen verrohrt und unverrohrt hergestellten Pfählen. Beim Einstellen in die Seele der Bohrschnecke handelt es sich um einen verrohrt hergestellten, bei nachträglichem Einbau um einen unverrohrt hergestellten Pfahl (Abbildung 23).

Beim Betonieren mit einer Betonpumpe wird die Bohrschnecke ohne Drehbewegung gezogen. Nur mit größter Sorgfalt ist das Verfahren bei artesisch gespanntem Wasser anwendbar.

Abbildung 22: Herstellung von Schneckenbohrpfählen (Bilfinger)

Eine konsequente Herstellungsüberwachung und Ausführungsprotokollierung sind unabdingbar. Die Gerätetechnik sieht hier die kontinuierliche Protokollierung von Andruck, Drehzahl und Vorschub bzw. Ziehgeschwindigkeiten vor; dadurch wird eine einwandfreie Herstellung nachgewiesen, bzw. es werden potenzielle Schwachstellen aufgezeigt. Die Protokollierung kann dabei vom Fahrer über die Anzeigegeräte ständig verfolgt werden, sodass bei Bedarf eingegriffen werden kann.

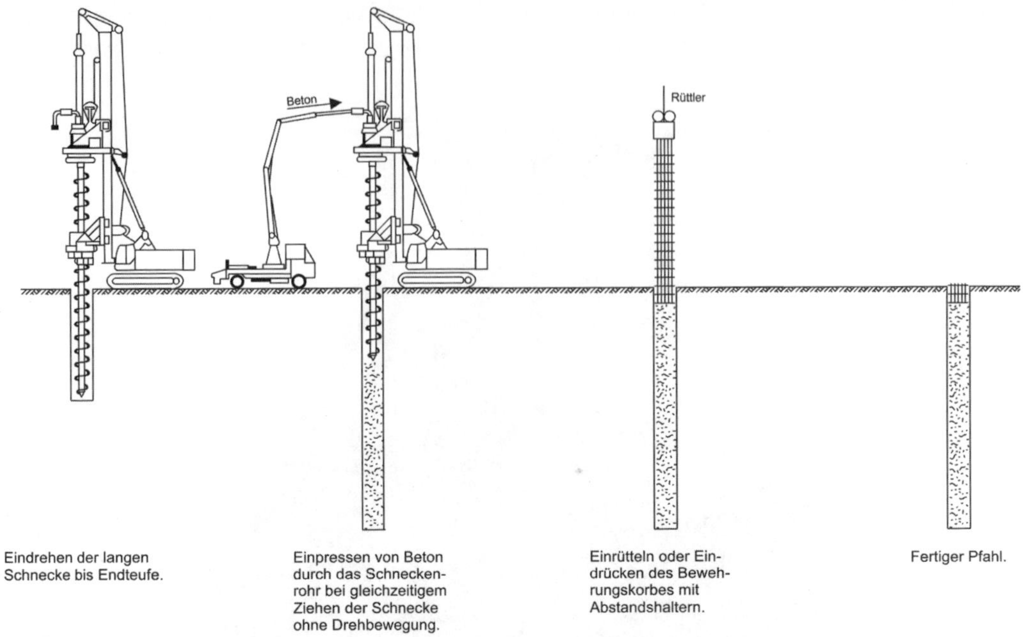

Abbildung 23: Herstellabfolge von Schneckenbohrpfählen (dünnes Seelenrohr)

3.3.4.3.6 Pfahlherstellung im Doppelkopfsystem

Das Doppelkopfsystem ist die Verknüpfung des Schneckenortbetonbohrpfahlverfahrens mit durchgehender Bohrschnecke mit dem Kelly-Verfahren mit vollständiger Verrohrung. Der Mäkler des Drehbohrgerätes ist mit zwei Kraftdrehköpfen ausgerüstet, wobei der eine die durchgehende Bohrschnecke und der zweite die äußere Verrohrung betreibt. Die Herstellung erfolgt mit speziellen Doppelkopf-Drehantrieben (Abbildung 24). Das untere Drehgetriebe dient zum Einbringen der Verrohrung, während das obere gegenläufig das Werkzeug antreibt. Am Bohrrohrkopf befinden sich Öffnungen, durch die das Bohrgut kontinuierlich ausgeworfen wird. Bei durchgehender Bohrschnecke können feste oder verlorene Bohrspitzen verwendet werden. Verlorene Bohrspitzen erlauben das Betonieren über eine Betonpumpe durch das Seelenrohr der Schnecke. Bei bewehrten Bohrpfahlsystemen sind zum Einbau des Bewehrungskorbes die Bohrschnecken auszubauen.

Vorläufer war in der Vergangenheit ein vergleichbares System für die Herstellung von schlanken Verbaupfählen (Durchmesser 254 bis 406 mm), die unmittelbar an bestehenden Gebäuden abgeteuft wurden und daher als VdW = Vor-der-Wand- oder AdW = An-der-Wand-Pfähle bezeichnet wurden.

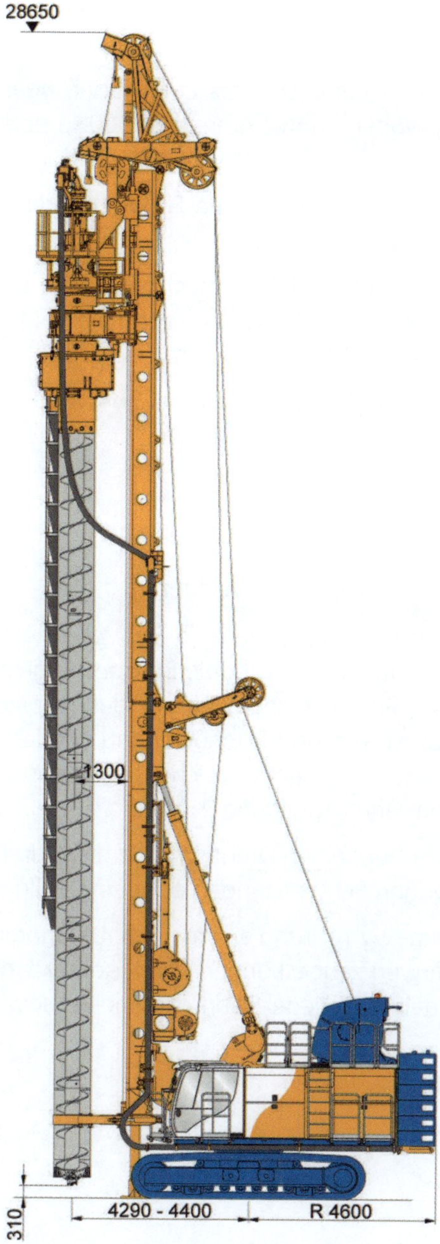

Abbildung 24: DKS-Systemdarstellung (Bauer)

3.3.4.4 Spülbohrverfahren

3.3.4.4.1 Allgemeines

Spülbohrverfahren sind durch eine kontinuierliche Bohrgutförderung mit unterschiedlichen Spülmedien gekennzeichnet. Die Förderung, d.h. der Transport des gelösten Materials, kann direkt zwischen Bohrlochwand und Bohrgestänge oder indirekt über das Bohrgestänge selbst erfolgen. Wie schon erwähnt, werden Spülbohrverfahren drehend oder drehschlagend ausgeführt.

Das Spülbohrverfahren kommt bei besonders tiefen Bohrungen mit gleichzeitig großem Durchmesser zum Einsatz, wobei schon Tiefen über 100 m und Durchmesser über 3,0 m erreicht wurden.

Beispiele sind in der Literatur bzw. in diversen Firmenunterlagen (Bilfinger Construction GmbH, Bauer, Wirth etc.) [100] zu finden.

Zu den Spülbohrverfahren gehören alle Bohrtechniken, die für die Beseitigung des gelösten Bohrgutes von der Sohle und für die Förderung ein Spülmedium (Wasser, Bentonit- oder Polymersuspension, auch mit Luft vermischt) einsetzen.

Für Pfahlbohrungen kommen im Wesentlichen drei Bohrverfahren zur Anwendung:

- Rotary-Bohrverfahren
- Saugbohrverfahren
- Lufthebeverfahren

3.3.4.4.2 Rotary-Bohrverfahren (direktes Verfahren)

Eine oder mehrere Zwillingspumpen saugen die Bohrspülung (Ton-Wasser-Gemisch) aus einem Behälter und pressen sie durch das hohle Bohrgestänge zum Bohrmeißel. Dort tritt die Spülung aus, kühlt das Bohrwerkzeug, nimmt das gelöste Bohrgut auf und steigt im Ringraum zwischen Bohrstrang und Bohrlochwand wieder auf. Die geförderte Bohrspülung wird über ein Schüttelsieb geleitet, welches das Bohrgut abscheidet. Anschließend beginnt der Kreislauf wieder neu (Abbildung 25).

Das Hohlbohrgestänge wird über einen Drehtisch oder Kraftdrehkopf angetrieben. Die erforderliche Belastung erzeugen Schwerstangen oder eine Pulldown-Einrichtung.

Bis auf ein Standrohr ist keine Verrohrung erforderlich. Die möglichen Bohrtiefen betragen bis zu 10 000 m. Als Bohrwerkzeuge können verwendet werden: Zweiblatt-, Dreiblatt-, Vierblatt- und Sechsblattmeißel, 3-Kegel-Zahnrollenmeißel sowie Großrollenmeißel (siehe Abschnitt 3.5).

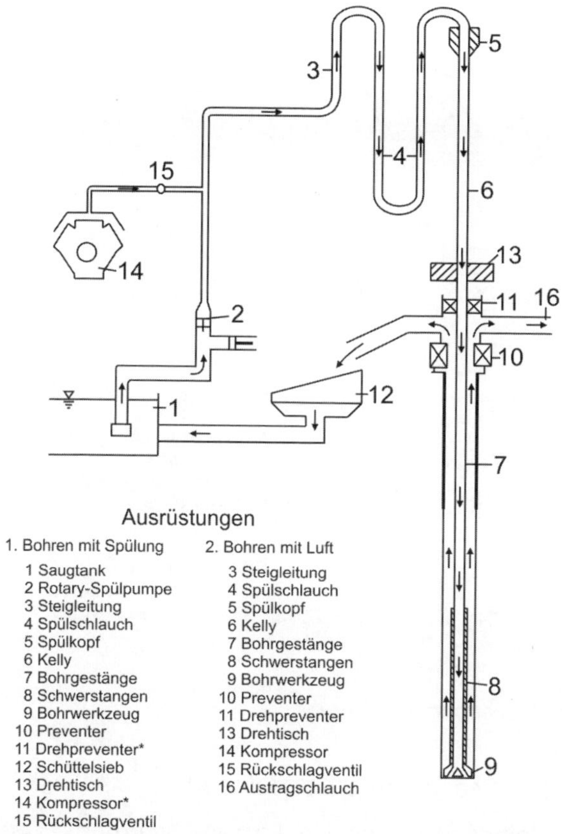

Abbildung 25: System des Rotary-Bohrverfahrens

3.3.4.4.3 Saugbohrverfahren (indirektes Verfahren)

Beim Saugbohrverfahren wird das Bohrgut mit dem Spülstrom durch das Gestänge von einer Zentrifugalpumpe gefördert. Die Fließbewegung der Spülung wird durch die Wirkung des atmosphärischen Luftdrucks auf den Bohrlochwasserspiegel beim Einsetzen der Saugwirkung der Pumpe erzeugt (Abbildung 26). Die Saugwirkung setzt erst ein, wenn die Pumpe über eine Vakuumeinrichtung gefüllt ist. Der Fördervorgang liegt zwischen Bohrlochsohle und Saugpumpe nur auf der Saugseite der Kreiselpumpe. Die Förderleistung ist abhängig von der monometrischen Förderhöhe (theoretisch 10 m und praktisch 6 bis 8 m), je nach Dichte des Spülstromgemischs. Undichtigkeiten und Reibungsverluste in der Förderleitung vermindern den Betrag mit zunehmender Bohrlochtiefe. Vor Inbetriebnahme der Saugpumpe, d.h. nach jedem Nachsetzen des Gestänges, muss das Bohrloch bis knapp unter die Standrohroberkante gefüllt sein. Schon ein geringes Absinken geht auf Kosten der Vakuumerzeugungszeit. Bei einem Absinken von 3 bis 5 m ist ein Anfahren der Spülung und somit der Bohrung nicht mehr möglich.

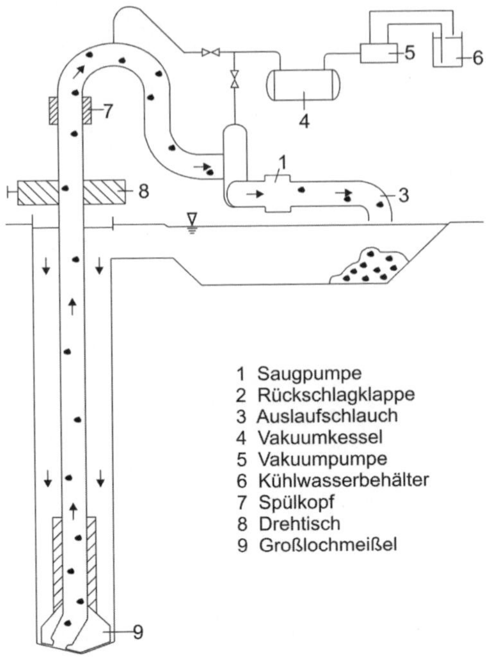

Abbildung 26: Schema des Saugbohrverfahrens

3.3.4.4.4 Lufthebeverfahren (indirektes Verfahren)

Für das Lufthebeverfahren wird eine 3-Phasen-Förderung Wasser/Luft/Bohrgut angewendet. Dies geschieht nach folgendem Prinzip (Abbildung 27):

Bläst man in das teilweise in Wasser getauchte Förderrohr im unteren Bereich des Rohrendes Luft ein, so steigt diese im Inneren blasenförmig nach oben. Der Flüssigkeitsspiegel wird entsprechend dem im Wasser befindlichen Luftvolumen angehoben, bis das Wasser über die Rohroberkante abläuft. Setzt man die Luftzufuhr ständig fort, ergibt sich eine Gewichtsdifferenz zwischen innerer und äußerer Wassersäule. Aufgrund des höheren spezifischen Gewichts der äußeren Wassersäule wird ständig Wasser zulaufen und eine regelmäßige Förderung aufrechterhalten. Steigert man die Fördergeschwindigkeit durch größeren Luftvolumenzusatz so weit, dass die aufsteigende Geschwindigkeit ausreicht, Feststoffe zu tragen, kann das Verfahren für das Fördern von Bohrgut benutzt werden. Je nach Leitungsdurchmesser können Bohrtiefen bis 1000 m bei einem Bohrdurchmesser bis 300 cm erreicht werden. Hinsichtlich Antrieb und Werkzeugen siehe Rotary-Bohrverfahren.

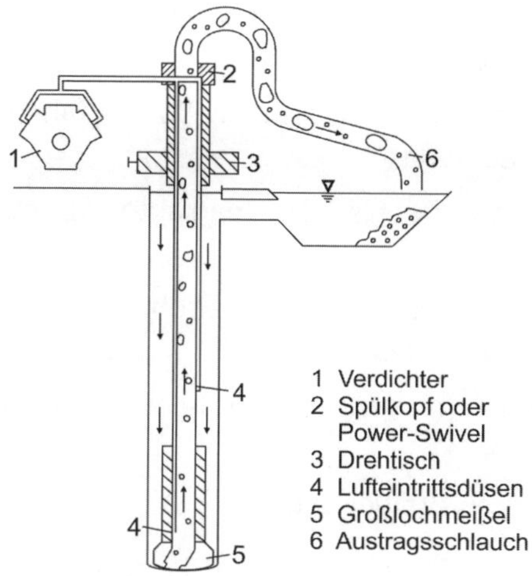

Abbildung 27: Schema des Lufthebeverfahrens

Spezielle Pfahlbohranlagen für diese Techniken werden u.a. von der Fa. Wirth (heute AkerSolution [100]) hergestellt. Sie sind in der Meerestechnik sowie für besondere Landeinsätze vorgesehen. Da keine Werkzeuge ein- und ausgefahren werden müssen und eine kontinuierliche Bodenförderung erfolgt, ist eine hohe Bohrleistung, auch bei stark geneigten Bohrungen, möglich. Trotz verhältnismäßig geringer Antriebsleistungen und Drehmomente lassen sich sehr große Bohrtiefen bei Durchmessern bis 4 m (eigentlich außerhalb des Geltungsbereichs der DIN EN 1536 [4]) ausführen, was in Südostasien der Fall ist. Die Geräte arbeiten überwiegend nach dem Lufthebesystem mit indirekter Spülung.

Beispiele für die Anwendung sind:

- Pfahlgründungsbohrungen mit besonders langen Pfählen und großen Durchmessern
- Anker- und Schutzwandbohrungen für Trockendocks
- Bohrungen für hochbelastete Ankerpfähle
- Befestigungsbohrungen von Bohrplattformen

3.3.4.5 Pfahlfußerweiterungen

Pfahlfußerweiterungen (Abbildung 28) sind Vergrößerungen der Aufstandsfläche, durch die eine größere Lastaufnahme im Baugrund infolge des Spitzenwiderstandes erfolgen kann. Die Bedeutung dieser Technik ist infolge der aufwändigen Herstellung und der nötigen Qualitätskontrolle kein Standardverfahren, zumal auch gleichzeitig die technische Entwicklung der Bohrverfahren zu erheblich höheren Leistungen geführt hat.

Die DIN EN 1536 [4] spricht allgemein von Querschnittsaufweitungen und geht von einer mechanischen Herstellung aus, die in einem standsicheren Bohrloch erfolgen muss (Absatz 8.2.7). Dies bedingt zum einen ein entsprechendes Werkzeug, zum anderen Maßnahmen zur Stabilisierung des Bohrloches.

Heute gebräuchlich sind Querschnittsaufweitungen für Schaftdurchmesser von 90 bis 150 cm, wobei als Herstellungsabfolge üblich ist:

- Abteufen einer verrohrten Bohrung im Kelly-Bohrverfahren bis auf Endtiefe, sofern erforderlich, unter Wasserauflast.
- Zurückziehen der Verrohrung bis auf Oberkante der geplanten Querschnittsaufweitung.
- Gleichzeitige Prüfung der Stabilität der unverrohrten Bohrung und eventuell Zusatzmaßnahmen für Stützung.
- Herstellen der Aufweitung mit speziellem Fußschneider in Etappen (diskontinuierliche Bohrgutförderung).
- Kontrolle der hergestellten Aufweitung.
- Einbau des Bewehrungskorbes.
- Betonieren des Pfahls.

Die Aufweitung kann auch in rein rolligen Böden unter Wasser erfolgen; in diesem Fall sollte jedoch eine Stützung des Hohlraums durch eine Zementsuspension vorgesehen werden.

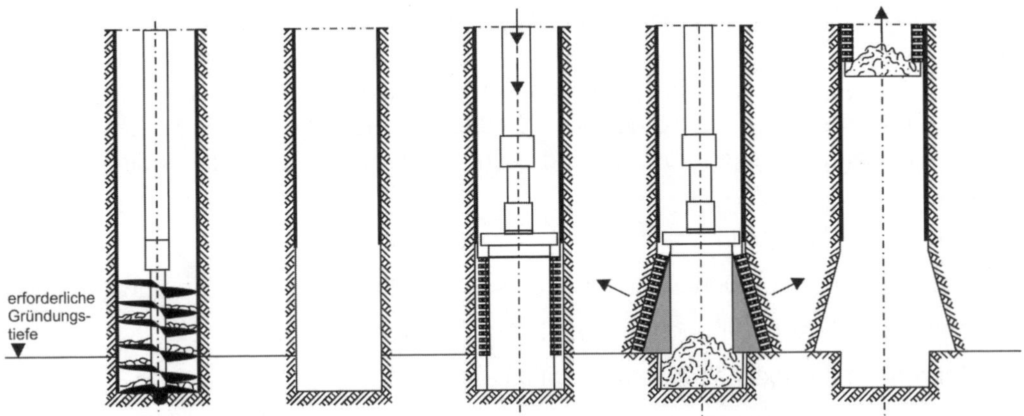

Abbildung 28: Arbeitsschritte bei der Pfahlfußerweiterung

3.3.4.6 Mantel- und Fußverpressungen

3.3.4.6.1 Allgemeines

Durch Mantel- und Fußverpressung kann die Tragfähigkeit von Bohrpfählen erheblich erhöht werden; die Nutzung ist abhängig von der Wirtschaftlichkeit und damit von der Möglichkeit, die Steigerung durch Probebelastungen nachzuweisen. Die Verfahren an sich sind nicht nur für Bohrpfähle, sondern auch für in verrohrte Bohrungen eingestellte Fertigbetonpfähle und Verdrängungspfähle erfolgreich erprobt. Der Mikropfahl als Verbundpfahl (siehe Abschnitt 3.5) ist durch die Verpress- bzw. Nachverpresswirkung gekennzeichnet.

Bohrpfähle erfahren, insbesondere in Lockergesteinen, bei Belastung zum Teil hohe Setzungen [31]. Obwohl die Gebrauchslast nur ca. 50 % der Grenzlast betragen sollte, können die auftretenden Setzungen für das zu errichtende Bauwerk unverträglich sein. Die Bemessung von Pfahlgründungen wird daher immer auch in Hinblick auf die Gebrauchstauglichkeit durchgeführt.

Es liegt daher nahe, die Setzungen der Pfähle durch geeignete Maßnahmen zu verringern. Zu diesen Maßnahmen gehören u.a. die Nachverpressungen.

Folgende Varianten sind möglich:

- Fußverpressung
- Mantelverpressung
- Mantel- und Fußverpressung

Wie zuvor ausgeführt, sind für die optimale wirtschaftliche und technische Nutzung von Nachverpressungen statische Probebelastungen durchzuführen. Eine Bemessung rein nach Erfahrungswerten ist nur im Ausnahmefall und einer Einschaltung eines sehr erfahrenen geotechnischen Sachverständigen möglich, der die Übertragbarkeit von Ergebnissen in vergleichbaren Baugrundverhältnissen beurteilt.

3.3.4.6.2 Mantelverpressung

Bei der Mantelverpressung werden Manschettenrohre am Bewehrungskorb befestigt, die im vorgesehenen Nachpressbereich zur gezielten Verpressung mit Manschettenventilen versehen sind. Die Ventile werden nach beginnender Erhärtung des Pfahlbetons mit Wasser aufgesprengt und anschließend mit Zementsuspension ausgepresst. Das Auspressgut breitet sich an der Pfahloberfläche aus und führt zu einer Vermörtelung und intensiven Verzahnung des angrenzenden Bodens. Großversuche haben gezeigt, dass die Dicke der Vermörtelung 10 bis 15 cm betragen kann. Probebelastungen an unverpressten und verpressten Pfählen ergaben mehr als zweifach höhere Lastaufnahmen (siehe EA-Pfähle [7]).

Bei den Mantelverpressungen werden drei Systeme unterschieden (Abbildung 29):

- **System A** ohne Nachspülmöglichkeit (keine gezielte Nachverpressungsmöglichkeit)
- **System B** mit mehreren Verpressrohren und jeweils einem Verpressventil (Spülmöglichkeit)
- **System C** mit Manschettenrohren und Spülmöglichkeit (Packersystem)

Das **System A** besteht aus einer Verpressleitung mit einem oder mehreren Nachverpressventilen. Da sich beim Verpressen alle Ventile gleichzeitig öffnen können, ist eine gezielte bzw. kontrollierte Nachverpressung nicht möglich. Theoretisch könnte das Verpressgut nur über ein Ventil austreten, und damit würde nur ein kleiner Bereich injiziert. Auch ist ein Nachspülen der Verpressleitungen nicht möglich.

Beim **System B** werden mehrere Verpressleitungen (Abbildung 30) eingebaut, die jeweils am Fußende ein Ventil besitzen und in unterschiedlichen Höhen angeordnet sind. Damit ist eine gezielte und kontrollierte Nachverpressung möglich. Durch die Spülmöglichkeit kann mehrfach nachverpresst werden.

Beim **System C** wird ein Manschettenrohr eingebaut (soweit erforderlich, im oberen Bereich als Vollrohr). Die einzelnen Ventile werden über einen Doppelpacker (siehe auch Kapitel 7.4 Injektionen) angefahren, sodass kontrolliert über jedes einzelne Ventil verpresst werden kann. Für eine wirkungsvolle Nachverpressung ist ein Protokoll zu führen, das Verpressmenge und Druck jeder Position enthält. Nur so ist es möglich, einen gewünschten Bereich bei einer eventuellen zweiten Nachverpressung gezielt wieder zu beaufschlagen.

Die Verpressrohre haben Durchmesser von 20 bis 30 mm und können für den Verpressvorgang mit den entsprechenden Spülschläuchen befahren werden.

Der Durchmesser der Manschettenrohre richtet sich nach dem jeweiligen Packermaß und beträgt 30 bis 60 mm. Der Abstand der Ventile auf dem Manschettenrohr liegt üblicherweise bei 33 cm.

Sofort nach dem Betonieren des Pfahls ist das gesamte Verpresssystem klarzuspülen. Das Aufsprengen des Pfahlbetons mit Wasser erfolgt nach etwa 12 bis 24 Stunden. Danach beginnt der Verpressvorgang mit Injektionsgut bei einem Injektionsdruck von 10 bis 50 bar.

Wird der gewünschte Druckaufbau nicht beim ersten Verpressvorgang erreicht, so sind bei den Systemen B und C weitere Verpressvorgänge möglich. Der gesamte Verpressvorgang ist ständig zu überwachen und zu kontrollieren, insbesondere das Injektionsgut, die Verpressmengen und der Verpressdruck.

Um die Verpresseinrichtungen nicht zu beschädigen, muss der Bewehrungskorb ausreichend verformungssteif sein und mit äußerster Sorgfalt eingebaut werden.

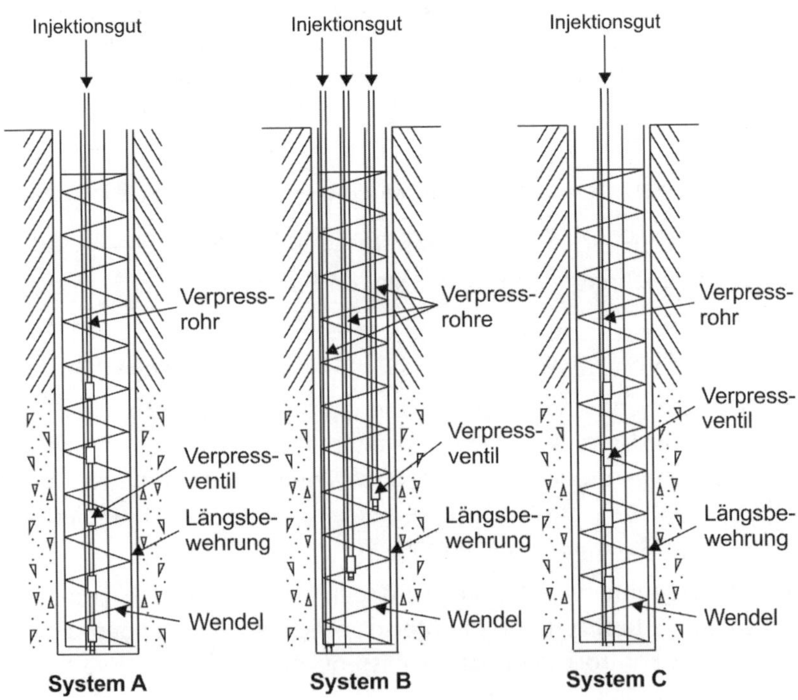

Abbildung 29: Systeme der Mantelverpressung

Abbildung 30: Bewehrungskorb für Mantelverpressung, System B (Bilfinger)

3.3.4.6.3 Fußverpressung

Bei der Fußverpressung erfolgt eine Vorbelastung der Kontaktzone zwischen Pfahlfuß und Boden mit dehnbaren Druckblasen oder mit starren Zylindern mit beweglichen Kolben (sogenannten Drucktöpfen) verschiedener Bauart. Sie werden zusammen mit dem Pfahlbewehrungskorb in die Bohrung eingebaut und nach dem Betonieren der Pfähle durch Einpumpen von Zementsuspension verpresst (Abbildung 32). So wird die unvermeidbare Auflockerung der Bohrlochsohle durch den Bohrvorgang rückgängig gemacht. Ein Teil der bei Gebrauchslast zu erwartenden Setzungen wird dadurch vorweggenommen. Auch die Verschiebung durch Horizontalkräfte wird erheblich verringert.

Die nach unten gerichteten Reaktionskräfte werden durch den Pfahlschaft über Mantelreibung abgetragen, wobei die Fußverpressung spätestens dann abgebrochen wird, wenn mit dem Nivelliergerät eine Hebung des Pfahlkopfs von wenigen Millimetern gemessen wird.

Anstelle von Druckblasen oder Drucktöpfen werden auch Auspressrohre mit Manschettenventilen im Bereich der Pfahlsohle verwendet (Abbildung 31).

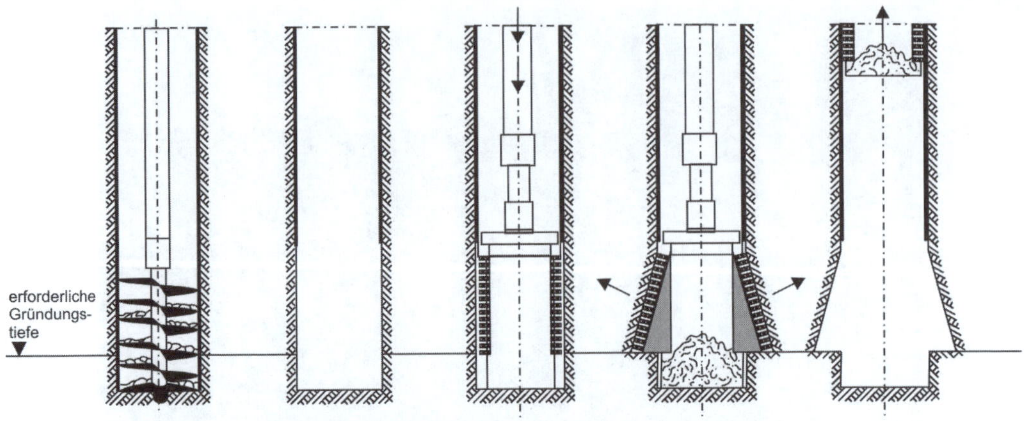

Abbildung 31: Pfahlfußverpressung mit Auspressrohren (Bilfinger)

Abbildung 32: Ausgegrabener Bohrpfahl mit Fußverpressung (Bilfinger)

3.3.4.6.4 Kombination von Fuß- und Mantelverpressung

Vielfach werden Fuß- und Mantelverpressungen in Kombination ausgeführt. Die Befestigung der Manschettenrohre erfolgt innerhalb oder außerhalb des Bewehrungskorbes an den Längseisen. Zu beachten ist, dass sich bei Außenanordnung der statische Durchmesser verringern kann. Im Einspannbereich sind die Ventile im Abstand von etwa 30 bis 50 cm anzuordnen. Für die Fußverpressung wird die Gummimanschette am Rand mit der Blechplatte verklebt und am Fußkreuz befestigt.

3.3.5 Geräte- und Werkzeugtechnik

In diesem Abschnitt wird eine Übersicht über die wesentlichen Geräte für die Bohrpfahlherstellung gegeben. Heute sind Geräte einer Vielzahl von Herstellern verfügbar; diese bieten entweder Einzelgeräte als Bohrgeräte oder aber komplette Systeme inkl. Zubehör wie Bohrrohre, Werkzeuge und anderes Peripheriegerät an. Eine Übersicht über alle am Markt befindlichen Geräte würde den Rahmen dieses Buches sprengen. Hierzu wird ohne Anspruch auf Vollständigkeit oder Präferenzen auf die vielfältigen Informationen der Hersteller im Internet [100] verwiesen.

3.3.5.1 Seilbagger

Im Spezialtiefbau kommen heute Seilbagger als Geräteträger zum Einsatz, deren Dienstgewichte in der Regel über 50 t betragen und bis etwa 250 t reichen (Abbildung 33). Bei der Bohrpfahlherstellung sind sie als Raupenseilbagger in erster Linie für Großbohrpfähle mit Durchmessern bis 3 m und entsprechenden Verrohrungsanlagen sowie als Trägergeräte für schwere Drehbohrgeräte im Einsatz. Mobilseilbagger haben heute nur noch in Sonderfällen eine Bedeutung.

Raupenseilbagger stehen für Traglasten bis 180 t zur Verfügung, wobei die Einsatzgewichte bis zu 250 t betragen können. Neuere Geräte sind durchweg hydrostatisch angetrieben und die Fahrwerke in der Regel teleskopierbar. Hohe hydraulische Leistungen ermöglichen den direkten Antrieb von Zusatzgeräten (z.B. Verrohrungsmaschinen, Drehbohranlagen usw.).

Dem aktuellen Trend folgend bieten die großen Hersteller heute schon Geräte an, die mit reinen Elektroantrieben arbeiten. Die Abhängigkeiten von einer gesicherten Stromversorgung sind hier die große Herausforderung, mit denen sich der Baubetrieb aktuell noch auseinandersetzen muss.

Transport

Bei Traglasten über 50 t ist ein Transport mit eingeklapptem Grundausleger nicht mehr möglich, sodass der Ausleger gesondert transportiert werden muss. Dabei verfügen moderne Geräte in der Regel über eine Vorrichtung (z.B. Aufrichtemast), mit der das Auf- und Abladen des Auslegers sowie die Montage erfolgen kann, sodass ein Hilfsgerät hierzu nicht erforderlich ist. Bei größeren Geräten (Traglast über 80 t) sind teilweise auch die Fahrwerke zu demontieren.

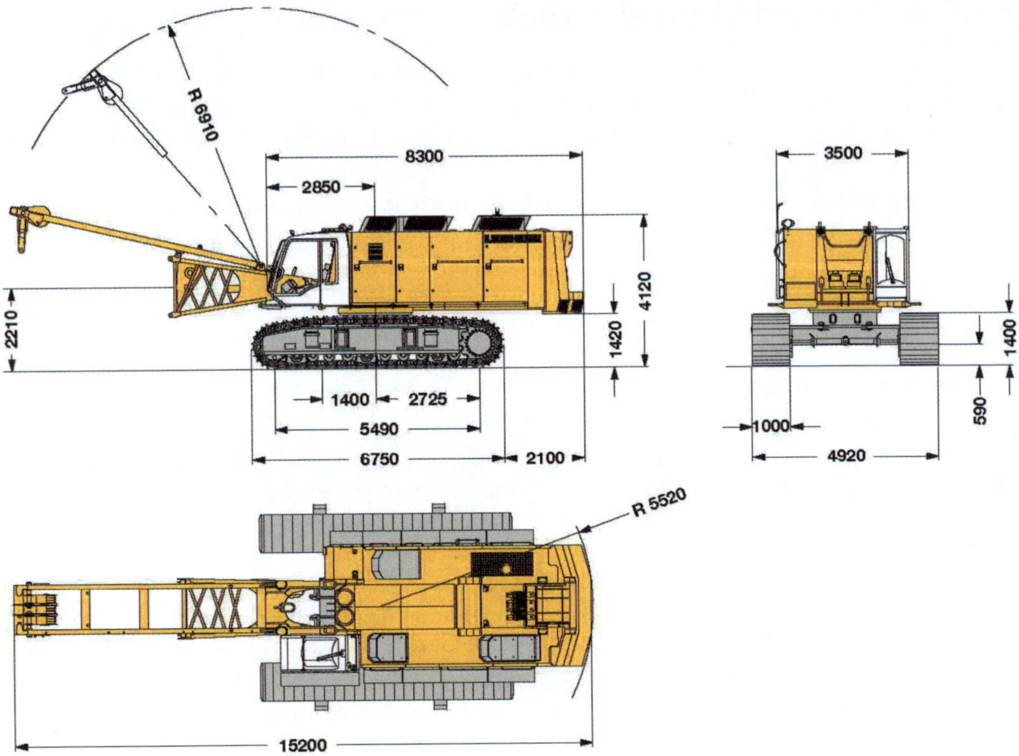

Abbildung 33: Raupenseilbagger Typ HS 885 HD mit Hauptsystemmaßen (Liebherr)

Hydrauliksystem

Für Anbaugeräte, die einen sehr hohen Hydraulikbedarf aufweisen (Verrohrungsmaschinen, hydraulische Rammgeräte usw.), reicht die installierte hydraulische Leistung teilweise nicht aus. Hier stehen entsprechende Zusatzpakete zur Verfügung; gegebenenfalls müssen auch komplette Hydraulik-Zusatzaggregate eingesetzt werden.

Auslegerkonfiguration

Bei Arbeiten unter begrenzten Arbeitshöhen können die Ausleger so konfiguriert werden, dass kein Spezialgerät erforderlich wird und dennoch die Gerätehöhe auf ca. 5 m limitiert ist. Gleichzeitig kann das Gerät für den Einsatz von kurzen Bohrgreifern ausgerüstet werden.

Bordelektronik

Alle notwendigen Informationen über den Betriebszustand des Gerätes und die Vorwahlmöglichkeiten für Sonderprogramme sind in einer Einheit zusammengefasst, die in der Kabine (heutiger Standard ist klimatisiert und schallgedämmt) alle Kenndaten auf Bildschirmen anzeigt und den Fahrer über alle notwendigen Betriebszustände informiert. Zusätzlich können einzelne Programme auf der Tastatur vorgewählt werden. Integrierte Programmtasten ermöglichen eine schnelle und einfache Menüführung. Alle Betriebszustände sind vom Fahrer auf wenigen Bildebenen einzusehen und durch einfaches Blättern jederzeit zugänglich. Beim Motorstart überprüft das Kontrollsystem die Betriebssysteme und informiert nach Freigabe über das Grundbild den Fahrer bereits bei Arbeitsbeginn über den Zustand des Seilbaggers. Durchgeführte Tätigkeiten werden bei entsprechender Programmwahl gespeichert und können jederzeit abgerufen werden, sodass eine entsprechende Dokumentation der ausgeführten Arbeiten jederzeit möglich ist.

3.3.5.2 Hydraulikbagger

Hydraulikbagger auf Raupenfahrwerk finden im Bereich der Bohrpfahlherstellung im Wesentlichen Anwendung als Grundgeräte für den Aufbau von Drehbohreinheiten. Motor- und Hydraulikleistungen inkl. Konfiguration der Installationen werden durch den Hersteller dem Einsatz angepasst. Sonderausstattungen für Drehantrieb, Anbau für Verrohrrungsmaschinen sowie zusätzliche Schalt- und Bedienungselemente sind ebenso werksmäßig konfiguriert. Ein Umbau vor Ort kann aufgrund der Komplexität nicht erfolgen.

3.3.5.3 Drehbohrgeräte

Drehbohrgeräte gehören zu den wichtigsten Geräten in der Pfahlbohrtechnik. Für kleine bis mittlere Durchmesser sind sie in der Leistung den Greiferbohrgeräten weit überlegen. Hinzu kommt, dass die hohen Drehmomente der Drehantriebe (Kraftdrehköpfe) ausreichen, um bei geringen bis mittleren Teufen die Verrohrung ohne zusätzliche Verrohrungsmaschine einzubringen.

Drehbohrgeräte können in folgende Systeme unterteilt werden:

- Drehbohreinrichtungen ohne geführte Drehantriebe
- Drehbohrgeräte mit feststehenden Drehantrieben
- Drehbohrgeräte mit geführten Drehantrieben

3.3.5.3.1 Drehbohreinrichtungen ohne geführte Drehantriebe

Sie sind nur bedingt geeignet für die Bohrpfahlherstellung. Das Einbringen einer kurzen Verrohrung kann über eine spezielle Verrohrungsglocke oder durch Einrütteln bzw. Einschlagen erfolgen. Der Bohrdurchmesser ist auf maximal 60 cm limitiert und nur in standfesten und wasserfreien Böden möglich. Das Einsatzgebiet liegt heute u.a. bei der Herstellung von kurzen Bohrpfählen für Lärmschutzwände o.Ä.

Als Trägergeräte kommen grundsätzlich handelsübliche Hydraulikbagger mit Mobil- oder Raupenfahrwerk zur Anwendung (Abbildung 34), da bei ihnen wesentliche Um- oder Anbauten nicht erforderlich sind. Der Drehantrieb wird über einen Verbindungsbügel, der von den Baggerherstellern geliefert werden kann, an den Löffelstiel angeschlossen.

Abbildung 34: Nichtgeführter Drehbohrantrieb an einem Raupen-Hydraulikbagger

3.3.5.3.2 Drehbohrgeräte mit feststehenden Drehantrieben

Das Verfahren ist unter dem Namen Calweld-System [31] bekannt geworden und gehörte in den Jahren von 1970 bis 1980 zu den am häufigsten eingesetzten Drehbohrverfahren (Abbildung 35). Da die Drehantriebe der Geräte sehr tief angeordnet waren, war der Einsatz von Verrohrungsmaschinen an diesen Geräten nur bedingt möglich. Der Werkzeugantrieb wurde mit einer einfachen oder auch teleskopierbaren Kelly-Stange betrieben. Der Andruck erfolgte lediglich über das Gewicht der Kelly-Stange, die hierzu teilweise zusätzlich belastet wurde (z.B. durch Schwerstangen). Der Anbau erfolgte an einem Seilbagger ohne wesentliche Sonderausrüstung, da durchweg ein gesonderter Bohrantrieb vorhanden war.

Der Drehantrieb war auf einem Drehtisch angebracht und am Baggeroberwagen befestigt (Abbildung 35). Der Antrieb erfolgte unabhängig vom Trägergerät über einen Dieselmotor. Dabei konnten Drehmomente von 120 bis etwa 200 kNm an die Kelly-Stange abgegeben werden. Die Geräte waren in Deutschland kaum gebräuchlich, sind aber auch heute noch im Ausland im Einsatz.

Abbildung 35: Drehbohrgeräte nach dem Calweld-System (Bauer)

3.3.5.3.3 Drehbohrgeräte mit geführten Drehantrieben

Diese Geräte werden als Kompaktgeräte bezeichnet. Sie stellen den derzeitigen Standard bei Drehbohrgeräten dar und werden von mehreren Herstellern in unterschiedlichsten Leistungsgrößen angeboten. Eine Übersicht über die am Markt erhältlichen Geräte kann hier nicht gegeben werden, da dazu im Detail eine Bewertung für einzelne Verfahren etc. vorgenommen werden müsste; hierzu wird auf Informationsmaterial und die Beratung durch die Hersteller [100] verwiesen.

Als Grundgeräte werden bei kleineren und mittleren Leistungsgrößen überwiegend Hydraulik-Raupenbagger und bei den Großgeräten Raupenseilbagger verwendet, die in der Regel schon werksmäßig für diesen Einsatz konfiguriert sind:

- Adäquate bzw. erhöhte Motor-/Hydraulikleistung
- Abstellung des Hydrauliksystems auf die Bohraufgabe
- Drehdurchführungen für Hydraulikabgänge der Verrohrungsanlage und sonstige Geräte
- Auslegung der Bedienungselemente auf die Arbeitsvorgänge

Die wesentlichen Gerätekomponenten (Abbildung 36) bzw. Merkmale sind:

- Grund- bzw. Trägergeräte, auch auf Basis Elektroantrieb
- Teleskopierbares Fahrwerk bei höheren Dienstgewichten
- Mast mit Abstützung und Rollenkopf
- Kelly-Stange
- Kraftdrehkopf
- Winden
- Rohrmitnehmer
- Verrohrungseinrichtung (soweit erforderlich)
- Zubehör und Werkzeuge

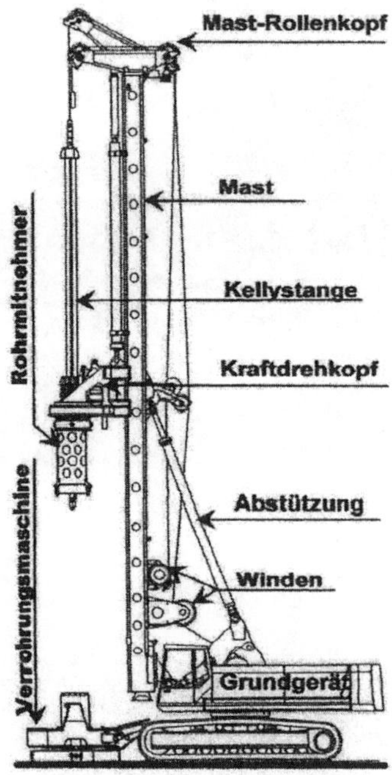

Abbildung 36: Hauptkomponenten eines Kompakt-Drehbohrgerätes

Bohrgerätemast mit Abstützung

Der Bohrgerätemast mit Rollenkopf und Abstützung besteht in aller Regel aus einem geschweißten Kastenprofil und dient zur Führung des Drehantriebs sowie zur Aufnahme des Vorschubsystems (Hydraulikzylinder oder Winde). Die Abstützung erfolgt bei Klein- und Mittelgeräten über den Hauptauslegerstummel mit zusätzlichem Stützzylinder. Bei Großgeräten sind spezielle Fußabstützungen und Nackenzylinder erforderlich.

Montage und Transport

Je nach Hersteller und Gerätetyp wird die Anlage zum Transport nach vorne oder nach hinten abgelegt. Letztere Variante hat sich in den letzten Jahren durchgesetzt, wobei bis zur mittleren Leistungsklasse (z.T. auch bei Großgeräten) ein Abbau des Drehantriebs (teilweise einschließlich Kelly-Stange) nicht nötig ist. Bei Großgeräten ist im Allgemeinen eine Teildemontage erforderlich (Abbildung 37).

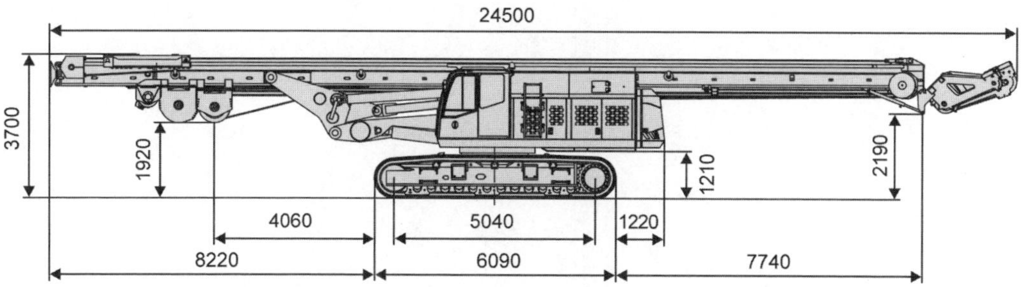

Abbildung 37: Transportmaße eines kompakten Drehbohrgerätes Delmag RH34 (Delmag)

Kelly-Stangen und Adapter

Die Kelly-Stange (Abbildung 38) ist eines der wesentlichen Bauelemente bei Drehbohrgeräten mit feststehenden und beweglichen Drehantrieben. Sie überträgt das Drehmoment des Drehantriebes auf das Bohrwerkzeug. Durch die Teleskopierbarkeit sind große Bohrtiefen bei verhältnismäßig geringen Masthöhen ohne Bohrgestängeverlängerung möglich. Nach heutigem Stand der Technik stehen Kelly-Stangen mit 5-facher Teleskopierbarkeit und Nutzlängen bis etwa 85 m ab Flur zur Verfügung. Es können max. Drehmomente von etwa 450 kNm übertragen werden.

Die Maße der Werkzeuganschlüsse sind nahezu genormt und als Vierkant mit den Maßen 110 bis 200 mm vorhanden. Andere Maße werden durch sogenannte Adapter überbrückt.

Die Kelly-Stangen aller Hersteller sind im Grundaufbau vergleichbar; anzumerken ist, dass die Kelly-Stange, wie das Bohrwerkzeug, einer sehr hohen Beanspruchung und damit einem starken Verschleiß unterliegt.

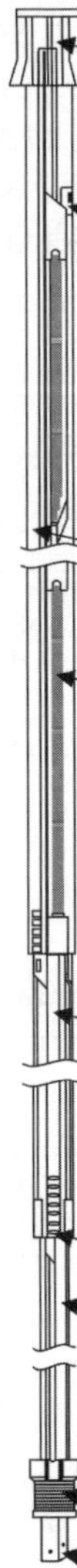

Abbildung 38: Darstellung des Kelly-Stangensystems (Bauer)

Winden

Bohrgeräte mit geführten Kraftdrehköpfen werden mindestens mit zwei Winden ausgestattet (Kelly-Winde und Arbeitswinde). Beim Seil-Vorschubsystem ist eine dritte Winde erforderlich. Von den zwei Hauptwinden ist im Allgemeinen mindestens eine als Freifallwinde eingerichtet. Vorschub- und Hilfswinde sind allgemein kraftschlüssig, Umschaltung auf Schnellgang ist teilweise ebenfalls möglich.

Drehantriebe

Für den Vorschub des Drehantriebs, häufig Kraftdrehkopf (Abkürzung KDK) genannt, werden einfach- oder zweifach-wirkende Hydraulikzylinder oder ein Seilzug bis max. 500 kN Druck- bzw. Zugkraft eingesetzt. Letzteres führt zu einer großen freien Höhe zwischen

Gelände und Rohrmitnehmer bzw. Werkzeug und ermöglicht auf diese Weise große Rohreinbaulängen. Die Gerätehersteller bieten überwiegend beide Varianten an. Der Vorteil des Seilvorschubs ist ferner, dass bei Umstellung auf das Endlosschnecken-Bohrverfahren keine Umbauarbeiten nötig sind.

Bei Kraftdrehköpfen für Drehbohranlagen werden folgende Systeme verwendet:

a. KDK mit Durchgang

b. KDK mit Betonierkopf für das Bohren mit Endlos- und Verdrängerbohrschnecken

c. Doppelkopf-Bohrgetriebe DKS, auch für das Vor-der-Wand-System (VDW)

a. Geführte Kraftdrehköpfe mit Durchgang

Der am Bohrmast geführte Kraftdrehkopf besitzt einen offenen Durchgang für die Kelly-Stange. Über die Mitnehmerleisten im Getriebedurchgang wird das Drehmoment auf die Kelly-Stange oder die Bohrschnecke übertragen.

b. KDK mit Betonierkopf

Diese speziellen KDK-Ausführungen werden bei der Herstellung von sogenannten Schneckenortbohrpfählen (SOB), also Bohrpfählen mit durchgehender Bohrschnecke, verwendet. Es handelt sich hierbei um die oben erwähnten Bohrköpfe mit Durchgang. Eine Drehdurchführung ist oben mit dem Anschluss für das Betonierrohr und unten mit dem Gewindezapfen für das Seelenrohr der Schnecke versehen. Diese Bohrköpfe haben grundsätzlich ein Seilvorschubsystem.

c. Doppelkopf-Bohrgetriebe (DKS)

Bei der Doppelkopfbohreinrichtung (siehe auch Abschnitt 3.3.4) besteht der untere Antrieb aus einem Bohrgetriebe mit Durchgang und dient der kontinuierlichen Einbringung der Verrohrung. Der obere Antrieb ist ein geschlossener KDK, der die Bohrschnecke antreibt. Unterhalb des unteren Bohrgetriebes befindet sich die Auswurföffnung für das geförderte Bohrgut. Beide Getriebe arbeiten entgegengesetzt. Die Hauptdrehrichtung für den oberen Antrieb (Schnecke) ist rechts und für den unteren Antrieb (Bohrrohr) links. Der obere Antrieb ist gegen den unteren Antrieb je nach System verschiebbar. Bei nicht gekoppelten Systemen sind der obere und der untere Antrieb nicht auf einem Führungsschlitten befestigt. Die Getriebe können hierbei beliebig weit gegeneinander verschoben werden.

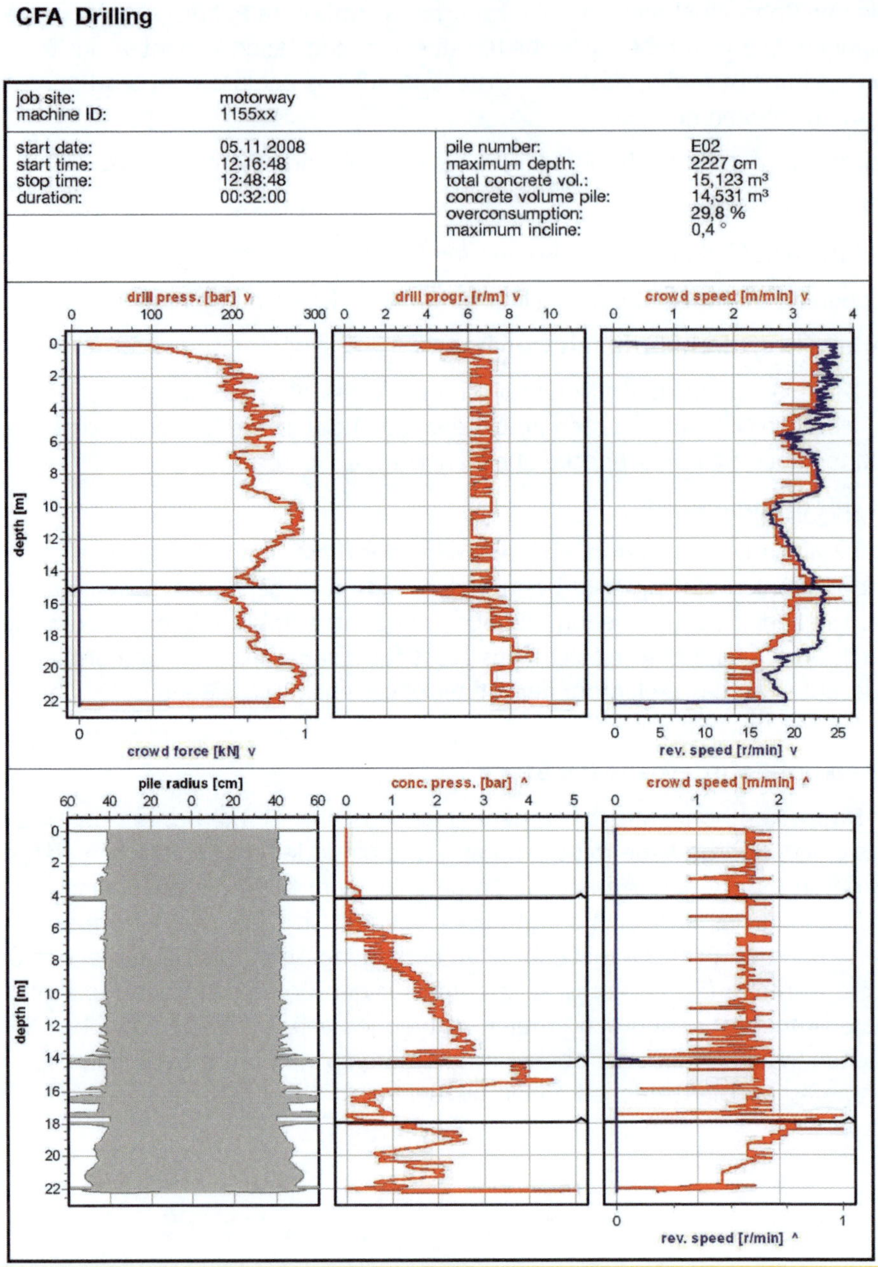

Abbildung 39: Beispiel einer Prozessdatenauswertung PDE (Liebherr)

Kontroll- und Überwachungseinrichtungen

Die heutigen Drehbohrgeräte zeichnen über die elektronische Datenerfassungsanlage eine Vielzahl von Funktionen kontinuierlich auf, die alle relevanten Maschinen- und Produktionsparameter visualisiert. Es sind verfahrensspezifische Assistenzsysteme vorhanden, die den Fahrer bei Routineaufgaben unterstützen, beispielsweise die Vorschub- und Drehmomentregelung beim Abbohren oder die Mengen- und Drucküberwachung beim Betonieren mit der Ziehautomatik im Schneckenbohrverfahren (Abbildung 39). Der Fahrer kann die automatische Aufzeichnung direkt während der Arbeit mit eigenen Anmerkungen ergänzen. Alle Produktions- und Maschinendaten werden aufgezeichnet und stehen jederzeit für eine sofortige oder spätere Auswertung vor Ort oder in der Firma bereit.

3.3.5.4 Spülbohranlagen

3.3.5.4.1 Allgemeines

Üblicherweise werden Spülbohrgeräte für die Pfahlherstellung stets in Verbindung mit konventionellen Bohrsystemen (Drehbohr- und Schlagbohrverfahren) eingesetzt. Angewendet wird das Spülbohrverfahren dort, wo unter besonders schwierigen Bodenverhältnissen große Teufen und große Pfahldurchmesser auszuführen sind. Verwendet werden in der Regel sogenannte Aufsetzbohranlagen. Dabei erfolgt das Abbohren im Allgemeinen zunächst im Schlagbohrverfahren (seltener im Drehbohrverfahren) unter Einsatz schwerer Verrohrungsmaschinen, HW-Schwingen, schwerer Rammen oder Vibratoren, um die gut bohrbaren Bodenschichten wirtschaftlich zu durchfahren und dann ein Standrohr zu setzen. Auf dieses Standrohr wird dann die Spülbohreinrichtung aufgesetzt. Gebohrt wird mit verschiedenen Verfahren und Werkzeugen (siehe auch Abschnitt 3.4).

3.3.5.4.2 Aufsatzbohranlagen

Die wesentlichen Komponenten solcher Anlagen sind:

- Bohraufsatz – Drehtisch
- Bohrbühne – Antrieb
- Pumpen, Schläuche und Rohrleitungen zur Ableitung des Bohrgutes

Die Fa. AkerSolutions (früher Wirth) [100] ist einer der führenden Gerätehersteller für Spülbohranlagen. Abbildung 40 zeigt eine solche Anlage auf einer Baustelle (Pont de Normandie). Sehr stark verbreitet sind diese Geräte noch in Südostasien. Technisch ausführbar sind mit diesen oder vergleichbaren Anlagen Teufen bis über 100 m bei Durchmessern bis 4 m.

Die Geräte sind mit einem Doppelmast (bedingt neigbar) ausgerüstet. Im Vergleich zu Trockendrehbohranlagen sind das erforderliche Drehmoment und die benötigte Antriebsleistung wesentlich geringer. Zusätzliche Antriebsleistungen (die zum Teil sehr hoch sein können) werden bei Bohrarbeiten an Land für zusätzliche Pumpanlagen benötigt.

Abbildung 40: Wirth-Spülbohranlage bei der Herstellung von Bohrpfählen (Bilfinger)

3.3.5.5 Verrohrungseinrichtungen

3.3.5.5.1 Allgemeines

Der eigentliche Aufschwung in der Bohrpfahlherstellung (insbesondere bei Durchmessern über 30 cm) begann mit der technischen Beherrschung der Mitnahme bzw. dem Abteufen einer Verrohrung. Die ersten Anfänge gehen auf das Jahr 1920 zurück, als die Versuche mit der Benoto-Bohranlage [32] begannen.

Das erste serienreife und leistungsfähige Gerät kam in den 1950er Jahren in Verbindung mit dem Bohrgreifer (sog. Hammergrab) zum Einsatz. Neben dieser Kompaktanlage wurden bald hydraulische Verrohrungsgeräte entwickelt, die in Verbindung mit Seilbaggern und später auch mit Drehbohrgeräten eingesetzt werden konnten. Die starken, hydraulisch angetriebenen Kraftdrehköpfe (KDK) ermöglichten das Abteufen der Verrohrung. Ein spezielles Verrohrungssystem stellt die Drehschwinge nach dem Verfahren Hochstrasser und Weise (HW-Verfahren) dar.

Unterscheiden kann man folgende Verrohrungssysteme:

- Verrohrung über den Kraftdrehkopf des Drehbohrgerätes
- hydraulische Verrohrungsmaschinen – oszillierend – (externe Verrohrung)

- hydraulische Verrohrungsmaschinen – durchdrehend – (externe Verrohrung)
- HW-Verfahren (pneumatisches Verfahren)
- Vibrationsverfahren

Von Bedeutung sind heute nur noch hydraulische Verrohrungsmaschinen, die oszillierend oder aber durchdrehend arbeiten. Auf diese soll hier näher eingegangen werden. Hinweise zum HW- und zum Vibrationsverfahren sind im Abschnitt 3.3.4 (Herstellverfahren) zu finden.

3.3.5.5.2 Verrohrung über den Kraftdrehkopf des Drehbohrgerätes

Der besondere Vorteil der Drehbohrgeräte mit am Mäkler geführten Kraftdrehköpfen liegt in der Möglichkeit, das Bohrrohr direkt abzuteufen. Hierbei wird über einen Rohrmitnehmer (Drehteller), der mit dem KDK verbunden ist, das Rohr beim Verrohren gedreht (links- und rechtsdrehend) und vertikal nach unten bewegt. Dies ergibt eine wesentlich höhere Bohrleistung und erlaubt einen erheblich geringeren Aufwand beim Umsetzen des Gerätes.

Die mit sehr hohen Drehmomenten ausgestatteten Kraftdrehköpfe erlauben es heute, Bohrrohre bis zu einem Durchmesser von 250 cm ohne Zuhilfenahme von externen Verrohrungsmaschinen in den Boden einzudrehen und wieder zu ziehen. Dabei ist aber auf das Gesamtgewicht des Rohrstranges in Bezug auf die Rückzugskräfte des Drehbohrgerätes zu achten. Der sogenannte Verrohrungsteller, oder besser bezeichnet als Rohrmitnehmer, stellt das Bindeglied zwischen Bohrgetriebe (KDK) und Bohrrohr dar. Die Rohrmitnehmer müssen genau auf das Rohrsystem und den Rohrdurchmesser abgestimmt sein. Je nach KDK erfolgt der Anbau direkt oder über ein Kardangelenk.

Die Bolzenverbindung zum Rohr kann auf drei Arten erfolgen:

- Mechanisch mit dem Schraubwerkzeug durch einen Helfer vor dem Bohrgerät (Abbildung 41-1)
- Teilmechanisch mittels eines Kurbelantriebs; dabei entfällt das Hochsteigen am Mast (Abbildung 41-2)
- Automatisch mittels hydraulischer Verriegelung von der Fahrerkabine aus (Abbildung 41-3)

Die möglichen Verrohrungslängen sind stark vom Boden abhängig, sodass verbindliche Werte nicht angegeben werden können. Erfahrungen zeigen jedoch, dass Bohrungen bis zu einem Durchmesser von 90 cm in mitteldicht gelagerten oder steifen Böden bei einem Drehmoment von 250 kNm bis zu einer Teufe von etwa 25 m verrohrt werden können. Bei den meisten Kraftdrehköpfen kann das Drehmoment zur Verrohrung kurzfristig erhöht werden.

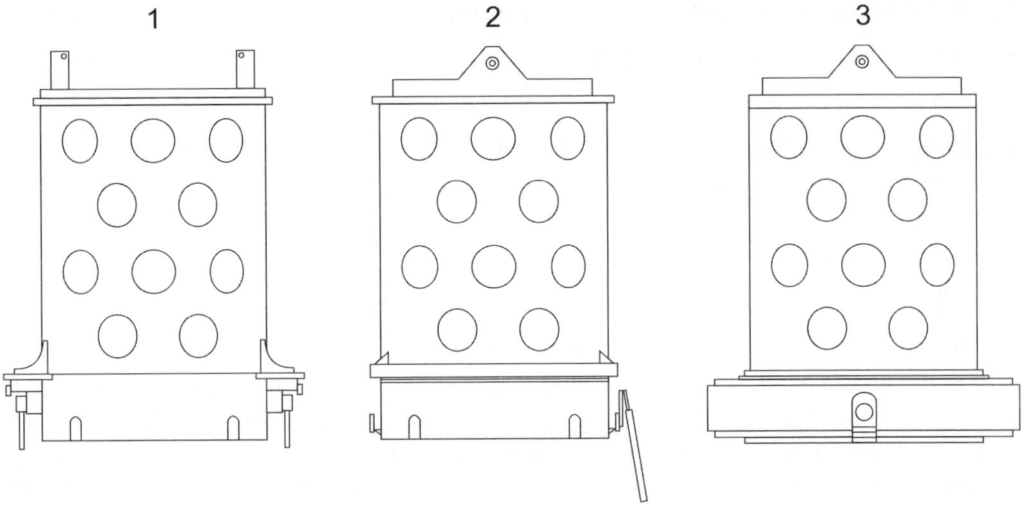

Abbildung 41: Rohrmitnehmersysteme

3.3.5.5.3 Hydraulische Verrohrungsmaschinen – oszillierend

Die Herstellung von Bohrpfählen mit großen Durchmessern ist heute ohne Einsatz von hydraulischen Verrohrungsmaschinen kaum noch vorstellbar. Da bei der Oszillation der Reibungswiderstand zwischen Boden und Rohr erheblich abgebaut wird, sind große Teufen bei Durchmessern bis 3,0 m mit vertretbarem Geräteeinsatz möglich.

Die Maschinen (Abbildung 42) bestehen aus dem Grundrahmen, einer hydraulischen Rohrschelle mit Spannzylinder, zwei Hydraulikzylindern für die Auf- und Abwärtsbewegung sowie zwei Hydraulikzylindern für die Oszillation. Ferner ist die Ausrüstung mit einer zusätzlichen oberen Rohrführung möglich. Die Vertikalzylinder sind beweglich gelagert, sodass bei der Oszillation auch Vorschub bzw. Rückzug ausgeübt werden kann. Im Normalfall sind die Geräte am Bohrbagger oder an der Drehbohranlage zur Aufnahme der Reaktionskräfte befestigt. Durch Einrammen von Stahlträgern oder Befestigung an einer Raupe ist ausnahmsweise auch eine vom Seilbagger getrennte Aufstellung möglich. Bei kurzen Bohrungen kann gegebenenfalls schon die Eigenlast zur Aufnahme der Reaktionskräfte genügen.

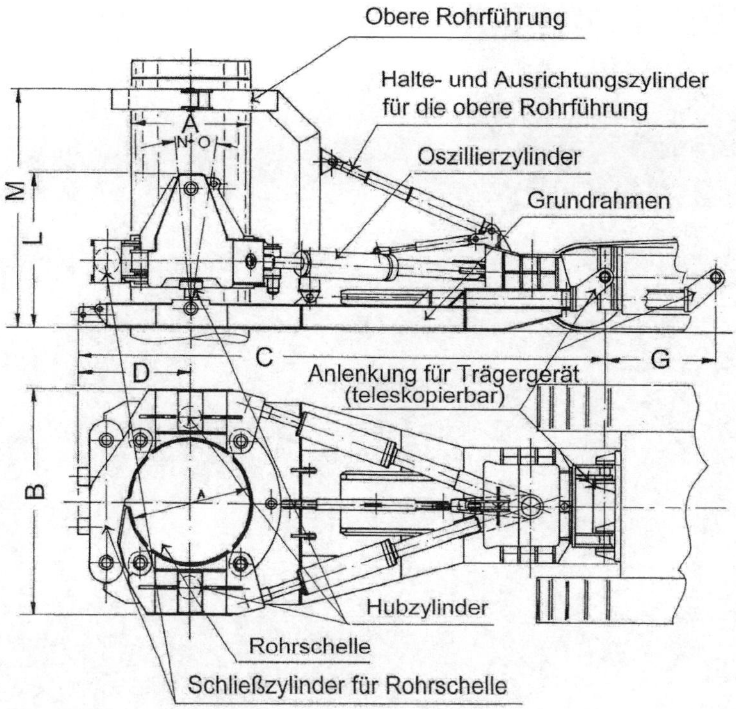

Abbildung 42: Systemdarstellung mit Hauptbaugruppen einer hydraulischen Verrohrungsmaschine (oszillierend) für den Seilbaggeranbau

Durch entsprechende Reduziereinsätze ist jeder beliebige Rohrdurchmesser möglich. Der hydraulische Antrieb wird über die Bordhydraulik des Seilbaggers oder des Drehbohrgerätes vorgenommen, was Umsetzen und Handhabung der gesamten Bohreinrichtung sehr vereinfacht. Vielfach werden aber für große Durchmesser auch externe Hydraulik-Aggregate mit entsprechender Leistung eingesetzt, die unabhängig von dem Hydrauliksystem des Seilbaggers oder des Drehbohrgerätes arbeiten.

Die Ansteuerung des Gerätes kann über eine Fernsteuerung oder von der Fahrerkabine aus erfolgen, wobei der Oszilliervorgang automatisch abläuft. Insbesondere bei Neigungspfählen ist eine zusätzliche Führung üblich.

Beim Einsatz in Kombination mit Drehbohrgeräten werden modifizierte, sogenannte kurze Verrohrungsmaschinen (VRM) erforderlich (Abbildung 43). Um die Einbaulängen der Verrohrung nicht zu stark einzuschränken, wird keine obere Rohrführung verwendet und die VRM sehr niedrig gehalten. Bedingt durch den geringen Abstand zwischen Bohrgerät und Bohrachse sind die Oszillierzylinder ebenfalls sehr kurz.

Abbildung 43: Hydraulische Verrohrungsmaschine System Leffer (Fa. LEFFER, Saarbrücken) für Anbau an Drehbohrgeräte

3.3.5.5.4 Hydraulische Verrohrungsmaschinen – durchdrehend

Ein Verrohrungssystem, das sich in den letzten Jahrzehnten im Bereich Aufschlussbohrungen in einem Durchmesserbereich bis ca. 500 mm erfolgreich durchgesetzt hat, ist das Verfahren des kontinuierlichen Rotierens mit Andruck bzw. Zugkraft.

Dieses System wurde in den vergangenen Jahren durch verschiedene Hersteller auch für Rohrdurchmesser bis zu 3000 mm weiterentwickelt. Bei der kontinuierlichen Rohrbewegung wird die Reibung noch stärker reduziert als bei der Oszillation.

Die hydraulischen, kontinuierlich drehenden Verrohrungsmaschinen (Abbildung 44, Rohrdrehmaschine RDM) werden wirtschaftlich zum Abteufen von verrohrten Bohrungen mit einem großen Anteil an schweren Böden, die häufig nur fräsend zu bearbeiten sind, eingesetzt; so kann auch bei entsprechender Konfiguration der Schneidschuhe der Bohrrohre ein wirtschaftlicher Bohrfortschritt auch bei sehr hohen Gesteinsdruckfestigkeiten ermöglicht werden. Die absolute Größe kann bis zu 200 MPa betragen, allerdings können auch andere Gesteinseigenschaften wie Abrasivität etc. maßgebend werden. Der Einsatz dieser Maschinen ist heute bei Pfahlbohrungen mit Durchmessern von 300 cm bis zu Tiefen von ca. 50 m möglich.

Abbildung 44: Durchdrehende Verrohrungsmaschine Leffer Typ RDM-M (Bilfinger)

Durch das kontinuierlich drehende Vortreiben des Bohrrohrs mit starken Hydraulikmotoren wird die Gefahr des Verlaufens der Bohrungen beim Antreffen von Hindernissen minimiert. Bei dem sehr hohen Gewicht der Maschine sind allerdings entsprechend starke Trägergeräte für den Betrieb erforderlich. Der Einsatz wird sich daher auf sehr große Bohrtiefen bzw. besonders schwierige Bodenverhältnisse beschränken.

Der Antrieb aller hydraulischen Verrohrungsmaschinen kann sowohl über ein externes Aggregat als auch über das Trägergerät erfolgen. Bei sehr schweren Verrohrungsmaschinen (ab etwa einem Durchmesser von 1500 mm) sind dem Antrieb über die Bordhydraulik jedoch Grenzen gesetzt oder das Trägergerät muss unverhältnismäßig stark (hinsichtlich der Motoren-/Hydraulikleistung) ausgelegt werden. Aufgrund des hohen Eigengewichts der Geräte wurde von der Firma Leffer, Saarbrücken, daher eine Variante mit eigenem Fahrwerk und separatem Hydraulik-Aggregat entwickelt (Abbildung 44).

Eine Kombination mit kompakten Drehbohranlagen ist grundsätzlich möglich, erfolgt in der Praxis aus wirtschaftlichen Gründen jedoch nur extrem selten.

3.3.5.5.5 Vibrationsverfahren

Die heute sehr leistungsfähigen Elektro- bzw. Hydraulik-Vibratoren sind in der Lage, Rohre mit großen Durchmessern (Abbildung 45) einzubringen. Überwiegend handelt es sich um Stahlrohrpfähle mit verbleibendem Rohr (engl. »permanent casing«) im Bereich des

Hafenbaus. Grundsätzlich kann das Verfahren aber auch für Bohrpfähle mit oder ohne Rückgewinnung des Mantelrohrs verwendet werden. Ein Vorteil des Bohrpfahls – ein erschütterungsfreier Gebrauch – ist dann allerdings nicht mehr gewährleistet.

Das Rohr muss in voller Länge angesetzt werden, da Schraub- oder Nippelverbindungen durch die Vibration zerstört werden oder nicht mehr lösbar sind. Gegebenenfalls müssen Rohrverlängerungen im Schweißverfahren vorgenommen werden.

Für das Rammen bzw. Rütteln von Rohren werden über eine Traverse zwei bis vier hydraulische Klemmbacken angebracht. Klemmzangen nehmen die Rohre auf, die von den Klemmbacken über Hydraulikzylinder gehalten werden. Die Traverse dient zur Aufnahme der Führungsschienen. Kann das Rohr aufgrund des Eindringwiderstands des Baugrunds nicht in voller Länge eingebracht werden, so muss während des Rammvorgangs intermittierend ausgebohrt werden. Dazu ist der Rüttler jeweils abzunehmen.

Abbildung 45: Vibrationsbär beim Einbringen von Stahlrohren (Bilfinger)

3.3.5.6 Verrohrung

3.3.5.6.1 Allgemeines

Die Bohrtechnik bietet heute viele Möglichkeiten, Bohrpfähle auch unverrohrt gemäß DIN EN 1536 [4] herzustellen; dennoch wird der größte Teil der Bohrpfähle voll verrohrt ausgeführt. Dies trifft insbesondere für Bohrpfähle im Durchmesserbereich von 120 bis 200 cm zu. Als Rohrsystem haben sich die Schnellverschlussbohrrohre (Bezeichnung entsprechend BGL 2020 [28] Bohrrohre, ein- /doppelwandig mit Kupplung und Verbindungselementen) als übliches Verrohrungssystem durchgesetzt und zum Standard entwickelt.

Daneben werden auch noch durchgehende Bohrrohre für das Rüttel- und das (selten angewendete) HW-Verfahren eingesetzt.

- Folgende Verrohrungssysteme stehen grundsätzlich zur Verfügung:
- Stahlrohre ohne Verbindungselemente
- Nietbohrrohre
- Bohrrohre mit Schraubverbindungen

Bohrrohre mit Schnellverschlussverbindungen

- Zur Verrohrung gehören weiterhin:
- Schneidschuhe (Bohrkrone)
- Schneidschuhbestückung
- Bohrtrichter

3.3.5.6.2 Bohrrohre ohne Verbindungselemente

Für die Anwendung bei Bohrarbeiten mit kompakten Drehbohranlagen oder Verrohrungsmaschinen sind diese Rohre ungeeignet, bei Einsatz von Vibratoren oder im HW-Verfahren mit entsprechender Rohrwandstärke jedoch durchaus üblich. Die Rohre werden nach Möglichkeit in voller Länge eingesetzt oder durch Anschweißen verlängert. Die Durchmesser der dickwandigen Rohre entsprechen den üblichen Bohrdurchmessern, da die Entwürfe von Pfahlgründungen in der Regel von diesen Standardrohrmaßen (Tabelle 10) ausgehen (sollten).

3.3.5.6.3 Nietbohrrohre (Brunnenrohre)

Für kurze Pfähle mit großen Durchmessern werden gelegentlich noch Nietbohrrohre eingesetzt, die dann aber möglichst zusammengesetzt bleiben. Die Rohre sind bei Brunnenbau-Unternehmen noch in größeren Mengen vorrätig, da sie für Wassergewinnungsbrunnen mit großen Enddurchmessern vielfach im Einsatz sind. Eine Verwendung in Verrohrungsmaschinen ist nicht möglich. Die Rohre haben für Pfahlgründungen keine wesentliche Bedeutung.

3.3.5.6.4 Bohrrohre mit Gewindeverbindung

Bohrrohre mit Gewindeverbindung finden für Bohrpfähle nach DIN EN 1536 [4] praktisch keine Anwendung. Sie werden in Abschnitt 3.5 Mikropfähle besprochen, da sie hier üblich sind.

3.3.5.6.5 Bohrrohre mit Schnellverbindung

Von wenigen Ausnahmen abgesehen, werden Pfahlgründungen heute fast ausschließlich mit diesem Rohrtyp ausgeführt. Möglich sind Rohre in einwandiger und doppelwandiger Ausführung. Einwandige Rohre können in starken Verrohrungsmaschinen nur bedingt verwendet werden, da Verformungen durch die hohen Schließ- und Haltekräfte der Verrohrungsanlagen dabei nicht zu vermeiden sind.

Das wichtigste Bauelement sind die luftdichten Rohrverbindungen (Abbildung 46), die aus hochfestem Vergütungsstahl hergestellt werden. Die Rohrverbindungen müssen in der

Lage sein, die hohen Zug- und Druckkräfte sowie die Drehmomente ohne Verformungen aufzunehmen.

Dem Durchmesser entsprechend besteht die Verbindung aus 8 bis 24 Schrauben. Die Teilungsgenauigkeit beträgt dabei +0,01 mm. Nur so ist es möglich, dass die Rohre in jeder Anordnung stets zusammenpassen. Führungen aus Schlitzen und Nippeln erleichtern das Aufsetzen. Die Nippel erhalten eine Nut, in die ein Dichtungsring eingelegt wird (bzw. eingelegt werden kann).

Das Portfolio der einzelnen Hersteller für Bohrrohre ist jedoch im Einzelfall zu prüfen, insbesondere die Kompatibilität der jeweiligen Systeme. Zu beachten ist hier, dass die Durchmesser der Drehbohrwerkzeuge auf die Innenmaße der Bohrrohre genau abgestimmt sind, da ansonsten kein komplettes Ausräumen des Bohrrohres erfolgt.

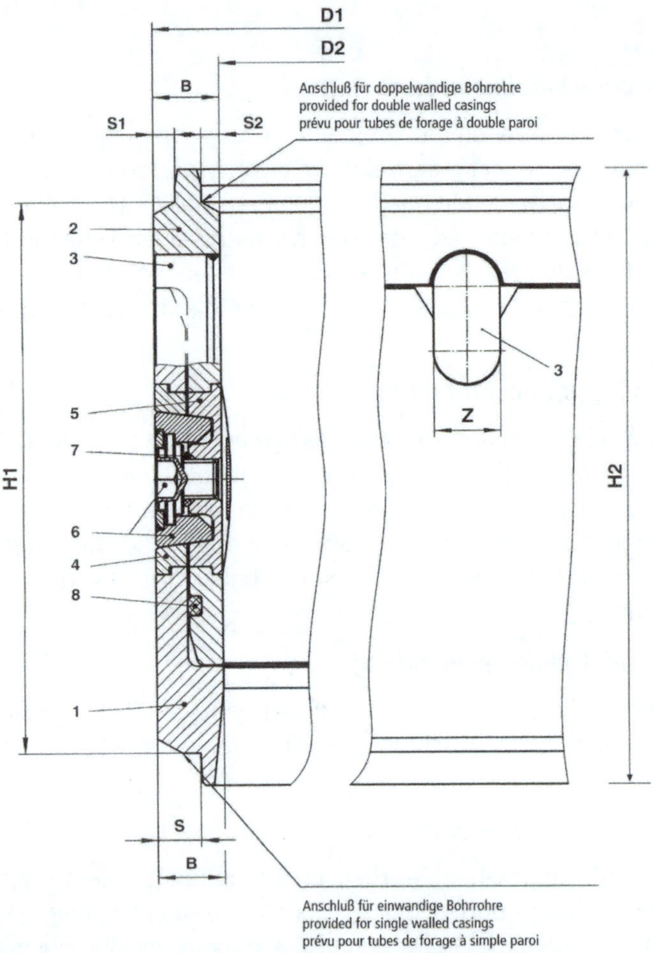

1	Muffenteil	Female Part	Partie femelle
2	Nippelteil	Male Part	Partie mâle
3	Keil	Locating Key	Clavette
4	Konsuring	Concial Ring	Anneau conique

5	Gewindering	Threaded Ring	Anneau Fileté
6	Schraube	Bolt	Boulon
7	O-Ring	O-Ring	Joint torique
8	Dichtung	Sealing	Joint

Abbildung 46: Doppelwandige Bohrrohre System Leffer mit Detail Verbindung (Leffer)

Tabelle 10: Standard-Rohrmaße für doppelwandige Bohrrohre Bauer (Bauer)

	Nutzlänge / *effective length* L (m)									
D1/D2 (mm)	1m	2m	3m	4m	5m	6m	a1	a2	t2	Schrauben *bolts*
	Gewicht / *weight* (kg)						mm	mm	mm	(Anz. / *No.*)
620/540	403	739	1074	1411	1747	2081	12	8	40	8
750/670	492	902	1311	1722	2131	2540	12	8	40	10
880/800	585	1069	1552	2036	2520	3005	12	8	40	10
1000/920	669	1221	1773	2326	2877	3429	12	8	40	10
1180/1100	844	1580	2316	3052	3787	4522	16	8	40	12
1200/1120	872	1620	2370	3120	3870	4620	16	8	40	12
1300/1220	933	1746	2558	3372	4184	4995	16	8	40	12
1500/1400	1433	2625	3817	5009	6201	7393	20	10	50	12
1800/1700	1730	3166	4602	6038	7474	8910	20	10	50	16
2000/1880	2450	4280	6110	7940	9770	11600	20	15	60	12
2200/2080	2700	4720	6740	8760	10780	12800	20	15	60	12
2500/2380	2960	5240	7520	9800	12080	14360	20	15	60	16

3.3.5.6.6 Schneidschuhe bzw. Bohrkronen

Die Schneidschuhe bzw. Bohrkronen als Anfänger der Rohrtouren müssen auf die zu durchbohrenden Bodenschichten exakt abgestimmt sein. Die Praxis hat gezeigt, dass das kontinuierliche Nachdrehen der Verrohrung im Gleichlauf mit dem Bodenaushub nur dann funktioniert, wenn der Anpressdruck, die Zahnform und der entsprechende Freischnitt richtig gewählt sind.

3.3.5.6.7 Schneidschuhbestückung

Je nach Bodenformation können die Rohrschneidschuhe mit unterschiedlichen, hartmetallbesetzten Schneidezähnen versehen werden. Bewährt haben sich inzwischen auswechselbare Schneideinsätze, die auf der Baustelle angeschweißt oder wie Baggerschaufelzähne eingesteckt werden können. Damit wird die aufwendige Auftragsschweißung vermieden. Wichtig ist das rechtzeitige Auswechseln abgenutzter Einsätze, um eine Beschädigung der Rohre zu vermeiden.

Voraussetzung für eine gute Schneidwirkung ist die richtige Wahl der Zahnart und insbesondere des Zahnabstands. Die Hersteller geben dazu aufgrund ihrer Erfahrungen mit den verschiedensten Anwendern entsprechende Empfehlungen.

3.3.5.6.8 Bohrrohrtrichter

Der Bohrrohrtrichter (Abbildung 47) dient als Schutz für die Rohrverbindung und erleichtert das Einführen der Bohrwerkzeuge für das schlagende Bohren. Der Durchmesser entspricht den jeweiligen Maßen der Bohrrohre und die Bauhöhe beträgt ca. 500 mm.

Abbildung 47: Bohrtrichter System Leffer im Einsatz (Bilfinger)

3.3.5.6.9 Bohrrohrgehänge

Das Bohrrohrgehänge (Abbildung 47) ermöglicht das schnelle Anschlagen und Aufsetzen der Bohrrohre ohne Beschädigung der Gewinderinge. Statt der Knebelverschlüsse können auch Aufhängeösen mit Fernauslösung verwendet werden, mit denen sich das Hochsteigen zum Lösen der Knebel erübrigt.

3.3.5.6.10 Grundsätzliche Hinweise

Bei der Anwendung der Bohrrohre mit Schnellverbindung und des Zubehörs ist auf ihre Reinigung und Pflege zu achten, insbesondere von der restlichen Betonschlempe an den Verbindungen, da ein späteres Säubern sehr aufwendig ist. Ein gründliches Reinigen der Verbindungen und Schrauben mit Wasser und entsprechendes Lagern der Rohre ist Voraussetzung für eine leichte und schnelle Handhabung. Für das Verschrauben werden heute vielfach Druckluft- oder Hydraulik-Schlagschrauber eingesetzt.

Beim Umgang mit den Bohrrohren ereignen sich immer wieder Unfälle beim Aufsetzen, Abnehmen, Verschrauben und Säubern, die im Wesentlichen bedingt sind durch:

- Arbeiten unter hängenden Rohren
- Unsachgemäßes Aufsetzen der Rohre
- Manuelle Führung der Rohre
- Einsatz ungeprüfter Anschlagmittel
- Verwendung von offenen Haken
- Falsche Rohrlagerung (unbeabsichtigtes Abrollen)
- Arbeiten ohne sichere Arbeitsbühnen
- Fehlende Abstimmung/Sicht mit dem Gerätfahrer

3.3.5.7 Schlagbohrwerkzeuge

3.3.5.7.1 Allgemeines

Die Schlagbohrwerkzeuge werden unterteilt in:

- Mechanische Seilbohrgreifer
- Hydraulische Seilbohrgreifer
- Mechanische und hydraulische Brunnenbohrgreifer
- Kiespumpen
- Schlag- und Schlammbüchsen
- Bohrmeißel

3.3.5.7.2 Mechanische Seilbohrgreifer

Seit Einführung des Benoto-Pfahlsystems [29] (etwa Mitte des 20. Jh.) ist auch der Bohrgreifer als eines der wichtigsten Werkzeuge bei der Pfahlbohrarbeit bekannt. Der zunächst unter der Bezeichnung Hammergrab bekannte Bohrgreifer wurde später von der Fa. Bade auch für größere Durchmesser (bis 3000 mm) weiterentwickelt und vertrieben. Es existieren heute noch Exemplare, die im Einsatz sind.

Beim Einsatz der mechanischen Seilbohrgreifer (Abbildung 48) sind zwei Systeme üblich, und zwar:

Bohrgreifer-Einseilbetrieb

Beim sog. Einseilbetrieb wird der Greifer am Schließmechanismus aufgehängt und mit offenen Schalen eingefahren. Aus einer definierten Höhe fällt dann der Greifer mit geöffneter Bremse (Freifall) auf die Bohrlochsohle und gräbt sich dort je nach Bodenfestigkeit mehr oder weniger tief ein. Beim Aufschlag fallen die Halteklinken im Gehäusedeckel nach außen und die Greiferschalen schließen sich beim Anziehen des Baggerseils. Die Schließkraft wird je nach Bauart über ein Feder-, Hebel- oder Rollensystem verstärkt. Der Greifer wird in die am zweiten Greiferseil hängende Auslösekrone gefahren. Dort werden die Klinken wieder eingefahren. Beim weiteren Hochziehen öffnen sich dann die Greiferschalen und durch Anziehen des Greiferseils wird dieser wieder freigegeben.

Für Sondereinsätze, z.B. bei geringen Bauhöhen, werden Kurzgreifer benötigt, die mit dieser Technik sehr gut betrieben werden können.

Bohrgreifer-Zweiseilbetrieb

Beim Zweiseilbetrieb befindet sich das erste Seil am Schließmechanismus und das zweite Seil am Greifergehänge. Beim Absenken des Greifers wird das erste Seil angezogen und damit die Schalen geschlossen (Schließseil). An der gewünschten Stelle wird das zweite Seil angezogen (Halteseil), die Schalen geöffnet und der Greifer im Freifall abgelassen. Durch Anziehen des ersten Seils schließen sich die Schalen. Man kann diesen Vorgang mehrfach wiederholen, um so eine gewisse Lösewirkung auszuüben und eine gute Füllung des Greifers zu erreichen. Am Schließseil hängend, wird der Greifer ausgefahren und, wie zuvor beschrieben, geöffnet. Sollte sich der Boden schlecht lösen, so kann der Vorgang mehrfach wiederholt werden.

Diese Technik eignet sich auch für Sondereinsätze, z.B. bei geringen Bauhöhen, oder mit extrem kurzen Greifern.

Seilbohrgreifer werden heute von mehreren Herstellern gefertigt, die sowohl im Ein- als auch im Zweiseilbetrieb eingesetzt werden können. Für weitere Details wird auf die entsprechenden Herstellerinformationen [100] verwiesen.

Abbildung 48: Bohrgreifer System Leffer und Hartfuss (Leffer/Hartfuss)

3.3.5.7.3 Hydraulische Seilbohrgreifer

Das Hydrauliksystem des Hydraulikgreifers ist im Greiferkörper verbaut. Die Energiezufuhr erfolgt über zwei Hydraulikleitungen, die auf beiden Seiten des Greiferseils laufen und am Trägergerät über entsprechende Trommeln geführt werden. Durch die hohen Schließkräfte der Hydraulikgreifer ist auch bei festgelagerten Böden, insbesondere Ton und Fels, eine gute Grableistung gewährleistet. Für den Gerätefahrer ist die Bedienung dabei wesentlich einfacher als bei Seilgreifern.

Die Entwicklung dieser Greifer für die Bohrpfahlherstellung hat sich in Deutschland – im Gegensatz zum Schlitzwandbau – nicht durchgesetzt, da entsprechende Alternativen in gerätetechnischer und verfahrenstechnischer Sicht (Drehbohrgeräte) am Markt vorhanden sind. In Asien ist der Einsatz von Hydraulikgreifern weiter verbreitet als in Europa.

3.3.5.7.4 Mechanische und hydraulische Brunnen- bzw. Schachtbohrgreifer

Im Brunnenbau und bei Brunnengründungen sind, vor allem bei stark geröllhaltigen Böden, z.T. auch noch mechanische Brunnengreifer oder hydraulische Schachtbohrgreifer mit einem Durchmesser bis 200 cm im Einsatz. Für festgelagerte Böden und größere Tiefen sind diese Greifer allerdings nicht geeignet.

Hydraulische Schachtbohrgreifer haben den Vorteil, dass sie sich mit jedem handelsüblichen Hydraulikbagger betreiben lassen. Greiferstangen-Verlängerungen ermöglichen eine Schachttiefe von bis zu etwa 11 m. Eine normgerechte Bohrpfahlherstellung ist damit nur bedingt möglich. Das Einsatzgebiet dieser Greifer ist daher ausschließlich bei Brunnengründungen zu sehen.

3.3.5.7.5 Kiespumpen

Die Kiespumpe (Abbildung 49) besteht aus einem dickwandigen Stahlrohr, das unten mit einer Ventilklappe versehen ist und mit zwei Seilen (Pump- und Halteseil) gehalten wird. Im Körper befindet sich ein Kolben mit Kolbengestänge. Während des Bohrens steht die Kiespumpe auf der Bohrlochsohle und nur der Kolben wird auf und ab bewegt, wobei das Bohrgut in den Pumpenkörper hineingezogen wird. Beim Hochfahren schließt sich die Ventilklappe. Zum Entleeren kann das gesamte Unterteil geöffnet bzw. abgeklappt werden.

Bei Bohrungen in Kiesböden unter Wasser ist bei kleineren Bohrdurchmessern die Fördermenge mit Greifern, die nicht passgenau schließen, sehr oft unbefriedigend. Hier lassen sich mit Kiespumpen wesentlich höhere Bohrleistungen erzielen. Um ein Ansaugen (Vakuumziehen) im Baugrund zu vermeiden, sind Entlüftungsöffnungen am Boden der neueren Kiespumpen angebracht.

Abbildung 49: Kiespumpe System Hartfuss (Hartfuss)

3.3.5.7.6 Schlamm- und Schlagbüchsen

In wasserführenden sandigen Böden bewähren sich sogenannte Schlamm- oder Schlagbüchsen. Diese bestehen aus einem dickwandigen Stahlrohr mit entsprechender Aufhängung und einem Ventilunterteil, das mit einer Klappe oder auch einer Doppelklappe versehen ist. Die Büchse wird in kurzen Hüben von 30 bis 50 cm aufgestoßen. Beim Hub schließt sich das Ventil und es entsteht eine Sogwirkung, die den Boden auflockert. Beim Fallenlassen öffnet sich die Ventilklappe und der Boden kann eindringen. Seilbagger sind für dieses Bohrsystem nicht besonders geeignet, daher ist die Verwendung auf besondere Einsätze und das Säubern der Bohrlochsohle beschränkt, wenn sehr viel Bohrschlamm anfällt. Bei Kleinbohrpfählen und Aufschlussbohrarbeiten sind diese Bohrwerkzeuge allerdings noch sehr oft im Einsatz. Die Entleerung kann durch Boden- oder Seitenklappen erfolgen. Kleinere Büchsen werden lediglich umgekippt.

3.3.5.7.7 Bohrmeißel

Neben Kiespumpen und Schlammbüchsen gehörten Meißel schon immer zu den wichtigsten Bohrwerkzeugen. Noch bis Mitte des 20. Jh. wurde die Mehrzahl der Bohrpfahlgründungen mit sog. Schlagbohrwinden durchgeführt. Neben schweren Schlagbüchsen kamen hierbei überwiegend Meißel zum Einsatz. Dabei gelangten immer wieder neuere Konstruktionen zur Anwendung. Bedingt durch die zur Verfügung stehenden geringen Windenkräfte waren die Gewichte jedoch für eine ausreichende Leistung zu gering.

Abbildung 50 stellt die heute typischen Bohrmeißel dar. Der Kreuzmeißel besitzt zum Schutz des Bohrrohrs und für eine gleichzeitige Führung in der oberen Hälfte einen Mantel. Die kreuzförmige Schneide hat zusätzliche Tangentialschneiden. Der Rundmeißel hat neben dem mit Zähnen aus Manganhartstahl bestückten Zahnkranz eine Kreuzschneide. Alle Schneiden erhalten eine Hartmetall-Auftragsschweißung, die rechtzeitig nachgearbeitet werden muss, damit der Grundkörper nicht beschädigt wird.

Abbildung 50: Rundmeißel Leffer und Kreuzmeißel Hartfuss (Leffer/Hartfuss)

Es existiert eine Vielzahl von Modifikationen, die sich heute noch im Bestand von Firmen finden lassen.

3.3.5.8 Drehbohrwerkzeuge

3.3.5.8.1 Allgemeines

Selbst bei maximaler Ausstattung des Drehbohrgeräts hinsichtlich Gewicht, Antrieb etc. lassen sich optimale Bohrleistungen nur mittels effizient auf die Möglichkeiten des Geräts abgestimmten Werkzeugen und Zubehöreinrichtungen erreichen.

Von einigen Ausnahmen abgesehen, befassen sich nur wenige Bohrgerätehersteller mit der Fertigung von Bohrwerkzeugen, wie Bohrschnecken, Kernrohren, Bohreimern usw. Hier haben inzwischen mehrere Spezialfirmen einen Markt gefunden; darüber hinaus konstruieren viele Anwender einen Teil der Werkzeuge in Eigenregie. Zudem sind Mitarbeiterschulungen und Unterweisungen in die Wahl und den Einsatz der richtigen Werkzeuge ein entscheidender Faktor.

Die Grundlagen für die Wahl des richtigen Bohrwerkzeugs liefert der Baugrund mit seinen spezifischen Eigenschaften wie Korngrößenverteilung, Kornbindung, Gefüge, Mineralbestand, Lagerungsdichten, Festigkeitseigenschaften von Festgestein mit Härte, Zähigkeit, Sprödigkeit, Abrasivität, Druckfestigkeit und Scherfestigkeit.

Die ATV DIN 18301 [12] trägt heute diesem Sachverhalt mit der Einteilung in relevante Boden- und Gesteinsarten (Homogenbereiche) für Bohrarbeiten Rechnung.

Dem Spezialtiefbauer steht eine Vielzahl von möglichen Bohrwerkzeugen zur Verfügung, i.E.:

- Bohrschnecken (Boden- oder Felsversion)
- Bohreimer
- Kernrohre
- Rollenmeißel-Kernrohre
- Pfahlfuß-Erweiterungsbohrer
- Endlosbohrschnecken
- Verdrängungsbohrschnecken
- Tieflochhämmer
- Spülbohrwerkzeuge

Diese Werkzeuge wiederum müssen im Hinblick auf den Boden ausgewählt und auf die spezifischen Eigenschaften der Geräte adaptiert werden:

- Drehmoment
- Form
- Drehzahl
- Schneidengeometrie
- Andruck
- Bohrkleintransport
- Durchmesser
- Verschleiß und Reparaturaufwand

3.3.5.8.2 Meißel und Pilotbohrer für Drehbohrwerkzeuge

Die Wahl der optimalen Bohrwerkzeuge ist maßgebend für einen wirtschaftlichen Bohrprozess. Dies gilt vor allem für die Bestückung der eigentlichen Bohrwerkzeuge (Bohrkronen, Meißel und Bohrschneiden).

Trotz zahlreicher wissenschaftlicher Abhandlungen und umfangreicher Tabellen bleibt es schwierig, verbindliche Empfehlungen für die Wahl der Meißel und Piloten zu geben. Dies trifft insbesondere für die Felsbohrtechnik im Trockenbohrverfahren (das Bohren ohne Spülung) zu. Hier werden vielfach die technischen oder wirtschaftlichen Grenzen der Verfahrenstechnik erreicht.

Grundsätzlich wird, in Abhängigkeit von der Dichte oder Festigkeit des Bodens, zwischen folgenden Methoden (Abbildung 51) unterschieden:

- Schneidendes bzw. schabendes Lösen von rolligen und bindigen Böden
- Reißendes Lösen von sehr fest gelagerten Böden und weichem Fels
- Schlagende, drückende und abscherende Verfahren bei mittelhartem bis hartem Fels

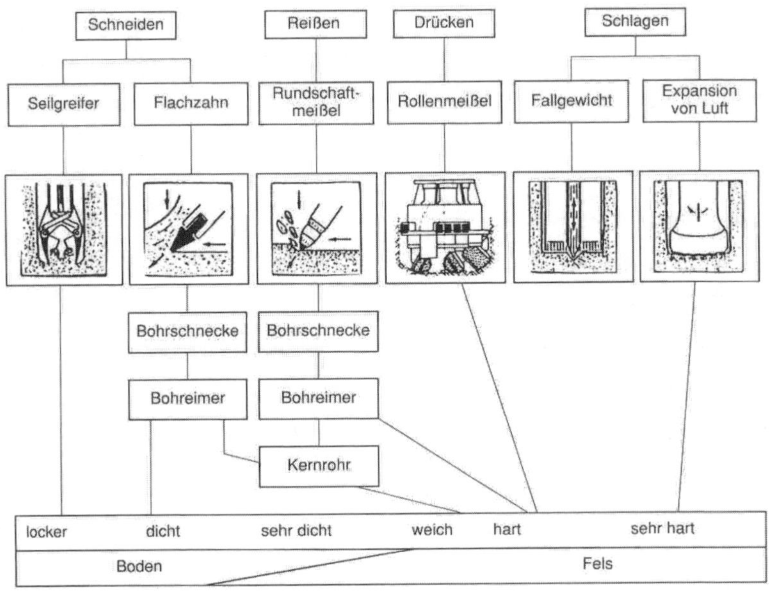

Abbildung 51: Methoden der Materiallösung

Eine besondere Bedeutung für den Bohrfortschritt hat der Pilot an der Spitze des Drehbohrwerkzeugs. Die Piloten können sowohl mit Flachmeißeln als auch mit Rundschaftmeißeln besetzt sein. Bestückung und Form müssen dem anstehenden Boden angepasst werden. Beispiele für Formen und Bestückungen zeigt Abbildung 52.

Für die Größe und Geometrie der Piloten gibt es keine allgemeingültigen Regeln. Da die Bohrarbeiten überwiegend in inhomogenen Überlagerungsformationen durchzuführen sind, können hier nur Versuche mit unterschiedlichen Systemen weiterhelfen. Gerätehersteller und Anwender sind gemeinsam an optimalen Lösungen interessiert. Es ist daher sinnvoll, eine ausreichende Auswahl an Werkzeugen vorzuhalten und diese bei Bedarf rechtzeitig zu wechseln.

Zwar wird eine Vielzahl unterschiedlicher Bohrkronen und -meißel für die jeweiligen Gesteinshärten empfohlen, aber die Entscheidung, wann z.B. ein Fels sehr hart oder hart ist, bleibt dem Anwender überlassen. Insofern ist eine enge Kommunikation des Personals auf der Baustelle mit den Verfahrenstechnikern und den Lieferanten unbedingt erforderlich.

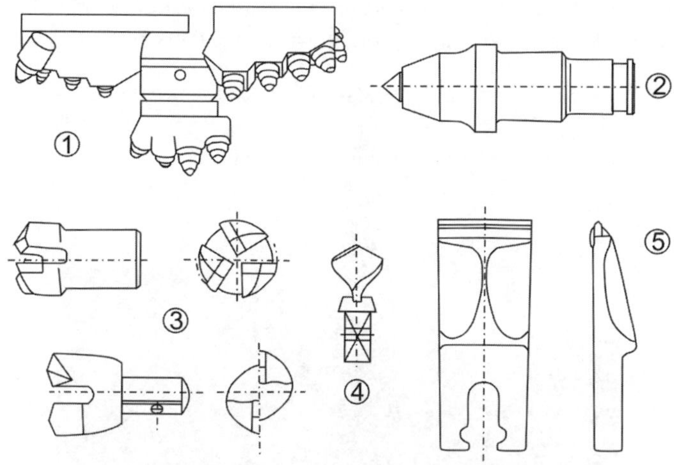

1 Bohrschnecken-Doppelschneide mit Pilot, besetzt mit Rundschaftmeißeln
2 Rundschaftmeißel
3 Zentrumpilot-Formen
4 Pilot für Schnecken und Bohreimer in Fischschwanzform
5 Flachmeißel mit Hartmetallschneide

Abbildung 52: Verschiedene Meißel- und Pilotformen

3.3.5.8.3 Bohrschnecken

Bohrschnecken werden nach folgenden Kriterien unterschieden:

- Bohrschnecken mit einseitiger Schneide (einschnittig) und Flachmeißel:
  Für weiche bis steife bindige und lockere rollige Böden
- Bohrschnecken mit zweiseitiger Schneide (zweischnittig) und Flachmeißel:
  Für steife bis feste bindige Böden und mitteldichte rollige Böden
- Bohrschnecken mit zweiseitiger Schneide und Rundschaftmeißel:
  Für feste bindige Böden mit Steinen, dichte rollige Böden und Fels
- Bohrschnecken mit zweiseitiger Schneide, besetzt mit Flach- und Rundschaftmeißel:
  Für Mischböden und Sonderfälle
- Bohrschnecken mit ausklappbarem Schneideteil für Unterschneidungen, Bestückung mit Flach- oder Rundschaftmeißel:
- Für bindige Böden und Fels
- Spezialschnecken, z.B. Progressivschnecken, Schnecken mit unterschiedlicher Besetzung und besonderen Schneckensteigungen für Sondereinsätze (z.B. Gerölle).

Schneckenformen

Der Anstellwinkel der Schneidenzähne wird heute für die verschiedenen Einsatzgebiete zum größten Teil mit modernen 3D-CAD-Anlagen ermittelt. Die Rundschaftmeißel sind in Lagerungen befestigt, die eine Rotation der Meißel gestatten. Damit sind die Meißel selbstschärfend, sodass ein einseitiger Verschleiß vermieden wird.

Einer besonderen Erwähnung bedarf die von der Firma Hartfuss entwickelte Progressivschnecke (Abbildung 53), die für kompakten Fels bis Festigkeiten von 100 MPa geeignet ist und sich auch in schwierigsten Böden erfolgreich bewährt hat.

Abbildung 53: Progressivschnecke System Hartfuss (Hartfuss)

3.3.5.8.4 Bohreimer

Für weiche bindige Böden, rolliges Bohrgut unter Wasser, Felsbohrungen unter Wasser sowie zum Säubern der Bohrlochsohle kommen Bohreimer (Abbildung 54) zum Einsatz. Als Verschluss und Schneidelement dient der sogenannte Drehboden, der sich bei Rechtsdrehung öffnet und bei Linksdrehung schließt. Er ist mit einem Scharnier am Grundkörper befestigt.

Zur Entleerung wird die Auslösestange gegen den Rohrmitnehmer gefahren und entriegelt. Die Entriegelung kann aber auch von Hand vorgenommen werden. Das Schließen und Einrasten erfolgt durch das Aufsetzen des Bohreimers und Andrücken des Klappdrehbodens an den Grundkörper des Bohreimers.

Ein eingebauter Belüftungsschacht oder ein eingebautes Belüftungsrohr verhindert das Entstehen eines Vakuums zwischen Bohreimer und Boden und somit einen Grundbruch beim Ziehen des Bohreimers.

Der Drehboden kann ein- oder zweischnittig ausgeführt sein. Teilweise befinden sich auch Schneidwerkzeuge auf dem Boden verteilt. Er ist in der Regel mit einem Fischschwanz-Piloten versehen, kann aber auch mit jedem anderen Pilot-Typ ausgerüstet werden. Beim Säubern der Bohrlochsohle ist ein Flachkopf-Pilot oder eine spezielle Räumplatte zu verwenden, um die Sohle nicht aufzureißen. Der Besatz der Schneiden kann mit Flach- oder Rundschaftmeißel oder einer Kombination beider Meißeltypen vorgenommen werden, sodass auch eine Ausbildung als Felsbohreimer möglich ist. Zur Vermeidung von Abnutzungen am Zylinder ist eine gute Auftragsschweißung nötig, die rechtzeitig erneuert werden muss.

Im Hinblick auf die unterschiedlichen Typen an Bohreimern sowie deren Ausgestaltung gelten grundsätzlich die obigen Anmerkungen.

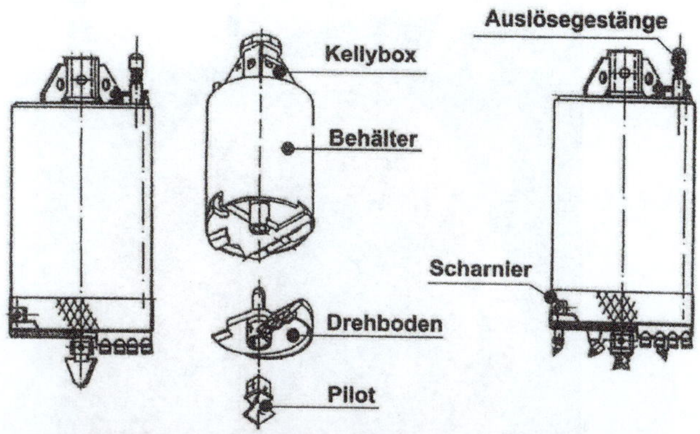

Typ BE (links): Einschneidiger Drehboden mit Flachmeißeln besetzt, geeignet zum Lösen und Fördern von Lockerböden unter Wasser

Typ BEF (rechts): Einschneidiger Drehboden mit Flach- und Rundschaftmeißeln besetzt (bei Bedarf zusätzliche Rundschaftmeißel auf der Bodenfläche, geeignet zum Lösen und Fördern härterer Bodenformationen

Abbildung 54: Zweischnittiger Bohreimer mit Rundschaftmeißeln System Hartfuss (Hartfuss)

3.3.5.8.5 Kernrohre

Kernrohre nutzen die Tatsache, dass beim Lösen eines Teilquerschnitts der spezifische Anpressdruck ohne Erhöhung der Geräteleistung wesentlich erhöht werden kann. Sie werden zum Schneiden von Beton und Fels mittlerer Festigkeit eingesetzt. Die Schneidringe sind mit Hartmetallstiften oder Rundschaftmeißeln (Abbildung 55) besetzt.

Spiralförmige Schweißraupen oder aufgeschweißte Rippen dienen zur Förderung des Bohrkleins. Wenn sich ein Kern gebildet hat, kann dieser mit Hilfe von Fängerklappen gefördert und durch Abklappen des Fangrings entfernt werden. Bei Kernrohren ohne Fangvorrichtung bleibt der Kern stehen und muss gegebenenfalls mit einem Meißel zertrümmert sowie mit Schnecke, Bohreimer oder Greifer gefördert werden.

Die Detailausbildung der Kernrohre kann durch die Hersteller in vielfältiger Form auf die Einzelanwendung adaptiert werden, sodass hier auf weitere spezifische Ausbildungen nicht eingegangen wird.

Abbildung 55: Kernrohr mit Fängerklappen (Bauer)

3.3.5.8.6 Rollenmeißel-Kernrohre

Das Problem der Bohrkleinentfernung bei den vorher genannten Kernrohren und teilweise Forderungen nach Felseinbindungen in zum Teil sehr harte Felsformationen mit Festigkeiten über 100 MPa haben zur Entwicklung des Rollenmeißel-Kernrohrs (Abbildung 56) geführt. Das Konzept des Rollenmeißel-Kernbohrrohrs verbindet die Vorteile zweier Methoden:

Der Vorteil, sehr harten Fels mit Rollenmeißeln zu brechen, wird mit dem Vorteil, nur einen Ringspalt zu schneiden, kombiniert. Die Schneidbreite des Ringspalts liegt bei etwa 150 mm. Der Anpressdruck wird über das System der verriegelbaren Kelly-Stange, Drehantrieb und Vorschubzylinder aktiviert.

Durch eine ständige Absaugung oder Räumung des Bohrkleins z.B. im Lufthebeverfahren lassen sich mit verhältnismäßig geringem Druckluftbedarf auch unter Wasser gute Bohrleistungen erzielen.

Abbildung 56: Rollenmeißel-Kernrohr System Hartfuss und Bauer (Hartfuss/Bauer)

3.3.5.8.7 Pfahlfußerweiterungsschneider

Pfahlfußverbreiterungen waren bei Pfahldurchmessern bis 50 cm vor Verbreitung der Großbohrpfähle bei jedem Bohrpfahltyp möglich und wurden in der Regel auch in nicht standfesten oder wasserführenden Böden angewendet (z.B. Lorenz-, Mast-, Paproth-, Franki-Pfähle) [31], wobei Verbreiterungen bis zum 2-fachen Schaftdurchmesser üblich waren.

Von einigen Ausnahmen abgesehen, kommen Pfahlfußaufschneider (Abbildung 57) heute überwiegend in wasserfreien und standfesten Böden zur Erweiterung der Pfahlaufstandsfläche zum Einsatz. Für Fußverbreiterungen hat sich dabei das nachfolgende System durchgesetzt:

Die Schneidarme werden beim Aufschneiden durch vertikales Andrücken auf die Schubstange nach außen geklappt. Der Boden, der durch die Drehbewegung der Schneidarme gelöst wird, fällt in den unten angeordneten Sammelbehälter.

Vor dem Ziehen des Pfahlfußaufschneiders werden die Schneidarme durch Zug an der Schubstange eingefahren. Der Öffnungswinkel des aufgeweiteten Fußes beträgt normalerweise 60°. Der Durchmesser des aufgeschnittenen Pfahlfußes ist dabei zwei- bis dreimal so groß wie der Schaftdurchmesser. Bei all diesen Systemen ist die Auffangkapazität des Sammelbehälters nicht sehr groß, sodass je nach Fußdurchmesser ein mehrfaches Fördern nötig ist. Die Entleerung erfolgt durch Abklappen des Gerätebodens.

Abbildung 57: Fußaufschneider System Hartfuss (Hartfuss)

3.3.5.8.8 Endlosbohrschnecken

Bei den Endlosbohrschnecken (Abbildung 58) unterscheidet man in Teil- und Vollverdrängungsbohrschnecken.

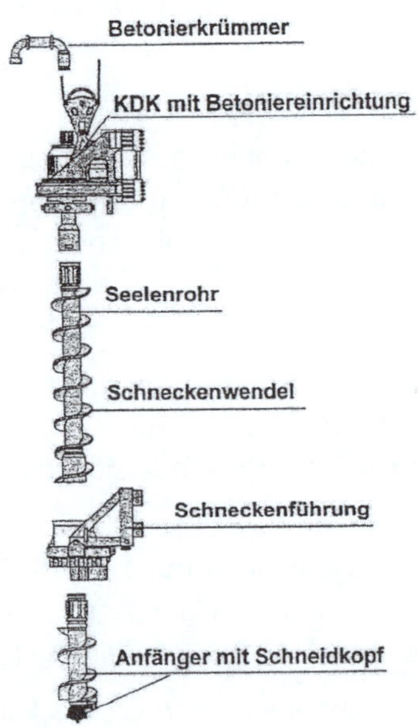

Abbildung 58: Hauptelemente beim Endlosschneckensystem

Teilverdrängungsbohrschnecken

Bei Teilverdrängungsbohrschnecken wird im Bohrvorgang nur der Bodenanteil verdrängt, der dem Durchmesser des Seelenrohrs entspricht. Sie können mit verlorener oder geschlossener Spitze eingesetzt werden. Ferner ist das Bohren mit offener Spitze möglich. Dabei liegt die Öffnung so im Schneidenschatten, dass kein Boden in das Seelenrohr eindringen kann. Außerdem ist gleichzeitiges Einpressen von Beton oder Suspension möglich. Durch entsprechende Anfänger (Felsschneiden) können auch schwierige Bodenformationen beherrscht werden.

Die Anfänger haben ein leichtes Eindringen in den anstehenden Boden zu gewährleisten, um möglichst wenig Boden zu fördern. Durch die mit Boden gefüllte Endlosbohrschnecke wird eine kontinuierliche Stützung des Bohrlochs erreicht. Die Endlosschnecken sind in der Bauweise sehr starr und können problemlos hohe Drehmomente aufnehmen. Die Schnecke sollte bis auf den Anfänger aus einem Stück bestehen und eine Stückelung nur vorgenommen werden, wenn die geforderte Pfahllänge größer ist als die vorhandene Mastnutzlänge. Die Verbindungen sind durch O-Ringe wasserdicht.

Eingesetzt werden Endlosschnecken für Auflockerungsbohrungen (beispielsweise bei Spundwandarbeiten) und zur Pfahlherstellung. Bei den Schneckenbohrpfählen sind die Durchmesser auf die üblichen Rohrdurchmesser (heute üblich bis 1180 mm) des Kellybohrens abgestimmt, sodass beide Systeme nach den jeweiligen Entwürfen eingesetzt werden können.

Vollverdrängungsbohrschnecken

Bei Verwendung von Endlosschnecken mit großem Seelenrohr, wodurch die äußeren Wendelgänge minimiert werden, spricht man von Vollverdrängungsbohrschnecken. Nach der gültigen Norm DIN EN 12699 [3] darf dabei kein Boden gefördert werden.

Für das Abteufen wird aufgrund der Verdrängungswirkung ein größeres Drehmoment als bei Einsatz von Teilverdrängungsschnecken benötigt; daher sind die Durchmesser auch auf geringere Maße limitiert (siehe auch Abschnitt 3.3.4 bzw. Kapitel 3.4).

Für beide Bohrschneckentypen bieten die einzelnen Hersteller umfangreiche Modifikationen an, die teilweise auch nach firmenspezifischen Vorgaben gefertigt werden. Es wird daher hier auf Detailangaben verzichtet.

3.3.5.8.9 Tieflochhämmer

Bei Bohrpfählen ist das Durchfahren von sehr harten Felsschichten häufig problematisch. Der Kleinbohrtechnik entstammend, wurden deshalb in den vergangenen Jahren die Tieflochhämmer (auch Imlochhämmer genannt) weiterentwickelt, deren Einsatz sowohl in verrohrten als auch in unverrohrten Bohrungen möglich ist (Abbildung 59).

Das Bohrprinzip besteht beim Tieflochbohrhammer aus einer Kombination von Schlagen und Drehen. Die wesentlichen Bauteile sind der eigentliche druckluftbetriebene Hammer mit Schlagkolben, das Einsteckende und der hartmetallbestückte Stiftbohrmeißel. Die Druckluft wird über das Hohlbohrgestänge dem Hammer zugeführt. Die Hartmetallstifte der Krone dringen in den Fels ein und sprengen den Fels in Splittern ab. Obwohl die Eindringtiefe der Stifte je Schlag nur im Millimeterbereich liegt, ist die Bohrleistung bei entsprechender Schlagzahl sehr hoch.

Die Druckluft kühlt die Bohrkrone, wird auf der Bohrlochsohle umgelenkt und steigt im Ringraum zwischen Hohlbohrgestänge und Futterrohr bzw. Bohrloch nach oben, wobei das Bohrgut mit sehr hoher Geschwindigkeit (größer 1000 m/min) ausgetragen wird. Der Luftverbrauch ist abhängig von der Ringraumgröße, daher müssen der Druckluftkompressor und das Gestänge dem Bohrdurchmesser angepasst sein. Der Drehantrieb erfolgt in der Regel über den Kraftdrehkopf.

Da der zu durchfahrende Felsbereich unverrohrt bleiben kann, sind auch Bohrmeißel in Exzenterausführung einsetzbar, mit denen die Bohrung unterhalb der Verrohrung aufgeweitet werden kann, mindestens aber dem Rohraußendurchmesser entsprechend.

Inzwischen existieren auch sogenannte Bündelhämmer für große Durchmesser, wobei mehrere Hämmer zu einer Einheit zusammengefasst werden (Cluster Drilling) [33]. Da der Druckluftverbrauch etwa im Quadrat des Bohrdurchmessers steigt, können dabei jedoch Luftbedarfsprobleme auftreten. Schon bei einem Bohraußendurchmesser von 600 mm beträgt der Druckluftverbrauch etwa 50 m^3/h bei 17 bar. Zur Erzeugung einer ausreichenden Austragsgeschwindigkeit ist der Ringraum zwischen Luftgestänge und Bohrlochwandung bzw. Bohrrohr so gering wie möglich zu halten und es ist eine Staubabsaugung vorzusehen.

Heute existieren Tieflochhämmer bis ca. 1000 mm, die jedoch überwiegend in Südostasien und teilweise in Skandinavien eingesetzt werden. In Deutschland findet der Einsatz in der Bohrpfahlherstellung aus wirtschaftlichen Gründen nur selten statt.

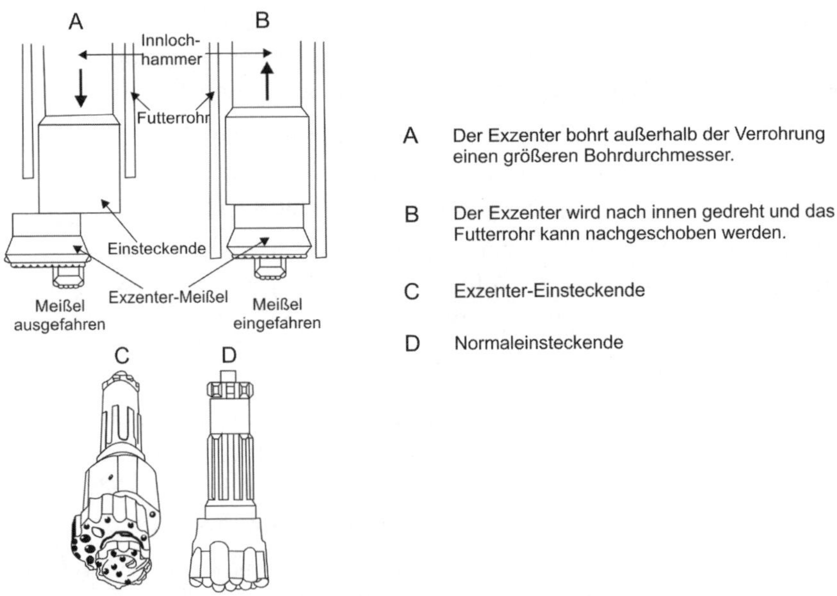

Abbildung 59: Tieflochhammer-Bohrsysteme

3.3.5.8.10 Spülbohrverfahren mit Rollenmeißel-Flachbohrköpfen

Diese Bohrköpfe sind aus dem Großbrunnenbau, Rohrvortrieb, Tunnelbau und der Tiefbohrtechnik hinreichend bekannt. Rollenmeißel, mit Hartmetallstiften besetzt, sind die wesentlichen Werkzeuge für dieses System. Die Rollenmeißel sind am Werkzeug so angebracht, dass bei einer Umdrehung des Bohrkopfs die gesamte Bohrlochsohle abgefahren wird. Der Bohrandruck besteht aus der Eigenlast des Bohrstrangs, der Vorschubkraft und eventuellen Zusatzgewichten (Schwerstangen). Die Auflast muss so hoch sein, dass die Hartmetallstifte der Rollenmeißel (Abbildung 60) in den Fels eindringen und ihn zum Abplatzen bringen können. Das gelöste Material wird im Spülbohrsystem (Lufthebeverfahren) zutage gefördert.

Der Einsatz erfolgt in Kombination mit einem konventionellen Bohrverfahren (Dreh- oder Schlagbohren), da zunächst mindestens ein Standrohr eingebracht werden muss. Da die Antriebseinheit auf dem zuvor eingebauten Standrohr sitzt, kommen diese Aufsatzbohranlagen vielfach bei Offshore-Bohrungen und Arbeiten im offenen Wasser (z.B. Seebrücken) zum Einsatz.

Abbildung 60: Rollenmeißel-Großbohrkopf mit Rollenmeißelbesatz (Bilfinger)

3.3.5.8.11 Zubehör für Drehbohrwerkzeuge

Vollautomatischer Rohradapter

Als wesentlicher Zeitfaktor und sicherheitstechnisches Risiko hat sich die Verriegelung der Bohrrohre mit dem Rohrmitnehmer dargestellt; es wurden daher Vorrichtungen entwickelt, mit denen das automatische Verriegeln des Rohrmitnehmers mit dem Bohrrohr vom Bohrgerätefahrer selbst vorgenommen werden kann. Diese vollautomatischen Rohradapter (Abbildung 61) werden heute von verschiedenen Herstellern angeboten und sind als Standard auf den Baustellen eingeführt.

Abbildung 61: Automatischer Rohradapter System Bilfinger (Bilfinger)

Schneckenabstreifer/Schneckenputzer

Heute bieten praktisch alle Bohrgerätehersteller Schneckenabstreifer (Abbildung 62), auch Schneckenputzer genannt, an. Dieses System stellt sowohl beim Endlosschneckenbohren als auch beim Kellybohren sicher, dass die Schnecke ohne großen Lärmaufwand und Unfallgefahr entleert wird. Zusätzliche Schutzeinrichtungen zur Vermeidung einer unkontrollierten Entleerung vervollständigen das Programm.

Abbildung 62: Schneckenabstreifer System Bauer (Bauer)

3.3.5.9 Sonstige Geräte

3.3.5.9.1 Betoniergeräte

Für das Betonieren von Bohrpfählen werden folgende Komponenten verwendet:

- Betonierrohre
- Betoniertrichter
- Hebekappe
- Fußstück
- Betonierrohrhaltevorrichtung
- Schüttrohrmagazin
- Betonierkübel

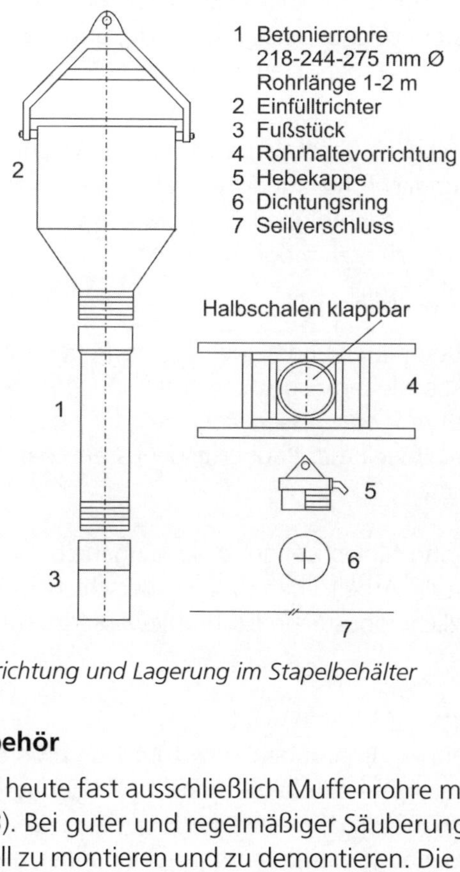

Abbildung 63: Betoniereinrichtung und Lagerung im Stapelbehälter

Betonierrohre mit Zubehör

Als Betonierrohre finden heute fast ausschließlich Muffenrohre mit Steckseilverschluss Anwendung (Abbildung 63). Bei guter und regelmäßiger Säuberung vom Restbeton sind die Rohre einfach und schnell zu montieren und zu demontieren. Die DIN EN 1536 [4] gibt den Mindestinnendurchmesser der Betonierrohre mit dem 6-fachen Durchmesser des Größtkorns des verwendeten Betons an.

Beim Verlängern oder Verkürzen während der Betonierarbeiten muss die Rohrtour gesichert werden. Hierzu wird eine Rohrhaltevorrichtung (Abfanggabel) benötigt, die über das Bohrrohr gelegt wird und als Führung und Haltevorrichtung dient.

Das Fußstück ist das unterste Rohr; es soll unten keine Verbindungskupplung besitzen. Eine Hebekappe wird aufgesetzt, wenn ein Rohr abgenommen oder aufgesetzt werden soll.

Um die Betonierrohre beim Transport und bei der Lagerung auf der Baustelle vor Beschädigung und Verschmutzung zu schützen, werden heute Schüttrohrmagazine eingesetzt. In diesen platzsparenden Magazinen, die eine gesamte Einheit auch für sehr tiefe Pfähle aufnehmen, können die Rohre auch unmittelbar nach dem Gebrauch gereinigt werden.

Betonierkübel

Soweit nicht mit einer Betonpumpe gearbeitet wird und ein Anfahren des Bohrlochs mittels Fahrmischer nicht möglich ist, kommen Betonierkübel zum Einsatz. Diese dürfen nicht zu klein gewählt werden. Als Mindestgröße gilt ein Inhalt von 0,5 m^3, der bei großen Pfahldurchmessern und entsprechenden Seilbaggergrößen bis 2,0 m^3 betragen sollte.

Nach Möglichkeit sind die Kübel mit einer Arbeitsplattform auszurüsten, um eine sichere Bedienung zu gewährleisten, oder es sind gesonderte, am Baggerseil hängende oder am Mast fahrbare Arbeitsbühnen zu benutzen, wenn die Schütthöhe mehr als 2 m über dem Gelände liegt.

Wie bei den Bohrrohren gilt ganz besonders auch für alle Betoniergeräte, dass nach jedem Betoniervorgang eine gründliche Reinigung vorgenommen werden muss. Verschmutzte Einrichtungen verzögern den nachfolgenden Gebrauch, und eine spätere Säuberung ist meistens nur im Sandstrahlverfahren möglich.

3.3.5.9.2 Arbeitskörbe bzw. -bühnen

Sind Arbeiten (z.B. beim Betonieren und Bewehren, bei Reparaturen usw.) ohne gesicherte Arbeitsplattformen, Aufstiegsleitern oder sonstige Einrichtungen, die einen Unfall vermeiden können, auszuführen, so müssen Arbeitskörbe oder Arbeitsbühnen eingesetzt werden, die den Sicherheitsregeln der Bauberufsgenossenschaft entsprechen müssen.

3.3.5.9.3 Pumpen

Bei der Herstellung von Bohrpfählen ist häufig eine Zugabe bzw. das Abpumpen von Wasser notwendig, bzw. es ist die Arbeitsebene von Niederschlagswasser freizuhalten. Für den Einsatz sollten grundsätzlich robuste und schmutzwassergeeignete Pumpen verwendet werden.

3.3.5.9.4 Befahrungskorb

Zum Befahren von verrohrten Bohrungen und zum Durchführen von Arbeiten auf der Bohrlochsohle ist grundsätzlich ein Befahrungskorb (Abbildung 64) zu verwenden. Auch wenn dies heute nur noch in Ausnahmefällen erfolgt, ist zu beachten, dass dieser immer an zwei Hebeaugen aufgehängt wird, die über voneinander unabhängige Antriebe verfügen: Das betriebsmäßige Hebezeug ist z.B. eine Winde, die den Sicherheitsregeln für hochziehbare Personenaufnahmemittel entsprechen muss und am Ausleger eines Baggers befestigt ist. Das Hubseil des Baggers wird als Sicherungsseil ebenfalls am Befahrungskorb angeschlagen und während des Normalbetriebs schlaff mitgeführt; die Hubseilwinde des Baggers dient als Hebezeug für den Notfall. Der Seilbagger muss mit selbstständig wirkenden Sicherheitseinrichtungen für den Hebezeugbetrieb ausgerüstet sein.

Abbildung 64: Befahrungskorb System Hartfuss (Bilfinger)

3.3.5.9.5 Weiteres Zubehör

Zur weiteren Ausrüstung einer Bohrpfahlbaustelle gehören neben Großgeräten wie Service-Bagger oder Radlader:

- Magazin-, Werkzeug- und Personalcontainer
- Sanitäre Einrichtungen
- Handelsübliche Kompressoren
- Schweißgeräte
- Beleuchtungseinrichtungen

3.3.6 Arbeitsvorbereitung und Ausführung

3.3.6.1 Allgemeines

Zur Arbeitsvorbereitung gehören alle Arbeiten und Vorkehrungen, die für den reibungslosen Ablauf und die Durchführung der vertraglich vereinbarten Leistung erforderlich sind. Insbesondere solche, die, wie der Name schon sagt, vor Beginn der eigentlichen Arbeiten veranlasst werden können bzw. müssen. Jede Ausfall- bzw. Wartestunde, die durch eine gewissenhafte Arbeitsvorbereitung (AV) vermieden werden kann, verbessert das wirtschaftliche Ergebnis einer Baustelle.

Ebenso von besonderer Bedeutung ist die Einhaltung aller Regelungen zum Arbeits- und Gesundheitsschutz (englisch: OHS); hierzu wird auf die relevante Gesetzgebung sowie auf die Vorschriften und Empfehlungen der Berufsgenossenschaft des Bauwesens [34] verwiesen.

In der Planungsphase einer Baumaßnahme ist es ebenso zwingend erforderlich, die Erkundung hinsichtlich einer möglichen Kampfmittelbelastung durchzuführen [101]. Spätestens jedoch in der Arbeitsvorbereitung ist auf Seite des Bauunternehmens zu prüfen, ob eine ordnungsgemäße Kampfmittelfreigabe vorliegt.

Gerade bei routinemäßig ablaufenden Arbeiten (wie z.B. einer Bohrpfahlherstellung) mit gleichem Gerät und gleicher Mannschaft wird immer wieder festgestellt, dass hier nicht selten gravierende Mängel bei der Vorbereitung auftreten. Es empfiehlt sich daher, nach einer Checkliste vorzugehen.

Die erwähnte Checkliste kann man unterteilen in organisatorische Maßnahmen, die in der Regel vom Bauleiter zu erledigen sind, und in eine gerätetechnische Checkliste, die sämtliche für den jeweiligen Arbeitsbereich erforderlichen Geräte und Werkzeuge enthält, die vom Bohrmeister/Polier nur noch anzukreuzen sind. Soweit er selbst die Verladearbeiten nicht übernimmt, erhält z.B. der Disponent/Lagerplatzleiter diese Geräte- und Werkzeugliste zur weiteren Veranlassung.

Im Einzelnen gehören zur Arbeitsvorbereitung:

- Besichtigung der Baustelle
- Erstellung einer Anfahrtsbeschreibung
- Erstellen einer Baustellenanweisung, u.a. mit folgenden Angaben: Baustellenbezeichnung, Liste der Projektbeteiligten, wie z.B. Auftraggeber, Bauleitung, geologische Betreuung (jeweils mit Rufnummer), Angaben zu den auszuführenden Arbeiten, Telefonnummern wichtiger Behörden (Polizei, Wasser- und Gaswerk, Post, Tiefbauamt, Gewerbeaufsichtsamt, Berufsgenossenschaft), Notrufnummern und Adresse der nächstliegenden Krankenhäuser usw.
- Festlegen der Stell- und Lagerflächen für Container und Materialien
- Erkundigungen nach Möglichkeiten der Energie- und Wasserversorgung
- Erkundigungen nach auf dem Baugelände vorhandenen Versorgungs- und Entsorgungsleitungen, Telefon, Wasser- und Gasleitungen
- Vermessungspunkte, einschließlich der Höhenpunkte und Absteckung
- Prüfen der Lärmschutzsituation und der Auflagen der Baugenehmigung
- Überprüfung der Kampfmittelfreigabebescheinigung (»Ordnungsgemäße Kampfmittelfreigabe«)
- Disposition der benötigten Materialien und Stoffe
- Veranlassung der Geräte-, Material- und Personalzusammenstellung
- Organisation der logistischen Maßnahmen: Einholung von Ausnahmegenehmigungen für Straßen und Brücken mit Gewichtseinschränkungen, Ausnahmegenehmigungen für Transporte mit Überbreite, -länge und -gewicht, Transportzusammenstellung und Transporttermine
- Erkundigungen nach der nächsten Mülldeponie (auch für Sonderabfälle)

- Auf Flächen mit Verdacht auf Bombenfunde muss vorab eine Untersuchung stattfinden und eine formelle Kampfmittelfreiheit vorhanden sein
- Besonderheiten bei Arbeiten im Deponiebereich

3.3.6.2 Baustellenbesichtigung und Anfahrtsbeschreibung

Soweit dies möglich ist, sollten der vorgesehene Bauleiter und/oder der Bohrmeister/Polier an der unbedingt erforderlichen Baustellenbesichtigung teilnehmen. Sie können sich dabei schon auf die Baustelle einstellen und werden somit auch bei der Arbeitsvorbereitung für einen reibungslosen Ablauf einbezogen.

Anfahrtswege sind zu prüfen hinsichtlich Zufahrtsrestriktionen, verkehrsarmer Zeiten und Beschaffenheit der Zufahrtswege wegen Gefahr einer Beschädigung.

Bei der Besichtigung ist auch festzustellen, ob die Bohrebene für die vorgesehenen Geräte ausreichend befestigt ist oder ob Zusatzmaßnahmen (z.B. Verfüllen von vorhandenen und nicht abgebrochenen Kellern, Aufbau einer tragfähigen Arbeitsplattform etc.) notwendig werden.

Ferner ist darauf zu achten, ob bei einer stromführenden Leitung der Sicherheitsabstand ausreicht. Sofern bei der Ortsbegehung Abweichungen von den Angaben der Vertragsunterlagen festgestellt werden, sind umgehend relevante Maßnahmen (Abstimmung mit dem AG etc.) in die Wege zu leiten.

3.3.6.3 Gerätekonfiguration und Transporte

Anhand der Erkenntnisse der Baustellenbegehung werden die erforderlichen Geräte und Werkzeuge konfiguriert und zusammengestellt. Hierzu existieren oft in den jeweiligen Unternehmen Musterlisten, sodass hier nicht im Detail darauf eingegangen wird.

Bei der Bohrpfahlherstellung sind für die Grundgeräte (Seilbagger oder Drehbohrgeräte) Schwertransporte erforderlich, die von entsprechenden Speditionen durchgeführt werden. Die Speditionen beschaffen alle erforderlichen Genehmigungen, was sehr zeitaufwendig werden kann, obwohl dies seit dem Jahr 2021 mit Schaffung der Autobahn GmbH stark vereinfacht wurde, da dies nun die übergeordnete Genehmigungsinstanz ist.

3.3.6.4 Arbeiten auf der Baustelle

Bevor die eigentlichen Bohrarbeiten beginnen können, müssen folgende Maßnahmen abgeschlossen sein:

- Es muss sichergestellt sein, dass im Bereich des Bohransatzpunktes keine Ver- und Entsorgungsleitungen, Gas-, Wasser- oder/und Datenleitungen liegen. Hierzu sind die entsprechenden Planunterlagen bei den zuständigen Stellen zu beschaffen. Der Sicherheitsabstand sollte mindestens den doppelten Pfahldurchmesser betragen. Im Zweifelsfall sind stets Suchgräben anzulegen.
- Vorliegen einer »ordnungsgemäßen Kampfmittelfreigabe« für den Bereich der durchzuführenden Bohrungen.
- Die vorgegebenen Pfahlachsen sind durch Festpunkte zu sichern.

- Beton und Bewehrung sind zu disponieren.
- Falls eine Abnahme des ersten Pfahls durch den Baugrundsachverständigen vorgesehen ist, sind entsprechende Terminabsprachen vorzunehmen.

Eine Baustellentätigkeit kann häufig zu organisatorischen Problemen und Schwierigkeiten mit dem Umfeld führen, z.B. bei der Bohrgutabfuhr. Hier bieten sich mehrere Möglichkeiten an:

- Eine Abfuhr in Containern bietet sich an, wenn die Bohrebene gut befahrbar ist; beim Drehbohrverfahren behindern die Container jedoch einerseits die Bewegungsfreiheit des Bohrgeräts, müssen jedoch andererseits im Schwenkkreis des Bohrgeräts stehen, um ein aufwendiges Verstellen des Auslegers zu vermeiden.
- Eine Abfuhr des Bohrgutes per LKW ist immer dann sinnvoll, wenn mehrere Geräte im Einsatz sind und es sich um tiefe Bohrungen mit großen Durchmessern und entsprechenden Massen handelt; ein Ladegerät ist ständig vorzuhalten. Bei kleineren Mengen kann auch eine lokale Zwischendeponierung mit Abfuhr nach Bedarf sinnvoll sein.
- Falls der Boden kontaminiert ist, gelten besondere Richtlinien. Hierfür wird ein Maßnahmenkatalog erstellt, in dem die Vorkehrungen auf der Baustelle, der Schutz des Personals sowie die Abfuhr und Lagerung des Materials geregelt sind.

Werden die Bohrungen im Grundwasser durchgeführt, so ist die Ver- und Entsorgung des Überschusswassers rechtzeitig zu klären. Das beim Bohren überlaufende Wasser darf auf keinen Fall ungereinigt in den Vorfluter oder die Kanalisation eingeleitet werden, da es Umweltschäden verursachen kann. Auch größere Schäden im Abwassersystem durch Verstopfungen und Absetzen von Betonschlempe sind möglich. Bei einer entsprechenden Vorhaltung von Auffangbehältern mit Absetzbecken kann mit Schmutzwasserpumpen das Wasser beim Betonieren laufend abgepumpt und in Container gefördert werden, damit sich dort die Feststoffe absetzen können.

Das Wasser kann anschließend wieder für die Auflast und zum Säubern der Bohrrohre und Betoniergeräte verwendet werden. Die Feststoffe werden bei Bedarf entsorgt.

Dennoch ist nicht zu vermeiden, dass sich Wasser auf der Bohrebene sammelt (z.B. durch die erforderlichen Reinigungsarbeiten und Niederschlagswasser). Hierfür sind Ableitungsgräben mit kleinen Pumpensümpfen und Filterrohr anzulegen. Verschlammte Bohrebenen sind stark leistungsmindernd, sodass sich ein entsprechender Aufwand für die Instandhaltung der Arbeitsebene immer auszahlt.

Die Absteckung der Pfähle kann bei kleineren Maßnahmen durchaus über Schnurgerüste erfolgen; heute wird jedoch zumeist eine elektronische Einmessung durch einen Geodäten vorgenommen, woraus sich eine deutlich geringere Fehlerhäufigkeit ergibt. Auf den Ablauf abzustimmen ist die Anzahl der jeweils abzusteckenden Punkte, was im Wesentlichen aus der Möglichkeit einer Sicherung der Punkte resultiert. Auf jeden Fall ist die Absteckung immer vor dem Ansetzen der Bohrung zu prüfen.

Die inzwischen fast ausschließliche Verwendung von Transportbeton und fertig montierten Bewehrungskörben erfordert eine rechtzeitige Disposition mit entsprechender Zufahrtssicherung. Die erste Bohrung sollte daher so schnell wie möglich erstellt werden, um die endgültigen Pfahllängen zu bestätigen bzw. festlegen zu können.

Die benachbarten Gebäude, Verkehrsanlagen und sonstigen Einrichtungen müssen ständig beobachtet werden. Sollten sich hier auffällige Veränderungen zeigen, so ist der Ursache nachzugehen. Hinweise der Anwohner sind zu beachten. Schäden sollten umgehend durch Fotos und Aufmaße dokumentiert werden, damit sie mit den Ergebnissen von Beweissicherungen verglichen werden können. Ebenso sinnvoll ist eine laufende Kontrolle der Abwassersysteme, um rechtzeitig evtl. Verschmutzungen festzustellen.

Bei Meißelarbeiten können häufig mittelstarke Erschütterungen auftreten. Die Auswirkungen auf die Nachbarbebauung und Anlagen sind daher zu kontrollieren. Ebenso zu berücksichtigen und gegebenenfalls zu dokumentieren ist der Lärmpegel; siehe hierzu Merkblatt Baulärm [102].

3.3.6.5 Ausführungshinweise

Ergänzend zu den Anwendungsregeln der DIN EN 1536 [4] soll im Folgenden auf spezielle Probleme und Fehlerquellen hingewiesen werden, die für alle Bohrverfahren gültig sind. Sie können dazu beitragen, Ausführungsmängel zu minimieren.

3.3.6.5.1 Bohrtechnik

Wenn Grundwasser ansteht und insbesondere bei zu erwartendem Wasserauftrieb durch Anbohren von gespannten Grundwasserschichten (Arteser), sind rechtzeitig die erforderlichen Gegenmaßnahmen (Wasserauflast) zu treffen, um eventuellen Auftrieb und Bodeneintrieb in das Bohrrohr zu vermeiden.

Eine Sicherheit gegen Auflockerung der Bohrlochsohle ist nur gegeben, wenn ein ausreichendes Voreilmaß der Bohrrohre (mindestens halber Bohrdurchmesser) eingehalten wird. In bindigen Böden mit halbfester und fester Konsistenz ist das Voreilmaß nicht immer erreichbar und auch nicht zwingend erforderlich. Das Bohrwerkzeug darf dem Bohrrohr allerdings nicht vorauseilen. Vor dem Betonieren ist die Bohrung bis auf UK-Bohrrohr auszuräumen, damit beim Ziehen des Bohrrohrs keine Auflockerungen entstehen.

Bzgl. des Wasserspiegels in der Bohrung muss bei Bohren im Grundwasser lt. DIN EN 1536 [4] ein Wasserüberdruck von mindestens 1,0 m bis zum Ende der Betonage eingehalten werden.

Die Gefahr der Auflockerung wird verstärkt durch die Sogwirkung beim Hochziehen der Bohrwerkzeuge. Hier ist auf einen ausreichenden Ringraum zwischen Bohrwerkzeug und Verrohrung bzw. Bohrlochwandung oder durch ausreichend große Durchströmungskanäle im Bohrwerkzeug zu achten. Durch Auftrieb kann es bei teleskopierter Verrohrung zum Verklemmen (Verheiraten) der Rohrtouren kommen, sodass unter Umständen eine solche Bohrung vorzeitig abgebrochen werden muss.

Kann ein Bohrpfahl bis zum Ende der Arbeitszeit nicht mehr fertiggestellt werden, darf der Restaushub von einer Länge gleich dem zweifachen Durchmesser, aber mindestens 1,5 m, erst am folgenden Arbeitstag ausgehoben werden.

3.3.6.5.2 Bewehren

Besondere Hinweise hierzu wurden bereits im Abschnitt 3.3.3 gegeben. Bei geneigten Pfählen in weichplastischen Böden kann es zum Versinken der Bewehrungskörbe kommen, wenn diese nicht ausreichend biegesteif ausgeführt sind. In besonders weichen Böden (z.B. Schlick, Mudde, Torf o.Ä.) müssen gegebenenfalls Blech- oder PVC-Hülsen zum Schutz der Bewehrung verwendet werden.

Eine Kontrolle des Korbdurchmessers und ein Vergleich mit der lichten Weite des Bohrrohres ist unbedingt vorzunehmen. Besonders schwierig ist das lagerechte Einbringen von nicht radialsymmetrischen Bewehrungskörben bei Einsatz von oszillierenden Verrohrungsmaschinen, da kaum zu vermeiden ist, dass der Bewehrungskorb sich mitbewegt. Wenn kurze Bewegungen nicht ausreichen, muss gegebenenfalls auf ein Oszillieren verzichtet werden, was unter Umständen zu Schwierigkeiten beim Ziehen der Rohre führen kann.

Bewehrungskörbe neigen dazu, beim Rückbau der Bohrrohre mitgezogen zu werden. Vielfach verklemmen sich übergroße, plattige Kieskörner zwischen Bewehrungskorb und Bohrrohr so stark, dass der Korb nicht mehr freikommt und vollkommen mitgezogen werden kann. Auf die ordnungsgemäße Lage des Bewehrungskorbes ist besonders beim ersten Anziehen des Rohres zu achten.

3.3.6.5.3 Betonieren

Entsprechend DIN EN 1536 [4] kann bei verrohrten Bohrungen, in denen kein Wasser steht, auf ein durchgehendes Betonschüttrohr verzichtet werden, wenn sichergestellt ist, dass sich der Beton beim Einbau nicht entmischt. Ausreichend ist ein Betontrichter mit einem mindestens 2 m langen Schüttrohr.

Steht Wasser im Bohrloch, so ist der Beton grundsätzlich im Kontraktorverfahren (Abbildung 65) einzubringen; hierzu ist zu beachten:

- Um eine Entmischung bei Beginn des Betonierens zu vermeiden, wird ein Schaumgummiball o.Ä. in den Betoniertrichter gelegt und darauf der Beton eingefüllt.
- Der Gummiball verhindert das Eindringen und Vermischen des Wassers mit dem nachströmenden Beton. In der Regel lässt sich der Ball mehrmals verwenden, wenn er nach Austritt aus dem Kontraktorrohr und Auftauchen aus der Stützflüssigkeit wiedergewonnen werden kann.
- Beim weiteren Ablauf ist darauf zu achten, dass das Betonierrohr bzw. der Schlauch einer Betonpumpe mindestens 1,0 bis 1,5 m eingetaucht bleibt. Bei einem Pfahldurchmesser ≥ 1,2 m ist die Eintauchtiefe auf mindesten 2,5 m zu erhöhen.

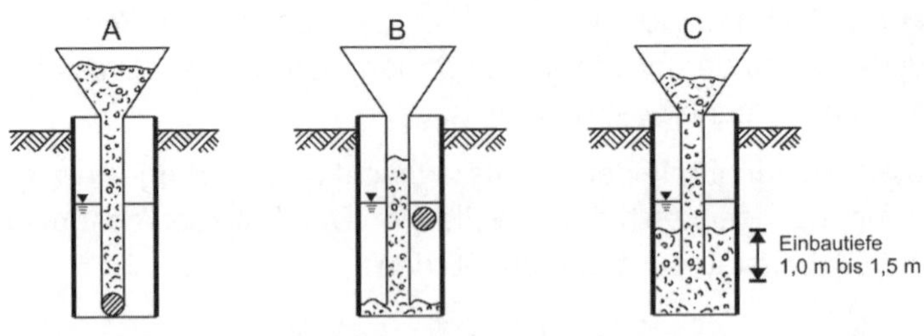

Abbildung 65: Schema des Kontraktorverfahrens

3.3.6.5.4 Nacharbeiten

Zu den Nacharbeiten gehören:

- Überprüfung der maßgerechten Pfahlkopflage
- Kontrolle der vorgeschriebenen Bewehrungshöhe und -anordnung sowie Betonhöhe, soweit die Pfahlkopfhöhe etwa auf OK-Bohrebene liegt
- Abgleich des Pfahlkopfs auf die vorgeschriebene Höhe

Bei Abweichungen von der vorgegebenen Pfahlanordnung sowie Bewehrungslage und Anschlusslänge muss umgehend der Tragwerksplaner (Statiker) verständigt werden, um prüfen zu lassen, ob die Abweichungen noch vertretbar sind. Sollte dies nicht der Fall sein, so müssen die nötigen Maßnahmen unverzüglich veranlasst werden. Eine fehlende Anschlusslänge der Längseisen der Bewehrung kann durch Verlängern über Muffen (z.B. Halfen MBT Anschlüsse) relativ einfach reguliert werden. Weicht der Pfahl jedoch zu stark von der Soll-Lage ab, so müssen gegebenenfalls Änderungen bzw. Verstärkungen am Pfahlkopfbalken vorgenommen werden, bzw. es ist ein Zusatzpfahl anzuordnen.

Ein immer aktuelles Thema ist das Kappen oder Abspitzen des überschüssigen Betons auf ein bestimmtes Sollmaß. Aus herstellungstechnischen Gründen ist es erforderlich, über das Sollmaß hinaus zu betonieren. Ist das Arbeitsplanum zugleich Soll-Oberkante des Pfahls, so ist eine exakte Höhenherstellung durch rechtzeitiges Abziehen des über das Soll-Maß hinaus eingebrachten Betons vor dem Abbinden theoretisch und nach Norm möglich, jedoch sind Vorkehrungen zu treffen, die ein Sauberhalten dieses Bereichs sicherstellen.

Bei der Herstellung von Bohrpfählen, deren Soll-Höhe deutlich unterhalb der Bohrebene liegt (Leerbohrung), lässt sich der notwendige Überbeton erst nach dem Aushub durch Kappen bzw. Abspitzen entfernen, um die plangemäße Pfahloberkante der Bohrpfähle herzustellen.

Die relevanten Normen enthalten keine Vorgabe über die Art des Kappens, d.h. Sägen oder Stemmen, jedoch ist sicherzustellen, dass das gewählte Verfahren die Qualität des Betons nicht beeinträchtigt; im Hinblick auf die Genauigkeit des Kappens ist die Korngröße im verwendeten Beton zu berücksichtigen. Die ATV DIN 18302 [15] legt jedoch fest, dass es sich beim Kappen um eine besondere Leistung handelt. Über die zulässige Höhe des Überbetons ist auf DIN EN 1536 [4] zu verweisen. Ungeachtet dessen wird empfohlen, die max. Überbetonhöhe in Abhängigkeit von den Boden- und Wasserverhältnissen sowie der angedachten Leerbohrung individuell mit dem Auftraggeber zu vereinbaren.

3.3.6.5.5 Protokollierung

Neben den nach DIN EN 1536 [4] vorgeschriebenen Angaben im Bohrpfahlprotokoll sind die »Bemerkungen« von nicht minderer Bedeutung. Hier fehlen vielfach wichtige Hinweise zur Pfahlherstellung, die bei einer späteren Beurteilung von großer Wichtigkeit sein können. Daher sollten u.a. folgende Angaben auf keinen Fall fehlen:

- Anordnungen der Bauleitung oder des geotechnischen Sachverständigen
- Unregelmäßigkeiten beim Bohren und Betonieren
- Bereichsweise festgestellter Auftrieb

- Teilweise mitgezogene Bewehrung
- Bohrhindernisse mit Angabe der Tiefenlage und Aufwandszeit bzw. Werkzeugeinsatz
- Betonmehrverbrauch (Steigmaßermittlung)
- Pfahlabweichung bzw. fehlende Anschlussbewehrung
- Frischbetonüberprüfungen und Probewürfelherstellung

3.3.7 Pfahlprobebelastungen

3.3.7.1 Allgemeines

Hinsichtlich Pfahlprobelastungen wird unterschieden in statische und dynamische Pfahlprobebelastungen. Die grundsätzlichen Anforderungen werden in DIN EN 1997 [3] bzw. dem Handbuch EC 7 [35] dargelegt. An dieser Stelle wird darauf hingewiesen, dass die nachfolgenden Aussagen dem Grunde nach für Probebelastungen an allen in diesem Kapitel beschriebenen Pfahltypen gelten, d.h. sowohl für Bohrpfähle als auch für Verdrängungs- und Mikropfähle.

Das Ergebnis einer Pfahlprobebelastung ist die Erfassung/Messung einer charakteristischen Widerstands-Setzungslinie (WSL) oder Widerstands-Hebungslinie eines Pfahls, um daraus die Pfahlwiderstandsgrößen $R_{c,k}$ und $R_{t,k}$ ableiten zu können. Mit deren Kenntnis werden die Nachweise der Grenzzustände der Tragfähigkeit (ULS – Ultimate Limit State) und Gebrauchstauglichkeit (SLS – Serviceability Limit State) geführt.

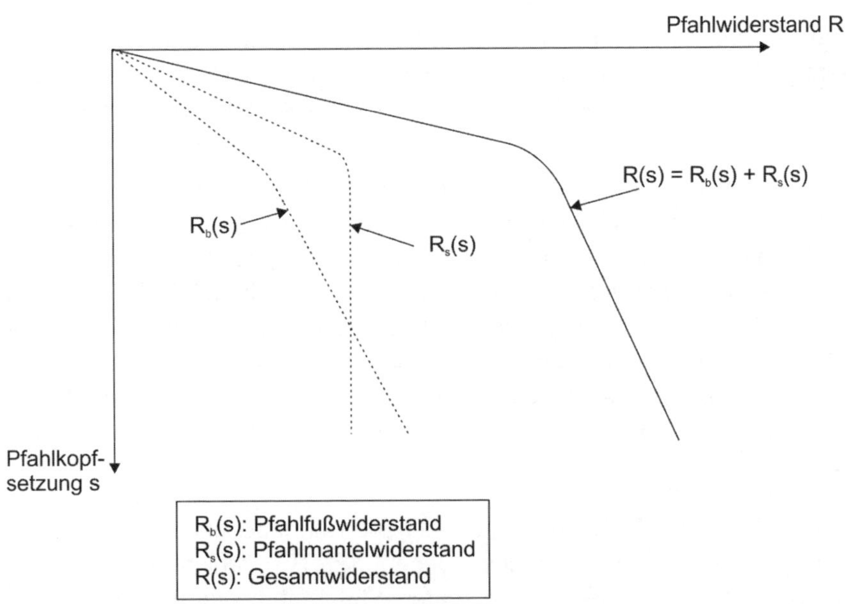

Abbildung 66: Widerstandssetzungslinie

Probebelastungen sollten generell im Vorfeld einer Baumaßnahme ausgeführt werden, um die Ergebnisse in eine technisch einwandfreie und sichere, aber auch wirtschaftliche Bemessung der Pfahlgründung einfließen zu lassen.

Die Probepfähle, die den späteren Bauwerkspfählen in Typ und Herstellungsverfahren entsprechen müssen, sollten daher immer an den Stellen, wo repräsentative Baugrundverhältnisse vorliegen, angeordnet werden. Dazu ist eine adäquate, d.h. der DIN EN 1997-2 [3] entsprechende Baugrunduntersuchung vorher durchzuführen. Wird nur eine Probebelastung vorgesehen, soll diese an der Stelle ausgeführt werden, an der die ungünstigsten Baugrundverhältnisse vermutet werden. Sofern dies nicht möglich ist, muss dieser Umstand bei der Auswertung berücksichtigt werden, d.h., es sind zusätzliche Sicherheiten durch den geotechnischen Sachverständigen anzunehmen.

3.3.7.2 Statische Pfahlprobebelastung

Die DIN EN 1536 [4] definiert die statische Probebelastung als einen Belastungsversuch, bei dem ein Pfahl zur Ermittlung seiner Tragfähigkeit am Pfahlkopf angreifenden, vorher bestimmten axialen und/oder der seitlichen Kräften unterworfen wird. Bei quer zur Pfahlachse angreifenden Kräften wird auch von einer horizontalen Pfahlprobebelastung gesprochen.

Statische Probebelastungen wurden in den letzten Jahrzehnten in Deutschland überwiegend mit einer Lastaufbringung durch Rückverankerung (sehr selten Totlast) ausgeführt; es existiert zur Durchführung eine Empfehlung der DGGT [36], die auch international Eingang in relevante Normenwerke gefunden hat und heute Bestandteil der EA-Pfähle [7] ist.

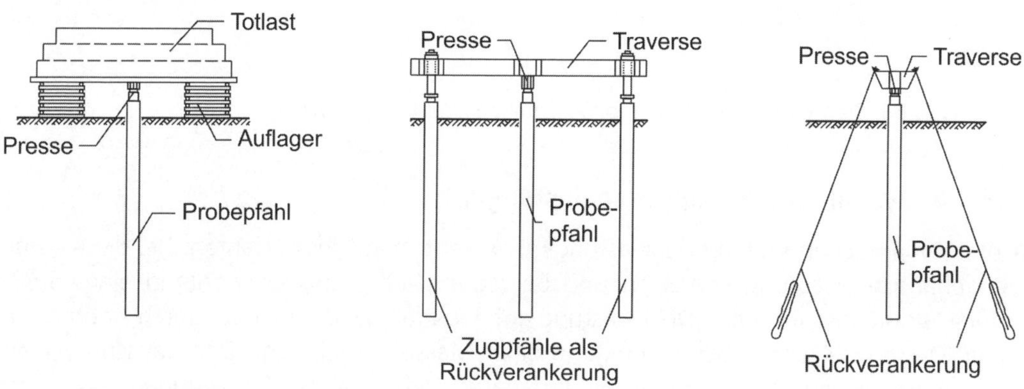

Abbildung 67: Statische axiale Pfahlprobebelastungen

3.3.7.3 Pfahlprobebelastungen mit einbetonierten Hydraulikzylindern

Dem Trend zu immer höheren Pfahllasten wurde durch die Verfahrens- und Gerätetechnik insofern gefolgt, dass immer größere Bohrpfahldurchmesser mit zunehmender Pfahllänge ermöglicht wurden. Die konventionellen Pfahlprobebelastungen haben jedoch infolge der Belastungskonstruktion üblicherweise in einem Lastbereich von ca. 20 MN ihre natürliche Grenze. In den achtziger Jahren wurden erste Versuche mit in Pfähle einbetonierten Hydraulikzylindern durchgeführt und im Jahr 1986 das erste Patent dazu erteilt.

Das System der einbetonierten Hydraulikzylinder wird heute von der Firma Loadtest [37] unter dem Namen Osterberg-Zellen vertrieben und sieht vor, in einem oder zwei Querschnitten im Pfahlschaft Hydraulikzylinder oder Druckkissen anzuordnen, die nach der

Pfahlherstellung beaufschlagt werden und Teile des Pfahls als Widerlager nutzen. Das Prinzip dieser Probebelastung ist der nachfolgenden Abbildung zu entnehmen. Mit dieser Technik, die jedoch eine sehr aufwändige Instrumentierung benötigt, können Pfähle mit Lasten bis zu 300 MN [37] getestet werden.

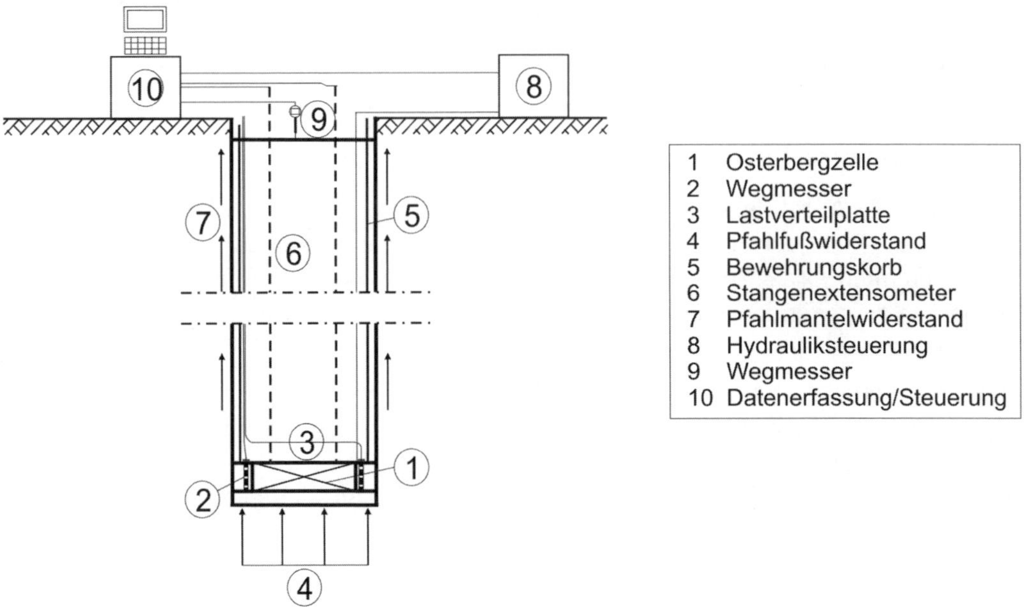

Abbildung 68: Statische axiale Pfahlprobebelastung System Osterberg

3.3.7.4 Dynamische Pfahlprobebelastungen

Unter dynamischen Pfahlprobebelastungen versteht man Messverfahren, bei denen eine zeitabhängige Messung von Kraft und Bewegung am Pfahlkopf während eines Stoßimpulses durchgeführt wird. Die Belastung auf den Pfahl wird entweder durch Abbremsen einer Masse (Stoß) oder Beschleunigung einer Masse aufgebracht. Der statische Widerstand wird aus den Messergebnissen der dabei erzielten Pfahlkopfbewegungen ermittelt.

Grundsätzlich können dynamische Pfahlprobebelastungen an allen Arten von Pfählen durchgeführt werden, jedoch liegt das Hauptanwendungsgebiet im Testen von Fertig- und Ortbetonpfählen, deren Tragstrecke in nichtbindigen Böden liegt.

Gemäß Handbuch EC 7-1 [35], dürfen unter bestimmten Voraussetzungen die Druckpfahlwiderstände auch aus dynamischen Pfahlprobebelastungen abgeleitet werden. Generell ist hier anzumerken, dass die Ausführung und Auswertung von dynamischen Pfahlprobebelastungen nur durch Büros und Personen erfolgen sollte, die auf eine langjährige Erfahrung zurückgreifen können. Weitere Details zur Durchführung und Auswertung sind der EA-Pfähle [7] zu entnehmen.

Sofern die Tragstrecke von Pfählen in bindigen Böden zu liegen kommt, ist nach Handbuch EC 7-1 [35] die Kalibrierung der Ergebnisse an statischen Pfahlprobebelastungen auf dem gleichen Baufeld durchzuführen.

3.3.8 Bemessung

3.3.8.1 Allgemeines

Hinsichtlich der Tragfähigkeit von Pfählen oder pfahlähnlichen Gründungselementen und damit auch von Bohrpfählen ist nach der äußeren und inneren Tragfähigkeit zu unterscheiden.

Die äußere Tragfähigkeit wird bestimmt durch die Baugrundeigenschaften im Bereich des Pfahlschaftes und des Pfahlfußes, den Pfahltyp und das Herstellverfahren. Die innere Tragfähigkeit eines Bohrpfahls richtet sich nach dem verwendeten Pfahlbaustoff, d.h. Beton oder Stahlbeton.

Mit der Umstellung auf die europäische Normung wurde die bisherige Praxis, wonach es in Deutschland nur eine Norm für die Bemessung und Ausführung von Bohrpfählen gab, aufgegeben. Heute stellt, wie bereits erwähnt, die DIN EN 1536 [4] die Ausführungsnorm für Bohrpfähle dar, die in Deutschland durch die DIN SPEC 18140 [13] ergänzt wird.

Für die Bemessung von Bohrpfählen gelten vorrangig die DIN EN 1997-1 [3] bzw. das Handbuch EC 7- 1 [35] sowie die DIN EN 1992 [19] mit allen mitgeltenden Normen. Bezüglich der Bemessung der äußeren Tragfähigkeit wird hier dezidiert auf die EA-Pfähle [7] verwiesen, in der die gesamte deutsche Pfahlerfahrung zusammengefasst ist. Es wird daher hier auf eine ausführliche Beschreibung der einzelnen Bemessungsschritte bzw. Verfahren verzichtet und es werden nur einzelne, allgemeine Hinweise gegeben.

3.3.8.2 Äußere Tragfähigkeit

Grundlagen für die Bestimmung der äußeren Tragfähigkeit sind:

- Ergebnisse der Baugrunduntersuchungen (Bohrprofile, Sondierergebnisse etc.)
- Ergebnisse der Laborversuche an ausgewählten Bodenproben
- Einwirkungen (axial und horizontal) auf die Bohrpfähle
- Pfahlsystem und Herstellverfahren
- Pfahllänge, -durchmesser und -abstand
- Ergebnisse von statischen und dynamischen Probebelastungen
- Erfahrungswerte

Die Ermittlung von Pfahlwiderständen auf der Basis rein erdstatischer Verfahren unter Verwendung der Scherfestigkeiten und der Steifemoduli der jeweiligen Böden ist in Deutschland nicht zugelassen. Es gilt der Grundsatz, nach dem die Ermittlung von Pfahlwiderständen einzig auf der Basis durchgeführter Probebelastungen (siehe Abschnitt 3.7) erfolgen soll. Sofern Erfahrungswerte Eingang in die Ermittlung finden, müssen auch diese aus Probebelastungen abgeleitet sein.

3.3.9.3 Tragverhalten und Widerstände von Bohrpfählen und Pfahlgruppen

Für die Nachweise des Trag- und Setzungsverhaltens von Einzelpfählen und Pfahlgruppen wird hier auf die EA-Pfähle [7] verwiesen. In diesem Standardwerk sind alle in Deutschland relevanten Nachweisführungen dargestellt. Auf eine auszugsweise Darstellung wird hier bewusst verzichtet.

3.3.9.4 Bohrpfähle unter horizontaler Beanspruchung

Pfähle mit kleinem Durchmesser werden fast ausschließlich für eine axiale Belastung verwendet. Großbohrpfähle dagegen bieten die Möglichkeit, auch Biegemomente aufzunehmen. Horizontallasten und Biegemomente werden im Allgemeinen durch elastische Einspannung der Pfähle in den Baugrund abgetragen. Das statische System ist dabei ein biegesteifer Balken, der durch den umgebenden Erdkörper gestützt wird. Für die Berechnung hat sich neben anderen Berechnungsansätzen in der Praxis das Bettungsmodulverfahren durchgesetzt.

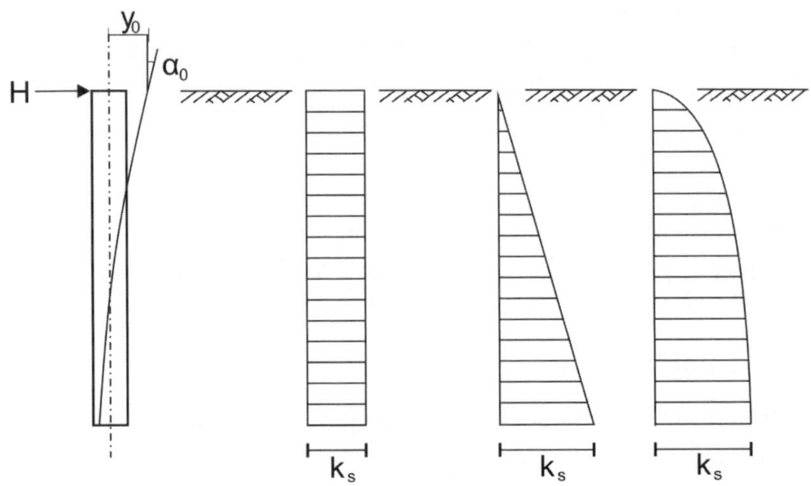

Abbildung 69: Schematische Darstellung für die Bemessung eines Pfahls unter horizontaler Bettung

Dabei wird vorausgesetzt, dass die horizontale Pressung zwischen Pfahlschaft und Boden zu der seitlichen Verschiebung des Pfahls proportional ist. Das horizontale Bettungsmodul beschreibt die Wechselwirkung zwischen Pfahl und Baugrund und ist nicht nur von den physikalischen Eigenschaften der jeweiligen Bodenschichten, sondern auch von den Abmessungen des Pfahls sowie der Größe, Dauer und Anzahl der Belastungen abhängig.

Tabellenangaben in allgemeiner Form sind nicht anzuwenden. Am zuverlässigsten ist die Ermittlung durch horizontale Pfahlprobebelastungen, oder vereinfacht über die Beziehung

Bettungsmodul $k_{s.k} = E_{s.k}/D_s$

Beim Bettungsmodul unterscheidet man drei Verteilungsformen (Abbildung 69), und zwar:

- gleichbleibend (Rechteck)
- linear ansteigend (Dreieck)
- parabelförmig (Parabel)

Für die Bemessung, auf die hier nicht näher eingegangen werden kann, stehen Tabellen und Kurven sowie EDV-Programme zur Verfügung. Ferner wird auf die EA-Pfähle [7] verwiesen.

Für vereinfachte Betrachtungen ist folgender Hinweis wichtig: Beträgt die waagerechte charakteristische Beanspruchung auf einen in ganzer Länge im Boden stehenden senkrechten Pfahl oder Pfahlrost nicht mehr als 3 % in der Bemessungssituation BS-P bzw. in BS-T höchstens 5 % der lotrechten Beanspruchung, so kann gemäß EA-Pfähle [7] im Allgemeinen auf einen besonderen Nachweis verzichtet werden.

3.3.9.5 Pfahlgruppen

Sind Pfähle in Gruppen angeordnet, so beeinflussen sie sich gegenseitig bei der Lastabtragung, was mit dem Begriff Gruppenwirkung definiert wird. Diese Gruppenwirkung kann sowohl auf die Setzung als auch auf die Widerstände bezogen werden.

Gegenüber Einzelpfählen weisen Gruppenpfähle bei gleicher Setzung einen geringeren Widerstand auf. Üblicherweise geht man dann von einer Nichtbeeinflussung benachbarter Bohrpfähle aus, wenn ein Grenzabstand des 6- bis 8-fachen Pfahldurchmessers eingehalten ist. Der Grenzabstand ist aber ebenso abhängig von der Pfahllänge. Dies gilt nicht, sofern es sich um Pfähle handelt, die den überwiegenden Anteil ihrer Last direkt in Festgestein eintragen.

Zu beachten ist, dass sich in Pfahlgruppen die Einzelpfähle unterschiedlich an der Aufnahme der Einwirkungen beteiligen; so zeigen Eck- und Randpfähle ein deutlich anderes Last-Setzungsverhalten als Innenpfähle. Die Setzungen der Pfahlgruppe im Gebrauchszustand sind daher im Allgemeinen immer höher als die des Einzelpfahls.

3.3.9.6 Zugpfähle und Zugpfahlgruppen

Zugpfähle sind erforderlich zur Aufnahme von Horizontallasten über Pfahlböcke bei Kaianlagen, zur Aufnahme von Kippmomenten bei hohen, schlanken Bauwerken wie Schornsteinen oder Freileitungsmasten oder z.B. zur Sicherung gegen Auftrieb bei Unterwasserbetonsohlen von wasserdichten Baugruben.

Der Zugwiderstand lotrechter Pfähle setzt sich zusammen aus der Eigenlast und der Mantelreibung. Entgegen einer weitverbreiteten Meinung ist die Mantelreibung von Zugpfählen unter sonst gleichen Bedingungen nicht grundsätzlich kleiner als bei Druckpfählen; sie kann jedoch unter Schwell- und besonders unter Wechselbelastung stark abnehmen und muss je nach Lastwechselzahl mit einem Anpassungsfaktor berücksichtigt werden.

Angaben zur Ermittlung der Mantelreibung sind in der EA-Pfähle [7] dargelegt.

Bei Zugpfählen sind größere Unterschiede zwischen den erwarteten und den tatsächlich gemessenen Widerständen nicht selten; deshalb sollten nach Möglichkeit immer Probebelastungen durchgeführt werden. Der Einzelpfahl versagt in der Regel durch Überwinden der Mantelreibung und nicht durch mangelnde Eigenlast des »angehängten« Bodenkörpers. Nur bei Zugpfahlgruppen ist zu überprüfen, ob die Eigenlast des zugeordneten Bodenkörpers ausreicht, um die Mantelreibung des Pfahls zu übernehmen, da sich die Bodenkörper in der Regel überschneiden (Abbildung 10).

3.3.9.7 Innere Tragfähigkeit

Wie schon erwähnt, ist der Nachweis der inneren Tragfähigkeit für die verwendeten Pfahlmaterialien zu führen; bei Bohrpfählen betrifft dies den Beton- bzw. Stahlbeton. Die relevanten Normen sind hier die DIN EN 1992 [19] sowie die DIN 1045 [21] und die DIN EN 1536 [4], Kapitel 3.2.

Der Bohrpfahl selbst ist als klassischer Kreisquerschnitt zu bemessen. Besonders zu beachten sind jedoch die konstruktiven Anforderungen, die bei der Bemessung von Bohrpfahlwänden zu berücksichtigen sind. So ist hier beispielsweise im Auflagerbereich von Rückverankerungen der Nachweis der Querschnittsschwächung bzw. der tatsächlich vorhandenen Bewehrung nach Durchkernen der Wand durch die Ankerbohrung zu führen.

3.3.9.8 Schlussbetrachtung

Wie schon mehrfach erwähnt, würde es den Rahmen dieses Buches vollkommen sprengen, wenn man versuchte, die Bemessung der Pfahlwerke hier einzubeziehen. Hierzu wird u.a. auf die einschlägige Literatur und auf Veröffentlichungen der DGGT [33] (Deutsche Gesellschaft für Erd- und Grundbau) verwiesen. Im Grundbautaschenbuch [38] sind z.B. umfangreiche Quellenangaben zu finden, sodass darauf verzichtet werden kann, an dieser Stelle entsprechende Quellen zu nennen.

Auch wenn heute die statischen Berechnungen in der Regel mit Unterstützung von EDV-Programmen ausgeführt werden, sind neben den geotechnischen Voraussetzungen auch fundierte Kenntnisse der Statik und der Festigkeitslehre unabdingbar. Alle elektronischen Ergebnisse sollten stets mit vereinfachten Gegenrechnungen kontrolliert werden können. Hier gilt gewissermaßen ein »Vier-Augen-Prinzip« der Erfahrung.

3.4 Verdrängungspfähle

3.4.1 Normung und Definitionen

Wie in Abschnitt 3.3 beschrieben, werden Pfahlsysteme aufgrund der Bauart und der Anwendungsmöglichkeiten üblicherweise entsprechend den relevanten Herstellungsnormen kategorisiert.

Für Verdrängungspfähle gelten die DIN EN 12 699 [5] sowie die dazugehörige deutsche Norm DIN SPEC 18 538 [39]. Ebenso zu beachten ist die ATV DIN 18 304 [40], die in Deutschland für das Einbringen und Ziehen von Trägern, Pfählen etc. gilt. Für mitgeltende Normen wird auf die vorgenannten Vorschriften verwiesen; der jeweils aktuelle Stand der europäischen bzw. deutschen Normung ist dort aufgeführt.

In Anlehnung an diese Normen werden unter dem Oberbegriff Verdrängungspfähle solche Pfähle erfasst, die durch Rammen, Rütteln, Eindrücken, Drehen oder eine Kombination dieser Verfahren eingebracht werden und bei denen der Boden vollständig verdrängt wird. Die DIN EN 12699 [5] lässt einen Aushub nur zur Begrenzung von Hebungen oder als Einbringhilfe zu.

Die Norm gilt auch für Stahl-, kombinierte Profile sowie Rohre, wenn diese vertikale Lasten und somit die Funktion eines reinen Gründungselements übernehmen.

Unterschieden werden folgende Pfahlsysteme, wobei der Begriff »Rammpfähle« aus umgangssprachlichen Gründen heute immer noch verwendet wird:

- Fertigpfähle
- Ortbeton-Verdrängungspfähle
- Spezielle Verdrängungspfähle

Fertigpfähle sind Pfähle aus Stahl, Stahlguss, Stahlbeton, Spannbeton oder Holz, die in voller Länge oder in gekuppelten Teillängen durch Rammen, Rütteln, Drücken, Drehen oder Drehen und Drücken in den Baugrund eingebracht werden und dabei auch den Boden verdichten.

Ortbeton-Verdrängungspfähle sind Pfähle, die in einem im Baugrund durch Bodenverdrängung hergestellten Hohlraum durch anschließendes Einbringen von Beton, üblicherweise mit Bewehrung, hergestellt werden. Der Hohlraum wird durch Rammen, Rütteln oder Eindrücken eines Vortreibrohrs hergestellt.

Schraubpfähle sind Ortbeton-Verdrängungsbohrpfähle, die in einem im Baugrund durch Bodenverdrängung hergestellten Hohlraum durch anschließendes Einbringen von Beton, gegebenenfalls mit Bewehrung, hergestellt werden. Die Herstellung des Hohlraums erfolgt durch Drehen oder Drehen und Drücken eines Vortreibrohrs in den Baugrund.

Spezielle Verdrängungspfähle sind u.a. verpresste Verdrängungspfähle, wobei während der Einbringung eines Fertigelements im Fußbereich, am Pfahlschaft bzw. am Fuß und am Schaft durch Einbringung einer Suspension (in der Regel Zementmörtel) eine kontinuierliche Verpressung erfolgt.

3.4.2 Pfahlsysteme

3.4.2.1 Fertigpfähle

Fertigpfähle sind Pfähle aus Stahl, Stahlbeton, Spannbeton oder Holz, die in voller Länge oder in gekuppelten Teillängen durch Rammen, Rütteln, Drücken, Drehen oder Drehen und Drücken in den Baugrund eingebracht werden und dabei auch den Boden verdichten. Bei Einbau der Tragelemente in Teillängen erfolgt eine Verbindung durch Kuppeln, Schweißen o.ä. Maßnahmen. Eine Untergliederung von Fertigpfählen erfolgt üblicherweise noch hinsichtlich der eingesetzten Baustoffe.

3.4.2.1.1 Holzrammpfähle

Auch heute noch werden Holzpfähle (Abbildung 70) bei der Gründung provisorischer Bauwerke (z.B. Schalgerüste, Hilfsbrücken usw.) eingesetzt. Unter endgültigen Bauwerken kommen Holzpfähle heute überwiegend dann zur Ausführung, wenn historische Gründungsmaßnahmen ergänzt bzw. ersetzt werden. Bei ihrer Anwendung ist sicherzustellen, dass sie auf ihrer ganzen Länge ständig unter Wasser stehen, d.h. kontinuierliche Umweltbedingungen gewährleistet sind. Bei Pfahlgründungen, von denen eine große Lebensdauer verlangt wird, können Holzpfähle nur dort verwendet werden, wo sie unter der Fäulnisgrenze enden und Holzschädlinge nicht einwirken können. Pfähle im Wasserwechselbereich und darüber haben im Allgemeinen nur eine geringe Lebensdauer.

Für Rammpfähle kommen als Holzarten Kiefer, Fichte, Tanne, Lärche, Eiche und Douglasie in Betracht. Eiche wird nur erforderlich, wenn besondere Widerstandsfähigkeit verlangt wird. Ausländische Hart-/bzw. Tropenhölzer werden aus Natur- und Artenschutzgründen heute praktisch nicht mehr eingesetzt.

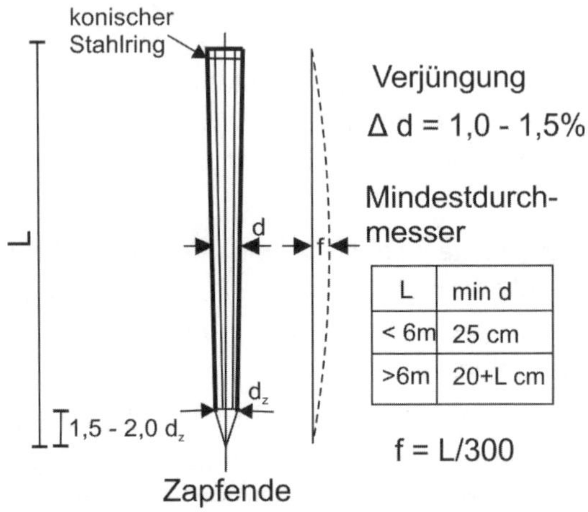

Abbildung 70: Details von Holzrammpfählen

Ein Pfahlschuh sollte nur dort verwendet werden, wo die besonderen Bodenverhältnisse es erfordern, und nur dann, wenn der Pfahl und die Pfahlspitze unlösbar verbunden sind. Der Pfahlkopf muss gegen Aufspalten beim Rammen durch Rammhauben oder Rammringe gesichert sein.

Die normale Länge von Holzpfählen schwankt zwischen 5 und 15 m, doch wurden ausnahmsweise auch schon erheblich längere Pfähle verwendet, wobei Holzpfähle grundsätzlich nur in einem Stück gerammt werden sollten. Eine alte Faustformel für die Ermittlung des mindestens erforderlichen Durchmessers lautet

$$D\ (\text{cm}) = 20 + L\ (L \text{ in m})$$

Für eine Pfahllänge von 15 m resultiert daher ein Mindestdurchmesser von 35 cm.

3.4.2.1.2 Stahlrammpfähle

Hauptanwendungsgebiete der Stahlrammpfähle sind Mastgründungen, Kaianlagen und Dalben, aber auch einfache Gründungen, besonders in Böschungen, da Stahlpfähle im Gegensatz zu Stahlbetonpfählen problemlos zu verladen, zu lagern und zu rammen sind. Trotz vieler Vorteile finden sie für Gründungen im Allgemeinen Ingenieur-, Industrie- und Wohnungsbau aus Kosten- und Nachhaltigkeitsgründen heute nur noch sehr bedingt Anwendung. Als Ausnahme wird hier auf die duktilen Pfähle verwiesen.

Die Vorteile von Stahlrammpfählen sind:

- Hohe Materialfestigkeit
- Einfache Güteüberwachung des Materials

- Große Profilauswahl (Träger-, Rohr- und Kastenprofile)
- Flexibilität in Liefer- und Einbaulängen (Anschweißen und Abbrennen)
- Unempfindlichkeit beim Transport, Lagern und Aufnehmen
- Einfache Längenanpassung auf der Baustelle durch Anschweißen oder Abbrennen
- Einfacher Pfahlkopfanschluss an Stahl- oder Stahlbetonüberbau
- Aufnahme von Druck- und Zugkräften sowie von Biegemomenten unmittelbar nach dem Einbringen
- Wiederverwendungsmöglichkeit durch Ziehen und erneutes Rammen des Pfahls

An Nachteilen zu nennen sind:

- Korrosionsschutz
- Ausweichen bei Rammhindernissen
- Hohe Materialkosten

Die DIN EN 12699 [5] sowie die DIN SPEC 18538 [39] geben Hinweise zu den relevanten Normen für die einsetzbaren Stahlprofile bzw. Materialgüten. Stahlrammpfähle sind entweder in ihrer ursprünglichen Walzform gelieferte Walzwerkerzeugnisse oder aus solchen zusammengesetzt. Man unterscheidet Trägerpfähle sowie Kasten- und Rohrpfähle ohne oder mit geschlossener Spitze sowie Pfähle mit Verstärkungen am Schaft oder an der Spitze.

Stahlpfähle können nahezu beliebig verlängert werden, sodass Längen von 50 m und mehr durchaus möglich sind. In Südostasien sind in weichen Böden schon Längen von über 100 m ausgeführt worden, was jedoch einen extremen Einzelfall darstellt. Die Pfahllänge wird durch die Bodenbeschaffenheit und die Bauwerkslasten bestimmt. Bei Ausführung der Pfähle in Teillängen müssen die einzelnen Elemente eines Pfahls vor Ort zusammengeschweißt bzw. verbunden werden. Die Stoßverbindung muss mindestens die gleiche Druck- und Biegefestigkeit, bei Zugpfählen auch die gleiche Zugfestigkeit wie der benachbarte Pfahlabschnitt haben. Die Qualität der Schweißnaht kann zwar auf der Baustelle durch Ultraschall geprüft werden, dies stellt jedoch einen erheblichen Zeit- und Kostenaufwand dar.

Werden Stahlpfähle zur Verbesserung der Lastabtragung im Boden, am Fuß oder am Schaft mit Verstärkungen (z B. Flügeln) ausgerüstet, so sind diese axialsymmetrisch so anzuordnen, dass die Pfropfenbildung gewährleistet ist (Abbildung 71).

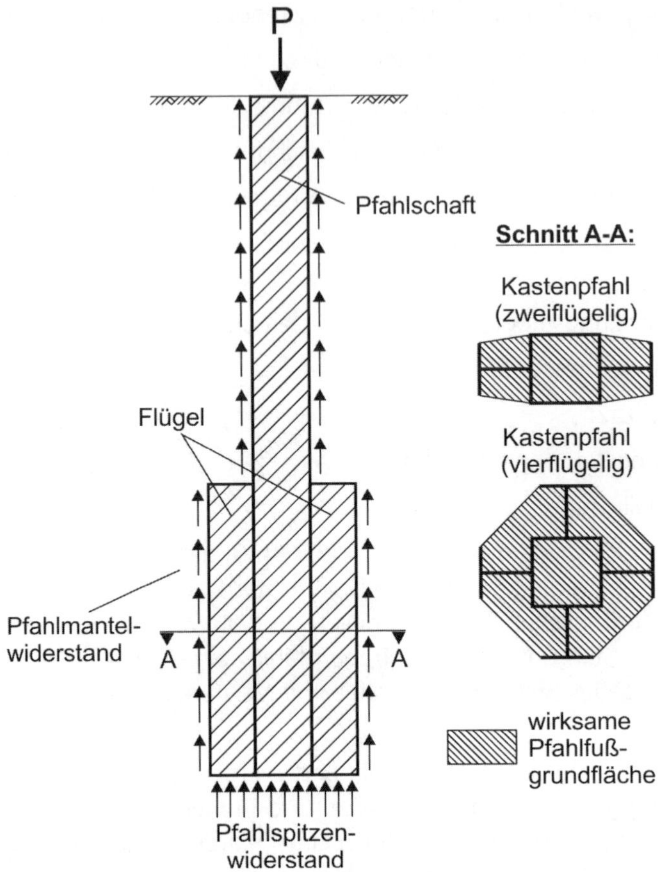

Abbildung 71: Pfahlfußverstärkungen mit Pfropfendarstellung und typische Pfahlprofile

Bei Tiefgründungen mit Stahlpfählen sind durch den Kontakt des Stahls mit Luft, Wasser oder unterschiedlichen Bodenarten Überlegungen zum zeitabhängigen Korrosionsverhalten der Rammprofile anzustellen.

Eine Korrosion in der Atmosphäre bzw. im Boden ist selbst bei einer 50- bis 100-jährigen Nutzungsdauer eines Bauwerks im Hinblick auf den Gesamtverlust an Stahlstärke im Allgemeinen so gering, dass nicht mit einer Beeinträchtigung der tragenden Funktion der Pfähle gerechnet werden muss.

Während auch die Korrosion in Süßwasser üblicherweise für die Standsicherheit ohne Bedeutung ist, muss bei Stahlpfählen im Meerwasser eine detaillierte Untersuchung und Bewertung der Einflussfaktoren für die Abrostungsrate erfolgen. In der Fachliteratur [41, 42] werden in der Regel nur mittlere Korrosionsraten angegeben (Tabelle 11). Diese Werte gehen von einer linearen Abnutzungsgeschwindigkeit aus und stellen Mittelwerte über die gesamte Nutzungszeit des Bauwerks dar.

Die in der folgenden Tafel angegebenen Richtwerte der Korrosionsraten gelten für herkömmliche Baustähle; ebenso sei hier auf die EAU [41] verwiesen, der weitergehende Angaben zu entnehmen sind.

Tabelle 11: Mittlere Korrosionsraten [41, 42]

	Einseitige jährliche Abrostungsraten (Richtwerte)	Bemerkung
In der Atmosphäre - Land- bzw. Stadtluft - Industrie- bzw. Meeresluft	 <0,01 mm 0,01-0,03 mm	je nach Luftverunreinigungsgrad
Im Boden - natürlich gewachsene Böden - nicht aggressive Auffüllungen - leicht aggressive Auffüllungen	 <0,005 mm 0,005-0,01 mm 0,01-0,02 mm	Maximalwerte im Bereich des Grundwasserspiegels
Im Süßwasser - nicht verseucht - je nach Grad der Kontaminierung	 <0,01-0,02 mm 0,03-0,05 mm	Maximalwerte im Bereich der Wasserlinie
Im Seewasser - Hauptangriffszonen - Unterwasserzone	 <0,10-0,15 mm <0,08 mm	im Bereich des Mittelwassers bzw. etwas unterhalb des mittleren Tideniedrigwassers sowie in der Spritzwasserzone

Der einfachste und oft auch wirtschaftlichste Korrosionsschutz besteht in einer Überbemessung der Profile, also einem sogenannten aktiven Korrosionsschutz. Je nach der zu erwartenden Korrosionsrate und der Lebensdauer des Bauwerks lässt sich ein Abrostwert bestimmen; dieser ist bei der Bemessung bzw. Profilwahl zu berücksichtigen. Somit werden am Ende der Lebensdauer des Bauwerks die zulässigen Spannungen nicht überschritten.

Zu den passiven Korrosionsschutzverfahren zählen die Beschichtungen, deren Aufgabe es ist, die Korrosion vom Stahl möglichst lange fernzuhalten und den Korrosionsbeginn im Allgemeinen um 10 bis 20 Jahre zu verzögern. Je nach Gefährdung der Stahlpfähle durch die Korrosion können einfache Bitumenbeschichtungen nach dem Sandstrahlen aufgetragen werden oder aber mehrschichtige Anstriche auf Epoxidharzbasis. Bei Pfählen, die über die volle Länge gerammt werden, werden Beschichtungen normalerweise nicht verwendet, da die Gefahr von Beschädigungen der Schutzschicht beim Einbringen nicht auszuschließen ist.

Zusammenfassend ist festzuhalten, dass das Risiko der Korrosion im Planungsstadium durch einen Sachverständigen zu bewerten ist, um eventuelle Schutzmaßnahmen aufgrund von technischen und wirtschaftlichen Gesichtspunkten festzulegen.

Eine Modifikation der Stahlrammpfähle stellen die Stahlrohrpfähle dar, die hier am Beispiel des Stahlrohr-Rammpfahls System Franki gezeigt werden.

Der Stahlrohr-Rammpfahl ist ein Verdrängungspfahlsystem, bei dem ein Stahlrohr mittels Innenrohrrammung nach dem Franki-Prinzip in den Boden eingebracht wird. Für die Herstellung des Pfahls existieren am Markt kleine Geräte (siehe auch Abschnitt 3.4.3 Gerätetechnik), die auch in bestehenden Gebäuden eingesetzt werden können. Aufgrund der Gerätegewichte ist es allerdings nicht möglich, die Stahlrohre wieder zu ziehen. Die Stahlrohre verbleiben im Baugrund und können je nach Anforderung ausbetoniert und bewehrt werden. Sie werden in einzelnen Rohrstößen eingerammt und für die weitere Herstellung mit Schweißnähten miteinander verbunden (Abbildung 72).

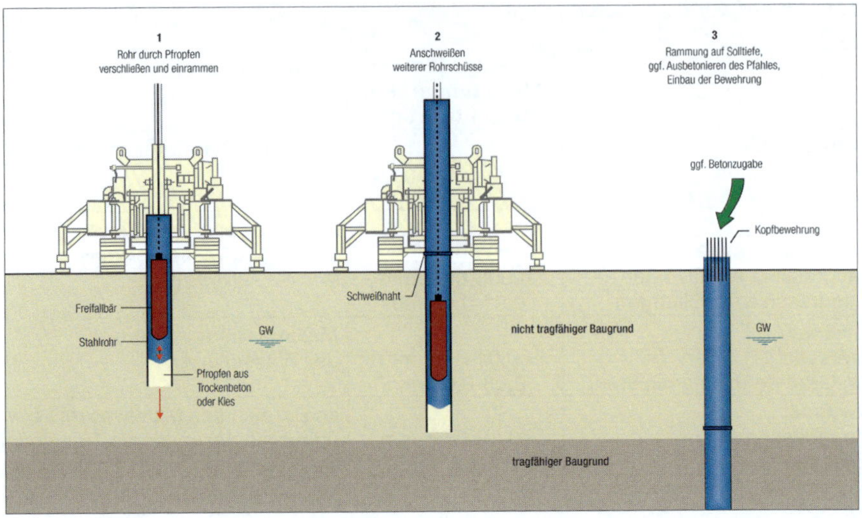

Abbildung 72: Herstellungsphasen beim Stahlrohr-Rammpfahl System Franki (Franki)

3.4.2.1.3 Stahlbetonrammpfähle

Bei Stahlbetonrammpfählen wird unterschieden zwischen

- nicht vorgespannten Stahlbetonpfählen
- vorgespannten Stahlbetonpfählen

Nicht vorgespannte Stahlbetonpfähle werden überall dort verwendet, wo der Pfahl vorwiegend auf Druck belastet wird. Sie können nur geringe Zugkräfte aufnehmen und sollten nicht auf Biegung beansprucht werden.

Vorgespannte Stahlbetonrammpfähle sind überall dort zu verwenden, wo der Pfahl außer auf Druck auch auf Zug und/oder Biegung beansprucht wird. Die als Zugkraft reflektierte Stoßkraft wird durch die Vorspannkraft aufgehoben oder zumindest wesentlich verringert.

Mit Stahlbetonrammpfählen lassen sich bei leichter bis mittelschwerer Rammung wirtschaftliche Tiefgründungen ausführen. Bei schwer rammbaren Böden sind besondere Vorkehrungen wie verstärkte Bewehrung, spezielle Pfahlfußausbildungen oder bereichsweise Vor- bzw. Austauschbohrungen zu treffen.

Die Vorteile von Stahlbetonrammpfählen sind:

- Herstellung in nahezu jeder erforderlichen Länge und Dimension bei entsprechender Stoßausbildung
- Widerstandsfähigkeit des Materials
- Hohe Tragfähigkeit infolge Bodenverdichtung
- Belastung sofort nach dem Einbringen möglich
- Sichere Materialqualität durch werksmäßige Herstellung (z.B. hohe Betonfestigkeit und Wasserdichtigkeit)
- Aufnahme hoher Normalkräfte (Druck und Zug)

Als Nachteile sind festzuhalten:

- Hohe Gewichte der Elemente
- Sensibilität beim Transport und Aufnehmen zur Rammung, wodurch die Gefahr der Rissbildung besteht
- Erschütterungen und Lärmbelästigung bei der Rammung
- Gefahr des Ausknickens bei Rammhindernissen
- Verlängern bei zerschlagenen Pfahlköpfen nur bedingt möglich

Hinsichtlich der Baustoffe wird hier auf DIN EN 12699 [5] , DIN SPEC 18538 [39] und DIN EN 12794 [43] verwiesen. Als Querschnitte werden in Europa vornehmlich Vollquerschnitte (quadratisch, rechteckig) verwendet (Abbildung 73), in Südostasien kommen auch in größerem Umfang Hohlquerschnitte (rund, achteckig) (Abbildung 75) und sehr selten auch Trägerprofile zum Einsatz. Die quadratischen Querschnitte haben üblicherweise Kantenlängen zwischen 20 und 45 cm, bei Fertigungslängen von 6 bis 18 m. Die Ausführungslängen können durch Verwendung von Kupplungen, für die in Deutschland eine allgemeine Bauartgenehmigung (aBG) erforderlich ist, vergrößert werden.

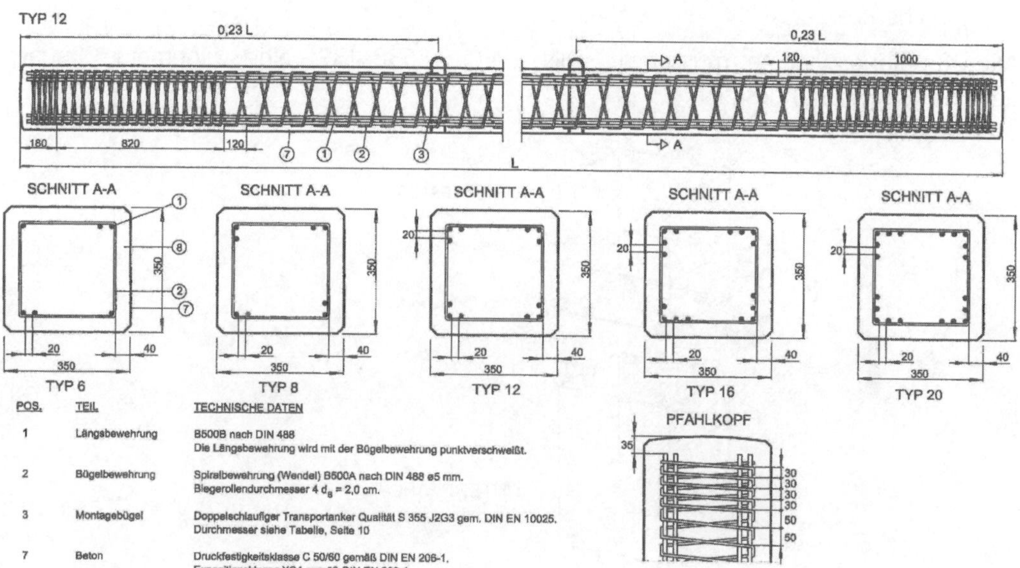

POS.	TEIL	TECHNISCHE DATEN
1	Längsbewehrung	B500B nach DIN 488 Die Längsbewehrung wird mit der Bügelbewehrung punktverschweißt.
2	Bügelbewehrung	Spiralbewehrung (Wendel) B500A nach DIN 488 ø5 mm. Biegerollendurchmesser 4 d_s = 2,0 cm.
3	Montagebügel	Doppelschlaufiger Transportanker Qualität S 355 J2G3 gem. DIN EN 10025. Durchmesser siehe Tabelle, Seite 10
7	Beton	Druckfestigkeitsklasse C 50/60 gemäß DIN EN 206-1. Expositionsklasse XC4 gemäß DIN EN 206-1.
8	Betonüberdeckung (Verlegemaß)	Längsbewehrung : c_V = 45 mm Bügelbewehrung : c_V = 40 mm Rissbreitenbeschränkung ist gewährleistet. Der Beton hat zum Zeitpunkt des Transports die volle Druckfestigkeit für C 50/60

Abbildung 73: Stahlbetonrammpfähle nach dem System Centrum (Centrum)

Eine besondere Fußausbildung (mit Ausnahme einer verstärkten Bewehrung analog zum Kopfbereich) ist nicht erforderlich. Wichtig ist, dass die Pfahlfußfläche genau rechtwinklig zur Pfahlachse steht. Bei einer schrägen Pfahlfußfläche weicht der Pfahl von der Rammrichtung ab. Insofern werden auch keine speziellen Pfahlschuhe oder Pfahlspitzen eingesetzt. Lediglich in besonderen Fällen, wie z.B.

- beim Durchrammen von Felsbändern,
- beim Aufsetzen des Pfahls auf schräg anstehendem Fels,
- beim Einbinden in Fels,

wird der Stahlbetonrammpfahl mit einer geeigneten Spitze versehen.

Bei der Bemessung der Pfähle müssen Beanspruchungen aus Verladen, Transport und Aufnehmen berücksichtigt werden, damit die langfristige Gebrauchstauglichkeit nicht beeinflusst wird.

Der besondere Vorteil der heute verwendeten Stahlbetonrammpfähle besteht darin, dass durch Kupplungen (Abbildung 74) eine Anpassung an die Baugrundverhältnisse bzw. das Rammen auch bei eingeschränkter Arbeitshöhe möglich ist. Man unterscheidet in

- **Nicht biegesteife Kupplungen** für eine reine Druckbelastung und
- **Biegesteife Kupplungen** für eine Belastung durch Biegung und/oder Zug; es sind heute viele Varianten (Schraubkupplungen, Klammerkupplungen, Schweißkupplungen, Keilkupplungen) im Einsatz. Sie müssen mindestens den statischen Eigenschaften des Pfahlschafts bei Druck-, Zug- und Momentenbeanspruchung entsprechen.

Alle Kupplungssysteme müssen lt. DIN SPEC 18538 [39] eine allgemeine Bauartgenehmigung (aBG) besitzen.

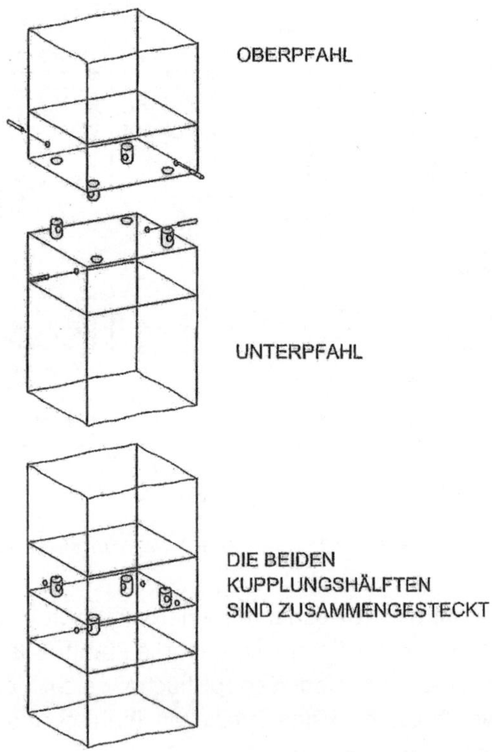

Abbildung 74: Grundprinzip Kupplung für Stahlbetonrammpfähle (Centrum)

Abbildung 75: Stahlbetonrammpfahl mit rundem Querschnitt (Bilfinger)

3.4.2.2 Ortbeton-Verdrängungspfähle

Es wird hier nach zwei Systemen unterschieden:

- Ortbeton-Rammpfahl
- Ortbeton-Schraubpfahl

3.4.2.2.1 Ortbeton-Rammpfähle

Ortbeton-Rammpfähle sind Pfähle, die in einem im Baugrund durch Bodenverdrängung hergestellten Hohlraum durch anschließendes Einbringen von Beton, gegebenenfalls mit Bewehrung, hergestellt werden. Der Hohlraum wird durch Rammen, Rütteln oder Eindrücken eines Vortreibrohrs hergestellt. Es gibt hier eine Vielzahl von firmenspezifischen Systemen.

Zur Herstellung des Ortbeton-Rammpfahls wird ein unten verschlossenes dickwandiges Vortreibrohr in den Boden gerammt, der Bewehrungskorb eingesetzt, das Rohr mit Beton gefüllt und das Rohr anschließend wieder gezogen. Dabei ist erforderlich, dass sich kein Wasser im Rohr befindet. Je nach Pfahlsystem kann ein erdfeuchter oder plastischer Beton verwendet werden. Außerdem ist es möglich, eine Fußverbreiterung auszurammen.

Die Vorteile dieses Pfahlsystems sind:

- Hohe Tragfähigkeit durch Verdichtung des Bodens und große Mantelreibung
- Geringe Setzungen
- Steigerung der Lastaufnahme durch Verbreiterung des Pfahlfußes (bei mehreren Systemen möglich)

- Anpassung der Pfahllänge an die aktuellen Baugrundverhältnisse
- Einfaches Durchrammen von Hindernissen
- Wirtschaftlichkeit

An Nachteilen ist zu nennen:

- Bei Systemen mit Kopframmung muss mit starker Lärmbelästigung gerechnet werden
- Bei dichter Pfahlstellung besteht die Gefahr der Beschädigung der gerade gerammten Nachbarpfähle
- Empfindlichkeit gegen Herstellungsmängel (z.B. durch Einschnürungen des Pfahlschafts, Betonfehlstellen, Beschädigung bzw. Ausweichen der Bewehrung)

Für die äußere Tragfähigkeit bestehen keine allgemein gültigen Bemessungstabellen; es wird hier auf die relevanten Normen sowie die EA-Pfähle [7] verwiesen.

Die Vortreibrohre müssen mit geeigneten Rammbären bzw. Vibrationsrammen eingetrieben werden, die das Eindringen bis zur vorgeschriebenen Tiefe ermöglichen. Das Rammgerät (Rammbär oder Vibrationsramme) muss in der Achse und rechtwinklig auf dem Vortreibrohr aufsitzen. Die Schlaggeschwindigkeit und das Bärgewicht müssen unter Berücksichtigung der Baugrundbedingungen gewählt werden.

Bei Vibrationsrammen sind Fliehkraft, Schwingungsfrequenz und Verschiebungsamplitude des Vibrationsbären nach den Baugrundbedingungen auszurichten. Eine Kombination aus Vibrations- und Schlagrammen kann ebenfalls in Betracht gezogen werden, wobei ein Vibrationsbär üblicherweise für das Einrichten, Vorrammen und Ziehen eingesetzt wird. Der Rammbär dient lediglich zum Einrammen der Rohre bis auf die erforderliche Tiefe.

Bei Kopframmung muss das Vortreibrohr am unteren Rohrende zum Schutz gegen das Eindringen von Wasser und Boden mit einem Pfahlschuh oder einem anderen Rohrabschluss wasserdicht verschlossen sein. Wird der Pfahlschuh verschoben oder beschädigt, sodass Boden oder Wasser in das Vortreibrohr eingedrungen ist, können folgende Maßnahmen getroffen werden:

- Das Rohr mit einem gut fließfähigen Material füllen, ziehen und erneut einrammen.
- Das Vortreibrohr an anderer Stelle ansetzen.
- Wenn ein Hindernis zu Beschädigung oder zum Verschieben des Rohrabschlusses geführt hat und das Hindernis entfernt werden kann, den Pfahl anschließend an der ursprünglich vorgesehenen Stelle herstellen.
- Eine Kombination der genannten Arbeitsschritte.

Wird das Vortreibrohr mit Innenrammung eingebracht, dürfen Beton, Kies oder Sand als Pfropfen am unteren Ende des Vortreibrohrs verwendet werden.

Die Reihenfolge des Einbringens der Pfähle ist vorab festzulegen und sollte berücksichtigen, dass

- die Tragfähigkeit bereits hergestellter Pfähle nicht maßgeblich verschlechtert wird,
- der Baugrund nicht so stark verdichtet wird, dass weitere Pfähle nicht oder nicht auf die erforderliche Tiefe eingebracht werden können,

- die beim Einbringen von Ortbeton-Rammpfählen auftretenden Erschütterungen die benachbarten frisch betonierten Pfähle oder den bereits abbindenden Beton nicht beeinflussen (der bei plastischem Beton übliche Abstand von 6 × Pfahldurchmesser kann bei erdfeuchtem Beton auf die Hälfte verringert werden).

Maßnahmen zur Unterstützung des Einbringens können die Tragfähigkeit vermindern; diese sind:

- Einbringen mit Spülhilfe
- Vorrammen oder Vorbohren
- Vorbohren

Bei der Verwendung von erdfeuchtem Beton muss das Verfahren zum Rohrziehen sicherstellen, dass der erdfeuchte Beton nicht angehoben und ausreichend verdichtet und gestampft wird.

Wenn Pfahlaufweitungen vorgesehen sind, müssen das Verfahren zur Herstellung der Aufweitung, die maßgebliche Aufstandsfläche und der Schaftumfang für den Entwurf vereinbart werden. Fußaufweitungen von Ortbetonpfählen können durch Ausrammen verdichteter Betonmengen in den Baugrund unterhalb der Sohle des Vortreibrohrs ausgebildet werden. Der Betonverbrauch und die Rammenergie für die Fußherstellung müssen gemessen und aufgezeichnet werden; es sind hier die Herstellprotokolle lt. DIN EN 12699 [5] und DIN SPEC 18538 [39] zu verwenden .

Die Pfähle sind in der Regel bis in Höhe der Arbeitsebene zu betonieren. Eine Kontrolle der Pfahllängen und eventueller Fehl- bzw. Mängelstellen ist durch Ultraschallmessungen oder die Hammerschlag-Methode zuverlässig möglich.

Ortbeton-Rammpfahl System Franki

Der Frankipfahl ist ein Ortbeton-Rammpfahl mit wiedergewonnenem Vortreibrohr, der in fast allen Bodenarten hergestellt wird. Für die Herstellung des Pfahls wurde durch die Firma Franki eine eigene Tragraupe auf Schreitwerk entwickelt. Das ursprünglich von Edgard Frankignoul zum Patent angemeldete und weltweit ausgeführte Pfahlsystem beinhaltet die Herstellung des kompletten Pfahls mit gestampftem, erdfeuchten Beton. Die Schaftherstellung mit fließfähigem Beton und die Fußbemessung, wie in Deutschland seit Anfang der 1990er Jahren üblich, ist im übrigen Anwendungsgebiet für den Frankipfahl nicht bekannt. In Deutschland gibt es mittlerweile mehrere Firmen, die den Frankipfahl oder eine Abwandlung dieses Pfahls herstellen können.

Das Verfahren (Abbildung 76) zählt zu den wenigen, bei denen das Rammrohr durch Innenrammung eingebracht wird. Dazu wird eine bestimmte Menge erdfeuchten Betons eingefüllt und mit dem Rammbären verdichtet. Dabei bildet sich ein Pfropfen, über den das Rammrohr in den Boden gezogen wird. Nach Erreichen der erforderlichen Tiefe wird das Rammrohr über Seile mittels schwerer Winden festgehalten und der Betonpfropfen gelöst. Beim Frankipfahl bildet sich ein Pfahlfuß, der durch nochmaliges Nachfüllen von Beton im Durchmesser und in der Höhe (bei leichtem Anziehen des Rohrs) vergrößert werden kann. Nach Einbau des Bewehrungskorbs wird der Schaftbeton eingebracht und ständig mit dem im Bewehrungskorb laufenden Rammbären verdichtet. Beim Frankipfahl

NG® (Markenname der Fa. Stump-Franki: »New Generation«) wird anhand der Rammenergie auf den letzten zwei Rammmetern und den Bemessungskurven für Frankipfahlfüße (EA-Pfähle Abbildung 5.6-5.11 [7]) die Fußbetonmenge für den erforderlichen charakteristischen Widerstand bestimmt und ausgerammt. Um das Eindringen von Wasser und Boden in das Rohr zu vermeiden, ist es erforderlich, das Rohr wieder in den Fußbeton einzurammen, da zum Einsetzen des Bewehrungskorbs der erdfeuchte Beton vollständig aus dem Rohr entfernt werden muss. Danach wird der Bewehrungskorb eingebaut und das Rohr nach dem Einfüllen von fließfähigem Beton statisch gezogen.

Der Durchmesser der Pfähle beträgt 420 bis 710 mm bei Neigungen bis 4:1. Die Vorteile des Systems liegen in der hohen Tragfähigkeit, der Verdichtung des Baugrundes und der Fußverbreiterung. Dies wird beim Frankipfahl NG® durch die Möglichkeit einer gezielten Fußbemessung, einer möglichen zusätzlichen Baugrundverbesserung durch eine Kiesvorverdichtung und die Schaftherstellung mit fließfähigem Beton weiter verbessert. Aufgrund der Innenrohrrammung ist der Lärmpegel gegenüber kopfgerammten Systemen deutlich geringer.

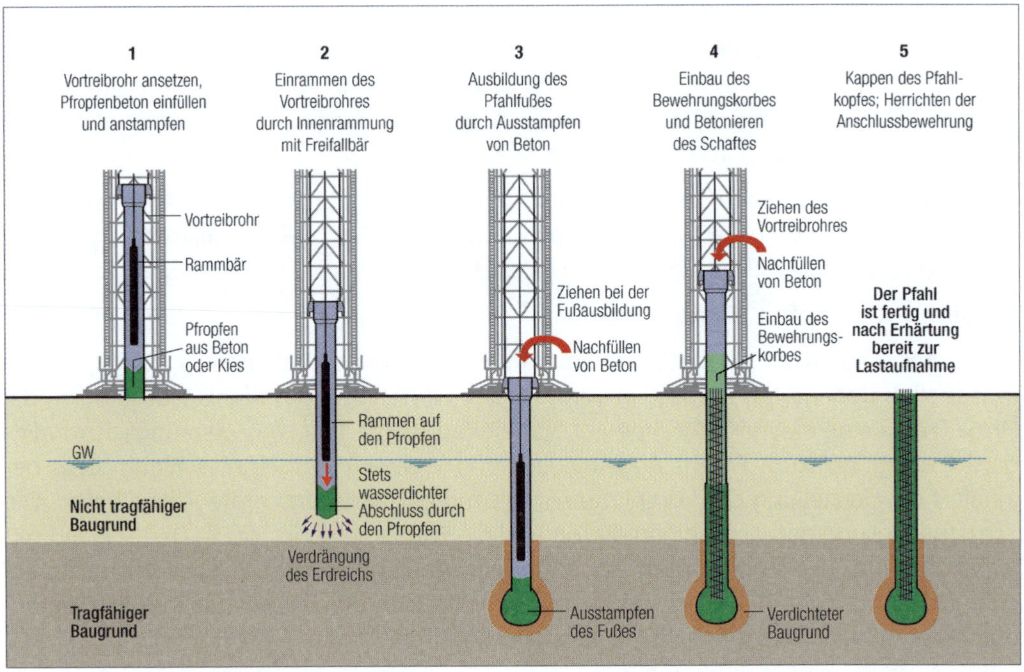

Abbildung 76: Herstellphasen beim Ortbeton-Rammpfahl System Franki (Franki)

Die zulässigen charakteristischen Beanspruchungen für Druck- und Zugbelastungen können der Tabelle 12 entnommen werden.

Tabelle 12: Charakteristische Beanspruchungen für Franki-Pfähle [Franki]

Charakteristische Beanspruchung E_K Druck				
Vortreib-rohr Ø	in nichtbindigen Böden		in halbfesten bindigen Böden	
	Frankipfahl	Frankipfahl NG	Frankipfahl	Frankipfahl NG
mm	kN	kN	kN	kN
420	1350	1800	1350	1400
510	1600	2200	1600	1800
560	2000	2800	2000	2200
610	2400	3500	2400	2600
710	–	6000	–	4000

Charakteristische Beanspruchung E_K Zug				
Vortreib-rohr Ø	in nichtbindigen Böden		in halbfesten bindigen Böden	
	Frankipfahl	Frankipfahl NG	Frankipfahl	Frankipfahl NG
mm	kN	kN	kN	kN
420	400	700	400	500
510	500	900	500	700
560	630	1000	630	800
610	710	1100	710	900
710	–	1300	–	1100

In Abhängigkeit von den verschiedensten Randbedingungen können folgende Varianten bezüglich des Pfahlfußes und -schafts ausgeführt werden:

Frankipfahl:

- ausgerammter Pfropfen als normaler Fuß
- Herstellung des Schafts durch Ausstampfen von erdfeuchtem Beton
- Ummantelung mit Stahlhülse und Baugrundverdichtung im Schaftbereich durch zusätzliches Ausstampfen von Kies/Schotter

Frankipfahl NG:

- Ausrammung einer definierten Fußbetonmenge
- Herstellung des Schaftes aus fließfähigem Beton
- Ummantelung mit Stahlhülse
- Einbringung eines Dichtungskörpers um den Pfahlschaft bei Gründungen in kontaminierten Böden
- Baugrundverbesserung im Fußbereich durch zusätzliches Ausstampfen von Kies/Schotter (Kiesvorverdichtung KVV)
- Baugrundverdichtung im Schaftbereich durch zusätzliches Ausstampfen von Kies/Schotter

Ortbeton-Rammpfahl System Simplex

Dieser Ortbeton-Rammpfahl wurde 1902 in den Vereinigten Staaten zum Patent angemeldet, und das System wird seit 1905 in Deutschland angewendet. Es zählt damit zu den ältesten Rammpfahlsystemen. Das Verfahren wird in einem Durchmesserbereich von 340 bis 720 mm verwendet.

Zur Herstellung (Abbildung 78) wird ein starkwandiges Rammrohr mit einer verlorenen Stahlfußplatte (Abbildung 77) wasserdicht abgeschlossen und mittels Kopframmung (Diesel- oder Hydraulik-Rammbär, Freifallbär oder auch Vibrationsramme bei sehr weichen Böden) auf die erforderliche Tiefe eingerammt. Nach Einbau der Bewehrung wird der Beton in voller Höhe eingebracht und anschließend das Rammrohr mit hydraulischer Ziehvorrichtung, Kopfrüttler oder Gürtelrüttler zurückgewonnen.

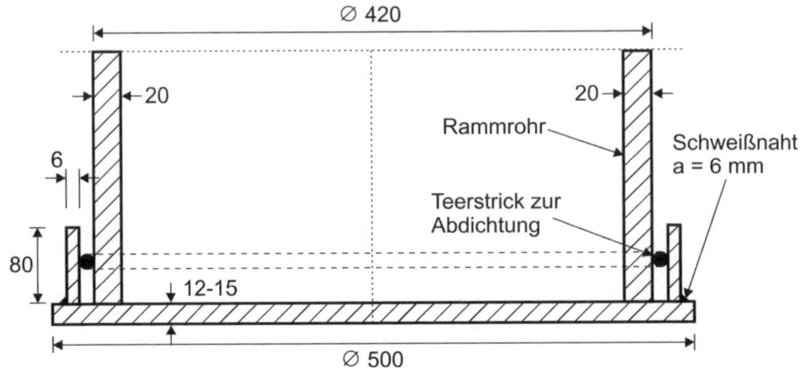

Abbildung 77: Schnitt durch eine Fußplatte für den Simplex-Rammpfahl

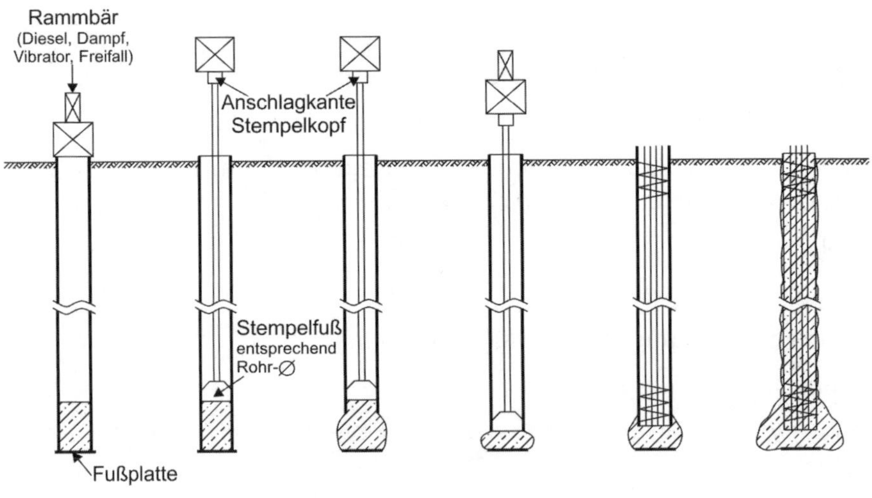

Abbildung 78: Herstellphasen für den Ortbeton-Rammpfahl System Simplex

Die üblichen charakteristischen Beanspruchungen für Druckbelastungen liegen zwischen 800 kN (Durchmesser 340 mm) und 3800 kN (Durchmesser 720 mm). Aufgrund der Variabilität der Herstellparameter und der eingesetzten Gerätetechnik sind hier immer statische Probebelastungen vorzusehen, die aufgrund der Leistungsfähigkeit des Systems dem wirtschaftlichen Einsatz nicht entgegenstehen.

Die Herstellung ist auch im kombinierten sog. Tandem-Verfahren möglich. Dabei wird ein Trägergerät mit einem Rammbären (Diesel- oder Hydraulik-Bär) ausgerüstet. Ein zweites Gerät ist mit einer schweren Vibrationsramme bestückt. Damit wird das Rammrohr jeweils gezogen und am nächsten Pfahlansatzpunkt so weit wie möglich eingerüttelt. Das Gerät mit dem Rammbären bringt das Rammrohr auf die erforderliche Tiefe und baut den Bewehrungskorb ein. Unabhängig von den beiden Rammgeräten kann mit speziellen Radladern der Beton eingebracht werden. Bei diesem Verfahren ist der Einsatz von zwei bis vier Rammrohren möglich. Die erreichbare Leistung ist in der Regel wesentlich höher als bei komplett ausgerüsteten Geräteeinheiten.

Ortbeton-Rammpfahl System Vibrex (Simplex-Variante)

Bei diesem Verfahren wird das Rammrohr ebenfalls mit einem Diesel- und Hydraulik-Rammbären eingebracht. Das Ziehen erfolgt jedoch mit einem sogenannten Gürtelvibrator, wobei auch hier eine Fußausrammung grundsätzlich möglich ist. Abbildung 79 zeigt den Herstellungsablauf für diese Systemvariante.

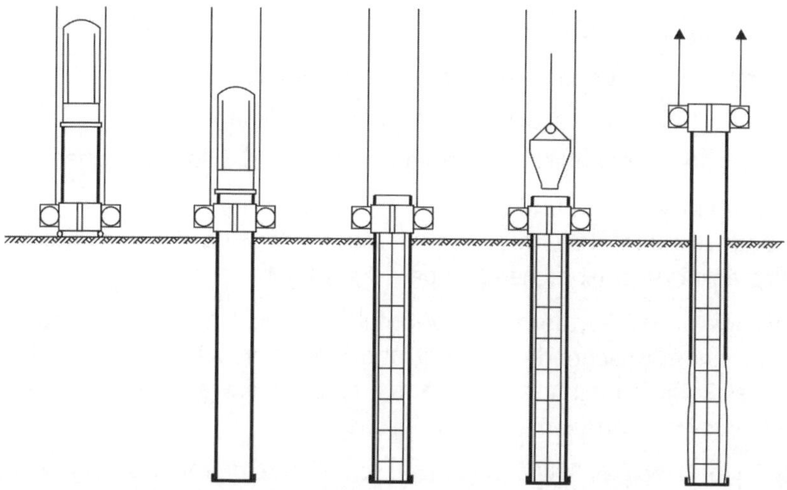

Abbildung 79: Herstellungsablauf des Simplex-Vibrex-Ortbeton-Rammpfahls

Fälschlicherweise wurde lange angenommen, dass eine Pfahlspitze das Rammen erleichtert. Wie durch Vergleichsrammungen inzwischen nachgewiesen wurde, ist dies nicht der Fall, da sich beim Rammen unter der Fußplatte quasi eine Spitze durch den stark verfestigten Boden bildet. Entscheidend für die aufzubringende Rammarbeit ist der zu verdrängende Pfahlquerschnitt, der aber durch eine Pfahlspitze nicht verändert wird. Daher werden auch bei Fertigbeton-Rammpfählen heute keine Spitzen mehr benutzt. Die Spitze kann allenfalls das Anrammen erleichtern oder bei besonderen Baugrundverhältnissen (z.B. Fels) nützlich sein. Rammplatten für Simplex-Ortbeton-Rammpfähle werden daher heute nur noch aus flachen Stahlplatten hergestellt.

3.4.2.2.2 Ortbeton-Schraubpfähle

Dieser Pfahl wird häufig auch als Ortbeton-Verdrängungsbohrpfahl bezeichnet, wobei der normative Begriff »Schraubpfahl« der DIN EN 12699 [5] wie folgt definiert ist:

Verdrängungspfahl, bei dem der Pfahl oder das Pfahlrohr am unteren Ende mit einer gewissen Anzahl von Schraubgängen ausgestattet ist und der/das durch eine Kombination von Drehen und vertikalen Vorschub eingebracht wird. Beim Eindreh- und möglicherweise auch beim Ausdrehvorgang wird der Boden im Wesentlichen seitlich verdrängt und es findet praktisch kein Aushub statt.

Der Vergleich mit den sogenannten Schneckenbohrpfählen ist daher nur bedingt richtig und zulässig, da beim Schraubpfahl kein Boden gefördert wird. Es erfolgt eine vollkommene Verdrängung des Bodens wie bei einem Fertigpfahl.

Die Vorteile dieses Systems sind:

- Hohe Tragfähigkeit durch Verdrängung und Verdichtung des umgebenden Bodens
- Hohe Mantelreibung durch spiralförmigen Pfahlschaft
- Keine Bodenförderung und -abfuhr
- Geringe Setzungsgefahr für Nachbarbebauung
- Lärm- und erschütterungsarme Herstellung

An Nachteilen sind zu nennen:

- Hohes Drehmoment bei großen Gerätedimensionen
- Probleme bei Bohrhindernissen (kein Meißeln möglich)
- Sensibles System hinsichtlich Herstellungsfehlern (z.B. Einschnürungen)

Im Hinblick auf Einbaustoffe und Materialien wird auf die zugehörigen Normen DIN EN 12699 [5] und DIN SPEC 18538 [39] verwiesen; weiter sind die Hinweise aus dem Abschnitt Bohrpfähle dementsprechend zu berücksichtigen.

Der Bewehrungskorb für Ortbeton-Schraubpfähle ist nicht nur für den Endzustand, sondern auch für eine ausreichende Stabilität und Steifigkeit während des Einbaus und der Herstellung des Pfahls zu bemessen. Er muss außerdem ein leichtes Umfließen des Frischbetons um die Bewehrungselemente ermöglichen.

DIN EN 12699 [5] bzw. DIN SPEC 18538 [39] schreiben eine Mindestlängsbewehrung von 0,5 % des Pfahlquerschnitts und vier Längseisen, d = 12 mm, vor. Die Querbewehrung muss aus Stäben mit einem Mindestdurchmesser von 5 mm und Mindestabstand wie für Längsstäbe bestehen.

Grundsätzlich, d.h. bei Nachweis der relevanten Einwirkungen, dürfen die Pfähle unbewehrt ausgeführt werden, es wird jedoch für unplanmäßige Lasten (z.B. aus dem Baubetrieb, Außermittigkeit des Pfahls) eine Mindestbewehrung der oberen 4 m empfohlen. Zudem sollten die Pfähle im Bereich von weichen oder lockeren Böden bewehrt werden. Zugpfähle sind in jedem Fall über ihre gesamte Länge zu bewehren.

Die Betondeckung bewehrter Ortbetonpfähle darf für Pfähle mit zeitweiliger Verrohrung nicht kleiner sein als 50 mm bzw. 75 mm bei besonderen Umwelteinflüssen sowie 40 mm zur Innenfläche der bleibenden Verrohrung oder eines Mantelrohrs.

Die Bewehrung sollte vor dem Betonieren in das Rohr eingebracht werden. Ein Einbringen der Bewehrung nach dem Einfüllen des Betons ist jedoch zulässig, wenn frühere Erfahrungen unter vergleichbaren Bedingungen oder an Versuchspfählen die Eignung des Einbauverfahrens nachgewiesen haben. Ein derartiger Einbau muss schnellstmöglich nach Beendigung des Betonierens erfolgen. Werden Bewehrungskörbe nach dem Betonieren eingebaut, kann es erforderlich sein, die Einhaltung ihrer Lage mit geeigneter Stützung sicherzustellen. Der Einbau darf durch leichtes Rütteln unterstützt werden, auch darf die Bewehrung eingedrückt werden.

Für das Betonieren von Ortbeton-Verdrängungspfählen sowie die Qualitätskontrolle gelten die Regeln für die Herstellung von Ortbetonbohrpfählen analog, wobei jedoch der Betonspiegel im Vortreibrohr während des Rohrziehens auf Höhe der Arbeitsebene oder darüber gehalten werden kann. Der Pfahl sollte bis zur Arbeitsebene betoniert werden, sofern keine einschlägige Erfahrung nachgewiesen hat, dass dies nicht erforderlich ist.

Grundsätzlich sind die Herstellprotokolle gemäß DIN EN 12699 [5] und DIN SPEC 18538 [39] zu führen.

Ortbeton-Schraubpfahl System Franki »Atlas«

Der Atlas-Pfahl wird heute von der der Firma Stump-Franki Spezialtiefbau GmbH ausgeführt. Die Herstellung (Abbildung 80) dieses Vollverdrängungspfahls erfolgt mit Hilfe eines dickwandigen Stahlrohrs, das am unteren Ende mit einem austauschbaren Schneidkopf versehen ist und mit einer Fußspitze wasserdicht verschlossen wird. Das Rohr wird mit einem starken Drehantrieb bei gleichzeitigem Axialdruck in den Boden eingedreht. Der Betriebsdruck wird beim Bohrvorgang gemessen und aufgezeichnet und mit den Baugrundaufschlüssen (Bodenprofil und Sondierdiagramm) verglichen.

Nach Erreichen der Solltiefe wird der Bewehrungskorb in die Seele des Stahlrohrs eingestellt und das Bohrrohr über den Einfülltrichter mit fließfähigem Beton aufgefüllt. Durch Rückwärtsdrehung löst sich die Fußspitze und verbleibt im Boden. Das Rohr mit Schneidkopf wird nun kontinuierlich aus dem Boden gedreht. Bedingt durch den eingängigen Schraubenflügel am Schneidkopf erhält der Pfahlschaft einen ca. 5 bis 10 cm starken, wendelförmigen Betonwulst.

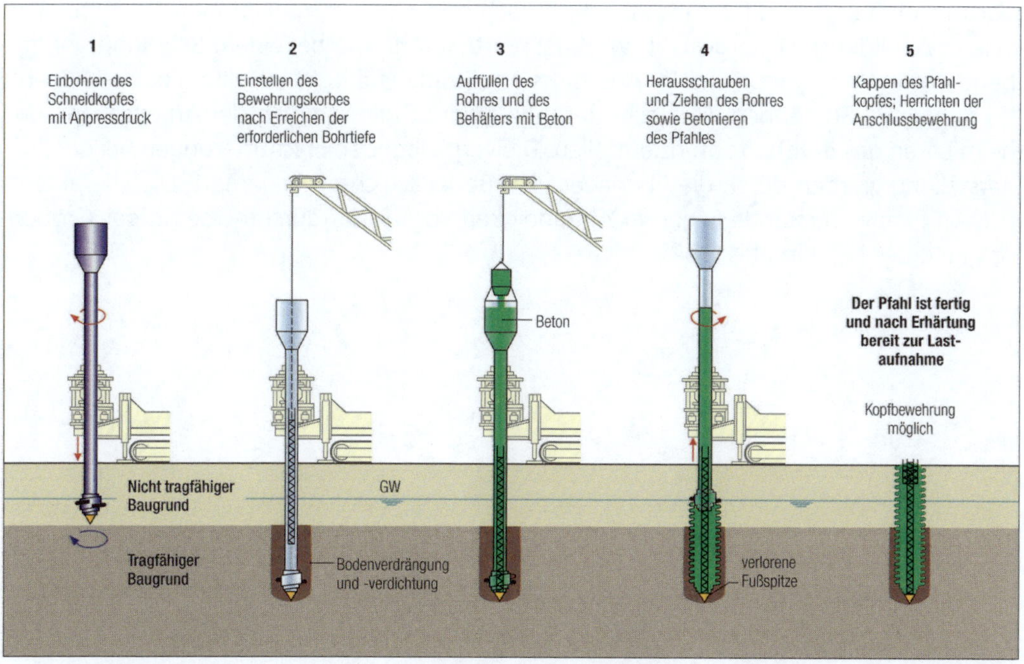

Abbildung 80: Arbeitsphasen bei der Herstellung des Atlas-Pfahls

Der Pfahl kann, da er erschütterungsfrei und geräuscharm hergestellt wird, nahezu überall, auch unmittelbar neben vorhandenen Gebäuden (Abstand ca. 1,0 m), zum Einsatz kommen. Die Pfahldurchmesser betragen 31/41 bis 51/61 cm. Die charakteristischen Pfahlwiderstände sind Tabelle 13 zu entnehmen und beruhen auf Ergebnissen zahlreicher Probebelastungen in unterschiedlichen Böden. Es sind Neigungen bis 4:1 möglich.

Tabelle 13: Charakteristische Pfahlwiderstände Atlas-Pfahl

Charakteristische Beanspruchung E_K Druck		
Pfahl Ø d_s /d_b	in nichtbindigen Böden	in bindigen Böden
cm	kN	kN
31/41	900	700
41/51	1200	900
46/56	1500	1100
51/61	1700	1300

Ortbeton-Verdrängungspfahl System Franki »Hybrid«

Eine Neuentwicklung auf dem Gebiet der Verdrängungspfähle ist der Hybridpfahl der Stump-Franki Spezialtiefbau GmbH. Hier werden die erschütterungsfreie Einbringung des Vortreibrohrs und die Pfahlfußausbildung nach dem System Frankipfahl NG® kombiniert. Wie in Abbildung 81 dargestellt, wird das Vortreibrohr wie bei einem Schraubpfahl drehend in den Boden gedrückt. Im Anschluss erfolgt die Pfahlfußherstellung nach EA-Pfähle [7] rammend. So können die Erschütterungen beim Durchrammen der Arbeitsebene und beim Lösen des Betonpfropfens entfallen. Die verbleibenden Erschütterungen bei der Fußherstellung werden durch die überlagernden Bodenschichten gedämpft. Die charakteristischen Pfahlwiderstände liegen in Abhängigkeit vom Schaftdurchmesser in der Größenordnung des Frankipfahls NG®.

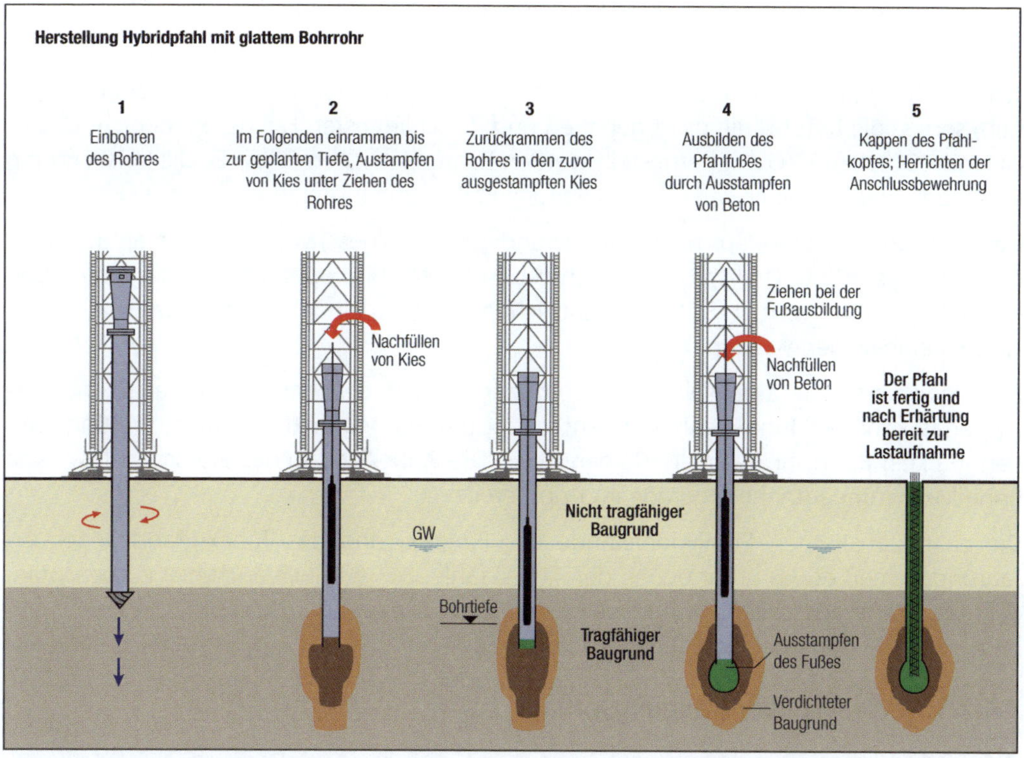

Abbildung 81: Arbeitsphasen bei der Herstellung des Franki-Hybrid-Pfahls (Franki)

Ortbeton-Verdrängungsbohrpfahl System »Fundex«

Beim Fundex-Pfahl (diverse Hersteller) wird ebenfalls ein starkwandiges Stahlrohr mit einem spiralförmigen Schneidkopf wasserdicht abgeschlossen. Damit entsteht zwar ein aufgerauter, aber grundsätzlich gleichmäßiger Pfahlschaft. Der Herstellvorgang (Abbildung 82) entspricht, wie auch die verwendeten Geräte, im Prinzip dem des Atlas-Pfahls; beim Eindrehen wird auch hier der Betriebsdruck am Drehtisch gemessen und mit dem Sondierdiagramm des Bodens zur Kontrolle der Einbindelänge verglichen.

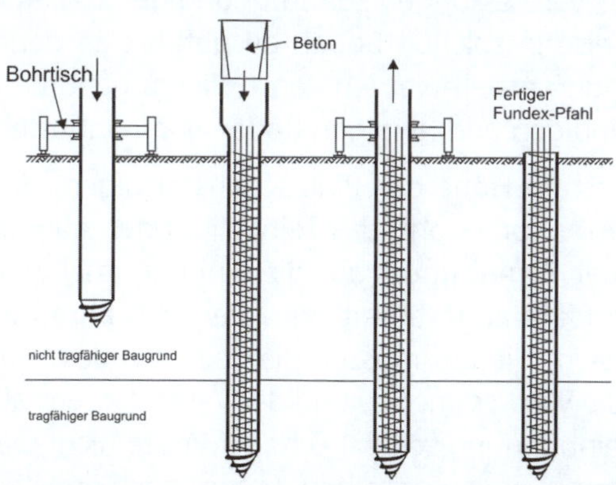

Abbildung 82: Arbeitsphasen bei der Herstellung des Fundex-Pfahls

Ortbeton-Verdrängungsbohrpfahl System Tubex

Bei einer Pfahlgründung durch sehr weiche Bodenschichten besteht die Gefahr der Pfahlschaftverformung. In sehr weichen Schichten kann der Betondruck größer als der Erddruck sein, sodass die Betonsäule nicht gehalten und im schlimmsten Fall der Pfahl nicht bis zur Gelände-Oberkante (GOK) hergestellt werden kann. In solchen Fällen ist die Verwendung von Tubex-Pfählen, einer Variante des Fundex-Pfahls, zu empfehlen.

Der Tubex-Pfahl besteht aus einem dünnwandigen, spiralgeschweißten Rohr, an dem eine besonders gefertigte Drehspitze angeschweißt ist. Rohr und Spitze bleiben im Boden und werden mit Beton verfüllt. Es kann zusätzlich Bewehrung eingebaut oder das Mantelrohr statisch einbezogen werden.

Bei modifizierter Geräteausbildung (verkürzter Mast und eventuell separates Antriebsaggregat) kann der Tubex-Pfahl sehr einfach auch unter begrenzter Höhe ausgeführt werden, da kein Bohrrohr gezogen werden muss. Die Einbeziehung des Stahlrohrs lässt eine hohe Momentenaufnahme gerade im Kopfbereich zu.

Die charakteristischen Pfahlwiderstände des Fundex- und des Tubex-Pfahls liegen erfahrungsgemäß etwas unter denen der Atlas-Pfähle. Es ist jedoch auch hier zu beachten, dass die Werte ausschließlich für Entwurfsthemen anzuwenden sind und die Nachweise immer über Pfahlprobebelastungen erfolgen müssen.

3.4.2.3 Verpresste Verdrängungspfähle

3.4.2.3.1 Allgemeines

Die DIN EN 12699 [5] definiert den verpressten Verdrängungspfahl als einen Fertigpfahl, bei dem ein vergrößerter Pfahlschuh verwendet wird, um entlang eines Teiles oder der gesamten Mantelfläche einen Hohlraum auszubilden, der während des Einbringens mit Mörtel, Zementmörtel/Feinkornbeton oder Beton verfüllt/verpresst wird. In der Praxis werden Voll- und/oder Hohlprofile aus Stahl oder Stahlbeton verwendet.

Den Gegensatz dazu bildet der nachverpresste Pfahl, bei dem nach dem Einbringen eine Mantel- und/oder Fußverpressung stattfindet; diese erfolgt über Rohre, die am Pfahlschaft befestigt oder im Pfahl eingebaut sind.

Verpressungen oder Nachverpressungen zur Erhöhung der axialen Tragfähigkeit von Pfählen werden sinnvollerweise in solchen Böden ausgeführt, in denen eine bleibende Verzahnung bzw. Verspannung erzielt werden kann. Hierzu gehören alle mindestens mitteldicht gelagerten nichtbindigen und bindigen Böden von mindestens steifer Konsistenz.

Das Verpressen kann auch in Höhe des Pfahlschuhs erfolgen, und zwar durch das Vortreibrohr oder mit einem Verpressrohr, das zeitweilig oder ständig am Pfahl angebracht ist. Die Förderleistung der Pumpe muss auf die Einbringgeschwindigkeit und die Größe des Hohlraums um den Pfahl abgestimmt sein. Der Ringraum muss ständig bis zur Geländeoberkante gefüllt sein. Hierauf müssen die Rezeptur des Verpressmediums, die Einbringgeschwindigkeit, die Verpressmenge und der Verpressdruck abgestimmt werden. Der Fortschritt für die Pfahleinbringung sollte 1,0 m je Minute nicht wesentlich überschreiten, um eine homogene Verpressung zu erreichen. Sofern nach Erreichen der Solltiefe die Verpressrohre gezogen werden, ist der entstehende Hohlraum kontinuierlich zuverlässig mit

Verpressmörtel zu verfüllen. Grundsätzlich sind die Verpressmengen und der Verpressdruck tiefenabhängig zu protokollieren.

Bei nachverpressten Verdrängungspfählen muss lt. DIN EN 12699 [5] die Schaftverpressung durch bleibende Verpressrohre erfolgen, die am Pfahl befestigt oder im Pfahl eingebaut sind. Bei Stahlpfählen müssen Schaft- und Fußverpressung durch Verpressrohre erfolgen, die ständig oder zeitweilig am Pfahl angebracht sind. Das Nachverpressen muss mit geeigneten Drücken und Verpressmengen erfolgen, um das Ausbreiten des Verpressmörtels an der Grenzfläche von Pfahl und Boden zu ermöglichen und ein Aufbrechen des umgebenden Baugrunds zu vermeiden. Die Schaft- und Fußverpressung bei Ortbetonpfählen darf erst nach dem Erhärten des Pfahlbetons ausgeführt werden.

Vorteile:

- Verpresssysteme sind praktisch bei allen Verdrängungspfählen anwendbar
- Hohe Tragfähigkeit bei geringem Pfahlquerschnitt
- Einbringen der Pfähle teilweise mit leichten Geräten möglich
- Besonders geeignet für Zugpfähle durch Aktivierung der Mantelreibung

Nachteile:

- Verlängerung der Einbringzeit durch Abstimmung mit der Verpressgeschwindigkeit
- Pfähle können nicht sofort nach der Herstellung belastet werden
- Größerer Geräteaufwand durch die Misch- und Verpressgeräte

3.4.2.3.2 MV-Pfahl

Der bekannteste Typ der verpressten Verdrängungspfähle ist der MV-Pfahl (= Mantel-Verpress-Pfahl). Er kommt als Zugpfahl, wechselbelasteter Pfahl und gelegentlich auch als Druckpfahl zur Anwendung. Er ist ein verpresster Stahlrammpfahl, an dem am unteren Ende des Pfahlschaftes ein nach oben offener Pfahlschuh (Abbildung 83) angeschweißt ist. Der von ihm freigeräumte Hohlraum wird während des Rammens mit Hilfe eines in den Pfahlschuh reichenden Verpressrohrs fortlaufend mit Zementmörtel befüllt. Dadurch wird das Einrammen erleichtert und später eine innige Verzahnung mit dem Baugrund gewährleistet.

Der Schaft dieses Pfahls kann aus Stahlprofilen wie Stahlrohre, Rundstahl, Vierkant-Hohl-Profil, Doppel-U-Profile und I-Träger (z.B. HEA, HEM o.Ä.) bestehen.

Der Querschnitt des verdrängten Bodens kann je nach Pfahlspitze bis zu 1.500 cm^2 betragen. Der Pfahlschuh hat im Allgemeinen eine quadratische oder rechteckige Form mit zum Teil verstärkter Spitze.

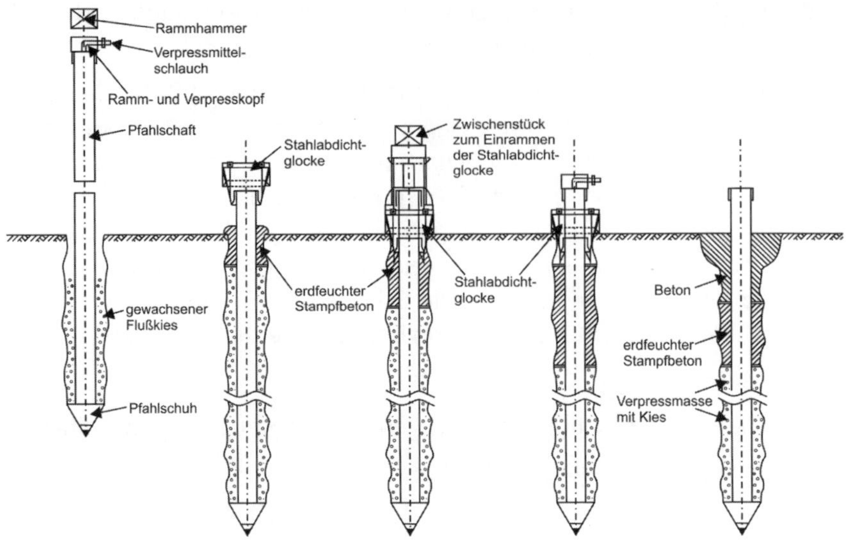

Abbildung 83: Herstellabfolge für einen MV-Pfahl

Die Pfähle können durch Rammen, Pressen oder Rütteln eingebracht werden. Bei großen Fußquerschnitten kann auch ein Verpressmörtel mit Sandzugabe eingesetzt werden. Es sind Neigungen bis 1:1 möglich. Erfahrungswerte für den Pfahlfußwiderstand und die Pfahlmantelreibung werden in der EA-Pfähle [7] bzw. der EAU [41] angegeben.

Verwendung findet der Pfahl überwiegend zur Aufnahme hoher Zugkräfte (Verankerungen, Auftriebssicherungen usw.) bei hoher Korrosionssicherheit. Wegen der hohen Tragkräfte und des verbesserten Korrosionsschutzes bei Verpressankern ist der Einsatz jedoch in den letzten Jahren stark zurückgegangen.

3.4.2.3.3 RI-Pfahl

Eine abgewandelte Form des MV-Pfahls sind RI-Pfähle (Rüttel-Injektions-Pfähle), bei denen der Pfahlfuß statt durch einen Schuh durch angeschweißte Flacheisen erweitert wird, die einen Freischnitt von ca. 10 cm Stärke erzeugen (Abbildung 84). Während und nach der Rammung wird der Baugrund durch eine oder mehrere wiedergewonnene Lanzen fortlaufend befüllt.

Haupteinsatzgebiet ist die Sicherung von Unterwasserbetonsohlen.

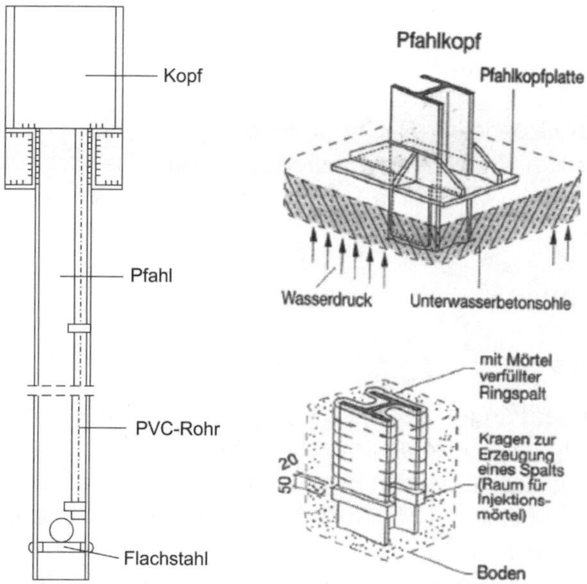

Abbildung 84: RI-Pfahl

3.4.2.3.4 Verpresste Rohrpfähle

Grundsätzlich kann bei allen Beton- und Stahlprofilen, insbesondere bei Stahlrohren, die Tragfähigkeit durch Verpressen wesentlich erhöht werden. Hierbei ist häufig kein vergrößerter Pfahlfuß vorhanden. Bei verpressten Rohren oder auch anderen Profilen werden Verpressschläuche am Rammelement angebracht. Beim Einbringen wird eine ständige Verpressung mit einer Zementsuspension vorgenommen, die zunächst das Niederbringen wesentlich erleichtert und nach dem Abbinden zu einer erheblichen Erhöhung der möglichen Lastabtragung führt. Sofern die Rohre nach dem Einbringvorgang gespült werden, ist auch eine zweite Verpressung, dann eine Nachverpressung im Sinne der DIN EN 12699 [5], möglich.

3.4.2.3.5 Eingepresste Verdrängungspfähle

Dieses Pfahlsystem besteht im Allgemeinen aus Stahlbeton- und Stahlprofilen. Diese können Voll- oder Hohlprofile (z.B. Rohre) sein, die in der Regel unten geschlossen sind und in kurzen Teilstücken, in Anpassung an die vorhandene Arbeitshöhe, absolut erschütterungsfrei eingebaut werden. Verbunden werden die Teile mit speziellen Kupplungen, Gewinde oder Schweißung.

Zum Eindrücken mit Hydraulikpressen muss ein entsprechendes Widerlager vorhanden sein bzw. geschaffen werden, das sich nach den konstruktiven Möglichkeiten richtet. Auf keinen Fall darf es durch die aufgebrachten Kräfte zu Schäden an den vorhandenen Baulichkeiten kommen.

Die Tragfähigkeit beträgt je nach Pfahldurchmesser und Baugrund bis zu 500 kN und kann beim Einpressen festgestellt werden, da dieser Vorgang praktisch einer Probebelastung entspricht. Die Pfahldurchmesser liegen im Allgemeinen nicht über 30 cm.

Hohlprofile werden in der Regel mit Beton verfüllt. Soweit erforderlich, kann auch eine Bewehrung eingebracht werden. Die Pfähle werden, von Ausnahmen abgesehen, nur senkrecht ausgeführt.

Der Pfahl kommt vorwiegend für Nachgründungen in geschlossenen Räumen (z.B. Kellern, Fabrikhallen etc.) zur Anwendung und erfordert nur einen sehr geringen Geräteaufwand. Die Pfahlherstellung verursacht keine nennenswerten Verunreinigungen und Geräuschbelästigungen.

3.4.3 Gerätetechnik

3.4.3.1 Allgemeines

Die Herstellung von Verdrängungspfählen kann grundsätzlich mit den schon vorher beschriebenen Kompaktgeräten erfolgen, wobei für Verdrängungsbohrpfähle die Kraftdrehköpfe bei Bedarf ausgetauscht werden können und die Geräte durch Zusatzausrüstungen ergänzt werden oder mit einer Rammausrüstung zu versehen sind. Darüber hinaus gibt es eine Reihe von Spezialgeräten für die Herstellung der Verdrängungspfähle, die teilweise auch von den Anwendern selbst entwickelt und konstruiert wurden oder aber in enger Zusammenarbeit mit relevanten Geräteherstellern entstanden sind.

Der Abschnitt Gerätetechnik soll dem Leser einen Überblick über typische Geräte verschaffen, die zur Herstellung eingesetzt werden. Details zu einzelnen Geräten würden den Umfang dieses Buches sprengen und sind bei den Hersteller- bzw. Anwenderfirmen [100] zu erfragen.

3.4.3.2 Geräte für Fertigpfähle

Im Normalfall werden für die Ausführung von Fertigpfählen (unabhängig vom Material) Mäklergeräte verwendet, die das Rammgut in der gesamten Länge aufnehmen können, um ein Kappen zu vermeiden.

Die kombinierten Geräte haben heute Dienstgewichte von über 100 t mit Leistungen von über 600 kW und können je nach Anbau für Ramm- und Bohrarbeiten eingesetzt werden. Die sogenannten Multifunktionsramm- und -bohrgeräte eignen sich für alle gängigen Ramm- und Bohrverfahren:

- Hochkantrüttler/Gürtelrüttler
- Schlagrammen/Hydraulikhammer
- Pressen
- Kellybohren
- Endlosschneckenbohren
- Doppelkopfbohren
- Teil- und Vollverdrängungsbohren

Da heute am Markt diverse Hersteller operieren, kann nur eine kleine Auswahl vorgestellt werden. Die Geräte verfügen zumeist über ein teleskopierbares Fahrwerk. Die Nutzlängen der Mäkler erreichen heute bis zu 50 m. Die möglichen Mastneigungen betragen je nach

Typ maximal 2:1 nach hinten und 4:1 nach vorne. Die möglichen Rammbärgewichte reichen bis zu 25 t.

Hinsichtlich der Details zu den jeweiligen gezeigten Geräten wird hier auf die Herstellerangaben verwiesen [100].

Die Namensgebung für Ortbeton-Verdrängungspfähle System »Fundex« basiert auf der Herstellermarke der Geräte. So werden auch heute noch sehr verbreitet die Geräte – jetzt unter der Marke IHC Fundex (Abbildung 85) – eingesetzt.

Abbildung 85: Kombiniertes Bohr- und Rammgerät Fundex 3500 (IHC Fundex)

Die Firma Liebherr verfügt mit der LRB-Serie ebenso über ein komplettes Programm für kombinierte Ramm- und Bohrgeräte (Abbildung 86).

Für spezielle Rammaufgaben, bei denen eine große Ausladung gefordert ist, bietet Liebherr eine breite Palette an Trägergeräten mit Schwing- und Hängemäkler der LRH-Serie an. Je nach Anforderungen kommen Trägergeräte aus der Hydro-Seilbagger-Serie (HS), der Raupenkran-Serie (LR) oder der Bohrgeräte-Serie (LB) zum Einsatz. Diese Baumaschinen in Kombination mit den stabilen Mäklern zeichnen sich durch eine große Robustheit, hohe Effizienz und Flexibilität aus.

Abbildung 86: Kombiniertes Bohr- und Rammgerät Liebherr LRH 400 mit HS 885

3.4.3.3 Geräte für Ortbeton-Verdrängungspfähle

Für die Herstellung von Ortbeton-Verdrängungspfählen werden heute ebenso kombinierte Mäklergeräte eingesetzt; für den Einsatz in der Bohrtechnik stehen Bohrantriebe mit einem Drehmoment bis zu 500 kNm zur Verfügung, wobei dieses jedoch nur bei entsprechend starrem Mäkler eingesetzt oder aber nur im unteren (verstärkten) Mastbereich abgegeben werden kann. Der mögliche Pfahldurchmesser beträgt bis zu 900 mm.

Weiter werden Sondergeräte der einzelnen Pfahlhersteller verwendet, auf die hier kurz eingegangen werden soll.

Ortbeton-Rammpfahl System »Franki«

Für die Herstellung des Ortbeton-Rammpfahls setzt Stump-Franki ebenfalls ein selbstentwickeltes Rammgerät ein, das in den letzten Jahren ständig weiterentwickelt wurde (Abbildungen 87 und 88). Der Unterwagen ist mit einem Schreitwerk ausgerüstet, das auf der Grundplatte um 360 Grad drehbar ist. Es erfordert eine ebene und standfeste

Arbeitsfläche, die aber mechanisch nicht so stark beansprucht wird wie durch ein Raupenfahrwerk. Das Gerät ermöglicht Neigungen bis 6:1 nach vorne und 4:1 nach hinten. Die Dienstgewichte betragen zwischen 60 und 100 t.

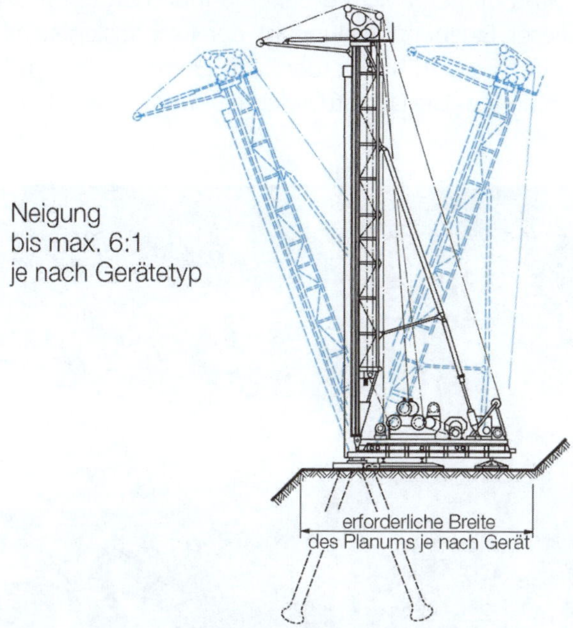

Abbildung 87: Systemschnitt Franki-Ramme (Franki)

Abbildung 88: Rammen bei der Herstellung von Ortbeton-Rammpfählen System Frankipfahl NG® (Franki)

Ortbeton-Schraubpfahl System »Atlas«

Eine auf der Basis eines Mäklergeräts modifizierte Bohranlage verwendet Stump-Franki für ihr Vollverdrängungspfahlsystem Atlas-Pfahl (Abbildung 89). Auch hierbei lässt sich der Unterwagen frei um 360 Grad drehen (wichtig bei empfindlichen Bohr- bzw. Rammebenen). Eine Besonderheit dieser Eigenentwicklung ist der Kranausleger, mit dem die Bewehrungs- und Betonierarbeiten ausgeführt werden. Das Gerät ermöglicht Neigungen bis 6:1 nach vorne und 4:1 nach hinten. Die Dienstgewichte betragen zwischen ca. 40 und 65 t.

Abbildung 89: Bohrgerät für Ortbeton-Schraubpfähle System »Atlas« (Franki)

Ortbeton-Verdrängungspfahl System »Hybrid«

Für die Herstellung des Ortbeton-Verdrängungspfahls setzt Stump-Franki ebenfalls ein selbstentwickeltes Spezialgerät ein, das in den letzten Jahren entwickelt wurde. Auch hierbei lässt sich der Unterwagen frei um 360 Grad drehen (wichtig bei empfindlichen Bohr- bzw. Rammebenen). Das Gerät ermöglicht Neigungen bis 6:1 nach vorne und 4:1 nach hinten. Das Dienstgewicht beträgt ca. 100 t.

Ortbeton-Verdrängungsbohrpfahl System Fundex und Tubex

Für die Herstellung der in 4.2. beschriebenen Pfahlsysteme Fundex und Tubex werden kombinierte Mäklergeräte verwendet, die eine Pfahltiefe von bis zu 40 m erlauben (Abbildung 90).

Abbildung 90: Fundex-Ramme F12/SE E zur Herstellung von Fundex-Pfählen

3.4.3.4 Drehantriebe und Zieheinrichtungen

Für Verdrängungspfähle, die im Drehverfahren eingebracht werden, haben sich neben starken Kraftdrehköpfen sogenannte Hydraulik-Drehantriebe bzw. Drehtische, die mit Drehmomenten bis 450 kNm und einer axialen Druckkraft bis 250 kN arbeiten, durchgesetzt.

Neben wesentlich geringeren Drehzahlen sind diese Antriebe speziell für die Herstellung von Teil- und Vollverdrängungspfählen konzipiert. Unterscheiden kann man:

- Drehantriebe, die den Kraftdrehköpfen entsprechen, auf voller Mastlänge geführt werden und mit Seilwindensystem für Andruck und Zug arbeiten.
- Drehantriebe, die nur am unteren Mastteil geführt sind. Der Andruck bzw. der Zug wird hierbei über Hydraulikzylinder aufgebracht. Der Hub beträgt maximal 2,0 m. Der Mast ist in diesem Bereich zum größten Teil verstärkt, sodass hohe Drehmomente abgegeben werden können.

Während bei Vollverdrängungsbohrpfählen das Bohrrohr mit der Dreheinrichtung zurückgefahren wird, sind für Ortbeton-Rammpfähle Rohrzieheinrichtungen erforderlich. Üblich sind dabei hydraulische Ziehvorrichtungen und Ziehvorrichtungen mit Gürtelrüttlern.

Hydraulische Ziehvorrichtungen sind am Mast- bzw. Mäklerfuß angebracht (Abbildung 91). Über eine hydraulische Spannschelle, die entriegelt und nach vorne aufgeklappt werden kann, erfolgt eine kraftschlüssige Verbindung mit dem Rammrohr. Mit zwei Hydraulikstempeln kann eine Hubkraft von bis zu 200 kN ausgeübt werden. Integrierte Hydraulik- oder Elektrorüttler unterstützen den Ziehvorgang.

Abbildung 91: Hydraulische Ziehvorrichtung für Ortbeton-Rammpfähle (Leffer)

Bei Rohrzieheinrichtungen mit sog. Gürtelrüttlern (Abbildung 92) sind zwei starke Vibratoren auf einer Klemmschelle angeordnet. Die kraftschlüssige Verbindung mit dem Ramm- bzw. Bohrrohr erfolgt über eine hydraulische Klemmvorrichtung. Die Zugkraft wird über zwei an der Ziehvorrichtung befestigte Seile ausgeübt. Die Seilwinde mit Doppeltrommel kann eine Zugkraft bis zu 200 kN ausüben. Hydraulische Vibratoren erleichtern die Zieharbeit erheblich und dienen ebenfalls der Verdichtung des Betons. Viele Anwender lassen zusätzlich eine Arbeitsbühne anbringen, die ein unfallsicheres Arbeiten beim Einbau der Bewehrung und des Betons gewährleistet.

Abbildung 92: Gürtelvibrator System »Tünkers« (Tünkers)

Die Vibratoren sind geeignet zum Rammen, Ziehen und zur gleichzeitigen Betonverdichtung. Der Gürtelvibrator wird mäklergeführt auf das Rammrohr aufgeschoben und mittels der oben erwähnten hydraulischen Spannvorrichtung vibrationsfest an das Rohr geklemmt. Die Höhenposition am Rammrohr kann beliebig verändert werden.

Der Gürtelvibrator ist selbstsynchronisierend und deshalb besonders für die Ortbetonpfahltechnik geeignet. Es entsteht ein qualitativ ausgezeichneter, gut verdichteter Betonpfahl mit großer Mantelreibung. Die Pfähle werden in der entsprechenden Länge an einem Stück hergestellt, benötigen keine Kupplungen und können dem tragfähigen Untergrund problemlos angepasst werden. Der Pfahl wird, den Anforderungen entsprechend, über die ganze Länge oder – sofern statisch nachgewiesen – auch nur teilweise armiert.

3.4.3.5 Betoniereinrichtungen

Da beim Verdrängungspfahlsystem grundsätzlich im Trockenen betoniert wird, ist kein Betonierrohr notwendig. Wird mit Betonkübeln betoniert, so ist in der Regel ein Betoniertrichter vorhanden. Beim Gerät zur Herstellung des Franki-Atlaspfahls ist dieser z.B. fest mit dem Bohrrohr verbunden.

Der Einsatz einer Betonpumpe ist nur dann wirtschaftlich, wenn eine hohe Bohrleistung (günstige Bodenverhältnisse, mehrere Bohrgeräte) erwartet wird.

Ist mit gleichmäßigen Pfahllängen zu rechnen, kann die Rohrlänge so abgestimmt werden, dass der größte Teil der benötigten Betonmenge unmittelbar über den Fahrmischer (Betonwagen) eingefüllt wird oder ein Radlader mit spezieller Betonschaufel zum Einsatz kommt.

3.4.3.6 Ramm- und Bohrrohre

Als Ramm- und Bohrrohre werden dickwandige und nahtlose Stahlrohre eingesetzt. Wegen der starken Beanspruchung wird üblicherweise immer ein hochwertiger Stahl gewählt. Die Rohrwandstärken liegen in der Regel zwischen 15 und 25 mm.

3.4.4 Arbeitsvorbereitung und Ausführung

3.4.4.1 Allgemeines

Baustellen mit Verdrängungspfählen bedürfen im Prinzip der gleichen Arbeitsvorbereitung wie bei Bohrpfählen. Durch die verhältnismäßig hohen Leistungen und die spezifischen Pfahlsysteme sind jedoch verschiedene Besonderheiten zu beachten, auf die im Folgenden näher eingegangen werden soll.

Vor Baubeginn müssen u.a. folgende Unterlagen den Beteiligten vorliegen:

- Geotechnisches Gutachten gemäß Handbuch EC 7-2 [35]
- Beschreibung und Darstellung des Pfahlsystems
- Pfahl-/Rammplan mit Beschreibung des Bauablaufs
- Freigegebene Tragfähigkeits- bzw. Standsicherheitsnachweise und Konstruktionszeichnungen

- Ordnungsgemäße Kampfmittelfreigabe
- Verfahrens- und Arbeitsanweisungen inkl. Angaben über geplante Mess- bzw. Prüfverfahren

3.4.4.2 Baugrundaufschluss

Da Fertigpfähle in vorgefertigten Längen angeliefert werden, müssen ausführliche und zutreffende Baugrunderkundungen vorliegen, die sich grundsätzlich nach dem Handbuch EC 7-2 [35] zu richten haben. Eine Prüfung des vorliegenden geotechnischen Berichts vor Beginn der Arbeiten durch den Bauleiter auf Plausibilität ist unbedingt notwendig.

Die Tiefe der vorhandenen Aufschlussbohrungen sollte mit den projektierten Pfahllängen abgeglichen werden; ebenso ist es häufig der Fall, dass bei Erstellung des Gutachtens bestimmte Baubereiche noch nicht zugänglich waren, sodass dort keine Aufschlüsse vorliegen. Der geotechnische Bericht ist im Hinblick auf die Existenz möglicher Hindernisse oder geotechnischer Besonderheiten, wie z.B. das Vorhandensein von Rammhindernissen, Aggressivität des Grundwassers und sonstige notwendige Parameter, zu prüfen.

Liegen entsprechende Baugrunderkundungen nicht vor, sind entsprechende Maßnahmen mit dem Ersteller der Ausführungsplanung abzustimmen; dies kann die Vorhaltung von Kupplungspfählen sein, um auf veränderte Tiefenlagen von Tragschichten schnell reagieren zu können.

3.4.4.3 Wahl des Pfahlsystems

Bei der Auswahl des Pfahlsystems sind die Eigenschaften der zu durchfahrenden Schichten hinsichtlich des Einbringverfahrens zu berücksichtigen. Fertigpfähle mit größeren Querschnitten (z.B. Pfähle aus Rohr- und Kastenprofilen sowie Stahlbetonpfähle) bieten sich bei locker gelagerten rolligen Böden und weichen bis steifen bindigen Böden an. Bei dicht gelagerten rolligen Böden sowie steifen bis halbfesten bindigen Böden sollten kleine Profile mit geringem Verdrängungsvolumen (Trägerpfähle) verwendet werden.

Das Einbringverfahren ist auf die Möglichkeit des Antreffens von Hindernissen abzustimmen. Es ist rechtzeitig zu beenden, wenn ein Pfahl auf ein Hindernis stößt, um eine Zerstörung oder Beschädigung des Pfahls zu vermeiden. Dann sind geeignete Zusatzmaßnahmen zu wählen. Als mögliche Einbringhilfen sind Spülhilfen und Entspannungsbohrungen üblich und zulässig, müssen aber protokolliert werden. Die evtl. Auswirkungen auf das Tragverhalten sind nachzuweisen.

3.4.4.4 Baustellenbesichtigung und Anfahrtsbeschreibung

Hier ist besonders auf die Baustellenzufahrten zu achten, da die schweren und langen Pfahltransport-LKWs eine entsprechend große und gut befestigte Zufahrt benötigen. Für den Zwischentransport auf der Baustelle werden ebenfalls hohe Ansprüche an die Arbeitsebene gestellt.

Die Anfahrtsbeschreibung mit Hinweis auf Besonderheiten, wie zeitliche Zufahrtsbeschränkungen, hohe Verkehrsfrequenzen, Gewichtsbegrenzungen, enge Kurvenradien etc. ist unbedingt allen Beteiligten auszuhändigen, um Stillstände zu vermeiden.

3.4.4.5 Arbeitsplanum

Verdrängungspfähle werden üblicherweise mit Mäklergeräten hergestellt Zur Sicherstellung einer effizienten Produktion und zum lagegenauen Einbringen ist daher eine große Mäklerlänge von Vorteil, was andererseits zu einem relativ hohen Gerätegewicht führt.

Der Ausbildung des Arbeitsplanums ist daher sehr große Aufmerksamkeit zu schenken. Vor Beginn der Arbeiten sollte die Tragfähigkeit des Planums geprüft werden, um bei Bedarf Zusatzmaßnahmen wie die Aufbringung einer zusätzlichen Tragschicht (u.U. mit Vlies) vorsehen zu können. Ebenso ist eine entsprechende Dränierung der Fläche vorzusehen, da sich mit den Arbeiten das Arbeitsplanum in der Regel verschlechtert.

Für die Standsicherheit der Geräte gibt die DIN EN 996 [44] die relevanten Hinweise. Details und Anwendungshinweise hierzu können in [45] nachgelesen werden. Hier ist darauf hinzuweisen, dass auch die VOB/C [40] in den entsprechenden ATV-Normen des Spezialtiefbaus hierzu die Verantwortlichkeiten dem AG bzw. dem AN zuordnet.

Die Qualität des Arbeitsplanums sollte auch im Hinblick auf das Abladen und Lagern von Fertigpfählen, Bewehrungskörben etc. berücksichtigt werden, da hierzu häufig Servicegeräte wie Seilbagger oder Autokran eine entsprechende Stellfläche beanspruchen.

3.4.4.6 Maßnahmen vor und während der Arbeiten

Abgesehen von dem doch recht selten vorkommenden Einpressen von Fertigpfählen wird für das Einbringen der Pfähle üblicherweise ein schlagendes oder vibrierendes Einbringverfahren angewendet. Dabei entstehen Rammgeräusche und Bodenerschütterungen, d.h. Emissionen, die von der Baustelle ausgehen. Die Rammgeräusche bestehen aus dem Schlag- und dem Auspuffgeräusch. Während sich das Auspuffgeräusch durch Schalldämpfer geringfügig mindern lässt, ist das beim Schlaggeräusch (insbesondere bei Stahlpfählen), das die Pfähle als Resonanzboden benutzt, nur in sehr engen Grenzen und unter starker Arbeitsbehinderung mit Schallschutztürmen möglich. Da aber nach den Immissionsschutzgesetzen nur bestimmte Geräusch- und Erschütterungsbelastungen zulässig sind, wird ein Einrammen von Pfählen häufig in der Nachbarschaft einer Bebauung auf Schwierigkeiten stoßen. Praktische Hinweise zu dem Umgang mit dem unvermeidbaren Baustellenlärm gibt das Merkblatt Baulärm [102].

Welche Verfahren besondere Erschütterungen verursachen, hängt wesentlich vom anstehenden Boden ab. Während bei Holz- und Stahlbetonpfählen nur das schlagende Rammen anwendbar ist, kann gegebenenfalls bei Stahlrammpfählen das Rammverfahren gewechselt werden. Unter Umständen können auch Auflockerungsbohrungen die Erschütterungen stark reduzieren. Auf jeden Fall ist eine Beweissicherung der umliegenden Bebauung und Straßen vorzusehen, ebenso eine kontinuierliche Messung des Lärmpegels, da hierfür in der Regel maximale Werte vorgegeben sind.

Für alle Pfähle müssen während des Einbringens Dokumentationen gemäß DIN EN 12699 [5] geführt werden; es wird hier darauf hingewiesen, dass die DIN SPEC 18538 [39] für Verdrängungspfähle detailliertere Angaben zum Berichtswesen als die DIN EN 12699 [5] fordert.

Demnach ist für Verdrängungspfähle grundsätzlich der kleine Herstellberichtbericht und für 5 % aller Pfähle (mindestens jedoch drei Stück) der große Herstellbericht zu führen.

Große Herstellberichte sollten grundsätzlich für alle Pfähle, die für eine Probebelastung in Betracht kommen, aufgestellt werden. Bei unterschiedlichen Beobachtungen, wechselndem Baugrund oder hoch belasteten Einzelpfählen muss die Anzahl der Pfähle, für die der große Herstellbericht geführt werden soll, erhöht und den besonderen Verhältnissen angepasst werden. Bei Verwendung verschiedener Pfahlarten ist diese Festlegung auf jede Pfahlart getrennt anzuwenden.

3.4.5 Bemessungsgrundlagen

3.4.5.1 Allgemeines

Die Bemessung von Verdrängungspfählen erfolgt analog zu den anderen Pfahlarten zum einen durch den Nachweis der inneren, zum anderen durch den der äußeren Tragfähigkeit. Die innere Tragfähigkeit beinhaltet den Nachweis des Pfahlmaterials, mit dem Nachweis der äußeren Tragfähigkeit wird die Aufnahme der Lasten im umgebenden Baugrund bestätigt.

3.4.5.2 Nachweis der inneren Tragfähigkeit

Grundsätzlich gilt hier, dass alle Nachweise gemäß Handbuch EC 7-1 [35] für den Grenzzustand der Tragfähigkeit (ULS – **U**ltimate **L**imit **S**tate) und für den Grenzzustand der Gebrauchstauglichkeit (SLS – **S**erviceability **L**imit **S**tate) zu führen sind. Maßgebend für den Grenzzustand der Tragfähigkeit ist üblicherweise der Grenzzustand des Versagens von Bauteilen bzw. Bauwerken (STR – Structure Failure).

3.4.5.3 Nachweis der äußeren Tragfähigkeit

Der Nachweis der äußeren Tragfähigkeit ist ebenso gemäß Handbuch EC 7-1 [35] zu führen; dort ist der in Deutschland üblicherweise beschrittene Weg, nämlich die Nachweisführung über

- Ergebnisse aus ausgeführten Probebelastungen,
- Anwendung von Erfahrungswerten, die aus Probebelastungen abgeleitet wurden,

im Detail beschrieben.

Der Nachweis der Tragfähigkeit über Rammformeln ist in Deutschland nur bedingt üblich und wird im Handbuch EC 7-1 [35] auch nur für begrenzte Anwendungsgebiete zugelassen. Auch hier ist jedoch eine Korrelation mit ausgeführten Probebelastungen unumgänglich. Die Anwendung numerischer Verfahren hat hier schon eine entsprechende Bedeutung erlangt, jedoch zeigen sich insbesondere in der Modellierung der Pfahlherstellung deutliche Grenzen.

In Anlehnung an die EA-Pfähle [7] wird daher hier auf weitere Ausführungen verzichtet, da darin die einzelnen Nachweisverfahren im Detail beschrieben sind.

3.4.5.3.1 Nachweis durch Probebelastungen

Für die Ausführung von Pfahlprobebelastungen wird auf Abschnitt 3.3.8 verwiesen, wo die grundlegende Thematik dargelegt wurde. Bei nachweislich vergleichbaren Untergrundverhältnissen und Pfählen können an anderer Stelle ausgeführte Probebelastungen zum Nachweis mit herangezogen werden.

Die DIN EN 12699 [5] gibt relativ wenige Hinweise für die Durchführung von Pfahlprobebelastungen und verweist auf das Handbuch EC 7-1 [35]. Besonders zu beachten ist jedoch, dass die Ausführung auch bei Verwendung von Fertigpfählen nicht unmittelbar nach der Einbringung erfolgen darf, um zeitabhängige Veränderungen des Baugrunds infolge des Einbringverfahrens zu berücksichtigen.

Die Ermittlung von axialen Pfahlwiderstandskennwerten allein aus dynamischen Probebelastungen ist nach Handbuch EC 7-1 [35] und EA-Pfähle [7] bedingt möglich. Voraussetzung ist jedoch, dass im Baufeld überwiegend nichtbindige Bodenarten vorliegen und das ausführende Institut über ausreichende Erfahrung in der Ausführung und Interpretation besitzt. Hintergrund ist, dass eine Kalibrierung an den Ergebnissen von statischen Probebelastungen zwingend vorgenommen werden muss.

3.4.5.3.2 Nachweis über Erfahrungswerte

Der Nachweis der äußeren Tragfähigkeit durch Erfahrungswerte hat in Deutschland eine lange Tradition. Es ist hierbei jedoch zu beachten, dass die in früheren Normen, Handbüchern oder in der Literatur aufgeführten Werte alle mit ausgewerteten Probebelastungen abgeglichen wurden, ungeachtet einer teilweise analytischen Ableitung. Die Erfahrung der früheren Normenwerke wurde in die EA-Pfähle [7] aufgenommen und konsequent durch Auswertung vieler Probebelastungen weitergeführt, sodass hier darauf als relevante Quelle verwiesen wird.

Für eine Vorbemessung bzw. Entwurfsüberlegungen, für die das vorliegende Handbuch seine Bedeutung hat, wird an dieser Stelle auf eine Zusammenstellung aus der alten Norm DIN 4026 [46] verwiesen. Die Anwendung dieser Erfahrungswerte stellt jedoch keinen Nachweis dar.

Tabelle 14: Entwurfswerte für die äußere Tragfähigkeit von Rammpfählen

Einbindetiefe im tragfähigen Boden	**Holzpfähle** $d_{Fuß}$ **in cm**					**Stahl- und Spannbetonpfähle mit quadratischem Querschnitt** **Seitenlänge a in cm**					**Stahlpfähle**				
											Trägerpfähle Breite oder Höhe in cm		**Rohr- und Kastenpfähle** **d bzw. a in cm**		
in m	15	20	25	30	35	20	25	30	35	40	30	35	35 bzw. 30	40 bzw. 35	45 bzw. 40
3	100	150	200	300	400	200	250	350	450	550	-	-	350	450	550
4	150	200	300	400	500	250	350	450	600	700	-	-	450	600	700
5	-	300	400	500	600	-	400	550	700	850	450	550	550	700	850
6	-	-	-	-	-	-	-	650	800	1000	550	650	650	800	1000
7	-	-	-	-	-	-	-	-	-	-	600	750	700	900	1100
8	-	-	-	-	-	-	-	-	-	-	700	850	800	1000	1200

3.4.5.4 Entwurfskriterien

Mindesteinbindelänge

Eine Mindesteinbindelänge in einen tragfähigen Baugrund wird in der DIN EN 12699 [5] nicht mehr angegeben; diese richtet sich nach dem statischen Nachweis. Eine Einbindung von mindestens 3 m in den tragfähigen Boden ist zu empfehlen; bei einer Einbindung in Festgestein oder sehr dicht gelagerten Boden kann auch ein geringeres Mindestmaß verwendet werden.

Pfahlabstände

Ausführungspläne im Sinne von Rammplänen sind lt. DIN EN 12699 [5] vor Beginn der Arbeiten zu erstellen und müssen Kriterien wie unzulässige Bodenverdichtung, Schädigung von Nachbarpfählen, unzulässige Verformungen etc. beinhalten. Die Reihenfolge muss so gewählt werden, dass die benachbarten Pfähle durch die Verdichtungs- oder Verdrängungswirkung beim Einbringen nicht beschädigt werden. Der Abstand der Pfahlachsen sollte in Fußebene 3 * D betragen. Der lichte Abstand sollte 1,0 m nicht unterschreiten. Bei Pfählen mit ausgerammtem Pfahlfuß ist der Abstand auf mindestens 3,5 * D zu vergrößern. Bei enger Pfahlstellung ist wegen der Bodenverdichtung von innen nach außen zu rammen.

Die zulässige Neigung von Fertigpfählen ist abhängig von der eingesetzten Gerätetechnik, d.h. von der Standsicherheit des Mäklergeräts.

Herstelltoleranzen

In der DIN EN 12699 [5] sind Herstelltoleranzen aufgeführt, die bei der Bemessung zu berücksichtigen sind; es sind dies

- Lageabweichung, gemessen in Höhe der Arbeitsebene, a < 0,1 m
- Neigungsabweichung max. 0,04 m/m

3.5 Pfähle mit kleinen Durchmessern (Mikropfähle)

3.5.1 Normung und Definitionen

3.5.1.1 Allgemeines

Für Sanierungs- und Unterfangungsarbeiten bei räumlich beengten Verhältnissen stehen Pfähle mit kleinem Durchmesser zur Verfügung, die heute allgemein als »Mikropfähle« bezeichnet werden. DIN EN 14199 [6] regelt die Anwendung dieser Pfahlbauart, die ihre Lasten über den Mantel- und Fußwiderstand in den Untergrund abträgt.

Tiefgründungen und Verankerungen stellen damit die häufigste Verwendungsart dar. Eine Verpressung während der Herstellung und eine Nachverpressung garantieren eine gute Verzahnung mit dem anstehenden Baugrund und ermöglichen eine sehr hohe Tragfähigkeit dieser Pfähle.

Für die Herstellung werden in Deutschland überwiegend Standard-Kleinbohrgeräte oder vergleichbare Geräte eingesetzt, die auch unter beengten Verhältnissen in Kellern usw.

eingesetzt werden können; zudem können die Antriebsaggregate auch getrennt vom Bohrgerät (z.B. außerhalb des Bauwerks) aufgestellt werden. Die Geräte können auf eine Fahrwerksbreite von 70 cm gebracht werden, sodass selbst Türöffnungen von 90 cm und Arbeitshöhen von ca. 2,0 m kein Hindernis darstellen.

Bei nachverpressten Mikropfählen als Zugverankerung von UW-Beton- oder DSV-Sohlen werden auch klassische Mäklergeräte zur Herstellung der Bohrung verwendet.

Da überwiegend im Bohrverfahren gearbeitet wird, treten nur geringe Belästigungen durch Lärm oder Erschütterungen auf.

3.5.1.2 Geltungsbereich

An dieser Stelle ist auf die aktuelle Situation in Deutschland bezüglich der europäischen Pfahlausführungsnormen hinzuweisen.

Der aktuelle Stand der Normung ist:

DIN EN 1536:2015-10	Bohrpfähle [4a]
DIN EN 12699:2015-07	Verdrängungspfähle [5a]
DIN EN 14199:2015-07	Mikropfähle [6a]

In Deutschland sind jedoch in der Muster-Verwaltungsvorschrift Technische Baubestimmungen mit Stand 2023/1 [70] folgende Normen aufgeführt:

DIN EN 1536:2010-12	Bohrpfähle
DIN SPEC 18140:2012-02	
DIN EN 12699:2001-05	Verdrängungspfähle
DIN EN 12699 Ber. 1:2010-11	
DIN SPEC 18538:2012-02	
DIN EN 14199:2012-01	Mikropfähle
DIN SPEC 18539:2012-02	

Hintergrund ist, dass aufgrund der laufenden Änderungen der DIN EN 206 bzw. der dazu korrespondierenden DIN 1045-Reihe bis ins Jahr 2023 keine Überarbeitung der o.a. DIN SPEC-Normen nach Erscheinen in 2015 der überarbeiteten DIN EN-Normen erfolgen konnte.

Der Unterschied zwischen den beiden Versionen der DIN EN 14199 liegt im Geltungsbereich. Die DIN EN 14199:2015-07 [6a] umfasst nur noch gebohrte Mikropfähle mit einem Durchmesser kleiner als 300 mm.

Nachfolgend wird der Geltungsbereich der in der aktuellen MVV TB gelisteten Ausführungsnormen [70] zugrunde gelegt. Zu beachten ist, dass eine Anwendung der Ausführungsnormen des Jahres 2015 in Kombination mit den DIN SPEC-Normen des Jahres 2012 nicht zulässig ist.

DIN EN 14199 [6] – Pfähle mit kleinen Durchmessern (Mikropfähle) – ist die Grundlage für die Planung und Herstellung von gebohrten Mikropfählen mit einem Durchmesser kleiner als 300 mm und bei Verdrängungspfählen mit Querschnittsabmessungen von maximal

150 mm. In Deutschland ist die DIN SPEC 18539 [47] zusätzlich gültig, die ergänzende und obligatorische Regelungen zum Einsatz dieser Pfähle vorgibt, wonach der Geltungsbereich auf gebohrte Mikropfähle mit einem Schaftdurchmesser kleiner als 300 mm und einem minimalen Schaftdurchmesser von 100 mm bei Verbundpfählen und von 150 mm bei Ortbetonpfählen reduziert wird.

Mikropfähle werden sowohl im Kurzzeiteinsatz (temporärer Einsatz), d.h. nicht länger als zwei Jahre, als auch im Dauereinsatz (permanenter Einsatz) verwendet. Für Verbundpfähle und Pfähle aus Gusseisen ist in Deutschland eine allgemeine Bauartgenehmigung (aBG) erforderlich.

3.5.1.3 Begriffe

Mikropfähle können aus folgenden Materialien bestehen:

- Stahl oder anderen Bewehrungsmaterialien;
- Verpressmörtel, Zementmörtel/Feinkornbeton oder Beton;
- eine Kombination der oben genannten Materialien.

Es werden in DIN SPEC 18539, Anhang A, Tabelle A, [49] die in Deutschland geregelten Systeme gezeigt (Tabelle 15):

Tabelle 15: Mikropfahlsysteme lt. DIN SPEC 18539 [47]

Pfahltyp	Herstellungsverfahren	Bewehrungstyp oder Baustoff	Verfüll-/Verpressverfahren	Verfüll-/Verpressgut
Ortbeton-Mikropfahl	Bohren (< 300 mm) oder Verdrängen (≤ 150 mm)	Bewehrungskorb	Verfüllen	Verpressmörtel, Zementmörtel/ Feinkornbeton oder Beton
			Verpressung durch die Verrohrung	Verpressmörtel, oder Zementmörtel/ Feinkornbeton
			Nachverpressung möglich: - durch Manschettenrohre; - über spezielle Ventile; - durch Nachverpressrohre.	Verpressmörtel
Verbundpfahl	Bohren (< 300 mm) oder Verdrängen (≤ 150 mm)	durchgehendes Tragglied aus Stahlbeton, Stahl oder Gusseisen	Verfüllen / Verpressen durch: - die Verrohrung; - das Tragglied; - die Manschettenrohre.	Verpressmörtel, oder Zementmörtel/ Feinkornbeton
			Nachverpressung möglich: - durch Manschettenrohre; - über spezielle Ventile; - durch Nachverpressrohre.	Verpressmörtel
		Verbleibende Verrohrung als Tragglied (mit oder ohne Bewehrungskorb)	Verfüllen / Verpressen durch: - die Verrohrung; - die Manschettenrohre.	Verpressmörtel, oder Zementmörtel/ Feinkornbeton
Fertigpfahl	Verdrängen (≤ 150 mm)	Stahlbeton, Stahl oder Gusseisen	ohne Verpressen oder Verfüllen während des Einbringens	—
			Nachverpressung möglich: - durch Manschettenrohre; - über spezielle Ventile; - durch Nachverpressrohre.	Verpressmörtel

3.5.1.4 Aspekte für den Einsatz von Mikropfählen

Vorteile der Mikropfähle:

- Durch Verpressung hohe Tragfähigkeit bei kleinen Durchmessern
- Ausführung unter beengten Verhältnissen
- Einsatz von leichten Geräten
- Geringe Lärmbelästigungen und Erschütterungen

Nachteile der Mikropfähle:

- Verhältnismäßig teures Gründungsverfahren
- Umfassende Fachkenntnisse und Zuverlässigkeit der Bohrmannschaft werden vorausgesetzt
- Insbesondere bei Nachgründungen nur geringe Leistungen durch geringe Arbeitshöhe möglich
- Bedingte Eignung für Wechselbelastungen
- Limitierung der Tragfähigkeit des Einzelpfahls

3.5.2 Mikropfahl-Systeme

3.5.2.1 Ortbetonpfahl

Betonstähle zur Bewehrung von Mikropfählen aus Beton müssen DIN 488-1 und DIN 488-2 [28] entsprechen, und die Bemessung ist nach DIN EN 1992 [6] und DIN EN 1994 [48] durchzuführen. Für die Betondeckung der Bewehrung gilt Tabelle C1 der DIN SPEC 18539 [47]. Um diese Mindestmaße durch das Herstellungsverfahren sicherzustellen, sind zur zentrischen Führung der Bewehrung Abstandhalter anzuordnen, die auch nach dem Ziehen der Verrohrung bzw. des Bohrrohrs eine ausreichende Überdeckung gewährleisten.

3.5.2.2 Verbundpfahl

Der Verbundpfahl ist ein Pfahl mit mindestens 100 mm Schaftdurchmesser und durchgehendem Tragglied, wobei das Verfüll-/Verpressgut das Tragglied auf ganzer Länge im Baugrund umschließt und die Kraft durch Verbund vom Tragglied über das Verfüll-/Verpressgut auf den Baugrund übertragen wird. Die Herstellung des Pfahls kann sowohl im Bohr- als auch im Rammverfahren erfolgen. Der Hohlraum im Boden kann bereits vor dem Einbau des Tragglieds verfüllt werden.

Das Tragglied des Verbundpfahls ist – gegebenenfalls mit Hilfe von Abstandhaltern – zentrisch anzuordnen. Für die Ausbildung von Traggliedern aus Stahlbeton ist DIN EN 1992 [19] zu beachten. Bei Traggliedern aus Stahl kann der Querschnitt als runder Vollstab, Rohr oder Profilstahl erfolgen. Für Stabstähle gelten DIN EN 10080 [49] oder prEN 10138-4 [50], für weitere Stahlteile siehe DIN EN 14199, Abschnitt 6.2.2.1 [6].

Außer diesen Stählen dürfen auch andere bauaufsichtlich zugelassene Stähle mit einer Nenn-Streckgrenze bis zu 500 N/mm² m² eingebaut werden. Tragglieder aus Stahl sind auf ganzer Länge gegen Korrosion zu schützen. Für die Betondeckung des Traggliedes, insbesondere bei betonangreifenden Wässern und Böden, gilt Tabelle 1 der DIN EN 14199 [6]. Bei Verbundpfählen ist für das Pfahlsystem eine allgemeine Bauartgenehmigung (aBG) erforderlich.

3.5.2.3 Fertigpfahl

Der Fertigpfahl ist ein Verdrängungspfahl, welcher ohne Verpressen, jedoch gegebenenfalls mit Nachverpressen eingebracht wird, und dessen vorgefertigtes Tragglied aus Stahlbeton, Stahl oder Gusseisen besteht und die Kraft direkt auf den Baugrund überträgt.

3.5.2.4 Anwender-Pfahlsysteme

3.5.2.4.1 GEWI®-Pfahl, System »DYWIDAG«

Dieses System ist ein bauaufsichtlich zugelassener Verbundpfahl als Einzel- oder Mehrstab-Tragglied [51]. Als Einzelstab betragen die Durchmesser 32, 40, 50 und 63,5 mm. Beim Mehrstab-GEWI®-Pfahl sind bis zu drei Stäbe gebündelt (Abbildung 93). Da der GEWI®-Stahl mittels zugelassener Muffenverbindungen beliebig verlängert werden kann, ist er besonders unter räumlich begrenzten Bedingungen einsetzbar. Ein weiterer Vorteil sind die aufschraubbaren Endverankerungen.

Der GEWI®-Pfahl ist für bindige und nichtbindige Böden und für Fels geeignet. In bindigen und nichtbindigen Böden wird der Zementmörtel in der Regel über das Bohrrohr verpresst.

Abbildung 93: Beispiel für das GEWI®-Mehrstabsystem (DYWIDAG)

Für den Einsatz in bindigen Böden kann der GEWI®-Pfahl mit einem Nachpresssystem ausgerüstet werden; das Nachverpressen erhöht die Kraftübertragung in den Untergrund, indem an den Stellen der Verpressventile der Zementstein aufgesprengt wird. Das GEWI®-Nachverpresssystem erlaubt ein mehrmaliges Nachverpressen.

Der GEWI®-Pfahl wird im Boden grundsätzlich in verrohrte Bohrlöcher eingebaut. Die Bohrlöcher können von der Horizontalen bis zur Vertikalen beliebig geneigt abgeteuft werden. Für die Herstellung gilt die allgemeine Bauartgenehmigung (aBG).

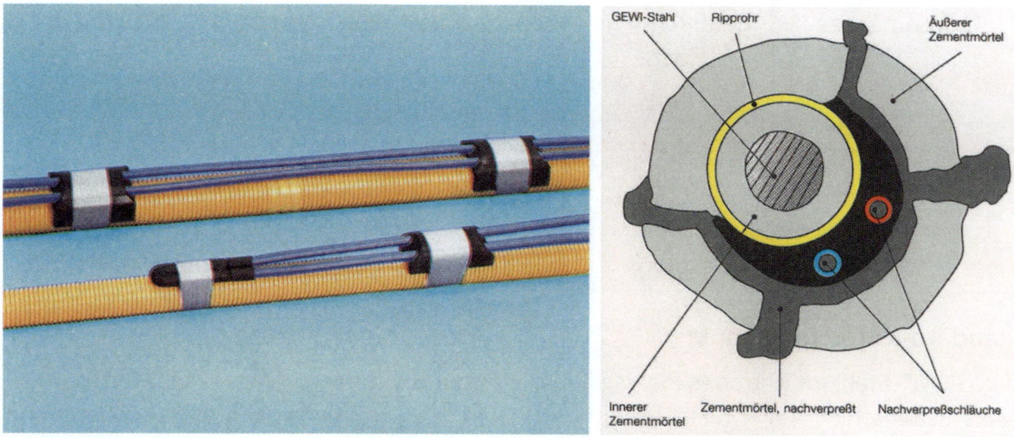

Abbildung 94: GEWI®-Nachverpresssystem und Verpresskörper (DYWIDAG)

Tabelle 16: Zulässige innere Tragfähigkeit der GEWI®-Pfähle

GEWI®-Einstab-Pfahl

	Nenndurchmesser [mm]	Stahlgüte [N/mm²]	Querschnittsfläche [mm²]	Last an der Streckgrenze [kN]	Bruchlast [kN]
GEWI®	32	500/550	804	402	442
Stab mit	40	500/550	1257	628	691
Links-	50	500/550	1963	982	1080
Gewinde/	63,5	555/700	3167	1758	2217
GEWI®	28	670/800	616	413	493
Plus	30	670/800	707	474	565
Stab mit	35	670/800	962	645	770
Rechts-	43	670/800	1452	973	1162
Gewinde	57,5	670/800	2597	1740	2077
	63,5	670/800	3167	2122	2534

GEWI®-Mehrstabpfahl

Durchmesser [mm]	Querschnittsfläche [mm²]	Last an der Streckgrenze [kN]	Bruchlast [kN]
3 × 32	2412	1206	1327
1 × 40 + 1 × 50	3220	1610	1771
3 × 40	3770	1885	2074

Durchmesser [mm]	Querschnitts-fläche [mm²]	Last an der Streckgrenze [kN]	Bruchlast [kN]
2 × 50	3927	1963	2160
2 × 40 + 1 × 50	4477	2238	2462
1 × 40 + 2 × 50	5184	2592	2851
3 × 50	5890	2945	3240

Standard-Korrosionsschutz

Der GEWI®-Stahl im Kern des Pfahls ist in der Regel von einer mindestens 20 mm starken Zementsteinschicht umgeben. Der hohe pH-Wert des Zementsteins umgibt den Stahl mit einem alkalischen Medium, das die Stahloberfläche passiviert. Dieser Standard-Korrosionsschutz wirkt bei Druckbelastung dauerhaft. Durch die hohen Gewinderippen bleibt der Verbundkörper homogen. Probleme durch Verbundlösen treten nicht auf.

Bei Zugbelastung wird durch die Gewinderippen eine gleichmäßige Verteilung von feinsten Haarrissen im Zementstein erreicht. Zusätzlich begrenzt wird die Rissbreite durch eine niedrige Dehnung des GEWI®-Stahls. Außerdem widersteht der GEWI®-Stahl Korrosionsangriffen, weil das Verhältnis von Oberfläche zu Querschnitt optimal ist.

Für den Dauereinsatz kann, oberhalb einer akzeptierten Rissbreite, ein doppelter Korrosionsschutz angewendet werden.

Doppelter Korrosionsschutz

Bei sehr hohen Korrosionsansprüchen kommt der GEWI®-Pfahl mit doppeltem Korrosionsschutz zum Einsatz. Der GEWI®-Stab wird dabei zusätzlich durch ein PVC-Ripprohr geschützt, das neben dem Zementmörtel eine zusätzliche Barriere gegen Korrosion darstellt. Der innere Zementmörtel wird werkseitig injiziert (Abbildung 94). Die zulässige innere Tragfähigkeit entspricht der obigen Tabelle. Die äußere Tragfähigkeit ist vom Baugrund und der Einbindelänge abhängig und kann durch ein- oder mehrfaches Nachverpressen gesteigert werden. Unter günstigen Baugrundverhältnissen kann die zulässige innere Tragfähigkeit ausgenutzt werden.

Der doppelt korrosionsgeschützte GEWI®-Pfahl ist genauso einfach einzubauen wie der GEWI®-Pfahl mit Standard-Korrosionsschutz. Die Pfahllast wird auf ganzer Länge über die Rippen des Ripprohres durch den äußeren Zementmörtel in den Boden übertragen.

Der doppelte Korrosionsschutz des GEWI®-Pfahls wird angewendet bei:

- Pfählen, die in aggressiven Medien, wie Meerwasser oder Deponiesickerwasser eingesetzt werden
- Zugpfählen mit dauerhafter Anwendung

Das Bauprinzip des doppelten Korrosionsschutzes wird auch dann angewendet, wenn die Krafteinleitung in den Untergrund mittels eines glatten Hüllrohrs zu unterbrechen ist, z.B. für Pfahlprüfungen oder für hohe Pfahl-Elastizität.

3.5.2.4.2 Verbundpfahl System Stump

Die Fa. Stump-Franki stellt den Verbundpfahl (Abbildung 95) nach der Zulassungs-Nr. Z-32.1-8 [52] her. Das Tragglied ist ein GEWI®-Stahl BSt 500 S mit den Durchmessern 20, 25, 28, 32, 40 und 50 mm; auch ein Stahl BSt 500 S kann für die Durchmesser 20, 25 und 28 mm verwendet werden. Durch das eingebaute Kunststoff-Ripprohr verfügt der Pfahl über einen erhöhten Korrosionsschutz. Der Einbau kann nach den beschriebenen Bohrverfahren erfolgen.

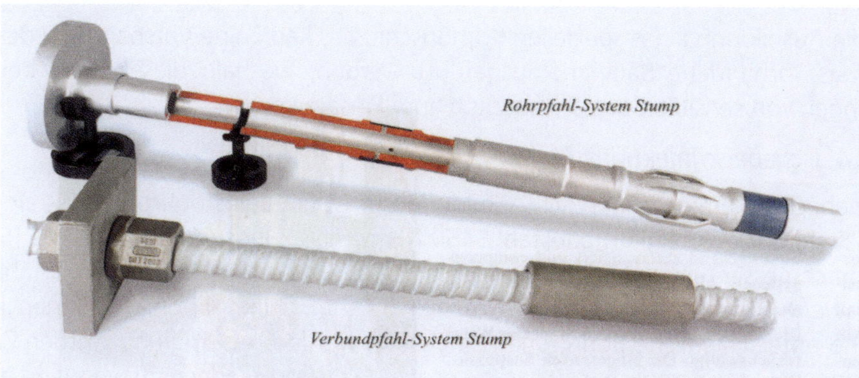

Abbildung 95: Stump-Verbundpfahl (Stump)

Die zulässigen inneren Tragfähigkeiten sind in Tabelle 17 zusammengefasst. Die äußere Tragfähigkeit kann auch hier, um die zulässigen inneren Tragfähigkeiten auszunutzen, durch entsprechende Nachverpressung beeinflusst werden. Bei der Herstellung ist die vorgenannte bauaufsichtliche Zulassung (hier insbesondere die Kopfausbildung) zu beachten.

Tabelle 17: Zulässige innere Belastungen des Stump-Verbundpfahls

			Druck [kN]	Zug [kN]			
DIN 1054 2005-01 Lastfall (LF) EC 7 (DIN EN 1997) Bemessungssituation (BS)			Ausführung A vorübergehender/ dauernder Einsatz	Ausführung A vorübergehender Einsatz	Ausführung A vorübergehender Einsatz		Ausführung B dauernder Einsatz
			LF 1, 2, 3 BS P, T, A $f_y = 500$ N/mm² $\gamma_R = 1{,}15$	LF 1, 2, 3 BS P, T, A $f_y = 500$ N/mm² $\gamma_R = 1{,}15$	LF 1 BS P $\sigma_y = 500$ N/mm²	LF 2, 3 BS T, A $f_y = 500$ N/mm² $\gamma_R = 1{,}15$	LF 1, 2, 3 BS P, T, A $f_y = 500$ N/mm² $\gamma_R = 1{,}15$
	A_t [mm²]	$R_{i,k}$ [kN]	$R_{i,d} = N_{pl,Rd}$	$R_{i,d} = N_{pl,Rd}$	$R_{i,d} = N_{pl,Rd}$	$R_{i,d} = N_{pl,Rd}$	$R_{i,d} = N_{pl,Rd}$
BSt 550 S - GEWI® und BSt 500 S							
Ø 20	314	157	137	137	72	137	137
Ø 25	490	245	213	213	113	213	213
Ø 28	615	308	267	267	141	267	267
BSt 550 S - GEWI®							
Ø 32	804	402	350	350	185	350	350
Ø 40	1.257	629	547	547	289	547	547
Ø 50	1.963	982	853	853	451	853	853

3.5.2.4.3 Bauer-SVV-Mikropfahl

Dieser Pfahl ist ein patentierter, vorgespannter Verbundpfahl. Das Tragglied besteht aus einem Rohr mit der Stahlgüte St 52 mit einem Durchmesser von 88,9 * 10 mm. Das Tragglied wird als verlorenes Bohrrohr mit einer verlorenen Spitze verwendet und schneidet mittels Räumer einen Ringraum um das Rohr beim Abteufen. Dieser Ringraum wird dann nach dem Bohrvorgang mit Zementmörtel verfüllt und bildet den Korrosionsschutz. Eine Nachverpressung ist zusätzlich möglich. Der Verbundpfahl ist analog zu den vorher genannten Verbundpfählen einsetzbar.

Durch die Ausbildung eines speziellen Kopfanschlusses kann eine Vorspannung des Pfahls gegen das vorhandene Bauwerk ausgeführt werden, weshalb dieser Pfahl bei Nachgründungen von sensiblen Bestandsbauten zum Einsatz kommt.

3.5.2.4.4 Ischebeck-Injektions-Pfahl

Der Ischebeck-Verpresspfahl TITAN (Abbildung 96) ist ein Selbstbohrpfahl mit einem gerippten Stahlrohr aus Feinkornbaustahl S460 NH gemäß Zulassung Z-34.14-209 [53]. Der Außendurchmesser eines TITAN-Verpresspfahls 73/53 beträgt bei diesem Pfahlsystem beispielsweise 73 mm, der Innendurchmesser 53 mm. Zum Abbohren können je nach Baugrund unterschiedliche Bohrkronen eingesetzt werden. Als Spülung werden Zementsuspensionen unterschiedlicher Zusammensetzung, Wasser oder Luft verwendet. Nach Erreichen der erforderlichen Pfahllänge wird mittels eines Verpressnippels über das Hohlgestänge von unten nach oben mit einer Zementsuspension verpresst. Die charakteristische Zugbelastung beträgt 860 kN, wobei die Tragfähigkeit bei Dauer-Zugbeanspruchung gemäß Zulassung Z-34.14-209 [53] zu reduzieren ist. Der Standard-Korrosionsschutz beruht auf dem vorhandenen Zementstein von mindestens 20 mm. Für zusätzlichen Korrosionsschutz stehen feuerverzinkte und zusätzlich duplex-beschichtete Ausführungen zur Verfügung; außerdem ist der Einsatz von Stahltraggliedern aus Edelstahl möglich.

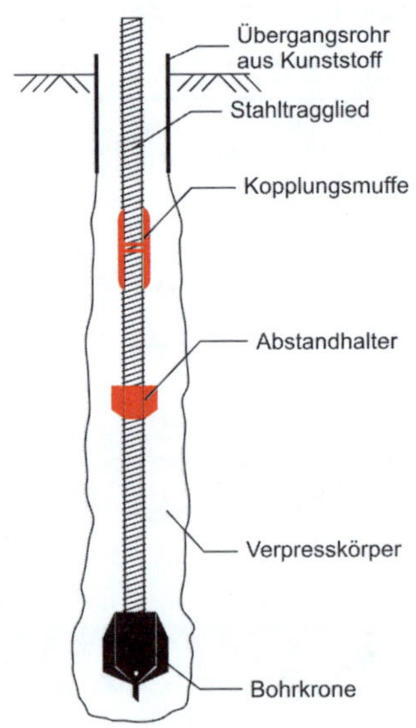

Abbildung 96: Ischebeck-Verpresspfahl TITAN 73/53 (Ischebeck)

3.5.2.4.5 Duktilpfahl

Der Duktilpfahl beruht auf einer schwedischen Erfindung und wurde 1988 auch in Deutschland eingeführt. Er wird heute durch verschiedenen Firmen in Deutschland ausgeführt; alle Hersteller müssen nach einer allgemeinen Bauartgenehmigung (aBG) arbeiten.

Das Pfahlsystem besteht aus einem duktilen Schleudergussrohr mit patentierten Muffenverbindungen (Abbildung 97). Die einzelnen Rohrschüsse werden mit einem Schnellschlaghammer eingerammt und ohne Spezialwerkzeuge zu längeren Einheiten zusammengesetzt. Die übliche Länge der einzelnen Rohrschüsse beträgt 6 m, doch sind auch kürzere Elemente für Arbeiten bei geringer Arbeitshöhe lieferbar. Für das Einrammen eignen sich besonders Teleskop-Rammgeräte (z.B. ABI, MGF, Zeppelin, Delmag usw. [100]).

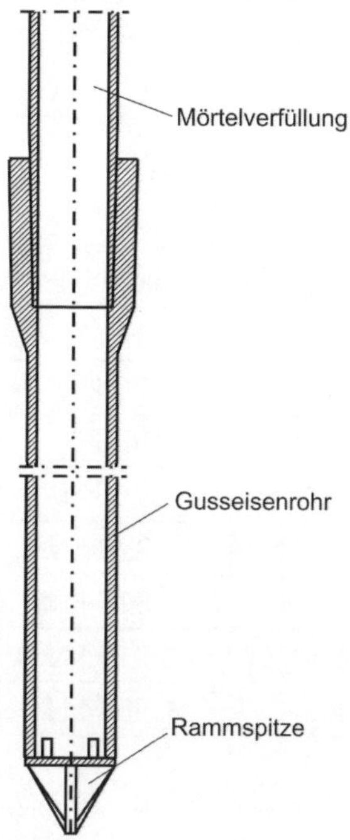

Abbildung 97: Systemschnitt Duktil-Pfahl

Der Pfahl kann als Mantelreibungspfahl im Lockergestein, aber auch als Aufstandspfahl in Fels eingesetzt werden. Zur Erhöhung der Tragfähigkeit kann eine Verpressung mit Zementsuspension vorgenommen werden.

Der Duktil-Pfahl hat folgende Vorteile:

- Widerstandsfähiger Pfahlwerkstoff beim Rammen
- Hohe Korrosionsbeständigkeit
- Herstellung in nahezu beliebiger Länge (max. ca. 25 m) durch einfache Muffenverbindung
- Einfache, sichere Handhabung
- Pfahlherstellung mit leichten und wendigen Geräten

Die Tragfähigkeit des Pfahls hängt von den lokalen Baugrundverhältnissen ab. Im Gebrauchszustand können Lasten von 450 bis 1100 kN bei einem Durchmesser von 118 mm und Lasten bis zu 2200 kN bei einem Durchmesser von 170 mm zugelassen werden (Tabelle 18). Die Pfähle eignen sich auch in Kombination mit Stabstählen als Zugglieder.

Bei unverpressten Pfählen entspricht der Durchmesser des Pfahlfußes dem des Pfahlschafts. Bei verpressten Pfählen (heute die übliche Ausführung) werden in der Regel Pfahlfußdurchmesser von 20 cm für Pfähle mit Durchmesser 118 mm und 25 cm für Pfähle mit Durchmesser 170 mm verwendet, um einen größeren Pfahldurchmesser zu erzielen.

Die fertig gerammten Pfähle werden, soweit es sich um unverpresste Pfähle handelt, mit Beton ausgefüllt (bei verpressten Pfählen ist das Rohrinnere von Anfang an mit Beton gefüllt) und der Pfahlkopf mit einer für die Abtragung der Bauwerkslasten erforderlichen Anschlussbewehrung – Kopfplatten bei Druckpfählen bzw. Zugbewehrung bei mantelverpressten Zugpfählen – versehen.

Tabelle 18: Innere Tragfähigkeit des Duktil-Pfahls [54]

	unverpresst (mit Betonverfüllung)		verpresst	
BDP Typ [mm]	C 20/25	C 35/45	C 20/25	C 35/45
Ø118 × 5,0[1)]	479 kN	570 kN	639 kN	730 kN
Ø118 × 7,5	709 kN	792 kN	869 kN	952 kN
Ø118 × 9,0	842 kN	920 kN	1.001 kN	1.080 kN
Ø170 × 7,5[1)]	1.134 kN	1.323 kN	1.365 kN	1.554 kN
Ø170 × 9,0	1.335 kN	1.517 kN	1.566 kN	1.748 kN
Ø170 × 10,6	1.545 kN	1.719 kN	1.776 kN	1.950 kN
Ø170 × 12,5[1)]	1.788 kN	1.954 kN	2.019 kN	2.185 kN

[1)] auf Anfrage bei Hersteller
Angegeben ist die innere Tragfähigkeit in Bemessungswerten (N_d). Die äußere Tragfähigkeit ist abhängig von den lokalen Baugrundverhältnissen. Für die Bemessung der Gründung ist jeweils der kleinere der beiden Werte maßgeblich.

In schluffigen Böden ist eine Erhöhung der Tragwirkung durch Verpressen tendenziell geringer. Typische Lastsetzungskurven von Duktilpfählen als Ergebnisse von Pfahlprobebelastungen sind in Abbildung 98 gezeigt, wo ein Vergleich der Last-Setzungskurven von 15 m langen Pfählen in Sand und Kies (Pfahl 1 unverpresst, Pfahl 2 verpresst) dargestellt ist.

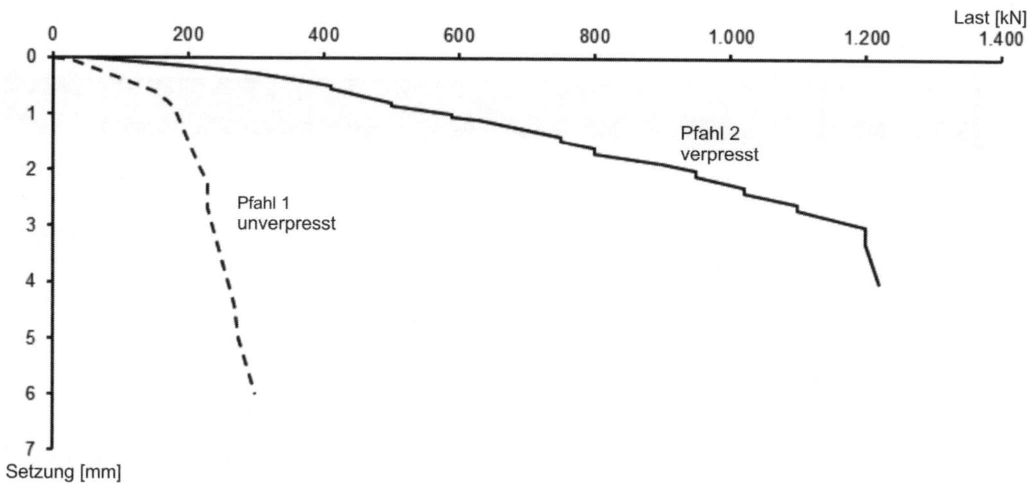

Abbildung 98: Duktil-Pfahl – Ergebnisse von Probebelastungen

3.5.2.4.6 MESI-Pfahlsystem

Das MESI-Pfahlsystem [55] verwendet hochwertige Stahlrohre (Fließgrenze 562 N/mm²), die im Bereich der Kraftübertragung nach einem patentierten Verfahren mit Injektionsdüsen ausgerüstet sind. Auf diese Weise verbinden sich die Eigenschaften eines Gründungselements von hoher innerer Tragkraft mit denen eines Injektionsventilrohrs, wodurch der anliegende Boden in einem oder mehreren Schritten befüllt werden kann (Abbildung 100).

Die Einzelelemente sind in Abbildung 99 dargestellt:

- Die Normlängen der dickwandigen Stahlrohre sind 1, 2, 3, 4 m und in der jeweils erforderlichen Länge mit Verpressdüsen ausgerüstet.
- Die Rohre werden in den Durchmessern 88,9/101,6 und 127 mm mit Wandstärken von 7,3/7,5 bzw. 8,4 mm eingesetzt, woraus sich Drucklasten von 640/750 bzw. 1070 kN ergeben.
- Für die Kraftübertragung stehen Schraubverbindungen mit Trapezgewinde sowie Außenmuffen, bei Notwendigkeit der Einbringung auch Innenmuffen, zur Verfügung.
- Der Pfahlfuß besteht aus einer Rammspitze mit entsprechendem Querschnitt.
- Eine aufgesteckte Pfahlkopfplatte leitet die Druckkraft aus der Baukonstruktion in den Pfahl. Mittels Kopfplatte werden Zugübertragungen über normgerechte Verankerungen in den Beton eingeleitet.
- Die Verpressdüsen (im Abbildung als Ventilrohrpaar gekennzeichnet) sind fest mit dem Stahlrohr verbunden. Eine patentierte Klappe lässt die mehrfache Benutzung zu und verhindert den Rückfluss der Suspension in das Rohr.

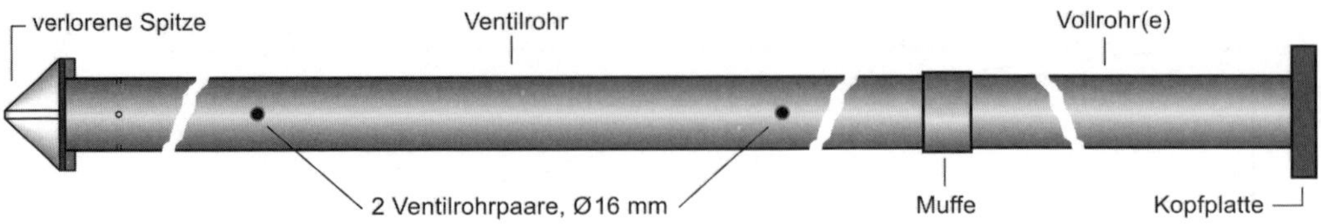

Abbildung 99: MESI-Pfahlsystem (Keller)

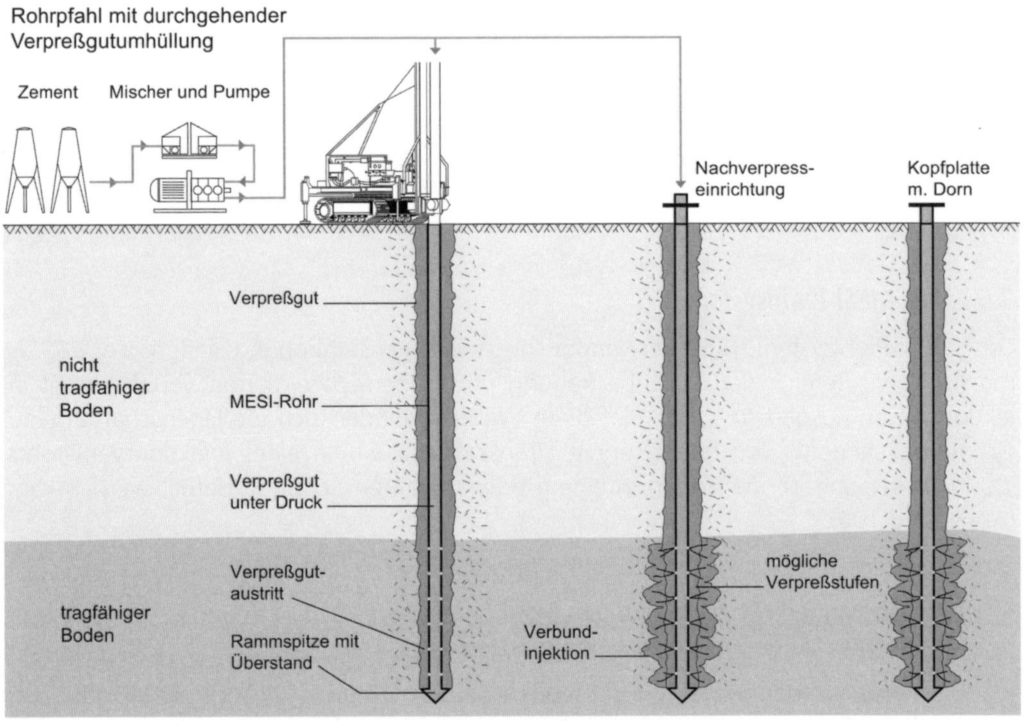

Abbildung 100: Herstellungsschema des MESI-Pfahls (Keller)

3.5.3 Geräte- und Werkzeugtechnik

3.5.3.1 Allgemeines

Die Herstellung von Ortbeton-Mikropfählen erfolgt überwiegend mit Ankerbohrgeräten oder vergleichbaren, modifizierten Geräten im Ramm-, Spül- oder Drehbohrverfahren. Daneben sind auch noch Spezialgeräte im Einsatz. Das Einbringen von Verbundpfählen ohne Bohrung geschieht durch Rammen, Rütteln oder Pressen. Die Höhe dieser Geräte beträgt dabei maximal 2,5 m. Das Fahrwerk kann bis zu einer Breite von etwa 0,70 m eingefahren werden, sodass Türöffnungen durchfahren werden können und der Betrieb in Räumen mit einer Höhe ab ca. 2,0 m möglich ist. Durch Elektroantriebe oder vom Gerät getrennt aufgestellte Antriebsaggregate ist die Anwendung in geschlossenen Räumen ebenfalls möglich und zulässig.

Zu den weiteren Bestandteilen der Geräte gehören

- Kraftdrehköpfe
- Hydraulikhämmer
- Misch- und Verpressgeräte
- sowie die entsprechenden Verrohrungen und Bohrwerkzeuge

3.5.3.2 Bohrgeräte

Obwohl überwiegend modifizierte Ankergeräte oder Spezialgeräte für die Herstellung von Mikropfählen verwendet werden, ist grundsätzlich auch der Einsatz leichter Drehbohrgeräte möglich, wenn die Platzverhältnisse es erlauben. Das Hauptaufgabengebiet sind jedoch die Spezial- und Nachgründungen unter beengten, d.h. stark eingeschränkten Arbeitsverhältnissen. Die sogenannten Kellerbohrgeräte gehören zu den vielseitigsten Geräten im Spezialtiefbau.

Von herstellerspezifischen Ausrüstungen und Ausstattungen abgesehen, verfügen fast alle Geräte über umfangreiche Fähigkeiten, die es ermöglichen, selbst unter schwierigen Platzverhältnissen unterschiedliche Bohrverfahren optimal auszuführen.

Je nach Fabrikat gehören zu den Optionen:

- Kraftdrehköpfe und Hydraulikhämmer mit variablen Drehzahlen und Drehmomenten
- Hydraulische Klemm- und Brechvorrichtung
- Seilwinde
- Ausrüstung für das Düsenstrahlverfahren
- Direktsteuerung (schwenkbar am Gerät angebauter Bedienungsstand)
- Duplexbohrköpfe für verrohrte Bohrungen
- Spülköpfe für Zentralspülung (Luft, Wasser, Suspension)
- Wahlweise Diesel- oder Elektroantrieb oder separates Hydraulikaggregat
- Hydraulisch spreizbares Raupenfahrwerk
- Teleskopierbare hydraulische Abstützung
- Teleskopbohrlafette

Abbildung 101 zeigt ein typisches Kleinbohrgerät mit den Systemabmessungen. Für weitere Details wird auf die diversen Herstellerinformationen verwiesen.

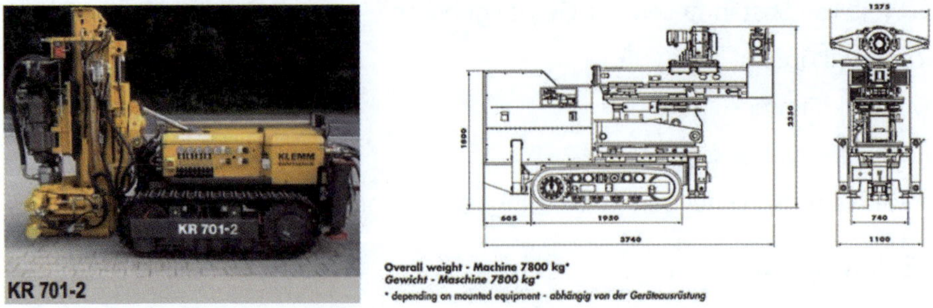

Abbildung 101: Spezial-Bohrgerät System Klemm Typ KR 701-2 (Klemm/Bauer)

3.5.3.3 Misch- und Verpressgeräte

Soweit nicht Beton für die Herstellung der Mikropfähle verwendet wird, erfolgt die Verpressung bzw. Verfüllung mit einer Zementsuspension bzw. mit Zementmörtel. Für den Verpressvorgang werden Mischgeräte, Injektions- und Mörtelpumpen eingesetzt.

Da im Normalfall nur geringe Verpressmengen benötigt werden, haben sich Kompaktgeräte mit einer Leistung von etwa 100 bis 120 l/min in durchgesetzt, die alle Komponenten (Mischer, Vorratsbehälter und Verpresspumpe) beinhalten.

Die Pumpen arbeiten nach dem Schnecken- oder Kolbenprinzip (Abbildung 102). Die Leistungen von bis zu 120 l/min in sind für die geringen Querschnitte ausreichend. Einige Fabrikate können auch Körnungen bis 8 mm Durchmesser verarbeiten. Der Druck beträgt maximal 100 bar.

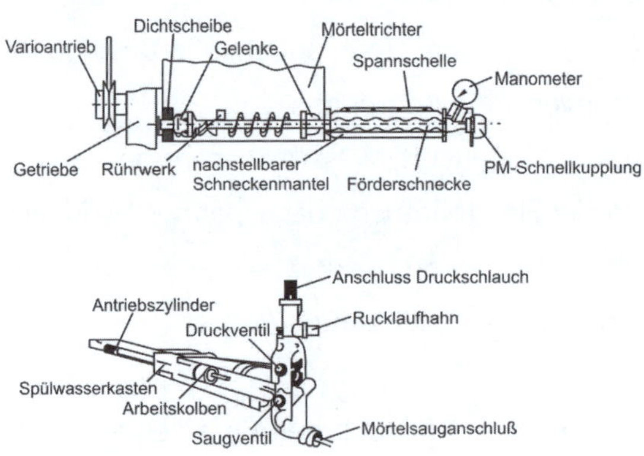

Abbildung 102: Pumpensysteme (Schneckenpumpe und Kolbenpumpe)

Eine getrennte Aufstellung der einzelnen Komponenten ist heute unüblich, da am Markt entsprechende Kompaktstationen mit Fernsteuerung sowie automatischer Mengenangabe von Zement und Wasser eingesetzt werden.

Bei Einsatz mehrerer Bohrgeräte und größeren Pfahldurchmessern bzw. -längen sind leistungsfähigere Anlagen erforderlich, die in Containern installiert sind (Abbildung 103). Sie ermöglichen das gleichzeitige Verpressen mehrerer Bohrungen und sind mit einer elektronischen Datenerfassung für alle relevanten Parameter ausgerüstet.

Abbildung 103: Kompakte Injektionsanlage in Containerbauweise (Bilfinger)

3.5.3.4 Bohrrohre und Bohrgestänge

3.5.3.4.1 Allgemeines

Für verrohrte Bohrungen kommen in der Regel dickwandige Rohre mit Gewinde-Nippelverbindung zum Einsatz (Abbildung 104). Die Einzellängen sind geräte- und verfahrensabhängig und betragen im Allgemeinen 1,0 bis 4,0 m (Staffelung auf 0,5 m üblich) bei einem Rohr-Außendurchmesser von 88,9 bis 305 mm.

Anmerkung:

Mit dem gängigen Rohrdurchmesser von 305 mm können unter Einhaltung des Geltungsbereichs der DIN EN 14199 [6] bzw. DIN SPEC 18539 [47] eigentlich keine Mikropfähle hergestellt werden, was in der Praxis jedoch teilweise anders gehandhabt wird.

Soweit für das jeweilige Bohrverfahren Innengestänge verwendet werden, bestehen diese ebenfalls aus Rohren mit Nippelverbindung in den entsprechenden Durchmessern und Längen (Abbildung 104).

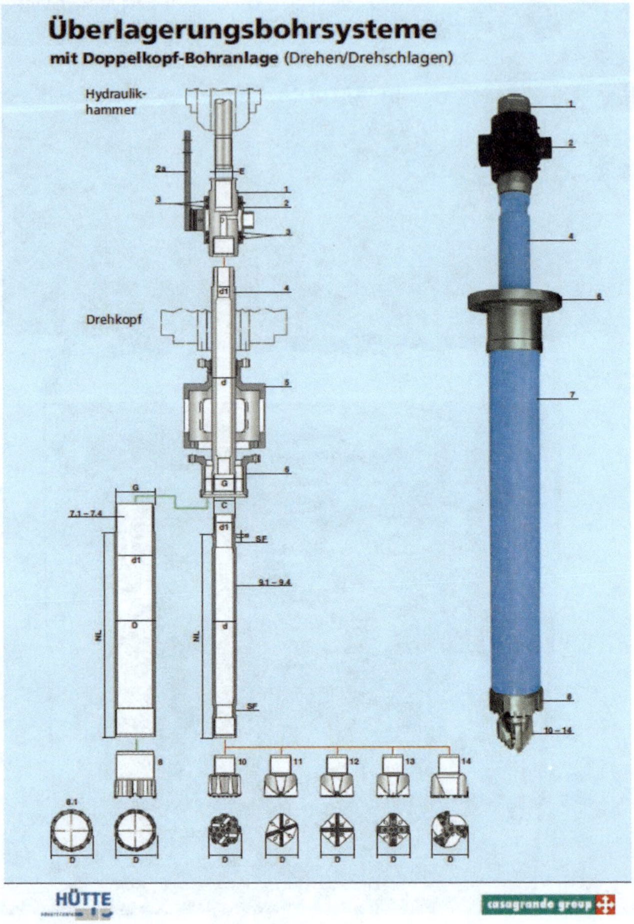

Abbildung 104: Außen- und Innengestänge (Hütte/Casagrande)

3.5.3.4.2 Bohr- und Rohrsysteme, Bohrkronen

Für die Herstellung von Mikropfählen kommen überwiegend die Bohrverfahren zum Einsatz, die auch bei der Ankertechnik Verwendung finden. Die verwendeten Bohrgeräte sind größtenteils für folgende Verfahren ausgerüstet:

- Rammbohrverfahren mit verlorener Spitze bis zu einem Durchmesser von 152,4 mm
- Schneckenbohrverfahren (unverrohrt und verrohrt) bis zu einem Durchmesser von 254 mm
- Spülbohren mit verlorener Spitze bis zu einem Durchmesser von 177,8 mm
- Spülbohren (Rotary-Bohren) mit Rollenmeißel bis zu einem Durchmesser von 406 mm (siehe Anmerkung 5.3.4.1)

- Überlagerungsbohren mit Hydraulikhammer bis zu einem Durchmesser von 177,8 mm
- Überlagerungsbohren mit Tieflochhammer bis zu einem Durchmesser von 305 mm (siehe Anmerkung 5.3.4.1)
- Doppelkopfbohren mit Hydraulikhammer bis zu einem Durchmesser von 177,8 mm
- Doppelkopfbohren mit Tieflochhammer bis zu einem Durchmesser von 305 mm (siehe Anmerkung 5.3.4.1)
- Exzenterbohren mit Tieflochhammer bis zu einem Durchmesser von 394 mm (siehe Anmerkung 5.3.4.1)

Die angegebenen Maße entsprechen dem Werkzeugkatalog der Fa. Hütte [56], dem auch weitere Details entnommen werden können. Bei anderen Herstellern kann es Abweichungen von den genannten Systemen und Maßen geben. Für die Anwendung der vorgenannten Bohrsysteme sind unterschiedliche Kraftdrehköpfe, Hydraulikhämmer, Im-Loch-Hämmer und sonstige Werkzeuge erforderlich, die in Abstimmung mit den Geräteherstellern zu konfigurieren sind.

3.5.3.5 Kraftdrehköpfe und Bohrhämmer

3.5.3.5.1 Allgemeines

Folgende Systeme werden unterschieden:

- Kraftdrehköpfe (KDK bzw. HDK) – nur Drehen
- Hydraulikbohrhämmer (HBH) – Schlagen und Drehen
- Doppelkopf-Bohranlagen (DKB) – Kombination von Drehkopf und Hydraulikhammer oder zwei Kraftdrehköpfen

Doppelkopf-Bohranlagen sind eine Kombination von Kraftdrehköpfen und Hydraulikhämmern. Der vordere Antrieb dient der Mitnahme der Verrohrung, während der hintere Antrieb das Innengestänge mit den jeweiligen Werkzeugen betreibt. Es sind die Kombinationen »Vorne und hinten Kraftdrehköpfe« oder »Vorne Kraftdrehkopf und hinten Hydraulikhammer« üblich.

3.5.3.5.2 Kraftdrehköpfe

Kraftdrehköpfe werden für folgende Bohrverfahren benötigt:

- Schneckenbohrverfahren
- Mitnahme der Außenverrohrung beim Überlagerungsbohren
- Bohrungen im Spülbohrverfahren mit verlorener Bohrspitze
- Bohrungen im Spülbohrverfahren mit Rollenmeißeln
- Bohrungen im Tieflochhammer-Verfahren

3.5.3.5.3 Hydraulik-Bohrhämmer

Hydraulik-Bohrhämmer arbeiten sowohl schlagend, drehend-schlagend als auch nur drehend. Sie werden klassifiziert nach dem maximal verfügbaren Drehmoment und dem eingebauten Kolbengewinde (Schlagenergie).

Das Drehmoment kann (bei gegebener hydraulischer Leistung des Bohrgeräts) durch Verwendung unterschiedlicher Motoren variiert werden, während die Schlagenergie stufenlos angepasst werden kann.

Schlagenergie und Drehmoment werden vom Einsteckende auf das Bohrgestänge übertragen. Heute werden die Hämmer mit einer hydraulischen Dämpfung ausgestattet, sodass Leerschläge bei fehlendem oder zu geringem Andruck des Geräts kompensiert werden.

Den grundsätzlichen Aufbau eines Hydraulikbohrhammers zeigt Abbildung 105.

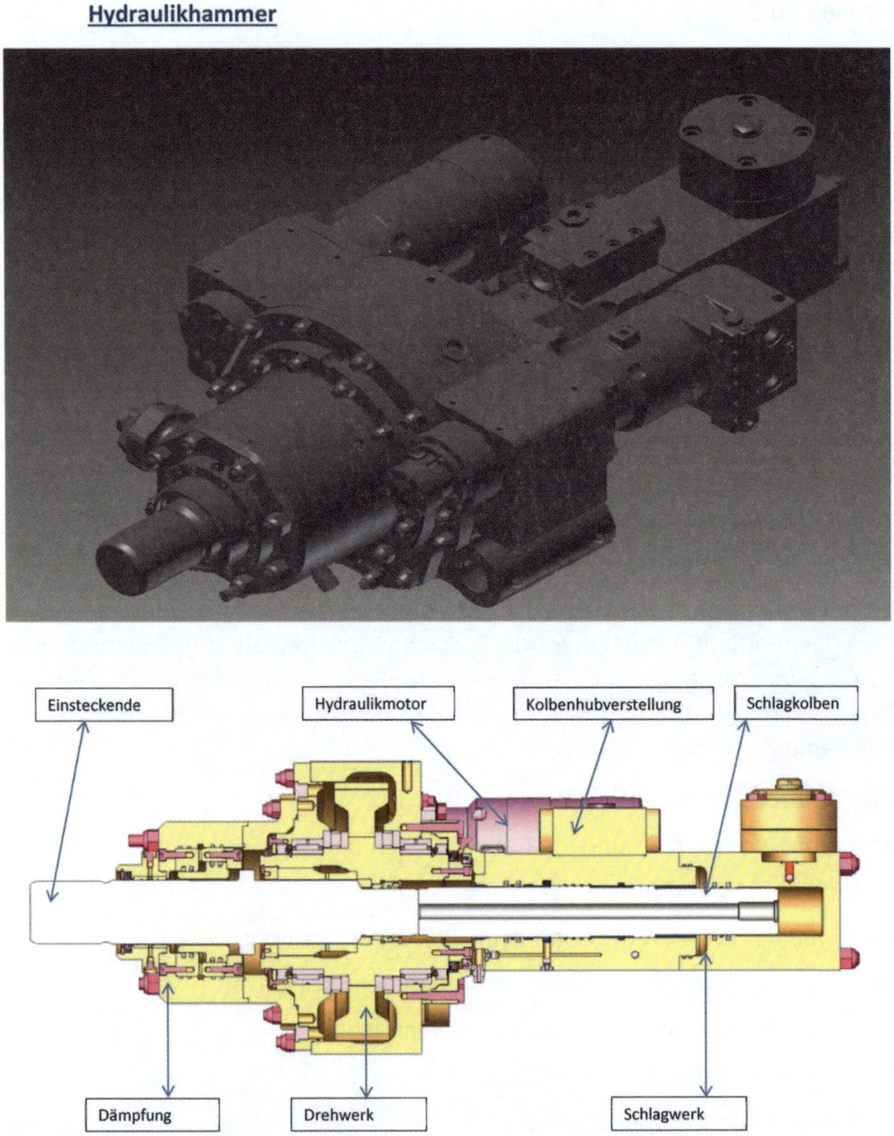

Abbildung 105: Systemdarstellung eines Hydraulikbohrhammers (Hütte/Casagrande)

3.5.3.5.4 Doppelkopf-Bohranlagen

Die Doppelkopf-Bohrmethode hat sich durchgesetzt, da sie praktisch in allen Bodenformationen einsetzbar ist. Dieses Verfahren eignet sich gerade in Überlagerungsböden, in denen es bei Einsatz der anderen Verfahren zu Schwierigkeiten und unbefriedigenden Bohrleistungen kommen kann.

Zwei gegenläufig arbeitende Bohrantriebe ermöglichen die stetige Mitnahme einer Verrohrung bei kontinuierlicher Bohrarbeit (Abbildung 106). Der obere Antrieb kann dabei sowohl ein Drehgetriebe (KDK) als auch ein Bohrhammer sein. Dabei lassen sich die unterschiedlichsten Bohrmethoden einsetzen.

Durch die große Bauhöhe von bis zu 3 m sind die Doppelkopf-Bohranlagen jedoch nicht bei eingeschränkter Arbeitshöhe verwendbar, sodass sie für die Herstellung von Mikropfählen nur bereichsweise zum Einsatz kommen, überwiegend erfolgt dies bei der Ankerherstellung.

Abbildung 106: Doppelkopf-Bohranlage im Baustelleneinsatz (Hütte/Casagrande)

3.5.4 Verfahrenstechnik und Arbeitsvorbereitung

3.5.4.1 Allgemeines

Die in DIN EN 14199 [6] und DIN SPEC 18539 [47] definierten Pfahlsysteme sind in Abschnitt 3.5.2 näher beschrieben; zusätzlich werden durch Anwender weitere Systeme (Abbildungen 107 und 108) eingesetzt, die normkonform sind oder für die eine allgemeine bauaufsichtliche Zulassung vorliegt.

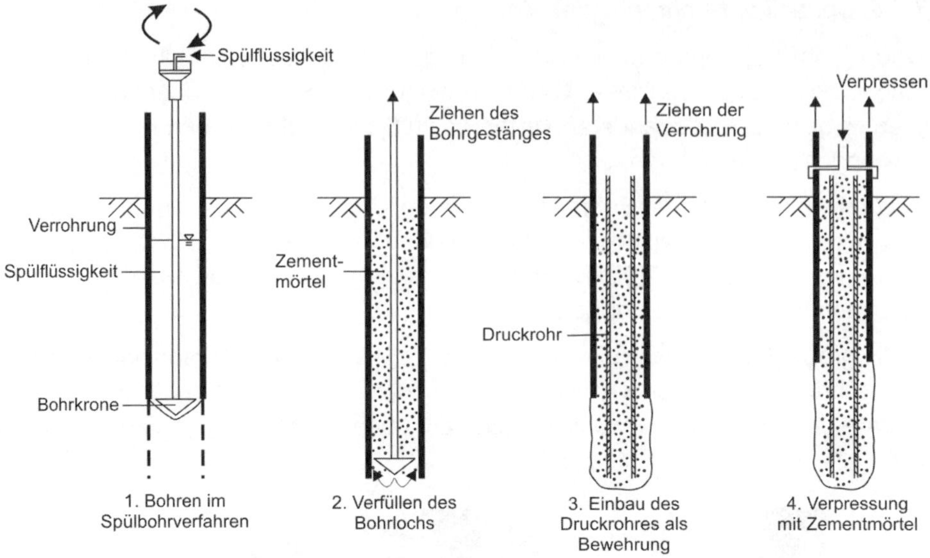

Abbildung 107: Arbeitsphasen der Mikropfahlherstellung eines Verbundpfahls im Mehrfach-Verpresssystem

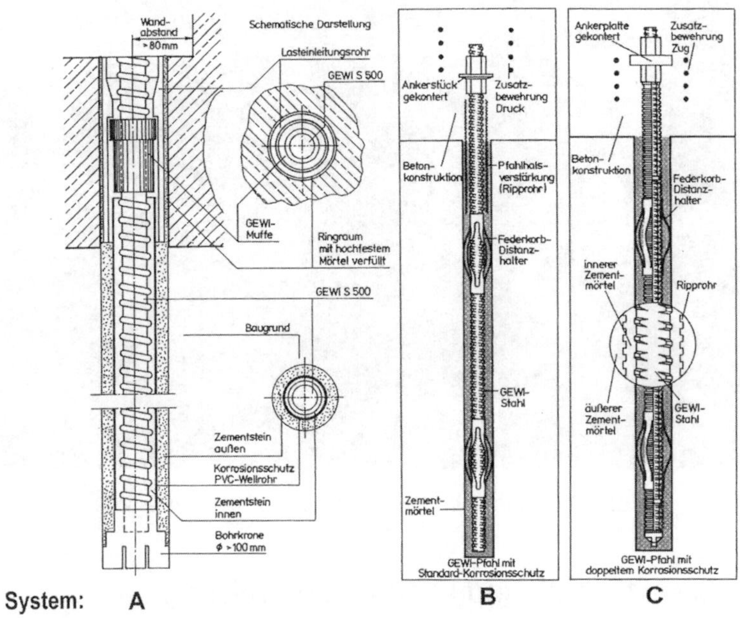

Definitionen:

A: Das Tragglied dient gleichzeitig als Bohrgestänge bzw. -rohr.

B: Einbau des Traggliedes in eine verrohrte Bohrung, Verrohrung wird beim Verpressen gezogen.

C: Wie B, jedoch mit doppeltem Korrosionsschutz.

Abbildung 108: Verpresspfahlsysteme

3.5.4.2 Anwendungsgebiete der einzelnen Bohrverfahren

In standfesten (bindigen) und wasserfreien Böden bzw. Lockergestein ist das unverrohrte Schneckenbohrverfahren sehr wirtschaftlich kostengünstig einsetzbar. Es muss jedoch gewährleistet sein, dass das Bohrloch sowohl während des Bohrvorgangs als auch beim Einbau des Tragelements und bei der anschließenden Verpressung keine Nachbrüche zeigt.

Bei hindernisfreien Sanden und Kiesen (auch bei Grundwasser) wird vornehmlich das Rammverfahren mit verlorener Spitze angewendet. Es ermöglicht hohe Leistungen; zudem wird durch die Verdrängung und teilweise Verdichtung des Bodens eine gute Tragwirkung erzielt.

Das Bohren mit verlorener Bohrkrone kommt dort zur Anwendung, wo mit Felslagen oder Hindernissen aus Mauerwerk oder unbewehrtem Beton zu rechnen ist.

Bohrungen mit Vollkronen sind nur in standfesten Böden (z.B. Fels) möglich, da der komplette Bohrstrang vor Einbau des Tragelements ausgebaut werden muss.

Die Anwendung des Doppelkopfverfahrens ist in allen Böden möglich und besonders für hindernisreiche Auffüllungen o.Ä. geeignet. Dabei können unterschiedlichste Bohrkronen verwendet werden, die zur Durchörterung der erwarteten Hindernisse geeignet sind.

Tieflochhammerbohrungen (auch Imlochhammerbohrungen genannt) werden vornehmlich in kompaktem und sehr hartem Fels angewendet. Bei nicht standfesten Formationen oder Wechsellagerungen muss eine Verrohrung mitgenommen werden, da es sonst zu Behinderungen des Bohrkleinaustrags kommt.

Spülbohrungen sind besonders für sehr harte Felsformationen geeignet. Bei Gefahr von Nachfall ist auch hier eine Verrohrung notwendig.

Grundsätzlich gelten auch hier die bisher gemachten Ausführungen zur Arbeitsvorbereitung und zu Maßnahmen vor und während der auszuführenden Arbeiten auf der Baustelle, soweit diese auf die Herstellung von Mikropfählen anwendbar sind.

3.5.4.3 Einbringen des Mikropfahls

Die zur Herstellung von Mikropfählen verwendeten Einbringverfahren sind in DIN EN 14199, Tabellen A1 und A2 [6], geregelt. Die Achsabstände der Pfähle im Bereich der Krafteintragungslängen sollen mindestens 0,80 m betragen. Wenn eine Schädigung der Nachbarpfähle ausgeschlossen ist, kann dieser Abstand in Abstimmung mit dem Baugrundsachverständigen verringert werden. Beim Bohren unterhalb des Grundwasserspiegels muss durch Überdruck der Spül- oder Stützflüssigkeiten verhindert werden, dass Boden in den Hohlraum eintreibt. Das Bohrloch ist vor dem Einstellen des Bewehrungskorbs bzw. des Tragglieds von Bohrrückständen zu säubern.

Tabelle 19: Einbringverfahren für Mikropfähle

Bohrverfahren	Bewehrungstyp	Verfüll-/Verpressverfahren	Verpressgut	Optionen
Spülbohrverfahren/ Schlagbohrverfahren/ Bohrverfahren mit Greifer oder Meißel	Bewehrungskorb	Verfüllen, Betonieren	Verpress- oder Zementmörtel/ Feinkornbeton oder Beton	Verrohrung
		Verpressung durch die Verrohrung	Verpress- oder Zementmörtel/ Feinkornbeton	
	Tragglied	Verfüllen, Betonieren	Verpress- oder Zementmörtel/ Feinkornbeton oder Beton	Verrohrung
		Verpressung durch: • Verrohrung • Tragglied • Manschettenröhrchen	Verpressmörtel	
		Nachverpressung durch: • Manschettenröhrchen • spezielle Ventile • Nachverpressröhrchen	Verpressmörtel	Fußverbreiterung
		Verpressen während des Bohrens	Verpressmörtel	Nachverpressung durch das Tragglied
	Verbleibende Verrohrung (mit oder ohne Bewehrungskorb)	Verfüllen oder Betonieren	Verpress- oder Zementmörtel/ Feinkornbeton oder Beton	Fußverbreiterung
Bohren mit durchgehender Förderschnecke	Bewehrungskorb Tragglied	Verpressen oder Betonieren durch das Seelenrohr der Schnecke	Verpress- oder Zementmörtel/ Feinkornbeton oder Beton	

3.5.4.4 Verpressen

Als Verpressgut wird Beton oder Zementmörtel verwendet; dabei muss der Verpressdruck im Bereich der Krafteintragungslänge mindestens 5 bar betragen. Der Beton oder Zementmörtel ist nach DIN EN 206 [17] und DIN 1045-2 [21] herzustellen und muss zum Zeitpunkt der Belastung mindestens 25 MPa betragen, wobei der Mindestzementgehalt des Betons bzw. Zementmörtels mindestens 375 kg/m³ betragen muss, bei Einsatz unter dem Grundwasserspiegel 500 kg/m³.

Das Größtkorn der Zuschlagstoffe darf 16 mm, 1/4 des Abstands der Längsbewehrung oder 1/6 des Innendurchmessers des Betonierrohrs nicht überschreiten, wobei der kleinste Wert maßgebend ist. Bei Pfählen mit kleinerem Schaftdurchmesser als 200 mm sollte der Durchmesser des Größtkorns 8 mm nicht überschreiten. Das Verpressgut muss durch Pumpen über Rohre, Schläuche oder das Bohrgestänge eingebracht werden; dabei muss der Betonierschlauch immer bis zur Sohle der Bohrung geführt werden und die Austrittsöffnung immer unter dem Betonspiegel liegen. Sie sollte beim Ziehen mindestens 3,0 m in das Verpressgut hineinreichen.

3.5.4.5 Nachverpressen

Verpresseinrichtungen sollen symmetrisch im Pfahlquerschnitt angeordnet werden. Nachverpressgut, -drücke und -mengen sind dem Baugrund und den örtlichen Verhältnissen anzupassen. Unter Last stehende Pfähle dürfen nicht nachverpresst werden.

3.5.4.6 Herstellprotokoll

Für alle Mikropfähle müssen während der Herstellung Protokolle geführt werden. Die für den verwendeten Pfahltyp relevanten Daten sind dabei dem Anhang G der DIN EN 14199 [6] zu entnehmen.

3.5.4.7 Güteprüfung

Es ist der Nachweis der Güte der Baustoffe zu führen (siehe auch Abschnitte 3.5.2.1 bis 3.5.2.3).

3.5.4.8 Erkundung des Baugrunds

Es gelten hier die Anmerkungen aus den Abschnitten 3.3.6 und 3.4.4. Unbedingt zu untersuchen sind Grundwasser und Baugrund auf beton- und andere baustoffschädliche Eigenschaften.

Grundsätzlich gelten hier die DIN EN 1997-1 und 2 [3] sowie die DIN 4030-1 [26].

3.5.4.9 Erkundung bestehender baulicher Anlagen

Bereits bei der Planung sind bei Arbeiten an oder in der Nähe von bestehenden baulichen Anlagen deren Tiefenlage, die Breite und Höhe der Gründungskörper sowie die Art der Konstruktion und der verwendeten Baustoffe und deren Festigkeit zu erkunden. Soweit keine Standsicherheitsberechnungen zur Verfügung stehen, sind die Lasten zu ermitteln. Horizontallasten sind dabei besonders zu beachten. Der bauliche Zustand, insbesondere hinsichtlich Verformungs- und Erschütterungsempfindlichkeit, ist bei der Wahl des Herstellungsverfahrens der Mikropfähle zu beachten.

3.5.5 Bemessungsgrundlagen

3.5.5.1 Innere und äußere Tragfähigkeit

Die innere Tragfähigkeit eines Mikropfahls wird durch Versagen der Pfahlbaustoffe bestimmt.

Die äußere Tragfähigkeit eines Mikropfahls wird durch Versagen des den Pfahl stützenden Baugrunds bestimmt.

3.5.5.2 Nachweis der äußeren Tragfähigkeit

Die Krafteintragungslänge ist die Teillänge des Pfahlschaftes, über die die Pfahlkraft in den Baugrund übertragen wird; sie muss in ausreichend tragfähigem Baugrund liegen und soll mindestens 3,0 m betragen. In Fels oder felsähnlichen Böden darf die Krafteintragungslänge angemessen herabgesetzt werden. Sie soll jedoch 0,5 m nicht unterschreiten.

Bei Verstärkungen bestehender Gründungen dürfen in Abweichung vom Handbuch EC 7-2 [35] Mikropfähle auch zur Übertragung von Teillasten herangezogen werden, wenn die Verträglichkeit des Verformungsverhaltens der beteiligten Gründungselemente berücksichtigt wird. Das Ausnutzen einer kombinierten Lastabtragung und somit eine Übertragung von Teillasten in Gründungspfähle erfolgt beispielsweise bei einer Kombinierten Pfahl-Plattengründung. Diese Verbundkonstruktion aus Flach- und Tiefgründung nutzt bei der Lasteinleitung in den Baugrund sowohl die Sohlspannung der Gründungsplatte als auch die Pfahlwiderstände der Gründungspfähle.

Die zulässige Pfahlbelastung ist aufgrund von Probebelastungen festzulegen. Bei der Durchführung der Probebelastung ist die Mantelreibung in Bereichen, welche im Gebrauchszustand der Pfahlgründung abgegraben sind, durch konstruktive Maßnahmen auszuschalten. In Ausnahmefällen kann dieser Mantelreibungsanteil rechnerisch abgeschätzt werden. Werden Bauwerkspfähle als Probepfähle verwendet, so ist nachzuweisen, dass sie unter der Prüflast keine Einbuße ihrer Tragfähigkeit erleiden. Für die Durchführung der Probebelastungen sind die EA-Pfähle [7] zu beachten, die in Tabelle 20 und 21 gezeigt sind.

Die Auswertung der Probebelastungen erfolgt nach DIN EN 1997-1 [3] und DIN EN 14199 [6]. Dort sind relevante Prüfkräfte und Teilsicherheitsbeiwerte angegeben.

Die Ergebnisse von Zugversuchen an Mikropfählen dürfen zur Beurteilung der Tragfähigkeit von Druckpfählen herangezogen werden, wenn die Pfahlkräfte im Wesentlichen über die gesamte Länge durch Mantelreibung in den Boden übertragen werden.

Auf die Durchführung von Probebelastungen darf nur verzichtet werden, wenn Ergebnisse von Probebelastungen unter vergleichbaren Verhältnissen vorliegen. In Abstimmung mit dem Baugrundsachverständigen kann im Ausnahmefall auf die charakteristischen Mantelreibungsbeiwerte der EA-Pfähle [7] zurückgegriffen werden.

Tabelle 20: Charakteristische Pfahlmantelreibung für verpresste Mikropfähle in nichtbindigen Böden

Mittlerer Spitzenwiderstand q_c der Drucksonde [MN/m²]	Bruchwert $q_{s,k}$ der Pfahlmantelreibung [kN/m²]
7,5	135 bis 175
15	215 bis 280
> 25	255 bis 315
Zwischenwerte dürfen geradlinig interpoliert werden.	

Tabelle 21: Charakteristische Pfahlmantelreibung für verpresste Mikropfähle in bindigen Böden

Scherfestigkeit $c_{u,k}$ des undränierten Bodens [kN/m²]	Bruchwert $q_{s,k}$ der Pfahlmantelreibung [kN/m²]
60	55 bis 65
150	95 bis 105
> 250	115 bis 125
Zwischenwerte dürfen geradlinig interpoliert werden.	

Pfahlprüfungen sind normalerweise sehr aufwändig und werden daher ungern durchgeführt. Für Mikropfähle und vergleichbare Varianten sind die Voraussetzungen günstiger, denn die erforderliche Prüflast ist relativ klein. Bei einer Druckbelastung können bei geschickter Anordnung die Nachbarpfähle zur Ableitung der Reaktionskraft verwendet werden (Abbildung 109).

Bei einer Zugprüfung kann die Prüfkraft direkt auf den angrenzenden Boden übertragen werden, solange gewährleistet ist, dass die Abtragung der Reaktionskräfte nicht die Mantelreibung entlang des Pfahls beeinflusst. Die Verschiebungen des Pfahlkopfs bei Belastung werden jeweils gegen eine Messtraverse gemessen, die außerhalb des Einflussbereichs der Prüfbelastung aufgelagert ist. Das Tragverhalten eines Mikropfahls kann sehr gut aus dem Vergleich der Verschiebungskurven für einen Druck- und einen Zugpfahl im gleichen Boden erkannt werden. Beim Zugpfahl wirkt die Zementmörtelsäule nicht wie beim Druckpfahl mit, selbst wenn sie dort nicht rechnerisch angesetzt wird. Daraus resultiert eine größere Hebung am Pfahlkopf.

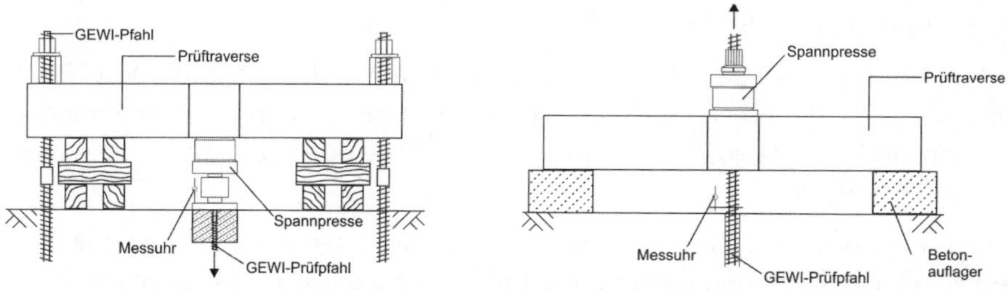

Abbildung 109: Schematische Darstellung von Probebelastungseinrichtungen für Druck- und Zugbelastungen

3.5.5.3 Nachweis der inneren Tragfähigkeit

Mit Beton hergestellte Ortbetonpfähle sind nach DIN EN 1992 [19] und DIN 1045 [21] zu bemessen. Für die Bemessung von Verbundpfählen ist der Nachweis der Brauchbarkeit zu führen.

Bei Tragelementen aus Stahl gelten die jeweils zulässigen Stahlfestigkeiten. Dabei ist zu beachten, dass teilweise Sonderstähle eingesetzt werden.

3.5.5.4 Biegebeanspruchung

Planmäßige Biegebeanspruchungen bei Mikropfählen sind grundsätzlich zu vermeiden. Ergänzend zum Handbuch EC 7-1 [35] ist eine Biegebeanspruchung infolge Seitendruck entsprechend [57] zu untersuchen.

Um Biegebeanspruchungen einzelner Pfähle aus ungewollter ausmittiger Belastung zu vermeiden, sind die Pfähle so anzuordnen, dass solche Ausmittigkeiten als unschädlich für den Einzelpfahl angesehen werden können.

Bei Schwell- und Wechselbeanspruchungen ist neben der üblichen Probebelastung zur Ermittlung der Grenzlast die Schwell- und Wechselbelastung des Gebrauchszustands zu simulieren. Die Anzahl der Lastwechsel im Versuch muss ausreichen, um auf das Abklingen der Verformungszunahme auf null schließen zu können. Bei Schwellbelastungen darf auf diesen Versuch verzichtet werden, wenn der Schwelllastanteil kleiner als 50 % der Gebrauchslast ist.

3.6 Spezielle Gründungselemente

3.6.1 Allgemeines

Zu den in diesem Abschnitt behandelten speziellen Gründungselementen gehören:

a. Rüttelstopfsäulen (RSS)

b. Vermörtelte Stopfsäulen (VSS)

c. Fertig-Mörtel-Stopfsäulen oder Mixed-in-Place-Säulen (MIP)

d. Betonrüttelsäulen (BRS)

e. CMC-Säulen

f. Düsenstrahlsäulen (DSV-Säulen)

Die Systeme b) bis f) werden in Anlehnung an [7] auch als pfahlähnliche Elemente bezeichnet. Es ist anzumerken, dass es darüber hinaus noch diverse Firmensysteme in Deutschland und Europa gibt, die jedoch von nachrangiger Bedeutung sind und daher nicht aufgeführt werden.

Brunnengründungen und Gründungen mittels Senkkästen sind im Allgemeinen keine pfahlähnlichen Elemente und werden üblicherweise als tiefliegende Flachgründungen bezeichnet und in einem gesonderten Kapitel behandelt.

3.6.2 Normung und Definitionen

3.6.2.1 Normung

Die vorgenannten Sondergründungselemente sind in unterschiedlichen Normen teilweise erfasst; so gelten aktuell die

- DIN EN 12716 Düsenstrahlverfahren [58]
- DIN EN 14679 Tiefreichende Bodenstabilisierung [59]
- DIN EN 14731 Baugrundverbesserung durch Tiefenrüttelverfahren [60]

Da diese Normen in Deutschland nicht in die Liste der technischen Baubestimmungen aufgenommen wurden, ist für die Ausführung der Arbeiten teilweise eine allgemeine Bauartgenehmigung bzw. eine allgemeine bauaufsichtliche Zulassung (abZ) [8] erforderlich, über die einige Firmen verfügen. Für das DSV-Verfahren werden durch das DIBt keine allgemeinen Bauartgenehmigungen oder bauaufsichtlichen Zulassungen mehr erteilt, da die wesentlichen Qualitätskriterien in die Ausführungsnorm aufgenommen wurden; daher ist hier die Einhaltung der DIN EN 12716 [58] für die Ausführung der Arbeiten ausreichend.

3.6.2.2 Einbaustoffe und Materialien

Entsprechend den o a. Normen und den Zulassungsbescheiden der einzelnen Firmen sind die dort spezifizierten Einbaustoffe zu verwenden.

3.6.3 Systeme und Verfahrenstechnik

3.6.3.1 Allgemeines

Wie in Abschnitt 3.6.2.1 bereits erwähnt, unterliegen die nachfolgend näher beschriebenen speziellen Gründungselemente nur teilweise einer Normung. In Deutschland existieren für verschiedene Systeme einzelner Firmen bauaufsichtliche Zulassungen; an dieser Stelle sei auf die einzelnen Firmenpublikationen verwiesen.

In Hinblick auf weitergehende Literaturhinweise wird ebenso auf das Kapitel 7 Baugrundverbesserung verwiesen.

3.6.3.2 Rüttelstopfsäulen

Diese auch unter der irreführenden Bezeichnung »Schotterpfähle« bekannten, speziellen Gründungselemente werden nach dem Rüttelstopfverfahren hergestellt. Der hierfür verwendete Tiefenrüttler wurde im Prinzip bereits 1934 von der Fa. Johann Keller (heute Keller Grundbau [61]) zum Patent angemeldet. Er wurde u.a. für das Rüttelstopfverfahren weiterentwickelt und durch eine Materialschleuse erweitert, wodurch das Stopfmaterial (Kies, Schotter, Splitt) an der Rüttlerspitze eingebracht werden kann. Das Verfahren wird im Wesentlichen für die Baugrundverbesserung eingesetzt und in dem entsprechenden Kapitel auch näher beschrieben.

3.6.3.3 Vermörtelte Stopfsäulen

Zementinjizierte Rüttelstopfsäulen sind in der Mitte der siebziger Jahre entwickelt worden und haben das Anwendungsgebiet der Stopfsäulen im Hinblick auf die zulässige Belastung und den Einsatz in nahezu allen Bodenarten kontinuierlich erweitert.

Vermörtelte Stopfsäulen sind unbewehrte Gründungselemente, die in einem im Untergrund durch Verdrängung hergestellten Hohlraum erstellt werden. Der durch das Schüttrohr des Schleusenrüttlers austretende Kies wird über der Austrittsöffnung mit einer Zement- oder Dämmer-Suspension getränkt und, durch die Stopfvorgänge gut gemischt, gegen die seitlichen Bodenwandungen gepresst und verdichtet, bis die Aufnahmefähigkeit des Bodens erschöpft ist. Als Versenkhilfe sowie zur Minderung der inneren Reibung im Korngerüst und damit zum schnellerem Absinken des Zugabematerials wird Wasser oder Luft verwendet. Über Rohrleitungen werden diese Medien bis zur Austrittsstelle am Rüttlerkörper oder an der Spitze geleitet. Die so erstellte Säule überträgt die vorwiegend vertikalen Lasten über Spitzendruck und Mantelreibung auf den verdichteten Baugrund im Lastabtragungsbereich kraftschlüssig und sehr setzungsarm.

Die Arbeitsebene soll möglichst etwa 1 m über dem zukünftigen Pfahlkopf liegen, um eine intensive Verdichtung in diesem Bereich zu ermöglichen. Die Anwendung wird auf einen Baugrund beschränkt, dessen undränierte Scherfestigkeit c_u mindestens 15 kN/m^2 beträgt. Bei entsprechendem Eignungsnachweis kann das System auch bei geringeren Werten eingesetzt werden.

Normalerweise werden die vermörtelten Stopfsäulen im Zuge des Erdaushubs in Höhe der Unterbetonschicht für die Streifenfundamente oder Plattengründungen abgestemmt und in die darüberliegende Unterbetonschicht eingebunden.

Vermörtelte Stopfsäulen werden heute dann eingesetzt, wenn die normale Stopfverdichtung unverträglich hohe absolute oder unterschiedliche Setzungen erwarten lässt. Sie bieten Längenvorteile bei der Festlegung der Pfahltiefe in unterlagernden, lockeren Sandschichten, da ein tragfähiger Fuß nach kurzer Einbindung in den Sand durch Verdichtung erstellt wird.

Auch wirtschaftliche Gründe sprechen häufig für die Vermörtelung, da das Kostenverhältnis einer Stopfsäule D = 70 cm zu einer vermörtelten Stopfsäule gleichen Durchmessers im Verhältnis von etwa 1:1,5 steht.

Die zulässigen Belastungen betragen baugrundabhängig 300 bis 600 kN bei einem erzielbaren Durchmesser von 60 bis 80 cm. Es können Tagesleistungen von bis zu 400 m pro Gerät erreicht werden.

3.6.3.4 Fertigmörtel-Stopfsäulen (FSS)

Die Herstellung (Abbildung 110) der Fertigmörtel-Stopfsäulen entspricht im Prinzip der der Rüttelstopfsäulen (Beschreibung siehe Kapitel 7 Baugrundverbesserung). Statt Kies oder Schotter wird hierbei jedoch ein vorgefertigter Mörtel verwendet. Durch abwechselndes Ziehen und Wiederversenken des Rüttlers (Stopfen) entsteht eine Säule, die quasi einem unbewehrten Pfahl entspricht, allerdings ohne eindeutig definierte Festigkeit.

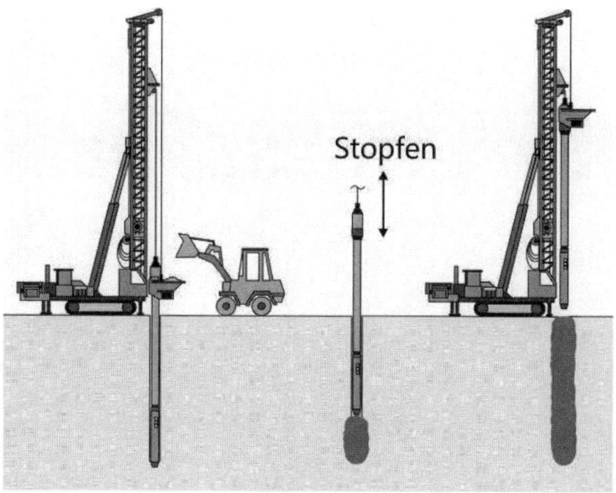

Abbildung 110: Herstellung von Betonstopfsäulen und Fertigmörtelstopfsäulen

3.6.3.5 Ortbetonrüttelsäulen

Eine Ortbetonrüttelsäule entsteht dadurch, dass in den von einem Tiefenrüttler durch Verdrängung geschaffenen Hohlraum Beton eingepumpt wird (Abbildung 111). Es handelt sich um unbewehrte Gründungselemente zur Abtragung kleinerer und mittlerer Vertikallasten. Grundvoraussetzung dieses Mitte der siebziger Jahre entwickelten Gründungsverfahrens ist der Einsatz von Trägergeräten, mit welchen der Tiefenrüttler im Trockenverfahren ausreichend tief in den Boden eindringen kann.

Vor dem Versenken des Rüttlers wird das Betonrohr mit Beton C20/25 gefüllt und soweit durch die Betonpumpe unter Druck gehalten, dass beim Versenkvorgang keine Pfropfen auftreten. Der Versenkvorgang endet nach der ausreichenden Eindringung in den tragfähigen Baugrund. Durch Auf- und Abbewegung des Rüttlers im Fußbereich wird eine Aufweitung erzielt und mit dem unter Druck der Betonpumpe eingebrachten Material verfüllt. Bei konstantem Betondruck wird der Rüttler dann gezogen, wobei die Ziehgeschwindigkeit so einzustellen ist, dass die Förderleistung der Betonpumpe nicht überschritten wird. Auf diese Weise wird auf den Beton ein Druck ausgeübt, der in weichen Bodenschichten sogar einen größeren Durchmesser entstehen lässt, als es dem vom Rüttler freigegebenen Querschnitt entspricht. Nach Erreichen der Oberfläche wird der Betonfluss gestoppt. Nach kurzem Wiedereintauchen des Rüttlers in die Betonoberfläche ist die Betonrüttelsäule fertiggestellt. Der erzielbare Schaftdurchmesser liegt je nach Baugrund zwischen 50 und 80 cm bei einem Fußdurchmesser bis zu etwa 90 cm. Die Tragfähigkeit ist neben dem Schichtenaufbau wesentlich von der Einbindung in die tragfähige Schicht und vom erzielbaren Pfahlfußdurchmesser abhängig. Sie kann bis 1000 kN betragen. Dabei sind auch Längen von über 20 m sicher erreichbar.

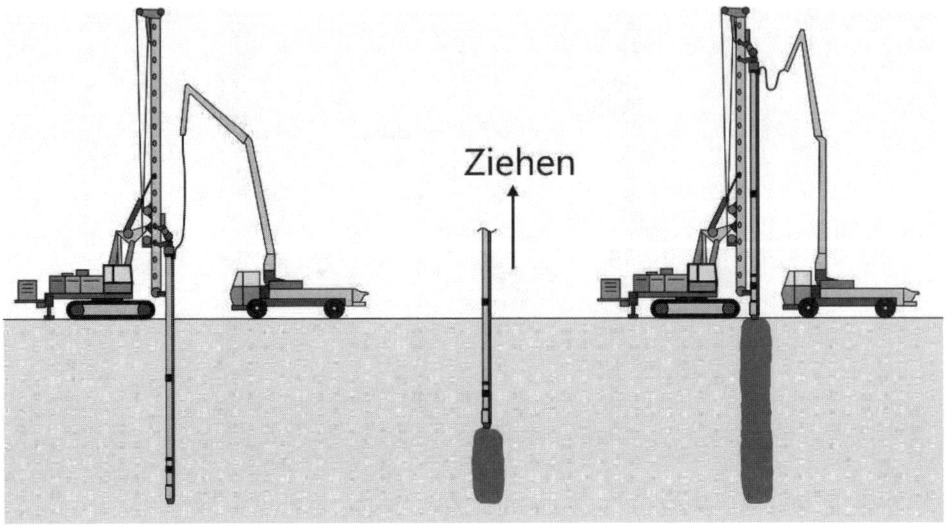

Abbildung 111: Herstellung von Betonrüttelsäulen

Betonrüttelsäulen haben sich in technischer und wirtschaftlicher Hinsicht besonders für die Gründung großer Flächenlasten bewährt. Neben der Gründung von Erdbauwerken eignet sich dieses Gründungsverfahren besonders für Plattengründungen von Hochbauten, Hallen und Industriebauten. In besonderen Fällen können sie auch durch Einrütteln von speziellen Bewehrungskörben im Kopfbereich verstärkt werden, was allerdings technisch aufwändig und statisch nur bedingt nutzbar ist. Die Wirtschaftlichkeit des Verfahrens bei geeigneten Verhältnissen ist im Wesentlichen in der Schnelligkeit der Ausführung (Tagesleistungen zwischen 300 und 400 lfdm) begründet. Hervorzuheben ist seine Umweltfreundlichkeit wegen geringer Schwingungs- und Geräuschemissionen.

3.6.3.6 CMC-Säulen

CMC-Säulen (Controlled Modulus Column) sind erschütterungsfrei vollverdrängend hergestellte, pfahlähnliche Tragelemente zur Baugrundverbesserung. Im Gegensatz zu Pfählen handelt es sich dabei um unbewehrte Säulen, die über unterschiedliche Lastverteilungsschichten von der Bauwerkskonstruktion getrennt sind und den umgebenen Baugrund am Lastabtrag beteiligen.

CMC-Säulen werden als drehendes Vollverdrängungssystem mit mittlerem bis hohem Drehmoment erschütterungsfrei eingebracht. Abgesehen von einer leichten Aufwölbung an der Oberfläche der Arbeitsebene wird kein Boden gefördert, wodurch sich das Verfahren grundlegend von den Herstellverfahren der Pfahlnormen DIN EN 1536 [4] und DIN EN 12699 [5] unterscheidet.

Die Bezeichnung Controlled Modulus Columns ergibt sich aus der exakt aufeinander abgestimmten Geräteeinheit. Die üblicherweise auf einem Kettengerät installierte Betonpumpe ist mechanisch sowie elektronisch mit dem Trägergerät verbunden und sorgt für den passenden Betondruck. In der zentralen Kontrolleinheit werden alle Ausführungsparameter gesteuert und protokolliert. Die kontinuierlichen Messintervalle visualisieren den entstehenden Säulenquerschnitt zur Kontrolle während seiner Herstellung. Die schlanken Tragelemente der CMC-Säulen mit Durchmessern von 28 cm, 32 cm, 36 cm, 40 cm, 42 cm oder 60 cm unterscheiden sich hinsichtlich des Materials und der Einbindung von Pfählen. Nach dem Durchteufen der nicht tragfähigen Schichten sind bereits geringe Einbindungen in den tragfähigen Baugrund ausreichend für die Lastabtragung. Die Bodenverdrängung bewirkt eine Verbesserung des umliegenden Bodens, der rechnerisch mit seinen bodenmechanischen Eigenschaften angesetzt wird.

Nach dem Erreichen der Endtiefe im Vollverdrängungsverfahren werden spezielle sandbasierte Betone an der CMC-Schleuse mit an den Boden angepasstem Betondruck injiziert. Für unterschiedliche Körnungslinien des Zuschlagmaterials stehen verschiedene Verschlussmechanismen zur Verfügung. Bei den CMC-Säulen kommt je nach chemischem Betonangriffsgrad vom Säulenfuß bis zum Säulenkopf ein einheitlicher Querschnitt mit kontinuierlichen Betonfestigkeiten von C8/10 bis C35/45 zum Einsatz. Über die Steuerung des Betondrucks werden vom Säulenfuß bis zum Säulenkopf einheitliche Querschnitte erzeugt. Abbildung 112 zeigt einen CMC-Fertiger mit seitlicher Schleuse für sandbasierten Spezialbeton und einen CMC-Fertiger mit verlorener Fußplatte für Normalbeton.

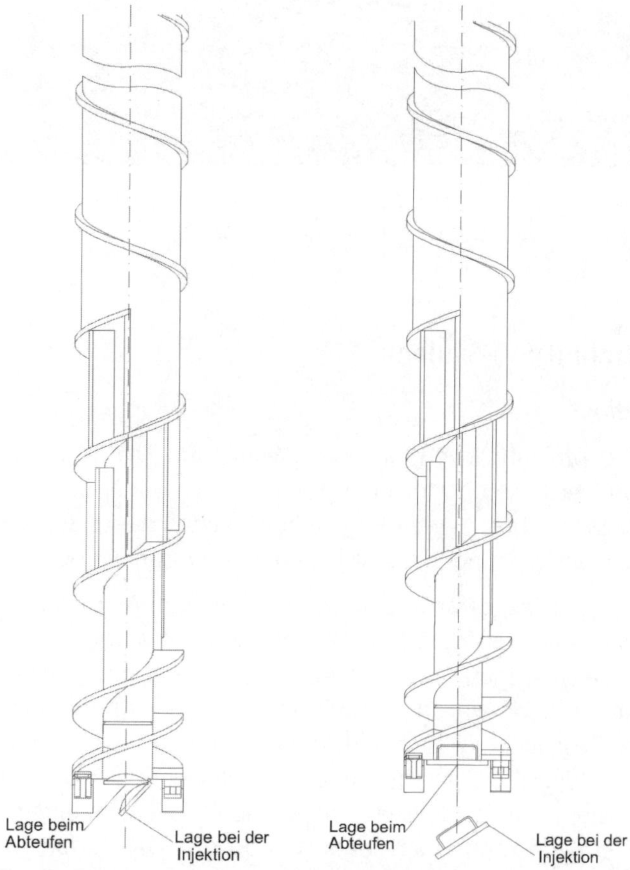

Abbildung 112: CMC-Fertiger für sandbasierte Spezialbetone (links) und Normalbeton (rechts) System BVT-DYNIV GmbH

Typische Anwendungsbereiche für dieses Verfahren sind sowohl die Gründung von Dämmen auf weichem Untergrund als auch die Gründung von Hoch- und Industriebauten, wie in Abbildung 113 dargestellt. Besonders zu beachten ist die Ausbildung der lastverteilenden Tragschicht über den Säulen, siehe hierzu auch [62].

Abbildung 113: Bauvorhaben FIEGE II in Hamburg Moorfleet: Produktion CMC-Säulen und Herstellung der hydraulisch gebundenen Tragschicht in mehreren Lagen durch BVT-DYNIV GmbH

3.6.3.7 Düsenstrahl-(DSV)-Säulen

3.6.3.7.1 Allgemeines

Die Herstellung von pfahlähnlichen Gründungselementen im Düsenstrahlverfahren, das im Kapitel Baugrundverbesserung Injektionstechnik noch näher beschrieben wird, ist nur ein Teilbereich von zahlreichen Anwendungsmöglichkeiten dieses Systems, wie z.B. Unterfangungen, Baugrubensicherungen, Abdichtungen, Baugrundverbesserungen usw.

Der Grundgedanke des Düsenstrahlverfahrens (engl. Jet Grouting), auch unter den Namen HDI (System Bauer), Soilcrete (System Keller Grundbau), Stump-Jetting, Rodinjet (Rodio) v.w.m. bekannt (Bezeichnungen sind z.T. geschützt), besteht darin, dass Injektionsgut, das aus Düsen am unteren Ende eines Drehbohrgestänges unter hohem Druck (300 bis 600 bar) und mit hoher Geschwindigkeit (bis 200 m/s) in den umgebenden Boden austritt, den Boden zerschneidet, teilweise austrägt und den verbleibenden Boden mit dem Injektionsgut (Zementsuspension) vermischt. Es entstehen dabei Säulen mit einem Durchmesser von über 300 cm (in Kies- und Sandböden sogar bis 400 cm). Das Verfahren bietet sich daher zur Herstellung von Säulen an und kann in nahezu allen Bodenarten (selbst in Tonen und Schluffen) über oder unter dem Grundwasserspiegel angewendet werden.

Die je nach Baugrund und Herstellverfahren verhältnismäßig hohen inneren Tragfähigkeiten können baugrundbedingt nur zu einem geringen Teil genutzt werden. Ein Einbau von Bewehrungskörben ist nicht möglich, sodass Biegebeanspruchungen nicht aufgenommen werden können.

In umfangreichen Grundsatzversuchen konnten verschiedene Hersteller nachweisen, dass sich der Durchmesser der Düsenstrahl-Säulen durch die Vorgabe von Druck, Drehzahl, Volumenstrom, Luftzugabe und Ziehgeschwindigkeit maßgeblich beeinflussen lässt. Abbildung 114 zeigt freigelegte DSV-Körper in einem großflächigen Versuchsfeld (Grundsatzversuche aus der Anfangszeit der Anwendung).

Abbildung 114: Freigelegte DSV-Körper (Bilfinger)

3.6.3.7.2 Beschreibung des Herstellverfahrens

Erläuterungen zum Herstellverfahren werden im Kapitel Baugrundverbesserung gegeben.

Je nach Verwendungszweck und Baugrund stehen drei Verfahren zur Verfügung:

- Einphasenverfahren
- Zweiphasenverfahren
- Dreiphasenverfahren

Die Kriterien zur Beurteilung der im Düsenstrahlverfahren hergestellten Elemente sind im Wesentlichen der Durchmesser und die Festigkeit der Elemente.

Die Verfahrensmerkmale sind vielfältig und beeinflussen sich gegenseitig. Folgende generelle Zusammenhänge sind ohne weiteres plausibel:

- Mit wachsender Festigkeit des Baugrunds muss der Energieeintrag des Schneid- bzw. Lösestrahls gesteigert werden, um den Baugrund lösen zu können. Der Energieeintrag ist von der Strahlgeschwindigkeit, d.h. vom Düsendurchmesser, und hauptsächlich vom Druck abhängig.
- Bei gleicher Festigkeit des Baugrunds wachsen die Abmessungen der Elemente mit steigendem Energieeintrag und Einwirkungsdauer. Diese wird durch die Zieh- und die Umdrehungsgeschwindigkeit des Gestänges geregelt.
- Die Leistung der Pumpen muss der Schneidgeschwindigkeit, der Größe des Hohlraums und dem Mischungsverhältnis der Suspension mit dem gelösten Baugrund angepasst sein.
- Die Festigkeit der fertigen Elemente hängt ab von der Zusammensetzung der Suspension, von dem Mischungsverhältnis von Suspension und Baugrund, vom Baugrund selbst und schließlich von der Homogenität der Elemente.

Die Vielzahl der Verfahrensmerkmale erfordert eine sorgfältige Planung aller Arbeiten, Erfahrung bei den Ausführenden und oft auch vorausgehende Versuche.

3.6.4 Geräte- und Werkzeugtechnik

3.6.4.1 Allgemeines

Für die Herstellung der vorgenannten pfahlähnlichen Systeme werden unterschiedliche Gerätekonfigurationen verwendet. Diese werden von den ausführenden Firmen entweder selbst konfiguriert, wobei auf am Markt erhältliche Systeme zurückgegriffen wird, oder aber es werden eigene abgestimmte Systeme entwickelt. Die Maschinen sind speziell auf die Belange des jeweiligen Systems abgestimmt und basieren auf langjährigen Erfahrungen in der Konstruktion von Spezialtiefbaugeräten.

3.6.4.2 Trägergeräte

Das in Abbildung 115 dargestellte Gerät ist von der Fa. Keller Grundbau universell für die Herstellung der oben genannten Säulen, sowohl für Rüttelstopfsäulen als auch für vermörtelte Rüttelstopfsäulen, konstruiert worden.

Über einen speziellen Materialaufzug erfolgt die Beschickung des Rüttlers mit Schottermaterial. Zur Ausstattung gehören elektronische Überwachungs- und Registrierungsgeräte, die eine durchgängige Dokumentation der Arbeiten sicherstellen. Das Gerät ist aber auch zur Herstellung von Endlosschneckenbohrungen und zur Ausführung von Ramm- und Rüttelarbeiten geeignet.

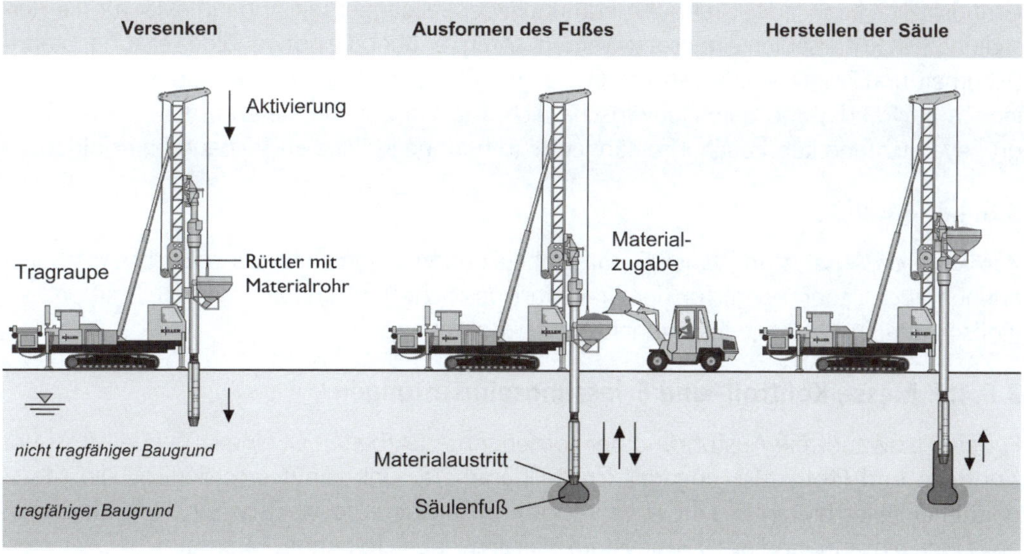

Abbildung 115: Trägergerät der Fa. Keller Grundbau zur Herstellung von Rüttelstopfsäulen

Auch von der Fa. Bauer sind in den letzten Jahren Trägergeräte für die Herstellung der o.a. Sondergründungselemente entwickelt worden, z.B. der Typ BF 13 (Abbildung 116). Daneben sind sowohl die Geräte der klassischen BG-Reihe als auch der MC-Reihe in der Lage, für diese Arbeiten eingesetzt werden zu können. Hier wird auf die aktuellen Unterlagen des Herstellers verwiesen.

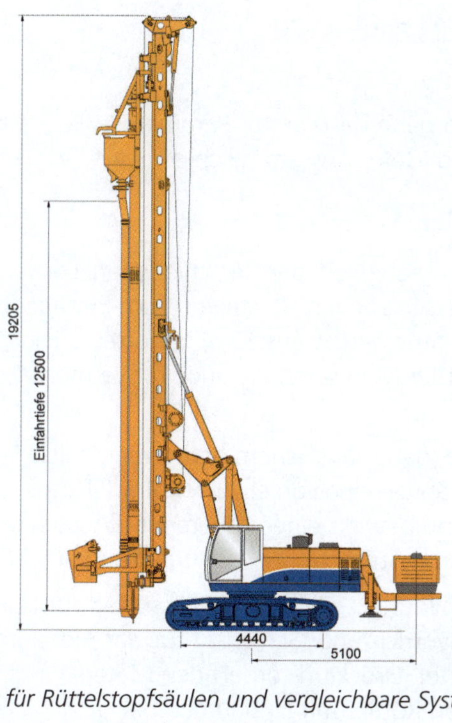

Abbildung 116: Trägergerät für Rüttelstopfsäulen und vergleichbare Systeme, System Bauer BF 13

Grundsätzlich kann jedes Drehbohrgerät und jeder Seilbagger mit Anbaumäkler für die Herstellung von Rüttelsäulen eingesetzt werden, sofern er über die notwendige Leistung, Standsicherheit und Tragfähigkeit verfügt. Ohne entsprechende Vorkonfiguration ist der Umbau jedoch aufwändig und damit unwirtschaftlich. Der Einsatz von Tiefenrüttlern für die Baugrundverdichtung kann auch »freihängend«, d.h. ohne Mäkler, an Seilbaggern erfolgen.

3.6.4.3 Radlader

Zur weiteren Ausstattung einer Geräteeinheit gehören Radlader (bei schlechten Arbeitsebenen auch Laderaupen) für den Transport des Schottermaterials (eventuell mit Seitenkippschaufel) und für die Instandhaltung der Bohrebene.

3.6.4.4 Mess-, Kontroll- und Erfassungseinrichtungen

Für eine einwandfreie Ausführung der vorgenannten Arbeiten ist eine laufende Messung, Kontrolle und Protokollierung der Herstellparameter unbedingt erforderlich. Die Messgerätehersteller bieten hierfür zuverlässige und ausgereifte elektronische Einrichtungen an. Über ein aufwändiges Messsystem werden dabei folgende Parameter bei der Herstellung gesteuert, überwacht und aufgezeichnet:

- Baustellen-Nr., Bauteil, Punkt-Nr., Datum und Uhrzeit
- Pumpendruck von Suspension oder Beton
- Rüttlertiefe
- Suspensions- bzw. Betonfluss
- Absenken des Rüttlers
- Leistungsaufnahme des Rüttlers
- Materialverbrauch

Darüber hinaus ist die Vorgabe bestimmter Parameter, wie Säulendurchmesser, Pumpendruck, Materialmenge pro Meter usw., möglich.

3.6.4.5 Schleusenrüttler

Zur Verbesserung der Tragfähigkeit der verschiedenen Lockergesteine kommen unterschiedliche Rüttler von verschiedenen Herstellern zum Einsatz. Bindige Böden erhalten im Rüttelstopfverfahren ein Stützgerüst aus Kies, Schotter oder Splitt. Dazu werden heute sogenannte Schleusenrüttler eingesetzt, die auch für vermörtelte Säulen und Betonsäulen verwendet werden.

Der Tiefenrüttler besteht dabei aus einem schweren Stahlzylinder. Im unteren Teil befindet sich kurz über der Spitze eine von einem Motor (Elektro- oder Hydraulikversion) angetriebene Unwucht. Diese bewirkt einen rotierenden Ausschlag von erheblicher Energie. Der Tiefenrüttler wird durch Aufsatzrohre verlängert und am Trägergerät geführt.

Der Schleusenrüttler (Abbildung 117) hat im Unterschied zum klassischen Tiefenrüttler am oberen Ende eine Einfüllvorrichtung (Schleuse) für das Einbaumaterial. Von dort wird es bis zur Rüttlerspitze geleitet. Druckluft fördert den Materialfluss. Ein Aufzug, der am Mast geführt wird, beliefert den Rüttler mit Einbaumaterial.

Abbildung 117: Schleusenrüttler Keller Grundbau im Einsatz (Keller)

Es gibt eine Vielzahl von Rüttlertypen am Markt, die für die jeweilige Tiefe und Aufgabe eingesetzt werden; beispielhaft sind hier gezeigt:

Tabelle 22: Rüttlertypen

Hersteller	**Keller**			**Bauer**	
Rüttlertyp	**M**	**S**	**L**	**TR 17**	**TR 75**
Antriebsart	elektr.	elektr.	elektr.	hydr.	hydr.
Leistung [kW]	55	120-150	100	96	224
Länge [m]	3,55	3,00	3,10	3,20	3,90
Durchmesser [mm]	290	400	320	300	406
Gewicht [kg]	1.670	2.450	1.815	1.100	2.100
Frequenz [U/m]	3.000	1.800	3.600	3.215	1.950
Schlagkraft [kN]	166	221-327	201	193	313

3.6.4.6 Energie- und Hilfsgeräte

Die Energie für den Rüttler wird als elektrische Energie von Aggregaten erzeugt, die im Trägergerät integriert oder separat beigestellt werden; bei hydraulischem Antrieb erfolgt dieser üblicherweise über das Trägergerät oder durch separate Aggregate, die auch am Trägergerät angebaut werden können.

Für die zur Spülung erforderlichen Luftmengen werden separate Kompressoren eingesetzt; bei Wasserspülung wird das Wasser aus dem Netz oder durch lokale Brunnen entnommen. Für vermörtelte Rüttelsäulen ist zusätzlich eine leistungsfähige Misch- und Pumpanlage für die Verarbeitung der Zement-/Dämmersuspension einzusetzen.

Die Beschreibungen der Geräte für die Herstellung von DSV-Säulen sind im Kapitel Baugrundverbesserung aufgeführt.

3.6.5 Arbeitsvorbereitung

Ein besonderes Augenmerk bei der Arbeitsvorbereitung für diese Gewerke ist auf die Herstellung und die Unterhaltung des Arbeitsplanums zu richten. Aufgrund der hohen Leistung der Geräte und der kontinuierlich erforderlichen Materialzuführung (Kies, Mörtel, Beton) sind die Größe und der Aufbau des Planums nicht nur auf die Trägergeräte, sondern auch auf die Misch- und Pumpstation bzw. auf die Zufahrt für Fahrmischer auszulegen. Ebenso wichtig ist eine rechtzeitige Materialdisposition. Obwohl zumeist kein Bodenaushub stattfindet, kann es zu einer erheblichen Verschmutzung der Arbeitsebene durch die Wasser-/Luftspülung sowie durch Injektions- und Betonrückstände kommen, die kontinuierlich entsorgt werden müssen.

Für die Säulenherstellung im Düsenstrahlverfahren ist die Rückflussbeseitigung von besonderer Bedeutung im Hinblick auf Fassen, Abpumpen, Zwischenlagern und Abfuhr.

3.6.6 Bemessungsgrundlagen

3.6.6.1 Äußere Tragfähigkeit

Die Tragfähigkeit der pfahlähnlichen Elemente muss immer aufgrund von Ergebnissen aus Probebelastungen bestimmt werden. Die Durchführung von Probebelastungen kann relativ einfach erfolgen und ist damit auch wirtschaftlich vertretbar. Bei kleineren Baumaßnahmen und dem Vorliegen von entsprechenden Referenzen kann auf eine Probebelastung verzichtet werden, sofern eine adäquate Baugrunderkundung vorliegt und eine entsprechende Bauüberwachung und gutachterliche Betreuung stattfindet.

Daneben wären zahlreiche wissenschaftliche Abhandlungen über die Verwendung und Bemessung der vorgenannten Verfahren zu nennen (siehe auch Kapitel 7 Baugrundverbesserung).

Typische Probebelastungsergebnisse an vermörtelten Stopfsäulen bzw. Betonrüttelsäulen sind in Abbildung 118 dargestellt.

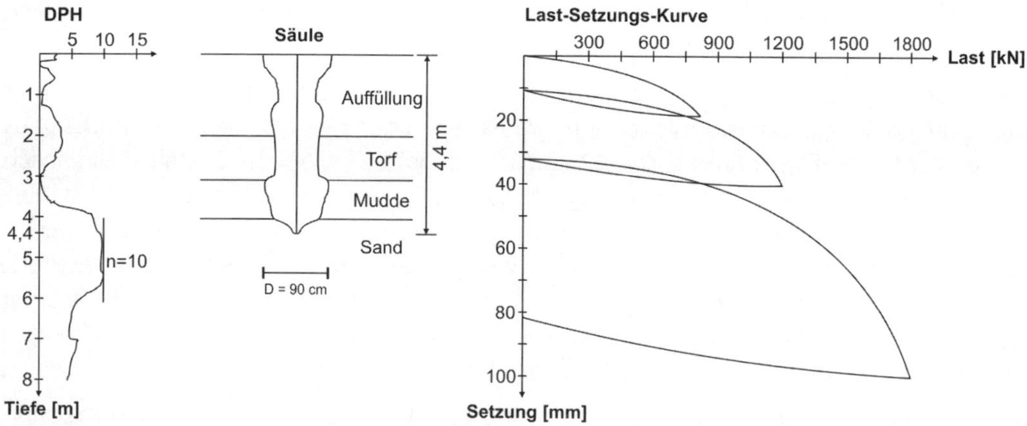

Abbildung 118: Typische Probebelastungsergebnisse an einer Betonrüttelsäule

Für Säulen nach dem Düsenstrahlverfahren liegen ebenfalls keine verbindlichen Bemessungsmethoden für die rechnerische Ermittlung der äußeren Tragfähigkeit vor. Sie werden von den jeweiligen Anwendern aufgrund von Probebelastungen und fundierten Erfahrungswerten ermittelt. Rechnerische Ermittlungen müssen in der Regel durch Probebelastungen nachgewiesen werden.

Die DIN EN 12716 [58] verlangt, dass auf jeder Baustelle Eignungsnachweise für die Herstellung von Probeelementen erbracht werden, sofern die Eignung nicht durch vorangegangene Ausführungen in vergleichbaren Böden nachgewiesen werden kann.

Trotz der Möglichkeit, sehr große Säulendurchmesser herzustellen (nach dem heutigen Stand der Technik sind auch mehr als 300 cm möglich), werden DSV-Säulen im Allgemeinen nicht für die Abtragung von Einzellasten, sondern in Gruppen bei größeren Fundamenten und Flächengründungen eingesetzt.

3.6.6.2 Innere Tragfähigkeit

Die innere Tragfähigkeit wird durch die verwendeten bzw. im Boden hergestellten Säulenbaustoffe bestimmt. Bei vermörtelten Stopfsäulen und Fertigmörtel-Stopfsäulen ist dies die Mörtelfestigkeit, bei den Betonrüttelsäulen die Betonfestigkeit. Der Nachweis hat nach DIN EN 1992 [19] und DIN 1045 [21] zu erfolgen. Die Bemessung von unbewehrten Verfestigungskörpern als Tragelemente, die durch Eindüsen, Einmischen und Injizieren von verfestigenden Stoffen in Böden hergestellt werden, und deren Planung und Prüfung sind in DIN 4093 [103] geregelt. Die Nachweise sind durch Probekörper zu führen (Weiteres siehe Abschnitt 3.2).

3.7 Brunnengründungen und offene Senkkastengründungen

3.7.1 Allgemeines

Brunnengründungen sind von der Brunnenherstellung bei der Wassergewinnung abgeleitet und leiten Bauwerkslasten punktweise in tieferliegende Bodenschichten ab. Offene Senkkästen umschließen die gesamte Gründungsfläche; beide Systeme sind eigentlich als tiefgelegte Flachgründung anzusehen.

Unter Brunnen und Senkkästen versteht man oben und unten offene Gründungskörper mit geschlossenem (kreisförmigem, quadratischem oder rechteckigem) Grundriss, aus denen der Boden fortlaufend ausgehoben wird, sodass sie unter ihrer Eigenlast allmählich bis in die gewünschte Tiefe absinken. Das Absenken des Brunnens oder Senkkastens, dessen Mantelwand unten mit einer Schneide versehen ist, wird durch gewichtserhöhende Auflasten oder durch künstliche Verminderung der Reibung am Ringelement erleichtert. Sobald die gewollte Tiefe erreicht ist, baut man nach Trockenlegung auf die vom Mantel umschlossene Sohlfläche die Betonsohle ein. Bei Erdaushub unter Wasser wird die abschließende Sohlplatte aus Unterwasserbeton hergestellt.

Bei Brunnengründungen erfolgt daraufhin eine Verfüllung mit gut verdichtetem Kiessand oder Magerbeton.

Der Senkkasten ermöglicht die komplette Errichtung des Gründungsfundaments oder der Bodenplatte bzw. das Einsetzen eines vorgefertigten Bauelements. Der Senkkasten ersetzt dabei die Gründungs- und die Verbaumaßnahmen sowie die Wasserhaltungsarbeiten.

Die früher weit verbreitete Anwendung von Brunnen- und Senkkastengründungen ist wegen der hohen Technisierung bei den Verbau-, Abdichtungs- und Pfahlgründungssystemen stark zurückgegangen.

Brunnen- oder offene Senkkastengründungen dürfen in der Nähe vorhandener Bauwerke nicht angewendet werden, wenn zu befürchten ist, dass der entstehende Absenktrichter sich negativ auf die Standsicherheit der benachbarten Bauten auswirken kann.

Grundsätzlich sind alle Querschnittsformen möglich, allerdings überwiegen runde Formen, da diese statische und einbringungstechnische Vorteile besitzen. So hat die kreisrunde Form bei gleicher Grundfläche die kleinste Oberfläche und somit die geringste Reibung. Nur wenn unumgängliche Gründe eine Verwendung des Kreisgrundrisses ausschließen, sollten andere Formen gewählt werden. Bei Senkkastengründungen muss z.B. der Grundriss dem Gründungskörper entsprechen.

3.7.2 Normung

Eine spezielle Normung für Brunnen- und Senkkastengründungen gibt es nicht. Es gelten daher die allgemeinen Vorschriften und Regeln im Bauwesen, wie:

- DIN EN 1997-1 [3]
  Entwurf, Berechnung und Bemessung in der Geotechnik
- Handbuch EC 7-1 und 7-2 [35]
  Baugrund – Standsicherheitsnachweise im Erd- und Grundbau
- DIN EN 1992 [19]
  Bemessung und Konstruktion von Stahlbeton- und Spannbetontragwerken
- DIN EN 13670 [18]
  Ausführung von Tragwerken aus Beton

- DIN 1045-3 [21]
  Tragwerke aus Beton, Stahlbeton und Spannbeton, Teil 3: Ausführung von Tragwerken aus Beton
- EAU [41]
  Empfehlungen des Arbeitsausschusses Ufereinfassung
- Verordnung über Arbeiten in Druckluft [63]
  (Druckluftverordnung/Bundesgesetzblatt vom 4.10.1972)
  Zuletzt geändert durch Art. 6 v. 18.12.2008

3.7.3 Geräte- und Werkzeugtechnik

Zu den verwendeten Geräten gehören:

- Handelsübliche Seilbagger
- Eimerkettenbagger
- Schlamm- bzw. Spezialpumpen
- Schwimmendes Gerät bei Arbeiten im offenen Wasser
- Belastungseinrichtungen
- Betoniergeräte
- Brunnen- und Spezialgreifer

3.7.4 Arbeitsvorbereitung

Die bisherigen Ausführungen zur Arbeitsvorbereitung gelten gleichermaßen auch für die Brunnen- und Senkkastengründungen. Besondere logistische Vorbereitungen sind zu treffen, wenn es sich um Wasser- bzw. Strombauwerke handelt (z.B. Brückenpfeiler, Leuchttürme o.Ä.). Sondertransporte können bei größeren Fertigschachtteilen erforderlich werden.

3.7.5 Einbaustoffe und Materialien

Für Brunnen- und Senkkastengründungen werden überwiegend vorgefertigte Schachtringe und Formteile aus Stahlbeton (in Sonderfällen auch Stahlelemente) verwendet. Falls es sich um Bauteile handelt, die zu Transportschwierigkeiten führen, ist auch eine Fertigung vor Ort üblich.

Der Brunnen oder Senkkasten besteht aus zwei Hauptteilen, Schaft und Schneide. Beide Elemente sind der späteren Verwendung und Belastung entsprechend zu konstruieren und zu bemessen.

Der Mantel muss so bemessen sein, dass er die Vertikalkräfte aus der Auflast und die Horizontalkräfte aus Boden- und Wasserbelastung mit entsprechender Sicherheit aufnehmen kann. Der günstigste Querschnitt ist, wie bereits erwähnt, die Kreisform.

Bei Verwendung von Fertigteilen mit runden Querschnitten können bei kleineren Durchmessern handelsübliche Schachtrohre verwendet werden (Abbildung 119), wenn diese der Aufgabe gemäß ausgelegt sind. Aufgrund fehlender Bewehrung in den Stoßstellen und zur Erzielung der Wasserdichtigkeit verbindet man die Stoßstellen bei Bedarf mit Kunstharzkleber. Für größere Abmessungen verwendet man Ortbeton oder vorgefertigte Betonteile. Gemauerte Brunnen und Senkkästen werden infolge hoher Lohnkosten nicht mehr eingesetzt.

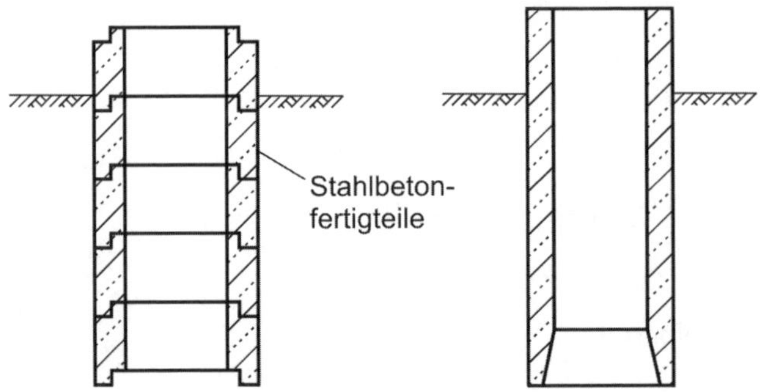

Abbildung 119: Verschiedene Formen von Brunnen- bzw. Senkkasten-Fertigteilen

Ein wesentlicher Bestandteil der Brunnen und Senkkästen ist die Schneide, welche bei großen Durchmessern unbedingt erforderlich ist. Die Form der Schneiden muss nach der Beschaffenheit der zu durchfahrenden Schichten für jeden Brunnen so festgelegt werden, dass die auftretenden Kräfte aufgenommen werden können. Wenn Fels oder ein mit Hindernissen durchsetzter Boden zu erwarten ist, empfiehlt es sich, die Schneide zu panzern.

Unabhängig davon, für welche spätere Benutzung der Brunnen vorgesehen ist, wird er immer mit einer unteren Abschlussplatte versehen, die eine lastverteilende Aufgabe übernimmt und einen wasserdichten Abschluss bildet. Da sie vielfach nur unter Wasser eingebracht wird und daher unbewehrt ist, kann sie keine nennenswerte Biegung übernehmen. Die Abmessungen sind daher zwangsläufig beträchtlich und entsprechend zu bemessen.

Der Brunnenschaft hat in der Regel gegenüber der Schneide einen merklich größeren Außendurchmesser. Die Absatzbreite beträgt 10 bis 15 cm und hat die Aufgabe, die für den Boden notwendige Bewegungsmöglichkeit zu schaffen. Eine Ausnahme bilden Brunnengründungen mit kleineren Durchmessern, z.B. bei Schachtringen.

Ist mit hoher Reibung zu rechnen oder sind große Tiefen vorgesehen, so müssen Maßnahmen zum Abbau getroffen werden, wenn die Möglichkeiten der Auflast ausgeschöpft sind. Hierzu bieten sich folgende Vorkehrungen an:

- Glatte Oberfläche des Brunnen- bzw. Senkkastenmantels. Je nach Baugrund und Zustand der Manteloberfläche kann der Reibungsbeiwert sehr unterschiedlich sein.
- Einschütten oder Einpressen thixotroper Flüssigkeit in den Ringraum zwischen Mantel und Boden.
- Einpressen thixotroper Flüssigkeit am Schneidring über eingebaute Leitungen und Austrittsdüsen. Diese baut nicht nur die Reibung ab, sondern verhindert auch das Einstürzen des Bodens. Es kann auch Luft oder Wasser eingepresst werden.

Bei den Ortbetonbrunnen baut man den Schneidenkranz und den Schaft so weit auf, wie es von der Last her für den ersten Absenkabschnitt erforderlich ist. Angepasst an die Absenkgeschwindigkeit, wird nachfolgend der Brunnen weiter aufgebaut (wird heute bei Brunnengründungen nur noch selten angewendet). Die vorgenannten Konstruktionshinweise gelten nicht für reine Gründungsbrunnen, die mit handelsüblichen Beton-Schachtringen hergestellt und grundsätzlich mit Beton verfüllt werden. Hier kommen auch wiedergewinnbare Stahlbrunnenringe (Nietbohrrohre) zur Anwendung.

3.7.6 Verfahrenstechnik

3.7.6.1 Allgemeines

Diese Gründungsarten stehen in starker Konkurrenz zu den Bohrpfahlgründungen, die heute schon einen Durchmesser bis 300 cm erlauben. In Sonderfällen kann jedoch eine Brunnen- oder offene Senkkastengründung durchaus immer noch vorteilhaft sein. Dies ist der Fall, wenn mit großen Hindernissen zu rechnen ist (z.B. Stahlbetonfundamente, alte Holzpfahlgründungen usw.). In jenen Fällen, in denen der Querschnitt zum Einbau von Aggregaten (z.B. von Pumpenanlagen) und technischen Einrichtungen (z.B. bei Leuchttürmen) und für den Einbau von Fertigteilen freibleiben muss, sind heute ebenfalls noch Brunnengründungen üblich. Ein Kostenvergleich muss über die Wahl zwischen Verbau- und Gründungsarbeiten zuzüglich evtl. Wasserhaltung und der Brunnen- oder offenen Senkkastengründung entscheiden.

Im Wettbewerb mit den Bohrpfählen finden auch Stahlrohre mit Durchmessern bis 300 cm Anwendung, die beim Betoniervorgang wieder gezogen werden können. Hierbei wird auch auf die Einbringung einer Betonsohle und auf das Abpumpen von Grundwasser verzichtet. Damit entsprechen diese Verfahren nicht mehr der klassischen Brunnengründung, die bei reinen Gründungsmaßnahmen nur noch in Sonderfällen und für sehr große Durchmesser herangezogen wird, sondern eher der offenen Senkkastengründung.

Waren früher gemauerte Brunnen die Regel, so werden heute überwiegend solche aus Stahlbeton verwendet (Ortbeton oder Fertigteile). Für die Wahl der Mantelform sind neben den zweckbestimmenden Abmessungen und Formen die Gesichtspunkte der Absenkung maßgebend, die vor allem eine Verminderung des Reibungswiderstands und eine entsprechende Ausgestaltung der Mantelwand erfordern. Heute wird im Gegensatz zu dem früher üblichen, sich nach oben verjüngenden Querschnitt eher ein solcher mit Absatz bevorzugt.

3.7.6.2 Absenkvorgang

Nachdem die Schneide und der erste Brunnen- oder Senkkastenabschnitt erstellt bzw. das erste Fertigteilstück versetzt ist, wird mit den Ausschachtungsarbeiten begonnen (Abbildung 120).

Brunnen und Senkkästen können auf folgende Art und Weise abgesenkt werden:

- Handschachtung
- Baggerschachtung
- Hydromechanischer Aushub

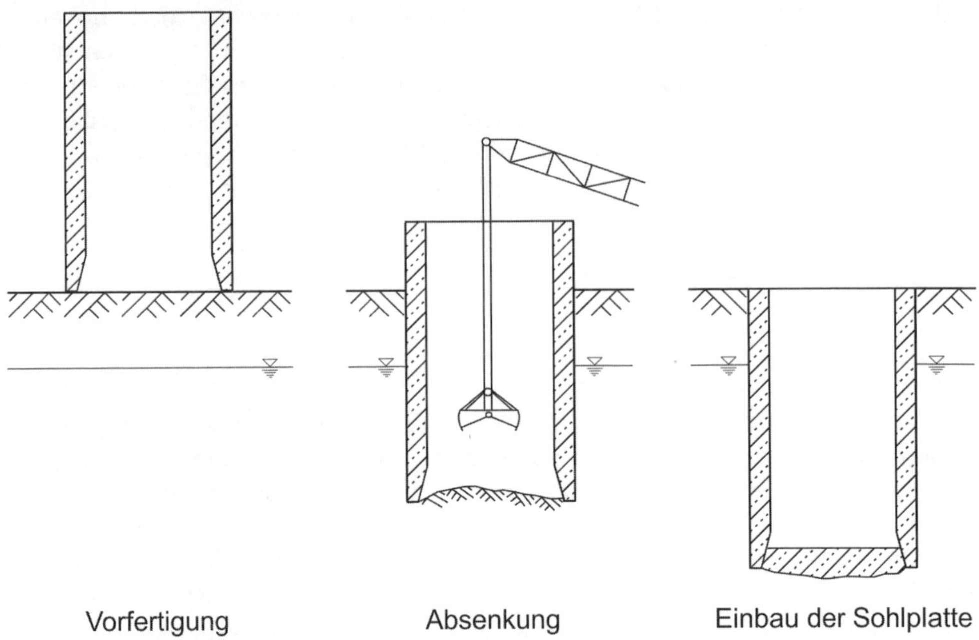

Abbildung 120: Darstellung der Arbeitsphasen bei Brunnen-/Senkkastengründungen

3.7.6.3 Handschachtung

Die Absenkung in Handschachtung erfolgt heute nur noch in Ausnahmefällen, wenn eine besonders vorsichtige Arbeitsweise (z.B. bei angrenzender Bebauung und schlechten Baugrundverhältnissen) notwendig ist. Voraussetzung ist jedoch, dass kein Grundwasser ansteht oder dieses leicht zu halten ist. Sofern die Handschachtung im Trockenen erfolgt, werden die Schneiden ebenfalls von Hand freigelegt.

- Handschachtung mit Wasserhaltung bei geringem Wasserandrang
- Baggerschachtung bei hohem Grundwasserstand
- Schachtung mit Eimerkettenbagger
- Hydromechanische Schachtung mit Spezialpumpe

3.7.6.4 Baggerschachtung

Bei der Baggerschachtung werden, soweit dies möglich ist, zunächst Hydraulikbagger eingesetzt, die eine wesentlich bessere Leistung erbringen als Seilbagger mit Normal- oder Brunnengreifer. Oberhalb des Grundwasserspiegels werden die Schneiden laufend von Hand freigelegt, was die Absenkgeschwindigkeit fördert. Durch die planmäßige Freilegung der Schneiden lässt sich bei Bedarf auch die Senkrechtstellung korrigieren.

Parallel zu den Schachtarbeiten laufen beim Ortbetonverfahren die Einschal- und Betonierarbeiten für den nächsten Abschnitt.

Unterhalb des Grundwasserspiegels kann die Schneide nicht mehr freigelegt werden. In diesem Fall muss durch gezieltes Schachten der Absenkvorgang gesteuert und rechtzeitig der erforderliche Ballast aufgebracht werden. Reicht die Auflast nicht mehr aus, so müssen die oben beschriebenen Maßnahmen zum Reibungsabbau einsetzen. Führung und Reibungsabbau sind besonders bei nicht runden Querschnitten schwierig.

Die Schachtarbeiten können mit den üblichen Schacht- und Bohrwerkzeugen erfolgen. Für kurze Brunnen werden heute auch vielfach Hydraulikbagger mit speziellen hydraulischen Rundschachtgreifern verwendet. Für größere Teufen sind dann Seilbagger erforderlich. Bei einem Durchmesser bis 300 cm bringen Bohrgreifer, wie sie auch bei Pfahlgründungen verwendet werden, die besten Schachtleistungen. Solche Greifer sind allerdings bis zu 20 t schwer und erfordern entsprechend leistungsstarke Seilbagger. Bei den Schachtverfahren können lokale Grundbrüche eintreten, die grundsätzlich zu vermeiden sind, da sich diese in der unmittelbaren und weiteren Umgebung des Brunnens schädlich auswirken und vor allem bei benachbarter Bebauung zu erheblichen Setzungsschäden führen können.

3.7.6.5 Hydromechanischer Aushub

Bei locker gelagerten rolligen Böden bis hin zu Feinkieskörnungen und weichen Schluffen können auch spezielle Schlamm- bzw. sog. Mammutpumpen mit Fräs- und Saugkopf oder auch Wasserstrahlpumpen mit Erfolg eingesetzt werden. Bei ihrer Anwendung ist für einen entsprechenden Wasserausgleich zu sorgen, damit kein größerer Grundbruch auftritt. Absenktrichter werden hierbei jedoch nicht zu vermeiden sein; daher ist dieses Verfahren bei benachbarter Bebauung nicht anwendbar. Die erreichbaren Aushubleistungen sind bei entsprechenden Böden sehr beträchtlich.

3.7.6.6 Betonieren und Verfüllen

Das Betonieren erfolgt bei reinen Gründungsbrunnen im Trockenen mittels Betoniertrichter und Führungsrohr, bei anstehendem Grundwasser im Kontraktorverfahren. Eine durchgehende Bewehrung wird üblicherweise nicht eingebaut; eine Anschlussbewehrung kann aus konstruktiven Gründen vorgesehen werden.

Bei der klassischen Brunnengründung wird nach Erreichen der Gründungstiefe eine gewölbte Betonsohle eingebracht und das Wasser, soweit vorhanden, abgepumpt. Undichtigkeiten können durch Nachverpressungen mit Kunstharz und sonstigen Spezialabdichtungsmitteln beseitigt werden, wenn das Brunneninnere frei bleiben soll. In den übrigen Fällen wird gewöhnlich mit Magerbeton oder gut verdichtendem Kiessand verfüllt.

3.7.7 Anwendungsbeispiele

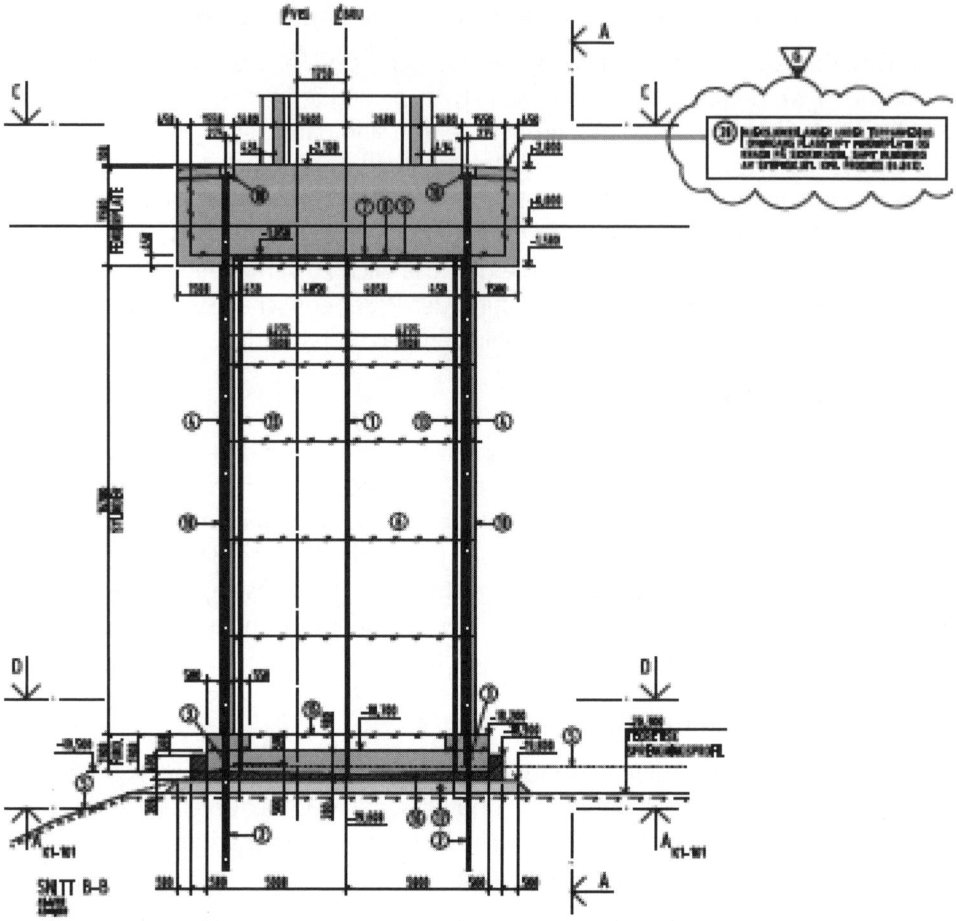

Abbildung 121: Gründung eines Brückenpfeilers auf einem Caisson (Bilfinger)

Abbildung 122: Herstellen des Caissons (Bilfinger)

3.7.8 Bemessungsgrundlagen

3.7.8.1 Allgemeines

Bei der Bemessung von Brunnen- und Senkkastengründungen sind folgende Faktoren (Abbildung 123) zu berücksichtigen:

- Auflast
- Schneidenlast
- Brunnen- bzw. Senkkasteneigenlast
- Auftrieb
- Erd- und Wasserdruck
- Verkehrslast
- Reibung

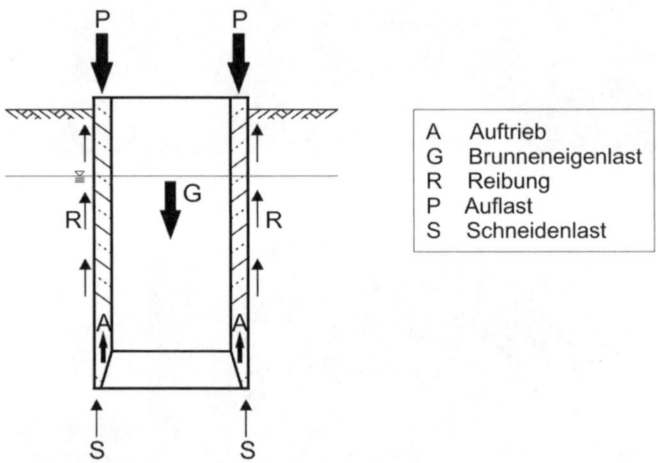

Abbildung 123: Auf einen Brunnen bzw. Senkkasten wirkende Kräfte

Die zu erwartende Mantelreibung kann nach Paproth mit folgender Formel ermittelt werden:

$$Q_r = U * h^2/2 * \gamma * \sin \phi \cdot \cos \phi \text{ [kN]}$$

Beispiel:

gegeben $D = 3{,}00$ m

$\gamma = 20$ kN/m³

$h = 8$ m

$\phi = 30°$

$Q_r = 3 * 8^2/2 * 20 * 0{,}5 * 0{,}87 \sim 1670$ kN

Nachzuweisen bzw. zu bemessen sind:

- Erforderliche Wandstärke der Schachtwandung
- Sohlverschluss (Auftriebssohle)

- Schneide
- Horizontal- und Vertikalschotten
- Sohlpressung

Auf die jeweiligen Bemessungen kann hier nicht im Detail eingegangen werden.

3.7.8.2 Äußere Tragfähigkeit

Die äußere Tragfähigkeit wird nach Handbuch EC 7-1 [35] bestimmt. Ebenso sind alle mitgeltenden Normen zu beachten.

3.7.8.3 Innere Tragfähigkeit

Für die Bemessung der inneren Tragfähigkeit gelten folgende Regelwerke:

DIN EN 1992 [19]	Bemessung und Konstruktion von Stahlbeton- und Spannbetontragwerken
DIN 1045 [21]	Tragwerke aus Beton, Stahlbeton und Spannbeton
DIN EN 1990 [64]	Grundlagen der Tragwerksplanung
DIN EN 1994 [44]	Bemessung und Konstruktion von Stahlbauten

Ferner sind alle mitgeltenden Normen und Regeln zu beachten. Um den Rahmen des Buches nicht zu sprengen, kann auf Berechnungsbeispiele nicht eingegangen werden, da die Nachweise z.T. auch sehr komplex sein können. Es wird hierzu auf die vorhandene Fachliteratur verwiesen.

3.8 Druckluftgründungen

3.8.1 Allgemeines

Bei der Druckluftgründung handelt es sich prinzipiell um eine Weiterentwicklung der geschlossenen Senkkastengründung. Sie beschränkt sich indessen auf jene Fälle, in denen das Bauwerk oder der Gründungskörper unter dem Grundwasserspiegel oder im offenen Wasser hergestellt werden muss.

Die Idee des Verfahrens, das Grundwasser mittels Druckluft fernzuhalten, ist schon seit über 150 Jahren bekannt. Der französische Ingenieur Triger hat damit bereits 1841 einen Grubenschacht abgesenkt. Das Verfahren wurde inzwischen nur dem technischen Fortschritt angepasst. Die Hauptbauteile einer Druckluft-Absenkeinrichtung zeigt Abbildung 124.

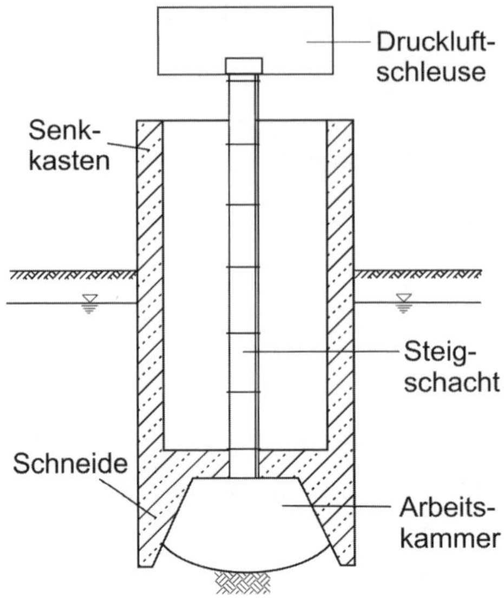

Abbildung 124: Hauptbauteile eines Senkkastens für eine Druckluftgründung

Am unteren Ende befindet sich eine nach oben durch eine Decke abgeschlossene Arbeitskammer. Sie wird mit Druckluft so weit gefüllt, dass zwischen dem inneren und dem äußeren Wasserdruck Gleichgewicht besteht und so das Wasser in die Bodenporen zurückgedrückt wird. In der wasserfreien Arbeitskammer können sich unter erhöhtem Luftdruck Menschen beschränkte Zeit aufhalten und arbeiten. Personenverkehr, Aushub und Verbringen des Ausbaumaterials müssen über Druckluftschleusen erfolgen.

Die Arbeitskammer, auch Druckkammer genannt, besitzt eine Mindesthöhe von etwa 2,0 m, ist nach unten offen und bietet folgende Vorteile:

- Prüfung der Bodenbeschaffenheit in der Gründungssohle.
- Beseitigung von Hindernissen ohne besondere Maßnahmen.
- Die Betonsohle kann im Trockenen eingebracht und bei Bedarf auch bewehrt werden.

Das Verfahren ist sehr komplex und kann daher im Rahmen dieses Buches nur in den Grundzügen erläutert werden. Es gehört auch nicht unbedingt zum eigentlichen Aufgabenbereich des Spezialtiefbaus, sondern ist eher dem Wasserbau zuzuordnen. Insbesondere trifft dies für die Schwimmkastengründungen zu, die aus dem genannten Grund nicht behandelt werden.

Man unterscheidet zweierlei Arten von Druckluftgründungen:

- Wiedergewinnbare Senkkästen und
- Verlorene Senkkästen

Bei wiedergewinnbaren Senkkästen wird die Arbeitskammer mit dem Fortschreiten der Gründungsarbeiten gehoben und zurückgewonnen.

Bei verlorenen Senkkästen wird die Arbeitskammer verfüllt und selbst zum Bestandteil der Gründung bzw. des Baukörpers.

Die Druckluftgründung wird überall dort eingesetzt, wo die Brunnen- und Senkkastengründung nicht mehr wirtschaftlich angewendet werden kann. Man wählt diese Gründungsform, wo Genauigkeit und höchste Zuverlässigkeit bei der Ausführung von Tiefgründungen unter Wasser verlangt werden.

Man findet sie z.B. als Gründung für:

- Silos, Faultürme und Pumpenanlagen
- Brücken über Gewässer und Wasserbauwerke
- Leuchttürme, Schleusenhäupter, Wehre und Docks
- Unterwassertunnel und unterirdische Verkehrsanlagen

3.8.2 Vor- und Nachteile

Die Vorteile von Druckluftgründungen sind:

- Der Untergrund kann ständig besichtigt und beurteilt werden.
- Große Hindernisse wie Baumstämme, alte Gründungspfähle, Fundamente und Findlinge können beseitigt werden. Notfalls können sogar Sprengungen durchgeführt werden
- Es ergibt sich ein weit kleinerer Absenktrichter als bei offenen Senkkästen
- Die Richtungsgenauigkeit ist den übrigen Systemen überlegen

Die Nachteile sind:

- Das Verfahren ist aufgrund der hohen technischen Ausstattung sehr kostenaufwändig.
- Hohe Lohnkosten durch z.T. sehr eingeschränkte Arbeitszeiten mit bezahlten Ruhepausen.
- Gesundheitsrelevante Arbeitsbedingungen.

3.8.3 Normung

Für Senkkästen gibt es keine speziellen Vorschriften. Es gelten daher die allgemeinen Vorschriften im Bauwesen wie unter 7.3 dargelegt.

3.8.4 Geräte- und Werkzeugtechnik

Die erforderlichen Geräte unterscheiden sich wesentlich von den sonstigen Geräten im Spezialtiefbau. Das liegt insbesondere daran, dass in der Regel die Gründungsmaßnahme ein Unikat darstellt, das mit standardmäßigen Geräten und Einrichtungen nicht ausgeführt werden kann.

Zur Grundausstattung gehören:

- Druckluftschleusen für den Personen- und Materialtransport
- Schleusendom
- Schachtrohre
- Material- und Aushubfördereinrichtung

- Materialförderkübel
- Kleine Laderaupen bzw. Radlader und kleine Hydraulikbagger, Förderbänder
- Hydraulische Fördereinrichtungen (Spezialpumpen)
- Druckluftanlage
- Wasserkanonen und Spüllanzen

Grundsätzlich ist zu beachten, dass in der Arbeitskammer keinerlei Geräte oder Werkzeuge mit Verbrennungsmotoren eingesetzt werden dürfen. Sämtliche Geräte oder Werkzeuge müssen Elektro-, Hydraulik- oder Druckluftantriebe besitzen.

Eine besondere Aufgabe haben die Schleusenanlagen (Abbildung 125) als Material- und Personenschleuse, bei höheren Arbeitsdrücken (größer 0,7 bar) eine zusätzliche Unfall- und Krankenschleuse als Verbindung zur Außenwelt. Die Schleusenanlage ist jeweils für den gesamten Personenverkehr sowie für den Aushub- und Materialtransport erforderlich. Für den Materialaufzug wird im Allgemeinen eine Elektrowinde verwendet.

Ein wesentlicher Bestandteil ist die Druckluftanlage. Sie besteht aus:

- Druckluftkompressoren
- Druckluftaufbereitung (Atemluftqualität)
- Luftausgleichskessel
- Voneinander unabhängigen Energiequellen bei Störung der Energieversorgung

Ihre Größe und Leistungsfähigkeit sind durch den Luftbedarf der Gründung bestimmt. Der Gesamtbedarf setzt sich aus folgenden Teilen zusammen:

- Luftbedarf zum Verdrängen des Wassers aus der Arbeitskammer
- Bedarf an Druckluft zur Trockenhaltung des Arbeitsraums
- Bedarf an Druckluft zur Versorgung der Material- und Personenschleuse
- Betrieb der Druckluftwerkzeuge und -maschinen
- Schutz der im Arbeitsraum beschäftigten Personen

Der Gesamtluftbedarf L wird nach folgender Formel berechnet:

$$L = (0{,}67 * A + \mu_1 * U) * (1 + H/10{,}33) \text{ in } m^3/h$$

mit A = Grundfläche

U = Umfang des Senkkastens

H = größte Absenktiefe

μ_1 = Bodendurchlässigkeitsbeiwert (rollige Böden: μ_1 = 3, stark bindige Böden: μ_1 = 0,25 bis 0,5)

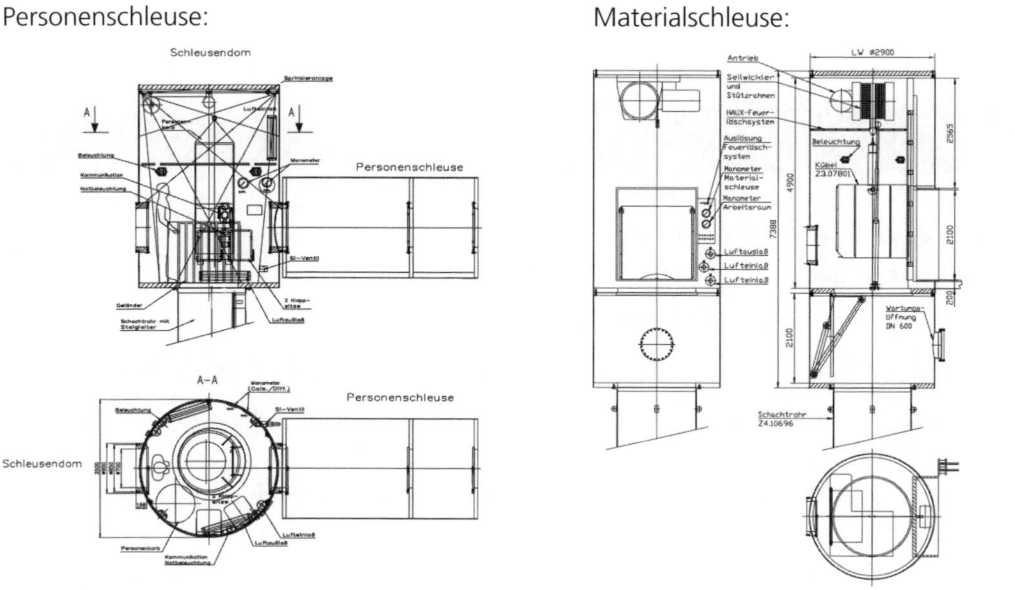

Abbildung 125: Systemdarstellung einer Personen- und Materialschleuse

Maßgebend ist darüber hinaus der Luftbedarf für das Personal. Entsprechend der geltenden »Verordnung über Arbeiten unter Druckluft« (Druckluftverordnung) [63] muss für jeden Beschäftigten folgende Luftmenge zur Verfügung stehen:

Für jeden Arbeitnehmer sind in der Minute mindestens 0,5 m³ Frischluft in die Arbeitskammer einzublasen, und die Arbeitskammer muss mit einer Vorrichtung zum Abblasen der verbrauchten Luft versehen sein.

3.8.5 Arbeitsvorbereitung

Grundsätzlich gilt bezüglich der Arbeitsvorbereitungen der Abschnitt 3.7 Brunnengründungen und offene Senkkastengründungen. Der Umfang der zu treffenden Maßnahmen ist jedoch weitaus größer. Die erforderliche Baustelleneinrichtung und die maschinentechnische Ausstattung sind wesentlich aufwendiger als bei offenen und geschlossenen Senkkastengründungen und erfordern eine große Erfahrung mit diesem Absenksystem. Da die Absenkschächte in der Regel vor Ort abschnittsweise parallel zur Absenkung hergestellt werden, gelten daneben auch die üblichen Vorbereitungen für Arbeiten im Stahlbetonbau (Einschalen, Bewehren, Betonieren, Ausschalen).

3.8.6 Konstruktion der Senkkästen

3.8.6.1 Bauteile

Die wesentlichen Bauteile sind: Schneide mit Arbeitskammer und Mantelwand. Die Schneiden mit Arbeitskammer können, bedingt durch die Bauwerksformen und Baugrundverhältnisse, unterschiedliche Formen aufweisen und sind entsprechend den auftretenden Belastungen zu bemessen. Die Außenflächen werden so gestaltet, dass die Reibung so gering wie möglich gehalten wird. Ist bei großen Tiefen mit möglicherweise starker Reibung zu rechnen, werden die bereits beschriebenen Maßnahmen zum Reibungsabbau eingeleitet.

3.8.6.2 Querschnittsformen

Aus statischen Gesichtspunkten sind die günstigsten Querschnittsformen der Kreisquerschnitt oder dem Kreis angepasste Querschnitte, insbesondere bei großräumigen Senkkästen. Besondere Vorteile sind:

- Kurze Schneidenlänge
- Geringster Aufwand an Baustoffen
- Die günstigste Reibung an den Außenwänden im Verhältnis zur Grundfläche
- Wandbeanspruchungen sind günstiger, da sie überwiegend aus Druckspannungen bestehen

Bei rechteckigen Querschnitten sollten die Längs- und Querwände aus statischen Gründen quadratisch oder mindestens nahezu quadratisch angeordnet werden. Dies erleichtert auch die Ausschachtungsarbeiten.

3.8.6.3 Schneiden

Die Formen hängen im Wesentlichen von den zu durchfahrenden Schichten und den Belastungen ab, die auf die Schneide wirken. Die Schneidenform muss einerseits so gestaltet werden, dass die auf den Boden abgegebene Spannung die Grundbruchspannung des Bodens gerade überwindet. Bei Beginn der Absenkung darf das Voreilen aber auch nicht zu schnell erfolgen. Dies wird durch die nach innen aufsteigende, abgeschrägte Fläche verhindert bzw. gebremst. Andererseits muss aber bei Druckluftsenkkästen die Schneide immer ein Mindestmaß einbinden, um Ausbläser und Druckluftverluste möglichst zu verhindern. Ferner muss gewährleistet sein, dass stets eine ausreichende Arbeitshöhe für Gerät und Personal gewährleistet ist.

Bei größeren Absenktiefen werden in der Regel in die Schneiden Bentonitleitungen eingebaut, deren Austritt auf der Erdseite nach oben gerichtet wird. In manchen Fällen werden auch Spülleitungen für Wasser oder Wasser-Luft-Gemische, die für die Absenkhilfe oder zum nachträglichen Richten Verwendung finden, in Form einer Ringleitung mit Düsen in die Schneiden eingebaut.

Die Auflast wird in der Regel oberhalb der Arbeitskammer als Wasserballast oder Sand- bzw. Kiesfüllung eingebracht und kann bei Bedarf vergrößert werden. Die Schneide muss entsprechend den z.T. sehr großen Kräften ausreichend bemessen sein.

3.8.7 Verfahrenstechnik

Der Senkkasten wird durch die Erzeugung kleiner, lokaler Grundbrüche unter dem Auflager (Schneide) schrittweise zum Einsinken gebracht. Die Absenkung erfolgte früher ausschließlich im Handschachtverfahren. Darüber hinaus wurden auch über ein besonderes Förderrohr Eimerkettenbagger eingesetzt. Heute unterscheidet man zwischen dem Nass- und dem Trockenaushubverfahren. Bei locker gelagerten rolligen Böden findet das Nassaushubverfahren Anwendung, bei welchem mittels Kreisel- oder Baggertauchpumpen die

Förderung des Abbaumaterials aus der Arbeitskammer erfolgt. Zum Lösen des Materials werden hierbei sogenannte Wasserkanonen eingesetzt.

Beim Trockenaushubverfahren werden üblicherweise Minibagger und Kleinladegeräte mit Kübelförderung verwendet.

Beim Nassaushubverfahren ist für die Ablagerung ein Spülfeld oder Absetzbecken erforderlich. Wenn auf der Baustelle Platzmangel herrscht, können auch sogenannte Separationsanlagen mit mehrstufigen Zyklonen zur Trennung der Feststoffe aus dem Wasser verwendet werden.

Solange sich die Schneiden noch oberhalb des Grundwasserspiegels befinden, wird der Aushub ohne Druckluft erfolgen. Erst nach dem Eintauchen der Schneiden in das Grundwasser wird die Arbeitskammer jeweils mit einem Druck beaufschlagt, der das Fernhalten des Grundwassers sicherstellt. Dieser entspricht in der Regel dem hydraulischen Druck des Grundwassers in der angefahrenen Schicht. Beim Durchfahren mehrerer Grundwasserstockwerke ist besondere Vorsicht geboten.

Während des Absenkens ist der Senkkasten in Lage und Neigung laufend zu überwachen. Dabei sind kleine Abweichungen von der Soll-Lage sofort zu korrigieren, da mit zunehmender Absenktiefe Korrekturen immer schwieriger werden.

Die Auflast muss gegebenenfalls laufend erhöht oder es müssen Maßnahmen zum Abbau der Reibung eingeleitet werden.

Parallel zur Absenkung erfolgen die Einschalungs- und Betonierarbeiten für den weiteren Aufbau des Mantels. Soweit möglich, wird hierzu das Gleitschalungssystem angewendet.

Nach Erreichen der Gründungssohle erfolgen die weiteren Betonierarbeiten im Schutze des Senkkastenmantels, nachdem die Arbeitskammer mit Beton aufgefüllt wurde.

3.8.8 Wiedergewinnbare Arbeitskammern

Zur Durchführung von Bauarbeiten unter Wasser mit größerer Wasser-Eintauchtiefe und geringer Absenkung bzw. kurzer Einbindung in den Boden (z.B. Brückenpfeilerfundamente auf gut tragfähigen Flusssohlen, Einbau von Ver- und Entsorgungsleitungen unter Fluss- und Hafensohlen, Beseitigung von Hindernissen usw.) werden wiedergewinnbare Arbeitskammern (Taucherglocken) eingesetzt.

Die Arbeitsweise und der Geräteaufwand entsprechen dem Verfahren mit verlorenen Arbeitskammern, jedoch werden hierzu schwimmende Geräte und meist stählerne Arbeitskammern verwendet [65]. Problematisch ist hierbei die Abdichtung. Bei der geringen Einbindung besteht die Gefahr der Schiefstellung und damit des plötzlichen Wassereinbruchs. Es ist daher mit überdimensionierter Auflast zu arbeiten und besonders streng auf die Einhaltung der Sicherheitsmaßnahmen zu achten.

3.8.9 Bemessungsgrundlagen

In Abbildung 126 sind die am Senkkasten wirkenden Kräfte dargestellt. Für diese müssen der Absenkkörper bemessen und die erforderliche Auflast ermittelt werden.

Auf Einzelheiten der Bemessung kann im Rahmen dieses Buches nicht eingegangen werden.

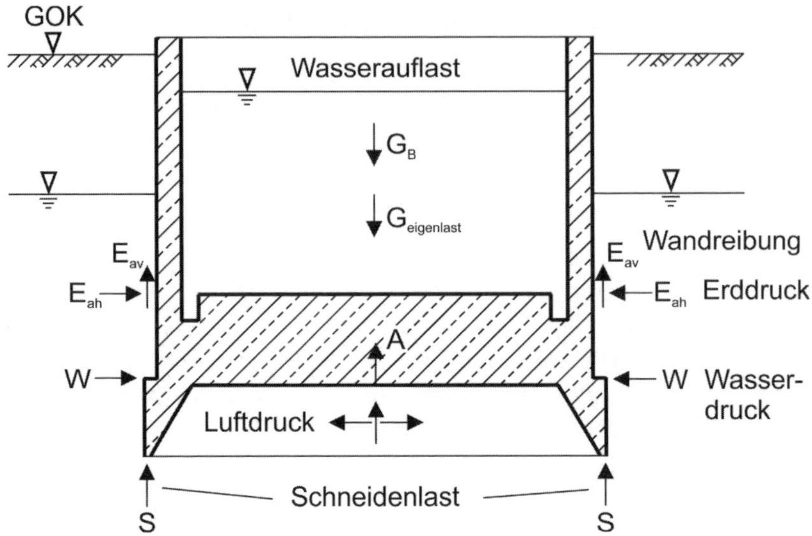

Abbildung 126: Auf den Druckluft-Absenkkörper wirkende Kräfte

3.9 Literatur

Vorbemerkung:
Der Stand der zugrundegelegten Normung bzw. der Firmenbezeichnungen ist nicht durchgängig 2024

[1] Buja, H. O. (2001): Handbuch des Spezialtiefbaus. Werner Verlag, Düsseldorf, 2. Auflage.

[2] Buja, H. O. (2004): Der Spezialtiefbau – Aktueller Stand der Geräte- und Verfahrenstechik. Bautechnik Spezial, Ernst & Sohn Verlag, Berlin, 25-109.

[2a] Katzenbach/Leppla (Hrsg.) (2015): Handbuch des Spezialtiefbaus – Geräte und Verfahren. 3. überarbeitete Auflage, Bundesanzeiger Verlag, Köln

[3] Deutsches Institut für Normung e. V. (2014): DIN EN 1997-1, Eurocode 7 – Entwurf, Berechnung und Bemessung in der Geotechnik – Teil 1: Allgemeine Regeln. Beuth Verlag GmbH, Berlin.
Deutsches Institut für Normung e. V. (2010): DIN EN 1997-2, Eurocode 7 – Entwurf, Berechnung und Bemessung in der Geotechnik – Teil 2: Erkundung und Untersuchung des Baugrunds. Beuth Verlag GmbH, Berlin.

[4] Deutsches Institut für Normung e. V. (2010): DIN EN 1536 Ausführung von Arbeiten im Spezialtiefbau – Bohrpfähle. Beuth Verlag GmbH, Berlin.

[4a] Deutsches Institut für Normung e. V. (2015): DIN EN 1536 Ausführung von Arbeiten im Spezialtiefbau – Bohrpfähle. Beuth Verlag GmbH, Berlin.

[5] Deutsches Institut für Normung e. V. (2001): DIN EN 12699 Ausführung von besonderen geotechnischen Arbeiten (Spezialtiefbau) – Verdrängungspfähle und Berichtigung 1 (2010). Beuth Verlag GmbH, Berlin.

[5a] Deutsches Institut für Normung e. V. (2015): DIN EN 12699 Ausführung von Arbeiten im Spezialtiefbau) – Verdrängungspfähle Beuth Verlag GmbH, Berlin.

[6] Deutsches Institut für Normung e. V. (2012): DIN EN 14199 Ausführung von besonderen geotechnischen Arbeiten (Spezialtiefbau) – Pfähle mit kleinen Durchmessern (Mikropfähle); Deutsche Fassung EN 14199:2005. Beuth Verlag GmbH, Berlin.

[6a] Deutsches Institut für Normung e. V. (2015): DIN EN 14199 Ausführung von Arbeiten im Spezialtiefbau – Pfähle mit kleinen Durchmessern (Mikropfähle); Deutsche Fassung EN 14199:2015. Beuth Verlag GmbH, Berlin.

[7] EA-Pfähle Empfehlungen des Arbeitskreises »Pfähle« – EA Pfähle, 2. Auflage. (2012). Deutsche Gesellschaft für Geotechnik e. V., Ernst & Sohn Verlag, Berlin.

[8] Institut für Bautechnik, Homepage https://www.dibt.de/de/wir-bieten/zulassungen-etas-und-mehr

[9] Schenk, W. (1951): Der Rammpfahl – Neue Erkenntnisse aus Theorie und Praxis. Ernst & Sohn Verlag, Berlin.

[10] Kempfert, H.-G. (2005): Negative Mantelreibung bei Pfahlgründungen nach dem Teilsicherheitskonzept. Mitteilungen des Instituts und der Versuchsanstalt für Geotechnik der Technischen Universität Darmstadt, Heft 71, 21-31.

[11] Schmidt, H. G.; Seitz, J. (1998): Grundbau, Sonderdruck aus dem Betonkalender 1998. Verlag Ernst & Sohn, Berlin.

[12] Katzenbach, R., Vogler, M., Kurze, S. (2013): Lösungen zur Akzeptanz großer Infrastrukturprojekte. Bauingenieur 88, Heft 9, Springer VDI Verlag, Düsseldorf, 358-367.

[13] Deutsches Institut für Normung e. V. (2012): DIN SPEC 18140 Anwendungsdokument zu DIN EN 1536:2010-12, Ausführung von Arbeiten im Spezialtiefbau – Bohrpfähle. Beuth Verlag GmbH, Berlin.

[14] Deutsches Institut für Normung e. V. (2019): ATV DIN 18301 VOB Vergabe und Vertragsordnung für Bauleistungen – Teil C: Allgemeine Technische Vertragsbedingungen für Bauleistungen (ATV) – Bohrarbeiten. Beuth Verlag GmbH, Berlin.

[15] Deutsches Institut für Normung e. V. (2019): ATV DIN 18302 VOB Vergabe und Vertragsordnung für Bauleistungen – Teil C: Allgemeine Technische Vertragsbedingungen für Bauleistungen (ATV) – Arbeiten zum Ausbau von Bohrungen. Beuth Verlag GmbH, Berlin.

[16] Deutsches Institut für Normung e. V. (2019): ATV DIN 18331 VOB Vergabe und Vertragsordnung für Bauleistungen – Teil C: Allgemeine Technische Vertragsbedingungen für Bauleistungen (ATV) – Betonarbeiten. Beuth Verlag GmbH, Berlin.

[17] Deutsches Institut für Normung e. V. (2021): DIN EN 206 Beton – Festlegung, Eigenschaften, Herstellung und Konformität; Deutsche Fassung EN 206:2013+A2:2021. Beuth Verlag GmbH, Berlin.

[18] Deutsches Institut für Normung e. V. (2011): DIN EN 13670 Ausführung von Tragwerken aus Beton. Beuth Verlag GmbH, Berlin.

[19] Deutsches Institut für Normung e. V. (2011): DIN EN 1992 Eurocode 2 – Bemessung und Konstruktion von Stahlbeton- und Spannbetontragwerken; Teil 1-1: Allgemeine Bemessungsregeln und Regeln für den Hochbau. Deutsche Fassung EN 1992-1-1:2004 + AC:2010. Beuth Verlag GmbH, Berlin.

[20] Deutsches Institut für Normung e. V. (2014): DIN 4127 Prüfverfahren für Stützflüssigkeiten im Schlitzwandbau und für deren Ausgangsstoffe. Beuth Verlag GmbH, Berlin.

[21] Deutsches Institut für Normung e. V. (2011): DIN 1045-2 Tragwerke aus Beton, Stahlbeton und Spannbeton Teil 2: Beton; Festlegung, Eigenschaften, Herstellung und Konformität; Anwendungsregeln zu DIN EN 206-1 Beuth Verlag GmbH, Berlin.
Deutsches Institut für Normung e. V. (2012): DIN 1045-3 Tragwerke aus Beton, Stahlbeton und Spannbeton Teil 3: Bauausführung – Anwendungsregeln zu DIN EN 13670. Beuth Verlag GmbH, Berlin.

[22] Deutsches Institut für Normung e. V. (2019): DIN EN 12350 Prüfung von Frischbeton, Teile 1 bis 9. Beuth Verlag GmbH, Berlin.

[23] Deutsche Beton- und Bautechnikverein e.V. (DBV) 2014: Besondere Verfahren zur Prüfung von Frischbeton«. Beuth Verlag GmbH, Berlin.

[24] Deutsches Institut für Normung e. V. (2008): DIN EN 934 Zusatzmittel für Beton, Mörtel und Einpressmörtel, Teile 1 bis 6. Beuth Verlag GmbH, Berlin.

[25] Deutscher Ausschuss für Stahlbeton (DAfStb) (1995): Richtlinie für Beton mit verlängerter Verarbeitbarkeit. Beuth Verlag GmbH, Berlin.

[26] Deutsches Institut für Normung e. V. (2008): DIN 4030-1 Beurteilungen betonangreifender Wässer, Böden und Gase – Teil 1: Grundlagen und Grenzwerte. Beuth Verlag, Berlin.

[27] Deutsches Institut für Normung e. V. (2021): DIN EN 12390-2 Prüfung von Festbeton – Teil 2: Herstellung und Lagerung von Probekörpern für Festigkeitsprüfungen. Beuth Verlag GmbH, Berlin.

[28] Deutsches Institut für Normung e. V. (2009): DIN 488: Betonstahl – Teil 1: Stahlsorten, Eigenschaften, Kennzeichen. Beuth Verlag GmbH, Berlin.
Deutsches Institut für Normung e. V. (2009): DIN 488: Betonstahl – Teil 2: Betonstabstahl. Beuth Verlag GmbH, Berlin.

[29] Deutsches Institut für Normung e. V. (2021): DIN EN ISO 17660 01: Schweißen – Schweißen von Betonstahl – Teil 1: Tragende Schweißverbindungen. Beuth Verlag GmbH, Berlin.

[30] Zusätzliche Technische Vertragsbedingungen und Richtlinien für Ingenieurbauten ZTV-ING (2022), Teil 2 – Grundbau. Bundesanstalt für Straßenwesen, Bergisch-Gladbach.

[31] Seitz, J. M., Schmidt, H. G., Bohrpfähle (2000), Ernst & Sohn Verlag, Berlin.

[32] Kluckert, K. D. (1999), Fachaufsatz »Rückblick auf 40 Jahre Bohrpfahltechnik«, Tiefbau 6/1999, BG BauPortal Verlag, Berlin.

[33] Holfelder, M., Vogt, N., Hartfuss, W. (2003), Fachaufsatz »Bohrpfähle im Festgestein – Stand der Technik«, www.baumaschine.de/Fachtagungen/bautechnik-und-sicherheit/Spezialtiefbau_dateien/2003

[34] BG Bau - Berufsgenossenschaft; www.bgbau.de

[35] Handbuch EC7-1 (2011); Handbuch Eurocode 7 – Geotechnische Bemessung, Band 1 Allgemeine Regeln. 1. Auflage. Beuth Verlag GmbH, Berlin
Handbuch EC7-2 (2011); Handbuch Eurocode 7 – Geotechnische Bemessung, Band 2 Erkundung und Untersuchung. 1. Auflage. Beuth Verlag, Berlin

[36] DGGT, Deutsche Gesellschaft für Geotechnik, www.dggt.de

[37] Loadtest, www.loadtest.com

[38] Kempfert, H. G. (2009), Pfahlgründungen in: Grundbautaschenbuch, Teil 3; 7. Auflage, Ernst & Sohn, Berlin.

[39] Deutsches Institut für Normung e. V. (2012): DIN SPEC 18538: Anwendungsdokument zu DIN EN 12699:2001-05, Ausführung von besonderen geotechnischen Arbeiten (Spezialtiefbau) – Verdrängungspfähle. Beuth Verlag GmbH, Berlin.

[40] Deutsches Institut für Normung e. V. (2019): ATV DIN 18304 VOB Vergabe und Vertragsordnung für Bauleistungen – Teil C: Allgemeine Technische Vertragsbedingungen für Bauleistungen (ATV) – Ramm-, Rüttel- und Pressarbeiten. Beuth Verlag GmbH, Berlin.

[41] EAU: Empfehlungen des Arbeitsausschusses »Ufereinfassungen« (2020), 12. Auflage, DGGT. Verlag Ernst Sohn, Berlin.

[42] Spundwandhandbuch (2006), ThyssenKrupp GfT Bautechnik GmbH, Essen, www.tkgftbautechnik.com

[43] Deutsches Institut für Normung e. V. (2007): DIN EN 12794: Betonfertigpfähle – Gründungspfähle. Beuth Verlag, Berlin.

[44] Deutsches Institut für Normung e. V. (2010): DIN EN 996: Rammausrüstung – Sicherheitsanforderungen. Deutsche Fassung EN 996:1995+A3: 2009.Beuth Verlag GmbH, Berlin.

[45] Krollmann K., Grabe J., Milatz, M. (2011): Fachaufsatz »Standsicherheit von Spezialtiefbaugeräten«, Fachtagung Spezialtiefbau der BG Bau 2011, BG Bau Verlag, Berlin.

[46] Deutsches Institut für Normung e. V. (1975): DIN 4026: Rammpfähle, Herstellung, Bemessung und zulässige Belastung. Beuth Verlag GmbH, Berlin.

[47] Deutsches Institut für Normung e. V. (2012): DIN SPEC 18539: Anwendungsdokument zu DIN EN 14199:2012-01, Ausführung von besonderen geotechnischen Arbeiten (Spezialtiefbau) – Mikropfähle. Beuth Verlag GmbH, Berlin.

[48] Deutsches Institut für Normung e. V. (2012): DIN EN 1994 01 02 = DIN V ENV 1994 01 02: Eurocode 4 – Bemessung und Konstruktion von Verbundtragwerken aus Stahl und Beton – Teil 1-2; Allgemeine Regeln; Tragwerksbemessung für den Brandfall; Deutsche Fassung ENV 1994-1-2: 1994. Beuth Verlag GmbH, Berlin.

[49] Deutsches Institut für Normung e. V. (2005): DIN EN 10080: Stahl für die Bewehrung von Beton – schweißgeeigneter Betonstahl – Allgemeines. Beuth Verlag GmbH, Berlin.

[50] Deutsches Institut für Normung e. V. (2000): DIN EN 10138: Spannstähle Teil 1: Allgemeine Anforderungen; Deutsche Fassung prEN 10138-1:2000. Beuth Verlag GmbH, Berlin.
Deutsches Institut für Normung e. V. (2000): DIN EN 10138: Spannstähle Teil 2: Draht; Deutsche Fassung prEN 10138-1:2000. Beuth Verlag GmbH, Berlin.
Deutsches Institut für Normung e. V. (2000): DIN EN 10138: Spannstähle Teil 3: Litze; Deutsche Fassung prEN 10138-1:2000. Beuth Verlag GmbH, Berlin.
Deutsches Institut für Normung e. V. (2000): DIN EN 10138: Spannstähle Teil 4: Stäbe; Deutsche Fassung prEN 10138-4:2000. Beuth Verlag GmbH, Berlin.

[51] GEWI®-Pfahl System;
http://www.dywidag-systems.de/produkte/geotechnik/

[52] Stump Verbundpfahl; Zulassung Nr. Z-32.1-8 (2011); Institut für Bautechnik, Berlin.

[53] Ischbeck Verpresspfahl Titan; Zulassung Nr. Z-34.14-209 (2008); Institut für Bautechnik, Berlin.

[54] BAUER Spezialtiefbau GmbH (2022): Firmenbroschüre Duktilpfahl.
www.bauer.de

[55] Keller Grundbau GmbH (2022): Firmenbroschüre MESI-Pfahl.
www.KellerGrundbau.de

[56] Hütte Bohrtechnik GmbH (2022): Firmenunterlagen.
www.casagrandegroup.com/hutte

[57] Kempfert, H. G. und Smoltczyk, K. (2001): Abschnitt 3.2: Seitendruck und Setzungsbiegung. Grundbautaschenbuch, Teil 3. Ernst & Sohn Verlag, Berlin.

[58] Deutsches Institut für Normung e. V. (2021): DIN EN 12715 Ausführung von Arbeiten im Spezialtiefbau – Injektionen. Beuth Verlag GmbH, Berlin.

[59] Deutsches Institut für Normung e. V. (2005): DIN EN 14679 Ausführung von besonderen geotechnischen Arbeiten (Spezialtiefbau) – Tiefreichende Bodenstabilisierung. Beuth Verlag GmbH, Berlin.

[60] Deutsches Institut für Normung e. V. (2019): DIN EN 14731 Ausführung von Arbeiten im Spezialtiefbau – Baugrundverbesserung durch Tiefenrüttelverfahren. Beuth Verlag GmbH, Berlin

[61] Keller Grundbau GmbH (2014): Die Tiefenrüttelverfahren. Offenbach am Main.

[62] Meyer, Emersleben, Kirstein (2009): Einfluss unterschiedlicher Lastverteilungsschichten auf das Abtragverhalten von CMC-Säulen. Geotechnik Kolloquium Freiberg.

[63] Verordnung über Arbeiten in Druckluft; (Druckluftverordnung/Bundesgesetzblatt vom 4.10.1972); zuletzt geändert durch Art. 103 v. 29.3.2017.

[64] Deutsches Institut für Normung e. V. (2021): DIN EN 1990: Eurocode: Grundlagen der Tragwerksplanung; mit nationalem Anwendungsdokument DIN EN 1990/NA A: 2010-12 mit Änderung A1 2012-08. Beuth Verlag GmbH, Berlin

[65] Taucherglockenschiff Carl Straat der WSV West; www.wsd-west.wsv.de

[66] Deutscher Ausschuss für Stahlbeton (2010): Richtlinie »Massige Bauteile aus Beton«, Beuth Verlag GmbH, Berlin.

[67] Gemeinschaft für Überwachung im Bauwesen e. V. www.gueb-online.de

[68] Österreichische Bautechnik Vereinigung: Merkblatt »weiche Betone« (2009), Wien, Eigenverlag.

[69] Guide to Tremie Concrete for Deep Foundations, EFF/DFI, Joint EFFC/DFI Concrete Task Group, 2nd Ed., 2018.

[70] www.dibt.de/fileadmin/dibt-website/Dokumente/Referat/P5/Technische_Bestimmungen/MVVTB_2023-1.pdf

[100] Herstellerhinweise Geräte (ohne Anspruch auf Vollständigkeit oder Präferenz)
www.abi-gmbh.com
www.www.akersolutions.com (Wirth)
www.bauer.de
www.delmag.com
www.franki.de
www.haeny.com
www.hartfuss.com
www.leffer.de
www.liebherr.com/de e
www.sennebogen.de
www.soilmec.de
www.tuenkers.de

[101] Merkblatt Kampfmittelfrei Bauen: Vorsicht Kampfmittel. Herausgegeben vom Verein zur Förderung fairer Bedingungen am Bau e.V. in Zusammenarbeit mit dem Hauptverband der Deutschen Bauindustrie e.V. (Bundesfachabteilung Spezialtiefbau) und dem CBTR Centrum für Deutsches und Internationales Baugrund- und Tiefbaurecht e.V. 2.überarbeitete Auflage 2023.

[102] Merkblatt Baulärm. Leitfaden für Bauherren/Auftraggeber, Planer und Bauunternehmen. Herausgegeben vom Verein zur Förderung fairer Bedingungen am Bau e.V. in Zusammenarbeit mit dem Hauptverband der Deutschen Bauindustrie e.V. (Bundesfachabteilung Spezialtiefbau) und dem CBTR Centrum für Deutsches und Internationales Baugrund- und Tiefbaurecht e.V. Erstausgabe 2016.

[103] Deutsches Institut für Normung e.V. (2015): DIN 4093: Bemessung von verfestigten Bodenkörpern – Hergestellt mit Düsenstrahl-, Deep-Mixing- oder Injektionsverfahren; Beuth Verlag GmbH, Berlin

4 Rammen

Sebastian Bauer, Bernhard Lindermair

Die wahrscheinlich älteste Tiefgründungsmethode ist das Rammen, das schlagende Einbringen eines festen Elements in den Boden. Letztlich ist dazu nur nötig, ein Fallgewicht wiederholt nach oben zu heben und gezielt auf das Gründungselement fallen zu lassen, um es tiefer und tiefer in den Boden eindringen zu lassen. Die Archäologie geht davon aus, dass schon in der Jungsteinzeit Gebäude mit geschlagenen Pfählen gegründet worden sind [1], und die Römer der Antike bauten zu diesem Zweck schon höher entwickelte Geräte.[1] Neben der Verwendung dieser Methode zur Tiefgründung von Bauwerken – also der Abtragung der Lasten auf tiefere Bodenschichten – wurde sie bald auch zum Einbringen von Wandelementen in den Boden verwendet, und damit zum Vorgänger der Baugruben-Stützmauer (Abbildung 1).

Abbildung 1: Spundwand am Flughafen München (Quelle: Bauer).

Im weiteren Sinn versteht man heutzutage unter »Rammen« jede Methode, ein Element durch axiale Kräfte in den Boden einzudrücken, also

- durch kurze Impulse mit hoher Krafteinwirkung (das »Schlagrammen«),
- durch die Überlagerung einer Kraft wechselnder Richtung – normalerweise in Sinusform – mit einer konstanten Vortriebskraft, Auflast oder dem Ausrüstungs-Eigengewicht (das »Vibrationsrammen«),

1 So ist z.B. in Caesars »De bello gallico« beschrieben, dass im Jahre 55 v. Chr. mittels Pfahlrammen, die auf Flößen montiert waren, die Gründung einer Brücke über den Rhein hergestellt wurde. Jedes Brückenjoch wurde durch fünf schräg eingerammte Pfähle getragen. Ein Nachbau einer solchen Ramme kann z.B. in der »RömerWelt« in Rheinbrohl besichtigt werden.

- durch eine nicht-harmonische Wechselkraft, wobei die Kraftausschläge in der einen Richtung höher sind als in der anderen (das »gerichtete Rütteln«) und
- durch eine konstante Kraft (das »Einpressen« bzw. »Ziehen«).

Lange Zeit waren gerammte Pfähle die einzigen oder zumindest die verlässlichsten Tiefgründungselemente.

- Sie haben eine bodenverbessernde Wirkung, da der Boden vom eingebrachten Element verdrängt und um den Pfahl herum einer Scherkraft unterworfen wird. Dadurch gewinnt der Boden um den Pfahl herum und vor allem an der Pfahlspitze durch Verdichtung an Tragfähigkeit.[2]
- Sie sind (im Speziellen beim Schlagrammen) selbsterkundend, da die Zahl der nötigen Schläge pro Meter Vortrieb darüber Auskunft gibt, wie widerstandsfähig bzw. tragfähig der Boden an der Spitze des Rammpfahls ist – d.h., er liefert eine Bodenerkundung für jede einzelne Pfahlachse und damit für die Tragfähigkeit des Pfahls bei der erreichten Tiefe.
- Sie haben eine gesicherte Qualität des Pfahlelements, da er in einem industriellen Umfeld gefertigt werden kann (als Stahlelement oder vorgefertigtes Beton- oder Spannbetonelement).
- Rammen erlaubt eine Fertigstellung des Elements auf der Baustelle in einem Schritt – d.h., es muss keine Stützflüssigkeit, kein Beton und kein Bewehrungskorb auf der Baustelle hinzugefügt werden und das Element ist ohne Aushärtezeit sofort tragfähig. Die volle Tragfähigkeit wird allerdings – je nach Boden – erst nach einer gewissen Zeit (teilweise Wochen) mit der vollständigen Setzung des Bodens wirksam.

Trotz all dieser Vorteile hat diese Technik in jüngerer Zeit aufgrund einiger potenzieller Probleme gegenüber dem Bohrpfahl stark an Markt verloren.

- Für sehr hohe Lasten muss die Gründung in tiefere Bodenschichten reichen, was bei gerammten Pfählen an die Grenzen der wirtschaftlichen Machbarkeit stößt. Im Gegensatz zu gebohrten und vor Ort betonierten Pfählen, die gerade bezüglich der Tiefe fast unbegrenzt sind, haben gerammte Pfähle Limitationen in der Größe.
- Nicht alle Böden bzw. Bodenschichten sind durch Rammen durchdringbar – unter anderem beim Vorkommen von Hindernissen wie Findlingen; diese Bodenschichten haben aber auch einschließlich des Hindernisses vielfach keine ausreichende Tragfähigkeit für den fertigen Pfahl. Beim Rütteln kann es vorkommen, dass durch die verdichtende Wirkung der Bodenvibrationen der Rammwiderstand dramatisch zunimmt. Zudem zeigen manche Böden ein Zeitverhalten, durch das nach Wartezeiten bei nur teilweise gerammten Pfählen der Rammwiderstand stark steigt. [2]
- Bei sehr tiefen Pfählen und schwer rammbaren Böden besteht die Gefahr der Zerstörung des Pfahls oder Pfahlkopfes durch die hohe Rammbelastung (Anzahl der Schläge; hierbei erforderliche Energie pro Schlag). Auch wenn der Pfahl nicht sicht-

2 Im Gegensatz dazu verschlechtert ein gebohrter und in situ betonierter Pfahl tendenziell den umgebenden Boden, da dieser sich durch den entstehenden Hohlraum entspannen kann. Abhilfe schafft nur eine Zementverpressung um den Pfahl herum oder an der Pfahlspitze, oder Bohrungen im Verdrängerverfahren.

bar geschädigt wird, akkumuliert sich – insbesondere bei Stahlpfählen – durch die Einleitung von Vibrationen oder Schlägen eine gewisse innere »Vorschädigung« des Materials, die in Ermüdungsrechnungen mit einbezogen werden muss, wenn man in der Dimensionierung des Pfahls an die Grenzen der Belastbarkeit gehen will.

- Für bestimmte Bodenzusammensetzungen (kalkhaltige Sande[3]) kann sich durch die Erschütterungen des Rammprozesses – vor allem im Beisein von Wasser – die Tragfähigkeit des Baugrunds und damit die Traglast des gerammten Pfahls reduzieren ([3], [4], [5]).
- Hohe Lärmentwicklung, insbesondere beim Schlagrammen mit Hämmern.[4]
- Hohe Umweltbelastung durch Vibrationen des Bodens – insbesondere auch auf Baustellenpersonal und Menschen in der Umgebung, aber auch auf präzise Produktionsprozesse in der Umgebung.
- Erschütterung und Scherbelastung des umliegenden Bodens, was zu dessen Verdichtung führen kann. Durch die auftretenden Setzungen können umliegende Bauwerke geschädigt werden.
- Vibrationsbelastung der naheliegenden Bauwerke selbst, wodurch diese potenziell beschädigt werden. Insbesondere beim Einsatz eines Rüttlers können sich zwischen dessen Anregungsfrequenz und dem Boden-Gebäude-System Resonanzen ergeben, durch die sich im System große Schwingungsamplituden aufbauen.
- Bei Einzelpfählen und bei Spundwänden kann es je nach Boden und Sorgfalt bei den Arbeiten zu mangelhafter Vertikalität kommen.

Diese Probleme schließen heutzutage unter anderem das Schlagrammen in dichter besiedelten Gebieten weitgehend aus und schränken das Vibrationsrammen stark ein. Dadurch hat die Popularität der Bohrpfähle seit Mitte des zwanzigsten Jahrhunderts so zugenommen, dass man zeitweise dachte, das Rammen als Gründungsmethode würde bis zum Ende des Jahrhunderts fast vollständig vom Markt verschwinden. Im Gegensatz dazu wird aber – grob geschätzt – immer noch jeder zweite Gründungspfahl auf der Welt gerammt, wobei die Verteilung regional sehr unterschiedlich ist: In Schwellenländern, wo vielerorts der Lärmbelästigung der Menschen und der Schwingungsbelastung umliegender Bauwerke kein so hohes Augenmerk eingeräumt wird, ist der Rammpfahl noch deutlich verbreiteter als in Industrieländern. Und im Offshore-Bereich, wo die Bewohner der maritimen Umwelt im wahrsten Sinne des Wortes keine Stimme haben, ist der Rammpfahl immer noch die vorwiegende Gründungsmethode.

Seit vor einem Jahrhundert das Stahl-Spundwandprofil erfunden worden ist, hat sich dagegen die Beliebtheit des Rammens im Bereich der Baugruben- bzw. Verbauwände deutlich gesteigert. Dies ist zum einen auf die Verfügbarkeit von hochqualitativen Spundwandprofilen zurückzuführen, zum anderen aber auch auf die modernen leistungsfähigen Rüttler und Mäkler-Trägergeräte mit hochflexibler Kinematik.

3 Solche kalkhaltigen Böden findet man häufig in Geologien, wo Öl- oder Gas-Lagerstätten vorhanden sind. Bei der Gründung oder Verankerung von Offshore-Ölplattformen sollte daher auf diesen Aspekt geachtet werden.

4 Unter dem Begriff »Hammer« wird im Folgenden immer ein Schlaghammer bzw. Schlagbär verstanden. Ebenso ist mit »Rüttler« immer ein Vertikalrüttler bzw. Vibrationsbär gemeint.

4.1 Herausforderungen der Rammverfahren

Die Herausforderung des Rammens besteht darin, mit den oben genannten und einigen weiteren Problemen umzugehen:

- Schwingungsbelastung von Mensch und umgebenden Bauwerken
  - Vermeidung von Resonanzeffekten durch überkritische Rüttlerfrequenzen und Neutralschalten der Unwucht während Drehzahl-Hochlauf und -Herunterlauf des Rüttlers.
  - Messung der Schwingungsamplituden in der Umgebung des Geräts bzw. an gefährdeten Gebäuden und optische Rückführung über Anzeigegeräte an den Gerätefahrer, sodass dieser steuernd eingreifen kann. Alternativ automatische Regelung der Geräteparameter in Abhängigkeit von den Messungen.
- Lärmentwicklung
  - Verwendung von Rüttlern (Vibrationsrammen) oder Pressen statt Hämmern (Schlagrammen).
  - Einhausung von Hämmern und/oder Rammgut (v.a. unter Wasser; dort auch Lärmreduzierung durch Blasenschleier).
- Lagetoleranzen des Rammguts (Vertikalitätsfehler von Rammpfählen und Spundwandprofilen):
  - Messung der Rammgut-Vertikalität und manuelle Korrekturmaßnahmen.
  - Führung des Hammers bzw. des Rüttlers beim Rammen durch steife Mäkler[5]
  - Korrektur der Vertikalität des Rammguts durch feinfühliges Neigen oder Verschieben des Mäklers.
- Begrenzung der Tiefe der Rammpfähle und Spundwände:
  - Größere Hämmer und Rüttler (insbesondere in Offshore-Anwendungen).
- Rammbarkeit des Bodens:
  - Ist der Boden nicht ausreichend verdrängbar bzw. hat er eine zu hohe lokale Härte, um ihn durch Rammen zu zerstören, kann er durch bohrende oder spülende Verfahren gelockert werden. Ansonsten muss auf andere Verfahren ausgewichen werden.
- Härte bzw. Sprödigkeit des Rammguts:
  - Spröde Rammgüter, beispielsweise aus Beton, können durch den harten Aufschlag eines Hammers zerstört werden. Es müssen dann Rammmethoden mit einer geringeren Vortriebskraft verwendet werden – z.B. durch Hämmer mit einem höheren Schlaggewicht, aber geringerer Fallhöhe –, oder der Impuls wird durch eine elastische und/oder dämpfende Schlaghaube weicher und länger gemacht.

Auf die genannten Abhilfen und Methoden wird an späterer Stelle noch näher eingegangen.

5 Ein Mäkler ist ein Führungsmast für Hammer bzw. Rüttler.

4.2 Physikalische Grundlagen des Rammens

Dieser Abschnitt vermittelt ein wissenschaftliches Verständnis der physikalischen Modellierung von Hämmern und Rüttlern in ihrer Interaktion mit dem Rammgut und dem Boden. Es hilft zu einem vertieften Verständnis der folgenden Abschnitte, ist dafür aber keine absolute Voraussetzung. Wem die Darstellung zu akademisch ist, der kann diesen Abschnitt daher für ein erstes Kennenlernen der Materie überschlagen.

4.2.1 Impuls und Kraftverlauf bei Hämmern und Rüttlern

Aus physikalisch-technischer Sicht ist der große Vorteil des Rammens – zählt man das Pressen als quasi »entartetes« Rammen nicht dazu –, dass die Kraft, die das Rammgut vorantreibt, dynamisch entsteht, nämlich aufgrund des Bremsvorgangs einer bewegten Masse – im Gegensatz zu einer »statischen Kraftquelle« wie z.B. beim Drehantrieb eines Bohrgeräts. Da diese Kraft in der Regel unmittelbar über dem Rammgut oder um das Rammgut herum entsteht, kann sie direkt in dieses eingeleitet werden, ohne über viele Maschinenelemente weitergeleitet werden zu müssen.

Im Gegensatz dazu stützt sich bei einem Bohrgerät das Drehmoment, das auf den Bohrstrang bzw. das Bohrwerkzeug wirkt, im Gerät ab und muss durch dieses hindurch weitergeleitet werden, bis es aus der Umgebung des Bohrgeräts heraus (d.h. in der Regel in der Aufstandsfläche des Bohrgeräts) ein entsprechendes Gegen-Drehmoment erfährt. Das hat einerseits zur Folge, dass das ganze Bohrgerät für die wirkenden Arbeitskräfte strukturell ausgelegt sein muss. Andererseits müssen sowohl die Ausdehnung der Aufstandsfläche als auch das nach unten drückende Eigengewicht des Geräts groß genug und die Festigkeit des Bodens hoch genug sein, damit das Gerät nicht aufgrund der wirkenden Kräfte wegrutscht, sondern diese in den Boden weiterleitet.

Die Folge ist, dass sich Rammgeräte (d.h. die Trägergeräte für Hämmer und Rüttler) deutlich leichter bauen lassen als beispielsweise Bohrgeräte, da erstere für den Hammer bzw. Rüttler eine (fast) reine Positionierungs- und Führungsfunktion haben, wogegen zweitere für den Drehantrieb als Widerlager dienen. Das hat für das Gerät – bezogen auf dessen technische Daten – nicht nur Vorteile für seine Transportmöglichkeiten, die Manövrierfähigkeit auf der Baustelle, die Bodenpressung und damit die Anforderung an das Arbeitsplanum, sondern letztendlich auch für die Kosten der entsprechenden Komponenten. Außerdem ist es leichter möglich, ein Rammgerät mit komplexer Kinematik (beim Teleskopmäklergerät zwei gegeneinander verschiebliche Mastteile, die zusätzlich vertikal gegenüber dem Grundgerät verschiebbar, in beide Achsen neigbar, um die Vertikalachse drehbar und nach vorne parallel verschiebbar sind) zu bauen, da die Verbindungselemente viel geringer belastet sind.

Im Extremfall kann man das Trägergerät als Führung für den Hammer oder Rüttler ganz weglassen und diesen freireitend auf das Rammgut setzen. Das Gesamtsystem wird dann am Seil eines Krans bzw. Seilbaggers von einer Position zur anderen bewegt.

Letztlich gilt aber auch für die dynamische Krafterzeugung durch eine bewegte Masse der Impulssatz. Dieser bedeutet, dass wenn das System langfristig in keine nennenswerte Durchschnittsgeschwindigkeit versetzt wird, die auf die Masse einwirkenden Kräfte – einschließlich der Gravitationskraft – in der Summe über die Zeit Null sein müssen.

Als Beispiel für der Verlauf der Kräfte und der Bewegungen beim Hammer sei ein Typ gewählt, den man »Ausklink-Hammer«[6] nennen könnte: Das Fallgewicht[7] wird gegenüber dem Pfahl mit konstanter Geschwindigkeit hochgedrückt, wozu dem Fallgewicht – bis auf eine kurze Beschleunigungsphase zu Beginn – einfach die Gegenkraft zur seiner Gewichtskraft von außen aufgeprägt werden muss, nicht anders, als wenn es auf konstanter Höhe gehalten werden würde. Dann wird das Gewicht ausgeklinkt und fällt von der Gravitationswirkung beschleunigt nach unten (siehe Abbildung 2). Während dieser Zeit wirkt keine Kraft von außen, um die konstante Gewichtskraft zu kompensieren. Diese baut nun einen Impuls I auf, der dem Produkt aus Fallzeit und Gewichtskraft entspricht und durch die Geschwindigkeit der Masse des Fallgewichts m_f gespeichert wird ($I = m_f v = m_f g t_{Fall} = m_f \sqrt{2gh}$)Der akkumulierte Impuls wird während der Zeit des Aufschlags – die je nach Steifigkeit des Systems aus Fallmasse und Pfahl (bzw. Schlaghaube) kürzer oder länger währt – wieder abgebaut, wobei das Integral der Stoßkraft über die Zeit bis zum Stillstand der Masse dem vorher aufgebauten Impuls entspricht ($I = \int_{t_{Stoßbeginn}}^{t_{Stoßende}} F_{Stoß}(t)dt$).

Aus der Perspektive des Pfahls betrachtet, muss dieser während der Zeit des Falls die Gewichtskraft des Fallgewichts nicht abstützen, sondern nur die des Hammergehäuses. Die über diese Zeit ausgefallene Krafteinwirkung wird dann während des Aufschlagstoßes innerhalb viel kürzerer Zeit, dafür aber mit einer viel höheren Kraft wieder aufgeholt. In der Impulsbilanz über eine komplette Bewegungs-Periode ist dieser Vorgang natürlich genau äquivalent mit dem gleichmäßigen Aufliegen der Masse.

Dass im Fall des gleichmäßigen Aufliegens – im Gegensatz zu dem mit dem Impuls – im Allgemeinen kein Rammfortschritt erfolgt, hat den Grund, dass die Reibung um den Pfahl herum und der Druck an seiner Spitze (zusammen der »Eindringwiderstand«) die aufliegende Kraft der unbewegten Ramme abstützen können. Dagegen überschreitet die viel höhere Aufschlagkraft der bewegten Ramme den maximalen Wert der Boden-Reibungskräfte und führt dadurch zum Abreißen des Haftkontakts zwischen Pfahl und Boden. Der Pfahl wird kurzzeitig nach unten beschleunigt, bis der im Fallgewicht gespeicherte Impuls aufgebraucht[8] ist und somit die Aufschlagkraft wieder auf null gegangen ist. Die nun überwiegenden Reibungskräfte bremsen den Pfahl wieder zum Stillstand ab.

6 In der Literatur wird dieser Typ von Hammer meistens »Freifall-Hammer« genannt. Diese Bezeichnung ist allerdings missverständlich, da das Fallgewicht bei jedem unbeschleunigten Hammer im freien Fall auf das Rammgut bzw. die Rammhaube fällt.

7 Die Begriffe »Fallgewicht«, »Schlaggewicht« oder (beim Dieselhammer) »Kolbengewicht« werden im Folgenden synonym verwendet, je nachdem, welcher Aspekt der Physik (der Freifall, der Aufschlag oder der bewegliche Abschluss des Verbrennungsraums durch das Fallgewicht) betont werden soll.

8 Je nach Gewichtsverhältnissen zwischen Fallgewicht, Rammhaube und Rammgut und der Kontaktdämpfung zwischen den Stoßpartnern ergibt sich entweder ein plastischer Stoß, nach dem sich die Stoßpartner mit gleicher Geschwindigkeit weiterbewegen, ein elastischer Stoß, bei dem das Fallgewicht wieder nach oben springt und einen Teil des Impulses mitnimmt (und danach mit weiteren Stößen weitergibt), oder eine Mischform zwischen beiden. Gemein ist aber allen Stößen, dass »Actio gleich Reactio« ist (Kraft gleich Gegenkraft), was bedeutet, dass die Kraft, die das Rammgut beschleunigt, gleich der Kraft ist, die das Fallgewicht abbremst. Und es gilt immer, dass diese Kräfte mindestens so lange wirken, bis die Geschwindigkeit des Fallgewichts nicht mehr höher ist als die des Rammguts.

Zur Kräftebilanz des Freifallhammers addiert sich in Wirklichkeit noch die Gewichtskraft des Freifallhammer-Gehäuses hinzu, in dem das Fallgewicht geführt wird und das Anheben und Ausklinken mechanisch realisiert ist. So ergibt sich ein Kraftverlauf auf das Rammgut wie in Abbildung 2 rechts unten.

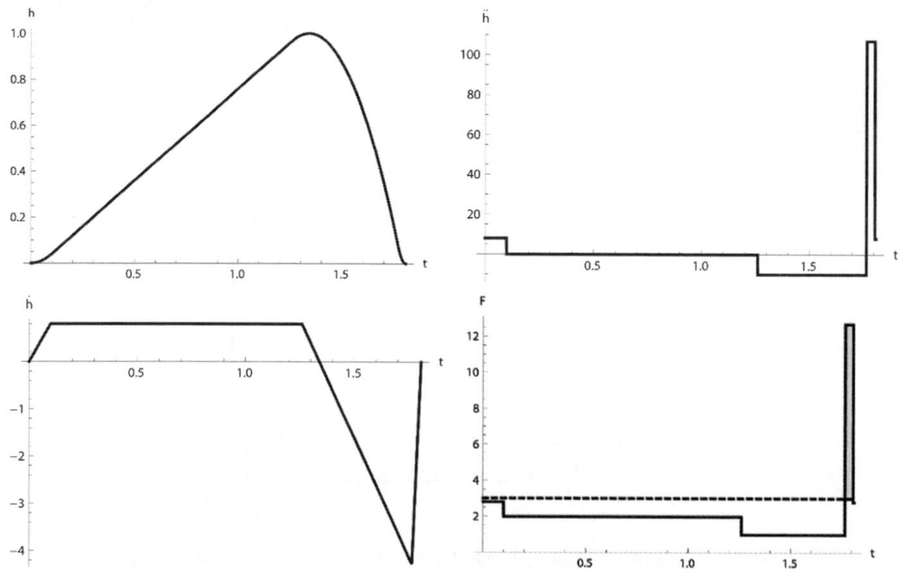

Abbildung 2: Ausklinkhammer – Lage (o.l.), Geschwindigkeit (u.l.) und Beschleunigung des Fallgewichts (o.r.), Kraft auf Rammgut (u.r.). Gestrichelt der Rammwiderstand des Bodens. Der Verlauf beginnt mit dem Anheben des Schlaggewichts und endet jeweils mit dem Aufschlag.

4.2.1.1 Unbeschleunigter Hydraulikhammer

In der realen Ausführung ist der Ausklinkmechanismus maschinenbau-technisch eher ungünstig. Stattdessen wird bei heutigen Freifallhämmern das Schlaggewicht nach dessen Aufschlag im Allgemeinen nicht mit konstanter Geschwindigkeit nach oben transportiert, sondern durch einen Hydraulikzylinder mit Schwung nach oben geworfen. Am Anfang des Zyklus steht also für eine kürzere Zeit eine hohe Beschleunigung nach oben. Danach bewegt sich das Schlaggewicht frei, d.h. ohne dass an ihm äußere Kräfte angreifen, weiter. Es setzt dabei seine Aufwärtsbewegung zunächst kontinuierlich fort, aber seine Geschwindigkeit nimmt mit der Zeit linear ab, bis das Schlaggewicht in oberen Wendepunkt zum Stillstand kommt und bis zum Aufschlag wieder durch die Gravitation (mit der Erdbeschleunigung g = 9,81 m/s^2) beschleunigt nach unten fällt (Abbildung 3). Die Aufschlaggeschwindigkeit und der Aufschlagimpuls sind wie beim Ausklinkhammer $v = \sqrt{2gh}$, bzw. $I = m_f v = m_f \sqrt{2gh}$, wobei g die relative Höhe des Schlaggewichts am oberen Wendepunkt gegenüber der Aufschlaghöhe ist.

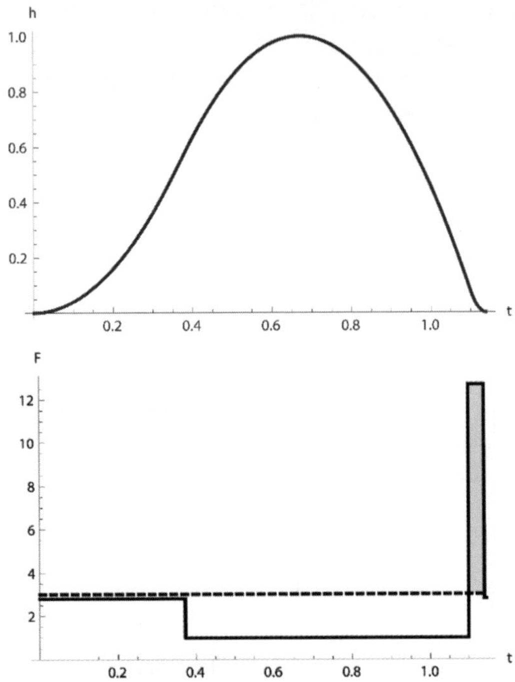

Abbildung 3: Unbeschleunigter Hammer – Lage des Fallgewichts (o.), Kraft auf Rammgut (u.).

4.2.1.2 Dieselhammer

Beim Dieselhammer beginnt die Beschleunigung, die das Schlaggewicht – hier den »Kolben« im Zylinderraum – wieder nach oben wirft, schon während des Aufschlags und ist weitaus heftiger als bei einem Pneumatik- oder Hydraulikhammer, da der vorher in den Zylinderraum eingespritzte Dieselkraftstoff beim Aufschlag oder kurz zuvor zur Explosion kommt. Die entstehende Kraft, die das Schlaggewicht nach oben katapultiert, ist so groß, dass sie die Zeitdauer, in der die Vortriebskraft die Bodenreibung überschreitet, über die »echte« Aufschlagszeit hinaus verlängert und damit den Vortriebsimpuls des Aufschlags erhöht[9] (siehe Abbildung 4 und Abbildung 5). Die für den Vortrieb des Rammguts wirksame Impuls-Ausbeute wird dadurch nahezu optimal.

Vor dem eigentlichen Aufschlag entwickelt sich schon durch die Verdichtung der Luft (bzw. des Luft-Kraftstoff-Gemisches) im Zylinder eine erhöhte Auflagekraft, die natürlich den Kolben im Fall leicht bremst. Dadurch werden die Kontakte zwischen Schlagstück, Schlaghaube und Rammgut schon satt zusammengedrückt, was die Effektivität der Impulsübertragung beim Aufschlag des Kolbens erhöht und die Gefahr von Beschädigungen am Rammgut durch einen einseitigen Aufschlag reduziert.

9 Da beim Dieselhammer, ab dem Überfahren der Auspuffschlitze durch den Kolben nach unten, die im Zylinder eingeschlossene Luft verdichtet wird, baut sich auch ein Kompressionsdruck auf, der schon vor dem Aufschlag des Kolbens eine Kraft auf das Rammgut ausübt und – je nach Eindringwiderstand des Bodens – zu einem Vortrieb führt.

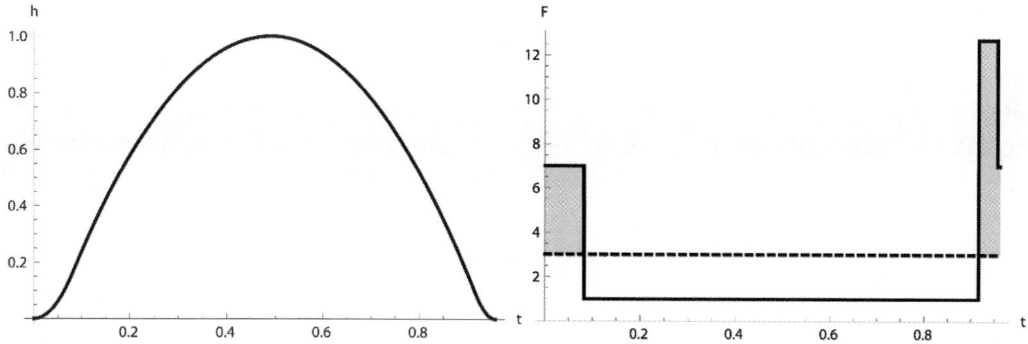

Abbildung 4: Idealisierter Verlauf beim Dieselhammer – Lage des Fallgewichts, Kraft auf Rammgut.

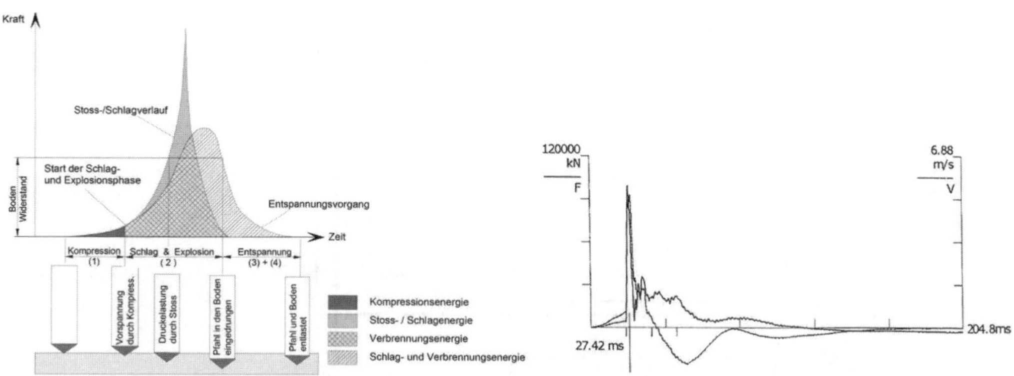

Abbildung 5: Links: Schematischer Kraftverlauf am Dieselhammer (in Anlehnung an Delmag). Rechts: Realer Kraftverlauf (Messung D800). Die obere Kurve ist die Kraft (Skala der linken Achse), die untere die Geschwindigkeit (rechte Achse). Der Aufschlag (mit ca. 100.000 kN) liegt im ersten Achtel der Zeitskala, davor baut sich durch die Kompression der Luft im Zylinder schon ein Anfangsdruck auf.

4.2.1.3 Beschleunigte (doppelt wirkende) Hämmer

Im Gegensatz zum einfach wirkenden Dieselhammer ist bei den beschleunigten Hydraulik- oder Druckluft-Hämmern in der Regel das Schlaggewicht während seiner ganzen Bewegungsperiode geführt. In der Aufwärtsbewegung wird es zunächst mehr oder weniger gleichmäßig beschleunigt.[10] Dann wird der Vortrieb umgeschaltet[11] und das Gewicht

10 Wird in der Aufwärtsbeschleunigung eine systembedingte Maximalgeschwindigkeit erreicht, setzt sich die Aufwärtsbewegung mit konstanter Geschwindigkeit fort, bis die erforderliche Schlagenergie als Summe aus der kinetischen Energie der Aufwärtsgeschwindigkeit und der potenziellen Energie aus der momentanen Höhe erreicht ist.

11 Der Begriff »doppelt wirkend« kommt daher, dass auf das Schlaggewicht nicht nur in der Aufwärtsbewegung eine Wirkung nach oben, sondern danach auch eine nach unten ausgeübt wird. Die zusätzliche Abwärtsbeschleunigung kann durch eine Umschaltung der Richtung der Vortriebskraft erfolgen oder dadurch, dass der Aufwärtsbeschleunigung eine permanente (Gas-)Federvorspannung entgegenwirkt und bei einer bestimmten Höhe die Aufwärtskraft einfach abgeschaltet wird.

zusätzlich zur Gravitationswirkung nach unten beschleunigt (Abbildung 6). So wird bei gleicher Fallhöhe im Vergleich zum unbeschleunigten Hammer eine höhere Aufschlagsgeschwindigkeit und damit ein höherer Aufschlagimpuls erzielt. Aufgrund der höheren Beschleunigung wird die Fallhöhe auch schneller durchlaufen, sodass insgesamt eine kürzere Periodenzeit entsteht. Dadurch können mehr Schlagimpulse pro Zeiteinheit erfolgen, was wiederum pro Zeiteinheit eine höhere Vortriebsgeschwindigkeit bewirkt.

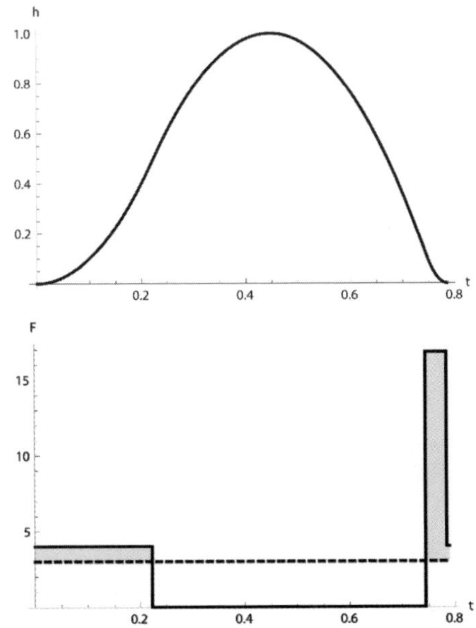

Abbildung 6: Beschleunigter Hammer – Lage des Fallgewichts, Kraft auf Rammgut.

Hämmer sind so ausgelegt, dass sie immer eine gewisse Rest-Auflagekraft auf das Rammgut ausüben und dadurch nicht abheben. Denn würde der Hammer vom Rammgut abheben, ginge der nächste Schlag nicht auf dieses, sondern über den Endanschlag der Rammhaube in das Hammergehäuse. Statt das Rammgut vorzutreiben, würde sich der Hammer dann selbst zerstören. Diese zerstörerische Wirkung reduziert sich auch nicht wesentlich, wenn man – wie bei einem Rüttler – den Hammer mit Spannzangen auf dem Rammgut verspannt, da dann die enormen Stoßwellen (beim Aufschlag können Beschleunigungen in der Größenordnung von 2.000 g entstehen) nicht nur durch das Rammgut laufen, sondern auch von unten durch das Hammergehäuse. Das begrenzt bei beschleunigten Hämmern die Höhe der Kraft, die beim Fallen zusätzlich auf das Schlaggewicht ausgeübt werden darf, auf das Eigengewicht des restlichen Hammers ($m_{\mathrm{Hammer}} - m_{\mathrm{f}}$). Die maximal mögliche Abwärtsbeschleunigung ist damit

$$a_{\mathrm{f,max}} = \left(1 + \frac{m_{\mathrm{Hammer}} - m_{\mathrm{f}}}{m_{\mathrm{f}}}\right) g\,.$$

Ist das Gewicht des restlichen Hammers also genauso groß wie das Schlaggewicht, so kann dieses maximal mit der doppelten Erdbeschleunigung nach unten beschleunigt werden.

4.2.1.4 Vergleich der Schlagfrequenz

Neben dem Aufschlagimpuls und der Aufschlagenergie spielt für die Vortriebsleistung eines Hammers die Schlagfrequenz die größte Rolle, da sie den Multiplikator darstellt, der bestimmt, wie hoch der Impulseintrag bzw. Energieeintrag des Hammers in das Rammgut pro Zeiteinheit ist.

Für die Minimierung der Periodenzeit bzw. die Maximierung der Schlagfrequenz des Hammers für eine gegebene Fallhöhe sind folgende Faktoren bestimmend:

- Die Aufwärtsbeschleunigung sollte möglichst heftig sein, sodass die Freiflug-Phase früh beginnt, bei der die Aufwärtsbewegung abgebremst wird, und darauf folgend der Fall beginnt.
- Die Aufwärtsbeschleunigung sollte nicht durch eine maximale Hubgeschwindigkeit gedeckelt sein, sodass sie nicht in eine Bewegung mit konstanter Aufwärtsgeschwindigkeit übergeht.
- Die Abwärtsbeschleunigung in der Freiflug-Phase sollte möglichst hoch sein.
- Nach dem Aufschlag und der vollständigen Übertragung des Impulses auf das Rammgut sollte die Aufwärtsbeschleunigung ohne Verzögerung einsetzen.

Bezüglich des ersten und des letzten Einflussfaktors ist der Bewegungsverlauf des Dieselhammers besonders günstig, bezüglich des dritten Faktors ist es der des beschleunigten Hammers (Abbildung 7). Optimal ist in dieser Hinsicht die Kombination »beschleunigter Dieselhammer«.

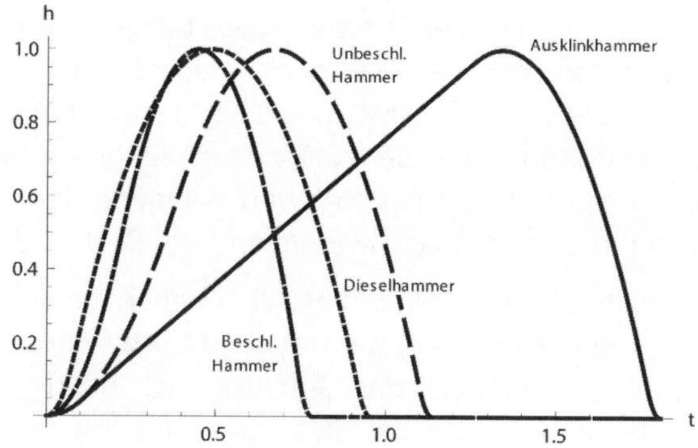

Abbildung 7: Vergleich des Zeitverlaufs verschiedener Hämmer.

4.2.1.5 Gerichtete Rüttler

Eine hohe Vortriebskraft lässt sich nicht nur durch das schlagartige Abbremsen eines Fallgewichts im Aufschlag erreichen. Stattdessen kann dies auch durch das kontrollierte Abbremsen und wieder nach oben Beschleunigen eines Schwunggewichts[12] realisiert wer-

12 Da beim gerichteten Rüttler kein Fall mit Aufschlag stattfindet, sondern nur eine Masse in Schwung versetzt und wieder abgebremst wird, wird hier statt »Schlaggewicht« die Bezeichnung »Schwunggewicht« verwendet.

den. Dies führt aber nur zu einem Vortrieb, wenn die Reaktionskraft nach oben (die in der Bewegungsphase entsteht, in der in einer Abwärtsbeschleunigung »Schwung geholt wird«) geringer ist als die nachfolgende Reaktionskraft nach unten (siehe Abbildung 8). Man bezeichnet Rammen nach diesem Prinzip als »gerichtete Rüttler«.

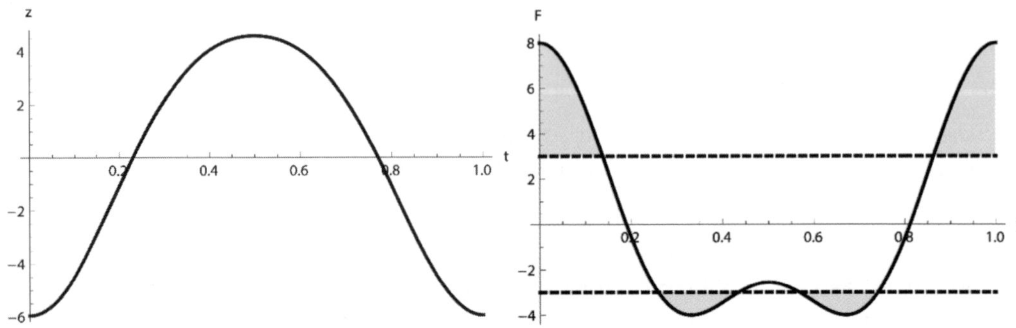

Abbildung 8: Unwucht-Schwerpunkt-Verlauf (links) und Kraftverlauf (rechts) des Gerichteten Rüttlers nach dem Vierwellen-Prinzip (schnell drehende Unwuchten haben 51 % der Fliehkraft der langsam drehenden, was für den angenommenen Bodenwiderstand – gestrichelt gezeichnet – optimal ist).

So ein Bewegungsablauf lässt sich auf direktem Weg hydraulisch oder elektro-motorisch bewerkstelligen, aber auch durch einen Mechanismus, der eine Drehung in eine ungleichmäßig beschleunigte Vertikalbewegung einer Masse bzw. des Schwerpunkts mehrerer Massen umsetzt. Aufgrund des – im Gegensatz zum Aufschlag des Schlaggewichts beim Hammer – langsameren Abbremsens des Schwunggewichts gibt dieses seinen Impuls bzw. seine kinetische Energie entsprechend langsamer ab. Die Höhe der Vortriebskraft ist also – bei vergleichbarem maximalem Impuls bzw. maximaler kinetischer Energie der Komponente – viel geringer, reicht dafür aber über eine vielfach längere Zeitdauer. Dies hat den Vorteil, dass das Rammgut viel weniger belastet wird. Allerdings kann aufgrund der niedrigeren Kraft auch nur ein geringerer Rammwiderstand des Bodens überwunden werden.

Da diese Rüttler (wie auch die nachfolgend beschriebenen ungerichteten Rüttler) mit hoher Zyklenfrequenz betrieben werden, sind auch die Abwärtsbeschleunigungen des Schwunggewichts und die dadurch auf das Gehäuse nach oben wirkenden Reaktionskräfte so hoch, dass es nicht sinnvoll wäre, diese durch ein entsprechend schweres Gehäuse zu kompensieren, um ein Abheben des Rüttlers vom Rammgut zu vermeiden. Durch eine Verspannung des Rüttlers mit dem Rammgut über eine hydraulische Spannzange aktiviert man daher nicht nur das Gewicht des Rammguts, sondern auch die Bodenreibung als Gegenkraft.

Wie schon im Zusammenhang mit den beschleunigten Hämmern beschrieben, folgt auch beim gerichteten Rüttler auf eine längere Phase, bei der die Erregermasse auf das Rüttlergehäuse und das Rammgut eine nach oben gerichtete Kraft entwickelt, eine kürzere Phase mit einer entsprechend höheren Kraft nach unten. Im Integral über die Zeit entspricht der wirkende Gesamtimpuls zwar wieder nur dem des unbewegten Gesamtsystems und ist genau Null, wenn man von der Gewichtskraft der Gesamtmasse der Komponente absieht.

Aber nach Abzug der Reibungskraft des Rammguts zum Boden ist der vortreibende Impuls (im Bild die graue Fläche oberhalb der Nullachse) größer als die zurücktreibende (die graue Fläche darunter), weil die Reibungskraft in den Phasen mit aufwärts gerichteter Kraft einen größeren Anteil der Kraft eliminiert als in den Phasen mit abwärts gerichteter Kraft.

Die maximale Kraft, die der Rüttler auf das Rammgut ausüben kann, ist $F_{max} = m_{akt}\ddot{z}_{max}$, wobei m_{akt} die aktiv beschleunigte Erregermasse ist, die im Fall des Hammers dem Fallgewicht entspricht. $\ddot{z}$ ist die Beschleunigung der Erregermasse in Vertikalrichtung.

Besonders einfach ist dieses Prinzip mit einem gerichteten Rüttler aus zwei Doppel-Wellen mit Drehzahlverhältnis von zwei zu eins (der bereits in Abbildung 8 als Beispiel verwendet wurde) zu verwirklichen.

Wie beim normalen Rüttler mit Auflast (siehe unten) rotiert auf jeder Welle eine Unwucht (eine Masse mit zur Drehachse exzentrischem Schwerpunkt – siehe Abbildung 9) um eine Antriebsachse. Die Richtung der Zentrifugalkraft (Fliehkraft) läuft mit der Unwuchtdrehung um, und die Größe der Kraft beträgt

$$F_z = m_u r_u \omega^2,$$

mit der Kreisfrequenz ω der Rotation der Unwuchtwellen (also $\omega = 2\pi f$ bzw. $2\pi n \,/\, 60 \frac{s}{min}$, wenn die Drehzahl n in Umdrehungen pro Minute angegeben ist), der Unwuchtmasse m_u und dem Umlaufradius des Unwuchtschwerpunkts r_u (d.h. der Exzentrizität der Unwucht zur Drehachse). Da die Größen m_u und r_u in den Formeln zum Rüttler meistens gemeinsam als Produkt $m_u r_u$ vorkommen, wurde dafür die Kenngröße »Statisches Moment« $M_s = m_u r_u$ eingeführt, womit sich die Formel für die Zentrifugalkraft zu $F_z = \omega^2 M_s$ vereinfacht.

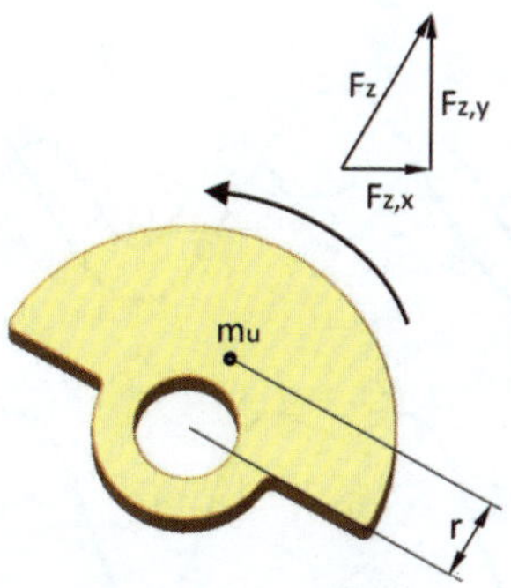

Abbildung 9: Eine rotierende Unwucht entwickelt die Fliehkraft F_z

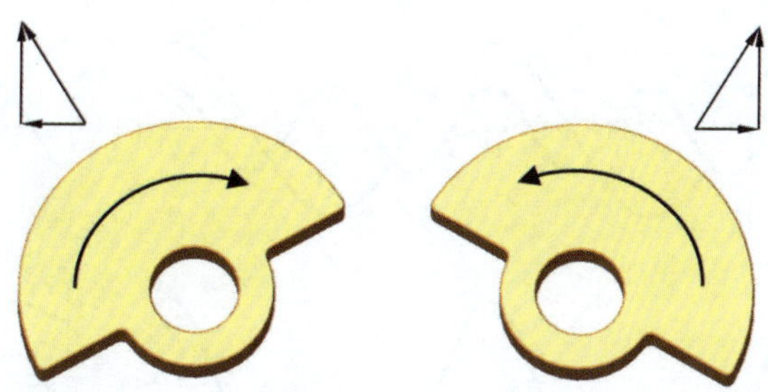

Abbildung 10: Bei zwei synchronisierten, gegenläufig drehenden Unwuchten hebt sich die horizontale Komponente der Fliehkraft auf.

Lässt man allerdings zwei Unwuchtwellen, deren Achsen parallel in einer horizontalen Ebene liegen, synchronisiert in gegensätzlichen Richtungen umlaufen (Abbildung 10), so heben sich die horizontalen Kraftkomponenten auf und die vertikalen addieren sich. Die resultierende vertikale Wechselkraft beträgt dann

$$F(t) = m_u r_u \omega^2 \cos(\omega t),$$

wobei m_u die Summe der beiden Unwuchtmassen ist.

Kombiniert man nun zwei solche Doppelwellen-Rüttler miteinander (Abbildung 11), wobei das eine Wellenpaar doppelt so schnell umläuft wie das andere, ergibt sich die Kraftgleichung des gerichteten Rüttlers nach dem Vier-Wellen-Prinzip:

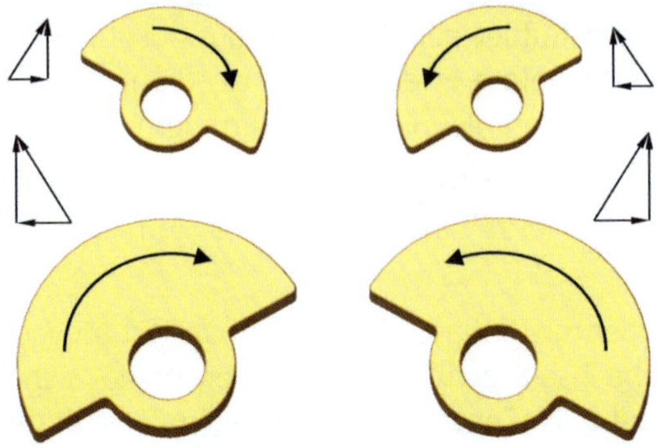

Abbildung 11: Gerichteter Rüttler nach dem Vier-Wellen-Prinzip.

$$
\begin{aligned}
F(t) &= m_{u,1} r_{u,1} \omega^2 \cos(\omega t) + m_{u,2} r_{u,2} 4\, \omega^2 \cos(2\omega t + \varphi) \\
&= F_{f,1} \cos(\omega t) + F_{f,2} \cos(2\omega t + \varphi)
\end{aligned},
$$

Die Phasenverschiebung φ zwischen den Drehungen der beiden Wellenpaare, die entweder auf 0° oder 180° eingestellt wird, bestimmt, ob in der Überlagerung beider Kraftschwingungen der große Kraftausschlag nach oben oder nach unten gerichtet ist (siehe Abbildung 12).

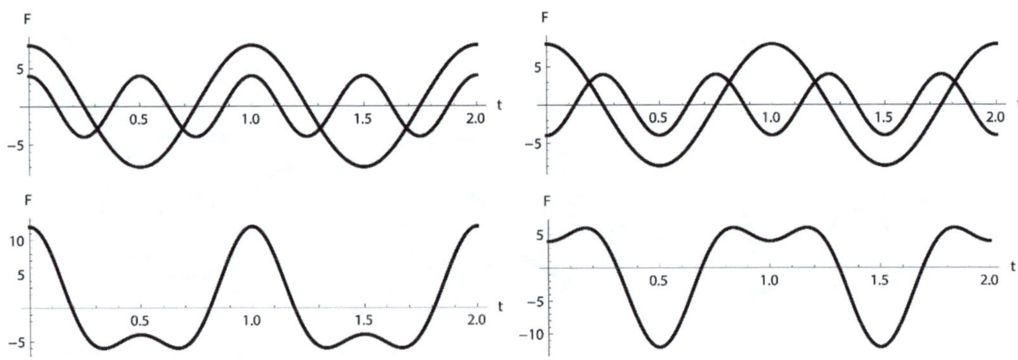

Abbildung 12: Addition des Kraftverlaufs der Unwuchtwellen. Links für φ = 0° mit Vortrieb in positive Richtung; rechts für φ = 180° mit Vortrieb in negative Richtung.

In Abbildung 8 konnte man erkennen, dass die Impulsbilanz sehr von der Reibungskraft des Bodens (also dessen Rammwiderstand) abhängig ist. Wenn die Reibungskraft Null wäre, wäre auch die Impulsbilanz ausgeglichen und es entstünde kein Vortrieb; auch bei einem Boden mit sehr geringem Rammwiderstand kommt kein großer vortreibender Impuls zustande. Ist die Reibungskraft dagegen größer als die Maximalkraft des gerichteten Rüttlers, entsteht ebenfalls kein Vortrieb, da die Bodenhaftung nicht überwunden wird. Nur eine Reibungskraft zwischen diesen Extremen führt zu einer signifikanten Impulsbilanz nach unten.[13] Das optimale Kraftverhältnis zwischen langsamem und schnellem Unwuchtwellenpaar (und das entsprechende Verhältnis der Statischen Momente) ist stark vom Rammwiderstand abhängig (siehe Abbildung 13).

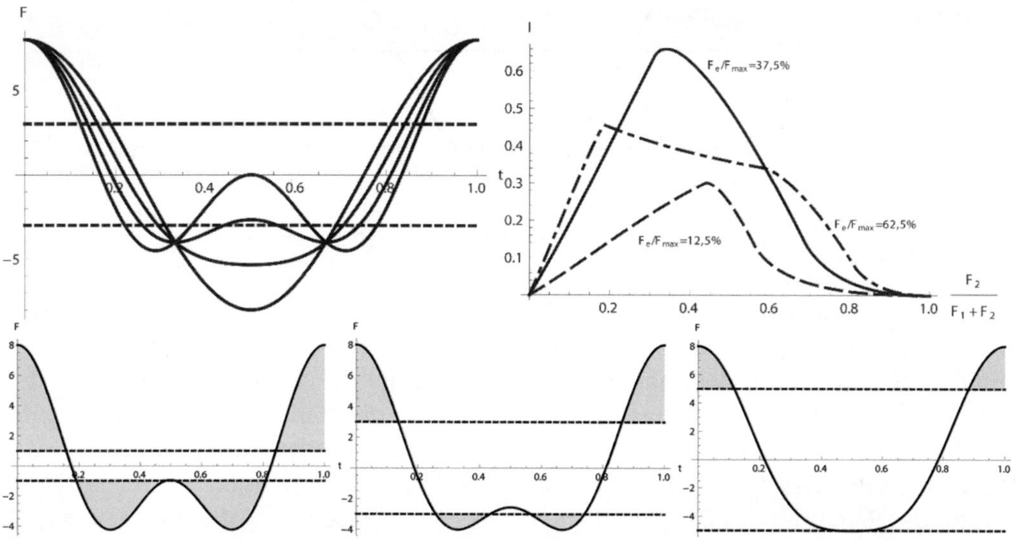

Abbildung 13: Gerichteter Rüttler nach dem Vier-Wellen-Prinzip. Oben links: Kraftverläufe mit $F_1 + F_2$ = const. für $F_2 / F_1 = 0$ (reiner Cosinus – also ungerichteter Rüttler), 1:5, 1:2 und 1:1; oben rechts: Resultierender Impuls pro Zyklus bei unterschiedlichen Eindringwiderständen F_e im Verhältnis zur maximalen Schlagkraft ($F_{max} = F_1 + F_2$). Das Optimum liegt je nach relativem Eindringwiderstand (F_e / F_{max} = 12,5 %, 37,5 % oder 62,5 %) bei ca. F_2 / F_{max} = 44 %, 34 % bzw. 18 %. Die entsprechenden Kraftverläufe sind in der unteren Zeile abgebildet (Eindringwiderstand jeweils gestrichelt gezeichnet).

4.2.1.6 Rüttler mit Auflast

Wenn man im Extrem als Kraftverlauf eine reine Sinus-Schwingung ansetzt, werden der vortreibende und der zurücktreibende Impuls gleich, d.h., der Rüttler ist nicht mehr ein gerichteter Rüttler, sondern überträgt auf das Rammgut eine ungerichtete Schwingung. Überlagert man diesen Kraftverlauf allerdings mit einer konstanten Kraft, erhält man wieder eine vortreibende Wirkung (siehe Abbildung 14); man erkennt, dass die obere graue Fläche – der vortreibende Impuls – durch die Verschiebung des Kraftverlaufs deutlich die untere Fläche des rücktreibenden Impulses überwiegt. Dazu genügt auch eine relativ kleine Kraft, die ohne überlagerte Sinus-Schwingung bei weitem nicht ausreichen würde, um den Rammwiderstand des Bodens zu überwinden. Die Schwingung hilft also der konstanten Kraft, die Reibung zu überwinden.

---

13 In einer rein linearen Welt könnte niemals aus der linearen Überlagerung zweier ungerichteter Sinusschwingungen (die jede für sich keinen Vortrieb erzeugt) eine gerichtete Schwingung entstehen, die einen Vortrieb bewirkt. Erst durch die Nichtlinearität der Reibung (einer Kraft, deren Höhe nicht proportional zu Lage, Geschwindigkeit oder Beschleunigung ist) kann dieses Phänomen entstehen.

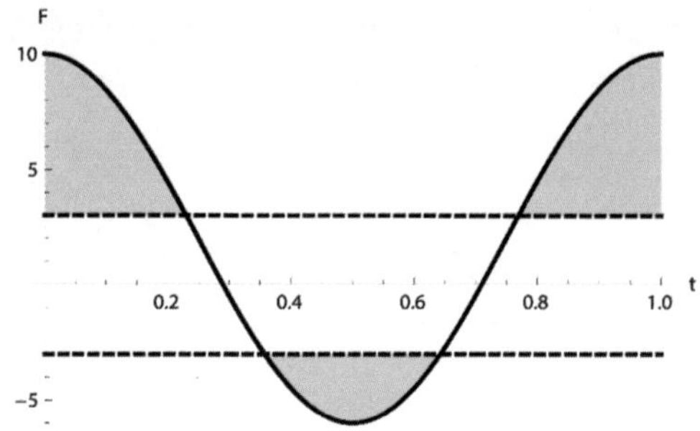

Abbildung 14: Kraftverlauf eines Rüttlers mit überlagerter Vorschubkraft.

Je höher die Amplitude der Kraft der überlagerten Schwingung ist, umso stärker wird die Wirkung der konstanten Vortriebskraft. Im Extrem entspricht der saldierte Vortriebs-Impuls, der nach Abzug der Rammgut-Reibung wirksam ist, genau dem der konstanten Kraft – die Reibung ist somit »ausgeschaltet«. Durch die stark reduzierte Wirkung der Bodenreibung[14] genügt sogar allein die Gewichtskraft von Rüttler und Rammgut zum Vortrieb. Man kann dies beispielsweise als »freireitenden Rüttler« realisieren, d.h. als Rüttler, der auf das Rammgut geklemmt und – gemeinsam mit diesem – elastisch an einem Kran aufgehängt ist. Eine höhere statische Auflast-Kraft bewirkt allerdings in der Regel einen schnelleren Rammfortschritt; typischerweise realisiert man diese Auflast durch einen Mäkler mit Vorschub nach unten. Dazu wird ein Teil des Geräteträger-Gewichts auf den Rüttler übertragen, indem man den Rüttler einschließlich des Rammguts – beispielsweise durch eine Winde – gegenüber dem Rammgerät nach unten drückt.[15]

Wie schon oben gezeigt, wird die sinusförmige, rein vertikale Rüttlerkraft durch zwei gegenläufige Unwuchten erzeugt (Abbildung 10). Sie beträgt zusammen mit der Vorschubkraft F_v

$$F_{\text{Rüttler}}(t) = m_u\, r_u\, \omega^2 \sin(\omega t) + F_v$$

4.2.2 Einfluss der Rüttleramplitude

Solange der Kontakt des Rammguts zum Boden nicht abreißt, also die maximalen lokalen Scherkräfte nicht überschritten werden, wird die gesamte Schwingungsenergie in Form von Scher- und Druckwellen in den Boden eingeleitet (siehe Abschnitt 4.2.4). Um einen Vortrieb erreichen zu können, muss also – wie oben beschrieben – die Beschleunigungskraft des Rüttlers (also die Fliehkraft seiner Unwuchten) höher sein als die Haftreibung

14 Bei bindigen Böden (Schluff, Ton) wird dies noch durch das Phänomen der »Bodenverflüssigung« verstärkt. Durch die Vibration steigt der Porenwasserdruck des Bodens, wodurch sich die Reibung zwischen den Körnern des Bodens reduziert. Auch bei wassergesättigten lockeren sandigen Böden sinkt die Reibung unter Vibration zunächst dramatisch.

15 Aufgrund der Nichtlinearität der Interaktion zwischen Rammgut und Boden und der Verschiedenartigkeit der Böden lässt sich eine optimale Abstimmung der Parameter nur in Faustformeln angeben. In der Literatur [6] wird z.B. angegeben, dass man dann einen optimalen Rammfortschritt erreicht, wenn die Rüttler-Fliehkraft doppelt so hoch ist wie die Summe aller statischen Kräfte auf das Rammgut (aus Trägergeräte-Vorschubkraft und Eigengewicht von Rüttlerjoch, Rüttler und Rammgut).

am Rammgut.[16] Damit der Boden die Kraft zum Losreißen aufbauen kann, muss ihm aber auch eine entsprechende Verformung aufgeprägt werden, die durch die Amplitude des Rüttlers erzeugt wird.

Die Schwingung des Rüttlers kommt letztendlich dadurch zustande, dass der Schwerpunkt der Unwuchtmassen gegenüber dem Rest des Systems harmonisch nach oben und unten bewegt wird. Da aber – zumindest im freischwingenden Fall (d.h. ohne Bodenkontakt) – der Gesamtschwerpunkt des Systems nicht schwingt – dazu müsste ja von außen eine periodische Kraft aufgeprägt sein –, muss der Schwerpunkt des restlichen mitschwingenden Systems aus Rüttlergehäuse, Spannzangen, Rammgut und dem mitschwingenden Teil des Federjochs genau gegenphasig zu den Unwuchten schwingen. Dabei entspricht aufgrund der Impulserhaltung das Amplitudenverhältnis der Lagen dieser zwei Massenschwerpunkte dem Verhältnis der Unwuchtmasse m_u und der Masse des restlichen Systems m_{rest} (letzteres ist gleich System-Gesamtmasse m_{ges} minus Unwuchtmasse m_u) umgekehrt proportional:

$$A_{Rammgut}(m_{ges} - m_u) = A_u m_u,$$

wobei für die Unwuchtexzentrizität $r_u = A_{Rammgut} + A_u$ gilt, da r_u der Abstand zwischen der im Gehäuse (also im Rüttler-Rammgut-System) fixierten Drehachse der Unwuchten und ihrem Schwerpunkt ist.[17] Der gemeinsame Schwerpunkt der Schwingung liegt auf dieser Achse und hat in beide Richtungen die Entfernungen $A_{Rammgut}$ bzw. A_u. Damit gilt:

$$A_{Rammgut} = r_u \frac{m_u}{m_{ges}} = \frac{M_s}{m_{ges}}.$$

Wenn der Rüttler ohne Kontakt nach außen schwingt, kann er natürlich auch keine Kraft und keine Leistung nach außen abgeben. Ist das Rammgut dagegen starr gelagert (d.h. quasi »einbetoniert«), pendeln nicht mehr Schwerpunkt von Unwucht und Restsystem um einen gemeinsamen Schwerpunkt, sondern die Unwucht schwingt mit der vollen Exzentrizität ($A_{Rammgut} = 0$, $A_u = r_u$). Der Rüttler entwickelt nun zwar seine volle Fliehkraft nach außen; da aber an der Schnittstelle zur Außenwelt – also am Gehäuse – keine Bewegung stattfindet, gibt er wiederum keine Leistung ab (abgesehen von der Wärmeentwicklung durch innere Reibung).

Nur zwischen diesen beiden Extremen, wo der Rüttler weder seine volle Fliehkraft nach außen entwickelt (da die Unwucht aufgrund des »Ausweichens« des Gehäuses eine geringere Bewegung vollführt) noch seine volle Gehäuse- und damit Rammgutamplitude entwickelt (da die Gegenkraft von außen die Amplitude reduziert), gibt er Leistung nach außen ab.

16 Genauer gesagt handelt es sich um die Differenz aus Rüttler-Beschleunigungskraft und Rammgut-Spitzendruck, welche die Mantel-Haftreibung überschreiten muss.

17 Man kann sich dies vorstellen wie die Bewegung von zwei Himmelskörpern (z.B. Erde und Mond), die umeinander kreisen: sie drehen sich um ihren gemeinsamen Schwerpunkt, wobei die Summe ihrer Rotationsradien um den Schwerpunkt genau ihrem Abstand entspricht. Da sich beim Rüttler durch die gegenläufigen Unwuchten die Horizontalkomponenten der Kräfte genau kompensieren, entspricht die Bewegung hier der Projektion dieser Umdrehungen auf eine vertikale Linie.

4.2.3 Energiebetrachtung

Während die in Abschnitt 4.2.1 gemachte Impuls- bzw. Kraftbetrachtung darüber Auskunft gibt, ob der Hammer oder Rüttler überhaupt einen Rammfortschritt erzielen kann, gibt eine Energiebetrachtung über die Geschwindigkeit des Rammfortschritts Auskunft. Denn die Energie des Schlaggewichts wird in Arbeit W zum Vortrieb des Rammguts um ein Weginkrement s gegen die Bodenreibung F_R umgesetzt ($W = F_R s$ bzw. $W = \int F_R(s)\, ds$). Liegt die Kraft des Aufschlags über der Bodenreibung, wird das Rammgut beschleunigt, also seine kinetische Energie aufgebaut. Liegt sie darunter, wird dieses – sofern es noch aufgrund seines Schwungs in Bewegung ist – abgebremst, also die kinetische Energie wieder abgebaut, indem sie in Vortriebsarbeit umgesetzt wird.

4.2.3.1 Energiebetrachtung beim Hammer

Bei einem Freifallhammer mit der Fallhöhe h und der Masse des Schlaggewichts m_f ist die Fallenergie (bei freiem Fall mit der Erdbeschleunigung g)

$$E = m_f\, g\, h$$

und bei einem beschleunigten Hammer mit der – in Näherung konstanten – Gesamtbeschleunigung a (die die Wirkung der Erdbeschleunigung miteinschließt) ist sie entsprechend

$$E = m_f\, a\, h$$

Man kann also den gleichen Energieeintrag (und den gleichen Impuls $I = m_f\sqrt{2ah}$) durch einen Hammer mit großer Masse und einer geringen Aufschlagsgeschwindigkeit (d.h. einer hohen Fallhöhe oder einer großen Fallbeschleunigung) oder durch einen Hammer mit kleiner Masse und hoher Aufschlagsgeschwindigkeit erreichen. Der Vorteil der höheren Masse ist, dass aufgrund der geringeren Geschwindigkeit das Rammgut weniger belastet wird und mehr in den Boden »geschoben« wird (siehe Abbildung 15). Daher verwendet man für Pfähle aus dem – gegenüber Stahl – spröderen Beton derartige Hämmer. Außerdem ist der sanftere Aufschlag signifikant leiser. Der Nachteil eines höheren Rammgewichts ist aber, dass der Hammer schwerer und daher in der Regel auch teurer ist.

Die genannte nominelle Schlagenergie (englisch E_r für »rated energy«) charakterisiert die Hammergröße und ist häufig Teil seiner Typenbezeichnung. Allerdings geht durch Reibung an der Schlaggewicht-Führung, Luftreibung am Schlaggewicht und – vor allem beim Dieselhammer – diverse andere Effekte ein Teil der Energie verloren, sodass die kinetische Energie vor dem Aufschlag

$$E_{kin} = \tfrac{1}{2} m v^2$$

signifikant geringer ist als die potenzielle Energie des Schlaggewichts in der Höhe h. Der Wirkungsgradverlust bei der Umwandlung von potenzieller in kinetische Energie beträgt zwischen einigen Prozent beim Hydraulikhammer und etwa 20 % beim Dieselhammer.

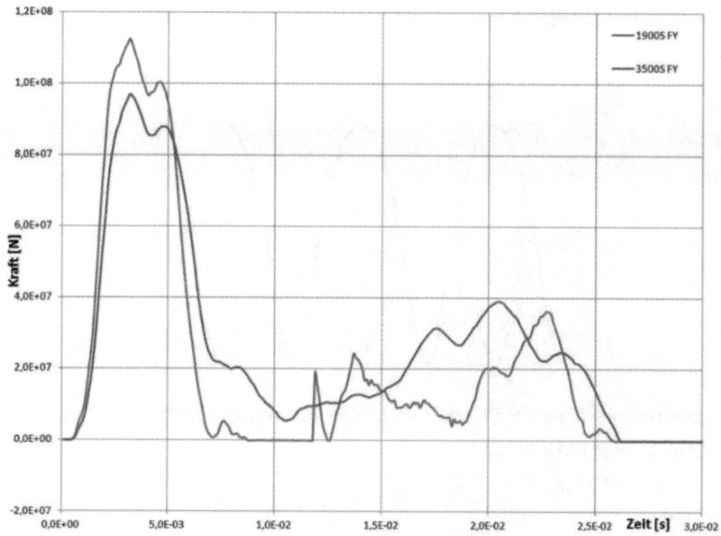

Abbildung 15: Gemessener Kraftverlauf an zwei Hydraulikhämmern bei gleicher Fallenergie von jeweils 1.400 kJ (höherer Peak vom Menck MHU 1900 HS mit 95 t Schlaggewicht im Vergleich zum MHU 3500S mit 192 t Schlaggewicht).

Darüber hinaus ist der Aufschlag des Schlaggewichts (über die Rammhaube) auf das Rammgut kein elastischer Stoß, sodass ein mehr oder weniger großer Teil der Fallenergie durch die innere Dämpfung des Systems in Wärme umgewandelt wird. Darüber hinaus werden häufig als Teil der impulsübertragenden Kette dämpfende Elemente eingesetzt, um einen weniger heftigen Schlag zu erreichen und damit Hammer und Rammgut weniger zu belasten. Dadurch reduziert sich allerdings die Energie, die im Rammgut ankommt (die transferierte Energie, englisch auch als »Enthru« abgekürzt) gegenüber der ursprünglichen kinetischen Energie nochmals um einen Wirkungsgradverlust. Bei einer statistischen Auswertung der aufgenommenen Daten von 599 Dieselhammer-Rammungen an unterschiedlichen Stahlpfählen mit unterschiedlichen Gerätekonfigurationen ergab sich (siehe [6]), dass bei 92 % aller Rammungen weniger als 50 % der theoretischen Fallenergie $E_r = m_f gh$ im Pfahl ankam und immerhin noch bei 50 % aller Konfigurationen weniger als 36 % der verfügbaren Energie wirksam wird. Im Vergleich dazu lag der Median der ausgewerteten Rammungen von Lufthämmern auf Stahlpfählen bei ca. 50 % Effektivität.

Die Interaktion des Rammguts mit dem Boden ist außerdem relativ komplex (siehe Abschnitt 4.2.4 »Interaktion zwischen Rammgut und Boden« und 4.6 »Messeinrichtungen«), sodass die oben genannte lineare Abhängigkeit zwischen Fallenergie und Rammfortschritt nur eine grobe Näherung darstellt.

Betrachtet man den Energieeintrag in das Rammgut pro Zeit (d.h. die mechanische Rammleistung P), kommt noch die Schlagfrequenz $f = 1/T$ (d.h. der Kehrwert der Periodenzeit T) als Multiplikator dazu (siehe dazu auch Abbildung 16):

$$P = m_f ghf = \frac{m_f gh}{T} \quad \text{bzw.} \quad P = m_f ahf = \frac{m_f ah}{T},$$

Die Höhe der Rammleistung ist letztendlich für die Vortriebsgeschwindigkeit des Rammguts verantwortlich.

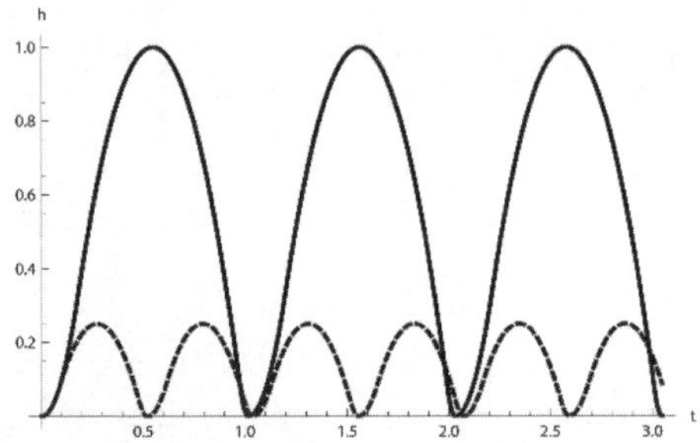

Abbildung 16: Abhängigkeit der Frequenz von der Fallhöhe (am Beispiel eines unbeschleunigten Hydraulikhammers).

Im idealisierten Fall, dass

- der Aufschlag unendlich kurz dauert,
- dem Schlaggewicht unmittelbar nach dem Aufschlag durch eine Aufwärtsbeschleunigung in unendlich kurzer Zeit wieder die volle (kinetische) Energie zugeführt wird, die zur Erreichung des höchsten Punkts nötig ist, und
- in der Flugphase die Beschleunigung nach unten konstant *g* bzw. *a* ist,

liegt die kürzest mögliche Periodenzeit bei $T = \sqrt{8h / g}$ bzw. $T = \sqrt{8h / a}$. Damit erreichen beide Fälle bestenfalls folgende mechanische Rammleistungen:

$$P = m_f \sqrt{\frac{1}{8} g^3 h} \quad \text{bzw.} \quad P = m_f \sqrt{\frac{1}{8} a^3 h}\,,$$

Man erkennt, dass mit der Fallhöhe die Leistung steigt. Dies liegt daran, dass die Energie pro Schlag *proportional* mit der Fallhöhe wächst, wogegen sich die Periodenzeit mit ihr nur *unterproportional* erhöht, sodass sich insgesamt ein – allerdings unterproportionales – Wachstum ergibt.

Entsprechend dieser Formel seien an einigen Beispielen die physikalischen Obergrenzen von Hämmern in Abhängigkeit von den Parametern gezeigt. Hydraulikhämmer haben häufig eine Fallhöhe von ungefähr 1 m, wogegen Dieselhämmer meistens bei etwa 3,5 m Fallhöhe liegen. Die Obergrenze für Energie, Schlagfrequenz und Rammleistung liegt bei:

	$\boldsymbol{m}_f$ [t]	$\boldsymbol{h}$ [m]	$\boldsymbol{a}$		$\boldsymbol{E}$ [kJ]	$\boldsymbol{f}$ [1/min]	$\boldsymbol{P}$ [kW]
unbeschl.	1	1	1 *g*		9,8	66	10,9
unbeschl.	2	1	1 *g*		19,6	66	21,7
unbeschl.	1	3,5	1 *g*		34,3	36	20,3
beschl.	1	1	2 *g*		19,6	94	30,7

Als kurze Vertiefung seien noch zwei realitätsnähere Modellierungen dargestellt:

Endliche Aufwärtsbeschleunigung

Für den Fall einer endlichen Beschleunigung a_o nach oben (vgl. Abbildung 3) erhöht sich die Periodenzeit bzw. reduziert sich die Rammleistung zu

$$T = \sqrt{\tfrac{2h}{a_u}}\left(1 + \sqrt{1 + \tfrac{a_u}{a_o}}\right) + T_l \quad \text{und} \quad P = m_f\sqrt{\tfrac{1}{8}a_u^3\,h}\,\frac{2}{\left(1 + \sqrt{1 + \tfrac{a_u}{a_o}}\right) + T_l\sqrt{\tfrac{a_u}{h}}} \,,$$

wobei a_u die Beschleunigung nach unten während der Freifall-Phase ist. Diese entspricht beim unbeschleunigten Hammer der Erdbeschleunigung g und beim beschleunigten Hammer dem Wert a der Formeln weiter oben. Die Zeit T_l ist die Latenzzeit zwischen dem Aufschlag und dem Beginn der Aufwärtsbeschleunigung. Während dieser Zeit wird der Impuls komplett auf das Rammgut übertragen. Sie verlängert sich aber auch durch die Reaktionszeit der Steuerung, die den nächsten Zyklus einleitet.

Endliche Aufwärtsbeschleunigung und begrenzte Aufwärtsgeschwindigkeit

Kann im eben genannten Zyklus die höchste Aufwärtsgeschwindigkeit von

$$v_{a,max} = \sqrt{\frac{2a_u h}{1 + \frac{a_u}{a_o}}}$$

nicht erreicht werden, weil beispielsweise beim Hydraulikhammer hierfür nicht ausreichend Hydraulikleistung bzw. Öl-Förderstrom zur Verfügung steht, liegt wie im Beispiel des Ausklink-Hammers zwischen der Phase der Aufwärtsbeschleunigung und der Freifall-Phase eine Phase, in der das Schlaggewicht mit der konstanten Hubgeschwindigkeit v_h (wobei $v_h < v_{a,max}$ ist) nach oben bewegt wird (Abbildung 17). Periodenzeit und Leistung erhöhen bzw. reduzieren sich dann abermals zu

$$T = \frac{v_h}{2a_o} + \frac{v_h}{2a_u} + \frac{h}{v_h} + \sqrt{\tfrac{2h}{a_u}} + T_l \text{ und } P = \frac{m_f a_u h}{\frac{v_h}{2a_o} + \frac{v_h}{2a_u} + \frac{h}{v_h} + \sqrt{\frac{2h}{a_u}} + T_l}$$

$$\text{mit} \quad v_h \leq \sqrt{\frac{2a_u h}{1 + \frac{a_u}{a_o}}}$$

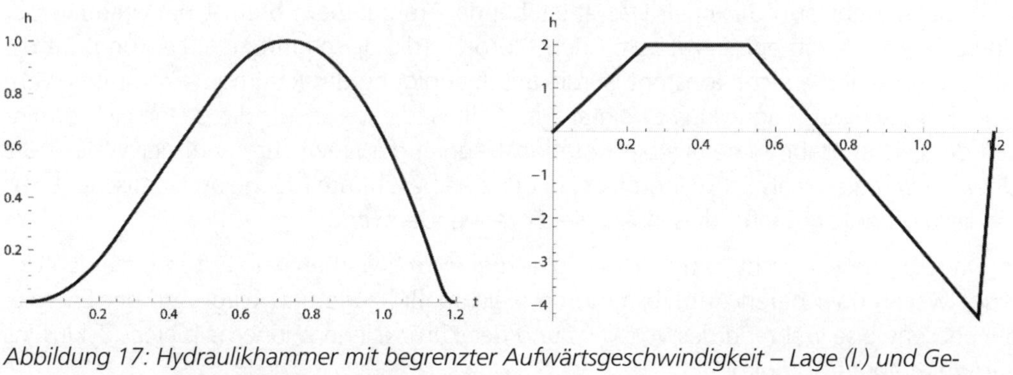

Abbildung 17: Hydraulikhammer mit begrenzter Aufwärtsgeschwindigkeit – Lage (l.) und Geschwindigkeit des Fallgewichts (r.).

Werte bei realen Hämmern

Bei Dieselhämmern ist aufgrund der Explosion a_o gegenüber a_u sehr groß. Die Aufwärtsbeschleunigung erfolgt dort – physikalisch bedingt – praktisch ohne Latenzzeit und eine Begrenzung der Aufwärtsgeschwindigkeit existiert nicht, da sich die Verbrennungsgase beliebig schnell ausdehnen können. Daher kommen bei diesem Hammertyp die realen Werte für Frequenz und (Fall-)Leistung denen in der oben gezeigten Tabelle bzw. den anfänglich genannten, sehr vereinfachten Formeln relativ nahe (wobei bezüglich der Schlagenergie die Einschränkungen in Abschnitt 4.4.2 zu beachten sind). Bei diesen Hämmern ist es daher durch Umstellung dieser Formeln auch in relativ guter Näherung möglich, von der – leicht messbaren – Hammerfrequenz auf die theoretische Fallhöhe und damit die Fallenergie zu schließen:

$$h \approx \frac{gT^2}{8} = \frac{g}{8f^2} \quad \text{und} \quad E_r \approx \frac{mg^2T^2}{8} = \frac{mg^2}{8f^2}\,.$$

Die meisten anderen Hämmer – und dort vor allem die größeren Exemplare – erreichen allerdings aufgrund von moderaten Aufwärtsbeschleunigungen, begrenzter Hubgeschwindigkeit und Latenzzeit bei weitem nicht die in der Tabelle genannten physikalischen Grenzwerte.

4.2.3.2 Energiebetrachtung beim Rüttler

Wie weiter oben beschrieben, bewegt sich das Rüttlergehäuse mit dem Rammgut im freischwingenden Fall genau gegenphasig zum Unwuchtschwerpunkt, d.h., der Unwuchtschwerpunkt schwingt mit $A_u\sin(\omega t)$ und das Rammgut mit $A_{\text{Rammgut}}\sin(\omega t + 180°)$. Wird der Rüttler nun äußerlich belastet (d.h. wirkt der Boden mit einer bestimmten Kraft der Rüttlerbewegung entgegen), wird die Schwingung des Rammguts gebremst, was sich darin auswirkt, dass sich diese Phasenverschiebung mit steigender äußerer Kraft allmählich reduziert, bis die beiden Schwingungen – bevor das Rammgut ganz zum Stillstand kommt – gleichphasig werden.

Gleichzeitig steigt, aus dem mitrotierenden Koordinatensystem der Unwucht heraus gesehen, vom unbelasteten Zustand des Rüttlers mit einer Phasenverschiebung $\varphi = 180°$ weg allmählich der wirksame Hebelarm $r_u\sin(\varphi)$, mit dem die aus der Gehäusebeschleunigung entstehende Trägheitskraft bremsend auf die Unwucht wirkt. Bei 90° Phasenverschiebung wird dieser Hebelarm maximal. Das entstehende Drehmoment bremst die Drehung der Unwuchtwellen und entnimmt somit den Motoren, die diese antreiben, Leistung. Da die Leistungsentnahme nicht konstant ist (die Beschleunigung des Rammguts kommt ja während eines Schwingungszyklus zweimal zum Stillstand), speist sich diese Ungleichförmigkeit der Leistungsabnahme aus der Rotationsträgheit der Unwuchten auf der Welle – die Unwuchten agieren als Schwungmasse, in der eine bestimmte Menge an kinetischer Energie gespeichert ist, die für diesen Ausgleich verwendet wird.

Im Dauerbetrieb herrscht somit ein Fließgleichgewicht zwischen der Leistung, die den Unwuchtwellen über deren Antriebsmotoren gleichmäßig zugeführt wird, und der Energie, die phasenweise während des Vortriebs und des Zurückziehens innerhalb eines Zyklus ins Rammgut abgeführt wird.

Modelliert man vereinfachend die Wechselwirkung des Rammguts mit dem Boden als eine geschwindigkeitsabhängige Kraft (also eine lineare »Dämpfungskraft«), so ergibt sich für eine optimale Dämpfung (die weder so hoch ist, dass die Amplitude »abgewürgt« wird, noch so niedrig ist, dass keine resultierende Fliehkraft mehr in den Dämpfer geht und dissipiert wird) als maximal mögliche mechanische Leistung des Rüttlers, die dieser nach außen abgibt

$$P = \frac{m_u^2 r_u^2 \omega^3}{4 m_{ges}} = \frac{2\pi^3 M_s^2 f^3}{m_{ges}} = \tfrac{1}{4}\omega A_{max} F_{f,max},$$

wobei, wie in Abschnitt 4.2.2 näher erläutert wird, A_{max} die maximal mögliche Amplitude und $F_{f,max}$ die maximal mögliche Fliehkraft ist.[18] Die Kreisfrequenz ω berechnet sich, wie schon früher erwähnt, zu $\omega = 2\pi f$ bzw. $2\pi n \,/\, 60 \frac{s}{min}$, wenn die Drehzahl n in Umdrehungen pro Minute angegeben ist. Die schwingende Gesamtmasse des Rüttler-Systems m_{ges} umfasst auch das Rammgut, sodass die maximal abgebbare Leistung P ganz wesentlich vom jeweilig verwendeten Rammgut abhängt.

Diese Leistung entspricht natürlich nicht der Leistung des Dieselmotors P_{Diesel} oder der hydraulischen Leistung $P_{hyd} = p \cdot Q$, die sich aus Druck und Volumenstrom an den Versorgungsleitungen des Rüttlers ergibt, nachdem hier noch eine Reihe von Verlusten durch die Energiewandlung von mechanischer zu hydraulischer Energie und wieder zurück anfällt. Außerdem entstehen bei der Übertragung der hydraulischen Energie wie auch mechanisch in Verzahnungen und Lagern des Rüttlers spürbare Reibungsverluste.

4.2.4 Physik der Interaktion zwischen Krafterzeuger, Rammgut und Boden

In Wirklichkeit sind die Kraftverhältnisse, die der erzeugten Kraft am Hammer bzw. Rüttler entgegenwirken, deutlich komplexer. Weder das Schlaggewicht oder das Rammgut noch der Boden ist ein Starrkörper und der Boden setzt der Bewegung des Rammguts keine konstante Coulombsche Kraft bzw. Kohäsionskraft entgegen.

Die Elastizität des Rammguts bewirkt, dass dieses einer Krafteinwirkung am oberen Ende durch Zusammenfedern ausweicht. Das Schlaggewicht bremst dadurch langsamer ab und entwickelt eine geringere Aufschlagskraft.

Natürlich wird beim Aufschlag auch die Masse des Rammguts beschleunigt. Beim Hammer schlägt das Schlaggewicht mit einer Geschwindigkeit von einigen Metern pro Sekunde auf das stehende Rammgut auf,[19] sodass der Kontaktpunkt zum Rammgut innerhalb von Sekundenbruchteilen auf eine Geschwindigkeit dieser Größenordnung beschleunigt werden muss. Bei sehr hohen Beschleunigungen sorgt aber die kontinuierlich verteilte Massenträgheit des Rammguts in Verbindung mit seiner axialen Elastizität dafür, dass dieses nicht über die gesamte Länge gleichzeitig in Bewegung versetzt wird, sondern zunächst nur

18 Kleibl [48] gibt eine obere Abschätzung der Rüttlerleistung mit $P = (2 \,/\, 1{,}6\pi) M_s^2 \omega^3 \,/\, m_{ges} \approx 0{,}40 M_s^2 \omega^3 \,/\, m_{ges}$ an, die allerdings im Gegensatz zu dem hier angegebenen $P = 0{,}25 M_s^2 \omega^3 \,/\, m_{ges}$ wohl nie erreicht wird.

19 Dieser Aufschlag geschieht in der Regel nicht direkt, sondern über ein oder mehrere Zwischenelemente (die Rammhaube und bei Dieselhämmern zusätzlich das Schlagstück).

am Ort der Krafteinwirkung. Dies hat zur Folge, dass nur ein kleiner Teil der Gesamtmasse beschleunigt werden muss, dadurch aber die lokale Scherung des Bodens und somit auch die entstehende Scherspannung entsprechend höher ist (da sich die Verformung lokal konzentriert und sich nicht auf den kompletten Halbraum des Bodens verteilt).

Die lokale Kompression des Rammguts läuft dann als Kompressionswelle durch das Rammgut [7], wobei sich jeweils an der Stelle, wo die Welle gerade durchläuft, bei Überschreiten der Haft-Scherspannung zum Boden das Rammgut vom Boden ablöst und eine Relativbewegung ausführt. Am unteren Ende des Rammguts bewirkt die Kompressionswelle eine Druckkraft auf den Boden und verformt diesen elastisch oder plastisch. Eine plastische Verformung bedeutet, dass er in einen dichteren Zustand gebracht oder teilweise nach unten geschoben bzw. zur Seite verdrängt wird.[20]

An jeder Stelle des Rammguts (und innerhalb des Teils des Ramm-Systems, den der Impuls durchläuft), wo sich der Querschnitt oder auch seine Materialeigenschaften (d.h. die »Impedanz«[21]) verändern, reflektiert sich ein Teil des nach unten wandernden Druckimpulses wieder nach oben. Das ist insbesondere am Ende des Rammguts der Fall. Vor dieser zurückschlagenden Welle muss der Hammer eventuell durch Dämpferelemente geschützt werden.

Auch der Boden hat eine innere Elastizität, sodass er sich zu einem gewissen Grad mit dem Rammgut nach unten mitbewegt (wodurch sich die Scherspannung reduziert), ohne dass der Kontakt zwischen beiden abreißt. Nachdem sich die Kraft auf das Rammgut wieder abgebaut hat, wird der Boden mit diesem zusammen so zurückfedern, dass das Rammgut wieder nach oben in seine Ausgangslage zurückgedrückt wird. Nachdem aber der Boden ebenfalls massebehaftet ist, breitet sich die elastische Verformung nicht augenblicklich über den gesamten Halbraum des Bodens aus, sondern wandert als Scherwelle radial vom Rammgut weg. Das bewirkt, dass nur ein kleiner Teil der Masse des Bodens beschleunigt werden muss, aber im Gegenzug eine wesentlich höhere lokale Verformung im Boden entsteht als bei einer rein statischen Verformungsverteilung. Dieser Effekt versteift den Boden gegenüber der Bewegungsanregung und begünstigt damit das temporäre Abreißen des Kontakts. Aufgrund der sehr hohen Beschleunigung am Rammgutmantel beim Durchwandern der Kompressionswelle kommt es beim Hammer sehr leicht zum Abreißen des Kontakts und zu einem bleibenden Vortrieb des Rammguts. Aber auch beim Rüttler sorgen so höhere Frequenzen (und damit Beschleunigungen) dafür, dass schon bei relativ kleinen Rüttleramplituden (und damit lokalen Verschiebungen) ein Vortrieb des Rammguts gegenüber dem Boden möglich ist.

20 Diese Zusammenhänge lassen sich nicht mehr durch analytische Gleichungen exakt beschreiben. Stattdessen werden numerische Methoden nach der Wellengleichungsmethode verwendet, um den Rammvorgang zu simulieren, die Rammbarkeit des Bodens bzw. die dafür notwendigen Geräteparameter zu ermitteln [84]. Sie berücksichtigen neben der Impulsfortpflanzung durch die Komponenten des Hammers und durch das Rammgut auch die Impulsentstehung (z.B. den Verbrennungsprozess im Dieselhammer). Gebräuchliche Software-Programme sind GRLWEAP [8] und TNOWAVE [9].

21 Die mechanische Impedanz beschreibt den Wellenwiderstand, den ein Wellenleiter der Schwingungsausbreitung einer Welle entgegensetzt. Sie ergibt sich als Quotient der Kraft F und der Geschwindigkeit v.

Das Wandern der Wellen durch Hammer und Rammgut und dessen nichtlineare Interaktion mit dem Boden lässt sich für reale Systeme nicht mehr analytisch darstellen, sodass man auf die numerische Lösung der Wellengleichungen ausweichen muss, um herauszufinden, ob ein Rammgut mit einem bestimmten Hammer in einen gegebenen Boden sinnvoll gerammt werden kann, oder ob in dieser Konfiguration beim Rammen die erlaubte Belastung des Rammguts eingehalten wird. Gebräuchliche Programme für diese Simulationen, die auch aus einer internen Datenbasis Parameter verschiedener handelsüblicher Hämmer abrufen können und bei Dieselhämmern die thermodynamischen Vorgänge berücksichtigen, sind GRLWEAP [8] und TNOWAVE [9].

Das Verhalten des Bodens als massebehaftetes und elastisches Kontinuum bewirkt die Ausbreitung von Druck- und Scherwellen, durch die ein Teil der Rammenergie vom Rammgut in die weitere Umgebung abgestrahlt wird ([10], [11], [12]). Dies kann dazu führen, dass Gebäude in der Umgebung zu Schwingungen angeregt werden. Bei einer periodischen Anregung durch einen Rüttler in der Resonanzfrequenz des Systems aus Boden und Gebäude kann sich die Schwingungsenergie akkumulieren und damit zu hohen Amplituden führen, die ein entsprechendes Zerstörungspotenzial auf die Strukturen haben oder Menschen und feinmechanische Geräte stören. Die Wellen, die über erhebliche Strecken im Boden laufen, können diesen aber auch in eine dichtere Lagerung umlagern, was zu Setzungen führt und damit wiederum umliegende Gebäude beschädigen kann.

Im Gegensatz zum Hammer, bei dem das bewegte Schlaggewicht »schlagartig« das stehende Rammgut beschleunigen muss, steht der Rüttler permanent mit dem Rammgut in Verbindung, sodass bei diesem nur moderate Beschleunigungen entstehen. Diesen gegenüber wirkt das Rammgut wie ein Starrkörper, sodass immer das ganze Rammgut in einem Stück mitbeschleunigt werden muss. Während also beim Hammer ein größeres Rammgut nicht unbedingt ein größeres Schlaggewicht bedingt, ist beim Rüttler für ein doppelt so schweres Rammgut auch ein Rüttler mit dem doppelten Statischen Moment nötig, um die gleiche Amplitude bzw. die gleiche Schwingbeschleunigung zu erreichen.[22]

4.3 Arten von Rammgütern

Wie schon in der Einleitung angeklungen, werden Rammen vor allem verwendet, um Pfähle als Gründungselemente zur Übertragung von Bauwerks-Lasten in den Boden einzubringen, oder um Wandelemente als Sicherung von Geländesprüngen oder Baugrubenumschließungen, aber auch zur Grundwasserabdichtung oder Immobilisierung von Schadstoffen im Boden zu setzen (siehe z.B. Grundbautaschenbuch [13]).

22 Angesichts der Komplexität der Wechselwirkung zwischen Rammgut und Boden unter dem Einfluss unterschiedlicher Bodeneigenschaften (Stärke der Kohäsivität, Wassersättigung, ...) ist es allerdings nicht immer nötig, bei einem schwereren Rammgut die genannten Werte konstant zu halten, um den Rammerfolg zu erhalten.

4.3.1 Pfähle

Als Fertigelemente für Rammpfähle verwendet man Stahlpfähle, Stahlbetonpfähle oder Holzpfähle. Als Stahlpfähle werden handelsübliche Stahlprofile aller Art – insbesondere auch Rohre – sowie verschweißte Einzelprofile verwendet. Sie sind für Pfahllängen bis zu 50 m geeignet, sind hoch belastbar, insbesondere auch für Biegemomente, können durch Zusammenschweißen leicht verlängert werden und können mit Zusatzelementen an Kopf und Fuß verstärkt werden. Dafür sind sie relativ teuer, eher korrosionsanfällig (v.a. unter Seewasser) und weichen aufgrund ihrer hohen Elastizität potenziell Hindernissen durch Verdrehen bzw. Verbiegen aus ([13]).

Vorgefertigte Stahlbetonpfähle (Abbildung 18, links und Mitte) sind preiswert, haben eine hohe Tragfähigkeit, sind widerstandsfähig gegen Seewasser und bieten eine gute Anschlussmöglichkeit an das Bauwerk. Sie werden beispielsweise bei quadratischen Querschnitten von 25 bis 40 cm zumeist für Pfahllängen bis 19 m eingesetzt. Mehrere Pfahlelemente (Einzelelemente sind aus Transportgründen je nach Land maximal 15 m oder 18 m lang) können aufeinander aufgesetzt und auch – beispielsweise durch Verbolzen in eingegossenen Stahl-Verbindungselementen (Abbildung 18, rechts) – verbunden werden. Bei vorgespannter Stahlbewehrung können sie auch auf Biegung und Zug belastet werden und haben eine hohe Knick- und Biegesteifigkeit. Da Stahlbetonpfähle schwerer sind als Stahlpfähle gleicher Tragfähigkeit, verursachen sie einen höheren Transportaufwand und benötigen ein schwereres Rammgerät. Dadurch werden wiederum mehr Lärm und Erschütterungen verursacht.

Abbildung 18: Stahlbetonpfähle (liegend und eingerammt). Rechts: Verbindungssystem zur Verlängerung der Pfähle.

Aufgrund der Sprödigkeit des Betons können Stahlbetonpfähle aber leicht beschädigt werden, z.B. durch unsachgemäße Lagerung, Transport, Verladen, Aufnehmen oder durch die Aufschläge beim Rammen. Um letzteres zu verhindern, wird der Pfahlkopf durch ein Weichholzfutter oder andere dämpfende Elemente in der Rammhaube geschützt. Außerdem werden zu diesem Zweck tendenziell Hämmer mit geringerer Aufschlaggeschwindigkeit verwendet, die dafür ein schwereres Schlaggewicht haben. Beschädigungen können aber insbesondere auftreten, wenn die Schlagplatte bzw. die Rammhaube vor dem Schlag nicht satt aufliegt und im Speziellen, wenn – bei alten Hammersystemen – das Fallgewicht direkt auf den Pfahl aufschlägt.

Holzpfähle werden heutzutage – im Gegensatz zu früheren Zeiten – trotz ihrer geringen Kosten in der Regel nur noch für temporäre Baumaßnahmen verwendet. Dies vor allem wegen ihrer relativ niedrigen Belastbarkeit, was auch ihren Einsatz bei harten Bodenverhältnissen verhindert. Um langfristig nicht zu verfaulen, müssen sie dauerhaft komplett unter Wasser stehen. Holzpfähle sind aber relativ widerstandsfähig gegen Säuren und aggressives Grundwasser und aufgrund ihrer hohen Elastizität auch unempfindlich gegen Beschädigung beim Rammen bzw. bei der vorhergehenden Lagerung und Logistik.

Durch Einrammen eines durch einen Deckel bzw. eine Spitze unten temporär verschlossenen Rohrs kann aber auch ein Hohlraum geschaffen werden, in den dann Ortbeton und Stahlbewehrung eingebracht werden, bevor das Rohr wieder gezogen wird (Franki- und Simplex-Pfahl, siehe [14], Kapitel 3.2). Im Gegensatz zum oben beschriebenen Einrammen von Fertigelementen, das auch für Schrägpfähle mit einem Steigungsverhältnis bis 1:1 geeignet ist, können hier nur vertikale oder schwach geneigte Pfähle hergestellt werden. Außerdem ist der Pfahl nach der Herstellung nicht sofort belastbar, sodass für den Ablauf der weiteren Baustellenarbeiten die Aushärtezeit des Betons berücksichtigt werden muss.

Während Stahlbeton- und Holzpfähle in der Regel mit einem Hammer – also schlagend – eingerammt oder mit einer Presse statisch eingepresst werden, kommen bei Stahlpfählen auch Rüttler zum Einsatz, da in Stahlpfähle über eine Klemmzange auch problemlos Zugkräfte eingeleitet werden können.

4.3.2 Wandelemente

Das Einbringen von miteinander verzahnten Wandelementen in den Boden wurde schon von den Römern der Antike und bis ins 19. Jahrhundert mit – für eine Nut-und-Feder-Verbindung bzw. »Verspundung« – profilierten Holzbalken praktiziert. Ähnliche Formen werden teilweise heute noch bei Stahlbeton-Bohlen verwendet, es gibt dort aber auch beachtenswerte Neuentwicklungen (Abbildung 19). 1902 erfand dann der Bremer Baurat Tryggve Larssen die moderne Stahl-Spundwand aus gewalzten Profilen, die der Wand aufgrund des hohen Widerstandsmoments der mehrfach gekanteten Querschnittsgeometrie eine große Formsteifigkeit verleihen. Sie haben auf beiden Seiten über die ganze Längskante ein »Schloss« (welches damals noch angenietet war), durch das jedes einzubringende Profil ins vorhergehende eingefädelt werden kann. Durch die formschlüssige Verbindung aller Spundbohlen über die ganze Tiefe der Wand wird dieser sowohl Festigkeit als auch Dichtigkeit verliehen.

Abbildung 19: Moderne Beton-Spundwand (Quelle: BVV/Dieseko).

Es gibt verschiedene Schlossformen (siehe z.B. [15] oder [16] und Abbildung 20), durch die die einzelnen Spundwandbohlen ineinandergreifen. Außerdem existieren unterschiedliche Querschnittsprofile (siehe DIN EN 10248 [17] und DIN EN 10249 [18]). Besonders gebräuchlich sind U- und Z-Profile, die der fertigen Wand eine wellenförmige Gestalt geben, wodurch diese eine hohe Formsteifigkeit erhält (Abbildung 21). Bei U-Profilen liegt das Schloss in der (bezüglich Querbiegung) neutralen Achse der Wand, was die Rammbarkeit verbessert, weil der Hammer oder Rüttler normalerweise seine Kraft ebenfalls in dieser Achse entwickelt. Daher entsteht mit der Reibungskraft im Schloss zur vorgehenden Bohle kein Kräftepaar mit Versatz. Z-Profile dagegen führen zu Wänden mit höheren Widerstandsmomenten, da die relativ gesehen große Querschnittsfläche des Schlosses maximal weit von der neutralen Achse entfernt ist.

Im quantitativen Vergleich der Querschnittsprofile spielt natürlich die Höhe des Profilquerschnitts die größte Rolle für das Widerstandsmoment der Spundbohle um die Horizontalachse der Wand und damit für die Formstabilität der Wand gegen den Erd- und Wasserdruck. Für eine gute Gängigkeit der Schlösser beim sequenziellen Einbringen der Bohlen in den Boden, einen guten Formschluss der Bohlen und eine ausreichende Dichtigkeit der Wand ist eine hohe Walzgenauigkeit notwendig.

LARSSEN-Profil Schlossform nach DIN EN 10248-2 und E 67 der EAU 2004	
LARSSEN 43, 430 Schlossform nach DIN EN 10248-2 und E 67 der EAU 2004	
HOESCH-Profil mit Knopf-/Klauenschloss Schlossform nach DIN EN 10248-2 und E 67 der EAU 2004	
PEINER-Schlossstahl/ PEINER-Spundwand Schlossform nach DIN EN 10248-2 und E 67 der EAU 2004	
UNION-Flachprofil Schlossform nach DIN EN 10248-2 und E 67 der EAU 2004	
Leichtprofil KL Schlossform nach DIN EN 10249-2	

Abbildung 20: Übersicht über gängige Schlossformen (Quelle ThyssenKrupp).

Flachprofile haben keine Knicke im Profilquerschnitt und daher ein geringes Widerstandsmoment. Sie werden daher vorwiegend für kreisförmige Wände verwendet, wo sich die Stabilität aus der Gewölbewirkung bzw. der Ringspannung ergibt. Wegen ihrer geringen Eigenstabilität muss besonders darauf geachtet werden, sie bei Lagerung und Handhabung nicht zu verbiegen, und beim Rammen darauf, sie nicht zu knicken.

Außerdem sind verschiedene Zwischenelemente erhältlich, durch die (in der Draufsicht betrachtet) Abzweigungen, Ecken oder Knicke der Wand realisiert werden können (Abbildung 22). Durch Verschweißen mehrerer Profile können andere Wandelemente oder angepasste Zwischenelemente kreiert werden, oder auch – als geschlossene Profilformen – Stahlpfähle.

Daneben sind als »Leichtprofile« Spundbohlen mit einer einfacheren, weniger gut formschlüssigen Schlossform erhältlich. Für einfache, vor allem temporäre Verbauarbeiten, wo keine Dichtigkeit und keine Längsstabilität der Wand erforderlich sind, werden »Kanaldielen« verwendet, die gar keine echten Schlösser haben. Sie überlappen sich nur seitlich und werden beim Einbau in der Regel durch eine Kammer geführt.

Zum Wandverbau werden auch Stahlträger (beispielsweise Breitflanschträger) angewendet, die durch Rammen (oder Einstellen in gebohrte Löcher) senkrecht eingebaut und dann z.B. durch Holzbohlen ausgefacht werden.

Häufig werden zur Erhöhung der Arbeitseffizienz mehrere Profile auf einmal gerammt. Diese werden auf Bestellung schon vorkonfektioniert und fest verbunden vom Stahlhersteller geliefert (Abbildung 23). Die Verbindung der Bohlen erfolgt dort durch Pressstellen am Schloss in regelmäßigen Abständen oder auch durch Verschweißung. Zum leichteren Handling der Bohlen durch Anhängen an der Hilfswinde des Rammgeräts, am Rüttler oder einem Hilfskran können die Bohlen auf Bestellung werksseitig auch mit einem Loch in der Nähe des Kopfendes versehen werden.

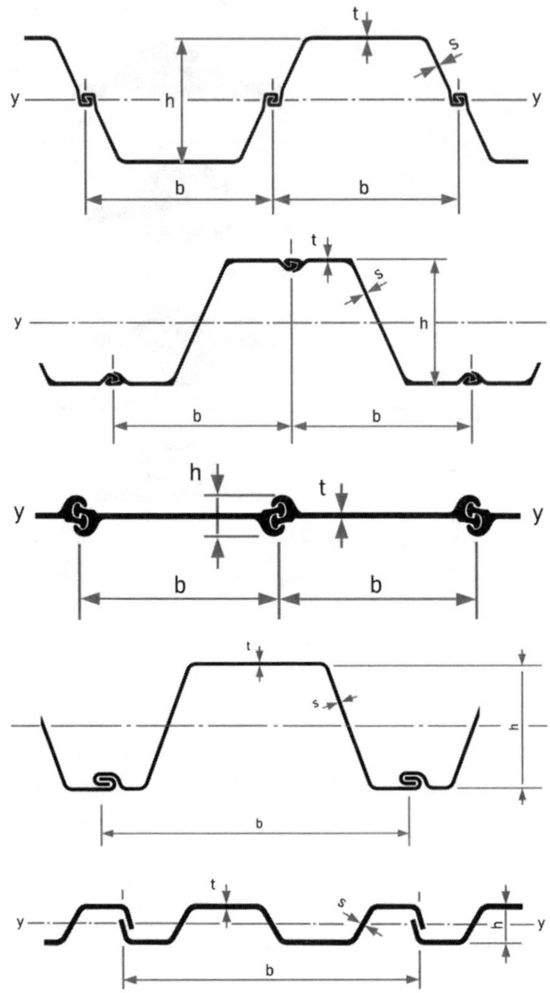

Abbildung 21: Verschiedene Spundwandprofile – Larssen-Profil U, Hoesch-Profil Z, Union-Flachprofil, Leichtprofil U, Kanaldielen). (Quelle: ThyssenKrupp).

Abbildung 22: Eckbohlenverbindung.

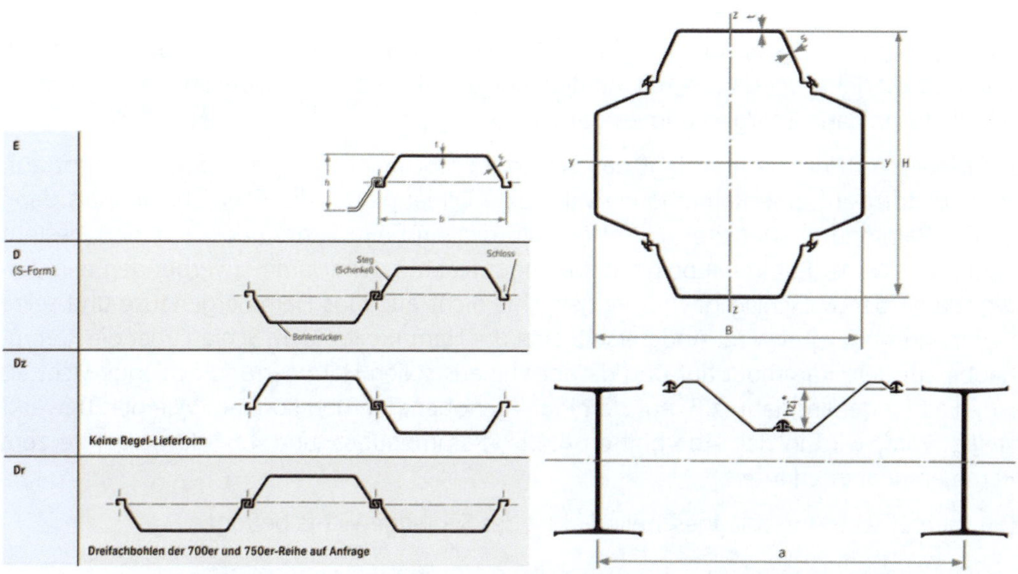

Abbildung 23: Spundwandbohlen (hier z.B. Larssen-U-Profile) können als Einzelprofile geliefert werden, aber auch ab Werk miteinander verbunden als Doppel-Profil (in der üblichen D-Form – Tal vom Gerät aus gesehen rechts – oder der Sonderform DZ) oder z.B. Dreifachprofil (links). In gleicher Weise lassen sich aus Einzelprofilen vorgefertigte Stahlpfähle (rechts oben) beziehen. Spundwände können auch als Kombination verschiedener Profile erstellt werden (rechts unten). (Quelle ThyssenKrupp).

4.4 Hämmer (Rammbären)

Wie weiter vorne beschrieben, ist der einfachste Weg einer dynamischen Kraftaufbringung auf einen Pfahl das Anheben und Fallenlassen einer Masse, die dann als Hammer wirkt. Teilweise wird für solche Hämmer auch der Begriff »Rammbär« verwendet. Ein »Bär« ist in diesem Zusammenhang gemäß Wikipedia [19] der Begriff für den Fallblock einer Ramme oder eines Fallhammers oder auch für den oberen, beweglichen Teil eines Gesenkschmiedehammers. Über die Zeit hat sich dieser Begriff dann auf den kompletten Hammer erweitert.

Ein Hammer besteht aus einem in einem Gehäuse geführten Schlaggewicht, das durch einen der weiter unten beschriebenen Mechanismen auf eine Höhe h gebracht wird, von dort fallengelassen wird und dann (wie in Abschnitt 4.2 ausführlicher dargestellt) mit einer Energie

$E = m_f\, g\, h$ (im unbeschleunigten Fall) bzw.

$E = m_f\, a\, h$ (im beschleunigten Fall)

aufschlägt. m_f ist hier das Schlag- oder Fallgewicht in kg, g ist die Erdbeschleunigung 9,81 m/s² und a ist beim beschleunigten Hammer die Abwärtsbeschleunigung inklusive der Wirkung der Erdbeschleunigung. E ist die entstehende Schlagenergie in J (Joule) oder auch – ebenso SI-Einheiten-konform und quasi synonym – in Nm (Newton-Meter). Beide Werte werden häufig als kJ bzw. kNm dargestellt (1 kJ = 1.000 J). In der Realität ist die Schlagenergie, die auf das Rammgut wirkt, gegenüber der theoretischen Fallenergie um einen Wirkungsgradverlust reduziert. Dieser entsteht durch mechanische Reibung an der Führung des Schlaggewichts und durch Luftreibung während des Falls. Aber auch durch Dämpfungseffekte in Hammerelementen und durch Impulsreflexion an Komponentenschnittstellen kann Energie verloren gehen.

Bei modernen Hämmern schlägt das Schlaggewicht nicht direkt auf das Rammgut auf, sondern trifft auf eine Rammhaube oder eine Schlagplatte, die den Schlagimpuls dann an das Rammgut weiterleitet. Eine Herausforderung beim System des Hammers besteht darin, dass weder Rammhaube noch Rammgut fest mit dem Hammer verbunden sein dürfen, damit der Aufschlag des Schlaggewichts nicht auch ins Hammergehäuse und seine Peripherie eingeleitet wird. Andererseits sitzt der Hammer vor dem Schlag über die Rammhaube auf dem Rammgut auf und darüber hinaus sollen Hammer und Schlaggewicht als eine Einheit gehandhabt (z.B. auf den Pfahl gehoben) werden können. Wie dies bewerkstelligt wird, wird in den Abschnitten 4.4.5 »Rammhaube« und 4.6 »Trägergeräte zum Rammen« näher erläutert.

Die theoretische Aufschlaggeschwindigkeit des Schlaggewichts beträgt

$$v = \sqrt{2gh}$$

wobei sich v in m/s ergibt. Mit der Periodenzeit T von einem Aufschlag zum nächsten ergibt sich die Schlagfrequenz (als Zahl der Schläge pro Sekunde) mit $f = 1/T$ mit der Einheit 1/s. Teilweise wird sie auch in Schlägen pro Minute (1/min) als das Sechzigfache des genannten Werts angegeben.

Die mechanische Leistung, die auf das Rammgut ausgeübt wird, ergibt sich als Energieeintrag pro Sekunde und berechnet sich als Produkt aus der Energie pro Schlag mit der Zahl der Schläge pro Sekunde:

$$P = E \cdot f = \frac{E}{T} = m_f g h f = \frac{m_f g h}{T} \quad \text{bzw.} \quad P = m_f a h f = \frac{m_f a h}{T}.$$

Die Leistung hat die Einheit W (bzw. – durch 1.000 dividiert – kW).

4.4.1 Druckluft- bzw. Dampfhämmer

Nach den reinen Fallhämmern, bei denen durch einen Seilzug das Gewicht nach oben gezogen wurde und nach dem Ausklinken auf das Rammgut schlug, waren die ersten mechanisierten Hämmer Dampfhämmer, wobei die einzige Aufgabe des Wasserdampfs darin besteht, ein unter Druck stehendes Gas zu bilden. Heutzutage kann man komprimiertes Gas auf der Baustelle natürlich viel unkomplizierter durch einen elektrischen oder dieselmechanischen Kompressor für Luft erzeugen.

Ein Drucklufthammer ist im Wesentlichen ein Pneumatikzylinder, dessen bewusst schwerer Kolben beim Aufschlagen in der unteren Endlage einen Impuls weitergibt. Er kann einfach wirkend konstruiert sein, was bedeutet, dass der Luftdruck innerhalb des Zylinders den Kolben nach oben treibt, und dieser dann, nachdem der Zylinder drucklos geschaltet wurde, durch sein Eigengewicht wieder nach unten fällt und aufschlägt. Als beschleunigter (doppelt wirkender) Hammer wird der Druck in der obersten Stellung auf einen Zylinderraum oberhalb des Kolbens umgeschaltet, um den Kolben über die natürliche Gravitationswirkung hinaus nach unten beschleunigt fallen zu lassen.

Mit dem zweiten Prinzip können – als »Schnellschlaghammer« – relativ hohe Schlagfrequenzen erzeugt werden. Im Gegensatz zum doppeltwirkenden Hydraulikhammer (der weiter unten beschrieben wird) ist es beim Druckmedium Luft (oder Wasserdampf) sinnvoll möglich, den Kolben selbst als Schlaggewicht auszubilden. Dieses schlägt in der untersten Stellung über das Schlagstück auf das Rammgut auf. Dadurch entstehen sehr kompakte Hammerkonstruktionen.

Die hohe Abwärtsbeschleunigung des Kolbens bei Schnellschlaghämmern führt zu einer entsprechend hohen Gegenkraft auf das Hammergehäuse nach oben. Damit dieses nicht vom Rammgut abhebt, sondern durch sein Eigengewicht unten gehalten wird, ist der Hammer als Ganzes typischerweise etwa fünf- bis zehnmal so schwer wie das Schlaggewicht.

Der Vorteil des Druckmediums Luft (oder Wasserdampf) ist, dass aufgrund seiner Elastizität und seiner geringen Dichte beim Aufschlag oder beim schlagartigen Umsteuern kein hydraulischer Schlag (also extrem hohe Druckspitzen, der sog. Joukowsky-Stoß) entsteht, und dass es auch – beispielsweise bei Nachsaugvorgängen – keine Unterdruckerscheinungen wie Kavitation gibt. Es müssen daher keine Vorkehrungen für diese Phänomene getroffen werden. Nachteilig ist allerdings, dass aufgrund der niedrigen Viskosität höhere volumetrische Verluste auftreten (was den Wirkungsgrad negativ beeinflusst) und vor allem der Wirkungsgrad der Drucklufterzeugung außerordentlich schlecht ist. Daher findet man Hämmer nach diesem Prinzip heutzutage nur noch selten auf Baustellen.

4.4.2 Dieselhämmer

Der Dieselhammer (auch »Dieselbär« oder »Dieselrammbär« genannt) wurde 1934 von Prof. Seidl erfunden [1] und durch die deutsche Firma Delmag [20] auf den Markt gebracht. Während dieser nach dem Prinzip der Hochdruckeinspritzung (s.u.) arbeitete, wurde kurz darauf bei Delmag der heutzutage überwiegend verbreitete Dieselhammer mit Schlagzerstäubung entwickelt und in den Markt eingeführt. Der große Vorteil des Dieselhammers ist, dass er als komplett autarke Einheit innerhalb seines kompakten Gehäuses den Kraftstoff aufbewahrt und lokal in mechanische Energie umwandelt.[23] Damit ist er nicht auf ein Hydraulikaggregat, einen mobilen Kompressor oder ein Trägergerät angewiesen und wird in seiner Mobilität nicht durch Schläuche oder Kabel behindert. Das macht seinen Einsatz auch mit Rammgerüsten oder einfachsten Kränen unkompliziert.

Ein Dieselhammer (Abbildung 24) ist im Prinzip ein Einzylinder-Zweitakt-Dieselmotor bzw. – noch genauer charakterisiert – eine Einzylinder-Zweitakt-Freikolbenmaschine: Das vertikal stehende, weitgehend rohrförmige Gehäuse stellt den Zylinder dar, in dem sich der Kolben als Fall- bzw. Schlaggewicht frei auf und ab bewegen kann. Die Explosion des eingespritzten Dieselkraftstoffs schleudert den Kolben nach oben. An einem bestimmten Punkt der Aufwärtsbewegung gibt der Kolben die Auspuff- bzw. Einsaugöffnung des Gehäuses frei (siehe 4. in Abbildung 25), sodass sich der Druck komplett abbauen und die verbrauchte Luft mit den Verbrennungsgasen durch frische Luft ersetzt werden kann. Bis zum oberen Wendepunkt hat sich die kinetische Energie des Kolbens komplett in potenzielle Energie umgesetzt (5.). Diese wird im Fall wieder in kinetische Energie zurückgewandelt (2.) und baut einen Impuls auf, der dann beim Aufschlag des Kolbens auf das Schlagstück, das den Zylinder quasi als Zylinderkopf unten abschließt, über die Rammhaube an das Rammgut weitergegeben wird.

Abbildung 24: Dieselhammer D30-52 an Schwingmäkler (Quelle: Delmag).

23 Man bezeichnet Dieselhämmer daher auch als Hämmer mit interner Verbrennung im Gegensatz zu solchen mit externer Verbrennung, bei denen die chemische Primärenergie des Kraftstoffs getrennt vom Hammer durch ein Kraftwerk und/oder ein elektrisches oder dieselmotorisches Aggregat in elektrische, pneumatische oder hydraulische Energie umgewandelt wird, mit welcher dann der Hammer betrieben wird.

In der Abwärtsbewegung betätigt der Kolben den Pumpenhebel der Kraftstoffpumpe, die dadurch Dieselkraftstoff in den Verbrennungsraum spritzt. Durch die Hitze der hochkomprimierten Luft und den Aufschlag des Kolbens (3.), der den Kraftstoff zusätzlich zerstäubt, entzündet sich dieser, explodiert und der Druck der heißen Verbrennungsgase wirft den Kolben wieder nach oben. Beim abermaligen Passieren des Pumpenhebels nach oben wird dieser wieder freigegeben und die Pumpe saugt neuen Kraftstoff nach.

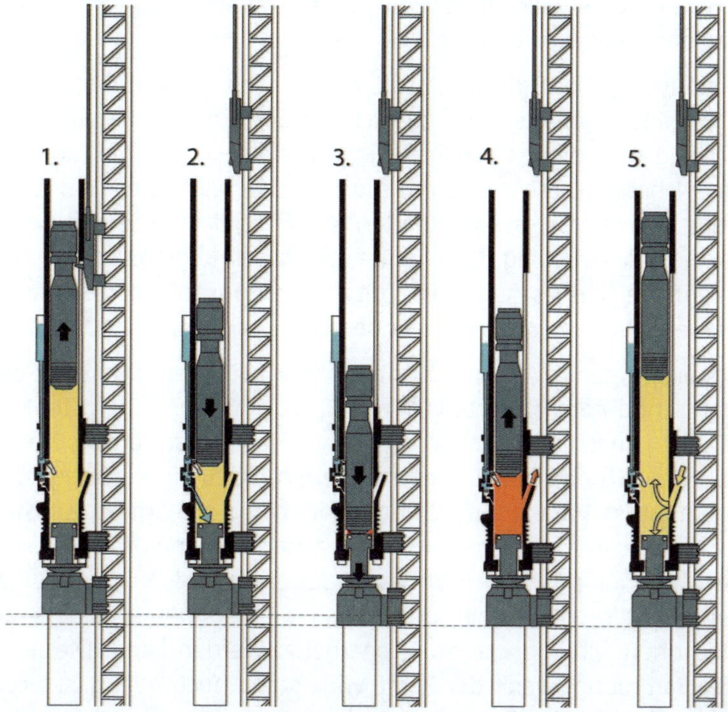

Abbildung 25: Ablauf des Dieselhammer-Prozesses. 1: Starten des Hammers mit Hilfsseil (Anheben des Kolbens); 2: Fall des Kolbens; 3: Kompression, Aufschlag und Zündung; 4: Hochschleudern des Kolbens, Expansion, Auslass der Abgase 5: Ansaugen, Schwung holen des Kolbens. Unten am Hammer sind das bewegliche Schlagstück und darunter die Rammhaube zu erkennen. (Quelle: Delmag).

Der Luftaustausch der Verbrennungsgase gegen frische Luft gelingt deshalb weitgehend vollständig, weil der Kolben nach Freigabe der Öffnungen noch relativ weit nach oben fliegt. Dadurch werden zunächst die unter Druck stehenden Verbrennungsgase ausgeblasen, bis der Zylinderinnenraum auf Außendruck steht, und danach wird in der weiteren Aufwärtsbewegung des Kolbens frische Luft angesaugt. Auf dem Weg nach unten wird ein Teil dieser Luft wieder ausgeblasen, bis sie sich ab dem Punkt des Verschließens der Öffnungen verdichtet und dadurch erhitzt. Der Luftaustausch sorgt nicht nur dafür, dass ausreichend Sauerstoff für die Verbrennung zur Verfügung steht, sondern auch für eine Kühlung des Zylinderraums.

Damit der Impuls möglichst vollständig weitergegeben wird, ist der Zylinder unten nicht fix abgeschlossen, sondern durch ein abgedichtetes, aber axial bewegliches Schlagstück wie mit einem verschiebbaren Korken verschlossen. Der Aufschlag des Kolbens beschleunigt nur das Schlagstück und das restliche Hammergehäuse bleibt während des Schlags im Wesentlichen stehen, sodass über das Schlagstück praktisch der volle Impuls an die Rammhaube und über diese an das Rammgut weitergegeben wird. So wird auch der äußere Teil des Hammers mit verstellbarer Dieselpumpe, Kraftstofftank, Schmierölpumpe und Schmieröltank nicht durch große Erschütterungen belastet.

Nach der Art, wie bzw. zu welchem Zeitpunkt der Kraftstoff eingebracht bzw. entzündet wird, unterscheidet man zwei Systeme:

- Schlagzerstäubung: Der Dieselkraftstoff wird vor der Verdichtung, also bevor die Öffnungen geschlossen werden, auf das Schlagstück aufgespritzt. Er zerstäubt erst mit dem Aufschlag des Kolbens, wodurch sichergestellt ist, dass die Explosion erst in diesem Moment beginnt. Dieses System führt zu einer einfachen und robusten Gerätekonstruktion und es erzeugt einen harten Aufschlag des Kolbens auf das Schlagstück, ohne dass diesem Aufschlag durch einen vorzeitigen Beginn der Explosion und damit durch ein entsprechendes Abbremsen des Kolbens im Fall Impuls entzogen wird. Dadurch hat dieses System in härteren Böden eine besonders gute Vortriebswirkung.
- Hochdruckeinspritzung: Wird der Kraftstoff erst nach dem Schließen der Öffnungen in die dann schon komprimierte Luft mit Druck eingespritzt, entsteht ein Kraftstoffnebel, der sich je nach Verhältnissen schon vor dem Aufschlag des Kolbens durch die Temperatur der Luft entzündet. Dieses System führt zu einer weitgehend rückstandsfreien Verbrennung, hat ein gutes Startverhalten und erzeugt bei weichen Böden aufgrund der langen, relativ weichen Impulsübertragung eine bessere Vortriebswirkung. Die Kraftstoffmenge pro Schlag ist besser dosierbar und der Hammer läuft auch bei geringeren Mengen noch stabil, sodass auch mit niedrigen Schlagenergien (und entsprechend hohen Schlagfrequenzen) gearbeitet werden kann. Dies ist vor allem zu Beginn der Rammung, wenn der Rammwiderstand noch gering ist, von Vorteil, weil ein zu starker Schlag zum Durchsacken des Rammguts führen kann. Das kann nicht nur zum Erliegen des Schlagzyklus führen, sondern im Extrem auch dazu, dass der Hammer in den Endanschlag der Führung schlägt. Das System neigt aber zum Überhitzen und damit zu Fehlzündungen, die Zündung erfolgt auch im normalen Betrieb unter Umständen schon vor dem Aufschlag, was dann die Effizienz vermindert, und es ist aufgrund seiner Komplexität reparaturanfälliger.

Aus diesem Grund arbeiten die meisten heutigen Dieselhämmer nach dem System der Schlagzerstäubung.

Die eingeschlossene Luft vor dem Aufschlag bzw. das eingeschlossene explodierende Luft-Brennstoff-Gemisch nach dem Aufschlag wirkt wie eine Gasfeder zwischen Kolben und Schlagstück, d.h., vor und nach dem Aufschlagimpuls wirkt eine der Kompression des Gases (damit der Position des Kolbens) entsprechende Kraft auf das Schlagstück und auf das Rammgut darunter (siehe Abbildung 5 in Abschnitt 4.2.1.2). Wenn der Boden daher am Beginn der Rammung oder während des Rammvorgangs sehr weich ist, weicht das Rammgut mit dem darauf sitzenden Hammer während dieser Zeit der entstehenden Kraft nach unten aus. Die Energie, die das Rammgut während dieser Zeit zusätzlich in den Boden treibt, steht natürlich nicht mehr dazu zur Verfügung, den Kolben nach dem Aufschlag wieder auf die volle Höhe anzuheben. Dies führt dazu, dass die Schlagfrequenz steigt. Im Extremfall kann der oben beschriebene Zyklus zum Erliegen kommen, da der Kolben nicht mehr auf eine ausreichende Höhe gehoben wird, um beim Fallen den Brennstoff zu zünden: Erreicht der Kolben aufgrund des Wegsackens des Hammers gar nicht mehr das Schlagstück, reduziert sich die Kompression und der Verbrennungsvorgang wird schlechter, d.h., im Abgas bleiben Rückstände der Verbrennung wie Ruß, oder er findet gar nicht mehr statt.

Natürlich muss am Anfang der Rammarbeit dieser sich wiederholende Zyklus erst einmal gestartet werden. Zum Anfahren des Hammers wird der Kolben von außen durch eine Nut im Zylinder gefasst und angehoben. Bei einer bestimmten Höhe klinkt der Mechanismus dann aus, der Kolben fällt, der Kraftstoff wird eingespritzt, die Luft eingeschlossen, komprimiert und dadurch erhitzt. Beim Aufschlag kommt es zur Explosion und der repetitive Prozess ist gestartet, bis er durch eine Unterbrechung der Kraftstoffzufuhr wieder gestoppt wird. Das initiale Heben des Kolbens erfolgt in der Regel durch das Hilfsseil des Seilbaggers oder des Trägergeräts des Hammers. Dazu wird über einen Mitnehmer der Kolben nach oben gezogen, der bei einer bestimmten Höhe automatisch ausklinkt. Viele Dieselhämmer können aber auch optional mit einer hydraulischen Starteinrichtung ausgerüstet werden.

Die Menge des jeweils eingespritzten Dieselkraftstoffs kann an der Einspritzpumpe eingestellt werden, um die zugeführte Energie pro Schlag zu variieren und damit die Fallhöhe (bzw. die Höhe, auf die das Schlaggewicht hochkatapultiert wird) und damit die Schlagfrequenz zu regulieren. Diese Einstellung wird in der Regel vom Boden aus über Seile betätigt, es gibt aber auch hydraulische Pumpensteuerungen. Um den Hammer wieder abzuschalten, kann die Kraftstoffzufuhr entweder über diese Steuerung abgestellt werden, oder die Kraftstoffleitung wird über ein seilbetätigtes Notstopp-Ventil kurzgeschlossen.

Trotz des Namens dieser Hämmer ist Diesel bei weitem nicht der einzig mögliche Kraftstoff. Verwendbar sind auch – teilweise nur in Zumischungen – Soja- und Raps-Öl (auch als Methylester), Methanol, Kerosin und 1-Butanol möglich. Teils müssen Additive wie Äther oder Benzin zugegeben werden, um das Starten zu erleichtern. Manche dieser Kraftstoffe können aus Gründen des Wärmehaushalts des Hammers nur für kurzzeitige Einsätze verwendet werden (hohe Temperaturen führen zum vorzeitigen Altern des Geräts und Betriebstemperaturen über den vom Hersteller zugelassenen Werten – beispielsweise 350° – müssen vermieden werden). Bei anderen Kraftstoffen (z.B. Methanol) ist aufgrund des geringeren Brennwerts eine größere Dieselpumpe notwendig; wieder andere (z.B. Kerosin) erfordern ein Hochleistungs-Zweitakt-Motorenöl zur Schmierung. Um eine sauberere Verbrennung mit weniger Ruß zu erreichen ist Methanol besonders vorteilhaft, aber auch Kerosin verringert die sichtbaren Emissionen.

Während Dieselhämmer aufgrund ihrer hohen Aufwärtsbeschleunigung relativ zu ihrem Kolbenhub eine besonders hohe Schlagfrequenz aufweisen, die proportional in die mechanische Schlagleistung eingeht, sind sie in anderer Hinsicht hinsichtlich ihres Wirkungsgrads der Energieumsetzung in die auf den Pfahl transferierte Schlagenergie eher ungünstig. Aufgrund der notwendigen Dichtungssysteme ist die Reibung zwischen Kolben und Zylinder besonders hoch, und die beim Auf- und Abfahren des Kolbens eingesaugte und ausgeblasene Luft sorgt für zusätzliche Reibungsverluste. Der Dieselhammer benötigt außerdem im Gegensatz zu den meisten anderen Hämmern ein Schlagstück, über das der Aufschlag weitergegeben wird, welches potenziell Schlagenergie reflektiert oder dissipiert. In der Regel werden Dieselhämmer – im Gegensatz zu vielen Hydraulikhämmern bei Stahlpfählen – außerdem mit einem Schlaghaubenfutter eingesetzt, das wiederum Energie vernichtet. Zusätzlich kann schlechte Wartung oder Überhitzung des Hammers den Ablauf des Verbrennungsprozesses negativ beeinflussen.

Die kinetische Energie des Kolbens vor dem Aufprall (Nettoenergie E_n) wird gegenüber der theoretischen potenziellen Energie auf seinem höchsten Punkt (der nominellen Schlagenergie E_r) zusätzlich dadurch gemindert, dass sich ab dem Schließen der Öffnungen ein Gasdruck aufbaut, der den Kolben im Fall wieder abbremst. Dieser Effekt ist aber streng genommen kein Wirkungsgradverlust, weil der Gasdruck wie eine Feder die Energie nur speichert und diese in der Aufwärtsphase wieder an den Kolben zurückgibt. Vielmehr reduziert diese »Gasdruckfeder« nur die gravitationsbedingte potenzielle Energie des Kolbens. Streng genommen ist daher die nominelle Schlagenergie E_r mit der Formel $E_r = m_f g h$ eigentlich ein Stück zu hoch bewertet.

Bezieht man allerdings die Energieeffizienz auf den Kraftstoffeinsatz für eine bestimmte Rammenergie, statt nur das Verhältnis zwischen nomineller Hammerenergie und auf den Pfahl transferierter Energie (siehe Abschnitt 4.2.3.1) zu betrachten, liegt der Dieselhammer im Vergleich wieder ein ganzes Stück besser: Denn bei ihm wird die chemische Energie des Kraftstoffs direkt in mechanische Energie umgesetzt, während diese bei allen anderen Hämmern zunächst in hydraulische oder pneumatische Energie umgesetzt (teilweise sogar davor zusätzlich in elektrische Energie und zurück), dann zum Hammer transportiert und zuletzt wieder in mechanische Energie zurückgewandelt werden muss – jeweils mit einem erheblichen Wirkungsgradverlust. Moderne Hydraulikaggregate oder gar Kraftwerke für elektrische Energie bieten allerdings die Möglichkeit einer Abgasnachbehandlung und haben daher deutlich niedrigere Emissionswerte von lokal schädlichen Abgasen.

DELMAG[24] stellt auch heute noch Dieselhämmer her. Obwohl dort im Laufe der Jahre mit dem Prinzip der Hochdruckeinspritzung experimentiert wurde,[25] basiert die lieferbare Gerätefamilie wie das erste Modell auf der Schlagzerstäubung. Die Gerätepalette geht von Schlaggewichten (Kolben) von 600 kg (Modell D6-32) bis 20 t[26] (Modell D200-42; die Modellnummer steht dabei jeweils für die Gewichtskraft des Schlaggewichts in kN). Die Fallhöhen des Schlaggewichts liegen zwischen 3,2 und 3,6 m und die Schlagzahlen sind bei allen Hammergrößen zwischen etwa 35 und 50 Schlägen pro Minute einstellbar. Der D200 mit einem Gewicht von ca. 52 t hat eine Energie von bis zu 682 kJ pro Schlag und ist nach Herstellerangaben für Rammgutgewichte bis 250 t geeignet.

Die ehemalige amerikanische DELMAG-Tochterfirma Pileco [21] bietet ein ähnliches Geräteprogramm von Dieselhämmern an wie DELMAG, hat aber eine Palette, die bei den

24 DELMAG gehört seit dem Jahr 2000 – wie auch BANUT, INTEROC und die ABI GmbH selbst – zur ABI-Gruppe [43].

25 Wie an dem Patent EP1828488 erkennbar ist, wird bei DELMAG auch in neuerer Zeit an diesem Prinzip geforscht, im Speziellen, um beide Prinzipien der Einspritzung in einem Hammer umschaltbar zu vereinigen.

26 Delmag hat derzeit ein Modell mit 26 t Fallgewicht im Test, das aber noch nicht offiziell Bestandteil der Produktpalette ist.

konventionellen Dieselhämmern bis zu einem Schlaggewicht von 28 t reicht (D280-22), was einer Schlagenergie von 933 kJ entspricht. Darüber hinaus ist dort – vor allem für Offshore-Anwendungen – der Hammer D800 mit 80 t Schlaggewicht (bei einem Eigengewicht von 160 t) mit einer Schlagenergie von 2.665 kJ erhältlich (Abbildung 26).

Abbildung 26: Dieselhammer Pileco D800.

Die amerikanische Firma APE (American Piledriving Equipment) [23] hat 1997 ein ehemaliges Joint-Venture von DELMAG in China gekauft und vertreibt nun eine Serie von Dieselhämmern von einem D8-42 bis zu einem D300-42.

Im Gegensatz zu den vorgenannten Firmen setzt Berminghammer bei Dieselhämmern auf die Hochdruckeinspritzung. Ihre Hämmer haben Schlaggewichte von 900 kg (B-9) bis 10 t (B-6505HD).

In der Vergangenheit wurden auch beschleunigte (doppelt wirkende) Dieselhämmer gebaut, bei denen der Zylinder (also das Gehäuse des Dieselhammers) oben nicht offen, sondern ein gasgefüllter, unter Druck stehender dichter Raum ist (im Englischen spricht man daher auch von »closed end dieselhammers«). Dieser Druck übt zusätzlich zur Gewichtskraft eine Kraft auf den Kolben aus, die ihn in der Aufwärtsbewegung schneller zum Stillstand bringt und ihn – die Gravitation verstärkend – wieder nach unten beschleunigt. Wird die Diesel-Einspritzmenge so gesteigert, dass der Kolben die volle Höhe erreicht, kommt ein höherer Aufschlagimpuls bzw. eine höhere Aufschlagenergie zustande. Da sich sowohl die Zeitdauer der Aufwärtsbewegung des Kolbens, als auch die des nachfolgenden Falls verkürzt, erhöht sich die Schlagfrequenz des Hammers und er gibt eine entsprechend höhere Schlagleistung an das Rammgut ab. Durch Multiplikation beider Effekte – die Erhöhung der Schlagenergie und der Schlagfrequenz – erreicht ein doppelt wirkender Dieselhammer bei gleicher geometrischer Fallhöhe und gleichem Schlaggewicht eine deutlich höhere Schlagleistung.

In den letzten Jahrzehnten hat bei Hämmern eine deutliche Marktbereinigung stattgefunden, wodurch die Zahl der aktuellen Konstruktionsvarianten von Hämmern dezimiert wurde. So gibt es kaum noch Produzenten von doppelt wirkenden Dieselhämmern. Die Firma MKT Manufacturing Inc. [24] in den USA baut zwar Dieselhämmer, die vom einfach zum doppelt wirkenden Hammer umgebaut werden können. Da bei diesen Hämmern aber die Einspritzmenge pro Zyklus nicht über die des Betriebs als einfach wirkender Hammer hinaus gesteigert werden kann (vielmehr reduziert sie sich etwas), erhöht sich die Schlagenergie durch die Erhöhung der Fallbeschleunigung nicht. Vielmehr reduziert sich die Fallhöhe, da die Aufwärtsgeschwindigkeit nach der Explosion nicht höher ist, diese sich aber durch die höhere Abwärtsbeschleunigung schneller auf null abbaut, sodass der Kolben in der Aufwärts-Phase nicht so weit nach oben steigt. Während also die Schlagenergie gleich bleibt (oder sich sogar leicht reduziert), erhöht sich durch die geringere Fallhöhe und die höhere Abwärtsbeschleunigung die Schlagfrequenz und entsprechend erhöht sich auch die Schlagleistung.

4.4.3 Einfach wirkende Hydraulikhämmer

Beim einfach wirkenden Hydraulikhammer (Abbildung 27) wird die Schlagenergie lediglich durch das Schlaggewicht und die Fallhöhe bestimmt. Das Schlaggewicht bewegt sich – in axialer Richtung geführt – frei auf und ab. Die Klassifizierung der verschiedenen Hydraulikhämmer erfolgt nach der Schlaggewicht-Masse m und der theoretisch erzielbaren Schlagenergie $E_{schlag} = mgh$ (mit der Fallhöhe h und der Erdbeschleunigung g = 9,81m/s²). Für die Hammerbezeichnung wird häufig der Wert in kJ verwendet wird (d.h. durch 1.000 dividiert) oder – nicht SI-Konform – in 1.000 Kilopond-Meter (d.h. durch 10.000 bzw. 9.810 dividiert).

Arbeitsablauf des einfach wirkenden Hydraulikhammers

1. Das Schlaggewicht wird über Hydraulikzylinder angehoben. Je nach Hersteller wird diese Funktion über einen oder zwei fest mit dem Schlaggewicht verbundene Zylinder erreicht oder mit zwei außen angebrachten Zylindern, die nach dem Anheben schneller zurückgefahren werden, als die Fallgeschwindigkeit des Schlaggewichtes ist.[27] In beiden Fällen stützen sich die Zylinder über den Führungsrahmen und die Schlaghaube auf dem Rammgut ab.
2. Nach Erreichen der eingestellten Fallhöhe werden die Hydraulikzylinder über Steuerventile umgeschaltet und das Schlaggewicht fällt im freien Fall herab.
3. Beim Auftreffen des Schlaggewichtes auf die Schlaghaube wird der Stoß auf das Rammgut übertragen. Der Führungsrahmen fällt entsprechend der Eindringung des Rammguts in den Boden mit einem kleinen Zeitversatz gedämpft nach.
4. Wiederholung des Zyklus mit Schritt 1.

27 Das an zweiter Stelle genannte System, bei dem die Hydraulikzylinder vom Schlaggewicht entkoppelt sind, hat den Vorteil, dass der Impuls des Aufschlags nicht in die Hydraulikzylinder hineinwirkt. Durch die deutlich geringere dynamische Belastung ist der Zylinder weniger schadensgefährdet und muss nicht entsprechend robust ausgelegt sein bzw. durch andere Maßnahmen gegen die Stöße geschützt werden.

Die Fallhöhe und somit die Energie pro Schlag kann je nach Steuersystem in Stufen oder stufenlos eingestellt werden. Abhängig von der Fallhöhe und der Leistung des Hydrauliksystems ergibt sich die max. erreichbare Anzahl der Schläge pro Minute.

Einfach wirkende Hydraulikhämmer können mit beliebig schweren Schlaggewichten gebaut und zum Rammen von unterschiedlichstem Rammgut eingesetzt werden. Das Schlaggewicht kann als homogenes Stahlteil ausgeführt sein oder bei einigen Herstellern (Menck, Fambo) mit einem Kern aus Schwermetall befüllt werden. Die Vorteile dieser Befüllung sind einerseits die reduzierte Baugröße aufgrund der höheren Dichte des Materials und andererseits das günstigere Schlagverhalten beim Rammen von Betonpfählen durch eine – zeitlich gesehen – längere Spannungswelle im Pfahl mit verringerten Kraftspitzen, da Blei eine vielfach höhere Elastizität als Stahl besitzt.

Abbildung 27: Einfach wirkender Hammer (Quelle: Fambo).

Die hydraulische Versorgung des Hydraulikhammers erfolgt entweder über die Bordhydraulik des Rammgerätes oder über ein externes Hydraulikaggregat. Der Hydraulikhammer kann sowohl mäklergeführt als auch freireitend mit oder ohne Freireiterführung eingesetzt werden.

Das Rammen mit einem Hydraulikhammer gehört zu den lärmintensiven Verfahren. Dabei ist die Entstehung der Schallquelle hauptsächlich im Bereich der Schlaghaube zu finden, da hier der Aufprall des Schlaggewichtes stattfindet und der Impuls in das Rammgut übertragen wird. Moderne Konstruktionen beinhalten die Ummantelung des Schlaggewichtes, Verwendung unterschiedlicher Schlagplattenmaterialien und die gezielte Isolierung der Rammhaube (z.B. durch Sandfüllungen).

Merkmale von einfach wirkenden Hydraulikhämmern

- Einfacher Aufbau durch kompakte offene Bauweise
- Geringes Gesamtgewicht im Verhältnis zum Schlaggewicht
- Einfacher Austausch der Schlaggewichte zur Anpassung an das Rammgut

- Schlaggewicht bis max. ca. 180.000 kg
- Schlagenergie bis max. ca. 3.000 kJ
- Schlagfrequenz (»Schlagzahl«) bis maximal ca. 80 Schläge pro Minute (80 1/min). Diese wird häufig nicht nur für die maximale Schlagenergie angegeben (d.h. bei maximaler Fallhöhe), sondern auch für die minimale Fallhöhe, die durch Reduzierung der Hubleistung und eine entsprechende Anpassung der Steuerung erreicht werden kann. Der zweite Wert ist natürlich deutlich höher als der erste und wird durch die Möglichkeiten der Hammersteuerung limitiert.
- Fallhöhe bis max. ca. 1,5 m

Die wichtigen Hersteller von einfach wirkenden Hydraulikhämmern sind Junttan [25], BSP [26], Dawson [27], Banut [28], Bermingham Foundation Solutions [29], Fambo [30] und Menck [31].

4.4.4 Beschleunigte (doppelt wirkende) Hydraulikhämmer

Indem man den Hammer über die gravitationsbedingte Beschleunigung des freien Falls hinaus zusätzlich nach unten beschleunigt, erhöht man bei gleicher Fallhöhe die Aufschlagsgeschwindigkeit und damit sowohl seinen Schlagimpuls als auch seine Schlagenergie (Abbildung 28). Gleichzeitig verringert sich damit die Fallzeit, sodass der Hammer eine höhere Schlagfrequenz erreicht und damit nochmal seinen Energieeintrag in das Rammgut pro Zeit erhöht. Da das Schlaggewicht nicht nur nach oben, sondern auch nach unten beschleunigt wird, spricht man von einem »doppelt wirkenden Hammer« oder eben einem »beschleunigten Hammer«. Hersteller sind hier unter anderem die deutsche Firma Menck [31], die niederländische Firma IQIP (hervorgegangen aus IHC Hydrohammer) [32], die britische Firma Dawson [27], die finnische Firma Junttan [25] und die deutsche Firma RTG [45].

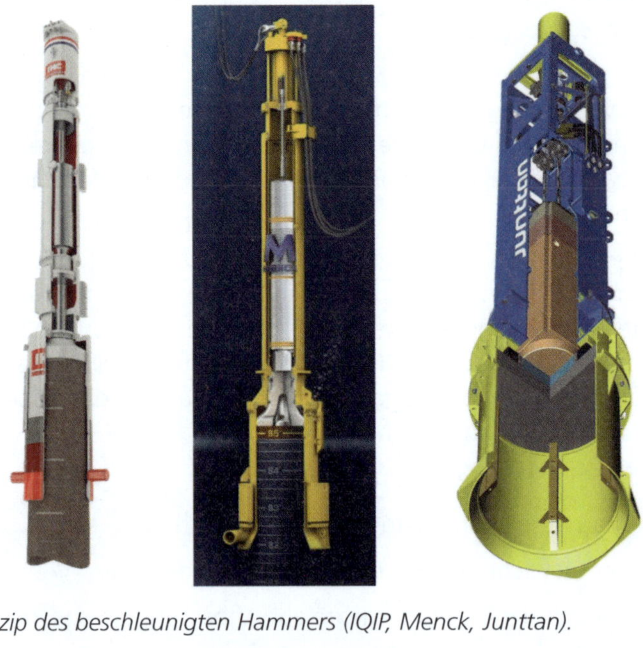

Abbildung 28: Prinzip des beschleunigten Hammers (IQIP, Menck, Junttan).

Bei den Hämmern von IQIP und Menck läuft das Schlaggewicht komplett innerhalb des Gehäuses, das nur nach unten offen ist, was sie zu Hämmern für Offshore-Anwendungen prädestiniert (siehe Abschnitt 4.9). Da das Schlaggewicht im Gehäuse von Luft umgeben ist, muss zwischen dem Luftpolster unterhalb des Schlaggewichts und dem Volumen darüber ein Austausch möglich sein, damit der Hammer nicht durch die sich aufstauende Luft im Fall gebremst oder umgekehrt die Aufwärtsbewegung behindert wird.

Bei den Hammerkonstruktionen von Menck ist hierfür das Gehäuse in der Umgebung des Schlaggewichts doppelwandig ausgeführt, wobei die innere Wand als Führung für das Schlaggewicht dient und durch den Ringraum die Luft zwischen den Räumen ober- und unterhalb des Schlaggewichts überströmt. Die direkte Führung des Schlaggewichts ist zwar aufgrund seines großen Durchmessers nicht so präzise ausführbar, wie – bei IQIP (Abbildung 28) – mit Führungsstangen in der Verlängerung des Gewichts nach oben und unten. Dafür spart man sich allerdings Totraum für die Länge der unteren Führungsstange, die mindestens der Fallhöhe entsprechen muss, um nicht in der obersten Position aus dem Führungslager auszufädeln.

Bei doppeltwirkenden Hydraulikhämmern findet die Beschleunigung der Fallbewegung in der Regel über denselben Hydraulikzylinder statt, der den Hammer auch aufwärts beschleunigt, d.h., der Zylinder bleibt ständig mit dem Schlaggewicht verbunden. Daher muss simultan mit dessen Abwärtsbewegung das Hydrauliköl aus der Stangenseite des Zylinders wieder ausströmen. Um den Fließwiderstand der Rücklaufleitung während der Phase der hohen Fallgeschwindigkeit zu umgehen, ist normalerweise ein Druckspeicher nahe am Auslass des Hydraulikzylinders angebracht, der – bei Ausbildung eines leichten Gegendrucks – das austretende Ölvolumen kurzzeitig aufnehmen kann und dann nach dem Aufschlag wieder in den Rücklauf entleert.

In der Ausführung unterscheiden sich die Hämmer: IQIP verwendet einen einfach wirkenden Hydraulikzylinder, um das Schlaggewicht nach oben zu schieben. Die beschleunigende Kraft, durch die die Fallbeschleunigung auf 2 g erhöht wird, kommt pneumatisch – in Addition zur reinen Gravitationskraft des Schlaggewichts – von einer vorgespannten[28] Druckluftkammer am Kopf des Hammers, indem die Druckluft von oben direkt auf den Zylinderkolben drückt. Da die Druckluftkammer einen viel größeren Durchmesser als der Zylinder hat, ändert sich der Druck durch die Bewegung des Kolbens kaum. Beim Anheben des Schlaggewichts muss der Hydraulikzylinder natürlich zusätzlich gegen die Vorspannung dieser Gasfeder arbeiten, wodurch während dieser Phase eine deutlich höhere hydraulische Leistung erforderlich ist. Während der darauf folgenden passiv beschleunigten Fall-Phase wird gar keine hydraulische Leistung abgerufen, sodass im Mittel nicht die ganze verfügbare Leistung des Hydraulikaggregats abgerufen werden kann.

Menck dagegen verwendet einen doppeltwirkenden Zylinder, der das Schlaggewicht sowohl nach oben als auch – ohne Unterstützung durch eine irgendwie geartete Feder – nach unten hydraulisch beschleunigt. Dadurch kann in der Hubphase bei gleicher hydraulischer Leistung eine höhere Geschwindigkeit erreicht werden. In der Abwärtsphase wäre das zu füllende kolbenseitige Volumen höher als das stangenseitige der Aufwärtsphase.

28 Bei vertikalem Einsatz auf Meeresniveau wird mit 15 bar vorgespannt.

Durch eine Schnellgangschaltung – also den hydraulischen Kurzschluss von Kolben- und Stangenseite, wodurch das verdrängte Volumen auf der einen Seite direkt in die andere geschoben wird – reduziert sich das zu füllende Volumen auf das Volumen der Zylinderstange im Zylinder.

In beiden Fällen müssen der hydraulische Schlag beim Endanschlag und die Druckspitzen durch das schnelle Umsteuern der Richtung durch Druckspeicher abgemildert werden. Beim Hammer von IQIP ist ein Druckspeicher darüber hinaus auch nötig, da der Hydraulikdruck zur Einleitung der Bewegungsumkehr noch während der Aufwärtsbewegung von der Zulaufleitung auf die Rücklaufleitung umgeschaltet werden muss. Aus dieser saugt der Zylinder zunächst Ölvolumen, bis die Aufwärtsbewegung zum Stillstand gekommen ist.

Die Produktreihe von Menck für oberflächennahes Arbeiten hat Schlagenergien von 100 bis 3.000 kJ mit Schlaggewichten von 5 bis 180 t bei Schlagfrequenzen von 50 bis 32 Schlägen pro Minute. Bei IQIP reicht die Schlagenergie der S-Serie von 30 bis 2.300 kJ bei Schlaggewichtmassen von 1,6 bis 115 t und Schlagfrequenzen, die bei den kleinsten Hämmern bis 65 Schläge pro Minute gehen (neue IQ-Serie: bis zu 6.600 kJ beim IQ6). Die größten Hämmer bringen ein Gewicht von 310 t (Menck) bzw. 242 t (IQIP S-Serie) auf die Waage.

Dabei hat IQIP zwei Baureihen: Die S-Reihe mit einer Aufschlaggeschwindigkeit von ca. 6,3 m/s – was einem relativ harten Schlag entspricht –, sodass als Rammgut im Wesentlichen Stahlpfähle geeignet sind; und die SC-Serie (in den Größen von 75 bis 200 kJ) mit 5 m/s Aufschlaggeschwindigkeit, mit der auch die spröderen Betonpfähle gerammt werden können, ohne sie zu zerstören (SC steht für »steel and concrete«). Vergleicht man beispielsweise die Hämmer mit einer Schlagenergie von 150 kJ, so benötigt der S-150 aufgrund der höheren Aufschlaggeschwindigkeit nur ein Schlaggewicht von 7,5 t, während beim SC-150, der durch eine geringere Druckvorspannung der Gasfeder sein Schlaggewicht weniger beschleunigt, eine Masse von 11 t nötig ist.[29] Um den Aufschlag noch sanfter zu machen, hat die SC-Serie einen integrierten Schlagdämpfer, der die maximale Aufschlagkraft reduziert und dabei deren Wirkungsdauer verlängert.

Dawson bedient nur das Segment der kleineren Hämmer zwischen 12 und 150 kJ bei Schlaggewichten von 1 bis 12 t. Bemerkenswert ist, dass auch ihr größter Hammer bei einer Schlagenergie von 150 kJ[30] laut Herstellerangaben noch eine Schlagfrequenz von 80 1/min erreicht, sodass die Schlagleistung (also die Schlagenergie pro Zeit) bei 200 kW liegt, wohingegen der Menck MHU 150S mit maximal 38 1/min nur 95 kW und der IQIP S-150 mit 44 1/min 110 kW erreicht.

Im Gegensatz zu den drei vorgenannten Hammertypen, die jeweils zylindrisch aufgebaut sind, verwenden die Hämmer von Junttan ein Schlaggewicht mit einem rechteckigen Querschnitt. Wie beim Menck-Hammer werden hier mit ein oder zwei parallelen Hydraulik-

29 Natürlich ist es mit jedem Hammertyp möglich, bei gleicher Schlagenergie eine geringere Aufschlagsgeschwindigkeit zu realisieren, indem man einen größeren Hammer verwendet und diesen mit niedrigerer Fallhöhe betreibt. Allerdings wird dann dessen technische Leistungsfähigkeit nicht mehr voll ausgenutzt.

30 Dawson gibt seine Schlagenergie nicht ganz korrekt und auch nicht SI-gemäß in kg·m an, womit wohl Kilopond-Meter gemeint sind. Multipliziert man mit 9,81 m/s², kommt man zu unrunden Zahlen, z.B. für den HPH15K zu 147 kJ Schlagenergie.

zylindern sowohl die Aufwärtsbeschleunigung als auch die Abwärtsbeschleunigung rein hydraulisch angetrieben. Dabei werden allerdings in der Abwärtsbeschleunigung gegenüber einem unbeschleunigten freien Fall im Wesentlichen nur die Reibungsverluste ausgeglichen, die Beschleunigung liegt nur unwesentlich über 1 *g*. Trotzdem gibt dies dem Hammer im Gegensatz zu unbeschleunigten Hämmern die Möglichkeit, bei Schrägpfählen, wo die Gravitation (über den Cosinus des Neigungswinkels) reduziert wirkt und das Schlaggewicht durch die erhöhte Reibung an seiner Führung weiter an Beschleunigung verliert, noch mit weitgehend voller Schlagenergie zu arbeiten.

Junttan (Abbildung 29) bietet drei Serien von Hämmern an:

- Die Serie HHK-A mit einer maximalen Fallhöhe von 1,2 m, einer Schlagfrequenz von 40 1/min (bei höchster Schlagenergie) und Schlagenergien von 35 kJ bis 165 kJ bei Schlaggewichten von 3 t bis 14 t.
- Die Serie HHK-S mit 1,5 m maximaler Fallhöhe, 30 1/min Schlagfrequenz und Schlagenergien von 74 kJ bis 368 kJ bei Schlaggewichten von 5 t bis 25 t.
- Die Serie SHK (Shark) mit 1,2 m maximaler Fallhöhe, 60 bzw. 52 1/min Schlagfrequenz und Schlagenergien von 36 kJ bis 89 kJ bei Schlaggewichten von 3 t bis 7 t.

Abbildung 29: Junttan-Hammer beim Rammen von Schrägpfählen.

4.4.5 Rammhaube und Schlagplatte

Beim schlagenden Rammen mit Hydraulik- oder Dieselhämmern wird für die Übertragung der Schlagenergie eine Rammhaube oder Schlagplatte benötigt (Abbildung 30), um die folgenden Erfordernisse zu erfüllen:

- Zentrisches Aufbringen der Schlagenergie ins Rammgut
- Gleichmäßig verteilte Übertragung der Schlagenergie auf die Kopffläche des Rammguts
- Führung des Rammguts
- Bei empfindlichem Rammgutmaterial oder schwer rammbaren Böden: Schonung des Rammguts durch Abmilderung des Schlags
- Reduzierung der Geräuschemission während des Schlages (je nach Bauart)
- Bei großen Pfahldurchmessern: Transfer des Schlagimpulses vom kleineren Schlaggewichtdurchmesser auf den Pfahldurchmesser

Abbildung 30: Schlaghaube für große Pfahldurchmesser (mit Menck-Hydraulikhammer).

Rammhauben umfassen das Rammgut oder fassen zu einer zentrischen Ausrichtung mit einem Bund ins Innere des Rammguts. Dadurch wird gewährleistet, dass Hammer und Rammgut konzentrisch und achsparallel ausgerichtet sind und der Schlag des Hammers in den Schwerpunkt des Rammgutprofils trifft und die Impulsübertragung auf die ganze

Stirnfläche des Rammguts stattfindet. Wenn die Rammhaube satt auf dem Rammgut aufsitzt und damit die Kontaktfläche exakt rechtwinklig zur Rammachse liegt, wird vermieden, dass Schläge schräg in das Rammgut eingeleitet werden. Diese könnten zu Schäden am Rammgut oder am Hammer führen.

Zur Ausrichtung der Rammhaube zum Hammer ist diese entweder eigens an den Führungsprofilen des Mäklers geführt, oder sie läuft axial verschieblich in einer Pfahlführungshülse, die am Hammer angebaut ist. In jedem Fall muss sich die Rammhaube unabhängig vom Hammer frei bewegen können, damit der Impuls des Schlags nur durch die Rammhaube ins Rammgut und nicht gleichzeitig in den Hammer läuft. Damit die Rammhaube aber mit dem Hammer zusammen gehandhabt werden kann, ist in der Regel im Mäkler oder in der Pfahlführungshülse ein unterer Anschlag vorgesehen, auf dem sie aufsitzt, solange Hammer und Rammhaube nicht auf dem Rammgut aufliegen. Alternativ ist sie über Seile mit dem Hammer verbunden, an denen sie in diesem Fall hängt.

Während bei Stahlprofilen wie Spundwänden die Rammhaube im inneren Bereich Stifte oder Erhöhungen aufweist, die dem jeweiligen Spundwandprofil als Negativ entsprechen, wird ein Betonpfahl außen umfasst und geführt. Bei kleineren Hämmern, die in einem U-förmigen Mäkler geführt sind, ist die Rammhaube häufig in eine Basis-Rammhaube mit standardisierter Schnittstelle und einen wechselbaren Rammhaubeneinsatz aufgeteilt, der an die jeweilige Pfahlgröße und -geometrie angepasst wird.

Rammhauben, die verwendet werden, um den Impuls vom Hammer an ein vielfach größeres Rammgut weiterzuleiten, sind normalerweise als sehr flacher und nur wenig ausgehöhlter Kegelstumpf gestaltet und können sehr große Gewichte haben. Eine Rammhaube zum Einrammen von Stahlrohren mit einem Durchmesser von 3 m hat beispielsweise ein Gewicht von etwa 35 t. Aus den Gesetzen der Impulsübertragung bzw. der Reflexion der Kompressionswellen folgt aber, dass der Wirkungsgrad der Energieübertragung deutlich abnimmt, wenn die Rammhaube wesentlich schwerer ist als das Schlaggewicht.

Um den eigentlichen Schlag zu dämpfen – d.h. die Höhe der Schlagkraft zu reduzieren und dafür die Dauer der Impulsübertragung zu verlängern – und dadurch Hammer, Rammhaube und Rammgut zu schonen, wird in den Rammhauben nahezu durchgängig ein »Futter« verwendet. Dazu ist auf der Oberseite der Rammhaube eine Vertiefung eingearbeitet, in die das Futter eingelegt wird. Die Futter werden aus unterschiedlichen Materialien oder auch aus Kombinationen mehrerer Materialien hergestellt. Oft findet man Hartholz, Aluminium, Hartgewebe, Stahlseile oder auch Kunststoff als Futtermaterial. Neben der Dämpfung ist ein weiterer Vorteil eines eingesetzten Futters, dass geringe Abweichungen in der Richtung zwischen Rammhaube und Rammachse des Hammers ausgeglichen werden können. Da in einem dämpfenden Material Energie vernichtet wird, reduziert sich zum einen der Wirkungsgrad der Energieübertragung vom Hammer auf das Rammgut. Zum anderen entsteht im Dämpfungsmaterial Wärme, die durch die umgebenden Bauteile möglichst gut abgeführt werden muss. Aber auch wenn es nicht zu einer Überhitzung kommt, wird das Dämpfungsmaterial durch den Energieeintrag allmählich geschädigt. Aus diesem Grund ist das Futter ein Verschleißteil, welches aber bei rechtzeitigem Austausch die Lebensdauer der deutlich kostspieligeren Rammhaube oder sogar des Hammers selbst verlängert.

Zusätzlich zu dem Rammhaubenfutter wird speziell bei empfindlichem Rammgut (z.B. Betonpfählen) ein Futter zwischen Rammgut und Rammhaube eingelegt. Dieses ist meistens aus günstigen Materialien wie Fichtenholz gefertigt, da es in der Regel nach jedem eingebrachten Pfahl erneuert werden muss. Durch die eingebrachte Energie wird das Zusatzfutter zerstört, teilweise wird es sogar verbrannt.

Insbesondere beim Rammen von Stahlpfählen mit beschleunigten Hydraulikhämmern bemüht man sich häufig, den Schlag ohne Dämpfung und Impulsreflexionen durch nicht unbedingt notwendige Trennflächen möglichst unmittelbar ins Rammgut zu leiten. Man spricht dann von »Direkt Drive«-Systemen.

Nachdem der Aufschlag des Schlaggewichts Rammhaube und Rammgut ein Stück weit nach unten geschleudert hat, fällt das Hammergehäuse nach, bis es wieder auf der Rammhaube und damit auf dem Rammgut aufliegt. Damit das nicht zu geräuschvoll vor sich geht und das Hammergehäuse nicht unnötig belastet wird, ist bei modernen Hämmern auch zwischen Hammergehäuse und Rammhaube eine Dämpfung eingebaut. Noch viel wichtiger ist diese aber, wenn die reflektierten Verdichtungswellen des Schlagimpulses (die die Wirkung eines späten Zurückfederns haben) vom Pfahl erst zurückkommen, wenn das Gehäuse schon wieder aufsitzt. Die Dämpfung sorgt dann dafür, dass der Hammer von diesem teilweise immer noch erheblichen Anteil des Schlagimpulses verschont bleibt.

Schlagplatten erfüllen dieselbe Funktion wie Rammhauben, besitzen aber im Gegensatz zu diesen nur unvollkommene Führungsmöglichkeiten. Schlagplatten werden daher nur zum Einrammen von Stahlprofilen verwendet. Häufig handelt es sich dabei um ein »Nachschlagen« von bereits eingebrachten Rammprofilen.

Rammhauben und Schlagplatten können oft über die Hersteller von Spundwänden, Rammprofilen oder Hämmern bezogen werden.

4.4.6 Messeinrichtungen

Die moderne Bedieneinheit zur Kontrolle des Hydraulikhammers verfügt über ein Display zur Darstellung von Statusmeldungen und Einstellwerten sowie mehrere Funktionstasten zur Bedienung bzw. Steuerung des Hammers. Die Fallhöhe und Schlagfrequenz können vom Gerätefahrer über Potentiometer stufenlos eingestellt werden. Eingebaute Überwachungsfunktionen in der Steuerung sorgen für ein sicheres Arbeiten. Ein Qualitätssicherungssystem kann optional in die Bedieneinheit integriert werden. Folgende Kenngrößen werden vom System gesammelt, verarbeitet, graphisch dargestellt und gespeichert: Schlagenergie, Schlagzahl und Eindringtiefe. Die Übertragung der gewonnenen Daten erfolgt dann über Mobilfunk, lokale Datenfunknetze (WLAN) oder über eine Speicherkarte.

Messeinrichtungen an Dieselhämmern sind eher wenig verbreitet. Mit einem sogenannten Saximeter – einem autarken Handgerät, das die Schläge des Hammers über deren Geräusch registriert – können die Schlagfrequenz und die Zahl der Schläge aufgezeichnet werden, die in ihrer Auswertung über der Rammtiefe die Basis zur Erstellung eines Rammprotokolls ergeben. Dieses wird unter anderem im Sinne einer Qualitätssicherung verwendet, um festzustellen, ob der Pfahl bei sehr geringem Rammfortschritt eine große Zahl von Schlägen erhalten hat und damit potenziell geschädigt wurde.

Die Weiterentwicklung dieses Systems ermittelt über Näherungssensoren am Hammer die Fallgeschwindigkeit der Ramme kurz vor dem Aufschlag und erlaubt damit eine wesentlich präzisere Aussage über die in den Pfahl eingebrachte Energie, als dies über die Schlagfrequenz und den daraus rechnerisch erfolgten Rückschluss auf die Fallhöhe möglich ist.

Die Aufzeichnung der Rammdaten ist besonders wichtig, wenn für gerammte Pfähle der Nachweis über die Zahl der Schläge pro Rammfortschritt geführt werden soll, um damit auf die Tragfähigkeit des Pfahls zu schließen. Die prinzipielle Idee hinter diesem Nachweis ist, dass pro Schlag eine bestimmte Energie $E_r = m_f gh$ in den Pfahl eingebracht wird, die gegen die Rammwiderstandskraft R die Arbeit zum Vortrieb des Pfahls um eine Strecke s leistet:

$$m_f gh = R_s.$$

Man geht hierbei davon aus, dass der Rammwiderstand R weitgehend der späteren statischen Tragfähigkeit R_u des Pfahls entspricht. Die daraus abgeleitete »Engineering News Record Formel« (ENR- oder EN-Formel), die diese lineare Gleichung noch um einen Sicherheits-Zuschlag auf die vorgetriebene Strecke und einen Sicherheitsfaktor auf die errechnete Tragfähigkeit erweitert (womit auch der Wirkungsgrad der Energieübertragung auf das Rammgut mitberücksichtigt wird), modelliert aber nur ungenügend die Komplexität des Rammvorgangs und die sich daraus ergebende Nichtlinearität des Zusammenhangs.

In den USA ist daher die auf denselben Einflussgrößen E_r und s (bzw. dem Kehrwert der Schläge pro Meter: $N = 1/s$) basierende nichtlineare »modifizierte Rammformel von Gates« der FHWA (Federal Highway Administration des U.S. Department of Transportation) weit verbreitet, die rein empirisch durch Analyse einer Vielzahl von Pfählen gewonnen wurde. Sie schätzt die Pfahl-Traglast R_u (ebenfalls unter Einbeziehung eines Sicherheitsfaktors) mit

$$R_u = 6{,}7\sqrt{E_n}\,\log(10N_b) - 455 \quad [\text{kN}]$$

ab (mit der Netto-Energie des Hammers $E_n = \frac{1}{2}m_f v^2 = \eta E_r$ in J und der Zahl der Schläge N_b je 25 mm Rammfortschritt am Ende der Rammung). Für bestimmte Pfahlmaterialien (Stahl, Beton, Holz) wurden angepasste Konstanten ermittelt, mit denen sich eine noch bessere statistische Korrelation ergibt. Letztendlich verwendet in den USA allerdings fast jeder Bundesstaat hierfür eine andere oder zumindest leicht abgewandelte Rammformel bzw. Berechnungsmethodik. Aus der großen Zahl von Forschungsberichten zu diesem Thema sei hier beispielhaft auf [33], [34] und [35] verwiesen.

Eine höhere Genauigkeit der Vorhersage der Pfahltragfähigkeit erhält man, indem man zusätzlich zur Messung der Schläge und ihrer jeweiligen Rammenergie über der Eindringtiefe auch die beim Schlagimpuls induzierten Spannungen am Pfahlkörper und eventuell die entsprechende Beschleunigung am Pfahl misst (beispielsweise mit dem Messsystem CAP [36]) und diese dann durch numerische Methoden (beispielsweise mit der Software CAPWAP [37]) mit Simulationen des Rammvorgangs nach der Wellengleichungsmethode in einer nichtlinearen Regression nachbildet. In den Simulationsrechnungen werden auch Bauart und Aufbau des Hammers sowie Rammhaube und Rammgut berücksichtigt, sodass die dynamischen Eigenschaften des Systems realitätsnah erfasst werden und der echte Energietransfer in den Pfahl berechnet werden kann. In die Simulation des Vortriebs wiederum gehen auch Bodenschichtung und Bodenkennwerte ein.

Eine exakte Berechnung der Pfahltragfähigkeit nur aus den dynamischen Messungen während oder unmittelbar nach der Rammung stößt allerdings durch das Zeitverhalten des Bodens an ihre Grenzen: Denn je nach Bodenbeschaffenheit kann sich dieser setzen, sodass der Pfahl eventuell erst nach mehreren Wochen seine volle Tragfähigkeit erreicht, oder auch sich entspannen, was die Tragfähigkeit herabsetzt [6]. Teilweise genügt zur Prognose der Tragfähigkeit die exakte Kenntnis der Bodeneigenschaften. In vielen Fällen ist es aber zur Erreichung einer hohen Genauigkeit – also für einen Nachweis ohne Einrechnen hoher Sicherheiten – notwendig, das Rammkriterium durch Probebelastung eines Pfahls nach einer angemessenen Wartezeit zu kalibrieren.

4.5 Rüttler (Vibrationsbären)

Das Rüttel- oder Vibrationsverfahren ist heute ein weltweit verbreitetes und sehr erfolgreiches Verfahren im Spezialtiefbau. Es geht zurück auf eine deutsche Erfindung aus dem Jahr 1932, wurde aber in der ehemaligen UdSSR zur Baustellenreife weiterentwickelt. Die wichtigsten Weiterentwicklungen in diesem Bereich fanden in Deutschland, Frankreich, den Niederlanden, Italien und Japan statt.

Einer der Vorteile von Rüttlern gegenüber Hämmern ist die viel geringere Lärmbelastung der Umwelt, da es keinen Aufschlag gibt und die Rammenergie relativ gleichmäßig ins Rammgut fließt. Auch die Handhabung des Rammguts ist beim Rüttler sehr vorteilhaft: Da das Rammgut in der Spannzange des Rüttlers geklemmt wird, kann es gemeinsam mit dem Rüttler gehandhabt und positioniert werden. Im Gegensatz dazu ist beim Hammer keine feste Verbindung zum Rammgut erlaubt, da ansonsten der Schlagimpuls auch ins Hammergehäuse gehen und dieses schädigen würde.

Rüttler werden elektrisch oder hydraulisch angetrieben. Während die hydraulischen Rüttler durch eine Kombination aus Diesel- bzw. Elektromotor, Hydraulikpumpen und Hydraulikmotoren mit Energie versorgt werden, erfolgt der Antrieb eines Elektrorüttlers durch in den Rüttler integrierte Elektromotoren, die ihre Energie wiederum direkt aus dem Stromnetz oder aus Generatoren erhalten.

Elektrorüttler sind im Betrieb und in der Anschaffung günstig, benötigen jedoch eine sehr hohe Anlaufleistung und sind im derzeitigen Entwicklungsstand nicht so variabel gestaltet, um sich auf die unterschiedlichen Bodenverhältnisse und Einsatzmöglichkeiten einzustellen. Elektrovibratoren werden überwiegend in Japan produziert und auch dort eingesetzt.

Die Bauweise der Hydraulikrüttler (Abbildung 31) ermöglicht deutlich kompaktere Abmessungen und eine wesentlich flexiblere Anpassung an die jeweiligen Baustellengegebenheiten als bei Hämmern. Besonders die – bei modernen Rüttlern – stufenlose Einstellung von Drehzahl und Statischem Moment geben dem Betreiber die Möglichkeit, sich auf die unterschiedlichsten Bodenverhältnisse einzustellen.

Rüttler erzeugen eine sinusförmige Schwingung, die auf das Rammgut übertragen wird und damit die Reibung zu dem umgebenden Boden deutlich verringert. Der Boden wird dadurch in einen pseudoflüssigen Zustand versetzt. Der Spitzenwiderstand des Rammguts wird durch die Fliehkraft, die durch rotierende Unwuchten erzeugt wird, überwunden.

Abbildung 31: Hydraulischer Rüttler in Schnittdarstellung. Oben die elastische Aufhängung (der Schwingungsisolator) mit Elastomer-Elementen, unten die Rüttlerzelle mit den Unwuchten, die durch Zahnräder synchronisiert werden (auf der mittleren der drei sichtbaren Unwuchtwellen in der oberen Reihe ist die Unwucht weggelassen, um die Sicht auf die dahinterliegenden Zahnräder freizugeben). Ganz unten die hydraulische Spannzange zum Klemmen des Rammguts (Quelle PVE).

Die Sinusschwingung wird durch Exzentergewichte erzeugt, die über einen oder mehrere Motoren angetrieben werden und in einem Getriebe rotieren. Dabei rotieren in der Regel Paare von Exzentergewichten in gegensätzlicher Richtung, deren Fliehkraftkomponenten sich horizontal gegenseitig aufheben und vertikal summieren.[31] Aus diesem Grund bewirken sie eine lineare (normalerweise vertikale) Schwingung.

Die wichtigsten technischen Kenndaten eines Rüttlers sind Drehzahl (Frequenz), Statisches Moment, Schwingweite und Fliehkraft.

Drehzahl (Frequenz)

Die Drehzahl n der einzelnen Exzenter-Wellen wird in Umdrehungen pro Minute (»1/min« bzw. – nicht ganz korrekt – »U/min«) angegeben und bestimmt die Schwingungsfrequenz f des Systems, welche entweder ebenfalls in 1/min angegeben wird oder SI-konform in Hertz (Hz) auf Sekunden bezogen ist. Die Höhe der Drehzahl ergibt sich im Fall eines Hydraulikrüttlers aus dem Schluckvolumen der Antriebsmotoren und der vom Trägergerät/

31 Allgemeiner ausgedrückt müssen bei mehreren Exzenterwellen die Schwerpunkte aller rechtsdrehenden und aller linksdrehenden Wellen auf einer horizontalen Geraden liegen. Die Rotationsachsen aller Unwuchten sind in der Regel parallel und stehen alle senkrecht zu einer vertikalen Ebene durch die genannte Gerade.

Antriebsaggregat zur Verfügung gestellten Hydraulikölmenge. Bei Elektrorüttlern wird die Drehzahl durch die eingebauten Elektromotoren und den verwendeten Stromerzeuger (z.B. Generator oder Frequenzumrichter) bestimmt.

Im Spezialtiefbau wird zwischen *niederfrequenten* und *hochfrequenten* Rüttlern unterschieden. Als *niederfrequent* gelten Rüttler, deren Arbeitsdrehzahl unterhalb von 1.800 1/min bzw. unterhalb von 30 Hz liegt. Alle Rüttler, deren Drehzahl oberhalb dieses Wertes ihre Arbeitsdrehzahl/Frequenz haben, bezeichnet man als *hochfrequent*. Wo und wann welcher Rüttler verwendet wird, richtet sich nach den entsprechenden Baustellenanforderungen. Im urbanen Bereich hat sich der Einsatz von hochfrequenten und verstellbaren Rüttlern durchgesetzt, da das vibrierende Einbringen von Stahlprofilen mit einer Drehzahl deutlich über 1.800 1/min weniger Schwingungen in der umgebenden Bebauung induziert und damit Störungen in der Umgebung und die Möglichkeit einer Schädigung benachbarter Gebäude minimiert werden. Hintergrund ist, dass Gebäude oder angrenzende empfindliche Anlagen typischerweise ihre Eigenfrequenzen bei 12 bis 19 Hz (700 bis 1.100 1/min) haben und bei Anregung in der Nähe dieser Frequenzen zum Mitschwingen angeregt werden. Je näher ein Rüttler an diesen Eigenfrequenzen arbeitet, desto eher geraten die angrenzenden Gebäude in Resonanz und es entwickeln sich störende oder schädigend hohe Schwingungsamplituden. Natürlich spielen hierfür die räumliche Entfernung zwischen Rüttler und Gebäude und die Intensität der Rüttlerschwingung ebenso eine große Rolle.

Statisches Moment (konstant/variabel)

Neben der Frequenz ist die wichtigste Kenngröße eines Rüttlers dessen Statisches Moment M_s, welches das Produkt aus Unwuchtmasse m_u und Unwuchtexzentrizität r_u (dem Abstand des Massenschwerpunktes der Unwucht vom Rotationszentrum) ist. Für die Doppel-Exzenter-Welle gilt

$$M_s = m_u r_u,$$

(wobei m_u die Summe der Unwuchtmassen beider Wellen ist). Ein aus mehreren Exzenterwellen-Paaren zusammengestellter Rüttler hat ein Gesamtmoment von:

$$M_{s,ges} = \sum M_{s,i}$$

Die Einheit des Statischen Moments ist kg·m (in Entsprechung zum Drehmoment, das mit N·m eine mit einem Hebel wirkende Kraft bezeichnet).

Das Statische Moment ist zusammen mit der »dynamischen« (d.h. der mitzubewegenden) Masse des Schwingungssystems für die Amplitude (bzw. Schwingweite – siehe unten) des Rüttlers verantwortlich und es bestimmt in Verbindung mit der Drehzahl die Fliehkraft.

Dabei unterscheidet man Bauformen mit

- konstantem (fixen) Statischen Moment und solche
- mit variablem (einstellbaren) Statischen Moment.

Bei Rüttlern mit konstantem Statischen Moment durchlaufen deren Vibrationsanregungen während der An- und Auslaufphase den Frequenzbereich von Null bis zur Betriebsdrehzahl. Bei kleinen Drehzahlen ist die Fliehkraft des Rüttlers zwar niedriger, erzeugt aber trotzdem eine äußere Vibration. Das hat den Nachteil, dass beim Durchlaufen der niedrigen Frequenzen Resonanzbereiche (Eigenfrequenzen) des Systems zwischen Rüttler, Boden und umgebenden Gebäuden angeregt werden und es dabei zu einer Schädigung kommen kann.

Durch Rüttler, deren Statisches Moment verstellbar ist, kann dieses Problem dadurch vermieden werden, dass bei der An- und Auslaufphase die Fliehkraft und damit auch die Vibration quasi abgeschaltet wird, indem das Statische Moment der Unwuchten auf Null zurückgefahren wird. Erst bei Erreichen der Arbeitsdrehzahl wird die Vibration sanft hochgefahren. Dadurch lässt sich mit diesem sogenannten VARIO-System ein resonanzfreier An- und Auslauf erreichen. Schädigungen können dadurch – ähnlich wie im Punkt Drehzahl beschrieben – verhindert oder wenigstens minimiert werden.

Die Verstellung des Statischen Moments wird dadurch bewerkstelligt (Abbildung 32), dass zu jeder Unwucht eine zweite Unwucht gleicher Größe existiert, die je nach gewünschter Einstellung des summarischen Statischen Moments gleichphasig rotiert (sodass die entsprechenden Fliehkräfte in die gleiche Richtung zeigen), gegenphasig rotiert (sodass sich die Fliehkräfte genau aufheben) oder auf einem Differenz-Phasenwinkel zwischen 0° und 180° gehalten wird, sodass die Fliehkraft einen Zwischenwert annimmt (Abbildung 32). Entsprechend berechnet sich auch jeweils das summarische Statische Moment; bei gegenphasiger Rotation liegt der Gesamtschwerpunkt (sofern die beiden korrespondierenden Unwuchten auf einer Welle angeordnet sind) genau auf der Rotationsachse, sodass $r_u = 0$ wird und damit natürlich auch M_s verschwindet.

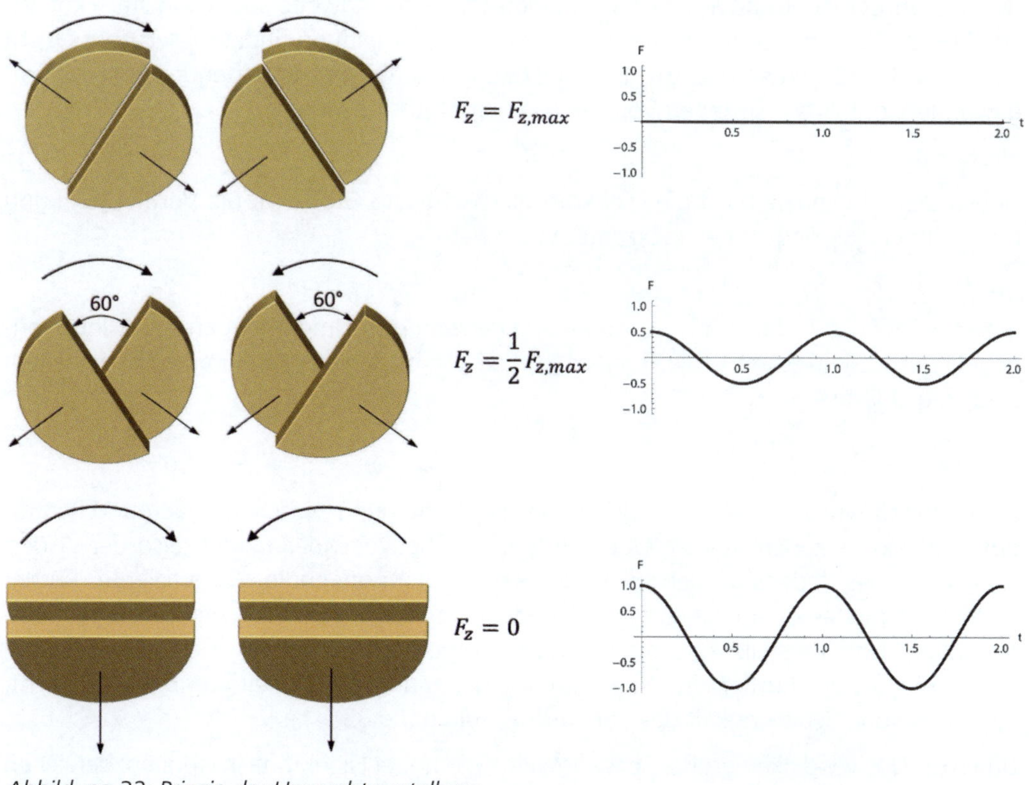

Abbildung 32: Prinzip der Unwuchtverstellung.

Die Verstellung des Phasenwinkels zwischen den Unwuchten erfolgt im Allgemeinen durch hydraulische Schwenkmotoren, mit denen ein Differenzwinkel zwischen zwei Zahnrädern auf einer Welle eingestellt wird. Das eine Zahnrad kämmt mit der einen Hälfte der Unwuchtwellen (bzw. Unwuchten) und das andere mit der anderen Hälfte.

Amplitude bzw. Schwingweite

Eine der entscheidenden Größen für den Rammfortschritt ist die Schwingungsamplitude *A* bzw. die Schwingweite *S*. Dabei bezeichnet man als Schwingweite den Abstand zwischen höchster und niedrigster Position der schwingenden, »dynamischen« Masse (z.B. Rüttlergetriebezelle, Klemmzange und Rammgut) innerhalb einer kompletten Umdrehung der Unwuchten. Sie ergibt sich als der doppelte Wert der Auslenkungsamplitude um die Mittelstellung des Rüttlers. Die Amplitude bzw. Schwingweite ergibt sich aus der schwingenden Masse des Systems aus Rüttler und Rammgut

$$m_{\text{dyn}} = m_{\text{Rüttlerzelle}} + m_{\text{Rüttlerzange}} + m_{\text{Rammgut}} + m_{\text{Boden}}$$

(wobei in m_{Boden} näherungsweise die anteilige Masse des mitschwingenden Bodens berücksichtigt wird) und dem Statischen Moment zu

$$A = \frac{M_{\text{s,ges}}}{m_{\text{dyn}}} \quad \text{bzw.} \quad S = 2\frac{M_{\text{s,ges}}}{m_{\text{dyn}}}.$$

Die Schwingweite ermöglicht den Abriss des elastischen Verbundes zwischen Rammgut und anhaftendem Boden. Somit ist eine hohe Schwingweite speziell in stark kohäsiven Böden wie Lehm sehr wichtig. Ohne eine hohe Amplitude findet dieser Abriss nicht statt und die Rüttlerenergie wird in Schwingungsenergie des anhaftenden Bodens umgewandelt, ohne dass sie einen Vortrieb des Rammguts bewirkt.

Fliehkraft

Neben der Schwingweite ist die Fliehkraft die wichtigste Größe für die Vortriebswirkung eines Rüttlers. Sie liegt für eine Exzenter-Welle bei

$$F_z = m_s\omega^2$$

mit $\omega = 2\pi f$ (bzw. $2\pi n \,/\, 60\frac{\text{s}}{\text{min}}$, wenn die Drehzahl *n* in Umdrehungen pro Minute angegeben ist). Die Gesamtfliehkraft eines Rüttlers ergibt sich aus der Summe der einzelnen Zentrifugalkräfte:

$$F_{\text{z,ges}} = \sum F_{\text{z,i}} = M_{\text{s,ges}}\omega^2$$

Die Fliehkraft eines Rüttlers muss größer als die Haftreibung zwischen Boden und Rammgut sein und ist zudem für die Überwindung des Spitzenwiderstandes (also der Widerstandskraft des Bodens an der Spitze des Rammguts) notwendig. Ein effizienter Rüttler sollte also simultan über eine große Fliehkraft und eine hohe Schwingweite verfügen. Verschiedene Rüttlerhersteller geben anhand von Nomogrammen Richtwerte für die erforderliche Fliehkraft des Rüttlers für eine Rammaufgabe in Abhängigkeit von Bohlengewicht, Rammtiefe und Schwierigkeit des Bodens an (Abbildung 33).

Durch die Notwendigkeit großer Schwingweite und hoher Fliehkräfte in Frequenzbereichen deutlich über 30 Hz (1.800 1/min) ergibt sich ein entsprechender Leistungsbedarf, der durch das Trägergerät oder das Antriebsaggregat zur Verfügung gestellt werden muss. Ansonsten bricht bei voller Leistungsabnahme durch den Baugrund die Rüttlerfrequenz ein, oder das Statische Moment muss zurückgefahren werden, was zu einem entsprechenden Abfall von Fliehkraft und Amplitude führt. Die maximale mechanische Leistungsabgabe eines Rüttlers (siehe Abschnitt 4.2.3.2) liegt näherungsweise bei

$$P = \frac{2\pi^3 M_s^2 f^3}{m_{ges}},$$

wobei f natürlich in Hz einzurechnen ist. Aufgrund der mechanischen und hydraulischen Wirkungsgradverluste von Aggregat und Rüttler (auch durch Nebenverbraucher wie Kühlung und Schmierkreislauf) sollte die Dieselmotorleistung des betreibenden Hydraulikaggregats bzw. des Trägergeräts – je nach Effizienz des Systems – etwa 40 bis 50 % über diesem Leistungswert liegen, wenn die maximale mechanische Leistungsabgabe des Rüttlers erreichbar sein soll. Trägergeräte mit einer Dieselmotorleistung in der Größenordnung von 600 kW sind daher heute (je nach Hersteller) bereits bei Rammgeräten im mittleren Einsatzgewicht (ca. 55 t) zu finden.

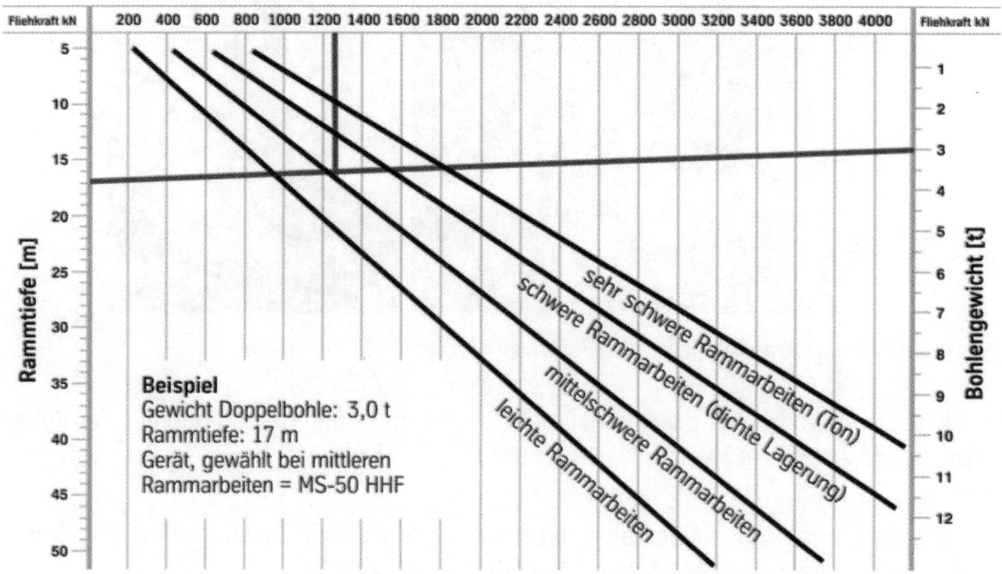

Abbildung 33: Nomogramm zur Auswahl der Fliehkraft eines Rüttlers. Bei der Auswahl soll zusätzlich darauf geachtet werden, dass die Schwingweite (für den frei schwingenden Rüttler) 6 mm nicht unterschreitet. Bei hochfrequentem Einsatz sollte darüber hinaus eine 30 % höhere Fliehkraft angestrebt werden. (Quelle: ThyssenKrupp Tiefbautechnik – gekürzt).

Rüttler unterscheiden sich je nach Anbauart in folgende Kategorien: Anbau am Bagger, am Mäkler oder am Freireiter. Spezialausführungen für besondere Anwendungen sind Gürtelrüttler und Seitengriffrüttler. Gerichtete Rüttler stellen eine Sonderbauform dar, die höhere Kraftamplituden in der gewünschten Vortriebsrichtung haben als in der Gegenrichtung.

4.5.1 Baggeranbaurüttler

Diese Art von Rüttlern eignet sich nur für leichte Rammarbeiten mit geringer Rammgutlänge und wird deshalb vorwiegend im Kanalbau eingesetzt (Abbildung 34).

Durch den Anbau am Baggerlöffelstiel und dessen Kurvenbewegung ist eine exakte Führung des Rammguts über größere Längen nicht gegeben. Allerdings kann mit diesem System eine Vorschubdruckkraft über die Baggerkinematik erzeugt werden.

Abbildung 34: Baggeranbaurüttler (Quelle: ThyssenKrupp Tiefbautechnik).

Diese Rüttler werden über die Bordhydraulik des Baggers angetrieben und aus der Kabine bedient. Die installierte Hydraulikleistung des Baggers bestimmt die Auswahlkriterien des Rüttlers.

Für den Einsatz in urbanen Gebieten hat sich auch bei diesem System die Hochfrequenztechnik mit verstellbarem Statischen Moment durchgesetzt.

Merkmale von Baggeranbaurüttlern

- Schneller und günstiger Anbau am Standard-Bagger
- Einfache Handhabung
- Vorschubdruck- und Zugkraft möglich
- Konstantes oder variables Statisches Moment (jeweils bis max. ca. 17 kgm)
- Hochfrequente Vibration (Drehzahl bis maximal ca. 3.000 1/min)
- Fliehkraft bis maximal ca. 700 kN

Die wichtigen Hersteller von Baggeranbaurüttlern sind ICE Holland [38], ICE USA [39], PTC [40], ThyssenKrupp GfT Tiefbautechnik (ehemals MÜLLER Ramm- und Ziehtechnik) [41], Tünkers [42] und ABI [43].

4.5.2 Freireitende Rüttler

Der freireitende Rüttler, kurz »Freireiter« oder auch »Aufsatzrüttler« genannt (Abbildung 35), hat durch seinen einfachen Anbau – hängend am Seilbagger oder Kran – ein sehr breites Einsatzspektrum. Weltweit wird diese Bauart von Rüttlern deshalb am häufigsten eingesetzt. Die Länge des Rammguts und der Arbeitsbereich sind lediglich durch die Dimension des Hebegerätes begrenzt, welches aus einer überbordenden Zahl möglicher Gerätetypen ausgewählt werden kann. Wenn der Rüttler am Seil hängt, beschränkt sich allerdings die der Rüttelschwingung überlagerte Auflastkraft auf das Eigengewicht von Rüttler und Rammgut.

Freireiter werden für alle Arten von Ramm- und Zieharbeiten auch in schwierigen Bodenverhältnissen und im Offshorebereich eingesetzt. Als Rammgut eignen sich Stahlspundwände, Stahlträger, Stahlrohre und kombinierte Wandsysteme. Das freireitende, nicht mäklergeführte System bedarf allerdings zur Sicherung der Ausführungsqualität bestimmter Maßnahmen, wie z.B. Führungsgerüste oder vorgerammte, präzise ausgerichtete Führungsbohlen, da eine Korrektur im weiteren Rammverlauf kaum möglich ist. Teilweise werden Freireiter mit Adapter und Verstärkungen im Federjoch zur Übertragung von Vorschubdruckkräften auch mit Mäklersystemen (siehe Abschnitt 4.6) verwendet.

Abbildung 35: Freireitende Rüttler (Quelle: ThyssenKrupp Tiefbautechnik, Dieseko/PVE).

Moderne Freireiter sind mit verstellbaren Unwuchten ausgestattet und arbeiten im hochfrequenten Drehzahlbereich. Um den Rüttler permanent, d.h. ohne regelmäßige Abkühlphasen, bei diesen hohen Drehzahlen betreiben zu können, benötigt er einen leistungsfähigen Kühl- und Schmierkreislauf. Dieser wird häufig in einer Druckumlaufschmierung ausgeführt oder durch einen externen Ölkreislauf mit integriertem Ölkühler realisiert.

Die Leistungsfähigkeit eines freireitenden Rüttlers wird im Wesentlichen durch das dazugehörige Antriebsaggregat bestimmt. Aufgrund des Wirkungsgrads von Hydraulik und Mechanik in einem dieselhydraulischen Aggregat, aber auch aufgrund des Leistungsverbrauchs seiner Kühlung sollte dessen Nennleistung (Größe des Dieselmotors) je nach Systemeffizienz um mindestens 30 % größer als die gemäß Herstellerangaben vom Rüttler benötigte hydraulische Leistung gewählt werden.

Technische Hauptkomponenten von Freireitern sind:

- Federjoch oder Schwingungsisolatoren, an denen der Rüttler über das Kranseil aufgehängt bzw. über die er mit einem Trägergerät verbunden ist. Sie entkoppeln das Trägergerät von den Schwingungen des Rüttlers mit Hilfe speziell entwickelter Elastomer-Elemente. Dies ist vor allem nötig, wenn beim Ziehen des Rammguts oder bei Beginn des Abrüttelns die Seile unter Spannung stehen.
- Erregerzelle des Rüttlers, welche die Antriebsmotoren, Unwuchten, Unwuchtwellen und -lager, den Synchronisations- und gegebenenfalls den Verstellmechanismus enthält. Im Allgemeinen werden die Unwuchtwellen durch Zahnräder synchronisiert. Von Tünkers [42] gibt es auch Ausführungen mit Zahnriemensynchronisierung und mit Selbstsynchronisierung. Bei Letzteren laufen die Unwuchten durch den dynamischen Mitnahmeeffekt – d.h. ohne eine Zwangssynchronisierung – gleichphasig, was bei bestimmten Parameterkombinationen möglich ist.
- Hydraulische Klemmzange(n), über die der Rüttler fest mit dem Rammgut verbunden ist und seine Schwingungen auf dieses überträgt. In der Regel kann bei geschlossener Klemmzange mit dem Rüttler auch das Rammgut vertikal gehoben und positioniert werden.
- Antriebsaggregat mit Steuerung inklusive Versorgungsleitungen zur Erregerzelle.

Merkmale von Freireitern:

- Geringe Einschränkungen bei Länge des Rammguts und des Arbeitsbereiches durch frei wählbare Größe des tragenden Krans
- Konstantrüttler oder verstellbare Rüttler: Statisches Moment bis max. ca. 300 kgm (Konstantrüttler) bzw. 70 kgm (verstellbarer Rüttler)
- Vorschubdruckkraft über Eigengewicht von Rüttler und Rammgut, Vorschubzugkraft über das Hebegerät
- Niederfrequente (Drehzahl ca. 1.400 1/min) oder hochfrequente (bis ca. 3.000 1/min) Ausführungen
- Fliehkraft bis ca. 6.000 kN (niederfrequent) bzw. 4.000 kN (hochfrequent)

Die wichtigen Hersteller von freireitenden Rüttlern sind PVE[32] [44], ICE Holland [38], ICE USA [39], PTC [40], APE [23], ThyssenKrupp GfT Tiefbautechnik (ehemals MÜLLER Ramm- und Ziehtechnik) [41] und Tünkers [42].

32 PVE gehört wie ICE Holland zur Dieseko-Gruppe.

4.5.3 Mäklerrüttler

Rüttler für den Anbau an Mäkler mit Vorschubsystemen (auch »Mäklerrüttler« genannt – siehe Abbildung 36) unterscheiden sich deutlich von Freireiter-Systemen. Ein freireitender Rüttler, der beispielsweise bei einer Spundwand zwischen zwei schon eingerammten Bohlen arbeitet (z.B., um die mittlere Bohle tiefer einzubringen), wird einfach quergestellt. Er kann fast beliebig breit sein, solange seine Dicke geringer ist als der Abstand zwischen den beiden Nachbarbohlen. Arbeitet man in derselben Situation mit einem mäklergeführten Rüttler, so würde beim selben Aufbau des Rüttlers ein gewaltiger Abstand zwischen der Wirklinie der Vorschubkraft am Mäkler und deren Gegenkraft in der Achse des Rammguts entstehen, die zu einer extrem hohen Biegebelastung des Mäklersystems führen würde.

Abbildung 36: Mäklerrüttler in elastischem Aufhängerahmen am Schlitten (Quelle: Bauer/RTG).

Stattdessen gestaltet man Rüttler für Mäklersysteme so, dass sie – von der Seite des Gerätes aus gesehen – möglichst schmal bauen und von der Dicke her zwischen zwei Bohlen arbeiten können. Um alle Wellen, Unwuchtscheiben und Synchronisierungszahnräder unterzubringen, geht man zum einen in die Höhe, ordnet also die Unwuchtwellen alle übereinander an, und gruppiert zum anderen die korrespondierenden Unwuchten für die Verstellung des Statischen Moments jeweils auf einer Welle. Damit deren Kraftwirkrichtung in einer Achse zusammenwirkt und somit kein Taumelmoment entsteht, werden die Unwuchten in drei Scheiben aufgeteilt, wobei die mittlere doppelt so dick ist wie die beiden äußeren, die gemeinsam gegenüber ersterer um einen Winkel von 0° bis 180° verstellt werden können (Abbildung 37). Bei einem Mäklerrüttler mit vier übereinanderliegenden Wellen (im Prinzip ist der Drehmomentausgleich in seitlicher Richtung auch mit drei Wellen möglich, wenn die Unwuchten der mittleren Welle doppelt so schwer sind wie die äußeren) kommen so zwölf Unwuchtscheiben zusammen, die über Zahnradkaskaden synchronisiert und im Phasenwinkel gezielt gegeneinander verstellt werden können (Abbildung 38).

Aufgrund des häufigen Einsatzes im innerstädtischen Bereich sind diese Rüttler für den hochfrequenten Drehzahlbereich ausgelegt und besitzen in der Regel ein variables Statisches Moment. Die hohe Leistungsdichte aus Drehzahl und Fliehkraft stellt hohe Anforderungen an den Wärmehaushalt und die Schmierung der Lager und der Getriebezahnräder. Aus diesem Grund benötigen Mäklerrüttler einen eigenen Kühl- und Schmierkreislauf für das Getriebe.

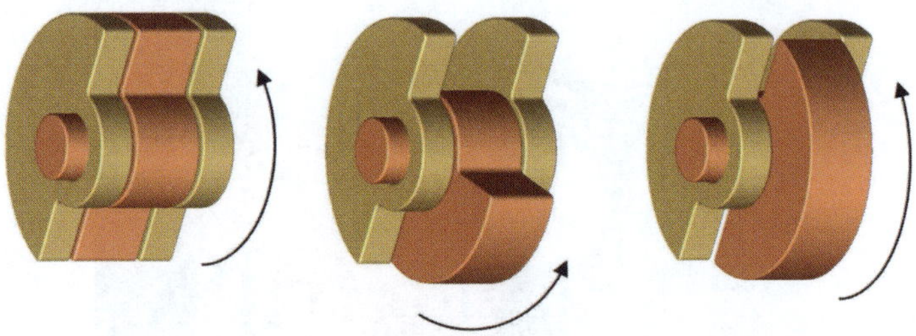

Abbildung 37: Unwuchtverstellung beim Mäklerrüttler (volle Unwucht, 71 % Unwucht, keine Unwucht).

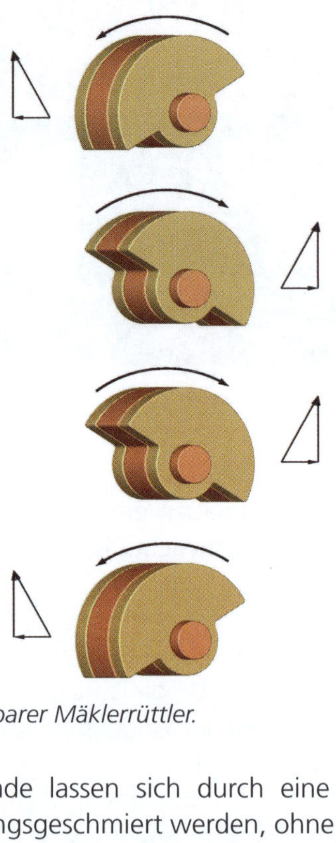

Abbildung 38: Bauprinzip verstellbarer Mäklerrüttler.

Besonders hohe Wirkungsgrade lassen sich durch eine Trockensumpfschmierung erreichen, bei der die Lager zwangsgeschmiert werden, ohne dass Planschverluste auftreten

(Abbildung 39). Dabei wird das Standard-Hydrauliköl des Trägergerätes verwendet, sodass die Kühlung des Schmieröls über die Haupthydraulikkühler erfolgen kann. Dies ermöglicht eine relativ niedrige Betriebstemperatur in der Erregerzelle, was einerseits einen Dauerbetrieb des Rüttlers erlaubt und andererseits die Öl-Wechselintervalle verlängert. Die aus Gründen der Umweltverträglichkeit zunehmend geforderte Verwendung von vollständig biologisch abbaubarem Hydrauliköl kann bei dieser technischen Lösung im gesamten Rammgerät erfüllt werden.

Dieses Schmier- und Kühlprinzip macht es auch möglich, den Rüttler nahezu vollständig zu ummanteln – einschließlich eines Faltenbalges zwischen Umhausung und Spannzange –, da der Wärmeaustausch mit der Umgebung nicht benötigt wird. Der von RTG entwickelte »Silent Vibro«-Rüttler (Abbildung 36) erreicht so im Betrieb für das gesamte Rammgerät eine deutlich hörbare Reduzierung der Schallabstrahlung um bis zu 2 dB(A).

Abbildung 39: Zwangsschmierung der Rollenlager (Quelle: BAUER/RTG).

Technische Hauptkomponenten von Mäklerrüttlern sind:

- Federjoch mit Schwingungsisolatoren, das platzsparend um die Erregerzelle herum angeordnet ist und den Rüttler mit dem Vorschubsystem des Trägergeräts verbindet
- Erregerzelle mit Antriebsmotoren und übereinander angeordneten Unwuchten
- Hydraulische Klemmzange(n)

Merkmale von Mäklerrüttlern

- Rammgutlänge und Arbeitsbereich wird durch das Mäklersystem bestimmt
- Konstantrüttler oder verstellbare Rüttler: Statisches Moment bis maximal ca. 30 kgm (Konstantrüttler) bzw. 36 kgm (verstellbarer Rüttler)
- Hochfrequenter Betrieb (Betriebsdrehzahlen bis ca. 2.600 1/min)
- Fliehkraft bis maximal ca. 1.900 kN
- Einleitung von Druck- und Zugkraft über das Vorschubsystem des Mäklers
- AVM- (RTG) bzw. VV- (ABI) Technologie zur optimalen Anpassung der Rüttlerparameter an unterschiedliche Bodenverhältnisse (siehe Abschnitt 4.5.8 »Rüttlersteuerung«)
- Lärmmindernde Maßnahmen (komplette Einhausung)
- Zentralschmierung mit speziellem Hochleistungsfett direkt am Rüttler

Die wichtigsten Hersteller von Mäklerrüttlern, die Komplettsysteme inklusive Trägergerät anbieten, sind ABI [43], RTG [45] und LIEBHERR [56].

4.5.4 Gürtelrüttler

Gürtelrüttler – auch »Ringvibratoren« genannt – (Abbildung 40) bestehen aus zwei mechanisch synchronisierten Aufsatzrüttlern, die beidseitig an einer gemeinsamen Klemmschelle angeordnet sind, das Rammgut damit wie ein Gürtel umfassen und ihre summierten Kräfte im Schwerpunkt des Rammguts zur Wirkung bringen. Die Klemmschelle ist gleichzeitig das Verbindungselement zum Vorschubsystem eines Mäklerträgergerätes und stellt über eine hydraulische Klemmvorrichtung eine kraftschlüssige Verbindung mit dem Ramm- bzw. Bohrrohr her. Der Raum oberhalb dieser Klemmvorrichtung ist frei, sodass das Rammgut über den Gürtelrüttler hinausragen kann. Vor dem Einrütteln wird das Rammgut von oben in die Klemmschelle eingestellt.

Abbildung 40: Gürtelrüttler (Quelle: BVV).

Der Einsatz eines Gürtelrüttlers weist besonders bei der Herstellung von Ortbetonrammpfählen[33] zwei erhebliche Vorteile auf. Die Länge des Rohres wird nicht durch die Mäklerlänge des Trägergerätes beschränkt und kann zu Beginn der Herstellung deutlich über den Mäkler hinausstehen. Zudem erlaubt der Gürtelrüttler den Einbau von Bewehrung und Beton ohne Abbau und Wegschwenken des Rüttlers.

33 Zur Herstellung eines Ortbetonrammpfahls wird zunächst ein Rohr in den Boden eingerammt, das temporär durch einen Deckel oder eine Spitze unten abgeschlossen ist. In das Rohr wird eine Bewehrung eingestellt und Ortbeton eingebracht. Dann wird der Deckel abgeschlagen und das Rohr wieder gezogen.

Bekannte Hersteller und Vertreiber von Gürtelrüttlern sind die Firmen PVE [44], BVV [46] und Tünkers [42].

4.5.5 Seitengriffrüttler

Eine weitere Spezialausführung ist der Seitengriffrüttler (Abbildung 41). Auch dieser kann beim Rütteln das Rammgut nachfassen, sodass die Reichweite des Trägergeräts nicht die ganze Länge des Rammguts überstreichen muss. Da der Rüttler nicht oberhalb des Rammguts sitzt, und keine hohen Trägergeräte verwendet werden, eignen sich diese Geräte auch zur Arbeit unter begrenzter Raumhöhe, wie unter Brücken.

Seitengriffrüttler sind mit konstanten oder variablen Exzentermomenten lieferbar und werden sowohl auf Raupen- und Radbaggern als auch auf Schienenfahrzeugen montiert. Die Firma MOVAX hat sogar zwei Modelle als gerichtete Rüttler (dort bezeichnet als »schlagendes Rütteln«) in ihrem Programm.

Die austauschbaren Seitengriffarme können mit Klemmzangen für Stahlrohrpfähle, Holzpfähle, H-Pfähle (Doppel-T-Stahlprofile) und andere Pfahlsorten ausgestattet werden. Die Seitengriffarme ermöglichen durch die hohe Anzahl von kinematischen Freiheitsgraden ein sicheres Aufnehmen ohne Hilfsgeräte und präzises Positionieren des Rammguts. Um das Rammgut auf Endtiefe rammen zu können, ist unten am Rüttler noch eine zweite Klemmzange angebracht.

Die wichtigsten Hersteller von Seitengriffrüttlern sind MOVAX [47] und ThyssenKrupp GfT Tiefbautechnik (ehemals MÜLLER Ramm- und Ziehtechnik) [41].

Abbildung 41: Seitengriffrüttler (Quelle: ThyssenKrupp Tiefbautechnik).

4.5.6 Gerichtetes Rütteln

Wie schon im Abschnitt zur Physik des Rammens erläutert wurde, lassen sich auch Rüttler bauen, die ohne zusätzliche Auflast – oder das Eigengewicht von Rüttler und Rammgut – eine vortreibende Wirkung haben. Dazu wird der Schwerpunkt einer Masse zyklisch so auf und ab bewegt, dass die Phase der Aufwärtsbeschleunigung deutlich kürzer, dafür aber heftiger ist als die Abwärtsbeschleunigung. Damit ist im Zeitverlauf auch die Reaktionskraft nach unten höher – dabei allerdings zeitlich kürzer – als die Reaktionskraft nach oben, was gegen den Eindringwiderstand (d.h. vereinfachend ausgedrückt die Haftreibung des Bodens gegenüber dem Rammgut) über die Zeit gemittelt zu einer Vortriebswirkung nach unten führt.

Da bei dieser Wirkung die Gravitationskraft keine Rolle spielt und die Haftreibung des Bodens genauso nach oben wirkt wie nach unten, lässt sich die Bewegung so verändern, dass die Abwärtsbeschleunigung kürzer ist und damit die nach oben gerichteten Reaktionskräfte größer sind und relativ zur Haftreibung die größere Wirkung haben. Rammgüter lassen sich durch den gerichteten Rüttler also auch ohne eine zusätzliche Kraft von außen ziehen.

Dies stellt vor allem für freireitende Rüttler oder Baggeranbaurüttler einen großen Vorteil dar, bei denen im Gegensatz zum Mäkler keine oder nur eine geringe Vortriebskraft von außen aufgebracht werden kann. Bei konventionellen Rüttlern kann dies zwar durch Zusatzmassen ausgeglichen werden, und bei einem hohen Gewicht von Rüttler und Rammgut ist die Vortriebskraft sowieso in ausreichender Höhe vorhanden. Dies erkauft man sich allerdings durch umso höhere notwendige Kräfte zum Ziehen von Rüttler und Rammgut.

Die Realisierung dieses Prinzips ist auf verschiedene Weisen denkbar:

- Durch die direkt gesteuerte Auf- und Abbewegung einer Masse über einen Hydraulikzylinder – was allerdings für sinnvolle Frequenzen eine außerordentlich schnelle Hydrauliksteuerung erfordert – oder über einen elektromagnetischen Linearantrieb.
- Durch Mechanismen, die eine antreibende Drehbewegung in eine nicht sinusförmige vertikale Linearbewegung einer Masse umsetzen.
- Durch die Überlagerung mehrerer Einzelrüttler (also jeweils synchronisiert gegenläufig umlaufende Unwuchtpaare), die sich mit unterschiedlichen Vielfachen einer Grundfrequenz bewegen (siehe weiter unten).
- Durch ein synchronisiertes gegenläufiges Unwuchtpaar (wie beim normalen Rüttler), bei dem innerhalb eines Umlaufs entweder das Statische Moment (z.B. durch Verstellung des Unwuchtabstands) oder die Drehwinkelgeschwindigkeit periodisch verändert wird.

Die zuletzt dargestellte Variante wurde von Kleibl [48] dadurch umgesetzt (Abbildung 42), dass die Unwuchtwelle nicht direkt an einen rotatorischen Antrieb gekoppelt ist, sondern über eine Schwinge, die an einer radialen Linearführung der Unwucht angreift (eine »Rotierende Kurbelschleife«). Dadurch können Antriebswelle und Unwuchtwelle einen Versatz aufweisen.

Im Laufe einer Umdrehung der Antriebsschwinge wechselt der Radialabstand des Angriffspunkts der Schwinge zur Unwuchtachse, was bei dieser zu einer veränderlichen Winkelgeschwindigkeit führt. Durch die ungleichförmige Winkelgeschwindigkeit der Unwuchtwelle erhöht und reduziert sich zyklisch die Fliehkraft der Unwucht; die Beschleunigungsphase der Unwucht nach oben (mit einer entsprechenden Reaktionskraft nach unten) ist kürzer als die nach unten, aber dafür heftiger (Abbildung 43).

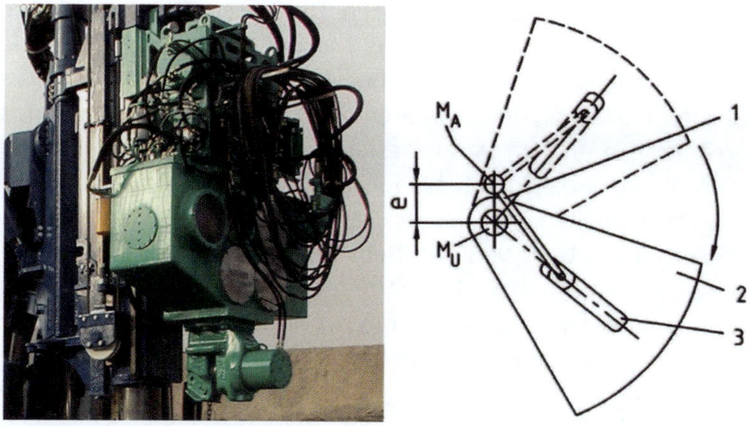

Abbildung 42: Gerichteter Rüttler mit Rotierender Kurbelschleife [22]: Forschungs-Versuchsmodell und Prinzip. 1 Antrieb, 2 Unwuchtmasse, 3 Gleitführung (Quelle: A. Kleibl).

Der Achsversatz der Antriebswelle zur Unwuchtwelle ist bei diesem Rüttler einstellbar – von einem Versatz nach oben über Koaxialität bis zu einem Versatz nach unten. Dadurch können sowohl eine ungleichförmige Schwingung mit vortreibender Wirkung nach unten, eine neutrale Stellung mit Sinusschwingung und eine vortreibende Wirkung nach oben eingestellt und dabei die Intensität der Ungleichförmigkeit variiert werden. Dieses Prinzip wurde an der Bergakademie Freiberg durch einen Forschungsrüttler realisiert und in dessen Nachfolge als Testrüttler bei ABI.

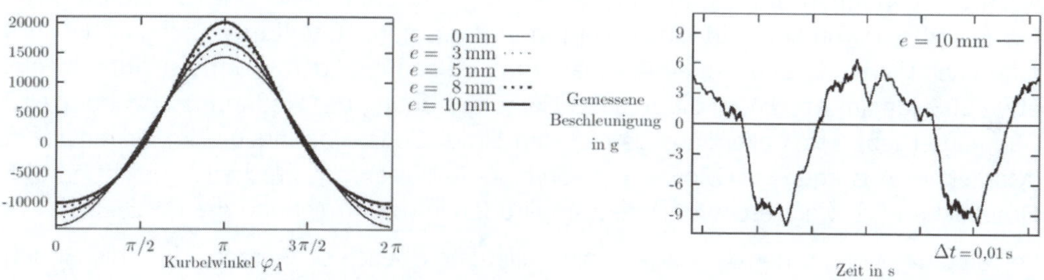

Abbildung 43: Gerichteter Rüttler nach dem Kurbelschwingen-Prinzip. Fliehkraft-Zeitverlauf in Abhängigkeit von der Höhe der Exzentrizität und gemessener Zeitverlauf der Gehäusebeschleunigung [48] (Quelle: A. Kleibl).

Nach Fourier ist jeder periodische Verlauf als gewichtete Summe der – jeweils phasenverschobenen – Sinus-Funktionen der Grundfrequenz und deren Vielfachen darstellbar[34] (Abbildung 44). Dabei zeigt sich in der Realität, dass für Funktionen mit nicht allzu steilen Anstiegen und Abfällen die Amplituden der höheren Frequenzvielfachen schnell gegen-

34 Genauer gesagt muss es sich um abschnittsweise stetige Funktionen handeln. Üblicherweise verwendet man als Darstellung die Linearkombination der Sinus- und Cosinusfunktionen der Grundfrequenz und all ihrer (unendlich vielen) Vielfachen (sin $k\omega t$ und cos $k\omega t$) plus der Konstantfunktion (1). Die Sinus- und Cosinusfunktionen einer Frequenz können aber zu einer phasenverschobenen Sinusfunktion zusammengefasst werden.

über der Amplitude der Grundfrequenz abfallen. Die Bewegung des Massenschwerpunkts der Rotierenden Kurbelschleife – und anderer Mechanismen für gerichtete Rüttler – lässt sich daher durch Summierung mehrerer »normaler« Rüttler näherungsweise abbilden, die in ganzzahligen Vielfachen der Grundfrequenz laufen, entsprechend unterschiedliche Statische Momente ($r_e m_u$) haben und in fester Phasenbeziehung zueinander laufen. Als einfachste Realisierung ist dies durch zwei Rüttler möglich, wobei das zweite Unwucht-Wellenpaar mit der doppelten Drehzahl des ersten umläuft und mit diesem so gekoppelt ist, dass die Phasenverschiebung von Abrütteln auf Ziehen umgestellt werden kann.[35] Dies wurde beispielsweise von MOVAX [47] mit den Seitengriff-Rüttlern SPH-80 und SPH-75 [49] realisiert, die – in der Summe über die beiden Wellenpaare – Fliehkräfte von 800 bzw. 750 kN erzeugen und eine hydraulische Eingangsleistung bis 128 kW erlauben.

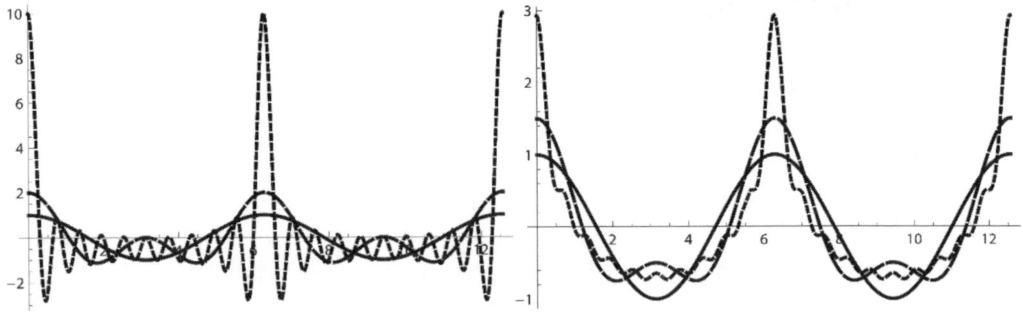

Abbildung 44: Fourierreihen $\sum \cos(k\,x)$ und $\sum \frac{1}{k} \cos(k\,x)$ jeweils für 1, 2 und 10 Glieder.

Nach Berechnungen am Institut für Geotechnik und Baubetrieb der TU Hamburg-Harburg (Grabe, Hammann und Kinzler [50]) bringt das gerichtete Rütteln bei gleicher summarischer Fliehkraft und äußerer Auflast-Kraft gegenüber dem normalen Rütteln eine etwa 50%ige (im Maximum bis zu ca. 80%ige) Erhöhung der Eindringgeschwindigkeit.[36] Dadurch ergeben sich allerdings gemäß den Simulationsrechnungen – im Gegensatz zu (Marketing-)Aussagen von Movax, die von einer Reduzierung sprechen[37] – leicht erhöhte Oberflächen-Schwinggeschwindigkeitsamplituden in der Umgebung des Rüttlers.

Bei diesen theoretischen Aussagen sollte allerdings beachtet werden, dass die Bodeneigenschaften im Finite-Elemente-Modell durch ein hypoplastisches Stoffgesetz genähert wurden, mit dem zwar sehr realitätsnah Verdichtungsprozesse im Boden simuliert werden können, das aber im Wesentlichen zur Simulation trockener granularer Materialen wie Sand und Kies geeignet ist.

---

35 Das optimale Verhältnis der Statischen Momente der beiden Wellenpaare liegt nach Kleibl [48] bei 1:8, was bezüglich der Fliehkräfte einem Verhältnis 1:2 entspricht. Allerdings zeigt schon die Simulation mit einem einfachen Bodenmodell mit Coulombscher Reibung, dass das bezüglich des Rammfortschritts optimale Verhältnis mit den Bodenparametern variiert.

36 Aus der Variation der statischen Auflast in den Berechnungen ergibt sich, dass diese beim gerichteten Rüttler eher eine negative als eine positive Wirkung auf die Eindringgeschwindigkeit hat. In den entsprechenden Vergleichsrechnungen für den normalen Rüttler hatte die statische Auflast aber auch – wenn überhaupt – nur eine sehr geringe positive Wirkung hierauf.

37 »Directional hitting reduces ground vibration to a lower level than in the same size conventional vibratory driver« [49].

Noch höher ist der Vorteil des gerichteten Rüttlers wohl in bindigem Boden,[38] was vermutlich[39] mit dessen Scherelastizität und der hohen Haftreibung zum Rammgut zu tun hat, durch die er der Bewegung des Rammguts über einen längeren Weg folgen kann, ohne dass der Kontakt zu diesem abreißt. Während bei den relativ gesehen niedrigeren Frequenzen des normalen Rüttlers bei kleineren Schwingamplituden der Boden um das Rammgut nur mitschwingt, ohne dass ausreichend hohe Scherkräfte zum Abriss der Haftkraft zwischen Rammgut und Bohle entstehen, sind beim gerichteten Rüttler in der Spektralzerlegung der nicht harmonischen Bewegung des Unwuchtmassenschwerpunkts (bzw. der entsprechenden dynamischen Kraft) höherfrequente Anteile enthalten. Diese führen aufgrund der Massenträgheit des Bodens zu höheren Scherspannungen und damit zum Abreißen der Haftung.

Ein wesentlicher Nachteil der gerichteten Rüttler ist allerdings ihre Komplexität. Beim Rüttler nach dem Prinzip der Rotierenden Kurbelschleife besteht diese in den zueinander verschieblichen Wellen von Antrieb und Unwuchten und in der Verschleißanfälligkeit der Linearführung zur Übertragung der Antriebsrotation auf die Unwuchtwelle. Bei dem Bauprinzip mit zwei Wellenpaaren unterschiedlicher Drehzahl besteht sie in der Verdopplung der Wellenpaare und damit im Wesentlichen aller Elemente und der Synchronisierung der Wellen.

Während man bei den normalen Rüttlern zum resonanzfreien Anlaufen und Auslaufen des Rüttlers den Aufwand auf sich nimmt, die Zahl der Unwuchten zu verdoppeln oder zu verdreifachen und diese so zu synchronisieren, dass sie sich während dieser Phasen zu einer verschwindenden Gesamtunwucht kompensieren, hat dies bei dem ohnehin schon komplexen gerichteten Rüttler nach Wissen der Autoren noch niemand in einer realen Konstruktion versucht.

4.5.7 Spannzangen

Der Spannzange kommt eine besondere Bedeutung zu, denn die Spannzange stellt das verbindende Element zwischen der Vibrationsquelle (Vibrationsrüttler) und dem Rammgut dar. Im Gegensatz zu den Rammhauben von Hydraulik- oder Dieselhämmern, bei denen lediglich ein abwärts gerichteter Schlag auf die Oberfläche des Rammguts abgetragen werden muss, überträgt die Spannzange die nach oben und unten gerichteten Kräfte der Vibrationsquelle.

Die Spannzange besteht in der Regel aus schlagzäher Stahllegierung oder Gusseisen und wird über eine Montageplatte an der Oberseite mit der Getriebezelle des Rüttlers verbunden. Auf der Unterseite befindet sich ein Maul – eine U-förmige Aussparung – zur Aufnahme des Rammguts. Ein dort eingebauter Hydraulikzylinder presst mit einer beweglichen Spannbacke das Rammgut gegen die feststehende Spannbacke auf der anderen Seite des Mauls.

38 Dies legen auch die unveröffentlichten Ergebnisse eines Baustellentests des ABI-Rüttlers in tonigem Boden in München nahe.

39 Nach Wissen der Autoren wurden noch keine mechanischen Simulationen durchgeführt, die sowohl den Rüttler realistisch als Mehrkörpersystem als auch den Boden als massebehaftetes elastisches Kontinuum modellieren. Daher sind die wirkenden Mechanismen immer noch nicht erschöpfend erforscht.

Die Spannbacken übertragen die Kräfte der Spannzange auf das Rammgut und haben auf der rammgutseitigen Oberfläche ein Zahnprofil, welches sich beim Greifen in das Rammgut eindrückt und so mit dem Rammgut verzahnt.

Um eine ausreichende Kraftschlüssigkeit zu gewährleisten, muss die Spannzange eine auf die Fliehkraft der Vibrationsquelle abgestimmte Klemmkraft aufweisen. Die EN 16228 (früher EN 996) fordert, dass die Klemmkraft der Spannzange in jedem Betriebszustand mindestens das 1,2-fache der maximalen Fliehkraft der Vibrationsquelle betragen muss. Bei einem Rüttler mit 1.000 kN Fliehkraft bedeutet das beispielsweise, dass die Klemmkraft der Spannzange mindestens 1.200 kN betragen muss.

Da ganz unterschiedliche Rammgüter eingerammt werden müssen, kommen auch diverse Spannzangen für unterschiedliche Spannbackenanordnungen zum Einsatz (Abbildung 45):

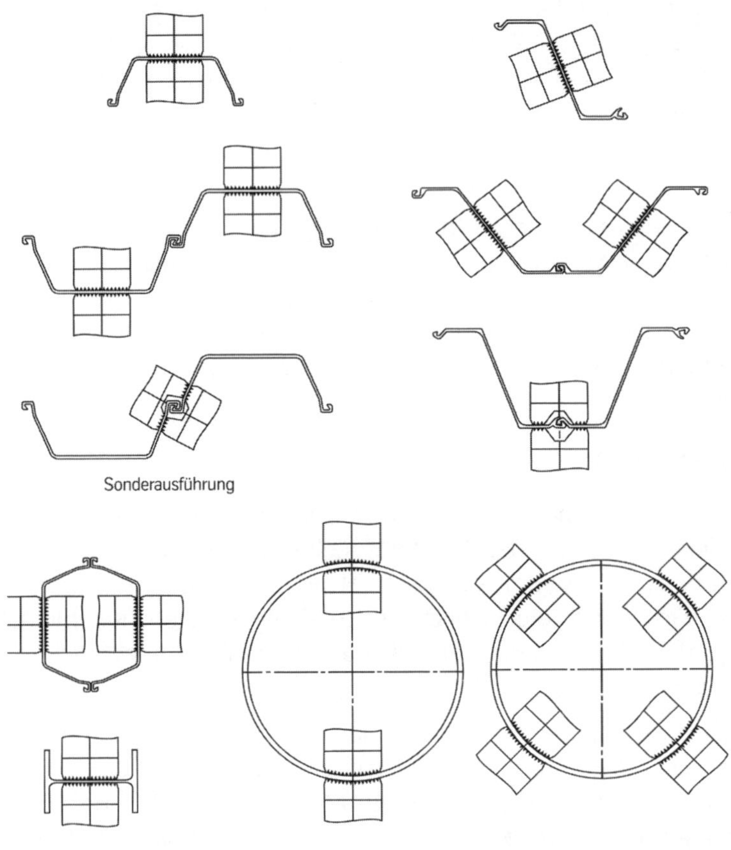

Abbildung 45: Anordnung der Spannbacken für verschiedene Rammgüter (Quelle: ThyssenKrupp Tiefbautechnik).

Einzelspannzange

Die einfachste Ausführung einer Spannzange ist die Einzelspannzange (Abbildung 46, oben links). Diese kann entweder mit Standardspannbacken zum Klemmen von H-Trägern oder Einfach-Spundprofilen ausgestattet werden oder mit solchen, die zusätzlich eine mittige Aussparung besitzen, sodass z.B. Doppel-Z-Bohlen über das Spundwandschloss gegriffen werden können (Überschlossbacken).

Doppelklemmzange

Doppelklemmzangen (Abbildung 46, oben Mitte sowie unten Mitte und rechts) werden zum Einrütteln von Doppel-U- oder Doppel-Z-Spundbohlen verwendet. Der Vorteil beim Einrütteln von Doppelbohlen gegenüber einer Einzelzange mit Überschlossbacken liegt darin, dass beide Spundbohlen präziser geklemmt werden können, wodurch das Rammgut geschont und das geräuschintensive »Flattern« verringert wird. Nachteil ist jedoch das höhere Gewicht, welches sich negativ auf die Amplitude der Vibration auswirkt.

Abbildung 46: Spannzangen – Einfach-S. (o. l.), Doppel-S. für Z-Profile (o. m. und u. r.), Doppel-S. für Rohre (o. r. und u. l.), Doppel-S. für U-Profile (u. m.).

Die Doppelzange besteht aus einer Traverse und zwei Einzelzangen. Je nachdem, ob es sich um eine Doppelklemmzange für U- oder für Z-Bohlen handelt, ist die Traverse eine massive rechteckige oder längliche Stahlkonstruktion, auf der die Einzelzangen entsprechend den verwendeten Spundbohlen positioniert werden.

Neben der Positionierung der Spannzangen ist die wesentliche Aufgabe der Traverse, die vom Rüttler kommenden hohen Kräfte auf die linke und die rechte Spundbohle umzuleiten. Gleichzeitig soll die Traverse aber möglichst wenig Gewicht haben. Dies ist die Herausforderung für die Hersteller, eine möglichst leichte, aber doch solide und langlebige Traverse herzustellen. Neben Standard-Traversen aus Vollmaterial mit hohem Gewicht geht der Trend zu hohlen Konstruktionen mit Aussteifungen, welche deutliche Gewichtsvorteile aufweisen.

Rohrklemmzange

Die Rohrklemmzange (Abbildung 46, oben rechts und unten links) besteht ebenfalls aus einer Traverse und zwei Einzelzangen. Die Traverse besitzt an der unteren Seite eine Schiene mit unterschiedlichen Bohrbildern zum Einstellen der Abstände der Spannzangen; modernere Bauformen besitzen eine durchgehende Schiene, auf der die Einzelzangen frei hin und her gleiten können. Nachdem die Rohrklemmzange auf den Rohrkopf aufgesetzt wurde, werden die Spannzangen geschlossen. Gleichzeitig mit dem Greifen des Rohres erfolgt eine hydraulische Verbolzung der Spannzangen auf der Schiene der Traverse. Der Kraftschluss ist durchgehend hergestellt.

Um Beschädigungen der Rohrköpfe zu vermeiden sind sogenannte Radiusklemmbacken in Abhängigkeit von Rohrdurchmesser und Wandstärke zu verwenden.

Die Rohrklemmzangen sind bei mäklergeführten Hochkantrüttlern (z.B. RTG, ABI) auf Rohrdurchmesser von 500 mm bis ungefähr 1.100 mm begrenzt. Dies ist darin begründet, dass die Traverse mit zunehmendem Rohrdurchmesser größer und schwerer wird und damit die Vibrations-Amplitude verkleinert. Nach unten ist der Rohrdurchmesser dadurch limitiert, dass im Rohr noch ausreichend Platz für das Ansetzen der Spannzangen vorhanden sein muss.

Bei freireitenden Rüttlern sind aufgrund von Größe und Konstruktionskonzept sehr viel größere Rohrklemmzangen möglich. Rohrdurchmesser von bis zu 4 m und mehr können mit solchen Maschinen eingerüttelt werden.

Zur besseren Führung und Klemmung bei sehr großen Rohrdurchmessern bis zu 5 m und mehr wurden für Freireiter Rohrklemmzangen mit vier Einzelspannzangen entwickelt, die über eine kreuzförmige Traverse miteinander verbunden sind (z.B. APE, MGF).

Spundbohlenassistent

Zur sicheren, schnellen und komfortablen Aufnahme von Einzel- oder auch Doppelspundbohlen kann bei RTG-Geräten ein Spundbohlenassistent (Abbildung 47) eingesetzt werden.

Abbildung 47: Spundbohlenassistent (Quelle: RTG).

Dabei wird die Spundbohle während des Aufziehens oder im bereits an den Spundwandketten hängenden Zustand durch eine über Hydraulikzylinder verfahrbare Schlittenkonstruktion mit zwei Haltefingern so gesichert, dass sie nach dem Aufsetzen am Boden stabil in vertikaler Position gehalten wird, auch wenn der Rüttler mit der Spannzange nach unten fährt und sich die Ketten, mit denen die Bohle aufgezogen wurde, lockern.

Unter Verwendung des Vorschubsystems wird danach die so stabilisierte Spundbohle in die Klemmzange geführt und die Bohle kann ohne langes Probieren sicher und immer an der entsprechenden Stelle geklemmt werden

4.5.8 Rüttlersteuerung

Bei der Optimierung mobiler Baumaschinen geht es immer darum, begrenzte Ressourcen bestmöglich auszunützen. Denn ein reichlich dimensionierter Dieselmotor bedeutet beispielsweise auch größere Kühler und ein größeres Chassis, in der Folge wird das Gerät nicht nur größer und teurer, sondern vor allem auch schwerer zu transportieren und auf der Baustelle zu manövrieren. Diese Gesetzmäßigkeit trifft für viele Komponenten eines Geräts zu, und daher wird ein guter Konstrukteur immer versuchen, diese relativ knapp auszulegen und ihre Leistung durch technische Finessen optimal auszunützen.

Bei Vibrationsrammen kann eine im Vergleich zum Rüttler knapp bemessene Dieselmotorleistung dazu führen, dass in einem schwierigen Boden oder bei hoher Auflast die Rüttlerdrehzahl einbricht und der Rüttler damit unter Umständen in den Resonanzbereich von Boden und Strukturen kommt.

Umgekehrt ist beim Rüttler eine der konstruktiv bestimmenden Größen die Auslegung von Hauptlagern und Struktur auf die Fliehkraft der Unwuchten, die für die Leistungsfähigkeit des Rüttlers eine Grenze setzt. Da bei modernen Rüttlern zum resonanzfreien Anlauf und Auslauf die Unwuchten so gegeneinander geschwenkt werden können, dass sie sich gegenseitig neutralisieren, kann dieses Prinzip auch dazu genutzt werden, die Höhe des momentan wirksamen Statischen Moments frei einzustellen.

Dies gibt dem Anwender auch die Möglichkeit, entweder die verfügbare Unwucht voll auszunutzen – wodurch der Rüttler seine maximale Amplitude entwickeln kann –, wozu aber zur Begrenzung der Fliehkraft die Drehzahl reduziert werden muss. Oder der Rüttler geht auf maximale Drehzahl, dann muss das Statische Moment reduziert werden. Bei den begrenzten Möglichkeiten des Rüttlers kann so entsprechend den Eigenschaften des Bodens die jeweils optimale Kombination der Arbeitsparameter gewählt werden. Gerade bei bindigen Böden ist die Amplitude des Rammguts ausschlaggebend, ob und wie stark der Kontakt zum Boden abreißen kann und somit ein Rammfortschritt erzielt wird. Manche Böden wiederum sind mit hohen Frequenzen besonders gut rüttelbar.

Die Firma RTG-Rammtechnik [45] hat dieses Prinzip in der Aktiven Rüttler-Verstellung (AVM) verwirklicht, wo der Fahrer zwischen verschiedenen Modi wählen kann:

- Einem »Standardmodus«, bei dem die verfügbare Motorleistung möglichst optimal ausgenützt wird,
- einem »Amplitudenmodus«, bei dem die maximale Amplitude erzielt wird, und
- einem »Drehzahlmodus«, bei dem die maximale Rüttlerfrequenz erreicht wird.

Der Fahrer wird dabei auch graphisch am Farbbildschirm immer über die aktuellen Parameter des Systems informiert und kann – sich an diesen Anzeigen orientierend – die Automatik auch manuell übersteuern.

ABI [43] und RTG passen im entsprechenden Modus die Höhe des Statischen Moments so an die Belastung an, dass die eingestellte Drehzahl immer gehalten werden kann.

Darüber hinaus werden bei der VV-Technologie von ABI das Schluckvolumen der bei diesen Rüttlern eingesetzten verstellbaren Hydraulikmotoren, das Hubvolumen der (bei modernen Trägergeräten in der Regel immer verbauten) verstellbaren Hydraulikpumpen und die Dieselmotordrehzahl zentral so gesteuert, dass der Rüttler seine erforderliche Drehzahl und Leistung immer mit minimaler Ölfördermenge der Pumpen und mit minimaler Dieselmotordrehzahl erwirkt. Dies erhöht im Teillastbereich die Effizienz des Systems, da zum einen der Dieselmotor seinen besten Wirkungsgrad bei vorgegebener Leistungsabgabe immer bei niedriger Drehzahl und dafür maximalem Drehmoment an der Kurbelwelle erreicht. Zum anderen nehmen die hydraulisch-mechanischen Verluste im hydraulischen Kreis überproportional mit der Reduzierung des Ölförderstroms ab [51].

Signifikante Merkmale der VV-Technologie [43],[51]:

- Die maximale, vom Trägergerät angebotene hydraulische Leistung kann über einen weiten Drehzahlbereich (ca. 1800 U/min bis 2.600 U/min) ohne Einschränkungen genutzt werden, was es auch ermöglicht, bei gleicher Trägergerätmotorisierung größere Vibratoren zu betreiben bzw. kleinere Dieselmotoren zu verwenden. Bei derartigen Kombinationen ist das Trägergerät besser ausgelastet, was sich in geringerem Verbrauch auszahlt.
- Hohe Volumenströme, die für die Leistungsübertragung eigentlich nicht erforderlich sind, aber bei Konstantmotoren zum Erreichen vorgegebener Drehzahlen benötigt werden und durch erhöhten Druckverlust die Effizienz beeinträchtigen, werden vermieden.
- Die VV-Technik ist die Voraussetzung für den Efficieny Drive.

Bei den Trägergeräten von BAUER kann der Fahrer – je nach Betriebszustand – einen Energiespareffekt erzielen, indem er das System auf Eco-Modus umstellt und damit die Dieselmotordrehzahl absenkt.

Bei all diesen Systemen ist es Aufgabe des Fahrers herauszufinden, wie viel Vorschubdruck er geben muss und welche Kombination aus Drehzahl und Statischem Moment er am besten wählt, um bei bestimmten Boden- und Rammgutverhältnissen einen optimalen Rammfortschritt bei gleichzeitig geringer Erschütterung der Umgebung zu erreichen. An der TU Karlsruhe (nun KIT) wurde vor einigen Jahren aufbauend auf der grundlegenden Arbeit von Dierssen [52] über den optimalen Betrieb von Rüttlern geforscht. In den Arbeiten von Oleff [53] und Reusch [54] wurden Methoden und Algorithmen vorgeschlagen, um mit einer automatischen Rüttler-Regelung einen optimal an die Bodenverhältnisse angepassten Betrieb des Rüttlers zu realisieren.

4.5.9 Dokumentation des Rüttelprozesses

Der Dokumentation des Rüttelprozesses kommt eine zunehmende Bedeutung zu. Zum einen ist sie ein Instrument der Qualitätssicherung, also des Nachweises, dass das Rammgut ordnungsgemäß eingebracht wurde. Zum anderen lassen sich aus den aufgenommenen Parametern Rückschlüsse auf den Untergrund ziehen.

Zur Datenaufzeichnung bieten nahezu alle Hersteller entsprechende Datenerfassungssysteme an (z.B. BAUER B-Tronic) und statten die Geräte mit der entsprechenden Sensorik aus. Diese Systeme zeichnen Werte wie Rüttlerfrequenz, Statisches Moment, Rüttler- und Hydraulikdruck, Spannzangendruck, Vorschubdruck (Pull-Down) und Mastneigung auf (Abbildung 48).

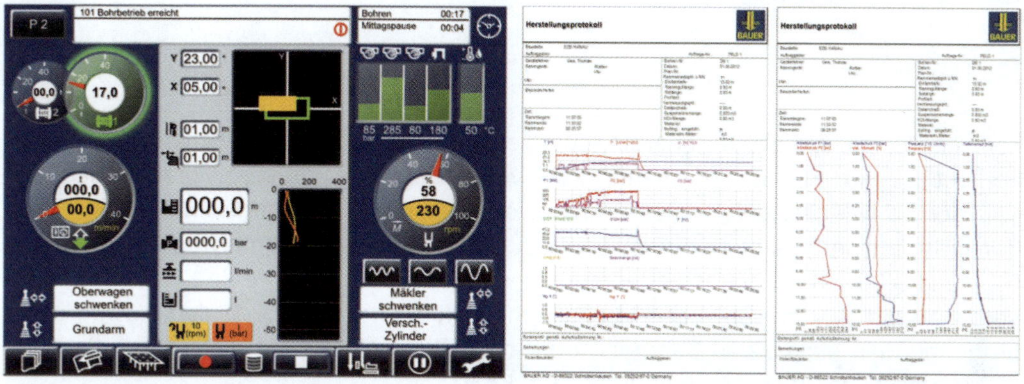

Abbildung 48: Anzeigebildschirm zur Rüttlerüberwachung in der Kabine und Rüttelprotokolle über Zeit und über Tiefe (Quelle: BAUER/RTG).

Die Daten können für jeden einzelnen Pfahl aufgezeichnet und mittels Speichermedium (USB-Stick) oder Funkübertragung (LTE, 5G, ...) in eine Datenbank übertragen und dann lokal auf einem PC oder – auch über jedes mobile Gerät abrufbar – durch ein Cloud-Dokumentationssystem ausgewertet werden. Für die weitere Auswertung bieten die Hersteller entsprechende Programme oder Online-Dienste (z.B. BAUER B-Report) an, mit denen die Daten aufbereitet bzw. visualisiert werden können.

Zur drahtlosen Datenübertragung werden Rüttelmaschinen auch zunehmend mit GSM-Modems ausgestattet. Damit können die aufgezeichneten Daten am Ende eines Arbeitstages direkt auf einen PC übertragen oder auf besonders geschützte Internet-Plattformen hochgeladen werden. Letzteres ist besonders bei größeren Projekten interessant, wenn mehrere Parteien örtlich ungebunden mit den Daten weiterarbeiten möchten.

Die Daten werden durch ein System von Sensoren, d.h. Drehzahlgebern, Druckmessern, Inklinometer, Näherungssensoren usw. abgegriffen und zur Darstellung und Speicherung an den Hauptcomputer gemeldet.

Direkt am Rüttler werden Drehzahl und Unwuchtstellung z.B. über induktive Nährungssensoren abgegriffen.[40] Dabei gibt der Nährungssensor bei jeder vollständigen Umdrehung der Unwuchtwelle ein Signal ab. Dieses Signal wird über eine analoge Signalleitung dem Steuergerät im Hauptschaltschrank der Maschine gemeldet. Das Steuergerät errechnet

40 Steuerungstechnisch wird über diese Daten z.B. verhindert, dass die Spannzange geöffnet werden kann, solange der Vibrator dreht.

aus dem eingegangenen Signal die Drehzahl und die Unwuchtstellung. Von hier aus kann das aufbereitete Signal zur Steuerung verwendet werden und wird vom Steuergerät per CAN-Bus-Kabel zum Computer in der Fahrerkabine weitergeleitet. Dort wird die Drehzahl angezeigt und gespeichert.

So wie bei Hämmern als Kriterium für die Tragfähigkeit des eingerammten Pfahls die Zahl der Schläge pro Rammfortschritt vor Ende der Rammung herangezogen wird, wurde auch versucht, für Rüttler ein Rammkriterium auf Basis der Messungen des Rüttelprozesses zu ermitteln. Schönit leitet in [55] die Formel

$$N_{V,0} = \frac{E_{VS,0}}{\varepsilon E_S}$$

her, mit der die spezifische Energie (Energie pro Eindringung) des Rüttlers bei Spitzenkontakt $E_{VS,0}$ in eine entsprechende Zahl von Schlägen eines Vergleichshammers $N_{V,0}$ (mit der Schlagenergie E_S) umgerechnet werden kann. Das Energieverhältnis ε wurde (für nichtbindige Böden) empirisch ermittelt und liegt je nach Rüttlerfrequenz zwischen 0,17 und 0,20. Wenn dieses Verfahren allgemeine Anerkennung findet, kann mit dieser Vergleichszahl $N_{V,0}$ entsprechend den geltenden Rammformeln bzw. den Ausführungsbestimmungen der lokalen Behörden oder des Auftraggebers auf die Tragfähigkeit des Pfahls geschlossen werden (siehe Abschnitt 4.6.6).

Zusätzlich zur Dokumentation der Rüttelprozesse selbst können auch die dabei entstehenden Vibrationen gemessen werden. Dies ist insbesondere dann erforderlich, wenn z.B. besonders sensible Versorgungsleitungen (Gasleitung) oder Gebäude im Nahbereich der Baustelle liegen.

Dabei werden Schwingungsaufnehmer um die Baustelle installiert, die mit einem Mehrkanal-Vibrationsmessgerät verbunden sind. Der beste Wert zur Bestimmung der Vibrationen ist dabei die Schwinggeschwindigkeit, die in allen drei Dimensionen gemessen wird. Aus den aufgenommenen Werten wird die maximale Schwinggeschwindigkeit ermittelt, die in mm/s angegeben wird. Die DIN 4150-3 nennt verschiedene Grenzwerte für Industriebauten, Wohnbauten und besonders sensible Bauten in Abhängigkeit von der Frequenz.

Schwingungsmessungen werden vorgenommen, um Beschädigungen an Versorgungsleitungen und Bausubstanz zu verhindern bzw. die Auswirkungen von Vibrationsemissionen auf die Bevölkerung in der näheren Umgebung der Baustelle zu kontrollieren und zu minimieren. Gleichzeitig dient sie auch der Beweissicherung im Fall von auftretenden Schäden.

4.6 Trägergeräte zum Rammen

Heutzutage versteht man im Spezialtiefbau unter einem modernen Rammgerät die Kombination aus Anbau (z.B. Rüttler oder Hammer) und Trägergerät als eine Einheit. Häufig wurden die Geräte speziell für bestimmte Anwendungen entwickelt. In vielen Fällen sind sie aber so ausgestaltet, dass sie als Universalgeräte auch für verschiedene andere Anbaukomponenten und unterschiedlichste Verfahren geeignet sind (Abschnitt 4.6.3).

4.6.1 Telemäklergeräte

Das Teleskopmäkler-System wurde Mitte der siebziger Jahre speziell für leichte Rammarbeiten im Kanalbau entwickelt. Durch die seitdem erfolgte technische Weiterentwicklung werden solche Teleskopmäklergeräte – auch kurz »Telemäklergeräte« genannt – (Abbildung 49) heutzutage mit Nutzlängen bis 25 m und Zugkräften von bis zu 400 kN auch für mittelschwere bis schwere Rammarbeiten[41] eingesetzt. Die Installation einer Dieselmotorleistung von bis zu 600 kW ermöglicht den Einsatz von leistungsstarken Hochfrequenz-Vibratoren mit einer Fliehkraft von 1.500 kN.

Abbildung 49: Telemäklergeräte (Quelle: ABI, BAUER/RTG).

Das Prinzip des Teleskopmäklers basiert auf zwei ineinander oder parallel voreinander liegenden Mastteilen, die während des Arbeitsprozesses gegeneinander verschoben werden. Dabei wird beim Ausfahren des Mäkleroberteils simultan der auf diesem geführte Schlitten über eine Seilumlenkung von unten nach oben gefahren. Auf diese Weise verdoppelt sich der Hub des Schlittens mit dem Rüttler gegenüber dem Hub des Mäkleroberteils. Dieses Prinzip führt zu kompakten Geräten mit einer ausgesprochen geringen Transportlänge im Vergleich zum Schlittenhub und den damit möglichen Rammgutlängen. Zusätzlich zur Hubverdopplung über den Teleskopmäkler ist das Mastunterteil gegenüber der Führungskinematik vertikal um einige Meter hydraulisch verschiebbar. Dies erweitert nicht nur die Einsatzmöglichkeiten des Geräts und verbessert seine Schwerpunktslage in Transportstellung, sondern es erhöht auch den Schlittenhub gegenüber dem Boden um diesen Betrag. Während die Transportlänge eines Geräts mit monolithischem und nicht verschiebbarem Mäkler aufgrund diverser Totlängen ungefähr 10 % größer als die maxi-

41 Zu den mittelschweren Rammarbeiten werden nach Buja [1] »Ramm- und Zieharbeiten von Leichtprofilen größerer Länge, Einzelspundbohlen, kleinere Rohr- und Pfahlrammungen« gezählt, zu den schweren Rammarbeiten »Ramm- und Zieharbeiten von langen, schweren Spundbohlen, Rohrpfähle mit großen Durchmessern, Herstellung von Ortbetonpfählen sowie Schmalwand- und Dichtwandarbeiten«. ThyssenKrupp [15] verwendet für diese Klassifizierung die Bodenbeschaffenheit: Hier wird von schweren bzw. sehr schweren Rammarbeiten bei dicht gelagerten Böden bzw. Tonböden gesprochen.

male Rammgutlänge ist, reduziert sich bei Telemäklergeräten die Transportlänge auf ca. 70 % der maximalen Rammgutlänge (Abbildung 50).

Um möglichst kompakt zu bauen, war das Mäklerunterteil ursprünglich als nach vorne offenes, U-förmiges Profil[42] ausgebildet, welches im eingefahrenen Zustand das Mäkleroberteil von unten bis oben umgreift. Dadurch bleibt die Vorderseite des Mäkleroberteils über die ganze Länge frei, sodass der Schlitten an diesem von ganz unten nach oben fahren kann, während das Oberteil von einem Zylinder aus dem Unterteil nach oben herausgeschoben wird. Nachteilig an dieser Konstruktionsweise ist, dass ein offenes Profil gegenüber Biegung und vor allem Torsion sehr weich ist. Theoretisch übt zwar das Rammen kaum Kräfte auf den Mäkler aus. Das Ausüben von Vorschubkräften auf den Rüttler setzt den Mäkler aber wegen des Fehlhebels zwischen Mäkler- und Rammgutachse Biegemomenten aus, und um das Verlaufen des Rammguts zu verhindern bzw. dieses zu korrigieren (siehe 4.8.3), sind durchaus signifikante Führungskräfte notwendig. Und zur universalen Verwendbarkeit des Rammgeräts auch für bohrende Verfahren ist eine hohe Torsionsfestigkeit des Mäklersystems Voraussetzung. Daher setzen sich mittlerweile bei derartigen Geräten immer mehr voreinander angeordnete geschlossene Mäklerprofile (d.h. Kästen mit rechteckigem Querschnitt) durch. Mit diesen können Zugkräfte in der Größenordnung von 300 kN und Drehmomente bis 200 kNm übertragen werden.

Abbildung 50: Transport eines Telemäkler-Geräts (Quelle: BAUER/RTG/ABI).

Mäkleroberteil und Mäklerunterteil sind über Gleitführungen miteinander verbunden. Das Führungssystem ist bei hochbelastbaren Geräten mit austauschbaren Gleitleisten ausgestattet und kann an ein Zentralschmierungssystem angeschlossen werden.

Die Vorschubseile zur Mitnahme des Schlittens sind am Mäklerunterteil befestigt. Ein Strang wird oben am Mäkleroberteil mit Seilrollen umgelenkt und greift von oben am Vorschubschlitten an. Wenn das Mäkleroberteil durch den Hubzylinder gegenüber dem Unterteil ausgefahren wird, zieht dieses Vorschubseil den Schlitten am Oberteil hoch. Der andere Vorschubseilstrang wird an der Unterseite des Mäkleroberteils umgelenkt, greift von unten an den Schlitten und hat die inverse Wirkung. Dadurch wird der Schlitten in

42 Der Querschnitt des Mäklerunterteils wurde z.B. als aufgeschnittenes Rohr ausgebildet.

beiden Richtungen formschlüssig gehalten und kann somit auf den Rüttler je nach Bedarf eine Zug- oder eine Druckkraft ausüben.

Am Vorschubschlitten sind außer dem standardmäßig verwendeten Mäklerrüttler auch diverse andere Arbeitsgeräte anbaubar. Moderne Schlitten können dazu mit einem automatischen Kupplungssystem ausgerüstet werden, das sowohl hydraulische als auch mechanische Komponenten ohne manuelles Eingreifen koppelt. Dadurch ist der Wechsel von einem Arbeitsgerät zum anderen – z.B. die mit dem Rüttler alternierende Verwendung eines Bohrantriebs für Auflockerungsbohrungen – ohne wesentlichen Zeitverlust möglich. Als zusätzliche Option gibt es eine Arbeitsgeräteerkennung zur elektrischen und hydraulischen Anpassung des Trägergeräts an das Arbeitsgerät.

Speziell für Spundwandarbeiten ist eine Kinematik mit vielen Freiheitsgraden und hoher Einstellgenauigkeit notwendig, da das Schloss der neuen Bohle in das der schon gerammten Bohle präzise eingefädelt werden muss. Die Wand soll in Längsrichtung exakt gerade fortgesetzt werden und eine hohe Vertikalität der Bohlen ist gefordert. Das Kinematiksystem eines Telemäklergeräts ermöglicht daher die feinfühlige Einstellung der Mäklerneigung nach vorn, zur Seite und nach hinten und die horizontale Parallelverschiebung des Mäklers vom Gerät weg bzw. zum Gerät hin. In seitlicher Richtung kann der Mäkler durch Schwenken des Oberwagens verstellt werden. Das zusätzlich in der Kinematik integrierte hydraulische Schwenkgetriebe gewährleistet das Schwenken des Mäklers (ca. +/- 90°) um eine senkrechte Achse. So kann der Fahrer die azimutale Richtung der Spundbohle einstellen, aber auch eine bessere Sicht auf die Rammachse erreichen oder innerhalb einer Baugrube Positionen in Spundwandecken anfahren. Gleichzeitig ermöglicht dieser Freiheitsgrad, den Mäkler für die Transportposition zur Seite zu schwenken und so eine akzeptable Transporthöhe zu erhalten (Abbildung 49). Das Arbeiten über und unter Flur wird durch den schon oben erwähnten Verschiebezylinder erreicht, der den gesamten Mast um mehrere Meter nach oben oder unten verschieben kann.

Die notwendigen Anlenkpunkte für die Kinematik und die Anforderungen hinsichtlich einer extrem hohen Leistungsdichte – für einen einfachen Straßentransport und eine gute Manövrierbarkeit in engen Baustellen sollte das Gerät trotz hoher Motorisierung möglichst kompakte Abmaße haben – erfordern Trägergeräte, die speziell dafür entwickelt werden. Die in der Vergangenheit häufig eingesetzten Standard-Hydraulikbagger sind deshalb nicht mehr wettbewerbsfähig. Moderne Trägergeräte zeichnen sich durch leistungsstarke Dieselmotoren, hohe Servicefreundlichkeit und eine multifunktionale und komfortable Bedienung aus, die heute sogar Internetfähigkeit umfasst. Für eine hohe Umweltverträglichkeit können biologisch abbaubare Hydrauliköle eingesetzt werden und für eine hohe Verbrauchseffizienz werden bedarfsgesteuerte Hydrauliksysteme genutzt. Um trotz der hohen Leistungsdichte und der damit verbundenen Kühlungsproblematik des Motorraums eine geringe Lärmbeeinträchtigung der Umgebung zu erreichen, sind besondere Maßnahmen zur Lärmminderung erforderlich. RTG hat hierzu beispielsweise vollautomatische Schallschutzklappen eingeführt (Abbildung 51).

Abbildung 51: Schallreduzierung durch automatisch öffnende, schalldämpfende Lüfterklappen (Quelle: BAUER/RTG).

Zur Verringerung des Einsatzgewichts und zur gleichzeitigen Einhaltung geringer Transportbreiten werden immer häufiger hydraulisch teleskopierbare Unterwagen verwendet (Abbildung 52). Diese sind je nach Hersteller zur Spielminimierung hydraulisch verklemmbar.

Zusammenfassend ergeben sich für das Teleskopmäklersystem folgende Merkmale:

- Exakte Führung des Rammguts zur Verringerung der Schlossreibung bei Spundwandarbeiten
- Hohe Genauigkeit in der Positionierung und Nachjustierung des Rammguts, sodass eine zusätzliche Führung des Rammguts in der Regel entfallen kann (siehe Abschnitt 4.8.2)
- Aufbringen von Vorschubkräften in Zug- und Druckrichtung auf den Rüttler oder andere Arbeitsgeräte
- Durch die Vielzahl kinematischer Freiheitsgrade können Spundwandarbeiten auch in schwer erreichbaren Positionen in unmittelbarer Nähe bestehender Bauwerke ausgeführt werden
- Geringer Personalbedarf (zwei Personen) zum Betrieb des Geräts
- Komplettaufbau des Geräts ohne Zusatzgeräte durch optionale Hilfswinde innerhalb kürzester Zeit (ca. 30 Minuten) und auf kleinstem Raum möglich
- Kompakte Transportabmessungen gewährleisten einen effizienten Einsatz in städtischen Ballungsräumen

Die weltweit führenden Hersteller von Teleskopmäklergeräten sind ABI [43] und RTG Rammtechnik [45].

Abbildung 52: Teleskopierbarer Unterwagen (Quelle: BAUER/RTG).

4.6.2 Starrmäklergeräte

Benötigt man eine noch höhere Vorschubkraft oder – für den universellen Einsatz mit unterschiedlichsten Verfahren (siehe Abschnitt 4.6.3) – eine höhere Drehmomentbelastbarkeit, stößt das Telemäklerprinzip durch die Schnittstelle zwischen den beiden Masten und auch durch die dadurch verursachte größere Ausladung an seine Grenzen. Stattdessen kommen unter diesen Umständen »Starrmäklergeräte« (Abbildung 53) mit einem Mast fixer Länge zur Anwendung, wobei der Mäkler dann – je nach Hersteller und Modell – zur Reduzierung der Transportlänge klappbar ist.

Abbildung 53: Starrmäklergerät (Quelle: Liebherr, BAUER/RTG).

Starrmäklergeräte werden im Rammbetrieb vorwiegend für mittelschwere und schwere Rammarbeiten eingesetzt. Ihre Nutzlängen reichen bis zu 30 m bei Zugkräften bis zu 800 kN. Dabei kommen Dieselmotoren mit einer Leistung von bis zu 700 kW zum Einsatz, wodurch – aufgrund der Forderung nach sehr kompakten Abmessungen im Baustelleneinsatz – die Verwendung von Standard-Geräteträgern praktisch ausgeschlossen ist.

Die an Starrmäklersystemen verwendeten Vibratoren haben Fliehkräfte von maximal 2000 kN bei Statischen Momenten von bis zu 50 kgm. Die Führungen am Mäkler (z.B. Vorschubschlitten, Mäkler-Relativverschiebung) sind zumeist mit Gleitleisten versehen und können an eine optionale Zentralschmierung angeschlossen werden (Abbildung 54).

Abbildung 54: Schlitten mit Zentralschmierung (Quelle: BAUER/RTG).

Aufgrund des hohen Gewichts der Ausrüstung (z.B. bei schweren Rammarbeiten) werden für das Vorschubsystem mehrheitlich Winden eingesetzt. Dabei werden die Zug- und Druckkräfte über am Vorschubschlitten eingescherte und an den beiden Mastenden umgelenkte Seile aktiviert. Da moderne Starrmäkler für sehr hohe Zugkräfte ausgelegt sind und je nach Hersteller auf die Einleitbarkeit von Drehmomenten bis 300 kNm ausgelegt sind, ermöglichen sie neben dem Rammen eine Vielzahl anderer Verfahren (siehe Abschnitt 4.6.3). In Verbindung mit ihren außerordentlich hohen installierten Dieselmotorleistungen eigenen sich diese Geräte ganz besonders für Doppelkopf- oder VdW-Bohrungen, da hier aufgrund der inneren und äußeren Reibung der Bohrgestänge hohe Leistungen und relativ hohe Drehmomente erforderlich sind, und die hohen Nutzlängen dieser Geräte relativ tiefe Pfähle ermöglichen.

Mit Ausnahme des Mäklers selbst entspricht der Prinzipaufbau des Kinematiksystems dem des Teleskopmäklers. Wie bei den Telemäklergeräten ermöglicht eine hydraulische

Mäkler-Relativverschiebung das Arbeiten über und unter Flur. Ohne Einschränkung der Freiheitsgrade erfordern aber die höheren Einsatzkräfte in der kompletten Kinematik eine angepasste Dimensionierung der Bauteile.

Wird statt des Rüttlers ein Diesel- oder Hydraulikhammer an ein Teleskop- oder Starrmäklergerät angebaut, muss diesem über eine kurze Adapterführung (Abbildung 55) auf dem Schlitten eine vertikale Beweglichkeit gegeben werden. Denn der Schlitten dieser Geräte ist über den Vorschub eingespannt, sodass die Schläge des Hammers ohne eine Zwischenführung ins Vorschubsystem und die Kinematik gehen würden. Gleiches gilt natürlich auch für den Hammer-Anbau an Bagger. Beim Einsatz des Hammers ist immer darauf zu achten, dass der Hammer nicht während des Eindringens den Endanschlag der Zwischenführung erreicht. Daher wählt man bei Beginn der Rammung, wenn man noch nicht weiß, wie weit das Rammgut pro Schlag in den Boden eindringen wird, immer eine niedrige Schlagenergie und steigert diese dann allmählich.

Abbildung 55: Hammeranbau von Hydraulik- bzw. Dieselhammer (Quelle: BAUER/RTG).

Zusammenfassend ergeben sich für das Starrmäklersystem über die Eigenschaften der Telemäklergeräte hinaus folgende Merkmale:

- Besonders hohe Steifigkeit des Mäklersystems
- Große Nutzlängen (tiefe Spundwände, lange Pfähle)
- Sehr gute Eignung für Single-Pass-Bohrverfahren

- Höherer Aufbauaufwand als bei Telemäklergeräten. Trotzdem ist der Aufbau des Starrmäklersystems auf der Baustelle durch eine optionale Hilfswinde ohne Zusatzgeräte in der Regel innerhalb weniger Stunden möglich.
- Der Einzelmast beim Starrmäklersystem bedingt größere Transportlängen und einen erhöhten Platzbedarf beim Auf- und Abbau. Teilweise ist die Möglichkeit zum seitlichen Klappen des oberen Mäklerteils zum Transport vorgesehen. Dadurch lässt sich die Transportlänge auf etwa 85 % der maximalen Rammgutlänge reduzieren.

Die weltweit führenden Hersteller von Starrmäklergeräten sind ABI [43], Liebherr [56] und RTG [45].

4.6.3 Gleisgebundene Universalgeräte

Die Firma RTG hat zusammen mit Techne Kirow ein gleisgebundenes Ramm- und Bohrgerät entwickelt (Abbildung 56). Dies ermöglicht vom Gleis aus Ramm- und Gründungsarbeiten oder beispielsweise die Entfernung bestehender Pfahl-Fundamente, ohne dass Baustraßen oder Zufahrtswege für Baumaschinen vorhanden sein bzw. erstellt werden müssen. Das Gerät kann im Zugverband mit bis zu 100 km/h zur Baustelle fahren und ist in der Lage, auf der Baustelle Versetzfahrten mit eingebautem Bohrantrieb, Kellystange und Bohrwerkzeug zu machen und Brücken zu unterqueren. An Ort und Stelle kann sich das Gerät in kurzer Zeit und ohne Hilfsgeräte aufrüsten, und dies auch unter bestehender Oberleitung. Mast, Bohrantrieb bzw. Rüttler, Kellystange und Bohrwerkzeug werden auf angekoppelten Waggons im Zugverband mitgeführt.

Die im Unterwagen eingebauten zwei Motoren liefern zusammen 540 kW und haben damit ausreichend Leistung für alle gängigen Verfahren des Spezialtiefbaus, wie sie im nachfolgenden Abschnitt für Tele- und Starrmäklergeräte dargestellt sind. Durch die teleskopische Mastanlenkung kann das Gerät Arbeiten bis 9,5 m Abstand von der Gleismitte ausführen. Der Bewegungsraum von Oberwagen und Mast richtet sich dabei automatisch nach der jeweiligen Abstützsituation des Gleis-Unterwagens. Das Nachbargleis kann auch während der Arbeiten ohne Einschränkung genutzt werden.

Abbildung 56: Gleisgründungszug »Track Piler« auf einer von außen praktisch unzugänglichen Einsatzstelle beim Bohren von Gründungspfählen mit dem Kellybohrverfahren und beim Unterqueren einer Brücke (Quelle: BAUER/RTG).

4.6.4 Universelle Einsätze von Teleskop- und Starrmäklergeräten

Neben der Verwendung von Vibratoren für das Einbringen von Stahlprofilen in den Boden werden Teleskop- und Starrmäklergeräte im heutigen Spezialtiefbau für weiterentwickelte und innovative Verfahren eingesetzt. Durch die große Nutzlänge[43] und die hohen Leistungsdaten (Motor, Drehmoment, Zugkraft) im Verhältnis zum Einsatzgewicht werden diese Geräte zunehmend für alle Arten von Single-Pass-Verfahren verwendet. Darunter versteht man im Spezialtiefbau die Herstellung von Pfählen bzw. Wänden in einem Arbeitshub.

Wesentliche Single-Pass-Verfahren sind (Abbildung 57):

- Schneckenortbeton-Bohren (SOB bzw. CFA),
- Verrohrtes Schneckenortbeton-Bohren mit zwei Drehgetrieben oder mit Drehgetriebe und Umkehrgetriebe (Vor-der-Wand-Bohren / VdW, Doppelkopfsystem / DKS, Cased-Continuous-Flight-Auger-System / CCFA),
- Im-Loch-Hammer-Bohren (Down the Hole Hammer / DTH),
- Verdränger-Bohren (Full Displacement Pile / FDP) mit oder ohne verlorene Spitze, d.h. großes oder kleines Seelenrohr,
- In-situ-Mischverfahren mit Einfach- oder Mehrfachschnecken (Single Column Mixing / SCM, Soil Mixing Wall / SMW, Mixed in Place / MIP),
- In-situ-Mischverfahren mit Doppelkopf-Bohrantrieben (SCM-DH),
- In-situ-Mischverfahren mit modifizierter Frästechnik (Cutter Soil Mixing / CSM),
- Schmalwand-Dichtwände,
- Bodenverbesserung (Einbringen von Schotter) durch Rüttelstopfsäulen mit einem Tiefenrüttler (Schleusenrüttler) oder mit einem Mäklerrüttler, der auf einem mit einer Klappspitze versehenen Rohr sitzt (z.B. VIPAC),
- Rüttel-Ortbeton-Pfähle, Ortbeton-Rammpfähle (z.B. Simplex, Frankipfahl, VIBREX) und
- Bodenverdichtung mit Vertikalrüttlern nach dem MRC-Verdichtungs-Verfahren [11], [57].

Als Ausstattungsvariante von Starrmäklergeräten wird teilweise auch die Vorrüstung für das Kellybohrverfahren angeboten. Aufgrund der komplexeren Kinematik der Geräte gegenüber reinen Kellybohrgeräten müssen zwar Abstriche in der Wirtschaftlichkeit gemacht werden. Im Sinne einer hohen Einsatzdauer des Geräts im Jahresdurchschnitt wie auch zur Erhöhung der Reaktionsfähigkeit auf unterschiedlichste Bauaufgaben kann diese Ergänzung aber je nach Größe des Geräteparks und seines Einsatzspektrums vorteilhaft sein.

43 Die Kombination einer Parallelogramm-Kinematik und einer vertikalen Mastverschiebung ergibt besonders günstige Mäkler-Aufstell-Verhältnisse, sodass relativ leichte Geräte, die einfach zu transportieren und auf der Baustelle sehr schnell aufbaubar sind, trotzdem ungewöhnlich lange Mäkler tragen können und in Verbindung mit der Mastverschiebung einen besonders großen Vorschubweg realisieren.

Abbildung 57: Unterschiedliche Verfahren bei Universal-Mäklergeräten – SOB, CSM, VdW, Rüttelstopfverdichtung, DKS, Hydraulikhammer, FDP, Kellybohren (Quelle: 4/6/8 Liebherr, 1/2/3/5/7 BAUER/RTG).

4.6.5 Rammgeräte für Hammeranbau

Im Gegensatz zu den in Abschnitt 6.2 bereits beschrieben Starrmäklergeräten werden für den Einsatz als Hammergerät häufig spezielle Gerätekonstruktionen eingesetzt (Abbildung 58).

Die Besonderheit dieser Geräteart liegt in den möglichen Mäklerneigungen bis max. 1:3 (18,4°) quer zur Längsrichtung, 1:3 nach vorn und je nach Grad der technischen Einschränkungen bis zu 1:1 (45°) nach hinten (Abbildung 59). Diese Eigenschaften ermöglichen das Einbringen von geneigten Pfählen, insbesondere von Betonpfählen, was z.B. häufig bei Brückengründungen gefordert ist.

Die Einteilung der Geräte erfolgt über die Nutzlänge zur Pfahleinbringung. Diese bestimmt somit die Mastlänge, das Einsatzgewicht und die Kapazität der Pfahl- und Hammerwinde. Die Mehrzahl der Geräte besitzt eine Pfahlnutzlänge von 20 Metern, die unter Berücksichtigung der maximalen Transportlänge von Betonpfählen (ca. 18 m) vollkommen ausreichend ist.

Abbildung 58: Spezial-Trägergeräte für Hämmer (Quelle Junttan, RTG/BAUER, Liebherr, Banut/Delmag).

Die relativ großen Mäklerlängen im Vergleich zum Gerätegewicht machen neben dem Hammereinsatz auch den Anbau von Drehgetrieben zum SOB-Bohren oder Verdrängerbohren kleinerer Durchmesser oder zum Betrieb von Imlochhämmern zu einer vorteilhaften Anwendung.

Abbildung 59: Mastneigungen für Schrägpfähle. 18,4° nach vorn, 18,4° seitlich, 45° nach hinten (Quelle: RTG/BAUER).

Für diese Leistungsklasse ergeben sich folgende Merkmale:

- Anbau von Hämmern bis 10 t Schlaggewicht
- Drei- oder Vierpunktabstützung des Oberwagens: Diese gewährleistet – falls notwendig – einen sehr stabilen Stand und erhöht damit die Steifigkeit des Gesamtsystems. Außerdem kann das Gerät zur optimalen Positionierung auf sehr schlechtem Planum rangiert werden, indem die Raupenketten angehoben und in der neuen gewünschten Fahrtrichtung wieder abgelassen werden.
- Ausstattung mit Hammer- und Pfahlwinde
- Optionaler seitlicher Anbau einer Vorbohreinheit für Auflockerungsbohrungen am Mast

- Exakte Pfahlführung durch Klemmeinrichtung am unteren Teil des Mäklers
- Aufbau des Systems auf der Baustelle ohne Zusatzgeräte
- Kompakte Transportabmessungen durch teleskopierbare Fahrwerke und klappbare Mastelemente
- Einsatzgewicht inklusive Hammer und Rammgut max. 80 t

Führende Hersteller in dieser Geräteklasse sind Junttan [25] (PM-Reihe), Banut [58] (655), Liebherr [56] (LRH 100) und RTG [45] (RM 20). Für schwere Rammarbeiten mit Mäklernutzlängen bis zu 45 Metern bieten die Hersteller Hitachi [59] (CX-Reihe), Woltmann [60] und Fundex [61] Geräte an.

4.6.6 Anbaumäkler für Kräne

Neben spezialisierten Geräten als Träger für Rammen ist hierfür auch der Einsatz von Standard-Raupenkränen möglich. Dazu wird ein Mäkler – also ein Führungsmast für Hämmer oder Rüttler – an die Spitze des Kranauslegers über einen Kran-spezifischen Anbausatz drehbar angebaut (Abbildung 60). Dieser kann nach oben deutlich über die Höhe des Kranauslegers hinausragen. Nach unten reicht er bis kurz über den Boden, wo er gegenüber dem Oberwagen des Krans durch eine Mäklerabstützung (englisch »Spotter«) in x- und y-Richtung positioniert werden kann und damit seine Neigung frei einstellbar ist.

Häufig werden aus Gewichtsgründen für solche Anbaumäkler Fachwerkprofile gewählt. Geschlossene Profile (d.h. aus Blechen zusammengeschweißte Kastenprofile) haben den Vorteil, dass sie auch für Torsionsbelastungen geeignet sind und somit beispielsweise auch für Vorbohrungen verwendet werden können.

Natürlich muss mit einer Festigkeitsrechnung überprüft werden, ob der Kranausleger und das Trägergerät für diese vom üblichen Kranbetrieb abweichenden Belastungen geeignet sind. Je nach Kran-Typ kann der Hammer oder Rüttler (falls ein hydraulischer Typ) auch von der Bordhydraulik des Krans betrieben werden; ansonsten muss ein externes Aggregat eingesetzt werden, das gegebenenfalls huckepack ans hintere Ende des Krans angebaut wird.

Abbildung 60: Anbaumäkler an Seilbagger mit Hydraulikhammer (links) und Dieselhammer (rechts). (Quelle: Liebherr, BAUER).

Vorteilhaft an diesem System ist, dass – je nach Standsicherheit des Krans – große Ausladungen möglich sind. Dadurch können Pfähle auch an Stellen gerammt werden, die für das Gesamtgerät schwer zugänglich sind. Durch eine vertikale Verschiebbarkeit des Mäklers zum Kranausleger oder zur Mäklerabstützung kann auch unter Bodenniveau gearbeitet werden. Nachteilig ist, dass aufgrund der im Vergleich zu Telemäklergeräten und Universal-Starrmäklergeräten eingeschränkten Kinematik eine genaue Positionierung schwierig ist. Durch eine Änderung der Mäklerneigung ändert sich automatisch auch in großem Umfang der Pfahlansatzpunkt, was dann wieder korrigiert werden muss. Daher werden diese Geräte vor allem zum Rammen von Pfählen eingesetzt. Auch dann ist der Einsatz aber eher ein Kompromiss, den man zugunsten geringer Zusatzinvestitionskosten für die Anwendung »Rammen« und des Vorteils der Mehrfachverwendung des Krans eingeht.

4.6.7 Freihängende Mäkler an Kränen

Mäkler können auch als »Schwingmäkler« am Kranseil angehängt werden (Abbildung 61). Der Umbauaufwand zum Rammen wird dadurch minimal.

Schwingmäkler besitzen am Fußstück meist Spitzen (oder auch Lagerzapfen für einen am Boden liegenden Rahmen), mit denen sie auf dem Baugrund abgesetzt werden und das System während des Rammens unten fixieren. Der oben am Kranseil hängende Mäkler kann somit um den Fußpunkt »schwingen« oder pendeln, bis der zu rammende Pfahl im Boden genug Stützwirkung hat und dadurch das gesamte System stabilisiert. Der Hammer hängt an einem Halteseil des Krans, das während der Rammarbeiten – nach dem Absetzen des Hammers auf dem Pfahl – locker sein muss und mit dem laufenden Rammfortschritt nachgefahren wird. Das Pfahlseil, mit dem der Pfahl am Mäkler aufgezogen und unter dem Hammer positioniert wurde (wenn der Pfahl nicht schon vor Beginn der Rammarbeiten in ein vorgebohrtes Loch oder einen Stützrahmen eingestellt wurde), wird nach dem Absetzen des Pfahls entfernt.

Abbildung 61: Schwingmäkler im vertikalen und stark geneigten Einsatz (Quelle: Pileco, Liebherr).

Prinzipiell können Schwingmäkler zum einfachen »Einlegen« des Rammguts auch am Boden abgelegt werden. Problematisch kann bei diesem Vorgehen aber die Seilführung sein. Spezielle Seilumlenkungen müssen sicherstellen, dass die Halteseile für Hammer und Pfahl um den Aufhängepunkt des Schwingmäklers herumgeführt werden und während des Aufnehmens beide Komponenten halten. Wenn dann Mäkler und Pfahl auf dem Boden aufstehen, kann deren Neigung relativ genau über den Kranausleger eingestellt werden.

Für Rammungen mit hoher Neigung schafft man sich durch einen starren Abstandhalter (einen »Zugrahmen«) am Mäkler, der gegenüber diesem mit Seilen abgespannt ist, einen Aufhängepunkt außerhalb der Mäklerachse (Abbildung 61, rechts). Allerdings ist durch dieses System eine exakte Führung von Hammer und Rammgut nicht möglich, sodass die genaue Ausrichtung des Rammguts mit anderen Maßnahmen sichergestellt werden muss.

Prinzipiell kann ein Hammer – so wie auch ein Rüttler – direkt am einzurammenden Pfahl geführt werden, indem er auf diesem sitzt. Im Gegensatz zum Rüttler, der sich freireitend auf einem Pfahl festklemmt und bei dem das Tragseil von den Schwingungen durch einen elastischen Schwingungsdämpfer isoliert wird, muss ein Hammer aber während des Rammens sowohl frei vom Seil sein, damit der Schlagimpuls nicht ins Seil schlagen kann, als auch vom Pfahl entkoppelt sein, damit der Aufschlag des Schlaggewichts nicht ins Hammergehäuse schlägt.

Abbildung 62: Aufsteckmäkler (Quelle: Delmag).

Um den Hammer trotz dieser Freiheitsgrade koaxial zum Rammgut zu führen, verwendet man einen »Aufsteckmäkler« (Abbildung 62). Dieser greift mit einem Rohr – das eventuell durch verstellbare Ein-sätze an verschiedene Pfahldurchmesser angepasst werden kann – um den Pfahl, sodass seine Achse koaxial zu der des Pfahls gehalten wird. In vertikaler Richtung wird er aber von einem Kran gehalten, an dessen Seil er auch während des Rammvorgangs hängt. Hammer und Rammhaube wiederum sitzen auf dem Pfahl auf und werden in axialer Richtung vom Aufsteckmäkler geführt.

Um den Hammer am Aufsteckmäkler auf den Pfahl heben zu können, besitzt der Mäkler einen unteren Endanschlag. Damit aber der Hammer nicht mit fortschreitendem Rammfortschritt irgendwann gegen diesen Endanschlag aufläuft, sodass der nächste Schlag nicht mehr ins Rammgut schlägt, sondern ins Hammergehäuse, muss der Kranfahrer den Aufsteckmäkler mit dem Rammfortschritt gelegentlich ablassen. Die beschriebene Vorgehensweise setzt natürlich voraus, dass der Pfahl bei Absetzen des Hammers mit dem Aufsteckmäkler schon stabil im Boden steht (z.B., indem er ein Stück eingerüttelt wurde) bzw. in einem Rahmen gehalten wird.

4.6.8 Elektrifizierte Trägergeräte

Aufgrund der Selbstverpflichtung der Länder, zum Schutz des globalen Klimas ihren CO_2-Ausstoß in den kommenden Jahren drastisch zu reduzieren, wird zunehmend auch von Baugeräten ein Betrieb mit einem deutlich niedrigeren CO_2-Fußabdruck gefordert und langfristig ein emissionsfreier Betrieb erwartet werden. Allerdings sind derzeit Trägergeräte, die für den Anbau von Tele- und Starrmäklern verwendet werden, aufgrund der benötigten Antriebsleistung von bis zu 600 kW für einen reinen Batteriebetrieb eher nicht geeignet. Dies gilt sowohl aufgrund des Platzbedarfs als auch wegen des aktuell noch sehr hohen Kaufpreises der erforderlichen Batteriemodule, um mindestens eine Arbeitsschicht ohne Ladevorgang durchzuhalten. Eine zukünftig eventuell mögliche Erhöhung der Energiedichte in den Batterien oder die Verfügbarkeit erschwinglicher Brennstoffzellen könnten in der Zukunft Verbesserungen bringen.

Aber selbst dann wird ein breiter Einsatz solcher Geräte nur möglich sein, wenn sich die Stromversorgungs-Infrastruktur in den Städten, aber auch generell dort, wo Bauprojekte stattfinden sollen, deutlich verbessert. Denn bisher ist in der Regel auf einer Baustelle maximal ein einziger 125 A-Anschluss vorhanden, durch den im direkten Antrieb Baugeräte mit in der Summe 88 kW Durchschnittsleistung angetrieben werden können, was schon voraussetzt, dass durch eine gewisse lokale Energiespeicherung der Spitzenbedarf so geglättet und über den Tag verteilt wird, dass die Leitungskapazität nicht überschritten wird. Geht man davon aus, dass nachts nicht gearbeitet wird, kann durch eine entsprechend hohe Speicherkapazität die während der Tageszeit (bei einer 8-Stunden-Schicht) verfügbare Leistung maximal verdreifacht werden.

Trotzdem gibt es im Bereich der Rammgeräte schon einige bemerkenswerte Innovationen: Ein Beispiel für ein rein batteriebetriebenes Rammgerät mit 600 kW Leistung und einer Batteriekapazität von über einer Megawattstunde (1200 kWh), die in einem gewaltigen Huckepack-Container am hinteren Ende des Geräts untergebracht ist, ist die Woltman 90DR-E. Hier sind aber bei einem 125 A-Drehstromanschluss auf der Baustelle (wenn von diesem Anschluss keinerlei andere Verbraucher versorgt werden) schon weit über 10 Stunden Ladezeit nötig, um die Batterien voll zu laden. Gleichzeitig hält die Batteriekapazität nur dann über eine 10-Stunden-Schicht, wenn der Durchschnittsverbrauch einschließlich Wirkungsgradverlusten maximal 120 kW beträgt.

Die Junttan PMx2e ist mit zwei Batteriemodulen mit jeweils 396 kWh ausgestattet. Diese sind über Schnellverschlüsse austauschbar und können extern geladen werden.

Liebherr produziert für ein Hammergewicht bis 18.000 kg die LRH 100.1 und die LRH 200. Beide Geräte können sowohl am Kabel als auch rein von der Batterie betrieben werden. Die Batteriemodule erlauben im Normalbetrieb eine ca. 4-stündige Laufzeit, optional kann das Gerät auch mit einer doppelt so großen Batteriekapazität ausgerüstet werden.

RTG Rammtechnik hat hier – angesichts der derzeit noch sehr hohen Batteriepreise – einen kostengünstigeren Weg eingeschlagen, um die CO_2-Emissionen signifikant zu senken: Sie bietet als erster Hersteller für den Anwendungsbereich mit Rüttler bei Tele- und Starrmäklergeräten eine Hybridtechnik an (Abbildung 63). Die Systemleistung setzt sich aus einem Dieselmotor mit 430 kW (Abgasnorm US Tier 4 final und EU Stufe 5) und einem Elektromotor 80 kW/125 A/400 VAC zusammen. Der Elektromotor wird mit Kabel an die Baustellenstromversorgung angeschlossen, sofern eine geeignete vorhanden ist. Nachdem die Verbindung über ein Standard-Drehstromkabel erfolgt, kann die Leitung je nach Baustellenerfordernissen auch kurzfristig aus- und wieder eingesteckt werden. Das Gerät deckt dann seinen Grund-Leistungsbedarf aus dem Stromnetz und liefert vom Dieselmotor nur so viel Leistung zu, wie zur Deckung der aktuellen Leistungsspitzen nötig ist. In einer durchschnittlichen Baustellensituation im Rammeinsatz ist so eine CO_2-Einsparung von ca. 50 % möglich.

ABI bietet in der Leistungsklasse bis 250 kW die TM13 hybrid an. Dieses Gerät speist über einen eingebauten Generator die Batterie im Trägergerät, die einen Kurzzeit-Zwischenspeicher für Leistungsspitzen oder Betriebsphasen mit niedriger Leistung darstellt. Der Antrieb der Verbraucher erfolgt wie bei einem konventionellen Gerät hydraulisch. [93]

Abbildung 63: Das Rammgerät RG19T hybrid mit kombiniertem Diesel- und Elektroantrieb (Quelle: RTG)

4.7 Pressen

Sowohl Rüttler als auch Rammen leiten während ihrer Arbeit Schwingungsenergie in den Boden ein und bewirken dadurch bei verdichtbaren Bodenschichten Setzungen und bei nahen Strukturen und Gebäuden Schwingungen. Durch Online-Messungen von Gebäudevibrationen, Einstellung des Statischen Moments bei Rüttlern oder der Fallhöhe bei Hämmern und einem unwuchtfreien Drehzahlhochlauf von Rüttlern lassen sich die potenziell negativen Folgen zwar kontrollieren und minimieren, aber in manchen Fällen will man diesen Einfluss komplett ausschließen. Dann kommen außer drehenden Verfahren nur Rammverfahren in Frage, die das Rammgut durch eine hohe statische Kraft in den Boden eindrücken – man spricht dann von Press- oder Ziehgeräten oder kurz »Pressen«.

Die genannte statische Kraft kann einerseits durch die Verlagerung eines hohen Eigengewichts der Anlage auf das Rammgut erfolgen, was aber zu sehr schweren Anlagen führt, die aufwendig zu transportieren bzw. auf der Baustelle zu bewegen sind oder auf die jedes Mal Zusatzballaste auf- und abgebaut werden müssen. Anderseits kann die notwendige Zug- oder Druckkraft in den Boden eingeleitet werden, indem sich die Presse auf schon eingebrachten Elementen abstützt. Dies funktioniert insbesondere bei Spundwänden, bei denen eine Einzelbohle neben der anderen steht und damit – außer bei den ersten Elementen – immer mehrere Spundbohlen in der Nachbarschaft existieren, an denen die Maschine sich abstützen kann. Bei Gründungspfählen ist dies im Allgemeinen nicht der Fall.

Neben dem erschütterungsfreien Betrieb haben diese Pressen den Vorteil, dass sie in der Regel auch sehr leise arbeiten. Ein Nachteil dieser Systeme neben dem hohen Gewicht bzw. der örtlichen Unflexibilität (Notwendigkeit zur Abstützung an benachbarten Elementen) der Einpresssysteme besteht nach Berechnungen von Henke [62] darin, dass vor allem geschlossene Profile beim Einpressen zur Pfropfenbildung[44] neigen (d.h., der Boden, der ja nicht durch Vibrationen in Bewegung gehalten wird, bildet Brücken und geht eine selbsthemmende Haftung mit dem Rammgut ein), was den Rammwiderstand des Profils signifikant erhöht.

4.7.1 Schwergewichts-Pressen

Vor allem im asiatisch-pazifischen Raum, und dort insbesondere in China, sind Schwergewichtspressen (Abbildung 64) von vielen Herstellern verfügbar (z.B. Sunward [63], T-Works [64][45]) und werden häufig für Gründungen eingesetzt. Hauptbestandteil einer derartigen Presse ist eine auf einer Basisplattform vertikal geführte, hydraulisch betätigte Klemmbox, die das Rammgut von vier (oder bis zu zehn) Seiten fasst und dann sektionsweise nachfassend in den Boden eindrückt. Die Einheit besitzt ein Schreitwerk, durch das es sich auf der Baustelle bewegen kann. Die hydraulischen Stützen, mit denen die Basisplattform auf den länglichen Grundplatten des Schreitwerks steht, sind seitlich einfahrbar, sodass das Gerät zwar im Betrieb eine breite Basis hat, aber in der Transportposition schmal genug ist, um auf öffentlichen Straßen unzerlegt transportiert werden zu können.

44 Die geringste Neigung zur Pfropfenbildung hat das Rütteln, da hier durch die ständige Umlagerung des Bodens das Bilden von Brücken im Korngerüst vermieden wird.

45 T-Works hat eine interessante Animation [91] über den Aufbau dieser Geräte im Internet.

Abbildung 64: Abbildung Schwergewichtspresse – Gerät und Einsatz mit Beton-Ballastkörpern (Bilder Hunan Runbang Engineering Machinery Co., Ltd und Hunan NHM Construction Machinery Co., Ltd.).

Die Geräte haben einen eigenen, auf der Plattform sitzenden Kran, mit dem das Rammgut aufgenommen und in die Klemmbox gesetzt wird. Dieser steht auch zum Auf- und Abladen der Ballastelemente auf das Gerät zur Verfügung. Zum Ballastieren des Geräts wird über die seitlichen Stützen jeweils ein Joch gelegt, auf das dann nebeneinander und in mehreren Lagen übereinander Betonelemente aufgelegt werden, die zusammen mit dem Eigengewicht der Anlage der maximalen Einpresskraft entsprechen (der Schwerpunkt der ballastierten Anlage liegt ziemlich genau über der Einpressachse). Erhältlich sind die Anlagen von 60 bis 1.200 t Einsatzgewicht und damit 600 bis 12.000 kN Einpresskraft. Obwohl der Ballast zum Transport des Geräts abgenommen wird, müssen – am Beispiel des größten Geräts – natürlich trotzdem 1.200 t Gerätschaften und Ballast-Komponenten von Baustelle zu Baustelle transportiert werden.

In dem Bauprinzip, das in China üblich ist, verwenden die Geräte elektrischen Strom als lokale Primärenergie (bei einer Leistungsaufnahme je nach Gerätegröße von 15 bis 165 kW[46]) und wandeln sie auf dem Gerät in hydraulische Energie um. Der Vorteil liegt darin, dass – beim Betrieb vom öffentlichen Stromnetz – lokal keine Abgas-Emissionen entstehen, je nach Land und lokaler Steuergesetzgebung der Energiepreis im Vergleich zum Diesel geringer ist, der Platz- und Wartungsbedarf des Elektromotors niedriger ist (wozu auch dessen viel geringerer Kühlbedarf beiträgt) und ein Elektromotor deutlich leiser als ein Dieselmotor arbeitet. Von Nachteil ist, dass das Kabel die Mobilität der Maschine stark behindert und beim Umsetzen für Mühe sorgt, und dass das Kabel im Baustellenbetrieb leicht beschädigt wird, was nicht nur zu Ausfällen führen kann, sondern auch ein Gefahrenpotenzial für die Baustelle darstellt. Wenn kein ausreichend starker Stromanschluss auf der Baustelle zur Verfügung steht, ist außerdem ein Dieselgenerator notwendig, der praktisch alle genannten Vorteile zunichtemacht und durch die zusätz-

46 Obwohl diese Geräte, die in China von einer großen Zahl von Herstellern angeboten werden, alle eine sehr ähnliche Grundkonstruktion haben, variieren sie natürlich in technischen Details und den exakten Daten.

liche Wandlung der Energieform einen im Vergleich noch schlechteren Gesamtwirkungsgrad bewirkt.

In weichen Böden (für die diese Anlagen primär verwendet werden) können Einpressgeschwindigkeiten um 5 m/min erreicht werden. Die Dicke des Pfahls liegt für die größte Gerätegröße bei 500 mm Seitenlänge für quadratischen und 800 mm Durchmesser für runden Querschnitt.

4.7.2 Selbstschreitende Spundwandpressen

Während es bei Pfählen im Allgemeinen nicht möglich ist, die Reaktionskräfte des statischen Eindrückens eines Pfahls in benachbarte Pfähle einzuleiten, ist dies bei Spundwänden bei sequenziellem Vorgehen leicht möglich. Allerdings kann es – bei ähnlicher aktueller Tiefe – leicht vorkommen, dass die nötige Druckkraft zum Vortrieb einer neuen Spundbohle höher ist als die Zugkraft zum Ziehen einer schon eingebrachten Bohle. Daher muss die Abstützung immer gleichzeitig in mehrere existierende Spundwandelemente erfolgen.

Bei den selbstschreitenden Spundwandpressen (»Silent-Piler«), die die japanische Firma Giken Seisakusho Co., Ltd. [65] seit 1975 entwickelt und baut, werden in der Regel drei oder vier Bohlen als »Reaktionsbohlen« hydraulisch geklemmt, auf denen – in Längsrichtung der Spundwand verschieblich – die Basis des Geräts steht (Abbildung 64). Auf dieser wird ein Klemmkopf vertikal geführt, in dem die neu einzupressende Bohle geklemmt und stückweise nachfassend in den Boden gedrückt wird. Ist diese Bohle komplett im Boden, wird auf dem »Sattel«, der über die Klemmen mit den Reaktionsbohlen verbunden ist, die Gerätebasis um eine Bohlenbreite nach vorne geschoben. Eine neue Bohle wird vom Klemmkopf aufgenommen und ausgerichtet, und dann so weit in den Boden gedrückt, bis sie im Boden und im Spundwandschloss mit den vorhergehenden Bohlen stabil gebettet ist.

Dann werden die Klemmverbindungen zu den Reaktionsbohlen gelöst, das Gerät stützt sich komplett an der neuen, halb eingepressten Bohle ab, es hebt sich an der vertikalen Führung des Einpresskopfs hoch und durch Einfahren der horizontalen Sattelverschiebung werden die Klemmverbindungen um eine Bohle weitergerückt, sodass sie nun wieder unmittelbar hinter der neuen Bohle sitzen. In dieser kürzeren, nun statisch stabileren Gerätekonfiguration wird die neue Bohle bis zur Endtiefe eingepresst und der Zyklus beginnt von neuem.

Abbildung 65: Giken Silent-Piler.

Zu Beginn der Erstellung einer Spundwand fehlen natürlich die Reaktionsbohlen zur Abstützung der Presse. Es wird dann ein Startrahmen aufgestellt, der die schon installierten Reaktionsbohlen »simuliert«, auf denen sich die selbstschreitende Spundwandpresse abstützen kann. Um die Reaktionskraft für das Einpressen realisieren zu können, wird der Startrahmen – entsprechend einer Schwergewichtspresse – ballastiert. Hierzu werden die noch nicht eingebauten Spundbohlen verwendet.

Abbildung 66: Erstellen einer Spundwand-Ecke mit dem Giken Silent-Piler.

Da die Klemmen passend zur momentanen Geometrie der vorhandenen Spundwand unter dem Gerät nach links und rechts eingestellt werden müssen, kann damit auch die exakte Position der neuen Bohle zur bestehenden Spundwand eingestellt werden. Der

Klemmkopf kann verdreht werden, sodass auch der Winkel justiert werden kann. Es sind somit auch in der Draufsicht gekrümmte Spundwandgeometrien möglich. Für die Installation von Ecken in der Spundwand kann der Klemmkopf auch hin- und hergeschwenkt werden (siehe Abbildung 66).

Neben der Installation aller Arten von Z- und U-Profilen können mit dem Klemmkopf auch geschlossene Profile installiert werden. Das System wird erweitert durch Vorbohr- oder Spüleinrichtungen, die am Klemmkopf angebracht werden können. Eine sehr platzsparende Erweiterung des Systems besteht darin, auch den zum Einheben der Bohlen notwendigen Kran, das hydraulische Dieselaggregat und den Spundbohlentransporter mit jeweils eigenständigen Schreitwerken auf die Spundwand zu setzen (siehe Abbildung 67).

Abbildung 67: Giken Reaction-Force-Based System (Silent-Piler, Dieselaggregat, Kran und Spundbohlentransporter stehen alle selbstfahrend auf der Spundwand).

Mit diesem sogenannten GRB-System (Giken Reaction-Force-Based System) wird die Baustelle in seitlicher Richtung sehr kompakt, und im Extremfall kann bei Spundwänden, die durch das Wasser gehen, ohne zusätzliche Plattformen oder Pontons gearbeitet werden. Durch ein elektronisches System können die eingestellten Pressparameter automatisch geregelt werden.

Natürlich kann das System auch umgekehrt arbeiten, um die eingebaute Spundwand wieder Bohle für Bohle zu ziehen.

4.7.3 Mäklergeführte Spundwandpressen

Mit mäklergeführten Pressensystemen (Abbildung 68) werden Spundwände mit einem Minimum an Lärm- und Erschütterungsemissionen statisch eingepresst und gezogen. Im Wesentlichen haben sich am Markt Einheiten mit vier hydraulischen Presszylindern durchgesetzt mit Einpresskräften bis zu 800 kN pro Zylinder. Die Länge der einzubringenden Spundbohlen ist abhängig von der Nutzlänge des verwendeten Mäklergeräts. Die Presse besteht aus einem Führungskasten, in dem sich je nach Hersteller bis zu vier nebeneinander angeordnete Hydraulikzylinder befinden. An deren Unterseiten sind die mit Gleitleisten geführten Klemmzangen angebaut. Die Zylinder lassen sich einzeln oder gleichzeitig bedienen.

Abbildung 68: RTG Spundwandpresse.

Diese Ausführungen eignen sich für den Einsatz in leichten bis mittelfesten kohäsiven Böden. Die Spundbohlen werden jeweils zu Tafeln mit vier Spundbohlen zusammengestellt und mit einem Kran oder mit an den Klemmzangen der Presse angebrachten Ketten aufgezogen. Der Anschluss der Tafel an die Spundwandpresse erfolgt kraftschlüssig über die Klemmzangen. Zu Beginn der Einpressarbeiten einer Tafel hat keine der Spundbohlen Halt im Boden und kann daher nicht als Reaktionsbohle verwendet werden. Da aber zu Beginn des Einpressens keine großen Kräfte notwendig sind, genügt zum Start der Arbeiten die Vorspannung über das Vorschubsystem des Mäklers.[47]

Nun presst jeweils ein Zylinder der Presse eine Einzelbohle der Tafel, die aus vier Bohlen besteht, in den Boden, während sich die Presse über die drei mit den restlichen Zylindern fest verklemmten Bohlen abstützt. Der Hub pro Zylinder beträgt typischerweise 500 mm. Dieser Zyklus wiederholt sich bei jedem Einzelzylinder. Bei fortschreitender Einpresstiefe steht zunehmend die Mantelreibung der eingepressten Bohlen als Reaktionskraft zur Verfügung.

47 Die Druckkraft, mit der zunächst eine der Bohlen in den Boden geschoben wird, sollte aber nicht die mögliche Vorschubkraft des Mäklersystems überschreiten. Andernfalls kann es zu einer Überlastung der Mechanik des Mäklersystems kommen.

Moderne Vierfach-Pressen der Hersteller ABI [43] und RTG [45] sind mit dreh- und verschiebbaren Zangen ausgestattet und somit auf unterschiedliche U- und Z-Profile einstellbar. Zur Erhöhung der Bediensicherheit werden alle Bewegungen und Funktionen der Presse über eine Fernsteuerung geführt.

Bei erschwerten Bodenverhältnissen machen die bekannten Einbringhilfen – insbesondere Spülen und Vorbohren (siehe Abschnitt 4.8.1) – das Pressen möglich bzw. verhindern Geräteüberlastungen.

4.8 Verfahrensaspekte

Wie schon im Abschnitt zu den »Herausforderungen der Rammverfahren« erwähnt, hat das Rammen – im Speziellen auch bei Spundwänden – einige potenzielle Probleme, mit denen in der praktischen Arbeit auf der Baustelle gezielt umgegangen werden muss. Es gibt hierzu eine reichhaltige Literatur (z.B. TESPA [66] oder Buja [1]) und eine Normung mit sehr konkreten Hinweisen für die Praxis (DIN EN 12063 [67], DIN EN 12699 [68]), sodass hier nur auf die wesentlichen Aspekte eingegangen werden muss. Zu Berechnungsaspekten von Spundwänden sei z.B. auf Grabe [69], die EAB [70], die EAU [71] und Witt [14] verwiesen.

4.8.1 Zu hoher Rammwiderstand

Ist der Eindringwiderstand zu hoch, um den Pfahl bzw. die Spundbohlen mit der Kraft des Hammers, Rüttlers oder der Presse einbringen zu können, gibt es verschiedene Maßnahmen, um den Widerstand zu reduzieren. Diese zielen darauf, den Spitzendruck am Rammgut zu verringern – vor allem, indem man die Bodeneigenschaften zum Rammen verbessert –, die Mantelreibung um das Rammgut zu reduzieren und bei Spundwänden die Reibung zwischen den Bohlen im Schloss zu reduzieren:

- Ein Rammschuh (ein gegossenes Element, das der Form des Profils angepasst ist und auf dessen Ende aufgesteckt wird) oder eine geschweißte Aufpanzerung (siehe DIN EN 12063 [67]) verstärkt nicht nur den Pfahl oder die Spundbohle und schützt diese vor Beschädigung durch Steine oder andere Hindernisse im Boden. Er erzeugt auch einen Freischnitt, also eine Vergrößerung des verdrängten Bodenquerschnitts über den Querschnitt des Rammguts hinaus, sodass sich der Boden oberhalb des Rammschuhs nicht so stark an dieses anlegt. Je nach Boden und Rammgutlänge reduziert sich die Mantelreibung dadurch stärker als sich der Spitzendruck erhöht.
- Zur Auflockerung des Bodens wird vor dem eigentlichen Rammen eine lange Schnecke temporär vor allem im Bereich, wo später die Schlösser eingerammt werden, eingebohrt (Abbildung 69). Dies kann durch ein separates Bohrgerät erfolgen, durch Auswechseln des Arbeitsgeräts im Mäklergerät – über eine hydraulische Schnellwechselvorrichtung kann beispielsweise innerhalb weniger Minuten ein Mäklerrüttler gegen einen Kraftdrehkopf ausgetauscht werden – oder durch eine Vorbohreinrichtung, die beim Mäkler bereits seitlich am Mast vorhanden ist. Auch bei selbstschreitenden Spundwandpressen sind solche Vorbohreinrichtungen anbaubar.

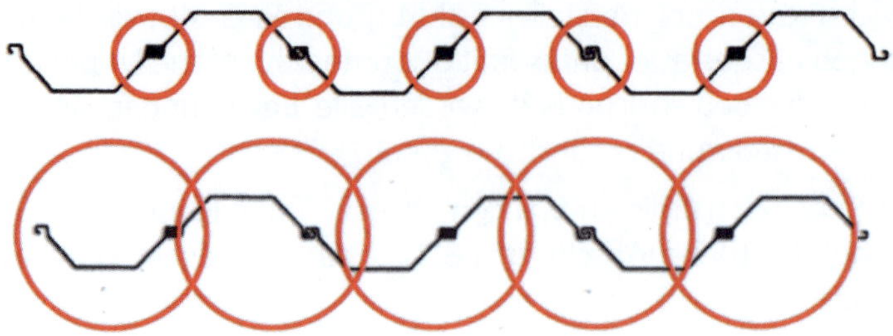

Abbildung 69: Auflockerungsbohrungen – zwei Varianten.

- Eine Verringerung des Bodenwiderstands lässt sich auch durch Lockerungssprengungen in der zukünftigen Achse der Spundwand oder in ihrer unmittelbaren Nachbarschaft erreichen (detaillierte Hinweise hierzu gibt die EAU [71]).
- Am Rammgut können Spülrohre angebracht werden (Abbildung 70), die einen Wasserstrahl an den Fuß des Rammguts leiten.[48] Dieser lockert nicht nur den Boden um das Rammgut auf, sondern reduziert auch durch einen gewissen Abtransport des Bodens dessen Vorspannung durch die ansonsten reine Verdrängungswirkung des Rammens. Besonders erfolgreich wird der Rammwiderstand beim Rütteln in trockenen Böden reduziert.

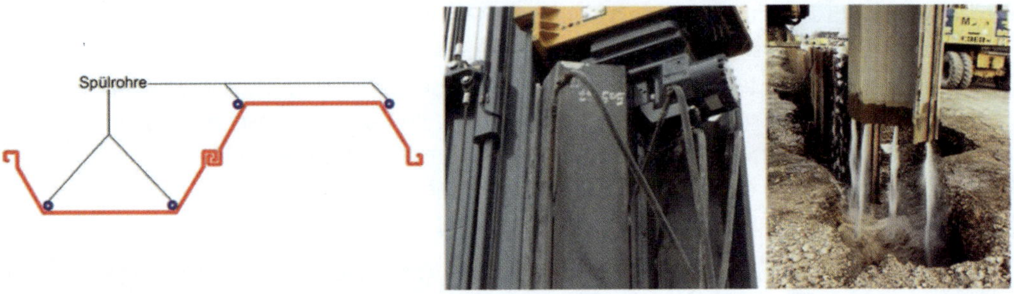

Abbildung 70: Spülrohre an Spundbohlen.

- Zur Verringerung der Reibung im Schloss wird das Eindringen von Boden durch einen unteren Abschluss des beim Rammen freien Spundwandschlosses (z.B. eine Schraube) und evtl. zusätzlich durch Vergießen mit Bitumen oder einem umweltverträglichen Fett reduziert. Außerdem kann ein Gleitmittel oder Gleitlack im Schloss eingesetzt werden. Auch Schlossdichtungen (siehe Abschnitt 4.8.7) setzen die Schlossreibung herab.

48 Hierbei kann (siehe [66]) sowohl – vor allem bei rolligen bis dichtgelagerten Böden – mit Niederdruck von 20 bis 30 bar gespült werden (wobei pro Spundwand-Doppelbohle zwei bis vier Spüllanzen mit Durchmesser ¾" bis 1" angeschweißt werden) als auch bei einem Hochdruck von 250 bis 500 bar unter Verwendung von Hochdruck-Kolbenpumpen mit 60 bis 120 l/min und Hochdruckdüsen an der Bohle. Beim Niederdruckspülen ist es wichtig – sofern nicht mit Rückschlagventilen am Auslass gearbeitet wird –, schon beim Beginn der Rammung zu spülen, um zu vermeiden, dass die Leitungen verstopfen.

Die meisten dieser Maßnahmen können auch dazu verwendet werden, das Ziehen der Bohlen wieder zu erleichtern. Lockerungsbohrungen vor dem Ziehen können hierbei in den Bohlentälern erfolgen.

4.8.2 Bohlenführungen bei Spundwänden

Grundsätzlich[49] müssen Spundbohlen mindestens an zwei Stellen geführt werden (siehe ZTV-W [72]), um beim Rammen eine gute Vertikalität der Wand und einen exakten Verlauf der Spundwandachse sicherzustellen.[50] Das Schloss der Nachbarbohle kann in diesem Zusammenhang nicht als Führung angesehen werden, da sich damit Positions- und Lagefehler der Spundbohlen progressiv erhöhen könnten.

Abbildung 71: Untere Bohlenführung mit zwei horizontalen Trägern oder mit dreifacher Aussteckung und zwei Führungsseilen.

Die untere Bohlenführung liegt in der Regel auf Bodenniveau (Abbildung 71, links) oder ist am Mäkler des Rammgeräts angebaut. Besteht die Bohlenführung aus einem Gestell mit zwei Trägerpaaren, zwischen denen die Bohlen jeweils geführt sind, sollte der Abstand zwischen unterer und oberer Führung mindestens ein Drittel der Bohlenlänge betragen. Dieses Gestell wird wieder in der Regel durch eingerammte Träger und durch Überlappung mit dem schon gerammten Teil der Spundwand gegen seitliches Verschieben (quer zur Wandachse) gesichert. Um noch besser zu verhindern, dass sich die Spundbohle beim Abrammen verdreht oder tordiert, kann ihr freies Schloss durch einen Führungsklotz[51] gegen die Bohlenführung abgestützt werden.

49 Das Wort »grundsätzlich« ist hier im juristischen Sinn gemeint: Der Grundsatz muss beachtet werden, solange nicht Abweichungen davon gerechtfertigt sind.

50 Zu den standardmäßig akzeptierten Toleranzen von Spundwänden siehe DIN EN 12063 [67].

51 Für diese Führungsklötze, die in die untere Spundwandführung eingesetzt werden und das freie Schloss in seiner Position gegenüber der Führung halten, hat sich – in Doppelverwendung des Wortes – auch der Begriff »Rammschuh« eingebürgert.

Wird der Rüttler oder Hammer an einem Mäkler geführt, so kann die Spannzange des Rüttlers oder die Rammhaube des Hammers als obere Bohlenführung angesehen werden. Ein Schnurgerüst aus Richtschnüren an der Innen- und Außenseite der Spundwand als »Lehre« (vergleiche ZTV-W [72]) wird als »untere Bohlenführung« angesehen (Abbildung 71, rechts). Zusätzlich ist die Bohle immer im Schloss der schon eingerammten Bohle geführt. Allerdings empfiehlt es sich bei dieser Methode, die Teilstücke der Spundwand nach dem Einrammen nochmal zu vermessen, um zu dokumentieren, dass sie in den geforderten Toleranzen gerammt wurden. Denn im Wasserbau kann es durch Schwell bzw. Wellen von Schiffen zu nachträglichen Verformungen der Wand kommen. An Land führen Erdbewegungen potenziell zu Verformungen der Wand.

4.8.3 Abweichen von Spundwänden von der Soll-Lage

In der Regel werden Spundwände fortlaufend von – aus der Sicht von Fahrer bzw. Gerät – links nach rechts eingerammt. Nach dem Einrammen einer Bohle wird also jeweils auf dessen freier (rechter) Seite die nächste Spundbohle ins Schloss eingefädelt und abgerammt. Der Grund für diese Vorzugsrichtung ist der asymmetrische Aufbau des Geräts, bei dem die Kabine auf der linken Seite angebracht ist. Daher hat der Fahrer bei dieser Rammrichtung die bessere Sicht auf das Schloss, wo sich die neue Bohle in das freie Schloss der schon eingebrachten Spundwand einfädelt.

Der Vorteil dieser Methode ist, dass bei geeigneten Rammgeräten und entsprechender Verfahrensweise (wie im letzten Abschnitt beschrieben) auf separate Bohlenführungen verzichtet werden kann. Bei schwierigen Bodenverhältnissen oder bei unachtsamem Vorgehen kann es aber passieren, dass sich Vertikalitätsfehler in Richtung der Spundwandachse von Bohle zu Bohle verstärken (siehe Abbildung 72). Dies tritt unter anderem deswegen auf, weil der Rammwiderstand auf die neu einzurammenden Bohlen unsymmetrisch ist. Gerade bei nicht mehr ganz neuen Spundbohlen kann sich eine erhebliche Reibung im Schloss zur vorhergehenden Bohle aufbauen. Dadurch entsteht ein Kräftepaar zwischen der Rammkraft (die in der Mittelachse der Bohle wirkt) und der einseitigen Widerstandskraft, das die Bohle oben von der Wand wegdrehen will. Aufgrund des Profils, das der Spundbohle seine Querstabilität verleiht, hat die Bohle eine gewisse Elastizität in Spundwand-Längsrichtung (d.h. in Richtung der Breite der Spundbohlen). Darüber hinaus hat das Schloss ein Spiel, sodass sich von Bohle zu Bohle eine gewisse Neigung aufaddieren kann. Wenn sich entsprechend diesem Mechanismus der obere Teil der neu eingerammten Bohle von der Wand wegneigt, bezeichnet man dies als »Voreilen«, in der Gegenrichtung als »Nacheilen«. Auch in Querrichtung zur Wand können sich aufgrund der Wirkung des Bodens Vertikalitätsfehler aufbauen.

Um dem entgegenzuwirken, ermöglichen moderne Telemäkler- und Starrmäkler-Geräte eine Justage der Mastvertikalität und damit der Bohlenvertikalität beim Einrammen. Aufgrund der hohen Steifigkeit moderner Trägergeräte kann so die obengenannte Kraftwirkung durch entsprechende Gegenkräfte kompensiert werden. Ein guter Gerätefahrer wird mit solchen Geräten immer versuchen, während des sequenziellen Einrammens tendenziell ein leichtes Nacheilen der Bohlen zu verursachen, da eine Wand mit stark voreilenden Bohlen kaum noch korrigierbar ist (außer mit Keilbohlen – s.u.), wohingegen sich ein Nacheilen der Bohlen praktisch von selbst korrigiert.

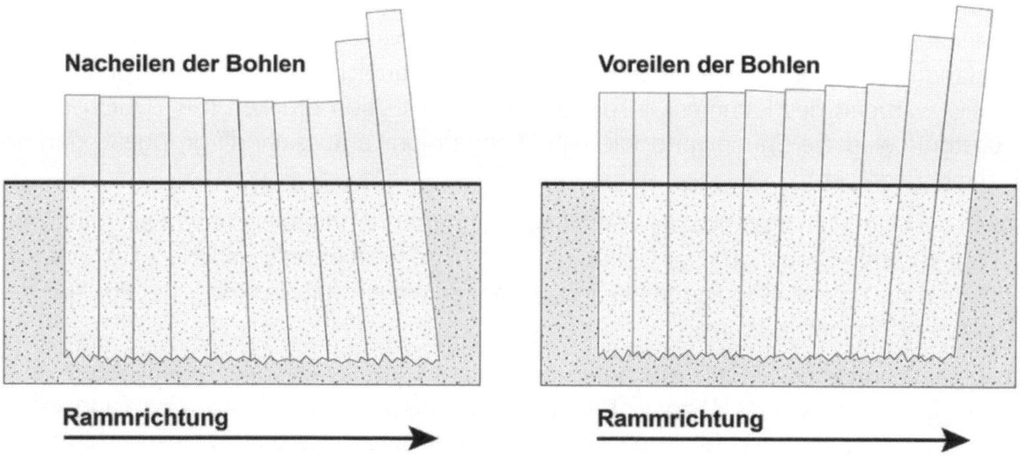

Abbildung 72: Vor- und Nacheilen der Spundwandbohlen.

Werden die Bohlen freireitend eingerammt oder ist der Boden schwer rammbar, kann es sinnvoll sein, die Bohlen nicht mit asymmetrischer seitlicher Führung (nämlich nur an einer Seite eingefädelt im Schloss zur Nachbarbohle) einzubringen, sondern sie beidseitig zu führen. Dazu werden die Bohlen schon vor dem Einrammen in Führungsgestellen stehend ineinander eingefädelt und damit zu »Tafeln« arrangiert.[52] Dann kann Bohle für Bohle um eine gewisse Höhendifferenz eingerammt werden – entweder sequenziell »staffelweise« oder im Pilgerschritt »fachweise«, z.B. 1-3-5-2-4 – und so ein ganzes Wandsegment in Etappen, sich dabei gegenseitig stabilisierend, bis auf Endtiefe abgerammt werden.[53] Da in der Regel die Breite einer Tafel noch nicht die ganze Spundwand ausmacht, wird die Tafel nicht ganz – beispielsweise nur halb – eingerammt. Sie dient dann der Stabilisierung der nachfolgenden Tafel, die wiederum an ihr eingefädelt wird.

Hat sich bei einer Wand schon eine starke Neigung der Bohlen in Richtung der Spundwandachse eingestellt, kann zur Korrektur auch ein trapezförmiges Spundwandelement eingerammt werden. Diese »Keilbohle« wird in der Regel durch Zusammenschweißen von zwei schief in Längsrichtung aufgeschnittenen Bohlen hergestellt, oder durch Verlängerung einer Bohle in Querrichtung mit einem keilförmigen Flachstahl und einem angeschweißten Schloss.

4.8.4 Korrektur der Wandlänge einer Spundwand

Spundwände bestehen aus Elementen mit einer diskreten Breite. Trotzdem kann es notwendig sein, eine »exakte« Spundwand-Länge zu erreichen, um Ecken genau treffen zu können oder eine umlaufende Wand zu schließen. Um die Länge der Wand zu beeinflussen, kann bewusst das Schloss-Spiel ausgenutzt werden, indem bei jeder Verbindung

52 Um das Einfädeln der Bohlen ineinander in großer Höhe gefährdungsfrei bewerkstelligen zu können, gibt es automatische Einfädelvorrichtungen.

53 Dieses staffelförmige Einrammen empfiehlt sich auch, wenn Spundwände – beispielsweise bei der Ufereinfassung – bis unter das Wasserniveau eingerammt werden, da man dann die Spundwände oberhalb des Wassers ineinander einfädeln kann.

zwischen Z-Profilen ein leichter Knick nach innen – also zur Spundwand-Mittelachse hin – oder nach außen erzeugt wird. Dies lässt sich beispielsweise durch Holzblöcke oder andere Abstandhalter in der (unteren) Spundwandführung erreichen, welche die Spundwandprofile während des Rammens in die gewünschte Position drücken [66]. Durch diesen Kunstgriff wird die Spundwand wie eine Ziehharmonika auseinandergezogen oder zusammengedrückt.

Auch bei U-Profilen lässt sich die Wandlänge mit dieser Methode anpassen; allerdings nur hin zu kürzeren Längen, da der Einbau der Bohlen in – von oben gesehen – exakt gerader Richtung die größte Wandlänge bewirkt, wogegen ein leichtes Zick-Zack der Position der Schlösser die Wand verkürzt.

Insgesamt sind aber Z-Profile durch den genannten Effekt in Wandachsen-Richtung deutlich besser verformbar als U-Profile. Dies kommt bei ersteren vorteilhaft zur Wirkung, wenn beim Schließen einer geschlossenen Spundwand die letzte Bohle auf beiden Schloss-Seiten gleichzeitig eingefädelt und abgerüttelt werden muss.

Um ganz gezielt eine Längendifferenz ausgleichen zu können, werden aber auch – eventuell speziell für diesen Zweck zusammengeschweißte[54] – Passbohlen eingesetzt, die eine größere oder kleinere Profilbreite haben.

Falls bei der Erstellung eines Kastens durch fortlaufendes Rammen die Lage der Ecke nicht relevant ist, kann diese natürlich auch bewusst nach außen oder innen verlagert werden, um den Eck-Schluss zu ermöglichen.

4.8.5 Mitnahme der schon gerammten Nachbarbohle

Ist der Boden sehr locker und damit der Rammwiderstand gering, kann es passieren, dass die Reibung im Schloss zwischen der momentan gerammten Bohle und der schon auf Endtiefe sitzenden Bohle größer ist als der Bodenwiderstand und die Schlossreibung zum Rest der Wand, der die letzte Bohle in Position hält. Durch das Rammen der neuen Bohle wird dann die Nachbarbohle mitgezogen und unter Solltiefe gerammt.

Das beste Mittel zur Vermeidung dieses Problems besteht darin, die Schlossreibung zur neu zu rammenden Bohle zu verringern – indem man beispielsweise bei der führenden Bohle das Eindringen von Sand durch Vergießen mit Bitumen minimiert – oder die Stützkräfte der restlichen Spundwand zur »Mitnahme-gefährdeten« Bohle erhöht. Letzteres kann durch eine temporäre Schweißverbindung (Heftnähte) erfolgen oder durch spezielle Klemmvorrichtungen.

4.8.6 Spundwände unter begrenzter Raumhöhe

Wird beispielsweise unter einer Brücke eine Spundwand eingebracht, reicht die lichte Höhe möglicherweise nicht aus, um mit einem Mäklergerät zu arbeiten. Bei fortlaufendem Einbringen lässt sich das Problem eventuell durch die Arbeit mit einem Gürtelrüttler oder Seitengriffrüttler lösen. Wenn freireitend gearbeitet werden muss und z.B. aus Vertikalitätsaspekten heraus die Bohlen für staffelweises oder fachweises Einbringen schon vor dem Einbringen im

54 Durch Zusammenfügen von Standard-Stahlelementen mit Anschweiß-Profilen, die die gewünschte Schlossform haben, kann fast jede beliebige Bohlenform kreiert werden.

eingefädelten Zustand aufgestellt werden müssen, fehlt häufig der vertikale Raum – nämlich die doppelte Höhe der Spundwandprofile –, um die Profile einzufädeln. Es empfiehlt sich dann, die einzelnen Tafeln außerhalb des höhenbegrenzten Raums zusammenzustellen und dann mithilfe eines Traggerüsts unter die Brücke einzustellen.

Muss die neue Tafel in eine schon existierende eingefädelt werden, können an der Schnittstelle kürzere Bohlen verwendet werden, um sie dann stückweise durch Anschweißen im Stumpfstoß zu verlängern. Ebenso kann das Anschluss-Schloss der schon halb eingerammten Tafel im oberen Teil so mit dem Schneidbrenner abgebrannt werden, dass das Schloss der neuen Tafel seitlich eingehakt werden kann. Dieses wird dann auf der hinteren Seite durch Anschweißen eines Flacheisens gegen Herausgleiten gesichert, und damit wieder ein Formschluss in alle Richtungen hergestellt.

4.8.7 Verbesserung der Dichtheit von Spundwänden

Natürlich haben die Schlösser der Spundwände – solange es sich um einen Kontakt Stahl auf Stahl handelt – nur eine begrenzte Dichtigkeit gegen Grundwasser. Zur Verbesserung der Dichtigkeit sind Profile erhältlich, bei denen in den Schlössern Dichtungen in Längsrichtung, wie beispielsweise Dichtlippen, eingebaut sind (z.B. »Schlossdichtung System HOESCH« [15]). Diese müssen beim Einbringen der Bohlen mit speziellen Gleitmitteln behandelt werden, denn speziell beim Rütteln besteht durch die hohe Relativbewegung der beiden Seiten des Schlosses die Gefahr der Überhitzung und Schädigung der Dichtung. Außerdem ist es empfehlenswert, das freie Schloss der jeweils eingerammten Bohle unten (beispielsweise durch eine Schraube) abzuschließen, um das Eindringen von Boden so weit wie möglich zu verhindern.

Alternativ lässt sich eine Abdichtung auch durch teilweises Verfüllen des Schlosses mit Bitumen erreichen. Dieses kann mit Hilfe eines Teerkochers mit Rührwerk auch lokal auf der Baustelle erfolgen.

Solche Dichtungen entfalten ihre Wirkung natürlich nur dann, wenn die Spundbohlen auch über die ganze Länge im Schloss sauber eingefädelt sind. Um zu detektieren, wenn sich durch Verformung einer der beiden Seiten des Schlosses selbiges ausfädelt, werden in kritischen Anwendungen Näherungsschalter an der Schlossseite der neu zu rammenden Bohle angebracht, die als Integritätsprüfung signalisieren, sobald der Kontakt zum Schloss der Nachbarbohle verloren geht. Dazu wird ein durch ein Rohr geschütztes Kabel an der Bohle hochgeführt.

4.8.8 Sicherheitsaspekte

Rammgeräte gehören zu den höchstbelasteten Baumaschinen. Bei Rüttlern wird aufgrund der hohen Schwingungsfrequenz die Wöhlerlinie[55] innerhalb kurzer Zeit durchlaufen –

55 Die Wöhlerlinie gibt an, bei welcher Zyklenzahl eine Komponente welche Wechsellast ertragen kann. Je höher die Zyklenzahl, desto niedriger die ertragbare Belastungshöhe. Unterhalb einer bestimmten Belastungsamplitude – der Dauerfestigkeit – tritt auch bei Zyklenzahlen über der typischen Betriebsfestigkeitsgrenze von $2 \cdot 10^6$ Zyklen keine Schädigung auf. Die Linie, die den Bereich ohne von jenem mit Schädigung trennt, stellt allerdings nur ein statistisches Mittel dar, von dem immer ein Sicherheitsabstand gehalten wird. Ein wirklicher Schaden ist daher immer eine Frage der Wahrscheinlichkeit.

jede Komponente des Geräts, die nur zeitfest belastbar ist, wird innerhalb der Betriebszeit mit einer gewissen Wahrscheinlichkeit Schaden nehmen. Beim Hammer wiederum treten durch den Aufschlag-Impuls höchste Beschleunigungen und Kräfte auf. Um diese hohen Belastungen dauerhaft zu überstehen, werden von den Herstellern häufig besondere Werkstoffe und Herstellverfahren verwendet.

Als Beispiel sei hier nur genannt, dass IQIP bei ihren hydraulischen Hämmern die komplette Einheit von Kolben und Kolbenstange des Zylinders, Verbindungsstange zum Schlaggewicht, dem Schlaggewicht selbst und der Verlängerung des Schlaggewichts nach unten in einem Stück schmiedet und spanend bearbeitet. Neben der Fertigungstechnik dieses bei schweren Hämmern enorm langen Teils stellt diese Konstruktionsweise auch besondere Anforderungen an die Dichtungstechnik im Zylinder und an alle Führungen. Aber der Aufwand hat in der speziellen Anwendung durchaus seinen Sinn, da dadurch alle Kerben aufgrund von Fügestellen, Wärmeeinflusszonen und Materialinhomogenitäten vermieden werden, die aufgrund der hohen dynamischen und periodisch wiederkehrenden Belastung zu Schäden führen könnten.

Rammgeräte sind daher außerordentlich empfindlich gegen jede Art von Missbrauch und äußerer Beschädigung. Aus diesem Grund ist es besonders wichtig, dass sich der Bediener an alle Vorgaben der Betriebsanleitung hält. Insbesondere ist es schon rein aus Sicherheitserwägungen heraus absolut unabdingbar, zur Reparatur ausschließlich Originalteile zu verwenden und ohne Genehmigung des Herstellers keinerlei Veränderungen am Gerät vorzunehmen, insbesondere auch keinerlei Schweißarbeiten an tragenden Teilen durchzuführen. Regelmäßige Kontrollen auf Risse und Beschädigungen sind – wie normalerweise in der Betriebsanleitung explizit vorgeschrieben – vom Betreiber pünktlich und sorgfältig durchzuführen, um nicht fahrlässig ein Risiko für Bedienpersonal und Umgebung des Geräts einzugehen.

4.9 Offshore-Anwendungen

Wie schon anfangs beschrieben, ist der Wasserbau seit der Antike eines der wichtigen Anwendungsgebiete für das Rammen, und dort spielen wiederum Uferbefestigungen und Hafenanlagen eine große Rolle. In neuerer Zeit kommen Anwendungen auf offener See zur Gründung von Windkraftanlagen und anderen Offshore-Strukturen hinzu. Nicht immer ist es dabei sinnvoll oder möglich, das Rammgerät vollständig über Wasser zu halten. Wenn die Pfähle unter Wasser enden sollen, der Rammprozess aber komplett über Wasser stattfinden soll, muss das Rammgut entweder länger als notwendig dimensioniert und dann nach dem vollständigen Einrammen abgeschnitten werden. Oder man verwendet eine abtrennbare Pfahlverlängerung. Beides würde aber zu einem unnötig hohen Gewicht an der Ramme und damit zu einem erhöhten Energiebedarf und einem verringerten Rammfortschritt führen. Daher werden in solchen Fällen Rammgeräte eingesetzt, die auch unter Wasser arbeiten können. Das Rammgerät muss dafür ein in sich geschlossenes, dichtes System sein.

Bei Einsatz in Meeresnähe und vor allem bei direktem Kontakt mit Salzwasser sind natürlich auch die Anforderungen an den Korrosionsschutz des Rammgeräts und seine Peripherie wie das Aggregat höher. Speziell alle elektrischen und elektronischen Komponenten des Aggregats müssen für diesen Einsatz ausgelegt sein.

Bei der Gründung von Offshore-Bauwerken oder -Strukturen in der Tiefsee werden diese häufig direkt am Meeresgrund auf die Gründungspfähle gesetzt bzw. bei Zugpfählen über Seile an diese angehängt. Daher finden die Rammarbeiten teilweise in Tiefen von mehreren tausend Metern statt. Dies setzt aber voraus, dass das Rammgerät in dieser Tiefe arbeitet.

Offshore-Strukturen sind in der Regel sehr groß, sodass auch die Gründungen hierfür außerordentliche Dimensionen annehmen. Zum Beispiel hat der Gründungspfahl einer größeren Offshore-Windenergieanlage als Monopfahl ein Gewicht von etwa 500 t. Für die großen Anlagen gehen diese Gewichte mittlerweile schon zu 1.400 t bei Pfahlfußdurchmessern bis zu 9 m, der Pfahlkopfdurchmesser liegt dann mindestens bei 6 m. Entsprechend sind natürlich auch die Rammgeräte, mit denen diese Pfähle gesetzt werden, in ihren Leistungsdaten immens und in Gewicht und Ausdehnung riesig. Die ständige Steigerung von Rammgut-Geometrie und Gewicht stellt auch eine der großen Herausforderungen an die Hersteller von Rammen dar.

In tausend Metern Tiefe herrscht ein Wasserdruck von 100 bar, also eine Kraft entsprechend 1.000 t Auflast je Quadratmeter Oberfläche. Das bedeutet für die verwendeten Geräte konstruktiv, dass entweder ihr Gehäuse sehr massiv sein muss oder man durch eine Druckkompensation aller Innendrücke ein Kräftegleichgewicht zwischen Innen- und Außendruck herstellt, sodass nur noch der Stahl in sich den Druck »spürt«. Dieselbe Thematik gilt auch für alle Dichtungen zwischen Innenraum und Umgebung. Bei einem komplett geschlossenen System ließe sich eine Druckkompensation aber nur realisieren, wenn innen praktisch keine Luft ist – sie würde ja auf einen kleinen Bruchteil ihres Volumens zusammengedrückt und müsste entweder durch die hundertfache Menge Luft oder zumindest durch eine dem Volumen entsprechende Flüssigkeit ersetzt werden.

Bei Hydraulikhämmern (Abbildung 73) geht man zur Druckkompensation denselben Weg wie bei einer Taucherglocke: Von einem über dem Wasser befindlichen Kompressor wird Druckluft nach unten gepumpt, die in dem nach unten offenen Gehäuse das Wasser verdrängt. Solange der eingepresste Volumenstrom stets eventuelle Leckagen überkompensiert, sodass an der Unterseite des Hammers bzw. an den hierzu vorgesehenen Öffnungen mindestens eine Minimalmenge entweicht, ist der Hammer komplett luftgefüllt und der Innendruck entspricht genau dem Druck des umgebenden Wassers. Die Funktionsfähigkeit dieses Befüllungsmechanismus wird natürlich permanent durch entsprechende Sensoren überwacht, die den Wasserspiegel im Hammer überprüfen. Nur der Teil des Hammers mit dem hydraulischen Triebwerk (und je nach Hammer der Gasdruckfeder) ist geschlossen.

Abbildung 73: IQIP-Hammer bei einer Offshore-Gründung.

Ein anderes Problem ist die Entfernung zwischen Bediener und Energieversorgung einerseits und Ramme andererseits. Denn wenn der Hammer in 1.000 m Wassertiefe arbeitet, muss auch die Energie 1.000 m weit dorthin transportiert werden. Der Bediener ist auf die Sensorik des Geräts voll angewiesen, da er natürlich von der Arbeit des Geräts nichts sieht – außer in der Nähe des Hammers taucht ein unbemanntes, kabelgebundenes Unterwasserfahrzeug (ein ROV, d.h. Remotely Operated Vehicle), das die Arbeiten mit seiner Kamera überwacht. Da der Hydraulikdruck nicht beliebig gesteigert werden kann, hat eine hydraulische Energieübertragung auf die große Entfernung sehr große Verluste durch die viskose Reibung des Öls in den Schläuchen. Bei einer elektrischen Energieübertragung dagegen können hohe Spannungen verwendet werden, um den Strom und damit die ohmschen Leistungsverluste klein zu halten. Das bedeutet allerdings, dass am Hammer oder in dessen Nähe unter Tiefsee-Bedingungen und einer mehr oder weniger hohen Stoßbelastung ein elektrisches Hydraulikaggregat die Wandlung der Energieform durchführen muss.

Daneben müssen natürlich auch die Mess- und Steuersignale der Ramme übertragen werden – in der Regel im gleichen Kabelbündel wie die Energie, das man in der maritimen Technik als Umbilical (»Nabelschnur«) bezeichnet.

Eine Problematik, die allen uferfernen Offshore-Anwendungen gemein ist, sind die enorm hohen Nebenkosten, die mit den Bauarbeiten verbunden sind. Denn man benötigt – beispielsweise für Rammarbeiten – ja nicht nur den Hammer allein. Dazu kommen noch das Hydraulikaggregat, der Kompressor und eine entsprechende Reserve an Kraftstoff. Wirklich teuer wird jeder Einsatztag aber durch das hochseetaugliche Schiff, das die Gerätschaften zum Einsatzort transportiert und dort mit ausreichender Positionsgenauigkeit für die Arbeiten auf der Stelle hält. In flachem Wasser wird das Schiff als Hubplattform aufgeständert, sodass es nicht durch Schlingern mit im Boden eingerammten Pfählen kollidieren kann, im Tiefseeeinsatz verwendet man Schiffe mit dynamischer Positionierung.[56]

Bei Tiefseeeinsätzen muss außerdem eine Winde mit ausreichender Spulkapazität für die Arbeitstiefe und Tragkraft für die hohen Gewichte des Rammgeräts an Bord sein. Für das Rammgut selbst werden teilweise spezielle Handhabungsgeräte verwendet, die dieses zur Bordkante und dann gedreht vertikal ins Wasser bewegen. Als Handhabungsunterstützung unter Wasser und zur visuellen Rückmeldung der Arbeiten an die Bediener werden in der Regel zusätzlich ROVs verwendet.

Die genannten Faktoren führen dazu, dass ein Einsatztag Kosten in Höhe eines niedrigen bis mittleren sechsstelligen Eurobetrags verursacht. Die Folge davon ist, dass schon kleine Fehler, die eine Ausfallzeit zur Folge haben, sehr hohe Kosten verursachen. Alle im Offshore-Bereich eingesetzten Geräte und Komponenten sollten daher außerordentlich robust sein, selten ausfallen und leicht vor Ort zu reparieren sein. Aufgrund der hohen Nebenkosten amortisiert sich in der Regel jede Maßnahme zur Erhöhung der produktiven Zeit und zur Verbesserung der Geschwindigkeit, mit der die Bauleistung erbracht wird, innerhalb kurzer Zeit.

4.9.1 Hämmer

4.9.1.1 Hämmer für oberflächennahe Anwendungen

Müssen Bohlen nur geringfügig unter Wasser eingerammt werden, kann das Rammgerät über Wasser betrieben werden, wenn die Bohle oder der Pfahl durch eine sogenannte Rammjungfer verlängert wird, die temporär auf das eigentliche Rammgut aufgesteckt wird. Alternativ zu dieser Verfahrensweise und für größere Tiefen hat die Firma Vulkan schon 1930 einen geschlossenen Dampfhammer für die Verwendung unter Wasser auf den Markt gebracht [6]. Heutzutage werden in dieser Anwendung allerdings vorwiegend Hydraulikhämmer verwendet.

Ein Schlaggewicht, das unmittelbar von Wasser oder von Öl umgeben ist, würde beim Fall durch die Viskosität des Mediums stark gebremst werden.[57] Daher ist das Gehäuse des Hammers als »Taucherglocke« mit Luft gefüllt, sodass die Fallbewegung weitgehend

56 Dynamische Positionierungssysteme (kurz DPS) erfassen die Position des Schiffs über hochgenaues GPS (unter Umständen unterstützt durch andere Messsysteme wie Beschleunigungs- und Drehgeschwindigkeitssensoren) und regeln diese durch Schubsysteme auf eine Soll-Position. Die Schubsysteme – beispielsweise Voith-Schneider-Propeller – können das Schiff in jeder Richtung beschleunigen und ihm geschwindigkeitsunabhängig eine Drehbeschleunigung aufprägen. Nach dem Grad der Fehlertoleranz bzw. Redundanz werden die Systeme in die Klassen 1 bis 3 bzw. DP-1 bis DP-3 eingeteilt.

57 Den Autoren ist allerdings bisher kein realer Einsatz eines solchen Hammers bekannt geworden.

ungebremst stattfindet. Da die Hämmer von Menck [31] und IQIP (ehemals IHC Hydrohammer) [32] quasi geschlossene Systeme sind, können sie in der beschriebenen Art wie eine Taucherglocke unter Wasser verwendet werden. Auch Hämmer von Dawson [27] wurden schon in Tiefen bis 60 m eingesetzt.

Während in der Vergangenheit nur Dampfhämmer und Hydraulikhämmer für die ganz großen Offshore-Anwendungen verfügbar waren, hat Pileco 2012 hierfür einen Dieselhammer in den Markt eingeführt, den D800 mit 80 t Schlaggewicht (Abbildung 26 in Abschnitt 4.4.2). Aufgrund der großen Fallhöhe und der hohen Aufwärtsbeschleunigung durch die Dieselexplosion erreicht er damit eine Schlagenergie von 2.665 kJ bei 36 Schlägen pro Minute und somit eine nominelle mechanische Schlagleistung von 1.599 kW. Mit seinen 160 t Einsatzgewicht ist er ungewöhnlich leicht für seine Klasse – im Vergleich dazu hat beispielsweise der Menck MHU 3000S mit einer vergleichbaren Schlagleistung ein Gesamtgewicht von 310 t. Allerdings sind seine Einsatzmöglichkeiten im Vergleich zu den oben genannten Hämmern stärker eingeschränkt, da er Bauart-bedingt nur über dem Wasser betrieben werden kann. Und seine nominelle Schlagenergie ist aus verschiedenen Gründen (siehe Abschnitte 4.2.3.1 und 4.4.2) nicht zu 100 % vergleichbar mit der eines Hydraulikhammers. Da ein Dieselhammer komplett autark arbeitet, also auf kein Hydraulikaggregat angewiesen ist und auch keine Hydraulikleitungen benötigt, ist seine Handhabung auf einem Schiff oder einer Offshore-Plattform hingegen besonders einfach.

Die hohen Kräfte und Beschleunigungen beim Aufschlag des Rammgewichts – die ja auch gewünscht sind, um große und schwere Rammgüter aus Stahl in den Meeresboden treiben zu können – regen natürlich das Rammgut und auch den Hammer selbst zu Schwingungen an, die sich als Schallwellen auf die Umgebung übertragen. Nachdem Wasser weitgehend inkompressibel ist, ist die Übertragung der Schwingungsenergie besonders gut und der Schall wird ohne große Dämpfungseffekte weit durch das Wasser getragen.

Mit dem wachsenden Umweltbewusstsein in der Welt, insbesondere in Europa, findet die Frage immer mehr Beachtung, wie stark die Tier- und Pflanzenwelt im Bereich der Rammarbeiten durch die Schallemissionen des Hammers gestört wird. Insbesondere bei Meeressäugern geht man von einer Schädigung des Gehörs und damit auch des Orientierungssinns ab gewissen Lautstärken aus. Doch selbst wenn eine bleibende Schädigung noch nicht stattgefunden hat, könnte eine länger wirkende Schallentwicklung[58] dazu führen, dass bestimmte Tierarten die deutschen Küsten auf Dauer verlassen. Und nachdem die einzige Walart vor Deutschlands Küsten der auf der Roten Liste Deutschlands als stark gefährdete Art geführte Schweinswal ist, wird befürchtet, dass es nach dem Bau aller Offshore-Windkraftanlagen dort keine Wale mehr gibt.

58 Gemäß den derzeitigen Planungen der Bundesregierung zur Entwicklung von Offshore-Windkraftanlagen müsste vor den Küsten Deutschlands über die kommenden Jahre in den Sommermonaten praktisch dauerhaft an den entsprechenden Gründungen gearbeitet werden.

Momentan gilt in Deutschland als Grenzwert des Umweltbundesamts für Offshore-Arbeiten ein Unterwasser-Schallenergiepegel von 160 dB[59] in 750 m Entfernung von den Rammarbeiten. Konventionelle Rammarbeiten mit großen Hämmern liegen in der Regel weit über diesem Grenzwert (Abbildung 74). Zur Reduzierung der Schallemissionen wurde eine Reihe von Methoden vorgeschlagen und getestet. Insbesondere erscheinen ein Luftblasenschleier und ein Faltenbalg um Hammer und Rammgut erfolgversprechend.

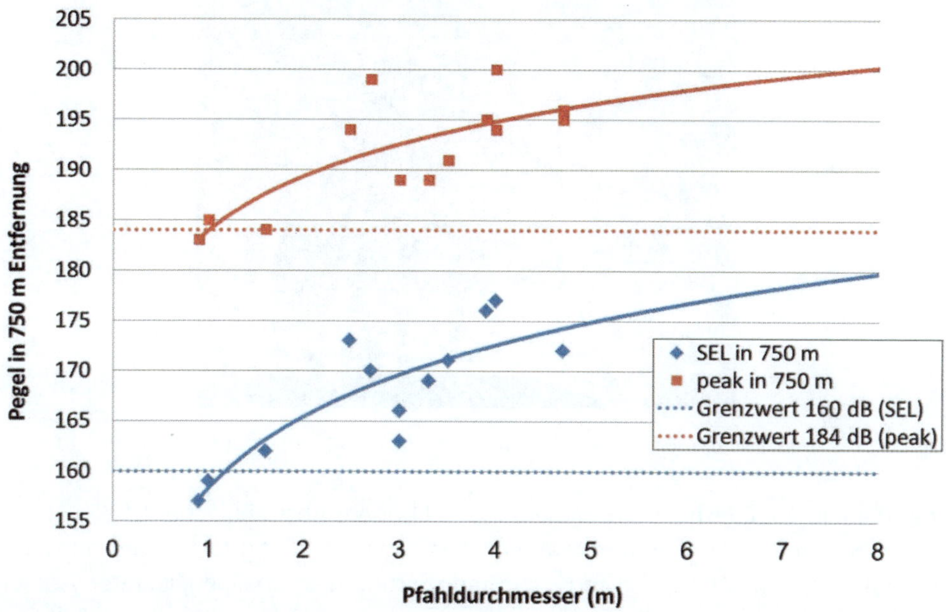

Abbildung 74: Lärmpegel bei Offshore-Rammungen (aus [73]).

Luftblasenschleier erhöhen die Dämpfung des umgebenden Wassers und können in ihrem Blasendurchmesser so abgestimmt werden, dass sie durch Resonanz die Energie dominanter Frequenzen im Schallabstrahlungsspektrum besonders gut absorbieren. Bei der Gründung der Windenergieanlage Borkum West mit Hydraulikhämmern konnte mit dem sogenannten »Großen Blasenschleier« bei maximaler Druckluftzufuhr eine Schallminderung von 11 dB_{SEL} erzielt werden. Der Nachteil dieser Methode besteht darin, dass für einen einigermaßen wirksamen Blasenschleier über den kompletten Fortgang der Rammarbeit große Luftmengen zum Meeresboden gepumpt werden müssen – gegen den in der Tiefe wirksamen hydrostatischen Druck. Dies bedeutet einen gewaltigen zusätzlichen Energie- und Geräteaufwand und erhöht die Kosten und den CO_2 Fußabdruck erheblich.

59 Die 160 dB gelten für den sogenannten Einzelereignispegel (SEL) und beziehen sich auf die in 750 m Entfernung gemessene Schallenergie eines Schlags über seine Wirkdauer, wobei als Basis des Pegels 1 $\mu Pa^2 \cdot s$ gesetzt ist. Daneben gilt für den Spitzenpegel, also den maximal auftretenden Schalldruck eines Ereignisses, ein Grenzwert von 190 dB (peak-to-peak) bzw. 184 dB (peak). Aufgrund der unterschiedlichen Referenzwerte der Schallpegel-Angaben in Luft und in Wasser, aber auch aufgrund der unterschiedlichen physikalischen Eigenschaften, unterscheiden sich gleiche Pegelangaben (d.h. gleiche dB-Werte) für Luft und Wasser in ihrer Intensität (also der Energieflussdichte) um ca. 62 dB [82], was die dem Anschein nach extrem hohen Grenzwerte und Messwerte unter Wasser erklärt.

Abbildung 75: Menck-Hammer mit Schallschutz-Faltenbalg zur Schallreduktion in der Luft.

Da der Pfahl im Vergleich zum Hammer eine viel höhere Abstrahlfläche für den Schall hat und darüber hinaus der Hammer während der Arbeiten häufig nicht oder nur zum Teil im Kontakt mit dem Wasser ist, muss zur Reduzierung des Schallpegels unter Wasser vor allem die Schallabstrahlung des Pfahls gedämpft werden. Hierzu werden auch Faltenbälge (in der Luft – siehe Abbildung 75) oder feste Hüllen (im Wasser) um Hammer und Pfahl eingesetzt. Letztere sind vor allem dann wirksam, wenn sie mit Luft gefüllt sind oder das enthaltene Wasser zumindest stark mit Luftblasen aufgeladen ist. Dies bedingt aufgrund des Druckunterschieds zum umgebenden Wasser eine massive Konstruktion der Hülle. Deren Handling bedeutet aufgrund der vielen Schnittstellen zum Hammer, zum Kran und zum Schiff eine deutliche Behinderung des Prozesses und stellt an Geräte und Mannschaft große Herausforderungen. Der Aufwand für derartig unterstützte Rammarbeiten ist daher signifikant höher und damit sind dies auch die Kosten der entsprechenden Gründung.

Bei beiden Maßnahmen ist noch fraglich, ob sie für die wirklich großen Pfähle und Hämmer eine ausreichende Wirkung zeigen, um die Schalldruckpegel innerhalb des Grenzwerts zu halten. Die Forschungen auf diesem Gebiet gehen aber weiter und dehnen sich auf eine Reihe weiterer Maßnahmen wie blasengefüllte Schallschutzmäntel, Kofferdämme (d.h. komplett luftgefüllte Umhüllungselemente) oder Hydroschalldämpfer (HSD) aus (siehe auch [73]).

4.9.1.2 Hämmer für Tiefseeanwendungen

Wie schon erwähnt, besteht eine der Herausforderungen des Einsatzes in der Tiefsee darin, dass die Energieversorgung vom Schiff bis zum Einsatzort über viele hundert Meter bis einige Kilometer Entfernung erfolgen muss.

Menck verwendet hierzu eine elektrische Energieversorgung mit einer Hochspannung von 3,3 kV, sodass die elektrischen Verluste durch den Leitungswiderstand erträglich sind. Über ein elektrisches Hydraulikaggregat, das direkt am Hammer angebaut ist (Abbildung 76) und dort in einem lokalen Kreislauf arbeitet, wird die nötige hydraulische Energie erzeugt. Damit das Hy-draulikaggregat nicht durch die Schockbelastung des Hammer-Gehäuses in Mitleidenschaft gezogen wird, ist dieses mechanisch von jenem entkoppelt. Das Aggregat besteht – je nach Hammergröße – aus drei bis vier Elektromotor-Hydraulikpumpe-Einheiten, die um den oberen Teil des Hammers herum angeordnet sind. Außerdem sind entsprechend viele Hydraulik-Tanks – natürlich nicht mit Atmosphärendruck in Verbindung stehend – angebracht, die aufgrund des Differenzvolumens des Hydraulikzylinders notwendig sind.

Abbildung 76: Tiefseehammer von Menck mit integriertem elektrischen Hydraulikaggregat (um den oberen Teil des Hammers herum).

Die Serie der Tiefsee-Hämmer von Menck – zu erkennen am nachgesetzten »T« in der Bezeichnung – geht von einer Rammenergie von 270 kJ bis 750 kJ[60] bei Schlaggewichten von 16,2 t bis 45,4 t aus. Das System ist bis zu Tiefen von 3.000 m einsetzbar; mit den Pfahlrammungen der Firma Heerema Marine Contractors (HMC) beim Projekt »Block 31« vor der Küste Angolas wurde 2010 der momentane Tiefenrekord mit 2.030 m aufgestellt.

Während die Öl-betriebenen Hämmer von IQIP in der Vergangenheit bis zu einer Tiefe von 900 m eingesetzt wurden – als theoretische Grenze werden 1.000 m angegeben –, hat diese Firma 2013 eine Serie von Seewasser-betriebenen Hämmern (bisher S-90W und S-500W) für Tiefseeanwendungen in den Markt gebracht (Abbildung 77). Dieses Druckmedium hat – im Vergleich zu Öl – eine viel niedrigere Viskosität[61] und führt daher zu

60 Die angegebenen Schlagenergien gelten für eine Tiefe von 1.000 m unter Meeresspiegel. Für größere Tiefen reduzieren sich die Energien u.a. aufgrund der Leitungsverluste.

61 Standard-Hydrauliköle haben bei Zimmertemperatur eine um etwa zwei Größenordnungen höhere Viskosität als Wasser.

deutlich geringeren Reibungsverlusten in den Hydraulikschläuchen, sodass die Energie auch auf größere Entfernungen, nämlich von der Meeresoberfläche in die Tiefsee, sinnvoll möglich ist. Außerdem ist nur ein Zuleitungsschlauch notwendig, da der Rücklauf direkt ins umgebende Wasser erfolgen kann, weil ja keine Kontamination entsteht. Dadurch verkürzt sich die Gesamtleitungslänge des »Kreislaufs« auf die Hälfte und somit auch die Leitungs-Druckverluste. Da nur eine Druckmediums-Leitung erforderlich ist, lässt sich diese im Umbilical-Bündel größer dimensionieren. Zusammen mit einer Steigerung des Systemdrucks auf 420 bar können somit die Leistungsverluste nochmal gesenkt werden.

Abbildung 77: Wasserbetriebener Hammer von IQIP für Tiefseeanwendungen.

Wegen der kurzen und daher auch praktisch Druckverlust-freien Rücklaufleitung ist auch kein Druckspeicher im Rücklauf nötig. Aus Umweltaspekten heraus ist Wasser als Druckflüssigkeit unter den Umgebungsbedingungen der Tiefsee heraus besonders vorteilhaft, denn dort würde man Leckagen erst spät bemerken und hat im Fall des Falles auch kaum Möglichkeiten, eine Kontamination zu beseitigen. Die niedrige Viskosität des Wassers hat allerdings auch den Nachteil, dass deutlich leichter bzw. mehr Leckageverluste auftreten und dass es sehr schlechte Schmiereigenschaften hat. Entsprechend müssen die Maschinenelemente, vor allem die Dichtungen des Systems, ausgelegt sein.

Wenn der IQIP-Hammer in größeren Tiefen eingesetzt wird, muss natürlich auch die Vorspannung der Luftdruck-Feder im Hammer-Kopf entsprechend angepasst werden. Problematisch ist dabei, dass der absolute Druckanstieg durch das Ausfahren des Zylinders höher ist, und damit die Hammerbeschleunigung steigen würde, wenn man nicht durch andere Vorkehrungen dagegen arbeiten würde.

Aufgrund der Neuheit des Systems sind natürlich noch keine großen Tiefseeerfahrungen vorhanden: Der erste Feldtest erfolgte in Indien bei 85 m Wassertiefe. Momentan liegt die theoretische Tiefen-Grenze des IQIP-Wasserhammers bei 2.000 m, sie soll aber in der Zukunft auf über 3.000 m erhöht werden.

Die konventionellen Öl- und Gasreserven an Land und in den einfach zu erreichenden Tiefen werden sich über die nächsten Jahre tendenziell reduzieren, sodass man immer stärker in die Ultra-Tiefsee ausweichen wird. Daher wird die Öl- und Gasindustrie im Offshore-Bereich in immer größere Wassertiefen vordringen.

Damit steigt natürlich die Beanspruchung des Materials in der Tiefe. Auch die Reibungsverluste erhöhen sich mit der Tiefe, da die Viskosität der Luft – bei gleicher Temperatur – mit dem Luftdruck und damit der Massendichte steigt. Die Leitungsverluste erhöhen sich mit den größeren Leitungslängen in die Tiefe, ganz gleich, ob es sich nun um Öl- oder Wasserleitungen handelt oder um Elektrokabel. Weiter besteht die Herausforderung, elektrische Leitungen oder Schläuche zu finden, die eine ausreichende Reißlänge für die Tiefe haben, sodass das Element nicht unter seinem Eigengewicht zerreißt.

4.9.2 Rüttler

Seit einigen Jahren werden für Offshore-Gründungen mit großen Pfählen auch Rüttler eingesetzt. Beispielsweise sind Rüttler von PVE [44] auch unter Wasser einsetzbar (Abbildung 78). Für gewöhnlich muss ein teilweise oder ganz ölgefülltes Rüttlergehäuse sowieso dicht sein, sodass es für geringe Wassertiefen keinen großen Unterschied macht, ob außerhalb des Gehäuses das Medium Luft oder das Medium Wasser ansteht.

Abbildung 78: PVE-Rüttler 2350 im Unterwasser-Einsatz. Terra infrastructure Müller-Rüttler MS200HHF bei Arbeiten vom Schiff aus.

Einer der größten Vorteile von Rüttlern im Offshore-Einsatz besteht in der im Vergleich zum Hammer deutlich geringeren Lärmentwicklung (Abbildung 79). Und abhängig von der Tiefe des Wassers werden sehr niedrige Frequenzen nicht über weite Strecken weitergeleitet – für 10 m Wassertiefe liegt die untere Grenzfrequenz je nach Beschaffenheit des Bodens etwa zwischen 40 und 100 Hz, für größere Tiefen sinkt diese Grenzfrequenz entsprechend –, sodass die Grundfrequenz eines Rüttlers nur lokal wirkt. Steht der Hammer allerdings an härteren Bodenschichten an, so entwickeln sich Oberschwingungen, die die Grenzfrequenz überschreiten und weitergeleitet werden. Insgesamt ergab sich bei Vergleichsmessungen zwischen Hämmern und Rüttlern über mehrere Vergleichsprojekte ein

Unterschied von 15 bis 20 dB im Schallpegel [73]. Aufgrund der logarithmischen Skala der Schallpegelangabe bedeutet das, dass die Schallleistung eines einzigen Hammers der von 30 bis 100 gleichzeitig arbeitenden Rüttlern entspricht.

Bei flüssigkeitsgesättigten, sandigen Böden, die am Meeresgrund häufig zu finden sind, entfalten Rüttler ihren zweiten großen Vorteil, da dieser Boden durch die periodischen Schwingungen in einen pseudoflüssigen Zustand versetzt wird, wodurch das Rammgut mit stark reduzierter Reibung eingebracht werden kann.

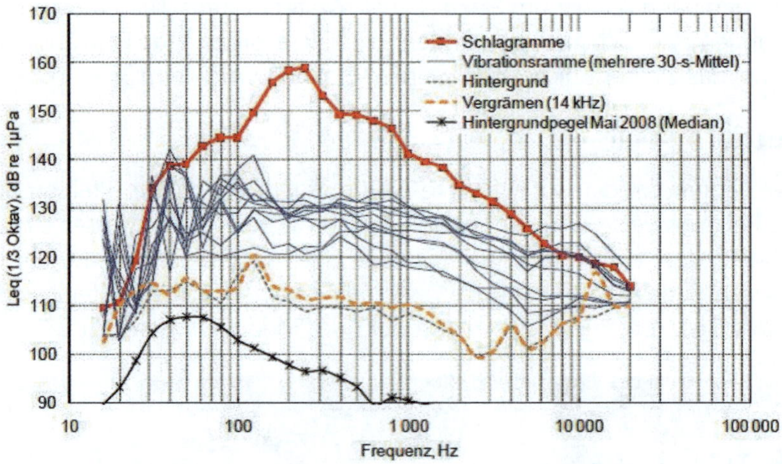

Abbildung 79: Vergleich der Schallemissionen eines Hammers mit einem Rüttler im Offshore-Einsatz [73]. Die Gesamtschallemission entspricht der logarithmierten Summe der Einzelwerte über das Schallspektrum.

Während ein Hammer allerdings seine Beschleunigung immer nur einem kleinen Teil des Pfahls aufprägen muss, da der Stoßimpuls als Verdichtungswelle durch ihn hindurchläuft, sodass für ihn die Masse des Pfahls nur bedingt ein Problem darstellt, muss der Rüttler, der mit mehreren Größenordnungen niedrigeren Beschleunigungen arbeitet, den ganzen Pfahl beschleunigen. Für einen Rüttler mit gegebenem Statischen Moment sinkt daher die Amplitude des Pfahls proportional mit dessen Masse, sodass die Größe des Rüttlers proportional der Größe des Rammguts gesteigert werden muss.

Ein zweites Problem des Rüttlers ist, dass die auf den Pfahl einwirkende Kraft im Vergleich zu einem Hammer relativ niedrig ist. Trifft der Rüttler in größeren Tiefen auf feste Tonschichten, so kommt der Rammfortschritt zum Stillstand, da der Pfahl sich in solchen bindigen Böden festfrisst. In vielen Fällen wurde bei Offshore-Arbeiten schon ein Rüttler zum teilweisen Einbringen des Pfahls verwendet, der dann mit einem Hammer auf Endtiefe gerammt wird. Letzteres allerdings teilweise nur, um die Tragfähigkeit des Pfahls nachzuweisen, was in den meisten Ländern aufgrund allgemein akzeptierter Verfahren nur mit Schlagrammungen möglich ist. Es gibt aber auch schon erste Erfahrungen für komplette Offshore-Rammungen von großen Gründungspfählen in China (Gründung von 21 Offshore-Windenergieanlagen im Rudong Wind Energy Park mit Tandemrüttlern 2*PVE 200M im Jahr 2011).

Ein Beispiel für einen speziell für Offshorearbeiten geeigneten Rüttler ist der PVE 300M mit 286 kgm Statischem Moment und 23 Hz (= 1400 1/min) Frequenz. Dies führt zu einer Zentrifugalkraft von 6.150 kN, einer Amplitude (ohne Rammgut) von 12 mm und zu einer hydraulischen Leistungsaufnahme von 1.633 kW. Das Gewicht eines solchen Rüttlers liegt bei 44 t. Als geeignete Pfahldurchmesser werden 1,1 bis 3,6 m angegeben. Als PVE 300MU (U für »upending«) ist der Rüttler in einer Version erhältlich, die am Kranhaken hängend durch eine im Rüttler eingebaute kleine Winde einfach um eine horizontale Achse drehbar ist. So kann ein Pfahl leicht in der Horizontalen aufgenommen und geklemmt und dann mit dem Anheben des Rüttlers in die Senkrechte gebracht werden.

Rüttler haben – im Gegensatz zu Hämmern – den wesentlichen Vorteil, dass mehrere davon zusammengeschlossen und in ihren Schwingungen (in der Regel mechanisch mittels Wellen) synchronisiert werden können, wodurch große Super-Rüttler mit extrem hohen Leistungswerten entstehen (Abbildung 80). Im Gegensatz zu Hämmern auf Pfählen mit großen Durchmessern, wo durch extrem schwere Schlaghauben der Schlagimpuls vom Schlaggewicht zum Pfahl weitergeleitet wird (was zu Wirkungsgradverlusten führt), kann man mehrere über Wellen synchronisierte Rüttler über den Umfang verteilen und damit die Kräfte sehr direkt und sehr homogen verteilt einleiten. Im Tandemkonzept entsteht beispielsweise aus zwei PVE 300M-Rüttlern ein »300M Twin« (572 kgm Statisches Moment und 12.300 kN Zentrifugalkraft) mit 118 t Gewicht und einer Eignung für Pfähle bis 5 m Durchmesser. 2012 wurden mit solchen Rüttlern die Gründungsrohre für das deutsche Offshore-Wind-Farm-Projekt »Global Tech 1« mit einer Leistung von insgesamt 400 MW eingebracht.

Abbildung 80: PVE 200M Twin (= PVE 400M).

Die Vervielfachung der Rüttlerdaten lässt sich durch rundes Anordnen am Pfahl auf die Spitze treiben. Begonnen wurde diese Technik schon 1983 in Japan mit Elektrorüttlern, die auf einer kreisförmigen Basis angebracht wurden, welche wiederum auf den Pfahl aufgesetzt und angeklemmt wurde. Der amerikanische Hersteller American Piledriving Equipment (APE) [23] hat dieses Prinzip auf hydraulische Rüttler, die kreisförmig durch Synchronisierungswellen verbunden sind, erweitert. Mit dem APE »Super Kong« konnte ein Pfahl mit 12,2 m Durchmesser eingerüttelt werden. Der APE Octakong hat bei der Erstellung der Hong Kong-Zhuhai-Macau Brücke[62] »Pfähle« (tatsächlich handelt es sich um »Fangedämme«) bis zu 22 m Durchmesser, 59 m Höhe und 603 t Gewicht eingerüttelt (Abbildung 81). Dabei wurden acht Rüttler des Typs APE Model 600 zu einem Super-Rüttler mit 34.072 kN Zentrifugalkraft bei einer Frequenz von 1.400 1/min kombiniert.

Abbildung 81: APE Octakong Rüttler mit einem 22 m-Pfahl.

Am PVE Cluster-Rüttler 1650M, der für schwere Offshore-Pfähle bis 10 m Durchmesser konzipiert wurde, haben fünfzehn synchronisierte 110M-Rüttler gemeinsam ein Statisches Moment von 1.650 kgm und eine Zentrifugalkraft von 33.750 kN. Noch größere Kräfte entwickelt der PVE »Giant Modular Vibro Hammer«, der auf einer Plattform, an deren Unterseiten Spannzangen zum Aufnehmen des Stahl-Pfahls angebracht sind, modular erweiterbar Rüttler bis zu einer Gesamtfliehkraft von 43.000 kN anordnet (Abbildung 82).

62 Es handelt sich um die 35 km lange Querung des Perlflussdeltas in China.

Abbildung 82: PVE Giant Modular Vibro Hammer mit Schwenkeinrichtung zum horizontalen Aufnehmen von Pfählen.

4.9.3 Unterstützende Maßnahmen

Bei geschlossenen Rammprofilen wie Rohren besteht immer die Gefahr, dass der Bodenkörper im Inneren des Profils während des Einrammens in Selbsthemmung zum umgebenden Rohr kommt. Er bildet eine »Brücke«, bei der – wie bei einem Gewölbe – als Reaktion auf die Vortriebskräfte im Wesentlichen Druckkräfte übertragen werden, und spreizt sich so im Pfahlinneren ein. Wenn als Folge der Boden im Inneren des Pfahls nicht relativ zu diesem nach oben »wächst« sondern fest im Pfahl steckt, bildet der Boden am unteren Ende des Pfahls einen »Deckel«, der die Stirnfläche des Pfahls von einer Ringfläche zu einer Vollfläche vervielfacht. Dadurch erhöht sich der Rammwiderstand des Pfahls drastisch.

Im Offshore-Bereich versucht man diese Pfropfen (»Plugs«) entweder mit Hochdruck-Wasser auszudüsen und den gelösten Boden dann durch Lufthebeförderung abzufördern oder sie werden ausgebohrt. Bauer [22] hat hierzu einen sogenannten Flydrill entwickelt (Abbildung 83). Im Gegensatz zu einem normalen Bohrgerät steht der Flydrill aber nicht mit Raupen auf einer Plattform, die er zur Abstützung seines Bohr-Drehmoments nutzt, sondern er verspannt sich wie eine Aufsatzbohranlage auf dem eingerammten Pfahl. Während die Aufsatzbohranlage aber während des gesamten Bohrvorgangs auf dem Pfahl ruht und die Bohrgutförderung daher kontinuierlich mit einem Spülstrom erfolgt, ist der Flydrill nur temporär über hydraulische Klemmen mit dem Pfahl verbunden.

Der Flydrill ist ein ganz normales hydraulisches Drehbohrgerät mit Kraftdrehkopf, aktivem Vorschub, teleskopierbarer Kellystange und Bohrwerkzeug, das aber am Seil eines Krans hängt und entweder von außen über Schläuche mit hydraulischer Energie versorgt wird, oder über eigene ferngesteuerte Hydraulikaggregate autark ist. Durch dieses Prinzip kann der Flydrill den Boden intermittierend abbauen; durch die Teleskopierung der Kellystange kann das Gerät ein Vielfaches der Länge der Kellystange als Bohrtiefe entwickeln. Zum Abbohren wird das Gerät auf das Rohr gesetzt und verspannt sich auf diesem mit seinen Spannzangen. Durch Ablassen des Kranseils fährt die Kellystange aus, bis der Kastenbohrer in Kontakt mit dem Boden kommt. Der Kraftdrehkopf versetzt dann das Bohrwerkzeug über die Kellystange in eine Drehung, über den Vorschubschlitten des Kraftdrehkopfs wird dem Bohrwerkzeug eine Anpresskraft auf den Boden aufgeprägt. Zum Ausleeren des Kastenbohrers fährt die Kellystange wieder ein, der Flydrill entkoppelt sich vom Pfahl, wird durch den Kran zur Seite geschwenkt und entleert das Bohrwerkzeug.

Die Vorteile dieses Systems gegenüber einer Aufsatzbohranlage sind einerseits der hohe Wirkungsgrad der Förderung des Bodens direkt über die Hauptseilbewegung: So ist der Massenstrom der Spülflüssigkeit einer Aufsatzbohranlage, den zu bewegen ja die Förderleistung ausmacht, deutlich höher als der Massenstrom des eigentlich zu fördernden Bodens.

Abbildung 83: BAUER Flydrill BFD 5500 im Offshore-Einsatz (Schiff RIV Resolution beim Ausbohren eines Pfahls, BFD 5500 auf dem Pfahl verspannt und vor dem Entleeren des Bohrwerkzeugs).

Darüber hinaus fällt aufgrund des Dichteunterschieds zwischen Bohrklein und Spülflüssigkeit der zu fördernde Boden relativ zur Spülflüssigkeit nach unten und hat daher eine weit geringere Steiggeschwindigkeit als die Spülflüssigkeit – ein Schlupf, der abermals den Wirkungsgrad reduziert.

Anderseits – und das ist in der Praxis noch wichtiger – ist das Bohrverfahren der Aufsatzbohranlage, nämlich das Lösen des Bodens durch Zermahlen oder Zerschneiden mit einem rollenbestückten Bohrkopf, bei weitem nicht für jeden Boden geeignet: In bestimmten bindigen Böden, z.B. steiferen Tonen, wie sie im Meeresboden häufiger vorkommen, setzt sich der Bohrkopf so zu, dass der Bohrfortschritt komplett zum Erliegen kommt. Dagegen lässt sich mit dem Kellybohrverfahren bei Wahl eines geeigneten Bohrwerkzeugs praktisch jeder Boden ohne große Probleme durchbohren. Das Bohrwerkzeug kann im Laufe der Bohrung ohne wesentlichen Zeitaufwand jeweils der anstehenden Bodenschicht optimal angepasst werden.

Bei der Errichtung des Barrow Offshore Windparks mussten zur Gründung von 3 MW-Turbinen in der dort 21 bis 23 m tiefen Irischen See Stahlpfähle mit Durchmesser 4,75 m, Längen zwischen 49 und 61 m und einem Pfahlgewicht von bis zu 452 t eingerammt werden. Der eingesetzte IQIP S-1200 Hydrohammer konnte neun der 31 erforderlichen Pfähle nicht auf Anhieb auf Endtiefe rammen, da sich Pfropfen ausbildeten. Der zu diesem Zweck an Bord vorgehaltene BAUER Flydrill BFD 5500 bohrte in diesen Fällen den Boden im Inneren des Pfahls alternierend mit einem Kastenbohrer für 3 m Durchmesser vor und schnitt die Bohrung dann mit einem 4,4 m-Räumer-Kastenbohrer auf den Innenduchmesser des Pfahls auf [74]. Die Pfähle konnten dann – teilweise in mehreren Iterationen mit dem Aufbohren – auf Endtiefe gerammt werden.

Um ein einfaches Handling des BFD 5500 auf dem Schiff zu ermöglichen, wurden in den BFD 5500, der einen Kraftdrehkopf mit 480 kNm besitzt, zwei Hydraulikaggregate mit insgesamt 520 kW Leistung integriert, sodass die Einheit voll autark arbeitet und damit keine Energieübertragung zwischen Schiff und Flydrill nötig ist. Die einzige mechanische Verbindung zum Schiff besteht im Kranseil, an dem das Gerät hängt. Die Einheit wiegt einschließlich einer Kellystange für 65 m tiefe Bohrungen 52 t und wird komplett vom Führerhaus des Schiffs-Krans aus über Funk gesteuert, wo auch über Bildschirm alle Bohrdaten online angezeigt und im Computer geloggt werden.

Alternativ zum Verklemmen auf dem Pfahl kann sich ein am Seil hängendes Kellybohrgerät auch im Pfahl verklemmen – sofern es von seinen Dimensionen her in den Pfahl hineinpasst. Dieser Idee[63] folgend wurde bei BAUER 2006 ein »Dive Drill« mit kompaktem Drehgetriebe, Vorschub und hydraulischer Klemmeinheit konzipiert[64] (Abbildung 84, links). Da diese Einheit vom Kran so weit ins Innere des Pfahls abgelassen werden kann, bis das Bohrwerkzeug im Kontakt mit dem Boden ist, benötigt es keine teleskopierbare Kellystange.

Als Erweiterung dieses Systems wurde eine Variante des Dive Drill konzipiert, die mit zwei Klemmeinheiten selbsttätig im Rohr klettern und damit eine fast kontinuierliche Abwärtsbewegung bewerkstelligen kann (Abbildung 84, Mitte). Dies ist nur in Verbindung mit einer kontinuierlichen Förderung des gelösten Bodens sinnvoll, welche durch eine Förder-

63 Teile der Grundidee wurden schon von der Firma Nippon Sharyo durch ihr Multigripper-Tool und durch das Imrohrbohrgerät der Firma Leffer (Stahl- und Apparatebau Hans Leffer GmbH & Co. KG) vorweggenommen. Beide Geräte haben keinen Drehantrieb, sondern werden durch die Drehung des Rohrs (durch eine durchdrehende Verrohrungsmaschine), in dem sie sich verklemmen, mitgedreht. Während beim Multigripper-Tool aber auch die Zustellbewegung durch das Rohr und damit die Verrohrungsmaschine erfolgen muss, hat das Imrohrbohrgerät einen eigenen Vorschubzylinder, der das Bohrwerkzeug während der Drehung in den Boden drückt.

64 Das Gebiet der Offshore-Gründungen ist noch relativ jung und befindet sich gerade aufgrund der starken Förderung der erneuerbaren Energien im Allgemeinen und der Offshore-Windkraft im Speziellen durch Maßnahmen der Bundesregierung und anderer Länder in einer rasanten Entwicklung. Gleichzeitig können die heutigen Anforderungen an die Begrenzung der Schallemissionen durch die klassischen Gründungsmethoden ohne Zusatzmaßnahmen nicht mehr erfüllt werden, sodass nach Erweiterungen und Alternativen gesucht wird. Um der gegenwärtigen Dynamik der Entwicklungen auf diesem Feld gerecht zu werden, werden daher in diesem Kapitel auch neue Verfahren bzw. Geräte skizziert, die noch im Konzept- oder Entwicklungsstadium sind. Aufgrund der gewaltigen Vorlaufzeiten der Projekte, der geringen Zahl von Projekten, bei denen der Einsatz inhärent lärmarmer Gründungsmethoden gewagt wird und der Unterschiedlichkeit der Anforderungen von Projekt zu Projekt wird es möglicherweise noch Jahrzehnte dauern, bis sich hier Standard-Verfahren herausgebildet haben.

pumpe realisiert ist. Um auch härtere Bodenschichten durchbohren und fördern zu können liegt über den Schneiden des Bohrwerkzeugs, das den Boden löst, ein Konusbrecher, der große Bohrgutstücke auf eine pumpbare Größe zerkleinert [75].

Herrenknecht [76] entwickelte aus der Erfahrung seiner AVN-Tunnelbaumaschinen (Automatische Vortriebsmaschine Nass) heraus ein entsprechendes vertikal arbeitendes Gerät, die OFD-SD (Offshore Foundation Drilling – Small Diameter, siehe Abbildung 84 rechts und [77]). Auch hier wird der Boden mit einem vollflächigen Bohrkopf zerkleinert und anschließend nach oben gepumpt. Durch hydraulisch ausklappbare Kaliberwerkzeuge kann unter dem Rohr ein Freischnitt erzeugt werden, sodass es sich auch in hartem Boden absenken lässt.

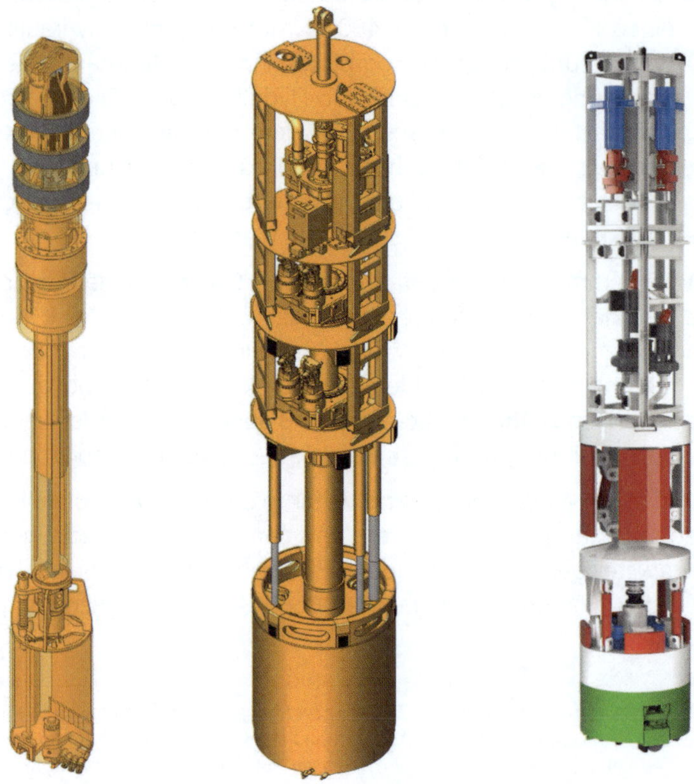

Abbildung 84: BAUER DiveDrill in der Version mit intermittierender Förderung – Außengehäuse halbtransparent (links), BAUER Divedrill mit kontinuierlicher Förderung (Mitte). Herrenknecht OFD-SD-Maschine (rechts).

PVE entwickelte als Erweiterung der Rüttler im Tandemkonzept und des Giant Modular Vibro Hammer eine Kombination mit einer Aufsatzbohranlage (oder »Pile Top Drill Rig«) der Firma Wirth [78], die als PVE Vibro Drilling bzw. als »PVE Giant Vibro Drill« vermarktet wird (Abbildung 85). Die Aufsatzbohranlage ist auf der Plattform des Rüttlers fest installiert und das Bohr-Drehmoment des Kraftdrehkopfs stützt sich über die Spannzangen des Rüttlers auf dem Rohr ab. Wenn beim Rütteln harte Bodenschichten wie Fels erreicht werden, die der Rüttler nicht durchdringen kann, wird alternierend gebohrt und gerüttelt.

Abbildung 85: Kombination PVE-Rüttler (»300M Twin« bzw. »Giant Modular«) und Aker Wirth Aufsatzbohranlage als »Vibro-Drill« (Quelle: PVE/Dieseko).

Dabei ist das Bohrgestänge aus Schraub- oder Flanschgestängestücken zusammengesetzt, an denen unten ein Rollen- oder Diskenmeißelbohrkopf und darüberliegend zur Auflast Schwerstangen angebracht sind. Der gelöste Boden wird durch das Lufthebeverfahren (bei dem im Inneren des Gestänges eine Aufwärtsströmung induziert wird, indem man Pressluft »einblubbern« lässt) gefördert.

Das Bohrverfahren ist auch für sehr harte Böden geeignet (wobei je nach Härte des Bodens dieser durch vorauseilendes Bohren mit einem am Bohrkopf sitzenden ausfahrbaren Unterschneider auch unter dem Rohr abgetragen werden muss, sodass sich das Rütteln weitgehend erübrigt), aber tonige Schichten können den Bohrkopf verkleben, wodurch der Bohrfortschritt sehr langsam wird oder ganz zum Erliegen kommt.

Die Firma Fugro Seacore [79] bohrt Offshore-Pfähle mit Durchmessern bis 7 m. Dazu wird eine Lufthebe-Bohranlage mit 900 kNm Drehmoment und 4.000 kN Rückzugskraft verwendet. Bei einer Bohrung an der französischen Küste mit 5,85 m Durchmesser auf 63 m Tiefe wurde damit beispielsweise ein Bohrstrang mit 235 t Gewicht gehandhabt (Abbildung 86). Je nach Standfestigkeit des Bodens wird erst nach Fertigstellung der Bohrung ein Pfahl in die Bohrung eingestellt und einzementiert oder – bei nicht standfestem Boden – abwechselnd der Pfahl eingerammt und mit dem System ausgebohrt (»Drive Drill Drive«-Methode).

Bei sehr großen Durchmessern ist es – je nach Boden – günstiger, den Querschnitt in einem Teilschnittkonzept zu bearbeiten, sodass die jeweils zu bearbeitende Fläche des Bodens nur einen Bruchteil der Grundfläche des Pfahls beträgt. Dies hat einerseits den Vorteil, dass sich auch bei großen Pfahlquerschnitten die erforderlichen Kräfte und Leistungen in Grenzen halten und das System relativ leicht an unterschiedliche Durchmesser angepasst werden kann. Zum anderen ist es mit diesem Prinzip auch möglich, in Pfählen zu arbeiten, die sich nach oben verjüngen – was bei sehr großen Monopfählen für Offshore-Gründungen relativ häufig vorkommt. Für das Ein- und Ausfahren der Maschine aus dem »Flaschenhals« des Pfahls werden einfach die Gripperschuhe eingezogen, um den Durchmesser des Geräts entsprechend zu reduzieren.

Abbildung 86: Aufsatzbohranlage für sehr große Offshore-Pfahlgründungen (Quelle: Fugro Seacore).

BAUER [22] hat ein Teilschnittsystem vorgeschlagen, bei dem für das »Ausbohren« bzw. das Entfernen von Findlingen bei Pfählen mit großen Durchmessern Standard-Schlitzwandfräsen verwendet werden können, wie sie an Land in großer Zahl bewährt und im Einsatz sind (Abbildung 87, links). Dazu wird in den Pfahl ein Führungsrahmen eingehoben, der sich dort verspannt und die Fräse so innerhalb des Pfahls dreht und positioniert, dass sie durch aufeinanderfolgende vertikale Stiche den ganzen inneren Querschnitt des Pfahls überstreicht [80]. Aufgrund des hohen Eigengewichts der Fräse, der begrenzten Schnittfläche pro Stich und eines an den anstehenden Boden anpassbaren Meißelbesatzes sind auch das Lösen von felsigem Untergrund und die Zerstörung sehr harter Findlinge möglich.

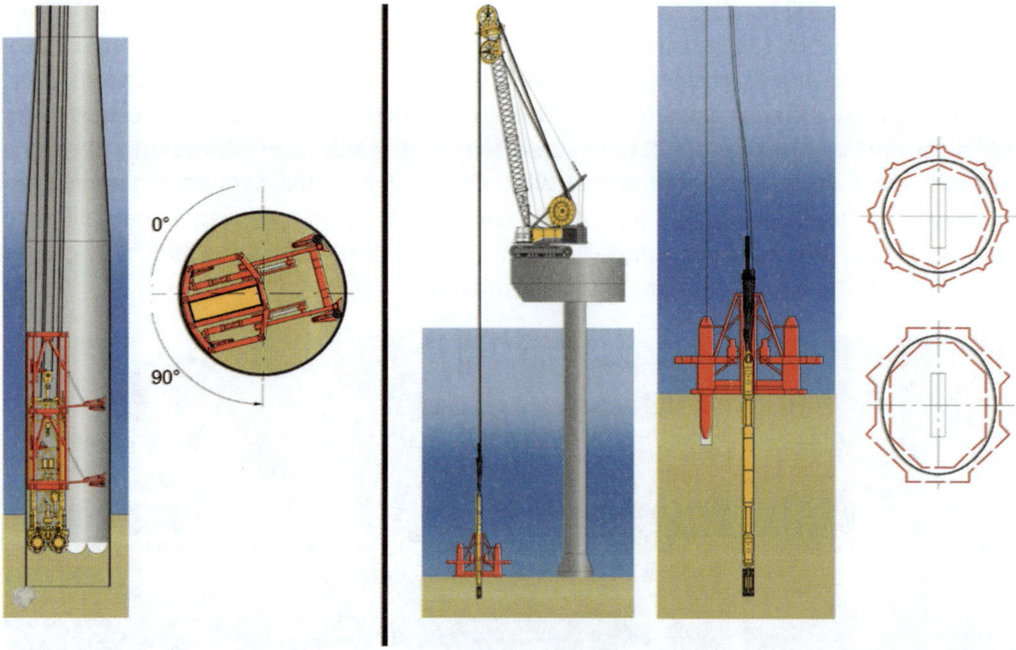

Abbildung 87: Einsatz der BAUER-Fräsen für Offshore-Pfahlgründungen. Ausfräsen eines Pfahlquerschnitts (links), Fräsen eines kreisförmigen oder ovalen Schlitzes zum Einstellen eines Pfahls (rechts).

4.9.4 Alternative Methoden

Da die Lärmgrenzwerte beim Rammen großer Offshore-Strukturen kaum einzuhalten sind, und ihre Erfüllung – wenn überhaupt möglich – mit sehr aufwendigen, teuren und vielfach extrem energieintensiven[65] Maßnahmen erkauft werden muss, wurden mehrere alternative Methoden zur Herstellung von Tiefgründungen konzipiert, näher untersucht[66] Und teilweise in einen ersten Einsatz gebracht. Aber auch unabhängig von Lärmgrenzwerten haben rammende oder rüttelnde Verfahren bei höheren Bodenfestigkeiten im Zusammenhang mit felsigem Boden ihre Grenze.

Die Firma Herrenknecht [76] entwickelte in Partnerschaft mit der Firma Hochtief für große Durchmesser (> 5 m) das Teilschnitt-System OFD-LD (Offshore Foundation Drilling – Large Diameter, siehe Abbildung 88, links). Es übernimmt das Prinzip der ebenfalls von Herrenknecht gebauten Vertikal-Schachtabsenkmaschine (VSM) für Schächte an Land. Beim OFD-LD-System wird ein Stahlpfahl entweder durch Rütteln, durch Vorschubkraft über

65 Für den doppelten Blasenschleier, der wohl eine der wenigen ausreichend wirksamen Maßnahmen zur Dämpfung des Lärms bei Rammpfählen ist, sind extrem hohe Kompressorleistungen notwendig, da sehr hohe Luftmengen nötig sind und der Druck zur Überwindung des hydrostatischen Drucks am Meeresgrund ausreichen muss.

66 Da diese Methoden ganz ohne die Einleitung von Vibrationen oder Schlägen auf den Pfahl auskommen, was für diesen eine Vorschädigung im Sinne einer Ermüdungsrechnung bedeuten würde, kann der Pfahl knapper bemessen werden. Dadurch kommt bei den nachfolgend genannten Verfahren zum Umwelt-Vorteil auch – zumindest in diesem Aspekt – ein gewisser ökonomischer Vorteil.

eine Vorrichtung am Schiff oder wie ein Senkkasten (der hier aber oben offen ist) durch Eigengewicht in den Meeresboden eingebracht. Um den Pfahl auf Endtiefe bringen zu können, verklemmt sich in seinem Inneren eine Teilschnittmaschine mit Grippern. Diese löst durch einen Fräskopf ähnlich einem Dredging-Bohrkopf den Boden, welcher geführt von einem dreh- und schwenkbaren Ausleger die Pfahlsohle überstreicht und über eine vertikale Vorschubbewegung zugestellt wird. Den gelösten, mit Seewasser vermischten Boden fördert dann eine Pumpe nach oben. Dabei wird der Boden – gegebenenfalls auch unterhalb der Pfahlwandung – jeweils so tief abgetragen, dass der Pfahl mit den beschriebenen Mitteln weiter abgesenkt werden kann.

Abbildung 88: Das ursprünglich geplante Herrenknecht OFD-LD-System mit Teilschnitt (links) und das auf dem Projekt Banc de Guérande bei St. Nazaire verwendete Vollschnittsystem (Quelle: Herrenknecht).

Für die Gründung des Offshore-Windparks Banc de Guérande (auch »Parc éolien en mer de Saint-Nazaire«) 12 Kilometer vor der Küste von Saint-Nazaire vom Juni 2021 bis zum Mai 2022 hat man sich dann aber für ein Vollschnittverfahren entschieden, dessen Technik näher an derjenigen der Herrenknecht Tunnelbohrmaschinen liegt [81]. Der Park, der aus 80 Windenergieanlagen mit jeweils 6 MW besteht, wurde von den Unternehmen DEME Offshore and Eiffage Métal gebaut. Das System zur Gründung von 73 dieser Turbinen, mit dem Monopiles mit einem Durchmesser von 7,7 m bei Wassertiefen von 12 bis 25 m zwischen 6 und 24 m tief in den teils felsigen und harten [82] Meeresgrund gebohrt wurden (für die restlichen sieben Anlagen konnte der Pfahl herkömmlich hydraulisch gerammt werden), entstand in Kooperation zwischen DEME und Herrenknecht. Die darin enthaltene neu konzipierte OFD-Bohranlage (Abbildung 88, rechts) wiegt 350 t, ist 15,5 m hoch, wird mit 3500 kW elektrischer Energie betrieben und hat am »Schneidrad« (dem Rollenmeißel- bzw. Disken-Bohrkopf) ausfahrbare »Überschneider«, mit denen auch der Boden unter dem Führungsrohr bearbeitet werden kann. Begleitet wird die Bohranlage von einer MO-

DIGA (»Monopile offshore drilling installation and grouting aid«) genannten, 60 m hohen und 1.200 t schweren Einheit, die am Schiff befestigt ist, über ein von der Deckhöhe bis zum Meeresboden reichendes Rohr (»Liner«) die sich darin verspannende Bohranlage führt und danach dabei hilft, den Monopile im Meeresboden einzuzementieren.

Die Gründung von Strömungskraftwerken findet zwingenderweise immer in Meeresregionen statt, wo sehr hohe Strömungsgeschwindigkeiten vorherrschen. Weil sich vor allem bei der Umströmung schlanker Strukturen alternierend Wirbel ablösen (als »Kármánsche Wirbelstraße«) und die Strukturen potenziell durch Resonanz in starke Schwingungen versetzen, ist der Einsatz von Gründungsgeräten, die auf ortsfeste Hubplattformen angewiesen sind, in diesen Anwendungen fast ausgeschlossen. Außerdem können sich bei derartig starken Strömungen keine weichen Ablagerungsschichten halten, sodass am Meeresboden immer harter Fels anzutreffen ist, was den Einsatz von Rammgeräten praktisch ausschließt.

Für derartige Gründungsaufgaben und im Speziellen zur Gründung der Turbine eines Tidenkraftwerks zwischen den Inseln des Orkney-Archipels nördlich der Küste des schottischen Festlands wurde das Unterwasserbohrgerät BAUER Sea Drill BSD 3000 (Abbildung 89) entwickelt und eingesetzt [83]. Im genannten Seegebiet herrschen Strömungsgeschwindigkeiten von bis zu 5 m/s (also ca. 18 km/h) vor. Das System arbeitet daher komplett mannlos am Meeresboden. Das Gerät wird von einem Schiff mit dynamischer Positionierung dort abgesetzt, von Bord aus mit Energie versorgt und gesteuert. Es ist daher unempfindlich gegenüber einem leichten Abdriften des Schiffs. Bei einer Fehlfunktion des Positionierungssystems kann die Verbindung zu den Versorgungsschläuchen (Umbilicals) durch automatische Koppelelemente auf Knopfdruck geöffnet werden.

Statt einer hämmernden oder rüttelnden Bewegung, die bei den Festigkeiten des Meeresbodens von über 100 Mpa fast aussichtslos wäre, wird ein Standrohr (Conductor pipe) durch schabenden Materialabtrag von einer Verrohrungsmaschine einige Dezimeter tief eingedreht. Im Schutz dieses Rohrs, das die Anlage während der Arbeiten auch in der Position verankert, wird dann mit einem Rollenmeißel-Bohrkopf im Lufthebeverfahren ein 11 m tiefes Loch mit 2,3 m Durchmesser gebohrt und dann dort ein Stahlpfahl mit 2 m Durchmesser, der im Austausch mit der Bohreinheit in das Standrohr eingehoben wird, einzementiert. Dieser Pfahl dient später direkt als Turm für die Turbinengondel.

Das System wird auf einem Schiff in kleineren Einheiten transportiert, die gemeinsam rund 300 t wiegen. Zunächst wird eine Bohrschablone auf dem Meeresboden abgestellt, die sich mit drei hydraulisch höhenverstellbaren Füßen nivelliert. Das Gewicht und die Geometrie der Einheit sind so dimensioniert, dass das System auch bei voller Strömungsgeschwindigkeit weder umkippen noch verrutschen kann. Das nachfolgende Eindrehen des Standrohrs, das unter Wasser in die Bohrschablone eingebracht wird, hält die Einheit zusätzlich am Meeresboden in Position. Gleichzeitig sorgt die enge Verzahnung des Standrohrs mit dem Meeresboden dafür, dass der Pfahl bis über Meeresbodenniveau zementiert werden kann und dass die Strömung den Pfahl nicht bewegt, während der Zement abbindet.

Abbildung 89: BAUER Sea Drill BSD 3000: Arbeitsschiff North Sea Giant beim Bohren (die Luftblasen neben dem Bug kommen vom Lufthebeverfahren), BDS 3000 am Pier, Bohrschablone beim Aussetzen (Quelle: BAUER).

Während der BAUER Dive Drill C40 mit kontinuierlicher Förderung 2017 beim Projekt »Beatrice Offshore Windfarm« vor der nordöstlichen Küste Schottlands als Backup-Gerät für Entlastungsbohrungen zur Beseitigung von potenziell auftretenden Plugs bei gerammten Pfählen eingesetzt war (Abbildung 90), war die weiterentwickelte Version Dive Drill C40 U bei der Offshore-Windfarm Baie de Saint-Brieuc in den Jahren 2021 bis 2023 durchweg im produktiven Einsatz (Abbildung 91).

Abbildung 90: BAUER Dive Drill C40 auf dem Schiff „Stanislav Yudin" bei den Arbeiten für den Offshore-Windpark Beatrice in Schottland. (Quelle: BAUER)

Hier war die BAUER Spezialtiefbau GmbH Subunternehmer des niederländischen Offshore-Bauunternehmens Van Oord für die Gründungsarbeiten der 2,4 Mrd. Euro teuren Windfarm, für die 16 km vor der Küste der Bretagne auf einer Fläche von 75 km² 62 Windkraftanlagen mit je 8 MW Leistung entstehen [84]. Für die dreibeinigen Jackets für die Windkraftanlagen und die vier Beine der Umspannplattform waren bei Wassertiefen bis 40 m insgesamt 190 Pfähle mit einem Durchmesser von 3 m im Meeresboden auf Tiefen bis 47 m abzubohren [85]. Bei den extremen Festigkeiten des Untergrunds von bis zu 150 Mpa war von vornherein klar, dass schlagende oder rüttelnde Verfahren nicht zum Einsatz kommen können. Daher entschied man sich, die Verrohrung des späteren Pfahls jeweils durch eine Verrohrungsanlage in den Meeresboden einzudrehen und einzudrücken, während gleichzeitig ein Dive Drill, der vom Schiffskran in die Verrohrung eingehoben wird und sich in dieser verspannt, die Verrohrung ausbohrt und gegebenenfalls unterschneidet, um den Eindrehwiderstand zu reduzieren.

Abbildung 91: Divedrill DD C40U beim Einheben in die Verrohrungen (links). Gleichzeitige Bohrung von drei Jacket-Gründungen – zu sehen sind nur die Dive-Drill-Adapter auf dem Kragen der Verrohrungen, an deren Winden jeweils ein Divedrill im Rohr hängt und zum Bohren in der Verrohrung verspannt ist. (Quelle: BAUER, Van Oord)

Über eine zentrale Schnittstelle können unten am Dive Drill verschiedene Bohrköpfe befestigt und relativ schnell gewechselt werden. Gerade nachdem der Boden auf dem Saint-Brieuc-Projekt relativ inhomogen ist – neben extrem hartem Gestein gibt es auch rollige und bindige Bodenschichten –, ist es vorteilhaft, das Bohrwerkzeug darauf einstellen oder bei Verschleiß oder Beschädigung leicht austauschen zu können. Der eigentliche Pfahl wird nach dem Bohrprozess in die Verrohrung eingesetzt und über eine Adapter-Vorrichtung zementiert (»verpresst«), während die Schutzverrohrung gezogen wird. Die gesamte Sequenz wird bei den drei Gründungspfählen eines Jackets mit jeweils drei unabhängig arbeitenden Geräten gleichzeitig vollzogen.

In dieser Gesamtanordnung verfügen sowohl der Dive Drill, die Verrohrungsanlage als auch der Zementier-Adapter jeweils über ein eigenes »Umbilical« (also eine Nabelschnur aus Hydraulik- bzw. Materialschläuchen und Kabeln), über das sie vom Schiff aus hydraulisch mit Energie versorgt und gesteuert werden sowie Material (Spülflüssigkeit mit dem gelösten Material bzw. Zement) zu- oder abgeführt wird. Das hat den Vorteil, dass es zwischen der Bohrstelle und dem Schiff nur eine elastische Verbindung gibt, sodass ein Schiff mit DP3-Positionierung für diese Bohrungen ausreichen würde, wenn auch für das genannte Projekt ein aufgeständertes Schiff verwendet wurde. Da es für das Verfahren nicht notwendig ist, dass irgendwelche Komponenten bei der Arbeit über die Meeresoberfläche hinausragen – wenn auch dies die Arbeit bequemer macht –, können mit diesem System auch Gründungsarbeiten in größeren Tiefen ausgeführt werden. Dies ermöglicht es, damit auch gebohrte Gründungen für schwimmende Windkraftanlagen zu erstellen, bei denen die Meerestiefen weit über hundert Meter hinausgehen können und so auch dort auf eine verlässliche und, insbesondere hinsichtlich des Energieverbrauchs, nachhaltige Art die Lärmgrenzwerte zum Schutz des Maritimen Lebens einzuhalten.

Die Lärmmessungen bei der Durchführung der Gründungsbohrungen zeigen, dass diese Methode der Pfahlgründung im Gegensatz zu Rammarbeiten keine Gefährdung für das maritime Leben darstellt ([86] – siehe Abbildung 92). Schon die Evaluation der Schallemissionen bei den Testpfählen vor dem eigentlichen Beginn der Gründungsarbeiten hatte zur Folge, dass bei Iberdrola bzw. ihrer 100%-Tochter Ailes Marines schon allein aufgrund der Umweltverträglichkeit der Schallemissionen die kategorische Entscheidung gegen Rammverfahren und für das Bohren aller Gründungspfähle gefällt wurde [87].

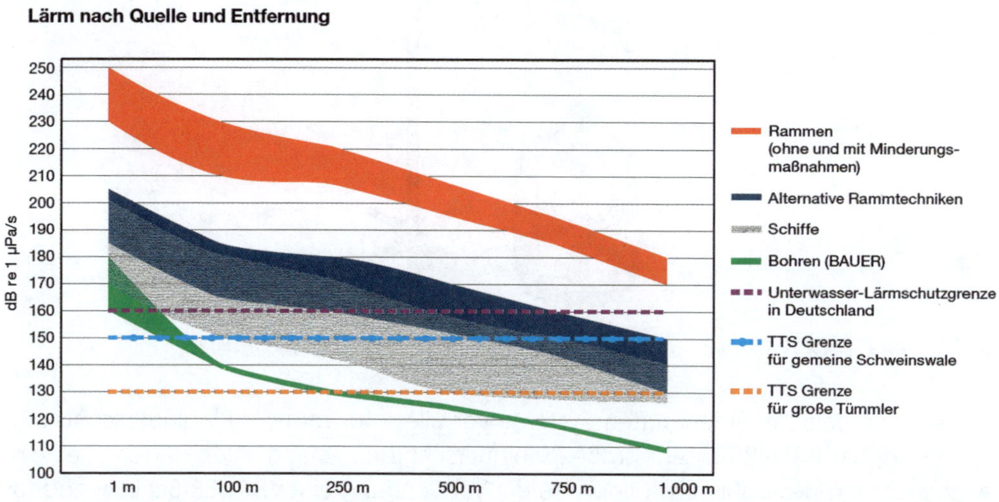

Abbildung 92: Vergleich der Lärmentwicklung zwischen Bohren (BAUER BSD 3000, BAUER DD CU40), Rammen, alternativen Rammtechniken (Rütteln, Blue Piling) und anderen maritimen Lärmquellen je nach Größe (z.B. Schiffe: Containerschiffe vs. Fischereifahrzeuge) und Lärmschutzmaßnahmen (z.B. Blasenschleier beim Rammen). Die horizontalen Linien markieren die Lärmschutz-Grenzwerte; die TTS-Grenzen markieren, ab welchem Lärmpegel bei den Meeressäugern ein temporärer Hörschaden eintritt (Quelle: BAUER mit Daten aus [86], [73], [88], [89]).

Nachdem es schon allein aus dem Grund der geringeren Lärmemissionen zukünftig sinnvoll sein wird, auch bei weichen Böden Bohrverfahren einzusetzen, wurde ein Verfahren konzipiert, bei dem der Boden im Standrohr gelöst und mit Wasser und Zement aufgemischt wird, um den Aufwand des Gesamtprozesses zu minimieren (BAUER Mixed Drilled Offshore Steel Piles – MIDOS, siehe Abbildung 93). Das Standrohr dient gleichzeitig als bleibender Pfahl und wird durch das entstandene Zement-Bodengemisch oder Zementmörtel mit dem umgebenden Boden verbunden. Die Methode, einen geeigneten anstehenden Boden durch einen Mixed-in-Place-Prozess mit zum Baustoff zu machen und somit auf extrem nachhaltige Weise ein Gründungselement zu erstellen, ist im Onshore-Umfeld schon weit verbreitet. Die Firma BAUER hat durch einen Großversuch an Land gezeigt, dass sie sich auch in einen Bauablauf zur Gründung von Offshore-Strukturen integrieren lässt.

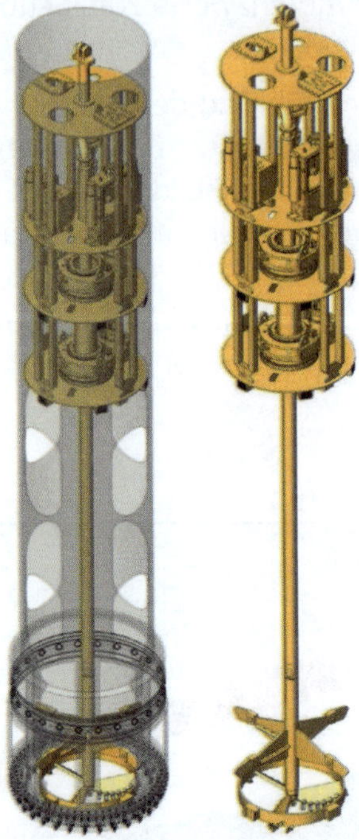

Abbildung 93: MIDOS-System – Darstellung mit und ohne Pfahl (Quelle: BAUER).

Während die beiden vorgenannten Systeme vor allem für mittlere Pfahlquerschnitte geeignet sind, hat BAUER für sehr große Pfahlquerschnitte in standfesten Böden (die keiner festen Stützung des Bohrlochs bedürfen) die Verwendung einer BAUER Schlitzwandfräse als »Circular Trench Cutter« (CTC) vorgeschlagen (Abbildung 87, rechts) [80]. Die Fräse erstellt zunächst in der Mitte des zukünftigen Pfahls am Meeresboden einen flachen Schlitz, der dann für die weiteren Fräs-Stiche als Führungspunkt für die Fräs-Schablone dient. Diese Schablone liegt am Meeresboden, greift in den Pilotschlitz, legt die Ansatzpunkte der Fräse fest und führt diese bei den weiteren Fräs-Stichen, die nun auf Endtiefe des Pfahls durchgeführt werden. Die Frässtiche ergeben einen geschlossenen Schlitz in Form eines kreisförmigen oder ovalen Polygonzugs, in die der Pfahl dann eingestellt und einzementiert wird.

4.10 Literatur

Im Gegensatz zur zweiten Auflage dieses Buchs wurden hier keine Kopien von Produktspezifikationen und Datenblättern eingefügt, da diese aufgrund der ständigen Weiterentwicklung innerhalb kurzer Zeit veraltet sind und die tagesaktuellen Unterlagen der Hersteller heutzutage innerhalb weniger Sekunden per Internet online verfügbar sind. Da aber die Web-Seiten der Hersteller häufig reorganisiert werden und dadurch eine detaillierte URL häufig schon nach einem Jahr nicht mehr gefunden werden kann, wurde darauf verzichtet, den exakten Web-Link eines jeden Prospekts zu benennen. Stattdessen wurde jeweils die Haupt-Webadresse der entsprechenden Firma genannt.

Bei Buch- und Zeitschriftenreferenzen wurde im Allgemeinen solchen der Vorzug gegeben, die über das Internet verfügbar sind. Das hat für den Leser den Vorteil, dass er sich ohne Zeitverzug und Zusatzkosten vertiefende Informationen beschaffen kann.

[1] Buja, H. O. (2012): Handbuch der Ramm-, Vibrations- und Einpresstechnik; Grundlagen – Geräte – Anwendung. BoD – Books on Demand, Norderstedt.

[2] McClelland, B., Reifel M. (1986): Planning and design of fixed offshore platforms. Van Nostrand Reinhold Company.

[3] Colliat, J., Foray, P., Nauroy, J. (1999): Behaviour of Carbonate Sands and Design of Driven Piles. Offshore Mediterranean Conference, Ravenna, 171-183.

[4] Jewell, R., Khorshid, M. (2000): A Historical Perspective, 1988 to 1999. Proc. Int. Conf. Engineering for Calcareous Sediments (Volume 2), 305-312.

[5] Bowles, J. (2001): Foundation Analysis and Design (5th Edition). McGraw-Hill.

[6] Warrington, D. C. (2007): Pile Driving by Pile Buck. Pile Buck International, Inc., Vero Beach, FL (USA).

[7] Kümmel, F. (April 1980): Der Aufbau des Kraftfeldes im Rammgut bei einem Schlag. BMT – Baumaschinen und Bautechnik, 234245. Online erhältlich unter: http://www.baumaschine.de/fachzeitschriften/baumaschinen/baumaschine-und-bautechnik_dateien/1980

[8] Rausche, F., Klesney, A. (2007): Hammer Types, Efficiencies and Models in GRLWEAP. PDCA 11th Annual International Conference and Exposition, 97-118, Nashville, TN. Online erhältlich unter: https://vulcanhammerinfo.files.wordpress.com/2017/08/200711thanualhammertypes.pdf

[9] Verbeek, G., Middendorp, P. (2005): 30 Years of Experience with the Wave Equation Solution based on the Method of Characteristics. Proceedings of the Annual Conference of Deep Foundation Institute (DFI), Chicago. Online erhältlich unter: https://www.adsc-iafd.com/product/30-years-of-experience-with-the-wave-equation-solution-based-on-the-method-of-characteristics/

[10] Massarsch, K. R. (1997): Vibrorammen von Pfählen und Spundwänden – Neue Erkenntnisse und Erfahrungen. Proceedings Workshop on Vibratory Driving, February 20, 1997, University of Karlsruhe.

[11] Massarsch, K. R., Westerberg, E. (1995): Innovative Entwicklungen bei der Tiefenverdichtung am Beispiel des MRC Verfahrens. 10. Christian Veder Kolloquium, 20.-21. April 1995, Graz.

[12] Massarsch, K. R., Fellenius, B. H. (2008): Ground vibrations induced by pile driving (Keynote lecture). 6th International Conference on Case Histories in Geotechnical Engineering, Arlington, VA, August 11-16, 2008, Arlington.

[13] Witt, K. J. (2009): Grundbau-Taschenbuch, Teil 2: Geotechnische Verfahren. Ernst & Sohn, Berlin.

[14] Witt, K. J. (2009): Grundbau-Taschenbuch, Teil 3: Gründungen und geotechnische Bauwerke. Ernst & Sohn, Berlin.

[15] ThyssenKrupp (2010): Spundwandhandbuch (4. Aufl.). ThyssenKrupp GfT Bautechnik, Essen. Online erhältlich unter https://www.yumpu.com/de/document/view/8472642/thyssenkrupp-gft-bautechnik-spundwandhandbuch

[16] ArcelorMittal (2008): Piling Handbook (8th edition). ArcelorMittal Commercial RPS S.à. r.l., Luxembourg. Online erhältlich unter: www.arcelormittal.com/sheetpiling

[17] DIN EN 10248 (1995 bzw. 2023 (Neuentwurf)). Beuth Verlag, Berlin.

[18] DIN EN 10249 (1995 bzw. 2022 (Neuentwurf)). Beuth Verlag, Berlin.

[19] Wikipedia »Rammbär« (2013). Web-Adresse: http://de.wikipedia.org/wiki/Rammb%C3%A4r

[20] DELMAG. Web-Adresse: http://www.delmag.com/

[21] Pileco. Web-Adresse: https://pileco.com/

[22] BAUER. Web-Adresse: http://www.bauer.de/

[23] American Piledriving Equipment (APE). Web-Adresse: http://www.apevibro.com/

[24] MKT Manufacturing Inc. Web-Adresse: http://www.mktpileman.net/

[25] Junttan. Web-Adresse: http://www.junttan.com/

[26] BSP International Foundations. Web-Adresse: http://www.bsp-if.com/

[27] Dawson Construction Plant Ltd. Web-Adresse: http://www.dcpuk.com/

[28] Banut. Web-Adresse: http://www.banut.com/

[29] Bermingham Foundation Solutions. Web-Adresse: http://www.berminghammer.com/

[30] Fambo. Web-Adresse: http://www.fambo.se/ bzw. http://www.bauer.de/de/bma/

[31] Menck. Web-Adresse: http://www.menck.com/

[32] IQIP (ehemals »IHC Hydrohammer«). Web-Adresse: https://iqip.com/

[33] Brown, D. A., Thompson III, W. R. (2011): Developing Production Pile Driving Criteria from Test Pile Data - a Synthesis of Highway Practice. NATIONAL COOPERATIVE HIGHWAY RESEARCH PROGRAM – NCHRP SYNTHESIS 418. Transportation Research Board of the National Academies, Washington, D.C.. Online erhältlich unter: https://www.trb.org/Publications/Blurbs/165831.aspx

[34] Salgado, R., Zhang, Y. (2012): Use of Pile Driving Analysis for Assessment of Axial Load Capacity of Piles. Publication FHWA/IN/JTRP-2012/11. Joint Transportation Research Program, Department of Transportation and Purdue University, West Lafayette, Indiana. Online erhältlich unter: http://docs.lib.purdue.edu/jtrp/1510/

[35] Rauf, A. (2012): Estimation of Pile Capacity by Optimizing Dynamic Pile Driving Formulae. University of Waterloo, Ontario, Kanada. Online erhältlich unter: https://uwspace.uwaterloo.ca/handle/10012/6651

[36] Pile Dynamics, Inc.: Pile Driving Analyzer (PDA). Web-Adresse: http://www.pile.com/pdi/products/pda/

[37] Rausche, F., et. al (2009): CAPWAP and refined wave equation analyses for driveability predictions and capacity assessment of offshore pile installations. Proceedings of the ASME 28TH International Conference on Ocean, Offshore and Arctic Engineering, OMAE2009, May 31–June 5, Honolulu, Hawaii, USA.

[38] ICE Holland – International Construction Equipment, Dieseko Group B.V. Web-Adresse: http://www.ice-holland.com/

[39] International Construction Equipment, Inc., USA. Web-Adresse: http://www.iceusa.com/

[40] PTC, Fayat Group. Web-Adresse: http://www.ptc.fayat.com/

[41] ThyssenKrupp GfT Tiefbautechnik (ehem. MÜLLER Ramm- und Ziehtechnik). Web-Adresse: https://materials-infra.tkpharos.com/de/produkte/ramm-und-ziehtechnik/

[42] TÜNKERS Maschinenbau GmbH. Web-Adresse: http://www.tuenkers.de/

[43] ABI. Web-Adresse: http://abi-group.com/

[44] PVE – Dieseko Group B.V. Web-Adresse: http://www.pve-holland.com/index.php?lang=en

[45] RTG Rammtechnik GmbH. Web-Adresse: http://www.rtg-rammtechnik.de/

[46] BVV Spezialtiefbautechnik Vertriebs GmbH. Web-Adresse: http://www.bvv.by/

[47] Movax. Web-Adresse: http://www.movax.com/

[48] Kleibl, A. (2005): Theoretische und experimentelle Untersuchungen des Wirkprinzips Gerichtetes Rütteln. Technische Universität Bergakademie Freiberg.

[49] Movax (2013): Movax SPH-80, SPH-75 Side-grip Sheet Pilers. Web-Adresse: http://www.movax.com/pdf/Movax%20SPH80-6%20ENG.pdf [Zugriff am 22.09.2013].

[50] Kinzler, S., Hamann, T., Grabe, J. (2009): Numerische Untersuchungen zum geregelten Einvibrieren von Profilen. Workshop »Spundwände«, Technische Universität Hamburg-Harburg, Institut für Geotechnik und Baubetrieb, Hamburg, 99-125.

[51] Kleibl, A. (2013): Effizienzsteigerung beim Vibrationsrammen. Konferenz »Stahl im Wasserbau 2013«, TU Braunschweig, Institut für Grundbau und Bodenmechanik.

[52] Dierssen, G. (1994): Ein bodenmechanisches Modell zur Beschreibung des Vibrationsrammens in körnigen Böden. Institut für Bodenmechanik und Felsmechanik der Universität Fridericiana in Karlsruhe, Heft 133.

[53] Oleff, A. (1996): Auslegung von Stellelementen für Schwingungserregerzellen mit geregelter Parameterverstellung und adaptive Regelungskonzepte für den Vibrationsprozess. Institut für Maschinenwesen im Baubetrieb der Universität Fridericiana zu Karlsruhe (TH), Reihe F, Heft 44.

[54] Reusch, D. (2001) Modellierung, Parameterschätzung und automatische Regelung mit Erschütterungsbegrenzung für das langsame Vibrationsrammen. Institut für Maschinenween im Baubetrieb der Universität Fridericiana zu Karlsruhe (TH), Reihe F, Heft 49.

[55] Schönit, M. (2009): Online-Abschätzung der Rammguttragfähigkeit beim langsamen Vibrationsrammen in nichtbindigen Böden. Universitätsverlag Karlsruhe. Online erhältlich unter: https://publikationen.bibliothek.kit.edu/1000012631

[56] Liebherr. Web-Adresse: http://www.liebherr.com/

[57] Massarsch, K. R. (1997): Neue Anwendungsmöglichkeiten von modernen Vibrationsrammgeräten im Tiefbau. Tagungsband zum 26. VDBUM Seminar, VDBUM Verband der Baubranche, Umwelt- und Maschinentechnik e. V., Stuhr.

[58] Banut. Web-Adresse: http://www.banut.com/

[59] Hitachi Construction Machinery. Web-Adresse: http://www.hcme.com/

[60] Woltman Piling Equipment. Web-Adresse: http://www.woltmanbv.com/en/home.html https://www.diesekogroup.com/our-brands/woltman/

[61] FUNDEX Equipment. Web-Adresse: https://www.fundexequipment.com/

[62] Henke, S. (2008): Herstellungseinflüsse aus Pfahlrammung im Kaimauerbau. Veröffentlichungen des Instituts für Geotechnik und Baubetrieb der TU Hamburg-Harburg, Heft 18.

[63] Static Pile Driver_Pile-Driving Machinery_SUNWARD Products (SUNWARD INTELLIGENT EQUIPMENT CO., LTD.). Web-Adresse: http://old.sunward.com.cn:802/english/Products/zc.aspx?classid=21

[64] T-Works (Changsha Tianwei Engineering Machinery Manufacturing Co., Ltd). Web-Adresse: http://www.t-works.cc/en/

[65] Giken. Web-Adresse: http://www.giken.com/en/

[66] Technical European Sheet Piling Association – TESPA (1998): Rammfibel für Stahlspundbohlen. TESPA, Dortmund. Zu beziehen u.a. bei HSP Hoesch Spundwand und Profil GmbH oder (in englisch) online unter: http://www.arcelormittal.com/spundwand/uploads/files/ee6cad78a66c-122d7eb19082f51d0375.pdf

[67] DIN EN 12063 (1999): Spundwandkonstruktionen. Beuth Verlag, Berlin.

[68] DIN EN 12699:2001-05 (2001): Ausführung spezieller geotechnischer Arbeiten (Spezialtiefbau) – Verdrängungspfähle. Beuth Verlag, Berlin.

[69] Grabe, J. (2007): Spundwand-Handbuch Berechnung. Makossa Druck und Medien GmbH, Gelsenkirchen. Auch online erhältlich unter: https://www.yumpu.com/de/document/view/65923905/spundwandhandbuch-berechnung-2007

[70] DGGT, Deutsche Gesellschaft für Geotechnik e.V. (2012): Empfehlungen des Arbeitskreises »Baugruben« – EAB 2012, (5. vollständig überarbeitete Auflage). Ernst & Sohn, Berlin.

[71] Arbeitsausschuss »Ufereinfassungen« der HTG e. V. (2012): Empfehlungen des Arbeitsausschusses »Ufereinfassungen« Häfen und Wasserstraßen – EAU 2012 (11. vollständig überarbeitete Auflage). Ernst & Sohn, Berlin.

[72] EU-Verwaltungsvorschrift (2008): Zusätzliche Technische Vorschriften – Wasserbau (ZTV-W) für Spundwände, Pfähle, Verankerungen (Leistungsbereich 214). EU-Notifizierung Nr. 2008/524/D. Online erhältlich unter: https://docplayer.org/65141651-Zusaetzliche-technische-vertragsbedingungen-wasserbau-ztv-w-fuer-spundwaende-pfaehle-verankerungen-leistungsbereich-214-ausgabe-2008.html

[73] Koschinski, S., Lüdemann, K. (2013): Entwicklung schallmindernder Maßnahmen beim Bau von Offshore-Windenergieanlagen: Studie im Auftrag des Bundesamtes für Naturschutz. XXX
Neuere Version auf Englisch: Koschinski, S., Lüdemann, K. (2020): Noise mitigation for the construction of increasingly large offshore wind turbines. Studie im Auftrag des Bundesamtes für Naturschutz.
https://www.bfn.de/sites/default/files/meereskuestenschutz/Dokumente/noise-mitigation-for-the-construction-of-increasingly-large-offshore-wind-turbines.pdf

[74] Beyer, M., Brunner, W. (Juni 2006): Herstellung der Monopfähle im Britischen Barrow Offshore Windpark. Tiefbau (BG Bau), 346-351.

[75] Spagnoli, G., Weixler, L. (2013): Drilling Technologies for Offshore Foundation Engineering. 32nd International Conference on Ocean, Offshore and Arctic Engineering, June 9–14, 2013, Nantes, France.

[76] Herrenknecht AG. Web-Adresse: http://www.herrenknecht.com

[77] Peters, M., et. al (2012): Offshore Foundation Drilling – OFD: Umweltfreundliche Baumethode für Infrastruktur und erneuerbare Energieprojekte. 5. Fachtagung Baumaschinentechnik 2012, Dresden. Online erhältlich unter:
http://www.baumaschine.de/fachtagungen/entwicklung-konstruktion/fachtagung-baumaschinentechnik_dateien/2012-dresden

[78] Aker Wirth. Web-Adresse: http://www.wirth-erkelenz.de/

[79] Fugro Seacore. Web-Adresse: http://www.seacore.com/

[80] Spagnoli, G., Weixler, L. (2013): Support for Offshore Monopile Installation through the Trench Cutter Technology. Transactions of the Royal Institution of Naval Architects Part A: International Journal of Maritime Engineering, 131-140, 155.

[81] OFD Offshore Foundation Drilling:
https://www.herrenknecht.com/de/produkte/productdetail/ofd/

[82] Daniel Hautmann (2023): Gebohrt, nicht gehämmert – Fundamente von Offshore-Windrädern, Ørsted EnergieWinde.
https://energiewinde.orsted.de/trends-technik/offshore-wind-fundamente-gebohrt-deme-herrenknecht-frankreich

[83] Bauer, S., Scheller, P. (2012): Ein ferngesteuertes Unterwasserbohrgerät zur Gründung von Strömungskraftwerken im Fels. 5. Fachtagung Baumaschinentechnik 20.09.2012 - 21.09.2012 (TU Dresden), Dresden. Online erhältlich unter:
http://www.baumaschine.de/fachtagungen/entwicklung-konstruktion/fachtagung-baumaschinentechnik_dateien/2012-dresden

[84] Iberdrola 2023 Saint-Brieuc: Iberdrola's first large-scale offshore wind power project in Brittany.
https://www.iberdrola.com/about-us/what-we-do/offshore-wind-energy/saint-brieuc-offshore-wind-farm

[85] Windkraft-Journal (23.01.2023): Frankreich: Bauer Spezialtiefbau gründet Offshore-Windpark-Saint-Brieuc unter herausfordernden Bedingungen.
https://www.windkraft-journal.de/2023/01/23/frankreich-bauer-spezialtiefbau-gruendet-offshore-windpark-saint-brieuc-unter-herausfordernden-bedingungen/183831

[86] Retailleau, E., Mathias, D., Chauvaud, A., Richard, G. (29.05.2023 First insight of the response of great scallops (Pecten maximus) to drilling activities during the construction phase of an Offshore Wind farm (Saint Brieuc, France).
https://www.scienceopen.com/hosted-document?doi=10.14293/P2199-8442.1.SOP-.PMFVNS.v1

[87] Ailes Marines (10.12.2020): Communiqué de Presse.
https://ailes-marines.bzh/wp-content/uploads/2020/12/CP-10-de%CC%81cembre-Ailes-Marines-annonce-la-pre%CC%81sentation-d-es-resultats-DEF-9122020.pdf

[88] Erbe, C. et al. (2019): The Effects of Ship Noise on Marine Mammals – A Review, Front. Mar. Sci. 6:606, S. 3

[89] Cope, S. et al. (2021): Multi-sensor integration for an assessment of underwater radiated noise from common vessels in San Francisco Bay, J. Acoust. Soc. Am. 149, S. 2451-2464, Fig. 5, S. 2459

[90] Wikipedia »Wasserschall« (2013): Web-Adresse: http://de.wikipedia.org/wiki/Wasserschall

[91] T-Works (2013): Hydraulic Static Pile Driver (YouTube). Web-Adresse: http://www.youtube.com/watch?v=pwlI4wC_m5w [Zugriff am 17.11.2013].

[92] Rausche, F., Klingmüller, O. (2007): Zur Beziehung zwischen Bärmasse, Futtersteifigkeit, Dynamischen Spannungen und Pfahleindringung. Mitteilung des Instituts Für Grundbau and Bodenmechanik Technische Universität Braunschweig, 281-294.

[93] Diesekogroup Woltman 90DRe Electric Drilling Rig, Web-Adresse:
https://www.diesekogroup.com/products/piling-and-drilling-rigs/woltman-90dre/

4.11 Danksagung

Besonderer Dank sei den folgenden Personen aus der Firma BAUER Maschinen und aus diversen anderen Unternehmen für ihren Beitrag zum Gelingen dieses Texts bezeugt: Dipl.-Ing. Matthias Sähn für seine Unterstützung bei der Erstellung diverser Texte zu Rüttlern und Rammgeräten. Franz Mühlpointner von der BAUER Spezialtiefbau für die Vermittlung seiner langjährigen Baustellenerfahrungen im Rammen von Spundwänden. Dipl.-Ing. Thomas Elsner für diverse Berechnungen, Überprüfung aller Formeln, inhaltliche Prüfung des Manuskripts und viele anregende Gespräche. Franz-Joseph Mayer und Veronika Mayer für die sprachliche und orthographische Korrektur.

Informationen und Rückmeldungen zum Text kamen auch von Dipl.-Ing. Thomas Pavlu von der BAUER Spezialtiefbau, von Dipl.-Ing. Erhard Gentsch, Dipl.-Ing. (FH) Leonhard Weixler, Dr.-Ing. Giovanni Spagnoli und Dipl.-Ing. (FH) Karl Krollmann. Daniel Flierl hat einige schöne Prinzipbilder zum Rüttler und seiner Funktion erstellt. Besondere Hochachtung für die offenen Auskünfte zu den Produkten ihrer Firmen zollen wir Dipl.-Ing. Lutz Mertschat (Menck), Michael Schaap (IHC Hydrohammer), Dr.-Ing. Albrecht Kleibl (ABI), Matthias Heichel (Delmag), David J. White (APE), Dr.-Ing. Naji Al-Arja (Giken), Gerd Stüber (Thyssen-Krupp Bautechnik), Tommi Lähteinen, M.Sc. (Junttan) und Dr.-Ing. Markus Schönit (BVV).

Für die angenehme Betreuung, die er den Autoren stellvertretend für den Herausgeber angedeihen ließ, sei Prof. Dr. -Ing. Steffen Leppla, Professur für Geotechnik: Grundbau und Bodenmechanik der Frankfurt University of Applied Sciences, gedankt.

Dank geht auch an die Inhaber der Rechte an den abgebildeten Photographien für die Überlassung des Rechts zum Abdruck in diesem Kapitel. Bei Bildern und Graphiken, wo die Quelle nicht explizit angegeben wurde, liegt das Recht beim Hersteller des jeweiligen Geräts. Bei allgemeinen Darstellungen liegt es bei der BAUER AG oder einer ihrer Töchter. Es war den Autoren daran gelegen, möglichst fair über die Produkte und Systeme unterschiedlichster Hersteller zu berichten. Dass möglicherweise trotzdem ein gewisses Ungleichgewicht in der Bebilderung besteht, ist der Tatsache geschuldet, dass einem überbordenden Bildarchiv der BAUER-Gruppe eine teilweise sehr spärliche Bild-Überlassung anderer Hersteller gegenüberstand.

Der Inhalt dieses Kapitels wurde nach bestem Wissen und Gewissen erstellt und sorgfältig geprüft. Trotzdem können die Autoren oder ihre Firmen keine Verantwortung oder Haftung für fehlerhafte oder irreführende Informationen übernehmen.

Die Wiedergabe von Marken, Handelsnamen oder sonstigen Kennzeichen in diesem Kapitel bedeutet nicht, dass diese frei genutzt werden können, auch wenn sie als solche nicht eigens gekennzeichnet sind.

5 Baugruben

Alexander Rostert, Boris von Lübtow, Dr. Claas Heitz

5.1 Allgemeines

Baugruben sind zur Herstellung von Tiefgeschossen, Gründungskörpern, Anlagen der Ver- und Entsorgung sowie von Verkehrswegen unterhalb der Geländeoberfläche erforderlich.

Sofern es die örtlichen Verhältnisse zulassen, werden Baugruben mit Böschungen hergestellt, siehe Abbildung 1. Mit wachsender Tiefe nehmen die Aushubmassen und die Kosten für den Mehraushub und das Wiederverfüllen jedoch erheblich zu, sodass es schließlich wirtschaftlicher wird, den Aushubbereich durch Baugrubenwände horizontal zu sichern. Diese sind ebenfalls anzuordnen, wenn die Ausbildung einer freien Böschung z. B. aufgrund der Platzverhältnisse, der Bodenbeschaffenheit oder anderer äußerer Umstände nicht möglich ist. Liegt die Aushubsohle der Baugrube ferner unterhalb des Grundwasserspiegels oder in einem Gewässer (etwa bei der Herstellung von Brückenpfeilern), sind zusätzliche Maßnahmen wie z. B. die Installation einer Wasserhaltung oder die Anordnung horizontaler Sohlabdichtungen erforderlich.

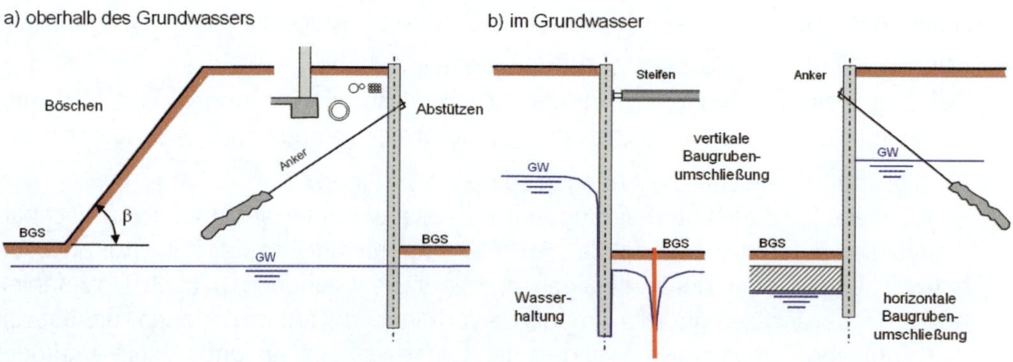

Abbildung 1: Geböschte und gestützte Baugruben

Bei der Festlegung eines geeigneten Baugrubenkonzeptes (d.h. Festlegung von vertikaler Verbauart, horizontaler Abstützungsart, Bauablauf, Erdbauarbeiten, Wasserhaltung, vorbereitenden Maßnahmen für anschließende Massivbauarbeiten) müssen verschiedene Randbedingungen berücksichtigt werden, die sich aus der Geometrie des geplanten Bauwerks, den örtlichen Gegebenheiten und dem Bauvorgang selbst ergeben.

Hierbei sind insbesondere folgende allgemeine Faktoren von Bedeutung:

- Größe und Gründungstiefe des Bauwerks (d.h. die Höhe des abzusichernden Geländesprungs von der Geländeoberkante bis zur erforderlichen Aushubsohle)
- Vorgesehene Gründungsart (Flachgründung, Tiefgründung)
- Bodenmechanische Eigenschaften des anstehenden Baugrundes
- Grundwasserverhältnisse und -zusammensetzung

- Angrenzende Nachbarbebauung nebst deren Nutzung sowie Leitungen (z. B. Gas-, Elektro-, Telefon-, Wasser-, Abwasserleitungen) oder Kanäle und deren Tiefenlage
- Lasten aus benachbarten Bauwerken, Verkehrsflächen und Baustellenbetrieb
- Zugänglichkeit des Baugeländes, erforderlicher Platzbedarf für Baustelleneinrichtung, Lagerflächen, Verkehrswege und Arbeitsflächen für Geräte und Personal
- Platzbedarf für den Verbau
- Anpassungsfähigkeit des Verbaus an die Gebäudegeometrie und evtl. den Verbau kreuzende Einbauten (z. B. Leitungen) oder unvorhergesehene Hindernisse (z. B. Findlinge)
- Erfordernis eines Arbeitsraumes zwischen Verbau und aufgehendem Rohbau
- Technische und wirtschaftliche Ausführbarkeit sowie Arbeitssicherheit
- Möglichkeit/Erfordernis der Rückbaubarkeit

Insbesondere im innerstädtischen Bereich muss das Baugrubenkonzept weiteren sehr unterschiedlichen Anforderungen genügen. Erschwerend kommt hinzu, dass aufgrund der zunehmend beengten Verhältnisse in den Städten und der größeren Dimensionierung von Bauwerken mit Bedarf an unterirdischem Parkraum immer tiefere Baugruben erforderlich sind, dies wird begünstigt durch immer leistungsfähigere Maschinen. In diesem Zusammenhang können z. B. nachfolgende weitgestreute Fragestellungen auftreten:

- Wie groß sind die zulässigen Verformungen des Verbaus?
  Bei angrenzender Bebauung, empfindlichen Versorgungsleitungen und Verkehrsanlagen muss stets ein möglichst verformungsarmer Verbau hergestellt werden.
- Sind grundwasserrechtliche Auflagen zu berücksichtigen?
  Maßgebend für diese Entscheidung sind z. B. zu erwartende Setzungen von Nachbarbauwerken durch den entfallenden Auftrieb außerhalb der natürlichen Grundwasserschwankungen oder durch dagegen empfindliche Gründungen (z. B. Holzpfähle), Auflagen der Wasserbehörden, mögliche vorhandene Kontaminationen, die Bauzeit (zu pumpende Grundwassermenge), der Grundwasserstand und Ableit- und/oder Wiederversickerungsmöglichkeiten.
- Soll die Verbaukonstruktion Grundwasser nur während der Bauzeit oder auch dauerhaft fernhalten?
  In beiden Fällen ist ein wasserundurchlässiger Verbau erforderlich. Ggf. werden zusätzliche konstruktive wasserabdichtende oder -abführende Maßnahmen benötigt.
- Kann der Verbau permanent im Boden verbleiben, wird er auch permanent genutzt oder ist ein Rückbau vorgesehen?
  Permanente und ggf. in das Massivbaubauwerk integrierte Baugrubenelemente müssen auch für den Endzustand bemessen werden und eine ausreichende Dauerhaftigkeit aufweisen.
  Nicht verbleibende Verbaumaßnahmen müssen wirtschaftlich rückbaubar sein. Für den Rückbau sind der dafür erforderliche Platzbedarf – auch vertikal – und ggf. Belastungen auf bereits hergestellte Bauwerksteile zu berücksichtigen.

- Sind die Nachbarschaftsverhältnisse geregelt?
Bei Eingriffen in das Nachbargrundstück (permanent und temporär) ist grundsätzlich das Einverständnis des Nachbarn erforderlich. Bei einer Grenzbebauung ohne vorhandene Gebäude muss in der Regel ein nachbarlicher Geländestreifen von 1,0 m bis 1,5 m Breite in Anspruch genommen werden.
- Können die Nachbargrundstücke für temporären Verbau, Rückverankerung oder Unterfangung in Anspruch genommen werden?
Außer einer Duldungsgenehmigung für die Ankerunterfahrung wird teilweise auch die Eintragung einer Grunddienstbarkeit erforderlich, etwa bei Dauerankern. Problematisch kann die Absicht, Verbauanker in das Nachbargrundstück zu bohren, bei der Nutzung von öffentlichen Grundstücken werden oder bei Grundstücken in Eigentümergemeinschaften. Im großstädtischen Bereich sind auch bestehende Straßen- oder Stadtbahntunnel häufig ein Hindernis, ebenso wie mehrgeschossige Unterkellerungen von Gebäuden.
- Gibt es besondere Umweltschutzauflagen?
Lärm, Schmutz, Staub, Licht, Erschütterungen usw. aus dem Herstellvorgang sind insbesondere im innerstädtischen Bereich zu minimieren. Hier enthält das Merkblatt Baulärm [1] wertvolle Rechtshinweise für alle Baubeteiligten. Eine geeignete Verbauwandart, Herstellmethode und/oder Schutzmaßnahmen sind zu wählen.
- Wie ist die Verkehrsführung während der Bauzeit?
Die Auswirkungen der Baugrubenherstellung auf den Verkehr (z. B. Fußgänger- und Straßenverkehr, Straßenbahn) sind zu berücksichtigen. Hierzu sind besondere Bauweisen wie z. B. die »Deckelbauweise« entwickelt worden.
- Welche zulässigen Bauzeiten und einzuhaltenden Fristen sind vorhanden?
Der unterschiedliche erforderliche Zeitaufwand zur Herstellung der verschiedenen Verbauarten ist in Betracht zu ziehen.
- Gibt es geologische oder hydrologische Besonderheiten, die den Einsatz bestimmter Baumaterialien erschweren oder erfordern?
Aggressive Böden und Grundwasser können eine Modifizierung der bautechnischen Lösung insbesondere bei Verankerungen und Injektionen erfordern, Gleiches gilt für die Wasserdurchlässigkeit oder die Sieblinie von Böden, etwa betreffend die Wahl stützender Flüssigkeiten [2] oder bestimmter Betonrezepturen [3].
- Ist die Kampfmittelfreiheit fachkundig überprüft?
Überall in Mitteleuropa können Kampfmittel im Boden lauern. Dabei handelt es sich nicht nur um Bombenblindgänger (und selbst diese können infolge Notabwürfen praktisch überall liegen und von keinem Luftbild erfasst worden sein). Infolge von Bodenkämpfen können auch Minen, Artilleriegeschosse, Werfergranaten, Handgranaten und zum Kriegsende vergrabene oder weggeworfene Munition und Sprengkörper drohen [4]
- Einen vereinfachten Überblick über die in der Praxis üblichen Baugrubenumschließungen gibt Tabelle 1. Die Verbauarten sind dabei in Abhängigkeit von ihrer Biegesteifigkeit und Wasserdurchlässigkeit unterteilt worden. Zusätzlich wird zwischen vertikalen und horizontalen Umschließungen unterschieden.

Tabelle 1: Überblick über vertikale und horizontale Baugrubenumschließungen eingeteilt nach Wasserdurchlässigkeit und Verformungsverhalten

Baugrubenumschließungen				
vertikal				**horizontal**
wasserdurchlässig		**wasserundurchlässig**		**wasserundurchlässig**
Böschung		**Böschung in Kombination mit**		
– ohne Oberflächensicherung – mit zusätzlicher Oberflächensicherung (z. B. Spritzbeton)		– ausgehobener Einphasendichtwand – Schmalwand – HDI-Schirm		
Verbauwand		**Verbauwand**		**in Kombination mit wasserundurchlässigen Verbauwänden**
verformungsarm	**biegeweich**	**verformungsarm**	**biegeweich**	
Pfahlwand – tangierend – aufgelöst mit Ausfachung (z. B. Spritzbeton, Holz) – aufgelöst ohne Ausfachung (bei Felsböden)	**Trägerbohlwand** mit Ausfachung aus: – Holz – Spritzbeton – Ortbeton – Stahlbetonfertigteilen – Kanaldielen/ Leichtprofilen – Stahlplatten	**Ortbetonschlitzwand**	**Stahlspundwand** – gerammt – gerüttelt – eingepresst – eingestellt in an Schlitz	**ohne horizontale Abstützfunktion für Verbauwand** **Natürliche Abdichtung** (z. B. Tertiärbaugrube) **Weichgelsohle**
Bodenvernagelung – z. B. vernagelte Spritzbetonwand		**Dichtwand mit eingestellten Flächenelementen aus** – Stahl (z. B. Spundbohlen) – Stahlbetonfertigteilen	**Dichtwand mit eingestellten Einzelelementen aus** – Stahl (z. B. HEB, 2xU) – Stahlbetonfertigteilen	**Biosealing** **mit horizontaler Abstützfunktion für Verbauwand**
Elementwand – aufgelöst – geschlossen		**Pfahlwand** – überschnitten – aufgelöst mit Zwickelverpressung		**Unterwasserbetonsohle** – mit Mikropfählen gegen Auftrieb gesichert – durch Eigengewicht gegen Auftrieb gesichert
		Injektionswand (z. B. DSV-Unterfangungen)		**DSV-Sohle** (Düsenstrahlverfahren)
Erdbetonwand (MIP) – tangierend – aufgelöst mit Ausfachung		**Erdbetonwand (MIP)** – überschnitten		
		Gefrierverfahren (z. B. Vereisung)		**Gefrierverfahren** (z. B. Vereisung)

Nach einem kurzen Einblick in die Normung und Bemessung von Baugrubenkonstruktionen in Abschnitt 5.1.1 werden in Abschnitt 5.3 geböschte Baugruben behandelt.

Vertikale Baugrubenumschließungen sind in Abschnitt 5.4 und horizontale Baugrubenumschließungen in Abschnitt 5.5 beschrieben. Abschnitt 5.6 enthält Erläuterungen zu besonderen Baugrubenkonzepten und Bauweisen.

5.1.1 Normung und Bemessung

Der **Entwurf und die Bemessung** von Böschungen und Baugruben sind mit Einführung des **Eurocodes** europaweit einheitlich in DIN EN 1997-1 (Eurocode 7) [5] geregelt. Zusätzlich sind nationale Detailregelungen zugelassen. Dazu gibt es für Deutschland einen Nationalen Anhang zum Eurocode 7, die DIN EN 1997-1/NA [6] und eine ergänzende Norm DIN 1054:2010-12 [7]. Der Nationale Anhang fungiert dabei als ein formales Bindeglied zwischen dem Eurocode EC 7-1 und dem nationalen Normenwerk. Neben den Nachweisverfahren und den Teilsicherheitsbeiwerten ist hier insbesondere angegeben, welche nationalen Regelwerke und Empfehlungen ergänzend anzuwenden sind.

Für die **Berechnung von Baugrubenkonstruktionen** sind in Deutschland insbesondere folgende **nationale Empfehlungen und Berechnungsnormen** maßgebend in der jeweils bauaufsichtlich eingeführten Ausgabe, sonst in der neuesten:

- Empfehlungen des Arbeitskreises »Baugruben«, EAB [8]
- Empfehlungen des Arbeitsausschusses »Ufereinfassungen Häfen und Wasserstraßen«, EAU [9]
- Empfehlungen des Arbeitskreises »Pfähle«, EA-Pfähle [10]
- DIN 4084: Baugrund – Geländebruchberechnungen [11]
- DIN 4085: Baugrund – Berechnung des Erddrucks [12]
- DIN 4126: Nachweis der Standsicherheit von Schlitzwänden [13]

Neben der geotechnischen Berechnung zur Ermittlung von Einwirkungen und Beanspruchungen auf die Baugrubenkonstruktion sind für die einzelnen Baugrubenbestandteile Querschnittsbemessungen erforderlich. Hierbei sind nachfolgende Normen zu berücksichtigen - gegebenenfalls mit bauaufsichtlich eingeführten Änderungen und nationalen Anhängen und Ergänzungen:

- Eurocode 2 Bemessung und Konstruktion von Stahlbeton und Spannbetontragwerken [14],
- Eurocode 3 Bemessung und Konstruktion von Stahlbauten [15],
- Eurocode 5 Bemessung und Konstruktion von Holzbauten [16].

Die **Bemessung von geböschten Baugruben** erfolgt nach DIN 4084 [11] z. B. mit Verfahren auf Basis einseitig gekrümmter Gleitlinien (Lamellenverfahren nach Bishop oder lamellenfreies Verfahren nach Fröhlich), Starrkörperbruchmechanismen oder Blockgleitmethoden.

Die **Bemessung von Verbauwänden** im Grenzzustand der Tragfähigkeit wird i. d. R. mittels vereinfachter Stabwerkmodelle durchgeführt. Die Rechenmodelle basieren im Regelfall auf analytischen und halbempirischen Verfahren.

Geotechnische Einwirkungen werden nach einer Erddrucktheorie (DIN 4085 [12]) ermittelt und als äußere Kräfte auf das Stabwerksmodell (z. B. Kragarm, Einfeldträger, Mehrfeldträger) aufgebracht. Abhängig vom System der Verbauwandabstützung (z. B. Anker, Gurtung und Steifen) wird dabei eine vereinfachte Erddruckumlagerungsfigur (nach EAB [8]) berücksichtigt. Die Auflagerreaktionen des Stabwerkmodells werden geotechnischen Widerständen unter Berücksichtigung von Teilsicherheitsbeiwerten (nach DIN EN 1997-1/NA [6]) gegenübergestellt.

Aus der Berechnung ergeben sich z. B. die erforderliche Einbindelänge der Verbauwand in den Boden, die Querschnittsbeanspruchung der Verbauwand selbst und die Beanspruchung des Abstützungssystems.

Die Querschnittsbemessung der Verbauwand und der Abstützung erfolgt anschließend auf Grundlage der entsprechenden Normen Eurocode 2 (Stahlbeton) [14], Eurocode 3 (Stahl) [15] und Eurocode 5 (Holz) [16].

Neben der Bemessung von Baugruben mit Stabwerkmodellen stehen seit einiger Zeit auch numerische Berechnungsmethoden zur Verfügung. In Deutschland werden diese numerischen Verfahren jedoch nur in Sonderfällen bzw. bei komplexen Baugrubensituationen zur Dimensionierung angewendet. Sie bieten Vorteile, falls eingehendere Aussagen im Grenzzustand der Gebrauchstauglichkeit erforderlich sind, z. B. bei Verformungsprognosen.

Grundlage der Bemessung sind die **Erkundung und Untersuchung des Baugrunds**. Sie ist von entscheidender Bedeutung, denn die Ausführung kann immer nur so weit erfolgreich sein, wie die Bemessung, Planung und Ausschreibung zutreffen, und die Bemessung, Planung und Ausschreibung können immer nur so weit angemessen sein, wie die ihnen zugrunde liegenden geologischen Annahmen korrekt ermittelt sind. Die Baugrunderkundung wird darum an anderer Stelle in diesem Handbuch ausführlich behandelt. Es sei hier nur auf die Baugruben betreffenden Anforderungen der DIN EN 1997-2, Anhang B.3 [17] nebst Nationalem Anhang [18] und den Ergänzenden Regelungen der DIN 4020 [19] verwiesen. Demgemäß sind die Verfahren des Spezialtiefbaus regelmäßig der höchsten geotechnischen Kategorie 3 zuzuordnen mit entsprechenden Anforderungen unter anderem an den Umfang der Erkundung hinsichtlich Flächenerstreckung, Höchstabständen und Mindesttiefen der Aufschlüsse (Abbildung 2).

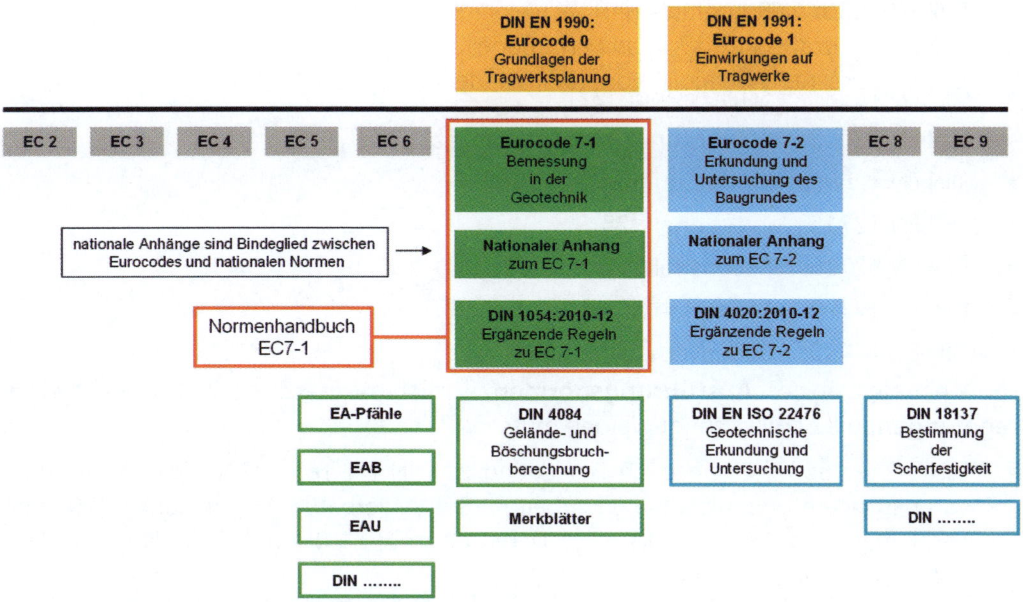

Abbildung 2: Aufschlusstiefen für Baugruben nach DIN EN 1997-2, Anhang B.3

Hierbei ist, sofern der äußere Grundwasserspiegel unter der Baugrubensohle liegt

$$z_a = \text{Max}\,\{0{,}4\,h;\,(t + 2)\}\ [\text{m}],$$

sonst

$$z_a = \text{Max}\,\{H,t\} + 2[\text{m}],$$

mit

h Baugrubentiefe in Metern,

t Einbindetiefe des Verbaus unter Baugrubensohle in Metern,

H Höhe des äußeren Grundwasserspiegels über der Baugrubensohle in Metern.

Wenn in letzterem Fall bis zu dieser Tiefe kein Grundwasserhemmer angetroffen wird, ist die Aufschlusstiefe zu erhöhen auf

$z_a = t + 5$ [m].

Für die Rasterabstände gibt die Norm ebenfalls Höchstmaße vor in Abhängigkeit von der Art des Bauvorhabens, es ist in jedem Fall darauf zu achten, dass auch jene Bereiche außerhalb der Baugrube ein Teil des Untersuchungsgebiets sind, die etwa im Zuge von Verankerungen mit in die Verbaukonstruktion einbezogen werden oder die einen Einfluss auf den Bemessungserddruck haben. Extrapolationen bekannter Aufschlussprofile sind daher nach Möglichkeit zu unterlassen, denn sie beinhalten wesentlich größere Unsicherheiten als Interpolationen.

Als **Ausführungsnormen** im Spezialtiefbau gelten die europäischen Normen der Reihe »Ausführung von Arbeiten im Spezialtiefbau«:

- DIN EN 1536: Bohrpfähle [20],
- DIN EN 1537: Verpressanker [21],
- DIN EN 1538: Schlitzwände [22],
- DIN EN 12063: Spundwandkonstruktionen [23],
- DIN EN 12699: Verdrängungspfähle [24],
- DIN EN 12715: Injektionen [25],
- DIN EN 12716: Düsenstrahlverfahren [26],
- DIN EN 14199: Mikropfähle [27],
- DIN EN 14490: Bodenvernagelung [28].

Für einen Teil obiger **Ausführungsnormen** existieren zusätzliche **nationale Detailregelungen,** die berücksichtigt werden müssen:

- DIN SPEC 18537: Ergänzende Festlegung zu DIN EN 18537:2001-01, Ausführung von besonderen geotechnischen Arbeiten (Spezialtiefbau) – Verpressanker [29], vorgesehener Ersatz durch DIN/TS 18537 (Vornorm 2021-05) und DIN EN ISO 22477-5:2019-05
- DIN SPEC 18538: Ergänzende Festlegung zu DIN EN 12699:2001-05, Ausführung von besonderen geotechnischen Arbeiten (Spezialtiefbau) – Verdrängungspfähle [30],
- DIN SPEC 18539: Ergänzende Festlegung zu DIN EN 14199:2012-01, Ausführung von besonderen geotechnischen Arbeiten (Spezialtiefbau) – Pfähle mit kleinen Durchmessern (Mikropfähle) [31],
- DIN SPEC 18140: Ergänzende Festlegungen zu DIN EN 1536:2010-12, Ausführung von Arbeiten im Spezialtiefbau – Bohrpfähle [32],
- DIN SPEC 18187: Ergänzende Festlegungen zu DIN EN 12715:2021-01, Ausführung von Arbeiten im Spezialtiefbau – Injektionen [33], vorgesehener Ersatz durch DIN/TS 18187 (Vornorm 2022-04).

Nicht betroffen von der Umstellung auf europäische Normen und somit weiterhin für Baugrubenkonstruktionen maßgebend sind darüber hinaus die Ausführungsnormen:

- DIN 4095: Dränung zum Schutz baulicher Anlagen [34],
- DIN 4123: Ausschachtungen, Gründungen, Unterfangungen im Bereich bestehender Gebäude [35],
- DIN 4124: Baugruben und Gräben [36].

In Deutschland zu beachten ist, dass ein Teil der vorgenannten Normen als technische Baubestimmungen von den Ländern – oder für ihren Zuständigkeitsbereich von Bundesbehörden (Eisenbahnbundesamt, Bundesanstalt für Wasserbau) – bauaufsichtlich eingeführt sind, basierend auf der vom Deutschen Institut für Bautechnik Berlin laufend fortgeschriebenen „Muster-Verwaltungsvorschrift Technische Baubestimmungen" (MVV TB) [37]. Die Ländervorschriften enthalten einzelne ergänzende oder von den aufgeführten Normen abweichende Bestimmungen für Bemessung und Ausführung.

5.2 Häufige Planungsfehler

Es seien hier einige erfahrungsgemäß wiederkehrende Planungsfehler aus den verschiedenen Gewerken des Spezialtiefbaus zusammengestellt.

Baugrubenaussteifungen und Gurtungen aus Stahl:

- Es sind nicht alle Montage- und Demontageschritte planlich dargestellt (Montagekonzept)
- Übereinander liegende Steifenlagen sind im Grundriss nicht gegeneinander versetzt (Kraneinsatz erschwert)
- Festlegung der Schweißausführungsklasse nach DIN EN 1090-2 [38] fehlt (Qualifikationsanforderungen an den Fachbetrieb)
- Vorgesehene, aber wegen fehlender Zugänglichkeit nur schwer ausführbare Baustellenschweißnähte
- Nichtberücksichtigung möglicher Schraubverbindungen als Alternative

Verankerungen:

- Abstände zu unterirdischen Bauwerken und zur Geländeoberfläche sind zu klein (Hebungen bei Bohrung oder Verpressung)
- Verpresskörper liegt in aufgeschüttetem Baugrund (z. B. Leitungsgrabenverfüllung)
- Nach der Ankerfestlegung wird der Baugrund planmäßig dynamisch beansprucht (z. B. durch Vibration)
- Unzureichend steifes zu verankerndes Bauteil, insbesondere bei asymmetrischer Auflagerungsbedingungen (Verformungen und Verdrehungen bei Aufbringung der Ankerkraft), Zugband zur Abstandssicherung von Verbauträgern fehlt
- Bemessung berücksichtigt nicht spätere baubetriebliche Zusatzlasten an Verbauoberkante (Kran, Betonpumpe usw.)
- Gegenseitige Gefährdung der Anker bei Überkreuzungen, vor allem an in die Baugrube einspringenden Ecken, hier müssen die vertraglichen oder normgemäßen Herstelltoleranzen beachtet und/oder Bohrlochvermessungen vorgesehen werden.

Trägerverbau, Spundwandverbau:

- Bemessung berücksichtigt nicht spätere baubetriebliche Zusatzlasten an Verbauoberkante (Kran, Betonpumpe usw.)
- Die Einplanung auskragender oberirdischer Geschosse im Rohbau berücksichtigt nicht das Erfordernis des Verbaurückbaus mit entsprechend freizuhaltendem Luftraum („Erdgeschossfalle")
- Beim Übergang von Schlitzwand auf Spundwand ist das letzte Spundwandschloss nicht erd-, sondern luftseitig angeordnet. Durch die unterschiedliche Biegesteifigkeit der Verbauarten wird sich während des Aushubs eine Fuge öffnen. Dies wird vor allem bei anstehendem Grundwasser zum Problem.

Schlitzwand:

- Nichtberücksichtigung des Freiraums für die Herstellung der Leitwand
- Nichtbeachtung der vertraglichen oder normgemäßen Herstelltoleranzen
- Unzureichende Stabilität der Bewehrungskörbe
- Unzureichende lichte Stababstände

Bohrpfahlwand:

- Nichtberücksichtigung der Wandstärke der Bohrverrohrung bei der Festlegung des Korbdurchmessers
- Nichteinhaltung der Mindestbetondeckung bewehrter Pfähle
- Nichtbeachtung der Herstelltoleranzen bei der Festlegung des Überschneidungsmaßes
- Nichtberücksichtigung des Freiraums für die Herstellung einer Bohrschablone
- Anordnung von Sekundär- statt Primärpfählen an Wandenden und -knicken

Ausschachtungen und Unterfangungen:

- Unvollständige Darstellung des zu unterfangenden Bauwerks, der Aushubabschnitte und Aushubreihenfolge
- Fehlender Grundbruchnachweis für die Arbeitsebenen (bzw. fehlende Bemessung bei erforderlichem Aufbau) unter Berücksichtigung des voraussichtlich zum Einsatz kommenden Großgeräts [39]

Bodenvernagelung:

- Fehlende Festlegungen zu zulässigen Abweichungen bei Böschungswinkel, Stufenhöhen, Vorderkante Aushub, Ebenheit Aushub (Ausbrüche!)
- Fehlende Angaben zu Nutzungsdauer, Kopfausbildung, Geometrie (Grundriss, Schnitte, Höhen), optischen Anforderungen

5.3 Geböschte Baugruben und geböschte Gräben

Die Ausbildung von geböschten Baugruben und geböschten Gräben ist in DIN 4124 [36] geregelt. Im Grunde handelt es sich bei Böschungen und bei mit Normverbau oder Grabenverbaugeräten gesicherten Abgrabungen um keine Maßnahmen des Spezialtiefbaus, da sie jedoch häufig in Verbindung mit diesen erforderlich werden, werden die häufigsten Anwendungsfälle abgehandelt.

In nachfolgend erläuterten **vereinfachten Fällen** kann auf einen Nachweis der Standsicherheit verzichtet werden:

a) **Baugruben und Gräben bis 1,25 m Tiefe** dürfen ohne Nachweis der Standsicherheit und ohne Sicherung mit senkrechten Wänden hergestellt werden (siehe Abbildung 3 - links), wenn

- die angrenzende Geländeoberfläche bei nichtbindigen und weichen bindigen Böden nicht steiler als 1:10 und bei mindestens steifen bindigen Böden nicht steiler als 1:2 ist,
- ein ausreichender Abstand von Fahrzeugen zur Böschungskante (nach Abbildung 4) eingehalten ist,
- keine ungünstigen Gegebenheiten oder ungünstigen Einflüsse vorliegen,
- angrenzende bauliche Anlagen nicht gefährdet werden.

b) **Baugruben und Gräben bis zu 1,75 m Tiefe** dürfen ohne Nachweis der Standsicherheit senkrecht ausgeschachtet werden, wenn der über 1,25 m über Sohle anstehende Boden unter einem Winkel $\beta < 45°$ geböscht wird (siehe Abbildung 3 - rechts) und

- mindestens steifer bindiger Boden oder Fels ansteht,
- die Geländeoberkante nicht steiler als 1:10 ansteigt,
- ein ausreichender Abstand von Fahrzeugen zur Böschungskante (nach Abbildung 4) eingehalten ist,
- keine ungünstigen Gegebenheiten oder ungünstigen Einflüsse vorliegen,
- angrenzende bauliche Anlagen nicht gefährdet werden.

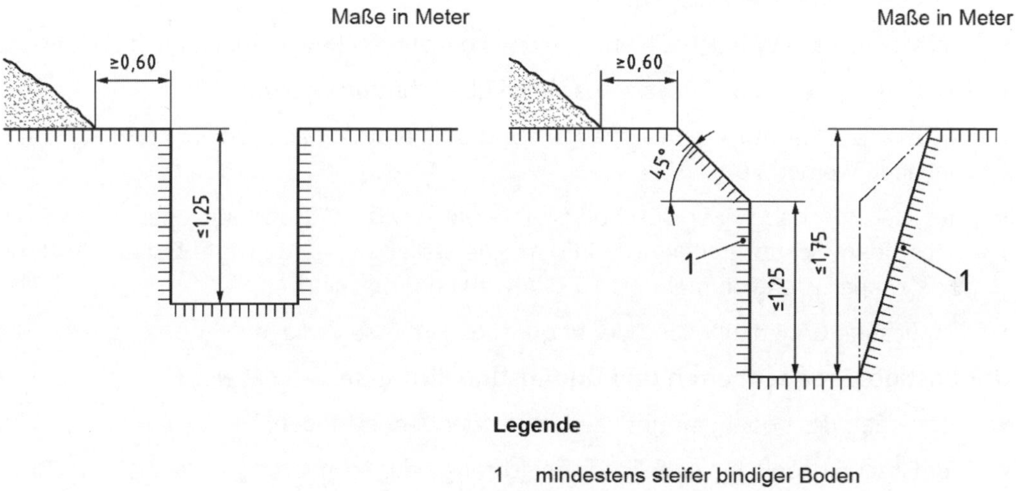

Abbildung 3: Graben mit senkrechten Wänden (links) und Graben mit geböschten Kanten (rechts), aus DIN 4124 [36]

c) Bei **Aushubtiefen von mehr als 1,75 m** sind Baugrubenwände grundsätzlich abzuböschen. Ohne Nachweis der Standsicherheit dürfen folgende Böschungswinkel dabei nicht überschritten werden:

i) ibei nichtbindigen oder weichen bindigen Böden $\beta = 45°$

ii) bei steifen oder halbfesten bindigen Böden $\beta = 60°$

iii) bei Fels $\beta = 80°$

Die Anwendung der genannten Böschungswinkel setzt im Regelfall voraus, dass ein ausreichender Abstand zwischen Böschungskante und Fahrzeugen bzw. Baugerät gewährleistet wird, siehe Abbildung 4.

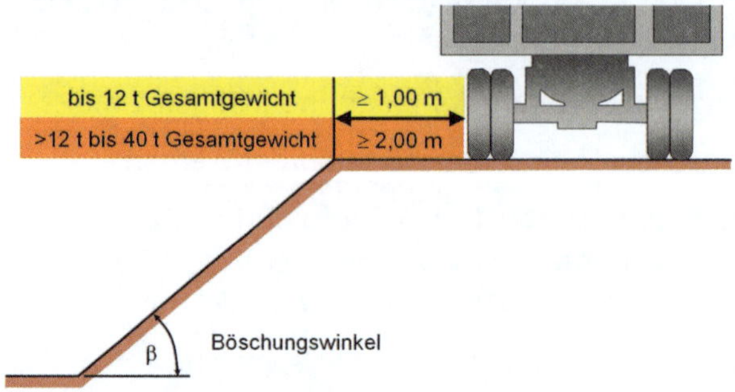

Abbildung 4: Sicherheitsabstände von Fahrzeugen, Baumaschinen oder Baugeräten bei Baugruben und Gräben mit Böschungen, in Anlehnung an [40]

Der rechnerische Nachweis der Standsicherheit von Böschungen ist nach DIN EN 1997-1 [5], DIN 1054 [7] bzw. DIN 4084 [11] zu erbringen, wenn

- die Böschung höher als 5,0 m ist,
- bei senkrechten Wänden die unter a) bis c) genannten Bedingungen nicht erfüllt sind,
- die unter c) genannten Böschungswinkel überschritten werden,
- die Mindestabstände von Fahrzeugen und Baugeräten (nach Abbildung 4) nicht eingehalten werden,
- das Gelände neben der Böschungskante steiler als 1:10 ansteigt oder unmittelbar neben dem Schutzstreifen von 0,60 m eine steiler als 1:2 geneigte Erdaufschüttung bzw. Stapellasten von mehr als 10 kN/m² zu erwarten sind,
- ungünstige Gegebenheiten oder ungünstige Einflüsse vorliegen.

Ungünstige Gegebenheiten und ungünstige Einflüsse sind dabei z. B.:

- Störungen des Bodengefüges wie Klüfte oder Verwerfungen,
- zur Einschnittsohle hin einfallende Schichtung oder Schieferung,
- nicht oder nur wenig verdichtete Verfüllungen oder Aufschüttungen,
- erhebliche Anteile an Seeton, Beckenschluff, organischen Bestandteilen und ähnlichen festigkeitsmindernden Bodenarten im Fall eines weichen bindigen Bodens,
- Grundwasserabsenkung durch offene Wasserhaltung in Feinsand- oder Schluffboden,
- Zufluss von Schichtenwasser,
- nicht entwässerter, im wassergesättigten Zustand zum Fließen neigender Boden,
- der Verlust der Kapillarkohäsion eines sandigen Bodens durch Austrocknen,
- starke Erschütterungen z. B. aus Verkehr, Rammarbeiten, Verdichtungsarbeiten oder Sprengungen.

Bei der Festlegung der Baugrubenbreite sind ausreichend große Arbeitsräume > 0,50 m zwischen Böschungsfuß und zu erstellendem Bauwerk zu berücksichtigen. In Bereichen, wo der Rand einer Baugrube bzw. eines Grabens betreten werden muss, sind mindestens 0,60 m breite, möglichst waagerechte Schutzstreifen anzuordnen und von Aushubmaterial und Gegenständen freizuhalten, siehe Abbildung 3.

Ist damit zu rechnen, dass die Böschung durch z. B. Niederschlagswasser, Trockenheit oder Frost gefährdet wird, so sind geeignete konstruktive Maßnahmen vorzusehen wie z. B. Schutz der Böschung durch Abdeckung mit Geotextilien (z. B. Vliese, Kunststoffdichtungsbahnen), Schilfmatten oder Spritzbeton. Alternativ ist die Wandhöhe oder die Böschungsneigung zu verringern.

Generell ist bei geböschten Baugruben eine Tagwasserhaltung empfehlenswert, d. h. Anordnung von Entwässerungsgräben und Rinnen, um Niederschlagswasser von der Böschung fernzuhalten und abzuführen.

Zusätzlich kann es sinnvoll sein, Zwischenbermen anzuordnen, um z. B. abrutschende Bodenteile, Steine oder Blöcke aufzufangen. Die Bermen sollten in diesem Fall mindestens 1,50 m breit sein und in Stufen von 3,0 m Höhe angeordnet werden.

Für die Planung von geböschten Baugruben in der Nähe von angrenzender Bebauung sind die in DIN 4123 [35] einzuhaltenden Bodenaushubgrenzen von Bedeutung, Abbildung 5. Bei Berücksichtigung der in DIN 4123 genannten Regelungen kann auf einen Nachweis des Bestandsfundamentes verzichtet werden.

Beim Aushub der Baugrube ist dabei insbesondere zu beachten, dass

- die Fundamente des angrenzenden Gebäudes nicht freigelegt werden (Einhaltung eines > 0,5 m Tiefenabstandes),
- ein ausreichender Abstand (> 2,0 m) zwischen Gebäudeaußenkante und Böschungskopf eingehalten wird.

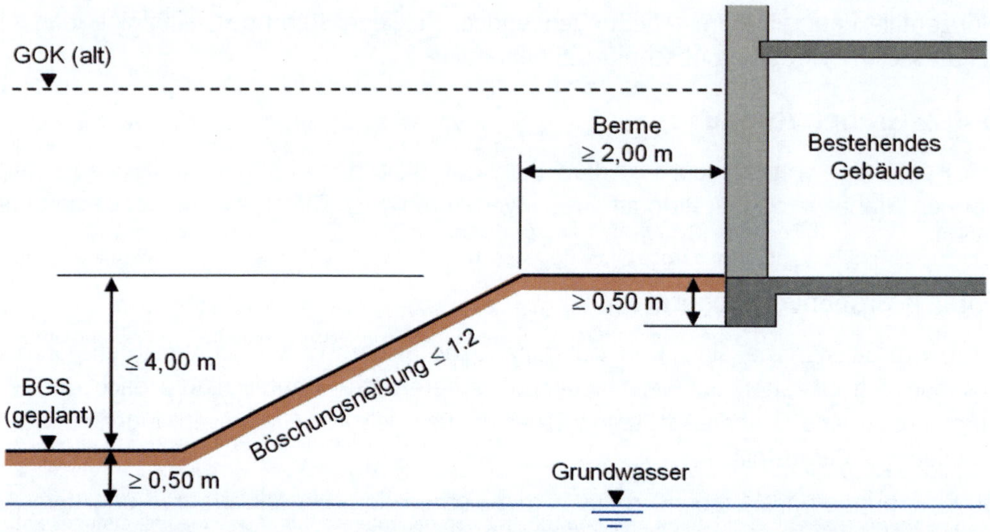

Abbildung 5: Bodenaushubgrenzen nach DIN 4123 [35]

5.4 Baugrubenwände

5.4.1 Allgemeines

Sofern eine Böschung nicht möglich ist, muss der durch den Aushub entstehende Geländesprung mit Hilfe von Verbauwänden gesichert werden. Die Wahl des Verbausystems ist dabei abhängig von den örtlichen Gegebenheiten (z. B. anstehende Bodenart, Grundwasserverhältnisse, anstehende Bebauung etc.) und den zu erfüllenden Anforderungen an den Verbau selbst (z. B. Verformungskriterien, Wasserdurchlässigkeit).

Als vertikale Baugrubenumschließungen kommen im Wesentlichen nachfolgende Verbauarten in Frage:

a) Bei Baugruben mit geringen Abmessungen sowie insbesondere bei Gräben
   - Grabenverbaugeräte (Abschnitt 5.4.2)
   - Grabenverbau/Normverbau nach DIN 4124 (Abschnitt 5.4.2)

b) Bei Baugruben mit großen Abmessungen sowie ggf. besonderen Anforderungen bezüglich Wasserdichtheit und geringen Verformungen
   - Trägerbohlwände (Abschnitt 5.4.3)
   - Spundwände (Abschnitt 5.4.4)
   - Pfahlwände (Abschnitt 5.4.5)
   - Schlitzwände (Abschnitt 5.4.6)
   - Erdbetonwände bzw. Mixed-in-place-Wände (Abschnitt 5.4.7)
   - Elementwände (Abschnitt 5.4.8)
   - Bodenvernagelungen (Abschnitt 5.4.9)
   - Injektionswände (Abschnitt 5.4.10)

Horizontale Baugrubenumschließungen sind nicht Gegenstand des nachfolgenden Abschnitts. Diese werden in Abschnitt 5.5 behandelt.

5.4.2 Grabenverbau

Zur Herstellung von Gräben für z. B. Kanäle oder Leitungen im innerstädtischen Bereich können Grabenverbaugeräte oder Grabenverbauten nach DIN 4124 [36] verwendet werden.

5.4.2.1 Grabenverbaugeräte

Grabenverbausysteme sind Konstruktionen zur Sicherung von senkrechten Grabenwänden. Sie bestehen aus verschiedenen vorgefertigten Bauteilen, die nach dem Zusammenbau eine Grabenabstützung ergeben. Beispiele für Grabenverbaugeräte sind in Abbildung 6 dargestellt.

Beim Einbringen des Grabenverbaus wird zwischen dem Einstellverfahren und dem Absenkverfahren unterschieden. Beim **Einstellverfahren** werden die Grabenverbaugeräte in einen zuvor ausgeschachteten Grabenabschnitt eingestellt. Der Spalt zwischen Grabenwand und Verbaugerät ist nach dem Einstellen auf der ganzen Höhe zu verfüllen.

Beim **Absenkverfahren** werden die Grabenverbaugeräte oder Teile davon senkrecht in den Boden eingedrückt. Das Absenken erfolgt im Wechsel mit dem Bodenaushub, wobei der vorauseilende Bodenaushub unterhalb der seitlichen Platten das Maß von 0,5 m nicht überschreiten darf.

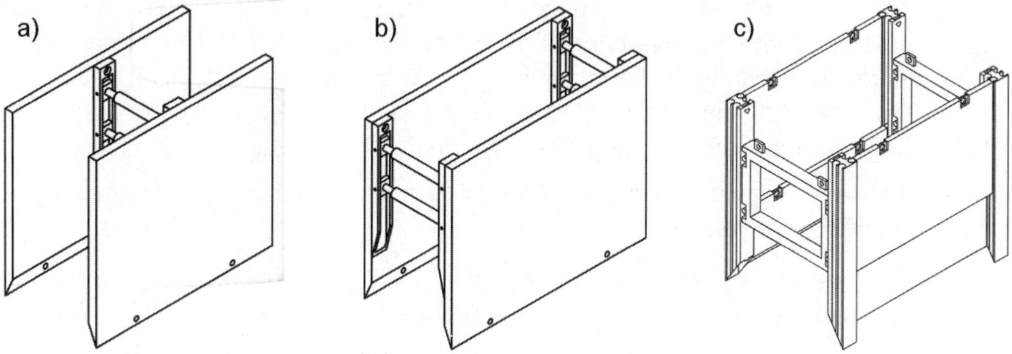

Abbildung 6: Beispiele für Grabenverbaugeräte, aus DIN 4124 [36]
a) Mittiggestütztes Grabenverbaugerät
b) Randgestütztes Grabenverbaugerät
c) Gleitschienen-Grabenverbaugerät mit Stützrahmen

Die Einsatztiefe der Grabenverbaugeräte ist wie folgt begrenzt:

- Rand- oder rahmengestützte Grabenverbaugeräte dürfen nur bis zu einer Grabentiefe von 6,0 m eingesetzt werden.
- Mittig gestützte Grabenverbaugeräte dürfen nur bis zu einer Grabentiefe von 4,0 m eingesetzt werden. Dabei dürfen höchstens zwei Grabenverbaugeräte übereinandergestellt werden.
- Gleitschienensysteme sind derzeit für Aushubtiefen von bis zu ca. 14 m auf dem Markt erhältlich.

Beim Einsatz der Grabenverbaugeräte ist zu beachten, dass beim Aushub der Grundwasserstand bis unter die Aushubsohle abgesenkt wird. Weitere Anwendungsgrenzen und zu berücksichtigende Randbedingungen sind in DIN 4124 [36] zu finden.

Insbesondere im Bereich der Gleitschienensysteme ist in den letzten Jahren eine Vielzahl verschiedener Systeme entwickelt worden. Die vertikalen Bohlträger besitzen Gleitschienen, in die senkrecht zur Verbauwand aussteifende Balken und parallel zur Verbauwand Ausfachungsplatten (i. d. R. aus Stahl) eingeführt werden können. Die Träger werden vor Aushubbeginn in den Boden eingedrückt und die Verbauplatten werden dem Aushub folgend nachgedrückt. Das Verfahren ist aus Kostengründen insbesondere bei linearen Bauwerken (z. B. Kanälen) sinnvoll. Für große (breite) Baugrubenabmessungen sind die Systeme i. d. R. weniger geeignet. Zudem fallen bei lang andauernden Baumaßnahmen hohe Vorhaltekosten für die einzelnen Systembauteile an.

5.4.2.2 Waagerechter Grabenverbau

Als historischer Vorläufer der Trägerbohlwand stellt der waagerechte Grabenverbau aus waagerechten Bohlen, senkrechten Brusthölzern und horizontalen Steifen eine klassische Ausführungsvariante dar.

Der Verbau mit waagerechten Bohlen (z. B. Holzbohlen, Kanaldielen etc.) erfolgt im Zuge des Aushubs fortschreitend von oben nach unten. Spätestens ab einer Aushubtiefe von 1,25 m muss mit dem Einziehen der waagerechten Bohlen und dem Einbau der Brusthölzer und der Aussteifung (z. B. Holzsteifen oder Teleskopsteifen aus Stahl) begonnen werden. Darunter dürfen in Abhängigkeit vom anstehenden Boden jeweils nur noch 1 bis 2 Bohlenbreiten ohne Sicherung freigelassen werden.

An den Stoßstellen der waagerechten Bohlen müssen die Brusthölzer und Aussteifungen beiderseits angebracht werden.

Die Ausführung ist nur in ausreichend standfesten Böden möglich.

In DIN 4124 [36] sind für den waagerechten Grabenverbau Regelausführungen (Normverbau) in Tabellenform angegeben, siehe auch Abbildung 7. Wenn die in DIN 4124 angegebenen standardisierten Bauelemente verwendet werden und die Anwendungsrandbedingungen erfüllt sind, kann ein Standsicherheitsnachweis für den Verbau entfallen.

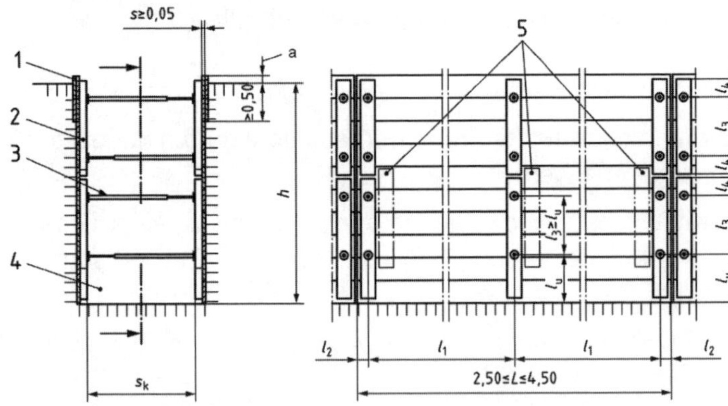

Legende

1 Verdoppelung der Bohlen (falls erforderlich)
2 Aufrichter (Brustholz),[8 cm × 16 cm bzw. 12 cm × 16 cm]
3 Rundholzsteife, d = 10 cm bzw. 12 cm oder Kanalstrebe
4 Raum zum Rohreinbau bzw. zur Kabelverlegung
5 Diese Aufrichter (Brusthölzer) dürfen im Vollaushubzustand entfernt werden
a ≥ 0,05 bzw. ≥ 0,10 [m]

Längen l_1, l_2, l_3, l_4, l_u, h, s_k gemäß Tabelle 1 und Tabelle 2 aus DIN 4124

Abbildung 7: Waagerechter Normverbau, aus DIN 4124 [36]

5.4.2.3 Senkrechter Grabenverbau

Der senkrechte Grabenverbau empfiehlt sich als Ersatz für einen waagerechten Verbau in Bereichen, wo sich dieser nur schwer einbauen lässt, z. B. an Ecken und Versprüngen der Grabenwand sowie bei Böden mit geringer Standfestigkeit, die nicht auf die Länge und Breite einer Bohle freigelegt werden können.

Außerdem ist die zulässige freie Höhe zwischen der untersten Steifenlage und der Aushubsohle erheblich größer als beim waagerechten Grabenverbau.

Beim senkrechten Grabenverbau werden lotrechte gerammte oder eingedrückte Kanaldielen oder Holzbohlen verwendet. Bei Verwendung von Holzbohlen muss der Boden so weit vorübergehend standfest sein, dass die Bohlen einzeln dem Aushub nachfolgen können. Kanaldielen werden in der Regel in einem Arbeitsgang bis auf die geplante Endtiefe oder stufenweise eingebracht. Die Gurte aus Holz oder Stahlprofilen werden auf Konsolen verlegt oder abgehängt. Die Aussteifung erfolgt mit Holzsteifen oder Kanalstreben.

Abbildung 8 zeigt eine Variante, bei der die Gurte abgehängt sind. Dies erspart Konsolen, die bei den häufig umzusetzenden Dielen unzweckmäßig sind.

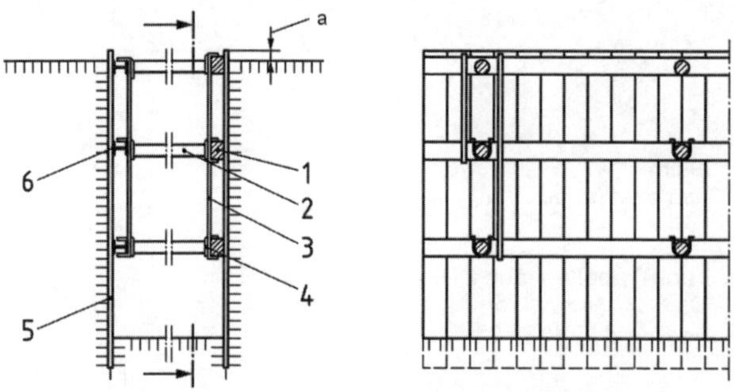

Legende

1 Gurtholz, mindestens 12 cm × 16 cm
2 Rundholzsteife oder Kanalstrebe
3 Hängeeisen
4 Aufhängung einer Rundholzsteife (Krebs)
5 Kanaldielen
6 Gurtträger, mindestens HE-B 100
a ≥ 0,05 bzw. ≥ 0,10 [m]

Abbildung 8: Senkrechter Grabenverbau mit Kanaldielen, aus DIN 4124 [36]

Bei größeren Baugrubentiefen ist es zweckmäßig, den Verbau in mehreren Stufen auszuführen. Beim gestaffelten Verbau werden die senkrecht gerammten Holzbohlen oder Kanaldielen der Tiefe nach gestaffelt angeordnet, siehe Abbildung 9.

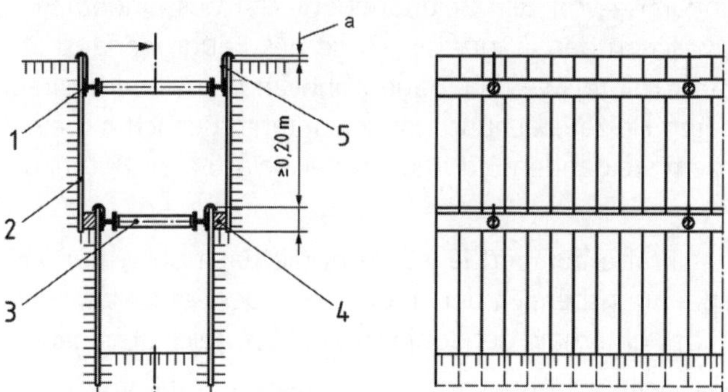

Legende

1 Gurtträger, mindestens HE-B 100
2 Kanaldielen
3 Rundholzsteife oder Kanalstrebe
4 Futterholz
5 Aufhängung
a ≥ 0,05 bzw. ≥ 0,10 [m]

Abbildung 9: Gestaffelter senkrechter Grabenverbau, aus DIN 4124 [36]

In DIN 4124 [36] sind ebenfalls für den senkrechten Grabenverbau Regelausführungen (Normverbau) in Tabellenform angegeben, siehe auch Abbildung 10. Wenn die in DIN 4124 angegebenen standardisierten Bauelemente verwendet werden und die Anwendungsrandbedingungen erfüllt sind, kann ein Standsicherheitsnachweis für den Verbau entfallen.

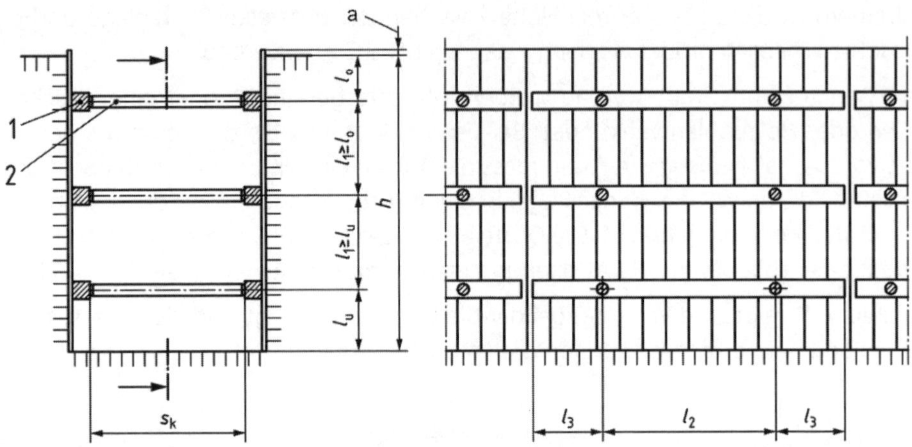

Legende

1 Gurtholz, 16 cm × 16 cm bzw. 20 cm × 20 cm
2 Kanalstrebe oder Rundholzsteife, d = 12 cm bzw. 14 cm
a ≥ 0,05 bzw. ≥ 0,10 [m]

Längen l_1, l_2, l_3, l_4, l_u, h, s_k gemäß Tabelle 3 und Tabelle 4 aus DIN 4124

Abbildung 10: Senkrechter Normverbau, aus DIN 4124 [36]

5.4.3 Trägerbohlwände

5.4.3.1 Allgemeines

Trägerbohlwände bestehen aus **senkrechten Traggliedern (Bohlträgern**) und einer i. d. R. **waagerechten Ausfachung**. Die Tragglieder werden in regelmäßigen Abständen entlang der geplanten Verbauwandachse von der Geländeoberfläche aus eingebracht. Anschließend werden die Felder zwischen den Trägern im Zuge des Baugrubenaushubs durch eine Ausfachung geschlossen. Häufig werden Trägerbohlwände im oberflächennahen Bereich mit einer rückbaubaren Holzausfachung und im unteren Bereich mit einer verbleibenden und entsprechend dem steigenden Erddruck höher belastbaren Betonausfachung hergestellt.

Die Ausfachung nimmt die Erddruckkräfte auf und leitet sie in die nach oben frei auskragenden Bohlträger ein. Im Einspannungsbereich der Träger unter der Baugrubensohle werden die Kräfte anschließend an das unterhalb der Sohle liegende Erdreich abgegeben.

Bei größeren Baugrubentiefen (über etwa 3,5 m) reicht eine Einspannung der Bohlträger zur Aufnahme der Erddrucklasten nicht mehr aus bzw. ist mit großen Verformungen verbunden, sodass ein- oder mehrfache horizontale Festhaltungen in Form von **Aussteifungen oder Rückverankerungen** erforderlich sind. Im Fall von rückverankerten Verbauträgern tritt dabei eine von der Ankerkraft in Abhängigkeit von der Ankerneigung hervorgerufene Vertikalkraft auf, die vom Verbauträger über Mantelreibung in der Einbindelänge und Spitzendruck am Trägerfuß in den Boden übertragen werden muss. Zur Aufnahme der Kraft ist der Trägerfuß entsprechend konstruktiv auszubilden (z. B. Fuß einbetonieren oder Anordnung einer Fußplatte).

In trockenen ramm- oder bohrfähigen Böden ist die Trägerbohlwand in der Regel das wirtschaftlichste Verbauwandsystem. Wesentliche **Vorteile** des Trägerbohlwandverbaus sind:

- einfacher Geräteaufwand
- Möglichkeit zur Wiedergewinnung der Bauteile
- Einsatzmöglichkeit in nahezu allen Bodenarten
- hohe Anpassungsfähigkeit an bestehende Randbedingungen

Als **Nachteile** sind zu nennen, dass der Trägerbohlwandverbau zu den biegeweichen Verbausystemen gehört, d. h. dass unter Umständen Setzungen an benachbarten Bauwerken oder Verkehrswegen zu erwarten sind. Außerdem ist der Verbau nicht wasserdicht, sodass er nur oberhalb des gegebenenfalls abgesenkten Grundwasserspiegels eingesetzt werden kann.

5.4.3.2 Ausführungsformen von Trägerbohlwänden

Als senkrechte Bohlträger werden in der Regel Breitflanschträger der **HEA-, HEB- und HEM**-Reihe verwendet (sogenannter Berliner Verbau). Darüber hinaus kommen bei rückverankerten Trägerbohlwänden häufig auch mit Blechen auf Abstand verlaschte **Doppel-U-Profile** zum Einsatz. Die Wahl des Profils hängt vom Baugrund, vom Einbringverfahren, von den statischen Erfordernissen und vom ggf. benötigten Abstützungssystem ab.

Übliche Profile sind z. B. HEB 240 bis HEB 400 bzw. 2 × U 240 bis 2 × U 400 mit Stahlgüte S235 oder S355.

Zur **Ausfachung** der Gefache zwischen den Bohlträgern kann eine Vielzahl von Materialien zum Einsatz kommen. Beim Hamburger Verbau (selten) werden diese vor die Trägerflasche gehängt, beim Berliner Verbau dahinter verkeilt. Nachfolgend sind nur die in der Praxis am häufigsten zur Anwendung kommenden Ausfachungsarten aufgelistet, dies sind:

- waagerechte Holzbohlen
- Spritzbeton
- Ortbeton
- waagerechte Stahlbetonfertigteile
- senkrechte Kanaldielen oder Leichtprofile
- waagerechte Stahlplatten

Die **Abstützung** einer Trägerbohlwand kann mit Hilfe von Gurtung und Aussteifung oder einer Rückverankerung erfolgen. Die Verankerung kann (heute am häufigsten) durch die Spreizung der Doppel-U-Profile erfolgen, beim Berliner und Hamburger Verbau nur indirekt über eine Gurtung.

5.4.3.3 Verfahrenstechnik

Die Verfahrenstechnik für die Herstellung einer Trägerbohlwand wird im Wesentlichen von folgenden Teilprozessen bestimmt:

- vorbereitende Maßnahmen
- Einbringung der senkrechten Bohlträger
- Bodenaushub und Herstellung der Ausfachung im Zuge des Bodenaushubs
- ggf. Einbau einer Abstützung im Zuge des Bodenaushubs
- evtl. Rückbau der Trägerbohlwand während der Wiederverfüllung des Arbeitsraums

5.4.3.3.1 Vorbereitende Maßnahmen

Neben dem **Freiräumen des Baufeldes** und der Herstellung eines geeigneten **horizontalen Arbeitsplanums** sind vorab die **Trägerbohlwandachsen** und die Positionen der **Bohlträger einzumessen**. Der Abstand und der erforderliche Profilquerschnitt der Bohlträger richten sich nach den statischen Erfordernissen. Übliche horizontale Abstände sind ca. 1,0 m bis ca. 3,5 m.

5.4.3.3.2 Senkrechte Bohlträger

Kommen **HEA-, HEB- oder HEM-Profile** als Bohlträger zum Einsatz, so können diese in den Boden **eingerammt oder eingerüttelt** werden. Beide Einbringverfahren zeichnen sich durch hohe Wirtschaftlichkeit aus. Nachteilig sind jedoch die erhebliche Lärmbelästigung und die möglichen Erschütterungen während der Herstellung und deren möglicher Einfluss auf Nachbargebäude oder Bodeneinbauten (Leitungen, Kanäle).

Wenn Erschütterungen und Geräusche vermindert werden sollen oder wenn feste Schichten anstehen, die sich nicht durchrammen lassen, dann kann es zweckmäßig sein, die **Bohlträger in vorgebohrte Löcher einzustellen**. In diesem Fall können auch nicht rammfähige Profile wie z. B. **Doppel-U-Profile** verwendet werden, die insbesondere bei rückverankerten Trägerbohlwänden zum Einsatz kommen.

Werden Doppel-U-Profile verwendet, so müssen diese mit Bindeblechen miteinander verbunden sein. Die genaue Anzahl richtet sich nach der Profilstärke und der Belastung des Trägers und ist statisch zu ermitteln. Üblicherweise sind die Bindebleche mindestens oben und unten sowie in Abständen <= 1,50 m anzuordnen, siehe auch EAB (EB48) [8]. Im Bereich von Ankerköpfen sollte der Abstand 60 cm bis 70 cm betragen. Die Träger sind außerdem mit einer Fußplatte zu versehen; siehe Abbildung 11.

Zur Übernahme der späteren Ankerkräfte in den vorgesehenen Tiefen können weiterhin geneigte Auflager aus zwei parallelen Flachstahlblechen vorgesehen werden. Dies empfiehlt sich, wenn Ankerköpfe zwischen den U-Profilen „versenkt" eingebaut werden sollen, sowie generell wegen der kontrollierten Herstellbedingungen im Werk. Der Abstand der Bleche muss ausreichend groß für das Bohrgestänge, aber ausreichend klein für die aufzusetzende Ankerplatte sein. Diese Vorbereitung der Träger erfordert allerdings einen weitgehend höhenrichtigen Einbau, denn sie erlaubt keine spätere Anpassung der Ankerbohransatzpunkte mehr (vgl. Abschnitt 5.4.3.3.4 b).

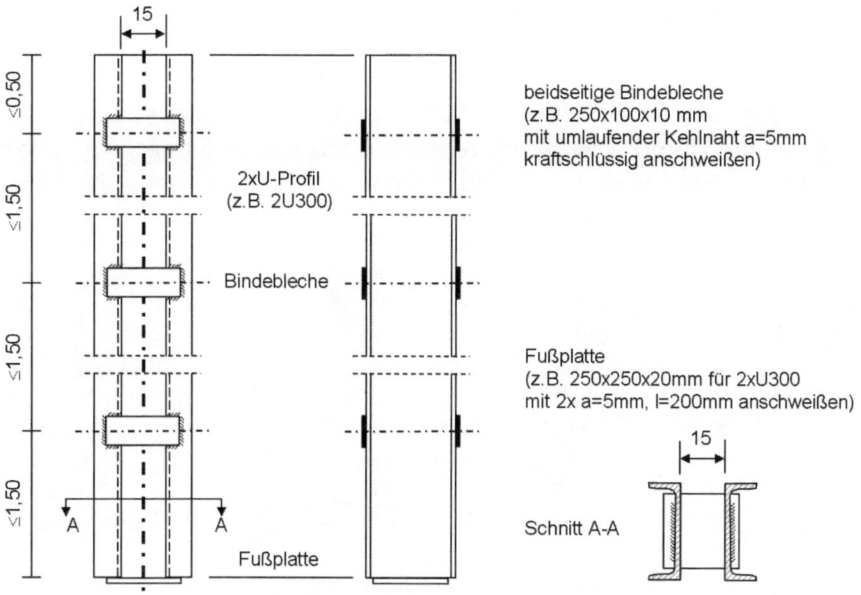

Abbildung 11: Konstruktive Ausbildung von Bohlträgern aus Doppel-U-Profilen

Bei Bohlträgern, die in **vorgebohrte Löcher** eingestellt werden, kann zwischen nachfolgenden Trägerfußausbildungen unterschieden werden, siehe auch Abbildung 12:

a) **Ausbildung ohne Fußplatte**
Müssen keine wesentlichen Vertikalkräfte (z. B. infolge einer geneigten Rückverankerung) in den Untergrund abgetragen werden, so können die Träger ohne besondere Maßnahmen in das Bohrloch eingestellt werden. Zur Verfüllung des Bohrlochs wird verdichtungsfähiges Material verwendet, das eingeschlämmt wird. Steht kein geeignetes Material zur Verfügung, so kann ein durch Zement schwach gebundenes Sand-Kiesgemisch verwendet werden. Die Träger können nach Bauende wieder gezogen und zurückgebaut werden.

b) **Ausbildung mit Fußplatte**
Zur Aufnahme kleiner Vertikalkräfte genügt es, eine Fußplatte leicht anzuheften, die sich anschließend bei einem evtl. Ziehen der Träger löst. Die Verfüllung des Bohrlochs erfolgt wie unter a) beschrieben.
Anmerkung: Doppel U-Träger sind grundsätzlich mit einer Fußplatte zu versehen, da diese regelmäßig verankert werden unter Beaufschlagung mit einer beträchtlichen vertikalen Ankerkraftkomponente.

c) **Ausbildung mit Fußplatte und Betonpfropfen**
Hat der Träger später größere Vertikalkräfte aufzunehmen, dann kann unterhalb der statisch erforderlichen Einbindetiefe des Trägers ein Frischbetonpfropfen oder ein Fertigteilpfropfen angeordnet werden, wodurch sich die Aufstandsfläche vergrößert und größere Vertikalkräfte etwa aus künstlichen Arbeitsplattformen an der Geländeoberkante abgeleitet werden können. Die Verfüllung des Bohrlochs erfolgt wie unter a) beschrieben.

d) **Ausbildung mit Einbetonierung**
Sind sehr große Vertikalkräfte aufzunehmen, kann der Träger im Einbindebereich auch einbetoniert werden. Eine Fußplatte ist in diesem Fall nicht unbedingt erforderlich. Da der Bohlträger durch das Einbetonieren nicht mehr gezogen und zurückgewonnen werden kann, verbleibt er im Untergrund. Im Bereich des Trägerfußes kann dann der gesamte Durchmesser der Bohrung für den Nachweis des Fußauflagers statisch berücksichtigt werden, sonst nur die Trägerbreite.

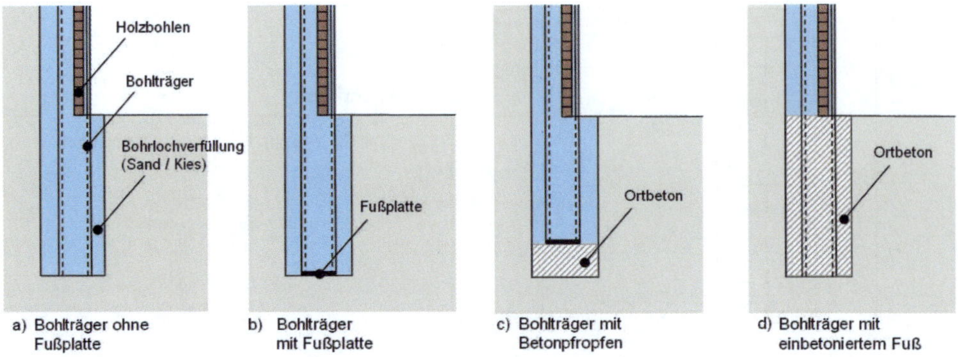

Abbildung 12: Trägerfußausbildung, in Anlehnung an [41]

5.4.3.3.3 Ausfachung

Mit der Herstellung der Ausfachung ist unmittelbar nach dem Aushub und spätestens ab einer Aushubtiefe von 1,25 m zu beginnen. Der Aushub darf der Ausfachung

- bei wenig standfesten Böden höchstens um die Einzelteilhöhe der Ausfachung,
- bei standfesten nichtbindigen Böden höchstens um 0,5 m,
- bei steifen oder halbfesten bindigen Böden höchstens um 1,0 m

vorauseilen. Die Ausfachung muss vollflächig und dicht anliegen. Ein erdseitiger Mehraushub über das Sollmaß hinaus ist zu vermeiden bzw. durch Hinterfüllen und Verdichten mit Bodenmaterial zu beheben.

Die Aussteifung bzw. Rückverankerung ist einzubauen, sobald die Aushubtiefe 0,5 m bis 0,8 m unter der geplanten Abstützungsebene liegt.

Wird die Baugrube wiederverfüllt und die Ausfachung zurückgebaut, so muss dies i. d. R. schrittweise erfolgen. Die zu berücksichtigenden Rückbauhöhen entsprechen dabei den zulässigen Höhen beim Einbau der Ausfachung.

Nachfolgend sind die in der Praxis am häufigsten zur Anwendung kommenden Ausfachungsarten näher erläutert:

a) Holzausfachung

Die Ausfachung mit Holz gehört in Deutschland zu den am meisten verwendeten Systemen des rückbaubaren Bohlträgerverbaus, siehe Abbildung 14. Sie kann aus Kant- oder Rundhölzern bestehen. In der Regel werden Kanthölzer der Festigkeitsklasse C24 und der Sortierklasse S10 verwendet mit Dicken von 10 cm bis 14 cm.

Die Ausfachung muss fest am Erdreich anliegen. Dies kann z. B. durch Keile geschehen, die zwischen Trägerflansch und Ausfachung geschlagen werden. Die Mindestauflagerung der Verbauhölzer muss dabei mindestens 1/5 der Flanschbreite (HEB-Bohlträger) bzw. 1/2 der Flanschbreite (Doppel-U-Bohlträger) betragen, siehe Abbildung 13.

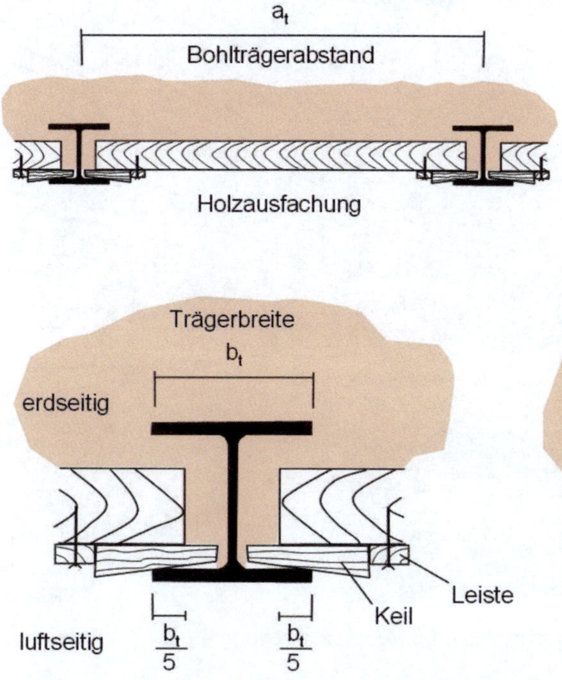

Abbildung 13: Details Trägerbohlverbau mit HEB- bzw. Doppel-U-Profilen und Holzausfachung

Mit Rücksicht auf die zu erwartende Setzung durch Verrotten der Hölzer sollte die Verbohlung zurückgewonnen werden. Wo allerdings evtl. Setzungen hingenommen werden können oder ein gefahrloser Rückbau nicht möglich ist, belässt man die Holzausfachung im Boden. Die früher oft zur besseren Verrottungsbeständigkeit verwendeten imprägnierten Holzbohlen werden heute aus Gründen des Gewässerschutzes nicht mehr verwendet.

Abbildung 14: Mehrfach rückverankerte Trägerbohlwand mit Holzausfachung – Bauvorhaben Milaneo, Stuttgart

b) Spritzbetonausfachung

Die Ausfachung mit bewehrtem oder unbewehrtem Spritzbeton ist das am meisten verwendete System des verbleibenden Trägerbohlverbaus, siehe auch Abbildung 15 und Abbildung 16. Nach Einbringung der Bohlträger und Freilegung eines Wandabschnitts wird zunächst eine etwa 3 cm bis 5 cm starke Betonschale aufgespritzt, die eventuellen Bodennachfall verhindern soll. Anschließend wird in Stärken von 5 cm bis 8 cm der Spritzbeton bis zur gewünschten Dicke aufgetragen.

Bei bewehrtem Spritzbeton erfolgt der Spritzbetonauftrag bis zur Bewehrungsebene. Nach Erreichen wird die Bewehrung (i. d. R. Verwendung von Bewehrungsmatten) mit entsprechender Überlappung verlegt, wobei darauf zu achten ist, dass eine volle Auflage der Bewehrung hinter dem Trägerflansch erfolgt. Danach erfolgt das weitere Aufbringen des Spritzbetons und erforderlichenfalls Abglätten der Oberfläche mit einer Richtlatte.

Bevor die nächste Aushubebene freigelegt wird, muss mit geeigneten Prüfmethoden (z. B. Erhärtungsprüfung mit Penetrationsnadel, Meyco-Kaindl-Ausziehverfahren, Bolzensetzmethode der Fa. Hilti, Bohrkernproben) kontrolliert werden, ob der aufgebrachte Spritzbeton genügend Festigkeit aufweist, um die auftretenden Kräfte aus Erddruck und Auflast zu übernehmen.

Abbildung 15: Herstellung einer Spritzbetonausfachung unterhalb einer Holzausfachung

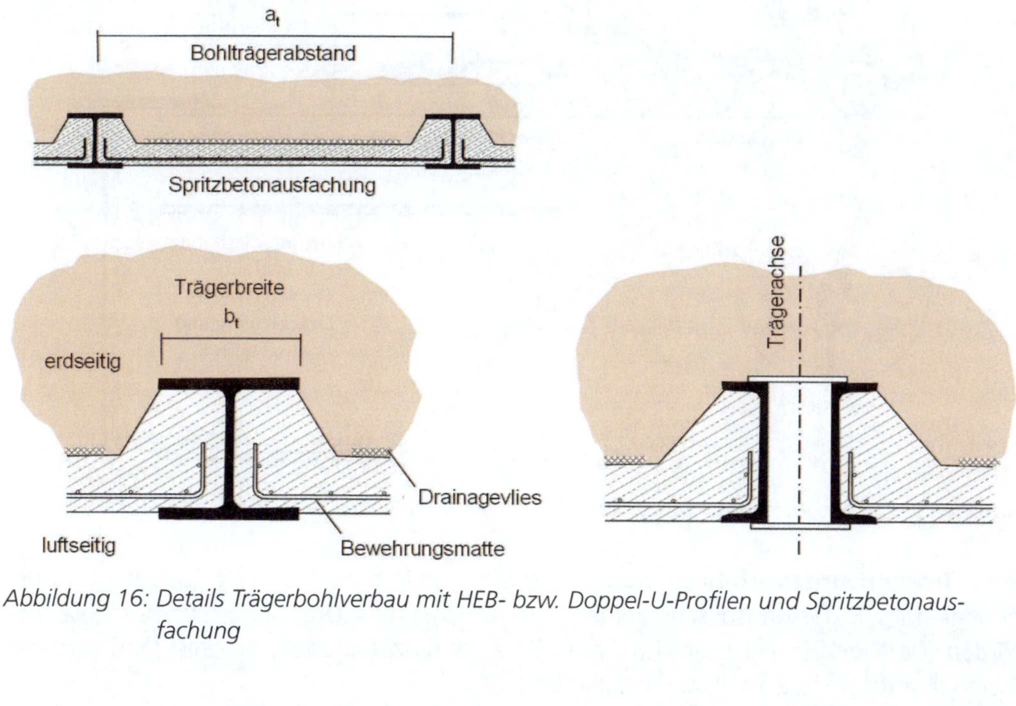

Abbildung 16: Details Trägerbohlverbau mit HEB- bzw. Doppel-U-Profilen und Spritzbetonausfachung

Bei unbewehrtem Spritzbeton ist es bei der Freilegung der Ausfachungszwischenräume oft wirtschaftlich, den Aushub horizontal in das Erdreich hinein auszurunden. Durch die Wölbung in das Erdreich hinein bildet sich im Spritzbeton ein kraftabtragendes Druckgewölbe aus, das bei der Abtragung der angreifenden Erddrücke statisch günstig wirkt.

Zur Vermeidung eines Aufstaus von möglichem Sickerwasser aus dem Boden hinter der Spritzbetonausfachung werden erdseitig i. d. R. Drainagematten (z. B. geotextile Filtervliese) angeordnet sowie in regelmäßigen Abständen Entwässerungsrohre in der Ausfachung vorgesehen oder nachträglich gebohrt.

Die Herstellung der Spritzbetonausfachung kann mit Hilfe von zwei verschiedenen Verfahren erfolgen:

- Nassspritzverfahren
- Trockenspritzverfahren

Beim **Nassspritzverfahren** wird fertiger Beton (Gemisch aus Zement, Zuschlägen, Anmachwasser) durch Pumpen oder Druckluft zu einer Spritzdüse transportiert und verspritzt. Erstarrungsbeschleuniger werden an der Düse zugegeben, siehe auch Abbildung 17. Dieses Verfahren bringt eine gute und gleichmäßige Betonqualität und hohe Leistungen ohne wesentliche Staubentwicklung. Die Rückprallmenge (= zu entsorgende Verlustmenge) liegt bei etwa 10 %.

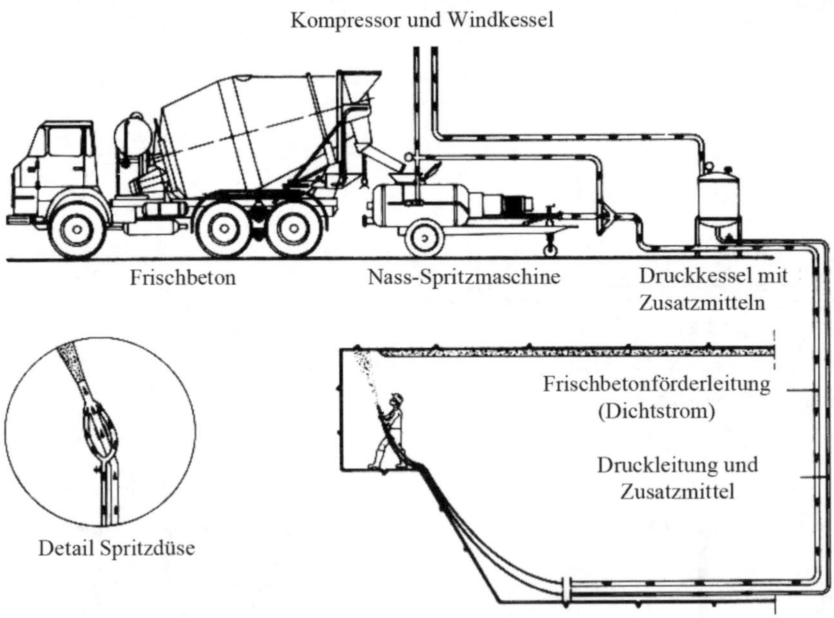

Abbildung 17: Konventionelles Nassspritzverfahren am Beispiel des Tunnelbaus, aus [42]

Beim **Trockenspritzverfahren** wird ein Trockengemisch aus Zement, Zuschlag und gegebenenfalls Erstarrungsbeschleuniger vom Mischer mit Druckluft zur Spritzdüse gefördert. Dort wird über Düsen das Anmachwasser hinzugegeben. Anschließend wird das Gemisch aufgespritzt, siehe auch Abbildung 18.

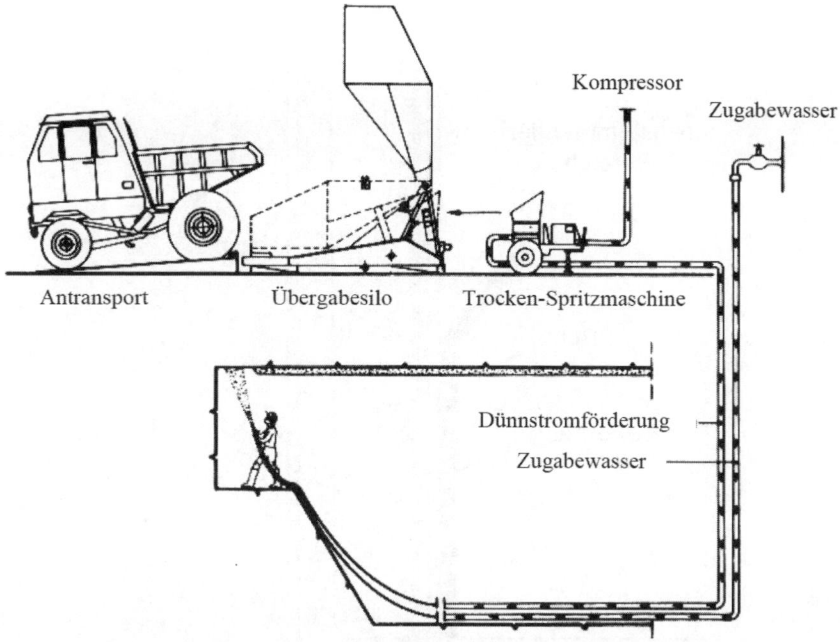

Abbildung 18: Konventionelles Trockenspritzverfahren am Beispiel des Tunnelbaus, aus [42]

Vorteil des Trockenspritzverfahrens ist die große Flexibilität. So können problemlos kleine Mengen verarbeitet und evtl. erforderliche Spritzpausen ohne zwischenzeitliche Reinigung der Geräteeinheit und Rohr- oder Schlauchleitungen überbrückt werden. Weitere Vorteile sind die großen Förderlängen (bis 500 m) und die Vorratshaltung des Trockenmaterials in Silos. Das Spritzmaterial wird vom Silo (seltener Mulde oder Fahrmischer) über ein Förderband oder eine Förderschnecke der Spritzmaschine zugeführt. Bei kleinen Spritzflächen kann auch mit Sackware gearbeitet werden.

Beim Trockenspritzbeton verschlechtern jedoch die hohen Rückprallmengen von ca. 25 % die Staubentwicklung und die höheren Verschleißkosten durch Abrasion die Wirtschaftlichkeit.

c) Ortbetonausfachung

Bei einer Ausfachung mit Ortbeton wird nach Freilegung des Verbauwandabschnitts eine luftseitige Bewehrung angeordnet und eine Schalung mit entsprechenden Hilfsmitteln (Haken, Krallen, angeschweißte Gewindestähle o. ä.) an den Bohlträgern befestigt. Dabei wird am Übergang zum vorherigen Betonierabschnitt eine übergreifende Schräge zum Einfüllen des Betons und zur Herstellung des Anschlusses vorgesehen (Abbildung 19). Anschließend erfolgt die Auffüllung des Ausfachungsabschnitts mit Ortbeton. Der entstehende Überstand („Anguss") wird nach Erhärtung des Betons und Ausschalung abgestemmt.

Da für die Herstellung (schalen, bewehren, betonieren, Betonerhärtung) verhältnismäßig viel Zeit benötigt wird, kann diese Ausfachungsart nur bei gut standfesten Böden ausgeführt werden. Aus herstellungstechnischen und wirtschaftlichen Gründen muss eine Freilegung in einer Höhe von mindestens 1,0 m möglich sein.

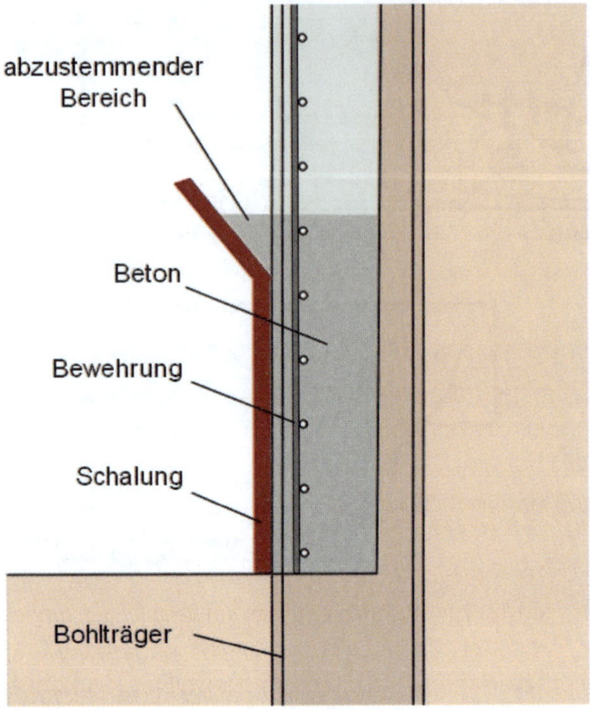

Abbildung 19: Bohlträgerverbau mit Orbetonausfachung

d) Ausfachung mit Stahlbetonfertigteilen

Soll der Bohlträgerverbau im Boden verbleiben und sind Setzungen durch Holzverrottung zu vermeiden, können neben einer Spritzbetonausfachung auch Stahlbetonfertigteile (z. B. Stahlbetonbohlen oder -platten) verwendet werden. Die Bohlen werden wie bei der Holzausfachung verarbeitet, wobei die Handhabung aus Gewichtsgründen erheblich schwieriger ist. Bei größeren Fertigteil-Verbautafeln erhalten die unteren Platten eine Schneide und werden mit der Baggerschaufel im Zuge der Ausschachtung eingedrückt.

Da die Stahlbetonfertigteile auf eine fixe Länge gefertigt werden, müssen die Bohlträger hinsichtlich Lage und Vertikalität absolut maßgerecht eingebracht werden. Zu empfehlen ist die Verwendung von Breitflanschträgern aus Stahl, wegen der größeren Auflagerbreite der Platten auf dem Trägerflansch und damit Einhaltung von baupraktischen Toleranzmaßen.

Der Vorteil der Ausfachung mit Stahlbetonfertigteilen (Abbildung 20) liegt im zügigen Einbau und der sofortigen Belastbarkeit. Eine Rückgewinnung ist bei entsprechenden Vorkehrungen (z. B. Anordnung von Zugösen, Bentonitverfüllung zwischen Element und Boden) theoretisch möglich, aber wegen der großen Kräfte und der speziellen Einsatzbereiche wenig sinnvoll. Das Verfahren wird in der Regel ausschließlich bei einem verbleibenden Verbau angewendet.

Abbildung 20: Ausfachung mit Stahlbetonfertigteilen, aus [43]

e) Ausfachung mit senkrechten Kanaldielen oder Leichtprofilen

Besonders bei stark rolligen oder weichen bindigen Böden hat die senkrechte Anordnung von Kanaldielen oder Leichtprofilen Vorteile. Nach Herstellung der senkrechten Bohlträger werden zwischen den Bohlträgern horizontale Führungsträger eingebracht und verkeilt oder angeschweißt. Nach einem Voraushub von ca. 0,5 m bis 1,0 m werden die Kanaldielen oder Leichtprofile eingestellt, ausgerichtet und der Voraushub wieder verfüllt und verdichtet. Die Kanaldielen bzw. Leichtprofile können nun so weit wie möglich eingedrückt oder mit leichten Geräten eingebracht werden. Hierbei lassen sich Erschütterungen und stärkere Lärmbelästigung durch begleitenden Aushub verringern. Entsprechend der statischen Bemessung sind weitere ggf. abgestützte Horizontalträger einzubauen.

Beim Rückbau der Verbauwand werden die Horizontalträger im Zuge der Arbeitsraumverfüllung ausgebaut und die Ausfachungsdielen nach Verfüllungsende gemeinsam mit den Bohlträgern gezogen.

Kanaldielen	Widerstandsmoment	Eigenlast		Flächenträgheitsmoment	Abmessungen			
	$W_{el,y}$ (Wand)	G_w (Wand)	G_{sp} (Einzelbohle)	I_y (Wand)	Profilbreite b	Wandhöhe h	Rückendicke t	Stegdicke s
	cm^3/m	kg/m^2	kg/m	cm^4/m	mm	mm	mm	mm
KD VI/6 1)	182	62,5	37,5	726	600	78	6,0	
KD VI/8 1)	242	83,3	50,0	968	600	80	8,0	
KD 4/4 2)	70	36,7	14,7	168	400	48	4,0	
KD 4/6 2)	102	55,2	22,1	254	400	50	6,0	

1) Lagerlängen: von 3 m bis 8 m

2) Lagerlängen: von 3 m bis 4 m

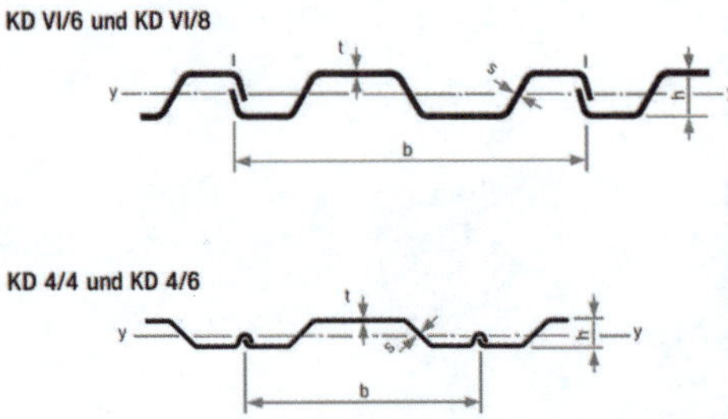

Abbildung 21: Beispiele für Kenngrößen von Kanaldielen (Thyssen-Krupp) und Bohlträgerverbau mit senkrechter Ausfachung aus Kanaldielen, aus [43] und [44]

Vorteile:

- zügiger Aushub, da kein gestufter Aushub für die Verbohlung vorzunehmen ist
- satter Verbund zwischen Ausfachung und Baugrund und damit geringere Setzungen, d. h., das Ausfließen des Bodens wird vermieden und eine nachträgliche Hinterfüllung der Ausfachungsbohlen entfällt
- zügige Arbeitsraumverfüllung, da auf den Rückbau der Ausfachung keine Rücksicht genommen werden muss
- Bohlträger und Ausfachungsprofile sind zurückgewinnbar und wiederverwendbar

Nachteile:

- die Vorhaltekosten für Stahlprofile sind höher als für Holzbohlen
- größerer Geräteaufwand beim Einbringen der Ausfachung (Bagger, Rammgerät usw.)
- zum Einbau der Ausfachung ist außerhalb der Baugrube ausreichend Platz für die Einbringung der Stahlprofilausfachung erforderlich

Abbildung 22 zeigt einen gemischten Verbau mit oberer waagerechter Holzausfachung und unterer senkrechter Kanaldielenausfachung.

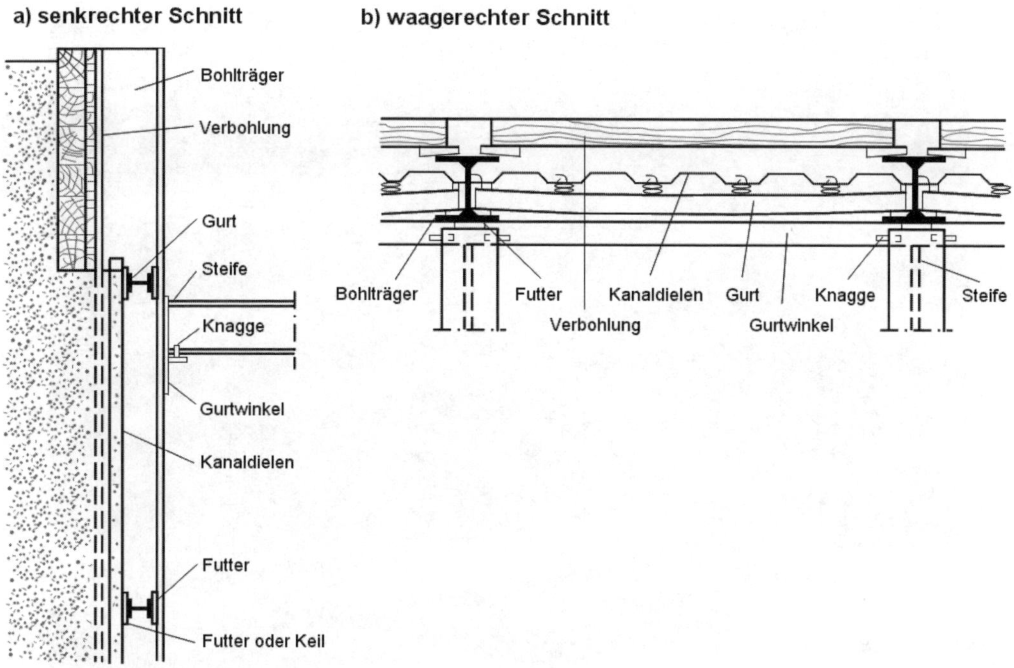

Abbildung 22: Trägerbohlwand mit Kanaldielenausfachung, aus [41]

5.4.3.3.4 Aussteifung bzw. Rückverankerung

Bei größeren Baugrubentiefen (etwa ab 3,5 m Tiefe) reicht die Einspannung der Bohlträger im Boden unter der Baugrubensohle zur Aufnahme der Erddrucklasten nicht mehr aus. Es sind dann unwirtschaftlich kleine Trägerabstände erforderlich oder es ist mit zu großen Verformungen zu rechnen, sodass eine Aussteifung oder Rückverankerung erforderlich wird.

Ein Aussteifen der Trägerbohlwände sollte bevorzugt werden, wenn ein verformungsarmer Verbau erreicht werden soll und die Steifen den Bauvorgang nicht zu sehr behindern. Weiterhin sind Steifen erforderlich

- bei schmalen Baugruben, in denen der Einsatz eines Ankerbohrgerätes nicht möglich ist
- wenn wegen vorhandener Leitungen, Kanäle, Bauwerke, ungeeigneter Bodenverhältnisse oder nicht vorliegender nachbarschaftsrechtlicher Gestattungen eine Rückverankerung nicht möglich ist
- aus Kostengründen bei kleineren Verbaumaßnahmen

Bei sehr breiten Baugruben (ab ca. 25 m Baugrubenbreite) ist eine wirtschaftliche gegenseitige Aussteifung der Baugrubenwände (Durchsteifung) nicht immer erreichbar. Auch die durch die Steifen und ggf. erforderliche vertikale Zwischenunterstützen vorhandenen Einschränkungen der Arbeitsfreiheit für Aushub und Rohbau stellen ein wichtiges Entscheidungskriterium dar (Abbildung 23). Hierfür sind Rückverankerungen oder alternativ Schrägabsteifungen gegen die Baugrubensohle notwendig. Doch auch Schrägabsteifungen führen im Rohbau zu Mehraufwand (Abbildung 24).

Abbildung 23: Durchsteifung einer breiten Baugrube in Wilhelmshaven

Abbildung 24: Schrägsteifen im Rohbau, Baustelle München, Rischart's Backhaus

a) Aussteifung

Zur **Aussteifung** gegenüberliegender Bohlträgerwände werden Rundholzsteifen oder Stahlsteifen (z. B. HEB- oder Rohrprofile), selten modulartig zusammensetzbare Systemsteifen verwendet.

Bei sehr kleinen oder unregelmäßigen Bohlträgerabständen kann es zweckmäßig sein, die Steifen unabhängig von der Anordnung der Bohlträger gegen biegesteife **Gurte** (z. B. HEB-Profile oder Spundwandprofile) zu setzen, die ihrerseits mehrere Bohlträger abstützen. Durch die Verwendung von Gurten können größere Steifenabstände vorgesehen und Steifen eingespart werden. Das Ausschachten zwischen den Steifen und der Einbau sperriger Bauteile werden vereinfacht.

Zur sicheren Auflage von Gurtung und Steifen sind vorab an den Bohlträgern **Konsolen** (z. B. angeschweißte L- oder U-Profile) anzubringen. Der Abstand und die Konstruktion der Konsolen sind in der Regel konstruktiv, da nur die Eigenlast des Gurtes oder der Steifen aufzunehmen ist, siehe auch Abbildung 25 und Abbildung 26.

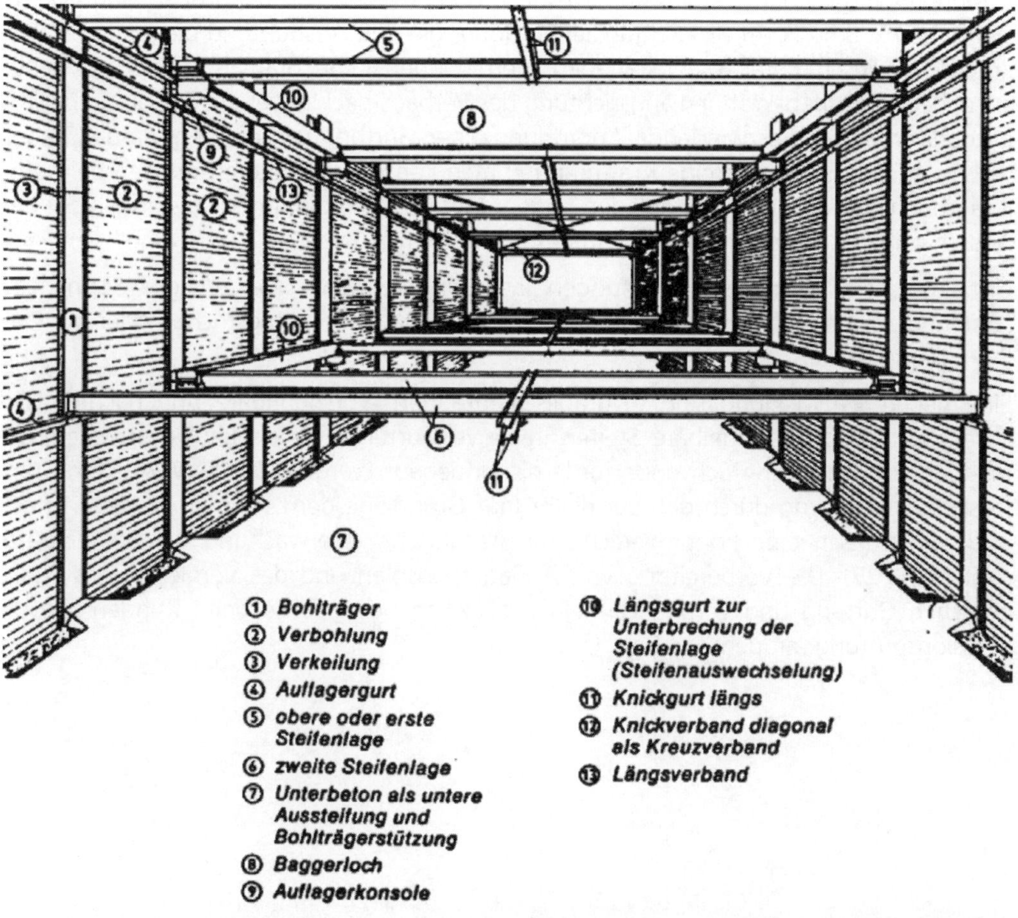

Abbildung 25: Gesamtansicht einer Baugrube mit Trägerbohlwänden nach den Konstruktionsblättern der Freien und Hansestadt Hamburg, aus [45]

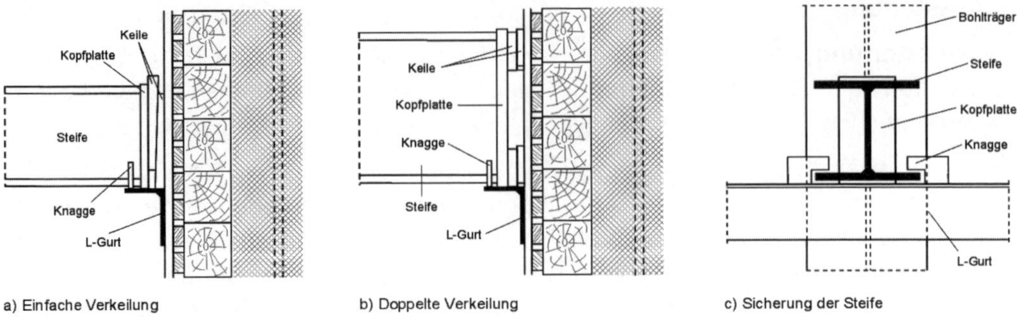

Abbildung 26: Auflagerkonstruktionen von Aussteifungen aus Stahl, aus [41]

Da Gurtung und Aussteifung wieder zurückgebaut werden, sollten sie nach Möglichkeit nicht verschweißt werden. Im Allgemeinen genügen angeschweißte Laschen.

Bei großen Spannweiten müssen ggf. zusätzliche horizontale und vertikale Knickaussteifungen vorgesehen werden. In End- bzw. Eckbereichen von Baugruben sind Eckaussteifungen z. B. in Form von Schrägsteifen nötig, die den Aushub und die weiteren Bauarbeiten in diesem Bereich sehr stark behindern können. In der Statik ist die von Ecksteifen ausgehende Abtriebskraft in Längsrichtung des Verbaus nachzuweisen. Dies kann bei Trägerbohlverbauten die zwingende Anordnung einer Gurtung verursachen, da der Trägerverbau in Längsrichtung keine Kräfte aufnehmen kann. Des Weiteren müssen bei tiefen Baugruben ggf. mehrere Steifenlagen angeordnet werden, die unter Umständen bei den Ausschachtungsarbeiten mehrfach umgesetzt werden müssen.

Um zusätzliche Temperaturspannungen insbesondere durch sommerliche Sonneneinstrahlung zu vermeiden, werden Steifen oft mit weißer Farbe angestrichen oder mit weißer Folie umwickelt.

Eine neuere Entwicklung sind (hydraulisch integriert) vorspannbare und nachregulierbare, mechanisch verriegelbare Steifen inklusive Gurtung, die als Baukastensystem anmietbar sind und ohne Schweißerfordernis eingebaut werden. Die Serviceleistung umfasst die Bemessung durch den Vermieter (auf Grundlage der Lastangaben des Mieters) und auf Wunsch eine kontinuierliche messtechnische Überwachung der Steifenkräfte (Abbildung 27). Die Vorbereitung von Auflagerkonsolen und das Vergießen des Spalts zwischen Gurtung und Verbau verbleiben als Aufgaben ebenso beim Kunden wie die Kollisionsprüfung mit dem Rohbau.

Abbildung 27: Systemsteifen Typ Vp Groundforce im Einsatz, Baustelle Berlin Upper West

b) Rückverankerung

Als Rückverankerung werden in der Praxis häufig vorgespannte Verpressanker verwendet in Kombination mit Doppel-U-Profilen als Bohlträger. Die Bohlträger werden in diesem Fall einzeln und ohne horizontale Gurtung verankert. Die Herstellung einer Rückverankerung ist in Abbildung 28 beispielhaft dargestellt.

Abbildung 28: Ankerbohrgerät Fa. KLEMM zur Herstellung der Rückverankerung einer Trägerbohlwand

Bei der Ausbildung des Ankerkopfanschlusses kann zwischen aufgesetztem Ankerkopf und versenktem Ankerkopf unterschieden werden, siehe Abbildung 29 und Abbildung 30. Der versenkte Ankerkopf bietet Vorteile hinsichtlich des erforderlichen Platzbedarfs, da er nicht übersteht und in den Arbeitsraum hineinragt. Nachteilig ist, dass die Lage des versenkten Ankerkopfes vor dem Einbau des Trägers festgelegt werden muss.

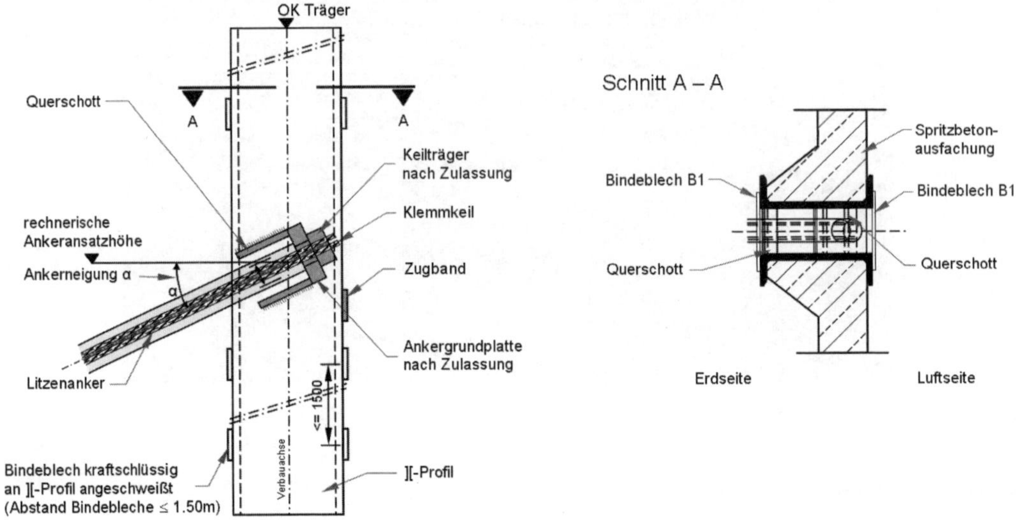

Abbildung 29: Rückverankerung einer Trägerbohlwand ohne Gurtung – konstruktive Ausbildung »versenkter Ankerkopf zwischen Doppel U-Profil«

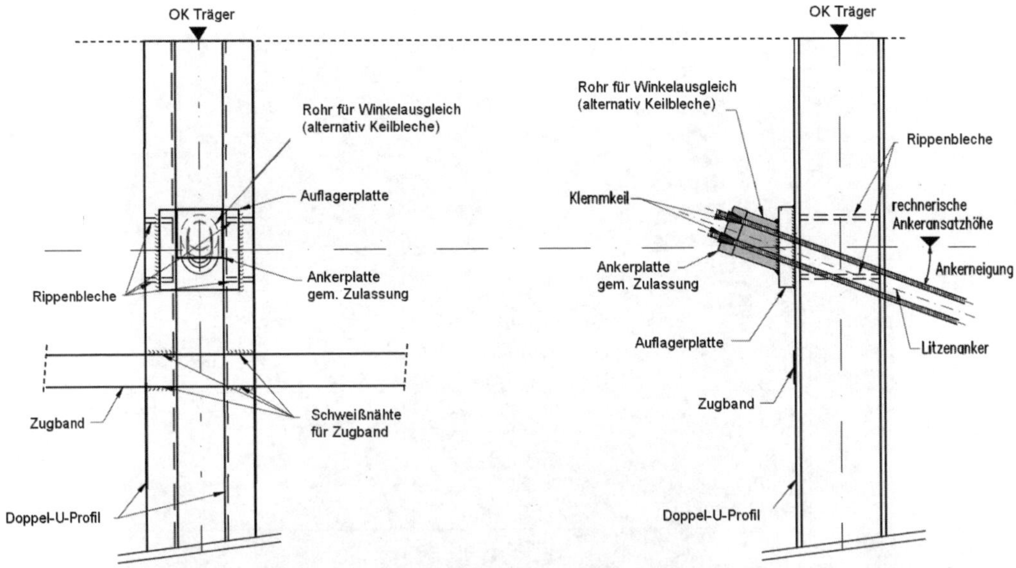

Abbildung 30: Rückverankerung einer Trägerbohlwand ohne Gurtung – konstruktive Ausbildung »aufgesetzter Ankerkopf zwischen Doppel U-Profil«

Alternativ kann die Rückverankerung in Kombination mit einer Gurtung erfolgen, siehe Abbildung 31. Durch die Verwendung von **Gurtungen** können größere und von den Abständen der Bohlträger unabhängige Ankerabstände vorgesehen und Anker eingespart werden. Die Neigung des Ankers bzw. die Lage der Gurtung wird dabei mit Hilfe von an den Bohlträgern angeschweißten Konsolen hergestellt.

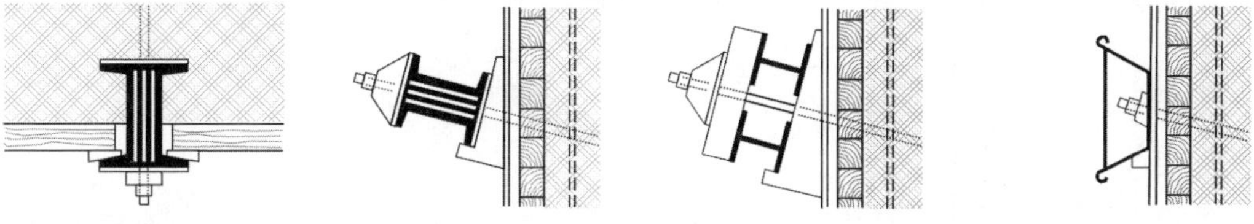

Abbildung 31: Verankerte Trägerbohlwände, aus [41]

Zur Sicherung des Trägerabstandes und zur Verhinderung einer Trägerverdrehung und als (rein konstruktive) Maßnahme gegen Ausfall einer Steife oder eines Ankers sind die Bohlträger zugfest zu verbinden ([8] EB 51). Dies kann mit angeschweißten Zugbändern (z. B. Flachstahl mit 5 cm^2 Querschnitt für Baugrubentiefen < 5 m bzw. 10 cm^2 Querschnitt für Baugrubentiefen > 5 m) erfolgen, siehe auch Abbildung 30. Durch das Zugband werden ebenfalls Trägerverdrehungen beim Spannen der Anker infolge z. B. ungleicher angrenzender Feldweiten oder -höhen vermieden.

5.4.3.3.5 Rückbau

Der Rückbau erfolgt analog zum Aushub in Teilabschnitten, siehe Abschnitt 4.3.3.3.

Für den Rückbau z. B. einer Holzausfachung ist ein Arbeitsraum von etwa 80 cm vorzusehen.

Nach Rückbau der Ausfachung können die vertikalen Bohlträger gezogen werden.

Beim Rückbau von Gurtungen ist besonders darauf zu achten, dass die Anker in der richtigen Reihenfolge gelöst werden, um unkontrollierte Bewegungen der Gurtung in Richtung Neubau zu vermeiden. Ebenso dürfen die Konsolen erst nach der Gurtung entfernt werden. Es mag übertrieben erscheinen, auf solche Selbstverständlichkeiten hinzuweisen, indes zeigt die Praxis, dass schwere Unfälle genau deshalb passieren, weil solche Informationen nicht fließen.

5.4.3.4 Sonderform Essener Verbau

Das beim Essener U-Bahn-Bau entwickelte Verfahren »Essener Verbau« stellt eine Sonderform der Trägerbohlwandbauweise mit Spritzbetonausfachung dar. Zunächst wird auf den freigelegten Bodenabschnitt eine Spritzbetonsicherung aufgetragen. Darauf werden Doppel-U-Bohlträgerprofile aufgelegt und rückverankert. Die Bohlträger besitzen somit keine Trägereinspannung in den Boden (Abbildung 32).

Das Verfahren kann bei gut standfesten Böden als senkrechte Wand verwendet werden. Ist der Baugrund weniger standfest, muss die Wand entsprechend geneigt werden.

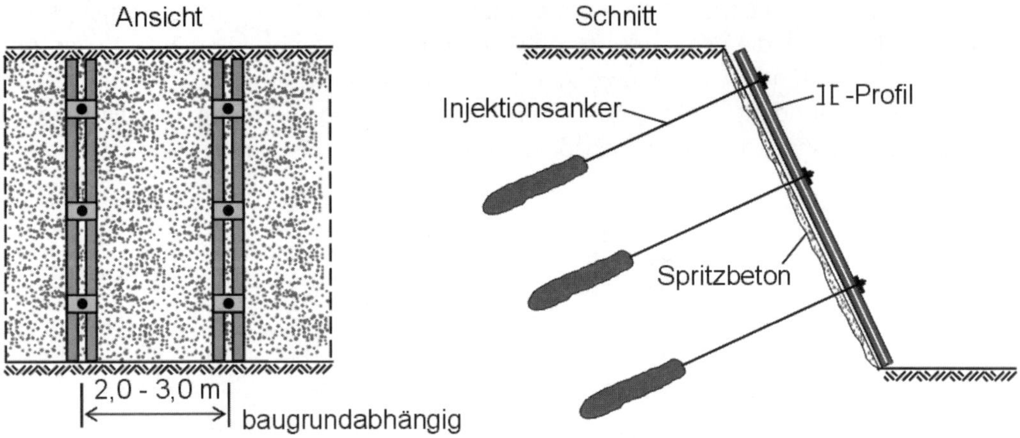

Abbildung 32: Ausführungsform Essener Verbau

5.4.4 Spundwände

5.4.4.1 Allgemeines

Bereits im Mittelalter wurden Holzspundwände zur Absicherung von Geländesprüngen und zur Abdichtung von Baugruben verwendet. Es folgten dann Betonspundwände, die jedoch keine große Bedeutung erlangten. Die heutige Stahlspundwand beruht auf einer Erfindung des norwegischstämmigen Bremer Baurats Tryggve Larssen im Jahr 1902 und bestand aus einem U-Walzprofil mit einer damals noch angenieteten Verbindungsklaue, dem Schloss. Die ständige Weiterentwicklung der Stahlgüten, Profilformen und Einbringtechniken hat seitdem zu einem breiten Anwendungsspektrum und unterschiedlichen Spundwandsystemen aus Stahl geführt.

In den letzten Jahren wurden weitere Sonderformen von Spundwänden aus Stahlbeton (z. B. Spanwand, Fa. Spanbeton) und Kunststoff (z. B. ESP Kunststofdamwanden, Fa. ESP International) entwickelt, die in der derzeitigen Praxis jedoch nur selten anzutreffen sind. Die nachfolgenden Erläuterungen beschränken sich darum ausschließlich auf Spundwände aus Stahl.

Abbildung 33: Per Gurtung verankerte Spundwand, im Vordergrund eine Auftriebs-Mikropfahlprüfung, Baustelle München SAP-Arena

Die Bedeutung der Spundwand beim Herstellen von Baugruben und unterirdischen Bauwerken ist unvermindert groß. Sie ist ein wirtschaftliches Verbauelement, das insbesondere dort von Bedeutung ist, wo Baugruben im Grundwasser oder im offenen Wasser herzustellen sind. Im Gegensatz zu Trägerbohlwänden sind Spundwände auch für nicht standfeste Böden (z. B. Fließsande, weiche oder breiige bindige Böden) geeignet. Neben der Stützfunktion gegen das Erdreich als Verbauwand können Spundwände zugleich Dichtungsfunktionen übernehmen. Manchmal ist auch nur die Abdichtung gegen Wasser oder von kontaminiertem Erdreich gewünscht.

Spundwände kommen sowohl als Verbau (z. B. in Dichtwand eingestellte oder direkt in den Boden eingerüttelte, eingerammte oder eingepresste Spundwände) als auch als permanentes Bauwerk zum Einsatz. Dort werden Spundwände insbesondere im Wasserbau z. B. bei Kaimauern, Schleusenwänden, Kanälen, Molen und Hafenbecken sowie zum Hochwasserschutz, aber auch im Verkehrswegebau für Rampen und Geländesprünge eingesetzt.

Generell kann jedes Spundwandbauwerk unabhängig von der Lebens- und Nutzungsdauer zurückgebaut werden. In Abhängigkeit vom Zustand können Spundwände mehrfach wiederverwendet oder als Rohstoff dem Herstellungskreislauf wieder zugeführt werden. Insbesondere bei temporären Baugrubensicherungsmaßnahmen werden Spundwände nach Fertigstellung des Bauwerks zurückgebaut. Diese vielfache Wiederverwendbarkeit macht die Spundbohle insbesondere trotz der ungünstigen CO_2-Bilanz der Herstellung im Walzwerk auch unter Nachhaltigkeitsgesichtspunkten interessant.

Die Spundwand besteht aus einzelnen Profilen (**Spundbohlen**), die in den Boden einvibriert, eingerammt oder eingepresst werden. Die einzelnen Dielen sind miteinander durch ineinandergreifende **Schlösser** (Nut und Feder) verbunden, sodass eine zusammenhängende Wand entsteht. Beim Einbauen wird jede Diele durch das Schloss der zuletzt gerammten Diele seitlich geführt.

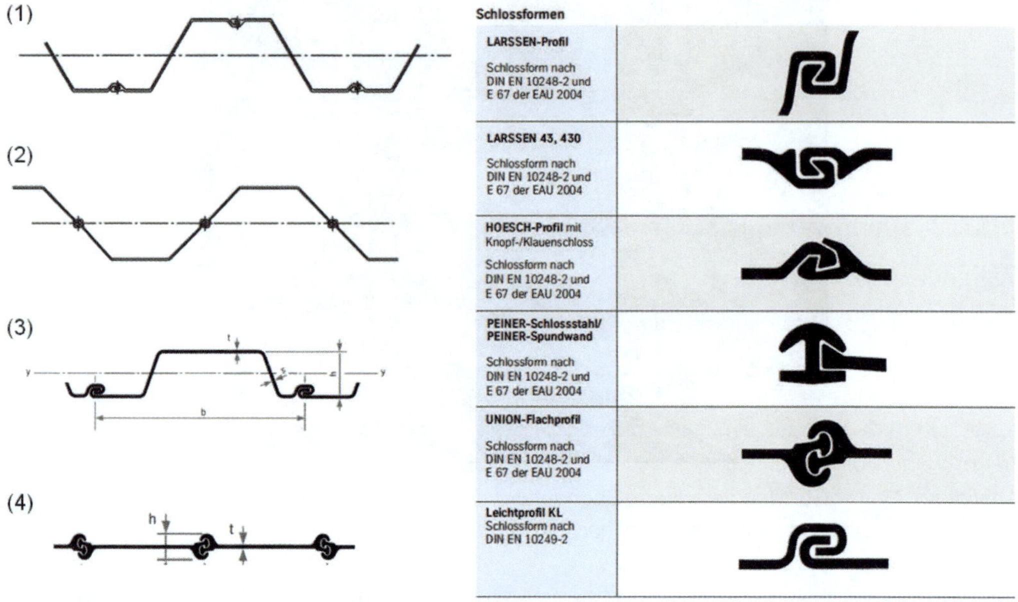

Abbildung 34: Beispiele für Stahlspundwände aus Z-Bohlen (1), U-Bohlen (2) Leichtprofilen (3), Flachprofilen (4) sowie Schlossformen, aus [44]

Vorteile der Spundwandbauweise:

- Spundwandbauwerke können nach den statischen wie geometrischen Erfordernissen durch die breite Profilpalette unterschiedlichster Hersteller optimal angepasst werden
- Der Werkstoff Stahl hat sehr hohe Belastungsreserven
- Schneller Baufortschritt
- Geringer Personalaufwand
- Der Aushub kann großräumig sofort nach Einbringung der Spundwand vorgenommen werden und muss nicht auf Ausfachungsarbeiten Rücksicht nehmen
- Die Spundwand ist sofort belastbar und wiedergewinnbar
- Auch in sehr weichen und fließenden Böden sowie im Grundwasser einsetzbar

Nachteile der Spundwandbauweise:

- Spundwände zählen zu den »weichen Verbauarten«. Sie sind dort nicht geeignet, wo unverschiebliche, starre Wände erforderlich sind, da es zu Setzungen oberhalb der Baugrube kommen kann.
- Beim Einbau der Spundwand sind Erschütterungen und Lärmbelästigung nicht gänzlich zu vermeiden.
- Einschränkungen in der maximalen Verbautiefe wegen beschränkter Transportlänge
- Bei Hindernissen im Boden Probleme bei der Einbringung der Spundwand, unter Umständen sind vorab Auflockerungsbohrungen erforderlich
- Wenig flexibel bei der Kreuzung von Leitungen usw.
- Beim Ziehen der Spundbohlen entstehen Hohlräume, hierdurch besteht die Möglichkeit von Setzungen
- Schwierige nachträgliche Anpassung bei gegenüber der Planung abweichenden Bodenverhältnissen und geänderten Verbautiefen

5.4.4.2 Spundwandprofile und Stahlsorten

Wesentliche europäische Hersteller von Stahlspundwänden sind ThyssenKrupp, Hoesch und ArcelorMittal. Die bekanntesten Spundwandprofile sind Z-Profile, U-Profile, Larssen-Profile, Hoesch-Profile, Peiner-Profile oder Union-Profile.

Mit den Spundwandprofilen verwandt sind die sogenannten Kanaldielen. Diese haben jedoch kein dichtes Schloss, sind daher nicht für Abdichtungsaufgaben geeignet und werden im Nachfolgenden nicht näher beschrieben. Anwendung finden sie dennoch z. B. bei Trägerbohlwänden als Ausfachung, siehe auch Abschnitt 5.4.3.3.3.

Nach DIN EN 10248-1 (warmgewalzte Spundbohlen) [46] und DIN EN 10249-1 (kaltgeformte Spundbohlen) [47] können Stahlspundbohlen aus den in Tabelle 2 und Tabelle 3 aufgelisteten Stahlsorten hergestellt werden.

Tabelle 2: Spundwandstahlsorten für warmgewalzte Spundbohlen gemäß DIN EN 10248-1 [46]

Stahlsorte [–]	Werkstoff-nummer [–]	Zugfestigkeit [N/mm²]	Mindeststreckgrenze [N/mm²]	Mindestbruch-dehnung [%]
S 240 GP	1.0021	340	240	26
S 270 GP	1.0023	410	270	24
S 320 GP	1.0046	440	320	23
S 355 GP	1.0083	480	355	22
S 390 GP	1.0522	490	390	20
S 430 GP	1.0523	510	430	19

Tabelle 3: Spundwandstahlsorten für kaltgeformte Spundbohlen gemäß DIN EN 10249-1 [47]

Stahlsorte [–]	Werkstoff-nummer [–]	Zugfestig-keit [N/mm²]	Mindeststreck-grenze [N/mm²]	Mindestbruch-dehnung [%]	frühere Be-zeichnung
S 235 JRC	1.0120	340	235	26	ST 37-2
S 275 JRC	1.0128	410	275	22	St 44-2
S 355 JOC	1.0554	490	355	22	ST 52.3 U

In Tabelle 4 bis Tabelle 6 sind ausgewählte gängige Spundwandprofile aus den aktuellen Lieferprogrammen der Firmen ThyssenKrupp und ArcelorMittal abgebildet. Da sich die Lieferprogramme der Hersteller laufend dem Markt anpassen und nicht immer jeder Spundbohlentyp in jeder Stahlsorte auf dem Markt erhältlich ist, sollte im beabsichtigten Anwendungsfall die Verfügbarkeit der gewählten Spundbohle und der festgelegten Stahlsorte abgesichert und vorab beim Hersteller angefragt werden.

Die gängigen Profile sind in Längen von ca. 6 m bis 36 m lieferbar. Es muss berücksichtigt werden, dass die Spundwand durch die Einbindelänge unterhalb der Aushubsohle erheblich länger sein muss als die eigentliche Baugrubenaushubtiefe, sodass im Normalfall Baugrubentiefen bis ca. 25 m mit ungestoßenen Bohlen möglich sind. Für tiefere Baugruben und Sonderfälle können Sonderwalzungen bei den Herstellern abgefragt oder Bohlen vor Ort zusammengeschweißt werden. Ebenfalls ist zu beachten ist die maximale Ladelänge einschließlich Überstand für übliche Straßentransporte auf LKW.

Tabelle 4: Kennwerte von handelsüblichen Z-Profilen (AZ- und Hoesch-Profil), aus [41, 45]

Z-Profile	Abmessungen				Querschnitts-fläche	Eigenlast		Flächenträg-heitsmoment	Widerstandsmoment			Statisches Moment
	b	h	t	s	A	G_{sp} (Einzelbohle)	G_w (Wand)	I_y	$W_{el,y}$ (Einzelbohle)	$W_{el,y}$ (Wand)	$W_{pl,y}$	S_y
	mm	mm	mm	mm	cm²/m	kg/m	kg/m²	cm⁴/m	cm³	cm³/m	cm³/m	cm³/m
AZ-700 und AZ-770 Reihe												
AZ 12-770	770	344	8,5	8,5	120,0	72,6	94,4	21430	960	1245	1480	740
AZ 13-770	770	344	9,0	9,0	126,0	76,1	98,8	22360	1000	1300	1546	775
AZ 14-770	770	345	9,5	9,5	132,0	79,5	103,2	23300	1040	1355	1611	805
AZ 14-770-10/10	770	345	10,0	10,0	137,0	82,9	107,7	24240	1085	1405	1677	840
AZ 12-700	700	314	8,5	8,5	123,0	67,7	96,7	18880	840	1205	1415	710
AZ 13-700	700	315	9,5	9,5	135,0	74,0	105,7	20540	910	1305	1540	770
AZ 13-700-10/10	700	316	10,0	10,0	140,0	77,2	110,2	21370	945	1355	1600	800
AZ 14-700	700	316	10,5	10,5	146,0	80,3	114,7	22190	980	1405	1665	835
AZ 17-700	700	420	8,5	8,5	133,0	73,1	104,4	36230	1210	1730	2027	1015
AZ 18-700	700	420	9,0	9,0	139,0	76,5	109,3	37800	1260	1800	2116	1060
AZ 19-700	700	421	9,5	9,5	146,0	80,0	114,3	39380	1310	1870	2206	1105
AZ 20-700	700	421	10,0	10,0	152,0	83,5	119,3	40960	1360	1945	2296	1150
AZ 24-700	700	459	11,2	11,2	174,0	95,7	136,7	55820	1700	2430	2867	1435
AZ 26-700	700	460	12,2	12,2	187,0	102,9	146,9	59720	1815	2600	3070	1535
AZ 28-700	700	461	13,2	13,2	200,0	110,0	157,2	63620	1930	2760	3273	1635
AZ 36-700N	700	499	15,0	11,2	216,0	118,6	169,5	89610	2510	3590	4110	2055
AZ 38-700N	700	500	16,0	12,2	230,0	126,4	180,6	94840	2655	3795	4360	2180
AZ 40-700N	700	501	17,0	13,2	244,0	134,2	191,7	100080	2795	3995	4605	2305
AZ 42-700N	700	499	18,0	14,0	259,0	142,1	203,1	104930	2945	4205	4855	
AZ 44-700N	700	500	19,0	15,0	273,0	149,9	214,2	110150	3085	4405	5105	
AZ 46-700N	700	501	20,0	16,0	287,0	157,7	225,3	115370	3220	4605	5350	
AZ Reihe												
AZ 18	630	380	9,5	9,5	150,0	74,4	118,1	34200	1135	1800	2104	1050
AZ 18 10/10	630	381	10,0	10,0	157,0	77,8	123,4	35540	1175	1870	2189	1095
AZ 26	630	427	13,0	12,2	198,0	97,8	155,2	55510	1640	2600	3059	1530
AZ 46	580	481	18,0	14,0	291,0	132,6	228,6	110450	2665	4595	5295	2650
AZ 48	580	482	19,0	15,0	307,0	139,6	240,6	115670	2785	4800	5553	2775
AZ 50	580	483	20,0	16,0	322,0	146,7	252,9	121060	2910	5015	5816	2910
HOESCH-Profile (Knopf-/Klauenschloss)												
HOESCH 1105	575	260	8,8	8,8	128,7	58,1	101,0	14300	633	1100	1256	328
HOESCH 1205	575	260	9,5	9,5	135,7	61,5	107,0	14820	655	1140	1330	665
HOESCH 1205 K	575	260	10,2	10,2	143,3	64,7	112,5	15600	690	1200	1380	690
HOESCH 1255	575	260	10,8	10,8	150,3	67,9	118,0	16250	719	1250	1446	723
HOESCH 1605	575	350	9,2	8,1	136,3	61,5	107,0	28000	920	1600	1812	906
HOESCH 1655	575	350	9,6	8,5	142,5	64,3	111,9	28870	949	1650	1886	943
HOESCH 1705	575	350	10,0	9,0	148,0	66,7	116,0	30100	989	1720	1978	989
HOESCH 1705 K	575	350	9,5	9,5	149,0	67,3	117,0	29750	978	1700	1958	979
HOESCH 1755	575	350	10,4	9,5	153,9	69,5	120,8	30625	1006	1750	2018	1009
HOESCH 1805	575	350	10,8	9,9	159,2	71,9	125,0	31500	1035	1800	2082	1041
HOESCH 2305	575	350	11,5	8,4	181,3	81,8	142,3	40600	1334	2320	2586	1293
HOESCH 2405	575	350	12,1	9,0	188,5	85,1	148,0	42000	1380	2400	2676	1338
HOESCH 2505	575	350	12,5	9,5	193,0	87,4	152,0	43400	1426	2480	2760	1380
HOESCH 2555 K	575	350	12,8	10,0	197,4	89,1	155,0	44450	1460	2540	2820	1410
HOESCH 2555	575	350	13,0	10,0	201,3	90,9	158,1	44625	1466	2550	2840	1420
HOESCH 2605	575	350	13,3	10,3	206,8	93,3	162,3	45500	1495	2600	2910	1455

AZ-Profil

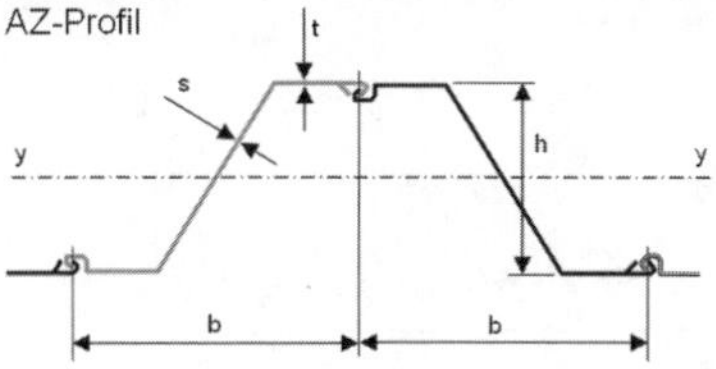

Hoesch-Profil

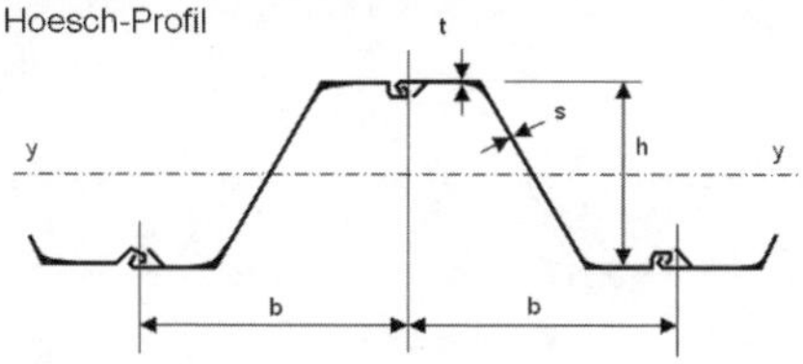

Tabelle 5: Kennwerte von handelsüblichen U-Profile (AU-, PU- und Larssen-Profil), aus [41, 45]

U-Profile	Abmessungen				Querschnittsfläche	Eigenlast		Flächenträgheitsmoment	Widerstandsmoment			Statisches Moment
	b	h	t	s	A	G_{sp} (Einzelbohle)	G_w (Wand)	I_y	$W_{el,y}$ (Einzelbohle)	$W_{el,y}$ (Wand)	$W_{pl,y}$	S_y
	mm	mm	mm	mm	cm²/m	kg/m	kg/m²	cm⁴/m	cm³	cm³/m	cm³/m	cm³/m
AU Reihe												
AU 14	750	408	10,0	8,3	132,3	77,9	103,8	28680	457	1405	1663	820
AU 16	750	411	11,5	9,3	146,5	86,3	115,0	32850	481	1600	1891	935
AU 18	750	441	10,5	9,1	150,3	88,5	118,0	39300	554	1780	2082	1030
AU 20	750	444	12,0	10,0	164,6	96,9	129,2	44440	579	2000	2339	1155
AU 23	750	447	13,0	9,5	173,4	102,1	136,1	50700	579	2270	2600	1285
AU 25	750	450	14,5	10,2	187,5	110,4	147,2	56240	601	2500	2866	1420
PU Reihe												
PU 12	600	360	9,8	9,0	140,0	66,1	110,1	21600	370	1200	1457	715
PU 12 10/10	600	360	10,0	10,0	147,8	69,6	116,0	22580	377	1255	1535	755
PU 18^{-1}	600	430	10,2	8,4	154,2	72,6	121,0	35950	473	1670	1988	980
PU 18	600	430	11,2	9,0	163,3	76,9	128,2	38650	484	1800	2134	1055
PU 18^{+1}	600	430	12,2	9,5	172,3	81,1	135,2	41320	495	1920	2280	1125
PU 22^{-1}	600	450	11,1	9,0	173,9	81,9	136,5	46380	535	2060	2422	1195
PU 22	600	450	12,1	9,5	182,9	86,1	143,6	49460	546	2200	2580	1275
PU 22^{+1}	600	450	13,1	10,0	192,0	90,4	150,7	52510	555	2335	2735	1355
PU 28^{-1}	600	452	14,2	9,7	206,8	97,4	162,3	60580	576	2680	3087	1525
PU 28	600	454	15,2	10,1	216,1	101,8	169,6	64460	589	2840	3269	1620
PU 28^{+1}	600	456	16,2	10,5	225,6	106,2	177,1	68380	600	3000	3450	1710
PU 32	600	452	19,5	11,0	242,0	114,1	190,2	72320	633	3200	3687	1825
LARSSEN Profile												
LARSSEN 755	750	450	11,7	10,0	162,4	95,6	127,5	45000	580	2000	2284	1142
LARSSEN 703	700	400	9,5	8,0	122,9	67,5	96,4	24200	414	1210	1460	730
LARSSEN 703 K	700	400	10,0	9,0	131,1	72,1	103,0	25950	426	1300	1575	787,5
LARSSEN 703 10/10	700	400	10,0	10,0	137,6	75,6	108,0	26800	437	1340	1572	786
LARSSEN 704	700	440	10,2	9,5	146,4	80,5	115,0	35200	529	1600	1864	960
LARSSEN 600	600	150	9,5	9,5	119,7	56,4	94,0	3825	130	510	580	290
LARSSEN 600 K	600	150	10,0	10,0	126,1	59,4	99,0	4050	133	540	618	309
LARSSEN 601	600	310	7,5	6,4	98,3	46,8	78,0	11520	251	745	836	418
LARSSEN 602	600	310	8,2	8,0	113,3	53,4	89,0	12870	265	830	964	482
LARSSEN 603	600	310	9,7	8,2	138,3	64,8	108,0	18600	330	1200	1300	650
LARSSEN 603 K	600	310	10,0	9,0	145,0	68,1	113,5	19220	340	1240	1360	680
LARSSEN 603 10/10	600	310	10,0	10,0	148,3	69,6	116,0	19530	350	1260	1400	700
LARSSEN 604 n	600	380	10,0	9,0	156,7	73,8	123,0	30400	415	1600	1862	931
LARSSEN 605	600	420	12,5	9,0	177,3	83,5	139,2	42420	520	2020	2340	1170
LARSSEN 605 K	600	420	12,2	10,0	184,1	86,7	144,5	42630	537	2030	2386	1193
LARSSEN 606 n	600	435	14,4	9,2	200,0	94,2	157,0	54375	605	2500	2820	1410
LARSSEN 628	600	456	16,3	9,8	210,8	99,3	165,5	63380	584	2780	3196	1598
LARSSEN 607 n	600	452	19,0	10,6	241,7	114,0	190,0	72320	649	3200	3620	1810
LARSSEN 22 10/10	500	340	10,0	10,0	165,6	65,0	130,0	22100	369	1300	1504	752
LARSSEN 23	500	420	11,5	10,0	197,4	77,5	155,0	42000	527	2000	2300	1150
LARSSEN 24	500	420	15,6	10,0	222,0	87,5	175,0	52500	547	2500	2800	1400
LARSSEN 24/12	500	420	15,6	12,0	236,2	92,7	185,4	53610	560	2550	2948	1474
LARSSEN 25	500	420	20,0	11,5	262,0	103,0	206,0	63840	562	3040	3480	1740
LARSSEN 43	500	420	12,0	12,0	212,0	83,0	166,0	24900	483	1660	2184	1100
LARSSEN 430	708	750	12,0	12,0	299,4	83,0	234,5	241800	-	6450	7486	3750

AU-Profil

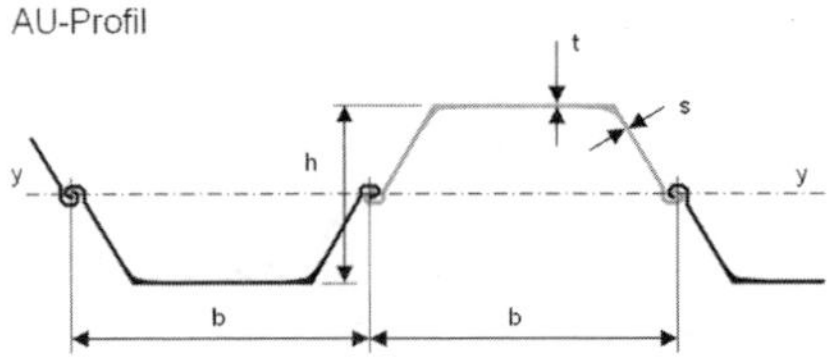

Larssen-Profil

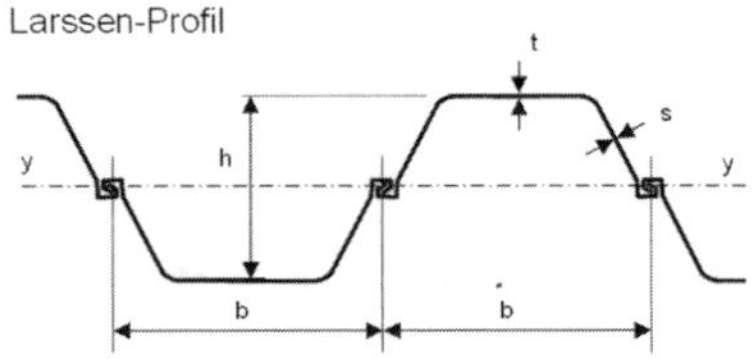

Anzumerken sind die statischen und praxisrelevanten Unterschiede zwischen einer Z-Bohle und einer U-Bohle: Bei Z-Bohlen liegen die Schlösser günstig an der Außenseite. Die Einzelbohlen aus Z-Profilen besitzen darum ein höheres Widerstandsmoment als Einzelbohlen aus U-Profilen. Bei U-Bohlen liegen die Schlösser in der neutralen Achse und somit im Bereich des Schubspannungsmaximums. Das volle Widerstandsmoment einer Doppelbohle darf daher nur bei verschweißten oder verpressten Schlössern angesetzt werden. Im Allgemeinen sind U-Bohlen jedoch rammtechnisch günstiger als Z-Bohlen. Wände aus Profilen mit Schlössern in der Mittelachse haben auch im Vergleich zu Z-Profilen weniger die Tendenz, in Wandlängsrichtung wirkenden zwängenden Kräften durch Drehung im Schloss auszuweichen. Insbesondere bei einer Längung reduziert sich die Anzahl der Z-Bohlen je Laufmeter und die Bohlen verdrehen sich außerdem in Richtung eines abnehmenden Widerstandsmoments. Eine Verkürzung der Wand, die grundsätzlich auch bei U-Profilen vorkommen kann, ist dagegen jedenfalls aus statischer Sicht vergleichsweise unbedenklich.

Tabelle 6: Leichtprofile (KL-, HP- und ZK-Profile), aus [44]

Leichtprofile	Abmessungen				Eigenlast		Flächenträgheitsmoment	Widerstandsmoment
	b	h	t	s	G_{sp} (Einzelbohle)	G_w (Wand)	I_y	$W_{el,y}$ (Wand)
	mm	mm	mm	mm	kg/m	kg/m²	cm⁴/m	cm³/m
KL 3/4 bis KL 3/8 und TKL 3/9								
KL 3/4*	700	146	4,0	4,0	31,6	45,1	2042	276
KL 3/5*	700	147	5,0	5,0	39,1	55,8	2502	339
KL 3/6	700	148	6,0	6,0	46,2	66,0	3080	410
KL 3/7*	700	149	7,0	7,0	54,6	78,0	3500	460
KL 3/8	700	150	8,0	8,0	61,5	88,0	4050	540
TKL 3/9	700	160	9,0	9,0	74,8	106,9	5120	680
* kein Lagerprofil								
HP 290S-4 bis HP 290S-9								
HP 290S-5	710	294	5,0	5,0	49,5	69,7	10920	774
HP 290S-6	710	296	6,0	6,0	59,4	83,7	13530	933
HP 290S-7	710	298	7,0	7,0	69,3	97,6	15701	1080
HP 290S-8	710	300	8,0	8,0	79,2	111,5	17896	1230
HP 290S-9	710	300	9,0	9,0	89,2	125,6	20896	1380
ZK 785-5 bis ZK 785-9 und ZK 675-5 bis ZK 675-9								
ZK 785-5	785	276	5,0	5,0	41,9	54,4	8395	605
ZK 785-6	785	277	6,0	6,0	50,4	64,2	10053	724
ZK 785-7	785	278	7,0	7,0	58,4	74,4	11657	836
ZK 785-8	785	279	8,0	8,0	66,6	84,8	13302	951
ZK 785-9	785	280	9,0	9,0	74,8	95,3	14944	1067
ZK 675-5	675	376	5,0	5,0	41,9	62,1	18500	972
ZK 675-6	675	377	6,0	6,0	50,4	74,7	22131	1164
ZK 675-7	675	378	7,0	7,0	58,4	86,5	25698	1350
ZK 675-8	675	379	8,0	8,0	66,6	98,7	29332	1540
ZK 675-9	675	380	9,0	9,0	74,8	110,8	32914	1728

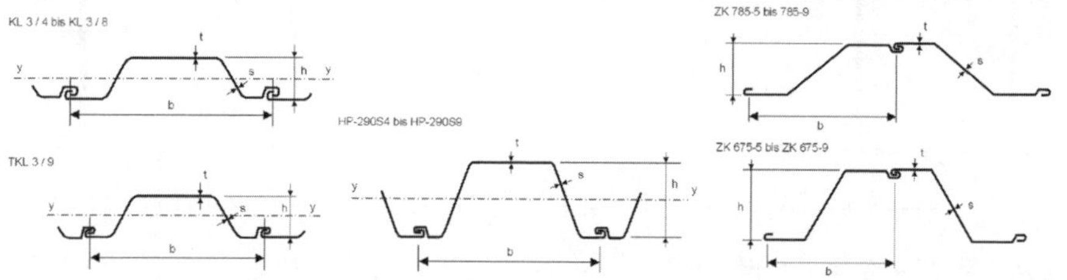

Für besonders hoch beanspruchte Spundwandbauwerke werden kombinierte Spundwände aus Träger-, Pfahl-, Rohr- oder Kastenprofilen in Verbindung mit Zwischenbohlen verwendet. Je nach den verwendeten Profilen werden sehr hohe Widerstandsmomente erzielt.

Die Zwischenbohlen werden insbesondere durch den Wasserdruck beansprucht und übernehmen nur eine lokal den Boden stützende und in Richtung der Tragbohle horizontal lastverteilende Funktion, sodass sie im Vergleich mit der Wandhöhe relativ schwach ausgebildet werden können. Die Haupttragbohlen übernehmen zusätzlich die Lasten aus den Zwischenbohlen und sind für die Aufnahme des Biegemomentes und der Querkräfte verantwortlich und können in Längsrichtung zudem auch hohe Vertikallasten aufnehmen. Angewendet werden kombinierte Spundwände z. B. beim Kaimauerbau.

Die verschiedenen Profile müssen genau aufeinander abgestimmt sein. Die Rammung erfordert schwere Rammgeräte und große Erfahrung. Da die Kombinationsmöglichkeiten sehr umfangreich sind, werden nachfolgend lediglich zwei Beispiele dargestellt, siehe Abbildung 35 und Abbildung 36.

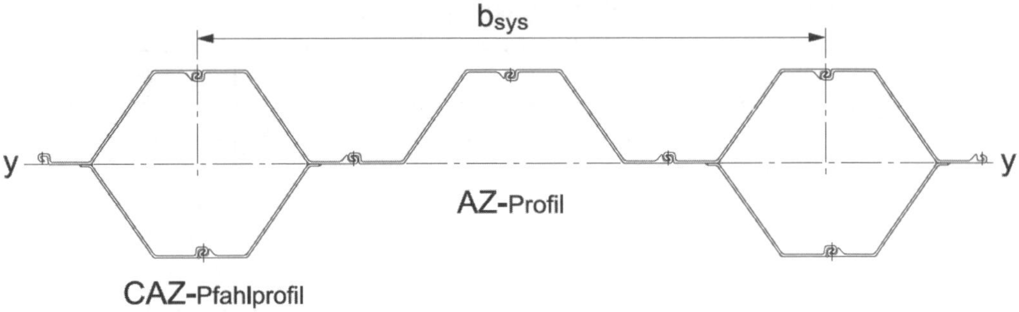

Abbildung 35: Kombinierte Spundwand – CAZ-Pfahlprofil mit Zwischenbohlen aus AZ-Profilen, aus [48]

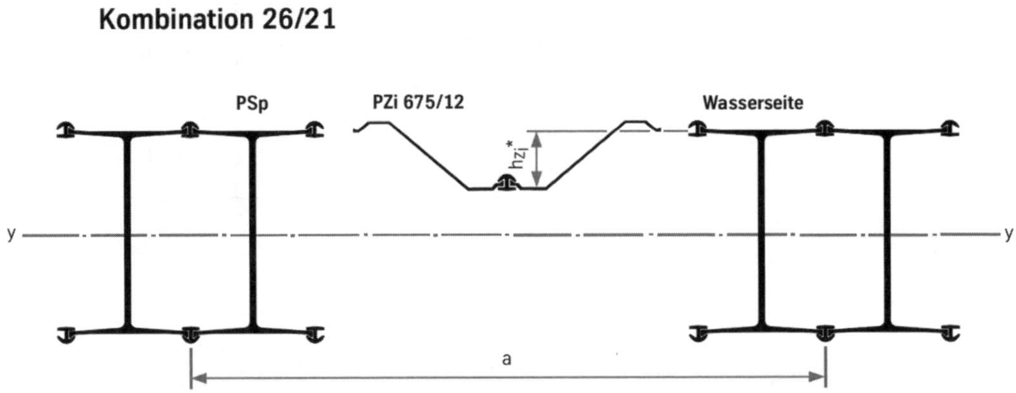

Abbildung 36: Kombinierte Spundwand – PEINER-PSp Doppelbohlen mit Zwischenbohlen PZ 675/12, aus [44]

5.4.4.3 Verfahrenstechnik

Die Verfahrenstechnik für die Herstellung einer Spundwand wird im Wesentlichen von folgenden Teilprozessen bestimmt:

- Vorbereitende Maßnahmen
- Einbringen der Spundbohlen
- Bodenaushub und ggf. Einbau einer Aussteifung oder Rückverankerung
- Evtl. Rückbau der Spundwand

5.4.4.3.1 Vorbereitende Maßnahmen

Neben dem **Freiräumen des Baufeldes** und der Herstellung eines geeigneten tragfähigen **horizontalen Arbeitsplanums** sind vorab die **Spundwandachsen** einzumessen.

5.4.4.3.2 Einbringen der Spundbohlen

Für das Einbringen von Stahlspundwänden stehen folgende Einbringverfahren zur Verfügung:

- Einbringung mittels Einrammen (schlagend)
- Einbringung mittels Einvibrieren (rütteln)
- Einbringung mittels Einpressen
- Einbringung durch Einstellen in einen Schlitz

Die Wahl des Verfahrens ist abhängig von den Bodenverhältnissen, der Bohlenlänge, der Rammtiefe und den örtlichen Gegebenheiten. Insbesondere im innerstädtischen Bereich oder bei angrenzenden sensiblen Bauwerken sind besondere Anforderungen hinsichtlich Schallimmissionen und Erschütterungen zu berücksichtigen, die die Wahl des Einbringverfahrens beeinflussen.

a) Einbringung mittels Einrammen (schlagend)

Falls von den Randbedingungen her möglich, ist i. d. R. ein **schlagendes Rammen** (siehe Abbildung 37) das wirtschaftlichste Einbringverfahren.

Zum Rammen werden Fallhämmer, Dieselhämmer, Hydraulikhämmer und Schnellschlaghämmer eingesetzt. Allen Verfahren gemeinsam ist, dass die Spundbohle durch einen dynamischen Impuls vertikal in den Boden eingetrieben wird. Zwischen schlagendem Rammgewicht und Spundbohle ist dabei i. d. R. ein Rammfutter aus Holz oder eine Rammhaube zum Schutz des Spundwandkopfes angeordnet.

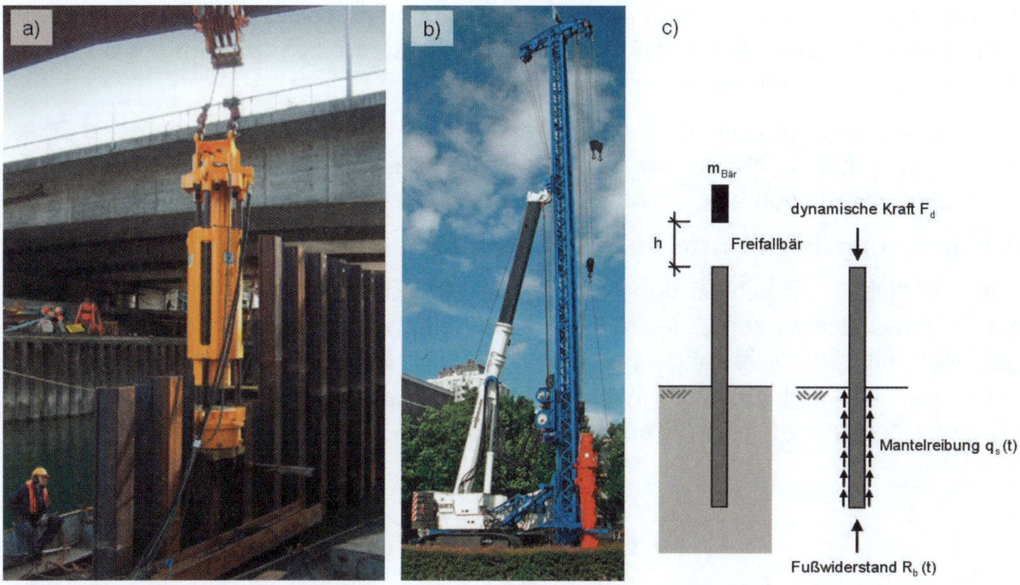

Abbildung 37: Menck Freifallhammer (a), Teleskopkranmäkler mit Rammhammer (b) sowie Prinzip der Schlagrammung (c), aus [44] und [49]

Durch das Immissionsschutzgesetz und die damit verbundenen Vorschriften zur Lärmbekämpfung auf Baustellen ist der Einsatz schlagender Einbringverfahren jedoch stark eingeschränkt. Lärmschutzeinhausungen zur Reduzierung der Emissionen sind teilweise möglich, jedoch sehr aufwändig, kostenintensiv und behindern die Arbeiten. Ebenso treten beim Rammen u. U. starke Erschütterungen auf, die für angrenzende Bebauungen kritisch sein können.

b) Einbringung mittels Einvibieren

Das Einbringen von Spundbohlen durch **Einvibrieren** verursacht geringere Schallimmissionen. Das Verfahren ist jedoch ebenfalls bei angrenzender Bebauung durch entsprechende Umweltauflagen wie z. B. DIN 4150 (Erschütterungen im Bauwesen) [50] stark eingeschränkt oder gar nicht zulässig.

Die Vibrationsrammung beruht auf einer harmonischen Erregung des Rammguts. Dabei findet eine Umlagerung des Bodens statt. Die Reibung zwischen Boden und Spundbohle sowie der Spitzenwiderstand werden reduziert. Gegebenenfalls tritt auch eine lokale Bodenverflüssigung an der Grenzschicht zwischen Rammgut und Boden ein, die zu einer Reduktion des Rammwiderstands führt.

Ein Vorteil der Vibrationstechnik ist, dass mit derselben Ausrüstung das Rammgut sowohl einvibriert als auch gezogen werden kann, siehe auch [44].

c) Einbringung mittels Einpressen

Technische Fortschritte bei der Entwicklung der Vibrationsrüttler haben als Folge zu schwingungs- und lärmärmeren Arbeitsmethoden geführt. Trotzdem wurden bei unmittelbar angrenzender Bebauung andere Verfahren unbedingt erforderlich. Im Laufe der Jahre hat es Entwicklungen mehrerer Hersteller gegeben, die unterschiedliche **Einpressverfahren** hervorgebracht haben. Mit diesen Verfahren konnte zum einen der Lärmpegel gesenkt werden, zum anderen treten kaum Erschütterungen auf.

Beim Pressen wird, im Gegensatz zum Rammen oder Vibrieren, lediglich statischer Druck erschütterungsfrei auf die Bohlen ausgeübt. Das Einpressprinzip beruht auf der Nutzung der Reaktionskräfte von bereits installierten und verankerten Spundbohlen.

d) Einbringung durch Einstellen in einen Schlitz

Auf dem Gebiet der Schlitzwände gibt es die Möglichkeit, eine Einphasenschlitzwand mit Spundwänden zu kombinieren. Die Spundbohlen werden dabei in einen vorab hergestellten mit z. B. Dichtwandmasse gefüllten Schlitz **eingestellt** (Abbildung 38). Mitunter dient die Spundwand auch redundant zur Absicherung der dauerhaften Dichtwirkung einer Einphasenschlitzwand. Weitere Angaben hierzu sind in Abschnitt 5.4.6.3.3 zu finden.

Abbildung 38: Verankerung einer in eine Dichtwand eingestellten Spundwand, Baustelle B10-Tunnel Karlsruhe

Zusätzlich zu den oben beschriebenen Einbringverfahren stehen in der Praxis sogenannte Einbringhilfen zur Verfügung, die insbesondere bei schwer rammbaren Böden eingesetzt werden können und den Einbringvorgang erleichtern, siehe auch [9] und [51]. Dies sind z. B.

- Lockerungsbohrungen
- Vorbohrungen mit Bodenaustausch
- Verwendung von Spülhilfen
- Vorspaltsprengungen (Fels)

Alle Einbringhilfen können die vertikale Tragfähigkeit der Spundbohlen verringern. Ist diese vertikale Tragfähigkeit wichtig, sollten die Einbringhilfen ggf. ca. 0,5 bis 1,0 m oberhalb der planmäßigen Absetztiefe der Spundbohle abgestellt bzw. nicht ausgeführt werden.

e) Lockerungsbohrungen

Die Wirkungsweise von Lockerungsbohrungen mit einer Endlosschnecke beruht darauf, dass dichtgelagerte nichtbindige Böden aufgelockert bzw. feste bindige Böden (z. B. Tone) aufgebrochen werden, siehe Abbildung 39 (i). Bodenmaterial wird dabei nur sehr wenig gefördert.

Es ist sinnvoll, die Bohrungen (200 mm bis 600 mm) immer in der Spundwandachse im Bereich der Schlösser anzuordnen. Da die Bohrungen nicht aneinandergereiht hergestellt werden, wechseln aufgelockerte und nicht aufgelockerte Bereiche ab. Nachteilig ist, dass durch diese Festigkeitsunterschiede Spundbohlen beim Einbringvorgang verlaufen können. Bei der Planung der Maßnahme ist eine herstellbedingte Tiefenabweichung der Vorbohrung zu berücksichtigen.

f) Vorbohren mit Bodenaustausch

Eine Alternative zur Lockerungsbohrung ist die Bodenaustauschbohrung, bei der der anstehende nicht rammbare Boden durch einen geeigneten Boden ersetzt wird, siehe Abbildung 39 (ii). Hierbei werden wie bei einer Bohrpfahlwand überschnittene, verrohrte Bohrungen hergestellt, und zwar so, dass sukzessive das gesamte Spundwandprofil abgedeckt wird. Die Bohrung wird mit einem verdichtungsfähigen Material aufgefüllt. Anschließend wird die Spundbohle in den ausgetauschten Boden eingebracht. Durch den durchgehenden homogenen Bodenaustauschschlitz ist die Gefahr eines Verlaufens der Spundbohlen beim Einbringen deutlich kleiner.

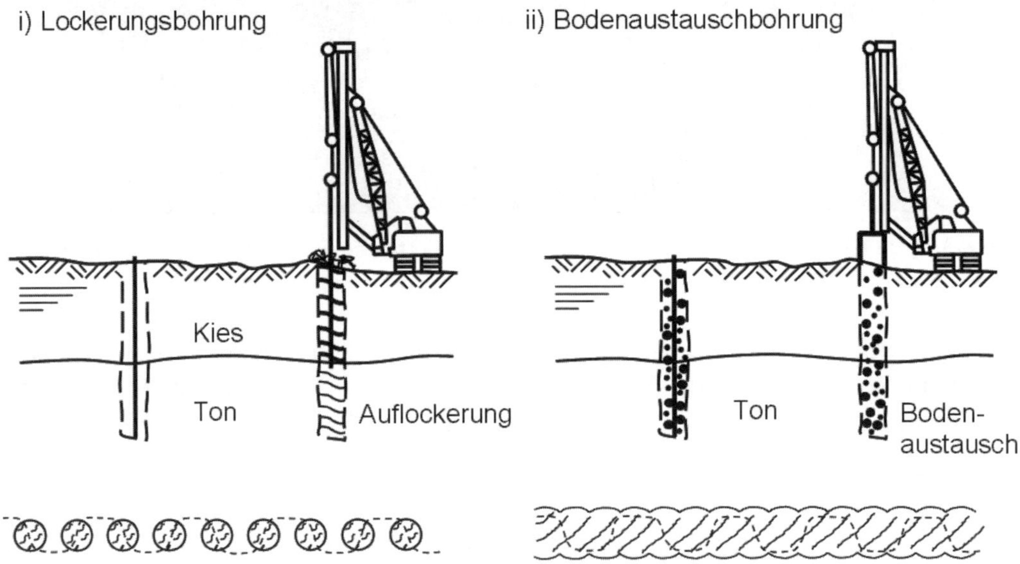

Abbildung 39: Einbringhilfen bei der Spundwandbauweise, aus [51]

g) Verwendung von Spülhilfen

Beim Einrütteln von Spundbohlen kann der Boden durch den Einsatz von Wasserspülungen aufgelockert und damit der Spitzenwiderstand verringert werden, siehe Abbildung 40 (links). Zugleich wird durch den Rückfluss des Spülwassers auch die Mantelreibung an der Spundbohle verkleinert. Das Einspülen erfolgt am Spundwandfuß mit Hilfe von an der Spundwand angeschweißten Spüllanzen. Das Verfahren wird insbesondere in nichtbindigen, dichtgelagerten Böden oder in Sandböden, die mit Kies vermischt sind, angewendet. Durch das Einbringen relativ großer Wassermengen und damit gewollt erzwungene Bodenumlagerungen können Bodensetzungen an der Geländeoberkante eintreten.

Bei der Einbringunterstützung mittels Spülhilfen wird zwischen dem Niederdruckspülverfahren und der Hochdruck-Vorschneid-Technik (HVT) unterschieden. Beim Niederdruckspülverfahren (5 bar bis 40 bar, Wasserbedarf bis zu ca. 1000 l/min) werden je Doppelbohle zwei bis vier Spüllanzen (0,5" bis 1") angebracht.

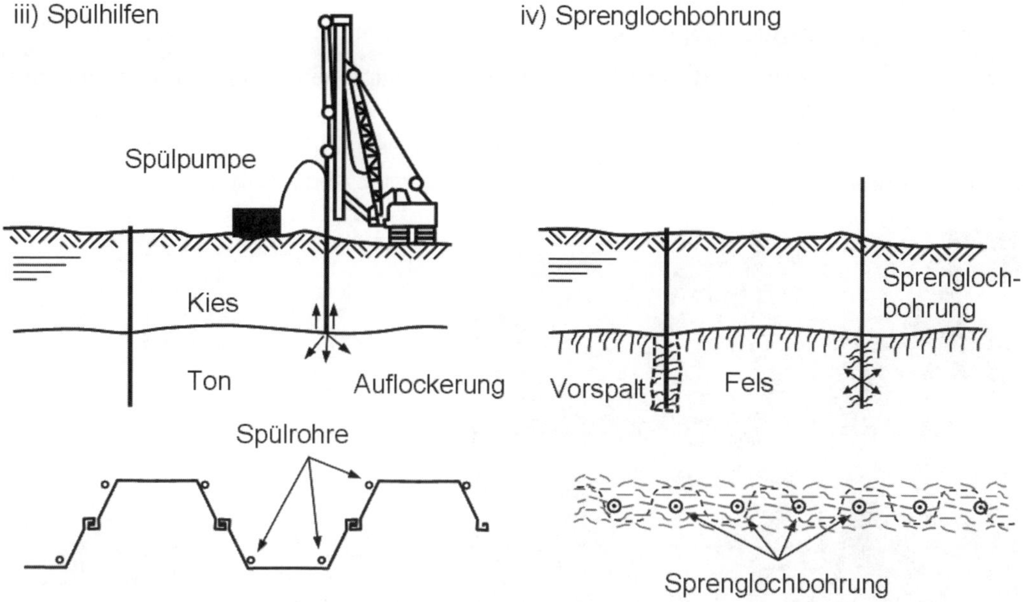

Abbildung 40: Einbringhilfen bei der Spundwandbauweise, aus [51]

Beim HVT-Verfahren (300 bar bis 500 bar, 30 l/min bis 60 l/min je Düse) erfolgt der Wasseraustritt über z. B. Rundstrahldüsen mit Durchmessern von 1,5 mm bis 3,0 mm, die den Boden »aufschneiden« und dadurch auflockern. Durch das Verfahren wird insbesondere der Spitzenwiderstand beim Einbringen der Spundbohle verringert. Das HVT-Verfahren wird insbesondere in festen, hochvorbelasteten bindigen Böden, z. B. bei Schluff- und Tongesteinen sowie mürben Sandsteinen, angewendet. Die erforderlichen Wassermengen sind deutlich geringer als beim Niederdruckspülverfahren.

Beide Verfahren werden häufig in Kombination mit einem Rüttler verwendet (Rüttelspülverfahren).

h) Vorspaltsprengungen (Fels).

Bei felsartigen Böden können Lockerungssprengungen durchgeführt werden, siehe Abbildung 40 (rechts). Hierbei werden in Abständen von ca. 0,5 m bis 1,0 m entlang der Wandachse der Spundwand Bohrlöcher (Durchmesser 100 bis 200 mm) angeordnet, die mit Sprengstoff bestückt sind. Die Schockwellen der Sprengung zerreißen in einem begrenzten grabenbreiten Bereich den Felsverband. In diesem gestörten Bereich mit auf Schottergröße zertrümmertem Gestein lässt sich dann die Spundbohle anschließend leichter einrütteln oder einrammen.

5.4.4.3.3 Aussteifung und Rückverankerung

Aussteifungen bei Spundwandbaugruben erfolgen häufig mittels Rohrsteifen und Gurtungen aus HEB- oder HEM-Profilen. Die Gurtungen liegen auf Konsolen auf. Dies sind z. B.

an die Spundwand angeschweißte U- oder HEB-Profile. Alternativ können die Gurte z. B. mittels Ketten oder Profilen am Kopf der Spundwand abgehängt werden.

Bei der Gurtung aus HEB- oder HEM-Profilen können je nach statischer Beanspruchung neben Einzelprofilen auch Doppel- und Dreifachprofile zum Einsatz kommen.

Zur Lastabtragung von Gurtungsnormalkräften aus planmäßigen oder unplanmäßigen Schrägstellungen der Steifen kann die Gurtung im Bereich der Spundwandberge an die Spundwand angeschweißt werden. Ein Ausführungsbeispiel für eine ausgesteifte Spundwandbaugrube mit einer einzelnen Aussteifungslage zeigt Abbildung 41.

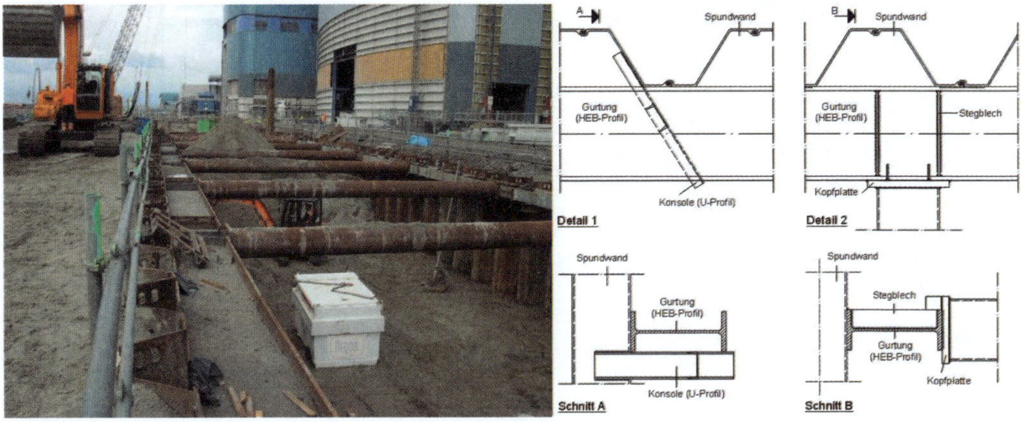

Abbildung 41: Beispiel für eine ausgesteifte Spundwand, Bauvorhaben MPP3 Maasvlakte, NL

Als Rückverankerung können grundsätzlich alle üblichen Verankerungssysteme verwendet werden. Die wesentlichen sind:

- Rundstahlanker in Verbindung mit Ankertafeln oder -wänden
- Nicht vorgespannte Mikropfähle
- Vorgespannte Verpressanker
- Stahlpfähle aus Profilstahl oder Spundwandprofilen
- Gerammte bzw. gerüttelte Verpresspfähle (RV-Pfahl, RI-Pfahl)

Eine bei Spundwänden nicht unübliche Ausführungsform im Rahmen einer Rückverankerung ist die Anordnung von erdseitig liegenden Gurtungen im zugänglichen Kopfbereich, wie in Abbildung 42 dargestellt.

In der Praxis werden für Spundwände mit einer rückwärtigen Verankerung aus konstruktiven Gründen U-Bohlen vorgezogen, da hier die Bolzen für einen Gurtanschluss als auch die Anker zentrisch durch die Flanschmitte der U-Bohlen geführt werden können. Im Fall von Z-Bohlen wird wegen des Mittelschlosses der Gurtanschluss mit doppelten Bolzen ausgeführt. Für einen mittigen Ankeranschluss muss der Anker durch das Schloss geführt werden.

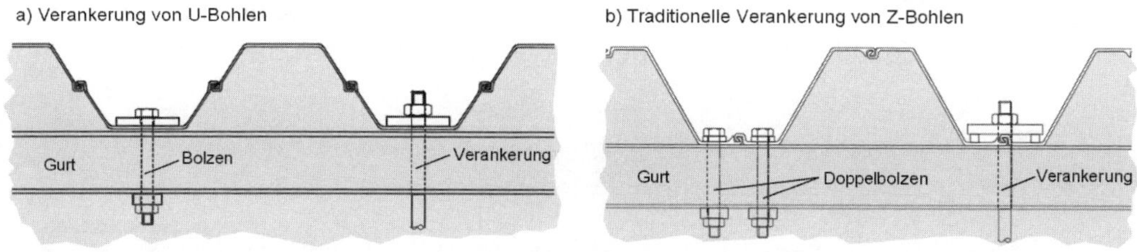

Abbildung 42: Ausbildung einer rückwärtigen Verankerung bei U-Bohlen und Z-Bohlen

5.4.4.3.4 Rückbau

Spundwände können im Anschluss an eine Baumaßnahme wieder gezogen werden. Zum Rückbau werden in der Regel Vibrationsbären eingesetzt. Sollen Setzungen des umgebenden Bodens durch das Ziehen der Spundbohlen verringert werden, kann der durch das gezogene Spundwandprofil entstehende Spalt im Boden sukzessive z. B. durch eine Zementsuspension verfüllt werden. Hierfür können z. B. die Spüllanzen verwendet werden. Im Rahmen der Planung ist sicherzustellen, dass der Rohbau bis zum Zeitpunkt des Spundwandrückbaus noch genügend Arbeitsraum und Luftraum für die Ziehgeräte lässt.

5.4.4.4 Konstruktive Details

5.4.4.4.1 Eck- und Abzweigprofile

Zur Anpassung an die Baugrubenform und insbesondere bei geschlossenen Spundwandkästen wird von den Spundwandherstellern für die jeweiligen Profile eine Vielzahl von Eckprofilen und Abzweigbohlen angeboten.

Die Profile erleichtern die Planung der Verbauführung im Bereich von Ecken und Abzweigungen, siehe Abbildung 43.

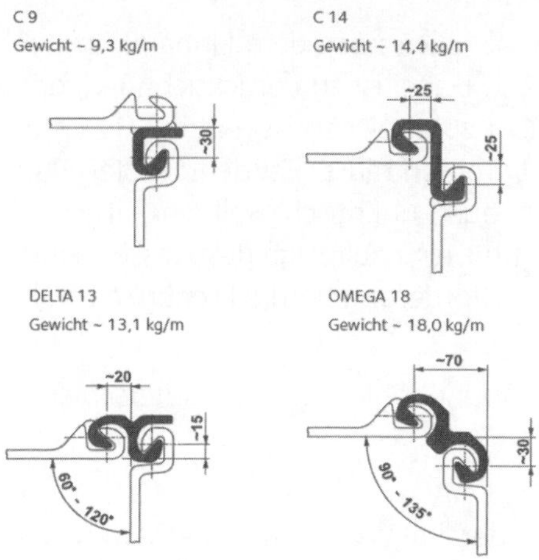

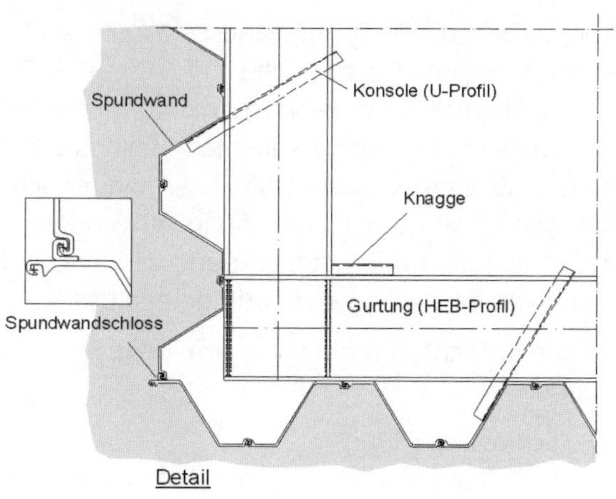

Abbildung 43: Beispiele von Eckprofilen für Z-Profile (links) [48] und Ausführungsbeispiel für einen um 90°abknickenden Spundwandverbau (rechts)

Weiterhin können Eck- und Abzweigprofile gezielt für Verbindungsanschlüsse eingeplant werden, um z. B. Spundwände mit Ortbetonwänden zu verbinden, siehe Abbildung 44.

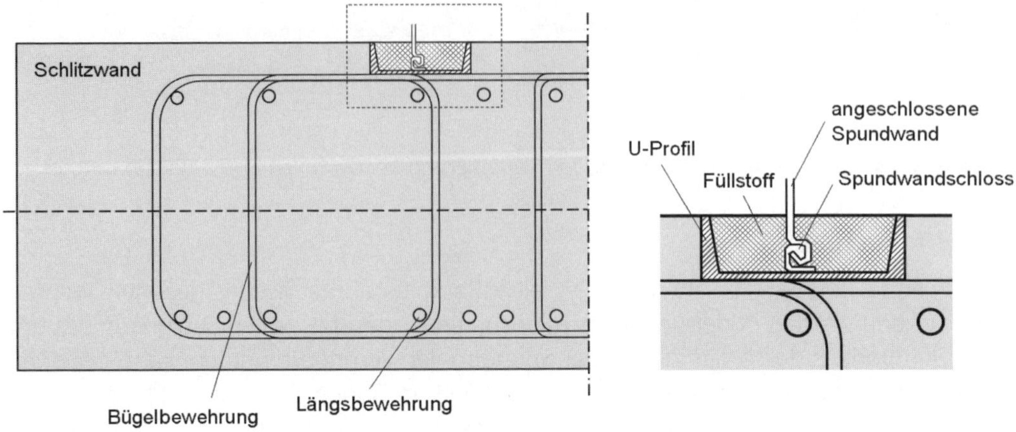

Abbildung 44: Anschlussdetail »Spundwand-Schlitzwand« mit Abzweigungsprofil

5.4.4.4.2 Wasserdichtheit von Spundwandschlössern

Aufgrund des erforderlichen Spielraums der Schlösser für die Rammarbeiten ist die Schlossverbindung zwischen den Bohlen grundsätzlich wasserdurchlässig. Jedoch weisen die Schlösser durch die mehrfache Umlenkung einen relativ langen Sickerweg auf. Durch Feinsandanteile im Boden, die sich mit der Zeit in die Schlösser setzen, findet eine sogenannte »Selbstdichtung« statt. Diese wird durch Korrosion noch verstärkt.

Bei Spundwandbauwerken im Wasser (z. B. Fangedämmen) kann der natürliche Dichtungsvorgang auch durch Einschüttung von umweltverträglichen Dichtungsstoffen in das umgebende Wasser unterstützt werden ([9] E117).

Ebenso lassen sich Spundwandschlösser sowohl vor als auch nach dem Einbau künstlich abdichten, siehe hierzu auch E117, Abschnitt 8.1.21.3. Dabei ist zu berücksichtigen, dass eine vollkommene Wasserdichtigkeit im Regelfall nicht zu erreichen ist und mit gewissen Restwassermengen bzw. feuchten Stellen gerechnet werden muss. Bei den meisten Baugruben ist eine gewisse Restwassermenge technisch auch unkritisch. Soll eine »Dichtigkeit« erzielt werden, ist ein häufig verwendeter Wert für eine zulässige Restwassermenge 1,5 l/s je 1000 m^2 benetzter Spundwandfläche. Die Anforderung an die Dichtigkeit sollte jedoch im Bauvertrag eindeutig geregelt sein.

Folgende Dichtungsverfahren **vor** dem Einbau der Spundbohlen können unterschieden werden:

a) Schlossverfüllung
   Verfüllung der Schlussfuge auf der Baustelle oder im Werk mit dauerhaften und umweltverträglichen, ausreichend plastischen Bitumenmassen.

b) Schlossdichtung
   Applikation von Polyurethandichtungen in der Schlossfuge, wenn besonders hohe Anforderungen an die Dichtheit des Spundwandverbaus gestellt sind. Zum Beispiel

Schlossdichtung System Hoesch: Hierbei wird eine dem Schlossspalt angepasste Dichtung aus dauerhaft elastischem Polyurethan angebracht, das fest auf der Oberfläche haftet. Vor der Einbringung wird die Dichtung mit einem Gleitmittel eingeschmiert, um eine Beschädigung durch Reibung während des Einbringvorgangs zu vermeiden. Anzumerken ist, dass die Wirksamkeit, d.h. die erzielte Dichtheit der Schlösser, auch vom Einbringverfahren abhängig ist. Rammen beansprucht die Dichtung weniger, da die Bewegung der Bohle im Schloss nur in eine Richtung stattfindet. Bei Einbringung durch Vibration kann die Dichtung durch die entstehende Hitze infolge der hohen Reibungsarbeit beschädigt werden.

c) Dichtschweißen
Werkseitig eingezogene Schlösser (z. B. Doppelbohlen, angebrachte Eck- bzw. Abzweigschlösser) können im Werk dichtgeschweißt werden. Die Dichtnähte müssen auf der Seite angeordnet werden, auf der die Sohle des späteren Bauwerks anschließt. Ist die Schweißnaht erdseitig angeordnet, ist eine Wasserdichtheit nicht gegeben, da Wasser durch das Schloss im Bereich zwischen außenseitiger Schweißnaht und innenseitigem Beton fließen kann. Um ein Aufreißen der Dichtnaht beim Rammvorgang zu verhindern, werden zusätzlich Gegennähte angeordnet.

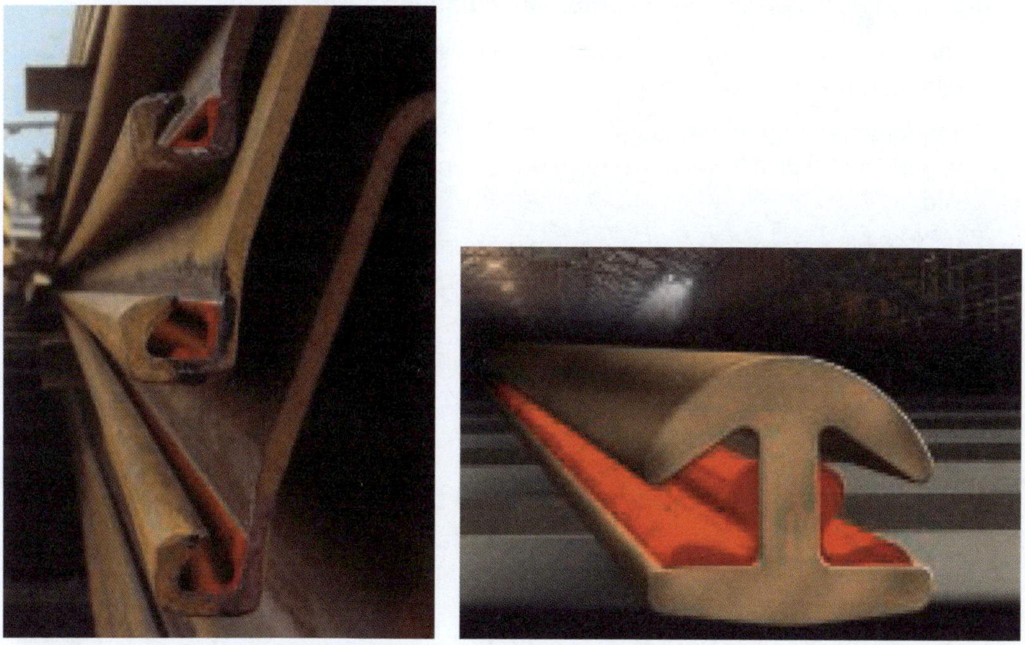

Abbildung 45: Schlossdichtung System HOESCH für Larssen Profile (links) und für Peiner Profile (rechts), aus [38]

Dichtungsverfahren **nach** dem Einbau der Spundbohlen sind:

a) Soweit die Fugen zugänglich sind (z. B. während des Aushubes), Verstopfen der Schlösser, z. B. mit Holzkeilen oder quell- bzw. abbindefähigen Materialien (Holz- oder Stahlwolle ggf. mit Zement versetzt)

b) Dichtschweißen
Ein nachträgliches Verschweißen ist nur bei trockenen und gesäuberten Schlossfugen oberhalb der Fußeinbindung (Aushubsohle) sukzessive mit dem Aushub möglich. Beim Dichtschweißen können z. B. mit zwei Kehlnähten an die Spundwand angeschweißte Flachprofile verwendet werden.

c) Erdseitige Abdichtung durch Injektion von z. B. Kunstharzen oder PUR-Schaum

d) Erdseitige Abdichtung mit Düsenstrahlkörpern

e) Erdseitige Abdichtung mittels Vereisungskörpern

Bei nachträglichen Abdichtungen von außen mit Harzen, Düsenstrahlkörpern oder PUR-Schäumen ist ein möglicher Austrag des noch nicht abgebundenen Dichtungsmaterials durch die Wasserströmung in Betracht zu ziehen. Ggf. ist ein stufenweises/kombiniertes Vorgehen erforderlich, soweit die Wasserstandsdifferenz und damit die Wasserströmung bei der Ausführung der Dichtungsmaßnahme nicht reduziert oder vermieden werden kann. Bei allen Schweißarbeiten ist darauf zu achten, dass die verwendete Stahlsorte eine Schweißung unter den jeweiligen Randbedingungen zulässt.

Insbesondere wenn Spundwände als Dichtwand zur Umschließung von z. B. Altlasten eingesetzt werden, haben sich auch **kombinierte Bauverfahren** bewährt wie z. B.:

- Einrammen der Spundwand, wobei die Schlösser in kleine mit Dichtwandmasse verfüllte Bohrpfähle einbinden
- Einrammen der Spundwand mit im Bereich der Schlösser angebrachten Hilfsprofilen, wobei die Hilfsprofile wieder gezogen werden und dabei eine Injektion eingebracht wird
- Als Kombinationsdichtwand, wobei die Spundbohlen in einen mit noch nicht abgebundener Dichtwandmasse verfüllten Schlitz eingestellt werden

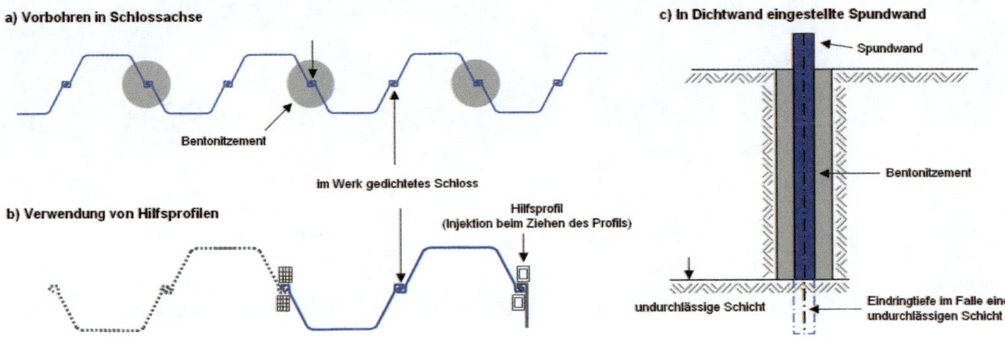

Abbildung 46: Kombinierte Bauverfahren: (a) mit Dichtmasse verfüllte Vorbohrungen, (b) Hilfsprofile und Injektion, (c) in Dichtwandmasse eingestellte Spundwand, aus [52]

5.4.4.4.3 Schlossschäden

Das Herausspringen einer Spundbohle aus dem Schlossverbund während oder nach dem Einbringen wird als Schlosssprengung bezeichnet. Schlossschäden können auch bei sorgfältiger Einbringung nicht ganz ausgeschlossen werden. Zur Erhöhung der Sicherheit kann gemäß EAU (E105, Abschnitt 8.1.13.2) [9] eine Prüfung auf Schlossintegrität erfolgen. Im sichtbaren Bereich kann dies visuell geschehen. In nicht sichtbaren Bereichen (der Regelfall während des Einbringens der Bohlen) kann dies durch Signalgeber (z. B. Schlossdetektoren) erfolgen, um das Risiko zu verringern, dass ein Schlosssprung erst nach dem Aushub entdeckt wird.

Bei Schlossdetektoren wird überprüft, ob die nachlaufende Spundbohle während der Einbringung bis zum Ende des Einbringvorgangs im Schloss verläuft. Dies kann z. B. durch induktive Messungen erfolgen. Bei diesen Systemen wird ein Signalgeber am Fuß des Schlosses der ersten Bohle angebracht. Die später eingebrachte Bohle verändert das Spannungsfeld, wenn sie im Schloss durch den Bereich des Signalgebers läuft, was an einem Messgerät sichtbar gemacht werden kann. Läuft die Bohle nicht im Schloss, verändert sich auch das Spannungsfeld nicht. Ähnlich ist eine Variante, bei der ein unter geringer elektrischer Spannung stehender Abscherbolzen im Schloss der Vorgängerbohle verwendet wird, der bei einem Abscheren durch die nachfolgende Bohle einen Kurzschluss anzeigt.

Bei einfacheren mechanischen Systemen wird das zuerst einzubringende Schloss ca. 0,5 m bis 1,0 m über dem Ende mit einem Bolzen verschlossen, von dem ein dünnes gespanntes Drahtseil außerhalb des Schlosses geschützt in einem angeschweißten Schutzrohr nach oben verläuft. Falls die nachfolgende Bohle erfolgreich im Schloss verläuft, schert sie den Bolzen ab, und das Drahtseil kann nach oben gezogen werden.

Alle Systeme vermindern das Risiko eines unbemerkten Schlosssprunges, können es aber nicht gänzlich ausschließen und auch nicht immer die betreffende Tiefenlage detektieren.

5.4.4.4.4 Korrosionsschutz

Ein besonderer Korrosionsschutz wird für Stahlspundwände i. d. R. nicht vorgesehen und ist bei temporären Baumaßnahmen auch nicht von Bedeutung. Bei permanenten Baumaßnahmen muss der Einfluss der Korrosion auf die Tragfähigkeit, die Gebrauchstauglichkeit und die Dauerhaftigkeit untersucht werden, und es sind geeignete Maßnahmen zu treffen.

Die gebräuchlichste Art des Korrosionsschutzes sind Beschichtungen. Diese werden bevorzugt im Herstellwerk aufgebracht. Beim Umgang mit beschichteten Spundwänden ist eine sorgfältige Behandlung erforderlich, um Transport- und Montagebeschädigungen der Beschichtung vor dem Einbau zu verhindern. Entsprechend den hohen Belastungen der Spundwandbauwerke kommen üblicherweise Epoxidharz- oder Polyurethan-Beschichtungen zur Anwendung.

Neben der Beschichtung ist es weiterhin möglich, einen Korrosionsschutz durch Feuerverzinkung herzustellen. Diese im normalen Stahlbau gängige Maßnahme muss für Spundwände jedoch frühzeitig mit dem Herstellwerk vor Walzbeginn der Bohlen abgesprochen werden.

Eine weitere Korrosionsschutzmaßnahme, die im Zuge der Entwurfsplanung sowie ggf. auch nach Herstellung des Spundwandbauwerkes noch installiert werden kann, ist der Einbau eines kathodischen Korrosionsschutzes mit Fremdstrom oder Opferanoden.

Alternativ kann eine ausreichende Nutzungsdauer des Spundwandbauwerkes auch durch Einkalkulieren einer Abrostungsrate bzw. durch eine statische Überbemessung des Spundwandquerschnitts gewährleistet werden: Das heißt, Wahl eines statisch überdimensionierten Profils mit größeren Widerstandsmomenten oder Wahl von Stahlsorten höherer Festigkeiten als statisch erforderlich. Profile mit größeren Wanddicken bieten einen verbesserten Schutz gegen Durchrostung. Überschläglich kann eine jährliche Abtragsrate von 0,01 mm/Jahr in Luft bzw. Boden sowie von 0,03 mm/Jahr in Süß- und Meerwasser abgeschätzt werden. Nähere Angaben zur Abschätzung der Korrosionsgeschwindigkeit können z. B. EAU (E35) [9] entnommen werden.

5.4.4.5 Sonderformen und Sonderbauweisen (Fangedämme)

Fangedämme können zur temporären Umschließung großräumiger Baugruben an Land, aber auch im Wasserbau verwendet werden, wenn eine Rückverankerung oder Abstützung der Baugrubenwände wirtschaftlich nicht möglich ist. Auch bei permanenten Bauwerken wie Ufereinfassungen oder Molen können sie vorteilhaft eingesetzt werden. Man unterscheidet Kastenfangedämme und Zellenfangedämme, siehe auch Abbildung 47 und Abbildung 48.

Der klassische **Kastenfangedamm** besteht aus zwei gegenseitig verankerten, parallel angeordneten Spundwänden, deren Zwischenraum mit nichtbindigem Boden verfüllt wird. Es entsteht dadurch ein in sich standfestes Stützbauwerk. Die Spundwände müssen entsprechend den hydraulischen und statischen Forderungen in den Boden einbinden. Wird ein Kastenfangedamm auf festem Fels gegründet, so sind mindestens zwei Ankerlagen einzubauen, da dann die gesamte Belastung auf die Spundwand durch die Verankerung aufzunehmen ist.

Querwände oder Festpunktblöcke sind hinsichtlich der Bauausführung zweckmäßig. Man erhält so in sich abgeschlossene fertige Abschnitte.

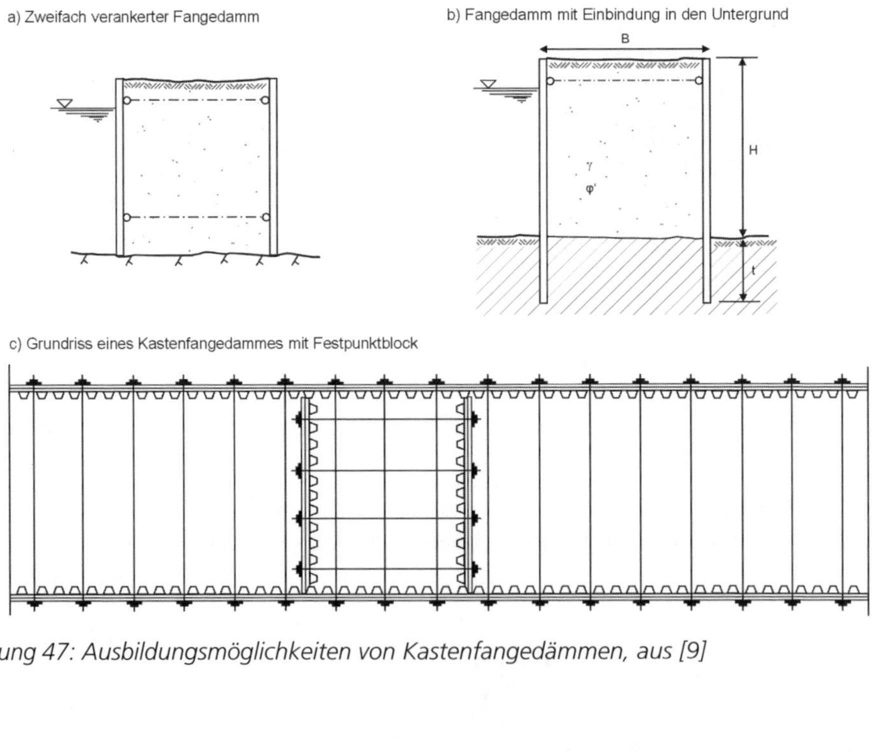

Abbildung 47: Ausbildungsmöglichkeiten von Kastenfangedämmen, aus [9]

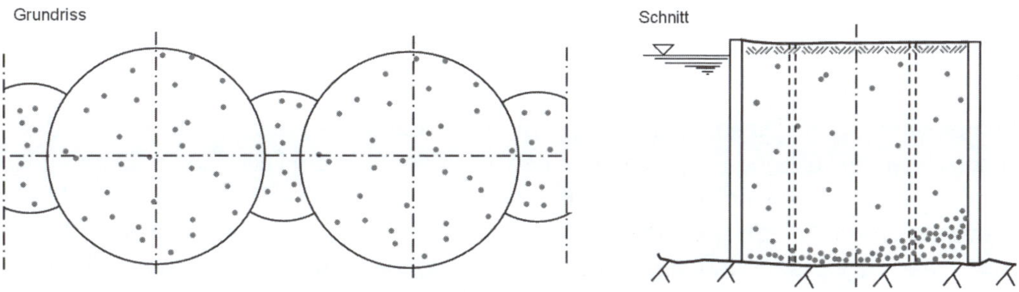

Abbildung 48: Kreiszellenfangedamm im Grundriss und Schnitt

Abbildung 49: Beispiel für einen Zellenfangedamm; a) Montageschablone, b) Herstellung, c) ausgehobener Zustand, d) Grundriss; Bauvorhaben Stausee Solis, Schweiz

Beim **Zellenfangedamm** ist keine innere Verankerung erforderlich, da bogen- oder kreisförmige Zellen aneinandergesetzt werden.

Durch die bogen- bzw. kreisförmige Anordnung der Spundwand werden die Einzelbohlen praktisch nur auf Zug beansprucht, sodass wirtschaftliche Flachprofile mit hoher Schlosszugfestigkeit eingesetzt werden können. Das Einrammen der Profile erfolgt mittels Montageschablonen, die auf die Gewässersohle aufgestellt sind. Zellenfangedämme sind besonders geeignet bei der Gründung auf Fels, da eine statische Einbindetiefe nicht erforderlich ist. Entsprechend der geometrischen Ausbildung der Ausrundungen unterscheidet man Flach- und Kreiszellenfangedamm.

Kennzeichnend für einen Fangedamm ist, dass die Lasten allein durch die Schubspannungen im Füllboden und zwischen den Wänden und dem Füllboden aufgenommen werden und anschließend über die Sohle und gegebenenfalls die Einbindung der Wände in den Untergrund eingeleitet werden. Anzumerken ist, dass bei der erstmaligen Mobilisierung dieser Schubspannungen planmäßig und systembedingt große Kopfverschiebungen des Fangedammes in Dezimetergröße auftreten können.

5.4.5 Pfahlwände

5.4.5.1 Allgemeines

Pfahlwände gehören zu den biegesteifen und im Baugrund verbleibenden Verbaumaßnahmen und sind daher stets als Alternative und in technischer und wirtschaftlicher Konkurrenz zum Schlitzwandverbau zu sehen. Sie werden frei auskragend oder gestützt (mittels Aussteifung oder Rückverankerung) hergestellt. Bei Überschneidung der Einzelpfähle kann die Wand auch nahezu wasserdicht hergestellt werden. Da die Herstellung von Bohrpfahlwänden im Vergleich zu Trägerbohlwänden und Spundwänden teurer ist, versucht man bei Pfahlwänden (analog zur Schlitzwandbauweise) häufig, den Baugrubenverbau mit in das zu erstellende Bauwerk einzubeziehen.

Vorteile von Pfahlwänden sind:

- Der Verbau ist verformungsarm (Bohrlochstützung durch Verrohrung; hohe Biegesteifigkeit der Verbauwand) und daher auch unmittelbar neben bestehender Bebauung anwendbar
- Als überschnittene Variante kann die Bohrpfahlwand nahezu wasserdicht hergestellt werden
- Die Herstellung ist ohne große Lärmentwicklung und weitgehend erschütterungsfrei möglich
- Eine Ausführung ist auch in nicht oder nur schwer rammbaren Böden möglich
- Bei ausreichend vorauseilendem Bohrrohr wird der Gleichgewichtszustand des Bodens kaum gestört, sodass es nicht zu Setzungen in der Umgebung des Bohrlochs kommt
- Es können sowohl Horizontallasten als auch hohe Vertikallasten aufgenommen werden
- Die Herstellung ist auch geneigt möglich (Neigung bis ca. 15°)
- Gute Anpassung an die vorhandenen Platzverhältnisse, Grundrissgeometrien und Baugrenzen

Nachteile von Pfahlwänden sind:

- Es ist mit wesentlich höheren Kosten gegenüber Trägerbohlwänden und Spundwänden zu rechnen
- Die Bohrpfahlwand ist nicht wiedergewinnbar

- Wirtschaftlich oft nur vertretbar, wenn sie in das Bauwerk einbezogen werden können oder sehr geringe Verformungen gefordert sind
- Hohe Anzahl an vorhandenen Fugen, d.h. viele potenzielle Schwachstellen für den möglichen Wasserdurchtritt
- Bestehende Leitungskreuzungen erfordern Sondermaßnahmen

Abbildung 50: Beispiel für eine überschnittene rückverankerte Pfahlwand

Abbildung 51: Beispiel für eine überschnittene, mehrfach verankerte Bohrpfahlwand

5.4.5.2 Ausführungsformen von Pfahlwänden

Man unterscheidet die möglichen Pfahlwandtypen nach der Anordnung der Pfähle wie folgt:

- überschnittene Pfahlwand
- tangierende Pfahlwand
- aufgelöste Pfahlwand

Bei **überschnittenen Pfahlwänden** (siehe Abbildung 52) ist der Achsabstand der Pfähle kleiner als der Pfahldurchmesser. Es entsteht so eine für die Umschließung einer Baugrube nahezu wasserdichte Wand. Das Überschneidungsmaß f wird durch den Achsabstand der Pfähle bestimmt und liegt nach EAU [9] i. d. R. bei 10 % bis 15 % des Durchmessers, mindestens jedoch 10 cm. Bedingt durch den Überschnitt und damit den planmäßig vorhandenen Betonquerschnitt, ist die überschnittene Bohrpfahlwand in der Lage, horizontal in Wandrichtung Lasten zu übertragen (z. B. aus horizontalen Ecksteifen). Aufgrund des erforderlichen Anschneidens der zuerst hergestellten Primärpfähle durch den Sekundärpfahl ist i. Allg. nur der Sekundärpfahl bewehrt.

Bei der Festlegung des Überschnittes sind Herstellungstoleranzen nach DIN EN 1536 [20] zu berücksichtigen. Hierzu gehören insbesondere Lageabweichungen des Ansatzpunktes der Einzelpfähle und Neigungsabweichungen über die Tiefe. In der Regel werden in der Praxis mit entsprechend ausgebildeten Maschinen Neigungsabweichungen von 0,5 % (minimal) bis 1 % (Normalfall) erzielt. Die Lageabweichung im Ansatzpunkt kann unter Hinzuziehung eines Vermessers und Verwendung einer Bohrschablone auf ca. 3 cm bis 5 cm begrenzt werden. Global gilt die Regel, dass mit zunehmender Wandtiefe auch der Überschnitt größer werden muss, um zuverlässig eine kontinuierliche Wandfläche hinreichender Stärke zu erhalten.

Wenn es die äußeren Randbedingungen zulassen, können aus Gründen der Wirtschaftlichkeit (analog dem Gedanken des Lastabtrages einer Trägerbohlwand) die als »Ausfachung« dienenden unbewehrten Pfähle knapp unter der geplanten Baugrubensohle enden, siehe Abbildung 52.

Das Anschneiden von Primärpfählen erfolgt möglichst innerhalb weniger Tage nach deren Herstellung („Pilgerschrittverfahren"), solange der Beton noch nicht seine Endfestigkeit erlangt hat, um die Tendenz zum Verlaufen der Sekundärbohrung in Richtung des geringsten Widerstands zu reduzieren. Aus demselben Grund sollten bei Richtungsänderungen der Wandachse im Eckpunkt sowie an Wandenden unbewehrte Primärpfähle liegen. Sind längere Unterbrechungen der Arbeiten unvermeidlich, so werden als temporärer Abschluss mitunter vorübergehende Kiespfähle hergestellt, um bei Wiederaufnahme der Arbeiten das Anschneiden alten Betons zu vermeiden. Näheres in Abschnitt 5.4.5.3.4.

Wegen des erleichterten Anschneidens und des geringeren Betonverbrauchs werden die Primärpfähle mitunter auch mit Tonbeton oder Dichtwandmasse verfüllt, sofern dies statisch möglich ist.

Tabelle 7: Übliche Achsabstände der Pfähle bei überschnittenen Pfahlwänden

Pfahldurchmesser D	Achsabstand a
[cm]	[cm]
60	45
90	75
120	105

Bei einer Rückverankerung werden die Anker i. d. R. durch die unbewehrten Pfähle geführt, dabei wird der im Pfahl liegende Teil der Ankerbohrung vorab gekernt und das Auflager für eine kreisförmige Ankerplatte eingefräst.

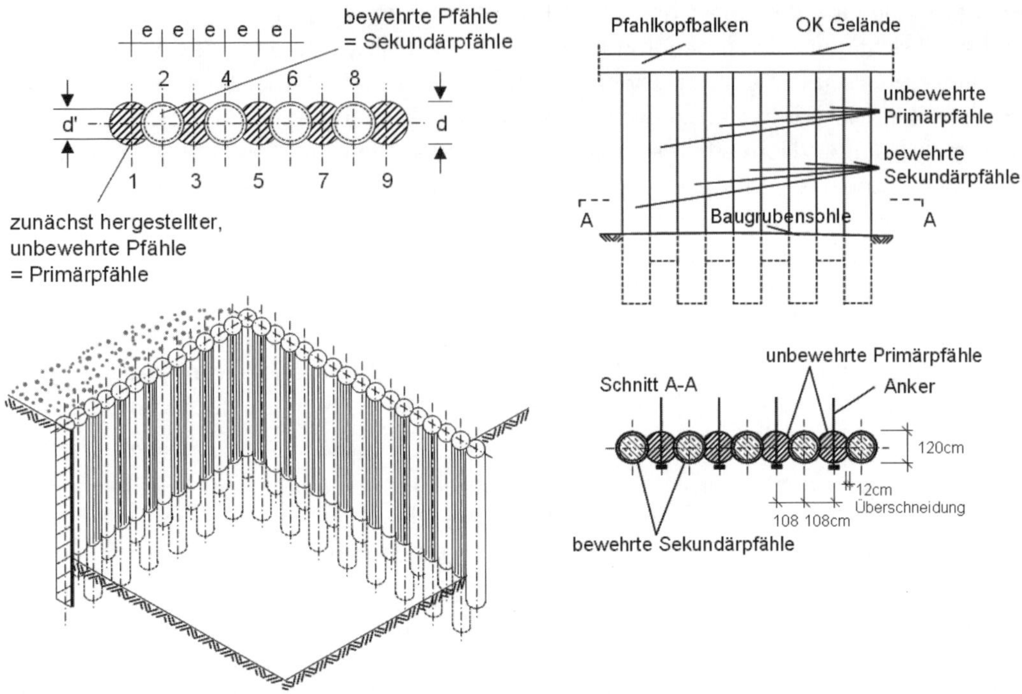

Abbildung 52: Überschnittene Pfahlwand

Tangierende Pfahlwände (siehe Abbildung 53) haben einen lichten Pfahlabstand von 0 cm bis 10 cm. In der Regel wird jeder Pfahl bewehrt. Eine Wasserdichtigkeit ist infolge der freien Pfahlzwischenräume nicht gegeben, diese kann jedoch bei geeigneten Böden nachträglich z. B. durch erdseitige Zwickelinjektionen angestrebt werden, was allerdings kostenintensiv ist. Durch die dichte Anordnung bewehrter Pfähle besitzt der Wandtyp eine hohe Biegesteifigkeit und kann hohe Biegemomente aufnehmen. Bei einer Rückverankerung werden die Anker häufig in den Zwickelbereichen angeordnet, was einen beträchtlichen Aufwand bei der Herstellung eines form- und kraftschlüssigen Ankerauflagers nach sich ziehen kann.

Analog zur überschnittenen Pfahlwand ist auch bei der tangierenden Pfahlwand auf große Genauigkeit bei der Herstellung der Pfähle, vor allem im Hinblick auf die lotrechte Stellung, zu achten. Die Bohrung darf nicht in den bereits hergestellten Nachbarpfahl verlaufen und dessen Bewehrung beschädigen. Auch das Verlaufen der Bohrung zur Baugrube hin bzw. von der Baugrube in Richtung Erdreich ist möglichst zu verhindern, da dies zu einer Öffnung des Spaltes zwischen den Pfählen führt und mit teuren Nacharbeiten verbunden ist.

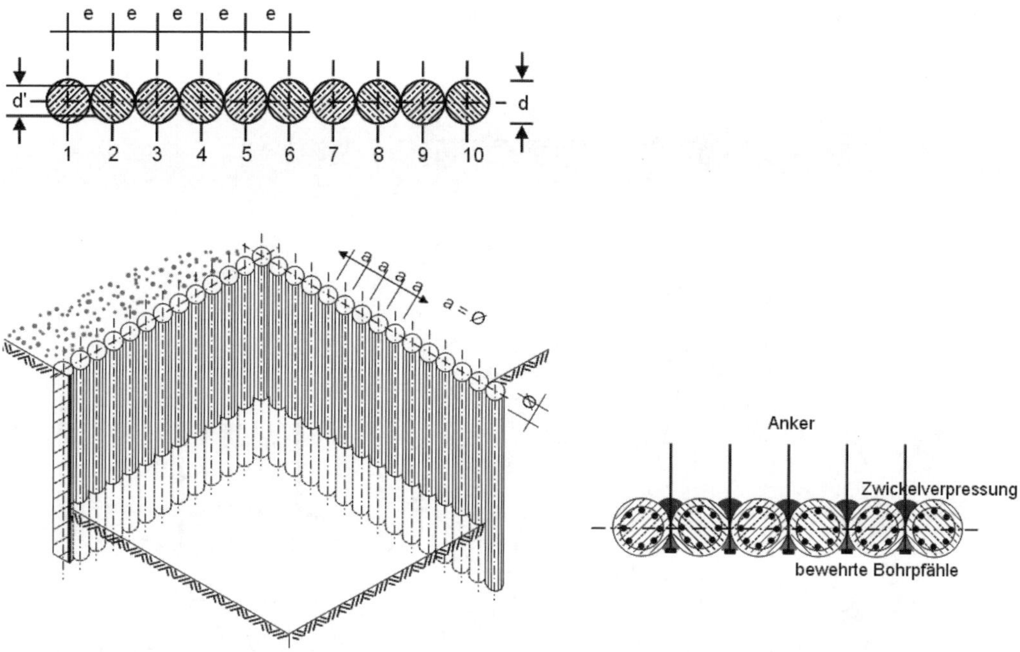

Abbildung 53: Tangierende Pfahlwand

Aufgelöste Pfahlwände (siehe Abbildung 54) bestehen aus bewehrten Pfählen in Abständen von etwa 1 m bis 3 m, deren lichter Zwischenraum mit fortschreitendem Aushub durch Holz, Stahlplatten, Ortbeton oder Spritzbeton ausgefacht wird. Dem statischen Tragverhalten nach sind diese Wände wie Trägerbohlwände anzusehen.

Der Pfahlabstand ist abhängig vom Bohrpfahldurchmesser, von der Verbauhöhe, von den anstehenden Baugrundverhältnissen, dem horizontalen Abstützungssystem und den Belastungen.

Die zumeist zur Anwendung kommende Spritzbetonausfachung kann entweder bewehrt (Nachweis der Biegebeanspruchung) oder unbewehrt (Berücksichtigung der Gewölbeausbildung) ausgebildet werden.

Eventuell vorhandenes Sickerwasser aus dem anstehenden Boden kann durch sukzessive mit dem Aushub angebrachte Filtermatten (z. B. Kokosmatten oder geotextile Dränmatten) hinter dem Spritzbeton gefasst, zur Baugrubensohle abgeführt und dort abgeleitet werden.

Bei anstehenden Felsschichten kann ggf. eine Ausfachung zwischen den Pfählen entfallen. Soweit eine Rückverankerung erforderlich ist, wird jeder Pfahl rückverankert. Dabei ist planerisch zu berücksichtigen, dass ein Teil der am stärksten durch Biegung beanspruchten Bewehrungseisen infolge der Ankerbohrung durchtrennt wird.

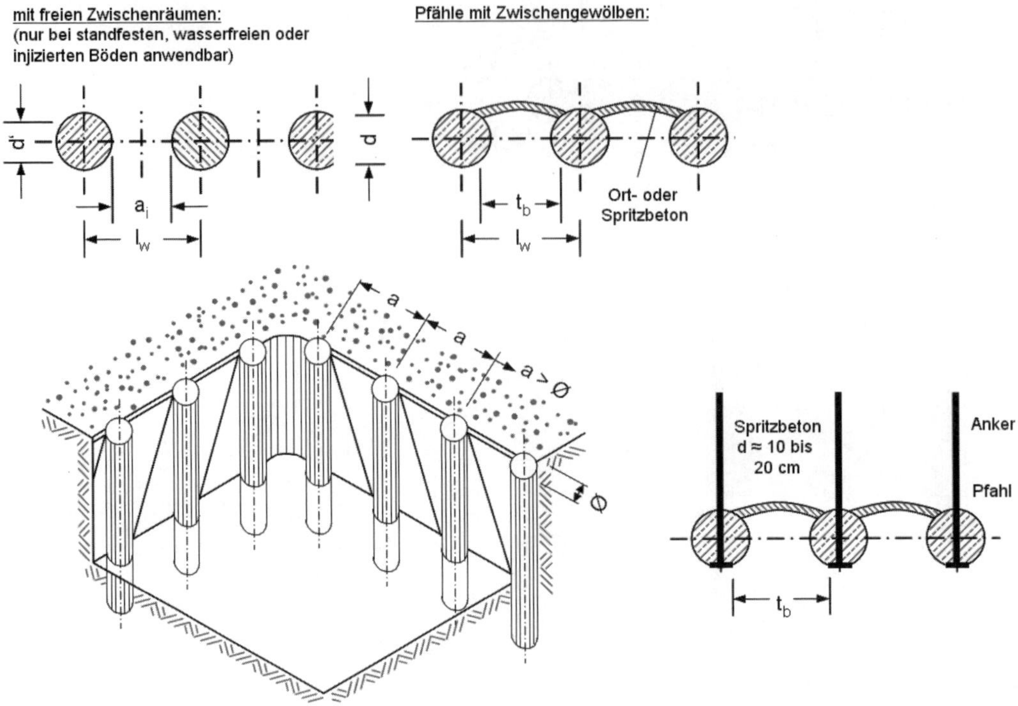

Abbildung 54: Aufgelöste Pfahlwand mit Spritzbetonausfachung

Unabhängig vom Pfahlwandtyp ist es oft unwirtschaftlich, die Pfahlwand bis zur Erdoberfläche zu führen, besonders dann, wenn sie nach Abschluss der Bauarbeiten im oberflächennahen Bereich aus Gründen einer Hindernisfreiheit für zukünftige Leitungsverlegungen teilweise entfernt werden muss. Soweit die Platzverhältnisse es zulassen, böscht man die Baugrube im oberen Bereich ab und ordnet eine Berme an. Ist dies nicht möglich, kann man z. B. Stahlträgerprofile in die Pfahlköpfe einbetonieren und den oberen Bereich von etwa 2,0 m als Trägerbohlwand ausbilden. Dieser Verbau lässt sich später leicht entfernen. Dies gilt auch für die Einsteckträger, wenn der Einbindebereich am Pfahlkopf als Köcher entsprechend ausgebildet wird.

Abbildung 56: Überschnittene Pfahlwand mit Steckträgerverbau, Baustelle Taunusturm Frankfurt am Main

5.4.5.3 Verfahrenstechnik

Die Verfahrenstechnik für die Pfahlwandherstellung ist in diesem Buch an anderer Stelle detailliert dargestellt. Hier deshalb nur einige speziell für Baugruben relevante Hinweise. Es werden im Wesentlichen folgende Teilprozesse bedeutsam:

- vorbereitende Maßnahmen
- Herstellung der Bohrungen
- Bewehren
- Betonieren
- ggf. Einbau einer Aussteifung bzw. Rückverankerung im Zuge des Bodenaushubs
- evtl. Nacharbeiten

5.4.5.3.1 Vorbereitende Maßnahmen

Neben dem **Freiräumen des Baufeldes** und der Herstellung eines geeigneten **horizontalen Arbeitsplanums** für das Bohrgerät sind vorab die **Pfahlwandachsen einzumessen**.

Die Herstellung **überschnittener und tangierender Pfahlwände** setzt eine hohe Bohrgenauigkeit voraus. Zur Führung der Bohrrohre bzw. des Bohrwerkzeugs ist es empfehlenswert, vorab Bohrschablonen aus konstruktiv bewehrtem Ortbeton anzufertigen. Die etwa 30 cm hohen Bohrschablonen werden in Höhe des Bohrplanums hergestellt. Außer der Längsbewehrung sind gegebenenfalls in regelmäßigen Abständen Querbewehrungsstäbe angeordnet, die die Schablonenhälften miteinander zugfest verbinden [53]. Die Bohrschablonen ermöglichen ein genaues Ansetzen der Bohrung und unterstützen die Führung während der ersten Bohrmeter.

Alternativ zu Bohrschablonen aus Ortbeton kommen in der Praxis auch Schablonen aus Stahlbetonfertigteilen oder Stahlsegmenten zur Anwendung.

Bei **aufgelösten Pfahlwänden** kann i. d. R. auf Bohrschablonen verzichtet werden, da die Herstellgenauigkeit des Einzelpfahls hier nicht von so großer Bedeutung ist.

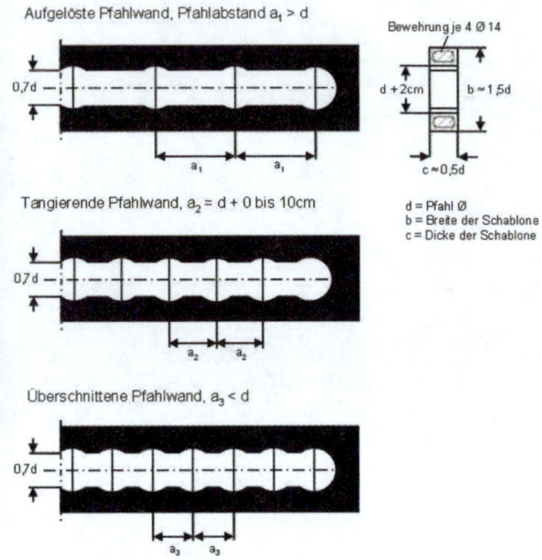

Abbildung 57: Beispiel für die Bohrschablone einer überschnittenen Pfahlwand (links) und Herstellempfehlungen in Anlehnung an [53] (rechts)

5.4.5.3.2 *Herstellung der Bohrungen*

a) Bohrverfahren

Die Herstellung von Pfahlwänden erfolgt mit Hilfe von Bohrpfählen nach DIN EN 1536 [20] und DIN SPEC 18140 [28]. Hierbei können ungestützte, verrohrte, suspensionsgestützte oder erdgestützte Pfahlherstellverfahren zur Anwendung kommen, siehe auch EAB [8].

Ungestütztes Bohren ist bei aufgelösten Pfahlwänden in standfesten Böden oberhalb des Grundwassers geeignet. Die Pfähle werden i. d. R. mit diskontinuierlichen Aushubverfahren (z. B. mit kellystangengeführten Bohrschnecken oder Bohreimern sowie mit Seilgreifern) gebohrt bzw. gegreifert und im Trockenen betoniert. Die Bewehrung kann vor oder direkt nach dem Betonieren eingebaut werden.

Verrohrtes Bohren ist für alle Pfahlwandtypen (aufgelöst, tangierend, überschnitten) geeignet und auch in nicht standfesten Böden sowie unterhalb des Grundwasserspiegels möglich. Kennzeichnend für dieses Verfahren ist, dass parallel zum Bohrfortschritt eine Verrohrung in den Boden eingebracht wird. Die Verrohrung sichert das Bohrloch während des Aushubs seitlich gegen nachbrechenden Boden ab. Der Aushub innerhalb der Verrohrung erfolgt diskontinuierlich (z. B. Drehbohrverfahren oder Greiferbohrverfahren) oder kontinuierlich mit durchgehender Bohrschnecke (z. B. Doppelkopfbohrverfahren oder Spülbohrverfahren).

Bei anstehendem Grundwasser ist im Bohrrohr auf einen ausreichend hohen Wasserstand zu achten, der i. d. R. mindestens 1,5 m über dem Grundwasserspiegel liegen sollte. Dieser Wasserüberdruck soll die Gefahr eines hydraulischen Grundbruchs an der Bohrlochsohle und damit eine Auflockerung des umgebenden Bodens vermeiden, die durch den Sogeffekt des Bohrgestänges oder Greifers beim Ziehen entsteht.

Nach Herstellung der Bohrung bis zur Endtiefe des Pfahls wird der Bewehrungskorb in das Bohrloch eingestellt und der Beton im Kontraktorverfahren eingebracht [3, 17]. Die Verrohrung wird während des Betoniervorgangs sukzessive wieder gezogen und ausgebaut.

Ein nachträgliches Einstellen des Bewehrungskorbes in das Bohrloch nach dem Betonieren und dem Ziehen der Verrohrung ist ebenfalls möglich, jedoch im Zusammenhang mit der Herstellung von Pfahlwänden eher unüblich, da ein bis zum Pfahlfuß durchgehender Bewehrungskorb sich nachträglich nur unter Schwierigkeiten einbringen lässt.

Bei entsprechender Gerätekonfiguration können verrohrte Bohrungen auch geneigt ausgeführt werden. Die derzeit in der Praxis maximal mögliche Pfahlneigung entsprechender Geräte liegt in Abhängigkeit vom Durchmesser und von der gewünschten Bohrtiefe bei ca. 15° zur Lotrechten.

Das verrohrte Bohren ist das zur Herstellung von Pfahlwänden am häufigsten eingesetzte Herstellverfahren. Zwei schematische Darstellungen für das Drehbohrverfahren und das Doppelkopfbohrverfahren sind in Abbildung 58) dargestellt.

Suspensionsgestütztes Bohren ist bei aufgelösten Pfahlwänden möglich. Wie beim verrohrten Bohren kann das Verfahren auch in nicht standfesten Böden sowie unterhalb des Grundwasserspiegels mit den gleichen Aushubwerkzeugen angewendet werden. Die Standfestigkeit der Bohrlochwandung wird durch eine Stützflüssigkeit, z. B. aus Bentonit- oder Polymersuspension, mit ausreichender Suspensionsdichte und ausreichendem Suspensionsüberdruck im Bohrloch hergestellt. Der nicht unerhebliche Aufwand für die Aufbereitung und Regenerierung der Suspension sowie die aufwändige Entsorgung des mit Suspensionsresten versehenen Bohrgutes beschränken das Verfahren in der Anwendungshäufigkeit insbesondere in Europa jedoch sehr stark, in Asien wird es häufig eingesetzt.

Erdgestütztes Bohren ist bei aufgelösten und tangierenden Pfahlwänden sowie bei den Primärpfählen überschnittener Pfahlwände durchmesserabhängig bis zu Bohrtiefen von etwa 20 Metern möglich. Die Bohrlochherstellung erfolgt mit einer durchgehenden Bohrschnecke mit kleinem oder großem Seelenrohrdurchmesser (z. B. SOB-Pfähle, Teilverdrängungspfähle). Während des Bohrens (Eindrehens der Bohrschnecke in den Boden wie einen Korkenzieher) füllt sich der Wendelgang der Schnecke mit aufgelockertem Bohrgut. Dieses stützt die Bohrlochwandung und wird auf der Wendel nach oben gefördert.

Bei Verwendung von Bohrschnecken mit kleinem Seelenrohr wird der Beton beim Ziehen der Schnecke durch das Seelenrohr gepumpt und übernimmt die Stützung des Erdreichs.

Der Bewehrungskorb wird direkt nach Fertigstellung (betonieren) des Pfahls in den Frischbeton eingebracht.

Beim Einsatz von Schnecken mit großem Seelenrohr hingegen wird in der Regel der Bewehrungskorb im Schutz des Seelenrohres vor dem Betonieren eingebaut.

Eine schematische Darstellung für erdgestütztes Bohren ist in Abbildung 58 (b) enthalten.

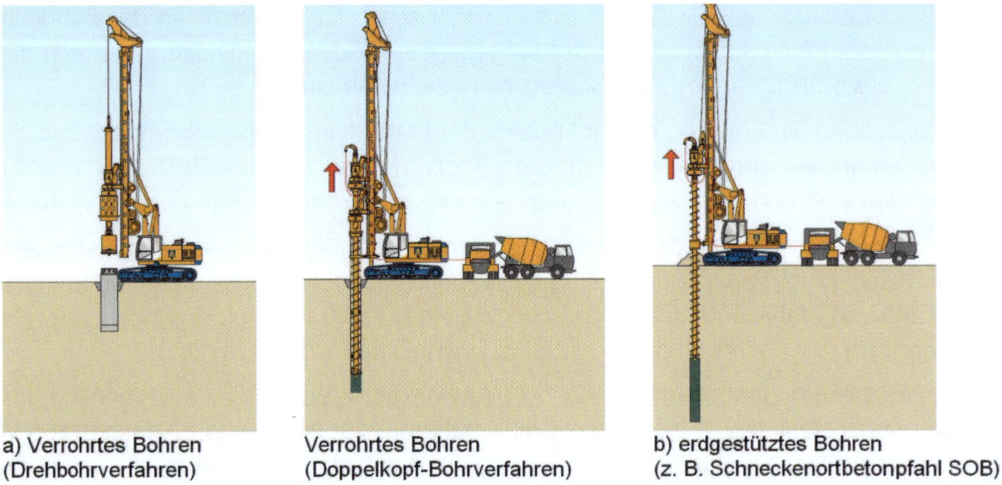

Abbildung 58: Beispiele für Bohrverfahren, aus [54]

Übliche Pfahldurchmesser, die zur Herstellung von Pfahlwänden verwendet werden, sind 60 cm, 75 cm, 90 cm, 100 cm und 120 cm. Hindernisse können mit Ausnahme der erdgestützen Bohrungen mittels Sonderverfahren (z. B. meißeln oder durchkernen) durchörtert werden.

b) Bohrreihenfolge

Überschnittene Pfahlwände werden im sogenannten Pilgerschrittverfahren hergestellt. Zunächst werden die unbewehrten Primärpfähle »1«, »3«, »5« etc. und anschließend die bewehrten Sekundärpfähle »2«, »4«, »6« etc. hergestellt, siehe Abbildung 59. Dies ist erforderlich, damit die Sekundärpfähle nicht durch einen ungleichen Bohrwiderstand (eine Seite »fester« Primärpfahlbeton und andere Seite »weicher« Boden) in eine Richtung ausweichen, und damit keine bewehrten Pfähle angeschnitten werden müssen mit der Gefahr, die Bewehrung zu treffen.

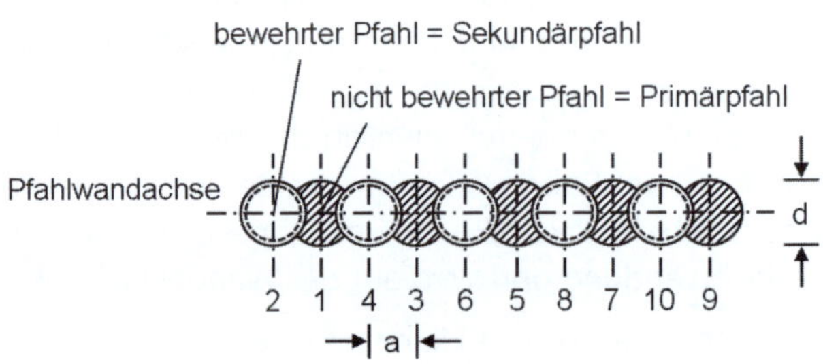

Abbildung 59: Arbeitsfolge bei einer überschnittenen Pfahlwand

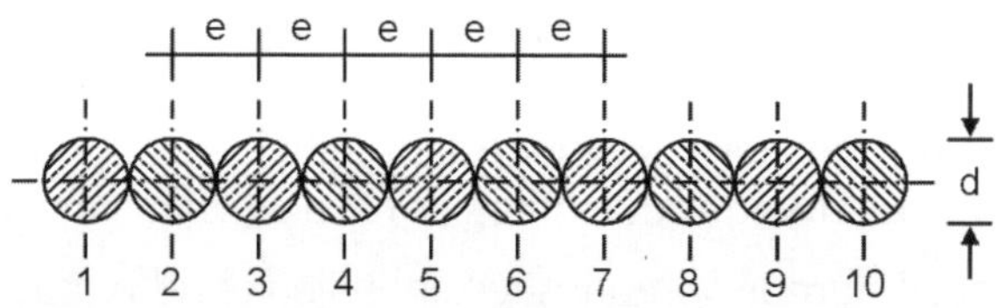

Abbildung 60: Arbeitsfolge bei einer tangierenden Pfahlwand

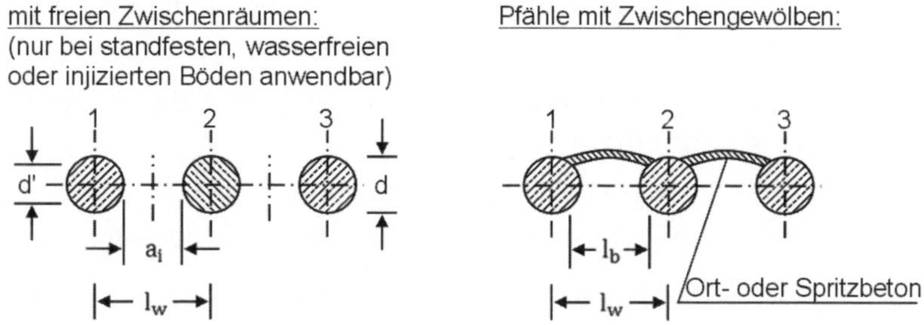

Abbildung 61: Arbeitsfolge bei einer aufgelösten Pfahlwand mit Spritzbetonverzug

Bei der Herstellreihenfolge von **tangierenden Pfahlwänden** muss die erforderliche Abbindezeit des Betons berücksichtigt werden. Die Pfähle können nicht unmittelbar nacheinander hergestellt werden, da sich sonst eine Störung der Betonabbindung ergeben würde. Bei unverrohrten Bohrungen würde der Beton des zuvor gebohrten Pfahles außerdem auslaufen.

In der Regel wird daher ebenfalls im Pilgerschrittverfahren gebohrt. Bei ausreichend großen Zeitabständen ist auch eine aufeinanderfolgende Herstellung möglich. Hierbei gilt nach DIN EN 1536 [20], dass der Achsabstand von Bohrpfählen, die innerhalb von vier Stunden hergestellt werden, mindestens den 4-fachen Wert des Pfahldurchmessers, mindestens jedoch 2,0 m, betragen sollte.

Die Einzelpfähle bei **aufgelösten Pfahlwänden** werden ohne Berücksichtigung einer besonderen Reihenfolge ausgeführt. Im Idealfall können die Pfähle nacheinander hergestellt werden.

5.4.5.3.3 Bewehren

Die erforderliche Pfahlbewehrung (Länge, Anzahl und Durchmesser der Bewehrungsstäbe) wird innerhalb der statischen Querschnittsbemessung nach DIN EN 1992-1-1 [14] ermittelt. Die Aufnahme der Biegemomente und Querkräfte im Pfahlquerschnitt erfolgt über Längsbewehrung (i. d. R. d_s = 12 mm bis 32 mm) sowie Wendelbewehrung (i. d. R. d_s = 8 mm bis 16 mm) aus Betonstahl BSt 500 S.

Üblicherweise werden Bohrpfähle für Pfahlwände zentralsymmetrisch bewehrt, d.h., die Längsbewehrung ist entlang des Umfangs gleichmäßig verteilt angeordnet, erforderlichenfalls auch konzentrisch in zwei Lagen. Eine asymmetrische Bewehrung wird bei verrohrt hergestellten Pfählen i. d. R. nicht verwendet, da sich beim Ziehen der Verrohrung die eingestellten Bewehrungskörbe unbeabsichtigt und unbemerkbar verdrehen können.

Bei Festlegung der Längs- und Wendelbewehrung ist eine Mindestbewehrung nach DIN EN 1536 [20] einzuhalten. Des Weiteren findet man in DIN EN 1536 konstruktive Hinweise z. B. hinsichtlich der erforderlichen Betondeckung, der einzuhaltenden Mindest- und Maximalabstände sowie der Mindestdurchmesser für die Längs- und Wendelbewehrung.

Neben diesen beiden Hauptbewehrungsbestandteilen sind verschiedene zusätzliche konstruktive Bewehrungseisen erforderlich, siehe auch Abbildung 62. Hierzu gehören im Wesentlichen:

- Aufhängeeisen (erleichtern den Einbau, d.h. das Einhängen und falls erforderlich ggf. das Festhalten des Korbes im Bohrloch beim Betonieren)
- seitliche Abstandhalter (gewährleisten die Betondeckung und erleichtern den zentrischen Einbau in die Bohrverrohrung)
- Aussteifungsringe (erleichtern die Montage der Längsbewehrung und verbessern die Steifigkeit des Bewehrungskorbes auch für Transport- und Montagevorgänge)
- Fußkreuz mit Stahlplatte (gewährleistet die richtige Höhenlage des Korbes beim Absetzen im Bohrloch infolge der größeren Aufstandsfläche und beim Ziehen der Verrohrung durch die Betonauflast)

Unabhängig von den statischen Anforderungen des Endzustandes müssen die Bewehrungskörbe so stabil sein, dass sie sich beim Transport zur Baustelle und beim Einbauen in die Bohrung nicht bleibend verformen. Hier kann es erforderlich sein, konstruktiv größere Bewehrungsdurchmesser oder zusätzliche Längsbewehrungsstäbe und Aussteifungseisen im Bewehrungskorb anzuordnen.

Da die Transportlänge von Bewehrungskörben (max. ca. 20 m) sowie die Lieferlänge von Betonstahl (max. ca. 15 m; Sonderlängen > 15 m möglich) beschränkt ist, sind bei Pfahlwänden mit großen Pfahllängen Bewehrungsstöße der Längsbewehrung zu berücksichtigen. Auch hierzu sind in DIN EN 1536 sowie in DIN EN 1992-1-1 konstruktive Hinweise zur Ausführung zu finden.

Der Einbau von Bewehrungskörben, ob über dem Bohrloch gestoßen oder am Stück, ist eine risikobehaftete Arbeit. Die DGUV-Regel 101-008 [55] gibt hierfür, aber auch für die anderen Arbeitsschritte zu beachtende Hinweise.

Abbildung 62 zeigt beispielhaft die Hauptbestandteile des Bewehrungskorbes eines Bohrpfahls.

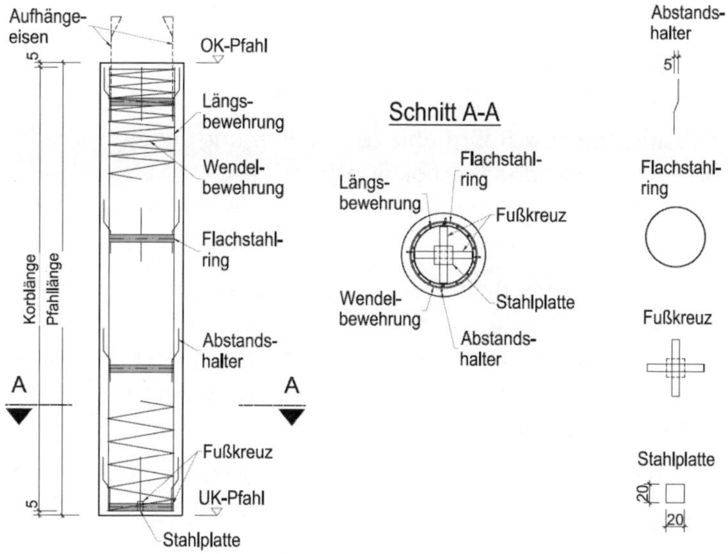

Abbildung 62: Bewehrungskorb eines Bohrpfahls

Bei Pfahlwänden werden die Pfahlköpfe häufig mittels Pfahlkopfbalken miteinander verbunden. Der Kopfbalken übernimmt dabei die Funktion einer Gurtung, die wiederum ausgesteift oder verankert werden kann. Zum Anschluss des Pfahls an den Kopfbalken ist in diesem Fall am Pfahlkopf Anschlussbewehrung vorzusehen.

Abbildung 63 zeigt beispielhaft die Ausbildung eines Pfahlkopfbalkens sowie eines Steckträgeranschlusses im Pfahlkopfbereich.

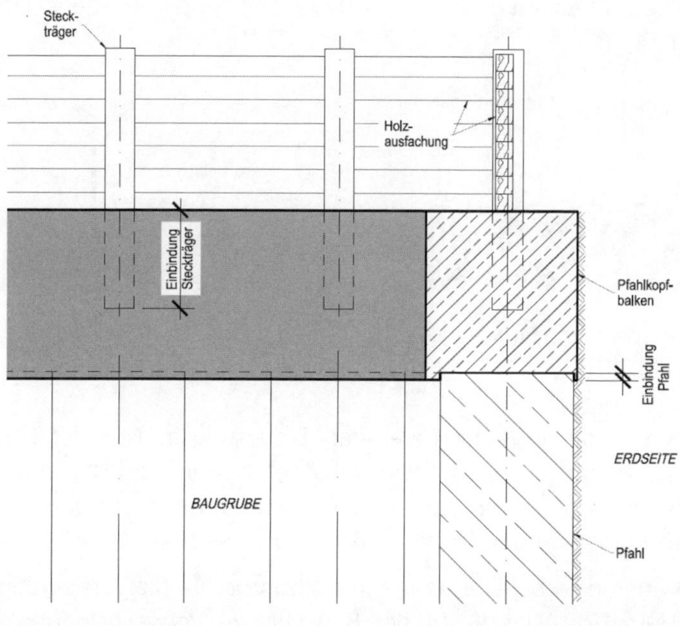

Abbildung 63: Pfahlkopfbalken ohne und mit Steckträger bei einer überschnittenen Pfahlwand

5.4.5.3.4 *Betonieren*

Die Festigkeitsklasse und die betontechnologische Zusammensetzung des Betons werden nach statischen und herstellungstechnischen Erfordernissen gewählt.

Die Querschnittsbemessung der Bohrpfähle zur Bestimmung der erforderlichen Bewehrung und der erforderlichen Betondruckfestigkeit erfolgt nach DIN EN 1992-1-1 [14]. Die erforderliche Festigkeitsklasse der bewehrten Pfähle liegt in der Regel zwischen C20/25 und C45/55.

Für die Zusammensetzung des Betons sind die Anforderungen nach DIN EN 1536 [20] und DIN SPEC 18140 [32] zu berücksichtigen. Weiterhin sind hier, aber auch im Leitfaden Kontraktorbeton für Tiefgründungen [3] Hinweise zu geeigneten Rezepturen, zum fachgerechten Einbau und zur betontechnologischen Überwachung und Prüfung der Betonarbeiten auf der Baustelle enthalten.

In der Regel werden die Pfähle nach Einbringen des Bewehrungskorbes im Kontraktorverfahren betoniert.

Bei der Herstellung **überschnittener Bohrpfahlwände** sollte das Alter der anzuschneidenden Pfähle (unbewehrte Primärpfähle) nicht mehr als ca. zwei Tage betragen, wenn keine besonderen Maßnahmen (z. B. Verwendung von Erstarrungsverzögerern oder Verwendung unterschiedlicher Betonsorten) getroffen werden.

Ein spätes Überschneiden von zu stark erhärteten Primärpfählen kann zu nicht unerheblichen Reparaturkosten an Werkzeugen und Rohren führen und vergrößert die Gefahr der Bohrrohrabweichung.

Das Anschneiden wird erleichtert, wenn die Primärpfähle, soweit statisch und ablauftechnisch möglich, aus einem Beton geringerer Festigkeit (z. B. C12/15) oder aus selbsterhärtenden Suspensionen mit geringerer Festigkeit hergestellt werden (Hard-/Soft-Wand), siehe Abbildung 64 (a).

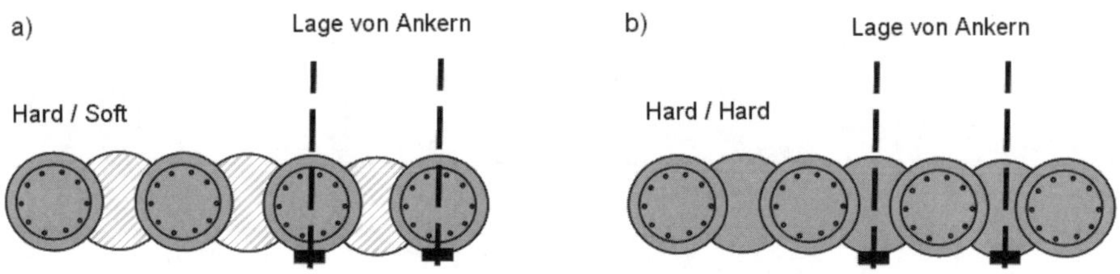

Abbildung 64: Überschnittene Bohrpfahlwand; Ausführung als Hard-/Soft- (a) und als Hard-/Hard-Wand (b)

Alternativ können Erstarrungsverzögerer den Erstarrungsbeginn der Primärpfähle entsprechend hinauszögern. Diese Abbindeverzögerer werden insbesondere eingesetzt, wenn für die Primär- und Sekundärpfähle die gleiche Betonsorte oder zwei mit ähnlicher Endfestigkeit verwendet werden (Hard-/Hard-Wand), siehe Abbildung 64 (b).

Anzumerken ist aber, dass bei Einsatz mehrerer Bohrgeräte die Verwendung unterschiedlicher Betone (Hard-/Soft-Wand) auf der Baustelle zu Verwechslungen und auch Verzögerungen führen kann. Weiterer Nachteil der Hard-/Soft-Wand ist, dass im Fall einer Rückverankerung die Anker in den bewehrten Sekundärpfählen angeordnet werden müssen. Hierbei muss oft die Längsbewehrung beim Anbringen der Anker durchkernt werden, was in der statischen Bemessung zu berücksichtigen ist. Auch die Abtragung vertikaler Lasten oder die Übertragung von in der Längsachse der Wand wirkenden Horizontalkräften ist erschwert oder gar unmöglich. In der Regel wird in der Praxis daher eine einheitliche Betonfestigkeit für Primär- und Sekundärpfähle verwendet.

Für das Einschneiden in die unbewehrten Pfähle sind ausreichend dimensionierte Drehbohrgetriebe oder Verrohrungsmaschinen zu verwenden. Die Bohrrohr-Schneidschuhe müssen für die Bearbeitung von Beton ausgestattet sein. Bewährt haben sich auswechselbare Hartmetall-Schneidschuheinsätze, damit beschädigte Schneiden rechtzeitig ausgetauscht werden können.

Im Bereich von Arbeitsabschnitten oder von später anzuschließenden Pfahlwandabschnitten kann der letzte Primärpfahl als sogenannter Sand- oder Kiespfahl ausgebildet werden. Der Weiterbau und damit der Anschluss an die Pfahlwand kann dadurch auch erst zu einem späteren Zeitpunkt erfolgen, siehe auch Abbildung 65. Durch die Anordnung des Kiespfahls vermeidet man das ansonsten erforderliche Einschneiden in einen ausgehärteten Primärpfahl.

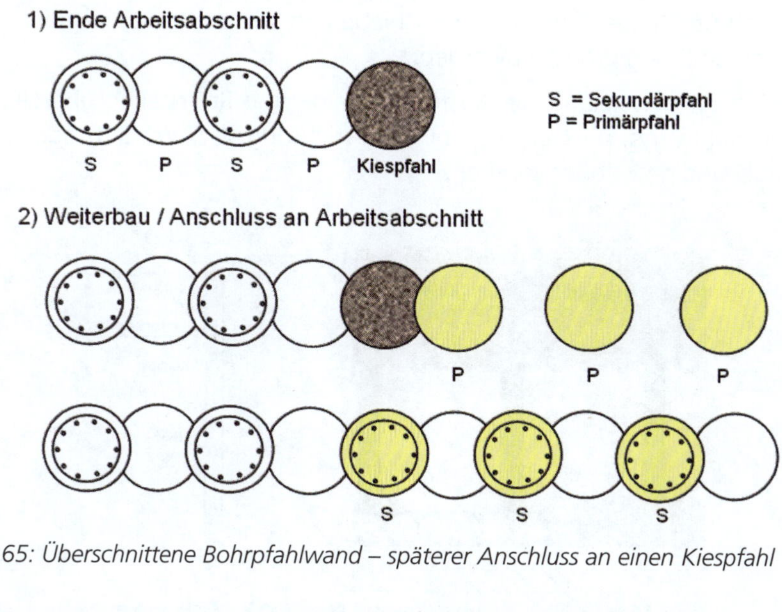

Abbildung 65: Überschnittene Bohrpfahlwand – späterer Anschluss an einen Kiespfahl

Bei **tangierenden oder insbesondere bei aufgelösten Pfahlwänden** muss nicht auf die Nachbarpfähle und die spätere Bohrbarkeit Rücksicht genommen werden. Der gesamte Herstellungsablauf entspricht weitgehend der Herstellung normaler Einzelbohrpfähle.

5.4.5.3.5 Aussteifung und Rückverankerung

Im Zuge des Aushubs erfolgt der Einbau der Gurtung und Aussteifung bzw. die Abstützung der Pfahlwand mit Hilfe von Ankern. Abbildung 66 zeigt beispielhaft den Aussteifungsrahmen für eine tangierende Pfahlwand sowie die Herstellung einer Rückverankerung.

Abbildung 66: Aussteifungsrahmen für eine tangierende, 13° geneigte Pfahlwand (links) sowie Herstellung einer Verankerung mit Litzenankern bei einer überschnittenen Pfahlwand mit Steckträgerverbau (rechts)

Aussteifungen bei Pfahlwänden erfolgen häufig mittels Rohrsteifen und Gurtungen aus HEB-Profilen. Die Gurtungen liegen auf Konsolen (z. B. HEB- oder U-Profile) oder werden mittels Ketten oder Stahlprofilen vom Pfahlkopf abgehängt. Die Konsolen können z. B. mittels Kernbohrung in die Pfahlwand, Einschieben der Konsolen und Verfüllung der Bohrung mit Vergussmörtel hergestellt werden.

Abbildung 67 zeigt beispielhaft die Ausführung einer mit Rohrsteifen und HEB-Gurtung ausgesteiften Pfahlwand. Die Gurtung ist in Längsrichtung als Durchlaufträger ausgebildet und daher aufwändig gestoßen worden.

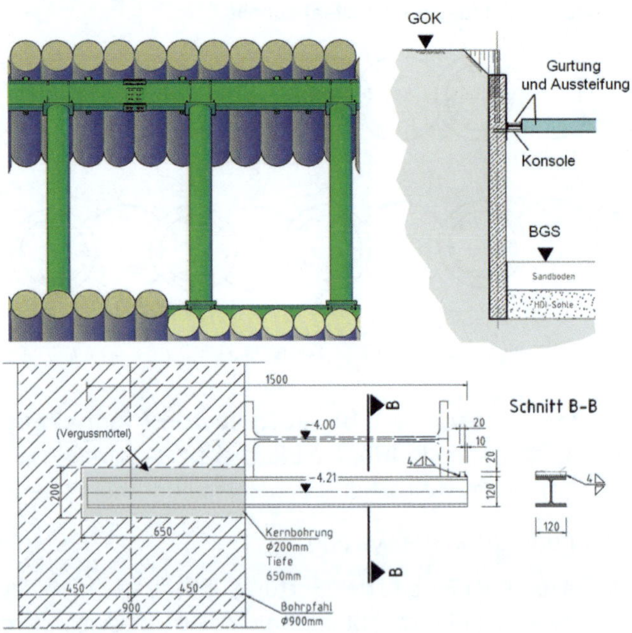

Abbildung 67: Details Aussteifung mit Rohrsteifen, HEB-Gurtung und HEB-Konsole

Eine Rückverankerung von Pfahlwänden erfolgt i. d. R. mit vorgespannten Verpressankern. Die Anker können z. B. mittig im Bohrpfahl angeordnet werden (**aufgelöste, tangierende, überschnittene Bohrpfahlwand**) sowie im Pfahlzwickelbereich (**tangierende Bohrpfahlwand**), siehe Abbildung 68. Bei der mittigen Anordnung im Bohrpfahl werden die Ankerköpfe i. d. R. versenkt ausgeführt, indem man eine ebene Auflagerfläche durch eine aufgesetzte Kernbohrung herstellt. Werden hierdurch Bewehrungseisen durchtrennt, ist dies in der Statik zu berücksichtigen.

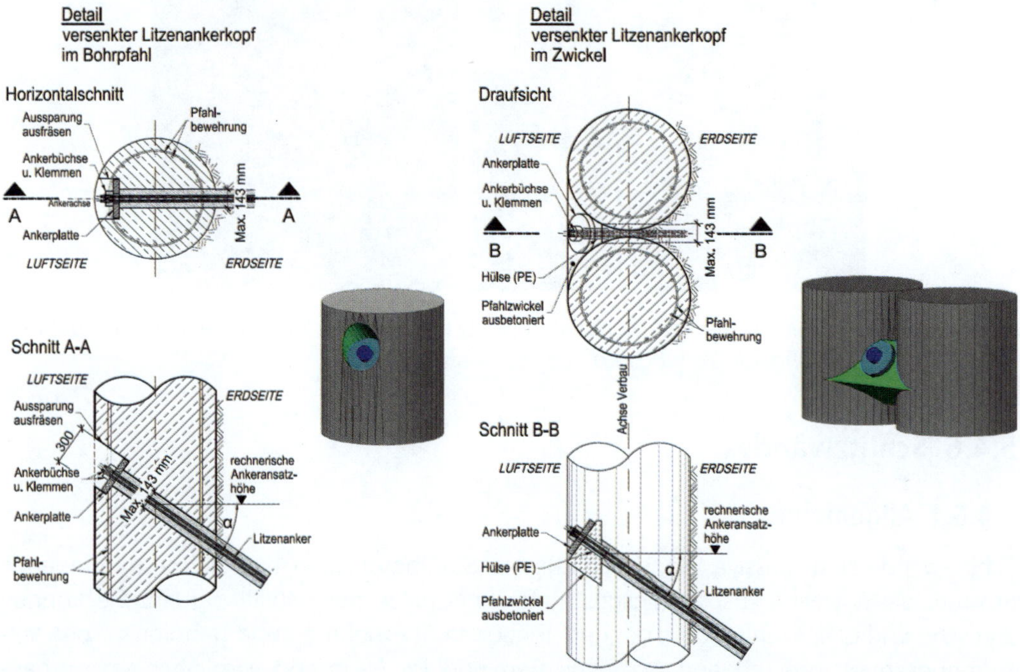

Abbildung 68: Details versenkter Litzenanker im Bohrpfahl (links) und versenkter Litzenanker im Pfahlzwickelbereich (rechts)

5.4.5.3.6 Nacharbeiten

Sowohl bei unverrohrter als auch bei verrohrter Herstellung von Pfahlwänden ist nicht gänzlich zu vermeiden, dass einzelne Pfähle aus der Sollachse verlaufen oder ein zum Teil starker Vorwuchs durch das Auslaufen von Beton in sehr weiche Bodenschichten auftritt. Soweit die spätere Rohbaukonstruktion ohne Arbeitsraum unmittelbar an die Bohrpfahlwand heranreicht oder nur ein sehr geringer Arbeitsraum vorhanden ist, müssen diese Vorwüchse mit geeigneten Geräten entfernt werden. Ausnahmen bilden einzelne Vorwüchse mit geringen Übermaßen. Zum Entfernen der Vorwüchse eignen sich Hydraulikbagger mit sog. Schrämköpfen (bekannt aus dem Tunnelbau), Meißel oder auch Sonderkonstruktionen, siehe Abbildung 69.

Anzumerken ist, dass die Probleme gleichermaßen auch bei Ortbeton-Schlitzwänden auftreten.

Bei überschnittenen Pfahlwänden kann es entbehrlich sein, die Pfahlköpfe nachzubearbeiten, wenn auch der mit Bohrschlamm vermengte Überbeton im obersten Bereich der Pfahlwand ausreichend tragfähig und gebrauchstauglich ist und kein Kopfbalken aufbetoniert werden muss.

Abbildung 69: Hydraulikbagger mit Schrämkopf (links) und mit Presslufthammer (links) bei der Beseitigung von Vorwüchsen

5.4.6 Schlitzwände

5.4.6.1 Allgemeines

Schlitzwände sind massive Wände aus Beton, Stahlbeton oder hydraulisch gebundenen Stoffen, die mit Hilfe suspensionsgestützter Erdschlitze hergestellt werden. Sie können statische und gleichzeitig abdichtende Funktionen übernehmen und gehören zu den verformungsarmen, weitgehend wasserdichten und im Baugrund verbleibenden Verbauwänden.

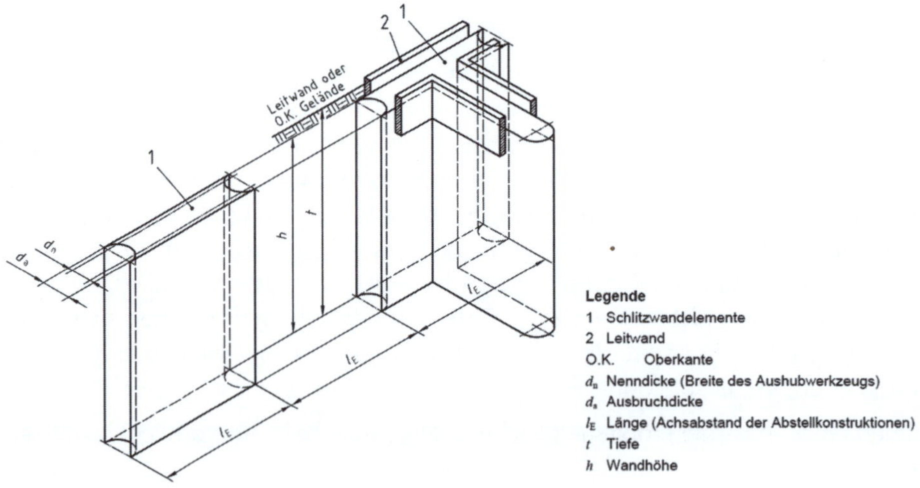

Abbildung 70: Schlitzwandelemente nach DIN 4126 [13]

Der Bodenaushub erfolgt in einzelnen Lamellenabschnitten mittels Spezialgreifern oder Schlitzwandfräsen (in Ausnahmefällen bei geringen Tiefen auch mit Tieflöffelbaggern). Dabei wird der ausgehobene Bodenbereich durch eine Stützsuspension mit ausreichender Suspensionsdichte und Suspensionsspiegellage kontinuierlich gesichert. Bei der Herstellung wird zwischen dem Einphasenverfahren und dem Zweiphasenverfahren unterschieden.

Beim **Einphasenverfahren** ist die Stützsuspension (Bentonit-Zement-Wassergemisch) gleichzeitig auch der endgültige Wandbaustoff. Es wird zur Herstellung von Fertigteilschlitzwänden und Dichtwänden (mit und ohne eingestellte vertikale Tragelemente, z. B. HEB-Träger oder Spundwände) verwendet.

Beim **Zweiphasenverfahren** ist die Stützflüssigkeit (Bentonitsuspension oder Polymerlösung) nur kurzzeitig zur Sicherung des Erdschlitzes vorgesehen. Sie wird in einem späteren Herstellungsschritt durch bewehrten Ortbeton im Kontraktorverfahren ersetzt. Das Zweiphasenverfahren ist die in der Praxis am häufigsten vorkommende Bauweise zur Herstellung von sogenannten Ortbetonschlitzwänden.

Abbildung 71: Rückverankerte bzw. ausgesteifte Ortbetonschlitzwand, Bauvorhaben Injektorkomplex DESY-XFEL Hamburg

Schlitzwände werden nur vertikal ausgeführt. Die üblichen Wanddicken liegen zwischen 0,4 m und 1,5 m. Bei großen Baugrubentiefen werden sie durch zusätzlich angeordnete Aussteifungen oder Rückverankerungen abgestützt.

Insbesondere die verformungsarmen, statisch wirksamen Schlitzwandtypen »Ortbetonschlitzwand« und »Fertigteilschlitzwand« bieten sich für Tiefbauarbeiten in unmittelbarer Gebäudenähe an. Bei der Herstellung entstehen nur geringe Erschütterungen (außer, falls erforderlich, beim Meißeln) und vergleichsweise geringe Verformungen.

Analog zu überschnittenen Pfahlwänden kann die Schlitzwand konstruktiv in das spätere Gebäude mit eingebunden werden. Als tragende Konstruktion ist sie nicht nur zur Aufnahme von normal zur Wandfläche wirkenden horizontalen Erd- und Wasserlasten, sondern auch zur Aufnahme von parallel zu der Wand wirkenden Lasten geeignet, wie z. B. zur Übertragung horizontaler Lasten aus Eckaussteifungen oder vertikaler Gebäudelasten auf den Boden.

Da der Fugenanteil bei Schlitzwänden im Vergleich zu Pfahlwänden wesentlich geringer ist, eignen sie sich als Baugrubenumschließungen insbesondere für wasserrückhaltende Aufgaben und Baumaßnahmen, bei denen die Verbauwand Bestandteil des permanenten Bauwerks wird (z. B. Tunnel, Tiefgaragen, Keller). Allerdings zeigt die Erfahrung, dass höherwertige Nutzungen von Untergeschossen allein mit einer Schlitzwand als Außenwand nicht möglich sind.

Vorteile der Schlitzwand sind:

- Sehr verformungsarm aufgrund der großen Biegesteifigkeit, hohe Wasserundurchlässigkeit.
- Gute Gewährleistung der Vertikalität (es muss nicht, wie bei der überschnittenen Bohrpfahlwand, bereits erhärteter Beton angeschnitten werden; bei Hindernissen im Boden kommt es bei Bohrpfählen schnell zum Auseinanderlaufen der Pfähle).
- Der Platzbedarf bei gleicher Biegetragfähigkeit ist geringer als bei Bohrpfahlwänden.
- Es sind sehr große Wandtiefen bis 100 m erreichbar.

Nachteile der Schlitzwand:

- Wirtschaftlichkeit und Kosten: Die Schlitzwand ist im Vergleich zur Spundwand oder zum Trägerbohlwandverbau hinsichtlich Baustelleneinrichtung und Materialverbrauch aufwändiger.
- Gebrauchte Stützflüssigkeiten und damit verunreinigtes Aushubmaterial müssen gesondert entsorgt werden.
- Aufgrund der aufwändigen Baustelleneinrichtung ist das Schlitzwandverfahren bei kleinen Verbauwandmengen, komplexen und sehr unregelmäßigen Grundrissgeometrien, geringen Tiefen und beengten Platzverhältnissen einer Pfahlwand meist unterlegen.
- Festes Gestein, mächtige Felsbänke oder große Findlinge können häufig mit Fallmeißel und Greifer nicht oder nicht wirtschaftlich durchörtert werden.
- Probleme können sich bei sehr durchlässigen Auffüllungen oder Bodenbereichen (z. B. Trümmerschutt, im Vorfeld nicht erkannte Rollkieslagen oder Klüfte) ergeben, da die Stützflüssigkeit dann ggf. keinen Filterkuchen aufbauen kann und versickert und damit der Stützdruck verloren geht, oder weil bei Bentonitsuspensionen die Fließgrenze nicht ausreicht, angeschnittenes Grobkorn zu stabilisieren.
- Aussparungen für querende Leitungen und Kanäle sind problematisch und müssen aufwändig mit Sonderkonstruktionen überbrückt werden (z. B. mit Düsenstrahlkörpern oder Vereisung).

5.4.6.2 Ausführungsformen von Schlitzwänden

Folgende **Schlitzwandtypen** können unterschieden werden:

Tabelle 8: Ausführungsformen von Schlitzwänden

Schlitzwände mit abdichtender Funktion	**Einphasen-verfahren**	**Zweiphasen-verfahren**
Unbewehrte Dichtungsschlitzwände	X	
Unbewehrte Dichtungsschlitzwände mit eingehängten Abdichtungsbahnen	X	
Schlitzwände mit abdichtender und statischer Funktion	**Einphasen-verfahren**	**Zweiphasen-verfahren**
Dichtungsschlitzwand mit eingestellten vertikalen Tragelementen aus: - *Stahlbetonfertigteilen* - *Stahlspundwänden* - *Stahlprofile (z.B. HEB- oder Doppel-U-Profile)*	X	
Bewehrte Ortbetonschlitzwand		X

Schlitzwände mit rein abdichtender Funktion werden im Folgenden nicht weiter betrachtet.

5.4.6.3 Verfahrenstechnik

Die Verfahrenstechnik für die Schlitzwandherstellung im Einphasenverfahren bzw. im Zweiphasenverfahren wird von folgenden Teilprozessen bestimmt:

Tabelle 9: Arbeitsgänge zur Herstellung von Einphasen- und Zweiphasenschlitzwänden

Dichtungsschlitzwand mit eingestellten vertikalen Tragelementen	**bewehrte Ortbetonschlitzwand**
Einphasenverfahren	**Zweiphasenverfahren**
Vorbereitende Maßnahmen	Vorbereitende Maßnahmen
Aushub einer Lamelle (Stützsuspension aus Bentonit-Zement-Wasser) Einbau der Fugenelemente (werden i.d.R. nicht gezogen und verbleiben in der Wand) Einstellen der vertikalen Tragelemente	Aushub einer Lamelle (Stützsuspension aus Bentonit-Wasser) Einbau der Abschalelemente Einbau der Bewehrung Betonieren Ziehen der Abschalelemente
Einbau Aussteifung bzw. Rückverankerung im Zuge des Aushubs	Einbau Aussteifung bzw. Rückverankerung im Zuge des Aushubs
Evtl. Nacharbeiten	Evtl. Nacharbeiten

5.4.6.3.1 *Vorbereitende Maßnahmen*

Die Planung und die Ausführung von Schlitzwänden erfordern eingehende Kenntnisse und umfangreiche Erfahrungen in dieser Bauart. Mit der Herstellung von Schlitzwänden dürfen deshalb nur solche Unternehmen betraut werden, die diese Voraussetzungen erfüllen und eine fachgerechte Ausführung sicherstellen. Dazu gehören eine sorgfältige technische Planung und Arbeitsvorbereitung und der Einsatz der notwendigen Spezialgeräte sowie zuverlässiger Führungskräfte (Bauleiter, Poliere, Geräteführer usw.), die bereits bei Arbeiten zur Herstellung von Schlitzwänden mit Erfolg tätig waren und ausreichende Kenntnisse für die ordnungsgemäße Ausführung solcher Arbeiten besitzen. Für die ausschlaggebenden Arbeiten darf nur geschultes Fachpersonal herangezogen werden.

a) Technische Ausführungsplanung im Büro

Vor Beginn der Baumaßnahme werden im Zuge der statischen Ausführungsplanung die zulässigen Lamellenbreiten nach DIN 4126 [13] (Nachweis der Standsicherheit des offenen Schlitzes) bestimmt und die **Lamelleneinteilung** mit der ausführenden Firma festgelegt. Diese wichtige und frühzeitig stattzufindende Absprache hat Auswirkungen z. B. auf die zu verwendende Geräte- und Werkzeugtechnik (z. B. Greifertyp, -breite, -länge) oder die Bewehrungskorbanzahl und -geometrie.

Weiterhin ist im Vorfeld der Baumaßnahme die geeignete Zusammensetzung der Stützflüssigkeit sowie des Ortbetons in Abhängigkeit vom anstehenden Boden und der Grundwasserbeschaffenheit festzulegen. Ggf. ist hierfür eine speziell für die Baumaßnahme gültige Betonrezeptur im Betonlabor zu entwickeln und deren Eignung mit Laborversuchen zu überprüfen. Nicht abgestimmte Betonrezepturen können zu einer Entmischung des Betons beim Einbau, zu Schlammeinschlüssen, Betonierschatten, Kiesnestern und Undichtigkeitsstellen (Rissen) in der Wand führen [3].

Für die Konstruktion und die Ausführung von Schlitzwänden sind folgende Angaben und Unterlagen erforderlich:

- Natürliche oder künstliche Hohlräume (z. B. stillgelegte Kanäle) im Bereich der Trasse
- Hindernisse, z. B. Mauerwerk, Holzpfahlroste, alte Verpressanker, Reste früherer Bauhilfsmaßnahmen, Injektionskörper
- Angaben über den Baugrund, z. B. Korngrößenverteilung (grobkörnige Schichten sind für die Stabilität des offenen Schlitzes und einen Verlust von stützender Flüssigkeit maßgebend), Dichte und Scherparameter
- Angaben über Lage und Art der benachbarten Bebauung und deren Gründung (Gründungstiefe, Belastung und Standsicherheitsnachweis)
- Standsicherheitsnachweise für den offenen Schlitz und für die erhärtete Verbauwand unter Beachtung der Bauzustände
- Betonangreifendes Verhalten und chemische Bestandteile der anstehenden Böden und des Grundwassers
- Angaben über die erforderlichen Eigenschaften der stützenden Flüssigkeit und das Ergebnis der Eignungsprüfung

- Ausführungszeichnungen der Schlitzwand: Aus ihnen müssen unter anderem die Lamelleneinteilung, die Lage der Fugen, die während der Herstellung einzuhaltenden Geräteabstände zum offenen Schlitz, die zulässige Belastung durch Baugeräte im Bauzustand, die Anforderungen an spezifisches Gewicht und Mindesthöhe der stützenden Flüssigkeit während der Herstellung, die Reihenfolge des Aushubs und des Betonierens der einzelnen Elemente sowie Angaben zum Aussteifungs- oder Verankerungssystem der Verbauwand ersichtlich sein.

b) Vorbereitungen auf der Baustelle

Vor Beginn der Baumaßnahme muss vor Ort auf der Baustelle das **Baufeld freigeräumt** und ein geeignetes **horizontales und standsicheres Arbeitsplanum** für die unter Betrieb u. U. bis zu ca. 200 t schweren Schlitzgeräteeinheiten hergestellt werden [39]. Altfundamente oder ähnliche Hindernisse sind zu beseitigen. Die **Schlitzwandachsen sind einzumessen.**

Für die Herstellung der Schlitzwand werden anschließend **Leitwände** aus Ortbeton oder Stahlbetonfertigteilen hergestellt, siehe Abbildung 72. Sie dienen zur Führung des Greifers, zur Stützung des obersten Bodenbereichs bei der Herstellung, zum Schutz gegen Erosion des obersten Bodenbereichs infolge der Flüssigkeitsspiegelschwankungen bei Aushub und Betoneinbau, als Vorratsspeicher für die Stützflüssigkeit, als Auflager für Abschalelemente und Einbauteile wie Bewehrungskörbe sowie als Auflager für hydraulische Pressen zum Ziehen der Abschalelemente zwischen den einzelnen Lamellen, soweit nicht am Korb befestigte verlorene Fugenkonstruktionen verwendet werden.

Abbildung 72: Leitwand für eine kreisrunde Schlitzwandbaugrube, Bauvorhaben Sammler Ost, Berlin

Die Tiefe der Leitwände richtet sich nach den Betriebsschwankungen des Flüssigkeitsspiegels, der seitlichen Belastung und der Tiefe von eventuell vor Beginn der Schlitzwandarbeit zu beseitigenden Leitungen oder Hindernisse. Sie liegt in der Regel zwischen 0,7 m und 1,5 m.

Leitwände müssen entweder in sich standsicher oder abgesteift sein. Nachbarfundamente oder Kellerwände sind als Leitwände zulässig, wenn sie in hierfür ausreichendem Zustand sind und den Flüssigkeitsdruck aufnehmen können. Mögliche Ausführungsformen von Leitwänden sind in Abbildung 73 und Abbildung 74 dargestellt. Bei unbewehrten Schlitzwänden kann auf Leitwände verzichtet werden, wenn ein Leitgraben mit verfestigten Böschungen vorgesehen wird, die Führung des Aushubgerätes auf andere Weise sichergestellt ist und keine Lasten die Standsicherheit der Böschung gefährden.

Erfolgt der Aushub des Schlitzes mit Hilfe von Schlitzwandfräsen, so ist vor Fräsbeginn ein **Voraushub** erforderlich, der mit einem Greifer oder einem Tieflöffelbagger hergestellt wird. Die Förderpumpe der Fräse muss vor Fräsbeginn vollständig in die Bentonitsuspension eintauchen können.

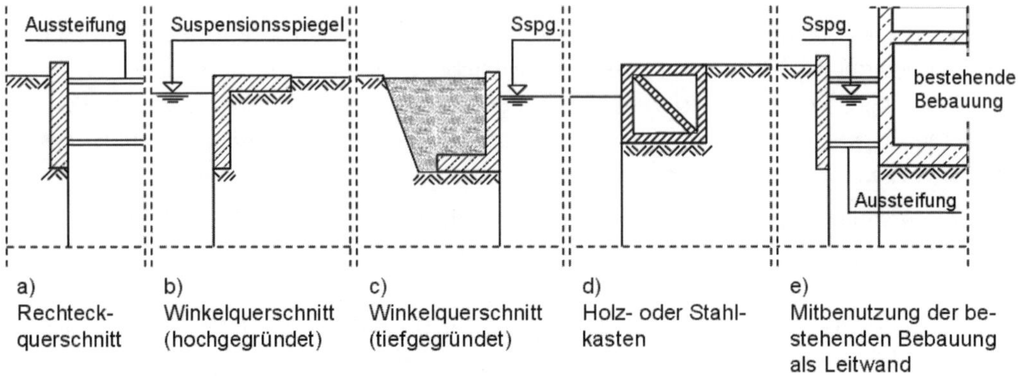

Abbildung 73: Mögliche Ausführungsformen von Leitwänden

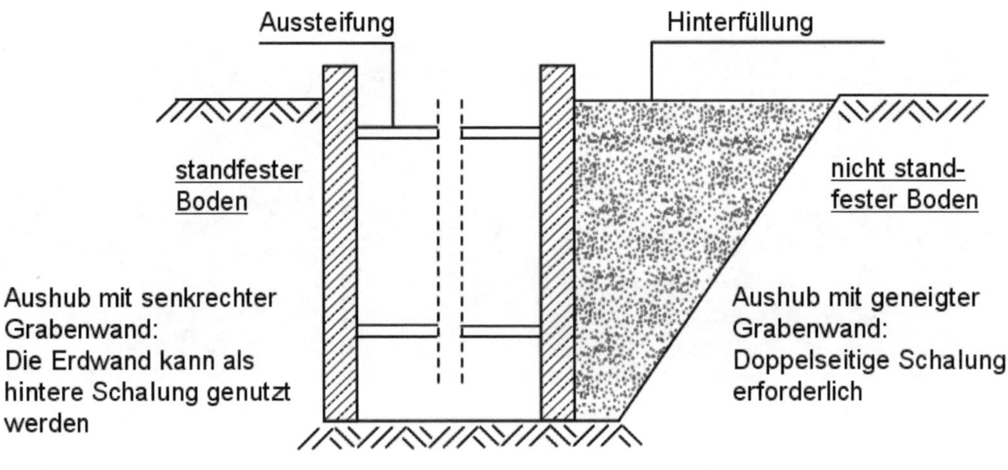

Abbildung 74: Leitwandherstellung in Abhängigkeit von der vorhandenen Bodenart

c) Geräte und Werkzeugtechnik

Die **Geräteausstattung** einer Schlitzwandbaustelle gehört zu den aufwändigsten im Spezialtiefbau und muss im Vorfeld der Baumaßnahme auf die örtlichen Gegebenheiten gut abgestimmt worden sein. Insbesondere die Einrichtungen zur Suspensionsherstellung und Suspensionsaufbereitung haben einen großen Platzbedarf. Die Herstellung mit einer Polymerlösung als Stützflüssigkeit, die die Ausführungsnorm ebenfalls eröffnet, bedingt eine etwas weniger umfangreiche Ausstattung.

Neben der allgemeinen Baustelleneinrichtung besteht die Ausrüstung aus folgenden Komponenten:

- Trägergeräte für die Schlitzwandwerkzeuge bzw. Spezial-Schlitzwand-Kompaktgeräte
- Schlitzwandwerkzeuge (Greifer, Fräsen, Meißel, Fugenreinigungswerkzeug)
- Abschalelemente (z. B. Abschalrohre, Flachfugen ohne/mit Fugenband, Stahlbetonfertigteile)
- Zieheinrichtungen für Abschalelemente
- Betoniereinrichtung
- Aufbereitungsanlagen und Pumpen
- Vorratssilos
- Laboreinrichtung
- Hilfsgeräte (z. B. Krane, Bagger, Radlader, Kompressor, Notstromaggregat)
- Hilfsmittel für Abdichtungsmaßnahmen im Fall von Wandundichtigkeiten im Zuge des späteren Bodenaushubs (z. B. Kernbohrer, Injektionsmaterial, Pressen)

Weiterhin müssen je nach Boden für den Aushub Absetzbecken im Baufeld angelegt werden, wo dieser bis zur Transportfähigkeit ausbluten kann.

Da Geräten und Werkzeugtechnik bei dem Bauverfahren eine sehr wichtige Bedeutung zukommt, werden diese in einem separaten Abschnitt 5.4.6.4 noch einmal detailliert erläutert.

5.4.6.3.2 Herstellung einer Ortbetonschlitzwand im Zweiphasenverfahren

Nach Fertigstellung der Leitwände sind folgende Teilschritte zur Herstellung einer bewehrten Ortbetonschlitzwand im Zweiphasenverfahren erforderlich:

- Schlitzaushub unter gleichzeitigem Stützen des Schlitzes mit Stützflüssigkeit (Bentonitsuspension oder Polymerlösung)
- Einbau der stirnseitigen Abschalelemente
- Reinigung der Schlitzsohle und der Fugenbereiche sowie Homogenisierung der Stützflüssigkeit
- Bewehrungseinbau
- Betonieren
- ggf. Ziehen der stirnseitigen Abstellelemente, sofern diese nicht planmäßig verbleiben oder bauablaufbedingt erst später im Zuge des Aushubs der angrenzenden Lamellen gezogen werden

Die einzelnen Arbeitsschritte sind in Abbildung 75 noch einmal schematisch dargestellt.

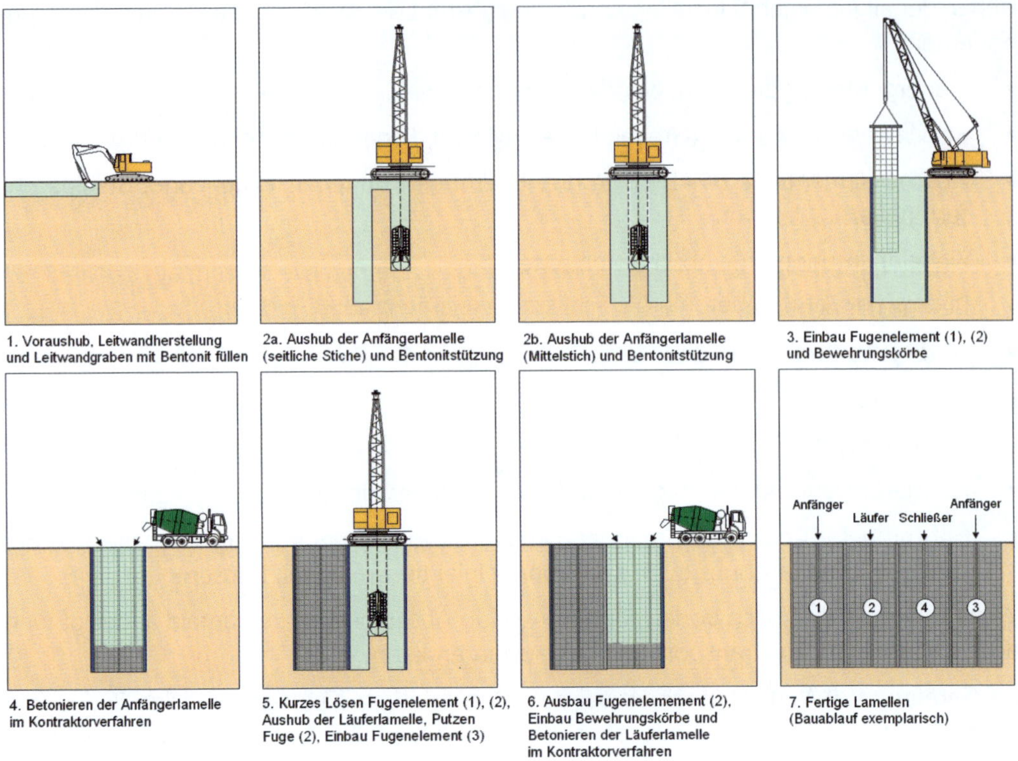

Abbildung 75: Arbeitsphasen der Schlitzwandherstellung (Zweiphasenverfahren) am Beispiel einer gegreiferten Schlitzwand mit Flachfugenelementen

a) Schlitzaushub

Die Schlitzwand wird lamellenweise hergestellt (laut DIN EN 1538: »elementweise«, die Begriffe werden im deutschen Sprachraum synonym verwendet). Der Aushub jedes Schlitzes erfolgt mit Hilfe von Schlitzwandgreifern oder Schlitzwandfräsen (siehe hierzu auch Abschnitte 5.4.6.4.3 und 5.4.6.4.4).

Bei der Planung von Schlitzwänden sind die verfügbaren Aushubwerkzeugbreiten 40, 50, 60, 80, 100, 120, 150 und 200 cm zu berücksichtigen. Sondermaße sind theoretisch möglich, müssen aber frühzeitig abgestimmt und aufwändig vorbereitet werden und sind nur selten sinnvoll.

Die Länge des Abschnitts, der gleichzeitig ausgehoben werden kann (Lamellenlänge), richtet sich nach den Boden- und Grundwasserverhältnissen und nach den erdstatischen Randbedingungen (Standsicherheit des offenen Schlitzes nach DIN 4126 [13]). Übliche Lamellenlängen liegen dabei zwischen 7,0 m und 10,0 m und werden mit mehreren Einzelschlitzen hergestellt. Die minimal mögliche Einzelschlitzlänge entspricht etwa der Weite des geöffneten Schlitzwandgreifers und liegt je nach Greifertyp bei ca. 2,1 m bis 4,2 m.

Die derzeit mit ausreichender Herstellgenauigkeit erreichbaren maximalen Tiefen liegen bei Verwendung von Greifern bei ca. 30 m bis 50 m und bei Verwendung von Schlitzwandfräsen bei ca. 40 m bis 150 m.

Beim Betonieren wird eine Lamelle durch Abschalelemente begrenzt oder durch angrenzende, bereits betonierte Schlitzwandelemente oder durch eine Kombination davon. Abschalelemente sind erforderlich, damit die Stirnseite des Schlitzwandbetons eine definierte Geometrie aufweist, die auf das Grabprofil des Greifers beim Aushub der anschließenden Lamelle abgestimmt ist. Nach der Art der Schalung werden drei verschiedenen Lamellentypen unterschieden:

- **Anfängerlamelle** mit je einem Abschalelement an jedem Ende der Lamelle,
- **Läuferlamelle** mit einem Abschalelement, die Läuferlamelle schließt auf der anderen Seite an ein bereits betoniertes Schlitzwandelement an,
- **Schließerlamelle** ohne Abschalelement. Die Schließerlamelle schließt die Lücke zwischen zwei bereits betonierten Lamellen.
- Darüber hinaus gibt es Sonderformen wie Ecklamellen, oder Anschlusslamellen, wo drei oder mehr Wandabschnitte zusammentreffen, etwa bei Schottwänden innerhalb der Baugrube.

Hinsichtlich des Bauablaufe werden zwei Vorgehensweisen bei der Schlitzherstellung unterschieden, siehe auch Abbildung 76:

- **Kontinuierliche Bauweise**
  Reihenfolge der Schlitzherstellung
  [Anfänger (A1), Läufer (L2), Läufer (L3), Läufer (L4), . . ., Schließer (S6)]
- Alternierende Bauweise (**Pilgerschrittverfahren**)
  Reihenfolge der Schlitzherstellung
  [Anfänger (A1), Anfänger (A3), Schließer (S2), Anfänger (A5), Schließer (S4), . . .]

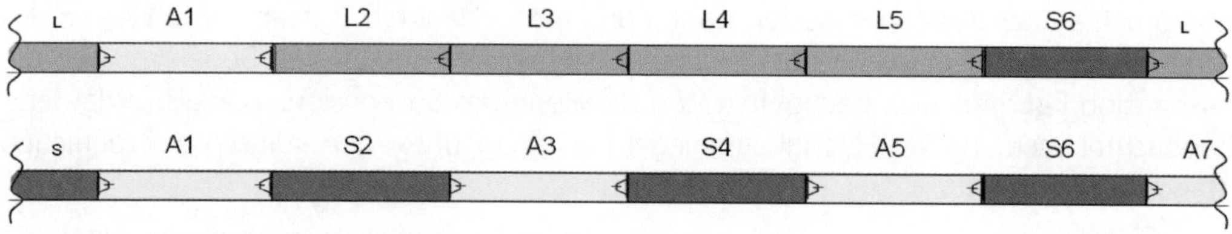

Abbildung 76: Bauablauf Schlitzherstellung

Die Lamelleneinteilung und der Bauablauf erfolgen auf Grundlage der örtlichen Randbedingungen und baubetrieblicher Gesichtspunkte. Auch Zwischenformen der beiden Bauweisen sind möglich. Zur kontinuierlichen Ausnutzung der Maschinen und zur Beschleunigung wird eine Schlitzwand, z. B. bei größeren Baugruben, auch von mehreren Anfangspunkten aus gleichzeitig hergestellt.

b) Stützen des Schlitzes mit Stützflüssigkeit

Als Stützflüssigkeit wird i. d. R. ein Bentonit-Wasser-Gemisch verwendet. Bentonit ist ein natürlicher Ton mit einem hohen Anteil an Montmorillonit, einem Mineral, das aus blättchenförmigen Silikatkristallen besteht. Durch Zugabe von Wasser lösen sich einzelne Silikatblättchen, bilden in der Suspension eine kartenhausförmige Struktur und verschaffen ihr damit eine gewisse Eigenfestigkeit. Die Suspension ist dadurch in der Lage, in begrenztem Maß Schubspannungen zu übertragen.

Die Größe dieser Schubspannungen wird als Fließgrenze bezeichnet. Ist die Beanspruchung kleiner als die Fließgrenze, so verhält sich die Suspension wie ein Gel; ist die Beanspruchung größer, wirkt die Suspension wie eine Flüssigkeit. Ist die Flüssigkeit in Ruhe, nimmt die Fließgrenze langsam mit der Zeit bis zu einem Höchstwert zu, fällt jedoch schlagartig auf den Mindestwert ab, wenn die Suspension bewegt wird. Diese Erscheinung ist beliebig oft wiederholbar und die dem Phänomen zugrunde liegende Eigenschaft heißt Thixotropie [41].

Die Fließgrenze der Suspension ist in erster Linie vom Bentonitgehalt abhängig, der im Allgemeinen zwischen 4 % und 10 % liegt, d.h. 40 kg bis 100 kg Bentonit je m^3 Wasser, was (bezogen auf reines Wasser) zu spezifischen Dichten der frischen Suspension zwischen 1,03 und 1,07 führt. Die erforderliche Zusammensetzung der Bentonitsuspension wird je nach den anstehenden Boden- und Grundwasserverhältnissen durch Berechnungen festgelegt und die Übereinstimmung im Labor geprüft.

Während des Aushubvorhangs stützt der hydrostatische Suspensionsdruck durch Ausbildung eines Filterkuchens im Bereich der seitlichen Schlitzwandungen das Erdreich. Durch den Suspensionsüberdruck entsteht eine Abströmung in den Boden, sodass sich in Abhängigkeit von der Größe der Bodenporenräume die festen Bestandteile der Schlitzwandsuspension (Bentonit) sowie feine, durch den Aushubvorgang »gelöste« Bodenteilchen an der freigelegten Bodenwandung bzw. in den ersten Zentimetern des Bodens sukzessive ablagern. Hierdurch werden die Porenräume verstopft („Kolmation"), und durch den weiteren Wasserabstrom im Boden entsteht ein zunehmend dichter Filterkuchen, der letztendlich so weit wasserdicht ist, dass er als Membran wirkend den Suspensionsüberdruck an das Bodengerüst übertragen und dieses dadurch stützen kann. Wegen des fortschreitenden Aushubs und auch durch Suspensionsverlust in den Boden müssen die Suspension kontinuierlich nachgefüllt und die Höhe des Suspensionsspiegels fortlaufend beobachtet werden. Der Flüssigkeitsspiegel darf nicht unter den statisch erforderlichen Stand absinken.

Zusätzlich zur Überwachung des Suspensionsspiegels muss die Suspensionsqualität auf der Baustelle regelmäßig kontrolliert werden, siehe auch Abschnitt 5.4.6.4.9.

Die Zeit zwischen Beginn des Aushubs und Beginn des Betonierens soll möglichst kurz gehalten werden.

Die Herstellung und Bevorratung der frischen Stützsuspension sowie die Wiederaufbereitung und Beseitigung der gebrauchten Stützsuspension laufen als reiner Hilfsbetrieb gleichzeitig mit den Schlitzwandarbeiten.

Reine Polymerlösungen als Alternative zu Bentonitsuspensionen sind im deutschen Spezialtiefbau bislang über das Experimentalstadium nicht hinausgekommen (wenngleich polymervergütete Bentonite inzwischen gängig sind). Dies liegt weniger an Bedenken gegen „Kunststoffe im Boden" (was Polymere nicht automatisch sind) bei manchen für den Gewässerschutz zuständigen Genehmigungsbehörden, sondern eher daran, dass der Nachweis der Stabilität des flüssigkeitsgestützten Schlitzes [9] und die labortechnischen

Versuche dazu [49] sich bislang ausschließlich an der Rheologie von Bentonitsuspensionen orientieren. Polymerlösungen weisen jedoch keine Fließgrenze τ_f auf, und auch die wirksame Korngröße d10 des anstehenden Bodens ist weniger von Belang, da gelöste Polymerketten vielfach kleiner sind als hydratisierte Tonblättchen. Mit der anstehenden Neufassung der DIN 4126 wird dieses Dilemma behoben.

Denn auch Polymerlösungen weisen ein Eindringverhalten und eine Stagnation auf, sie können aus dem Aushub stammende Schwebstoffe, erforderlichenfalls auch zugegebenes Mehlkorn, mit in den Erdkörper verschleppen und so durch Kolmation einen Filterkuchen bilden und Stützdruck an der Grenzschicht sowie innerhalb des penetrierten Erdkörpers ausüben. Ihre Viskosität ist stark von der Scherrate abhängig. Es gibt daher mittlerweile Berechnungsansätze [56].

Außer der Nachweisführung unterscheidet sich darum auch der Baustellenbetrieb je nach Stützflüssigkeit. So ist aufgrund des Fehlens einer Fließgrenze und hoher Viskosität im Ruhezustand die gewohnte Aufbereitung mit Rüttelsieben beziehungsweise in Absetzbecken wenig sinnvoll. In Ländern, in denen Polymere bereits einen erheblichen Marktanteil erobert haben, werden Polymerlösungen daher nur einmal verwendet, dann nach Ausflockung entsorgt und nach Bedarf neu angemischt. Denn zwar sind Polymere im Vergleich zu Bentoniten weit teurer, man benötigt allerdings nur einen Bruchteil des Materials (wenige Kilogramm je Kubikmeter Stützflüssigkeit). Die Möglichkeit, durch Zugabe weniger Säcke pulverförmiger Polymertrockenmasse zu fließendem Trinkwasser in kurzer Zeit eine als Schlitzfüllung ausreichende einsatzfähiger Lösung zu erhalten, machen auch Quellbecken, Vorratsbehälter für Suspension und Trockenmasse sowie Mischanlagen weitgehend unnötig.

c) Einbau der stirnseitigen Abschalelemente (Fugenelemente)

Wenn der Schlitz auf Endtiefe ausgehoben ist, werden an seinen Enden Abschalelemente eingehängt. Abschalelemente sind erforderlich, damit die Stirnseite des Schlitzwandbetons eine geometrisch definierte Geometrie aufweist, an die der nachfolgende Beton sauber angeschlossen werden kann.

Außer mit Abschalrohren können die Fugen z. B. auch mit Hilfe von Flachfugen (mit bzw. ohne Fugenband) oder Stahlbetonfertigteilen ausgebildet werden. Nähere Angaben zu den unterschiedlichen Fugensystemen finden sich in Abschnitt 5.4.6.4.6.

Das Einhängen der Abschalelemente erfolgt z. B. mit Seilbaggern oder Telekränen. Die Elemente werden dabei im Kopfbereich auf den Leitwänden abgestellt, siehe auch Abbildung 77.

Abbildung 77: Eingebaute Flachfuge mit Fugenband

d) Reinigen der Schlitzsohle und der Fugenoberfläche sowie Homogenisierung

Vor dem Bewehren sind die Anschlussflächen an bereits hergestellte Schlitzwandelemente zu reinigen und ggf. vorhandener Umlaufbeton muss entfernt werden, um eine möglichst gute Dichtigkeit der Fugen zu gewährleisten. Die Reinigung erfolgt mit individuell für die jeweilige Abschalfugenart entwickelten Säuberungswerkzeugen, siehe z. B. Abbildung 78.

Abbildung 78: Meißel mit angebauten Fugenreinigungswerkzeugen (links) sowie Schlitzwandgreifer mit seitlicher Führung und Fugenkratzer (rechts)

Die Schlitzsohle ist vor dem Bewehren von dem dort abgelagerten Schlamm zu befreien, und die Flüssigkeit im Schlitz ist zu homogenisieren. Hierbei muss die stützende Flüssigkeit des ganzen Schlitzes erfasst werden. Dabei versteht man unter »homogenisieren« das

Durchrühren der stützenden Flüssigkeit im Schlitz (z. B. durch Auf- und Abfahren mit dem Schlitzwandgreifer) zu dem Zweck, aufgetretene Entmischungen rückgängig zu machen. Hierbei darf kontrolliert Wasser oder Frischsuspension eingeleitet werden, um die Fließgrenze herabzusetzen.

Die Standzeit zwischen dem Ende des Homogenisierens und dem Beginn des Betonierens darf fünf Stunden nicht überschreiten. Vor dem Betonierbeginn muss die Suspensionsqualität den Anforderungen nach DIN EN 1538 [22] genügen. Weitere Hinweise sowie Prüfmethoden sind DIN 4126 [13] sowie DIN 4127 [57] zu entnehmen.

e) Bewehrung

Die erforderliche Bewehrung (Länge, Anzahl und Durchmesser) wird innerhalb der statischen Querschnittsbemessung nach DIN EN 1992-1-1 [14] ermittelt. Die Aufnahme der Biegemomente und Querkräfte im Querschnitt erfolgt über Längsbewehrung (i. d. R. d_s = 12 mm bis 32 mm) sowie Bügelbewehrung (i. d. R. d_s = 8 mm bis 16 mm) aus Betonstahl.

Bei Festlegung der Längs- und der Bügelbewehrung ist eine Mindestbewehrung nach DIN EN 1538 [22] einzuhalten. Des Weiteren findet man in DIN EN 1538 konstruktive Hinweise z. B. hinsichtlich der erforderlichen Betondeckung, der einzuhaltenden Mindest- und Maximalabstände sowie der Mindestdurchmesser für die Längs- und die Bügelbewehrung.

Bewehrungskonzentrationen sollten vermieden werden. Bei Anordnung einer zweiten senkrechten Bewehrungslage sind diese Stäbe hinter den Stäben der ersten Lage vorzusehen, sodass eine freie Gassenbreite mit dem erforderlichen Mindestabstand eingehalten wird.

Innerhalb des Korbes sind die Bügelbewehrung sowie Einbauteile (z. B. Ankerhülsen) so anzuordnen, dass ausreichend breite Betoniergassen in vertikaler Richtung für das Kontraktorrohr vorhanden sind.

Die Bewehrungskörbe dürfen nicht auf der Schlitzsohle aufgesetzt werden. Der lichte Abstand zwischen Bewehrung und Schlitzsohle beträgt mindestens 20 cm. Ebenso ist ein ausreichender Abstand zwischen einzelnen Bewehrungskörben und zwischen Korb und Abstellelement von jeweils mindestens 20 cm einzuhalten.

Unabhängig von den statischen Anforderungen müssen die Bewehrungskörbe so stabil sein, dass sie sich beim Transport zur Baustelle und beim Einbauen in den Schlitz nicht bleibend verformen. Neben der Längs- und der Bügelbewehrung sind verschiedene zusätzliche konstruktive Bewehrungseisen erforderlich. Hierzu gehören im Wesentlichen:

- Aufhängeeisen (erleichtern den Einbau, d.h. das höhenrichtige Einhängen des Korbes in den Schlitz)
- Abstandhalter (gewährleisten die Betondeckung und erleichtern den Einbau)
- Aussteifungsfachwerk aus Flacheisen und Stabstahl (erleichtern die Montage der Längsbewehrung und verbessern die Steifigkeit des Bewehrungskorbes)

Zusätzlich können im Bewehrungskorb weitere Stahleinbauteile vorgesehen werden, z. B. Köcher für Steckträger, Aussparungskörper für konstruktive Anschlüsse zwischen Schlitzwand und später hergestellten Bauteilen oder Ankerhülsen und -auflager für temporäre oder permanente Verpressanker.

Die Herstellung der Bewehrungskörbe erfolgt zumeist im Werk. Da die Transportlänge von Bewehrungskörben (max. ca. 20 m) sowie die Lieferlänge von Betonstahl (max. ca. 15 m; Sonderlängen > 15 m sind ggf. möglich) beschränkt ist, sind bei Schlitzwänden mit großen Wandlängen Bewehrungsstöße der Längsbewehrung zu berücksichtigen. Auch hierzu sind in DIN EN 1538 [22] sowie in DIN EN 1992-1-1 [14] konstruktive Hinweise zur Ausführung zu finden.

Der Einbau der Bewehrungskörbe erfolgt in erster Linie mit Seilbaggern oder Telekränen. Abbildung 79 zeigt das Einheben eines Bewehrungskorbs in den Schlitz.

Abbildung 79: Tandemlift eines langen Korbes beim Einbau in den Schlitz, Baustelle Suezkanaltunnel Port Said

f) Betonieren im Kontraktorverfahren unter Stützflüssigkeit

Die Festigkeitsklasse und die betontechnologische Zusammensetzung des Betons werden nach statischen und herstellungstechnischen Erfordernissen gewählt. Darüber hinaus muss die Betonrezeptur auf den anstehenden Boden speziell abgestimmt sein.

Die erforderliche Festigkeitsklasse des Betons bei bewehrten Schlitzwänden liegt in der Regel zwischen C20/25 und C45/55. Für die Zusammensetzung des Betons (Gesteinskörnung, Zementgehalt, Wassergehalt, Zusatzmittel) sind die Anforderungen nach DIN EN 1538 [22] zu berücksichtigen. Auch der Leitfaden Kontraktorbeton für Tiefgründungen [3] enthält wichtige Hinweise zu geeigneten Rezepturen.

Vor dem Betoniervorgang sind die Konsistenz des Frischbetons und die Qualität der Bentonitsuspension zu überprüfen und die Grenzwerte nach DIN EN 1538 [22] nachzuweisen. Die Prüfung des Betons erfolgt über die Bestimmung des Setzmaßes oder des Ausbreitmaßes, neuere Forschungsergebnisse legen die Vereinbarung und Prüfung von Setzfließmaß nach DIN EN 12350-8 [58], davon abgeleitet der Setzfließgeschwindigkeit, und dem Visuellen Stabilitätsindex VSI nach ASTM C161 [59] nahe. Alle drei Versuche können in einer Anordnung kombiniert durchgeführt werden [3]. Die Eigenschaften von Bentonitsuspension werden über die Bestimmung von Suspensionsdichte, Marsh-Zeit, Filtratwasserabgabe, pH-Wert, Sandgehalt und Filterkuchendicke kontrolliert.

Der Betoniervorgang erfolgt im Kontraktorverfahren unter Verwendung von Kontraktorrohren (Betonierrohre oder Schüttrohre, siehe auch Abschnitt 5.4.6.4.7), die während der Einbringung des Betons dessen Entmischung und die Verunreinigung des Betons mit der Stützsuspension verhindern sollen. In Mitteleuropa wird zur anfänglichen Trennung von im Kontraktorrohr befindlicher Stützflüssigkeit und aufgegebenem Beton ein handelsüblicher Gummiball verwendet. Zu Beginn des Betonierens ist daher das Kontraktorrohr auf die Schlitzsohle abzusenken und anschließend um etwa seinen Innendurchmesser anzuheben. Nach dem Betonierbeginn muss das Kontraktorrohr ständig im Frischbeton eingetaucht bleiben, der den Schlitz von unten her füllt und dabei die in entsprechendem Umfang abzupumpende Stützflüssigkeit verdrängt.

Vor dem erstmaligen Kürzen des Kontraktorrohres muss das Rohr mindestens 6 m im Frischbeton eingetaucht sein. Nach dem Ausbau jedes einzelnen Rohrabschnitts ist eine verbleibende Eintauchtiefe von mindestens 3 m sicherzustellen. Es sollte jedoch auch kein zu tiefes Eintauchen des Kontraktorrohrs erfolgen, da dann der Betonfluss stockt, insbesondere zum Ende der Betonage hin, wenn die Druckdifferenz nur noch gering ist. Ein Eintauchmaß von bis zu etwa 8 m wird empfohlen [3].

Die Anzahl der in einem Schlitzwandelement benötigten, gleichzeitig zu beaufschlagenden Kontraktorrohre ist so zu wählen, dass der horizontal zurückzulegende Ausbreitweg des Betons begrenzt wird. In der Regel sollte der horizontale Ausbreitweg unter 3,0 m bleiben, dies kann zu Schwierigkeiten beim Aufstellen der Betonmischer führen, Abbildung 80.

Abbildung 80: Betonage eines Schlitzwandelements über vier Kontraktorrohre, Baustelle Tiefgarage Valkenburg (NL)

Wenn Schlitzwandelemente mehr als einen Bewehrungskorb enthalten, sollte mindestens dieselbe Anzahl an Kontraktorrohren verwendet werden. Beim Einsatz mehrerer Kontraktorrohre sind diese so anzuordnen und mit Beton zu beschicken, dass ein annähernd gleichmäßiges Ansteigen des Betons im Schlitz gewährleistet ist. Eine Rüttelverdichtung des eingebrachten Betons ist unzulässig und bei korrekter Wahl der Rezeptur auch nicht erforderlich.

In der oberen Zone bis ca. 0,5 m unter der Betonoberfläche ist der Beton meist mit stützender Flüssigkeit und Aushubmaterial durchsetzt. Diese Zone ist nach dem Freilegen der Schlitzwand zu entfernen, wenn hier weitere Bauteile angeschlossen werden sollen.

Durch das Betonieren wird die Stützflüssigkeit nach oben verdrängt und vom Ausgleichsraum im Bereich der Leitwand abgepumpt, wonach sie aufbereitet oder entsorgt wird.

g) Ziehen der stirnseitigen Abschalelemente

Das Ziehen der Abschalelemente muss zum richtigen Zeitpunkt erfolgen, d.h. wenn der Beton noch jung, aber durch schon eingetretene Abbindeprozesse ausreichend standfest ist. Beim Ziehen können speziell entwickelte, hydraulisch angetriebene Ziehvorrichtungen verwendet werden, siehe auch Abschnitt 5.4.6.4.7.

Ggf. kann es z. B. bei Flachfugen ratsam sein, diese direkt nach dem Betonieren um einige Zentimeter anzuheben, damit keine zu große Haftreibung zwischen dem abbindenden Beton und dem Flachfugenelement entsteht.

5.4.6.3.3 Herstellung einer Dichtungsschlitzwand mit eingestellten vertikalen Tragelementen im Einphasenverfahren

Das System einer Dichtungsschlitzwand mit eingestellten Tragelementen stellt eine in vielen Fällen wirtschaftliche Bauweise dar und ist in DIN EN 1538 [22] ebenfalls normiert. Die Vorteile einer suspensionsgestützten Schlitzherstellung werden hier verbunden mit einer einfachen und risikoarmen Einbringung von vertikalen Tragelementen. Dabei kann die verbleibende ausgehärtete Dichtwandmasse »nur« den satten Verbund zwischen flächigen Tragelementen und dem Erdreich darstellen (z. B. bei eingestellten Spundwänden) oder mit entsprechender Rezeptur als Gewölbe auch selbst Lasten über die Funktion als Ausfachung zwischen singulären Tragelementen übernehmen (z. B. eingestellte Träger, die sogenannte Trägerdichtwand).

Die Herstellung von Dichtungsschlitzwänden erfolgt i. d. R. im Einphasenverfahren. Nur in Ausnahmefällen ist bei besonderen Randbedingungen auch ein Zweiphasenverfahren sinnvoll. Im Nachfolgenden wird nur auf das Einphasenverfahren eingegangen.

Nach Fertigstellung der Leitwände sind folgende Teilschritte zur Herstellung einer Dichtungsschlitzwand mit eingestellten vertikalen Tragelementen erforderlich:

- Schlitzaushub im Schutz einer Suspensionsstützung,
- Stützen des Schlitzes mit einer langsam erhärtenden Dichtwandmasse (Zement-Bentonit-Wasser Gemisch),
- Einbau der vertikalen Tragelemente,
- ggf. Rückbau der vertikalen Tragelemente nach Fertigstellung des Bauwerks.

Die Arbeitsschritte sind in Abbildung 81 noch einmal schematisch dargestellt.

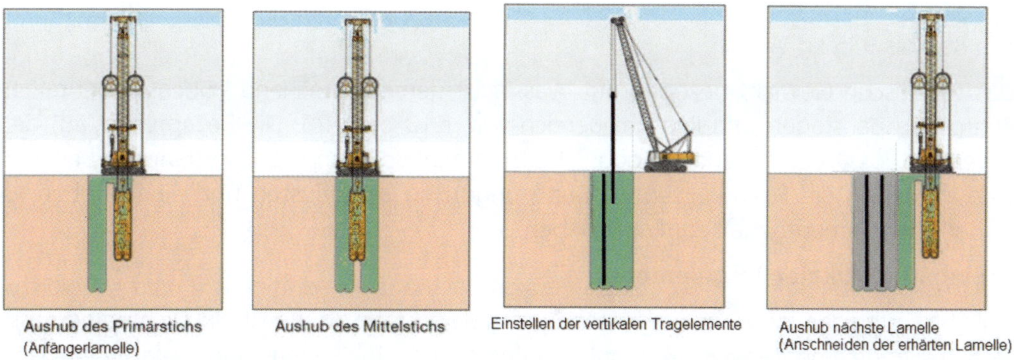

Abbildung 81: Arbeitsphasen zur Herstellung einer Dichtungsschlitzwand mit eingestellten vertikalen Tragelementen (Einphasenverfahren)

a) Schlitzaushub

Die Herstellung des Schlitzes erfolgt analog zur Ortbetonschlitzwand (siehe Abschnitt 5.4.6.3.2) mit Hilfe von Schlitzwandgreifern, Schlitzfräsen oder Tieflöffelbaggern. Der Aushub kann kontinuierlich oder im Pilgerschrittverfahren stattfinden.

Abschalelemente sind nicht erforderlich. Stattdessen wird beim Aushub die benachbarte Lamelle angeschnitten. Dies ist möglich, da das Einphasenmaterial i. d. R. langsam erhärtet und ein Spiegelausgleich stattfindet.

b) Stützen des Schlitzes mit erhärtender Dichtwandmasse

Anstelle der reinen Bentonitsuspension wird im Einphasenverfahren eine langsam erhärtende Dichtwandmasse zur Stützung des Schlitzes verwendet, die nicht ausgetauscht werden muss. Die Dichtwandmasse verfestigt sich nach Fertigstellung des Schlitzes und bildet so eine wasserrückhaltende Trennwand im Boden.

Die Zusammensetzung muss so abgestimmt sein, dass eine gewisse Festigkeit innerhalb eines ausreichend kurzen Zeitraums entsteht, die Suspension bearbeitbar bleibt und nach dem Einhängen von Fertigteilwänden oder eingestellten Spundwänden das Material ohne Schwierigkeiten während des anschließenden Bodenaushubs luftseitig entfernt werden kann.

Die Dichtwandmassen bestehen im Allgemeinen aus:

- Bentonit
- hydraulischem Bindemittel (z. B. Zement)
- mineralischen Füllstoffen
- Wasser
- Zusatzmitteln

Heute werden in der Regel Fertigrezepturen der verschiedenen Lieferfirmen eingesetzt. Grundsätzlich kommt hierfür beispielhaft folgende Zusammensetzung infrage:

- 25 bis 40 kg Natriumbentonit
- 170 bis 300 kg Zement
- 890 bis 935 kg Wasser

Das spezifische Gewicht bezogen auf Wasser ist dementsprechend höher als bei reinen Bentonitsuspensionen und liegt im Bereich von 1,13 bis 1,26. Die Rezeptur ist auf den jeweiligen vor Ort anstehenden Boden abzustimmen. So können z. B. organische Bestandteile im Boden die Festigkeitsentwicklung ungünstig beeinflussen und einen hohen erforderlichen Zementgehalt zur Folge haben.

c) Einbau vertikaler Tragelemente

Zur Abtragung der von außen angreifenden Erddruckkräfte können in die Dichtwandmasse vertikale Tragelemente wie z. B. Stahlbetonfertigteile, Stahlspundwände oder Stahlprofile eingestellt werden, unter Umständen auch nur abgehängt bis zur statisch erforderlichen Tiefe, die Dichtwand unterhalb bleibt dann unbewehrt und hat nur abdichtende Wirkung. Es sei jedoch darauf hingewiesen, dass diese Diskontinuität speziell bei Spundbohlen eine „Sollbruchstelle" im Hinblick auf die Wasserdichtigkeit sein kann, etwa wenn die Dichtwandmasse oberhalb des Spundwandfußes sich an ihr aufhängt und sich unterhalb setzt. Der Tendenz kann man entgegenwirken durch den Einbau gestaffelter Spundbohlen.

Das Einstellen der Tragelemente erfolgt ebenso wie bei Bewehrungskörben üblicherweise mit Seilbaggern oder Telekränen und gerätetechnisch getrennt von der Aushubeinheit.

- **Einphasenschlitzwand mit eingestellten Stahlbetonfertigteilen**

Abbildung 82 zeigt beispielhaft verschiedene Systeme für Dichtungsschlitzwände mit eingestellten Stahlbetonfertigteilen. Die Stahlbetonfertigteile sind Bestandteil des Baukörpers und verbleiben in der Verbauwand. Sie können mit Öffnungen, Aussparungen und Anschlusskonstruktionen versehen werden.

Die von dem Fertigteil nicht verdrängte Suspension bleibt im Schlitzwandgraben und erhärtet mit der Zeit. Sie kann luftseitig im Zuge des Baugrubenaushubs entfernt werden.

Da die Stahlbetonfertigteile bei tiefen Wänden sehr lang und schwer werden, hat sich dieses Verfahren nur bei kürzeren Wänden bewährt. Eine besondere Schwierigkeit stellt eine konstruktiv einwandfreie Lösung der Fugenausbildung zwischen den einzelnen Elementen dar.

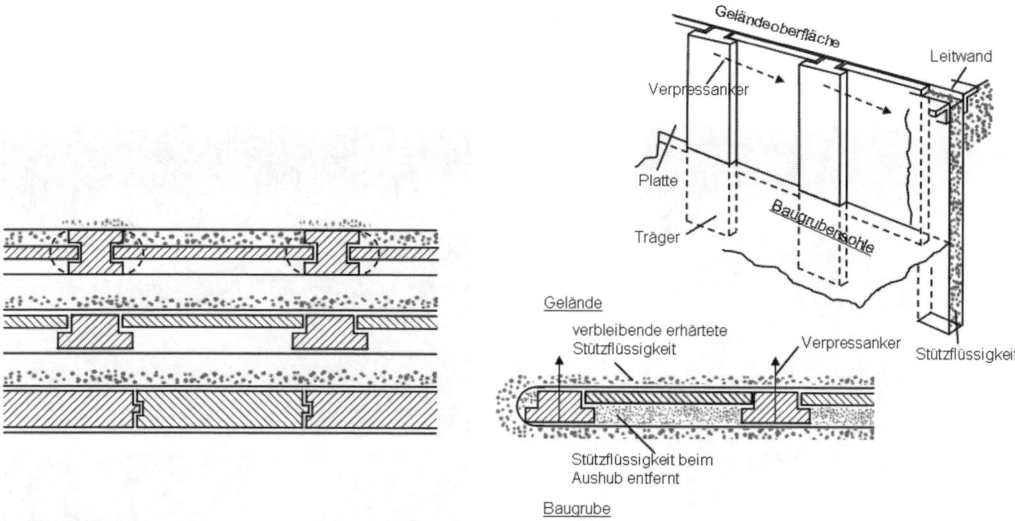

Abbildung 82: Dichtungsschlitzwand mit eingestellten Stahlbetonfertigteilen

- **Einphasenschlitzwand mit eingestellten Spundbohlen**

Die Einphasenschlitzwand mit eingestellten Spundbohlen kombiniert die Vorteile der Spundwandbauweise mit der Bauweise von Schlitzwänden. Mit Stahlspundwänden lässt sich ein nahezu wasserundurchlässiger Verbau herstellen. Die Bauweise ist sehr flexibel und lässt sich leicht unterschiedlichen Baugrubengeometrien anpassen. In innerstädtischen Bereichen ist eine Rammung oder ein Einvibrieren wegen der damit verbundenen Lärmemissionen und Erschütterungen jedoch oft nicht möglich. Natürliche oder künstliche Bodenhindernisse können zudem beim Einbringen der Spundbohlen erhebliche Schwierigkeiten und Risiken mit sich bringen. Um diese Problematiken zu umgehen, werden die Spundbohlen bei dem Verfahren in vorab hergestellte suspensionsgestützte Erdschlitze eingestellt.

Die Vorteile der Bauweise sind:

- nahezu erschütterungsfreie Einbringmethode für Spundwände
- evtl. »Rammhindernisse« können im Schlitz beseitigt werden
- die Spundbohlen verlaufen kontrolliert in den Schlössern
- die systembedingte Restdurchlässigkeit der Spundwand im Bereich der Schlösser wird durch die erdseitig verbleibende Dichtwandmasse erheblich verbessert

Nach dem Einstellen der Spundprofile erhärtet die Stützflüssigkeit und bildet eine wasserundurchlässige Dichtmasse mit plastischen Eigenschaften. Die Spundbohlen nehmen die Erd- und Wasserdrucklasten auf, die Dichtwandmasse wird nur zur Abdichtung genutzt. In Sonderfällen kann die Dichtwand auch zu reinen Abdichtungszwecken tiefer geführt werden (z. B. in einen abdichtenden natürlichen Bodenhorizont), während die eingestellte Spundwand nur die statisch erforderliche Tiefe aufweisen muss. Bei dieser Variante sind allerdings eingehende Untersuchungen hinsichtlich der Verformungen an dieser Unstetigkeitsstelle erforderlich.

Die Spundbohlen können u. U. im Anschluss an die Verbaumaßnahme wieder gezogen werden. Abbildung 83 zeigt beispielhaft eine Dichtungsschlitzwand mit eingestellten Spundbohlen.

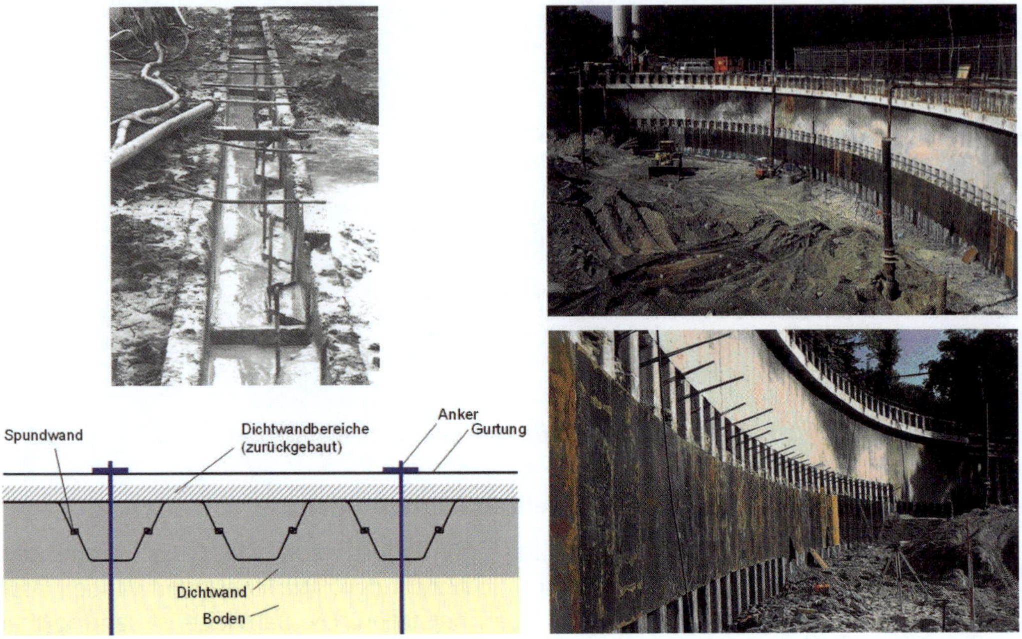

Abbildung 83: Dichtungsschlitzwand mit eingestellten Spundbohlen

- **Einphasenschlitzwand mit eingestellten Stahlprofilen oder Stahlbetonfertigteilen**

Besonders wirtschaftlich sind Ausführungsformen von Einphasenschlitzwänden in Kombination mit eingestellten Tragelementen aus HEB- oder Doppel-U-Profilen, siehe Abbildung 84. Die erhärtete Dichtwandmasse wirkt in diesem Fall analog einer Ausfachung bei einer Trägerbohlwand. Sie übernimmt über Gewölbespannnungen die auf sie einwirkenden Erd- und Wasserdrucklasten und leitet diese zu den vertikalen Tragelementen.

Bei dieser Bauweise ist insbesondere darauf zu achten, dass die Dichtwandmasse nicht austrocknet und ihre Festigkeit verliert. Aus diesem Grund ist die Dichtwandmasse z. B. durch PE-Folien vor Austrocknung zu schützen und ggf. in regelmäßigen Abständen mit Wasser zu besprühen. Alternativ können die Trägerzwischenräume (bei Spundwänden die Spundwandtäler) mit vorgesetzten Blechen abgedeckt werden und so das Austrocknen und Herausfallen von Dichtwandmasse verhindern.

Im Anschluss an die Verbaumaßnahme können die Stahlprofile wieder gezogen werden.

Denkbar ist die Ausführung ebenfalls unter Verwendung von einzelnen Stahlbetonfertigteilen als Tragelement. Die Stahlbetonfertigteile verbleiben dann jedoch im Boden.

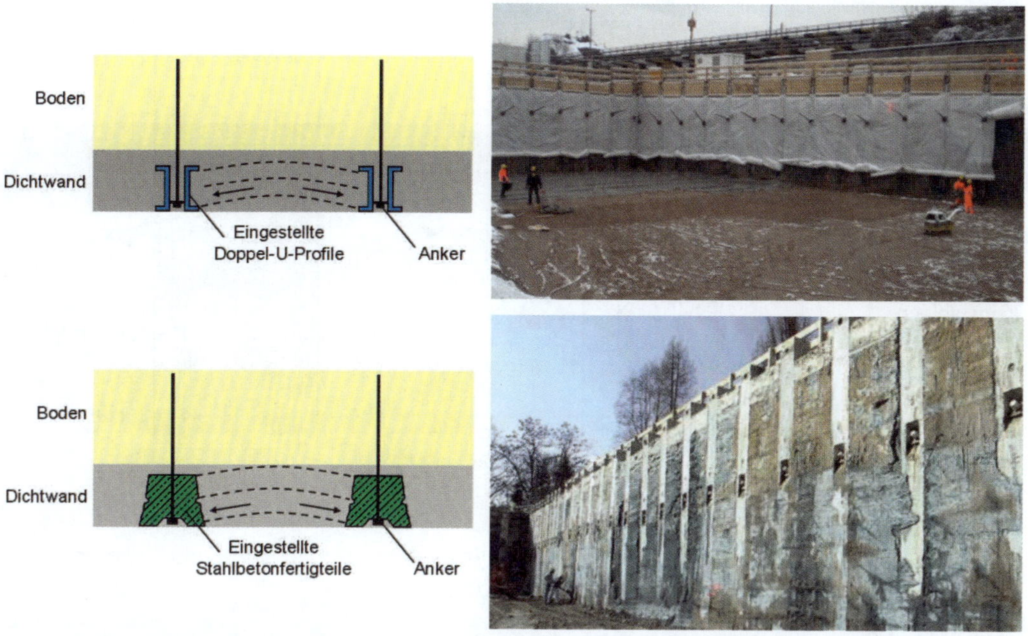

Abbildung 84: Dichtungsschlitzwand mit eingestellten vertikalen Tragelementen aus Doppel-U-Profilen (oben) sowie Einphasendichtwand mit Stahlbetonfertigteilen (unten), siehe auch [60]

5.4.6.3.4 Aussteifung und Rückverankerung

Die Aussteifung bei Schlitzwandbaugruben erfolgt häufig mittels Rohrsteifen und Gurtungen aus HEB- oder HEM-Profilen. Die Gurtungen liegen auf Konsolen auf (z. B. HEB- oder U-Profile) oder werden mittels Ketten oder Profilen vom Kopf der Schlitzwand abgehängt.

Die Konsolen können z. B. mittels Kernbohrung in die Schlitzwand, Einstellen der Konsolen und Verfüllen der Bohrung mit Vergussmörtel hergestellt werden. Alternativ können vorab am Bewehrungskorb Stahleinbauteile vorgesehenen werden, an die die Konsolen nach Freilegung des Einbauteils angeschweißt werden, siehe Abbildung 85 (links).

Bei der Gurtung aus HEB- oder HEM-Profilen können je nach statischer Beanspruchung neben Einzelprofilen auch Doppel- und Dreifach-Profile zum Einsatz kommen.

Als Rückverankerung kommen in der Regel vorgespannte Verpressanker ohne zusätzliche Gurtung zur Anwendung. Bei der Einteilung der Anker ist in diesem Fall je Korb mindestens ein Anker vorzusehen. Um den Einbau der Anker zu erleichtern, werden im Bewehrungskorb vorab Stahleinbauteile (z. B. Ankerhüllrohre, Anschlussplatten etc.) angeordnet, siehe Abbildung 85 (rechts).

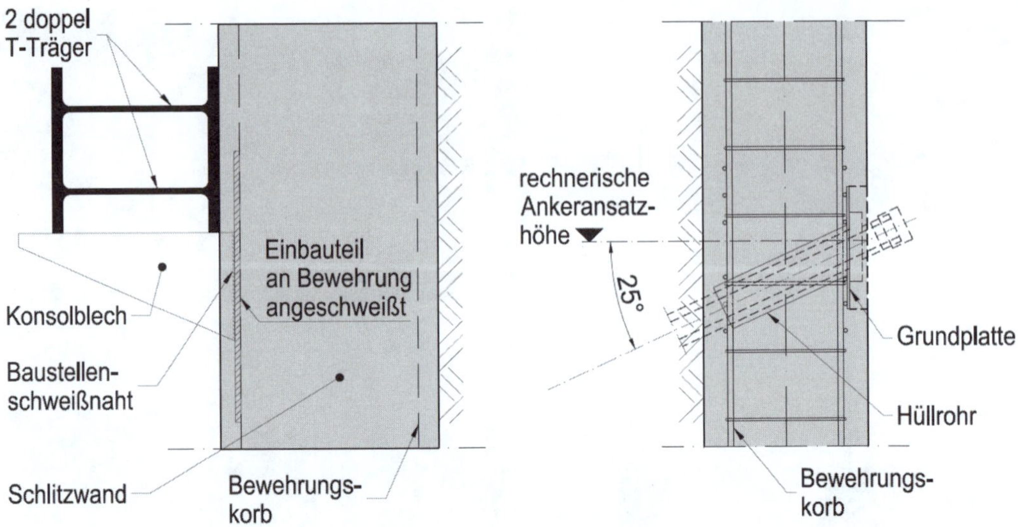

Abbildung 85: Einbauteil zum Anschluss einer Konsole für eine Gurtung (links) und Einbauteil Ankerhüllrohr für einen Anker (rechts)

Ein Beispiel für die Rückverankerung einer Dichtwand mit eingestellten vertikalen Tragelementen aus Doppel-U-Profilen ist in Abbildung 86 dargestellt. In diesem Fall erfolgt die Rückverankerung mit Hilfe eines aufgesetzen Ankerkopfes. Analog zur Ausbildung bei der Trägerbohlwandbauweise sind ebenfalls versenkte Anker oder die Kombination von Gurtung und Anker sowie Gurtung und Aussteifung möglich.

Abbildung 86: Verankerung einer in eine Dichtwand eingestellten Spundwand

5.4.6.3.5 Nacharbeiten

Zu den üblichen Nacharbeiten bei Schlitzwänden gehören z. B. das Abspitzen der Oberfläche des Betons. Betonvorwüchse, die ggf. in die Bauwerksgeometrie hineinragen, werden abgefräst oder abgestemmt analog zu Nacharbeiten bei Bohrpfählen (siehe Abschnitt 5.4.5.3.4).

Da Feuchtstellen in den Bereichen der Lamellenfugen trotz Verwendung von entsprechenden Schlitzwandfugensystemen nicht gänzlich ausgeschlossen werden können, müssen ggf. zusätzliche Abdichtungsmaßnahmen durchgeführt werden, wie etwa Injektionen im Bereich des hinter der Wand liegenden Bodens oder Verpressen von Fugenbereichen mit Kunstharzen.

5.4.6.4 Geräte und Werkzeugtechnik

5.4.6.4.1 Baustelleneinrichtung

Die Baustelleneinrichtung erfordert eine eingehende Arbeitsvorbereitung, insbesondere dann, wenn sehr wenig Platz zur Verfügung steht, wie bei innerstädtischen Baustellen üblich. Zur Einrichtung gehört u. a. eine ausreichende Elektroversorgung, da die Aufbereitungsanlagen und Pumpen verhältnismäßig hohe Stromaufnahmen haben. Außerdem wird eine gute Ausleuchtung der Baustelle benötigt.

Zu den Vorbereitungen gehört eine rechtzeitige Disposition der Einbaustoffe (Bewehrung, Zement, Bentonit, Zusatzstoffe, Füller). Ein wichtiger Aspekt ist ebenfalls die Wasserversorgung, da in kurzer Zeit große Mengen Wasser benötigt werden. Ferner ist die Entsorgung des Aushubmaterials frühzeitig zu disponieren. Dabei ist zu berücksichtigen, dass große Absetzbecken für die Boden-Bentonitsuspension erforderlich sind sowie ggf. eine Entsorgung von Suspensinosmaterial auf Sonderdeponien nötig wird.

5.4.6.4.2 Trägergeräte

Die Bodenaushub erfolgt in einzelnen Lamellenabschnitten mittels Spezialgreifern oder Schlitzwandfräsen sowie in Ausnahmefällen bei geringen Tiefen auch mit Tieflöffelbaggern.

Als Trägergeräte für gegreiferte Schlitzwände werden schwere und robuste Seilbagger benötigt, wie sie auch bei der Herstellung von Bohrpfählen mit großen Durchmessern im Greiferbohrverfahren eingesetzt werden, siehe Abbildung 87 (links).

Insbesondere für Schlitzwandfräsen wurden spezielle Kompaktgeräte entwickelt (z. B. durch die Fa. Bauer (siehe Abbildung 87 rechts), die den besonderen Anforderungen in der Schlitzwandtechnik entsprechen. Das Grundgerät kann hierbei ein handelsüblicher schwerer Hydraulik- oder Seilbagger sein. Diese Kompaktgeräte sind besonders für enge Baustellenverhältnisse geeignet. Die für den Fräsvorgang benötigten Pumpen sind im Gerät installiert.

Abbildung 87: Seilbagger mit mechanischem seilgeführtem Schlitzwandgreifer (links) sowie mit hydraulischer Führung und Schlitzwandfräse (rechts), [61]

Neben Normalausführungen gibt es auch Sonderkonstruktionen für besonders geringe Bau- bzw. Raumhöhen. Zu dieser Einrichtung gehören auch entsprechende Kompaktgreifer und Schlauchaufrollsysteme. Abbildung 88 zeigt ein Beispiel für ein solches Gerät.

Abbildung 88: Tunnelfräse Typ MC 64, BAUER Maschinen GmbH [61]

In einfachen Fällen, z. B. bei Dichtwänden mit geringer Tiefe, ist ebenfalls der Einsatz von Tieflöffelbaggern möglich, siehe Abbildung 89.

Abbildung 89: Einsatz eines Tieflöffelbaggers im Zuge der Herstellung einer Dichtwand

5.4.6.4.3 *Schlitzwandgreifer*

Die Schlitzwandgreifer werden unterteilt in

- mechanische Schlitzwandgreifer
- hydraulische Schlitzwandgreifer

Aufgrund der Vielzahl von Greifersystemen und Greifertypen können nachfolgend nur einige Systeme stellvertretend näher beschrieben werden.

a) Seilgeführte mechanische Schlitzwandgreifer

Der mechanische Schlitzwandgreifer besteht aus dem Grundkörper, den auswechselbaren Greiferschaufeln und dem Rollensystem für die Schaufelbetätigung. Die Grundkörper können überwiegend verlängert, verstärkt und mit unterschiedlichen Schaufelgrößen ausgerüstet werden. Die Schaufel wird über ein Seil-Rollensystem geschlossen oder geöffnet, siehe auch Abbildung 90. Mit mechanischen Schlitzwandgreifern sind Tiefen bis etwa 50 m erreichbar. Typische Greiferabmessungen sind exemplarisch in Tabelle 10 dargestellt.

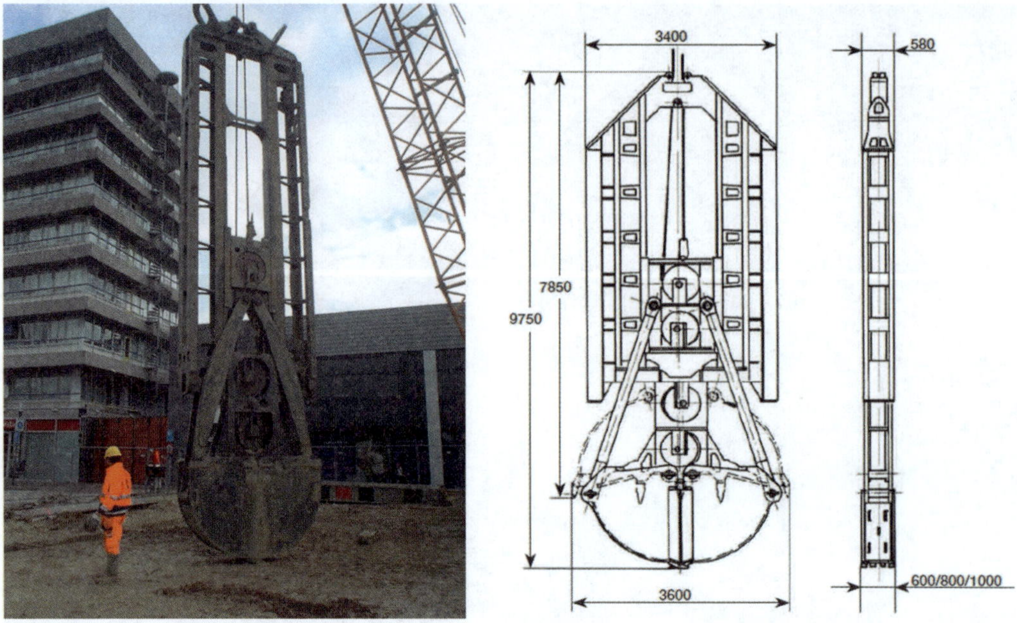

Abbildung 90: Beispiele für seilgeführte, mechanische Schlitzwandgreifer, Bauvorhaben Willinkplein Emmen, NL (links), Schlitzwandgreifer Typ SWG 3.6-6/600-1000 Fa. Liebherr (rechts), [62]

Tabelle 10: Technische Daten von seilgeführten, mechanischen Schlitzwandgreifern – Typ SWG (Fa. Liebherr/Leffer, [62]

System/Typ [-]	Schlitzwandbreite mm	Segmentbreite m	Greiferhöhe* m	Gewicht* t
SWG 2.8(3.4)-5/400-600	400 - 600	2,8 - 3,4	10,0	9,8 - 11,6
SWG 2.8(3.3)-6/600-1000	600 - 1000	2,8 - 3,3	12,0	9,8 - 11,9
SWG 2.8-5/600-800	500 - 800	2,39 - 2,8	10,0	9,5 - 11,7
SWG 3.2-6/1000-1500HD	1000 - 1500	2,4 - 3,2	12,0	17,0 - 21,5
SWG 3.2-6/800-1200	800 - 1200	2,1 - 3,2	12,0	11,8 - 14,4
SWG 4.2-6/600-1000	600 - 1000	4,2	9,8	16,6 - 20,8
SWG 3.6-6/600-1000	600 - 1000	3,6	9,8	16,2 - 19,3
SWG 2.8-7-K/800-1200	800 - 1200	2,8	4,8	8,0 - 10,0
SWG 3.6-6/800-1200	800-1200	3,6	9,8	19,5 - 22,6
SWG 2.8-7-K/600-1000	600-1000	2,8	4,7	7,0 - 9,0

** ohne Berücksichtigung einer optionalen Greiferverlängerung*

b) Seilgeführte hydraulische Schlitzwandgreifer

Das Öffnen und Schließen der Schaufel erfolgen über hydraulische Zylinder, Abbildung 91. Der Greifvorgang und die Entleerung erfolgen geräusch- und vibrationsarm.

Durch die besondere Aufhängung über zwei Seile, die jeweils einmal eingeschert sind, kann der hydraulische Schlitzwandgreifer mit einem kleineren Trägergerät betrieben werden, wodurch ein wirtschaftlicherer Einsatz bei einer verbesserten Mobilität erreicht wird. Die Bedienung ist im Vergleich zum mechanischen Schlitzwandgreifer einfacher. Typische Greiferabmessungen sind exemplarisch in Tabelle 11 dargestellt.

Tabelle 11: Technische Daten von hydraulischen Schlitzwandgreifern – Typ HSWG (Fa. Liebherr/Leffer, [62]

Schlitzwandbreite	mm	600	700	800	900	1000	1200	1500	Liebherr Seilbagger
HSWG 3.2/600-1000									HS 845
Greifergewicht	kg	14000	14500	15000	15500	16000	-	-	
Maulweite (max.)	m	3,2	3,2	3,2	3,2	3,2	-	-	
Schaufelinhalt	l	900	1100	1300	1500	1700	-	-	
HSWG 3.2/800-1200									HS 855
Greifergewicht	kg	-	-	15000	-	17000	19000	-	
Maulweite (max.)	m	-	-	3,2	-	3,2	3,2	-	
Schaufelinhalt	l	-	-	1500	-	1700	2200	-	
HSWG 3.2/800-1500									HS 855
Greifergewicht	kg	-	-	23000	-	24500	25500	27000	
Maulweite (max.)	m	-	-	3,2	-	3,2	3,2	3,2	
Schaufelinhalt	l	-	-	1500	-	1700	2200	3000	
HSWG 3.2/1000-1500									HS 875 oder HS 885
Greifergewicht	kg	-	-	-	-	17000	19000	22000	
Maulweite (max.)	m	-	-	-	-	3,2	3,2	3,2	
Schaufelinhalt	l	-	-	-	-	1700	2200	3000	

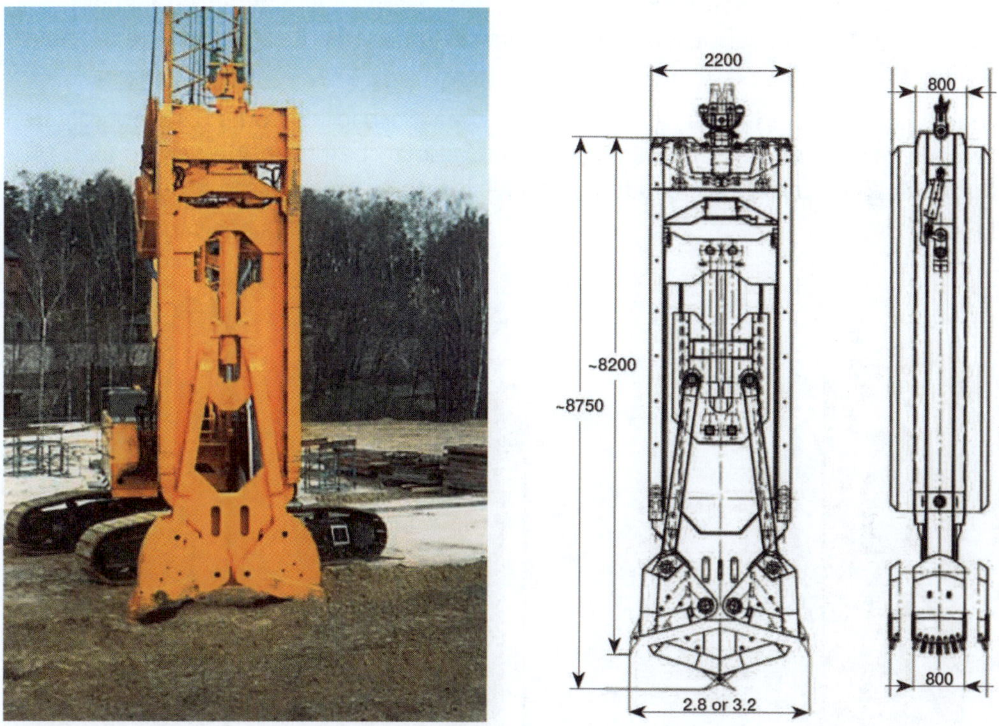

Abbildung 91: Hydraulischer Schlitzwandgreifer HSWG, (Fa. Liebherr/Leffer, [62])

Die Greifer können mit permanenten **Mess- und Steuersystemen** ausgerüstet werden, die es ermöglichen, Abweichungen von der senkrechten Aushubrichtung unverzüglich zu erkennen. Die Abweichungen können dem Geräteführer direkt angezeigt und mittels Richtungsänderung korrigiert werden.

Ferner ist eine grafische Darstellung des Schlitzwandverlaufs über die Tiefe und eine Messdatenerfassung möglich. Damit wird auch bis in größere Tiefen (über 50 m) eine hohe Genauigkeit erreicht und die Herstellung von Schlitzwänden mit Greifern optimiert.

5.4.6.4.4 Schlitzwandfräsen

Die Technik der Schlitzwandfräse wurde vor Jahrzehnten (1971) von der Fa. Soletanche entwickelt und damit das kontinuierliche Abbau- und Förderprinzip in die Schlitzwandtechnik eingeführt. Kaum ein Tiefbauverfahren hat sich seither so nachhaltig verändert wie die Frästechnik für die Herstellung von Schlitzwänden. Dazu gehören sowohl die erreichbare Tiefe als auch das erschütterungsfreie Lösen von schweren Böden bis hin zu Fels- oder Beton-Festigkeiten bis 200 MN/m^2. Fräsen in Sonderausführung können darüber hinaus bei beschränkter Raumhöhe von nur 5,0 m eingesetzt werden. Schlitzwanddicken von etwa 50 cm bis 300 cm und Tiefen bis zu 150 m sind möglich. Die Fräsen werden in allen gängigen Bodenarten, von Lockersedimenten bis hin zu mittelharten Felsformationen, wie z. B. Schluff, Sand- oder Kalkstein, eingesetzt. Schneidvorrichtungen für sehr harten Fels befinden sich zurzeit in der Erprobung.

Die Geräte werden nur von einigen wenigen Herstellern (z. B. Soletanche, Bauer, Casagrande) hergestellt, wobei die wichtigsten Konstruktionselemente zum Teil patentrechtlich geschützt sind.

Während die Standardfräsen mit handelsüblichen Seilbaggern oder Drehbohrgeräten (erforderliche Leistung und Tragfähigkeit vorausgesetzt) betrieben werden können (Abbildung 92), sind für die in Abbildung 88 abgebildeten Kompaktfräsen besondere Trägergeräte nötig.

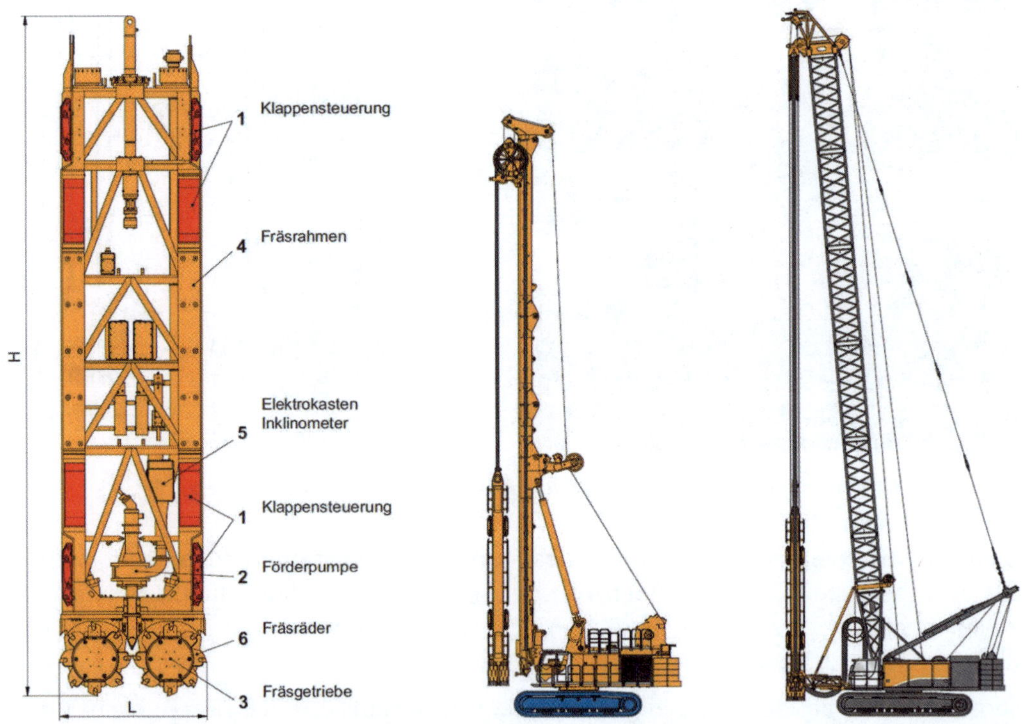

Abbildung 92: Fräse BC50 (links) sowie beispielhafte Gerätekonfigurationen Drehbohrgerät (Mitte) und Seilbagger (rechts) BAUER Maschinen GmbH, aus [61]

Das Kernstück des Systems, die eigentliche Fräse, besteht aus einem Stahlprofilrahmen. Je nach Festigkeit der zu durchteufenden Bodenschichten können leichtere oder schwerere Rahmen verwendet werden.

Am unteren Ende des Führungsrahmens sind zwei Getriebetrommeln angeordnet, die gegenläufig um horizontale Achsen rotieren. Auf die Getriebetrommeln werden für die zu durchteufenden Bodenschichten speziell geeignete Schneidräder aufgeschoben. Durch die Rotation dieser Schneidräder wird das Bodenmaterial unter der Fräse kontinuierlich gelöst, zerkleinert, mit der im Schlitz befindlichen Bentonitsuspension vermischt und der Absaugeinrichtung zugefördert, siehe Abbildung 93.

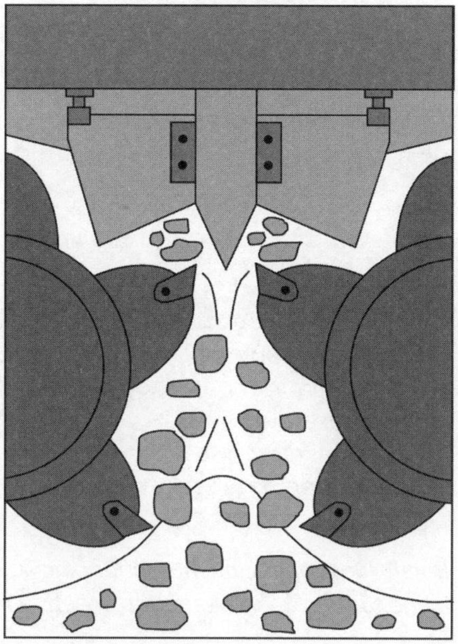

Abbildung 93: Arbeitsprinzip der Schneidräder

Dicht über den Schneidrädern ist eine Spezialkreiselpumpe angeordnet, die die mit Bodenmaterial angereicherte Suspension kontinuierlich nach oben und dort durch eine Ringleitung zur Regenerierungsanlage befördert. Hier wird die Suspension vom Aushubmaterial getrennt und wieder in den Schlitz zurückgeleitet, siehe Abbildung 94.

Die Durchsatzkapazität der Regenerierungsanlage sollte so bemessen werden, dass sie die Förderleistung der Pumpe in der Fräse um mind. 10 % bis 20 % übersteigt. Bei sehr langen Ringleitungen und sehr großen Schlitztiefen kann die Leistung der Förderpumpe in der Fräse und damit der Wirkungsgrad der gesamten Anlage deutlich abfallen. In solchen Fällen werden Druckerhöhungspumpen an geeigneter Stelle in die Ringleitung eingebaut.

Der Einbau von Bewehrung und Beton bzw. von Dichtungsstoffen, Erdbeton usw. erfolgt in ähnlicher Weise wie bei der konventionellen Greifermethode.

Die Leistung der Fräse ist entscheidend abhängig von der Vorschubkraft, gekennzeichnet durch die Eigenlast der Fräse und das Drehmoment der Schneidräder. Beide Komponenten beeinflussen sich wechselseitig. Je nach System und Typ der Fräse wird das Bodenmaterial in Fraktionen von 30 mm bis 300 mm zermahlen. Um die zum Zertrümmern von größeren Steinen und Felsbrocken erforderlichen dynamischen Impulse zu erzeugen, kann die Drehzahl in der Regel stufenlos hochgefahren werden. Ein in die Schneidtrommeln eingearbeiteter elastischer Stoßdämpfer schützt Räder und Zähne vor Beschädigungen.

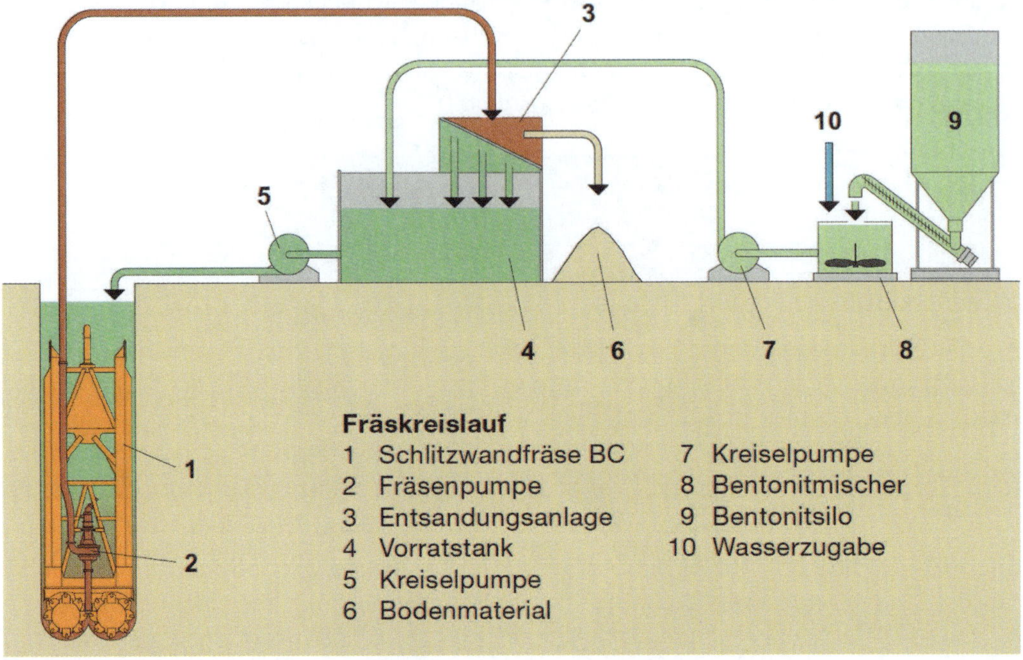

Abbildung 94: Schematische Darstellung einer Einrichtung für eine Aufbereitungs- und Regenerierungsanlage für den Schlitzwandfräsbetrieb, aus [61]

Kenndaten von Standardfräsen verschiedener Hersteller sind exemplarisch in Tabelle 12 zusammengestellt. Das Gesamtgewicht der Anlage (Trägergerät + Fräse) ist abhängig vom Einsatzgewicht des Trägergerätes und kann 150 t bis 200 t betragen.

Tabelle 12: Technische Daten von Standardfräsen verschiedener Hersteller

System/Typ	Breite Schlitzwand	Länge Schlitz	Höhe Fräsenrahmen	Gewicht*	Drehzahl der Fräsräder	Max. Drehmoment je Fräsgetriebe	Förderleistung	Frästiefe
[-]	mm	m	m	t	U/min	kNm	m3/h	m
Bauer BC32	640 - 1500	2,8 / 3,2	9,5	22,5 - 34,0	0 - 25	81	450	40 - 100
Bauer BC40	800 - 1800	2,8 / 3,2	12,6	32,5 - 41,5	0 - 25	100	450	40 - 150
Bauer BC50	1200 - 2000	2,8 / 3,2	12,7	47,8 - >50	0 - 25	120	450	40 -150
Casagrande FD60C	660 - 1200	3,15	9,5	28 - 32	0 - 30	67	450	30 - 100
Casagrande FD60	660 - 1200	3,15	15,0	33 - 37	0 - 30	67	450	40 -120
Casagrande FD90	660 - 1200	2,8 / 3 / 3,2	15,0	52	0 - 27	90	450	40 -120
Casagrande FD100	800 - 1500	3,15	15,0	40 - 45	0 - 27	99	450	40 -150
Soletanche HF12000	630 - 1500	2,8	15,0	25 - 60	9 -25	60	430	60 - 150

* *Gewicht ist abhängig von Schlitzlänge und Schlitzbreite*

Um eine vollkommene Vertikalität des Schlitzes zu erreichen, muss die Aufhängung der Fräse und der Schläuche so geführt werden, dass die Resultierende aller auf die Fräse einwirkenden Kräfte vertikal nach oben gerichtet ist. Insbesondere für große Schlitzwandtiefen sind hier spezielle Führungssysteme für die an der Fräse angebrachten Schlauch- und Hydraulikleitungen entwickelt worden.

Darüber hinaus sind die Fräsen mit elektronischen Messeinrichtungen (z. B. Inklinometer zur Vertikalitätsmessung) und mechanischen Vorrichtungen zur Richtungskorrektur (siehe Steuerklappen in Abbildung 92) bestückt. Hierdurch kann die maximale Tiefenabweichung von ca. 1 % auf ca. 0,3 % reduziert werden.

Im Vergleich zu den konventionellen Aushubmethoden lassen sich mit der Frästechnik wesentlich höhere Leistungen erzielen. Stundenleistungen von 25 m^3 bis 40 m^3 können erreicht werden. Verständlicherweise fällt die Leistung in härteren Felsformationen deutlich ab. Aushubleistungen von 1 m^3/h bis 2 m^3/h in Felsschichten mit Festigkeiten von 150 MN/m^2 bis 180 MN/m^2 sind immer noch vielfach höher als die, welche mit der Greifer- und Meißelmethode realisierbar sind.

Weitere Vorteile der Frästechnik sind:

- Der Fräsbetrieb ist nahezu geräuschlos und erschütterungsfrei.
- Wegen geringerer Erschütterungen besteht eine geringere Nachfallgefahr des Bodens als bei gegreiferten Schlitzen.
- Der Fräsbetrieb ist auch in Festgestein möglich, das heißt, unter Umständen ist kein separates Meißeln erforderlich.
- wirtschaftlich speziell bei großen Aushubtiefen (hohe Leistung und geringer Zeitaufwand)
- hohe Zuverlässigkeit und Herstellgenauigkeit (Wandgenauigkeit, Vertikalität des Schlitzes), insbesondere auch durch Kombination mit moderner Messtechnik

Die Vorteile sind jedoch mit einem deutlich erhöhten Personal- und Geräteaufwand verbunden, insbesondere bei der kontinuierlichen Aufbereitung der Suspension bei einem um ein Vielfaches höheren Durchsatz als bei diskontinuierlichem Aushub im Greiferverfahren.

5.4.6.4.5 Meißel

Wenn die Schließkräfte des Greifers zum Lösen des Bodens bzw. zum Durchschlitzen eines Hindernisses nicht ausreichen, können **Fallmeißel** verwendet werden, siehe Abbildung 95.

Abbildung 95: Schlitzwandmeißel, U4-HafenCity, Hamburg

Für Schlitzwandbreiten von 600 mm bis 1200 mm stehen Meißel mit einer Breite von 590 mm bis 1190 mm zur Verfügung. Die Gewichte betragen ca. 6 t bis 10 t bei einer Länge von etwa 4,5 m. Je nach verwendetem Meißeltyp sowie eingesetztem Abschalelement besitzen die Meißel auf einer Seite eine runde Form, um sich der abgeschalten Form anzupassen.

5.4.6.4.6 Abschalelemente

Die Ausbildung der Fugen zwischen den Lamellen richtet sich nach dem Zweck der Schlitzwand und nach den gestellten Anforderungen. Maßgebend dafür können z. B. sein

- die Ebenheit und Maßhaltigkeit der Wand,
- die Führung des Aushubwerkzeugs beim Ausheben des Nachbarschlitzes,
- die Dichtigkeit der Wand gegen drückendes oder nichtdrückendes Wasser,
- die gegenseitige Beweglichkeit der Schlitzwandelemente in waagerechter oder senkrechter Richtung,
- die Übertragung von Kräften.

Als Abschalelemente für gegreiferte und gefräste Schlitze stehen verschiedene Fugensysteme zur Verfügung. Für mit Schlitzwandgreifern hergestellte Schlitze sind dies:

- Abschalrohre
- Flachfugen aus Stahl ohne Fugenband
- Flachfugen aus Stahl mit Fugenband
- Stahlbetonfertigteile

Für gefräste Schlitze können nachfolgende Systeme verwendet werden:

- Stahlbetonfertigteile
- Fugensystem »überfräste Fuge«

a) Abschalrohre

Die stirnseitige Begrenzung der einzelnen Betonierabschnitte erfolgt in der Praxis häufig mit Hilfe von Abschalrohren aus Stahl, deren Durchmesser gleich der Wanddicke ist. Die nach unten offenen Rohre werden etwas in die Schlitzsohle eingedrückt, damit der Beton nicht im Rohr hochsteigen kann. Sie sind also während des Betonierens mit Stützflüssigkeit gefüllt. Nach dem Ansteifen des Betons werden die Rohre wieder gezogen. Dabei entsteht eine halbkreisförmige Fuge, mit der man eine gute statische Verzahnung der einzelnen Wandabschnitte untereinander und einen längeren Sickerweg erreicht. Das Ziehen der Abschalrohre insbesondere bei größeren Tiefen bedarf schwerer Zieheinrichtungen und einiger Erfahrung, um den richtigen Zeitpunkt im Erhärtungsprozess des Betons abzupassen.

Bei tiefen Schlitzwänden können die Abschalrohre aus mehreren Rohren bis zur gewünschten Tiefe zusammengesetzt werden. Die Rohrverbindungen sind mit einem Bajonettverschluss ausgestattet und bestehen aus hochfestem Stahl. Abschalrohre sind für Schlitztiefen bis zu ca. 60 m Tiefe geeignet. Insbesondere bei vieleckigen Verbauwandabwicklungen bieten sie Vorteile.

Abbildung 96 zeigt beispielhaft ein Abschalrohrsystem der Fa. Leffer. Technische Daten sind beispielhaft in Tabelle 13 angegeben.

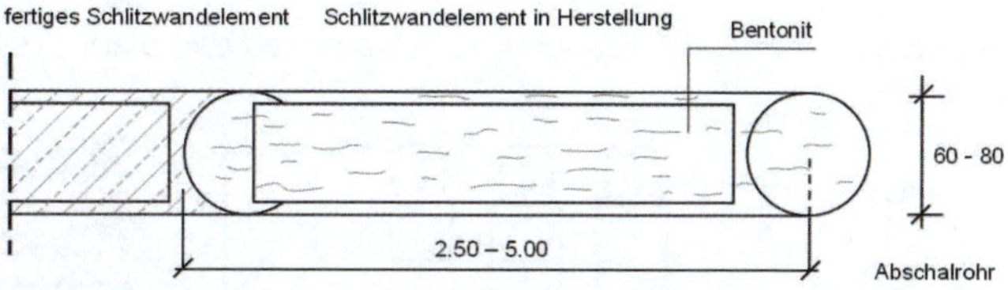

Abbildung 96: Abschalrohre System Leffer (links) sowie Prinzipskizze (rechts), aus [62]

Tabelle 13: Technische Daten für Abschalrohre (Fa. Liebherr/Leffer, [62])

Abschalrohre							
Ø	mm	500	600	800	1000	1200	1500
Wanddicke	mm	15	15	15	18	18	20
Länge 2,5 m	kg	700	841	1149	1595	1926	2552
Länge 5,0 m	kg	1162	1394	1889	2705	3263	4412
Länge 10,0 m	kg	2082	2498	3368	4927	5936	8132
Länge 15,0 m	kg	3002	3602	4847	7148	8609	11852
Hebekappen*							
Länge	mm	1050	1050	1152	1150	1150	1150
Gewicht	kg	209	251	362	412	454	630
Schuhe							
Länge	mm	720	720	720	720	720	720
Gewicht	kg	230	276	368	471	567	710
* nur für alte Ausführungen							

b) Flachfugen aus Stahl ohne Fugenband

Flachfugen ohne Fugenband bestehen aus zusammengesetzten Stahlprofilen (z. B. Stahlrohre, U-Profile etc.), die eine profilierte Fugengeometrie und damit eine gute Verzahnung der einzelnen Wandabschnitte ermöglichen. Abbildung 97 und Abbildung 98 zeigen beispielhaft zwei unterschiedliche Flachfugensysteme der Fa. Züblin sowie der Fa. Stein. Hauptunterschied der beiden Systeme ist, dass die Züblin-Flachfuge nicht gezogen wird und im Schlitz verbleibt.

Die Reinigung der Fuge erfolgt durch speziell entwickelte Werkzeuge, die eine Negativform des Fugenprofils aufweisen, siehe z. B. Abbildung 98.

Bei tiefen Schlitzwänden können Flachfugen aus mehreren Einzelelementen bis zur gewünschten Tiefe gekoppelt werden.

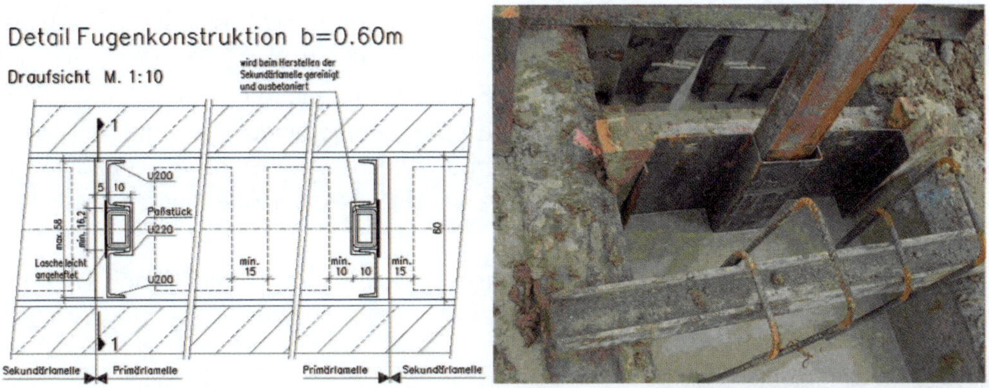

Abbildung 97: Beispiel für eine Flachfuge ohne Fugenband – System Fa. Züblin

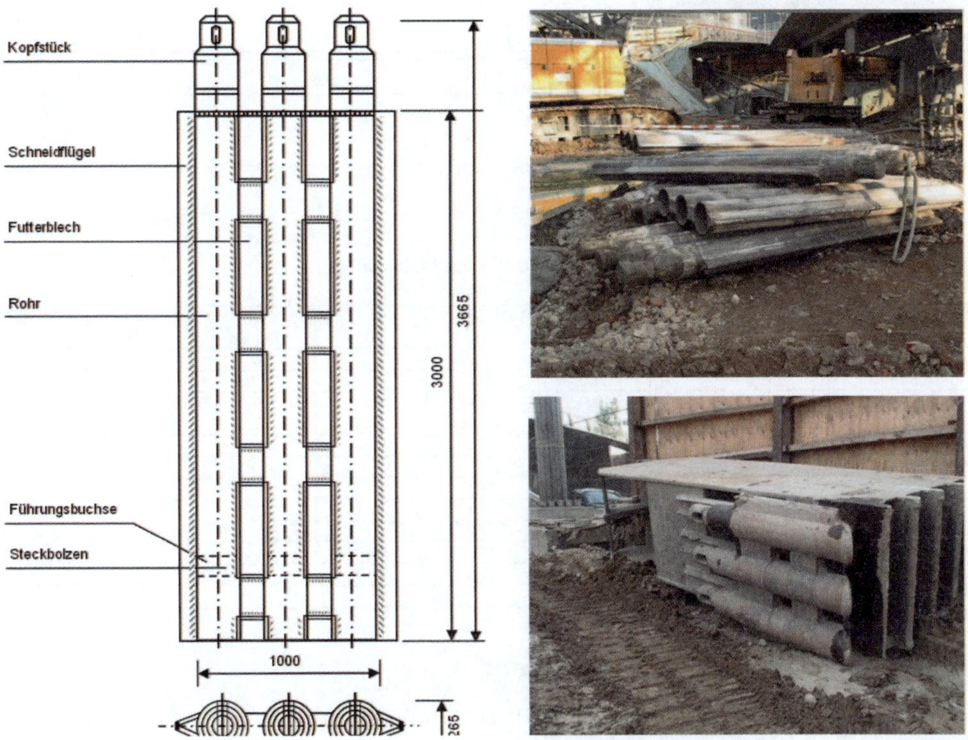

Abbildung 98: Beispiel für eine Flachfuge ohne Fugenband – System Fa. Stein

c) Flachfugen aus Stahl mit Fugenband

Flachfugen mit Fugenband bestehen aus zusammengesetzten Stahlprofilen (z. B. Flachprofile, Hohlprofile etc.), die eine profilierte Fugengeometrie und damit eine gute Verzahnung der einzelnen Wandabschnitte ermöglichen. Darüber hinaus sind Einschubvorrichtungen für ein oder mehrere Fugenbänder am Flachfugenelement angebracht.

Nach Einschub der Fugenbänder in die Haltevorrichtung wird die Flachfuge in den ausgehobenen Schlitz eingestellt. Das Fugenband zeigt dabei in Richtung des offenen Schlitzes. Nach Abbinden des Betons wird die Flachfuge wieder gezogen, wobei das Fugenband im Beton verbleibt und als zusätzliches konstruktives Abdichtungselement fungiert.

Beim Aushub des Anschlusselements, bei der Reinigung der Fugenanschlüsse sowie beim Ziehen der Flachfuge ist besonders darauf zu achten, dass das Fugenband nicht herausgerissen oder beschädigt wird.

Abbildung 99 und Abbildung 100 zeigen beispielhaft zwei unterschiedliche Flachfugensysteme mit Fugenband.

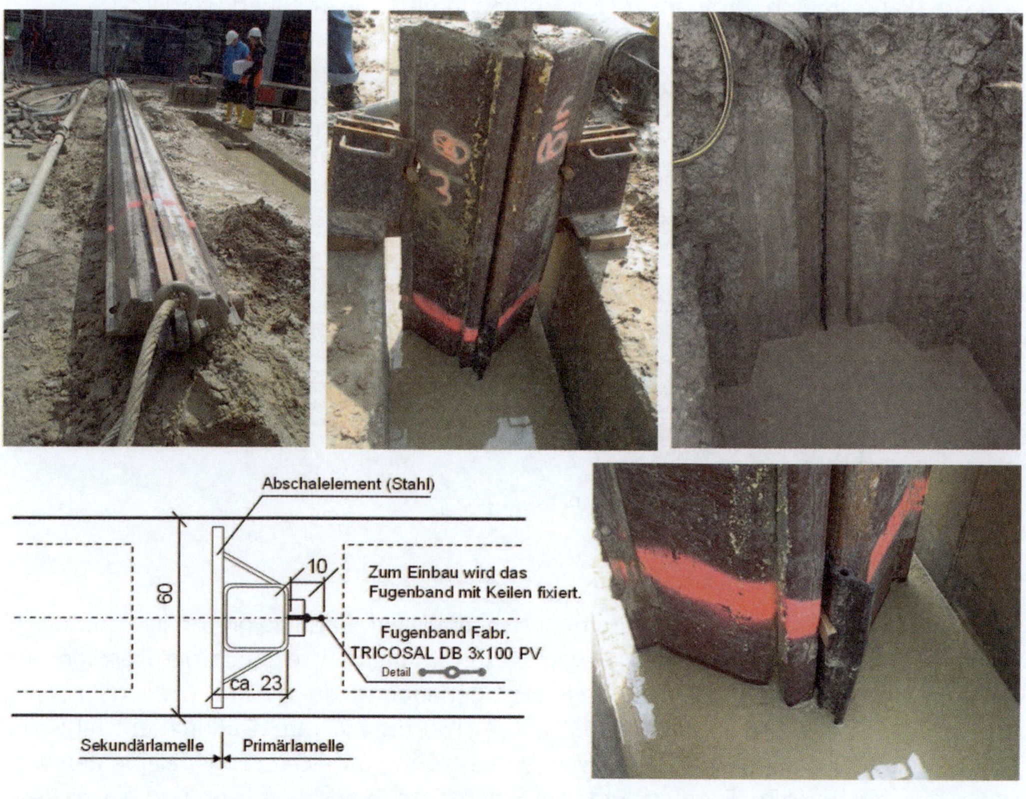

Abbildung 99: Beispiel für eine Flachfuge mit einfachem Fugenband

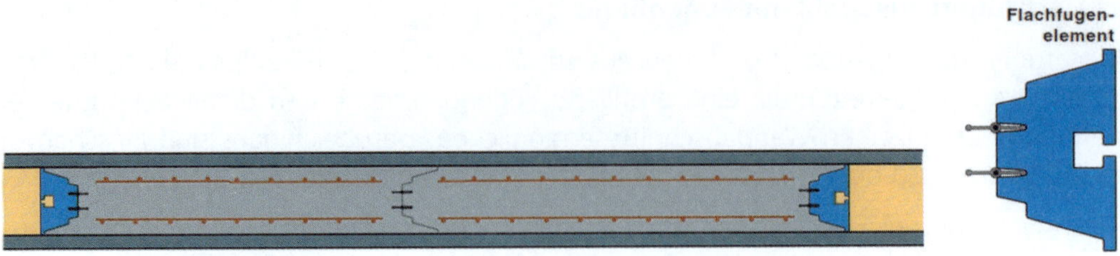

Abbildung 100: Beispiel für eine Flachfuge mit doppeltem Fugenband – System Fa. Franki, aus [63]

d) Stahlbetonfertigteile

Alternativ zu den temporären Abschalelementen sind auch Stahlbetonfertigteile möglich, die in der Fuge verbleiben. Vorteile von Stahlbetonfertigteilen sind:

- Fertigteil verbleibt im Boden, d. h. kein Problem mit Umlaufbeton bzw. beim Ziehen der Fuge
- Ggf. kann statisch erforderliche Bewehrung in die Fuge integriert werden
- Beton der Fuge entfällt bei Schlitzwand

Nachteilig sind Kosten, Gewicht, aufwendige Koppelungen bei mehreren Fugenelementen und ein höherer logistischer Aufwand. Abbildung 101 zeigt beispielhaft Fugenkonstruktionen aus Stahlbetonfertigteilen.

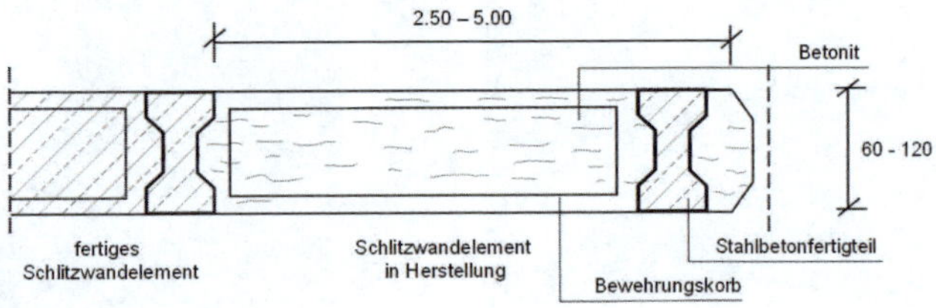

Abbildung 101: Schlitzwandfuge aus Stahlbetonfertigeilen

e) Fugensystem »überfräste Fuge«

Die »überfräste Fuge« ist die Standardkonstruktion beim Einsatz von Schlitzwandfräsen. Dabei wird der Beton der beiden benachbarten Primärschlitze durch die Fräsräder angefräst, siehe Abbildung 102. Die überfräste Überlappungslänge hängt dabei hauptsächlich von der Schlitztiefe ab und beträgt i. d. R. 150 bis 250 mm. Dadurch entsteht eine rauhe, saubere Kontaktfläche. Ohne Verwendung von künstlichen Fugenelementen wird damit eine hochwertige Fuge erzeugt, die Scherkräfte übertragen kann und ausreichend wasserdicht ist [61].

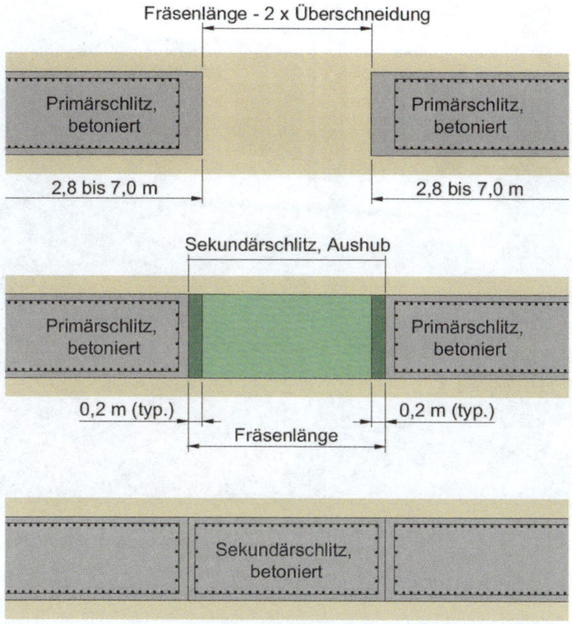

Abbildung 102: Überfräste Fuge bei gefrästen Schlitzwänden, aus [61]

Schlitzwände im Fräsverfahren sind weniger anfällig gegen Restwasserdurchlässigkeiten im Fugenbereich oder im Wandbereich als die konventionelle Greifermethode, da eine größere Herstellgenauigkeit möglich ist (d. h. nur geringe Gefahr von Öffnungen zwischen den einzelnen Lamellen) und keine Erschütterungen auftreten, die zum Nachfall von Boden aus den Schlitzwandungen und Erdnestern im Beton führen können. Wird jedoch eine »staubtrockene Wand« verlangt, dann empfiehlt es sich, auch bei Anwendung des Fräsverfahrens zusätzliche Dichtungselemente aus Fugenbändern einzubauen.

5.4.6.4.7 Rohrziehmaschinen

Zum Ziehen von Abstellelementen aus Flachfugen werden in der Regel Seilbagger verwendet. Für Abschalrohre können zudem speziell hierfür entwickelte Rohrziehmaschinen zum Einsatz kommen, da insbesondere bei tiefen Schlitzen die erforderlichen Ziehkräfte erheblich sein können.

Die in Abbildung 103 dargestellte Rohrziehmaschine ist ausgelegt zum Ziehen von Abschalrohren mit Durchmessern von 340 mm bis 1500 mm. Die Maschine übt keine Drehbewegungen aus, sondern nur eine vertikale Hubbewegung. Der wesentliche Vorteil liegt in der kompakten Bauweise. Der komplette Antrieb, einschließlich der leistungsgeregelten Hydraulikpumpe, ist im Untersatz der Maschine eingebaut, sodass keinerlei Behinderungen durch Hydraulikschläuche auf der Baustelle entstehen, siehe auch [62].

Abbildung 103: Rohrziehmaschine (System Leffer), aus [62]

5.4.6.4.8 Betoniereinrichtung

Der Betoniervorgang erfolgt im Kontraktorverfahren unter Verwendung von Betonierrohren (Kontraktorrohr).

Nach DIN EN 1538 [22] muss der Innendurchmesser mindestens 0,15 m und das Sechsfache des Größtkorns der Gesteinskörnung betragen. Sein Außendurchmesser bzw. die Bewehrungsanordnung ist so zu wählen, dass es frei im Bewehrungskorb bewegt werden kann.

Die Betoniereinrichtung entspricht dabei der Ausstattung wie bei der Bohrpfahlherstellung und besteht aus den Komponenten Trichter, Betonierrohr, Abfanggabel, Hebekappe und Kupplungsseile, siehe auch Abbildung 104.

Die gebräuchlichen Längen der Betonierrohre betragen 1 m bis 6 m und die Nennweiten NW 150 bis NW 250. Die Verbindung besteht heute überwiegend aus einer Muffe mit Seilverschluss.

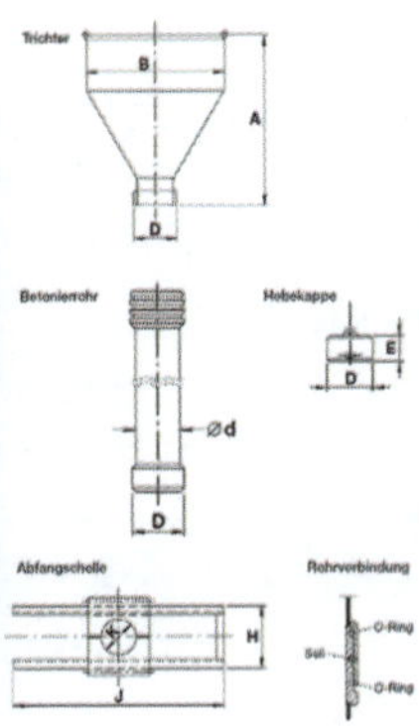

Nennweite		NW 150	NW 200	NW 250
Betonierrohre				
Ø D/d	mm	194/159	241/203	300/267
Länge 1 m	kg	26	35	45
Länge 2 m	kg	42	55	70
Länge 3 m	kg	57	74	96
Länge 4 m	kg	72	93	121
Länge 5 m	kg	87	113	147
Länge 6 m	kg	102	132	173
Trichter				
Ø B	mm	400	750	1000
Höhe A	mm	1000	1100	1300
Gewicht	kg	45	85	160
Hebekappe				
Höhe E	mm	125	125	125
Gewicht	kg	9	11	12
Abfangschelle				
Ø K	mm	164	208	272
Breite H	mm	400	400	450
Länge J	mm	1200	1200	1500
Gewicht	kg	65	65	75

Abbildung 104: Betoniereinrichtung, aus [62]

5.4.6.4.9 *Aufbereitungsanlagen*

Der wichtigste Bestandteil der Baustelleneinrichtung einer Schlitzwandbaustelle ist die Aufbereitungsanlage für die Stützsuspension. Die Leistung der Aufbereitungsanlage muss auf die zu erwartende Schlitzleistung abgestimmt sein und sollte mindestens 20 % über der geplanten Aushubleistung liegen. Zur Aufbereitungsanlage gehören

- Entsandungsanlage
- Silos
- Förder- und Umwälzpumpen
- Waagen
- Mischer
- ausreichende Strom- und Wasserversorgung
- Baustellenlabor

Die Planung bedarf einer guten Arbeitsvorbereitung, insbesondere dann, wenn die Anlage auf engstem Raum zu installieren ist, was bei innerstädtischen Baugruben der Regelfall ist. Eine schematische Darstellung sowie ein Beispiel für eine Aufbereitungsanlage sind in Abbildung 105 sowie Abbildung 106 zu finden.

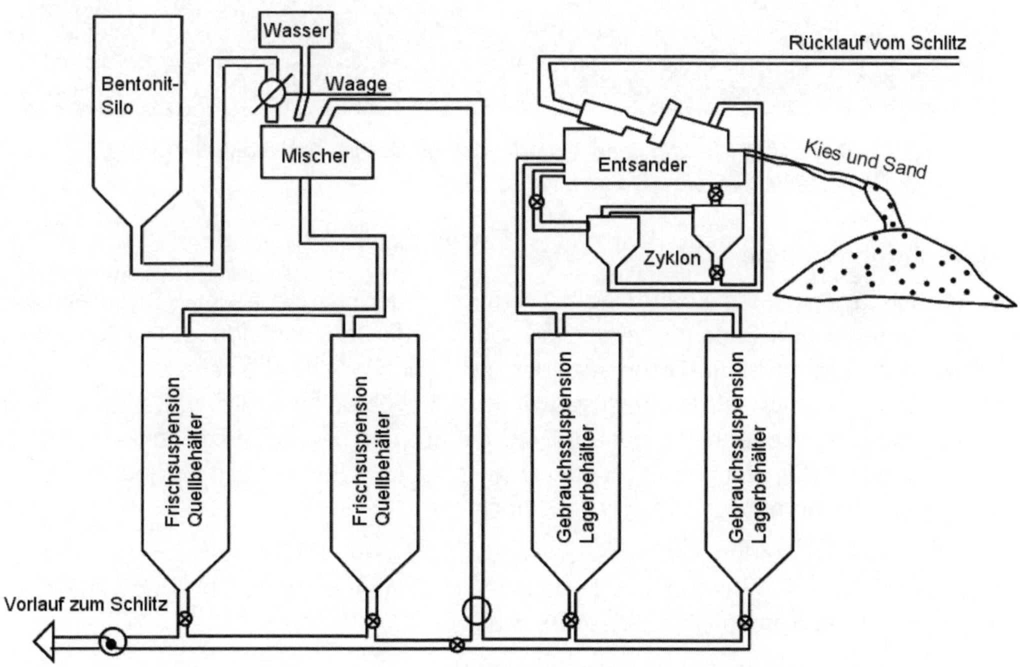

Abbildung 105: Schematische Darstellung einer Bentonitmisch- und Regenerierungsanlage, aus [64]

Abbildung 106: Bentonitmisch- und Regenerierungsanlage für eine Ortbetonschlitzwand, Bauvorhaben Willlinkplein Emmen, NL

a) Entsandungsanlage

Bei der Schlitzherstellung kommt es zu Vermischungen zwischen der Stützsuspension (i. d. R. Bentonit) und Bodenteilchen – die sogenannte Bodenaufladung. Die Bodenteilchen werden dabei durch die Fließgrenze der Suspension in Schwebe gehalten. Verwendet man die Suspension als reine Stützflüssigkeit (z. B. bei gegreiferten Schlitzwänden), so ist die Aufladung mit Bodenteilen gering. Wird die Suspension als Stützflüssigkeit und als Transportmedium für den gelösten Boden eingesetzt (z. B. bei gefrästen Schlitzwänden), so ist die Aufladung mit Feststoffen relativ hoch.

Mit Hilfe einer Entsandungsanlage werden die in der Bentonitsuspension enthaltenen Bodenpartikel von den Bentonitpartikeln getrennt (Regenerierung). Abbildung 107 zeigt den vereinfachten Aufbau einer Entsandungsanlage.

Hauptkomponenten jeder Entsandungsanlage sind

- Grobsieb zur Vorabscheidung von Bodenteilen > 5 mm
- Auffangwanne des Grobsiebes mit Mengenteiler
- Zyklon mit Zyklonspeisepumpe zur Trennung von Feinteilchen und Suspension
- Feinsieb zur weiteren Entwässerung des Zyklonunterlaufes

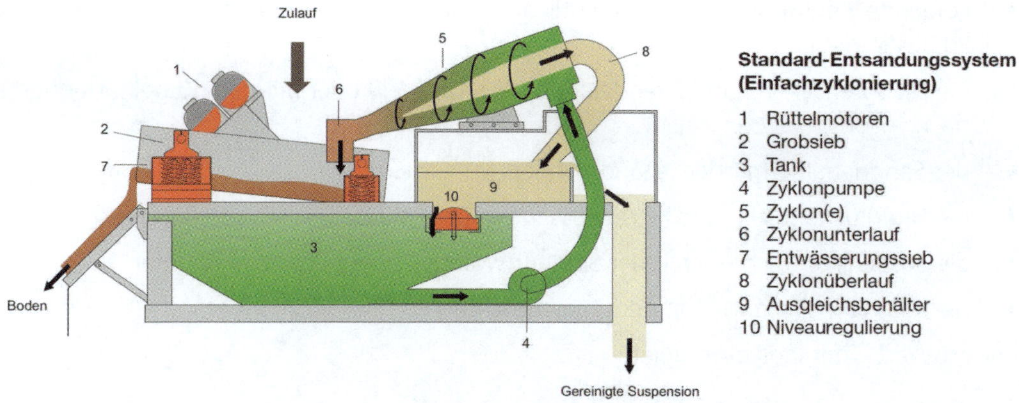

Abbildung 107: Vereinfachte Darstellung einer Entsandungsanlage, aus [65]

Die im Zyklon auftretenden Zentrifugalkräfte bewirken eine Trennung der Suspension in die am Überlauf austretende (mit Bodenteilchen angereicherte) und die am Oberlauf ausfließende (gereinigte) Suspension. Erforderlichenfalls wird das Resultat vor der Wiederverwendung noch mit frischer Suspension „gestreckt".

Entsandungsanlagen werden auf dem Markt im Baukastensystem angeboten (z. B. Bauer Maschinenbau GmbH). Durch Anpassung der Baugruppen, Zyklone und Umwälzpumpen können Leistungen der Grundmodelle von 50 m³/h bis 250 m³/h erreicht werden.

b) Vorratssilos und Behälter

Silos und Vorratsbehälter sind vorzuhalten für Bentonit, Frischsuspension (Quellbehälter) und Gebrauchssuspension (Lagerbehälter). Anzahl und Größe richten sich nach der geförderten Schlitzwandbodenmenge und sollten ausreichende Reserven für plötzlichen Suspensionsverlust beim Schlitzaushub haben.

c) Pumpen

Für den Vor- und Rücklauf der Suspension sind ausreichend dimensionierte Pumpen vorzusehen, deren Fördermengen mindestens 20 % bis 30 % über dem maximalen planmäßigen Fördervolumen liegen sollten, um bei unplanmäßigen Suspensionsverlusten Reservekapazitäten zu haben.

d) Strom- und Wasserversorgung

Für einen Stromausfall muss ein Stromaggregat mit ausreichender Leistung vorgehalten werden.

e) Baustellenlabor

Für die laufende Qualitätskontrolle und -sicherung ist ein gut ausgerüstetes Labor vorzuhalten.

Die Prüfparameter für Stützsuspensionen aus Bentonit sind in DIN EN 1538 [22] festgelegt, die Prüfmethoden in DIN 4127 [57]. Die Ergebnisse werden für den Nachweis der Standsicherheit des offenen Schlitzes nach DIN 4126 [13] und für die Ausführung der Schlitzwände nach DIN EN 1538 [22] benötigt.

- Folgende Kenngrößen sind hinsichtlich der Bentonitsuspension zu kontrollieren und zu bestimmen:
- die Fließgrenze – mit dem Pendelgerät nach Dr. Weiß oder mit dem Kugelharfengerät nach v. Soos
- der Sandgehalt – mit dem Standzylinder
- die Filterkuchendicke und Filtratwasserabgabe – mit dem Filterpressenversuch
- die Suspensionsdichte – mit der Spülungswaage, einem Spezialaräometer
- die relative Viskosität – mit dem Marshtrichter

der pH-Wert – mit Indikatorpapier

5.4.7 Erdbetonwände (Mixed-in-Place)

5.4.7.1 Allgemeines

Anstelle der klassischen Bauweisen zur Erstellung wasserdichter Baugruben, wie Spundwände und überschnittene Pfahlwände, können auch Erdbetonwände (Mixed-in-Place-Verfahren oder auch Soil-Mix-Verfahren genannt) eingesetzt werden. Bei diesen Verfahren werden Bindemittelsuspensionen mechanisch oder hydraulisch in den anstehenden Baugrund eingemischt. Es entsteht so ein Erdbetonkörper, der sowohl als Gründungselement, als Dichtwand oder als statisch wirksame Verbauwand eingesetzt werden kann.

Abbildung 108: Beispiele für Erdbetonwände; Soil-Mix Wand [66] (links) sowie WSM-Wand [67] (rechts)

Damit die bindemittelverfestigten Erdkörper auch statische Funktionen übernehmen können, werden im statisch erforderlichen Abstand vertikale Tragelemente eingebaut, siehe Abbildung 108. Die Wände sind verformungsärmer als Trägerbohlwände, da die Ausfachung zwischen den Tragelementen nicht nachträglich im Zuge des Aushubs eingebracht werden muss, sodass eine Entspannung des Bodens durch diesen Arbeitsgang nicht stattfindet.

Die Wanddicken liegen je nach Verfahren zwischen 0,4 m und 1,2 m und die erreichbaren Tiefen zwischen 8 m und ca. 30 m. Die Herstellung der Wände ist nur vertikal möglich. Mit entsprechend messtechnisch ausgestatteten Geräten sind Tiefenabweichungen zwischen minimal 0,5 % und 1,0 % realisierbar.

Vorteile:

- geräusch- und erschütterungsarme Herstellung, d.h. auch in innerstädtischen Bereichen einsetzbar
- umweltfreundlich und ressourcenschonend; Zuschlagstoffe und Bodenaushub müssen nicht oder nur in stark reduziertem Umfang zur bzw. von der Baustelle transportiert werden, und kontaminierte Böden müssen nicht entsorgt werden
- Wirtschaftlichkeit, d.h. es sind hohe Tagesleistungen möglich
- wasserabsperrende Verbauwände sind herstellbar
- hohe Anpassungsfähigkeit

Nachteile:

- nur begrenzte Ausführungstiefen möglich
- problematische bzw. beschränkte Ausführbarkeit in bindigen oder sehr festen Böden
- geringere Belastbarkeit (Biegesteifigkeit) als z. B. Schlitzwände oder Pfahlwände

Auf dem Gebiet der Mixed-in-Place-Wände ist in den letzten Jahren von verschiedenen Firmen eine Vielzahl unterschiedlicher Herstellverfahren entwickelt worden. Die einzelnen Verfahren unterscheiden sich insbesondere hinsichtlich des eingesetzten Mischwerkzeuges, z. B. Endlosschnecken, Paddel, Mischköpfe oder Fräsen. Beispielhaft können folgende Herstellverfahren genannt werden, siehe auch Abbildung 109.

Mischen mit Endlosschnecke

- Mixed-in-Place-Verfahren (MIP); Fa. Bauer Maschinen GmbH
- Tubular-Soil-Mixing-Verfahren (TSM); Fa. Keller Grundbau GmbH

Mischen mit Paddeln

- Deep-Soil-Mixing-Verfahren (DSM); Fa. Keller Grundbau GmbH
- Soil-Mixing-Wall-Verfahren (SMW); Fa. Bauer Maschinen GmbH

Mischen mit Mischkopf

- Soil-Mixing Verfahren; Fa. Liebherr – International Deutschland GmbH
- Wet Speed-Mixing (WSM); Fa. ABI Maschinenfabrik und Vertriebsgesellschaft mbH

Mischen mit Fräsen

- Cutter-Soil-Mixing-Verfahren (CSM); Fa. Bauer Maschinen GmbH
- Geomix-Verfahren; Fa. Soletanche Bachy

Mischen mit Grabenfräsen

- Fräs-Misch-Injektion (FMI); Fa. Soletanche Bachy

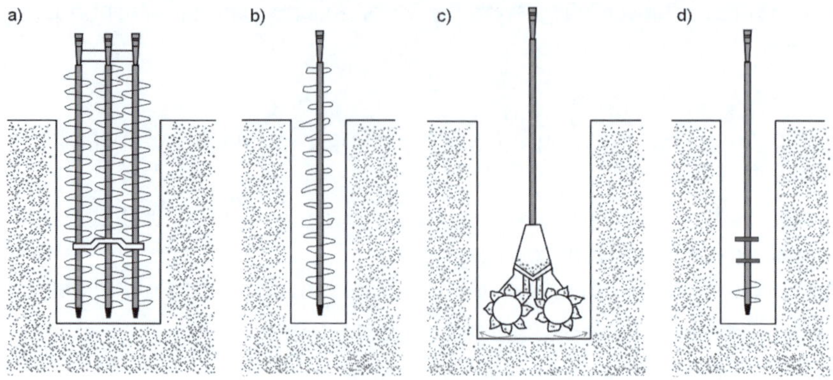

Abbildung 109: Mischwerkzeuge für die Herstellung von Mixed-in-Place-Wänden; a) Endlosschnecke; b) Paddeln; c) Fräse; d) Mischkopf; in Anlehnung an [68]

5.4.7.2 Ausführungsformen von Erdbetonwänden

Analog zur Ausführung von Pfahlwänden können aufgelöste, tangierende oder überschnittene Erdbetonkörper hergestellt werden, siehe Abbildung 110. Im Fall von überschnittenen Erdkörpern sind aufgrund der in der Regel sehr geringen Durchlässigkeiten des Erdbetons wasserdichte Baugrubenwände ausführbar.

Die erforderliche Armierung durch vertikale Tragelemente erfolgt in Abhängigkeit von den statischen Erfordernissen. Hierbei können z. B. Stahlprofile, Spundwandprofile oder eingerüttelte Bewehrungskörbe verwendet werden. Die Abstützung der Wände kann durch eine Aussteifung (Gurtung und Steifen) oder eine Rückverankerung (Gurtung und Anker) erfolgen.

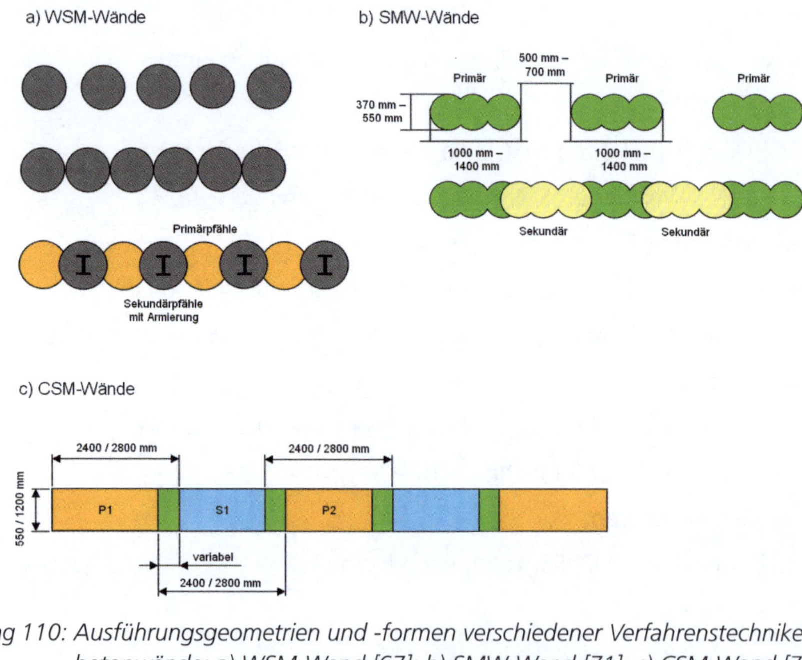

Abbildung 110: Ausführungsgeometrien und -formen verschiedener Verfahrenstechniken für Erdbetonwände; a) WSM-Wand [67]; b) SMW-Wand [71]; c) CSM-Wand [72]

5.4.7.3 Verfahrenstechnik

Aufgrund der Vielzahl der vorhandenen unterschiedlichen Herstellverfahren werden nachfolgend nur einzelne Verfahren beispielhaft näher erläutert.

a) Herstellverfahren mit Endlosschnecke (z. B. MIP-Verfahren)

Für unterschiedliche Aufgaben im Bereich der Baugrubensicherungen hat die Fa. Bauer Maschinenbau GmbH das MIP-Verfahren einschließlich der erforderlichen Gerätekonzeption entwickelt, das für die Ausführung von statisch belasteten Baugrubenwänden angewendet werden kann, wobei Kombinationen mit Bohrpfählen und Injektionsankern, Vernagelungen oder Aussteifungen möglich sind. Weitere Einsatzmöglichkeiten sind Gründungselemente und reine Dichtungswände.

Beim MIP-Verfahren wird der anstehende Boden mit einer Einfach- oder Dreifachschnecke aufgebrochen, umgelagert und die Porenräume mit Bindemittelsuspension verfüllt, siehe Abbildung 111. Die hergestellten Einzelstiche werden im Pilgerschrittverfahren zu Wänden kombiniert. In das frische MIP-Gemisch können Bewehrungselemente zur statischen Ertüchtigung eingerüttelt werden.

Abbildung 111: MIP-Verfahren, [54]

Herstellungsablauf

- Einrichtung des Bohrgerätes am Bohransatzpunkt
- Einbohren der Dreifachschnecke bis auf Endtiefe. Dabei wird durch die Seelenrohre der Schnecken kontinuierlich Suspension zugegeben
- Beim Ziehen der Schnecken – wobei diese in eine oder beide Richtungen gedreht werden können – erfolgt eine Homogenisierung und intensive Durchmischung des anstehenden Bodens mit dem Bindemittel
- Bei Bedarf Einrütteln der Bewehrung

Für das MIP-Verfahren sind Böden geeignet, die überwiegend aus Grobschluff, Sand, Kies und Steinen bis etwa Faustgröße bestehen. In Zweifelsfällen werden die Mischbarkeit des

Bodens und die Qualität der fertigen Vermörtelung anhand von Bodenproben im Labor ermittelt.

Ungeeignet sind dagegen feinkörnige Bodenarten von Ton bis Mittelschluff und Fels.

b) Herstellverfahren mit Fräsen (z. B. CSM-Verfahren)

Das Cutter-Soil-Mixing-Verfahren (CSM) wurde in einer Kooperation der Fa. Bauer Maschinenbau GmbH und der Fa. Soletanche-Bachy entwickelt. Es kombiniert Merkmale der Schlitzwandtechnik und des MIP-Verfahrens, siehe auch [73]. Der Boden wird durch zwei Fräsräder gelöst. Gleichzeitig wird eine bindemittelhaltige Suspension zwischen den Fräsrädern in den Boden gepumpt und durch die Drehbewegung der Fräsräder mit dem gelösten Boden vermischt. Der Herstellungsvorgang ist in Abbildung 112 schematisch dargestellt.

Zur Herstellung einer durchgehenden Wand werden die Einzellamellen im Pilgerschrittverfahren hergestellt. Benachbarte Lamellen können unmittelbar nach Fertigstellung »frisch-in-frisch« angeschnitten werden. Die Frästechnik erlaubt allerdings auch ein problemloses Anschneiden von bereits erhärteten Lamellen.

Der Löse- und Mischvorgang kann im Einphasen- oder im Zweiphasensystem erfolgen.

Herstellungsablauf des Einphasensystems

- Einrichtung des Fräswerkzeugs am Ansatzpunkt
- Einfräsen des Werkzeugs in den Boden bei gleichzeitiger Zugabe von selbsterhärtender Suspension. Die Drehrichtung der Fräsräder kann variiert werden, die Eindringgeschwindigkeit beträgt ca. 20 bis 60 cm/min
- Nach Erreichen der Endtiefe wird der Mischkopf unter Zugabe von selbsterhärtender Suspension gezogen. Das Boden-Suspensionsgemisch wird durch die Fräsräder weiter homogenisiert
- Bei Bedarf Eindrücken von z. B. Spundwandelementen oder Profilträgern, nach statischen Erfordernissen

Die Suspension, die für die Herstellung von CSM-Elementen verwendet wird, besteht im Regelfall aus Zement, Bentonit, Wasser und ggf. Zusätzen. Typische Richtwerte für das Mischungsverhältnis sind in Tabelle 14 angegeben.

Tabelle 14: Bindemittelsuspension – typische Richtwerte

		Dichtwand	Verbauwand
Zement	kg/m³ Suspension	250 bis 450	750 bis 1200
Bentonit	kg/m³ Suspension	15 bis 30	15 bis 30
w/z-Wert	[–]	2 bis 4	0,5 bis 1

Das CSM-Verfahren wird hauptsächlich zum Stabilisieren von lockeren nicht bindigen oder weichen bindigen Böden verwendet. Ebenso kann das Verfahren auch in härteren oder dichter gelagerten Böden eingesetzt werden.

Abbildung 112: Herstellverfahren mit Fräsen; Geomix-Verfahren Fa. Soletanche-Bachy, [74]

c) Mixen mit Paddeln (z. B. DSM-Verfahren)

Beim Deep-Soil-Mixing-Verfahren (DSM) der Fa. Keller Grundbau GmbH wird der anstehende Boden durch das Bohrwerkzeug gelöst und mit einer Suspension aus Spezialbindemittel zu der Dichtwandmasse vermengt. Der Mischvorgang erfolgt über zwei sich um die vertikale Achse drehende Werkzeuge nach dem Grundprinzip der Drehbohrtechnik. Beim Einfahren der Mischwerkzeuge wird der anstehende Boden gelockert und unter Zugabe von Suspension mit hoher Mischenergie zu einem Bodenmörtel verarbeitet. Während des Ziehvorgangs wird weitere Suspension eingebracht und das Material nochmals intensiv durchmischt, siehe auch Abbildung 113.

Das mäklergeführte Mischwerkzeug ist mit Mischstäben bzw. Paddeln ausgestattet, die eine optimale Durchmischung des anstehenden Bodens mit der Suspension gewährleisten. Die Wahl der Mischwerkzeuge und der Stichabstand bestimmen den Durchmesser der entstehenden (überschnittenen) Säulen bzw. die Wandstärke. Die Suspensionszugabe erfolgt an den Spitzen des rotierenden Werkzeugs.

Der Durchlässigkeitsbeiwert und die Druckfestigkeit des Bodenmörtels in der Dichtwand können über die Zusammensetzung und die Menge der zugegebenen Suspension gesteuert und eingestellt werden.

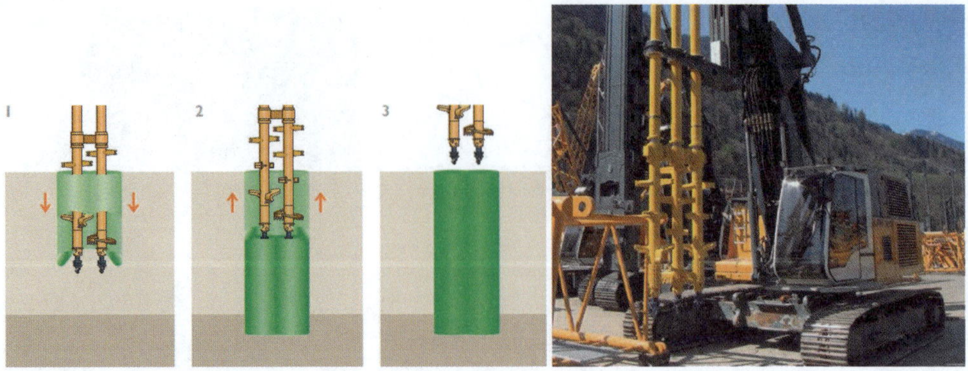

Abbildung 113: Herstellverfahren Deep-Soil-Mixing (DSM), [75]

d) Mixen mit Mischkopf (z. B. WSM-Verfahren)

Analog zu überschnittenen Pfahlwänden erfolgt beim Wet-Speed-Mixing-Verfahren (WSM) der Fa. ABI das Durchmischen des Bodens im Pilgerschrittverfahren. Das Durchmischen findet mit Hilfe eines Mischkopfes beim Abteufen und auch beim Zurückziehen des Werkzeugs durch gleichzeitiges Einpressen von Zementsuspension statt, siehe auch Abbildung 114. Die Sekundärpfähle können z. B. mit eingerüttelten HEB-Profilen armiert werden.

Das Verfahren eignet sich vorzugsweise in nicht bindigen Böden mit gleichmäßigem Aufbau und ausreichendem Porenvolumen. Mit dem WSM-Verfahren können Säulen mit einem Durchmesser von 400 mm bis 1200 mm und einer Länge von max. 26 m hergestellt werden.

Klassische Verfahren (z. B. Bohrpfahlwände) können mit dem WSM-Verfahren kombiniert werden. Hierbei können z. B. die Primärpfähle mittel WSM-Methode hergestellt und anschließend die Sekundärpfähle als konventionelle Ortbeton-Bohrpfähle ausgebildet werden.

Abbildung 114: Wet Speed-Mixing – WSM-Bodenmischverfahren, [67]

5.4.8 Elementwände

5.4.8.1 Allgemeines

Ein Sonderverfahren zur Sicherung von Baugrubenwänden, steilen Böschungen und rutschgefährdeten Hängen stellt die Elementwand dar. Die Sicherung erfolgt mit Hilfe von mit Verpressankern rückverankerten Fertigteilen aus Stahlbeton (Ankerplatten) sowie bewehrtem Spritzbeton.

Der Boden wird abschnittsweise ausgehoben und mit bewehrtem Spritzbeton gesichert. Anschließend werden im statisch erforderlichen Rasterabstand die Verpressanker gebohrt und die Stahlbetonelemente eingesetzt.

Nach der Erhärtung des Verpressmörtels der Anker werden die Anker angespannt, und der nächste Bodenabschnitt wird ausgehoben, siehe auch Abbildung 115. Der bewehrte Spritzbeton wirkt dabei wie eine Ausfachung und überträgt den Erddruck auf die Stahlbetonelemente und den dort angebrachten Anker.

Bedingung für die Herstellung ist ein zumindest kurzzeitig standfester Baugrund. Falls erforderlich, müssen die Anker und Stahlbetonelemente treppenförmig oder schachbrettartig angeordnet werden.

Abhängig vom Abstand der Stahlbetonelemente untereinander wird unterschieden zwischen

- geschlossenen Elementwänden und
- aufgelösten Elementwänden.

Da die Herstellung mit verhältnismäßig leichten Geräten erfolgen kann, ist der benötigte Arbeitsraum gering, sodass Elementwände auch in unwegsamem Gelände hergestellt werden können. Das Verfahren findet bei entsprechender Gestaltung der Oberfläche insbesondere Anwendung bei Dauerkonstruktionen, z. B. Tunnelportalen, Durchfahrten, Stützmauern usw.

Elementwände sind i. d. R. nicht für große Verbautiefen geeignet. Die Wirtschaftlichkeit muss durch Gegenüberstellung mit anderen Verfahren ermittelt werden. Die Auswahl einer solchen, wenn auch teureren Lösung kann sich aber durchaus auch aus baustellenbedingten Notwendigkeiten ergeben.

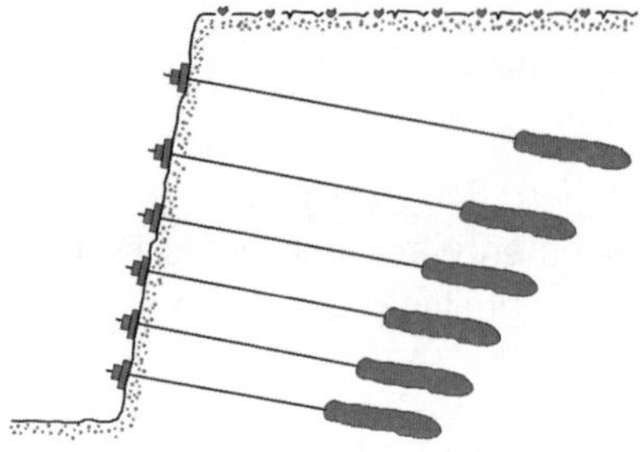

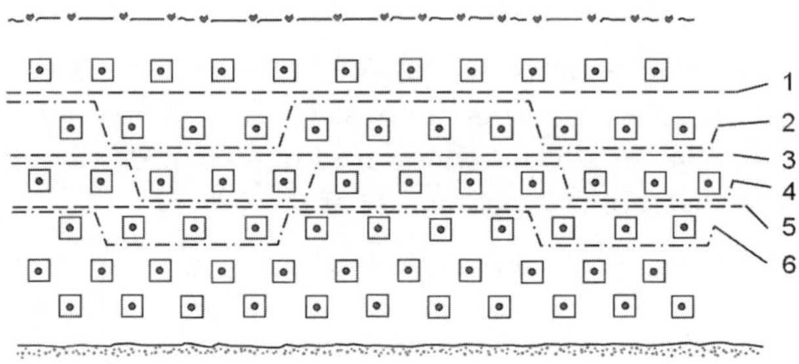

Abbildung 115: Systemskizze einer aufgelösten Elementwand mit Aushub- und Herstellschritten 1 bis 6; aus [76]

5.4.8.2 Ausführungsformen von Elementwänden

5.4.8.2.1 Geschlossene Elementwände

Werden die einzelnen Ankerplatten dicht an dicht gesetzt, so spricht man von einer geschlossenen Elementwand, siehe Abbildung 116 und Abbildung 117. Die aus Stahlbeton bestehenden Platten weisen je nach Baugrundverhältnissen, Standsicherheit des Hanges, Abstand der Anker und ausführungstechnischen Gegebenheiten in der Regel folgende Abmessungen auf

- Höhe = 1,5 m bis 3,0 m
- Länge = 2 m bis 8 m
- Dicke = 2 cm bis 30 cm (je nach statischem Erfordernis)
- Anzahl der Anker pro Platte = 1 bis 3,
  (bei Ortbetonplatten meist 2, bei Fertigteilplatten meist 1)
- mittlere Wandneigung = 10:1 oder flacher

Aus herstellungstechnischen Gründen werden die Platten meistens senkrecht versetzt, jedoch in den einzelnen Etagen gegeneinander abgetreppt. Nach Fertigstellung der ersten Lage und der gespannten Anker wird abschnittsweise die nächste Ebene hergestellt. Es muss gewährleistet sein, dass der Baugrund bis zum Spannen der Anker standsicher ist.

Die Platten können vorgefertigt sein oder aus bewehrtem Ortbeton bestehen. Bei Fertigteilplatten kann die Optik bei ständig sichtbaren Flächen durch eine Oberflächenstrukturierung oder eine Bepflanzung verbessert werden.

Um eine ausreichende Entwässerung des Hangfußes zu gewährleisten, sollte an der Rückseite geschlossener Ankerwände ein mindestens 20 cm bis 50 cm dicker Filterbeton eingebracht werden, siehe auch [68].

Abbildung 116: Beispiel für eine geschlossene Elementwand

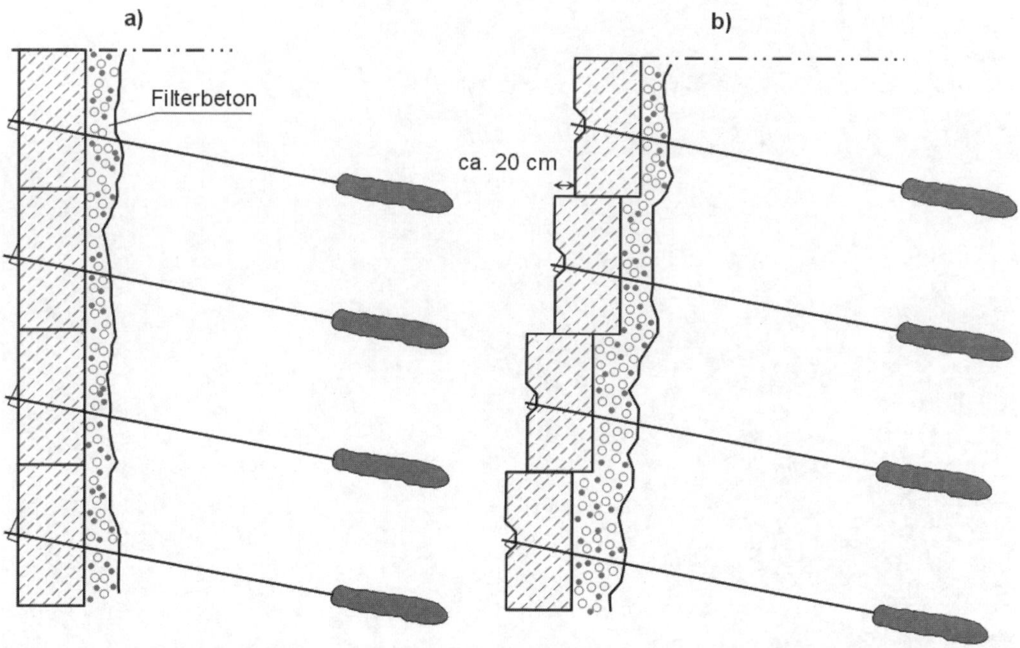

Abbildung 117: Rückverankerte geschlossene Elementwand; a) gerade Wand mit vorstehenden Ankerköpfen; b) leicht geneigte Wand mit versetzten Elementen und versenkten Ankerköpfen

5.4.8.2.2 *Aufgelöste Elementwände*

Aufgelöste Elementwände können mittels Ankerplatten aus Stahlbetonfertigteilen oder aus Spritzbeton hergestellt werden:

a) Aufgelöste Elementwände mit Stahlbetonfertigteilen

Zunächst wird die Wand im Zuge des abschnittsweisen Aushubs mit einer bewehrten Spritzbetonschale gesichert. Dabei wird nur so viel Fläche freigelegt, wie erdstatisch bzw. felsmechanisch vertretbar ist. Bei Fels, bei dem nur eine großräumige Klüftigkeit abgesichert werden soll, kann die Oberfläche auch unbehandelt bleiben. Parallel dazu wird die Ankerherstellung vorgenommen. Die Ankerabstände ergeben sich aus der statischen Nachweisführung und liegen i. d. R. zwischen 2,0 m und 3,0 m. Bei Fels können sie u. U. auch konstruktiv angeordnet sein.

Abbildung 118: Beispiel für eine aufgelöste Elementwand

Auf den Spritzbeton wird je Anker eine Fertigbetonplatte aufgelegt und der Anker festgelegt. Die Platten haben eine Seitenlänge von 1,0 m bis 1,5 m bei einer Dicke von 15 cm bis 30 cm. Die Stahlbetonplatten sollten so verteilt sein, dass sie im Bedarfsfall zu einer geschlossenen Wand ergänzt werden können. Auch hier kann es erforderlich werden, die Wand leicht zu neigen oder abzutreppen, siehe auch Abbildung 118.

Die Abmessungen der Elemente hängen nicht nur von geotechnischen Gesichtspunkten ab, sondern auch von der Handhabung bei Transport und Einbau. Das sehr wirtschaftliche Verbausystem erfordert neben den üblichen geotechnischen Vorerkundungen besonders sorgfältige Kontrollmessungen während der Bauzeit und z. T. auch einige Jahre danach. Da während der Herstellung im Vergleich mit z. B. einer Bohrpfahlwand erhöhte Setzungen möglich sind, ist die Anwendung einer solchen Lösung im Nahbereich von sensiblen Bebauungen eingehend zu untersuchen.

b) Aufgelöste Elementwand in Ortbetonausführung

Der Arbeitsablauf entspricht der aufgelösten Elementwand mit Fertigteilen, jedoch wird hier die jeweilige Ankerplatte in Ortbeton erstellt. Dazu wird entweder eine Schalung gesetzt oder lediglich eine punktuelle Verstärkung der Spritzbetonschale vorgenommen, siehe Abbildung 119. Bei Ortbetonplatten sind Größen von 2 m² bis 4 m² allgemein üblich. Die Wand kann bei entsprechender Standfestigkeit des Bodens steil sein oder geneigt bzw. abgetreppt ausgeführt werden.

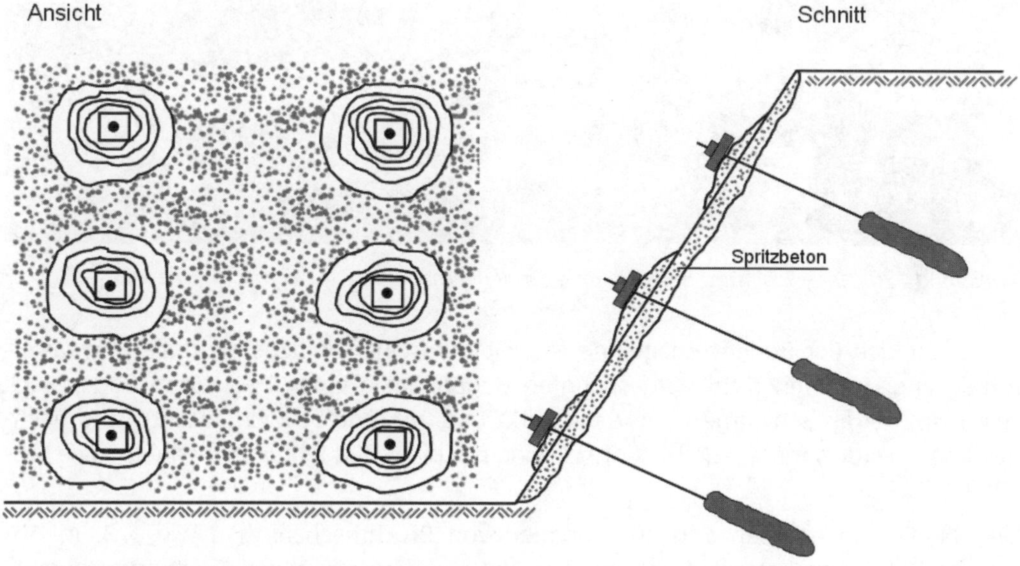

Abbildung 119: Beispiel für eine aufgelöste Elementwand in Ortbetonausführung

Vielfach ist dieses System bei der Hangsicherung in Verbindung mit Bodennägeln üblich. Die möglichen Rasterabstände entsprechen der Fertigteilausführung. Ein großer Vorteil des Systems ist, dass die Handhabung mit schweren Fertigteilen entfällt.

Soweit statisch möglich, kann die Verstärkung im Ankerkopfbereich auch entfallen. In diesem Fall handelt es sich um eine reine rückverankerte Spritzbetonwand.

5.4.9 Bodenvernagelung

5.4.9.1 Allgemeines

Die Bodenvernagelung entspricht im Grundsatz der aufgelösten Elementwand. Anstelle von vorgespannten Ankern werden jedoch nicht vorgespannte Bodennägel verwendet, und statt Stahlbetonelementen kommen i. d. R. Nagelkopfplatten und Muttern aus Stahl zur Anwendung, siehe auch Abbildung 120.

Abbildung 120: Hangsicherung mit Hilfe einer Bodenvernagelung

Die Grundidee der Bodenvernagelung ist, mit Hilfe einer Spritzbetonschale und rasterförmig angeordneten nicht vorgespannten Bodennägeln einen bewehrten Bodenblock zu bilden, der als Schwergewichtswand wirkt und wie eine Schwergewichtswand nachgewiesen werden muss: Gleit-, Kipp-, Grundbruch-, Geländebruchsicherheit, siehe Abbildung 121 (a).

Die Nägelkräfte ergeben sich aus Variation von Bruchmechanismen wie z. B. in Abbildung 121 (b) dargestellt. Dabei müssen die aus dem gewählten Gleitkörper herausragenden Bodennägel die für das Kräftegleichgewicht erforderlichen Kräfte unter Berücksichtigung der zulässigen Verbundspannungen aufnehmen und in den Boden übertragen können.

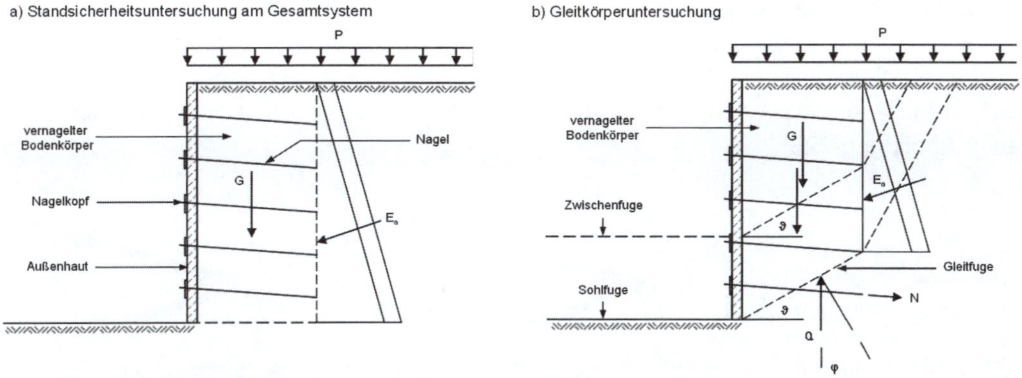

Abbildung 121: Schematische Darstellung Nagelwand sowie innere und äußere Kräfte im System

Die Bodenvernagelung weist folgende Vorteile auf: Sie ist weitgehend erschütterungs- und lärmarm, kann mit relativ kleinem Gerät ausgeführt werden und ist daher von den räumlichen Verhältnissen her gesehen sehr flexibel und wirtschaftlich einsetzbar.

Die Bodenvernagelung ist aber aufgrund der Herstellweise keine verformungsarme Verbaumaßnahme bzw. Hangsicherung, da die Aktivierung der nicht vorgespannten Nägel eine gewisse Verformung benötigt. Zwingende Voraussetzung ist ein zumindest temporär standfester Boden. »Temporär« beinhaltet hier das Erfordernis der möglichen Freilegung der Bodenoberfläche sukzessive während des Aushubs, ohne dass Boden herausbricht oder herausrieselt, aber auch den Zeitbedarf zur Anbringung des Spritzbetons und evtl. Dränmaßnahmen, sowie Bohren und Aushärten der Nägel.

Bei der Ausführung einer Bodenvernagelung sind die DIN EN 14490 [28], die beiden Teile der DIN EN 14487 [75], [78] und als nationale Anwendungsregel die DIN 18551 [79] sowie insbesondere die Einbau- und Verwendungshinweise der bauaufsichtlichen Zulassung des eingesetzten Bodenvernagelungssystems zu berücksichtigen, siehe z. B. [80].

5.4.9.2 Ausführungsformen von Bodenvernagelungen

Nagelwände können zur temporären oder dauerhaften Sicherung von steilen Geländesprüngen und Baugruben verwendet werden. Typische Anwendungsbeispiele sind in Abbildung 122 dargestellt.

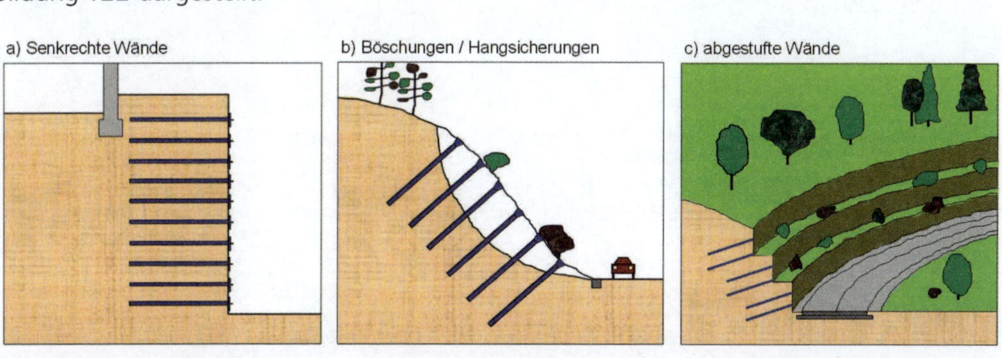

Abbildung 122: Anwendungsbeispiele für Bodenvernagelungen

Damit sich hinter der Spritzbetonhaut kein Wasser aufstaut, erfolgt die Ausführung i. d. R. unter Verwendung von Filtermaterial (z. B. Kokosmatten oder geotextile Filtermatten) hinter der Spritzbetonschale oder mittels Drainageöffnungen in der Spritzbetonschale und ggf. Dränbohrungen in den Boden zur Fassung und Ableitung von Schichtenwasser, siehe auch Abbildung 123.

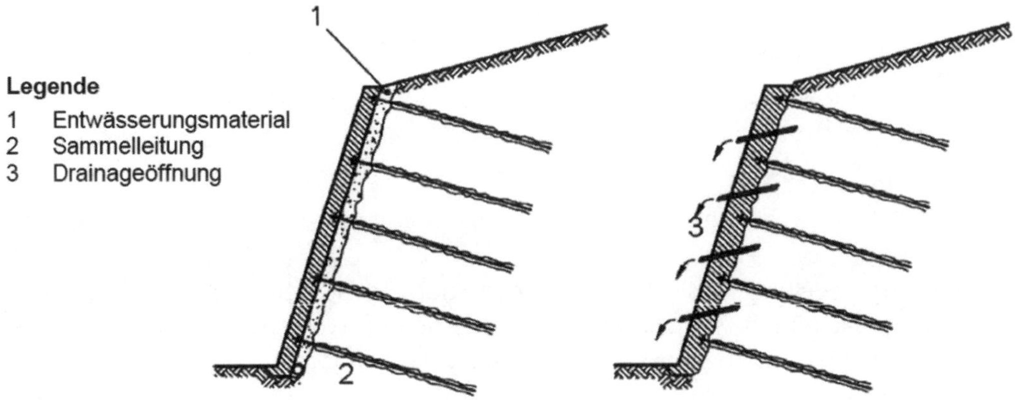

Abbildung 123: Dränsysteme für starre und undurchlässige Frontausbildungen, aus DIN EN 14490 [28]

5.4.9.3 Verfahrenstechnik

Die Herstellung einer Nagelwand erfolgt in folgenden Teilschritten, siehe auch Abbildung 124:

1) Boden wird in Lagen von etwa 1,0 m bis 2,0 m ausgehoben (je nach Standfestigkeit)
2) Aufbringung einer bewehrten Spritzbetonschale
3) Nach Erhärten des Spritzbetons werden im statisch erforderlichen Raster Bodennägel eingebracht und mittels Nagelkopfplatte und Mutter mit der Spritzbetonschale kraftschlüssig verbunden. Die Mutter kann sich an die Kalotte der Nagelkopfplatte anpassen und so Neigungsdifferenzen in Grenzen ausgleichen.
4) Nach ausreichender Erhärtung des Verpressmaterials der Nägel erfolgt der weitere Bodenaushub

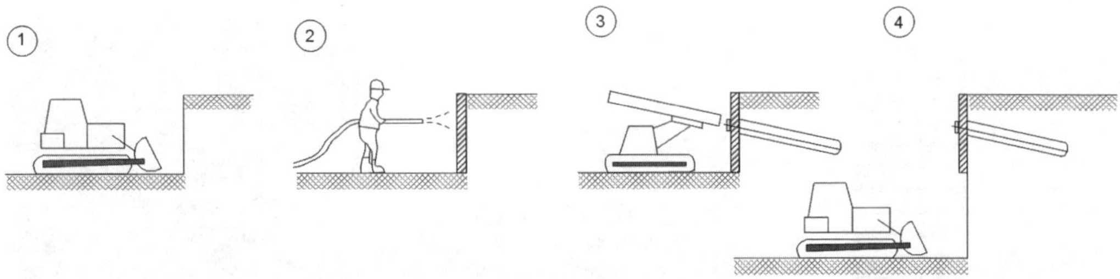

Abbildung 124: Herstellung einer Nagelwand »von oben nach unten«, aus [81]

Als Tragglieder werden i. d. R. Gewindestahlstäbe Ø 20 mm bis Ø 63 mm eingesetzt mit Längen von typischerweise 0,5 bis 0,7-mal der endgültigen Wandhöhe, in einer Dichte von ca. 1 Stab auf 1 m^2 bis 3 m^2. Die Dicke des Spritzbetons beträgt bei temporären Wänden etwa 100 mm, bei permanenten Wänden etwa 200 mm.

Für die Herstellung des Bodennagels existieren derzeit verschiedene Bodenvernagelungssysteme.

Sie können z. B. vorgebohrt und eingepresst (z. B. GEWI-Stähle) oder selbstbohrend (z. B. Ischebeck-Titan) hergestellt werden, siehe hierzu auch Abbildung 125.

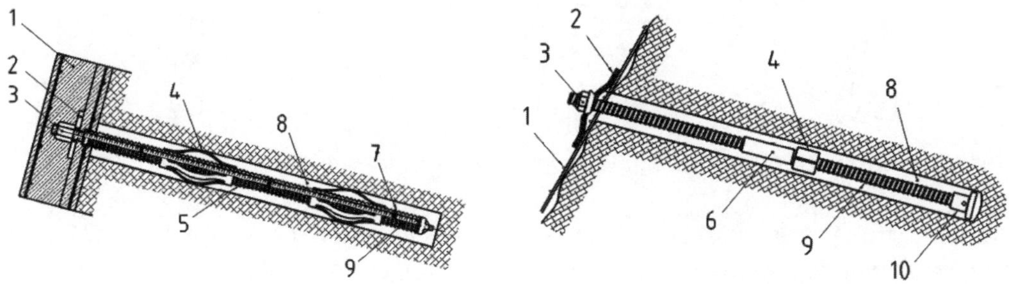

a) vorgebohrt und eingepresst **b) selbstbohrend**

Legende

1	Frontausbildung	6	Kupplungsstück
2	Kopfplatte	7	innerer Abstandhalter
3	Sicherungsmutter	8	Ringraum des Einpressmittels
4	äußerer Abstandhalter	9	Bewehrung
5	Kanal	10	Bohrkrone

Abbildung 125: Typische Bestandteile eines Bodenvernagelungssystems mit einer starren/bedingt nachgiebigen Frontausbildung, aus DIN EN 14490 [28]

Der Verbund zwischen Gewindestab und Boden wird durch Einpressen bzw. Verfüllen mit Zementmörtel hergestellt. Der Zementkörper schützt den Gewindestab vor Korrosion und überträgt die Zugkraft des Bodennagels über Verbundspannungen in den umgebenden Boden.

Bei dauerhafter Anwendung sind i. d. R. zusätzliche Korrosionsschutzmaßnahmen zu berücksichtigen, z. B. werkseitige Ummantelung des Bodennagels mit einem mit Zementsuspension verpressten Ripprohr (System GEWI).

Detaillierte Regelungen sind der bauaufsichtlichen Zulassung des jeweiligen Bodenvernagelungssystems zu entnehmen.

5.4.10 Injektionswände

5.4.10.1 Allgemeines

Grenzt eine Baugrube direkt an ein bestehendes Bauwerk, so stellt die Ausbildung einer Injektionswand unterhalb des Gebäudes häufig die technisch und wirtschaftlich optimale Lösung dar. Die Injektionswand fungiert in diesem Fall als Unterfangung des angrenzenden

Gebäudebereichs, siehe auch DIN 4123 [35]. Sie kann dabei neben der abstützenden Funktion infolge der Verfestigung des anstehenden Bodens auch eine wasserabdichtende Funktion durch die Verfüllung der Porenräume des Bodens mit Injektionsmitteln übernehmen. Sie kann auch verankert werden, Abbildung 126.

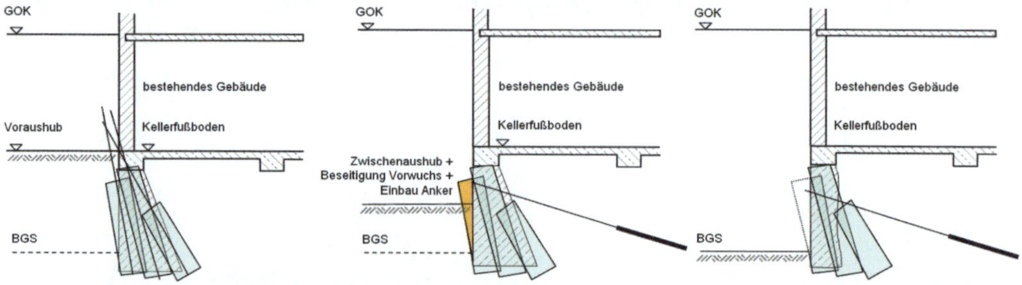

Abbildung 126: Herstellung einer Bauwerksunterfangung mittels Injektionskörpern

Während früher Poreninjektionen im Niederdruckverfahren nach DIN EN 12715 [25] eingesetzt wurden, werden heute Bodenverfestigungen in bindigen wie auch in nichtbindigen Böden überwiegend mit dem Düsenstrahlverfahren (DSV) nach DIN EN 12716 [26] ausgeführt. Die nachfolgenden Ausführungen beschränken sich auf die Herstellung von Injektionswänden mit Hilfe des DSV-Verfahrens.

Abbildung 127 zeigt ein Ausführungsbeispiel für eine rückverankerte bzw. ausgesteifte Unterfangung mit Hilfe des DSV-Verfahrens.

Abbildung 127: Rückverankerte sowie ausgesteifte Unterfangungswand aus DSV-Injektionssäulen

Beim Düsenstrahlverfahren wird der Boden unter hohem Druck aufgeschnitten und mit einem Bindemittelgemisch (i. d. R. Zementgemisch) zu einem Erdbeton vermischt. Die wesentliche Aufgabe bei der Planung einer Injektionswand besteht in der Wahl des für den vorliegenden Boden geeigneten Verpressmittels, des Verpressdrucks und des Bohrlochrasters. Die Abstände und die Neigung der Injektionen richten sich nach den erwarteten Durchmessern der DSV-Säulen, die wiederum vom Injektionsmittel, dem Korngefüge des Bodens und dem Verpressdruck abhängen. I. d. R. werden zur Festlegung und zur Überprüfung des Düsdurchmessers vor Beginn der Baumaßnahme Probesäulen hergestellt.

Bei der Ausführung von Injektionskörpern mittels DSV-Verfahren sind neben der Ausführungsnorm DIN EN 12716 [26] insbesondere die Ausführungs- und Entwurfsbestimmungen der bauaufsichtlichen Zulassung des jeweiligen Herstellers zu berücksichtigen, siehe z. B. [82].

5.4.10.2 Ausführungsformen

Abhängig von der Bodenbeschaffenheit und dem verwendeten Gerät bzw. der Verfahrenstechnik (Art des Schneidstrahls, Schneiddruck, Rotations- und Ziehgeschwindigkeit) sind Säulendurchmesser bis 3 m und mehr möglich, üblicherweise werden Durchmesser von ca. 1,2 m bis 2,2 m erzielt, bei Unsicherheiten diesbezüglich empfiehlt sich die Ausführung von Probesäulen vorab. DSV-Säulen können sehr flexibel sowohl vertikal als auch geneigt oder horizontal hergestellt werden. Durch Aneinanderreihen lassen sich stehende oder liegende Scheiben und Wände ebenso wie großvolumige Körper herstellen. Ebenfalls ist eine Herstellung von Teilsäulen (z. B. Halbsäulen, Viertelsäulen) möglich, indem das Injektionsgestänge nicht vollständig gedreht, sondern in definierten Winkeln oszillierend bewegt wird. Mögliche Ausführungsgeometrien sind in Abbildung 128 dargestellt.

Die Abstützung von Unterfangungswänden erfolgt in der Regel mit vorgespannten Verpressankern.

Neben der Anwendung bei der Unterfangung von Fundamenten werden Injektionen für die Ausbildung von Baugrubenwänden in Bereichen verwendet, in denen Schlitz- und Bohrpfahlwände wegen Versorgungsleitungen oder Kanälen unterbrochen werden müssen.

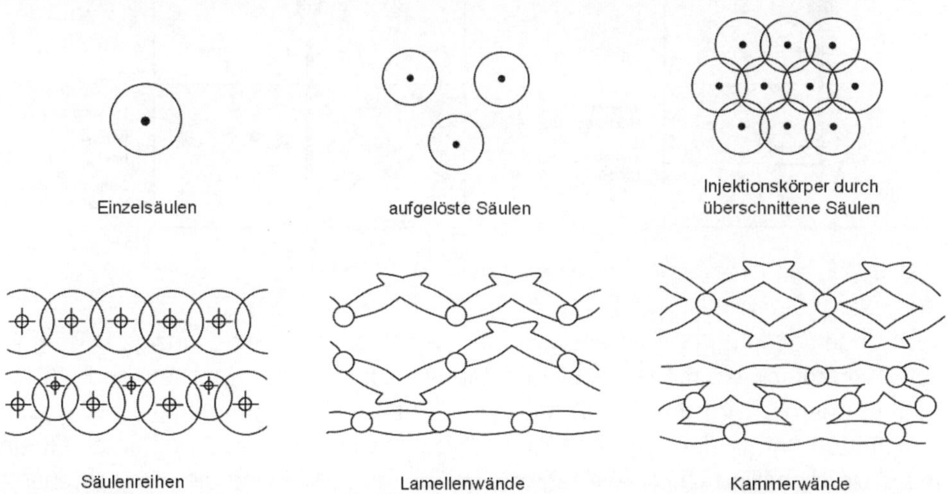

Abbildung 128: Ausführungsformen von DSV-Körpern

Weiterhin werden Injektionen in Verbindung mit anderen Verbauarten als lokale, erdseitige Abdichtungshilfen von undichten Stellen benutzt, wie z. B. bei aus den Schlössern gesprungenen Spundbohlen oder nicht mehr überschnittenen Pfahlwänden. Schließlich können Injektionen auch bei der Herstellung horizontaler Abdichtung der Baugrubensohle angewendet werden. Näheres hierzu siehe Abschnitt 5.5.4.

5.4.10.3 Verfahrenstechnik

Zur Herstellung eines DSV-Körpers wird zunächst eine Injektionslanze in den Boden eingebohrt. In der Regel wird hierfür ein spülungsunterstütztes Nassbohrverfahren verwendet. Nach Erreichen der Endtiefe wird an der Spitze der Lanze eine mineralische Bindemittelsuspension unter hohem Druck ins Erdreich injiziert (Drücke bis 600 bar, Austrittsgeschwindigkeit an der Düse > 100 m/s). Der scharfe Strahl schneidet das anstehende Bodenmaterial auf. Dabei wird der Boden erodiert und mit der Bindemittelsuspension vermischt, sodass sich in Verbindung ein betonartiger Körper bildet. Der natürliche Boden fungiert dabei als Zuschlagstoff.

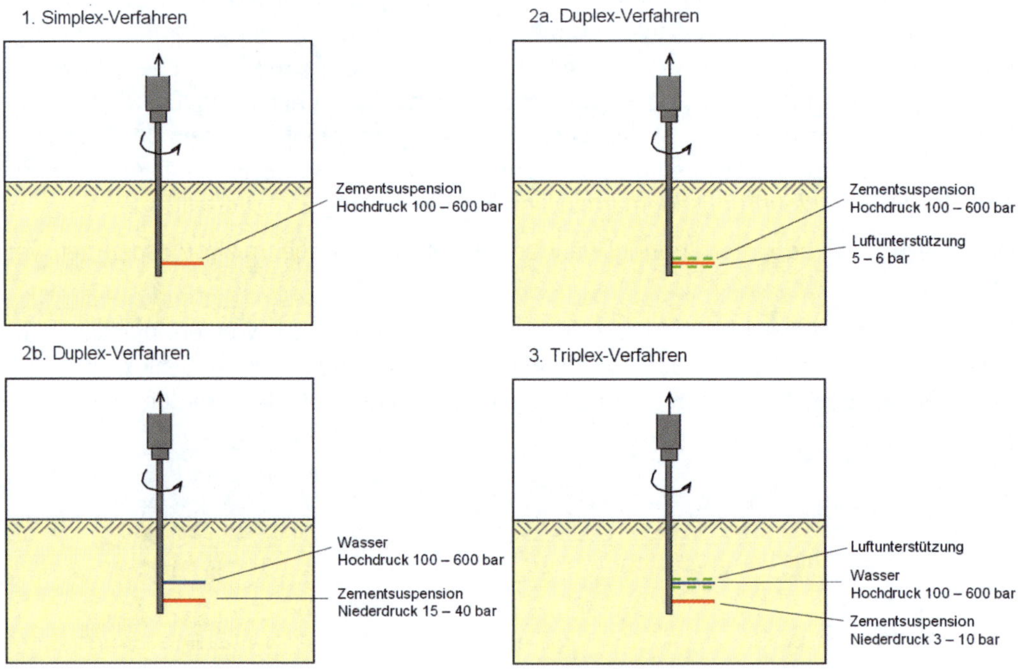

Abbildung 129: Verfahrenstechniken zur Herstellung von DSV-Körpern

Je nach angewendetem Verfahren wird die Suspension über eine einzige Düse injiziert (Simplex-Verfahren), ein mit Druckluft ummantelter Bindemittelstrahl verwendet (Duplex-Verfahren) oder es wird der Boden mit einem mit Druckluft ummantelten Wasserstrahl aufgeschnitten und in den auf diese Art vorerodierten Boden das Bindemittel mit einem geringen Druck injiziert (Triplex-Verfahren). In Abbildung 129 sind die verschiedenen Verfahrenstechniken noch einmal schematisch dargestellt. Die Verfahrensschritte zur Herstellung eines DSV-Körpers sind in Abbildung 130 veranschaulicht.

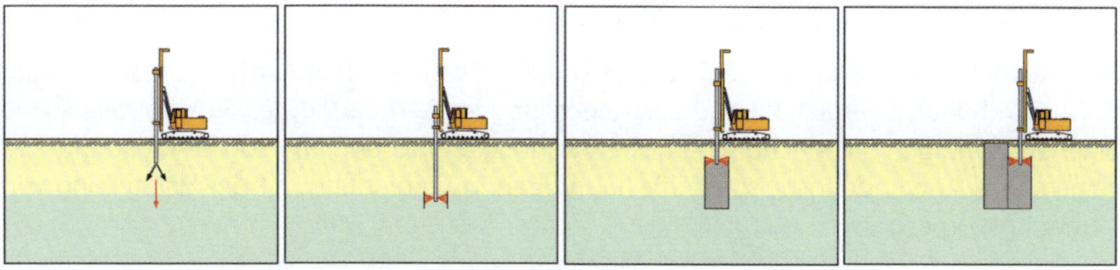

Abbildung 130: Verfahrensschritte zur Herstellung eines DSV-Körpers

Die erreichbare Qualität der Betonkörper ist insbesondere abhängig von der Bodenart, der Suspensionsrezeptur und der Ziehgeschwindigkeit des Gestänges (= Zeitdauer der Vermischung). In Sand- und Kiesböden sind Druckfestigkeiten von 1 MN/m² bis 15 MN/m² und in Schluff und Tonböden von 0,5 MN/m² bis 3 MN/m² erreichbar. Als Zielwert der einaxialen Druckfestigkeit genügt für unverankerte Unterfangungskörper σ_D = 1,5 MN/m², für verankerte Wände σ_D = 3 MN/m², siehe [68].

Einschränkungen der Homogenität bzw. Integrität der Düskörper können insbesondere durch nicht bekannte Hindernisse im Boden bzw. große Steine entstehen, die der Düsstrahl nicht durchdringen kann. In diesen Fällen entstehen hinter den Hindernissen ggf. nicht injizierte Bereiche; man spricht hier von sogenannten Düsschatten.

Die Herstellung von Düsenstrahlkörpern in Bereichen mit fließendem Grundwasser sollte vermieden werden, da das Grundwasser die Suspension verdünnen oder ausschwemmen kann, bevor sie erhärtet. Dies ist insbesondere bei Kiesböden mit potenziell höheren Fließgeschwindigkeiten des Grundwassers und bei Sanierungseinsätzen bei Baugruben mit bereits laufenden Wasserhaltungsmaßnahmen vor der Ausführung zu untersuchen.

5.4.11 Gefrierverfahren

(Autor des Abschnitts: Herr Dipl.-Ing. (FH) Christian Perl, Züblin Spezialtiefbau GmbH)

5.4.11.1 Allgemeines

Das Gefrierverfahren wurde ursprünglich zur Abteufung von Schächten im wassergesättigten, nicht standfesten Gebirge entwickelt und bereits 1883 vom deutschen Bergingenieur Hermann Poetsch zum Patent angemeldet. Durch einen kontinuierlichen Wärmeentzug wird der wassergesättigte Boden so weit abgekühlt, bis das darin befindliche Porenwasser zu Eis gefriert. Boden und Eis bilden einen verfestigten und wasserdichten Frostkörper. Dieser kann sowohl für horizontale als auch für vertikale Baugrubenumschließungen eingesetzt werden.

Der Einsatz des Gefrierverfahrens zur Herstellung von Baugruben stellt jedoch einen Sonderfall dar und beschränkt sich in der Regel auf Sonderkonstruktionen oder Havariemaßnahmen zur Sanierung undichter Verbauwände.

Die Herstellung und Erhaltung des Frostkörpers können mittels Temperaturmessungen zuverlässig kontrolliert werden. Auch inhomogene Baugrundverhältnisse sind in der Regel unproblematisch. Die gefrorenen Bodenstrukturen sind absolut wasserundurchlässig. Das Gefrierverfahren gilt daher als sehr sicher und zuverlässig.

Der Nachteil des Verfahrens liegt in den vergleichsweise hohen Kosten für die Installation, dem hohen Energieaufwand zur Herstellung und Erhaltung des Frostkörpers sowie einer aufwendigen messtechnischen Überwachung. Abbildung 131 sowie Abbildung 132 zeigen zwei Anwendungsbeispiele für Baugruben in Verbindung mit der Herstellung von Vereisungskörpern.

Abbildung 131: Mehrfach rückverankerter Frostkörper als Baugrubenumschließung zur Unterfahrung des Leipziger Hauptbahnhofs

Abbildung 132: Frostkörper zur Sanierung einer undichten Spundwandbaugrube in Amersfoort, NL

5.4.11.2 Verfahrenstechnik

Die Verfahrenstechnik wird im Wesentlichen bestimmt durch

- Technische Bearbeitung
- Herstellung der Gefrierlanzen
- Installation der Gefrieranlage
- Herstellung und Aufrechterhaltung des Frostkörpers
- Messtechnische Überwachung

5.4.11.2.1 Verfahrenstechnik

Spezielle Untersuchungen des Baugrundes zur Festlegung der thermischen und statischen Rechenwerte sind immer dann notwendig, wenn keine Erfahrungswerte vergleichbarer Böden vorliegen. Im Zuge der wärmetechnischen Berechnung werden Lanzenabstand, Aufgefrierzeit und die zu installierende Gefrierleistung bemessen. Weiterhin werden Sollwertvorgaben für die zu installierenden Temperaturmessgeber errechnet. Die Berechnung und Festlegung erfolgt in der Regel mit Hilfe von 2- oder 3-dimensionalen numerischen Modellen, siehe z. B. Abbildung 133.

Bei der statischen Berechnung des Frostkörpers werden dessen Abmessungen festgelegt. Zu berücksichtigen ist dabei die Temperaturabhängigkeit der Festigkeitsparameter des gefrorenen Bodens.

Besonderes Augenmerk ist auf die hydrologische Situation zu legen. Bei Frostkörpern in der Grundwasserwechselzone bzw. oberhalb des Grundwasserhorizonts sind eine ausreichende Wassersättigung des Bodens und die Auswirkungen auf die Festigkeitsentwicklung zu untersuchen.

Eine vorhandene Grundwasserströmung und der damit verbundene hohe Energieeintrag stellen immer ein Risiko für das Schließen der einzelnen Frostkörperwalzen zu einem kompakten Frostkörper dar. Zusätzliche Maßnahmen wie Injektionen oder eine gezielte Beeinflussung des Gradienten können notwendig werden.

Bei frostempfindlichen (bindigen) Bodenschichten können im Verlauf der Vereisungsmaßnahme Hebungen aufgrund der Volumenänderung des gefrorenen Bodens auftreten. Die Auswirkungen auf vorhandene Bauwerke sind in diesem Fall zu untersuchen und zu berücksichtigen.

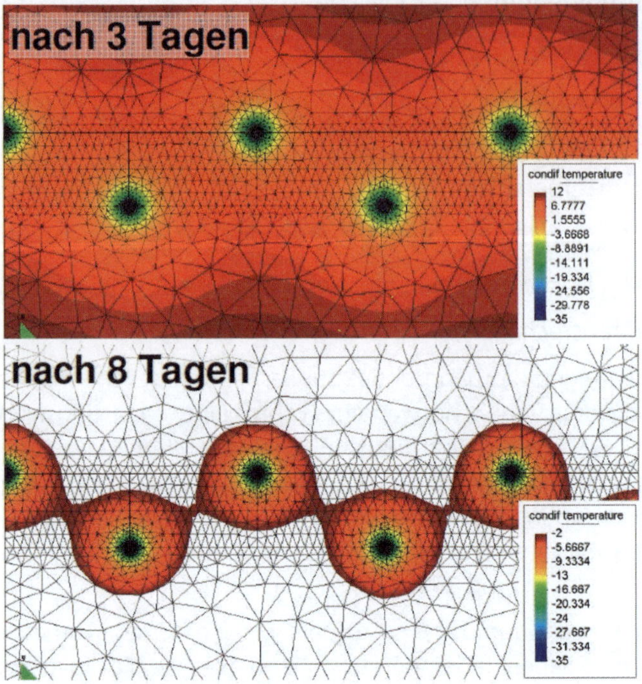

Abbildung 133: Simulation des Frostkörperwachstums mittels numerischer Berechnung (2d)

5.4.11.2.2 Herstellung der Gefrierlanzen

Zunächst sind Gefrierlanzen innerhalb des zu gefrierenden Bodenbereichs einzubringen. In der Regel werden dazu Bohrungen in einem Abstand von 0,9 m bis 1,5 m hergestellt. In diese Bohrungen wird ein Stahlrohr 80 mm bis 100 mm eingebaut. Der Ringraum wird während des Ziehens der Verrohrung mit einem hydraulisch abbindenden Material verpresst, um einen optimalen Wärmeübergang zu gewährleisten.

Liegen die Bohransatzpunkte unterhalb des Grundwasserspiegels, werden häufig verlorene Bohrrohre eingesetzt, d. h. das Bohrrohr verbleibt im Baugrund und wird direkt als Gefrierlanze genutzt.

Besondere Anforderungen werden bei der Herstellung der Gefrierlanzen an die Lagegenauigkeit der Bohrungen und die Dichtigkeit der Lanzen gestellt. Die Lagegenauigkeit wird durch Bohrlochvermessungen nachgewiesen. Zum Nachweis der Dichtigkeit wird eine Druckprobe durchgeführt.

5.4.11.2.3 Gefrierinstallation zur Herstellung des Gefrierkörpers

Zum Gefrieren des Bodens sind dem Boden die vorhandene Wärmeenergie sowie die beim Phasenwechsel des Wassers freiwerdende Latentwärme zu entziehen. Zwei Verfahren kommen dafür zum Einsatz. Benannt nach dem Energieträger unterscheidet man

- Stickstoffvereisung und
- Solevereisung.

Bei der **Stickstoffvereisung**, siehe Abbildung 134 (a), wird tiefkaltverflüssigter Stickstoff auf die Baustelle geliefert und in einem isolierten Silo vorgehalten. Über isolierte Leitungen gelangt der flüssige Stickstoff zur Gefrierlanze. In der Gefrierlanze tritt der Stickstoff aus dem Fallrohr und verdampft beim Kontakt mit der Wandung der Gefrierlanze. Die dafür notwendige Verdampfungswärme wird dem umliegenden Boden entzogen. Der gasförmige Stickstoff wird über ein Abgasrohr an die Umgebung abgegeben. Aufgrund der sehr niedrigen Temperaturen (Siedepunkt –196 °C bei 1 bar) wird der Frostkörper vergleichsweise schnell aufgebaut.

Bei der **Solevereisung**, siehe Abbildung 134 (b), zirkuliert eine als Kühlsole verwendete Kalziumchlorid- oder Ethylenglykollösung in einem geschlossenen Kreislauf. Die Abkühlung der Sole auf Temperaturen zwischen –30 und –45 °C erfolgt in einem Gefrieraggregat. Durch isolierte Rohrleitungen und entsprechende Verteilersysteme gelangt die Sole zum Gefrierrohr, wird mittels Fallrohr zum Bohrlochtiefpunkt geführt und strömt über den Ringraum zum Gefrierkopf zurück. Die dem Boden entzogene Energie erwärmt die Sole um ca. 3 bis 5 K. Die erwärmte Sole wird über den Rücklauf zum Gefrieraggregat rückgeführt.

Das Funktionsprinzip des Gefrieraggregats entspricht im Wesentlichen dem eines Kühlschranks. Ein Kältemittel, zumeist Ammoniak oder ein Sicherheitskältemittel (z. B. R449a), wird verdichtet und kondensiert am Wärmeaustauscher des Kühlwasserkreislaufs oder in einem luftgekühlten Rückkühler. Bei der nachfolgenden Entspannung verdampft das Kältemittel unter Energieaufnahme im Wärmetauscher des Solekreislaufs. Dabei erfolgt die Abkühlung der Sole auf die festgelegte Vorlauftemperatur.

Die Vorteile der Stickstoffvereisung liegen, bedingt durch den größeren Temperaturgradienten, in einem schnelleren Frostkörperaufbau und der Möglichkeit, auch bei einer vorhanden geringen Grundwasserströmung den Frostkörper noch zu schließen. Allerdings sprechen wirtschaftliche Gründe bei größeren und länger andauernden Gefrierprojekten gegen den Einsatz von Stickstoff. Nicht zu vernachlässigen sind auch sicherheitstechnische Aspekte infolge der Sauerstoffverdrängung beim Austritt von Stickstoff in Baugruben oder Schächten.

a) Stickstoffvereisung b) Solevereisung

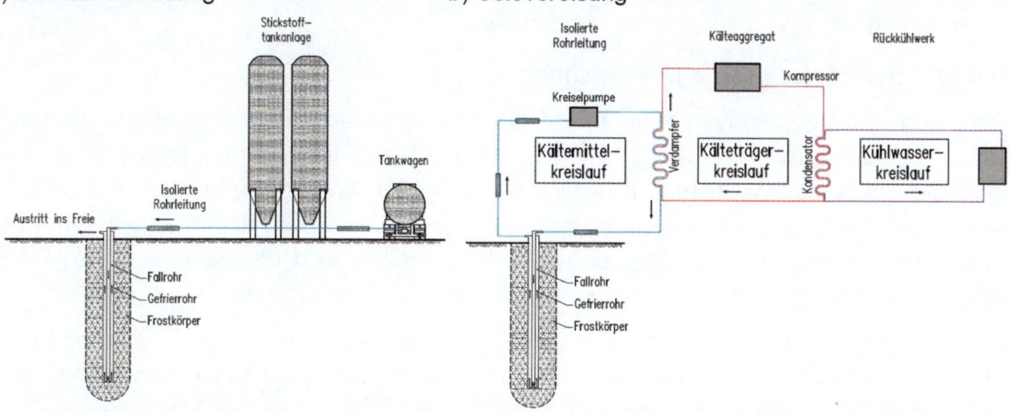

Abbildung 134: Schematische Darstellung von Vereisungsinstallationen (a) Stickstoffvereisung; (b) Solevereisung

Auch der kombinierte Einsatz beider Verfahren ist in Sonderfällen möglich und wurde bereits praktiziert.

Abbildung 135: Installation zur Solevereisung, Verteilung und Gefrierköpfe (links), Gefrieraggregat mit Rückkühlwerk und Soletank (rechts)

5.4.11.2.4 Herstellung und Aufrechterhalten des Frostkörpers

Die Ausbildung des Frostkörpers erfolgt in zwei Stufen. Zunächst bilden sich um die Gefrierlanzen walzenförmige Frostkörper, diese wachsen im weiteren Verlauf zu einem kompakten Körper zusammen. Die Zeitspanne bis zur vollständigen Ausbildung der planmäßigen Frostkörperkubatur wird als **Aufgefrierphase** bezeichnet.

In der sich anschließenden **Erhaltungsphase** übernimmt der Frostkörper die ihm zugedachte statische bzw. dichtende Funktion. In dieser Phase sinkt der Energiebedarf zur Erhaltung des Frostkörpers auf die zugeführte Wärmemenge. Um ein weiteres Anwachsen und die damit ggf. verbundenen Volumenänderungen zu verhindern, kann die Kühlung zeitweise unterbrochen werden (intermittierender Kühlbetrieb).

Die ständige Gewährleistung der Funktionsfähigkeit der Gefrieranlage und die Kontrolle der Temperaturentwicklung während der unterschiedlichen Bauphasen sind über die gesamte Standzeit des Frostkörpers sicherzustellen.

5.4.11.2.5 Messtechnische Überwachung

Die messtechnische Überwachung eines Gefrierprojekts stellt einen wesentlichen Bestandteil der Qualitätssicherung dar. Über die im Baugrund eingebrachten Temperaturlanzen wird das Frostkörperwachstum in unterschiedlichen Querschnitten gemessen. Indirekten Aufschluss über die gleichmäßige Frostkörperentwicklung geben die im Solekreislauf gemessenen Vor- und Rücklauftemperaturen. Letztendlich wird die Dichtigkeit des Frostkörpers oder der gesamten Baugrube mittels Pumpversuch nachgewiesen.

Die Aufnahme und Verarbeitung der Vielzahl von Messwerten erfolgen vollautomatisch über eine Messanlage. Für die Aufbereitung und Visualisierung der Daten stehen entsprechende Softwarelösungen zur Verfügung.

Abbildung 136 zeigt beispielhaft die graphische Auswertung von Messergebnissen im Boden sowie im Solesystem.

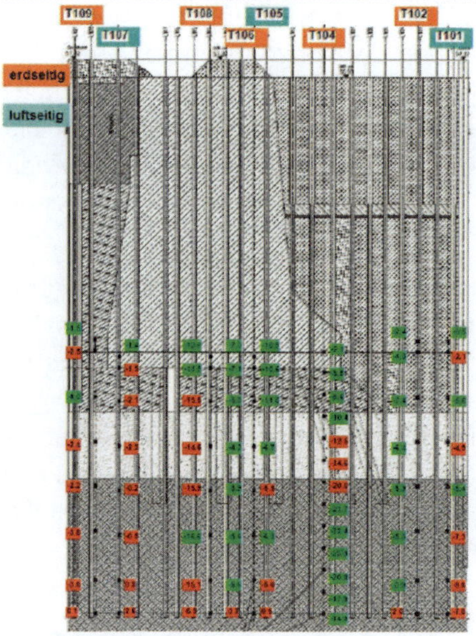

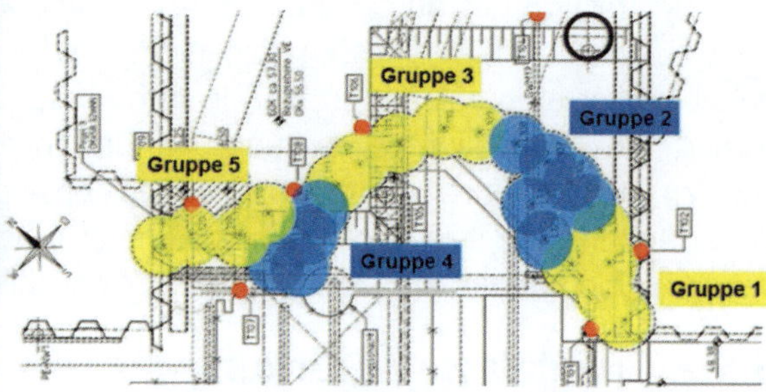

Abbildung 136: Darstellung der Temperaturmesswerte im Boden (links) und im Solesystem (rechts)

5.5 Horizontale Baugrubenumschließungen bei Baugruben im Grundwasser

5.5.1 Allgemeines

Kann durch Wasserhaltungsmaßnahmen das anstehende Grundwasser bis unter die Baugrubensohle abgesenkt werden, so ist die Baugrubenwand wie bei einer Baugrube im Trockenen zu behandeln. Grundwasserabsenkungen sind jedoch nicht immer technisch möglich, erlaubt oder wirtschaftlich durchzuführen und können in Nachbarbereichen zu Setzungen oder zum Trockenfallen der Wurzeln geschützter Bäume führen.

In diesem Fall ist neben einer wasserdichten Verbauwand (vertikale Baugrubenumschließung, siehe Abschnitt 5.4) auch eine horizontale, wasserdichte Baugrubensohle (horizontale Baugrubenumschließung) erforderlich. Hierdurch entsteht eine weitgehend wasserdichte Baugrube, bei der nach dem einmaligen Lenzen nur sehr kleine Restwassermengen anfallen.

Als horizontale Baugrubenumschließungen kommen im Wesentlichen in Frage

- natürliche Abdichtung (Abschnitt 5.5.3)
- Düsenstrahlsohle (DSV-Sohle) (Abschnitt 5.5.4)
- Unterwasserbetonsohle (UWB-Sohle) (Abschnitt 5.5.5)
- Weichgelsohle (Abschnitt 5.5.6)
- Sonderverfahren wie z. B. Vereisung oder Biosealing

Auf die Sonderverfahren wird im Folgenden jedoch nicht näher eingegangen.

Neben wirtschaftlichen Aspekten sind für die Festlegung der horizontalen Sohlenart insbesondere die örtlichen Gegebenheiten (z. B. anstehender Boden, Grundwasserverhältnisse, angrenzende Bebauung), die zu erfüllenden technischen Anforderungen an die Sohle (z. B. Verformungskriterien, Wasserdurchlässigkeit, Nachweis Auftriebssicherheit und hydraulischer Grundbruch) sowie der sich aus dem jeweiligen Verfahren ergebende Bauablauf von Bedeutung.

Jede Baugrubenumschließung hat systembedingt entsprechend ihren Materialien und ihrer Herstellung Restdurchlässigkeiten. Unbemerkte Fehlstellen, z. B. durch Düsschatten oder Herstellungsfehler, lassen sich nicht immer hundertprozentig ausschließen. Es ist daher immer empfehlenswert und in der wasserrechtlichen Genehmigung oft auch gefordert, nach Herstellung einer Baugrubenumschließung so früh wie möglich einen Pumpversuch durchzuführen, um nachzuweisen, dass die erzielte Dichtigkeit im Rahmen der Erwartungen liegt. Dabei sollte ein geeignetes Messprogramm installiert werden, das eine Lokalisierung oder Eingrenzung einer evtl. Fehlstelle zulässt.

5.5.2 Grundwasserabsenkung

Die einfachste und bei geringen Eintauchtiefen häufig wirtschaftlichste Möglichkeit, Baugruben im Grundwasser herzustellen, ist, den Grundwasserstand mit Hilfe einer Wasserhaltung so weit abzusenken, dass die Baugrubensohle oberhalb des abgesenkten Grundwasserspiegels liegt, siehe auch Abbildung 137. Die Auswahl einer geeigneten Wasserhaltung richtet sich nach der Durchlässigkeit der anstehenden Böden. Mögliche Grundwasserhaltungsmaßnahmen sind

- Offene Wasserhaltung (Pumpensümpfe und Drainageleitungen)
- Schwerkraftentwässerung mittels Flach- oder Tiefbrunnen
- Vakuumentwässerung (bei sehr feinkörnigen, wenig durchlässigen Böden)

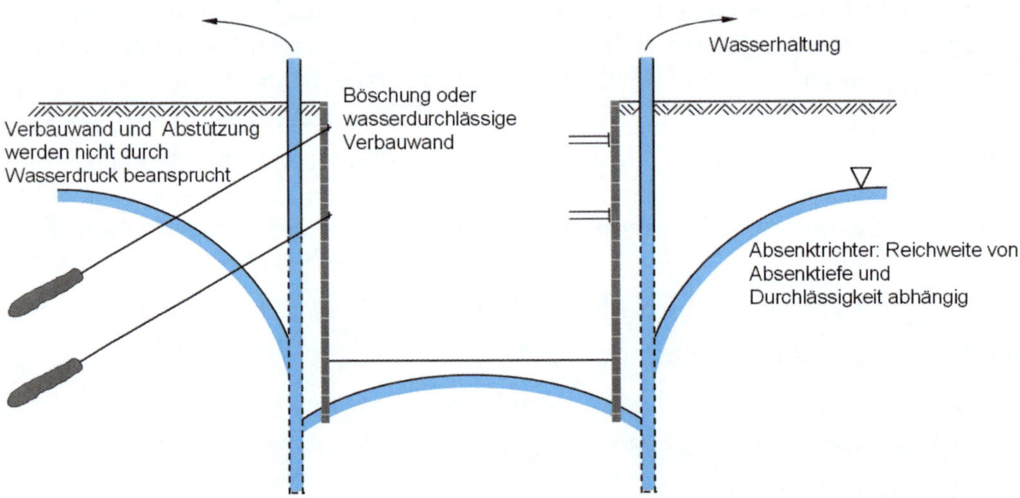

Abbildung 137: Baugrube mit Grundwasserabsenkung

Durch die Absenkung des Grundwassers kann die Baugrube geböscht oder mit einem wirtschaftlichen vertikalen wasserdurchlässigen Verbau ausgeführt werden. Solange die abzusenkende Grundwasserhöhe und damit die abzupumpende Grundwassermenge nicht übermäßig groß ist, ist diese Bauweise sehr wirtschaftlich und hat einen nur geringen bautechnischen Aufwand. Vorteilhaft ist ebenfalls, dass die vertikale Verbauwand statisch nicht mehr auf den Wasserdruck ausgelegt werden muss, sondern nur auf den Erddruck. Hierdurch ergeben sich Einsparungen bei der Dimensionierung des Verbaus und einer ggf. vorhanden Abstützung (Anmerkung: In Abhängigkeit von dem Absenktrichter muss der Wasserdruck ggf. bei der Berechnung der tiefen Gleitfuge berücksichtigt werden und hat damit einen Einfluss z. B. auf die Länge von Verpressankern).

Nachteilig ist:

- Durch die ggf. weit reichenden Absenktrichter des Grundwassers können in Nachbarbereichen Setzungen im Boden entstehen, die für eine vorhandene Bebauung oder vorhandene Leitungen kritisch werden können.
- Hohe Vorhaltekosten der Wasserhaltung und hohe Kosten für Strom und die Einleitung des abgepumpten Grundwassers in die öffentliche Kanalisation bei lang andauernden Baustellen, sehr durchlässigen Böden und im Fall großer Absenktiefen.
- Umweltverträglichkeit (Trockenfallen von benachbarten Brunnen oder Baumvegetation; in innerstädtischen Bereichen oder Flächen mit nachindustriellen Nutzungen kann die Einschleppung von entfernten Kontaminationen durch die bei Wasserhaltungen einsetzende Strömung ein Kriterium sein).
- Falls belastetes Grundwasser abgepumpt wird, muss dieses erst aufwändig und kostenintensiv gereinigt werden, bevor es in die Kanalisation oder in natürliche Gewässer eingeleitet werden darf.

5.5.3 Natürliche Abdichtung

Stehen unter der Baugrubensohle flächige und ausreichend erkundete natürliche Bodenschichten mit einer sehr geringen Durchlässigkeit (sogenannte Stauer) an, so können »Teildichte Baugruben« ausgeführt werden. Hierbei werden wasserdichte Baugrubenumschließungen bis in die natürliche, wasserundurchlässige Bodenschicht eingebracht. Die Baugrubenwand wird in diesem Fall sowohl durch den Erddruck als auch durch den Wasserdruck beansprucht, siehe auch Abbildung 138.

Neben einer ausreichenden Mindesteinbindung der vertikalen Verbauwand in den natürlichen Stauer muss die in der Baugrube oberhalb der stauenden Bodenschicht vorhandene Bodenschicht eine ausreichende Mächtigkeit besitzen, damit die Gefahr eines Auftriebsversagens oder eines hydraulischen Grundbruchs auszuschließen ist.

Sind oberhalb des natürlichen Stauers Böden mit bindigen und nichtbindigen Wechsellagerungen vorhanden, so können in diesen Bereichen gespannte Grundwasserverhältnisse vorhanden sein. Damit es im Zuge des Bodenaushubs nicht zu einem Auftriebsversagen der Baugrubensohle kommt (Aufbrechen) und um das in den umschlossenen Bodenschichten gespannte Grundwasser zu entspannen, können Entspannungsbohrungen innerhalb der Baugrube ausgeführt werden, die bis zur Oberkante des natürlichen Stauers reichen.

Der Wasserspiegel innerhalb der Baugrube wird im Zuge des Aushubs abgesenkt. Im Endaushubzustand kann in Abhängigkeit von der Durchlässigkeit des natürlichen Stauers eine Restwasserhaltung (z. B. Kombination einer offenen Tagwasserhaltung und einer Schwerkraftbrunnenentwässerung) das Absenkziel innerhalb der Baugrube gewährleisten.

Die während der Bauzeit anfallenden Wassermengen sowie die im Förderwasser enthaltenen Schwebstoffe und Feinanteile des Bodens sind kontinuierlich zu überwachen, zu bewerten und die Ergebnisse in der Regel auch der Genehmigungsbehörde zu melden.

Da die Wasserhaltung in Betrieb bleiben muss, bis die Auftriebsicherheit des zu errichtenden Bauwerks gewährleistet ist, ist die Lage der Steigleitungen und damit der Brunnen mit der Schalungsplanung abzustimmen. Insbesondere ist auch der mit Außerbetriebnahme erforderliche druckwasserdichte Brunnenverschluss mittels eines Dichtflanschs und einer Betonplombe in der Bodenplatte planerisch von vornherein zu berücksichtigen.

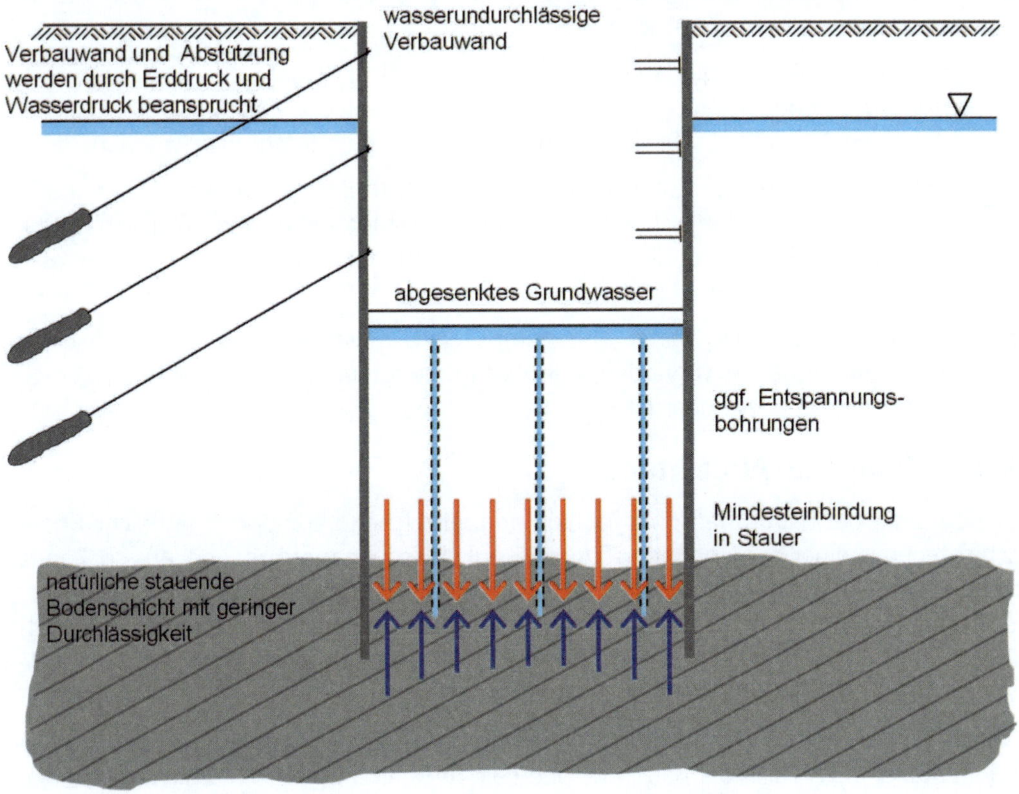

Abbildung 138: Baugrube mit natürlicher Dichtsohle

5.5.4 Düsenstrahlsohle

Falls keine natürliche Dichtungsschicht (entsprechend Abschnitt 5.5.3) unterhalb der Sohle ansteht, kann diese künstlich durch eine tief liegende horizontale DSV-Sohle hergestellt werden. Die Herstellung der Sohle erfolgt nach Einbringung der vertikalen Verbauwand (z. B. Schlitzwand, Pfahlwand, Spundwand).

Mittels DSV-Verfahren künstlich hergestellte horizontale Baugrubenumschließungen können neben einer rein abdichtenden Funktion auch eine horizontal abstützende Funktion für die vertikale Verbauwand haben.

In Abhängigkeit von der Tiefenlage der angeordneten DSV-Sohle unterschiedet man

- Tief liegende DSV-Sohle
- Mitteltief liegende DSV-Sohle
- Hoch liegende DSV-Sohle

a) Tief liegende DSV-Sohle

Die Auftriebssicherheit der DSV-Sohle wird bei der tief liegenden DSV-Sohle wie bei der natürlichen Dichtsohle durch die Auflast des oberhalb der Sohle befindlichen Bodens sichergestellt, siehe Abbildung 139 (a). Die DSV-Sohle hat in diesem Fall eine rein abdichtende Funktion.

Die Unterkante der Verbauwand muss bis in die Dichtsohle geführt werden. Hierbei ist eine Mindesteinbindung zu berücksichtigen die einen Meter nicht unterschreiten sollte.

Unterhalb der statisch erforderlichen Einbindetiefe der Verbauwand kann im Fall von Schlitzwänden oder Pfahlwänden ggf. die Bewehrung entfallen und die Wand als reine Betonwand oder Dichtwand weitergeführt werden.

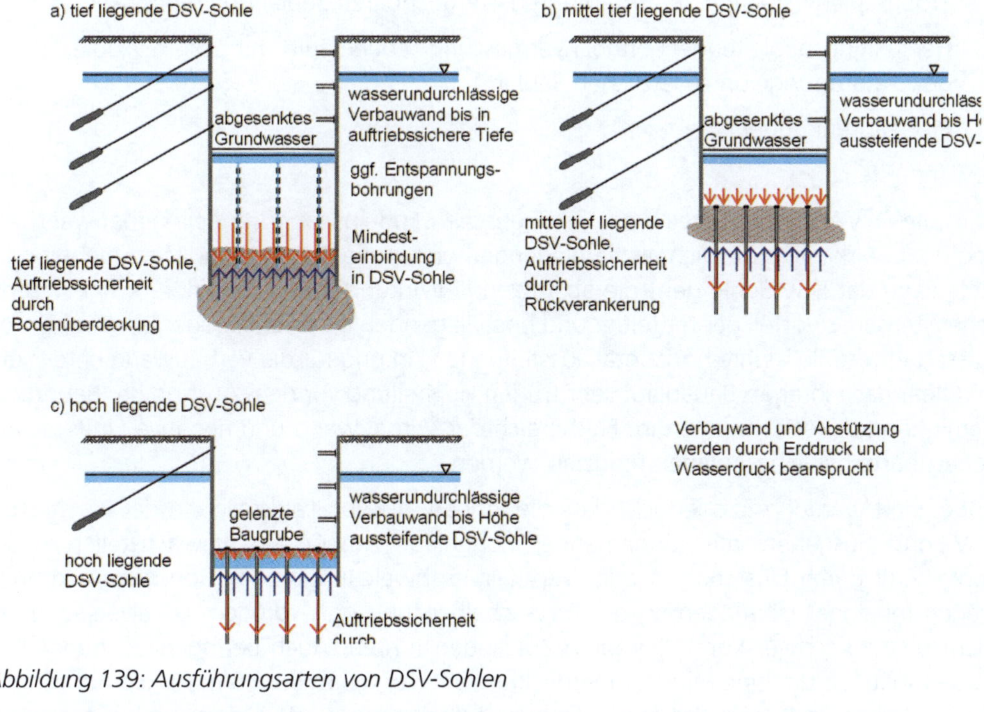

Abbildung 139: Ausführungsarten von DSV-Sohlen

b) Mitteltief und hoch liegende DSV-Sohle

Wird die künstliche DSV-Sohle höher angeordnet als es der Auftriebsnachweis erfordert, spart man Bohrmeter und Herstellzeit. Auch eine nicht geeignete Bodenschicht kann verhindern, dass eine tief liegende DSV-Sohle möglich ist. In diesem Fall fehlt jedoch ein Teil der Auflast auf der DSV-Sohle gegen den Auftrieb, was durch andere Maßnahmen kompensiert werden muss, Abbildung 139 (b) und (c).

Es ist nachzuweisen, dass die Auftriebssicherheit im Bauzustand durch das Eigengewicht der Sohle, das Eigengewicht des ggf. darüber noch befindlichen Restbodenbereichs und abgesenkten Grundwassers, das Eigengewicht der Verbauwand (welches über Kontaktreibung aktiviert werden kann), den Vertikalanteil der Rückverankerung der Verbauwand sowie ggf. durch zusätzliche Rückverankerungselemente in der DSV-Sohle (z. B. im Raster angeordnete Zugpfähle) gewährleistet ist. Die Herstellung von Zugpfählen erfolgt i. d. R. nach der Herstellung der DSV-Sohle, um Düsschatten und damit Undichtigkeiten in der Sohle zu vermeiden. Als Zugpfähle können z. B. gebohrte Mikroverpresspfähle (z. B. GEWI-Pfähle) verwendet werden.

Voraussetzung für die Herstellung einer DSV-Sohle ist, dass der anstehende Boden für das DSV-Verfahren geeignet ist. Die wesentliche Aufgabe bei der technischen Planung besteht neben der Bestimmung der statisch erforderlichen Sohldicke insbesondere in der Festlegung eines geeigneten Bohrlochrasters. Das Raster der Düsenstrahlkörper ist so festzulegen, dass sich die prognostizierten Durchmesser aller Säulen mit ausreichender Sicherheit überschneiden. Eine ausreichende Qualität der Sohle lässt sich durch geeignete Qualitätssicherungsmaßnahmen wie z. B.

- Probesäulenerstellung zur Ermittlung des erreichbaren Säulendurchmessers
- Herstellungsbegleitende Bohrlochvermessung jeder Säule mit Soll-Ist-Abgleich und ggf. Anordnung von zusätzlichen Säulen
- Probeabsenkungen

gewährleisten.

Wird die DSV-Sohle im Bereich der rechnerischen Fußeinspannung der Verbauwand angeordnet, wirkt sie zusätzlich als tief liegende horizontale Abstützung. Mit zunehmender Tiefenlage der DSV-Sohle geht die abstützende Wirkung natürlich verloren. Ein wesentlicher statischer Vorteil der mitteltief und hoch liegenden DSV-Sohle gegenüber der Unterwasserbetonsohle ist ihre horizontal aussteifende Wirkung für die Verbauwand bereits unmittelbar nach ihrer im Bauablauf sehr frühen Herstellung vor dem Aushub der Baugrube. Damit können Verformungen im Fußbereich der Verbauwand und negative Einflüsse auf benachbarte bauliche Anlagen reduziert werden.

Angemerkt werden muss jedoch, dass die Risiken, die von Fehlstellen in der künstlichen DSV-Sohle ausgehen, mit zunehmender Höhenlage zunehmen. Schwachstellen in der Sohle, z. B. durch Düsschatten oder Vertikalitätsabweichungen von Bohrungen, können wegen fehlender Überlagerung der DSV-Scheiben und ggf. sprödem Lokalversagen der Dichtsohle zu schwer kontrollierbaren Zuständen führen. Auch bei hochliegenden DSV-Sohlen sollte darum eine Mindestüberdeckung von ca. 0,5 m bis 1,5 m für die Anordnung von systembedingt erforderlichen Restwasserdrainagen und Ausgleichschichten planmäßig vorgesehen werden. Eine Mindestüberdeckung sollte insbesondere auch deshalb vorgesehen werden, um zu vermeiden, dass direkt an der Oberkante der unter Auftrieb stehenden DSV-Sohle Überwüchse abgestemmt werden müssen. Besonders bei mitteltief und hoch liegenden DSV-Sohlen kommt der Qualitätssicherung entscheidende Bedeutung zu, da hier neben der Dichtigkeit vor allem auch die homogen verteilte ausreichende Festigkeit (Stützfunktion für die Zugelemente und die Verbauwand) grundlegend für die Standsicherheit des Gesamtsystems ist.

Abbildung 140 zeigt exemplarisch die Anordnung der DSV-Säulen für eine Baugrube aus tangierenden Bohrpfählen mit Zwickelverpressung. Versprünge in der Baugrubensohle können durch Abstufungen der DSV-Sohle hergestellt werden, sind jedoch für mitteltief liegende DSV-Sohlen nur eingeschränkt möglich, für hochliegende DSV-Sohlen nicht sinnvoll. Im dargestellten Fall war eine Rückverankerung der DSV-Sohle nicht erforderlich. Die Übertragung der Auftriebskräfte in die Verbauwände erfolgt innerhalb der DSV-Sohle über reine Gewölbewirkung sowie über Reibungskräfte in der Fuge zwischen Verbauwand und DSV-Sohle.

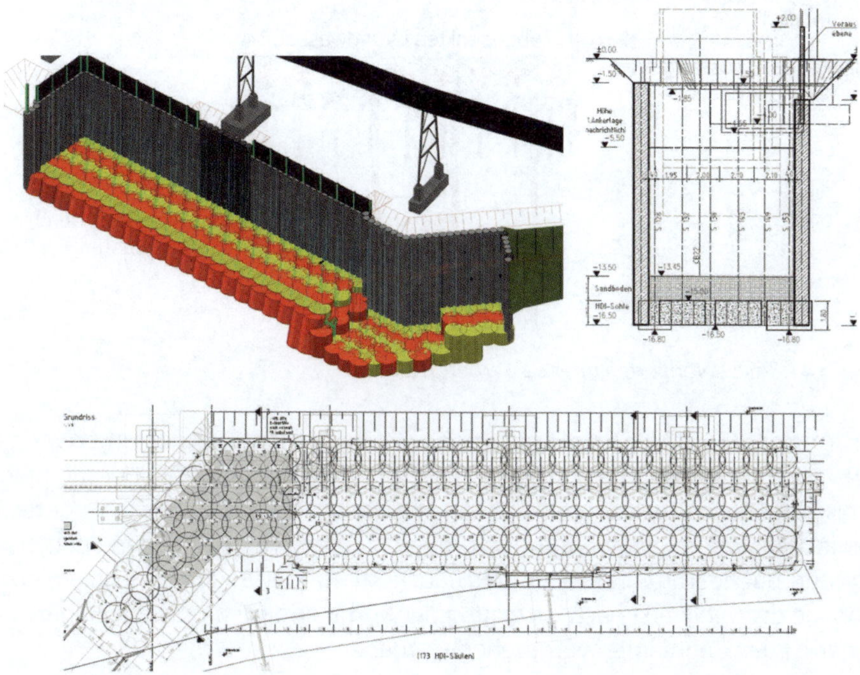

Abbildung 140: Ausführungsbeispiel für die Sticheinteilung einer DSV-Sohle, Bauvorhaben Neubau Kokerei HKM Duisburg [83]

5.5.5 Unterwasserbetonsohle

Unterwasserbetonsohlen (UWB-Sohlen) gehören zu den hoch liegenden Dichtsohlen und übernehmen sowohl eine abdichtende Funktion als auch eine abstützende Funktion für die vertikale Verbauwand. Der Bodenaushub und die anschließende Herstellung der Betonsohle erfolgen unter Wasser. Hierbei ist darauf zu achten, dass der Baugrube aktiv von oben her Wasser zugeführt werden muss in dem Umfang, in dem Boden entnommen wird. Dieser Volumenausgleich vermeidet, dass Wasser unkontrolliert durch die Aushubsohle hereinströmt und dabei den Boden unter der Baugrubensohle auflockert.

Im Bauzustand ist die Auftriebssicherheit durch das Eigengewicht der Sohle, das Eigengewicht der verankerten Verbauwand (welches über Kontaktreibung oder konstruktive Anschlüsse aktiviert wird), durch die Vertikalkomponente der Ankerkräfte sowie ggf. durch zusätzliche Rückverankerungselemente (z. B. im Raster angeordnete Zugpfähle) gewährleistet, siehe auch Abbildung 141.

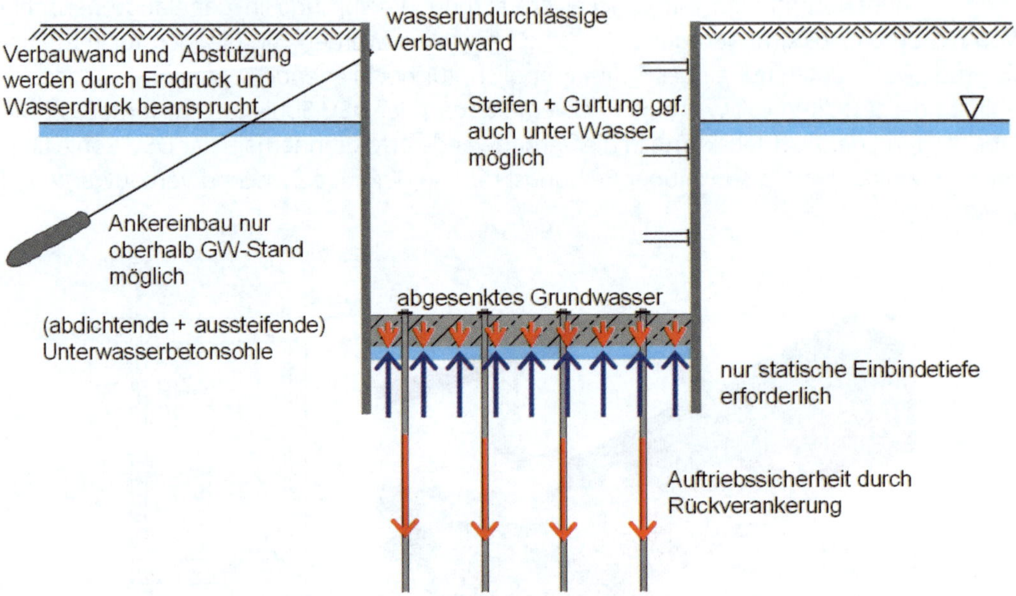

Abbildung 141: Rückverankerte Unterwasserbetonsohle

In vielen Anwendungsfällen reicht eine unbewehrte Ausführung der Unterwasserbetonsohle aus. Eine Bewehrung der Unterwasserbetonsohle mit Baustahl oder mit Stahlfasern ist technisch möglich, aber aufwändig. Um die Verlegung des Betonstahls unter Wasser zu vereinfachen, wird die Bewehrung in größeren zusammenhängenden Segmenten vorgefertigt und puzzleartig mit Kränen und Tauchern auf der Baugrubensohle platziert. Da die Betonage der Sohle erst nach Verlegung der Körbe erfolgt, müssen geeignete Betonieröffnungen in den Segmenten vorgesehen werden.

Die Dicke der Unterwasserbetonsohle richtet sich nach den statischen Erfordernissen. I. d. R. liegt die Mindestdicke bei 80 cm, im Fall von Wassertiefen größer als 3 m bei 100 cm. Bei der Planung sind ausreichend große Ausführungstoleranzen für die Unterkante und die Oberkante der UWB-Sohle zu berücksichtigen.

Die Rückverankerung der UWB-Sohle erfolgt in der Praxis üblicherweise mit Hilfe von Mikropfählen (z. B. GEWI), Rüttelinjektionspfählen oder Ortbetonrammpfählen. Die Herstellung der Zugpfähle kann je nach Verfahren vor dem Unterwasseraushub von einer möglichst tiefen Zwischenaushublage aus erfolgen. Ebenso ist ein Einbau von der Wasseroberfläche aus möglich unter Verwendung von Schwimmpontons oder oberhalb der Wasseroberfläche unter Verwendung von überbauten Hilfskonstruktionen (z. B. Panzerschnellbrücken).

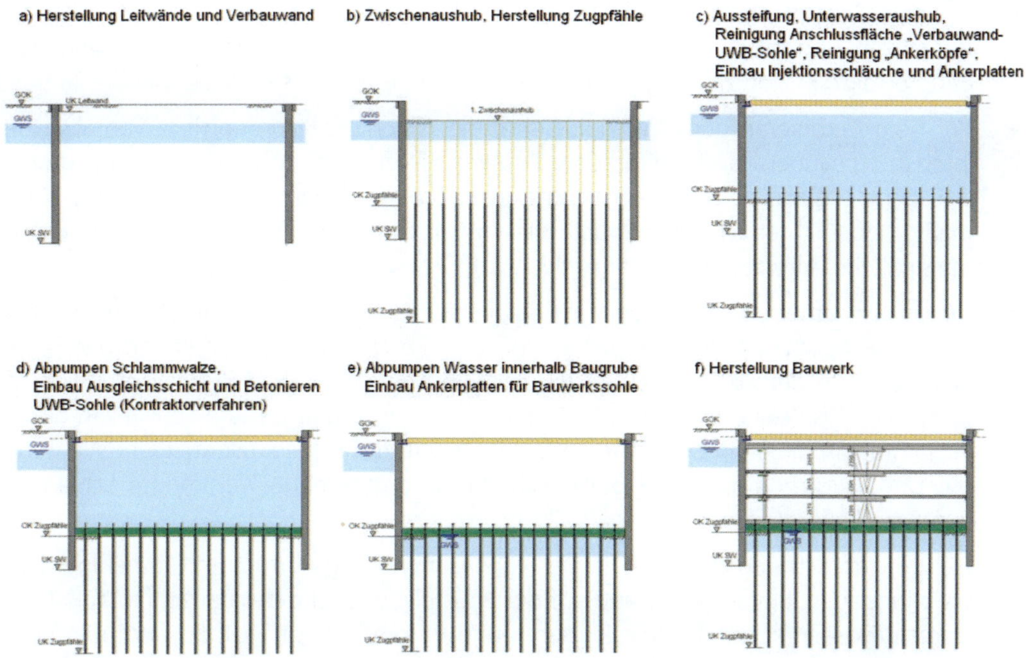

Abbildung 142: Schritte zur Herstellung einer Baugrube mit rückverankerter UWB-Sohle

Eine beispielhafte Herstellungsabfolge für eine unbewehrte und rückverankerte Unterwasserbetonsohle ist in Abbildung 142 dargestellt. Die Rückverankerung der Unterwasserbetonsohle dient bei diesem Beispiel im Endzustand ebenfalls als dauerhafte Auftriebssicherung des Massivbaubauwerks.

Abbildung 143: Herstellung einer rückverankerten UWB-Sohle, U4-HafenCity, Hamburg

Bei der Ausführung von Unterwasserbetonsohlen sind folgende Aspekte von besonderer Bedeutung:

- Festlegung einer geeigneten Betonzusammensetzung, um Schwindrisse im Beton zu minimieren, die zu Undichtigkeiten in der UWB-Sohle führen können

- Vor dem Betonieren ist die Aushubtiefe mit Tauchern zu kontrollieren. Herstellungstoleranzen sind im Zuge der Entwurfsplanung zu berücksichtigen. Der Betoniervorgang erfolgt im Kontraktorverfahren ggf. unter Einsatz eines Hop-Doppers
- Vor dem Betonieren der UWB-Sohle sind die Anschlussflächen an die Verbauwand intensiv zu säubern und aufzurauen. Zusätzlich können ein oder mehrere Injektionsschläuche entlang der Fuge angeordnet werden, mit denen die Anschlussfuge planmäßig abgedichtet wird bzw. durch die im Fall von Leckagen nachträglich Abdichtmaterial eingepresst werden kann, siehe z. B. Abbildung 144 (links).
- Durch den Unterwasseraushub wird das in der Baugrube stehende Wasser mit feinen Bodenteilchen aufgeladen, die sich nach Abschluss des Aushubs an der Sohle absetzen. Vor dem Betonieren ist die Aushubsohle daher gründlich, erforderlichenfalls wiederholt, von Schlamm zu säubern (durch Absaugung), um Fehlstellen durch Schlammeinschlüsse in der späteren Unterwasserbetonsohle zu vermeiden. Während der Unterwasserbetonage ist die üblicherweise entstehende, verdrängte Schlammwalze vor der Betonagefront ebenfalls abzusaugen.
- Geräte, Abdichtungsmaterial sowie Arbeitsanweisungen für unplanmäßige Abweichungen (z. B. Leckagen) sind auf der Baustelle während der Bauzeit vorzuhalten. Undichtigkeiten können durch Injizieren und Verpressen von PUR-Schaum und/oder Injektionsharzen behoben werden.

Sprünge in der Unterwasserbetonsohle können durch vertikale Abstellelemente (z. B. Spundwände oder Stremaform-Abstellelemente) oder durch nachträgliches Ausstemmen hergestellt werden, siehe z. B. Abbildung 144 (rechts). Alternativ können Höhenversprünge auch durch eine Neigung der Aushubsohle und des Unterwasserbetons hergestellt werden. Die maximal herstellbare Neigung liegt bei ca. 1:5 bis 1:10.

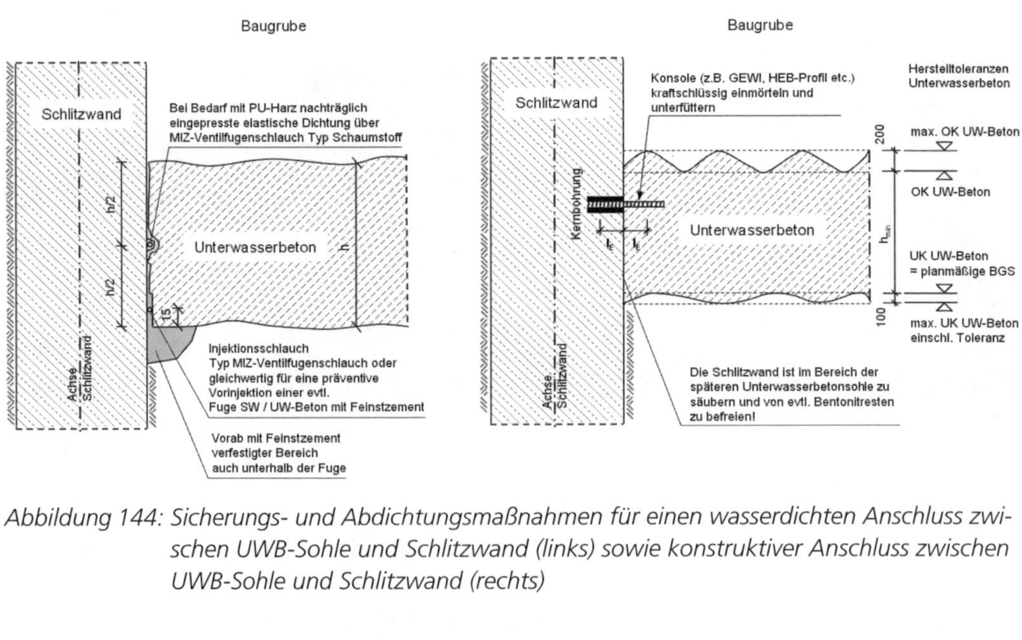

Abbildung 144: Sicherungs- und Abdichtungsmaßnahmen für einen wasserdichten Anschluss zwischen UWB-Sohle und Schlitzwand (links) sowie konstruktiver Anschluss zwischen UWB-Sohle und Schlitzwand (rechts)

Betonierabschnitte werden ebenfalls durch Abstellelemente voneinander getrennt, siehe z. B. Abbildung 145 (links).

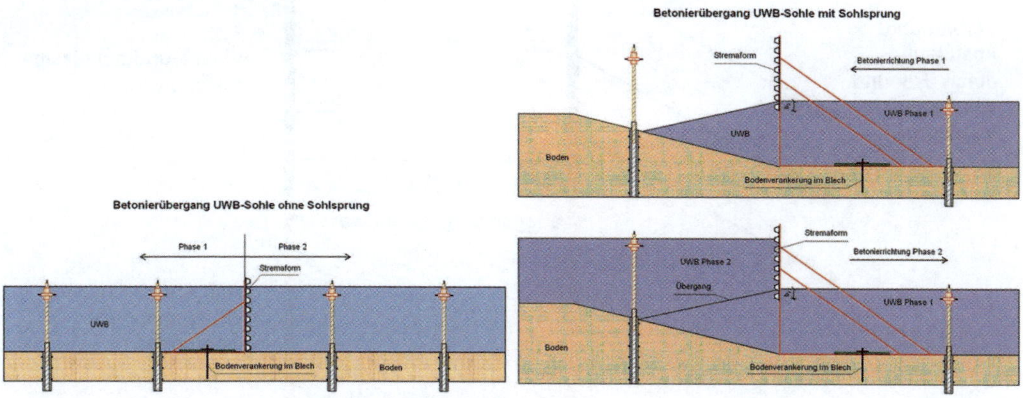

Abbildung 145: Herstellung von Arbeitsfugen in UWB-Sohle mit Abstellelementen im ebenen Fall (links) sowie im Fall eines vorhandenen Höhenversprungs (rechts)

Weitere Hinweise zum Entwurf und zur Ausführung von Unterwasserbetonsohle sind z. B. in [84] bis [87] zu finden.

5.5.6 Weichgelsohle

Bei einer Weichgelsohle wird ein flüssiges Gel, bestehend aus zumeist Natriumsilikat („Wasserglas") und einem Härter als zweiter Komponente, in die Porenräume des Bodens injiziert, wo die Mischung nach einstellbarer Zeit irreversibel geliert und damit die Porenräume abdichtet. Eine Weichgelsohle als horizontale Abdichtung einer Baugrube besitzt keinerlei statische Wirkung und wird ausschließlich als tief liegende Dichtsohle ausgeführt. Die Auftriebssicherheit der Sohle wird allein durch den oberhalb der Sohle befindlichen Boden gewährleistet, siehe auch Abbildung 146. Das Abdichtungsverfahren kommt vorwiegend in nichtbindigen, offenporigen sandigen Böden zum Einsatz.

Nach Herstellung der vertikalen Verbauwand erfolgt die Injektion des Weichgels mit Hilfe von Injektionslanzen. Die Injektionslanzen (bestehend aus Ventilkörper und Injektionsschlauch) werden in einem regelmäßigen Raster (Rasterabstände ca. 1 m bis 2 m) in den Boden eingerüttelt oder eingespült und das Weichgel unter geringem Druck mit Hilfe von z. B. Kolbenmembranpumpen injiziert, siehe z. B. Abbildung 147. Nachdem sämtliche Rasterpunkte injiziert worden sind, kann anschließend mit der Absenkung des Grundwassers innerhalb der abgedichteten Baugrube begonnen werden. Im Endaushubzustand gewährleistet eine Restwasserhaltung das Absenkziel in der Baugrube.

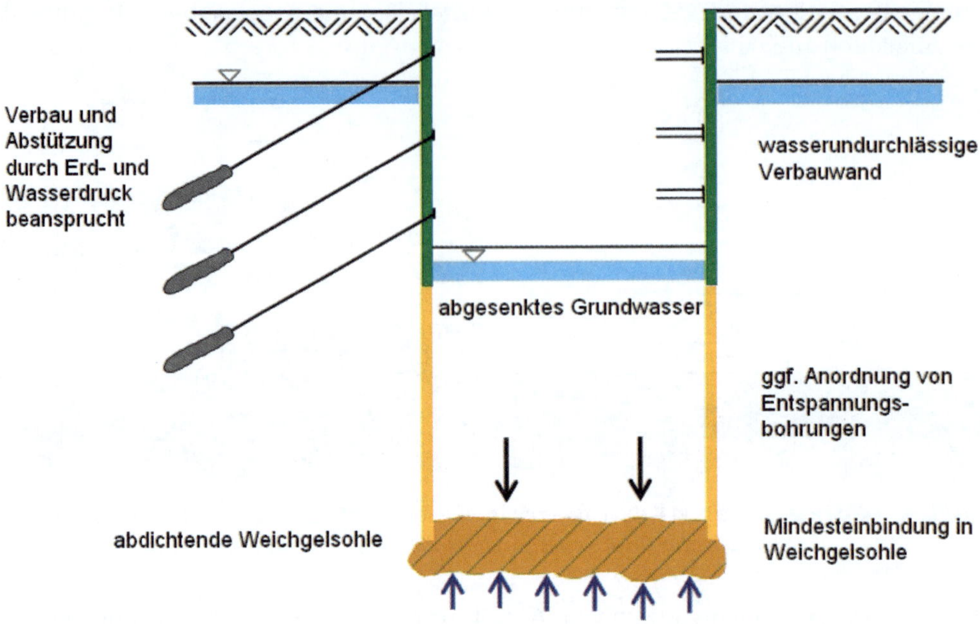

Abbildung 146: Tief liegende Weichgelsohle

Der Ausgangsstoff für das Weichgel sind Wasser, Wasserglas (Silicat) und Härter (z. B. Natriumaluminat, Natriumhydrogencarbonat). Die Art und Menge des Härters bestimmen den Grad der »Festigkeit« des ausgelierten Materials, das an Gallerte oder Aspik erinnert. Bei den verwendeten Härtern ist insbesondere auf ihre Umweltverträglichkeit zu achten. Kommt das Weichgel in Kontakt mit Grundwasser, können temporär erhöhte pH- und Natriumwerte gemessen werden. Aus diesem Grund waren Weichgelsohlen seit Mitte der 1990er Jahre nur noch eingeschränkt genehmigungsfähig. Mittlerweile sind jedoch neue Mischungen verfügbar, die die gesetzten Grenzwerte unterschreiten.

Abbildung 147: Ausführungsbeispiel für die Herstellung einer Injektionssohle aus Weichgel

Vorteil der künstlichen Weichgelsohle ist, dass die geleeartige Masse sehr gut fließt und die Poren des sandigen Bodens zuverlässig verschließt. Es ist zu beachten, dass durch den weiteren chemischen Prozess und ggf. vorhandene Grundwasserstömungen eine Alterung des Weichgels erfolgt, was sich in einer Kontraktion des Materials äußert und welche die Durchlässigkeit der Sohle ansteigen lassen kann. Eine planmäßige Nutzungsdauer von mehr als 1,5 bis 2 Jahren bedarf daher einer gesonderten Untersuchung.

5.6 Besondere Bauweisen

5.6.1 Allgemeines

Im nachfolgenden Abschnitt werden ausgewählte Sonderbauweisen und Baugrubenkonzepte zur Herstellung von Baugruben erläutert.

5.6.2 Deckelbauweise

Üblicherweise wird die Baugrube vor dem Bauwerk erstellt und anschließend das Bauwerk innerhalb der offenen Baugrube errichtet. Bei der sogenannten »Deckelbauweise« erfolgt die Herstellung der Baugrube und des Bauwerks gleichzeitig.

Nach Einbringung der Verbauwand in den Boden von der Geländeoberkante aus wird nach einem Voraushub ein Deckel betoniert. Der Deckel ist Bestandteil des späteren Bauwerks, steift im Bauzustand die Baugrubenwände aus und kann begangen und befahren werden. Bei großen Spannweiten oder bei großen, auf den Deckel wirkenden Verkehrslasten werden außerdem vor der Herstellung des Deckels Primärstützen in den Boden eingebracht, die den Deckel zusätzlich vertikal abstützen.

In der Regel erfordert die Bauweise sehr tragfähige und verformungsarme Verbauwände (z. B. Schlitzwände, überschnittene bzw. tangierende Pfahlwände), da neben der horizontalen Beanspruchung aus Erddruck und Wasserdruck zusätzlich vertikale Lasten und Anschlussbiegemomente aus dem Deckel und ggf. aus weiteren Deckenanschlüssen unterhalb des Deckels aufgenommen werden müssen.

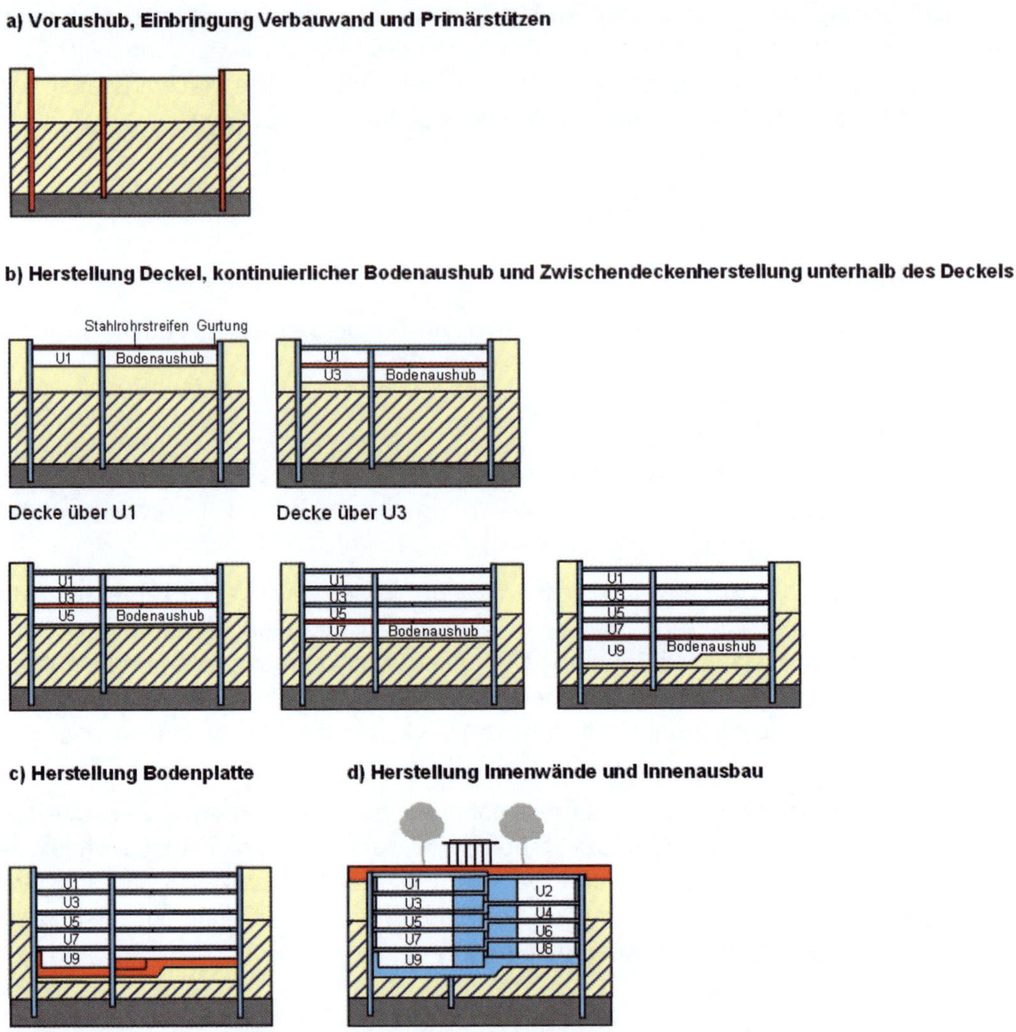

Abbildung 148: Herstellungsschritte für Baugrube und Bauwerk in Fall einer Deckelbauweise

Abbildung 149: Deckel mit Primärstützen, auf verankerten Pfahlwänden, Baustelle Tunnel Richard-Strauss-Straße München

Nach Herstellung des Deckels erfolgt ein Bodenaushub unter dem Deckel und ggf. eine abschnittsweise Herstellung weiterer Untergeschossdecken, die wiederum die Baugrube horizontal aussteifen.

Durch die kontinuierliche Abfolge von Aushub und Aussteifung der Baugrube wird ein besonders verformungsarmer Verbau hergestellt. Der Aushub der Baugrube erfolgt fortlaufend von oben nach unten.

Ggf. wird nur ein Teil der Bauwerksdecken hergestellt und andere Bereiche mittels Gurtung und Rohrsteifen ausgesteift.

Wenn die Baugrube die Sohle erreicht hat, werden die Bodenplatte eingebaut und die Innenwände hergestellt. Die Herstellreihenfolge bei einer Deckelbauweise ist beispielhaft in Abbildung 148 dargestellt.

Besonderes Augenmerk ist bei dieser Bauweise ähnlich wie beim Tunnelbau auf die Bewetterung der Arbeitsplätze „unter Tage" beziehungsweise die Ableitung entstehender Abgase zu richten.

5.6.3 Baugrubeneinteilung durch Anordnung von Querschotts

Bei Baugruben mit großen Abmessungen (z. B. Linienbaugruben) ist es oft sinnvoll, die Baugrube aus herstellungstechnischen Gründen oder aus Gründen eines optimierten Bauablaufs in verschiedene Abschnitte zu unterteilen. Die Unterteilung kann mit Hilfe von temporären Querschottwänden erfolgen, wie dies z. B. in Abbildung 150 dargestellt ist.

Auch die Ortung von Undichtigkeiten in einer ebenfalls vorhandenen Unterwasserbetonsohle oder HDI-Sohle sowie ihre Behebung können durch Querschotteinteilungen erleichtert werden.

Die aufzunehmenden Kräfte können jedoch erheblich sein und denen der äußeren Umschließung entsprechen (Abbildung 151). Deswegen lässt man, wenn platztechnisch möglich, zumindest eine Erdböschung als Stützung stehen.

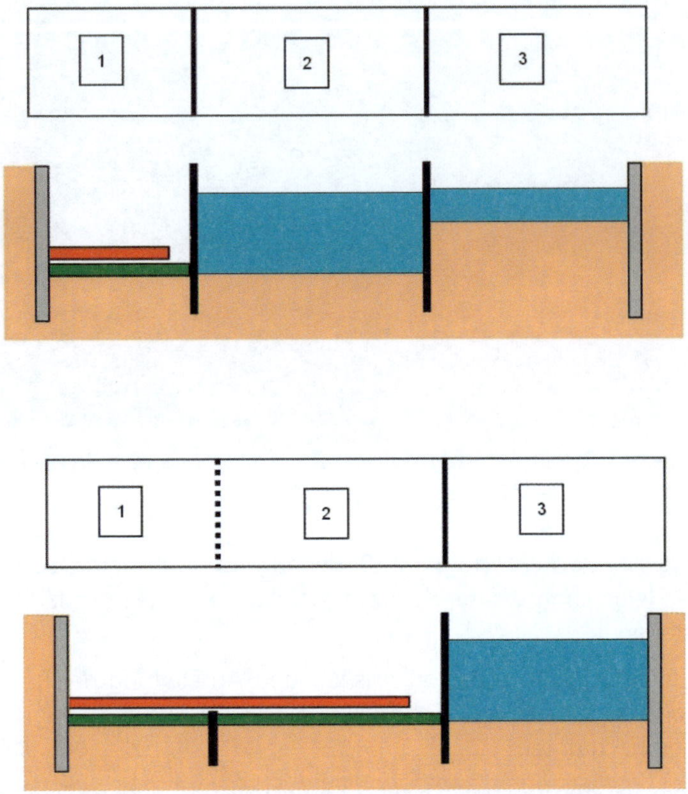

Abbildung 150: Anordnung von Querschotts zur Einteilung von Baugruben

Abbildung 151: Abgestütztes Spundwandschott zwischen zwei Baudocks, Baustelle DB-Tunnel Rastatt

5.6.4 Baugruben mit besonderem Grundriss

Baugruben mit kreisförmigem oder ovalem Grundriss werden z. B. im Fall großer Aushubtiefen und beengter Platzverhältnisse geplant (z. B. Schachtbaugruben). Die Ausführung erfolgt in der Regel in Spritzbetonbauweise, als überschnittene Bohrpfahlwand oder als Schlitzwand.

Durch die kreisförmige Geometrie werden die äußeren Erddrücke und Wasserdrücke über den in der Verbauwand sich ausbildenden Druckring aufgenommen. Für den zylindrischen Verbauwandkörper sind dadurch außer einem am Kopf angeordneten Kopfbalken im günstigsten Fall keine weiteren Aussteifungen oder Rückverankerungen erforderlich.

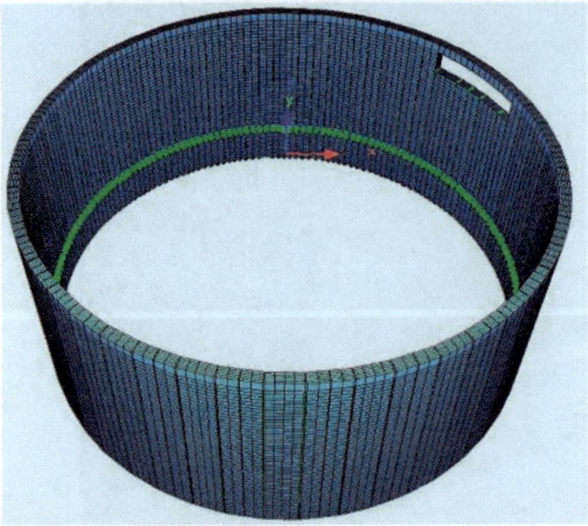
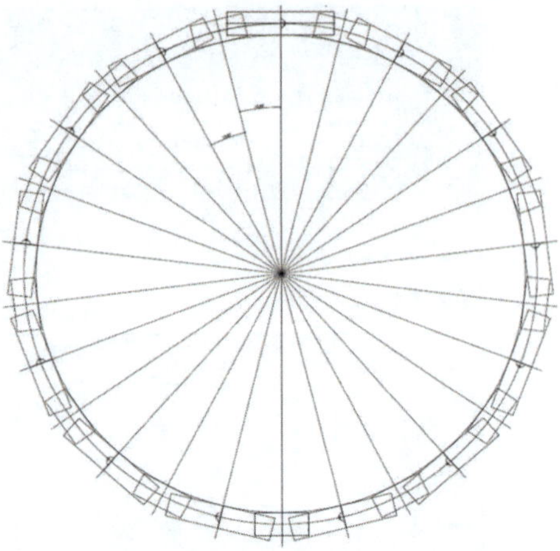

Abbildung 152: Kreisförmige Baugruben

Abbildung 153: Links Spritzbetonschacht mit mehreren verankerten Betongurten, Baustelle Flughafentunnel Stuttgart, rechts unverankerter Schlitzwandschacht, Baustelle Pumpwerk Oberhausen

5.7 Literaturverzeichnis

[1] Merkblatt „Baulärm", 1. Auflage August 2016, Herausgeber Verein zur Förderung fairer Bedingungen am Bau http://www.baulärmportal.de

[2] EFFC/DFI Guide to Support Fluids for Deep Foundations, 1. Auflage 2019 https://www.effc.org/content/uploads/2019/04/EFFC_Support_Fluids_Guide_FINAL.pdf

[3] Leitfaden Kontraktorbeton für Tiefgründungen, deutsche Übersetzung des EFFC/DFI Guide to Tremie Concrete for Deep Foundations, 2. Auflage 2018 https://www.effc.org/content/uploads/2020/10/Tremie-Guide-German.pdf

[4] Merkblatt „Kampfmittelfrei bauen", 2. Auflage Januar 2023, Herausgeber Verein zur Förderung fairer Bedingungen am Bau, http://www.kampfmittelportal.de

[5] DIN EN 1997-1: Eurocode 7: Entwurf, Berechnung und Bemessung in der Geotechnik – Teil 1, Beuth Verlag, letzte Fassung von März 2014

[6] DIN EN 1997-1/NA/A:2010-12: Nationaler Anhang – National festgelegte Parameter – Eurocode 7: Entwurf, Berechnung und Bemessung in der Geotechnik – Teil 1: Allgemeine Regeln, Beuth Verlag, letzte Fassung von Dezember 2010

[7] DIN 1054:2021-04: Baugrund – Sicherheitsnachweise im Erd- und Grundbau – Ergänzende Regelungen zu DIN EN 1997-1, Beuth Verlag

[8] »EAB« – Empfehlungen des Arbeitskreises »Baugruben«. Deutsche Gesellschaft für Geotechnik (Hrsg.). Verlag Ernst & Sohn, Berlin, 6. Auflage 2021

[9] »EAU« – Empfehlungen des Arbeitsausschusses »Ufereinfassung« Häfen und Wasserstraßen EAU. Deutsche Gesellschaft für Geotechnik (Hrsg.). Verlag Ernst & Sohn, Berlin, 12. Auflage 2020

[10] »EA-Pfähle« – Empfehlungen des Arbeitskreises »Pfähle« Deutsche Gesellschaft für Geotechnik (Hrsg.). Verlag Ernst & Sohn, Berlin, 2. Auflage 2012

[11] DIN 4084:2021-11. Baugrund – Geländebruchberechnungen, Beuth Verlag

[12] DIN 4085:2017-08. Baugrund – Berechnung des Erddrucks, Beuth Verlag

[13] DIN 4126:2013-09. Nachweis der Standsicherheit von Schlitzwänden, Beuth Verlag

[14] DIN EN 1992-1-1:2011-01. Eurocode 2: Bemessung und Konstruktion von Stahlbeton- und Spannbetontragwerken – Teil 1-1: Allgemeine Bemessungsregeln und Regeln für den Hochbau, Beuth Verlag

[15] DIN EN 1993-1-1:2010-12. Eurocode 3: Bemessung und Konstruktion von Stahlbauten – Teil 1-1: Allgemeine Bemessungsregeln und Regeln für den Hochbau, Beuth Verlag

[16] DIN EN 1995-1-1:2010-12. Eurocode 5: Bemessung und Konstruktion von Holzbauten – Teil 1-1: Allgemeines – Allgemeine Regeln und Regeln für den Hochbau – bzw. DIN 1052-10:2012-05. Herstellung und Ausführung von Holzbauwerken – Teil 10: Ergänzende Bestimmungen, Beuth Verlag

[17] DIN EN 1997-2: Eurocode 7: Entwurf, Berechnung und Bemessung in der Geotechnik – Teil 2: Erkundung und Untersuchung des Baugrunds, Beuth Verlag

[18] DIN EN 1997-2/NA: Nationaler Anhang – National festgelegte Parameter – Eurocode 7: Entwurf, Berechnung und Bemessung in der Geotechnik – Teil 2: Erkundung und Untersuchung des Baugrunds, Beuth Verlag

[19] DIN 4020:2010-12. Geotechnische Untersuchungen für bautechnische Zwecke – Ergänzende Regelungen zu DIN EN 1997-2, Beuth Verlag

[20] DIN EN 1536:2015-10: Ausführung von Arbeiten im Spezialtiefbau – Bohrpfähle, Beuth Verlag

[21] DIN EN 1537:2014-07: Ausführung von Arbeiten im Spezialtiefbau – Verpressanker, Beuth Verlag

[22] DIN EN 1538:2015-10: Ausführung von Arbeiten im Spezialtiefbau – Schlitzwände, Beuth Verlag

[23] DIN EN 12063:2020-07: Ausführung von Arbeiten im Spezialtiefbau – Spundwandkonstruktionen, Beuth Verlag

[24] DIN EN 12699:2015-07: Ausführung von Arbeiten im Spezialtiefbau – Verdrängungspfähle, Beuth Verlag

[25] DIN EN 12715:2021-01: Ausführung von Arbeiten im Spezialtiefbau – Injektionen, Beuth Verlag

[26] DIN EN 12716:2019-03: Ausführung von Arbeiten im Spezialtiefbau – Düsenstrahlverfahren, Beuth Verlag

[27] DIN EN 14199:2015-07: Ausführung von Arbeiten im Spezialtiefbau – Mikropfähle , Beuth Verlag

[28] DIN EN 14490:2010-11: Ausführung von Arbeiten im Spezialtiefbau – Bodenvernagelung, Beuth Verlag

[29] DIN SPEC 18537:2017-11: Ergänzende Festlegungen zu DIN EN 1537:2014-07, Ausführung von Arbeiten im Spezialtiefbau – Verpressanker, Beuth Verlag

[30] DIN SPEC 18538:2012-02. Ergänzende Festlegung zu DIN EN 12699:2001-05, Ausführung von besonderen geotechnischen Arbeiten (Spezialtiefbau) – Verdrängungspfähle, Beuth Verlag

[31] DIN SPEC 18539:2012-02. Ergänzende Festlegung zu DIN EN 14199:2012-01, Ausführung von besonderen geotechnischen Arbeiten (Spezialtiefbau) – Pfähle mit kleinen Durchmessern (Mikropfähle), Beuth Verlag

[32] DIN SPEC 18140:2012-02. Ergänzende Festlegungen zu DIN EN 1536:2010-12, Ausführung von Arbeiten im Spezialtiefbau – Bohrpfähle, Beuth Verlag

[33] DIN SPEC 18187:2015-08. Ergänzende Festlegungen zu DIN EN 12715:2021-01, Ausführung von Arbeiten im Spezialtiefbau – Injektionen, vorgesehener Ersatz durch DIN/TS 18187:2021-05

[34] DIN 4095:1990-06. Baugrund – Dränung zum Schutz baulicher Anlagen, Beuth Verlag

[35] DIN 4123:2013-04. Ausschachtungen, Gründungen und Unterfangungen im Bereich bestehender Gebäude, Beuth Verlag

[36] DIN 4124:2012-01. Baugruben und Gräben. Böschungen, Verbau, Arbeitsraumbreiten. Beuth Verlag

[37] Muster-Verwaltungsvorschrift Technische Baubestimmungen 2023/1, Stand 10. Mai 2023, Amtliche Mitteilungen des Deutschen Instituts für Bautechnik Ausgabe 2, https://www.dibt.de/de/wir-bieten/technische-baubestimmungen

[38] DIN EN 1090-2: 2018-09. Ausführung von Stahltragwerken und Aluminiumtragwerken – Teil 2: Technische Regeln für die Ausführung von Stahltragwerken, Beuth Verlag

[39] Merkblatt „Stopp Maschinenumstürze", 1. Auflage September 2019, Herausgeber Verein zur Förderung fairer Bedingungen am Bau, https://www.bauindustrie.de/media/veroeffentlichungen/veroeffentlichungen-detail/merkblatt-maschinenumstuerze

[40] BG Bau (2008): Baustein Merkheft BG Bau, Tiefbauarbeiten. BG Bau, BGI 5103, Herausgeber: Berufsgenossenschaft der Bauwirtschaft

[41] Weißenbach, A. (1975): Baugruben, Teil I: Konstruktion und Bauausführung. Verlag Ernst & Sohn, Berlin

[42] Maidl, B.: Handbuch für Spritzbeton. Verlag Ernst & Sohn, Berlin, 1992

[43] Internet: http://www.gebrueder-woehrl.de

[44] Spundwandhandbuch, 4. Auflage, Herausgeber ThyssenKrupp Bautechnik GmbH, Ausgabe 04/2010

[45] Kempfert, H.-G., Raithel, M. (2007): Bodenmechanik und Grundbau, Band 2: Grundbau, Verlag, Bauwerk BBB

[46] DIN EN 10248-1:1995-08. Warmgewalzte Spundbohlen aus unlegierten Stählen, Teil 1: Technische Lieferbedingungen, Beuth Verlag

[47] DIN EN 10249-1:1995-08. Kaltgeformte Spundbohlen aus unlegierten Stählen – Teil 1: Technische Lieferbedingungen, Beuth Verlag

[48] Stahlspundwände, Gesamtkatalog 2022, ArcelorMittal, Ausgabe 10/2021

[49] Maschinentechnik aus einer Hand, 04.2013, Herausgeber ThyssenKrupp Bautechnik GmbH

[50] DIN 4150-3:2016-12. Erschütterungen im Bauwesen, Teil 3: Einwirkungen auf bauliche Anlagen, Beuth Verlag

[51] K. Hudelmeier (1993): Entwicklung der Rammtechnik und Rammhilfen in den letzten Jahren: Optimierung der Arbeitsabläufe durch Steuerung und moderne Regeltechnik. In Stahl-Informations-Zentrum: Dokumentation. Stahlspundwände – Planung und Anwendung – Teil 1

[52] Die Dichtheit von Spundwandbauwerken, Teil 1: Bemessung. Profilarbed SA, Arcelor Gruppe. https://spundwand.arcelormittal.com/uploads/files/AMCRPS_Dichtheit_DE.pdf

[53] Seitz, J. M.; Schmidt H.-G.: Bohrpfähle, Verlag Ernst & Sohn, 2000

[54] Bauer Spezialtiefbau Imagebroschüre 05.2012, http://www.bauer.de

[55] DGUV-Regel 101-008:2006-08. Arbeiten im Spezialtiefbau

[56] Verst, R.: Polymerlösungen vs. Bentonitsuspensionen – Vergleich der Stützmechanismen und des Eindringverhaltens an flüssigkeitsgestützten Erdwänden, 37. Baugrundtagung Wiesbaden 2022

[57] DIN 4127:2014-02. Erd- und Grundbau – Prüfverfahren für Stützflüssigkeiten im Schlitzwandbau und für deren Ausgangsstoffe, Beuth Verlag

[58] DIN EN 12350-8:2019-09. Prüfung von Frischbeton – Teil 8: Selbstverdichtender Beton – Setzfließversuch, Beuth Verlag

[59] ASTM C1611 Standard Test Method for Slump Flow of Self-Consolidating Concrete, Juni 2021

[60] Baugruben – Planung, Technik und Ausführung, Franki Grundbau, 2012

[61] Bauer Maschinen GmbH, Firmenprospekt, Das Bauer Fräsensystem, 2/2012

[62] Fa. Liebherr/Leffer, Firmenprospekt, Hydraulische Schlitzwandgreifer – Mechanische Schlitzwandgreifer – Abschalrohre – Rohrziehmaschinen – Betonierrohre, 1st Ed. 04/07

[63] Brieke, W.; Garbers, T. (2007): 99 Jahre Frankipfahl – 75 Jahre Franki in Deutschland. Franki Pfahlsymposium 2007

[64] Schnell, W.; Vahland, R.; Oltmanns, W.: Verfahrenstechnik der Grundwasserhaltung, Teubner Verlag, 2. Aufl. 2002

[65] Bauer Maschinen GmbH, Firmenprospekt, BE Entsandungsanlagen, 5/2012

[66] KellerFenster. 10. Ausgabe/Frühjahr 2011. Firmenprospekt Fa. Keller

[67] Wet Speed-Mixing – WSM-Bodenmischverfahren – Verfahrensbeschreibung; Firmenprospekt Fa. ABI 08/09

[68] Grundbau-Taschenbuch, Teil 3: Gründungen und geotechnische Bauwerke, Ernst und Sohn Verlag, 7. Auflage, 2009

[69] DIN 4093:2015-11. Bemessung von verfestigten Bodenkörpern – Hergestellt mit Düsenstrahl-, Deep-Mixing- oder Injektions-Verfahren, Beuth Verlag

[70] DIN EN 14679: 2005-07 Ausführung von besonderen geotechnischen Arbeiten (Spezialtiefbau) – Tiefreichende Bodenstabilisierung; Deutsche Fassung EN 14679:2005 – Berichtigung 1:2006-09

[71] SMW-Soil Mix Wall Systems Productinformation 39e. Fa. Bauer, 2010

[72] CSM Cutter Soil Mixing – Verfahren und Geräte – Verfahrensbeschreibung. Firmenprospekt Fa. Bauer. 8/2011

[73] E. Stötzer (2004): CSM Cutter Soil Mix – Ein neues Verfahren zum Herstellen von unterirdischen Wänden. 2. Fachtagung Baumaschinentechnik 2004 – Forschung, Entwicklung, Innovation, S. 83-90

[74] Geomix. Process. Firmenprospekt Fa. Soletanche/Bachy, Pr012

[75] Deep Soil Mixing (DSM) – Improvement of weak soils by the DSM method. Firmenprospekt Fa. Keller

[76] Betonkalender 1987, Teil II, Abschnitt C: Grundbau

[77] DIN EN 14487-1:2006-03. Spritzbeton – Teil 1: Begriffe, Festlegungen und Konformität, Beuth Verlag (letzte Fassung von März 2023)

[78] DIN EN 14487-2:2007-01. Spritzbeton – Teil 2: Ausführung, Beuth Verlag

[79] DIN 18551:2014-08. Spritzbeton – Nationale Anwendungsregeln zur Reihe DIN EN 14487 und Regeln für die Bemessung von Spritzbetonkonstruktionen, Beuth Verlag

[80] Dywidag-Bodennägel: Bodenvernagelung System Dywidag, Zulassungsnummer Z-20.1-106

[81] Stocker, M. et al. (1979): Soil nailing. International conference on soil reinforcement: reinforced earth and other techniques, Paris, 20.- 22.03.1979. Presses de l'ENPC

[82] Allgemeine bauaufsichtliche Zulassung, Düsenstrahlverfahren »Soil-Jet«, Zulassungsnummer Z-34.4-18

[83] Heitz, C., Jechorek, A., Verhoeks, A. (2013): Herstellung einer wasserdichten Baugrube mit geneigten Bohrpfählen und DSV-Sohle im Zuge der Kokereierweiterung HKM Duisburg. 4. RuhrGeo Tag 2013, Mitteilungsreihe »Report Geotechnik, Heft 41, VGE Verlag GmbH, Essen

[84] DBV-Merkblatt: Unterwasserbeton, Fassung Mai 1999, Deutscher Beton- und Bautechnikverein

[85] Zement-Merkblatt Betontechnik: Unterwasserbeton, Merkblatt B.12, Herausgeber: Bauberatung Zement, Bundesverband der deutschen Zementindustrie e. V.

[86] BVK Betontechnische Merkblätter, Merkblatt Unterwasserbeton, Bestell-Nr. 052110, Herausgegeben vom Bundesverband Kraftwerksnebenprodukte e. V., 7/2007

[87] Richtlinie Unterwasserbetonsohlen (UWBS), Österreichische Vereinigung für Beton- und Bautechnik, Ausgabe Juni 2005

6 Ankertechnik

Jörg Zimbelmann

6.1 Prinzip der Ankertechnik und Geschichte

Vorgespannte Verpressanker dienen der Einleitung und dem Abtrag von Zugkräften in den Baugrund. Anwendungen reichen von Baugrubensicherungen über Auftriebssicherungen, Böschungs- und Hangsicherungsmaßnahmen sowie Uferbefestigungen und Kaimauern bis hin zur Sicherung von Ingenieurbauwerken (z.B. Verankerung von Zugseilen bei Hängebrücken und Zeltdächern, Sicherung von Brückenwiderlagern und Verankerung der temporären Abspannungen in den Bauzuständen bei Bogenbrücken). Des Weiteren können durch vorgespannte Verpressanker Verformungen des Baugrundes erzwungen werden (Vorwegnahme bzw. Ausgleich von Setzungen). Verpressanker ermöglichen somit den Ersatz von Gewichtskonstruktionen. Abbildung 1 zeigt schematisch unterschiedliche Anwendungsmöglichkeiten.

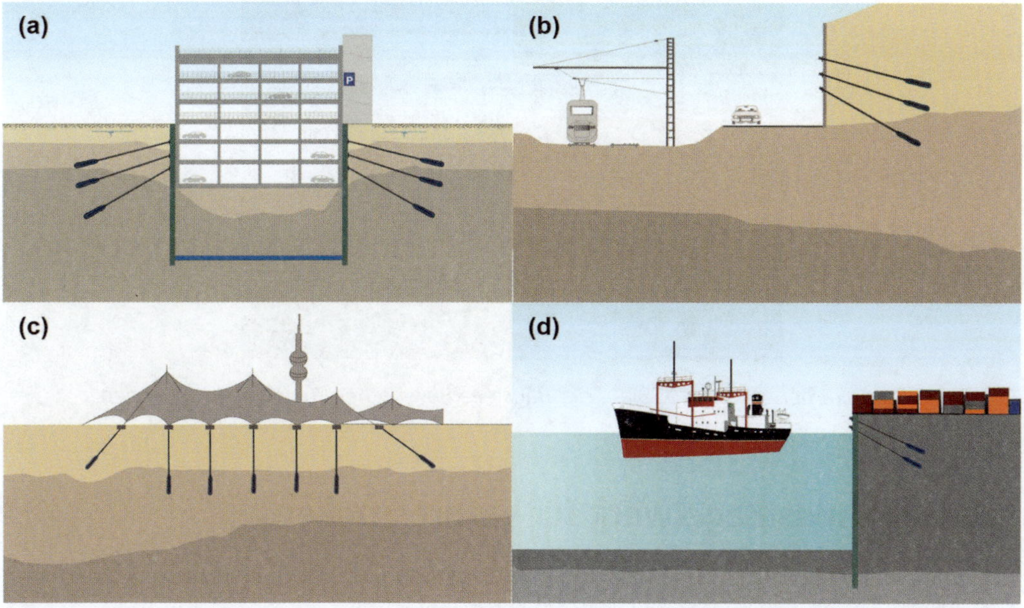

Abbildung 1: Anwendungsmöglichkeiten von Verankerungen – (a) Baugrubenverbau, (b) Hangsicherung, (c) Fundamentrückverankerung, (d) Uferbefestigung

Vorgespannte Verpressanker mit Krafteintragungslängen und entsprechendem Lastabtrag im Festgestein wurden ab Mitte der 1930er Jahre in Frankreich entwickelt und eingesetzt.

Auf der Baustelle Bayerischer Rundfunk (siehe Abbildung 2) wurde 1958 von der Karl Bauer KG Spezialtiefbau[1] der »Injektionszuganker im Lockergestein« erfunden und als

1 Seit 1986 BAUER Spezialtiefbau GmbH.

Patent angemeldet. Gefordert war eine freie Baugrube ohne hinderliche Steifen. Die ursprüngliche Planung sah vor, die Ankerzugglieder in Verankerungsschächten (analog der bekannten Totmann-Konstruktion mit einer rückwärtigen Ankerwand aus Spundbohlen) einzubohren und dort zu fixieren. Die Bohrungen wichen aufgrund der damals zur Verfügung stehenden Bohrtechnik ab, und die Verankerungsschächte wurden verfehlt. Zudem stellte das Zurückziehen der Bohrrohre in den groben Kiesen der Münchener Schotterebene ein großes Problem dar, da dabei Zugkräfte in der Größenordnung der planmäßigen Ankerkräfte selbst aufgebracht werden mussten. Aus der Not – der Terminplan war eng und die Bauzeit knapp bemessen – entstand die Idee, den Herausziehwiderstand durch die zusätzliche Injektion von Zementsuspension zu erhöhen. In die verlorenen Bohrkronen wurde ein Innengewinde für den Ankerstab geschnitten. Nach Erreichen der Bohrendtiefe wurde der Spannstahl in die verlorene Bohrkrone eingeschraubt. Während des Zurückziehens der Bohrrohre wurden die unteren 5 m mit Zementsuspension verpresst. Eine Prüfung der Ankerkraft fünf Tage später zeigte, dass Kräfte bis zum Erreichen der Fließgrenze des Spannstahls aufgebracht werden konnten. Der Verpressanker für den Lastabtrag in Lockergestein war geboren.

Abbildung 2: Ankerherstellung 1958 auf der Baustelle Bayerischer Rundfunk in München

6.2 Geltendes Regelwerk für Verpressanker

Hinsichtlich Berechnung und Bemessung von Verpressankern sind die nachfolgenden bauaufsichtlich eingeführten[2] Normen maßgeblich zu beachten:

- DIN EN 1997-1:2009-09:[3] Eurocode 7: Entwurf, Berechnung und Bemessung in der Geotechnik – Teil 1: Allgemeine Regeln; Deutsche Fassung EN 1997-1:2004 + AC:2009 [1]

2 Grundlage ist die derzeit gültige Muster-Verwaltungsvorschrift Technische Baubestimmungen (MVV TB) 2021/1 [36]. Sofern neuere Normenversionen existieren, die jedoch nicht bauaufsichtlich eingeführt wurden, können die entsprechenden Änderungen auf der Website des Beuth Verlags (www.beuth.de) nachgelesen werden.

3 Die neueste Version DIN EN 1997-1:2014-03 ist nicht bauaufsichtlich eingeführt.

In Kombination mit

- DIN EN 1997-1/NA:2010-12: Nationaler Anhang – National festgelegte Parameter – Eurocode 7: Entwurf, Berechnung und Bemessung in der Geotechnik – Teil 1: Allgemeine Regeln [2]
- DIN 1054:2021-04: Baugrund – Sicherheitsnachweise im Erd- und Grundbau – Ergänzende Regelungen zu DIN EN 1997-1 [3]

Herstellung und Ausführung von Verpressankern müssen gemäß den folgenden Regelwerken erfolgen:

- DIN EN 1537:2014-07: Ausführung von Arbeiten im Spezialtiefbau – Verpressanker; Deutsche Fassung EN 1537:2013 [6]
- DIN/TS 18537:2021-05: Ergänzende Festlegungen zu DIN EN 1537:2014-07, Ausführung von Arbeiten im Spezialtiefbau – Verpressanker [7]

Zusätzlich müssen bei der Fertigung und Herstellung unterschiedliche bauaufsichtliche Verwendbarkeitsnachweise[4] (Allgemeine bauaufsichtliche Zulassung abZ und/oder Allgemeine Bauartgenehmigung aBG) berücksichtigt werden (siehe DIN/TS 18537:2021-05, Zu 6.1.3 sowie Zu 6.2.1.1):

- Zugglieder (und etwaige Koppelelemente für die Zugglieder): Die Zugglieder bestehen in der Regel aus Spannstählen. Diese müssen über eine Zulassung für das Vorspannen von Spannbeton nach geltendem Regelwerk verfügen
- Bei Kurzzeitankern muss zudem für die Ankerkopfkonstruktion (siehe Abschnitt 6.4.2) eine Zulassung vorliegen.
- Bei Daueranker ist für die gesamte Ankerkonstruktion eine Zulassung erforderlich.

Sofern Ankerkonstruktionen verwendet werden sollen, die nicht über die entsprechende(n) Zulassung(en) verfügen, muss bei der zuständigen Bauaufsichtsbehörde eine Zustimmung im Einzelfall beantragt werden.

Die unterschiedlichen Ankerprüfungen mit zugehörigen Prüfschemata (siehe Abschnitt 6.7) sind in

- DIN EN ISO 22477-5:2019-05: Geotechnische Erkundung und Untersuchung – Prüfung von geotechnischen Bauwerken und Bauwerksteilen – Teil 5: Prüfung von Verpressankern (ISO 22477-5:2018); Deutsche Fassung EN ISO 22477-5:2018

geregelt.

Des Weiteren existiert eine Reihe von Normen und Regelwerke mit Angaben zu Verpressankern. So muss beispielsweise in der Planungsphase DIN 4085 [8] beachtet werden, wo in Abhängigkeit des gewählten Erddruckansatzes die Festlegefaktoren definiert sind. Beispielhaft seien noch die Empfehlungen des Arbeitskreises »Baugruben« (EAB) [9] erwähnt, die mittlerweile einen normengleichen Status bei der Berechnung und Bemessung von Baugruben erlangt haben und oft Bestandteil von Bauverträgen sind.

4 Im Folgenden wird zur Vereinfachung anstatt des Begriffs »bauaufsichtlicher Verwendbarkeitsnachweis« die allgemein übliche Bezeichnung »Zulassung« verwendet.

6.3 Vorgespannte Verpressanker – Definitionen und Abgrenzung von anderen Bauweisen

6.3.1 Aufbau und Definitionen

Gemäß geltendem Regelwerk DIN EN 1997-1 [1] besteht ein Verpressanker aus drei definierenden Komponenten (siehe Abbildung 3):

- Ankerkopf[5]
- freie Stahllänge des Zugglieds
- Krafteintragungslänge

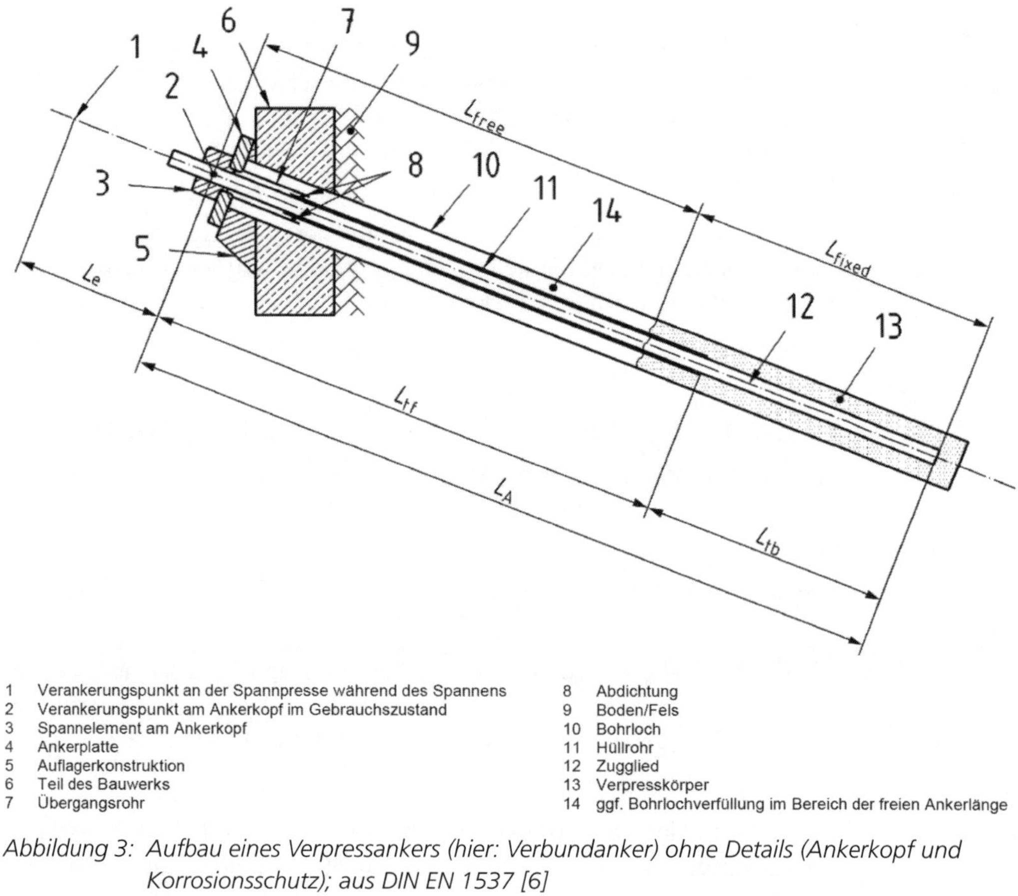

1	Verankerungspunkt an der Spannpresse während des Spannens	8	Abdichtung
2	Verankerungspunkt am Ankerkopf im Gebrauchszustand	9	Boden/Fels
3	Spannelement am Ankerkopf	10	Bohrloch
4	Ankerplatte	11	Hüllrohr
5	Auflagerkonstruktion	12	Zugglied
6	Teil des Bauwerks	13	Verpresskörper
7	Übergangsrohr	14	ggf. Bohrlochverfüllung im Bereich der freien Ankerlänge

Abbildung 3: Aufbau eines Verpressankers (hier: Verbundanker) ohne Details (Ankerkopf und Korrosionsschutz); aus DIN EN 1537 [6]

5 Es ist anzumerken, dass der Ankerkopf lediglich die Fixierung des Zugglieds – bei Zugglieder aus Einzellitzen also den Keilträger und die Klemmkeile bzw. bei Einstabankern die Ankermutter – aber nicht die Ankerplatte umfasst. Letztere ist dementsprechend auch nicht Bestandteil einer Ankerkopfzulassung.

Die in Abbildung 3 dargestellten Längen sind wie folgt definiert:

Verankerungslänge (tendon bond length) L_{tb}	Bei Verbundankern (siehe Abschnitt 6.3.2.2) jener Abschnitt des Zugglieds, der in direktem Kontakt mit dem Verpresskörper ist. Innerhalb der Verankerungslänge wird die Ankerkraft aus dem Zugglied (über Verbund) in den Verpresskörper übertragen. Bei Zuggliedern aus Spannstahl ist die Verankerungslänge die Länge des blanken Spannstahls, innerhalb derer das Zugglied nicht durch ein Hüllrohr ummantelt ist. Druckrohranker (siehe Abschnitt 6.3.2.2) haben definitionsgemäß keine Verankerungslänge.
Freie Stahllänge (tendon free length) L_{tf}	Jene Länge des Ankerzugglieds zwischen dem Verankerungspunkt am Ankerkopf und dem Anfang der Verankerungslänge bzw. dem erdseitigen Ende des Hüllrohrs. Innerhalb der freien Stahllänge ist das Zugglied in Längsrichtung relativ zum umgebenden Baugrund frei verschieblich. Zur Trennung zwischen Baugrund und Zugglied wird Letzteres bzw. dessen Einzelkomponenten von einem glatten Kunststoff-Hüllrohr ummantelt (mit Ausnahme eines kurzen Bereichs hinter der Ankerplatte, siehe hierzu »Ablitzen« in Abschnitt 6.6.8.2).
Krafteintragungslänge L_{fixed}	Die planmäßige Länge des Verpresskörpers, innerhalb derer die Ankerkraft (über ungleichmäßig verteilte Mantelreibung) aus dem Verpresskörper in den umgebenden Baugrund übertragen wird. Die Krafteintragungslänge muss stets größer als die Verankerungslänge sein. Die Differenz $L_{fixed} - L_{tb}$ entspricht der planmäßigen Einbindung der Zuggliedumhüllung in den Verpresskörper (siehe hierzu »Lastabtrag« in Abschnitt 6.3.2.2 und »Freispülen« in Abschnitt 6.6.6.3).
Freie Ankerlänge L_{free}	Länge des Ankerzugglieds zwischen dem Verankerungspunkt am Ankerkopf und dem Anfang der Krafteintragungslänge bzw. dem luftseitigen Ende des Verpresskörpers.
Ankerlänge L_A	Länge zwischen dem Verankerungspunkt am Ankerkopf und dem erdseitigen Ende des Zugglieds.
Überstand L_e	Überstehende Länge zwischen dem Verankerungspunkt am Ankerkopf und Verankerungspunkt auf der Spannpresse (bei Ankerprüfungen).

Verpressanker werden in der Regel vorgespannt, und bei Ausführung nach DIN EN 1537 [6] ist die Vorspannung obligatorisch. Die zur Aktivierung des Herausziehwiderstands bzw. der Mantelreibung erforderlichen Relativverschiebungen zwischen Verpresskörper und Baugrund werden im Zuge des Vorspannprozesses vorweggenommen. Solange die Ankerkräfte unterhalb der Prüfkraft bleiben, führen Veränderungen der Ankerkraft zu keinen (wesentlichen) Verschiebungen im Bereich des Verpresskörpers.[6]

6 Von der Festlegelast abweichende Ankerkräfte führen zu elastischen Längenänderungen des Ankerzugglieds. Des Weiteren treten (je nach Baugrund und Ausnutzung des tatsächlichen Herausziehwiderstands) Kriechverformungen auf, die bei regelwerkskonformer Bemessung und Ausführung jedoch vernachlässigbar klein sind.

6.3.2 Einteilungsmöglichkeiten

Verpressanker können neben dem Baugrund (Boden oder Fels), in welchem der Lastabtrag erfolgt, nach unterschiedlichen Kriterien eingeteilt werden (siehe Abbildung 4):

- Nutzungsdauer
- Art des Lastabtrags aus dem Zugglied in den Baugrund
- Art des Zugglieds

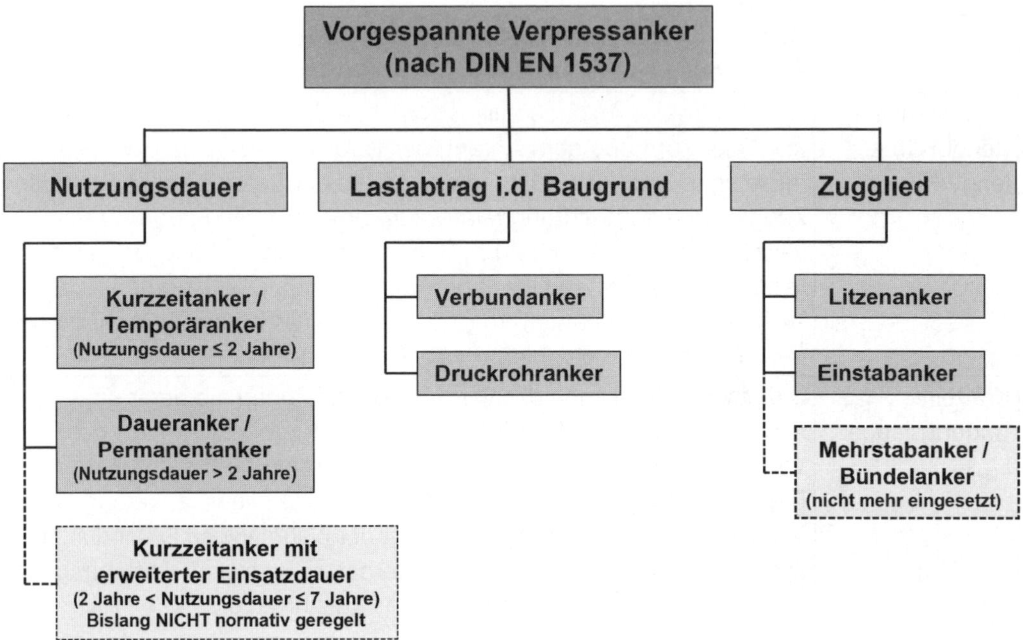

Abbildung 4: Unterschiedliche Einteilungsmöglichkeiten für vorgespannte Verpressanker

Übersichtliche Darstellungen mit konstruktiven Einzelheiten für Litzenanker und Einstabanker vom Typ »Verbundanker« sind in Abschnitt 6.4.4 sowohl für kurzzeitigen als auch für dauerhaften Einsatz enthalten.

6.3.2.1 Nutzungsdauer

Die Nutzungsdauer wirkt sich auf die Korrosionsschutzmaßnahmen aus (siehe Abschnitt 6.4.4). DIN EN 1997-1 [1] und DIN EN 1537 [6] unterscheiden entsprechend der planmäßigen Nutzungs- bzw. Einsatzdauer wie folgt:

- Kurzzeitanker/Temporäranker: planmäßige Nutzungsdauer ≤ 2 Jahre
- Daueranker/Permanentanker: planmäßige Nutzungsdauer > 2 Jahre

Der Beginn der Nutzungsdauer ist bislang nicht klar definiert. Da das Zugglied ab dem Einbau ins Bohrloch etwaigen korrosionsfördernden Umwelteinflüssen ausgesetzt ist, wird empfohlen, die Nutzungsdauer ab diesem Zeitpunkt zu zählen.

Für eine normkonforme Ausführung von Verpressankern mit einer Einsatzdauer > 2 Jahren sind somit immer Daueranker vorzusehen. Deren Korrosionsschutzsysteme sind für eine Nutzungsdauer bis maximal 100 Jahre ausgelegt.

Tiefe Baugruben, z.B. für Bauwerke mit mehreren Untergeschossen erfordern in Realität oft Nutzungsdauern zwischen drei bis sieben Jahren. Für derartige Fälle sind die Korrosionsschutzsysteme von Dauerankern überdimensioniert. In EAD 160071-00-0102 [10] wird für Kurzzeitanker eine erweiterte Einsatzdauer > 2 Jahre und ≤ 7 Jahre definiert. Dies deckt sich mit den Erfordernissen der Praxis und würde helfen, unverhältnismäßig hohe Kosten zu vermeiden. Normativ sind Kurzzeitanker mit erweiterter Einsatzdauer[7] jedoch bislang nicht geregelt.

6.3.2.2 Art des Lastabtrags

Hinsichtlich der Art der Lasteinleitung aus dem Zugglied in den Verpresskörper sowie des Lastabtrags aus dem Verpresskörper in den Baugrund wird zwischen

- Verbundankern (siehe Abbildung 3) und
- Druckrohrankern (siehe Abbildung 5)

unterschieden.[8] Die bodenmechanischen Mechanismen werden in Abschnitt 6.5 erläutert.

Bei Verbundankern nach Abbildung 3 ist das (blanke Spannstahl-)Zugglied im Bereich der Verankerungslänge in direktem Kontakt mit dem Verpresskörper (bzw. Zementstein). Die Ankerkraft wird aus dem Zugglied über Verbund in den Verpresskörper übertragen; die Krafteinleitung in den Verpresskörper erfolgt von der Luftseite her. Da die Verbundspannung zwischen Zugglied und Verpresskörper in der Regel größer als die Mantelreibung zwischen Verpresskörper und umgebendem Baugrund ist, erfährt der vordere Bereich des Verpresskörpers Zugbeanspruchung und Querkontraktion (siehe Abbildung 5, oben). Aufgrund der verhältnismäßig geringen Zugfestigkeit des Zementsteins entstehen bei Gewindestahl-Zuggliedern Querrisse im Verpresskörper. Bei Litzen und Litzenbündeln treten verstärkt auch radial ausstrahlende Längsrisse auf [11].

Hinsichtlich der Nutzungsdauer werden Verbundanker sowohl als Kurzzeit- als auch als Daueranker eingesetzt. Bezüglich des Zugglieds existieren sowohl Litzen-Verbundanker als auch Einstab-Verbundanker.

7 Im allgemeinen Sprachgebrauch wird bei verlängerter Einsatzdauer oft von »Semi-Permanent-Ankern« gesprochen. Die OENORM B 4456:2021-06-01 definiert die Nutzungsdauer einer semipermanenten Verankerung »*[...] größer als 2 Jahre bis maximal 50 Jahre*«. Dies überschneidet sich mit der obigen Definition von Dauerankern bzw. permanenten Verankerungen nach der übergeordneten europäischen Norm (DIN bzw. ONORM) EN 1537. Aus Gründen der Eindeutigkeit wird deshalb empfohlen, bei einer Nutzungs-/Einsatzdauer zwischen 2 Jahren und 7 Jahren konsequent den Begriff »Kurzzeitanker mit erweiterter Einsatzdauer« zu verwenden.

8 *Wichter & Meiniger* [15], [11] führen zusätzlich noch »Anker mit aufweitbarem Verpresskörper« an. Dabei handelt es sich um eine Sonderbauweise, auf die im Folgenden hier nicht weiter eingegangen wird.

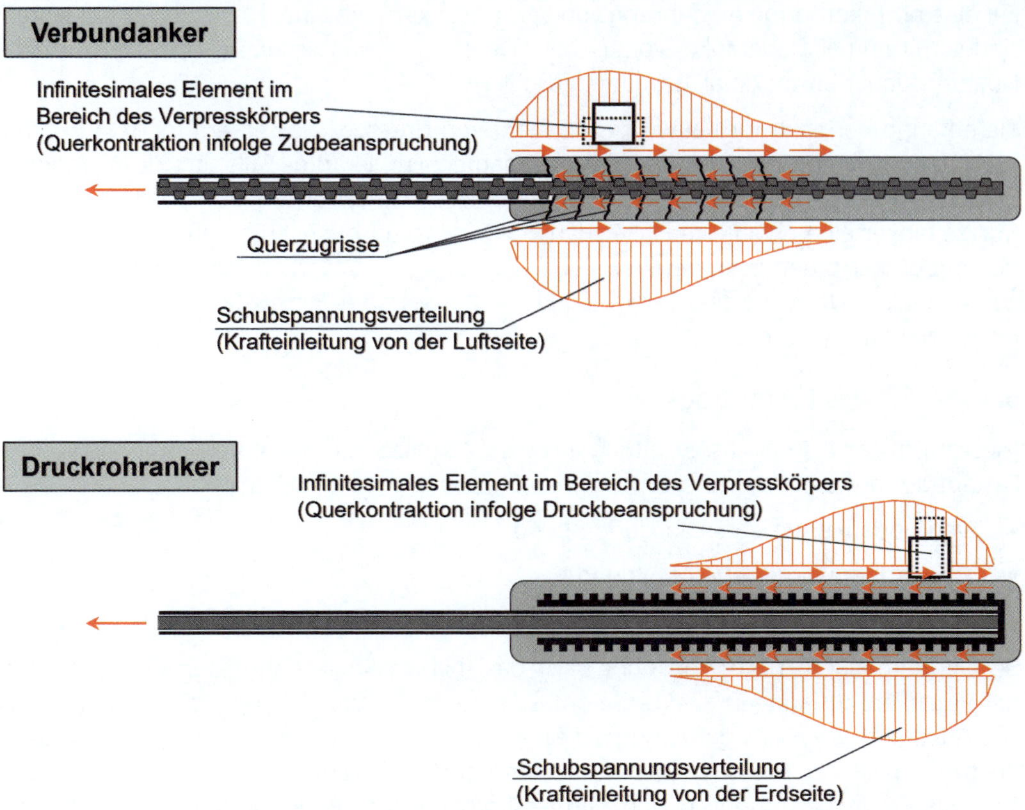

Abbildung 5: Prinzip der Kraftübertragung vom Zugglied über den Verpresskörper in den Baugrund – Verbundanker (oben) und Druckrohranker (unten); nach Ostermayer [12]

Bei Druckrohrankern nach Abbildung 6 ist das Ankerzugglied am erdseitigen Ende zugfest mit dem unteren Ende des Druckrohrs – ein geripptes Stahlrohr – verbunden. Die zugfeste Verbindung zwischen Zugglied und erdseitigem Druckrohrende erfolgt bei Litzenankern über eine sogenannte Fußbox und bei Einstabankern über eine Schraubmufffe. Die Krafteinleitung aus dem Zugglied in das Druckrohr als auch aus dem Druckrohr in den Verpresskörper erfolgen vom erdseitigen Ankerende. Der Verpresskörper wird auf Druck beansprucht, verbunden mit einer »negativen« Querkontraktion (siehe Abbildung 5, unten), wodurch die Kontaktspannung zwischen Verpresskörper und umgebendem Baugrund tendenziell erhöht wird. Infolgedessen ist der Verpresskörper bei Druckrohrankern überdrückt und weist keine Risse auf. Entsprechend (und wegen der aufwendigeren Konstruktion und damit verbundenen höheren Herstellkosten) werden Druckrohranker bevorzugt als Daueranker verwendet.

Anstatt eines gerippten Stahlrohrs existieren auch Ankersysteme mit Druckstücken oder mit Umlenksattel und angeschweißtem, geripptem Bewehrungsstabstahl. Auf die Erfordernis einer Zulassung oder zumindest einer Zustimmung im Einzelfall wird nochmals hingewiesen.

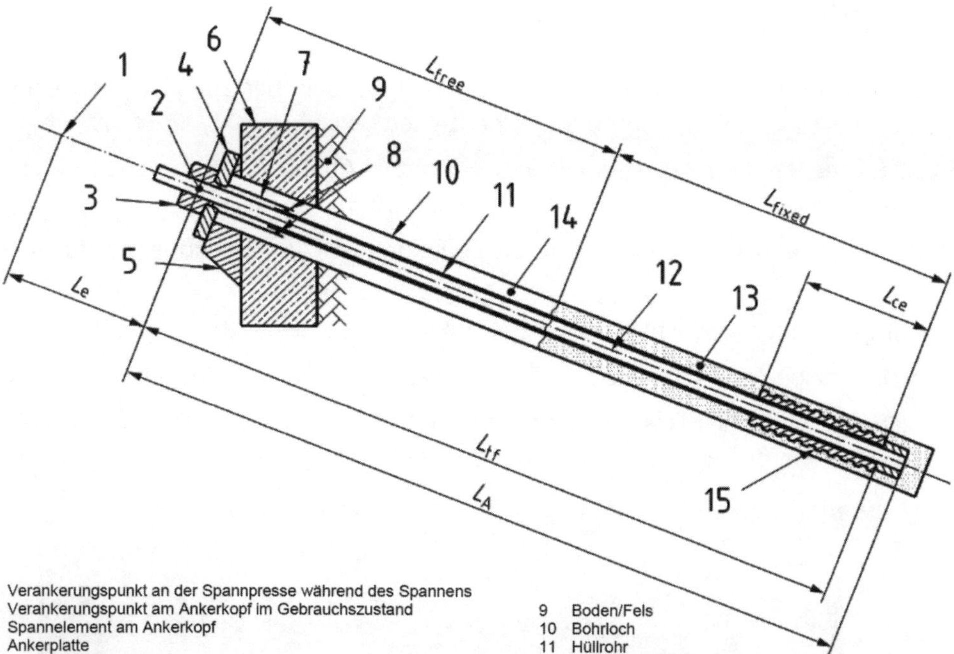

1 Verankerungspunkt an der Spannpresse während des Spannens
2 Verankerungspunkt am Ankerkopf im Gebrauchszustand
3 Spannelement am Ankerkopf
4 Ankerplatte
5 Auflagerkonstruktion
6 Teil des Bauwerks
7 Übergangsrohr
8 Abdichtung
9 Boden/Fels
10 Bohrloch
11 Hüllrohr
12 Zugglied
13 Verpresskörper
14 ggf. Bohrlochverfüllung im Bereich der freien Ankerlänge
15 Druckrohr

Abbildung 6: Schematische Darstellung eines Druckrohrankers, ohne Details (Ankerkopf und Korrosionsschutz); aus DIN EN 1537 [6]

6.3.2.3 Art des Zugglieds

Es wird zwischen Einstabankern und Litzenankern unterschieden. Hinsichtlich der Materialien wird auf Abschnitt 6.4.1 verwiesen.

Die Zuggliedabschnitte von Einstabankern werden über Muffen gekoppelt. Einstabanker können somit beliebig verlängert werden. Sowohl für das Zugglied als auch für die Muffenverbindungen muss eine Zulassung vorliegen. Für nachträgliche Prüfungen und Ankerabhebeversuche (siehe Abschnitt 6.7.5) können Einstabanker verhältnismäßig einfach mittels Muffe verlängert werden. Nachteilig ist vor allem beim Einbau die erschwerte Handhabung unter beengten Verhältnissen.

Spanndrahtlitzen bestehen aus sieben glatten, zu einer Litze verseilten Einzelspanndrähten. Das eigentliche Ankerzugglied besteht aus mehreren Litzen. Ein Koppeln der Zugglieder ist prinzipiell möglich, sollte aber unter allen Umständen vermieden werden, da die Koppelkonstruktionen zu deutlich größeren Bohrdurchmessern führen, als dies ohne Verwendung von Kopplungen erforderlich wäre. Litzenanker werden entsprechend ihrer planmäßigen Länge (Ankerlänge + Zuggliedüberstand für den Spannprozess im Werk gefertigt und anschließend zusammengerollt (siehe Abbildung 7). Dies bietet gegenüber Einstabankern folgende Vorteile:

- Vereinfachte Lagerung und Transport, auch bei großen Ankerlängen sind keine Spezial-Langfahrzeuge erforderlich
- Einbaufertige Lieferung auf die Baustelle, kein Koppeln der Zugglieder erforderlich (Zeitersparnis und Reduzierung möglicher Fehlerquellen)
- Einbau der flexiblen Ankerzugglieder z.B. mittels Abrollvorrichtung auch unter beengten Verhältnissen möglich (siehe Abschnitt 6.6.5)

Weitere Vorteile von Ankerzuggliedern aus Spanndraht-Litzen gegenüber Einstabankern sind:

- Geringeres Einbaugewicht infolge höherer Stahlgüten (siehe Abschnitt 6.4.1)
- Redundanz bei Versagen einzelner Drähte einer Litze oder einzelner Litzen
- Litzenanker sind deutlich unempfindlicher gegenüber unplanmäßigen Querkräften und Umlenkungen als Ankerzugglieder aus Stabspannstahl.

Abbildung 7: Ankerzugglieder (Litzen) vorbereitet für den Transport auf die Baustelle

6.3.3 Weitere »Anker«-Bauweisen

Die in Abschnitt 6.1 genannte Eigenschaft von Verpressankern – Einleitung und Abtrag von Zugkräften in den Baugrund – trifft neben vorgespannten (und nicht vorgespannten) Verpressankern auch auf folgende Bauweisen zu, die im allgemeinen Sprachgebrauch fälschlicherweise oft auch als »Anker« bezeichnet werden:

- Stabverpresspfähle bzw. verpresste Mikropfahl-Zugsysteme
- Boden- und Felsnägel
- Gebirgsanker

Zur Abgrenzung von den vorgespannten Verpressankern werden im Folgenden die maßgebenden Eigenschaften der allgemein als »Anker« bezeichneten Bauweisen definiert, auch wenn im weiteren Kapitel nicht mehr darauf eingegangen wird.

6.3.3.1 Stabverpresspfähle bzw. verpresste Mikropfahl-Zugsysteme

Stabverpresspfähle sind Mikropfähle nach DIN EN 14199 [13] sowie Verbundpfähle nach DIN SPEC 18539 [14]. Letztere sind definiert als Pfähle

> *»[...] mit durchgehendem Tragglied, wobei das Verfüll-/Verpressgut das Tragglied auf ganzer Länge im Baugrund umschließt und die Kraft durch Verbund vom Tragglied über das Verfüll-/Verpressgut auf den Baugrund übertragen wird.«*

Auch wenn das Tragglied auf ganzer Länge mit Verfüll- bzw. Verpressgut umhüllt ist, kann aus statischer Sicht ein Lastabtrag nur außerhalb des aktiven Gleitkeils bzw. außerhalb des maßgebenden Bruchkörpers angesetzt werden.

Während jeder einzelne Verpressanker einer Abnahmeprüfung unterzogen wird (siehe Abschnitt 6.7), müssen bei verpressten Mikropfahl-Zugsystemen nur $n \geq 2$ bzw. $n \geq 3\%$ der gesamten Pfahlanzahl[9] einer Probebelastung unterzogen werden. Um aus statistischer Sicht ein ähnliches Sicherheitsniveau zu gewährleisten, sind bei verpressten Mikropfahl-Zugsystemen deshalb deutlich höhere Prüflasten nachzuweisen als bei Verpressankern. Die Prüflast P_P beträgt je nach Anzahl der Probebelastungen das 1,44- bis 1,80-fache der Design-Beanspruchung E_d, was etwa der 2,0- bis 2,5-fachen charakteristischen Zugkraft E_k entspricht. Dies kann dazu führen, dass bei den Probemikropfählen ein verstärktes Zugglied mit größerem Durchmesser eingebaut werden muss.

6.3.3.2 Boden- und Felsnägel

Nägel sind – analog zu Stabverpresspfählen – nicht vorgespannte Zugglieder, die ihre Beanspruchung auf der ganzen Länge in den Baugrund (Boden oder Fels) abtragen. Während Verpressanker und verpresste Mikropfahl-Zugsysteme als Einzelglieder wirken, wird bei Nägeln ein Lastabtrag im Kollektiv unterstellt. In den erdstatischen Nachweisen wird der vernagelte Bodenblock als Verbundkörper aus Nägeln und Boden idealisiert. Für die Ausführung von Bodenvernagelungen ist ein bauaufsichtlicher Verwendbarkeitsnachweis (Allgemeine bauaufsichtliche Zulassung abZ und Allgemeine Bauartgenehmigung aBG) erforderlich. Auch wenn Nägel in Realität durch eine Kombination aus Zug- und Scherkräften beansprucht werden, dürfen sie entsprechend den abZ/aBG des Deutschen Instituts für Bautechnik DIBt nur als reine Zugelemente bemessen werden.

Die Anzahl der zu prüfenden Nägel beträgt $n \geq 3$ bzw. $n \geq 3\%$ der gesamten Nagelanzahl.[10] Die nachzuweisende Prüflast P_P ist gleich der 1,4-fachen Design-Beanspruchung $E_{N,d}$ anzusetzen.

6.3.3.3 Gebirgsanker

Nach *Wichter & Meiniger* [15] umfasst der Begriff »Anker« im Bergbau und im Tunnelbau

> *»[...] alle in das Gebirge zu Sicherungszwecken eingebrachten Zugglieder [...], gleichgültig ob sie vorgespannt werden oder nicht.«*

9 Ab einer Pfahlanzahl von $n \geq 84$ Stück wird das 3%-Kriterium maßgebend.
10 Ab einer Nagelanzahl von $n \geq 117$ Stück wird das 3%-Kriterium maßgebend.

Nach DIN 21521-1 [16] dürfen Gebirgsanker neben Zugkräften auch durch Scherkräfte beansprucht werden. Es wird zwischen Freispielankern,[11] blockierten Ankern und Vollverbundankern unterschieden. Bei blockierten Ankern wird die freie Stahllänge nach dem Vorspannen nachträglich verpresst, so dass die Längsverschieblichkeit des Zugglieds relativ zum Baugrund blockiert wird. Bei Vollverbundankern erfolgt die Kraftübertragung in den Baugrund über die gesamte Traggliedlänge, was per eigentlicher Definition einen Boden- bzw. Felsnagel beschreibt. Größtenteils handelt es sich bei Gebirgsankern um die Bauart »Vollverbundanker«.

6.3.3.4 Übersicht – Verpressanker vs. Verpresste Zug-Mikropfähle und Nägel

In Tabelle 1 sind die maßgeblichen Unterschiede zwischen Verpressankern und verpressten Mikropfahl-Zugsystemen sowie Nägeln zusammengefasst. Abbildung 8 zeigt die unterschiedlichen Wirkungsweisen.

Tabelle 1. Maßgebende Unterschiede zwischen Verpressankern und verpressten Mikropfahl-Zugsystemen sowie Nägeln

<table>
<tr><th>Element</th><th>Verpressanker</th><th>Verbundpfahl</th><th>Bodennagel</th></tr>
<tr><td>Beanspruchung</td><td>Zug</td><td>Zug</td><td>Zug (Rechenansatz, + unplanmäßig Schub)</td></tr>
<tr><td>Wirkungsweise</td><td>einzeln</td><td>einzeln</td><td>Kollektiv/Gruppe</td></tr>
<tr><td rowspan="2">Vorspannung</td><td rowspan="2">ja (bei Herstellung nach DIN EN 1537)1)</td><td>nein</td><td>nein</td></tr>
<tr><td colspan="2">Verformungen zur Aktivierung erforderlich</td></tr>
<tr><td rowspan="2">begrenzte Krafteintragungslänge, freie Stahllänge</td><td rowspan="2">ja</td><td>nein</td><td>nein</td></tr>
<tr><td colspan="2">Tragglied auf ganzer Länge (innerhalb des Baugrunds) mit Verfüll-/Verpressgut umhüllt</td></tr>
<tr><td>Anzahl der Prüfungen</td><td>– Abnahme: 100 %
– Eignungsprüfungen (Daueranker): $n \geq 3$</td><td>– $n \geq 2$
– $n \geq 3$ % aller Pfähle</td><td>– $n \geq 3$
– $n \geq 3$ % aller Nägel (jeweils je Bodenart)</td></tr>
<tr><td>Prüflast P_P
E_d x</td><td>$\gamma_a = 1{,}1$</td><td>$\gamma_{s,t} \cdot \xi_1 \cdot h_M \approx 1{,}44 - 1{,}80$</td><td>1,40</td></tr>
<tr><td>E_k x</td><td>$\gamma_{G/Q} \cdot \gamma_a$ » 1,5</td><td>$\gamma_{G/Q} \cdot \gamma_{s,t} \cdot \xi_1 \cdot h_M \approx 2{,}0 - 2{,}5$</td><td>–</td></tr>
<tr><td colspan="4">1) Bei Ankern gemäß DIN EN 1997-1 ist eine Vorspannung nicht zwingend erforderlich.</td></tr>
</table>

11 Die Freispiellänge entspricht der freien Stahllänge analog obiger Definition für Verpressanker.

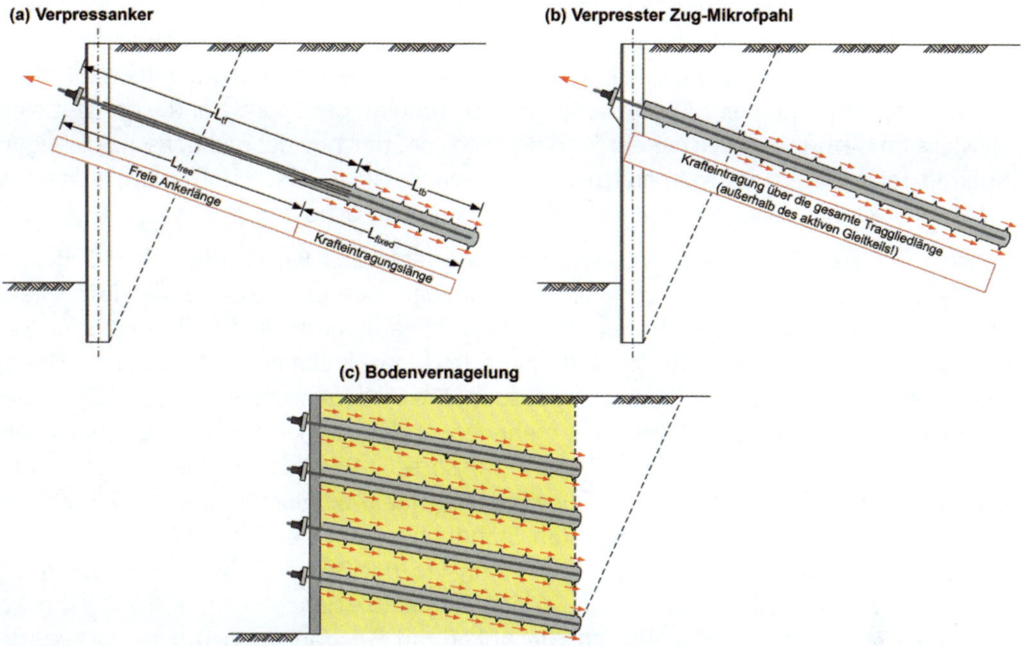

Abbildung 8: Verpressanker vs. Verpresste Zug-Mikropfähle und Nägel

6.4 Komponenten und Materialien von Verpressankern

6.4.1 Zugglieder – Materialien, Art und Herstellung

6.4.1.1 Stahlzugglieder

6.4.1.1.1 Allgemeines

Ankerzugglieder aus Baustahl, Betonstahl oder Spannstahl müssen den in DIN EN 1537 [6] aufgelisteten Normen entsprechen. Da für Betonstabstähle und Spannstähle bislang keine harmonisierten Normen vorliegen greift die Einschränkung nach DIN/TS 18537 [7], wonach Betonstabstähle entweder

> *»[…] DIN 488-1, DIN 488-2 und DIN 488-6 entsprechen oder über eine Zulassung verfügen«*

müssen. Für Spannstähle – unabhängig davon, ob es sich um Stäbe oder um Litzen handelt – ist bislang immer eine Zulassung erforderlich.

6.4.1.1.2 Zugglieder aus Stabstahl (Einstabanker)

Die Zugglieder für Einstabanker bestehen aus Stabspannstählen, Betonstabstahl oder hochfestem Bewehrungsstahl.

Stabspannstähle werden im Warmwalzwerk durch beschleunigte Abkühlung, Kaltrecken oder zusätzliches Anlassen (oder durch Kombination dieser Herstellverfahren) in geraden Längen hergestellt. Prinzipiell gibt es Stäbe mit glatter Oberfläche oder mit aufgewalzten

Gewinderippen, wobei heutzutage meistens nur noch Letztere in der Geotechnik Anwendung finden. Diese hochvergüteten Stabspannstähle sind nicht schweißgeeignet, da unplanmäßige Erhitzung zu einem starken Festigkeitsverlust führt. Bereits ein kleiner Schweißtropfen – z.B. beim Anschweißen der Gurtung an der Spundwand – erzeugt eine Fehlstelle im Gefüge, an welcher der Stab deutlich vor Erreichen der rechnerisch zulässigen Prüfkraft reißt. Sofern im Nahbereich von Stabspannstählen geschweißt wird, sollte das Zugglied geschützt werden (z.B. durch Überstülpen eines Schutzrohrs).

Generell gilt zur Unterscheidung, dass Gewindestähle aus Betonstabstahl B500B und S 555/700 ein Linksgewinde besitzen, wohingegen der hochfeste Gewindestabstahl S 670/800 sowie Stabspannstähle ein Rechtsgewinde aufweisen. In Tabelle 2 sind für Gewindestabstähle die verschiedenen Stahlgüten und jeweils die charakteristischen Werte für Dehngrenze und Zugfestigkeit $f_{t,k}$ angegeben. Die Stabspannstähle St 835/1030 sowie St 1080/1230 werden heutzutage nicht mehr verwendet. Aktuell existieren Einstabanker-Zulassungen des DIBt nur für die Stabspannstahlsorte St 950/1050 sowie für Betonstabstahl B500B und für die hochfesten Gewindestabstähle S 555/700 und S 670/800. In Tabelle 3 sind für die jeweils verfügbaren Stabdurchmesser der Stabquerschnitt A_t, der charakteristische (innere) Zuggliedwiderstand $R_{t,k}$ (1), der Design-Zuggliedwiderstand $R_{t,d}$ (2), die maximal zulässige Prüfkraft $P_{P,max}$ (nach Formel (6), siehe Abschnitt 6.7.2.3) sowie die die maximal zulässige charakteristische Ankerkraft $P_{k,max}$ angegeben. Für $P_{k,max}$ wurde dabei ein Prüflastfaktor $P_{P,max}/P_k = 1{,}5$ unterstellt.

$$R_{t,k} = A_t \cdot f_{t,0.1,k} \quad \text{bzw.} \quad R_{t,k} = A_t \cdot f_{t,0.2,k} \tag{1}$$

$$R_{t,d} = \frac{R_{t,k}}{\gamma_M} \quad \text{mit} \quad \gamma_M = 1{,}15 \tag{2}$$

Tabelle 2: Betonstabstähle und Stabspannstähle – Nennwerte der Streckgrenze $R_e = f_{t,0.1,k}$ bzw. $f_{t,0.2,k}$ und der Zugfestigkeit $R_m = f_{t,k}$ (in Anlehnung an DIN/TS 18537 [7], Anhang G)

Stahlsorte	genormte Bezeichnung	nach Norm	$f_{t,0.1,k}$ [N/mm²]	$f_{t,0.2,k}$ [N/mm²]	$f_{t,k}$ [N/mm²]	Bemerkung
BSt 500 S	B500B	DIN 488-1	–	500	550	Standard-Bewehrungsstahl mit Gewinderippen
S 555/700	–	–	–	555	700	hochfester Bewehrungsstahl mit Gewinderippen
S 670/800	–	–	–	670	800	
St 835/1030	Y1030	E DIN EN 10138-Normenreihe	835		1030	Stabspannstahl mit Gewinderippen
St 950/1050	Y1050		950		1050	
St 1080/1230	Y1230		1080		1230	

Tabelle 3: Einstabanker –Querschnittswerte und maßgebende zugehörige Kräfte/Zuggliedwiderstände

Nenn-Ø [mm]	A_t [mm²]	$R_{t,k} = F_{t,0.1/0.2,k}$ [kN]	$R_{t,d}$ [kN]	$P_{P,max}$ [kN]	$P_{k,max}$ [kN]
B500B					
20	314	157	137	138	92
25	491	246	214	216	115
28	616	308	268	271	145
32	804	402	350	354	189
40	1257	629	547	553	295
50	1963	982	854	864	461
S 555/700					
57,5	2597	1441	1253	1369	730
63,5	3167	1758	1529	1670	891
S 670/800					
18	254	170	148	162	86
22	380	255	222	242	129
25	491	329	286	313	167
28	616	413	359	392	209
30	707	474	412	450	240
35	962	645	561	612	326
43	1452	973	846	924	493
57,5	2597	1740	1513	1653	882
63,5	3167	2122	1845	2016	1075
St 950/1050					
17,5	241	229	199	202	108
26,5	552	524	456	464	247
32	804	764	664	675	360
36	1018	967	841	855	456
40	1257	1194	1038	1056	563
47	1735	1648	1433	1457	777

Bei Stabspannstählen mit Nenndurchmesser 32 mm ist zu beachten, dass es zwei unterschiedliche Gewindeformen – Typ »alt« und Typ »neu/aktuell« gibt. Dies wird insbesondere bei Nachprüfungen mittels Ankerabhebeversuchen relevant (siehe Abschnitt 6.7.5), wenn das eigentliche Ankerzugglied mittels Muffe verlängert werden muss. In diesen Fällen muss eine Übergangsmuffe für beide Gewindetypen gefertigt werden.

6.4.1.1.3 Spannstahl-Litzen

Spannstahl-Litzen bestehen in der Regel aus sieben kaltgezogenen, glatten Einzeldrähten mit kreisförmigem Querschnitt, die mit derselben Verwindungsrichtung und Schlaglänge verseilt werden. Der Kerndraht hat in der Regel einen geringfügig größeren Durchmesser als die Außendrähte. Abschließend wird die Litze wärmebehandelt, um eine niedrige Relaxation zu erzielen. Für Lagerung und Transport werden die Litzen zu Coils aufgerollt. Die zulässigen Rollendurchmesser sind in der jeweiligen Litzen-Zulassung geregelt.

Werden Spannstahl-Einzellitzen werksseitig mit einem Korrosionsschutzsystem versehen – dieses besteht aus einem Einzellitzenhüllrohr aus PE-HD, wobei der Ringraum zwischen Hüllrohr und Litze mit einer zugelassenen Korrosionsschutzmasse verfüllt wird – spricht man von Monolitzen.

Die üblichen Stahlgüten sind St 1570/1770 und St 1660/1860. Die erste Zahl entspricht der 0,2 %-Dehngrenze $f_{t,0.2,k}$ und die zweite Zahl der Zugfestigkeit $R_m = f_{t,k}$. Es ist zu beachten, dass für die Berechnung der maximal zulässigen Prüfkraft $P_{P,max}$ (siehe Abschnitt 6.7) nicht die 0,2 %-Dehngrenze $f_{t,0.2,k}$ sondern die 0,1 %-Dehngrenze $f_{t,0.1,k}$ anzusetzen ist. Die entsprechenden Werte können Tabelle 4 entnommen werden. Während im Spannbetonbau die unterschiedlichsten Nenndurchmesser (6,9-9,3-11,0-12,5-12,9 mm) Anwendung finden, gelten die gängigen Ankerkopf-Zulassungen für die Litzen-Nenndurchmesser 15,3 mm bzw. 0,6" und/oder 15,7 mm bzw. 0,62" (siehe Tabelle 5). In Tabelle 6 sind in Abhängigkeit von Stahlgüte, Litzen-Nenndurchmesser und Litzenanzahl n der Zuggliedquerschnitt A_t, der charakteristische (innere) Zuggliedwiderstand $R_{t,k}$, der Design-Zuggliedwiderstand $R_{t,d}$, die maximal zulässige Prüfkraft $P_{P,max}$ sowie die die maximal zulässige charakteristische Ankerkraft $P_{k,max}$ angegeben. Für $P_{k,max}$ wurde dabei ein Prüflastfaktor $P_{P,max}/P_k = 1,5$ unterstellt.

Tabelle 4: Spannstahl-Litzen – Nennwerte der Dehngrenzen $f_{t,0.1,k}$ und $f_{t,0.2,k}$ sowie der Zugfestigkeit $R_m = f_{t,k}$ (in Anlehnung an DIN/TS 18537 [7], Anhang G)

Stahlsorte	genormte Bezeichnung	nach Norm	$f_{t,0.1,k}$ [N/mm²]	$f_{t,0.2,k}$ [N/mm²]	$f_{t,k}$ [N/mm²]
St 1570/1770	Y1770	E DIN EN 10138-Normenreihe	1500	1570	1770
St 1660/1860	Y1860		1600	1660	1860

Tabelle 5: Spannstahl-Litzen – Abmessungen und Gewichte

Nenndurchmesser [mm]	Nenndurchmesser [Zoll]	Nennquerschnitt A_p [mm²]	Nenngewicht m [kg/m]
6,9	1/4	29	0,227
9,3	3/8	52	0,406
11	7/16	70	0,547
12,5	1/2	93	0,726

Nenndurchmesser		Nennquerschnitt A_p	Nenngewicht m
[mm]	[Zoll]	[mm²]	[kg/m]
12,9	1/2	100	0,781
15,3	0,6	140	1,093
15,7	0,62	150	1,172

Tabelle 6: Litzenanker –Querschnittswerte und maßgebende zugehörige Kräfte/Zuggliedwiderstände

Litzenanzahl n [–]	A_t [mm²]	$R_{t,k} = F_{t,0.1,k}$ [kN]	$R_{t,d}$ [kN]	$P_{P,max}$ [kN]	$P_{k,max}$ [kN]
St 1570/1770 – Litzen-Ø=0,6"/15,3 mm					
1	140	210	183	198	132
2	280	420	365	396	264
3	420	630	548	595	397
4	560	840	730	793	529
5	700	1050	913	991	661
6	840	1260	1096	1189	793
7	980	1470	1278	1388	925
8	1120	1680	1461	1586	1057
9	1260	1890	1643	1784	1189
10	1400	2100	1826	1982	1321
11	1540	2310	2009	2181	1454
12	1680	2520	2191	2379	1586
St 1570/1770 – Litzen-Ø = 0,62"/15,7 mm					
1	150	225	196	212	141
2	300	450	391	425	283
3	450	675	587	637	425
4	600	900	783	850	567
5	750	1125	978	1062	708
6	900	1350	1174	1274	849
7	1050	1575	1370	1487	991
8	1200	1800	1565	1699	1133
9	1350	2025	1761	1912	1275
10	1500	2250	1957	2124	1416
11	1650	2475	2152	2336	1557

Litzenanzahl n [–]	A_t [mm²]	$R_{t,k} = F_{t,0.1,k}$ [kN]	$R_{t,d}$ [kN]	$P_{P,max}$ [kN]	$P_{k,max}$ [kN]
12	1800	2700	2348	2549	1699
St 1660/1860 – Litzen-Ø=0,6"/15,3 mm					
1	140	224	195	208	139
2	280	448	390	417	278
3	420	672	584	625	417
4	560	896	779	833	555
5	700	1120	974	1042	695
6	840	1344	1169	1250	833
7	980	1568	1363	1458	972
8	1120	1792	1558	1667	1111
9	1260	2016	1753	1875	1250
10	1400	2240	1948	2083	1389
11	1540	2464	2143	2292	1528
12	1680	2688	2337	2500	1667
St 1660/1860 – Litzen-Ø=0,62"/15,7 mm					
1	150	240	209	223	149
2	300	480	417	446	297
3	450	720	626	670	447
4	600	960	835	893	595
5	750	1200	1043	1116	744
6	900	1440	1252	1339	893
7	1050	1680	1461	1562	1041
8	1200	1920	1670	1786	1191
9	1350	2160	1878	2009	1339
10	1500	2400	2087	2232	1488
11	1650	2640	2296	2455	1637
12	1800	2880	2504	2678	1785

Die Klemmkeile für die Blockierung der Litzen im Ankerkopf (siehe Abschnitt 6.4.2) müssen exakt zum Litzendurchmesser passen. Um Verwechslungen und damit Schäden zu vermeiden, sollten auf einer Baustelle nicht unterschiedliche Litzendurchmesser Verwendung finden.

Das Thema »Litzendurchmesser und passende Klemmkeile« ist vor allem auch bei Ankerlitzen mit Nenndurchmesser 1/2" relevant. Hier muss klar sein, welcher 1/2"-Typ gemeint ist – 12,5 mm oder 12,9 mm.

6.4.1.1.4 Elastizitätsmodul

Zur Ermittlung der rechnerischen freien Stahllänge L_{app} (siehe Abschnitt 6.7) wird der Elastizitätsmodul benötigt. Gemäß DIN EN 1992-1-1 [17], Absätze 3.2.7 (4) sowie 3.3.6 (2) und (3) darf der E-Modul wie folgt angesetzt werden:

- Betonstahl: E_s = 200.000 N/mm²
- Spannstahl – Drähte und Stäbe: E_s = 205.000 N/mm²
- Spannstahl – Litzen: E_p = 195.000 N/mm²

Die tatsächlichen Werte können deutlich abweichen. Sie liegen bei Stabspannstählen üblicherweise zwischen 195.000 N/mm² und 210.000 N/mm² und bei Spannstahl-Litzen zwischen 185.000 N/mm² und 205.000 N/mm². Die exakten anzusetzenden Werte sind der jeweiligen Zulassung zu entnehmen.

6.4.1.2 Zugglieder aus alternativen Materialien

Ankerzugglieder aus Spannstahl sind der Standard. Gemäß DIN EN 1537 [6], 6.2.1.2 dürfen Ankerzugglieder prinzipiell auch aus anderen Materialien als Stahl bestehen, sofern deren Eignung nachgewiesen ist. Der Eignungsnacheis muss über eine Zulassung oder eine Zustimmung im Einzelfall erbracht werden.

Als Alternative zu rückbaubaren Ankern (siehe Abschnitt 6.9.3) werden teilweise Anker mit Zuggliedern aus glasfaserverstärktem Kunststoff (GFK) verwendet. Nachteilig ist der im Vergleich zu Stahl verhältnismäßig geringe E-Modul, der je nach Hersteller und Produkt in der Größenordnung 40.000 N/mm² bis 50.000 N/mm² liegt [18].

6.4.2 Ankerköpfe & Ankerplatten

6.4.2.1 Allgemeines

Über den Ankerkopf wird die Ankerkraft aus dem Zugglied auf die Ankerplatte und von dieser in die Auflagerkonstruktion übertragen und eingeleitet. Gemäß normativer Definition zählt die Ankerplatte nicht zum Ankerkopf (siehe auch Abbildung 3 und Abbildung 6).

6.4.2.2 Einstabanker

Bei Einstabankern besteht der Ankerkopf aus einer Gewindemutter. Ein nachträgliches Regulieren der Ankerkraft (Nachspannen oder Ablassen) ist mit diesem System sehr einfach zu bewerkstelligen. Für einen besseren Winkelausgleich zwischen Ankerachse und Auflagerfläche werden Kugelbundmuttern verwendet. In aktuellen Zulassungen ist das Loch in der Ankerplatte dann konisch ausgebildet (siehe Abbildung 9). Bei älteren Systemen war das Auflager der Kugelbundmutter zweiteilig aufgebaut mit Kugelabschnitt und Kugelplatte.

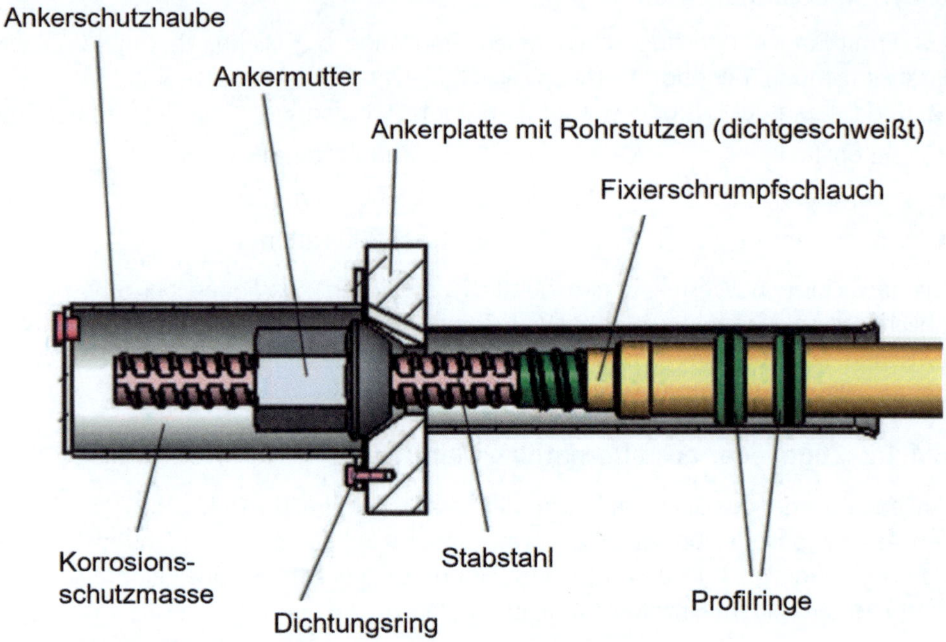

Abbildung 9: Ankerkopf für Einstab Typ »Kugelbundmutter« sowie Ankerplatte mit Konusbohrung gemäß Zulassung Z-34.11-231 [19]; © SPANTEC Spann- und Ankertechnik GmbH

6.4.2.3 Litzenanker

6.4.2.3.1 Allgemeines

Bei Litzenankern besteht der Ankerkopf aus dem Keilträger, der je nach Anzahl der Einzellitzen eines Zugglieds mit konischen Bohrungen in einem vorgegebenen Lochbild versehen ist (siehe Abbildung 10). Die Kraftübertragung von der Einzellitze auf den Keilträger erfolgt je nach Zulassung mittels zwei- oder dreiteiliger Klemmkeile. Die Keile sind auf ihrer Innenseite sägezahnartig profiliert, wodurch der für den Kraftübertrag notwendige »Keilbiss«, d.h. das Einkerben der Klemmkeile in die Litzen, sichergestellt wird. Die Klemmkeile passen zu einem Litzennenndurchmesser und müssen entsprechend markiert werden (siehe Abbildung 11).

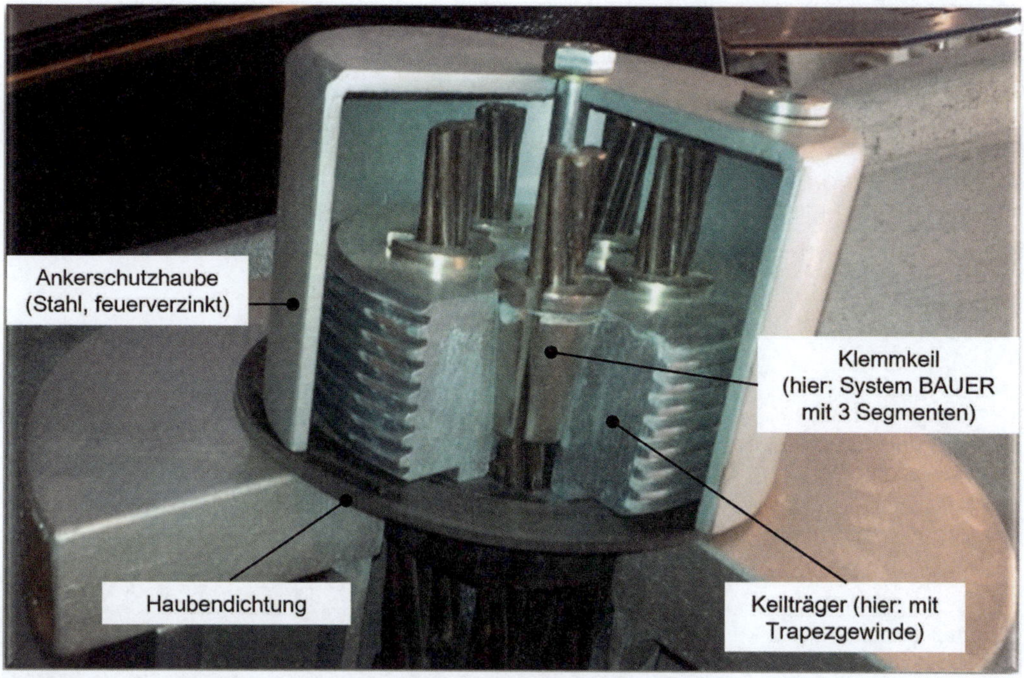

Abbildung 10: Ankerkopf für Litzenanker, hier: Dauerankerkopf mit Gewindekeilträger, Ankerschutzhaube und Haubendichtung

Abbildung 11: Dreiteilige Klemmkeile gem. Z-13.8-136 mit Prägung für Litzennenndurchmesser – für 0,6"/15,3 mm (links), für 0,62"/15,7 mm (rechts)

Die Klemmkeile müssen sowohl mit ihrer Innenseite an der Litze als auch mit ihrer Außenseite an der Konusbohrung des Keilträgers möglichst vollflächig und gleichmäßig anliegen. Entsprechend sind alle Komponenten vorab auf Sauberkeit und Rostfreiheit zu überprüfen und gegebenenfalls zu reinigen. Die Klemmkeile werden auf ihrer Außenseite vor dem Einsetzen mit Graphitspray bzw. -paste überzogen.

Bei Lasterhöhung werden die Klemmkeile tiefer in die Konusbohrung des Keilträgers eingezogen. Dabei wird gleichzeitig der Keilbiss erhöht, und der Spalt zwischen den einzelnen Keilsegmenten wird schmaler. Ein Verschmutzen der Klemmkeile, insbesondere ein Eindringen von Schmutz in die Spalte zwischen die einzelnen Keilsegmente, muss unbedingt vermieden werden. Andernfalls ist ein Nachfassen der Klemmkeile bei Lasterhöhung nicht sichergestellt und es besteht die Gefahr, dass die Litzen durch die Klemmkeile gezogen werden (siehe Abbildung 12). Aus demselben Grund dürfen die Schutzhauben von Daueransern nicht mit erhärtenden Dichtmassen wie Kunstharzen oder Verpressmörteln gefüllt werden.

Abbildung 12: durchgerutschte Litzen als Folge verschmutzter Klemmkeile [20]

Die Litzen dürfen innerhalb der freien Stahllänge nicht gekerbt bzw. vorgeschädigt sein. Soll ein Anker nachgespannt werden, muss der alte Keilbiss nach dem erneuten Festlegen des Ankers um mindestens 15 mm nach außen verschoben sein.

6.4.2.3.2 Winkelabweichungen

In der Regel sind Keilträger für unplanmäßige Winkelabweichungen zwischen 2° und 3° ausgelegt. Die Unterkonstruktion bzw. Auflagerfläche für die Ankerplatte muss sorgfältig hergestellt werden, damit der Keilträger möglichst senkrecht zur Achse des (gespannten) Ankerzugglieds ausgerichtet werden kann. Für Anker mit bis zu fünf Litzen existieren auch Lösungen, bei denen der Keilträger auf einer Konstruktion aus Kugelkalotte und Kugelplatte angeordnet ist (siehe Abbildung 13). Dies ermöglicht Ankerneigungen zwischen 10° und 30° zur Horizontalen.

Bei größeren Winkelabweichungen besteht die Gefahr, dass die Litze an der erdseitigen Innenkante der Klemmkeile gekerbt wird und im schlimmsten Fall versagt (siehe Abbildung 14). Große Winkelabweichungen in Kombination mit geringen Ankerkräften und passiver Verkeilung (siehe Abschnitt 6.6.8.3) können auch einen ungenügenden Keilbiss und damit ein Durchrutschen der Litzen durch die Klemmkeile zur Folge haben.

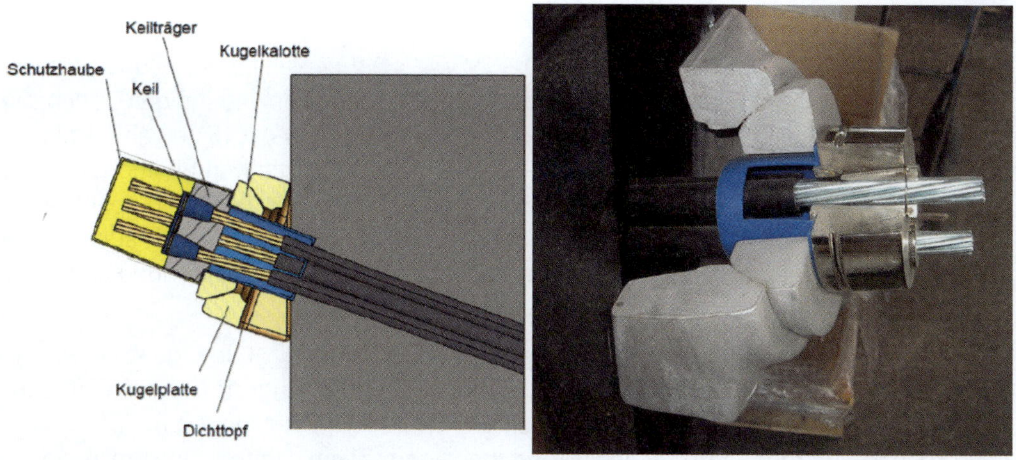

Abbildung 13: Ankerkopf für temporäre Litzenanker mit Winkelausgleich (Kugelplatte und Kugelkalotte)

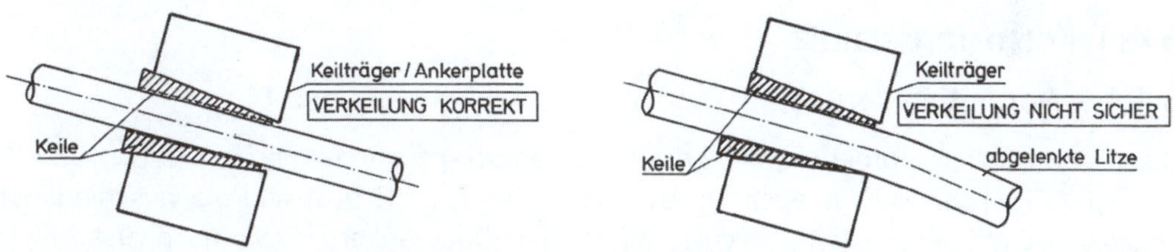

Abbildung 14: Einfluss von Winkelabweichungen zwischen Zugglied und Keilträger [20]

6.4.3 Verpresskörper

6.4.3.1 Allgemeines

Der Verpresskörper überträgt die Ankerkraft aus dem Zugglied auf den Baugrund. Der Durchmesser wird in der Regel gleich dem Bohrkronen- bzw. Bohrrohrdurchmesser gesetzt. Unter der Voraussetzung eines Bohrverfahrens mit Außenspülung und analog zu DIN SPEC 18539 [14], A 3.3 für Mikropfähle ist es auch bei Verpressankern plausibel, den Verpresskörperdurchmesser gleich dem Bohrkronen- bzw. Bohrrohrdurchmesser zuzüglich 20 mm anzunehmen. Die statisch erforderliche Länge des Verpresskörpers bzw. die Krafteintragungslänge kann im Vorfeld nicht gesichert berechnet werden. Für eine Abschätzung werden in der Regel die Diagramme nach *Ostermayer* verwendet (siehe hierzu Abschnitt 6.5.4).

6.4.3.2 Zementmörtel und Expositionsklassen

Bei Kurzzeitankern muss der Zementmörtel aus Korrosionsschutzgründen aus Portlandzement (Zementklasse CEM I nach DIN EN 197-1 [22]) oder aus einem für direkten Spannstahlkontakt zugelassenen Zement bestehen. Bei Daueranker entfällt diese Vorgabe für den Zementmörtel des Verpresskörpers; außerhalb der Korrosionsschutzumhüllung dürfen auch andere Zemente verwendet werden.

Der Wasser-Zement-Wert darf im Bereich $0{,}35 \leq w/z \leq 0{,}7$ gewählt werden und sollte besonders in bindigen Böden und in Fels möglichst niedrig sein. In nichtbindigen Böden sind w/z-Werte $\leq 0{,}5$ üblich. In bindigen Böden wird in der Regel $w/z \leq 0{,}45$ gewählt. Üblicherweise werden Zemente mit hoher Frühfestigkeit eingesetzt, was in Kombination mit niedrigen w/z-Werten die Frühfestigkeit erhöht und einen frühzeitigen Prüf- und Spanntermin ermöglicht (siehe Abschnitt 6.6.8). Ein niedriger w/z-Wert wirkt sich jedoch auch auf die Konsistenz und die Pumpfähigkeit aus, was bei der Gerätewahl (Mischer und Pumpe) berücksichtigt werden muss.

Um eine zeitabhängige Abnahme des Herausziehwiderstands – z.B. infolge lösenden Angriffs durch kalklösende Kohlensäure oder infolge treibenden Angriffs durch Sulfat – auszuschließen, muss die Expositionsklasse nach DIN EN 206-1 in Verbindung mit DIN 1045-2 berücksichtigt werden. Kurzzeitanker sind bei aggressivem Umfeld entsprechend Expositionsklasse XA 2 nur zulässig, wenn die Unbedenklichkeit durch das Gutachten eines Betonsachverständigen vorliegt. Gleiches gilt für Daueranker bereits bei Expositionsklasse XA 1.

6.4.4 Korrosionsschutz

6.4.4.1 Normative Vorgaben

Die wesentlichen Anforderungen an die Korrosionsschutzsysteme sind in DIN EN 1537 [6] sowie DIN/TS 18537 [7] geregelt. In Anhang C, DIN EN 1537 [6] sind die verschiedenen zulässigen Optionen getrennt nach Kurzzeit- und Daueranker sowie nach den Anker-Hauptkomponenten aufgelistet.

6.4.4.2 Kurzzeitanker

Innerhalb der Verankerungslänge ist der blanke (Spann-)Stahl in direktem Kontakt mit dem Zementstein des Verpresskörpers. Die allseitige Zementsteinüberdeckung des Zugglieds muss ≥ 20 mm betragen, sofern der Verpresskörper in Lockergestein liegt. In trockenem Fels darf die Zementsteinüberdeckung auf ≥ 10 mm reduziert werden. Bei Zuggliedern aus Spannstahl dürfen nur Zementmörtel aus Portlandzement (Zementklasse CEM I nach DIN EN 197-1 [22]) oder aus einem für direkten Spannstahlkontakt zugelassenen Zement verwendet werden.

Innerhalb der freien Stahllänge wird das Zugglied von Einstabankern durch ein glattes Kunststoffhüllrohr geschützt (siehe Abbildung 15, oben). Bei Litzenankern sind in der Regel alle Einzellitzen durch ein separates Kunststoffhüllrohr geschützt (siehe Abbildung 15, unten). In beiden Fällen gilt eine Mindestwanddicke von 2 mm. Die Hüllrohre sind am erdseitigen Ende abzudichten. Hüllrohre von Kurzzeitankern werden in der Regel nicht mit Korrosionsschutzmasse gefüllt. Bei unzureichender Abdichtung am erdseitigen Ende kann im Zuge der Primärverpressung Zementmörtel in die Hüllrohre eindringen, wodurch die Längsverschieblichkeit des Zugglieds innerhalb der freien Stahllänge deutlich behindert wird. Im schlimmsten Fall kann bei der Abnahmeprüfung der Nachweis der freien Stahllänge nicht erbracht werden. Durch mehrfaches Be- und Entlasten (entsprechend den wiederholten

Lastschlaufen bei Eignungs- und Untersuchungsprüfungen, siehe Abschnitt 6.7.3) kann das Zugglied »freigerissen« werden, was jedoch erhöhten Zeitaufwand bedeutet.

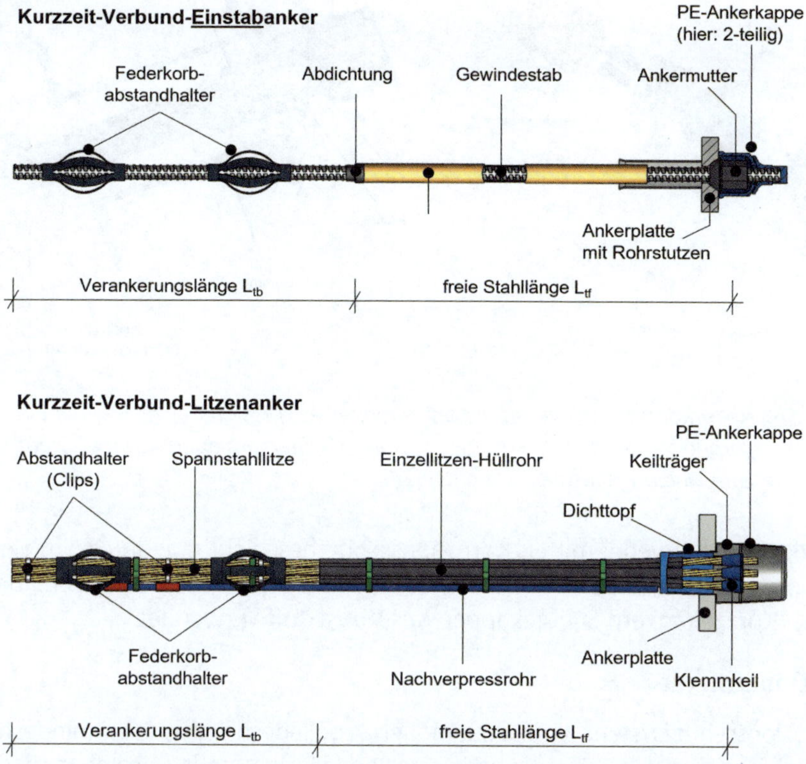

Abbildung 15: Kurzzeitanker (vom Typ »Verbundanker«) – Einstabanker (oben), Litzenanker (unten) [23]; © SPANTEC Spann- und Ankertechnik GmbH

Das bzw. die Hüllrohre enden hinter der Ankerplatte. Somit ist das Zugglied im Übergangsbereich zwischen Ankerkopf und freier Stahllänge nicht umhüllt. Hinsichtlich Korrosion und Dauerhaftigkeit ist dies der kritische Bereich eines Kurzzeitankers, insbesondere im Hinblick auf eine unplanmäßig längere Einsatzdauer. Die normativ vorgeschriebene Abdichtung des bzw. der Hüllrohre gegenüber der Ankerplatte kann bei Litzenankern z.B. durch einen sogenannten Dichttopf – ein Kunststoff-Formteil mit gleichem Lochbild wie der Keilträger, das über die Litzen geschoben wird – erfolgen (siehe Abbildung 16). Das obere Ende der Einzellitzenhüllrohre endet innerhalb des Dichttopfs. Bei Einstabankern wird an der Ankerplatte ein Stahlüberschubrohr dicht angeschweißt, welches das luftseitige Ende des Hüllrohrs überlappt (siehe Abbildung 9).

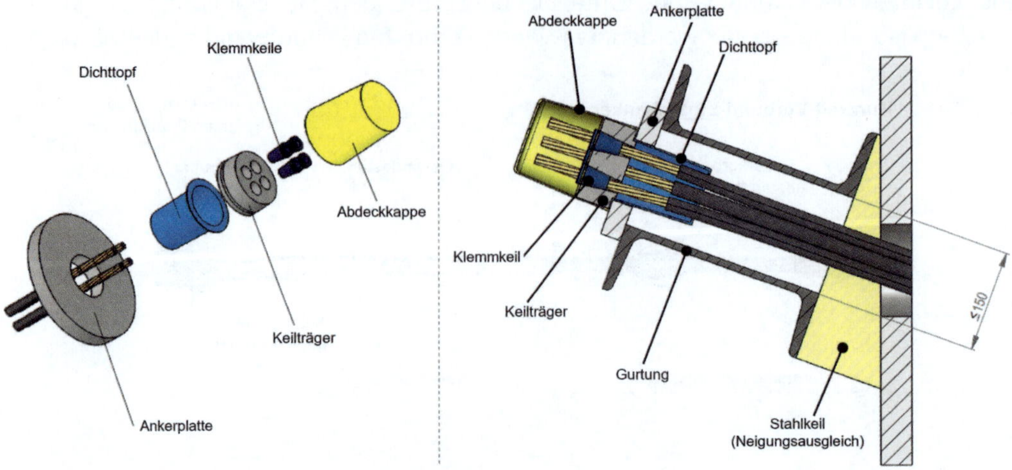

Abbildung 16: Ankerkopfkonstruktion für Kurzzeitanker – Explosionszeichnung mit Einzelkomponenten (links); Schnittzeichnung für Stahlauflager »Doppel-U auf Stahlkeilen zum Neigungsausgleich (rechts) [24]

Der Ankerkopf ist entweder mittels Korrosionsschutzbeschichtung, durch Umwicklung mit einer Korrosionsschutzbinde oder durch eine Ankerschutzkappe zu schützen. In der Regel werden bei Kurzzeitankern Schutzkappen aus Kunststoff verwendet.

6.4.4.3 Daueranker

Das Korrosionsschutzsystem von Daueranker-Zuggliedern muss aus mindestens einer einzelnen durchgehenden Schicht eines Korrosionsschutzmaterials bestehen, das während der geplanten Nutzungsdauer des Ankers nicht zersetzt wird. In DIN EN 1537 [6], Anhang C sind unterschiedliche Varianten beschrieben.

Welche Teile des Korrosionsschutzsystems werkseitig herzustellen sind, und welche Teile auf der Baustelle ausgeführt werden dürfen, regelt die Zulassung. Der Einbau und insbesondere die Korrosionsschutzmaßnahmen von Dauerankern sind stichprobenartig durch eine anerkannte Prüf-, Überwachungs- und Zertifizierungsstelle (PÜZ)[12] zu überwachen.

Im Folgenden werden die wesentlichen Korrosionsschutzmaßnahmen getrennt für Litzen-Daueranker und für Einstab-Daueranker erläutert.

6.4.4.3.1 Litzen-Daueranker

Innerhalb der Verankerungslänge muss zwischen Verbundankern und Druckrohrankern unterschieden werden.

12 Ein Verzeichnis der PÜZ-Stellen kann auf der Website des DIBt unter folgendem Link heruntergeladen werden (www.dibt.de/fileadmin/dibt-website/Dokumente/Referat/P4/LBO/PUEZ-Verzeichnis.pdf).

a) Verbundanker:

Bei Verbundankern genügt ein einzelnes geripptes, mit Einpressmörtel vollständig gefülltes Kunststoffhüllrohr um das Zugglied.[13] In den einschlägigen Zulassungen sind als Kunststoffe PVC-U, PE oder PP zugelassen. Standard sind Ripp- bzw. Wellrohre aus PVC-U, da einzelne Rohrsegmente mittels Verschraubung und Verklebung gestoßen werden dürfen.[14] Die Mindestwanddicke ist vom Innendurchmesser des Wellrohrs und damit bei Litzenankern von der Anzahl der Litzen abhängig. Der Einpressmörtel für die innere Verfüllung,[15] (zwischen blankem Zugglied und Wellrohr) muss DIN EN 447 [25] entsprechen; es muss – analog der Anforderung für Kurzzeitanker – ein Zementmörtel aus Portlandzement bzw. CEM I nach DIN EN 197-1 [22] verwendet werden. Es ist eine allseitige Zementsteinüberdeckung des Zugglieds innerhalb des Wellrohrs von ≥ 5 mm einzuhalten. Diese wird in der Regel durch Umwickeln des Zugglieds mit einer PE-Schnur Ø 6 mm sichergestellt (siehe Abbildung 17). Bei Litzenankern wird der Mindestabstand zwischen den einzelnen Litzen von 2 mm für eine vollständige Umhüllung mit Einpressmörtel durch Abstandhalter-Clips auf den blanken Litzen gewährleistet.

b) Druckrohranker:

Der Ringraum zwischen Zugglied und Druckrohr muss vollständig mit flexibler Korrosionsschutzmasse gefüllt sein.

Für den Verpresskörper außerhalb des Wellrohrs bzw. des Druckrohrs muss Zementmörtel mit Ausgangsstoffen gemäß DIN EN 206-1 [26] in Verbindung mit DIN 1045-2 [27] verwendet werden. Die Beschränkung auf CEM I gilt somit explizit nicht, sondern es können alternative Zementklassen verwendet werden. Die Zementsteindeckung des gerippten Hüllrohrs bzw. des Druckrohrs muss ≥ 10 mm sein. Der Zementsein des Verpresskörpers muss den Übergang $L_{tb} - L_{tf}$ um mindestens 0,5 m überlappen.

Für den Korrosionsschutz in der freien Stahllänge gibt Tabelle C.2 der DIN EN 1537 [6] verschiedene Varianten an. Generell muss die freie Längsverschieblichkeit des Zugglieds gewährleistet sein. In der freien Stahllänge werden die Litzen durch Einzellitzenhüllrohre (aus HD-PE, Wandstärke 2 mm) geschützt. Diese werden werksseitig am unteren Ende (bzw. Übergang $L_{tb} - L_{tf}$) abgedichtet, und der Ringspalt zwischen Einzellitzenhüllrohr und Spannstahllitze wird beim Einschieben der Litzen in die Hüllrohre werksseitig mit einer für Spannstähle zugelassenen, flexiblen Korrosionsschutzmasse verpresst.[16] Derart wird zusätzlich auch ein Eindringen von Zementmörtel in das Einzellitzenhüllrohr verhindert und die unbehinderte Längsverschieblichkeit der Litzen in der freien Stahllänge sichergestellt.

13 Nach DIN EN 1537, Tabelle C.2 sind auch alternative Korrosionsschutzsysteme zulässig, z.B. mit zwei gerippten Kunststoffrohren und Zement- oder Kunstharzverfüllung des inneren Hüllrohrs sowie des Ringraums zwischen innerem und äußerem Hüllrohr. Die einschlägigen Zulassungen verwenden in der Regel die oben beschriebene Schutzvariante.

14 Bei PE- und PP-Wellrohren sind durchgehende Rohre ohne Stoß zu verwenden.

15 Diese innere Verfüllung darf sowohl werkseitig als auch auf der Baustelle ausgeführt werden. Standard ist die Ausführung auf der Baustelle, weil die Anker aufgerollt transportiert und gelagert werden können.

16 Alternativ können Monolitzen verwendet werden. Bei diesen ist das Einzellitzenhüllrohr im Bereich der Verankerungslänge zu entfernen. Anschließend muss die Korrosionsschutzmasse innerhalb der Verankerungslänge entfernt und die Litze in diesem Bereich gereinigt werden.

Das Zugglied aus umhüllten Litzen wird in einem Kunststoff-Sammelhüllrohr gebündelt. Es existieren sowohl Daueränkersysteme mit glattem als auch mit geripptem Sammelhüllrohr. Das Sammelhüllrohr kann entweder vollständig mit Einpressmörtel nach DIN EN 447 (aus Portlandzement CEM I, analog der Verankerungslänge) oder mit einer zugelassenen flexiblen Korrosionsschutzmasse gefüllt sein. Alternativ ist die Variante »Sammelhüllrohr unverfüllt« zulässig sofern beide Enden des Sammelhüllrohrs abgedichtet werden.

Anmerkung:

Beim Daueränkersystem BAUER nach Zulassung Z-34.11-201 [25] wird innerhalb der freien Stahllänge und der Verankerungslänge ein durchgehendes Ripprohr verwendet. Derart kann eine abzudichtende Nahtstelle »Ripprohr – Glattrohr« am Übergang $L_{tb} - L_{tf}$ vermieden werden. Das Ripprohr wird vom erdseitigen Ende bis zum Übergangsbereich hinter dem Ankerkopf durchgängig mit Einpressmörteil verfüllt. Dazu wird werksseitig am Zugglied eine Verfüllleitung befestigt.

Im Übergangsbereich zwischen Ankerkopf und freier Stahllänge werden die Einzellitzenhüllrohre vor der Ankerkopfmontage entfernt. Analog zu Kurzzeitankern ist dies der kritische Bereich eines Daueränkers, der vor Zutritt von korrosiven Medien unbedingt geschützt werden muss. Das Korrosionsschutzsystem für die Spannstahllitzen in diesem Bereich besteht aus folgenden Komponenten (siehe Abbildung 18):

- Stahlüberschubrohr:
  Das Stahlüberschubrohr wird werksseitig an der Ankerplatte umlaufend dicht geschweißt. Das Stahlüberschubrohr ist ausreichend lang, so dass es bis hinter die Ankerkopfdichtung reicht. Stahlüberschubrohr und Ankerplatte können mit einer Korrosionsschutzbeschichtung versehen oder feuerverzinkt werden.
- Ankerkopfdichtung:
  Die Ankerkopfdichtung dichtet den Hohlraum innerhalb des Stahlüberschubrohrs erdseitig ab. Die Dichtlippen passen geometrisch zu den Rippen des Wellrohrs und rasten beim Aufschieben der Ankerkopfdichtung ein und fixieren diese.
- Plastische Korrosionsschutzmasse:
  Der Hohlraum innerhalb des Stahlüberschubrohrs wird nach dem Festlegen des Ankers mit plastischer Korrosionsschutzmasse verpresst bis diese zwischen den Keilsegmenten austritt.

Für den Ankerkopf fordert DIN EN 1537 [6] eine

> *»beschichtete und/oder feuerverzinkte Metallkappe mit einer Wanddicke von mindestens 3 mm oder eine steife Kunststoffkappe mit einer Wanddicke von mindestens 5 mm und einer Flanschdicke von mindestens 10 mm«.*

Diese ist an die Ankerplatte anzuschließen und abzudichten. Die Ankerhaube ist mit flexibler Korrosionsschutzmasse zu füllen.

Bei Daueränkern nach Z-34.11-201 [28] muss der Ankerkopf der Zulassung Z-13.8-136 [29] entsprechen. Die Daueränkerköpfe weisen zusätzliche Gewindebohrungen zur Befestigung der Ankerschutzhaube auf. Über diese Bohrungen wird die Injektionsleitung zum Einpressen der Korrosionsschutzmasse im Bereich des Stahlüberschubrohrs eingeführt. Der Ankerkopf wird durch eine Ankerschutzhaube aus Stahl oder Edelstahl geschützt. Die Stahlausführung ist in der Regel feuerverzinkt bzw. mit einer Korrosionsschutzbeschichtung versehen. Zur Abdichtung gegenüber der Ankerplatte wird eine Dichtscheibe aus Gummi eingelegt und die Schutzhaube mit dem Keilträger verschraubt. Die Ankerschutzhaube wird über eine Öffnung ebenfalls mit plastischer Korrosionsschutzmasse vollständig ausgefüllt und nachträglich verschlossen.

Alternativ existieren auch Dauerankersysteme mit einer inneren, mit Korrosionsschutzmasse gefüllten Kunststoffschutzhaube unter einer äußeren Stahlschutzhaube.

Abbildung 17 zeigt beispielhaft einen Litzen-Verbund-Daueranker nach Zulassung Z-34.11-201 [28]. Das zugehörige Korrosionsschutzsystem am Ankerkopf und insbesondere im Übergangsbereich zwischen freier Ankerlänge und Ankerkopf ist in Abbildung 18 dargestellt. Die Litzen werden im Übergangsbereich von der engen Bündelung des Zugglieds innerhalb der freien Stahllänge auf das Lochbild des Keilträgers aufgeweitet. Der Stahl- bzw. Umlenkring dient der Aufnahme der dabei auftretenden Umlenkkräfte, damit das Well-/Ripprohr nicht beschädigt wird.

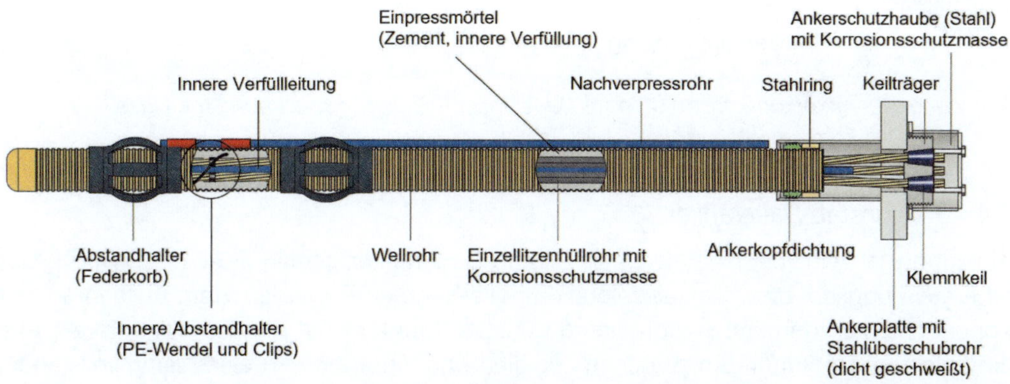

Abbildung 17: Daueranker (vom Typ »Litzen-Verbundanker«) – Schematische Darstellung; © SPANTEC Spann- und Ankertechnik GmbH

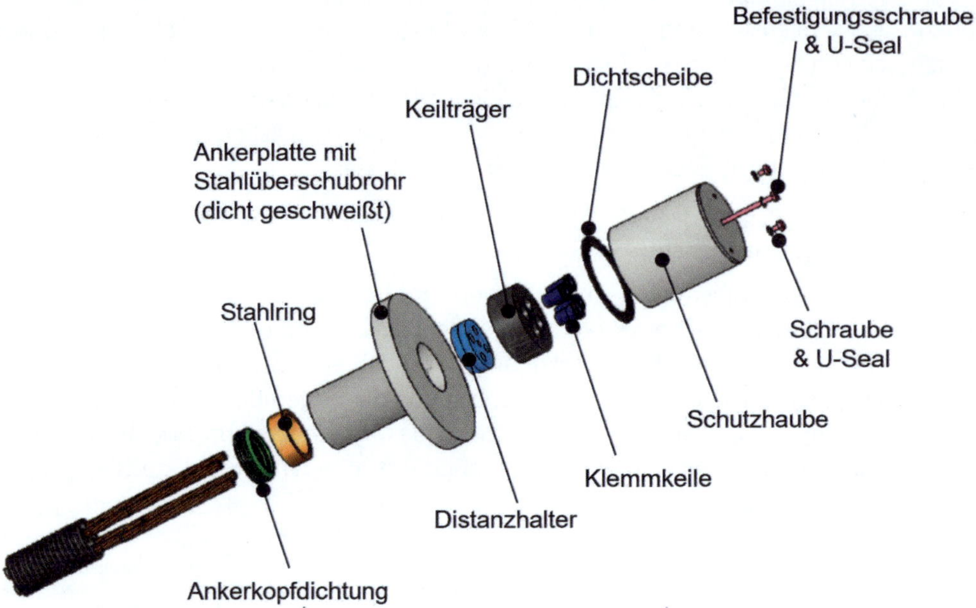

Abbildung 18: Ankerkopfkonstruktion für Daueranker – Explosionszeichnung mit Einzelkomponenten [24]

6.4.4.3.2 Einstab-Daueranker

Abbildung 19 zeigt beispielhaft einen Einstab-Daueranker gemäß Z-34.11-231 [19]. Das gesamte Zugglied bzw. die einzelnen Zuggliedsegmente werden (mit Ausnahme der Koppelstellen an den Enden) von einem Kunststoffripprohr mit Mindestwanddicke 1 mm umschlossen. Der Ringraum zwischen Zugglied und Ripprohr wird werksseitig vollständig mit Einpressmörtel nach DIN EN 447 [25] verpresst. Die Mindestzementsteinüberdeckung von 5 mm wird durch Umwicklung des Zugglieds mit einer PE-Schnur Ø 6mm sichergestellt. Bei den Zuggliedabschnitten der freien Stahllänge wird werksseitig über das Ripprohr ein Kunststoffglattrohr gezogen. Der Übergang L_{tb} – L_{tf} wird mittels Fixierschrumpfschlauch abgedichtet. Der Innendurchmesser des Glattrohrs ist maximal 2 mm größer als der Innendurchmesser des Ripprohrs. Über die Koppelstellen des Zugglieds in der freien Stahllänge L_{tf} wird ein Muffenrohr geschoben, welches beidseitig die Glattrohre überlappt. Muffenrohr und Glattrohre werden mittels Fixierschrumpfschläuchen verbunden und abgedichtet. Die blanken Stahlteile der Koppelstelle werden vor dem Anbringen des Muffenrohrs entweder durch einen Korrosionsschutzschrumpfschlauch oder durch Verspachteln mit Korrosionsschutzmasse geschützt. Koppelstellen innerhalb der Verankerungslänge L_{tb} werden mittels Korrosionsschutzschrumpfschlauch geschützt.

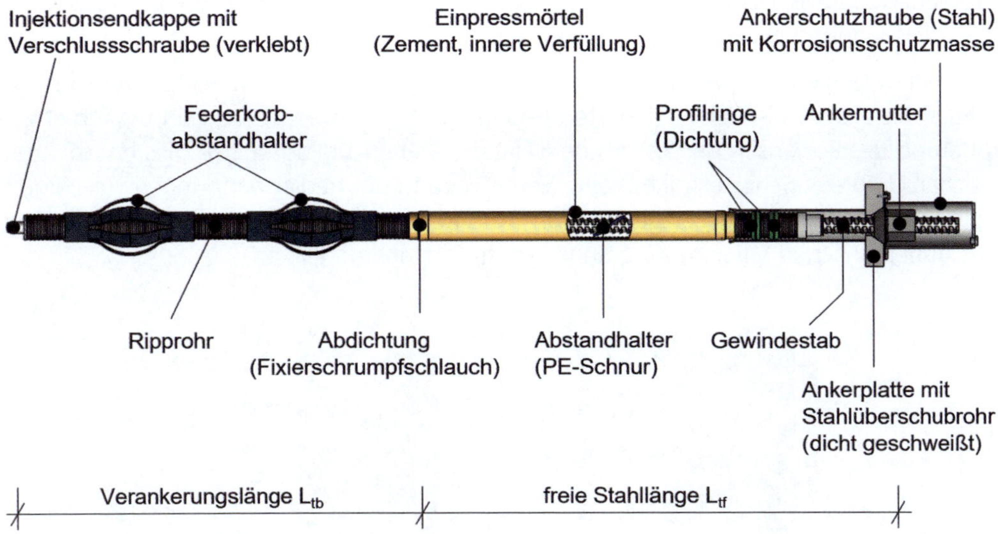

Abbildung 19: Einstab-Daueranker; © SPANTEC Spann- und Ankertechnik GmbH

Der Übergangsbereich erdseitig des Ankerkopfs, in welchem das Zugglied nicht von einem zementgefüllten Ripprohr umschlossen ist, wird analog zum Litzen-Daueranker durch ein Stahlüberschubrohr (Anmerkung: in Abbildung 15 als Rohrstutzen bezeichnet) geschützt, welches werksseitig umlaufend mit der Ankerplatte dichtgeschweißt ist und das luftseitige Ende des Glattrohrs überlappt. Ankerplatte und Rohrstutzen werden werksseitig feuerverzinkt oder mit einer Korrosionsschutzbeschichtung versehen. Nach Anbringen der Abdichtung am Übergang Rohrstutzen zu Glattrohr wird der Hohlraum zwischen Stahlzugglied und Ankerplatte/Rohrstutzen mit Korrosionsschutzmasse verfüllt.

Der Korrosionsschutz des Ankerkopfs von Einstabankern ist analog zu Litzen-Dauerankern auszuführen.

6.5 Lastabtrag und Herausziehwiderstand

6.5.1 Radiale Verspannung und Dilatanz

Der Herausziehwiderstand eines Ankers wird durch die Schubspannungsverteilung entlang der Krafteintragungslänge bestimmt. Die aktivierbare Schubspannung wird maßgeblich durch die radiale Verspannung des Verpresskörpers mit dem umliegenden Baugrund bestimmt. Die radiale Verspannung wird von folgenden Faktoren beeinflusst:

- Entspannung infolge der Bohrlochherstellung
- Verpressdrücke infolge der Primär- und Nachverpressung
- Dilatanz des umgebenden Bodens während der Belastung

Eine gewisse Entspannung des Bodens ist durch den Überschnitt der Bohrkrone unvermeidbar (siehe Abschnitt 6.6.4). Der nach der Primärverpressung (siehe Abschnitt 6.6.6) verbleibende Verpressdruck ist geringer als der im Zuge der Primärverpressung aufgebrachte

Maximaldruck. Durch ein- oder mehrfaches Nachverpressen (siehe Abschnitt 6.5.3) kann die Radialspannung zusätzlich erhöht werden.

Die Relativverschiebung zwischen Verpresskörper und umgebendem Boden führt in mindestens mitteldicht bis dicht gelagerten Böden zur einer Auflockerung und Volumenvergrößerung des Bodens in der Scherfuge (Dilatanz, siehe Abbildung 20). Dies hat (bis zum Erreichen der Peak-Scherfestigkeit) eine Vergrößerung der Radialspannungen zur Folge.[17] In bindigen Böden und in Festgestein führt die Relativverschiebung in der Scherfuge zu einer dübelähnlichen Verspannung ähnlich zum Dilatanzmodell.

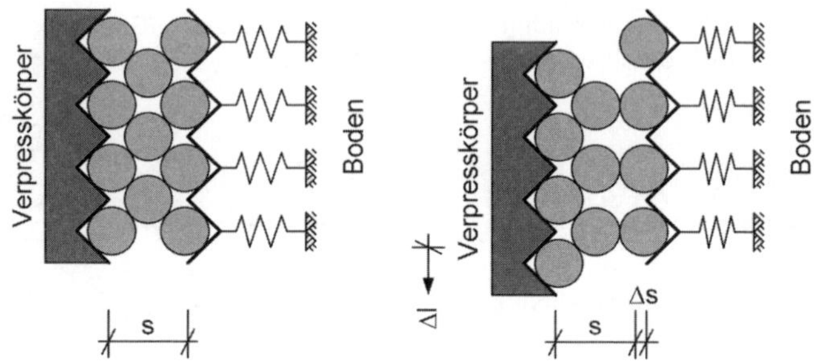

Abbildung 20: Dilatanzmodell mit radialer Verspannung in der Scherfuge nach Wernick [30]

Die Radialspannungen in der Kontaktfläche »Verpresskörper – umgebender Baugrund« betragen ein Vielfaches der effektiven Vertikalspannungen bzw. des Überlagerungsdrucks. Infolgedessen ist der Herausziehwiderstand ab einer Überdeckung des Verpresskörpers ≥ 3 m – 4 m annähernd unabhängig von der Tiefenlage, und unter der Voraussetzung eines homogenen Baugrunds hat auch die Ankerneigung praktisch keinen Einfluss. Dementsprechend ist eine Berechnung mittels bodenmechanischer Ansätze auch nicht zielführend, sondern der Herausziehwiderstand kann nur anhand von Prüfungen bestmöglich ermittelt werden. Die radialen Zusatzspannungen nehmen mit dem Radius von der Zuggliedachse annähernd exponentiell ab und sind in einem radialen Abstand von $r \approx 75$ cm weitgehend abgeklungen. Entsprechend wird empfohlen, zwischen benachbarten Verpresskörpern einen Achsabstand ≥ 1,5 m einzuhalten (siehe Abschnitt 6.10).

6.5.2 Einfluss von Lagerungsdichte und Relativverschiebung

In Abbildung 21 ist die Schubspannungsverteilung entlang der Krafteintragungslänge eines Einstab-Verbundankers in kiesigem Sand bei sehr dichter Lagerung und bei mitteldichter Lagerung gegenübergestellt. Eine Steigerung der Ankerkraft führt in Abhängigkeit der Lagerungsdichte zu unterschiedlichen Effekten:

a) Bei mitteldichter Lagerung bedingt eine Laststeigerung einen Anstieg der Schubspannung auf einen Maximalwert. Bei weiterer Laststeigerung wächst der Bereich

17 Nach Überschreiten der Peak-Scherfestigkeit führen weitere Relativverschiebungen zu einer Volumenverringerung und entsprechender Reduzierung der Radialspannungen, und die Scherfestigkeit fällt auf einen Restwert ab.

mit maximaler Schubspannung, und der rückwärtige Teil des Verpresskörpers wird aktiviert. Sowohl Anstieg auf den Maximalwert als auch Ausdehnung des Bereichs mit maximaler Schubspannung entwickeln sich entsprechend der Lasteinleitung beim Verbundanker vom luftseitigen Ende des Verpresskörpers.

b) Bei sehr dichter Lagerung führt eine Laststeigerung zunächst ebenfalls zu einem Anstieg der Schubspannung am luftseitigen Ende des Verpresskörpers. Bei weiterer Laststeigerung steigt die Schubspannung in einem Teilbereich des Verpresskörpers auf einen Peak-Wert an. Dieser Peak-Bereich wandert mit zunehmender Ankerkraft zum erdseitigen Ende des Verpresskörpers, während gleichzeitig die Schubspannung luftseitig des Peak-Abschnitts auf einen Restwert abfällt.

Ursächlich für den beschriebenen Effekt ist die Dilatanz, wie sie z.B. auch in Rahmenscherversuchen beobachtet wird (siehe Abbildung 22). In dicht und sehr dicht gelagerten nichtbindigen Böden führt die Scherverformung zunächst zu einer Verdichtung innerhalb der Scherfuge analog Abbildung 20. Dabei genügt ein geringer Scherweg zur Aktivierung der maximalen Scherfestigkeit (Peak-Scherfestigkeit). Jede weitere Scherverformung zieht eine Entfestigung in der Scherfuge nach sich, und die aktivierbare Scherfestigkeit fällt auf die Restscherfestigkeit ab. Bei locker und mitteldicht gelagerten nichtbindigen Böden führt ein zunehmender Scherweg zu einer kontinuierlichen Verfestigung innerhalb der Scherfuge, und die aktivierbare Scherfestigkeit nähert sich asymptotisch der Restscherfestigkeit.

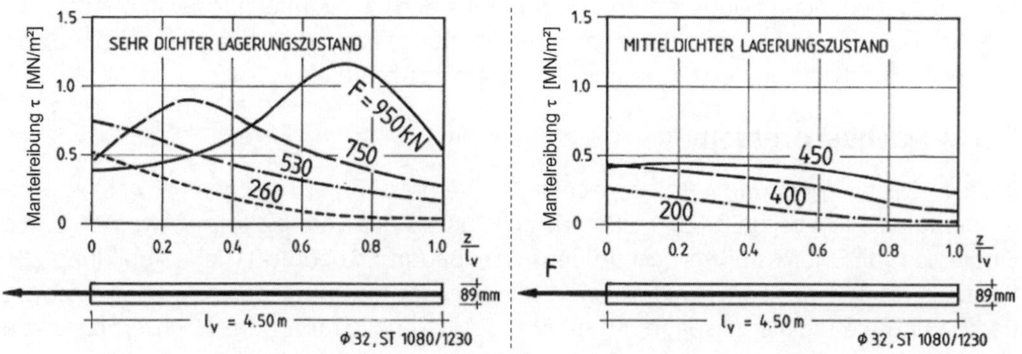

Abbildung 21: Schubspannungsverteilung entlang der Krafteintragungslänge eines Einstab-Verbundankers in kiesigem Sand nach Scheele [31], Abbildung aus [15]

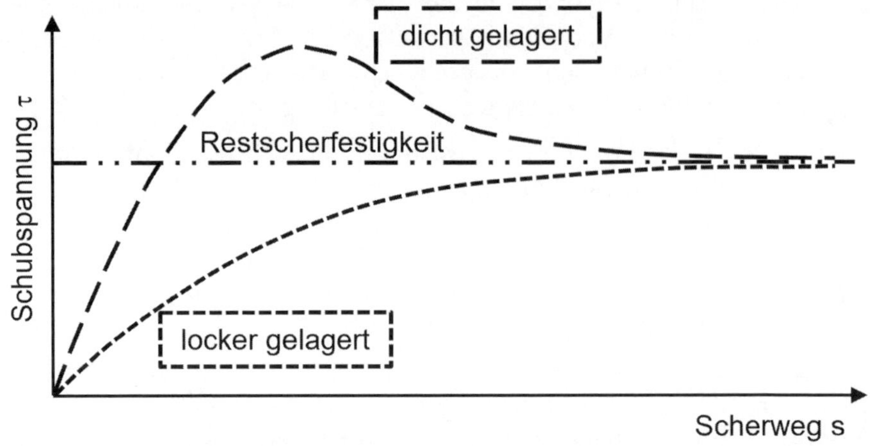

Abbildung 22: Rahmenscherversuch – Schubspannung-Scherweg-Diagramm für dicht und locker gelagerten Kies-Sand

Bei Verbundankern erfährt jeder Abschnitt des Verpresskörpers eine unterschiedliche Relativverschiebung zum umgebenden Baugrund, die von der aufgebrachten Ankerkraft, der Steifigkeit des Verbundkörpers aus Ankerzugglied und Verpresskörper im Verhältnis zum umgebenden Baugrund und dem Risszustand des Verpresskröpers abhängt. Die Schubspannungsverteilung entlang der Krafteinleitungslänge stellt sich entsprechend dieser Relativverschiebungsverteilung und der Lagerungsdichte ein.

6.5.3 Nachverpressen

Bei der Nachverpressung wird zunächst der Verpresskörper »aufgerissen« bzw. aufgesprengt (siehe Abschnitt 6.6.7). Die »Bruchstücke« des Verpresskörpers werden durch Einpressen von Einpressmörtel nach Außen in den Baugrund gedrückt (siehe Abbildung 23). Dadurch werden der Formschluss von Verpresskörper und umgebendem Baugrund verbessert und die radiale Verspannung erhöht. Schlussendlich führt das Nachverpressen zu einer Steigerung des Herausziehwiderstands (in bindigen Böden erfahrungsgemäß um ca. 20 % bis 35%) und zu einem geringeren Kriechmaß (siehe Abschnitt 6.7.2.4). Da Konsolidation und Kriechen[18] zeitabhängige Prozesse sind, sind mehrfache Nachverpressschritte am effektivsten. In Sanden und Kiesen ohne Feinkornanteil genügt in der Regel eine sorgfältige Primärverpressung.[19]

18 Kriechen bedeutet in der mechanischen Definition die Zunahme der Deformationen unter konstanten Spannungen. Dies stimmt mit der Definition des Kriechmaßes k_s nach Abschnitt 6.7.3.3 überein. Bei Ankern wird jedoch auch die Zunahme der Verformungen unter gleichzeitiger Abnahme der Kräfte und Spannungen fälschlicherweise als »Kriechen« bezeichnet, obwohl es sich nach mechanischer Definition um Relaxieren handelt. Zwischen Kriechen und Relaxation besteht bei viskoelastischen Stoffen ein Zusammenhang.

19 In Kiesen und Sanden sowie in Fels kann der Verpresskörper oft gar nicht aufgerissen werden.

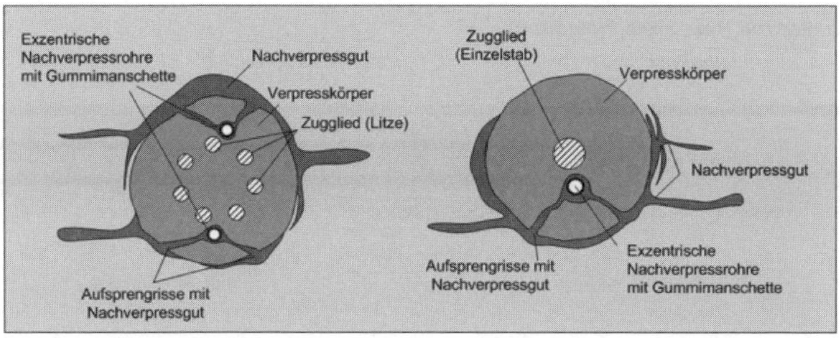

Abbildung 23: Wirkung der Nachverpressung bei einem Litzenanker (links) und bei einem Einstabanker (rechts)

Nachverpressleitungen sind bei Litzenankern in der Regel bereits ab Werk montiert. Bei Einstabankern werden die Nachverpressleitungen erst auf der Baustelle angebracht. Es existieren unterschiedliche Nachverpresssysteme wie folgt (siehe Abbildung 24), wobei die Variante mit Einzellanzen am gängigsten ist:

- Einzellanzen bzw. »Nachverpressrohre«:
  Bei den Einzellanzen handelt es sich um in der Regel um Rohre aus HDPE oder PP mit Durchmesser $Ø_a/Ø_i$ = 16 mm/12 mm oder 13 mm/9 mm. Am unteren Ende sind im Abstand von ca. 50 cm zwei Gummimanschetten angebracht. Je nach planmäßiger Krafteintragungslänge werden ein bis drei Einzellanzen innerhalb der Krafteintragungslänge gestaffelt angeordnet.
- Einfachinjektionsrohr/Manschettenrohr:
  Das Einfachinjektionsrohr besteht aus einem Injektionsrohr, das mit zwei oder mehr Manschetten (Ventilen) im Bereich der Krafteintragungslänge versehen ist. Die Manschetten können mittels Packersystem gezielt angefahren und mit Druck beaufschlagt werden. In der Regel ist nur eine Nachinjektion möglich. Bei kurzen Ankern sind bei sorgfältiger Reinigung des Injektionsrohres mit einer Spüllanze auch mehrere Nachinjektionen möglich.
- Ringleitung für mehrfache Nachverpressung:
  Bei diesem System ist das Einfachinjektions- bzw. Manschettenrohr zusätzlich um eine Rückführleitung ergänzt. Derart kann nach erfolgter Nachverpressung der noch flüssige Einpressmörtel ausgespült werden, was mehrfache Nachverpressungen ermöglicht.

Sofern die Krafteintragungslänge planmäßig begrenzt wird (z.B. mittels Freispülen, siehe Abschnitt 6.6.6.3) sollten die Manschetten nicht näher als 1,5 m bis 2 m zum luftseitigen Ende des Verpresskörpers angeordnet werden, da sonst kein Druck aufgebaut und die Verspannung mit dem umgebenden Baugrund nicht im gewünschten Maße erzielt werden kann.

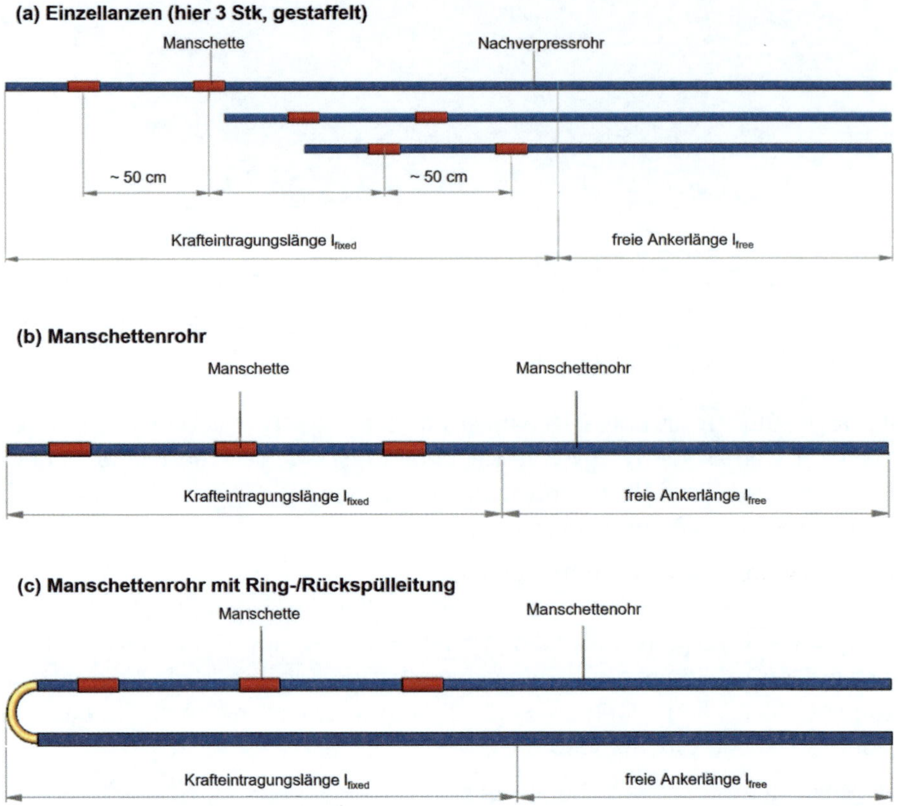

Abbildung 24: Nachverpressysteme [24]

Die Nachverpressung wird lokal um die Manschette wirksam. Bei den Einzellanzen öffnet sich meistens auch nur eine der zwei Manschetten. Eine gleichmäßige Nachverpressung über die volle Krafteintragungslänge kann am ehesten mittels Manschettenrohr und gezielter Ansteuerung der Einzelmanschetten erfolgen. Ob bzw. inwiefern die erzielbare Traglasterhöhung den erhöhten Aufwand rechtfertigt, muss im Einzelfall betrachtet werden.

6.5.4 Vorabschätzung des Herausziehwiderstands

Die zum Lastabtrag erforderliche Verpresskörper- bzw. Krafteintragungslänge kann im Vorfeld nicht gesichert berechnet werden. Für eine Abschätzung werden in der Regel die Diagramme nach *Ostermayer* verwendet (siehe Abbildung 25 bis Abbildung 27). Zwischen dem Herausziehwiderstand bzw. der mittleren Mantelreibung bei Erreichen des Herausziehwiderstands und der Krafteintragungslänge besteht ein deutlich unterlinearer Zusammenhang. Ursächlich hierfür ist die ungleichmäßige Schubspannungs- bzw. Mantelreibungsverteilung gemäß Abbildung 5. Vor allem in dicht gelagerten nichtbindigen Böden sowie in festen bindigen Böden führen Krafteintragungslängen > 8 m nur zu verhältnismäßig geringen Zuwächsen des Herausziehwiderstands.

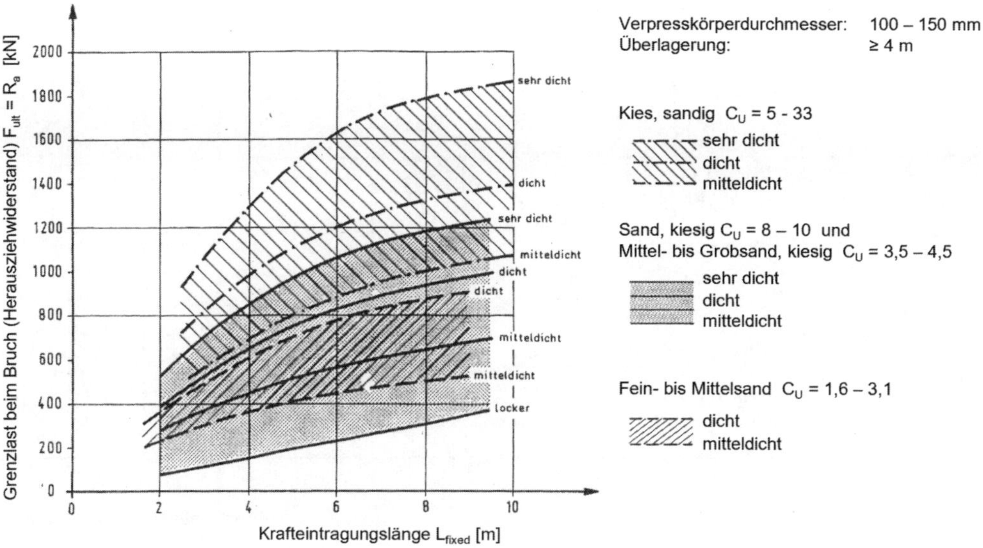

Abbildung 25: Grenzlast von Ankern in nichtbindigen Böden [12]

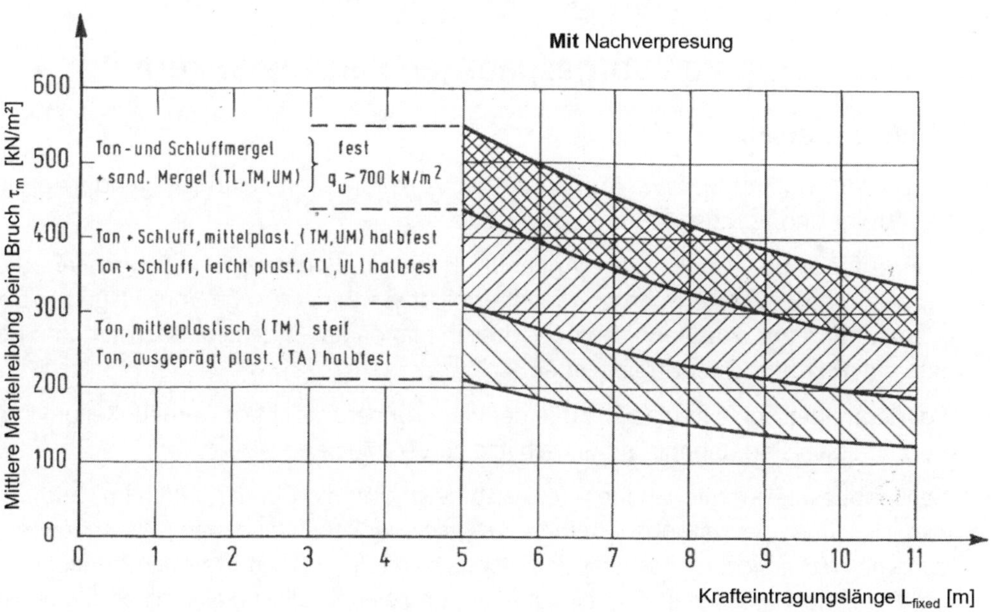

Abbildung 26: Über die Krafteintragungslänge gemittelte Mantelreibung bei Erreichen der Grenzlast in bindigen Böden mit Nachverpressung [12]

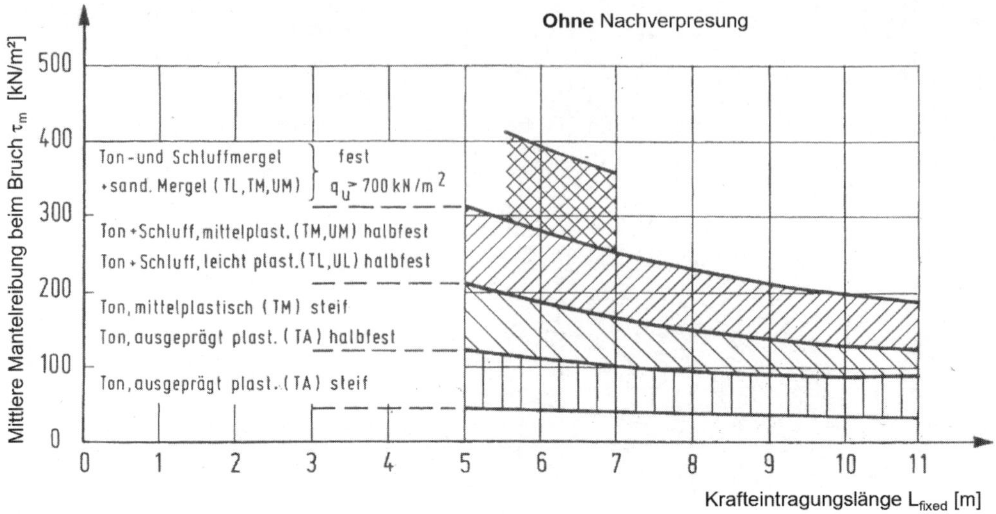

Abbildung 27: Über die Krafteintragungslänge gemittelte Mantelreibung bei Erreichen der Grenzlast in bindigen Böden ohne Nachverpressung [12]

6.6 Ausführung von vorgespannten Verpressankern

6.6.1 Vorarbeiten

Vor Baustelleneinrichtung bzw. Aufnahme der Ankerarbeiten sollten folgende Arbeitsschritte erfolgt und Voraussetzungen gegeben sein:

- Planprüfung auf Herstellbarkeit: Anker in Nischen und/oder nahe an Baugrubenecken können mit dem Ankerbohrgerät nicht erreicht werden. Etwaige Vorschläge zur Umplanung sind mit dem Bauherrn bzw. dessen planendem Ingenieur abzustimmen und durch den Prüfingenieur freizugeben.
- Spartenfreiheit sollte bereits im Zuge der Planung berücksichtigt werden. Bei unklaren Verhältnissen sind unbedingt Suchschlitze zu veranlassen.
- Bei Bahnbaustellen mit Arbeiten im Gleisbereich sind die Oberleitungen im Gefahrenbereich seitens des Leitungsbetreibers zu verschwenken, abzubauen oder anderweitig zu sichern. Die Sicherheitsabstände entsprechend den Vorschriften der Betreiber und der Berufsgenossenschaft sind einzuhalten. Im Zweifelsfall ist die Abschaltung zu veranlassen.
- Die Kampfmittelfreiheit ist sicherzustellen und es muss eine schriftliche Bestätigung vor Beginn der Arbeiten vorliegen.

6.6.2 Vermessung und Vorbereitung der Ankeransatzpunkte

Die Ankeransatzpunkte sind zunächst einzumessen. Hierbei sollte klar sein, wo die planmäßige Ankeransatzhöhe anzuzeichnen ist – auf Vorderkante oder in der Systemachse der Verbauwand.

In einem nächsten Schritt muss die Durchdringung durch die Verbauwand hergestellt werden. Der Durchmesser der Durchdringung muss auf den gewählten Bohrgestängedurchmesser abgestimmt werden. Bei Schlitzwänden sind die Ankerdurchführungen in der Regel Teil der Bewehrungsplanung. Bei Bohrpfahlwänden müssen Durchdringungen mittels Kernbohrungen hergestellt werden. In diesem Zuge werden auch die Auflagerflächen für die Ankerplatten gefräst (siehe Abbildung 28). Sowohl bei der Kernbohrung als auch der Fräsung ist auf die korrekte Neigung zu achten. Bei Spundwänden ist es prinzipiell egal, ob der Ankeransatzpunkt auf dem »Spundwandberg« oder im »Spundwandtal« liegt. Sofern der Ankeransatzpunkt unterhalb des Grundwasserspiegels liegt, müssen die Ankeransatzpunkte in den Spundwandtälern geplant werden damit die Abdichtungskonstruktion nicht in die Baugrube ragt. Die Spundwanddurchdringung kann entweder durch Brennschneiden oder durch Kernbohren hergestellt werden.

Abbildung 28: Ankerdurchdringung durch eine Bohrpfahlwand – Herstellung der Kernbohrung (links); Kernbohrung und gefrästes Auflager für die Ankerplatte (rechts)

6.6.3 Ankerherstellung – Überblick der einzelnen Arbeitsschritte

Die eigentliche Ankerherstellung auf der Baustelle besteht aus folgenden Arbeitsschritten (siehe Abbildung 29), mit leichten Variationen je nach Bohrverfahren:

- Herstellen des Bohrlochs
- Eingeben des Ankerzugglieds
- Ziehen des Bohrgestänges & Primärverpressen
- Nachverpressen
- Anker prüfen, spannen & festlegen
- Fertiger Anker

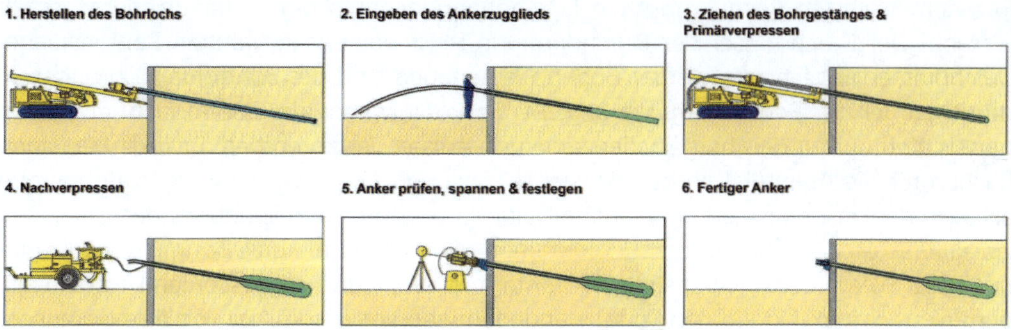

Abbildung 29: Arbeitsschritte der Ankerherstellung

6.6.4 Herstellen des Bohrlochs & Bohrverfahren

6.6.4.1 Allgemeines

Für die ersten drei Arbeitsschritte nach Abbildung 29 – Herstellung der Bohrung, Einbau des Ankerzugglieds sowie Primärverpressung und Rückbau des Bohrgestänges – werden standardmäßig Ankerbohrgeräte eingesetzt (siehe Abbildung 30). Alternativ können auch Bohrlafetten an Trägergeräten verwendet werden.

Abbildung 30: Ankerbohrgerät KLEMM KR 807-7G (www.klemm.de/produkte/bohrgeraete/kr-807-7g-7gp/)

Im Folgenden werden die gängigen Bohrverfahren zur Ankerherstellung beschriebenen. Grundsätzlich werden die folgenden Verfahrensprinzipien unterschieden:

- verrohrte ⇔ unverrohrte Bohrung
- Bodenverdrängung ⇔ Bodenentzug
- Außenspülung ⇔ Innenspülung

Bei Außenspülung wird das Bohrrohr in den Boden eingebracht (drehend oder drehschlagend). Innerhalb des Bohrrohrs wird das Spülmedium zur Bohrlochsohle gepresst. Das Spülmedium und der gelöste Boden fließen außerhalb des Bohrrohrs zum Bohrlochmund zurück. In bindigen Böden besteht die Gefahr, dass die Bohrlochwandung aufgeweicht und der Herausziehwiderstand des Ankers verfahrensbedingt reduziert wird. Durch die Förderung des Bohrguts im Ringraum zwischen Bohrrohr und Boden kann es insbesondere in erosionsgefährdeten Böden wie enggestuften Feinsanden sowie Schluffen zu unkontrolliertem Bodenaustrag kommen. Dem kann durch kurze Bohr- und Spülzeiten begegnet werden. Des Weiteren kann es vorkommen, dass sich die Spülung »ihren eigenen Weg sucht« und z.B. noch nicht abgebundene Verpresskörper von Nachbarankern ausgespült werden. In derartigen Fällen muss im Pilgerschrittverfahren gearbeitet werden, um die Bohrabstände zu vergrößern.

Bei Verfahren mit Innenspülung handelt es sich immer um verrohrte Verfahren mit Innengestänge. Das Spülmedium wird über den Spülkopf durch das (innere) Bohrgestänge zur Bohrkrone geführt und fließt mit dem gelösten Boden im Ringspalt zwischen Innengestänge und Bohrrohr zur Spül-/Auswurfglocke zurück. Die Gefahr eines unkontrollierten Bodenaustrags wird bei den Bohrverfahren mit Innenspülung erheblich reduziert.

Als Spülmedium können je nach Verfahren eingesetzt werden:

- Luft
- Wasser
- Bentonitsuspension
  Anmerkung:
  Durch Verwendung von Bentonitsuspension anstatt Wasser als Spülmedium kann in dichtgelagerten nichtbindigen Böden die Reibung am Bohrrohr deutlich reduziert werden. Um den Herausziehwiderstand nicht herabzusetzen, muss (mit ausreichendem Vorlauf) vor Erreichen der Krafteintragungslänge auf Wasserspülung umgestellt werden.
- Zementsuspension mit einem hohen w/z-Wert.

6.6.4.2 Drehschlagbohren mit Hydraulikhammer/Drehschlagbohren mit Einfachgestänge

Beim Drehschlagbohren (bzw. Drehschlagen) wird das Bohrrohr drehend in den Boden eingeschlagen. Es kann sowohl ohne Spülung, rein verdrängend als auch mit Außenspülung gearbeitet werden. Als Spülmedien kommen Wasser und/oder Bentonitsuspension zum Einsatz.

Beim reinen Verdrängungsbohrverfahren wird das Bohrrohr mittels Rammspitze verschlossen. Die Spitze wird beim Ziehen des Bohrrohrs durch »Leerschläge« mit dem Hydraulikhammer gelöst und ist verloren. Geeignete Böden für das Verdrängungsverfahren sind Kiese, locker bis mitteldicht gelagerte Sande und maximal steife bindige Böden. In sehr weichen bindigen Böden besteht die Gefahr, dass durch den Spalt zwischen Bohrkorne und erstem Bohrrohrschuss Boden eingetragen wird. In diesem Fall muss vor dem Einbau des Ankerzugglieds das gesamte Bohrrohr sauber gespült werden.

Bei drehschlagendem Bohren mit Außenspülung (siehe Abbildung 31) wird bei geringem Bohrwiderstand rein drehend gearbeitet. Das Schlagwerk des Hydraulikhammers wird erst mit steigendem Bohrwiderstand zugeschaltet. Je nach anstehendem Boden und/oder Fels können verlorene Rammspitzen (mit Spülöffnungen und Räumleiste), Ringbohrkronen oder Exzenterbohrkronen verwendet werden. Die Spülöffnungen der Rammspitze mit Räumleiste können mit Kugelventil ausgestattet werden, so dass ein Eindringen von Boden verhindert wird. Ringbohrkronen verschließen das Bohrrohr nicht, so dass Boden eindringen kann.

In Tabelle 7 sind für das Drehschlagbohren mit Hydraulikhammer die gängigen Bohrrohr- und Bohrkronendurchmesser aufgelistet.

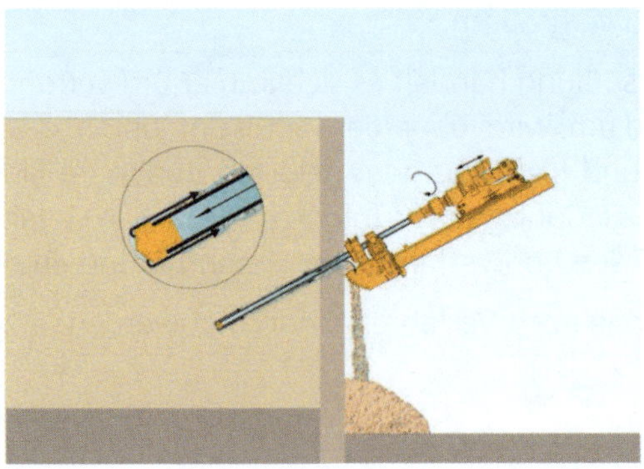

Abbildung 31: Drehschlagen mit Einfachgestänge (und Außenspülung)

Tabelle 7. Drehschlagen mit Einfachgestänge – Bohrrohr- und Bohrkronendurchmesser

Bohrrohr		Bohrkrone
$Ø_a$ [mm]	$Ø_{i,min}$ *) [mm]	$Ø_a$ [mm]
114,3	88	120
133	108	140
152,4	128	160
177,8	148	185
*) Die Drehschlagbohrrohre haben eine Wandstärke von 10 mm. Maßgebend ist der minimale Innendurchmesser $Ø_{i,min}$ im Bereich der Verbindungen.		

6.6.4.3 Überlagerungsbohren mit Hydraulikhammer/Drehschlagen mit Doppelgestänge

Überlagerungsbohren mit Hydraulikhammer (siehe Abbildung 32) ist das herkömmliche Überlagerungsbohrverfahren, bei dem Innengestänge und Bohrrohr gemeinsam von einem Hydraulikhammer angetrieben werden und sich gleichsinnig drehen. Das Innengestänge und das Bohrrohr sind über ein gemeinsames Kopfstück mit dem Hydraulikhammer verbunden, so dass auf Innengestänge und Bohrrohr die gleichen Schlag- und

Drehimpulse wirken. Nach Erreichen der planmäßigen Bohrtiefe wird das Innengestänge ausgebaut und der Anker im Schutz des Bohrrohrs eingebaut. Die gängigen Bohrrohr-Innengestänge-Kombinationen können Tabelle 8 entnommen werden.

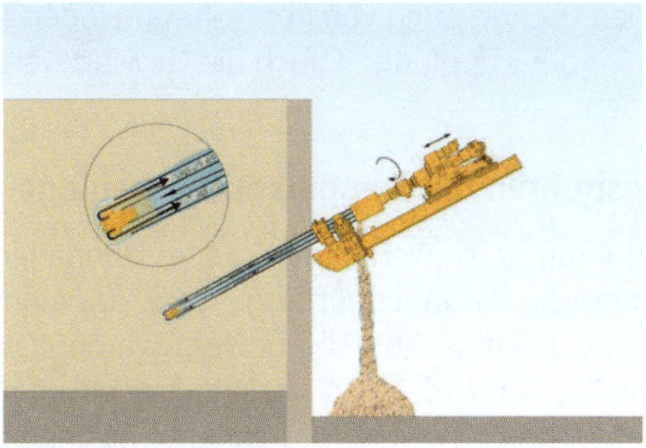

Abbildung 32: Überlagerungsbohren mit Hydraulikhammer/Drehschlagen mit Doppelgestänge

Tabelle 8. Überlagerungsbohren mit Hydraulikhammer – Außendurchmesser von Bohrrohr, Ringbohrkrone, Innengestänge und Schlagbohrkrone

Bezeichnung	Bohrrohr		Ringbohrkrone	Innengestänge	Schlagbohrkrone
	$Ø_a$ [mm]	$Ø_{i,min}$ [1] [mm]	$Ø_a$ [2] [mm]	$Ø_{a,max}$ [3] [mm]	$Ø_a$ [4] [mm]
Ø 114,3/T45	114,3	88	120	63	85
Ø 133/T45	133	108	140	63	105
Ø 133/T51	133	108	140	71	105
Ø 152,4/T51	152,4	128	160	71	125
Ø 177,8/Ø 114,3	177,8	148	185	114,3	140
Ø 203/Ø 133	203	173	220	133	170

[1] Die Drehschlagbohrrohre haben eine Wandstärke von 10 mm. Maßgebend ist der minimale Innendurchmesser $Ø_{i,min}$ im Bereich der verstärkten Verbindungen.
[2] Ringbohrkrone am Außenbohrrohr
[3] Maximaler Durchmesser an den Verbindungen des Innengestänges (T45, T51) bzw. des inneren Drehschlagbohrrors.
[4] Schlagbohrkrone des Innengestänges

Das Überlagerungsbohren mit Hydraulikhammer ist ein Bohrverfahren mit Innenspülung. Als Spülmedium wird bevorzugt Wasser aber auch Suspension verwendet. Das Bohrrohr ist mit einer Ringbohrkrone bestückt, die einen gewissen Freischnitt erzeugt. Entsprechend fließt auch ein gewisser Teil des Spülmediums mit gelöstem Boden unplanmäßig außerhalb des Bohrrohrs zurück. Das Innengestänge ist mit einer Schlagbohrkrone bestückt. Der Boden wird nahezu vollflächig abgebaut.

Das Überlagerungsbohrverfahren mit Hydraulikhammer hat folgende Nachteile:

1. Der Ringspalt zwischen Bohrrohr und Innengestänge kann vor allem in bindigen Böden verstopfen.
2. Aufgrund der gleichen Drehrichtung von Bohrrohr und Innengestänge besteht die Gefahr, dass beim Öffnen der Kupplungen auch die Gewindeverbindung an ungewollter Stelle geöffnet werden.

6.6.4.4 Überlagerungsbohren mit Doppelkopfbohranlage

Das Doppelkopfbohrverfahren ist ein weiterentwickeltes Überlagerungsbohrverfahren, bei dem das (Außen-)Bohrrohr und das Innengestänge (bzw. das Innenbohrrohr) unabhängig voneinander über zwei gegenläufige Antriebe bewegt werden (siehe Abbildung 33). Das Außenbohrrohr wird durch einen hydraulischen Drehantrieb immer nur gedreht. Bei der Verfahrensvariante »drehen-drehen« wird das Innenbohrrohr ebenfalls gedreht,[20] wohingegen bei der Verfahrensvariante »drehen-schlagen« das innere Bohrgestänge durch einen hydraulischen Drehschlaghammer angetrieben wird. Für beide Verfahrensvarianten und die gängigen Kombinationen aus Außen- und Innenbohrrohr bzw. Innengestänge sind die Maße in Tabelle 9 und Tabelle 10 angegeben.[21] Im Vergleich zu den Drehschlagbohrrohren sind die Außenbohrrohre und auch die Innenbohrrohre der Verfahrensvariante »drehen-drehen« an den Rohrverbindungen nicht verstärkt und weisen entsprechend größere Innendurchmesser auf.

Durch die gegenläufige Drehung von Außenbohrrohr und Innengestänge werden die Nachteile des ursprünglichen Überlagerungsbohrens mit Hydraulikhammer – Verstopfen des Ringspalts zwischen Außenbohrrohr und Innengestänge durch sich festsetzendes Bohrklein, ungewolltes Lösen der Bohrrohr- und Gestängekupplungen – verhindert. Zudem ist das Doppelkopfbohrverfahren sehr richtungsgenau. Analog zum Überlagerungsbohren mit Hydraulikhammer muss vor dem Ankereinbau das Innengestänge ausgebaut werden.

Außenbohrrohr und Innengestänge können relativ zueinander verschoben werden. Derart kann sowohl vorauseilend, nacheilend als auch innenliegend (ohne Voreilmaß des Innengestänges) gebohrt werden. Über das Voreilmaß können der Bohrfortschritt und der Bodenentzug an der Bohrkrone gesteuert werden. Entsprechend ist das Überlagerungsbohren mit Doppelkopfbohranlage das sicherste Bohrverfahren, wenn Setzungen unbedingt vermieden werden sollen (z.B. beim Unterfahren von setzungsgefährdeten Gebäuden).

Auch das Überlagerungsbohren mit Doppelkopfbohranlage ist ein Bohrverfahren mit Innenspülung. Geeignete Spülmedien sind je nach Randbedingungen und Baugrund Wasser, Suspension und Luft.

20 Um die Verfahrensvariante »drehen-drehen« in Festgestein einsetzen zu können, kann das Innengestänge mit der Kombination aus Drehantrieb und Imlochhammer (siehe Abschnitt 6.6.4.6) ausgerüstet werden.

21 Als weitere Untervariante »drehen-drehen« kann das Außenbohrrohr mit einer Hohlbohrschnecke als Innengestänge kombiniert werden.

Das Doppelkopfbohrverfahren ist prinzipiell für alle Böden und auch für Fels geeignet. Da jedoch das Bohrrohr lediglich drehend vorgetrieben wird, ist der Fortschritt bei verrohrter Bohrung im Fels deutlich reduziert. Das Außengestänge kann auf Felsoberkante abgesetzt und nur mit dem Innengestänge auf Endtiefe gebohrt werden.

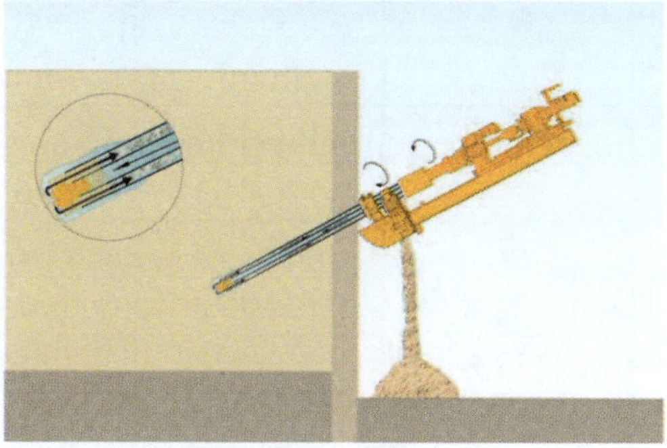

Abbildung 33: Überlagerungsbohren mit Doppelkopfbohranlage

Tabelle 9 Überlagerungsbohren mit Doppelkopfbohranlage, »drehen-drehen« – maßgebende Durchmesser von Außenbohrrohr, Ringbohrkrone, Innenbohrrohr und Innenbohrkrone

Bezeichnung	(Außen-) Bohrrohr $Ø_a$ [1] [mm]	Außenkrone $Ø_a$ [2] [mm]	Innen-bohrrohr $Ø_a$ [3] [mm]	Innere Bohrkrone $Ø_a$ [4] [mm]
Ø 114,3/Ø 76,1	114,3	120/134	76	89 – 92
Ø 133/Ø 88,9	133	140/153	88,9	108 – 110
Ø 152,4/Ø 88,9	152,4	160/172	88,9	125 – 127
Ø 177,8/Ø 114,3	177,8	185/198	114,3	152
Ø 203/Ø 114,3	203	210/216	114,3	171

[1] Die Außenbohrrohre haben durchgängig eine Wandstärke von 10 mm und sind (im Gegensatz zu den Drehschlagbohrrohren) an den Verbindungen nicht verstärkt.

[2] Erste Zahl für Außenkrone mit Achtkantstiften, zweite Zahl für Außenkrone mit Anschweißzähnen

[3] Die Innenbohrrohre haben eine Wandstärke von 10 mm, sind aber an den konischen Kupplungen deutlich verstärkt.

[4] Durchmesser je nach Bohrkronentyp (3-Flügelstufenbohrkrone, 3-Flügelbohrkrone mit HM-Platten, Rollenmeisel)

Tabelle 10 Überlagerungsbohren mit Doppelkopfbohranlage, »drehen-schlagen« – maßgebende Durchmesser von Außenbohrrohr, Ringbohrkrone, Innengestänge und Schlagbohrkrone

Bezeichnung	(Außen-) Bohrrohr $Ø_a$ 1) [mm]	Außenkrone $Ø_a$ 2) [mm]	Innen-gestänge $Ø_{a,max}$ 3) [mm]	innere Bohr-krone $Ø_a$ 4) [mm]
Ø 114,3/T45	114,3	120/134	63	89 – 90
Ø 133/T45	133	140/153	63	105 – 110
Ø 133/T51	133	140/153	71	110
Ø 152,4/T51	152,4	160/172	71	125 – 127
Ø 177,8/Ø 114,3	177,8	185/198	114,3	150
Ø 203/Ø 114,3	203	210/218	114,3	170

1) Die Außenbohrrohre haben durchgängig eine Wandstärke von 10 mm und sind (im Gegensatz zu den Drehschlagbohrrohren) an den Verbindungen nicht verstärkt.
2) Erste Zahl für Außenkrone mit Achtkantstiften, zweite Zahl für Außenkrone mit Anschweißzähnen
3) Maximaler Durchmesser an den Verbindungen des Innengestänges (T45, T51) bzw. des inneren Drehschlagbohrrors.
4) Durchmesser je nach Bohrkronentyp (3-Flügelstufenbohrkrone, 3-Flügelbohrkrone mit HM-Platten, Rollenmeisel)

6.6.4.5 Schneckenbohren

Das Schneckenbohrverfahren ist ein unverrohrtes Bohrverfahren. Die durchgehende Bohrschnecke wird über einen hydraulischen Drehmotor angetrieben. »Durchgehend« bedeutet hier, dass die Schneckenwendel über die volle Gestängelänge vorhanden ist. Das Gestänge wird –analog zu den anderen Bohrverfahren – aus einzelnen Segmenten zusammengesetzt.

Das Anfängergestänge kann mit unterschiedlichen Bohrkronen bestückt werden. Der Boden wird mit der Bohrkrone gelöst und über die Schneckenwendel zum Bohrlochmund gefördert. Dazu müssen beim Abbohren Vorschub und Drehzahl aufeinander abgestimmt sein. Bei zu niedriger Drehzahl wird die Schnecke lediglich ein- und im schlimmsten Fall festgedreht. Die Durchmesser der gängigen Schnecken-Bohrkopf-Kombinationen sind in Tabelle 11 angegeben. Bei der Verwendung von Hohlbohrschnecken kann der Bodenaustrag durch Luftspülung unterstützt werden.

Standfeste bindige Böden vorausgesetzt wird die mit Boden gefüllte Bohrschnecke nach Erreichen der planmäßigen Bohrtiefe drehend aus dem Bohrloch zurückgezogen. In nicht standfesten Böden können Hohlbohrschnecken verwendet werden. Über die hohle Selle muss beim Zurückziehen des Gestänges Zementmörtel zur Bohrlochstützung eingefüllt werden.

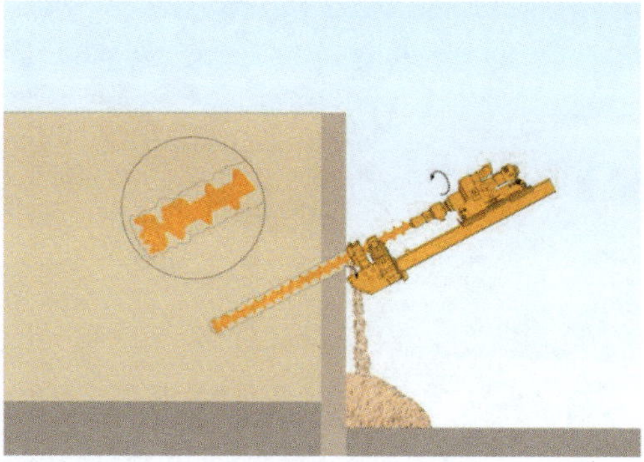

Abbildung 34: Schneckenbohren

Tabelle 11: Schneckenbohren – Außendurchmesser von Schnecke und Bohrkopf

Nenndurchmesser	Schnecke $Ø_a$ [mm]	Bohrkopf $Ø_a$[1)] [mm]
Ø 114,3	110	114
Ø 127	114	127
Ø 152,4	140	152
Ø 177,8	152	178
Ø 203	178	203
[1)] Bohrkopf mit Rundschaftmeiseln oder mit HM-Fingern		

6.6.4.6 Imlochhammerbohren

Beim Überlagerungsbohren mit Hydraulikhammer in Festgestein wird zwar die Schlagenergie sowohl auf das Bohrrohr als auch auf das Innengestänge übertragen. Mit zunehmender Bohrtiefe verpufft jedoch immer mehr Schlagenergie in den Gestängen. Bohrlängen > 30 m sind deshalb oft unwirtschaftlich. Der Nachteil des Überlagerungsbohrens mit Doppelkopfbohranlage in Festgestein ist, dass das Bohrrohr nur drehend eingebracht werden kann.

Abhilfe schafft die Kombination aus Dopppelkopfbohrantrieb »drehend-drehend« und Imlochhammer (bzw. Tieflochhammer). Letzterer wird am erdseitigen Ende des Innengestänges angebracht (siehe Abbildung 35 und Abbildung 36). Die Schlagenergie wird mittels Druckluft direkt am Bohrlochtiefsten erzeugt. Die Druckluft dient nicht nur als Antriebsmedium sondern wird auch als Spülmedium zur Förderung des Bohrkleins sowie zur Kühlung und Reinigung der Bohrlochsohle genutzt.

Damit die Luftspülung funktioniert und das Bohrklein ausgetragen werden kann, muss die Strömungsgeschwindigkeit ausreichend groß sein (> 15m/s, besser >20 m/s). Entsprechend sollte der Ringspalt zwischen Bohrrohr und Innengestänge nicht zu groß sein, und es muss ein ausreichend leistungsfähiger Kompressor verwendet werden.

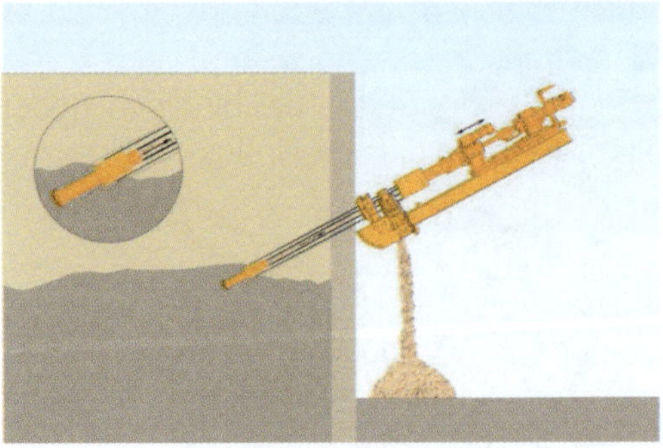

Abbildung 35: Überlagerungsbohren mit Imlochhammer

Abbildung 36: Imlochhammer (an Schneckenbohrgestänge)

6.6.4.7 Wahl des richtigen Bohrverfahrens

Bei der Wahl des Bohrverfahrens sind unter anderem folgende Punkte zu berücksichtigen:

- Baugrund (Bodenarten, Festgestein)
- Grundwasser
- Nachbarbebauung
- Ankertyp und Zuggliedddurchmesser[22]

22 Das (Außen)Bohrrohr muss ausreichend groß gewählt werden, so dass das Ankerzugglied einschließlich der Abstandhalter für die erforderliche Zementsteinüberdeckung (Kurzzeitanker: ≥ 20 mm; Daueranker: Wellrohraußendurchmesser + Zementsteindeckung ≥ 10 mm) »gewaltfrei« eingeführt werden kann.

Hinzukommen die passende Bestückung des Bohrkopfs sowie die Wahl des Spülmediums, das einerseits für das Bohrverfahren anwendbar und andererseits für den anstehenden Baugrund geeignet sein muss. Insbesondere bei bindigen Böden können das Bohrverfahren und das Spülmedium einen negativen Einfluss auf das spätere Tragverhalten des Verpressankers haben.

6.6.4.8 Toleranzen

Die Toleranzen sind in DIN EN 1537 [6] als Empfehlungen (»... sollte ...«) aber nicht als obligatorische Vorgabe definiert. Folgende Abweichungen sollten demnach nicht überschritten werden:

- Bohransatzpunkt: ≤ 75 mm
- Abweichungen zwischen planmäßiger Ankerachse und Bohrlochachse zu Beginn der Bohrung: ≤ 2°

Die maximale Gesamtbohrlochabweichung als Summe der Ungenauigkeiten am Ankeransatzpunkt und der über die Länge aufsummierten Winkelabweichungen sollte nicht mehr als 1/30 der Ankerlänge betragen.

Hinsichtlich zulässiger Abweichungen der tatsächlichen von der planmäßigen Bohrungslänge existieren keinerlei Vorgaben.

6.6.5 Zuggliedeinbau

6.6.5.1 Vorarbeiten

Litzenanker werden in der Regel vorkonfektioniert bestellt und gerollt auf die Baustelle geliefert. Nachverpressrohre und Auffülleitungen (für die innere Wellrohrverfüllung bei Daueranker; für äußere Packer) sind bei Litzenankern bereits montiert. Bei Einstabankern werden die Nachverpressrohre und etwaige Auffülleitungen erst auf der Baustelle montiert. Die Anker sollten trocken, geschützt vor Rost, Verschmutzung und vor mechanischen Beschädigungen gelagert werden. Vor dem Einbau der Ankerzugglieder ins Bohrloch sind zur Sicherstellung der erforderlichen Zementsteinüberdeckung die Abstandhalter am Zugglied anzubringen. Dazu werden Federkorb- oder Stegabstandhalter verwendet, die mit Bindedraht (nicht mit Klebeband!) am Zugglied fixiert werden (siehe Abbildung 37). Bei Daueranker können der passende Abstandhaltertyp sowie der maximal zulässige Abstand zwischen den Abstandhaltern der jeweiligen Zulassung entnommen werden.

Abbildung 37: Daueranker mit Federkorbabstandhalter und Auffüllleitung (links) bzw. mit Stegabstandhalter (rechts)

6.6.5.2 Zuggliedeinbau

Das Well- bzw. Ripprohr zum Korrosionsschutz bei Dauerankern als auch die Auffüllleitungen und Nachverpressrohre dürfen beim Einbau des Ankerzugglieds in das (Außen-) Bohrrohr nicht beschädigt werden. Litzenanker werden in der Regel mittels Abrollvorrichtungen eingebaut (siehe Abbildung 38). Beim Einheben von Einstabdauerankern sollten die Anhängepunkte ausreichend nah beieinander liegen, um ein übermäßiges Durchbiegen der Zugglieder zu vermeiden. Andernfalls kann der werksmäßig hergestellte Zementstein innerhalb des Ripprohrs brechen. Um Beschädigungen an den teilweise scharfkantigen Enden der Bohrrohre zu vermeiden, wird am oberen Bohrrohrende ein Einbautrichter aus Kunststoff angebracht (siehe Abbildung 39).

Abbildung 38: Isometrie der Abrollvorrichtung [32] (links), Transport des Ankers in der Abrollvorrichtung zum Einbauort (rechts)

Abbildung 39: Einbau des Ankerzugglieds in das Bohrrohr mit Einbautrichter – Einstabdaueranker (links), Kurzzeit-Litzenanker (rechts)

6.6.6 Primärverpressung/-verfüllung

6.6.6.1 Allgemeines

Unmittelbar nach Fertigstellung der Bohrung und dem Einführen des Ankerzugglieds erfolgt die Primärverpressung bzw. Primärverfüllung der Bohrung mit Zementmörtel. Derart wird ein Aufweichen und Entspannen des Bohrlochs auf das unvermeidliche Maß reduziert.

Unverrohrte Bohrungen werden mittels eines Auffüllrohrs (bzw. Verpressschlauchs) verfüllt. Das Auffüllrohr ist bis zum Bohrlochtiefsten einzuführen, und die Verfüllung muss von unten nach oben erfolgen. Das Auffüllrohr muss beim Zurückziehen stets im Zementmörtel eingetaucht bleiben. Der Auffüllvorgang muss so lange fortgesetzt werden, bis am Bohrlochmund Zementmörtel von der gleichen Konsistenz austritt, wie in die Bohrung gepumpt wird. Bei der »drucklosen« Verfüllung wirkt im Bereich des Verpresskörpers der resultierende hydrostatische Druck des Zementmörtels (abzüglich des anstehenden Grundwassers).

Bei verrohrten Bohrungen wird in der Regel über das Bohrrohr verpresst. Dabei wird ein zusätzlicher Verpressdruck von ca. 5 bar aufgebracht. Bei den Bohrverfahren mit Innenspülung muss davor die Auswurfglocke mit einem Verschlussstopfen abgedichtet werden. Ein kontinuierliches Verpressen über den Spülkopf des Ankerbohrgeräts unter gleichzeitigem drehendem Zurückziehen des Bohrrohrs ist bei folgenden Bohrverfahren möglich:

- Drehschlagendes Bohren mit Einfachgestänge
- Überlagerungsbohren mit Hydraulikhammer
- Überlagerungsbohren mit Doppelkopfbohranlage (bei Abdichtung der Auswurfglocke mittels Dichtkolben)

Beim Überlagerungsbohren mit Doppelkopfbohranlage gibt es noch die sogenannte Kappenverpressung, bei der das Bohrgestänge mittels Verpresskappe abgedichtet wird. Das Bohrrohr kann während des Verpressens nicht gedreht werden. Es besteht die Gefahr, dass das Bohrrohr festgepresst wird, weil der Zementmörtel unter Druck ausfiltert (Wasser absondert). Zudem kann nur abschnittsweise aber nicht kontinuierlich verpresst werden.

Die Primärverpressung über das Gestänge mit zusätzlichem Verpressdruck wird nur innerhalb der planmäßigen Krafteintragungslänge durchgeführt. Luftseitig der Krafteintragungslänge wird nur drucklos über das Bohrrohr verfüllt (siehe hierzu auch Abschnitt 6.6.6.3 Begrenzung der Krafteintragungslänge).

Der Verpresskörper darf sich nicht auf das zu verankernde Bauwerk stützen. Der Abstand zwischen Zementsäule und Bauwerkshinterkante entspricht annähernd der freien Ankerlänge und sollte $L_{free,min}$ = 5 m nicht unterschreiten (siehe Abschnitt 6.10). Bei verrohrten Bohrungen ist dies in aller Regel gewährleistet, weil beim Ausbau der Bohrrohre der Ringraum entsprechend der Bohrrohrwandstärke freigegeben wird und der Zementmörtelspiegel innerhalb des Bohrrohrs absinkt. Bei unverrohrten Bohrungen muss zunächst bis zum Bohrlochmund aufgefüllt werden, um zu kontrollieren, ob der Zementspiegel absinkt.

Sofern ein ausreichendes Absinken des Zementmörtelspiegels beim Ziehen des Bohrrohrs nicht gesichert ist, muss zur Vermeidung des Kraftschlusses zwischen Zementmörtel und zu verankernder Konstruktion eine der folgenden Vorgehensweisen ausgeführt werden (DIN EN 1537 [6], 8.3.4.10):

1. Ausspülen des Zementmörtels hinter dem Bauwerk;
2. Ersetzen des Zementmörtels in der freien Ankerlänge durch ein Material, das keine Lasten überträgt;
3. Anordnung eines Packers vor der Krafteintragungslänge.

Punkt (2) kann z.B. durch Freispülen mittels Bentonitsuspension bewerkstelligt werden. Für Punkt (3) werden oft Gewebeschlauchsäcke, die am Ankerzugglied befestigt und abgedichtet werden, verwendet (siehe Abbildung 40). Dabei ist am Zugglied ist zusätzlich eine Auffüllleitung für den Packer vorzusehen. Solange der Zementmörtel noch nicht abgebunden ist, muss der Packer z.B. mit Bentonitsuspension befüllt werden, um die Zementmörtelsäule zu unterbrechen. Packer haben den Nachteil, dass sie den Zuggliеddurchmesser vergrößern und beim Einbau ins Bohrrohr leicht aufreißen können.

Abbildung 40: Ankerzugglied mit Gewebeschlauchpacker am luftseitigen Ende der Krafteintragungslänge (links), Einbau Ankerzugglied mit Gewebeschlauchpacker (rechts)

6.6.6.2 Innere Verfüllung (Litzendaueranker)

Bei Litzendauerankern muss vor der Primärverpressung zur Herstellung des Verpresskörpers die innere Verfüllung des Kunststoff-Wellrohrs mit Einpressmörtel erfolgen. Andernfalls würde das Zugglied aufschwimmen, und das Wellrohr durch den Verpressdruck der Primärverpressung würde zerstört. Dazu ist am Ankerzugglied innerhalb des Wellrohrs eine Auffüllleitung befestigt. Es muss so lange Einpressmörtel eingepumpt werden, bis am luftseitigen Wellrohrende Einpressmörtel in gleicher Konsistenz wie eingegeben blasenfrei austritt.

Die Primärverpressung erfolgt direkt im Anschluss. Nach dem Ziehen des Bohrrohrs ist das Ankerzugglied bzw. Wellrohr zentrisch innerhalb der Durchdringung durch die Verbauwand zu fixieren[23] und der Wellrohrüberstand abzustützen (siehe Abbildung 41).

23 Durch die zentrische Fixierung werden Umlenkkräfte beim Prüfen und Spannen minimiert.

Abbildung 41: Innere Verfüllung des Wellrohrs mit Einpressmörtel (links) und Abstützung des Wellrohrüberstands

6.6.6.3 Begrenzung der Krafteintragungslänge

Gemäß DIN/TS 18537 [7], »Zu 8.3.4.9 und 8.3.4.10« sollte die Krafteintragungslänge durch Freispülen auf das planmäßige Maß L_{fixed} derart begrenzt werden, dass L_{fixed} um 0,5 m bis 1,0 m größer als die Verankerungslänge L_{tb} ist.

Eine Begrenzung der Krafteintragungslänge auf ein möglichst genaues Maß ist bei Prüfankern von Untersuchungs- und Eignungsprüfungen ohne Zweifel sinnvoll, da nur so ein ausreichender Herausziehwiderstand in der zu untersuchenden Bodenschicht nachgewiesen werden kann. Für eine möglichst exakte Begrenzung der Krafteintragungslänge wird die Kombination aus einem mit Bentonit gefüllten Packer und Freispülen vorgeschlagen. Der Packer wird vor dem Einbau ins Bohrloch am Zugglied exakt in der gewünschten Lage angebracht und verhindert, dass zu viel Zementmörtel ausgespült und die Krafteintragungslänge ungewollt verkürzt wird.

Für Produktionsanker bedeutet insbesondere die Empfehlung des Freispülens mit Wasser, dass ein Hohlraum im Boden hergestellt wird, was wiederum zu Setzungen führen kann.[24] In stark durchlässigen Böden wie z.B. enggestuften Grobkiesen besteht zudem die Gefahr, dass der Zementmörtel (teilweise) abfließt und die Krafteintragungslänge kürzer als geplant ist. In derartigen Fällen sollte nicht nur nicht freigespült werden, sondern es ist ratsam, das Bohrgestänge vor dem Ziehen vollständig mit Zementmörtel zu füllen.

Versuche mit faseroptisch instrumentierten Ankern, die nicht freigespült wurden, haben gezeigt, dass auf einer Länge von ca. 2 m bis 3 m luftseitig der Verankerungslänge ca. 25 % bis 33 % der Ankerkraft abgetragen werden. Dieser Bereich behindert bei Verbundankern ein Aufreißen des Verpresskörpers innerhalb der Verankerungslänge, so dass der tatsächliche Lastabtrag eine Mischung aus Verbundtragwirkung und Druckrohrprinzip ist

24 Bei Bauwerksankern, die einer Eignungsprüfung unterzogen werden, wird empfohlen, den freigespülten Hohlraum nach Durchführung der Eignungsprüfung und dem Festlegen des Ankers größtenteils mit Zementmörtel aufzufüllen.

(siehe Abschnitt 6.3.2.2). Der teilweise Lastabtrag in diesem vorderen, unplanmäßigen Bereich des Verpresskörpers führt zwar einerseits dazu, dass der tatsächliche Mittelpunkt der Krafteintragungslänge um ca. 1 m weiter luftseitig liegt, als dies für den rechnerischen Nachweis der Ankerlänge unterstellt wurde. Im Gegenzug wird beim nicht freigespülten Anker der Herausziehwiderstand innerhalb der planmäßigen Krafteintragungslänge nicht voll ausgenutzt, so dass eine stille Reserve verbleibt.

Zusammenfassend kann festgehalten werden, dass eine Begrenzung der Krafteintragungslänge für Anker, an denen Untersuchungs- oder Eignungsprüfungen durchgeführt werden, absolut notwendig ist. Für die Produktionsanker, die alle einer Abnahmeprüfung unterzogen werden, führt das Freispülen zu keinem Zugewinn, sondern bringt im Wesentlichen nur Nachteile mit sich. Hier sollten die normativen Vorgaben an die gängige, technisch begründete und sinnvolle Praxis angepasst werden.

6.6.6.4 Flach geneigte und steigende Anker

Bei flach geneigten ($\alpha < 10°$) oder steigenden Ankern muss zwangsläufig am luftseitigen Ende der Krafteintragungslänge ein Packer installiert werden. Neben der Auffülleitung zur Befüllung des Packers müssen zusätzlich vorgesehen werden:

- Aufüllleitung zur Herstellung des Verpresskörpers (bei steigenden Ankern bis knapp hinter das erdseitige Ende des Packers; bei flach geneigt fallenden Ankern bis zum erdseitigen Ankerende)
- Entlüftungsleitung bis zum obersten Punkt des Verpresskörpers (bei steigendem Anker am erdseitigen Ankerende; bei flach geneigt fallenden Ankern erdseitig hinter dem Packer)

6.6.7 Nachverpressen

Bei der Nachverpressung wird zunächst der Verpresskörper »aufgerissen« bzw. aufgesprengt. Dazu wird die Verpressleitung mit Wasserdruck beaufschlagt. Ein schlagartiger Druckabfall am Manometer zeigt an, dass sich ein Nachverpressventil geöffnet hat und der Zementstein des Verpresskörpers gerissen ist (siehe Abbildung 42). Die Zulaufleitung wird umgehend geschlossen, um den Baugrund nicht zu durchnässen. Nach DIN EN 1537 [6], 8.3.5.2 kann das Nachverpressen frühestens 8 h bis 10 h nach der Primärverpressung erfolgen. In Abhängigkeit der Baugrundbedingungen und des eingesetzten Zementmörtels muss der Aufreißvorgang bereits ca. zwei Stunden nach der Primärverpressung erfolgen, da ansonsten die Festigkeit zu groß wird und der Verpesskörper nicht mehr aufgerissen werden kann.

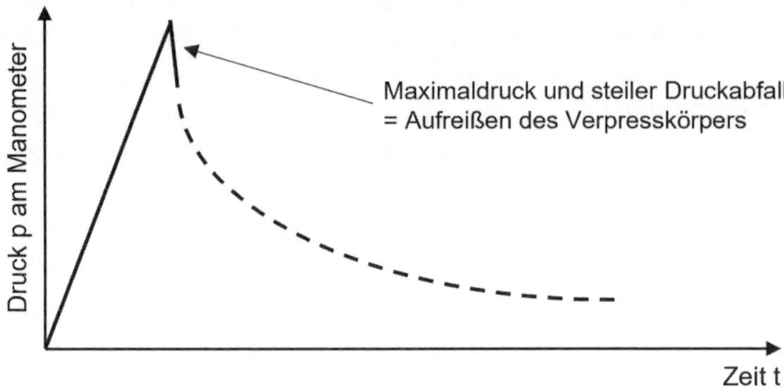

Abbildung 42: Aufreißvorgang – Druckverlauf p(t)

Ziel der Nachverpressung ist eine Erhöhung der radialen Verspannung von Verpresskörper und umgebendem Baugrund und nicht eine Vergrößerung des Verpresskörpersvolumens. Dies bedeutet, dass mit geringen Verpressmengen ein kontinuierlicher Druckanstieg erzielt werden sollte. Ein Druckabfall signalisiert ein Abfließen des Einpressmörtels (siehe Abbildung 43). In diesem Fall müssen die Nachverpressung abgebrochen und die Nachverpressleitung bestmöglich freigespült werden. Die Nachverpressung muss anschließend wiederholt werden. Die Nachverpressdrücke sind eine Frage der Firmenphilosophie. Teilweise wird der Nachverpressvorgang bei 25 bis 30 bar abgebrochen; manchmal werden auch Nachverpressdrücke bis zu 50 und 60 bar vorgegeben. Die Einpressmörtelmengen liegen in der Regel zwischen 50 und 100 Litern je Verpressschritt.

Die Druckmessung beim Aufreißen und beim eigentlichen Nachverpressen sollte möglichst nah am luftseitigen Ende des Nachverpressrohrs erfolgen.

Ein Aufsteigen des Einpressmörtels entlang des Ankerzugglieds kann nicht generell ausgeschlossen werden. Entsprechend muss nach dem Nachverpressvorgang nochmals kontrolliert werden, dass zwischen Zementmörtel und zu verankernder Konstruktion kein Kraftschluss besteht. Gegebenenfalls muss der aufgestiegene Einpressmörtel ausgespült werden.

Aufgrund der hohen Drücke besteht beim Nachverpressen ein höheres Schadenspotential auf umliegende Bauwerke (z.B. Hebungen von Gebäuden oder Fahrbahnen, Eindringen von Einpressmörtel in Kanäle, etc.) als bei der Primärverpressung.

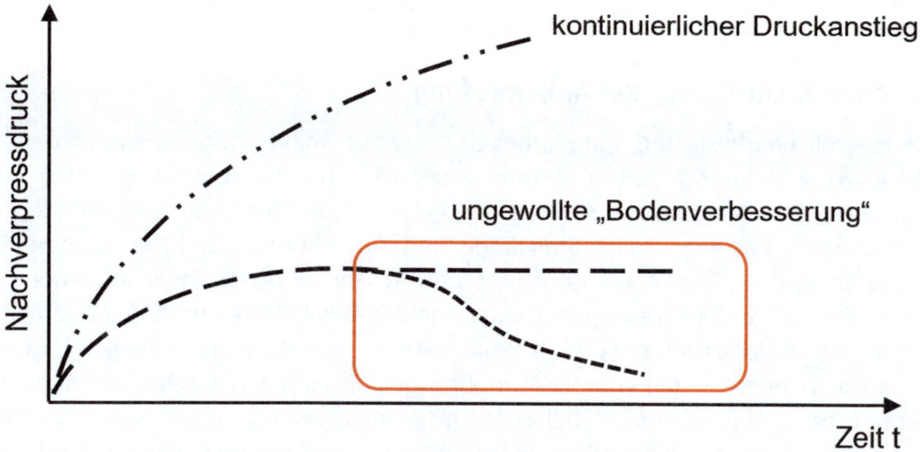

Abbildung 43: Unterschiedliche Druckverläufe beim Nachverpressen

6.6.8 Prüfen, Spannen und Festlegen

6.6.8.1 Allgemeines

An jedem Anker muss zumindest eine Abnahmeprüfung durchgeführt werden. Dabei wird der Anker in einem Zyklus ausgehend von der Vorlast P_a bis zur Prüflast P_P belastet und anschließend wieder auf die Vorlast P_a entlastet (siehe Abschnitt 6.7). Anhand der Abnahmeprüfung werden eine ausreichende Tragfähigkeit unter Prüflast, ein ausreichend kleines Kriechmaß k_s sowie die rechnerisch freie Stahllänge L_{app} innerhalb der zulässigen Grenzen nachgewiesen.

Die Prüfung darf erst ausgeführt werden, wenn der Zementmörtel in der Krafteintragungslänge ausreichend erhärtet ist. Hinsichtlich der erforderlichen Druckfestigkeit des Zementsteins (von Verpresskörper und bei Daueransern auch der inneren Verfüllung) existiert in DIN EN 1537 [6] und DIN/TS 18537 [7] keine Vorgabe. In Analogie zu DIN EN 14199 [13], 6.4.4 sollte der Zementstein zum Zeitpunkt des Prüfens und Spannens eine einaxiale Zylinderdruckfestigkeit $f_{c,cyl} \geq 25$ N/mm² bzw. Würfeldruckfestigkeit $f_{c,cube} \geq 28$ N/mm² aufweisen. In der Regel wird dies nach sieben Tagen erreicht. Durch Verwendung von Zementen mit hoher Frühfestigkeit in Kombination mit niedrigen w/z-Werten kann eine ausreichende Druckfestigkeit des Zementsteins auch früher erzielt werden. In empfindlichen kohäsiven Böden kann es jedoch angebracht sein, nach der Primär- und Nachverpressung zunächst die Konsolidation abzuwarten, bevor der Anker geprüft wird.

Im Anschluss an die (Abnahme-)Prüfung wird der Anker gespannt und auf der Festlegelast P_0 festgelegt. Ziel ist in der Regel, die Spannausrüstung nicht abzusetzen. Dies erfordert aktives Verkeilen (siehe Abschnitt 6.6.8.3). Beim passiven Verkeilen muss der Anker vollständig entspannt werden. Die Festlegelast P_0 wird im Zuge der statischen Berechnung in Abhängigkeit des gewählten Erddruckansatzes sowie der Steifigkeit der zu verankernden Konstruktion festgelegt. Anhaltswerte gibt DIN 4085 [8]. Die Festlegelast P_0 liegt in der Regel zwischen 80 % und 100 % der charakteristischen Ankerbeanspruchung P_k.

Nach dem Festlegen werden die Litzenüberstände abgetrennt und die Korrosionsschutzmaßnahmen im Bereich des Ankerkopfs vervollständigt.

6.6.8.2 Arbeitsschritte vor der Ankerprüfung

Vor den eigentlichen Prüf- und Spannarbeiten muss der Anker entsprechend vorbereitet werden. Dazu sind für Kurzzeitanker und Daueranker unterschiedliche Arbeitsschritte durchzuführen. Bei Dauerankern müssen ein Teil der Korrosionsschutzmaßnahmen im Übergangsbereich zwischen freier Stahllänge und Ankerkopf ausgeführt werden. Die Arbeitsschritte sind in Tabelle 12 aufgelistet und in Abbildung 44 sowie Abbildung 45 dargestellt. Für die Arbeitsschritte Nr. 1 (Abschneiden des Well-/Ripprohrs), Nr. 2 (Ablitzen) und Nr. 4 (Positionierung der Dichtlamelle) werden spezielle Werkzeuge benötigt, mit denen man auch innerhalb der engen Kernbohrungen die Arbeiten durchführen kann. Ein »Verweben« bzw. Durcheinanderfädeln der Litzen muss unbedingt vermieden werden, da sonst unplanmäßige Umlenkkräfte auftreten, die einen sicheren Keilsitz verhindern (können). Entsprechend sollte auch der Keilträger nicht verdreht aufgesetzt werden. Beim Vorverkeilen werden die Klemmkeile mittels Stahlrohr in die Konusbohrungen des Keilträgers eingeschlagen. Derart ist die Ankerkopfkonstruktion temporär fixiert. Davor muss die Ankerkopfkonstruktion ausgerichtet werden.

Tabelle 12. Vorbereitende Arbeitsschritte vor der Ankerprüfung (hier für Litzenanker)

Nr.	Arbeitsschritt/Beschreibung	Daueranker	Kurzzeitanker
1	Abschneiden des Well-/Ripprohrs bis hinter die Auflagerfläche der Ankerplatte	X	
2	Ablitzen = Entfernen der Hüllrohre bis hinter die Auflagerfläche der Ankerplatte und Reinigen der Litzenüberstände (bei Dauerankern: Entfetten)	X	X
3	Beschichtung der Zementsteinoberfläche der inneren Verfüllung des Well-/Ripprohrs (Ausölschutz)	X	
4	Aufschieben der Dichtlamelle auf das Well-/Ripprohr	X	
5	Aufschieben des Stahl-/Umlenkrings	X	
6	Positionierung der Ankerplatte (bei Dauerankern mit Stahlüberschubrohr)	X	X
7	Sortieren der Litzen (Achtung: kein Durcheinanderfädeln/»Verweben«)	X	X
8	Auffädeln und Einsetzen des Dichttopfs (bei Dauerankern: Distanzhalter anstatt Dichttopf)	X	X
9	Auffädeln des Keilträgers (Achtung: kein Durcheinanderfädeln/»Verweben«)	X	X
10	Auffädeln der Klemmkeile und Vorverkeilen	X	X

Wellrohr entfernen mit Rohrabschneider

Ablitzen (Hüllrohre entfernen)

Beschichtung Zementsteinoberfläche

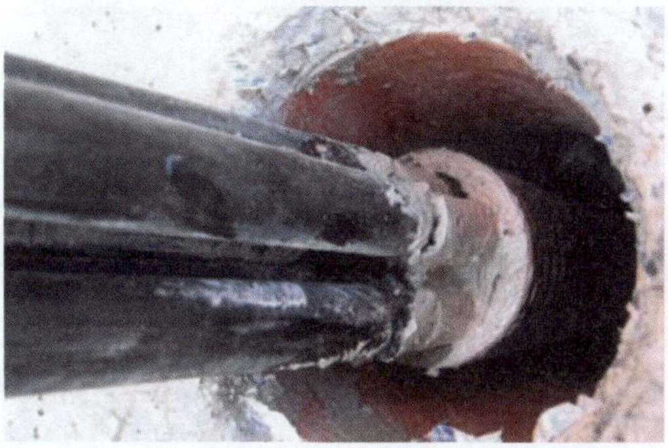

Positionierung Dichtlamelle

Positionierung Umlenkring

Einbau Ankerplatte (hier: mit Stahlüberschubrohr

Abbildung 44: Vorbereitende Arbeitsschritte vor der Ankerprüfung (hier für Litzenanker, Arbeitsschritte Nr. 1 bis 6)

Abbildung 45: Vorbereitende Arbeitsschritte vor der Ankerprüfung (hier für Litzenanker, Arbeitsschritte Nr. 7 bis 10)

6.6.8.3 Ankerprüfung und Festlegen – Aktives vs. passives Verkeilen

In einem weiteren Schritt muss die Spannausrüstung aufgebaut werden. Die Komponenten sind vom Verkeilverfahren – aktiv oder passiv – abhängig.

Beim aktiven, hydraulischen Verkeilen werden die Klemmkeile mittels hydraulischer Verkeilzylinder und der Verkeilplatte in die Konusbohrungen des Keilträger gedrückt. Derart wird ein möglichst gleichmäßiger Keilbiss erzwungen. Das aktive Verkeilen ist verfahrensbedingt nahezu schlupffrei. Trotzdem werden die Anker nach bestandener Prüfung nicht direkt auf die Festlegelast P_0 vorgespannt, sondern zur Kompensation des geringen Keilschlupfs um 4 mm bis 8 mm überspannt. Abbildung 46 zeigt eine Explosionszeichnung der Spannausrüstung für das aktive Verkeilen. Die fertig aufgebaute Spannausrüstung ist in Abbildung 47 dargestellt.

- Verkeilplatte: Die Verkeilplatte hat das gleiche Lochbild wie der Keilträger. Sie dient dem Eindrücken der Klemmkeile beim Festlegen des Ankers. Im Zuge der Ankerprüfung werden die Litzen gedehnt und herausgezogen. Die Klemmkeile des Ankerkopfs rutschen dabei nach oben (einschl. der Verkeilplatte).
- Spannstuhl: Der Spannstuhl ist ein Stahlbauteil, anhand dessen der Keilträger überbrückt wird. Zudem ist er Fassung und Widerlager für die hydraulischen Verkeilzylinder. Da er seitlich offen ist, kann im Zuge des Prüf- und Spannprozesses visuell überprüft werden, ob alle Litzen gleichmäßig gedehnt werden. Die Reduzierung passt zu jeweiligen Keilträger und ermöglicht einen zentrischen bzw. koaxialen Aufbau der Spannausrüstung zum Ankerzugglied.
- Hydraulische Spannpresse: Die hydraulische Spannpresse ist mittels Bajonettverschluss am Spannstuhl befestigt. Es werden Hohlkolbenpressen verwendet. Der Durchlass muss ausreichend groß sein, da das Zugglied (infolge unplanmäßiger Exzentrizitäten) nicht an der Innenwandung des Zylinders anliegen sollte (unplanmäßige Reibung und Verfälschung der Prüfergebnisse). Des Weiteren muss eine Spannpresse mit einem ausreichend großen Pressenhub gewählt werden. Dabei ist zu beachten, dass neben den elastischen Zuggliedddehnungen auch plastische Verschiebungen auftreten. Sofern bei langen Ankern der Pressenhub nicht ausreicht, müssen zwei (vorzugsweise baugleiche) Spannpressen koaxial übereinandergestapelt werden.
- Endverkeilung: Die Endverkeilung ist das obere Widerlager der hydraulischen Spannpresse. Im Endeffekt handelt es sich um einen mobilen Keilträger mit integrierten Klemmkeilen. Durch Umlegen der Griffe werden die Klemmkeile in die Endverkeilung gedrückt und oberhalb der Spannpresse fixiert.

Beim aktiven Verkeilen wird der Anker mit der gleichen Spannausrüstung geprüft, gespannt und festgelegt, ohne dass die Spannausrüstung zwischen Prüfung und Spannen abgebaut werden muss.

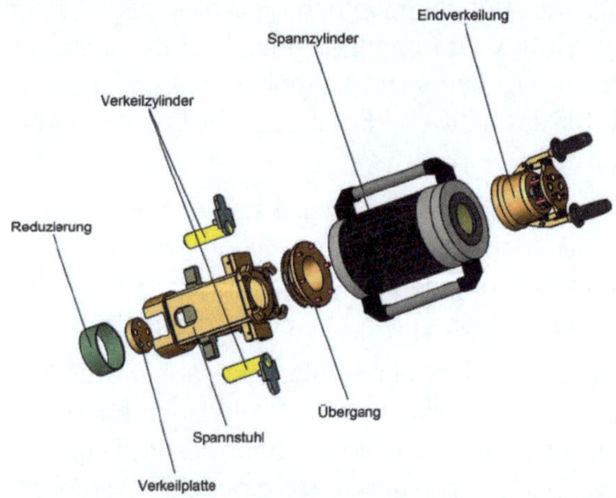

Abbildung 46: Spannausrüstung für aktives Verkeilen [24]

Abbildung 47: Spannausrüstung für aktives Verkeilen aufgebaut (Verkeilzylinder noch nicht eingesetzt)

Nachteilig beim aktiven Verkeilen ist die Länge der Spannausrüstung infolge des Spannstuhls. Unter beengten Verhältnissen wird deshalb auf das passive Verkeilen zurückgegriffen. Die Ankerprüfung erfolgt zunächst nur mit hydraulischer Hohlkolbenspannpresse und Endverkeiler. Nach bestandener Prüfung muss die Spannausrüstung abgebaut werden. Die Klemmkeile werden nochmals vorverkeilt. Anschließend wird die Restplatte aufgesetzt (siehe Abbildung 48). Diese hat das gleiche Lochbild wie der Keilträger. Die Resetplatte liegt auf dem Keilträger auf. Für die Klemmkeile sind Einfräsungen vorhanden. Auf der Resetplatte werden die hydraulische Spannpresse und die Endverkeilung aufgesetzt. Der Anker wird auf die Festlegelast P_0 gespannt. Die Klemmkeile stehen dabei an der Resetplatte an und werden von dieser über die Litzen gestreift. Der Anker wird um die 4 mm bis 8 mm für den Keilschlupf plus der Tiefe der Einfräsungen in der Resetplatte überspannt. Beim Ablassen des Ankers und dem Zusammenziehen der Litzen werden die Klemmkeile (passiv) in die Konusbohrungen des Keilträgers gezogen und der Keilbiss wird selbstständig erzeugt.

Abbildung 48: Spannausrüstung für passives Verkeilen [24]

Es ist augenscheinlich, dass das passive Verkeilen ein deutlich weniger kontrollierbares Verfahren ist und dass ein gleichmäßiger Keilbiss sowie eine möglichst gute Übereinstimmung von planmäßiger und tatsächlicher Festlegekraft von den vorgenannten Faktoren (Sauberkeit und Rechtwinkligkeit zwischen Zugglied und Auflager) abhängt. Das aktive hydraulische Verkeilen ist stets zu bevorzugen.

6.6.8.4 Sicherheitsaspekte

Im Zuge der Ankerprüfung werden auf die hydraulischen Systeme (Hydraulikaggregat, Leitungen und Hohlkolbenpresse) extreme Drücke von bis zu 700 bar aufgebracht. Des Weiteren wirken enorme Kräfte.[25] Sollte das Zugglied[26] (oder ein anderes wesentliches Teil wie z.B. die Endverkeilung) versagen, wird die Spannausrüstung vom Auflager wegkatapultiert. Hydraulikschläuche, die platzen, können wie eine starke Peitsche alles zerschlagen, das im Weg steht. Und auch ein Strahl Hydrauliköl, der mit 700 bar »abgeschossen« wird, durchtrennt Gliedmaßen und sonstige Körperteile. Im Unglücksfall besteht Lebensgefahr. Endsprechend darf sich während der Prüf- und Spannarbeiten niemand vor der Spannpresse aufhalten. Es wird empfohlen, um Ankerköpfe einen Sicherheitsbereich von 5 × 5 m² abzusperren.

---

25 Zur Veranschaulichung: ein Standard-Kampfpanzer mit ca. 60 t Gewicht kann – unter Vernachlässigung der Materialsicherheit γ_M = 1,15 – an drei Litzen 0,6″ St1570/1770 aufgehängt werden.

26 Die Gefahr des schlagartigen Zuggliedbruchs besteht insbesondere bei hochvergüteten Stabspannstählen, die z.B. durch einen unbemerkten Schweißspritzer geschwächt sind. Bei Litzenankern ist es nahezu ausgeschlossen, dass alle Drähte einer Litze und dann alle Litzen gleichzeitig versagen. Hier wird sich ein Zuggliedbruch immer durch Versagen von Einzeldrähten ankündigen.

Ein sorgfältiger koaxialer und zentrischer Aufbau des Ankerkopfs und der Spannausrüstung sind enorm wichtig. Das Zugglied darf nirgends anliegen, da sonst Umlenkkräfte entstehen, die im schlimmsten Fall zum Bruch des Zugglieds führen. Aber auch die unplanmäßige Reibung allein genügt schon, um die Messergebnisse zu verfälschen.

6.6.9 Aufbringen des Korrosionsschutzes

Nach dem Festlegen des Ankers muss zunächst der Litzenüberstand abgetrennt werden. Für etwaige Nachprüfungen empfiehlt es sich, mindestens einen Litzenüberstand > 10 cm zu belassen.

Bei Kurzzeitankern ist der Anker nach Aufsetzen der Ankerkappe fertig. Bei Dauerankern muss der Korrosionsschutz im Übergangsbereich zwischen freier Stahllänge und Ankerkopf sowie am Ankerkopf selbst hergestellt werden. Für den Korrosionsschutz im Übergangsbereich wird der Hohlraum innerhalb des Stahlüberschubrohrs zwischen erdseitiger Ankerkopfdichtung und luftseitiger Ankerplatte mit Korrosionsschutzmasse verpresst. Dazu wird eine Auffüllleitung durch eine Bohrung im Keilträger geschoben, und es wird so lange flexible Korrosionsschutzmasse[27] eingepresst, bis diese zwischen den Segmenten der Klemmkeile herausquillt (siehe Abbildung 49, links). Nach Aufsetzen der Ankerschutzhaube (einschl. Haubendichtung) wird diese ebenfalls vollständig mit flexibler Korrosionsschutzmasse verfüllt (siehe Abbildung 49, rechts).[28] Alternativ zu den Korrosionsschutzfetten kann auch eine schmelzflüssige, dauerplastische Korrosionsschutzmasse drucklos verfüllt werden. Diese muss jedoch vorab erwärmt werden.

27 In der Regel ist dies ein für Daueranker zugelassenes Korrosionsschutzfett.

28 Das vollständige Verfüllen der Ankerschutzhauben mit Korrosionsschutzmasse ist eine Vorgabe des DIBt. In der Schweiz werden die blanken Stahlteile des Ankerkopfs mit einer Korrosionsschutzbeschichtung versehen. Die Ankerschutzhauben dürfen nicht verfüllt werden, sondern müssen am tiefsten Punkt eine Ablauföffnung für etwaiges Kondenswasser haben.

Abbildung 49: Korrosionsschutzmaßnahmen im Übergangsbereich und am Ankerkopf, hier: Herausquellen der flexiblen Korrosionsschutzmasse zwischen den Klemmkeilen (links) und aus dem Entlüftungsloch der Ankerschutzhaube (rechts)

6.7 Ankerprüfungen

6.7.1 Allgemeines

Ankerprüfungen sind immer Zugversuche. Abbildung 50 und Abbildung 51 zeigen den Versuchsaufbau. Litzenanker werden in aller Regel mit einem ausreichend großen Überstand ab Widerlager geplant und eingebaut, um die Länge der Spannausrüstung zu kompensieren. Einstabanker werden mittels Muffenverbindung verlängert. Die gesamte Versuchseinrichtung sollte vor direkter Sonneneinstrahlung geschützt werden.

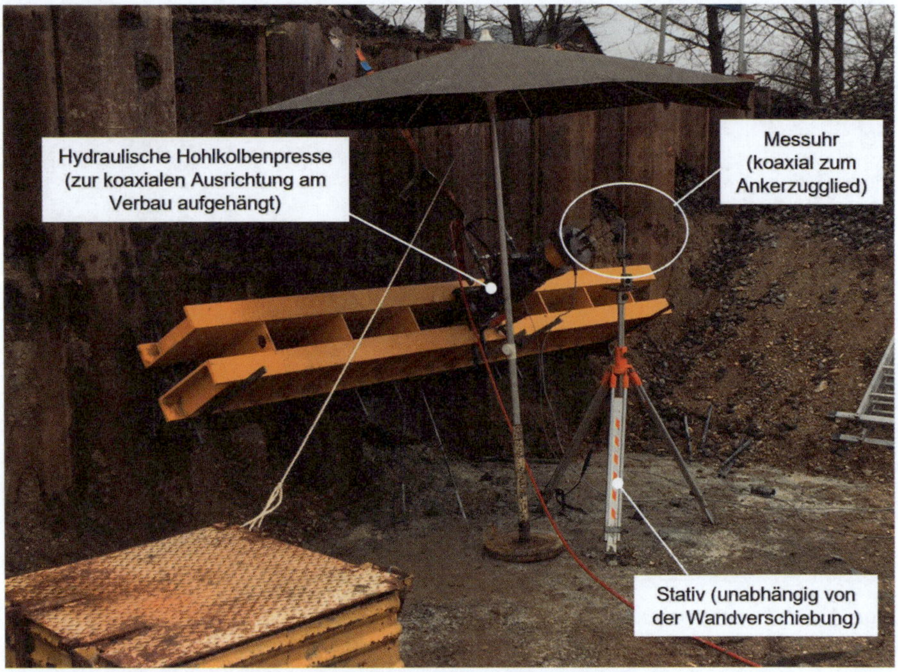

Abbildung 50: Versuchsaufbau für eine Ankereignungsprüfung (hier: ohne Spannstuhl unterhalb der hydraulischen Spannpresse)

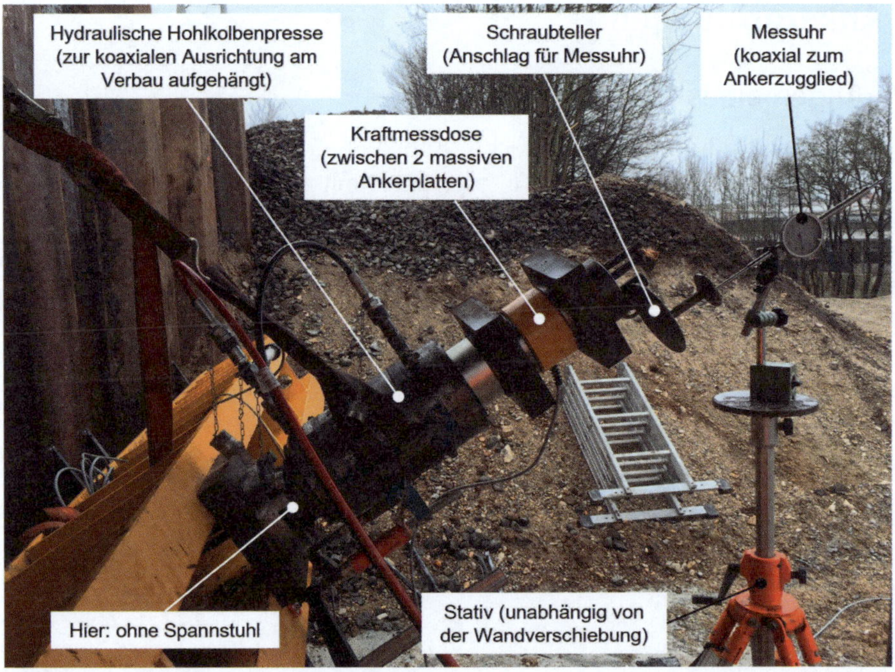

Abbildung 51: Versuchsaufbau für eine Ankereignungsprüfung (hier: ohne Spannstuhl unterhalb der hydraulischen Spannpresse)

Generell werden die aufgebrachte Ankerkraft sowie die zugehörige axiale Verschiebung am Ankerkopf gemessen und aufgezeichnet. Zur Ermittlung des Kriechmaßes auf jeder Laststufe (siehe Abschnitte 6.7.2.1 und 6.7.2.4) muss zusätzlich die Zeit gemessen werden. Das Messinstrument für die Verschiebungsmessung[29] muss koaxial bzw. parallel zum Zugglied angebracht und ausgerichtet werden. Bei Winkelabweichungen zwischen den Achsen von Messuhr und Anker werden tendenziell zu geringe Verformungen gemessen, und der Messaufnehmer »wandert« über die Anschlagplatte. Die Messuhr muss entkoppelt von der Widerlagerkonstruktion befestigt werden. Hierbei ist zu beachten, dass auch der Dreibeinstandort nicht kraftschlüssig mit der Widerlagerkonstruktion verbunden sein sollte.[30]

6.7.2 Prüfverfahren und Definitionen

6.7.2.1 Ankerprüfung nach Prüfverfahren 1

Im deutschsprachigen Raum wird das Prüfverfahren 1 angewendet.[31] Dabei wird die Ankerkraft in mehreren Laststufen und Lastzyklen – von der Vorlast P_a bis zur Prüfkraft P_P erhöht. Nach ausreichender Beobachtungsdauer auf einer Laststufe wird der Anker schrittweise auf die Vorlast P_a entlastet. Anschließend beginnt der nächste Lastzyklus mit schrittweiser Wiederbelastung bis zur nächsthöheren Laststufe und anschließender schrittweiser Entlastung. Die Laststufen bei Erstbelastung, Entlastung und Wiederbelastung sind gleich. Abbildung 52 zeigt exemplarisch die Kraft-Verschiebungslinie einer Ankereignungsprüfung mit fünf Laststufen und Lastzyklen.

29 In der Regel ist dies eine mechanische oder digitale Messuhr, aber auch elektrische und elektronische Wegaufnehmer sind zulässig. Im Folgenden wird der Einfachheit halber der Begriff »Messuhr« verwendet.

30 Unter beengten Verhältnissen bleibt manchmal nichts anderes übrig, als die Messuhr an der Widerlagerkonstruktion selbst oder an der Spannpresse zu befestigen, ohne dass die entsprechende Widerlagerverschiebung bezüglich eines Fixpunkts gemessen werden kann.

31 Demgegenüber wird beim Prüfverfahren 2 auf jeder Laststufe die Verschiebung konstant gehalten, und es wird der Kraftabfall in Abhängigkeit der Zeit gemessen. Dies erfordert ein Festsetzen des Ankers, z.B. in dem die Hydraulikleitungen geschlossen werden. Das Prüfverfahren 3 sieht gegenüber den Prüfverfahren 1 und 2 nur einen Lastzyklus mit schrittweiser Laststeigerung vor.

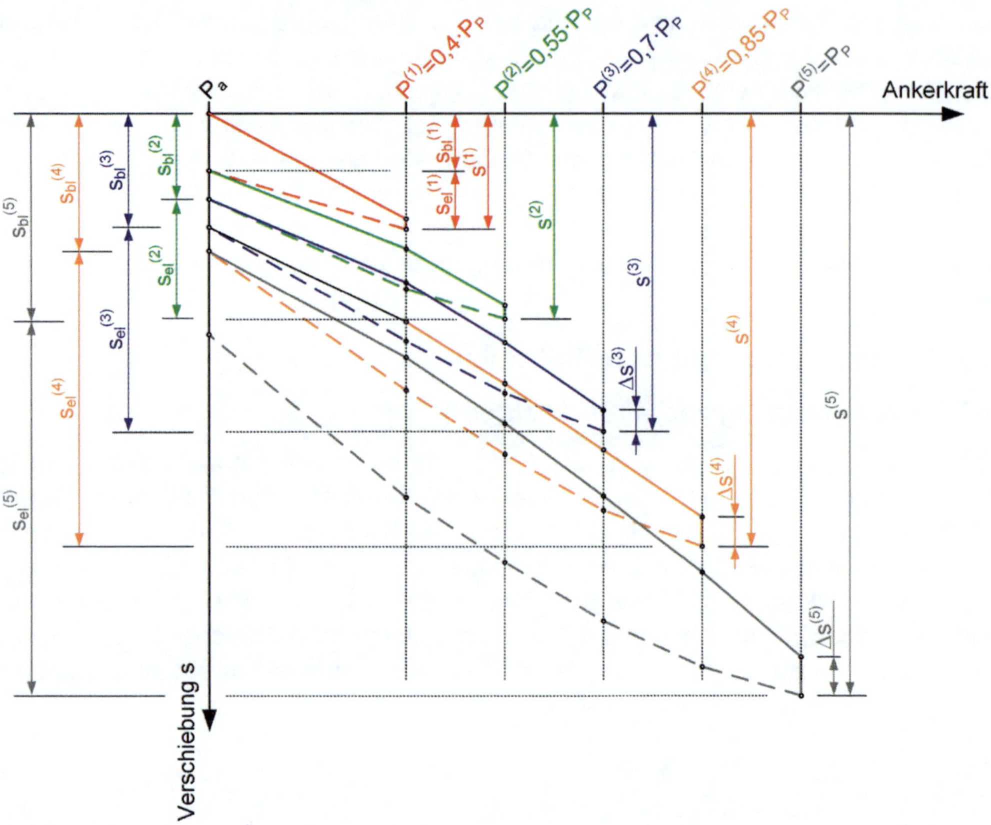

Abbildung 52: Kraft-Verschiebungslinie einer Ankereignungsprüfung mit je 5 Laststufen und Lastzyklen

Auf jeder Laststufe (i) – dies entspricht bei Untersuchungs- und Eignungsprüfungen der Maximallast eines jeden Lastzyklus – wird die entsprechende Ankerkraft $P^{(i)}$ über die Mindestbeobachtungsdauer (bzw. je nach Prüfungsart und einzuhaltendem Kriterium auch darüber hinaus) konstant gehalten, und es wird die Zunahme der Ankerkopfverschiebung zu folgenden Zeitpunkten ab Beginn der Laststufe aufgezeichnet:

1 → 2 → 3 → 4 → 5 → 7 → 10 → 15 → 20 → 30 → 45 → 60 → 90 → 120 → 150 → 180 (min)

Die Mindestbeobachtungsdauer ist je nach Art der Prüfung, Baugrund, Einsatzdauer (Kurzzeit- oder Daueranker) und Laststufe unterschiedlich. Sofern die Beobachtungsdauer auf einer Laststufe zu verlängern ist, müssen nach DIN EN ISO 22477-5 [33], 8.3.3 die zusätzlichen Messungen bei Eignungsprüfungen in Zeitabständen von Δt = 10 min erfolgen.[32] Auf Entlastungs- und Wiederbelastungsstufen beträgt die Beobachtungszeit jeweils 1 Minute mit entsprechend nur einer Ablesung.

32 Für Untersuchungsprüfungen wird die gleiche Vorgehensweise empfohlen. Bei Abnahmeprüfungen wird ein Messintervall von Δt = 5 min empfohlen.

Die Verschiebungen werden für jede Laststufe (i) über die Zeit im halblogarithmischen Zeit-Verschiebungsdiagramm dargestellt. Abbildung 53 zeigt die absoluten Verschiebungen $s(t^{(i)})$ entsprechend den Verschiebungsmesswerten. Bei langen Ankern mit entsprechend großen elastischen Verschiebungen sind die Verschiebungszunahmen während der einzelnen Laststufen nur schwer zu erkennen. Entsprechend sind in Abbildung 54 nur die Verschiebungszunahmen bzw. die relativen Verschiebungen $\Delta s^{(i)}$ nach Formel (3) dargestellt. In der halblogarithmischen Darstellung entspricht die Steigung der relativen Zeit-Verschiebungslinien dem Kriechmaß (siehe Abschnitt 6.7.2.4).

$$\Delta s^{(i)}\left(t^{(i)}\right) = s\left(t^{(i)}\right) - s\left(t^{(i)} = 1min\right) \quad (3)$$

$t^{(i)}$ Beobachtungsdauer ab Beginn der Laststufe (i)

$s(t^{(i)})$ (absoluter) Verschiebungsmesswert zum Zeitpunkt $t^{(i)}$

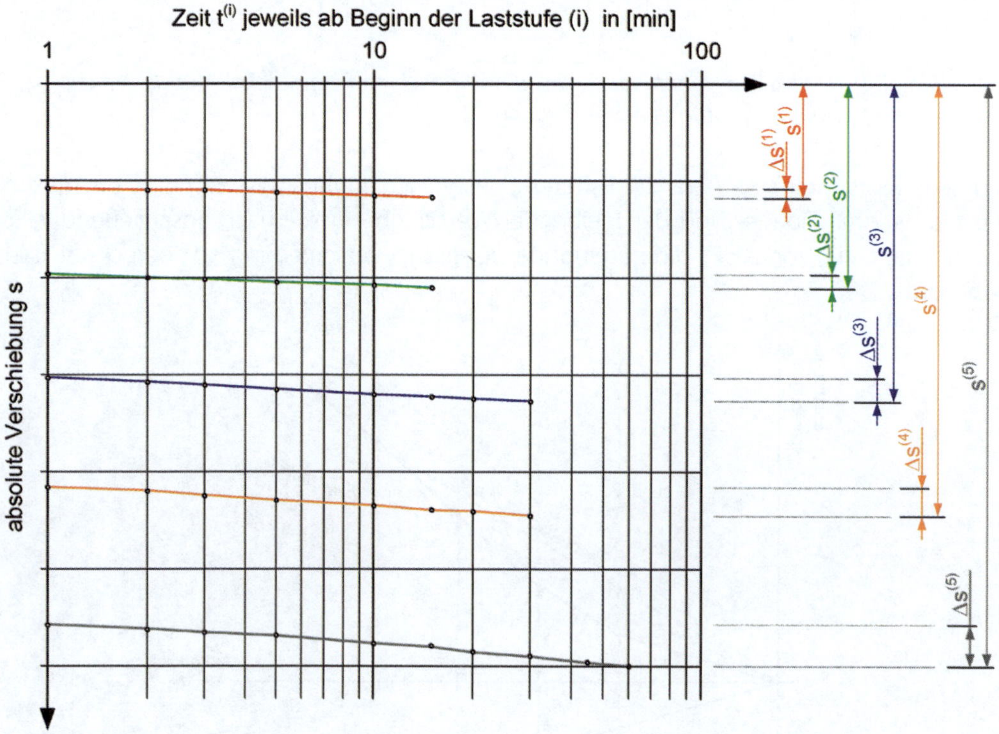

Abbildung 53: Zeit-Verschiebungslinien für die Ankereignungsprüfung nach Abbildung 52

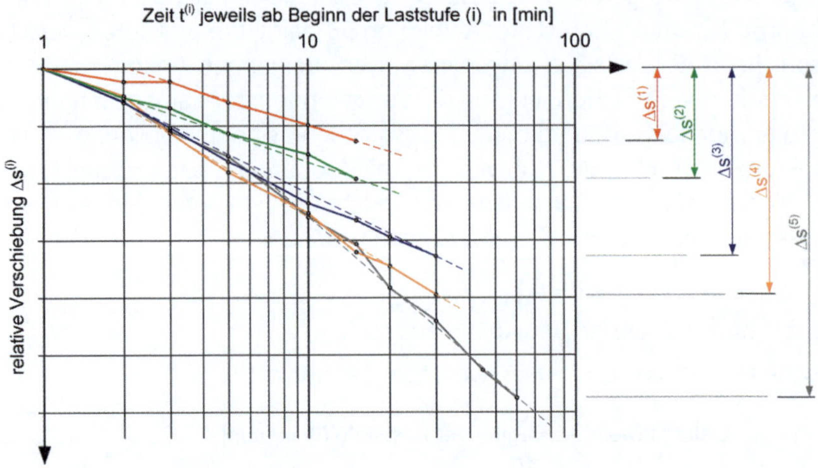

Abbildung 54: relative Zeit-Verschiebungslinien und Kriechmaße (gestrichelt) für die Ankereignungsprüfung nach Abbildung 52

Für jede Laststufe (i) wird aus der Differenz des Verschiebungsmesswertes $s^{(i)}$ bei maximaler Beobachtungsdauer und der bleibenden Verschiebung $s_{bl}^{(i)}$ nach anschließender Entlastung auf die Vorlast P_a die zugehörige elastische Verschiebung $s_{el}^{(i)}$ berechnet (siehe Abbildung 55).

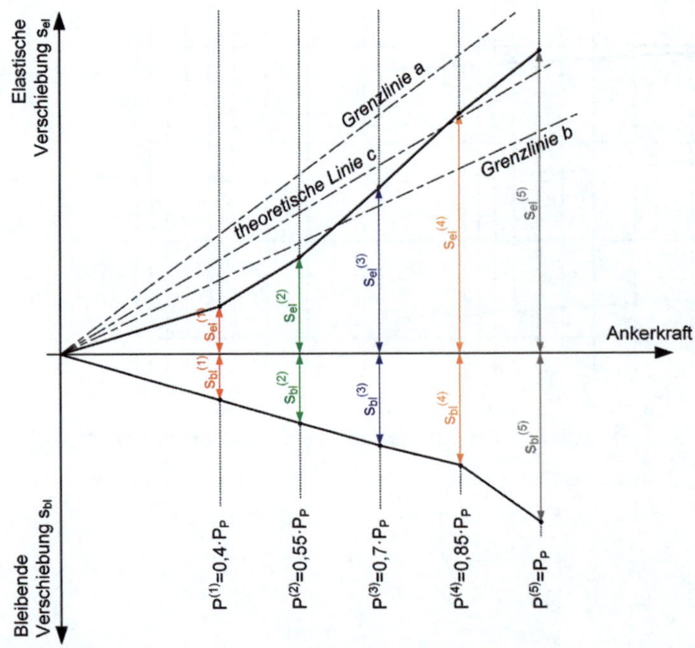

Abbildung 55: Elastische und bleibende Verschiebungen je Laststufe (sowie Vergleich mit den Grenzlinien a, und b nach Abschnitt 6.7.2.5) für die Ankereignungsprüfung nach Abbildung 52

6.7.2.2 Vorlast P_a

Der Ankerkraft $P = 0$ des unbelasteten Ankers kann keine eindeutige Verschiebung zugeordnet werden. Die Vorlast P_a definiert deshalb den Startpunkt der Ankerprüfung, ab dem die Ankerkopfverschiebungen gemessen und Messwerte aufgezeichnet werden. Die Vorlast bewirkt auch, dass sich die komplette Spannausrüstung und das Reaktionssystem »anlegt« und setzt. So wird z.B. bei Einstabankern das Spiel aus dem Gewinde der Verlängerungsmuffe genommen; bei schräg eingebauten Ankern richtet sich die Spannausrüstung koaxial zum Ankerzugglied aus. Die Vorlast ist je nach Prüfungsart unterschiedlich anzusetzen.

6.7.2.3 Prüfkraft P_P, Prüflastfaktor und Bemessung des Ankerzugglieds

Die aufzubringende Prüflast P_P ist bei Eignungs- und Abnahmeprüfungen gleich. Sie wird sowohl für Kurzzeit- als auch für Daueranker nach Formel (4) berechnet.

$$P_P = \gamma_a \cdot P_d \qquad (4)$$

mit γ_a Teilsicherheitsbeiwert für den Herausziehwiderstand

P_d Bemessungswert der Ankerbeanspruchung

Vereinfacht und gemäß den Empfehlungen des Arbeitskreises »Baugruben« (EAB) [9], EB 86 wird bei Abnahmeprüfungen die Prüfkraft oft nach Formel (5) berechnet.

$$P_P = 1{,}5 \cdot P_k \qquad (5)$$

mit P_k charakteristische Ankerbeanspruchung

Der vereinfachte Prüflastfaktor $P_P/P_k = 1{,}5$ ist jedoch nicht immer ausreichend. Wie nachfolgende Berechnung zeigt, ist bei der Ankerbemessung in der ständigen Bemessungssituation BS-P die Prüflast nach Formel (4) ab einem Verkehrslastanteil $Q_k/P_k \geq 9{,}1$ % größer als mit dem vereinfachten Prüflastfaktor von 1,5 nach Formel (5). Im Grenzfall $P_k = Q_k$ beträgt der resultierende normative Prüflastfaktor $P_P/Q_k = \gamma_Q^{BS\text{-}P} \cdot \gamma_a = 1{,}5 \cdot 1{,}1 = 1{,}65$. Ein vereinfachter Prüflastfaktor von 1,5 würde dann die vollständige Sicherheit des Herausziehwiderstands von $\gamma_a = 1{,}1$ vernachlässigen.

$$P_P^{(4)} \geq P_P^{(5)}$$

$$\gamma_a \cdot \left[\gamma_G^{BS-P} \cdot G_k + \gamma_Q^{BS-P} \cdot Q_k\right] \geq 1{,}5 \cdot (G_k + Q_k) = 1{,}5 \cdot P_k$$

$$\gamma_G^{BS-P} \cdot \frac{G_k}{P_k} + \gamma_Q^{BS-P} \cdot \frac{Q_k}{P_k} \geq \frac{1{,}5}{\gamma_a}$$

Mit $x = \frac{Q_k}{P_k},\ 1 - x = \frac{G_k}{P_k},\ \gamma_G^{BS-P} = 1{,}35,\ \gamma_{GQ}^{BS-P} = 1{,}5,\ \gamma_a = 1{,}1$

$$1{,}35 \cdot (1 - x) + 1{,}5 \cdot x \geq \frac{1{,}5}{1{,}1}$$

$$\frac{Q_k}{P_k} = x \geq \frac{10}{1{,}1} - 9 = 0{,}\overline{09} \approx 9{,}1\%$$

Nach DIN 1054 [3], A 9.7.1.3 A (5) sind bei temporären Stützkonstruktionen die Bemessungsbeanspruchungen der Anker im Vollaushubzustand mit den Teilsicherheitsbeiwerten der ständigen Bemessungssituation BS-P zu beaufschlagen. Gleichzeitig sind die Ankerkräfte der oberen Ankerlagen, die in der Regel die Beanspruchungen aus Verkehr an der Geländeoberfläche aufnehmen, im Vollaushubzustand meistens geringer als bei den oberen Aushubzuständen. Entsprechend muss die Anwendung von Formel (5) im Einzelfall geprüft werden.

Die Prüflast P_P darf bei allen Prüfungen nicht größer als die maximal zulässige Prüflast $P_{P,max}$ nach Gleichung (6) sein. Für die Litzenspannstähle St 1570/1770 und St 1660/1860 sowie die Einstabspannstähle St 950/1050 und S t1080/1230 ist das Kriterium »$0{,}8 \cdot f_{t,k}$« maßgebend. Hinsichtlich Bemessung des Zugglieds ist zu prüfen, ob die Abnahme-/Eignungsprüfung nach Formel (7) oder die eigentliche Ankerbemessung nach Formel (8) den maßgebenden Ausnutzungsgrad ergibt.

$$P_{P,max} = A_t \cdot \min\left[0{,}8 \cdot f_{t,k} ; 0{,}95 \cdot f_{t,0.1,k}\right] \quad \text{bzw.}$$

$$P_{P,max} = A_t \cdot \min\left[0{,}8 \cdot f_{t,k} ; 0{,}95 \cdot f_{t,0.2,k}\right] \tag{6}$$

$$\mu_P = P_P \,/\, P_{P,max} \tag{7}$$

$$\mu = P_d \,/\, R_{t,d} \tag{8}$$

6.7.2.4 Kriechmaß k_s und Herausziehwiderstand R_a

Das Anspannen eines Ankers auf eine konstante Kraft unterhalb des Herausziehwiderstands ist mit Deformationen verbunden. Der Verpresskörper wird um ein gewisses Maß aus dem umgebenden Baugrund herausgezogen. Bei Verbundankern reißt gleichzeitig der Zementstein des Verpresskörpers. Beide Effekte benötigen Zeit, bis sich ein neuer Gleichgewichtszustand einstellt. Die Verschiebungsrate wird mit zunehmend Beobachtungsdauer immer kleiner. Das Kriechmaß k_s (bzw. α nach DIN EN ISO 22477-5 [33]) gemäß Gleichung (9) definiert für eine konstante Ankerkraft P die mittlere Steigung der Zeit-Verschiebungslinie im halblogarithmischen Zeit-Verschiebungsdiagramm innerhalb des Zeitintervalls $\Delta t = t_b - t_a$. Ob sich das Kriechmaß mit zunehmender Beobachtungsdauer stabilisiert, kann am besten im relativen Zeit-Verschiebungsdiagramm entsprechend Abbildung 54 erkannt werden. Der Anfangszeitpunkt t_a (und auch der Endzeitpunkt t_b) werden gewählt. Der frühestmögliche Anfangszeitpunkt nach Beginn einer Laststufe ist $t_a = 1$ min, da alle Werte < 1 einen negativen Logarithmus ergeben. Entsprechend sind Messungen bzw. Ablesungen zum Zeitpunkt t = 0 einer Laststufe überflüssig.

$$k_s = \frac{s_b - s_a}{\lg t_b - \lg t_a} = \frac{s_b - s_a}{\lg(t_b / t_a)} \qquad (9)$$

mit s_a Verschiebung am Ankerkopf zum Zeitpunkt t_a

s_b Verschiebung am Ankerkopf zum Zeitpunkt t_b

t_a Anfang des betrachteten Zeitraums

t_b Ende des betrachteten Zeitraums

$\lg(x) = \log_{10}(x)$

Als Kriterium für die Beendigung einer Laststufe wird im geltenden Regelwerk für alle Prüfungsarten stets ein »eindeutiges« Kriechmaß gefordert. Leider definieren weder DIN EN 1537 [6] und DIN/TS 18537 [7] noch DIN EN ISO 22477-5 [33], wann das Kriechmaß als eindeutig anzusehen ist. Zudem kann ein zunehmendes Kriechmaß innerhalb eines Messintervalls auch aus einer »unsanften« Lastkonstanthaltung resultieren. Es wird deshalb empfohlen, dass bei zunehmendem Kriechmaß innerhalb eines Messintervalls mindestens drei weitere Messintervalle (mit Δt = 10 min bei Untersuchungs- und Eignungsprüfungen bzw. Δt = 5 min bei Abnahmeprüfungen) abzuwarten sind. Innerhalb dieser drei zusätzlichen Messintervalle sollte das Kriechmaß annähernd konstant sein oder eindeutig abnehmen. Generell stellt das Kriechmaß aufgrund der Wahl des Betrachtungszeitraums immer eine gewisse Bewertung des bearbeitenden Ingenieurs dar.

Mit zunehmender Ankerkraft nimmt das Kriechmaß zunächst annähernd linear zu. Bei der kritischen Kriechlast P_c endet der lineare Bereich. Für Ankerkräfte oberhalb P_c steigen das Kriechmaß und damit auch die Verschiebungen überproportional an.[33] Die Kriechmaß-Ankerkraft-Kurve geht schließlich in eine vertikale Asymptote über (siehe Abbildung 56). Diese vertikale Asymptote markiert den Herausziehwiderstand $R_a = R_{ULS}$, bei dem äußeres Versagen innerhalb der Fuge »Verpresskörper – Baugrund« auftritt. Aufgrund der großen Verschiebungszunahmen bei verhältnismäßig geringen Kraftsteigerungen oberhalb der kritischen Kraft P_c, ist der Herausziehwiderstand nur schwer zu ermitteln.[34] Normativ wird die Ankerkraft, bei der das Kriechmaß gleich dem Grenzkriechmaß $k_{s,lim}$ = 2 mm ist, als Herausziehwiderstand nach Formel (10) definiert.

$$R_a = A(k_{(s,lim)} = 2\ \text{mm}) \qquad (10)$$

33 Die kritische Kriechlast wird bei Ankerprüfungen nach Prüfverfahren 3 als Schnittpunkt zweier Ausgleichsgeraden im Kriechmaß-Ankerkraft-Diagramm bestimmt. Da diese Vorgehensweise jedoch von der Ermittlung des Kriechmaßes abhängt und entsprechend gewissen Schwankungen unterliegt, wird eine kritische Kriechlast $P'_c = 0{,}9 \cdot P_c$ definiert. Diese wird bei der Vorgehensweise nach Prüfverfahren 3 als Kriterium für den Grenzzustand der Gebrauchstauglichkeit SLS angesehen.

34 Bei jedem zusätzlichen Lastschritt muss eine ausreichende Beobachtungsdauer bis zur Stabilisierung des Kriechmaßes abgewartet werden.

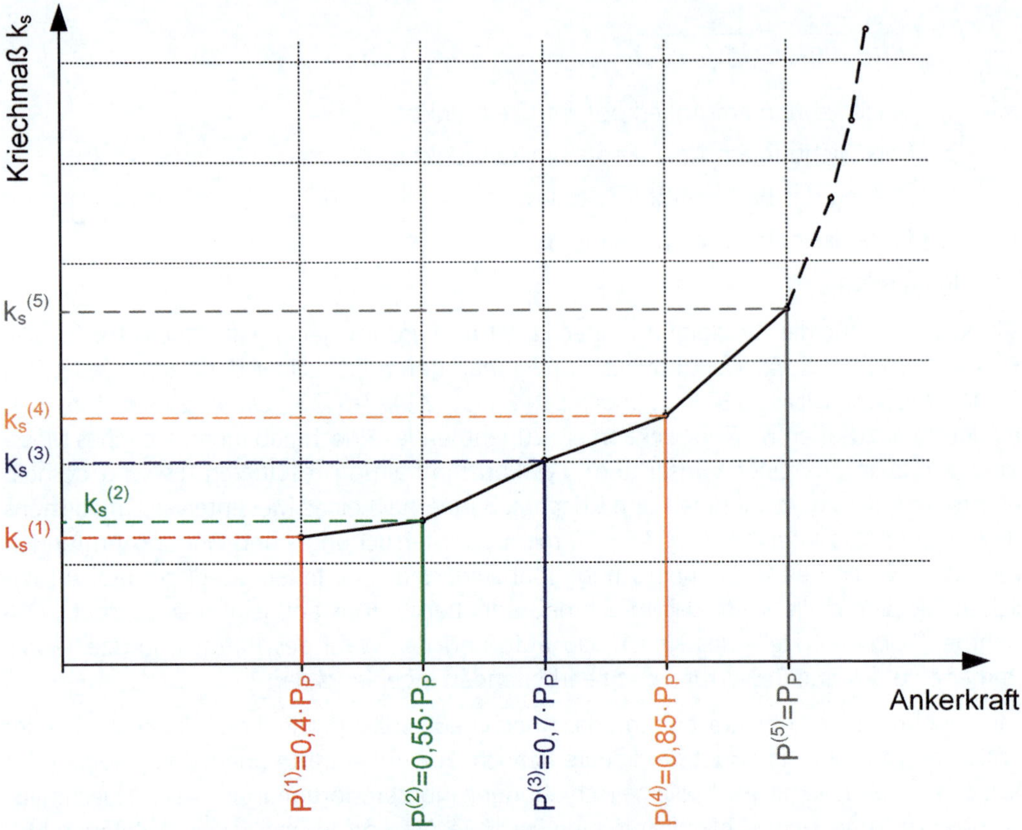

Abbildung 56: Kriechmaß-Ankerkraft-Kurve für die Ankereignungsprüfung nach Abbildung 52, prinzipieller Verlauf gestrichelt fortgesetzt

Wenn sich die Ankerkraft im Zuge einer Ankerprüfung dem Herausziehwiderstand nähert, kündigt sich dies dadurch an, dass eine Erhöhung oder ein Konstanthalten der Ankerkraft mit einer deutlichen Zunahme der Verformungen einhergeht. Bei Belastungssystemen mit automatischer Lastkonstanthaltung erfolgt ein ständiges Nachpumpen, bei manueller Lastkonstanthaltung muss laufend nachreguliert werden. Eine beruhigende Eigenschaft von Verpressankern ist, dass das System sich praktisch selbst reguliert. Wenn die Lastkonstanthaltung ausgeschaltet bzw. ausgesetzt wird, relaxiert der Anker. Der Verpresskörper wird aus dem Boden herausgezogen, die Dehnungen und Ankerkräfte und damit auch das antreibende »Potential« für weitere Verformungen nehmen ab, und der Anker kommt nach und nach zur Ruhe, bis sich ein Gleichgewicht zwischen aktivierbarem Restherausziehwiderstand und nach Relaxation verbleibender Ankerkraft einstellt. Ein schlagartiges äußeres Versagen kann in Böden praktisch ausgeschlossen werden.

6.7.2.5 Rechnerische freie Stahllänge L_{app}

Anhand der rechnerischen freien Stahllänge L_{app} nach Formel (11) wird das Dehnverhalten des Ankerzugglieds beschrieben.

$$L_{\text{app}} = A_t \cdot E_t \cdot \frac{\Delta s_{\text{el}}^{(i)}}{\Delta P^{(i)}} = A_t \cdot E_t \cdot \frac{s^{(i)} - s_{\text{bl}}^{(i)}}{P^{(i)} - P_a} \tag{11}$$

mit A_t Querschnitt des Ankerzugglieds

E_t Elastizitätsmodul des Ankerzugglieds

$\Delta s_{\text{el}}^{(i)}$ zur Laststufe (i) gehörige elastische Verschiebung

$s^{(i)}$ am Verankerungspunkt gemessene Verschiebung bei Ankerkraft $P^{(i)}$

$s_{\text{bl}}^{(i)}$ am Verankerungspunkt gemessene Verschiebung nach Entlastung von $P^{(i)}$ auf Vorlast P_a

Die Werte von L_{app} ändern sich mit jeder Laststufe. Sie müssen bei Abnahmeprüfungen auf Prüflast und bei Eignungsprüfungen für Ankerkräfte $P > 0{,}7 \cdot P_P$ innerhalb der zulässigen Grenzen (12) bzw. (13) und (14) liegen. Die obere Grenze für Verbundanker nach Gleichung (12) definiert einen zur Hälfte gerissenen Verpresskörper. Das 80%-Kriterium nach Gleichung (14) trägt Reibungsverlusten innerhalb der Hüllrohre (z.B. durch eingedrungenen Zementmörtel) Rechnung. Abbildung 57 zeigt die rechnerische freie Stahllänge L_{app} als Funktion der Ankerkraft sowie den oberen und unteren Grenzwert.

Obere Grenze bei Verbundankern $\quad L_{\text{app}} \leq L_{\text{app}}^a = L_{\text{tf}} + L_e + 0{,}5 \cdot L_{\text{tb}} \quad$ (12)

Obere Grenze bei Druckrohrankern $\quad L_{\text{app}} \leq L_{\text{app}}^a = 1{,}1 \cdot L_{\text{tf}} + L_e \quad$ (13)

Untere Grenze $\quad L_{\text{app}} \geq L_{\text{app}}^b = L_e + 0{,}8 \cdot L_{\text{tb}} \quad$ (14)

theoretische elastische Länge $\quad L_{\text{app}}^c = L_{\text{tf}} + L_e \quad$ (15)

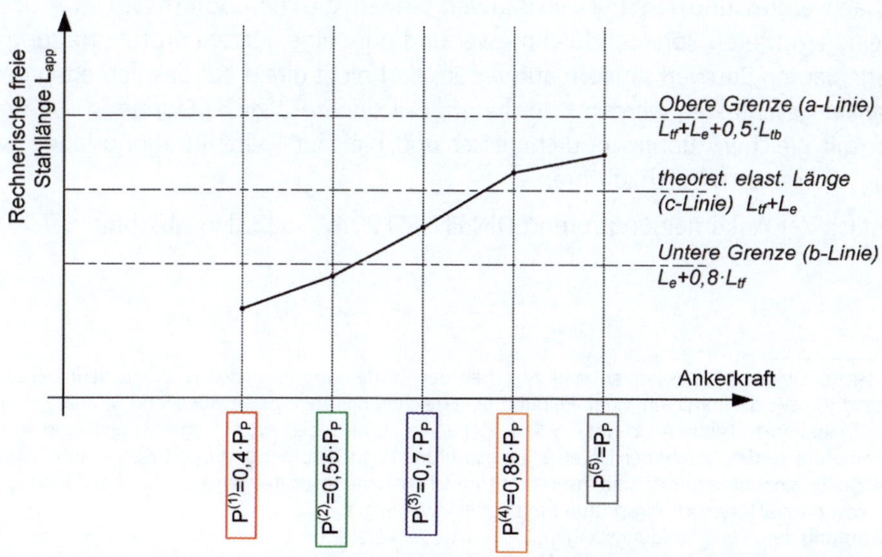

Abbildung 57: L_{app}-Ankerkraft-Kurve für die Ankereignungsprüfung nach Abbildung 52

Zu den Grenzwerten der freien Stahllänge gehört jeweils eine elastische Verschiebung s_{el}, die durch die Grenzlinien a (16) bzw. (17) und b (18) beschrieben wird. Die theoretische Linie c nach Gleichung (19) entspricht den theoretischen elastischen Verschiebungen. Die bleibenden und die elastischen Verschiebungen einschließlich Vergleich mit den Grenzlinien sind beispielhaft in Abbildung 55 dargestellt.

Obere Grenzlinie a bei Verbundankern

$$s_{el}^{a} = \frac{\Delta P}{E_t \cdot A_t} \cdot L_{app}^{a} = \frac{P_P - P_a}{E_t \cdot A_t} \cdot \left(L_{tf} + L_e + 0{,}5 \cdot L_{tb}\right) \qquad (16)$$

Obere Grenzlinie a bei Druckrohrankern

$$s_{el}^{a} = \frac{\Delta P}{E_t \cdot A_t} \cdot L_{app}^{a} = \frac{P_P - P_a}{E_t \cdot A_t} \cdot \left(1{,}1 \cdot L_{tf} + L_e\right) \qquad (17)$$

Untere Grenzlinie b

$$s_{el}^{b} = \frac{\Delta P}{E_t \cdot A_t} \cdot L_{app}^{b} = \frac{P_P - P_a}{E_t \cdot A_t} \cdot \left(0{,}8 \cdot L_{tf} + L_e\right) \qquad (18)$$

Theoretische Linie c

$$s_{el}^{c} = \frac{\Delta P}{E_t \cdot A_t} \cdot L_{app}^{c} = \frac{P_P - P_a}{E_t \cdot A_t} \cdot \left(L_{tf} + L_e\right) \qquad (19)$$

6.7.3 Ankerprüfungen nach DIN EN ISO 22477-5

6.7.3.1 Untersuchungsprüfung

Untersuchungsprüfungen werden durchgeführt, um den Herausziehwiderstand R_a des Ankers, die kritische Kriechlast des Ankersystems bzw. das Kriechverhalten bis zum äußeren Versagen zu ermitteln und/oder um das Herstellverfahren zu testen. Das Ankerzugglied muss entsprechend dimensioniert werden.

Die Herstellung der Untersuchungsanker muss hinsichtlich Bohrverfahren, Primärinjektion sowie Nachverpressung den späteren Bauwerksankern gleichen. Sofern die Untersuchungsanker einen größeren Bohrlochdurchmesser und/oder eine kürzere Krafteintragungslänge als die geplanten Bauwerksankern aufweisen, darf nicht direkt auf das Verhalten der Bauwerksanker geschlossen werden.[35] In diesem Fall sind zusätzliche Eignungsprüfungen an Ankern mit gleichem Bohrlochdurchmesser und gleicher Krafteintragungslänge wie bei den Bauwerksankern durchzuführen.

Hinsichtlich der Ankerneigung fordert DIN EN ISO 22477-5 [33] in Abschnitt 6.7.2:

35 Um den (nichtlinearen) Zusammenhang zwischen der Krafteintragungslänge L_{fixed} und dem Herausziehwiderstand R_a bzw. der mittleren Mantelreibung bei Erreichen des Herausziehwiderstand τ_M analog den Ostermayer-Diagrammen (siehe Abschnitt 6.5.4) zu generieren und diesen »vorsichtig« extrapolieren zu können, wird empfohlen, die Anzahl der Untersuchungsprüfungen zu erhöhen und die Krafteintragungslängen zu variieren. Ein sinnvoller Ansatz sind insgesamt fünf Untersuchungsprüfungen – davon je zwei mit $L_{fixed}^{(1)}$ und $L_{fixed}^{(2)}$ sowie eine Untersuchungsprüfung mit $L_{fixed}^{(3)}$ – wobei gilt:
a) Abstufung der Krafteintragungslängen: $L_{fixed}^{(1)} > L_{fixed}^{(2)} > L_{fixed}^{(3)}$
b) Mindestens erforderlicher Unterschied in den Krafteintragungslängen:
$\Delta L_{fixed}^{(12)} = L_{fixed}^{(1)} - L_{fixed}^{(2)} \geq 1$ m und $\Delta L_{fixed}^{(23)} = L_{fixed}^{(2)} - L_{fixed}^{(3)} \geq 1$ m
Die Vorgehensweise erfordert die genaue Kenntnis der Krafteintragungslängen und somit eine eindeutige Begrenzung der Krafteintragungslängen.

»Probeanker und Bauwerksanker sollten dieselbe Neigung haben. Werden Probeanker mit einer anderen Neigung als die Bauwerksanker verwendet, müssen zusätzlich Eignungsprüfungen an Ankern mit derselben Neigung wie die Bauwerksanker durchgeführt werden.«

In der Regel werden Untersuchungsprüfungen vorab von einem Niveau nahe der ursprünglichen Geländeoberkante (GOK) ausgeführt. Gleichzeitig treten bei mehrlagig verankerten Baugrubenverbauten die maximalen Ankerkräfte tendenziell im mittleren bis unteren Drittel der Endaushubtiefe ab GOK auf, und die Untersuchungsprüfung wird in aller Regel auf die maximal beanspruchten Anker ausgelegt. Die Forderung nach gleicher Neigung bringt somit eine Reihe gravierender Nachteile mit sich:

- Die Ankerzugglieder sind entsprechend länger. Dies bedingt größere elastische Verformungen und einen größeren Hub der Spannpresse. Gegebenenfalls müssen zwei baugleiche Pressen hintereinander auf das Zugglied gefädelt und über gemeinsame Hydraulikleitungen gleichzeitig ausgefahren werden. Zudem muss ausreichend Platz vorhanden sein, um das lange Prüfankerzugglied überhaupt »unterbringen« zu können.
- Sofern die Stützkonstruktion als Widerlager genutzt wird, muss diese für eine derart hohe Kopfbelastung bemessen werden. In den Prüfbereichen der Stützkonstruktion muss dann eine deutlich erhöhte Bewehrung oder ein deutlich steiferes Spundwandprofil vorgesehen werden. Meist wird jedoch auch eine laterale Lastverteilung durch ausreichend steife Gurtungen oder zusätzliche Kopfbalken notwendig.
- Alternative Widerlagerkonstruktionen – z.B. Stützbermen – müssen ausreichend bemessen und lagenweise, qualifiziert aufgebaut werden. Von einer gleichzeitigen Prüfung zweier geneigter Anker, die mittels Reaktionssystem gekoppelt sind (siehe Abbildung 58), wird abgeraten. Beim Versagen des schwächeren Ankers ist die Prüfung für beide Anker beendet, und durch die ungleichmäßigen Kräfte kommt das Reaktions- bzw. Kopplungssystem in Bewegung, was für das umstehende Personal eine nicht zu unterschätzende Gefährdung bedeutet.
- Aufgrund der latenten Gefahr bei Ankerprüfungen (siehe Abschnitt 6.6.8.4) sind geneigte Anker ungünstiger als senkrecht hergestellt Prüfanker. Im schlimmsten Fall werden versagende Verkeilungskomponenten und die Spannpresse über mehrere zig Meter weit »geschossen«, wohingegen der Gefahrenbereich bei senkrechten Prüfankern deutlich kleiner ausfällt.

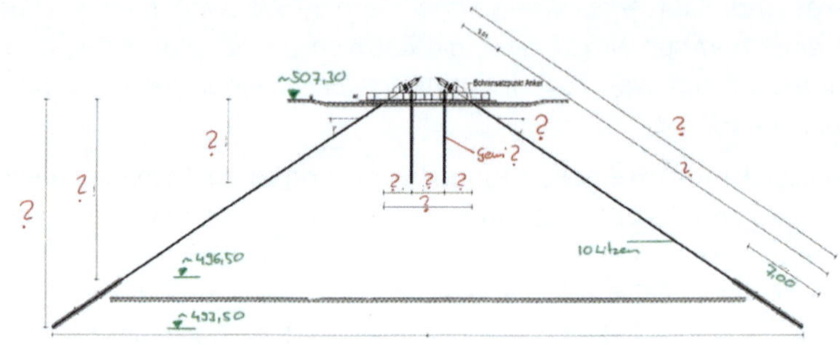

Abbildung 58: Wie man es nicht machen sollte (!) – Reaktionssystem zur gleichzeitigen Prüfung zweier geneigter Anker

Laststufen und zugehörige Mindestbeobachtungsdauern nach DIN EN ISO 22477-5 [33] können Tabelle 13 entnommen werden. Sofern das Kriechmaß einer Laststufe nach der Mindestbeobachtungsdauer nicht »*eindeutig*« ist, muss die Beobachtungszeit verlängert werden. Die reine Prüfdauer unter Annahme der Mindestbeobachtungsdauer (ohne Verlängerung) sowie einer »Lastanfahrdauer« von 1 min, ohne zusätzliche Zeiten für den Aufbau der Spannausrüstung und der Messtechnik beträgt 264 min (= 4,4 h) in nichtbindigem Boden und Fels sowie 474 min (= 7,9 h) in bindigem Boden.

Tabelle 13: Untersuchungsprüfung – Laststufen und Beobachtungszeiten nach DIN EN ISO 22477-5 [33]

Laststufe		Mindestbeobachtungsdauer in [min]	
Nr.	% P_P	nichtbindiger Boden & Fels	bindiger Boden
0 =P_a	10	1	1
1	40	15	15
2	55	15	15
3	70	30	60
4	80	30	60
5	90	30	60
6 = P_P	100	60	180

Untersuchungsprüfungen sind nicht zwingend erforderlich. Sofern sie durchgeführt werden, sind mindestens drei Anker zu testen. Der charakteristische Herausziehwiderstand $R_{a,k}$ ist der niedrigste der drei gemessenen Herausziehwiderstände $R_{a,m}^{(i)}$ (mit i ≥ 3). Der Herausziehwiderstand $R_{a,k}$ wird erreicht, wenn das Kriechmaß $k_s = \alpha_1$ (siehe Abschnitt 6.7.2.4) den als äußeres Versagen definierten Grenzwert $k_{s,lim} = \alpha_{1,ULS} = 2$ mm überschreitet. Sofern $k_s < 2$ mm gilt, wird die aufgebrachte Prüflast als Herausziehwiderstand definiert.

Untersuchungsprüfungen für Daueranker müssen durch eine anerkannte Prüf-, Überwachungs- und Zertifizierungsstelle (PÜZ) überwacht werden.

6.7.3.2 Eignungsprüfung

Die Ziele einer Eignungsprüfung sind:

- der Nachweis, dass der Anker die Prüfkraft P_P abtragen kann;
- die Ermittlung des Kriechverhaltens des Ankersystems bis zur Prüfkraft;
- der Nachweis der rechnerischen freien Stahllänge L_{app}.

Die Belastung bis zur Prüflast wird in fünf Laststufen und -zyklen aufgebracht. Laststufen und zugehörige Mindestbeobachtungsdauern nach DIN EN ISO 22477-5 [33] können Tabelle 14 entnommen werden. Die reinen Prüfdauern unter Annahme der jeweiligen Mindestbeobachtungsdauer (ohne Verlängerung) sowie einer »Lastanfahrdauer« von 1 min zwischen den einzelnen (Zwischen-)Laststufen, ohne zusätzliche Zeiten für den Aufbau der Spannausrüstung und der Messtechnik sind in Tabelle 15 enthalten.

Tabelle 14: Eignungsprüfung – Laststufen und Beobachtungszeiten nach DIN EN ISO 22477-5 [33]

Laststufe		Mindestbeobachtungsdauer in [min]			
		Kurzzeitanker		Daueranker	
Nr.	% P_P	nichtbindiger Boden & Fels	bindiger Boden	nichtbindiger Boden & Fels	bindiger Boden
$0 = P_a$	[1)]	1	1	1	1
1	40	1	1	15	15
2	55	1	1	15	15
3	70	5	10	30	60
4	85	5	10	30	60
$5 = P_P$	100	30	60	60	180

[1)] Die Vorlast sollte zwischen $0{,}1 \cdot P_P$ und 50 kN liegen.

Tabelle 15: Eignungsprüfung nach DIN EN ISO 22477-5 [33] – Mindestprüfdauer in [min]

	nichtbindiger Boden & Fels	bindiger Boden
Kurzzeitanker	103	211
Daueranker	143	391

Sofern die Verschiebungsgeschwindigkeit v gemäß Formel (20) die zulässigen Grenzwerte nach Tabelle 16 übersteigt, ist die Beobachtungsdauer mindestens bis zu einer Gesamtbeobachtungsdauer t_{ges} nach Tabelle 17 zu verlängern. Gleichzeitig muss

> *»[…] das Kriechmaß aus einem geradlinig verlaufenden Ast am Ende der [relativen] Zeit-Verschiebungskurve entsprechend [Abbildung 54] eindeutig bestimmt werden […].«*

können. Falls das stabilisierte bzw. annähernd konstante Kriechmaß den Grenzwert $k_{s,lim}$ = 2 mm überschreitet, ist als Herausziehwiderstand die vorherige Laststufe festzulegen.

$$v = \frac{\Delta s}{\Delta t} = \frac{s_b - s_a}{t_b - t_a} \qquad (20)$$

Tabelle 16: Eignungsprüfung nach DIN EN ISO 22477-5 [33] – zulässige Verschiebungsgeschwindigkeiten (und zugehöriges Kriechmaß) zum Ende der Mindestbeobachtungsdauer

		Kurzzeit		Dauer	
		nichtbindiger Boden & Fels	bindiger Boden	nichtbindiger Boden & Fels	bindiger Boden
t_a	[min]	10	20	20	60
t_b	[min]	30	60	60	180
Δs	[mm]	≤ 0,5	≤ 0,5	≤ 0,5	≤ 0,5
$k_{s,äqu}$	[mm]	1,05	1,05	1,05	1,05

Tabelle 17: Eignungsprüfung nach DIN EN ISO 22477-5 [33] – erforderliche Gesamtbeobachtungsdauer t_{ges} in [min] bei Verlängerung

	nichtbindiger Boden & Fels	bindiger Boden
Kurzzeitanker	≥ 60″	≥ 120″
Daueranker	≥ 120″	≥ 720″

Bei Dauerankern ist immer eine Eignungsprüfung an mindestens drei Ankern durchzuführen. Es sind jene Anker auszuwählen und zu prüfen, deren Krafteintragungslänge in den ungünstigsten Baugrundverhältnissen liegt. Bei vielen unterschiedlichen Ankertypen hinsichtlich Beanspruchung und Krafteintragungslänge sollten für die maßgebenden Ankertypen jeweils drei Eignungsprüfungen im jeweils ungünstigsten Baugrund durchgeführt werden. Analog zu Untersuchungsprüfungen müssen Eignungsprüfungen an Dauerankern durch eine anerkannte Prüf-, Überwachungs- und Zertifizierungsstelle (PÜZ) überwacht werden. Zudem sollte anschließend an die Eignungsprüfung eine Schwellbelastung aufgebracht werden. Hinweise zur Durchführung gibt das nationale Vorwort zu DIN EN ISO 22477-5 [33].

Bei Kurzzeitankern darf auf eine Eignungsprüfung verzichtet werden, sofern Ergebnisse von einer Eignungsprüfung, die unter vergleichbaren Bedingungen durchgeführt wurde, vorliegen. Für vergleichbare Bedingungen im Referenzprojekt müssen folgende Kriterien sämtlich erfüllt sein:

- gleiches Ankersystem
- gleiches Herstellverfahren (Bohrverfahren, Bohrdurchmesser, Krafteintragungslänge und Primärinjektion, Nachverpressung)

- vergleichbarer Baugrund
- mindestens gleich große Prüflast beim Referenzprojekt

Sofern die planmäßigen Achsabstände zwischen benachbarten Ankern < 1,5 m sind und die charakteristischen Ankerbeanspruchungen P_k > 700 kN sind, muss eine Gruppeneignungsprüfung an drei benachbarten Anker durchgeführt werden, wobei diese drei Anker gleichzeitig zu belasten sind.

6.7.3.3 Abnahmeprüfung

Alle Produktionsanker– sofern sie nicht mittels Eignungsprüfung geprüft werden – sind einer Abnahmeprüfung zu unterziehen. Abnahmeprüfungen werden zu folgenden Zwecken durchgeführt:

- Nachweis, dass der Anker die Prüfkraft P_P abtragen kann;
- Ermittlung des Kriechverhaltens des Ankersystems bis zur Prüfkraft;
- Nachweis der rechnerischen freien Stahllänge L_{app}.

Die Belastung bis zur Prüflast erfolgt in fünf Laststufen und lediglich einem Lastzyklus. Die Laststufen sind identisch mit jenen der Eignungsprüfungen. Bei den Mindestbeobachtungsdauern (siehe Tabelle 18) wird nicht zwischen Kurzzeit- und Daueranker unterschieden. Die Mindestprüfdauern (Mindestbeobachtungsdauer ohne Verlängerung, »Lastanfahrdauer« 1 min zwischen den einzelnen Laststufen) ohne zusätzliche Zeiten für den Aufbau der Spannausrüstung und der Messtechnik betragen 18 Minuten bei nichtbindigen Böden und Fels sowie 28 Minuten bei bindigen Böden.

Tabelle 18: Abnahmeprüfung – Laststufen und Beobachtungszeiten nach DIN EN ISO 22477-5 [33]

Laststufe		Mindestbeobachtungsdauer in [min]	
Nr.	% P_P	nichtbindiger Boden & Fels	bindiger Boden
0 = P_a	1)	1	1
1	40	1	1
2	55	1	1
3	70	1	1
4	80	1	1
5 = P_P	100	5	15
1) Die Vorlast sollte zwischen $0{,}1 \cdot P_P$ und 50 kN liegen.			

Die Kontrolle, ob die Mindestbeobachtungsdauer ausreicht, erfolgt bei Abnahmeprüfungen analog zu Eignungsprüfungen über die Verschiebungsgeschwindigkeit v nach Formel (20), allerdings nur auf der Prüflaststufe. Wenn die Verschiebungsgeschwindigkeit die zulässigen Grenzwerte nach Tabelle 19 übersteigt, ist die Beobachtungsdauer so lange zu verlängern, bis das Kriechmaß eindeutig bestimmt werden kann. Einen Mindestwert der Gesamtbeobachtungsdauer bei verlängerter Beobachtung gibt es bei Abnahmeprüfungen nicht.

Tabelle 19: Abnahmeprüfung nach DIN EN ISO 22477-5 [33] – zulässige Verschiebungsgeschwindigkeiten (und zugehöriges Kriechmaß) zum Ende der Mindestbeobachtungsdauer

		nichtbindiger Boden & Fels	bindiger Boden
t_a	[min]	2	5
t_b	[min]	5	15
Ds	[mm]	≤ 0,2	≤ 0,2
k_s	[mm]	0,50	0,42

6.7.3.4 Empfehlungen für Untersuchungs- und Eignungsprüfungen

Die strikte Festlegung der Laststufen bei Untersuchungsprüfungen kann bei hohen Prüflasten und daraus resultierenden großen Lastsprüngen ΔP zwischen benachbarten Laststufen dazu führen, dass der Herausziehwiderstand während der Laststeigerung zwischen zwei Laststufen erreicht wird. In diesem Fall muss die Ankerkraft reduziert werden, bis der Anker zur Ruhe kommt und ein eindeutiges Kriechmaß $k_s \leq k_{s,lim}$ = 2 mm nachgewiesen werden kann. Da die Mantelreibung in so einem Fall jedoch zu großen Teilen auf den Restreibungswert abgefallen ist, liegt dieser aus der Entlastung und Beruhigung ermittelte Herausziehwiderstand tendenziell unterhalb des Herausziehwiderstands, der sich aus einer schonenden Erstbelastung ergeben würde. Es wird deshalb empfohlen, anstatt einer Untersuchungsprüfung eine erweiterte Eignungsprüfung durchzuführen. Die Prüflast der Eignungsprüfung $P_P^{(EP)}$ stellt einen Mindestwert des Herausziehwiderstands dar, der gesichert nachgewiesen werden können sollte. Nach Abschluss der eigentlichen Eignungsprüfung ist ein weiterer Lastzyklus anzuschließen, bei dem die Ankerkraft zunächst von P_a in zwei bis drei Schritten auf $P_P^{(EP)}$ gesteigert wird. Dann erfolgt eine stufenweise Laststeigerung über $P_P^{(EP)}$ hinaus. Die Mindestbeobachtungsdauer bei diesen Ergänzungslaststufen sollte entsprechend der vorletzten Laststufe bei Untersuchungsprüfungen – 30 Min. bei nichtbindigem Boden und Fels sowie 60 Min. bei bindigem Boden – gewählt werden. Auf allen Ergänzungslaststufen sollte ein eindeutiges Kriechmaß ermittelt werden. Die Ankerkraft jeder folgenden Ergänzungslaststufe sollte unter Berücksichtigung der Kriechmaß-Ankerkraft-Kurve nach Abbildung 56 abgeschätzt werden. Bei einer Annäherung an sowie oberhalb des Grenzkriechmaßes $k_{s,lim}$ = 2 mm sollte die Mindestbeobachtungsdauer auf jene der Prüflast bei Eignungsprüfungen erhöht werden. Derart kann jede Ergänzungslaststufe abgesichert und der Herausziehwiderstand bei Erstbelastung bestmöglich ermittelt werden. Ein entsprechendes Belastungsschema ist beispielhaft in Abbildung 59 dargestellt. Abbildung 60 zeigt das relative Zeit-Verschiebungsdiagramm aus den realen Versuchsergebnissen mit den Kriechmaßen. Das zugehörige Kriechmaß-Ankerkraft-Diagramm einschließlich einer angenäherten Ausgleichskurve ist in Abbildung 61 dargestellt.

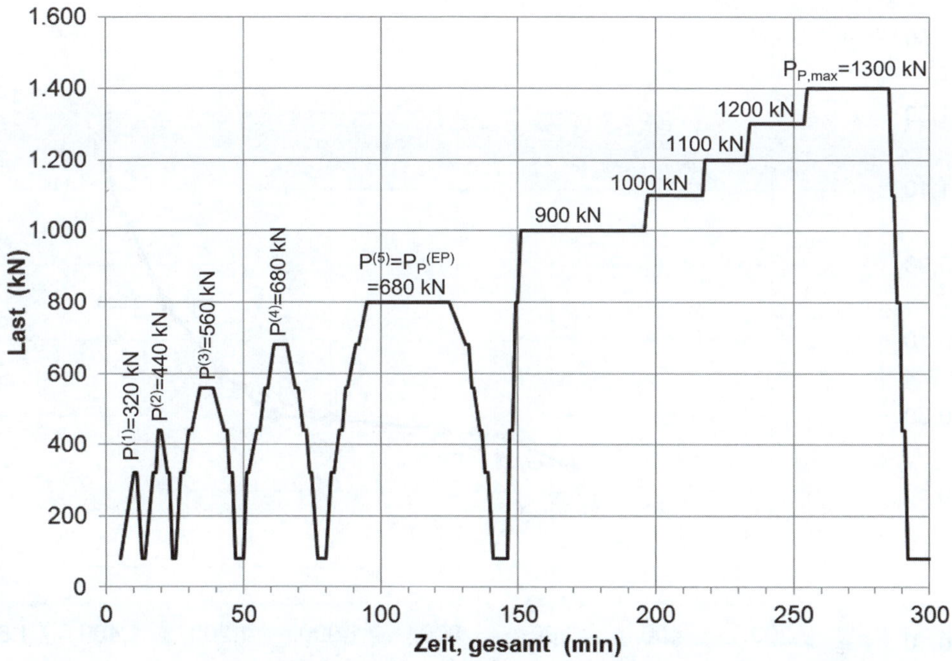

Abbildung 59: zur Untersuchungsprüfung erweiterte Eignungsprüfung, hier: Belastungsschema eines realen Projektes

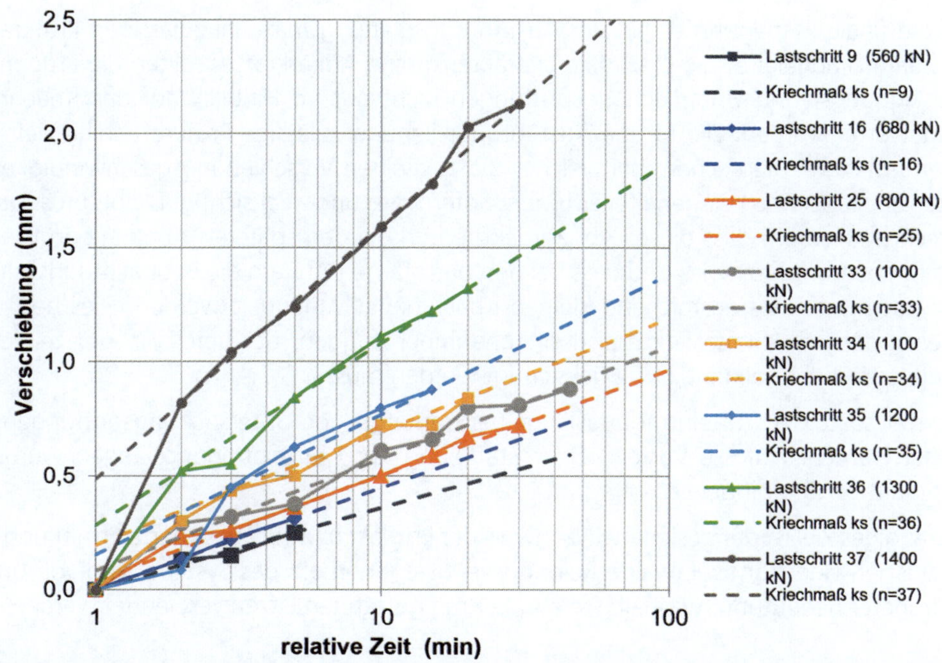

Abbildung 60: zur Untersuchungsprüfung erweiterte Eignungsprüfung, hier: relatives Zeit-Verschiebungsdiagramm zu Abbildung 59

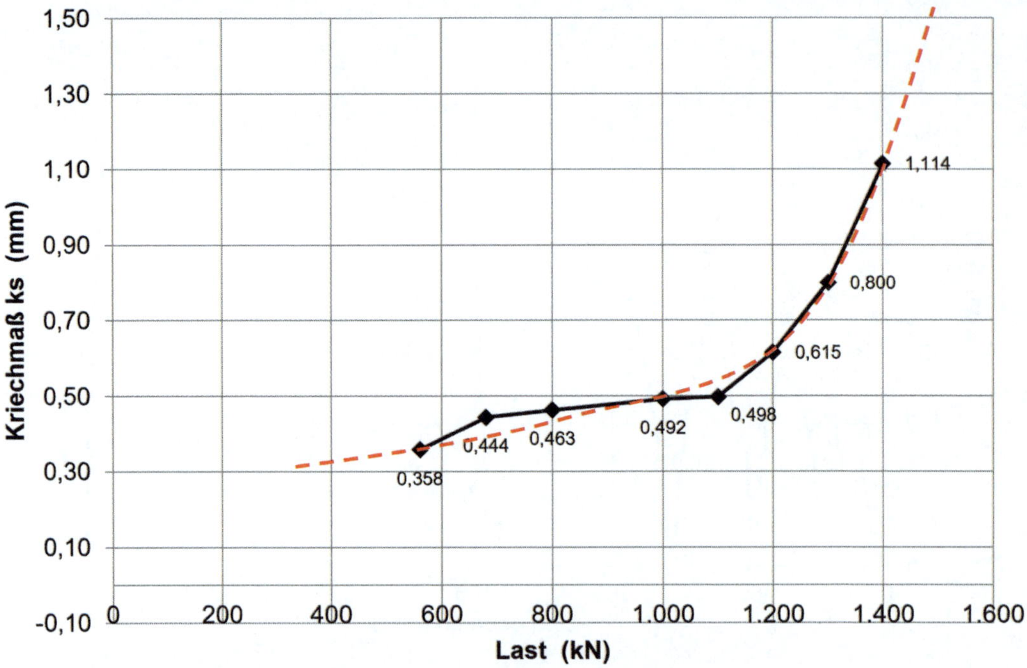

Abbildung 61: zur Untersuchungsprüfung erweiterte Eignungsprüfung, hier: Kriechmaß-Ankerkraft-Kurve (schwarz) und Ausgleichskurve (rot) zu Abbildung 59

Für die finale Festlegung der in der Ausführungsplanung maximal zulässigen Prüfkraft – und daraus abgeleitet die maximale charakteristische Ankerkraft – sollten die Ergebnisse von Eignungs- und Untersuchungsprüfungen nicht nur im Hinblick auf das Kriechmaß ausgewertet werden. Die für die Ausführungsplanung zulässige Prüfkraft sollte vielmehr jener Laststufe entsprechen, bei welcher die zulässigen Verschiebungsgeschwindigkeiten nach Tabelle 19 noch eingehalten wurden. Sofern dies unberücksichtigt bleibt, muss damit gerechnet werden, dass dieses Abnahmekriterium bei den späteren Abnahmeprüfungen durchgehend verletzt wird und dass bei den betroffenen Ankern die Beobachtungszeit für den Nachweis eines ausreichend kleinen Kriechmaßes verlängert werden. Dies bedeutet einen erhöhten Zeitaufwand bei den Abnahmeprüfungen, der bereits in der zeitlichen Planung und der Kalkulation berücksichtigt werden muss.

Generell sollte die Krafteintragungslänge bei Eignungs- und Untersuchungsprüfungen begrenzt werden. Auf die Vorteile einer Staffelung der Krafteintragungslängen wurde in Abschnitt 6.7.3.1 hingewiesen.

Vorrangiges Ziel ist der gesicherte Nachweis der Prüflast bzw. die gesicherte Ermittlung des Herausziehwiderstands. Etwaige Reibungsverluste innerhalb des Systems sind von untergeordneter Bedeutung, weshalb stets Anker mit gefetteten Litzen verwendet werden sollten.

6.7.4 Messmittel

6.7.4.1 Kraftmessung

Bei Untersuchungs- und Eignungsprüfungen muss die Kraftmessung mittels Kraftmessdose (mit einer Genauigkeit von 1% Full Scale) erfolgen. Bei Abnahmeprüfungen darf die Kraft aus dem an der Spannpresse mittels Manometer abgenommenen Hydraulikdruck und der Kolbenquerschnittsfläche berechnet werden. Dabei sind Spannpresse und Manometer als ein zusammengehöriges Messystem anzusehen. Der maximal zulässige Messfehler des Systems aus Spannpresse und Manometer beträgt 5 % des Maximalwerts.

Die Kraftaufnehmer müssen spätestens alle 12 Monate kalibriert werden. Bei dem System Spannpresse mit Manometer sowie bei elektrischen und bei hydraulischen Kraftmessdosen ist die Kalibrierung im Wesentlichen eine Überprüfung, ob die Genauigkeit noch innerhalb der zulässigen Grenzen liegt. Sofern die zulässigen Abweichungen überschritten werden, kann bei elektrischen und bei hydraulischen Kraftmessdosen das Anzeigegerät kalibriert werden. Dabei ist jedoch zu beachten, dass Kraftmessdose und Anzeigegerät nur gemeinsam verwendet werden dürfen. Hydraulische Kraftmessdosen sind zudem in der Regel temperaturempfindlicher als elektrische Kraftmessdosen.

Demgegenüber bieten elektronische Kraftmessdosen vom Typ BAUER Load Cell BLC (siehe Abbildung 62), bei denen der eigentliche Messwert in einem Controller innerhalb der Kraftmessdose in einen Kraftwert umgewandelt wird, folgende Vorteile:

- Es handelt sich um eine echte Kalibrierung, die auch nach Beschädigungen und Reparaturen durchgeführt werden kann. Die Kalibrierung wird auf den Controller aufgespielt.
- Die Kalibrierung besteht standardmäßig aus einem Polygonzug mit vier Stützpunkten, was über den gesamten Messbereich eine bestmögliche Kalibrierung ermöglicht.
- Die Kalibrierung ist von der Kabellänge und dem damit verbundenen elektrischen Widerstand unabhängig. Im Vergleich zu elektrischen Kraftmessdosen muss ein abgerissenes Kabel nur geflickt werden; eine erneute Kalibrierung ist danach nicht erforderlich.
- Es ist keine Kalibrierung des Auslesegeräts erforderlich, da dieses ein reines Anzeigegerät für den innerhalb des Controllers berechneten Kraftwert ist.

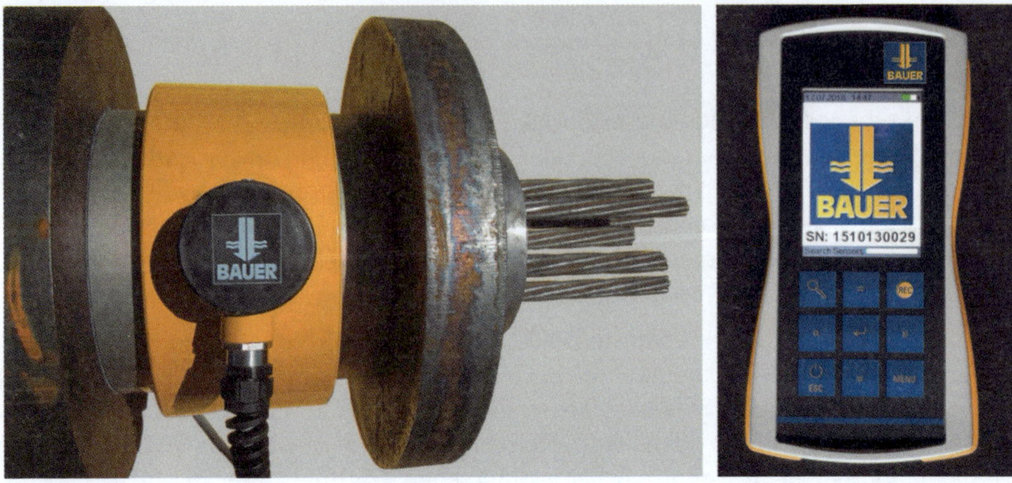

Abbildung 62: Digitale Ankerkraftmessdose BAUER Load Cell BLC (links), zugehöriges Anzeigegerät vom Typ DL (rechts); www.bst-messtechnik.de/export/shared/documents/pdf/bst/bst_messtechnik/messtechnik/903_059_1_LoadCell_BLC.pdf

6.7.4.2 Verschiebungsmessung

Die Anforderungen an die Genauigkeit der Verschiebungsmessgeräte muss nach DIN EN ISO 22477-5 [33] ≤ 0,01 mm sein. Die Kalibrierung darf nicht älter als 12 Monate sein.

6.7.5 Überwachung

Im geltenden Normenwerk existiert weder zur Überwachung noch zu Nachprüfungen eine Muss-Vorgabe. DIN EN 1537 [6] empfiehlt eine Überwachung verankerter Konstruktionen, sofern diese empfindlich auf Kraftänderungen und/oder Baugrundverformungen reagiert. In welchem Maße eine Änderung der Ankerkräfte für die verankerte Konstruktion oder angrenzende Bauwerke schädlich sind, hängt jedoch vom System aus verankerter Konstruktion, Ankern und Baugrund ab. Entsprechend sind das Ob sowie der Umfang und der zeitliche Abstand von Überwachungsmaßnahmen im Einzelfall abzustimmen und festzulegen. Eine Überwachung eingebauter Anker kann folgende Maßnahmen umfassen:

- Optische Kontrolle der Ankerköpfe: Bei Daueranker ist dazu die Ankerschutzhaube abzunehmen und ggf. der Korrosionsschutz des Ankerkopfs zu entfernen. Neben einer Zustandserfassung des Korrosionsschutzes kann überprüft werden, ob einzelne Litzen durch die Verkeilung gezogen wurden. Bei Einstabankern kann durch eine Klangprobe mittels Hammerschlag qualitativ überprüft werden, ob der Anker noch unter Vorspannung steht. Bei Kurzzeitankern mit (unplanmäßig) verlängerter Einsatzdauer kann je nach Konstruktion der kritische Bereich des Ankerzuglieds direkt hinter der Ankerplatte mittels Endoskopkamera begutachtet werden[36].

36 Bei Dauerankern mit unversehrtem Korrosionsschutz ist dies nicht möglich, da der Bereich hinter der Ankerplatte mit Korrosionsschutzmasse injiziert sein sollte.

- Ankerkraftmessung: Eine direkte Messung der Ankerkräfte kann über fest installierte Kraftmessdosen (elektronisch, elektrisch oder hydraulisch) als auch durch Ankerabhebeversuche erfolgen.
  - Kraftmessdosen erlauben eine kontinuierliche Messung, ohne dass der Anker gestört und/oder der Korrosionsschutz im Ankerkopfbereich entfernt werden muss. Über das Jahr sind die Ankerköpfe und damit auch die Ankerkraftmessdosen je nach Lage (z.B. Südhang mit direkter Sonneneinstrahlung im Sommer) und dem (Nicht-)Vorhandensein von Schutzkonstruktionen extremen Temperaturschwankungen ausgesetzt. Bei elektrischen und elektronischen Kraftmessdosen führt dies zu Materialermüdung und Alterungsprozessen bei Vergussmassen und Klebern (Anmerkung: zur Befestigung der Dehnmessstreifen). Bei hydraulischen Kraftmessdosen nimmt die Anzeigegenauigkeit aufgrund von korrosionsbedingten Querschnittsschwächungen mit der Zeit zu. Generell nimmt die Ausfallquote von Kraftmessdosen nach ein bis zwei Jahrzehnten unvermeidbar zu. Entsprechend sollte je nach Lage und Schutzmaßnahmen eine Ausfallquote von ca. 15 % bis 33 % einkalkuliert werden.
  - Ziel von Ankerabhebeversuchen ist die Ermittlung der Abhebelast, was der tatsächlichen Ankervorspannkraft entspricht. Dazu wird das Zugglied verlängert und die Spann- und Messausrüstung – analog zu einer Ankerprüfung – aufgebaut. Abbildung 63 zeigt beispielhaft einen Ankerabhebeversuch zur Überprüfung einer alten Kraftmessdose. Ausgehend von einer geringen Vorlast, welche lediglich dem festen Sitz der Spanneinrichtung dient, werden die Ankerkraft schrittweise gesteigert und die jeweils zugehörige Ankerkopfverschiebung gemessen. Solange die mittels Spannpresse aufgebrachte Belastung kleiner als die tatsächlich vorhandene Ankervorspannkraft ist, wird lediglich die Zugliedverlängerung zwischen Ankerkopf und Endverkeilung bzw. oberer Ankermutter auf der Spannpresse gedehnt. Bei Steigerung der Pressenkraft über die Abhebekraft hinaus wird das gesamte Zugglied gedehnt. Der Ankerkopf hebt ab. Die Ankerkraftbereiche unter- und oberhalb der Abhebekraft sind aufgrund der unterschiedlichen Dehnlängen durch unterschiedliche Geradensteigungen im Ankerkraft-Verformungsdiagramm gekennzeichnet (siehe Abbildung 64). Die Kraft im Schnittpunkt der beiden Ausgleichsgeraden entspricht der Ankerabhebekraft. Der Ankerabhebeversuch sollte versuchsbegleitend grafisch ausgewertet werden. Oberhalb der Abhebekraft sollte die Pressenkraft nur noch in kleinen Schritten von $\Delta P \approx 10$ kN gesteigert werden. Derart wird eine ungewollte Überbeanspruchung – insbesondere bei unbekannter nachgewiesener Prüfkraft – vermieden. Für jede Ausgleichsgerade sollten mindestens vier, besser sechs Messpunkte vorhanden sein.

    Der reine Ankerabhebeversuch ist keine Nachprüfung und erlaubt keine Aussage zum möglichen Herausziehwiderstand oder zum Zustand des Ankerzugglieds. Ankerabhebeversuche bedeuten auch immer eine Störung des Ankers.

    Für das Verlängern des Zugglieds sollten die Litzenüberstände ≥ 7 cm betragen. Bei zu geringen Litzenüberständen kann im ungünstigsten Fall die Verlängerungskonstruktion nicht mehr entfernt werden. Für die Verlängerung von Einstabankern mittels Muffe sollte ein ausreichender Überstand für mindestens drei volle Gewindeumdrehungen vorhanden sein. Ein ausreichender Zuggliedüberstand (und entsprechend längere Ankerschutzhauben) sollte bereits in der Planungsphase vorgesehen werden. Bei Ankerkopfkonstruktionen mit Gewindekeilträger ist auch bei übermäßig gekürzten Litzenüberständen eine Zuggliedverlängerung möglich. In diesem Fall wird der komplette Keilträger abgehoben.

Abbildung 63: Ankerabhebeversuch unter extrem beengten Verhältnissen – hier: Nische zum Aufsetzen der Verlängerung in gegenüberliegender Wand ausgeschnitten, Messuhr (ausnahmsweise!) an der Spannpresse befestigt

- Verschiebungsmessungen: Eine Zu- oder Abnahme der Ankerkräfte geht in aller Regel mit Verformungen der verankerten Konstruktion einher. Eine indirekte Kontrolle (oft auch als Ergänzung zu Ankerkraftmessungen) kann eine messtechnische Überwachung mit Messung von Verformungen (z.B. geodätische Vermessung, Inklinometer, Extensometer, etc.) durchgeführt werden.
- Elektrische Widerstandsmessungen: Problematisch bei Ankern ist der Umstand, dass weder das Zugglied noch der Verpresskörper in Augenschein genommen und optisch überprüft werden können. Eine Überwachung des Korrosionsschutzes kann z.B. durch Potentialmessungen mit eingebauten Elektroden[37] und/oder durch elektrische Wider-

37 Hinsichtlich einer ausführlicheren Beschreibung zur Potentialmessung wird auf Wichter & Meiniger [15], [11] verwiesen.

standsmessungen erfolgen. Für eine elektrische Widerstandsmessung müssen das Zugglied elektrisch vom Baugrund und der Ankerkopf elektrisch vom zu verankernden Bauwerk getrennt werden. Ersteres ist bei unversehrtem Ripp- bzw. Wellrohr gegeben. Zur Isolation des Ankerkopfs wird zwischen Keilträger und Ankerplatte eine Isolierscheibe angeordnet. Elektrische Widerstandsmessungen sind in Deutschland unüblich. *Wichter & Meiniger* [11] sehen dies darin begründet, dass nicht geregelt ist, »*[…] was geschehen soll, wenn die Messungen einen zu geringen Widerstand ergeben. Die Frage, ob die vermutlich dann vorhandene Lücke im Korrosionsschutz im Werk entstanden ist oder ob sie beim Transport oder Einbau entstand, lässt sich nicht klären.*«

Prüfkräfte / Laststufen

Laststufe [–]	Uhrzeit [–]	Druck p_i [bar]	Kraft F_i [kN]	$F_i/P_{p,zul}$ [%]	$s_{el,Prognose}$ [mm]	$s_{Messung}$ [mm]	$\Delta s_{Messung}$ [mm]
0	16:47:00	8,31	15	2,4	---	0,00	**0,00**
1	16:49:00	35,99	65	10,4	0,14	0,75	0,75
2	16:50:00	63,68	115	18,3	0,28	1,10	1,10
3	16:51:00	77,52	140	22,3	0,35	1,26	1,26
4	16:52:00	119,05	215	34,2	0,56	1,65	1,65
5	16:53:00	160,58	290	46,2	0,76	2,01	2,01
6	16:54:00	188,26	340	54,1	0,90	2,25	2,25
7	16:55:00	202,10	365	58,1	0,97	2,38	2,38
8	16:56:00	207,64	375	59,7	1,00	2,43	2,43
9	16:57:00	215,95	390	62,1	1,04	2,54	2,54
10	16:58:00	221,48	400	63,7	1,07	2,58	2,58
11	16:59:00	227,02	410	65,3	1,60	2,66	2,66
12	17:00:00	238,10	430	68,5	3,65	3,61	3,61
13	17:02:00	243,63	440	70,1	4,68	4,28	4,28
14	17:03:00	249,17	450	71,7	5,71	5,25	5,25
15	17:04:00	254,71	460	73,2	6,74	6,32	6,32
16	17:05:00	260,24	470	74,8	7,77	7,44	7,44
17	17:06:00	265,78	480	76,4	8,79	8,44	8,44
18	17:08:00	271,32	490	78,0	9,82	9,35	9,35
19				#NV	#NV		#NV
20				#NV	#NV		#NV

Abhebekraft (vorhandene Ankerkraft)	$A_{k,vorh}$	**424,7**	[kN]	
Elast. Überstand L_e	1,08	m	Freie Stahllänge L_{tf}	20,36 m

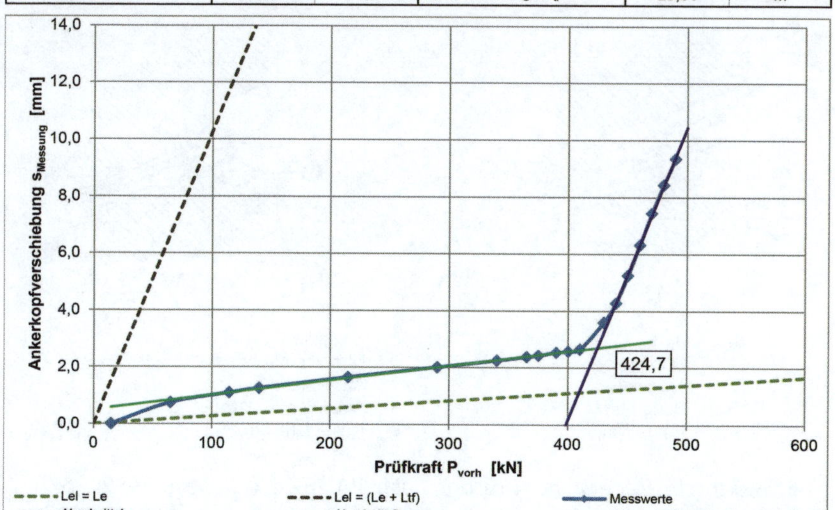

Abbildung 64: Ankerabhebeversuch – hier: Beispiel mit Messdaten und Auswertung

- Demgegenüber sind in der Schweiz elektrische Widerstandsmessungen klar geregelt und für Daueranker auch obligatorisch.Die Durchführung ist normativ in SIA 267:2013 [34], Abschnitt 10.7.4 und SIA 267/1:2013 [35], Abschnitt 6.2.5 geregelt. Für zugelassene und im SIA-Register eingetragene Ankersysteme sind weitere Auflagen jeweils in Anlage 2 des Eignungs- und Konformitätsnachweises, dem sogenannten Schnittstellenpapier, enthalten.

  Das Schweizer Regelwerk sieht eine mehrstufige Vorgehensweise wie folgt vor:

  - Elektrische Widerstandsmessungen als Bestandteil der Übergabedokumentation nach Fertigstellung im Werk, nach Transport zur und Abladen auf der Baustelle, sowie nach jedem Herstellschritt auf der Baustelle (insbesondere bei Übergabe vom Bohrunternehmer zum Spannunternehmer)
  - Elektrische Widerstandsmessung ERM I zwischen Ankerkopf und Baugrund am fertig gespannten Anker nach Abbildung 65 (links), nachzuweisender Widerstand $R_{I} \geq 0{,}1\ \text{M}\,\Omega$
  - Elektrische Widerstandsmessung ERM II zwischen Ankerkopf und Ankerplatte am fertig gespannten Anker nach Abbildung 65 (rechts), nachzuweisender Widerstand $R_{II} \geq 100\ \Omega$

Für den Fall, dass die elektrische Widerstandsmessung ERM I einen ungenügenden Widerstand ergibt, muss projektspezifisch vorab ein zulässiger, vom Bauherrn zu akzeptierender Prozentsatz vereinbart werden (in der Regel 5 bis 10 % aller Anker). Die elektrische Widerstandsmessung ERM II ist nur an jenen Ankern durchzuführen, welche die ERM II nicht bestanden haben. Die ERM II gilt als nachgeschaltetes Abnahmekriterium. Anker, welche weder die ERM I noch die ERM II bestehen, gelten als durchgefallen und müssen ersetzt werden.

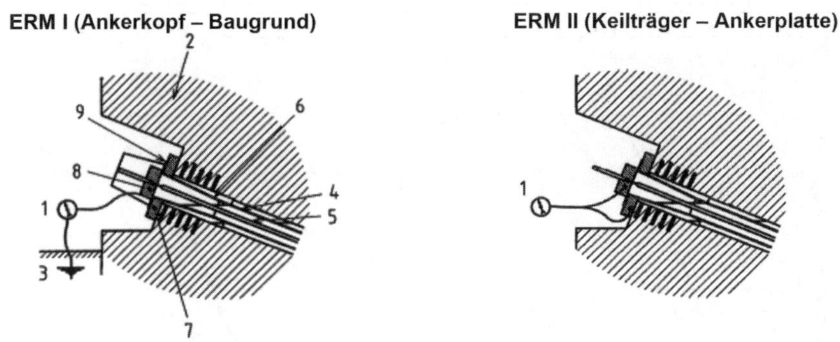

Legende:

1 Ohmmeter
2 Tragwerk
3 Baugrund
4 Ripp-/Wellrohr
5 Zugglied
6 Überschubrohr
7 Ankerplatte
8 Ankerkopf/Keilträger
9 Isolierscheibe

Abbildung 65: Elektrische Widerstandsmessung nach SIA 267:2013 [34] und SIA 267/1:2013 [35] – ERM I zwischen Ankerkopf/Keilträger und Baugrund (links), ERM II zwischen Keilträger und Ankerplatte (rechts)

Eine halbherzige Überwachung zur »Gewissensberuhigung« mit reiner Aufzeichnung der Messwerte aber ohne weitere Bewertung und ohne Folgemaßnahmen in Abhängigkeit des Ergebnisses ist nur bedingt sinnvoll. Es empfiehlt sich, ein dreistufiges Messkonzept mit Schwellen-, Eingreif- und Alarmwerten aufzustellen. Entsprechende Hinweise sind in Kapitel 15.3 der EAB [9] zu finden. Des Weiteren sind bereits vorab für den Fall des Erreichens von Schwellen-, Eingreif- und Alarmwert jeweils konkrete Handlungsanweisungen festzulegen.

Bei verankerten Konstruktionen, wo über die geplante Lebensdauer eine Zunahme der Ankerkräfte erwartet wird, sollten ausreichend Möglichkeiten zur Herstellung zusätzlicher Anker eingeplant werden. Dies bedeutet neben leeren Ankernischen und einer Zufahrts- bzw. Aufstellmöglichkeit für das Ankerbohrgerät auch die genaue Kenntnis des Bohrlochverlaufs der Bestandsanker. Gleiches gilt auch für Nachprüfungen, d.h. für nach einer gewissen Einsatzdauer wiederholte Abnahme- und Eignungsprüfungen, da hier stets die Gefahr besteht, dass ein eigentlich funktionsfähiger Anker herausgezogen wird.

In der geplanten überarbeiteten Version des Eurocode 7-1 wird der Thematik deutlich mehr Augenmerk gewidmet werden. Nach aktuellem Stand beinhaltet das Kapitel Nr. 10 »Implementation of design« unter Anderem die Unterkapitel »Inspection«, »Monitoring« und »Maintenance«.

6.8 Anker unter Grundwasser

Bei einem Anker unter Grundwasser liegt der Bohransatzpunkt unterhalb des erdseitig anstehenden Grundwasserspiegels bzw. unterhalb des im Verlauf der Ankerbohrung angeschnittenen Grundwasserpotentials. Wenn erdseitig der zu verankernden Konstruktion durchlässige Böden anstehen, strömt beim Durchörtern der zu verankernden Konstruktion Wasser aus dem Bohrlochmund. Im Falle fließfähiger Böden – enggestufte bis gleichkörnige, locker gelagerte Feinsande oder fließende Bodenarten wie Mudden, Torfe oder Faulschlamm – besteht die Gefahr des Bodenaustrags. Insbesondere der Austrag von Feinteilen ist tückisch, da er nicht sofort erkennbar ist. Bei ausreichend großem Bodenaustrag besteht die Gefahr von Setzungen hinter der zu verankernden Konstruktion. Des Weiteren besteht die Gefahr, dass die Zementsuspension der Primärverpressung im Bereich der planmäßigen Krafteintragungslänge ausgetragen wird. Eine zuverlässige Herstellung von Ankern unter Grundwasser erfordert deshalb spezielle Abdichtungskonstruktionen (sogenannte Preventer) an den Durchstoßpunkten.

Die genaue Konstruktion ist von der Stützwandbauweise – Schlitzwand, Bohrpfahlwand oder Spundwand – abhängig. Abbildung 66 zeigt beispielhaft die Preventer-Konstruktion an einer Spundwand. Folgender prinzipieller Aufbau und Ablauf ist den Preventer-Konstruktionen gleich:

1. An der zu verankernden Konstruktion wird ein Anbauflansch (mit innenliegender Dichtblase und Packer) befestigt und angedichtet. Bei Spundwänden wird der Anbauflansch angeschweißt; bei Bohrpfahlwänden muss ein Auflager gefräst werden, auf das der Anbauflansch dicht verschraubt werden kann. Auf den Anbauflansch wird ein Gestängedichtflansch mit innenliegender Stoffbuchse geschraubt.

2. Vor Öffnung der Verbauwand wird gegebenenfalls erdseitig eine Abdichtungsinjektion ausgeführt.
3. Die Bohrung wird abgeteuft. Die Abdichtung gegen das Bohrgestänge erfolgt dabei über die Stoffbuchse im Gestängedichtflansch. Beim Drehschlagbohren werden Bohrkronen mit Kugelventil verwendet, um ein Eindringen von Wasser und Bohrgut in das Bohrrohr zu verhindern. Beim Überlagerungsbohren mit Doppelkopfbohranlage kann der Bodenentzug durch das Voreilmaß zwischen Außenbohrrohr und Innengestänge reguliert werden. Des Weiteren kann durch die Verwendung von Bentonit- oder Zementsuspension als Spülmedium und deren größerer Dichte ein gewisser Druckunterschied kompensiert werden.
4. Nach Erreichen der Bohrendtiefe muss das Ankerzugglied eingebaut werden. Beim Drehschlagbohren ist das untere Bohrrohrende durch die Bohrkrone mit Kugelventil abgedichtet. Beim Überlagerungsbohren mit Doppelkopfbohranlage kann z.B. eine Zementplombe injiziert werden, auf der das Geständе abgesetzt wird.
5. Der kritische Moment beim Zurückziehen des (Außen-)Bohrrohrs ist jener, wenn die schwerere Zementsuspension der Primärinjektion den Wasserüberdruck nicht mehr ausgleichen kann. Dann hilft nur noch ein schneller Ausbau des Gestänges.
6. Sobald das Bohrrohr bis hinter die Dichtblase im Anbauflansch zurückgezogen wurde, wird die Dichtblase aufgepumpt, so dass diese möglichst eng am Ankerzugglied anliegt. Die Dichtblase dient lediglich der temporären Abdichtung. Anschließend kann das Bohrrohr vollständig ausgebaut werden.
7. Im Schutz der temporären Abdichtung wird der Gestängedichtflansch rückgebaut.
8. Bei Bohrpfahl- und Schlitzwänden muss an der Wanderdseite eine zusätzliche temporäre Abdichtung (z.B. mittels PU-Schaum) hergestellt werden, um auch den Anbauflansch abbauen zu können.
9. Als letzte Maßnahme und zur dauerhaften Abdichtung wird ein Packer auf das Ankerzugglied geschoben und nach Positionierung (bei Spundwänden innerhalb des Anbauflansches, bei Bohrpfahl- und Schlitzwänden innerhalb der Kernbohrung bzw. Ankerdurchführung) fest angezogen.

Abbildung 66: Preventer-Konstruktion für die Ankerherstellung unter Grundwasser an einer Spundwand

In fließgefährdeten Böden sollten Anker und Grundwasser möglichst vermieden werden.

6.9 Sonderanker

6.9.1 Staffelanker

Die aktivierte Mantelreibung zwischen Verpresskörper und umgebendem Baugrund ist über die Krafteintragungslänge nicht konstant (siehe Abbildung 21 und Abbildung 67, oben). Ursächlich hierfür sind bei Verbundankern die Krafteinleitung von der Luftseite mit progressivem Debonding, über die Krafteintragungslänge unterschiedliche Relativverschiebungen zwischen Verpresskörper und Baugrund sowie Abfall der aktivierten Mantelreibung im luftseitigen Bereich von L_{fixed} auf einen Restreibungswert (siehe Abschnitt 6.7.3.4). Daraus resultiert ein deutlich unterlinearer Zusammenhang zwischen Krafteintragungslänge und Herausziehwiderstand bzw. mittlerer Bruch-Mantelreibung.

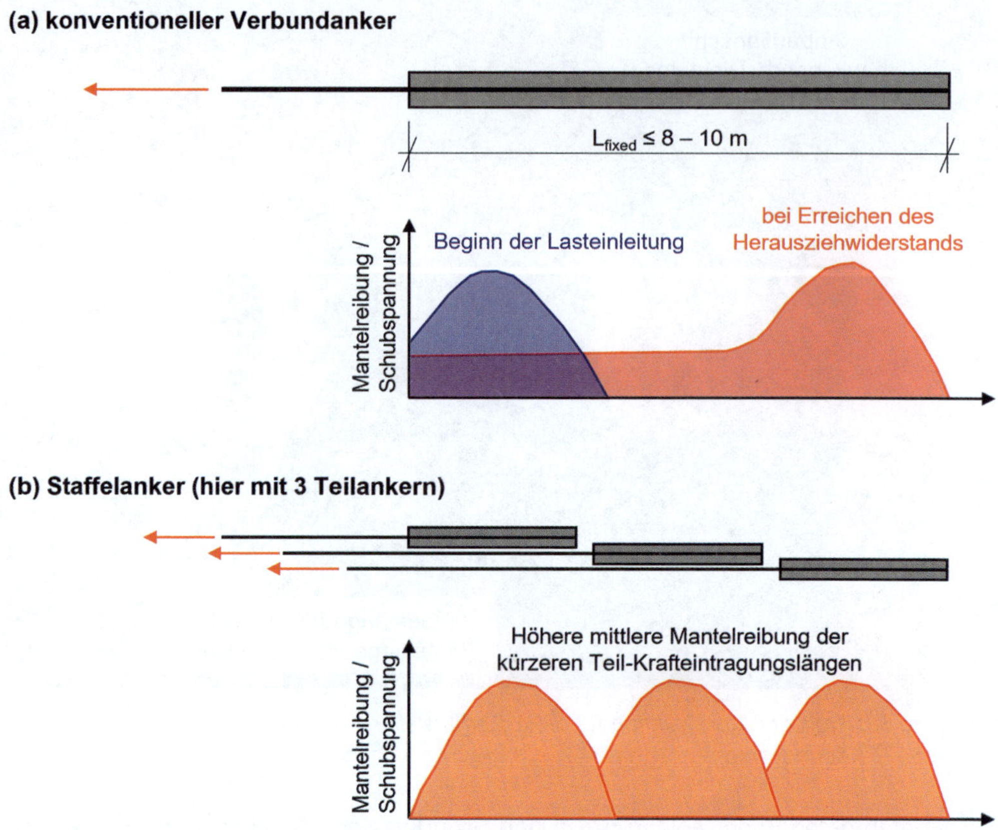

Abbildung 67: Schubspannungsverteilung entlang der Krafteintragungslänge – konventioneller Verbundanker (oben), Staffelanker (unten)

Die Idee des Staffelankers ist, mehrere Teilanker mit kurzen, hintereinander gestaffelten Krafteintragungslängen in ein gemeinsames Bohrloch einzubauen. Durch die kürzeren Teil-Krafteintragungslängen von ca. 3 m bis 5 m wird eine gleichmäßigere und höhere aktivierte Mantelreibung mit entsprechend höherem Herausziehwiderstand erzielt (siehe Abbildung 67, unten). In Deutschland sind Staffelanker mit zwei Teilankern üblich, aber auch Bauweisen mit drei oder vier Teilankern sind problemlos möglich, sofern die Besonderheiten bei der Ankerherstellung und -prüfung beachtet werden.

Beim Einbau des Zugglieds ist darauf zu achten, dass weder die Zugglieder der verschiedenen Teilanker noch die Einzellitzen eines Teilankers »verwoben« und durcheinandergefädelt werden. Die Einzellitzen müssen eindeutig einem Teilanker zuzuordnen sein. Es wird eine dauerhaft farbliche Markierung der Einzellitzenhüllrohre empfohlen.

Die Ankerkopfkonstruktion kann bei zwei Teilankern aus zwei separaten, zueinander verschwenkten Ankerköpfen bestehen. Aufgrund der Umlenkkräfte und dem aufwändigen Prüfaufbau (siehe Abbildung 68) ist jedoch eine Konstruktion zu bevorzugen, bei der die Litzen aller Teilanker in einem einzigen Keilträger zusammengefasst und verankert werden.

Abbildung 68: Abnahmeprüfung an einem Staffelanker aus zwei im Ankerkopfbereich verschwenkten Teilankern

Abbildung 69: Abnahmeprüfung an einem zweiteiligen Staffelanker mit gemeinsamem Ankerkopf – hier: Spannpressen übereinandergestapelt

Abnahme- und Eignungsprüfungen an Staffelankern können auf unterschiedliche Art und Weisen erfolgen. Prinzipiell kann jeder Teilanker als ein einzelner Anker aufgefasst und entsprechend dem normativen Prüfschema geprüft werden. Die Prüfung muss für alle Teilanker jedoch gleichzeitig durchgeführt werden. Bei Staffelankern aus zwei koaxialen, in einem gemeinsamen Keilträger zusammengefassten Teilankern können zwei hydraulische Spannpressen übereinandergestapelt werden (siehe Abbildung 69). Da jeder Teilanker für sich geprüft wird, erfordert dies entweder für jede Spannpresse ein separates Hydraulikaggregat, oder die Teilanker werden nacheinander auf die jeweilige Laststufe belastet.[38] Die Laststufe muss dann aber für beide Teilanker gleichzeitig konstant gehalten werden. Derart ist gewährleistet, dass jeder Teilanker die normativen Abnahmekriterien erfüllt.

38 In der Regel sollte der kurze Teilanker zuerst belastet werden. Die Entlastung erfolgt in umgekehrter Reihenfolge »lang zuerst«.

Bei drei oder mehr Teilankern ist ein gleichzeitiges Prüfen mit mehreren übereinandergestapelten Spannpressen nur noch bedingt realisierbar.[39] In diesem Fall ist die Vorgehensweise nach DIN EN 1537 [6], Abschnitt 8.4.5.2 zu bevorzugen. Dabei wird gefordert, dass die Kraft bei Erreichen der Prüflast in allen Teilankern gleich ist. Aufgrund der unterschiedlichen freien Stahllängen der Teilanker und entsprechend unterschiedlichen Dehnsteifigkeiten würde eine gleichzeitige Belastung aller Teilanker (auch bei gleicher Litzenanzahl) zu unterschiedlichen Dehnungen und entsprechend zu einer ungleichmäßigen Lastverteilung führen. »Steifigkeit zieht Kräfte an«, der kürzeste Teilanker wäre am höchsten beansprucht. Um die normative Anforderung einer gleichmäßigen Kraftverteilung auf Prüflast zu erfüllen, müssen die größeren Dehnwege der längeren Teilanker dadurch kompensiert werden, dass Teilankern nacheinander »in Betrieb« genommen werden. Die prinzipielle Vorgehensweise ist in Abbildung 70 für einen Staffelanker mit drei Teilankern dargestellt:

- Vorab werden für alle n Teilanker die elastischen Dehnungen $s_{el}^{(n)}$ für das Kraftintervall $(P_P - P_a)/n$ sowie die Dehnwegdifferenz $\Delta s_{el}^{(1\text{-}n)}$ bezüglich des längsten Teilankers berechnet.
- Die Klemmkeile der Endverkeilung am luftseitigen Ende der Spannpresse sind entsprechend den berechneten Dehnwegdifferenzen zu staffeln.
- Bei der Prüfung wird zuerst der längste Teilanker »in Betrieb« genommen. Die anderen Teilanker sind noch unbelastet.
- Wenn dem längsten Teilanker eine Längenänderung $\Delta s_{el}^{(1\text{-}2)}$ eingeprägt wurde, liegen die Klemmkeile des zweitlängsten Teilankers in der Fassung der Endverkeilung. Bei weiterer Laststeigerung bzw. einer Steigerung des Pressenhubs werden nun der längste und der zweitlängste Teilanker gedehnt.
- Infolge der vorab berechneten Keilstaffelung an der Endverkeilung werden so die einzelnen Teilanker nacheinander »vom längsten zum kürzesten« in Betrieb genommen.

39 Ein ordnungsgemäßer Prüfaufbau mit entsprechender Ausrichtung der Spannpressen vor Prüfbeginn wird ab drei Spannpressen nahezu unmöglich.

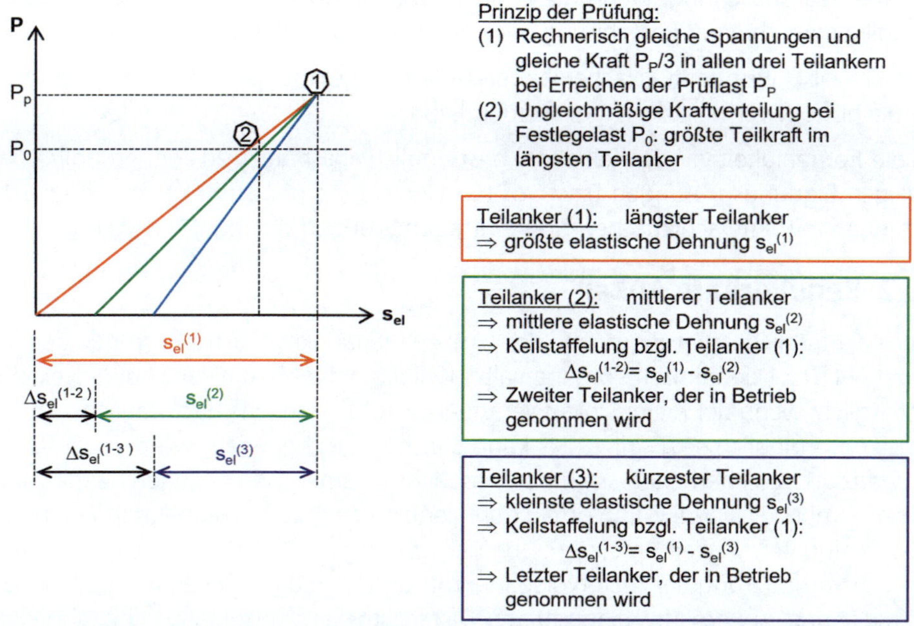

Abbildung 70: Ankerprüfung an einem Staffelanker mit nur einer Spannpresse gemäß DIN EN 1537 [6], Abschnitt 8.4.5.2 – hier: beispielhaft für einen Staffelanker aus drei Teilankern

Die normative Vorgehensweise mit nur einer Spannpresse und gestaffelter Endverkeilung hat einige Nachteile und Unzulänglichkeiten:

- Auch hier muss für alle n Teilanker zunächst ein klar definierter Startpunkt der Ankerprüfung durch eine gleiche Teilvorlast $P_a^{(n)} = P_a/n$ eingestellt und alle Teilanker separat und nacheinander auf dieser gleichen Teilvorlast festgelegt werden.
- Die Keilstaffelung ist nur rechnerisch korrekt. Die vor der Ankerprüfung unbekannten plastischen Verschiebungen werden dazu führen, dass die wahre Kraftverteilung bei Erreichen der Prüflast P_P ungleichmäßig ist.
- Die wahre Kraftverteilung auf Prüflast kann nur aus der vollständigen Entlastung der einzelnen Teilanker abgeschätzt werden. Dabei ist jeder Teilanker nacheinander »außer Betrieb« zunehmen.
- Bei Untersuchungs- und Eignungsprüfungen mit mehreren Lastzyklen muss bei den Entlastungen beachtet werden, dass der kürzeste Teilanker nicht »den Kontakt verliert«. Für die Entlastungen ist somit eine gemeinsame Entlastungsuntergrenze $P_a^* >> P_a$ zu wählen, bei der auch unter Berücksichtigung der vorab unbekannten plastischen Verschiebungen alle Teilanker über den vollen Prüfprozess unter Last stehen.
- Wenn ein Teilanker an der Endverkeilung »in Betrieb genommen« wird, führt das Ausfahren der Spannpresse zunächst nur zu einer Dehnung der Zuggliedverlängerung dieses Teilankers. Analog zu einem Abhebeversuch erfährt dieser Teilanker erst dann

eine Beanspruchung, wenn diese die Teilvorlast $P_a^{(n)}$ übersteigt. Der »Abhebeeffekt« sollte somit bei der Berechnung der Keilstaffelung berücksichtigt werden.

- Der Keilschlupf beim »Nacheinander-in-Betrieb-nehmen« ist eine unbekannte Größe, die nur schwer berücksichtigt werden kann.

Um die Tragfähigkeit von Staffelankern bestmöglich abschätzen zu können, sollten vor den etwaigen Eignungsprüfungen bzw. vor der Herstellung der Staffelanker Untersuchungsprüfungen mit unterschiedlichen Krafteintragungslängen durchgeführt werden.

6.9.2 Regulierbare Anker

Eine nachträgliche Verringerung der Ankervorspannkraft ist aufgrund der in Abschnitt 6.4.2.3.1 genannten Vorgabe »alter Keilbiss um ≥ 15 mm nach außen verschoben« nur möglich, wenn der Keilbiss nicht verändert wird. Sofern eine nachträgliche Ankerkraftreduzierung möglich sein soll – dies kann z.B. bei Kriechhängen, wo die Standsicherheit mit reduzierten Sicherheiten nach der Beobachtungsmethode nachgewiesen wurde, der Fall sein – muss dies bereits im Vorfeld durch entsprechende Zusatzmaßnahmen bzw. Wahl eines geeigneten Ankerkopfsystems berücksichtigt werden. Prinzipiell kann eine nachträgliche Verringerung der Ankervorspannkraft durch Herausnehmen von vorher zwischen Keilträger und Ankerplatte eingesetzten Distanzstücken[40] erfolgen (siehe Abbildung 71, links). Damit der Keilträger auch bei gekürzten Litzen abgehoben werden kann, sollten Gewindekeilträger verwendet werden. Anstatt der Distanzstücke kann ein Nachregulieren (sowohl Ablassen als auch Nachspannen) auch über eine außen aufgeschraubte Hülse erfolgen (siehe Abbildung 71, rechts). Dies erlaubt eine feinere Einstellung und Anpassung der Ankerkraft vor Ort als mit den vorab anzufertigenden Distanzstücken.

Mit beiden Systemen ist auch eine nachträgliche Erhöhung der Ankervorspannkraft möglich.

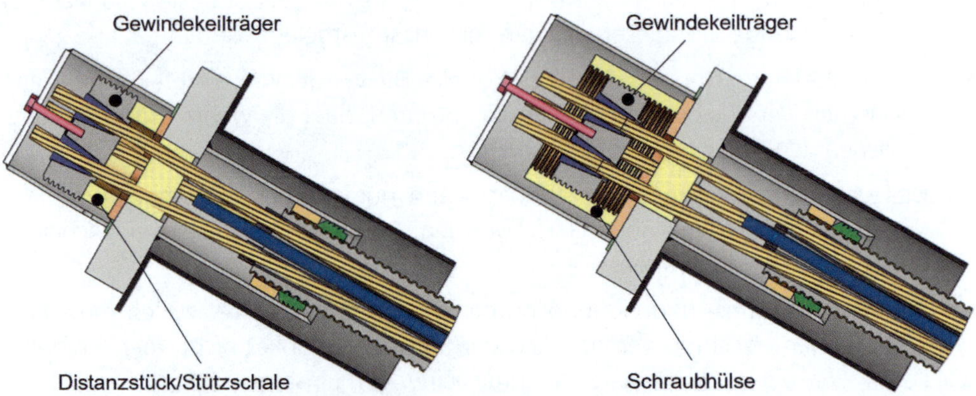

Abbildung 71: Regulierbare Ankerkopfkonstruktionen für Litzenanker gemäß EuKN 001/E1 [24] – Gewindekeilträger mit Distanzstücken/Stützschalen unterlegt (links), Gewindekeilträger und Schraubhülse (rechts)

---

40 Um die Distanzstücke herausnehmen oder einsetzen zu können, werden Halbschalen verwendet. Teilweise werden diese Distanzstücke auch als »Stützschalen« bezeichnet.

6.9.3 Rückbaubare Anker

Rückbaubare Anker gewinnen insbesondere im innerstädtischen Bereich vermehrt an Bedeutung. Einerseits steigen die Ablösesummen für Anker, die im Baugrund verbleiben. Des Weiteren führt der Trend, Infrastruktur in den Untergrund zu verlagern dazu, dass künstliche Hindernisse im Baugrund vermieden werden sollen. Ein Ankerzugglied aus (Spann-) Stahl stellt für eine Tunnelbohrmaschine ein derartiges Hindernis dar.

Prinzipiell muss zwischen teilrückbaubaren Ankern und vollständig rückbaubaren Ankern unterschieden werden. Beim teilrückbaubaren Anker verbleibt der Verpresskörper einschließlich des Zugglieds innerhalb des Verpresskörpers im Baugrund. Beim vollständig rückbaubaren Anker wird das Ankerzugglied vollständig entfernt, und es verbleibt lediglich der Zementstein des Verpresskörpers. Beispiele für teilrückbaubare Anker sind:

- Einstabanker mit einer Schraubmuffe am Übergang $L_{tb} - L_{tf}$ (siehe Abbildung 72)
  Zum Ausbau wird der Ankerkopf zunächst entspannt. Anschließend wird das Stahlzugglied der freien Stahllänge aus der Muffe geschraubt und ausgebaut. Im Boden verbleiben das Stahlzugglied der Verankerungslänge sowie das Plastikhüllrohr im Bereich der freien Stahllänge.
- Anker mit planmäßiger Querschnittsschwächung am Übergang $L_{tb} - L_{tf}$.
  Ein oder zwei Drähte einer 7-drähtigen Litze werden durchtrennt (siehe Abbildung 73). Die Tragkraft des Ankers wird entsprechend verringert (Achtung bei der Bemessung). Zum Rückbau werden die Litzen bis zum Bruch überspannt. Die Einzellitzenhüllrohre und die Litzen innerhalb der Verankerungslänge verbleiben im Boden.

Abbildung 72: Teilrückbaubare Anker mit Schraubmuffe

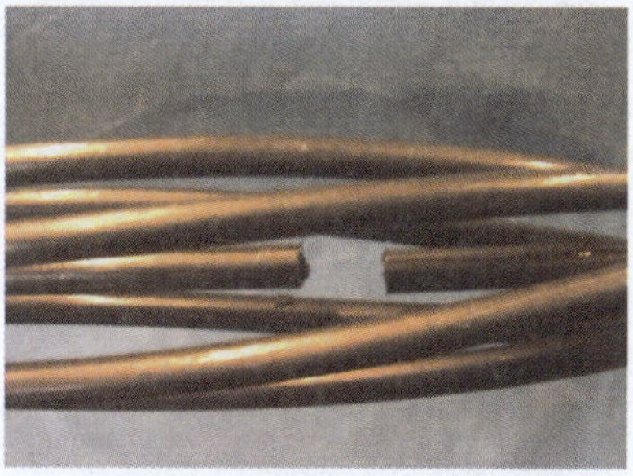

Abbildung 73: Teilrückbaubarer Anker mit Sollbruchstelle durch Querschnittsschwächung, hier: durchtrennter Draht einer 7-drähtigen Spannstahllitze

Bei vollständig rückbaubaren Ankern existieren die unterschiedlichsten Systeme:

- Anker mit Aufreißkonus am hinteren Ende des Verpresskörpers: Am hinteren Ende der Krafteintragungslänge ist ein Aufreißkonus aus Stahl angeordnet (siehe Abbildung 74). Dieser ist mit einer zentral angeordneten, im Gebrauchszustand spannungsfreien und in einem gefetteten Hüllrohr geführten Litze verbunden. Zum Aufreißen des Verpresskörpers wird der Aufreißkonus von hinten durch den Verpresskörper gezogen und der Verbund zu den umliegenden gespannten Spannstahllitzen so gestört, dass diese anschließend ausgebaut werden können.
- Anker mit Fußbox (siehe Abbildung 75) oder Ankerstücken (siehe Abbildung 76) vom Typ Druckrohranker, wobei die Litzenenden herausgeschraubt werden.
- Anker, bei denen die Litzen über ein Umlenk- und Ankerstück – analog einem Druckrohr – gebogen und beim Rückbau von einem Ende komplett durchgezogen werden (siehe Abbildung 77).[41]
- Sprengausbauanker: Beim Sprengausbauanker wird in den Verpresskörper ein Leerrohr integriert, in das für den Ausbau eine Sprengschnur eingeführt wird. Durch die Sprengung wird der Verpresskörper zerlegt, so dass sich im Nachgang die Litzen einzeln herausziehen lassen. Es verbleibt lediglich der Zementstein im Boden. Durch Anpassung der Ladungsmenge kann eine 100%ige Ausbauquote unter allen Baugrundbedingungen (Boden und Fels) erzielt werden. Es wird empfohlen, vor den Sprengarbeiten eine Beweissicherung durchzuführen und die Sprengerschütterungen zum Abgleich mit den zulässigen Schwinggeschwindigkeitsgrenzwerten nach DIN 4150 messtechnisch zu überwachen.

Der Ausbau der Zugglieder erfolgt in der Regel mittels Spannpressen. Auf die Gefahr des Zurückfederns, wenn das erdseitige Zuggliedende das Bohrloch verlässt, wird explizit hingewiesen! Bei der Verfahrenswahl ist zu beachten, dass manche Systeme aufgrund ihrer Konstruktion größere Bohrrohrinnendurchmesser und damit auch größere Bohrdurchmesser erfordern, als dies bei nichtrückbaubaren Kurzzeitankern gleicher Litzenanzahl der Fall wäre.

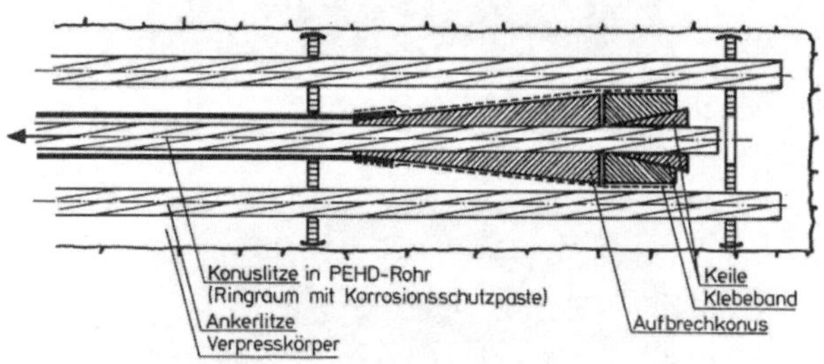

Abbildung 74: Rückbaubarer Litzenanker mit Aufreißkonus [36]

41 Bei dem System mit Umlenkstück werden die Litzen mit einem sehr kleinen Biegeradius gebogen und plastisch deformiert. Da dies eine Abweichung von der Litzenzulassung darstellt, ist das System in Deutschland nicht einsetzbar. In Großbritannien, wo das System entwickelt wurde, wird eine mögliche Schädigung der Litze durch Mikrorisse durch eine Reduzierung des inneren Widerstands auf 90 % berücksichtigt.

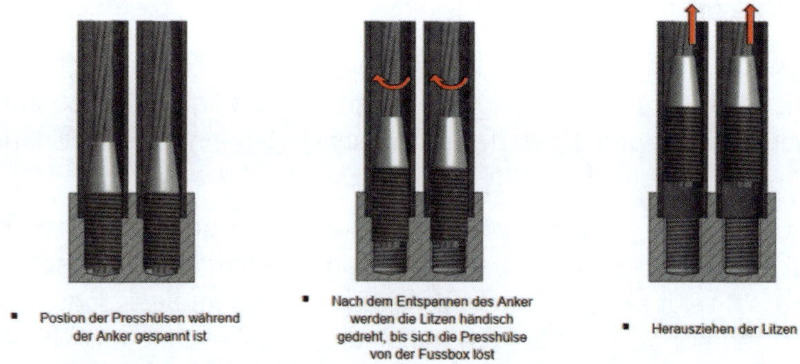

Abbildung 75: Ausbauprinzip beim System DYWIDAG QuickEx®, Quelle: https://sterobit.ch/wp-content/uploads/2017/01/QuickEx-TDS-01.17.pdf

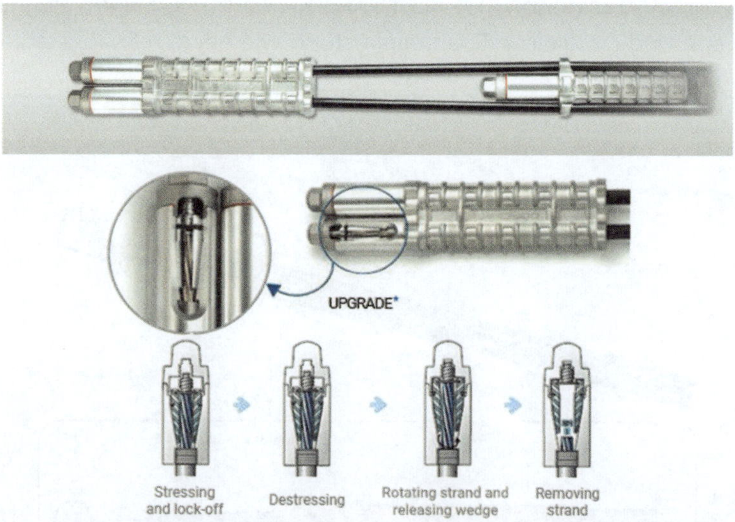

Abbildung 76: Rückbaubarer Anker Typ Samwoo SW-RCD – Ankerstück (oben), Ausbauprozess (unten); Quelle: https://eng.swanchor.com/product/sw01_1.php

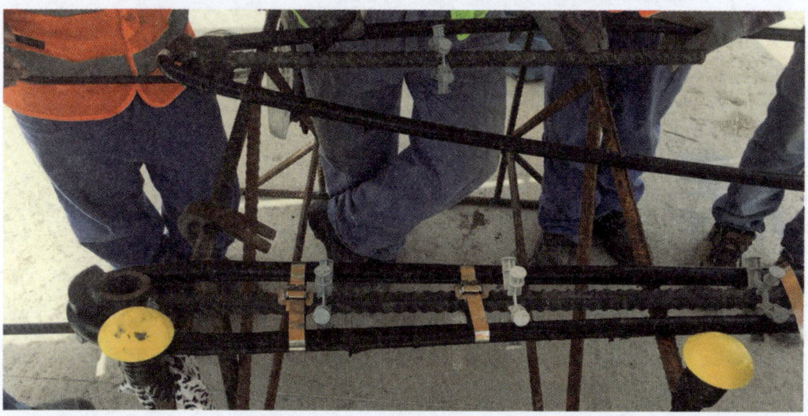

Abbildung 77: Ausbauanker Typ SBMA mit um das Ankerstück gebogenen Litzen

6.9.4 GFK-Anker

Da GFK nur geringe Scherkräfte aufnehmen kann, stellen die GFK-Zugglieder für spätere Baumaßnahmen kein Hindernis dar, sodass ein zeitaufwändiger Rückbau entfallen kann. GFK-Anker werden im Gegensatz zu den rückbaubaren Systemen auch als »fully cuttable« bezeichnet.

Problematisch war anfangs die Ausbildung der Ankerkopfkonstruktion, da das GFK empfindlich auf Querdruck reagiert. Dazu existieren aber mittlerweile verschiedene Lösungen. Abbildung 78 zeigt ein System, bei dem das Zugglied im Bereich der Verankerungslänge und größtenteils auch im Bereich der freien »Stahl«-Länge aus GFK-Stabbündeln besteht. Jedes GFK-Stabbündel mit Nenndurchmesser 21 mm wird aus sieben GFK-Einzelstäben Ø = 7 mm zusammengesetzt. Am luftseitigen Ende ist das GFK-Stabbündel in einer Muffe eingeklebt. Über die Muffe schließt ein kurzes Stück einer herkömmliche Spannstahl-Litze an (siehe Abbildung 78). Derart kann bei den GFK-Ankern die gleiche Ankerkopfkonstruktion und die gleiche Spannausrüstung wie bei den Spannstahl-Litzenankern verwendet werden.

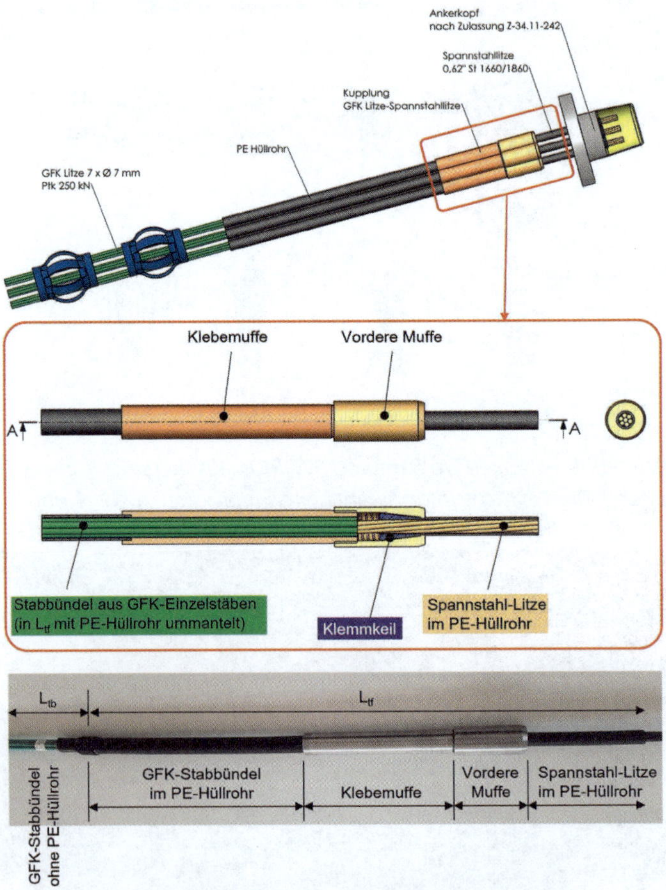

Abbildung 78: GFK-Anker System SPANTEC – Muffenverbindung zwischen luftseitiger Spannstahllitze und GFK-Stabbündel; © SPANTEC Spann- und Ankertechnik GmbH

6.10 Hinweise zur Planung

Bei der Planung von Verpressankern sollten die folgenden Grundsätze und Entwurfsregeln berücksichtigt werden (siehe Abbildung 79 bis Abbildung 81):

- Planmäßige freie Ankerlänge $L_{free} \geq 5$ m
- Mindestüberdeckung über Oberkante des Verpresskörpers bis Geländeoberkante ≥ 4 m und zu Bauwerken und Leitungen ≥ 3 m
- Der Verpresskörper soll keine Schichtgrenzen schneiden, sondern die Ankerkraft vollständig in eine Bodenschicht einleiten.
- Der Mindestachsabstand zwischen benachbarten Verpresskörpern sollte a ≥ 1,5 m betragen. Sofern dies nicht eingehalten werden kann, sollten benachbarte Anker vertikal verschwenkt und/oder in ihrer Länge gestaffelt werden.
- Bei mehrlagig verankerten Konstruktionen sollten die Verpresskörpermittelpunkte benachbarter Ankerlagen nicht in einem senkrechten Schnitt übereinanderliegen (Vermeidung eines Fangedammeffekts). Die Anker benachbarter Ankerlagen sollten in ihrer Länge gestaffelt werden.
- Ankerneigungen < 10° sind generell zu vermeiden.
- Sehr steile Ankerneigungen > 30° sollten ebenfalls vermieden werden. Durch die erhöhte vertikale Ankerkraftkomponente wird verankerten Konstruktionen im Zuge des Spannprozesses eine gewisse Setzung aufgezwungen, was zu einer Entlastung der bereits gespannten Anker und im schlimmsten Fall einem Durchrutschen der Litzen führen kann.
- Vorspringende Ecken sollten aufgrund der Ankerkreuzungen und der Gefahr des Abbohrens bereits hergestellter Anker generell vermieden werden. Sofern vorspringende Ecken nicht vermieden werden können, dürfen die Krafteintragungslängen nicht innerhalb des aktiven Gleitkeils der zum Anker parallel verlaufenden Wand angeordnet werden. Bei der Planung der Ankerkreuzungen sind die normativen Herstelltoleranzen hinsichtlich Ansatzpunkt und Ankerneigung zu berücksichtigen. Des Weiteren wird dringend empfohlen, alle Anker zu vermessen (geodätische Vermessung des Ankeransatzpunkts und Bohrlochverlaufsmessung mittels Bohrlochmodulsonde) und die Abstände in einem fortzuschreibenden Bestandsplan zu dokumentieren.
- In einspringende Ecken und Nischen sollte die Herstellbarkeit (Anfahrbahrkeit des Bohransatzpunkts) überprüft werden.
- Sofern erdseitig der zu verankernden Konstruktion weiche Böden anstehen, kann das Prüfen und Spannen zu unerwartet großen Verformungen der zu verankernden Konstruktion führen. Die Konstruktion wird gegebenenfalls deutlich ins Erdreich gezogen. Entsprechend wird empfohlen, nicht nur die einzelnen Aushubzustände, sondern auch den Prüf- und Spannprozess der einzelnen Ankerlagen rechnerisch zu untersuchen.

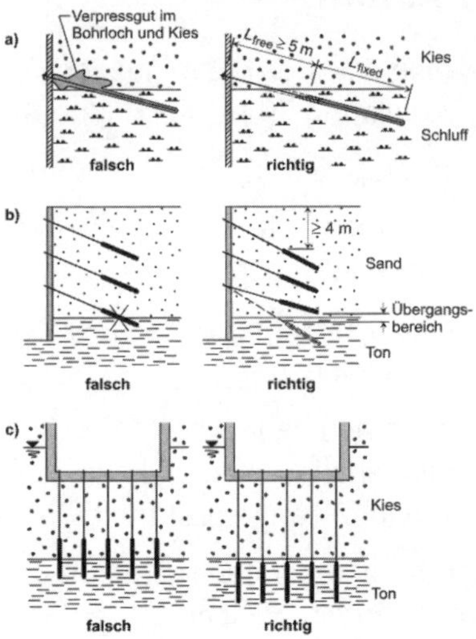

Abbildung 79: Richtige und falsche Anordnung von Verpresskörpern an Schichtgrenzen [37]

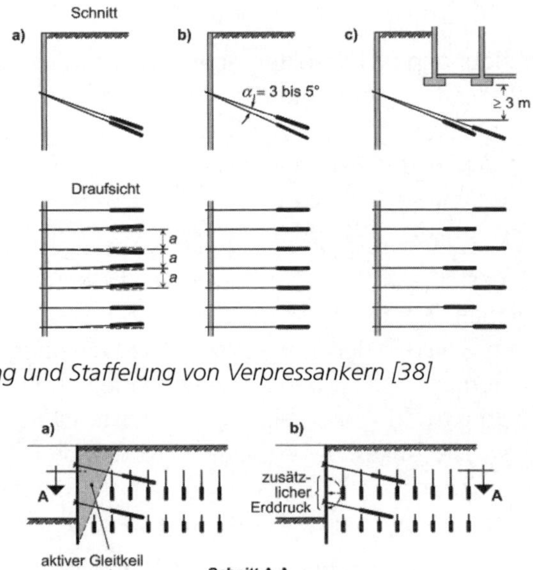

Abbildung 80: Spreizung und Staffelung von Verpressankern [38]

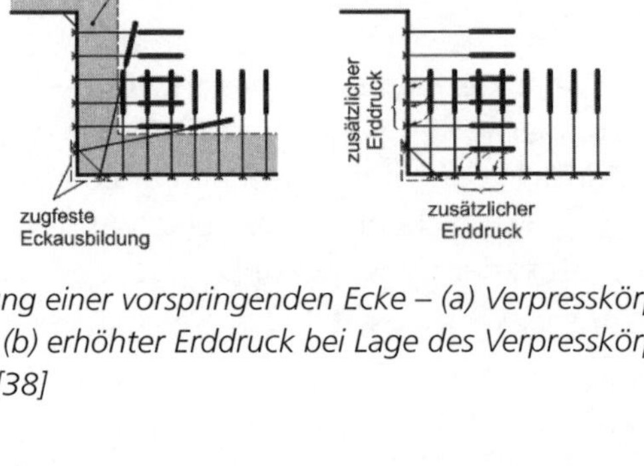

Abbildung 81: Verankerung einer vorspringenden Ecke – (a) Verpresskörper außerhalb des aktiven Gleitkeils, (b) erhöhter Erddruck bei Lage des Verpresskörpers innerhalb des aktiven Gleitkeils [38]

In der zukünftigen Normengeneration des Eurocode 7[42] wird dem Thema Zuverlässigkeit verstärkte Bedeutung beigemessen werden. In Kapitel 10 des zukünftigen Eurocode 7-1 werden deshalb Anforderungen hinsichtlich Bauüberwachung, Inspektion, Monitoring und Wartung definiert. Für Daueranker bedeutet dies nicht nur eine entsprechend qualifizierte Planung der Ankerköpfe im Hinblick auf die Anforderungen nach DIN EN 1537, Kapitel 6.2.2.2 (nachlassbar, entspannbar und nachspannbar) sondern unter anderem auch die Sicherstellung einer späteren Zugänglichkeit, ausreichend dimensionierte Ankernischen und ausreichender Platz luftseitig des Ankerkopfs zum Aufbau der Spannausrüstung, Entwässerung und Schutz der Ankernischen vor Verschmutzung, etc. Des Weiteren sollte z.B. bei Stützbauwerken in Kriechhängen die Möglichkeit für nachträgliche Verstärkungen – d.h. leere Ankernischen, in denen Zusatzanker gesetzt werden können – vorgesehen werden.

6.11 Literatur und verwendete Quellen

[1] DIN EN 1997-1:2009-09 Eurocode 7: Entwurf, Berechnung und Bemessung in der Geotechnik – Teil 1: Allgemeine Regeln; Deutsche Fassung EN 1997-1:2004 + AC:2009.

[2] DIN EN 1997-1/NA:2010-12 Nationaler Anhang – National festgelegte Parameter – Eurocode 7: Entwurf, Berechnung und Bemessung in der Geotechnik – Teil 1: Allgemeine Regeln.

[3] DIN 1054:2021-04 Baugrund – Sicherheitsnachweise im Erd- und Grundbau – Ergänzende Regelungen zu DIN EN 1997-1.

[6] DIN EN 1537:2014-07 Ausführung von Arbeiten im Spezialtiefbau – Verpressanker; Deutsche Fassung EN 1537:2013.

[7] DIN/TS 18537:2021-05 Ergänzende Festlegungen zu DIN EN 1537:2014-07, Ausführung von Arbeiten im Spezialtiefbau – Verpressanker.

[8] DIN 4085:2017-08 Baugrund – Berechnung des Erddrucks.

[9] Deutsche Gesellschaft für Geotechnik e.V. (DGGT), Hrsg., Empfehlungen des Arbeitskreises »Baugruben« (EAB), 6. Hrsg., Ernst & Sohn, 2021, p. 298.

[10] EAD 160071-00-0102 – Kit for Rock and Soil Anchors using Prestressing Steel Strand, 2019-02.

[11] L. Wichter und W. Meiniger, »Verpressanker, Bodennägel und Zugpfähle«, in *Grundbau-Taschenbuch Teil 2: Geotechnische Verfahren*, 8 Hrsg., Bd. 2, K. J. Witt, Hrsg., Ernst & Sohn, 2018, pp. 375-468.

[12] H. Ostermayer, »35 Jahre Verpreßanker im Boden«, in *40 Jahre Spezialtiefbau 1953-1993, Technische und rechtliche Entwicklungen, Festschrift für Karlhein Bauer zum 65. Geburtstag*, K. Englert und M. Stocker, Hrsg., Werner Verlag GmbH, 1993, pp. 65-96.

42 Aktuell liegt der Normenentwurf in der Fassung FprEN 1997-1:2024 vor.

[13] DIN EN 14199:2012-01 Ausführung von besonderen geotechnischen Arbeiten (Spezialtiefbau) – Pfähle mit kleinen Durchmessern (Mikropfähle); Deutsche Fassung EN 14199:2005.

[14] DIN SPEC 18539:2012-02 Ergänzende Festlegungen zu DIN EN 14199:2012-01, Ausführung von besonderen geotechnischen Arbeiten (Spezialtiefbau) – Pfähle mit kleinen Durchmessern (Mikropfähle).

[15] L. Wichter und W. Meiniger, Verankerungen, Vernagelungen und Mikropfähle in der Geotechnik, Teichland und Wiggensbach, 2020.

[16] DIN 21521-1:1990-07 Gebirgsanker für den Bergbau und den Tunnelbau; Begriffe.

[17] DIN EN 1992-1-1:2011-01 Eurocode 2: Bemessung und Konstruktion von Stahlbeton- und Spannbetontragwerken – Teil 1-1: Allgemeine Bemessungsregeln und Regeln für den Hochbau; Deutsche Fassung EN 1992-1-1:2004 + AC:2010.

[18] R. Füllsack-Köditz, »Verbundverhalten von GFK-Bewehrungsstäben und Rissentwicklung in GFK-stabbewehrten Betonbauteilen (Dissertation)«, Institut für Konstruktiven Ingenieurbau, Bauhaus-Universität Weimar, 2004.

[19] Deutsches Institut für Bautechnik (DIBt), Z-34.11-231 – SPANTEC-Daueranker (Einstabanker) für Boden und Fels mit Stahlzuggliedern aus: St 950/1050 Ø 26,5 mm, Ø 32,0 mm, Ø 36,0 mm und Ø 40,0 mm, gültig bis 25. Juli 2027.

[20] L. Wichter, »Schadensmöglichkeiten bei Verpressankern. Erfahrungen aus 40 Jahren Einsatz im Spezialtiefbau«. Vortrag am 28.02.2018 beim 2. VDEI-Kolloquium Geotechnik in Neustadt a. d. Weinstraße.

[22] DIN EN 197-1:2011-11 Zement – Teil 1: Zusammensetzung, Anforderungen und Konformitätskriterien von Normalzement; Deutsche Fassung EN 197-1:2011.

[23] SPANTEC Spann- und Ankertechnik GmbH, Imagebroschüre Komplettanbieter für geotechnische Produkte, www.spantec-gmbh.de/export/shared/documents/pdf/spantec/Spantec_Imagebroschure.pdf.

[24] Eignungs- und Konformitätsnachweis nach Norm SIA 267 Nr. 001/E1, 18.03.2022.

[25] DIN EN 447:2017-09 Einpressmörtel für Spannglieder – Allgemeine Anforderungen; Deutsche Fassung EN 447:2007.

[26] DIN EN 206:2021-06 Beton – Festlegung, Eigenschaften, Herstellung und Konformität; Deutsche Fassung EN 206:2013+A2:2021.

[27] DIN 1045-2:2008-08 Tragwerke aus Beton, Stahlbeton und Spannbeton – Teil 2: Beton – Festlegung, Eigenschaften, Herstellung und Konformität – Anwendungsregeln zu DIN EN 206-1.

[28] Deutsches Institut für Bautechnik (DIBt), Z-34.11-201 – BAUER Spezialtiefbau GmbH, Daueranker Typ »Litzenwellrohranker« aus 2-12 Litzen 0,6"/0,62" St 1570/1770 und St 1660/1860.

[29] Deutsches Institut für Bautechnik (DIBt), Z-13.8-136 – BAUER Spezialtiefbau GmbH, Ankerköpfe für Verpressanker mit 2 bis 12 Litzen, gültig bis 21. April 2027.

[30] E. Wernick, »Tragfähigkeit zylindrischer Anker in Sand unter besonderer Verücksichtigung des Dilatanzverhaltens«, Veröffentlichungen des Instituts für Bodenmechanik und Felsmechanik, Universität Karlsruhe, 1978.

[31] F. Scheele, »Tragfähigkiet von Verpreßankern in nichtbindigem Boden (neue Erkenntnisse durch Dehnungsmessungen im Verankerungsbereich)«, Lehrstuhl und Prüfamt für Grundbau, Bodenmechanik und Felsmechanik, Technische Universität München, 1982.

[32] SPANTEC Spann- und Ankertechnik GmbH, www.spantec-gmbh.de/export/shared/documents/pdf/spantec/Produktpalette/Ankerabrollvorrichtung.PDF.

[33] DIN EN ISO 22477-5:2019-05 Geotechnische Erkundung und Untersuchung – Prüfung von geotechnischen Bauwerken und Bauwerksteilen – Teil 5: Prüfung von Verpressankern (ISO 22477-5:2018); Deutsche Fassung EN ISO 22477-5:2018.

[34] Schweizerischer Ingenieur- und Architektenverein (SIA): SIA 267:2013 Geotechnik; Schweizer Norm SN 505 267; Gültig ab: 2013-08-01.

[35] Schweizerischer Ingenieur- und Architektenverein (SIA): SIA 267/1:2013 Geotechnik – Ergänzende Festlegungen; Schweizer Norm SN 505 267/1; Gültig ab: 2013-08-01.

[36] L. Wichter, Schäden und Schadesnmöglichkeiten bei Verankerungen – Eine Erfahrungssammlung aus der Prüfung und Bewertung von Verankerungen anhand von Schadensfällen aus 45 Jahren Einsatz im Spezialtiefbau, Teichland, 2018.

[37] G. Möller, Geotechnik – Grundbau, Ernst & Sohn, 2016.

[38] L. Wichter und W. Meiniger, Verankerungen und Vernagelungen im Grundbau, Berlin: Ernst & Sohn, 2000, p. 203.

[39] Deutsches Institut für Bautechnik (DIBt), Muster-Verwaltungsvorschrift Technische Baubestimmungen, Ausgabe 2021/1 mit Druckfehlerberichtigung vom 4. März 2022.

7 Verbesserung des Baugrundes

Rolf Katzenbach, Steffen Leppla

7.1 Einführung

Zur Gewährleistung der Standsicherheit und der Gebrauchstauglichkeit von Bauwerken aller Bauvorhaben muss der Baugrund die jeweiligen geotechnischen Anforderungen erfüllen. Da der Baugrund in vielen Fällen nicht von Natur aus diesen Anforderungen genügt, muss der entsprechende Bereich entweder ausgetauscht oder ertüchtigt, d.h. verbessert werden [1]. Der Bodenaustausch ist eine rein erdbautechnische Aufgabenstellung. Beschreibungen zum Bodenaustausch finden sich u.a. in [2]. Die Verbesserung des Baugrundes, nachfolgend als Baugrundverbesserung bezeichnet, ist eine charakteristische Aufgabenstellung des Spezialtiefbaus und soll in diesem Kapitel behandelt werden.

In Abbildung 1 sind die verschiedenen Maßnahmen zur Baugrundverbesserung zusammengefasst:

- Verdichtung (Kap. 7.2)
- Vermörtelung (Kap. 7.3)
- Injektion (Kap. 7.4)
- Tiefendränage (Kap. 7.5)
- Vereisung (Kap. 7.6)
- Bewehrung (Kap. 7.7)

Abbildung 1: Maßnahmen zur Verbesserung des Baugrundes

Man beachte, dass der Einteilung in Abbildung 1 keine starren Grenzen zugrunde liegen. Vielmehr sind die Übergänge fließend und einzelne Verfahren können mehreren Bereichen zugeordnet werden. Dies trifft z.B. auf Betonstopfsäulen und Fertigmörtelstopfsäulen (Kap. 7.2.2.7) und Betonrüttelsäulen (Kap. 7.2.2.8) zu, die auch dem Überbegriff Bewehrung (Kap. 7.7) zugeordnet werden können.

Im Bereich der Baugrundverbesserung gibt es eine große Zahl unterschiedlicher Verfahren und Geräte [3] bis [7]. Häufig sind diese Verfahren und Geräte nicht genormt, sondern durch allgemeine bauaufsichtliche Zulassungen, Merkblätter, herstellereigene Bedienungs- und Betriebsanleitungen oder andere technische Regel- und Vorschriftenwerke reglementiert. Nachfolgend werden nur die am häufigsten angewendeten Verfahren und Geräte erläutert.

Die Auswahl der Verfahren und Geräte zur Baugrundverbesserung hängt im Wesentlichen von folgenden Aspekten ab:

- Fläche, Schichtdicke bzw. Tiefenlage des zu verbessernden Baugrundes
- notwendige bodenmechanische Parameter zur Gewährleistung der Standsicherheit und/oder der Gebrauchstauglichkeit während der Bauphase und der Nutzungsphase
- Komplexität der Verfahren und Verfügbarkeit der Geräte sowie notwendiger Materialien (Baustoffe, Wasser, Ersatzteile)
- Menge und Art der Energieversorgung
- Zuwegung und Befahrbarkeit
- Platzverhältnisse
- Schutzgüter (Erschütterung, Abgase, Abwässer, Lärm, Fahrzeugverkehr etc.)

7.2 Verdichtung des Bodens

Die Baugrundverbesserung durch Verdichtung des Bodens kann in statische und in dynamische Verfahren unterschieden werden. Die statischen Verfahren sind Vorbelastungen und Tiefendränagen, die in Kapitel 7.5 erläutert werden.

Grundsätzlich hängt die mit der Verdichtung einhergehende Volumenverminderung mit der Bodenbeschaffenheit und dem Verdichtungsaufwand zusammen. Der Verdichtungsaufwand setzt sich aus eingebrachter Energie und der Einwirkungsdauer zusammen. Die dynamische Verdichtung des Bodens kann in die oberflächennahe (Kap. 7.2.1) und in die tiefe Verdichtung (Kap. 7.2.2) unterschieden werden (Abbildung 1).

7.2.1 Oberflächennahe Verdichtung

Die oberflächennahe Verdichtung erfolgt mit an der Oberfläche geführten bzw. gefahrenen Verdichtungsgeräten und -fahrzeugen. Folgende Geräte und Fahrzeuge sind hierfür typisch:

- Vibrationsplatte
- Vibrationsstampfer

- Einradvibrationswalze
- Doppelvibrationswalze
- Tandemwalze
- Mehrzweckwalze
- Gummiradwalze
- Walzenzüge
- Anhängewalze
- Plattenverdichter

Abbildung 2 zeigt eine Deichbaustelle, auf der mehrere Geräte zur oberflächennahen Verdichtung und Bodenverbesserung gleichzeitig im Einsatz sind.

Abbildung 2: Oberflächennahe Verbesserung des Baugrundes mit Walzen und Bodenfräsen (im Vordergrund: Glattmantelwalze mit am Heck angehängten Vibrationsplatten).

Das Anwendungsspektrum nahezu aller Walzen lässt sich durch zusätzliche technische Ausstattungen erweitern. Hierzu zählen z.B. Vibrationselemente und besondere Walzenbandagen. Weitere Ausführungen hierzu finden sich z.B. in [8]. Für weitere Hinweise zur Geräte- und Fahrzeugtechnik sei an dieser Stelle auf die Produktbeschreibungen der Hersteller verwiesen, die meist aktuell im Internet eingesehen werden können.

Beispielhaft sind in den Abbildung 2 und 3 zwei unterschiedliche Walzentypen abgebildet. In Abbildung 2 ist im Vordergrund eine Glattmantelwalze zu sehen. Am Heck der Walze sind zusätzlich Vibrationsplatten angebracht, die nachlaufend eingesetzt werden, um z.B. Fahrspuren einzuebnen und wieder zu verdichten, um ein gleichmäßiges Planum herzustellen. Glatte Walzenmäntel eignen sich zum Verdichten von grobkörnigen, d.h. nichtbindigen Böden. Abbildung 3 zeigt eine Walze mit Stampffußbandage, auch Schaffußbandage genannt. Diese Art von Bandagen eignet sich zur Verdichtung von feinkörnigen, d.h. bindigen Böden.

Abbildung 3: Walze mit Stampffuß- bzw. Schaffußbandage

Die bestimmenden Einflüsse auf die erzielbare Verdichtung können Tabelle 1 entnommen werden. Die üblichen Einsatzbereiche der oberflächennah wirkenden Verdichtungsgeräte und -fahrzeuge ist in Tabelle 2 zusammengefasst. Die Angaben beruhen auf Informationen der Geräte- und Fahrzeughersteller, auf Angaben von bauausführenden Firmen sowie auf [8].

Tabelle 1: Bestimmende Faktoren für die erzielbare Verdichtung.

Boden	Gerät / Fahrzeug	Rand-bedingungen
Grobkörnig - Kornform - Kornrauigkeit - Korngrößenverteilung - Wassergehalt **Feinkörnig** - Plastizität - Wassergehalt	**Technische Daten** - Gewicht - Gewichtsverteilung - Schwingmasse - Geometrie - Anzahl und Art der Bandagen bzw. Reifen **Leistungsparameter** - Frequenz - Amplitude - Reifendruck - Geschwindigkeit - Einwirkdauer - Anzahl der Übergänge **Walzenart** - statische Walze - Gummiwalze - Vibrationswalze	**Steifigkeit des Untergrundes** **Schichtdicke** **Wassergehalt** **Wetter** - Regen - Frost

Tabelle 2: Übliche Einsatzbereiche der oberflächennahen Verdichtung

	Vibrations-platte	Vibrations-stampfer	Einrad-vibrations-walze	Doppel-vibrations-walze	Tandem-walze	Mehr-zweck-walze	Gummi-rad-walze	Walzen-zug	Anhänge-walze	Platten-verdichter
Straße	o	-	-	x	o	o	x	x	x	x
Eisenbahn	-	-	-	o	-	-	-	x	x	-
Flughafen	-	-	-	-	-	-	-	x	x	o
Wasserbau	-	-	-	o	o	-	-	x	x	-
Deponie	-	-	-	o	o	-	-	x	x	-
Geh- und Radweg	x	-	x	x	o	o	x	o	-	x
Hof- und Garageneinfahrt	x	-	x	x	o	o	x	o	-	x
Parkplatz und Industriehof	o	-	-	x	o	o	x	x	-	o
Spiel- und Sportanlage	o	x	-	x	o	o	x	x	-	x
Graben	x	o	o	x	-	-	-	x	-	-
enger Graben < 50 cm	o	x	-	-	-	-	-	-	-	-

x = gut geeignet, o = geeignet, - = nicht geeignet

Die Tiefenreichweite der Verdichtungsgeräte und -fahrzeuge ist abhängig vom Typ, dem Gewicht, der Geometrie, den Leistungsparametern und der Bodenart. I.d.R. geben die Geräte- und Fahrzeughersteller die Tiefenreichweite für unterschiedliche Böden an. So beträgt die Herstellerangabe z.B. für einen rd. 25 t schweren Walzenzug bis zu 0,6 m für feinkörnige und bis zu 2,0 m für grobkörnige Bodenmaterialien. Diese Werte können aber nur unter perfekten Randbedingungen erzielt werden. In der einschlägigen Fachliteratur sind deutlich andere Erfahrungswerte dokumentiert. Nach [1] beträgt die maximale Tiefenreichweite nur bis zu 0,8 m für grobkörnige Bodenmaterialien.

Liegen für Baumaßnahmen keine ausreichenden Erfahrungen für die Verdichtung vergleichbarer Bodenmaterialien vor, sind – in Abhängigkeit von der Projektgröße – Probeverdichtungen mit unterschiedlichen Geräten und Fahrzeugen sinnvoll [9]. Tabelle 3 gibt Anhaltswerte für die Auswahl der Geräte und Fahrzeuge. Die Angaben beruhen auf Informationen der Geräte- und Fahrzeughersteller, auf Angaben von bauausführenden Firmen sowie auf [8]. Weiterführende Erläuterungen, insbesondere zu den Abmessungen von entsprechenden Probefeldern, sind in [8] enthalten.

Tabelle 3: Anhaltswerte zur Auswahl der Geräte und Fahrzeuge

Verdichtungsgerät/ -fahrzeug		Boden					
		grobkörnig			feinkörnig		
		E	**H**	**Ü**	**E**	**H**	**Ü**
statisch	Glattmantelwalze ≥ 12 t	o	10 - 20	4 - 8	o	10 - 20	4 - 8
statisch	Gummiradwalze 20 t - 30 t	x	10 - 20	6 - 10	x	10 - 20	6 - 10
dynamisch	Vibrationsplatte ≤ 400 kg	x	20 - 30	4 - 6	-	-	-
dynamisch	Vibrationsplatte > 400 kg	x	30 - 40	4 - 6	x	20 - 30	6 - 8
dynamisch	Vibrationsstampfer < 80 kg	o	20 - 30	3 - 7	o	10 - 20	2 - 4
dynamisch	Walzenzug ≤ 7 t	x	20 - 30	4 - 8	x	20 - 30	4 - 8
dynamisch	Walzenzug ≤ 12 t	x	30 - 50	4 - 8	x	20 - 30	4 - 8
dynamisch	Walzenzug ≤ 20 t	x	30 - 60	4 - 8	x	20 - 40	4 - 8
dynamisch	Walzenzug > 20 t	x	40 - 80	4 - 8	x	30 - 60	4 - 8
dynamisch	Tandemvibrationswalze ≤ 7 t	x	20 - 30	4 - 6	-	-	-
dynamisch	Tandemvibrationswalze > 7 t	x	30 - 40	4 - 6	-	-	-

Voraussetzung:
optimaler Wassergehalt

E = Eignung
H = Schichtdicke in [cm]
Ü = Anzahl Überfahrten

x = empfohlen
o = geeignet
– = nicht geeignet

Wetterbedingte Schwierigkeiten der Bauausführung sind im Wesentlichen auf Niederschlag und Temperatur zurückzuführen. Folgende Maßnahmen können dann ergriffen werden:

- Abführen des Niederschlags
- Einbau dünner Schichten, die sofort zu verdichten sind
- Aufbringen von Schutzschüttungen
- Aufbringen von Geotextilien als Schutz gegen Durchfeuchtung oder Austrocknung

Diese Maßnahmen sind grundsätzlich mit erhöhtem Aufwand verbunden, die den eigentlichen Baufortschritt z.T. erheblich behindern. Darüber hinaus sind sie nur bei kurzen Schlechtwetterperioden wirtschaftlich tragbar. In den meisten Fällen ist es wirtschaftlich sinnvoll, bei Beginn einer Schlechtwetterperiode die Arbeiten einzustellen [8].

7.2.2 Tiefe Verdichtung

Zur Verdichtung größerer Tiefenbereiche dienen die Tiefenrüttelverfahren. Die Ausführung von Tiefenrüttelmaßnahmen ist in DIN EN 14731 [10] normativ geregelt. Die Verfahren zur tiefen Verdichtung bedürfen i.d.R. keiner Genehmigung, keiner Grundwasserabsenkung und keines Bodenaushubs [8]. Mit den Tiefenrüttelverfahren (Abbildung 1) können folgende Baugrundverbesserungen erzielt werden:

- Verdichtung von grobkörnigen Böden
- Verringerung der Durchlässigkeiten von grobkörnigen Böden
- Verhinderung der Bodenverflüssigung von grobkörnigen, locker gelagerten Böden
- Erhöhung der Steifigkeiten und der Scherparameter von feinkörnigen Böden durch Materialzugabe

Das Tiefenrüttelverfahren zur Eigenverdichtung des Bodens ist geeignet, wenn der Boden nahezu keine Kohäsion hat. Bei Sanden und Kiesen sollte der Schluffanteil (Korngröße < 0,06 mm) unter 10 % liegen [1]. Tonanteile (Korngröße < 0,002 mm) erschweren die Verdichtung erheblich.

7.2.2.1 Rüttelverdichtung

Das einfachste Tiefenrüttelverfahren verwendet schlanke Stahlbauteile in Kombination mit einem Aufsatzrüttler und ist heute als MRC-Verfahren (Müller Resonant Compaction) bekannt [1].

Verwendet werden Aufsatzrüttler, mit denen Stahlrohre, Stahlträger oder Stahlbohlen in den Boden eingerüttelt werden [1], [10], [11]. An den Stahlbauteilen können Spülleitungen befestigt sein, um das Absenken zu beschleunigen. Im Gegensatz zur Rütteldruckverdichtung (Kap. 7.2.2.2) werden die Stahlbauteile in vertikale Schwingungen versetzt. Das in Solltiefe eingerüttelte Stahlbauteil wird anschließend langsam gezogen. Der Aufsatzrüttler selbst bleibt außerhalb des Bodens (Abbildung 4). I.d.R. erfolgt das Absenken des Stahlbauteils mit einer höheren Frequenz von rd. 25 Hz, während das Ziehen und damit die eigentliche Verdichtung des Bodens mit niedrigerer Frequenz von rd. 15 Hz erfolgt [1], [12]. Stahlrohre und Stahlbohlen sind häufig mit zahlreichen Öffnungen versehen, um die seitliche Schwingungsausbreitung zu erhöhen. Das MRC-Verfahren dient der Verdichtung von grobkörnigen Böden bis in eine Tiefe von etwa 15 m unter Geländeoberfläche [1]. Die Absenkgeschwindigkeit der Stahlbauteile in den Boden ist ca. viermal so groß wie bei Tiefenrüttlern. Da aber die eingetragene Energie systembedingt geringer ist, sind vier- bis fünfmal so viele Verdichtungspunkte erforderlich [12]. Untersuchungen haben gezeigt, dass Verdichtungsverfahren mit Aufsatzrüttler weniger effektiv sind als Verdichtungsverfahren mit Tiefenrüttlern [13].

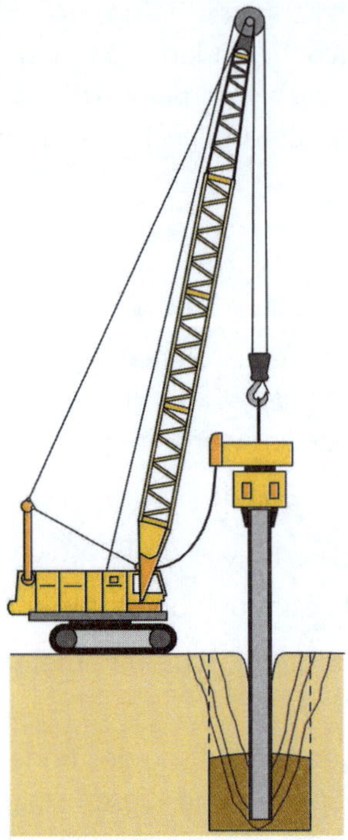

Abbildung 4: Tiefenrüttelverfahren mit Aufsatzrüttlern

7.2.2.2 Rütteldruckverdichtung

Das vermutlich älteste dynamische Tiefenverdichtungsverfahren ist das Rütteldruckverfahren (engl. vibrocompaction oder vibroflotation). Es wurde bereits in den 1930er Jahren von der Firma Johann Keller in Deutschland entwickelt [1]. Zur zeitlichen und technischen Entwicklung sei auf [14] und [15] verwiesen.

Abbildung 5 zeigt das Arbeitsprinzip bei der Rütteldruckverdichtung. Der Tiefenrüttler ist ein zylindrischer Körper mit einem Durchmesser von 35 cm bis 50 cm und einer Länge von bis zu 4,5 m [1], [7]. Der horizontal schwingende Tiefenrüttler hat üblicherweise ein Gewicht von 1,5 t bis 2,5 t. Für besondere Anwendungsfälle kann das Gewicht bis zu 4,5 t betragen. Das Stahlrohr mit innenliegender, mit Unwucht rotierender Schwingmasse hängt, über einen Schwingungsdämpfer verbunden, an den Verlängerungsrohren, die zur Erreichung der Einsatztiefe erforderlich sind. Durch die Verlängerungsrohre verlaufen die Kabel zur Energieversorgung des Rüttlermotors [1], [3]. Darüber hinaus verlaufen in den Verlängerungsrohren Leitungen für Wasser und ggf. Luft. Die Austrittsöffnungen liegen an der Rüttlerspitze sowie zusätzlich an weiteren ausgewählten Stellen. Die Zuführung von Wasser und Luft dient der Erleichterung des Einbringens des Tiefenrüttlers, der nur durch sein Eigengewicht und die Vibration in den Baugrund absinkt. Abbildung 6 zeigt mehrere Trägergeräte mit Tiefenrüttlern im Einsatz. Beim Einbringen ist ein größeres Wasservolumen hilfreicher als ein größerer Druck. Bei Erreichen der Solltiefe werden Wasser- und Luftzufuhr abgeschaltet bzw. stark gedrosselt. Die übliche Absenkgeschwindigkeit beträgt 2 m/min bis 5 m/min [11].

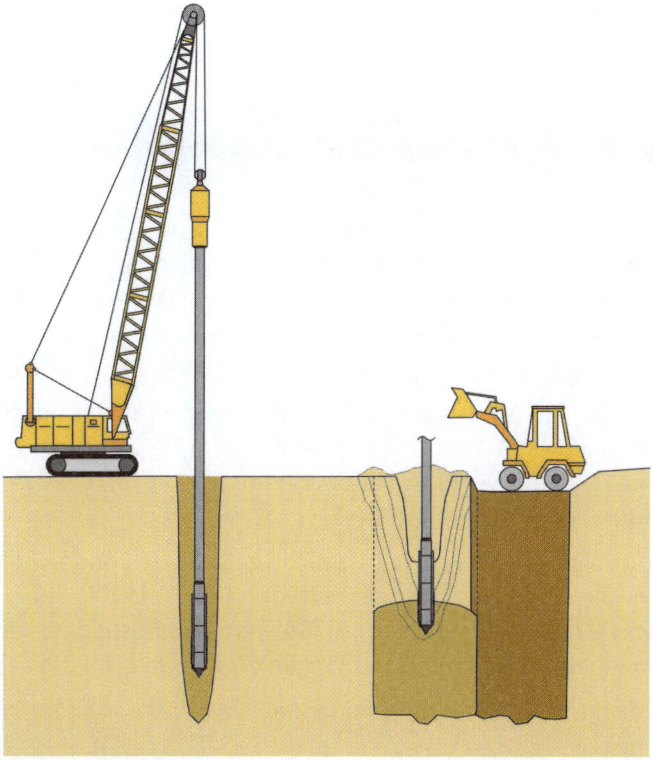

Abbildung 5: Rütteldruckverdichtung

Abbildung 6: Trägergeräte mit Tiefenrüttler im Einsatz (Foto: Keller Grundbau)

Die Antriebsquelle des Tiefenrüttlers (Elektro- oder Hydraulikmotor) ist normalerweise auf das Trägergerät als Gegengewicht aufgesattelt. Die Leistung beträgt 50 kW bis 150 kW, bei besonderen Anwendungsfällen auch bis zu 300 kW [1]. Die Tiefenrüttler hängen üblicherweise an Seilbaggern. Das Gewicht der Seilbagger hängt im Prinzip nur von dem Gewicht des Tiefenrüttlers ab. In der Praxis ist jedoch die Verfügbarkeit der Geräte häufig ausschlaggebend.

Am wirkungsvollsten sind Rüttelfrequenzen im Bereich der Eigenfrequenzen. Demnach betragen für Sande und Kiese die Rüttelfrequenzen 20 Hz bis 30 Hz [1], [7]. Nach [1] sollte der Tiefenrüttler nach Erreichen der Solltiefe in Stufen von 0,3 m bis 1,0 m nach jeweils 30 bis 90 Sekunden gezogen werden.

Aufgrund der Verringerung des Porenraumes um den Tiefenrüttler entstehen an der Oberfläche trichterförmige Sackungen, die durch Materialzugabe ausgeglichen werden können. Wird auf eine Materialzugabe verzichtet, kann die Sackung an der Oberfläche zwischen 5 % und 15 % der Verdichtungstiefe betragen [1], [8], die der Reduzierung des Porenvolumens äquivalent ist.

Durch eine rasterförmige Anordnung der Verdichtungspunkte können beliebige Erdkörper verdichtet werden. Die übliche Arbeitstiefe beträgt bis zu 25 m [1], wobei auch schon Verdichtungstiefen von 60 m erzielt wurden [16]. Die Verdichtungspunkte liegen in der Fläche auf einem gleichseitigen Dreieck mit Seitenlängen von 1,5 m bis 5,0 m.

Während der Verdichtungsarbeiten sind folgende Parameter in Abhängigkeit von der Zeit zu dokumentieren [10]:

- Rütteltiefe
- Energiebedarf
- Rüttlerfrequenz
- Druck und Menge des Spülwassers

Nach Beendigung der Maßnahmen zur Tiefenverdichtung muss die Arbeitsebene mit Oberflächenrüttlern nachverdichtet werden, sofern dieser Bereich nicht ausgehoben wird. Die erforderliche Verdichtungstiefe beträgt an der Oberfläche zwischen 0,5 m und 1,0 m [1], [11].

In [17] bis [19] sind zahlreiche Fälle dokumentiert, die belegen, dass sich in einigen Wochen nach der Verdichtung die Festigkeitseigenschaften von Sand um 50 % bis 100 % erhöhten. Dieser Effekt ist auf den Abbau von Porenwasserüberdrücken sowie die Wiederherstellung von physikalischen und chemischen Bindekräften im Korngefüge zurückzuführen. Planmäßige Verdichtungskontrollen sollten daher frühestens eine Woche nach Beendigung der Verdichtungsmaßnahmen erfolgen [1].

7.2.2.3 Rüttelstopfverdichtung

Die in den 1950er Jahren entwickelte Rüttelstopfverdichtung kommt insbesondere bei wassergesättigten Böden mit großen Feinkornanteilen ($d < 0,06$ mm und 10 bis 15 M.-%) zur Anwendung [3], [11], [15]. In diesen Böden stößt das Rütteldruckverfahren (Eigenverdichtung) sehr schnell an seine technischen und wirtschaftlichen Grenzen [1], da derartige Böden beim Absenken des Tiefenrüttlers durch die dynamische Einwirkung verflüssigen und eine Verdichtung nur nach sehr langer Rütteldauer bzw. überhaupt nicht erzielt werden kann. Die Anwendungsbereiche von Rütteldruckverdichtung und Rüttelstopfverdichtung können anschaulich anhand der Korngrößenverteilung gezeigt werden (Abbildung 7).

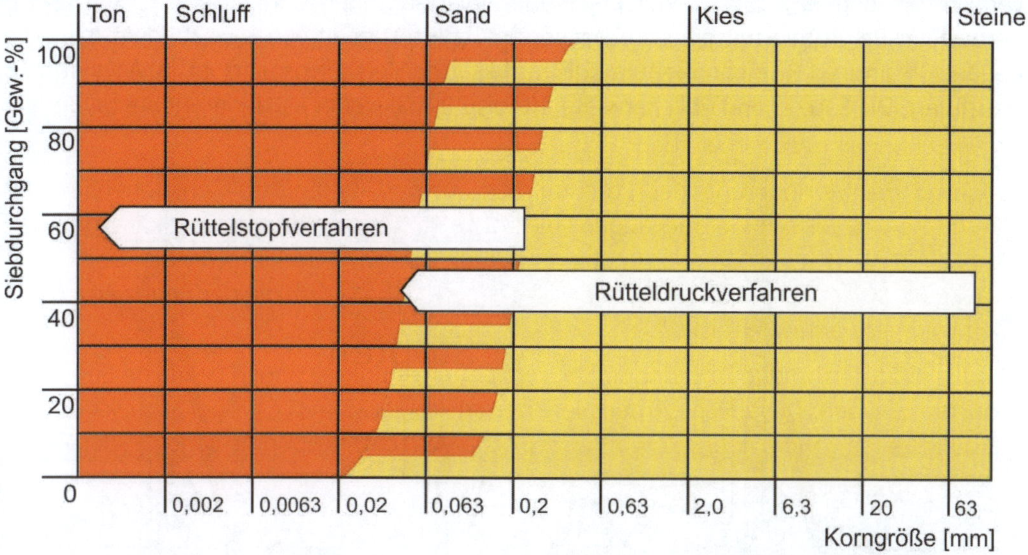

Abbildung 7: Anwendungsbereiche der Rütteldruckverdichtung und der Rüttelstopfverdichtung

Bei der Rüttelstopfverdichtung wird der Tiefenrüttler vom Trägergerät in den Boden versenkt und der umgebende Boden seitlich verdrängt. Nach Erreichen der Endtiefe wird der Raum des verdrängten Bodens durch grobkörniges Material, das durch ein Materialrohr mit Schleuse an die Spitze des Tiefenrüttlers zugeführt wird, aufgefüllt. In Europa wird normalerweise das Trockenverfahren mit Stützung durch Druckluft verwendet [1]. Die an der Rüttlerspitze austretende Druckluft sorgt dafür, dass beim Ziehen des Rüttlers und gleichzeitigem Ausfluss des Zugabematerials das Bohrloch nicht infolge Vakuumbildung einstürzt [3]. Bei feinkörnigen Böden mit hohem Wassergehalt erfolgt die notwendige Stützung durch Spülwasser. Der Tiefenrüttler wird mit Hilfe des Spülwassers, das an der Rüttlerspitze austritt, im Boden versenkt (Nassverfahren) [1]. Der vom Spülwasser erzeugte Ringraum um den Tiefenrüttler wird durch Zugabematerial, das von oben zur Rüttlerspitze absinkt, gefüllt. Das Spülwasser wird an der Geländeoberfläche über Gräben in Absetzbecken geleitet. Der Aufwand beim Nassverfahren ist erheblich größer als beim Trockenverfahren [20].

Die Auffüllung erfolgt im Pilgerschrittverfahren von unten nach oben, wobei der Tiefenrüttler ca. 30 cm gezogen und dann wieder 15 cm bis 20 cm abgesenkt wird. Dadurch wird das eingebrachte Material verdichtet und zur Seite verdrängt, was eine Aufweitung des mit grobkörnigem Material gefüllten Volumens zur Folge hat. Die so hergestellten Säulen erhöhen die Scherfestigkeit und die Steifigkeit und verringern die Konsolidierungszeit des Baugrundes. Das Zugabematerial kann aus Sand, Kies oder Schotter bestehen.

Der Korndurchmesser liegt i.d.R. jedoch zwischen 10 mm und 40 mm [1]. Die Länge der hergestellten Säulen kann bis zu 26 m betragen [21]. Die erzielbaren Säulendurchmesser betragen bis zu 120 cm [3].

In feinköringen Böden mit einer undrainierten Scherfestigkeit von $c_u \geq 20$ kN/m² sind Säulen bis 8 m Länge noch zuverlässig herstellbar [1]. Nach [22] wurde die Rüttelstopfverdichtung bereits in Böden mit einer undrainierten Scherfestigkeit von $c_u > 5$ kN/m² hergestellt. Bei Böden mit einer undrainierten Scherfestigkeit von $c_u > 70$ kN/m² ist eine Bauausführung i.d.R. nicht mehr möglich [11]. Der Herstellvorgang ist in Abbildung 8 visualisiert. Die Säulen sind üblicherweise 10- bis 20-mal steifer als der umgebende Boden.

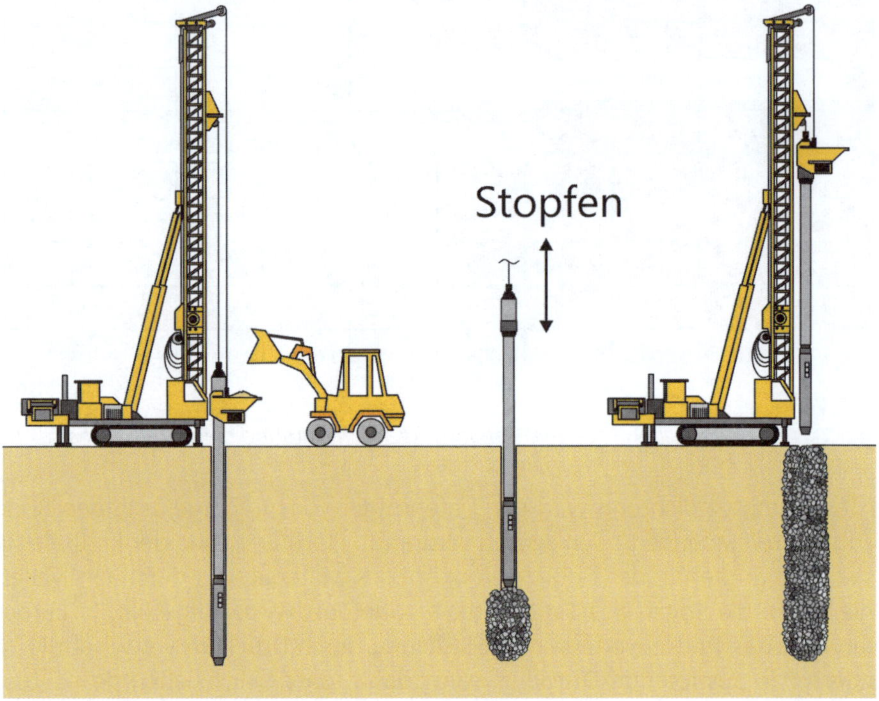

Abbildung 8: Rüttelstopfverdichtung

Zur Qualitätssicherung sind während der Herstellung alle notwendigen Parameter zu protokollieren [10]. Hierzu zählen mindestens:

- Rütteltiefe
- Energiebedarf
- Frequenz
- Anpressdruck
- Materialzugabe

Zur Erzielung des notwendigen Anpressdrucks und zur Gewährleistung der Vertikalität sind die Mäkler an entsprechend schweren Trägergeräten installiert [1], [6]. Abbildung 9 zeigt Geräte zur Rüttelstopfverdichtung im Einsatz.

Abbildung 9: Geräte zur Rüttelstopfverdichtung im Einsatz (Foto: Keller Grundbau)

Die hergestellten Säulen können als Säulengruppen oder Säulenreihen für Einzel- und Streifenfundamente Verwendung finden. Für großflächige Fundamentplatten kommen Säulenraster zur Anwendung. Das Raster der Säulen beträgt i.d.R. 3 m bis 5 m. An der Geländeoberfläche wird dann eine Schicht aus verdichtetem Material hergestellt, auf der später das aufgehende Bauwerk errichtet wird. Hat diese Schicht eine Dicke von rd. ½ × Säulenabstand, so stellt sich eine Gewölbewirkung ein, die eine flächige Belastung auf die Säulen konzentriert [1]. Der gleiche Effekt kann durch die Anordnung von Geotextilien erzielt werden [23], [24].

Rüttelstopfsäulen können bei übermäßiger Beanspruchung infolge zu geringer seitlicher Stützung durch Abscheren oder durch Versinken versagen (Abbildung 10). Grundsätzlich geht dem Versagen eine große Setzung des Säulenkopfes voraus. Da einfache analytische Ansätze zur Bemessung von Rüttelstopfsäulen nicht alle Effekte des Lastverformungsverhaltens berücksichtigen können, werden Probesäulen und Probebelastungen empfohlen [1]. Ist die Stützwirkung des umgebenden Bodens nicht ausreichend, können Mörtel- oder Betonmischungen verwendet werden, mit denen dann sog. Betonstopfsäulen bzw. Fertigmörtelstopfsäulen hergestellt werden. Der erzielbare Durchmesser entspricht dann in etwa dem Durchmesser des Tiefenrüttlers.

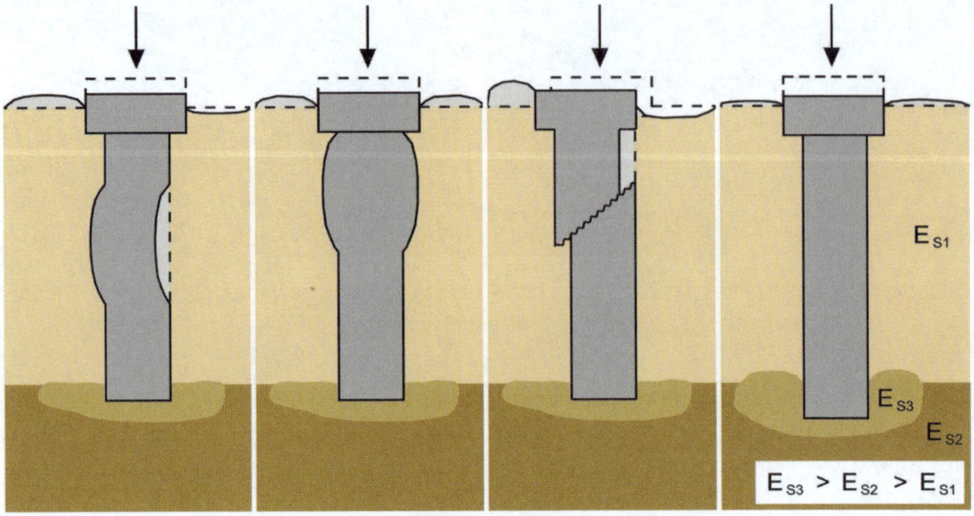

Abbildung 10: Mögliche Versagensmechanismen von Rüttelstopfsäulen

7.2.2.4 Fallplattenverdichtung

Bei der Fallplattenverdichtung, auch dynamische Intensivverdichtung genannt, werden Gewichtsplatten aus großer Höhe auf die zu verdichtende Fläche fallen gelassen. Der dadurch erzeugte Energieeintrag (Impuls) hängt von folgenden Parametern ab [1]:

- Masse des Fallgewichts
- Fläche des Fallgewichts
- Fallhöhe
- Geometrie des Verdichtungsrasters
- Anzahl der Schläge je Rasterpunkt
- zeitliche und geometrische Abfolge der Schläge

Üblicherweise wird das Seil zum Hochziehen der Fallgewichte für den Abwurf nicht ausgeklinkt, sondern es werden die Antriebs- und Bremseinrichtungen ausgekuppelt, wodurch erhebliche Reibungsverluste von bis zu 40 % der Schlagenergie entstehen. Zur Vermeidung dieser Reibungsverluste und zur Erzielung größerer Impulse wurde das Verfahren daher weiterentwickelt. Ein besonderes Greifersystem ermöglicht das Ausklinken des Fallgewichts vor dem Abwurf und das einfache Aufnehmen danach. Abbildung 11 zeigt die beiden Verfahren der Fallplattenverdichtung.

Abbildung 11: Fallplattenverdichtung mit frei fallendem Gewicht (vorne) und klassischer Gerätetechnik mit stets angehängtem Fallgewicht (hinten)

Normalerweise besteht das Fallgewicht aus quadratischen oder achteckigen Stahlplatten. Die Fallgewichte können bis zu 40 t wiegen und werden i.d.R. von Raupenkränen aufgenommen. Die Fallhöhen betragen zwischen 10 m und 40 m [8], [11]. Zur Gewährleistung der Standsicherheit der Geräte sowie zur Verhinderung eines lokalen Versagens des Bodens an der Oberfläche und für eine optimale Tiefenwirkung sollte die Arbeitsebene aus einer rd. 1 m dicken Schicht aus gut verdichtetem, grobkörnigem Material bestehen.

Der Abstand der Verdichtungspunkte beträgt zwischen 5 m und 10 m. Die Anzahl an Schlägen pro Verdichtungspunkt beträgt zwischen 5 und 10, wobei die Anzahl durch den entstehenden Krater bestimmt wird. Seitliche Aufwölbungen und lokales Versagen an der Oberfläche zeigen an, dass mit weiteren Schlägen an einem Verdichtungspunkt keine weitere Verdichtung möglich ist.

Nach jedem Durchgang werden die Krater verfüllt. Es wird empfohlen, bei großen Schichtdicken der zu verdichtenden Böden die Verdichtungsdurchgänge im gleichen Raster zu wiederholen. Bei geringer Schichtdicke der zu verdichtenden Böden wird ein versetztes Raster empfohlen [25]. Die Einwirktiefe liegt bei 8 m bis 10 m. Nur mit erheblichem gerätetechnischem, zeitlichem und finanziellem Aufwand sind größere Einwirktiefen erzielbar. In Abhängigkeit von der Größe des Fallgewichts, der Fallhöhe sowie des Trägergerätes betragen die Schlagzahlen zwischen 150 und 600 pro Tag. Die entstehenden Trichter können bis zu 2,5 m tief sein. Den qualitativen Wirkungsbereich zeigt Abbildung 12.

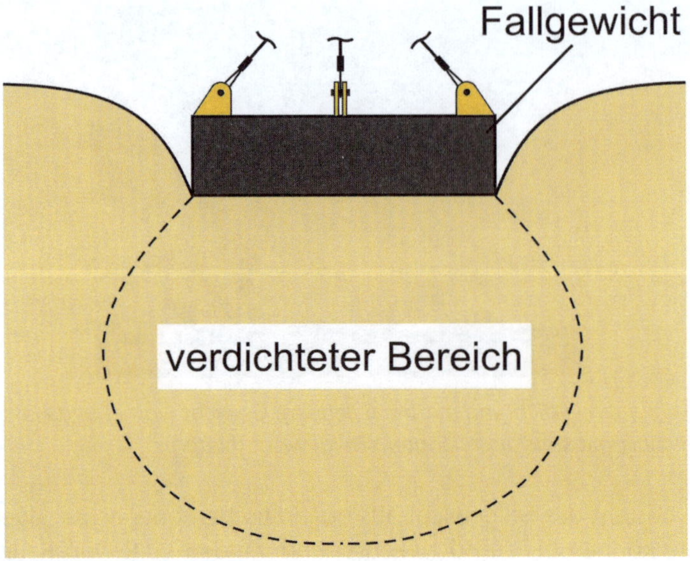

Abbildung 12: Wirkungsbereich der Fallplattenverdichtung

Die Fallplattenverdichtung kann für einen weiten Bereich von Böden angewendet werden. Klassisch kommt das Verfahren bei grobkörnigen Böden mit einem Schluffanteil von maximal 15 % zur Anwendung [26]. Allerdings gibt es baupraktische Einschränkungen [1]:

- Bauwerke etc. im Einflussbereich (Erschütterungseinwirkungen aus Impuls)
- zu verdichtende Böden mit Durchlässigkeiten $k < 10^{-7}$ m/s und großer Schichtdicke
- zu verdichtende Böden mit Schichtdicken größer 10 m

Die Fallplattenverdichtung ist zur Baugrundverbesserung von vielen Bauwerken möglich. Insbesondere für Straßen, Eisenbahntrassen und Flugplätze ist die Fallplattenverdichtung vorteilhaft, weil sie Erschütterungen, die aus dem Nutzverkehr entstehen, vorwegnimmt [11].

7.2.2.5 Impulsverdichtung

Bei der Impulsverdichtung, im Englischen rapid impact compaction (RIC) genannt, wird mit einem Fallgewicht mit hoher Schlagfrequenz auf den sog. Verdichterfuß geschlagen. Das Fallgewicht hat eine Masse von typischerweise 9 t, die Schlagfrequenz beträgt 40 bis 60 Schläge/min. Der Verdichterfuß bleibt dabei ständig in Kontakt mit dem Untergrund. Der entstehende Krater kann ggf. mit geeignetem Material aufgefüllt und die Verdichtung wiederholt werden [27], [28].

Das Trägergerät besteht standardmäßig aus einem Kettenbagger. Der Verdichterfuß hat eine Masse von 4 t und einen Durchmesser von 0,8 m, 1,5 m oder 2,0 m. Das Einsatzgewicht des Impulsverdichters beträgt rd. 65 t.

Zur flächigen Bodenverbesserung wird ein Rasterplan mit den Verdichtungspunkten erstellt, die in den Bordcomputer des Baggers eingelesen werden. Die Abarbeitung wird elektronisch protokolliert. Das Verdichtungsraster ist i.d.R. quadratisch. Der Rasterabstand beträgt zwischen 2 m und 3 m, wobei bei Rasterabständen von mehr als 2 m zuerst die vier außenliegenden Verdichtungspunkte und dann der innen mittig liegende Verdichtungspunkt abgearbeitet werden. Vor Beginn der Verdichtungsarbeiten werden anhand eines Testfeldes das Verdichtungsprogramm festgelegt sowie für die Messtechnik eine Kalibrierung vorgenommen. Bei feinkörnigen Böden (Tone und Schluffe) liegt die Tiefenwirkung bei etwa 3 m. Bei grobkörnigem Material (Sande und Kiese) beträgt die Tiefenwirkung der Impulsverdichtung bis zu 9 m. Abbildung 13 zeigt einen Impulsverdichter im Einsatz.

Abbildung 13: Impulsverdichter im Einsatz

Bei der kontinuierlichen Qualitätskontrolle während des Verdichtungsvorgangs werden folgende Parameter protokolliert:

- Koordinaten
- Zeit
- eingebrachte Energie
- Anzahl der Impulse
- Setzung pro Impuls
- Gesamtsetzung

7.2.2.6 Sprengverdichtung

Bei der Sprengverdichtung wird in festgelegter Tiefe eine Sprengladung gezündet. Dadurch wird die vorhandene Kornstruktur des zu verfestigenden Bodens aufgebrochen und neu, mit geringerem Porenraum aufgebaut. Der Wirkungsbereich einer einzelnen Sprengladung ist in Abbildung 14 dargestellt [1].

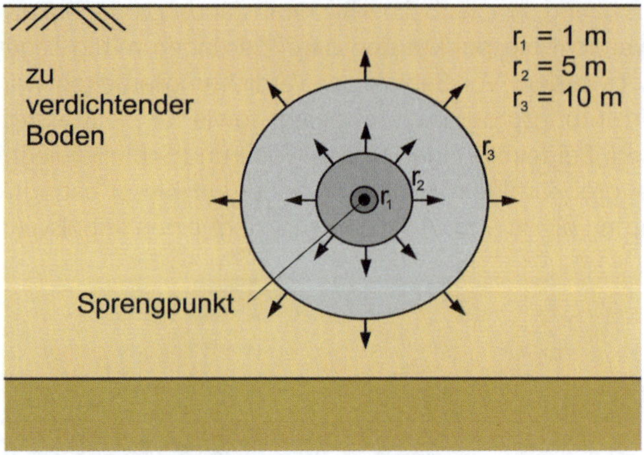

Abbildung 14: Wirkungsbereich einer einzelnen Sprengladung

Die Sprengverdichtung eignet sich besonders für locker gelagerte grobkörnige Böden. Bisher wurde in Deutschland die Sprengverdichtung vor allem zur Stabilisierung von setzungsfließgefährdeten Kippenböschungen stillgelegter Tagebaue angewendet [29] bis [32].

Der Hauptanteil der erzeugten Gesamtsetzung entsteht unmittelbar nach der Sprengung. Der Restanteil der Gesamtsetzung folgt kontinuierlich über einige Minuten nach der Sprengung [33].

Die Sprengladungen werden für flächige Anwendungen in einem gleichmäßigen Raster angeordnet. Zur Erzielung einer größeren Tiefenwirkung können die Sprengladungen in mehreren Ebenen platziert werden. Dabei sollten die Sprengladungen so von oben nach unten gezündet werden, dass sich die oberen Schichten noch nicht gesetzt haben, wenn die Sprengladungen darunter gezündet werden [1].

7.2.2.7 Betonstopfsäulen und Fertigmörtelstopfsäulen

Mit dem Rüttelstopfverfahren können auch Betonstopfsäulen und Fertigmörtelstopfsäulen hergestellt werden (Abbildung 15). Das Zugabematerial (Beton oder Fertigmörtel) wird gleichermaßen durch eine Materialschleuse an die Rüttlerspitze geführt und in den Boden eingebracht. Im Pilgerschrittverfahren wird der Rüttler gezogen und wieder abgesenkt, sodass Säulen aus hydraulisch gebundenem Material entstehen [34]. Dabei wird der umgebende Boden seitlich verdrängt. Da Betonstopfsäulen und Fertigmörtelstopfsäulen mit dem Rüttelstopfverfahren hergestellt werden, sei zum Anwendungsbereich auf Abbildung 7 verwiesen. Betonstopfsäulen und Fertigmörtelstopfsäulen können aber auch als direkte Gründungselemente verwendet werden, sofern ihre Eignung z.B. durch Probebelastungen nachgewiesen wird [1], [35]. Darüber hinaus können Betonstopfsäulen und Fertigmörtelstopfsäulen als Bewehrung des Bodens wirken.

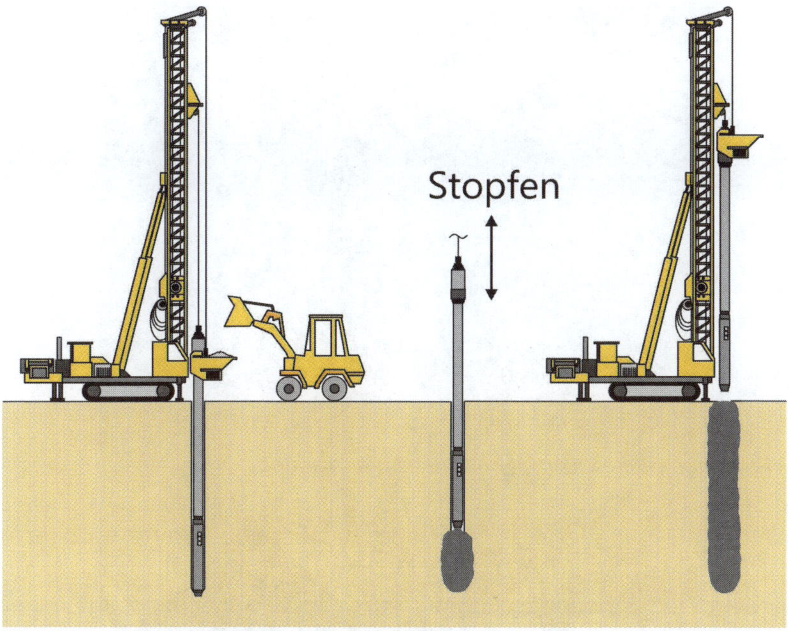

Abbildung 15: Herstellung von Betonstopfsäulen und Fertigmörtelstopfsäulen

7.2.2.8 Betonrüttelsäulen

Die Herstellung von Betonrüttelsäulen erfolgt ebenfalls mit einem Tiefenrüttler (Abbildung 16). Allerdings wird das Zugabematerial, bestehend aus pumpfähigem Beton mit weicher bis sehr weicher Konsistenz, ohne Materialschleuse durch eine Betonpumpe eingebracht [34] bis [36]. Abbildung 17 zeigt die Umsetzung auf der Baustelle. Der umgebende Boden wird nahezu ausschließlich durch den Rüttler verdrängt. Der entstehende Säulendurchmesser entspricht nahezu dem durch den Tiefenrüttler aufgeweiteten Hohlraum. Die erzeugten Durchmesser betragen zwischen 40 cm und 60 cm.

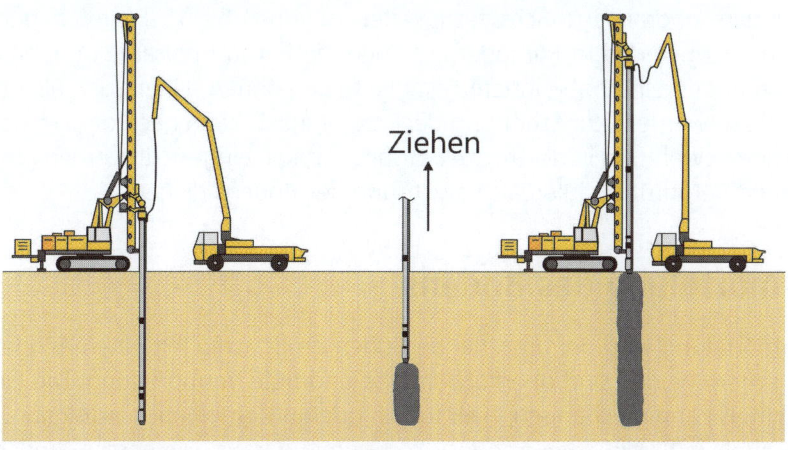

Abbildung 16: Herstellung von Betonrüttelsäulen

Abbildung 17: Trägergerät zur Herstellung von Betonrüttelsäulen (Foto: BAUER Maschinen)

Betonrüttelsäulen eignen sich besonders für feinkörnige, auch organische Böden. Für eine zuverlässige Herstellung von Betonrüttelsäulen sollte der Boden eine undrainierte Scherfestigkeit von $c_u \geq 15$ kN/m² haben [36]. Zwischengelagerte Schichten mit bis zu 1 m Dicke dürfen geringere undrainierte Scherfestigkeiten c_u von 8 bis 15 kN/m² haben. Bei Verwendung von hochwertigem Pumpbeton haben die Betonrüttelsäulen unabhängig vom umgebenden Boden eine hohe innere Festigkeit. Sie können daher auch als unbewehrte Pfähle bemessen werden. Zur Erhöhung der Tragfähigkeit kann nach der Herstellung eine entsprechende Bewehrung in die frische Betonrüttelsäule eingestellt werden [36]. Darüber hinaus können Betonrüttelsäulen als Bewehrung des Bodens dienen.

7.3 Vermörtelung des Bodens

Bei der Vermörtelung wird der anstehende Boden großflächig mit einem Bindemittel vermischt. Zu unterscheiden sind oberflächennahe und tiefe Vermörtelung. Die Einbringung des Bindemittels kann mechanisch, hydraulisch oder in Kombination erfolgen. Die trockenen Bindemittel sind Kalk, Zement oder Mischungen daraus. Die nassen Bindemittel sind Zement- oder Bentonitsuspension.

7.3.1 Oberflächennahe Vermörtelung

Bei der oberflächennahen Vermörtelung wird der Boden durch trockene, hydraulische Bindemittel im Hinblick auf Tragfähigkeit, Wasserempfindlichkeit und Frostbeständigkeit verbessert. Die oberflächennahe Vermörtelung findet insbesondere bei der Vorbereitung des Planums von Verkehrswegetrassen sowie bei der Herstellung von Baustraßen Anwendung.

Bei der oberflächennahen Vermörtelung sind das Baumischverfahren (Mixed-in-place-Verfahren) und das Zentralmischverfahren (Mixed-in-plant-Verfahren) zu unterscheiden. Beim Mixed-in-place-Verfahren wird der Boden in-situ maschinell mit dem Bindemittel vermischt und verdichtet. Beim Mixed-in-plant-Verfahren wird der Boden in einer zentralen Mischanlage mit dem Bindemittel vermischt und dann zur Einbaustelle transportiert [11].

Entscheidend für eine erfolgreiche oberflächennahe Bodenvermörtelung ist der Wassergehalt des Bodens. Liegt der Wassergehalt über dem für eine ausreichende Verdichtung idealen Maß (definiert über die Proctordichte), müssen die Arbeiten so lange unterbrochen werden, bis der Boden ausreichend abgetrocknet ist. Ist der Boden zu trocken, d.h. liegt der Wassergehalt unter dem für eine ausreichende Verdichtung idealen Maß, muss der Boden vorgenässt werden. Aus Gründen des Arbeitsschutzes ist bei starken Winden das Aufbringen von Bindemitteln einzustellen oder es sind entsprechende Schutzmaßnahmen zu treffen. Gefrorener Boden darf grundsätzlich nicht bearbeitet werden [11].

Die folgenden Arbeitsschritte müssen jeweils direkt nacheinander ausgeführt werden:

- Aufbringen des Bindemittels
- Einfräsen des Bindemittels
- Verdichtung des Bodens

Abbildung 18 zeigt ein Trägergerät mit einem frontseitigen Bindemittelstreuer und heckseitiger Fräse zum Einmischen des Bindemittels.

Abbildung 18: Trägergerät mit frontseitigem Bindemittelstreuer und heckseitiger Fräse

Zur Vermeidung von unbearbeiteten Bereichen sollten sich die Arbeitsgänge überlappen. Werden mehrere Lagen hergestellt, so sind die Kontaktflächen jeweils aufzurauen.

Bei aufgeweichten Schichten und stark vernässten Bereichen können Kalksäulen, die bis zu 1 m tief reichen, den Boden stabilisieren [8]. Dazu werden Bohrlöcher hergestellt und mit Branntkalk (CaO) verfüllt. Der Branntkalk reduziert den Wassergehalt im Boden und erhöht die Scherfestigkeit. Nach [8] sollte der Durchmesser der Säulen 5 cm bis 10 cm betragen. Der Rasterabstand sollte 50 cm bis 70 cm betragen. Der Bedarf an Branntkalk beträgt 1 % der Feuchtdichte des Bodens. Die Herstellung der Kalksäulen erfolgt z.B. durch Einpressen einer Bohrschnecke ohne Rotation. Dabei wird der Boden verdrängt. Anschließend wird die rotierende Bohrschnecke gezogen und das Trockengranulat über das Gewinde eingebracht [37].

7.3.2 Mechanische Einbringverfahren für tiefe Vermörtelung

Bei den mechanischen Einbringverfahren erfolgt die Durchmischung des Bodens mit Bindemittel mit Hilfe von rotierenden Mischwerkzeugen [1]. Die Ausführung ist in DIN EN 14679 [38] geregelt.

7.3.2.1 Mechanische Einbringung von trockenen Bindemitteln

Trockene Bindemittel können z.B. mit Bohrschnecken eingebracht werden. Dabei können die Bohrschnecken eingedrückt oder eingedreht werden. Werden die Bohrschnecken eingedrückt, wird der umgebende Boden verdrängt, was zu einer zusätzlichen Verdichtung des Bodens führt [1], [8].

Das gängigste Verfahren zur mechanischen Einbringung von trockenen Bindemitteln als Trockensäule ohne Vermischung mit dem umgebenden Boden ist das CSV-Verfahren [1], [39]. Das Bindemittel wird mit einer Endlosschnecke in den Boden eingebracht. Für eine kontinuierliche Materialbeschickung wird die Schnecke durch einen Trichter, der als Materialdepot dient, geführt (Abbildung 19). Die normalerweise rechtsgewendelte Schnecke wird beim Vorschub und beim Ziehen links gedreht. Dadurch wird beim Vorschub der Boden verdrängt. Beim Ziehen läuft das Bindemittel aus den Gängen der Schnecke aus. Eingebaut werden i.d.R. Gemische aus Sand und Bindemittel. Für die Aushärtung des eingebauten Materials muss der Boden einen ausreichenden Anteil an Porenwasser aufweisen, das vom Einbaumaterial zur Hydratation benötigt wird.

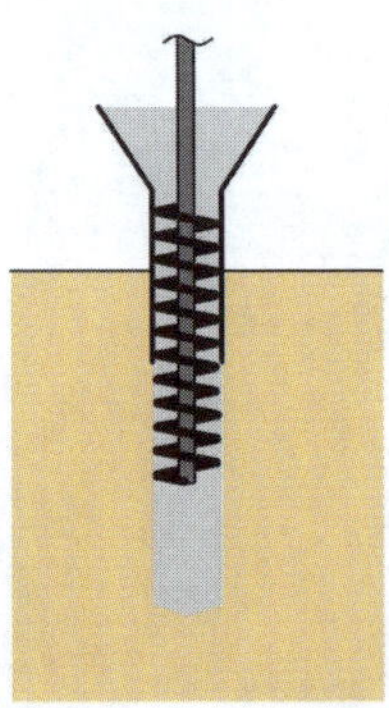

Abbildung 19: Mechanisches Einbringen von trockenen Bindemitteln

Die entstehenden Säulen haben einen Durchmesser von 10 cm bis 15 cm. Das Rastermaß ist i.d.R. quadratisch und beträgt 0,5 m bis 1,5 m. Rasterabstände kleiner als das Dreifache des Durchmessers sollten vermieden werden, um bereits hergestellte Säulen nicht zu beschädigen [1]. Die Ausführungstiefe liegt bei etwa 10 m. Die Herstellung ist nahezu frei von Erschütterungen. Dabei sind Abstände zu Bestandsbauwerken von 0,5 m und weniger möglich. Sehr leistungsstarke Geräte ermöglichen in ähnlicher Arbeitsweise Säulendurchmesser bis zu 80 cm bei Tiefen von bis zu 25 m [40]. Das Arbeitsplanum sollte etwa 30 cm dick sein und aus grobkörnigem Material, das vom gewachsenen Boden durch ein Geotextil getrennt ist, bestehen.

7.3.2.2 Mechanische Einbringung von Suspensionen

Die mechanische Einbringung von Zement- oder Bentonitsuspensionen erfolgt mit Hilfe von an einem Gestänge rotierenden Flügeln bzw. Paddeln, Schnecken oder mit Fräsen. Bei der Verwendung von Flügeln bzw. Paddeln oder Schnecken werden häufig mehrere dieser Mischwerkzeuge eng beieinander als ein großes Werkzeug eingesetzt (Abbildung 20) [40], [41]. Abbildung 21 zeigt ein Trägergerät mit Mischpaddeln auf der Baustelle. Eine Detailaufnahme der montierten Mischwerkzeuge zeigt Abbildung 22.Fräsen bestehen normalerweise aus mehreren, gegeneinander rotierenden Zahnkränzen (Abbildung 23) [42]. Abbildung 24 zeigt ein Trägergerät mit Fräswerkzeug auf der Baustelle. Bei Flügeln bzw. Paddeln als Mischwerkzeuge kann die Suspension an der Spitze des Werkzeugs oder über die Werkzeuglänge verteilt eingebracht werden. Bei Schnecken und Fräsen wird die Suspension nur im Bereich der Werkzeugspitze eingebracht. Mit diesen Verfahren lassen sich vor allem linienförmige (Wände, Gitter) oder massige Kubaturen (Blöcke) herstellen. Die Elementtiefe beträgt dabei bis zu 15 m bei Mischwerkzeugen mit Flügeln, Paddeln und/oder Schnecken und bis zu 60 m bei Fräsen. I.d.R. erfolgt während des Absenkens der Mischwerkzeuge schon der Mischvorgang. Nach Erreichen der Endtiefe wird das Mischwerkzeug unter kontinuierlicher Mischbewegung wieder gezogen. Häufig hat die Suspension während des Ziehens einen größeren Bindemittelgehalt als während des Absenkens.

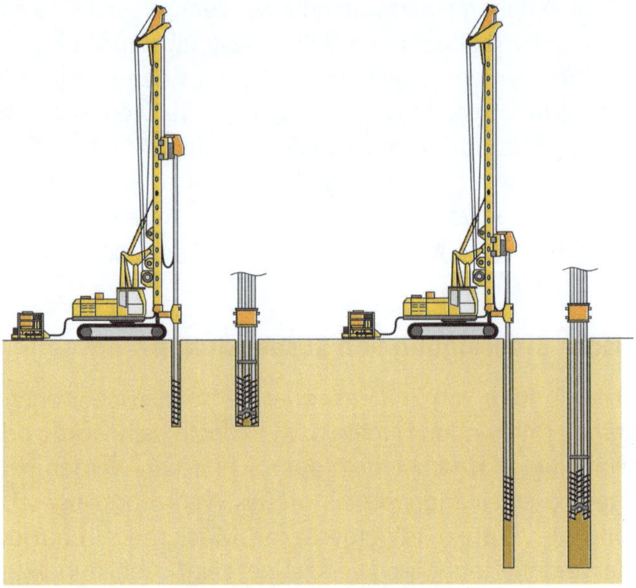

Abbildung 20: Mechanisches Einbringen von Suspensionen mit Bohrschnecken

Abbildung 21: Trägergerät mit Mischpaddel auf der Baustelle (Foto: Keller Grundbau)

Abbildung 22: Mischpaddel (Foto: Keller Grundbau)

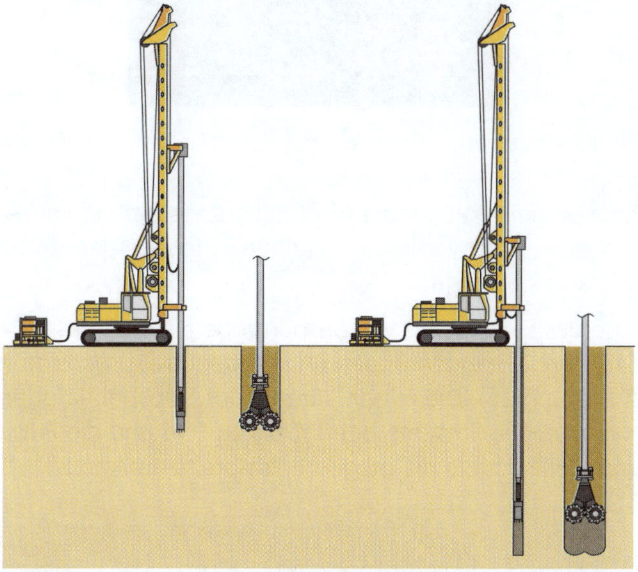

Abbildung 23: Mechanisches Einbringen von Suspensionen mit Fräsen

Abbildung 24: Trägergerät mit Fräswerkzeug auf der Baustelle (Foto: BAUER Maschinen)

In die noch frischen Elemente können z.B. Stahlbauteile (Spundwand-, Doppel-T-Profile etc.) als Bewehrung eingesetzt werden. In seltenen Fällen werden nachträglich bewehrte Ortbetonbohrpfähle angeordnet [40].

Eine andere Variante des Einbringens von Suspensionen ist das Fräs-Misch-Injektions-Verfahren (FMI) [1], [43]. Dabei werden Boden und Bindemittelsuspension mit einer Grabenfräse vermischt (Abbildung 25). Die Fräsen können auf Selbstfahrlafetten oder an Kettenbagger montiert werden. Die Frästiefe beträgt bis zu 9 m und die Fräsbreite bis zu 1 m, wobei mit zunehmender Frästiefe die mögliche Fräsbreite abnimmt.

Abbildung 25: Fräs-Misch-Injektions-(FMI-)Verfahren (Foto: KEMROC)

Bei allen Varianten der mechanischen Einbringung von Suspension in den Boden kann zumindest zeitweise ein Suspensionsüberschuss entstehen, der an der Geländeoberfläche austritt. Um diesen Überschuss an Suspension abführen zu können, sind Gräben und Pumpensümpfe sowie geeignete Behältnisse und Einrichtungen zum Abtransport bzw. zur Reinigung notwendig.

Bei allen Verfahren sind zur Qualitätskontrolle während der Herstellung folgende Parameter zu protokollieren:

- Tiefe
- Menge
- Suspensionsdruck
- Zeit
- Neigung
- Drehzahlen

7.3.3 Hydraulische Mischverfahren für tiefe Vermörtelung

Bei den hydraulischen Mischverfahren für tiefe Vermörtelung wird eine Zement- oder Bentonitsuspension mit dem Boden vermischt. Damit können solide, verfestigte Bodenköper zum Lastabtrag hergestellt werden. Außerdem sind Verdichtungs- und Abdichtungsmaßnahmen ohne schädliche Einflüsse auch in feinkörnigen Böden möglich [44].

Hydraulische Mischverfahren werden gemäß der zugehörigen Ausführungsnorm DIN EN 12716 [45] als Düsenstrahlverfahren (DSV) bezeichnet. Wie so oft im Spezialtiefbau, haben gleiche Verfahren je nach Entwickler, Hersteller oder ausführender Firma andere Bezeichnungen. Tabelle 4 gibt eine Übersicht über die am häufigsten verwendeten Begriffe für das Düsenstrahlverfahren [1], [3], [45], [46].

Tabelle 4: Begriffsübersicht

Begriff	Verwendung
Jet-Grouting	International, EN 12716
Düsenstrahlverfahren (DSV)	Deutschland, DIN EN 12716
Hochdruckbodenvermörtelung (HDBV)	Österreich
Jetten, Jetting	Schweiz
SOILCRETE-Verfahren	Firmenbezeichnung Keller Grundbau
Hochdruckinjektionsverfahren (HDI)	Firmenbezeichnung BAUER

Das Düsenstrahlverfahren wird wegen des Synonyms Hochdruckinjektionsverfahren in der Literatur oft auch dem Bereich der Injektionsverfahren zugeordnet. Einen Vergleich der Anwendungsbereiche verschiedener Injektionsverfahren zeigt Abbildung 26 [1], [3], [47] bis [49].

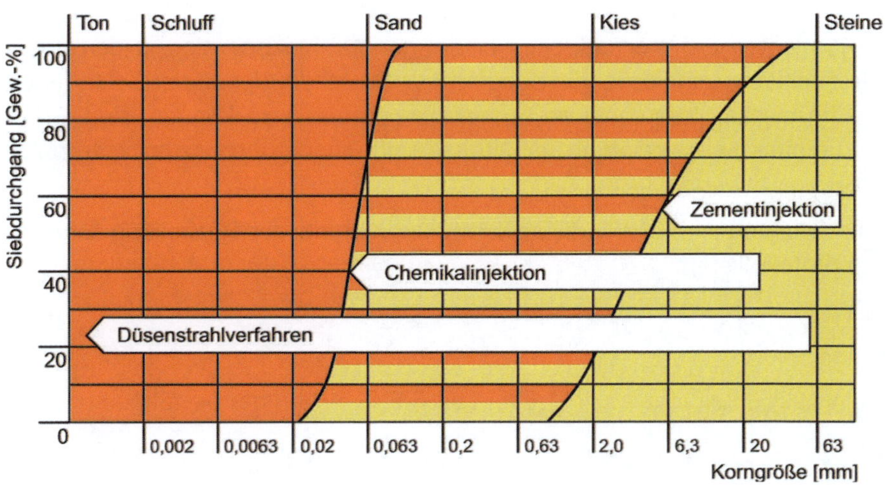

Abbildung 26: Anwendungsbereiche verschiedener Injektionsverfahren

7.3.3.1 Grundlagen des Düsenstrahlverfahrens

Beim Düsenstrahlverfahren wird zunächst mit einem den jeweiligen Baugrundverhältnissen angepassten Verfahren ein Bohrloch abgeteuft [1], [46]. Meistens kommt hierzu eine Direktspülung zum Einsatz. Zu den Bohrverfahren allgemein sei auf [50] verwiesen. Nach Erreichen der vorgesehenen Tiefe wird auf Düsenstrahlbetrieb umgeschaltet. Der Düsenstrahl tritt mit großer Geschwindigkeit, d.h. mit hoher kinetischer Energie, seitlich aus dem Düsenträger aus, der sich oberhalb der Bohrkrone im Bohrgestänge befindet, und zerschneidet den anstehenden Boden (Abbildung 27). Gelöster Boden vermischt mit Suspension tritt über den Bohrlochringraum mit geringem Druck an der Geländeoberfläche aus. Dieser verfahrensimmanente Rückfluss wird in Gräben gesammelt und i.d.R. entsorgt.

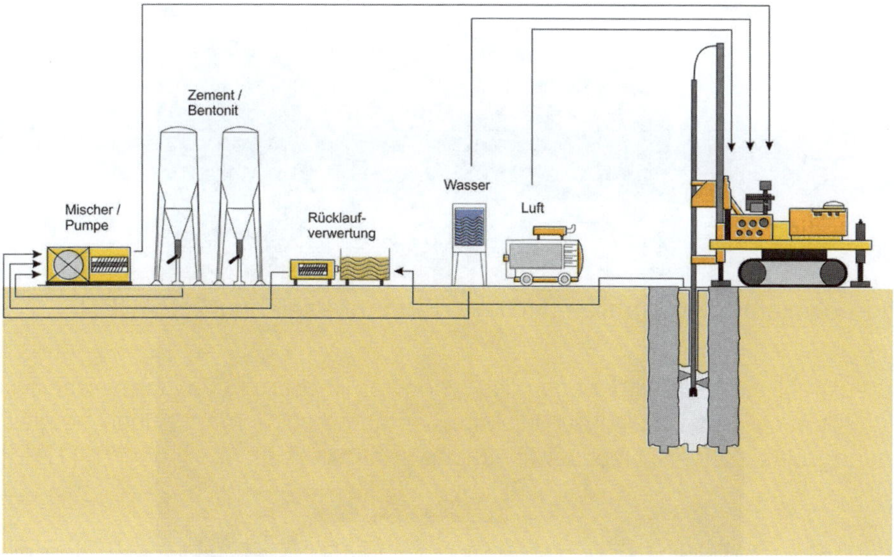

Abbildung 27: Herstellung von vermörtelten Bodenkörpern mit dem Düsenstrahlverfahren [51]

Während des Düsenstrahlbetriebs wird das Gestänge vom Fußpunkt der Arbeitstiefe mit konstanter Geschwindigkeit (5 bis 30 cm/min) und Rotation (1 bis 15 U/min) nach oben gezogen, wodurch homogene, zylindrische Körper aus einem Gemisch aus Boden und Suspension entstehen (Abbildung 28). Durch Ziehen des Gestänges nach oben und fortwährende Schwenkbewegung des Düsenträgers ohne vollständige Rotation können Teilquerschnitte von Säulen sowie Scheiben und Lamellen hergestellt werden [3], [45], [46]. Abbildung 29 zeigt mögliche, mit dem DSV ausführbare Geometrien. Form und Größe der erzeugten Elemente hängen vom anstehenden Boden, von der Pumpmenge der Suspension, vom Düsendurchmesser (1,5 mm bis 6,0 mm), von der Gestängeumdrehung und von der Ziehgeschwindigkeit ab. Durch „frisch in frisch" oder „frisch gegen fest" aneinandergereihte DSV-Körper können Bauteile in nahezu beliebiger Form und Größe in unterschiedlichster Position und Anordnung (vertikal und horizontal), ggf. auch bewehrt, hergestellt werden.

Abbildung 28: Ausgegrabene DSV-Säule mit Durchmesser d ≥ 1,50 m

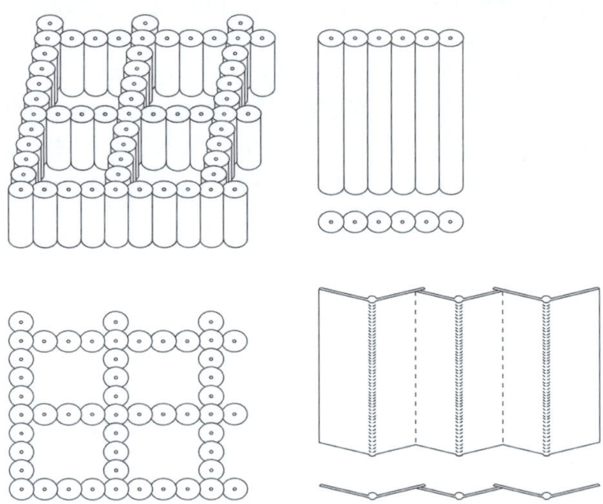

Abbildung 29: Mögliche Geometrien von DSV-Körpern

Zur Vergrößerung des Säulendurchmessers oder zur besseren Durchmischung des Bodens kann es erforderlich sein, den Boden in einem zusätzlichen Arbeitsgang vorzuschneiden. Danach wird der Bohrkopf erneut abgeteuft und der eigentliche Düsvorgang begonnen.

Prinzipiell können mit dem DSV folgende Bauteile hergestellt werden:

- Unterfangungen, mit Kleingeräten auch in Untergeschossen ausführbar
- Aussteifungslagen unterhalb der Baugrubensohle für Verbaumaßnahmen
- Dichtsohlen
- Fugenabdichtungen und Lückenschlüsse bei Spund-, Pfahl- und Schlitzwänden (z.B. bei nicht kontinuierlicher Ausbildung der Wände aufgrund von Leitungsführungen oder besonderen Geometrien)
- Neugründungen
- Gründungssanierungen, -änderungen
- Böschungssicherungen
- Damm-/Deichabdichtungen
- Dichtwände im Deponiebau bzw. zur Schadstoffsanierung
- vorauseilende horizontale Sicherungen im Tunnelbau
- wasserdichter Schachtbau

Die Vorteile des DSV sind:

- Herstellung ohne größere Erschütterungsemissionen
- mit Kleingerät in engen/niedrigen Räumen einsetzbar
- kraftschlüssiger Einbau auch unter bestehenden Bauwerken als Unterfangung
- verhältnismäßig geringer Platzbedarf und vergleichsweise flexible Anordnung der Baustelleneinrichtung
- variable Geometrien der herzustellenden vertikalen oder horizontalen DSV-Körper

Es gibt drei verschiedene Systeme des DSV, die für unterschiedliche Baugrundverhältnisse und Anwendungsgebiete zur Verfügung stehen [1], [44] bis [46], [50], [52]. Diese drei Systeme werden nachfolgend beschrieben.

7.3.3.1.1 Einphasensystem

Beim Einphasensystem (engl.: single fluid system) sind Bohrgestänge, Spülkopf und Düsenträger auf die Förderung eines einzigen Mediums (Suspension) ausgelegt (Abbildung 30). Dabei wird der Düse durch einfache Rohrgestänge die zumeist zementhaltige Suspension unter hohem Druck von 20 bis 60 MPa (entspricht 200 bis 600 bar) zugeführt. Der Suspensionsstrahl schneidet und vermörtelt den Boden gleichzeitig. Anwendung findet das Verfahren vor allem in geringen Tiefen und bei der Herstellung von kleinen bis mittelgroßen Durchmessern.

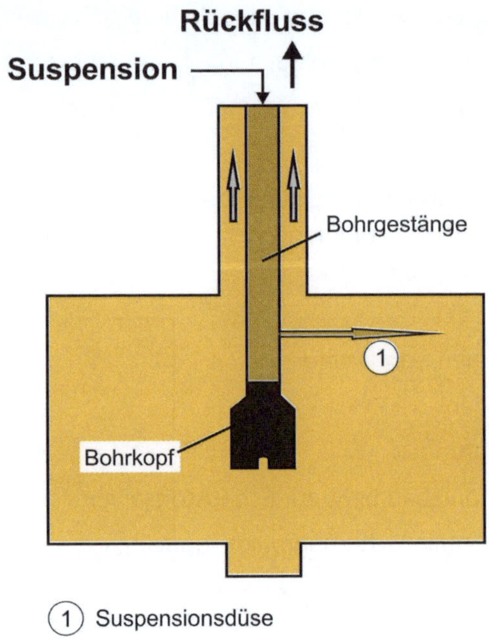

Abbildung 30: Funktionsprinzip des Einphasensystems

7.3.3.1.2 Zweiphasensystem

Beim Zweiphasensystem (engl.: double fluid system) werden in Bohrgestänge, Spülkopf und Düsenträger zwei Medien (Suspension und Luft oder Wasser) transportiert (Abbildung 31).

Beim Suspensions-Luft-System (engl.: double fluid airsystem) wird die Erosionsleistung durch die Luftummantelung der Suspension erhöht (Strahlbündelung). Die Ummantelung des Suspensionsschneidstrahls erzeugt einen größeren Energieeintrag in den Boden und ermöglicht somit eine größere Reichweite.

Beim Suspensions-Wasser-System (engl.: double fluid watersystem) wird die Erosionsarbeit durch den Wasserstrahl geleistet, während die Suspension über eine tiefer liegende Düse die Verfüllarbeit übernimmt. Die Düsen für Wasser sind im Düsenträger oberhalb der Suspensionsdüsen angeordnet.

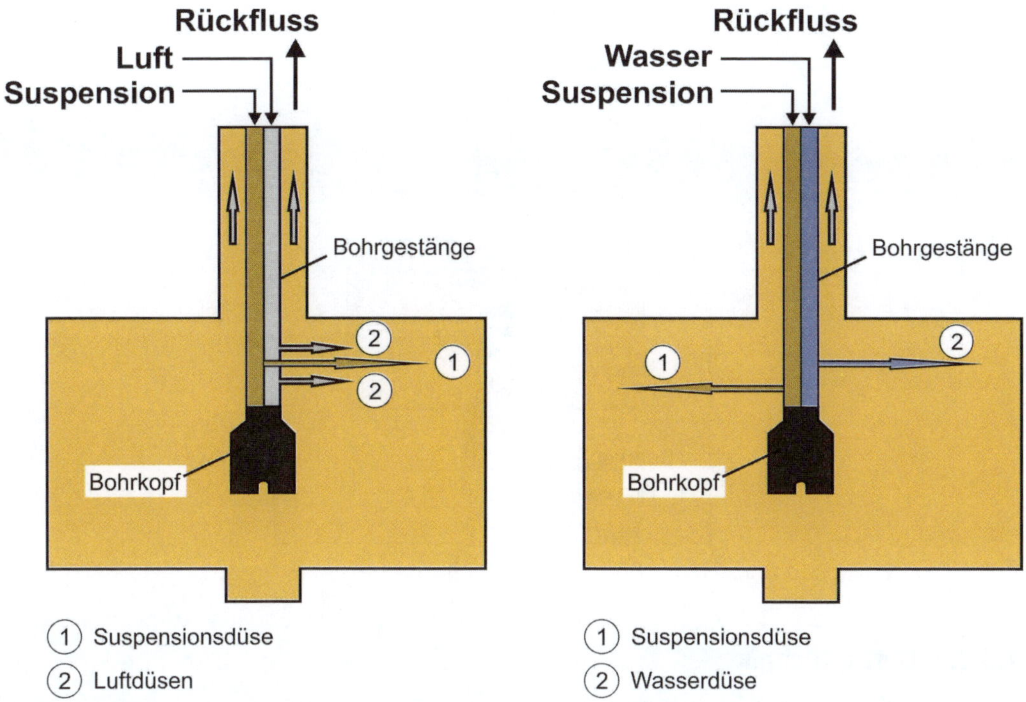

Abbildung 31: Funktionsprinzip des Zweiphasensystems: Suspensions-Luft-System (links) und Suspensions-Wasser-System (rechts)

Das Zweiphasensystem ist vor allem zur Herstellung von Lamellenwänden, Unterfangungen und Dichtsohlen in sandigen und kiesigen Böden geeignet. Die Herstellung von einzelnen Elementdurchmessern bis zu 5 m ist möglich.

7.3.3.1.3 Dreiphasensystem

Beim Dreiphasensystem (engl.: triple fluid system) werden in Bohrgestänge, Spülkopf und Düsenträger drei Medien (Suspension, Luft, Wasser) transportiert (Abbildung 32). Ein von Luft umhüllter Wasserstrahl leistet hierbei die Erosionsarbeit. Gleichzeitig erfolgt die Verfüllung mit Suspension. Wie beim Zweiphasen-Suspensions-Wasser-System sind hier die Luft-Wasser-Düsen oberhalb der Suspensionsdüsen im Düsenträger angeordnet. Das Verfahren eignet sich zur Herstellung von Gebäudeunterfangungen, Dichtwänden und Dichtsohlen. Aufgrund der geringeren Reichweite des energetisch schwächeren Schneidstrahls können Säulendurchmesser bis zu 2 m erzielt werden.

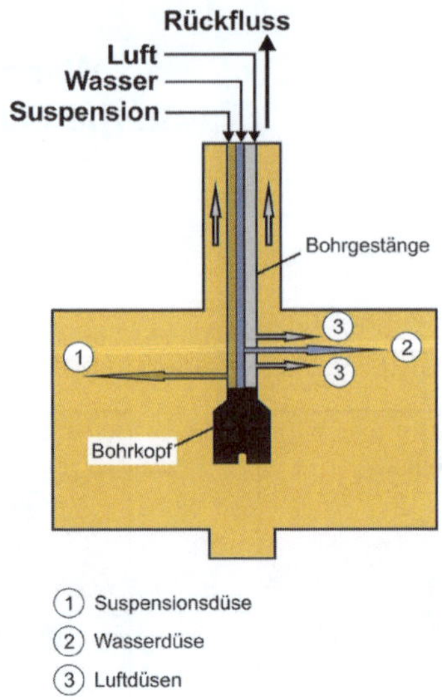

Abbildung 32: Funktionsprinzip des Dreiphasensystems

7.3.3.2 Gerätetechnik

Die wesentlichen Arbeitsparameter der drei unterschiedlichen Systeme sind in Tabelle 5 zusammengestellt [45]. Aufgrund der fortwährenden technischen Weiterentwicklung auf dem Gebiet des DSV sind die Angaben als Richtgrößen zu verstehen. Alle vorgenannten Systeme bieten unzählige Variationen in der Anwendung der maschinellen Parameter. Sie wiederum bestimmen die Abmessungen und Eigenschaften der hergestellten DSV-Baukörper [53], [54].

Tabelle 5 DSV-Arbeitsparameter

Düsenstrahl-parameter	1-Phasen-system	2-Phasensystem (Suspension und Luft)	2-Phasensystem (Suspension und Wasser)	3-Phasen-system
Pumpdruck der Zementsuspension [MPa]	20 - 60	30 - 50	> 2	> 2
Durchflussrate der Zementsuspension [l/min]	30 - 450	50 - 450	50 - 200	50 - 200
Wasserdruck [MPa]	--	--	30 - 60	30 - 60
Durchflussrate der Wassers [l/min]	--	--	50 - 150	50 - 150
Luftdruck [MPa]	--	0,2 - 1,7	--	0,2 - 1,7
Durchflussrate der Luft [m³/min]	--	3 - 12	--	3 - 12

Im Wesentlichen besteht die Baustelleneinrichtung aus folgenden Geräten und Maschinen [3], [46]:

- Bohr- und Düsgerät mit Arbeitsmast auf selbstfahrender Lafette
- Mischanlage für Suspension
- Hochdrucksuspensionspumpe
- ggf. Hochdruckwasserpumpe sowie Luftkompressor
- Suspensionsrücklauf mit Pumpen und Aufnahmebehältern
- Silo
- Mess- und Registriereinrichtungen
- Zu- und Ableitungen, Kabel

7.3.3.2.1 Bohr- und Düsgerät

Üblicherweise werden die Bohrlöcher im Drehbohrverfahren mit Spülung über den Ringraum zwischen Gestänge und Erdreich von einer selbstfahrenden Lafette abgeteuft (Abbildung 33). In Europa ist es üblich, dass das Bohrgestänge zugleich auch die Düse(n) trägt. Dazu sind Bohrmeißel und Düsenträger kombiniert. Das Gestänge wird an einem Mäkler geführt und endet in einem Kraftdrehkopf. Über diesen erfolgt die Zuführung der Bohr- und Düssuspensionen. Der Düsenträger am unteren Ende des Gestänges hat ein oder zwei um 180° versetzte, manchmal zur Gestängeachse geneigte Düsen. Sofern vorhanden, ist die Luftdüse ringförmig um die Schneidedüse (Zweiphasensystem: Suspensionsdüse; Dreiphasensystem: Wasserdüse) angeordnet (Abbildung 31 und 32). Beim Dreiphasensystem sitzt die Suspensionsdüse in einigem Abstand unterhalb der Schneiddüse. Abbildung 34 zeigt den Düsenträger eines Zweiphasensystems mit innenliegender Suspensionsdüse und ringförmiger Luftdüse außen. Zum Meißel hin besitzt der Düsenträger zum Durchleiten der Bohrsuspension eine Öffnung, die beim Wechsel zum Düsvorgang gesperrt wird. Der Bohrmeißel bildet den unteren Abschluss und ist i.d.R. mindestens 20 mm breiter als das Gestänge, um einen ausreichend großen Ringraum zu schaffen.

Abbildung 33: Bohr- und Düsgerät auf selbstfahrender Lafette

Abbildung 34: Düsenträger mit Suspensionsdüse (innen) und Luftdüse (dunkler Ring außen)

Üblicherweise ist das Gestänge für Bohr- und Düsarbeiten ausgelegt. Verbindungen können mit Schraubgewinden erfolgen. Bereits beim Abteufen wird eine Spülung (Wasser, Bohr- oder Düssuspension) über das Gestänge mit Austritt am Meißel verpumpt. Der Gestängedurchmesser beträgt 80 bis 90 mm. Je nach System haben die Gestänge ein oder mehrere Innenrohre, die ebenfalls über Gewindeverbindungen druckdicht aneinandergeschlossen sind. Bei tiefen Bohrungen werden möglichst lange Mäkler bzw. Aufsätze verwendet, um die Anzahl der Gestängetrennungen so gering wie möglich zu halten, damit die Bohr- und Düsarbeiten möglichst wenig unterbrochen werden müssen.

Alle Herstellparameter werden automatisch durch elektronische Einrichtungen dokumentiert, die auch räumlich getrennte Vorgänge über die Zeitmessung zusammenführen können.

7.3.3.2.2 Hochdrucksuspensionspumpe, Hochdruckwasserpumpe

Verwendung finden i.d.R. in der Erdölförderung bewährte Pumpensysteme mit Förderdrücken von mehreren hundert bar und Förderleistungen von 100 bis 600 l/min. Abbildung 35 zeigt eine Hochdrucksuspensionspumpe.

Abbildung 35: Hochdrucksuspensionspumpe

Hochdruckwasserpumpen haben Förderdrücke von 300 bis 600 bar und Fördermengen von 50 bis 200 l/min. Hochdruckwasserpumpen werden i.d.R. in Kombination mit separaten Suspensionspumpen (Förderdrücke bis 30 bar und Fördermengen bis 180 l/min) eingesetzt. Üblicherweise werden dann beide Pumpen auf einer Containerplattform installiert.

7.3.3.2.3 Mischanlage

Die Suspension aus Wasser und Normalzement (ggf. mit weiteren Zusatzstoffen/-mitteln) wird in der Mischanlage, ebenfalls auf Containerplattformen installiert, hergestellt (Abbildung 36). Da die Suspension nicht stabil ist (schnelle Entmischung), muss sie sofort verpumpt oder in Zwischenbehältern mit Rührwerk in ständiger Bewegung gehalten werden (Abbildung 37). Verwendet werden i.d.R. Mischanlagen mit programmierten Rezepturen. Teilweise können mit den Mischanlagen für Bohr- und Düszwecke unterschiedliche Rezepturen nacheinander hergestellt bzw. in Zwischenbehältern vorgehalten werden.

Abbildung 36: Suspensionsmischanlage

Abbildung 37: Zwischenbehälter mit Rührwerk

7.3.3.2.4 Zu- und Ableitungen

Über Schläuche und Verbindungsstücke, die den auftretenden Förderdrücken und den Beanspruchungen aus dem allgemeinen Baustellenbetrieb standhalten müssen, werden Bohr- und Düssuspension, Luft, Wasser etc. den Bohr- und Düsgeräten zugeführt. Aufgrund der Kolbenbewegungen der Pumpen, die sich auf die Druckschläuche übertragen, führen diese Längsbewegungen aus, die eine mechanische Beanspruchung erzeugen. Um bei Schlauchbruch ein Schlagen der Leitungen zu verhindern, sind sie an den Kupplungsstellen zu fixieren.

7.3.3.2.5 Düssuspension

Die Düssuspension besteht aus Wasser, Normalzement und ggf. Zusatzstoffen/-mitteln. Das Mischungsverhältnis wird ausgedrückt als Quotient zwischen Wasser und Zement (w/z-Wert) und liegt i.d.R. zwischen 0,5 und 1,5. Bauaufsichtlich zugelassene Steinkohleflugasche darf als Zuschlagstoff dem Zement bis zu 50 % zugegeben werden. Ansteifungs- und Abbindezeitpunkt dürfen mit entsprechenden Zusatzmitteln beeinflusst werden.

7.3.3.2.6 Suspensionsrücklauf mit Pumpen und Aufnahmebehältern

Während des Bohr- und Düsvorgangs tritt mit geringer Fließgeschwindigkeit über den Bohrlochringraum überschüssiges Bodenmaterial, vermischt mit überschüssiger Suspension, als Rücklauf aus. Die Aufnahme und Entsorgung des Rücklaufs erfolgen über Abflussgräben mit Schlammpumpen in Zwischenlagercontainer und dann in Tankfahrzeuge (Abbildung 38).

Abbildung 38: Rücklaufsammelgraben mit Schlammpumpe (links) und Zwischenlagercontainer (rechts)

7.3.3.3 Qualitätssicherung

Zur Sicherstellung der erforderlichen Qualität der hergestellten Injektionskörper sind die laufenden Arbeiten fortwährend zu überwachen und fertiggestellte Bauteile stichprobenartig zu prüfen. Aufgrund der beeinflussenden Bodenzusammensetzung und der Bodenkennwerte ist es bisher nicht möglich, die hergestellten DSV-Elemente analytisch in ihrer Geometrie und ihren Eigenschaften zu beschreiben. Daher erfolgen Auswahl des Verfahrens, Festlegung der Herstellparameter sowie Abmessungs- und Eigenschaftsprognosen der DSV-Elemente meist empirisch unter Einfluss individueller Erfahrung, die vor Ort verifiziert werden muss. Beispielhaft werden in Tabelle 6 empirische Größen angegeben [46], [53].

Tabelle 6: Förderdrücke und Einwirkradien des DSV

	Druck [MPa]			Säulendurchmesser [m]				
	Zement-suspension	Luft	Wasser	Ton halbfest	Sand mitteldicht	Schluff tonig	Sand schluffig	Kies sandig
1-Phasen-system	25 - 40					0,4 - 0,5	0,8 - 0,9	0,9 - 1,0
	40 - 60				0,85			
2-Phasen-system	25 - 40	0,5 - 0,6				0,6 - 0,8	1,1 - 1,3	1,3 - 1,5
	40 - 60	0,5 - 0,6			1,7			
3-Phasen-system	1,5 - 4,0	0,5 - 0,6	30 - 40			0,8 - 1,0	1,4 - 1,6	2,0 - 2,4
	1,5 - 4,0	0,5 - 0,6	40 - 60	1,4		1,5 - 1,7	2,0 - 2,3	2,5 - 2,8

Aufgrund der großen Abhängigkeit von der Bodenzusammensetzung und den Bodenkennwerten empfiehlt sich bei der Herstellung von DSV-Baukörpern die Ausführung von Probekörpern. Die Probekörper können im Bereich der geplanten Baumaßnahme oder auf Versuchsfeldern mit vergleichbaren Randbedingungen hergestellt werden.

Zur Überwachung der Ausführungsarbeiten sind mindestens die in Tabelle 7 aufgelisteten Parameter zu dokumentieren [55]. Die Qualitätssicherung muss sich auf die wichtigsten Merkmale der DSV-Baukörper konzentrieren: die Position und die Geometrie im Baugrund sowie die mechanischen Eigenschaften.

Tabelle 7: Mindestanforderung an die Überwachung von DSV-Arbeiten

Überwachung		
kontinuierlich	stichprobenartig während der laufenden Produktion	stichprobenartig an Probekörpern (z.B. Bohrkern)
Drücke Durchflussraten Drehgeschwindigkeit Ziehgeschwindigkeit Rückflussmengen	Bohransatzpunkt Bohrlochneigung Geometrie	Zementgehalt Druckfestigkeit Elastizitätsmodul Durchlässigkeit

7.3.3.3.1 Kontrolle der Position und der Geometrie

Zur Kontrolle der Position und der geometrischen Abmessungen von DSV-Elementen dienen folgende Maßnahmen:

- stichprobenartige Messung des Durchmessers
- Neigungsmessungen
- Erkundungsbohrungen und Schürfe
- Änderung der Parameter bei durch die Kontrolle festgestellten Abweichungen von Sollmaßen; ggf. Anordnung von zusätzlichen Elementen
- exakte Kennzeichnung fertiggestellter Säulen auf den Werkplänen der Baustelle, damit kein Element ausgelassen wird

- tägliche Einweisung der Bohrmannschaften
- Herstellprotokoll je Element sowie Tagesberichte

Möglichkeiten zur direkten und indirekten Kontrolle der DSV-Elemente gibt es nur wenige. In den Kapiteln 7.3.3.3.2 bis 7.3.3.3.6 sind die möglichen Methoden vorgestellt [51], [56], [57].

7.3.3.3.2 Kontrolle durch Ausgrabung oder Sondierbohrung

Das Ausgraben eines exemplarischen DSV-Körpers stellt die sicherste Methode dar, die Qualität der DSV-Arbeiten zutreffend einzuschätzen und ggf. Anpassungen an den Herstellungsparametern vorzunehmen. Alternativ können vertikale oder geneigte Sondierbohrungen von der Geländeoberfläche aus vorgenommen werden. Sie ermöglichen außerdem durch die Entnahme von Bohrkernen eine realistische Beurteilung der mechanischen Parameter.

7.3.3.3.3 Kontrolle durch Tastwerkzeuge

Mit an Gestängen befestigten Tastwerkzeugen können in der zunächst noch flüssigen Zementsuspension die Grenze zum umgebenden Erdreich detektiert und damit die Abmessungen der hergestellten DSV-Körper bestimmt werden. Dazu wird nach Fertigstellung des DSV-Elements das Bohrgestänge gezogen, das Messgerät daran adaptiert und im eingeklappten Zustand in das Bohrloch auf Messtiefe gebracht. Die zylindrischen Messstangen sind in ihrer Länge so gewählt, dass sie die Grenze zum umgebenden Erdreich zunächst nicht berühren. Mittels einer Antriebsvorrichtung und einer hydraulischen Verbindung werden die Messzylinder ausgeklappt und ausgefahren. Das Erreichen der Grenze zum umgebenden Erdreich wird durch signifikanten Druckanstieg im System festgestellt.

7.3.3.3.4 Kontrolle durch Hydrophonverfahren

Beim Hydrophonverfahren werden an einer oder mehreren Stellen Stahlrohre mit Reinwasserfüllung in den Boden abgeteuft, die anschließend in ihrer Lage über die volle Länge eingemessen werden. Anschließend wird eine DSV-Bohrung niedergebracht, die gleichermaßen eingemessen wird. Damit sind die Abstände der einzelnen Bohrungen in jeder Tiefenlage bekannt. In die Stahlrohre werden Unterwassermikrophone (Hydrophone) eingeführt, die während des Herstellungsvorgangs höhengleich mit dem Düskopf mitgezogen werden. Die empfangenen Messwerte werden protokolliert. Das Prinzip beruht darauf, dass der Hochdruckstrahl in unterschiedlicher Entfernung vom Horchpegel unterschiedliche Schalldrücke erzeugt. Dabei erfolgt die Auswertung weniger nach der Höhe der erhaltenen Signale als nach der Form. Aus der Signalform kann auf die Strahlgeometrie des arbeitenden Düsenträgers geschlossen werden, wodurch Rückschlüsse auf den erreichten Durchmesser möglich sind. Tabelle 8 zeigt die Möglichkeiten der qualitativen Bewertung der Signalformen.

Tabelle 8: Qualitative Bewertung der Signalformen beim Hydrophonverfahren

Kein Signalanstieg

Beim Überstreichen des Schneidstrahls in Richtung des Horchpegels erfolgt kein Signalanstieg. Der Schneidstrahl reicht nicht bis zum Horchpegel. Der Radius des DSV-Körpers ist geringer als der Abstand zwischen Düsenträger und Horchpegel.

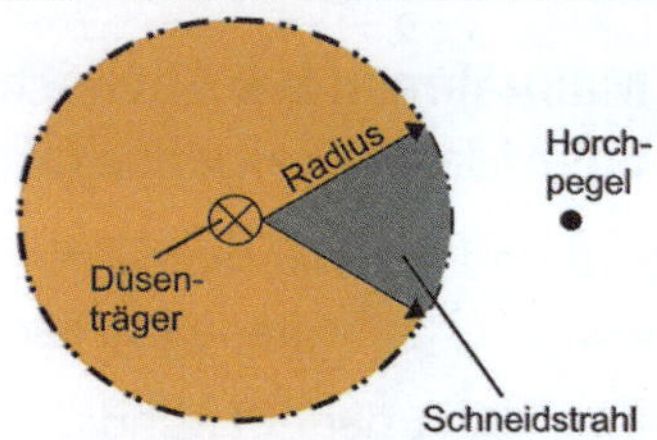

Plateausignal

Über einen Drehwinkel von 50° - 70° bleibt das Signal nahezu gleich stark. Der Schneidstrahl hat mit seinem vorderen großflächigen Bereich den Horchpegel erreicht. Der Radius des DSV-Körpers ist gleich dem Abstand zwischen Düsenträger und Horchpegel.

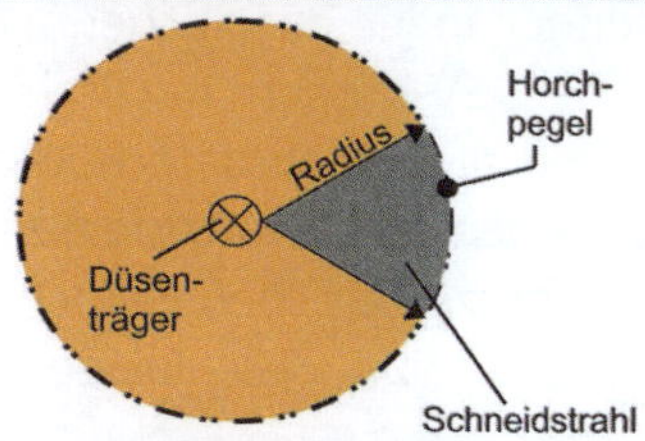

Wellensignal

Das Signal zeigt einen weichen, wellenförmigen Verlauf mit Wendepunkten. Eine deutliche Spitze ist nicht erkennbar. Der Schneidstrahl überstreicht den Horchpegel in nur geringem Abstand. Der Radius des DSV-Körpers ist größer als der Abstand zwischen Düsenträger und Horchpegel.

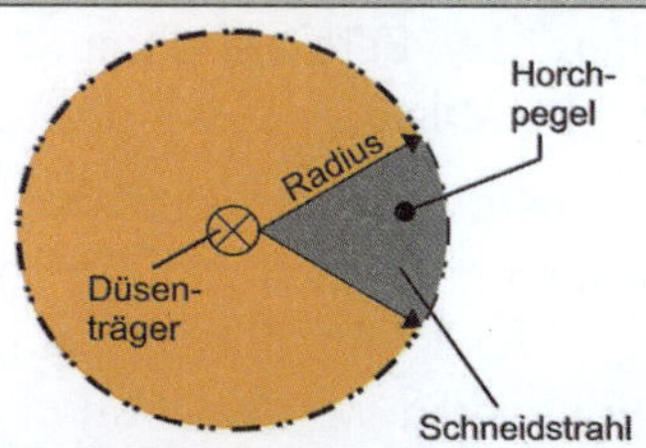

Spitzensignal

Das Signal zeigt einen steilen Anstieg und Abfall. Der Schneidstrahl ist beim Überstreichen des Horchpegels relativ wenig aufgerissen und besitzt große Energie. Der Radius des DSV-Körpers ist deutlich größer als der Abstand zwischen Düsenträger und Horchpegel.

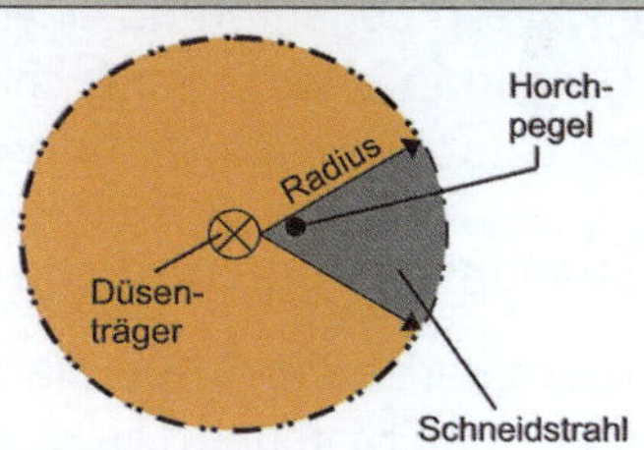

7.3.3.3.5 Kontrolle durch Temperaturmessungen

Das Verfahren beruht auf der in-situ gemessenen Temperaturentwicklung in den DSV-Körpern während der Hydratation des Zements. Bisher hat sich dieses Verfahren in der Baupraxis jedoch noch nicht durchgesetzt.

7.3.3.3.6 Kontrolle durch geophysikalische Verfahren

Die Messung des Durchmessers erfolgt bei geophysikalischen Verfahren mit direkt in der Säule oder mit bekanntem Abstand neben der Säule abgeteuften Radarsonden. Während des Messvorgangs werden die hochfrequenten elektromagnetischen Wellen (Radarwellen) am Übergang zwischen Boden und Säule reflektiert und machen die Bestimmung des Durchmessers möglich. Bisher hat sich dieses Verfahren in der Baupraxis jedoch nicht durchgesetzt.

7.3.3.4 Maßnahmen bei Abweichungen von geplanter Geometrie, Position oder Materialeigenschaft

Nachfolgend sind Maßnahmen aufgezeigt, die bei Abweichungen von der geplanten Geometrie, Position oder Materialeigenschaft ergriffen werden können [56].

Zur Gewährleistung der notwendigen Präzision gehört es zum Stand der Technik, dass das Abteufen des Bohrgestänges lasergestützt erfolgt.

Einschnürungen oder gar zu geringe Durchmesser über die ganze Länge können insbesondere bei DSV-Körpern mit Dichtfunktion erhebliche Folgen haben. Dies gilt vor allem für rollige und fließgefährdete Böden, die schlagartig durch Öffnungen einfließen können. Durch Änderung der Verfahrensparameter, Vorschneiden bei feinkörnigen Böden, Anordnung von zusätzlichen Elementen, Verringerung des Rasterabstandes können Fehlstellen vermieden bzw. geschlossen werden.

Wird z.B. die Abmessung von Primärelementen so groß, dass Sekundärelemente nicht korrekt angeordnet werden können, entstehen u.U. sog. Düsschatten und damit Undichtigkeiten bzw. Bereiche ohne Kraftübertragung. Hier ist die Anordnung zusätzlicher Elemente erforderlich.

Werden Elemente in ihrer vertikalen Lage zu flach oder zu tief angeordnet, oder treten Abweichungen in der Sollneigung oder vom Ansatzpunkt auf, sind die Fehlbereiche entsprechend zu schließen. Zur Vermeidung von Abweichungen während des Bohrvorgangs kann es notwendig werden, Vorbohrungen zur Beseitigung von Hindernissen durchzuführen.

Haben die DSV-Körper aufgrund eines zu hohen Wasser-Zement-Wertes, zu schnellen Ziehens des Düsenträgers oder durch chemische Einflüsse zu geringe Festigkeiten, sind meist aufwendige Zusatzmaßnahmen erforderlich, die fallweise festzulegen sind.

7.3.3.5 Suspensionsdurchbrüche und Suspensionsausläufer

Wenn Bodenmaterial und Suspension nicht ungehindert im Bohrlochringraum aufsteigen können, kann das Material u.U. in andere Bodenbereiche abfließen. Suspension kann dann unkontrolliert an der Geländeoberfläche austreten und die Tragfähigkeit des Bodens zumindest temporär erheblich herabsetzen.

Möglich sind außerdem partielle Hebungen und Setzungen des Geländes und angrenzender Bauwerke aufgrund von eingepresster Suspension oder ausgespültem Boden [1], [46], [58]. Abbildung 39 zeigt einen unkontrollierten Suspensionsaustritt unter einem Bohr- und Düsgerät. Als Mitigationsmaßnahme ist ein geregelter Rückfluss zu gewährleisten. Ist der Rückfluss unterbrochen, sind die Düsarbeiten einzustellen.

Abbildung 39: Unkontrollierter Suspensionsdurchbruch unter Bohr- und Düsgerät

Eine Stabilisierung kann durch Herstellung von DSV-Elementen in den oberflächennahen Bodenschichten erfolgen (sog. Bohrlochverstärkungen), durch die nach Erhärten der Suspension das Bohrloch erneut abgeteuft wird.

Bei Aushubmaßnahmen nach erfolgter Herstellung von DSV-Körpern sind verfahrensbedingt die Bohrlöcher über die ganze Tiefe mit einem erhärteten Suspensionsbodengemisch, sog. Düskerzen, gefüllt. Darüber hinaus muss damit gerechnet werden, dass größere Blöcke oder Platten mit erhärteter Suspension aufgrund unkontrollierter Suspensionsausläufer beim Aushub zu beräumen sind. Abbildung 40 zeigt einen Suspensionsblock mit einem Durchmesser von mehr als 3 m, der im ersten Aushubschritt zur Herstellung einer Baugrube für eine tiefliegende U-Bahn-Station beräumt werden musste.

Abbildung 40: Während des Aushubs freigelegeter Suspensionsausläufer

7.3.4 Mechanisch-hydraulische Mischverfahren für tiefe Vermörtelung

Für besondere Baugrundverhältnisse und Gründungsaufgaben wurden Kombinationen von mechanischen und hydraulischen Mischverfahren entwickelt [38]. Diese mechanisch-hydraulischen Mischverfahren für tiefe Vermörtelung werden auch Hybridtechniken genannt.

7.3.4.1 Stabilisierung großer Bodenmassen

Zur Stabilisierung großer Bodenmassen wurden besondere Geräte entwickelt, die bis in Tiefen von 5 m eine Bindemittelsuspension mit einem rotierenden Mischwerkzeug unter gleichzeitiger vertikaler und horizontaler Bewegung mit dem anstehenden Boden vermischen [38]. Dies kann z.B. bei sehr ungünstigen Baugrundverhältnissen, wie bei Torf, Mudde und organischem Ton notwendig sein. Abbildung 41 zeigt mögliche Mischverfahren zur Stabilisierung großer Bodenmassen.

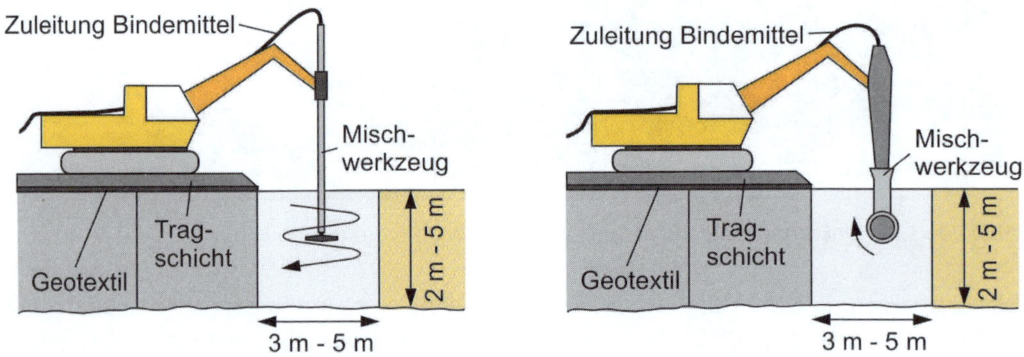

Abbildung 41: Massenstabilisierung mit mechanisch-hydraulischen Mischverfahren

7.3.4.2 Herstellung von Elementen

Zur Herstellung von Elementen wie Säulen, Wänden und Blöcken können mechanisch-hydraulische Mischverfahren eingesetzt werden, die z.B. als SWING- Verfahren bekannt sind [1], [59], [60].

Beim SWING-Verfahren wird ein Bohrloch (Durchmesser ca. 600 mm) abgeteuft und nach Erreichen der Endtiefe ein am unteren Ende des Gestänges angebrachtes Schwert ausgeklappt. Anschließend wird der Baugrund durch Rotieren und Ziehen des Gestänges durchmischt. Dazu wird an den Enden des Schwertes mit hoher Energie eine Bindemittelsuspension in den Boden eingebracht. Die entstehenden Geometrien sind breiter als das eigentliche Mischwerkzeug. Abbildung 42 zeigt die einzelnen Arbeitsschritte.

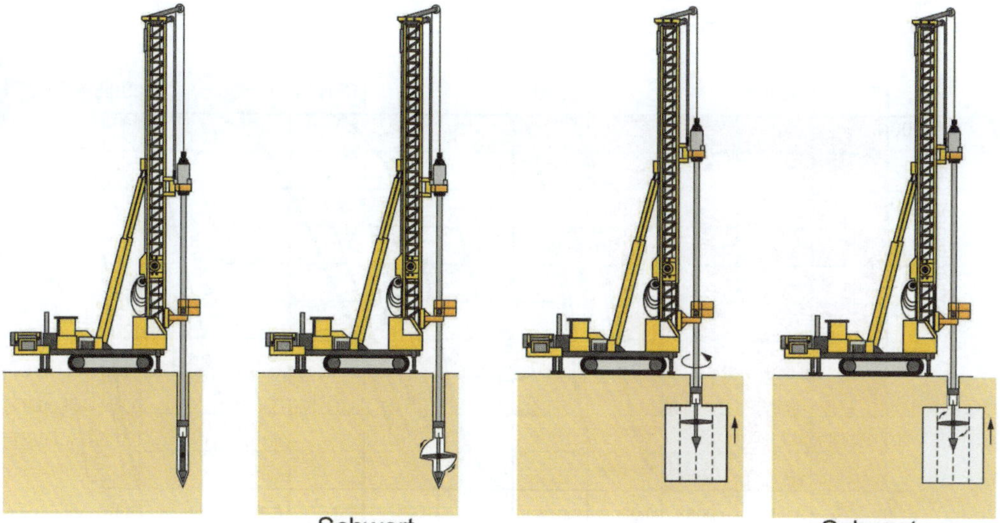

Abbildung 42: Arbeitsschritte beim SWING-Verfahren

7.4 Injektionen

Mit Injektionen werden Poren- bzw. Klufträume in Boden und Fels mit Injektionsmitteln verfüllt. Zur Aufschließung der Poren- bzw. Klufträume sind an das jeweilige Injektionsverfahren bzw. Injektionsmittel angepasste Bohrungen notwendig. DIN EN 12715 [61] bildet die normative Grundlage für die Planung und Ausführung von Injektionsmaßnahmen. Die Grundlagen zur Beurteilung der grundsätzlichen Injezierbarkeit von Boden und Fels finden sich in [1], [46] und [48]. Durch Injektionen können folgende Verbesserungen des Baugrundes bzw. des Gebirges erzielt werden:

- Verringerung der Durchlässigkeit
- Erhöhung der Festigkeit
- Reduzierung der Verformbarkeit
- Vergrößerung des Volumens

Grundsätzlich können Injektionen als Bauhilfsmaßnahme oder als dauerhafte Maßnahme ausgeführt werden.

7.4.1 Injektionsmittel

Zur Anwendung kann eine Vielzahl von Injektionsmitteln kommen. Sie sind im Hinblick auf Eignung im anstehenden Boden, die Wirtschaftlichkeit und den Umweltschutz auszuwählen. Grundsätzlich lassen sich hydraulische Bindemittel und chemische Injektionsstoffe unterscheiden [1], [3], [46], [48]. Die Anwendung in Abhängigkeit von der Korngrößenverteilung des Bodens ist in Abbildung 26 dargestellt, eine detaillierte Beschreibung findet sich in Abbildung 43 [61], [62].

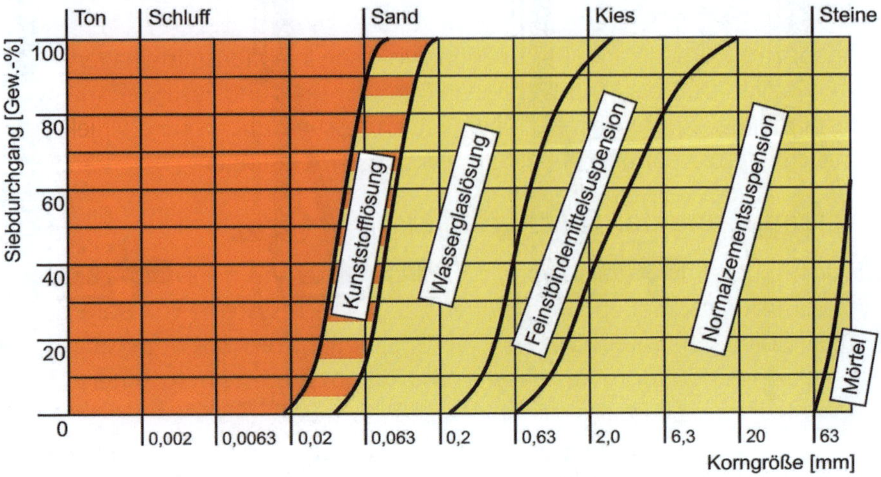

Abbildung 43: Anwendungsgrenzen von Injektionsmitteln

Hydraulische Bindemittel werden unter Zugabe von Wasser zu Suspensionen, selten zu Pasten, angemischt. Dabei werden meist Portlandzement, Hochofenzement sowie Fein- und Feinstzemente verwendet. Injektionsmittel mit hydraulischen Bindemitteln können sein:

- Beton (Zement, Wasser, Kies etc.)
- Mörtel (Zement, Wasser, Sand)
- Zementsuspension (Zement, Wasser)

Zu allen Injektionsmitteln mit hydraulischen Bindemitteln können die üblichen Betonzusatzstoffe und -mittel hinzugegeben werden. Wegen des Schrumpfverhaltens ist nach [46] Beton dichter und fester als Mörtel. Mörtel ist dichter als Zementsuspension. Aufgrund der Entmischbarkeit von Mörteln ist die Pumpweite auf rd. 100 m beschränkt. In Fällen längerer Pumpwege ist der Sand später zuzugeben, was zusätzlichen Aufwand bedeutet. Die Wasserzementfaktoren für Zementsuspensionen liegen normalerweise zwischen 0,8 und 2,0, wobei eine Bentonitzugabe von wenigstens 4 % die Fließeigenschaften deutlich verbessert.

Chemische Injektionsmittel sind z.B. Silikatgele und Kunststofflösungen. Die Silikatgele bestehen aus Natriumsilikat in wässriger Lösung (Wasserglas), das mit unterschiedlichen Stoffen zur Reaktion gebracht werden kann. Wasserglas ist in großen Mengen relativ günstig herstellbar. Unterschieden werden Hart- und Weichgele. Für Hartgele werden toxikologisch nicht unbedenkliche Härter eingesetzt, weshalb die Anwendung in den letzten Jahren deutlich begrenzt blieb [48]. Weichgele werden meist für Abdichtinjektionen eingesetzt. Zur Gelbildung werden hierbei aus wasserrechtlichen Gründen anorganische Härter verwendet. Weichgele können den pH-Wert des Grundwassers verändern.

Darüber hinaus zählen zu den chemischen Injektionsmitteln Acrylat-Gele, PU-Schäume sowie Epoxidharze.

In wirtschaftlicher und technischer Hinsicht gilt für alle Injektionsmaßnahmen, dass das gröbste Injektionsmittel verwendet werden sollte, das noch in vorhandene Klüfte und Poren eingebracht werden kann. Bei zu gering viskosen Injektionsmitteln werden zu große Reichweiten erzielt. Darüber hinaus steigen i.d.R. Dichtheit und Festigkeit mit dem Zusatz grober Bestandteile. Ggf. muss nach einer Erstverpressung mit gröberen Injektionsmitteln eine zusätzliche Verpressung mit feineren Injektionsmitteln folgen.

7.4.2 Verringerung der Durchlässigkeit

Grundsätzlich müssen Injektionskörper, die der Verringerung der Durchlässigkeit dienen, an andere Bauteile anschließen. Dies können z.B. die Dichtsysteme von Dämmen oder die Verbaukonstruktion von Baugruben sein. Bei Injektionen für Abdichtungsmaßnahmen ist zwischen der Anwendung im Festgestein und im Lockergestein zu unterscheiden. Abdichtungsmaßnahmen im Festgestein können z.B. sein [46]:

- Injektionsschleier unter Stauanlagen wie Wehre, Staumauern und -dämme (Verringerung der Umläufigkeit sowie des Auftriebs)
- Abdichtung um unterirdische Hohlräume zur Erleichterung des Vortriebs
- Abdichtung um unterirdische Hohlräume zur Reduzierung der Sickerwassermenge

Bei Abdichtungen im Felsgestein sollen die Injektionsbohrungen normal durch die Klüfte gehen, um möglichst viele Klüfte je Meter anzuschneiden. Zur Herstellung von Injektionsschleiern werden oft mehrere parallele Reihen angeordnet. Dabei betragen die Bohrlochabstände innerhalb einer Reihe i.d.R. zwischen 1 m und 3 m. Die Reihenabstände betragen zwischen 1,5 m und 2,5 m [46]. Üblicherweise sind die Bohransatzpunkte paralleler Reihen zueinander versetzt. Die Injektionsreihen können in der Tiefe gestaffelt sein, sodass nicht alle Bohrungen bis zur maximalen Tiefe hergestellt werden müssen. Bei der Abdichtung von Festgestein kommen meist Mörtel- und Zementinjektionen zum Einsatz, die nach Möglichkeit mit der gleichen Maschinentechnik verarbeitet werden.

Abdichtungsmaßnahmen im Lockergestein können z.B. sein [46]:

- Injektionssohlen für Baugruben
- Injektionsschleier unter Stauanlagen wie Wehre, Staumauern und -dämme (Verringerung der Umläufigkeit sowie des Auftriebs)
- Abdichtung von Grabensohlen
- Abdichtung um unterirdische Hohlräume zur Reduzierung der Sickerwassermenge

Bei Abdichtungen von Baugruben durch Injektionssohlen sind zwei Aufgaben zu erfüllen. Zum einen muss beim Aushub die Baugrubensohle erreicht werden, ohne dass die Gefahr eines hydraulischen Grundbruchs auftritt und ohne die Auftriebssicherheit zu gefährden. Zum anderen muss der Zufluss zur Baugrube so reduziert werden, dass die anfallenden Wassermengen ohne besonderen Aufwand beherrschbar sind und ein Absinken des Grundwassers außerhalb der Baugrube praktisch nicht stattfindet. Die Dicke der Injektionssohlen beträgt i.d.R. zwischen 1,0 m und 1,5 m, wobei am Anschluss an die Verbaukonstruktion etwas größere Dicken vorzusehen sind. Die Bohrlochabstände betragen zwischen 1,5 m und 3 m. Für Dichtkörper aus Injektionsmitteln gelten folgende Anforderungen:

- Erosionsstabilität
- gleichbleibende Durchlässigkeit
- Flexibilität bzw. Formbeständigkeit

Diese Anforderungen werden sehr gut von Tonzementsuspensionen und von Chemikalgemischen auf Silikatbasis erfüllt [46].

7.4.3 Erhöhung der Festigkeit und Reduzierung der Verformbarkeit

Bei Injektionen zur Erhöhung der Festigkeit und zur Reduzierung der Verformbarkeit ist zwischen der Anwendung im Festgestein und im Lockergestein zu unterscheiden. Injektionen zur Erhöhung der Festigkeit und zur Reduzierung der Verformbarkeit im Festgestein können sein [46]:

- Vergütung des Gebirges zur Erleichterung des Ausbruchs und zur Reduktion der temporären und/oder dauerhaften Sicherung unterirdischer Hohlräume
- Verfüllung von Hohlräumen zur Erhöhung der Tragfähigkeit und zur Verringerung der Setzungen unter großen Lasten oder Erschütterungen

Bei Injektionen zur Erhöhung der Festigkeit und zur Reduzierung der Verformbarkeit in Festgestein gelten die gleichen Grundsätze wie bei Injektionen zur Verringerung der Durchlässigkeit. Bei Vorhandensein großer Klüfte kommen Beton und Mörtel verstärkt zum Einsatz. Dabei kommt es darauf an, breite Klüfte vollständig mit Injektionsgut zu füllen.

Injektionen zur Erhöhung der Festigkeit und zur Reduzierung der Vorformbarkeit im Lockergestein können sein [46]:

- Unterfangungen von Fundamenten neben geplanten Vertiefungen
- Verfestigung des Baugrundes zur Erleichterung des Ausbruchs, zur Reduktion der Verformungen und zur temporären und/oder dauerhaften Sicherung unterirdischer Hohlräume
- Verfüllung von Hohlräumen zur Erhöhung der Tragfähigkeit und zur Verringerung der Setzungen unter großen Lasten oder Erschütterungen

Bei Injektionen zur Erhöhung der Festigkeit und zur Reduzierung der Verformbarkeit in Lockergestein gelten die gleichen Grundsätze wie bei Injektionen zur Verringerung der Durchlässigkeit.

Bei locker gelagerten Böden kann zur Erhöhung der Festigkeit und zur Reduzierung der Verformbarkeit die sogenannte Verdichtungsinjektion (engl. compaction grouting) zur Anwendung kommen. Dabei bleibt das Injektionsgut als geschlossener Körper bestehen und der umgebende Boden wird durch Verdrängung verdichtet. Als Injektionsmittel sind Zementsuspensionen mit einem Wasserzementwert von unter 1,0 sowie Mörtel geeignet [46]. Die Verdichtungswirkung reicht bis 2,0 m von der Außenseite des Injektionskörpers.

Der mittlere Bohrlochabstand beträgt 2 m bis 4 m. Die hergestellten Injektionskörper müssen nicht zwangsläufig die Unterkante von anderen Bauteilen berühren.

7.4.4 Vergrößerung des Volumens

Injektionen zur Vergrößerung des Volumens haben eine verdrängende Wirkung auf den Boden. Diese Art von Injektionen kommt z.B. bei erforderlichen Hebungsmaßnahmen oder der Kompensation von Setzungsmulden, die z.B. infolge von Tunnelvortrieben oder Bergbaumaßnahmen entstehen, zur Anwendung.

Die Bohransatzpunkte für Hebungsinjektionen können sein (Abbildung 44):

- an der Oberfläche
- im Keller
- in Baugruben oder Schächten
- in Baubehelfstunneln

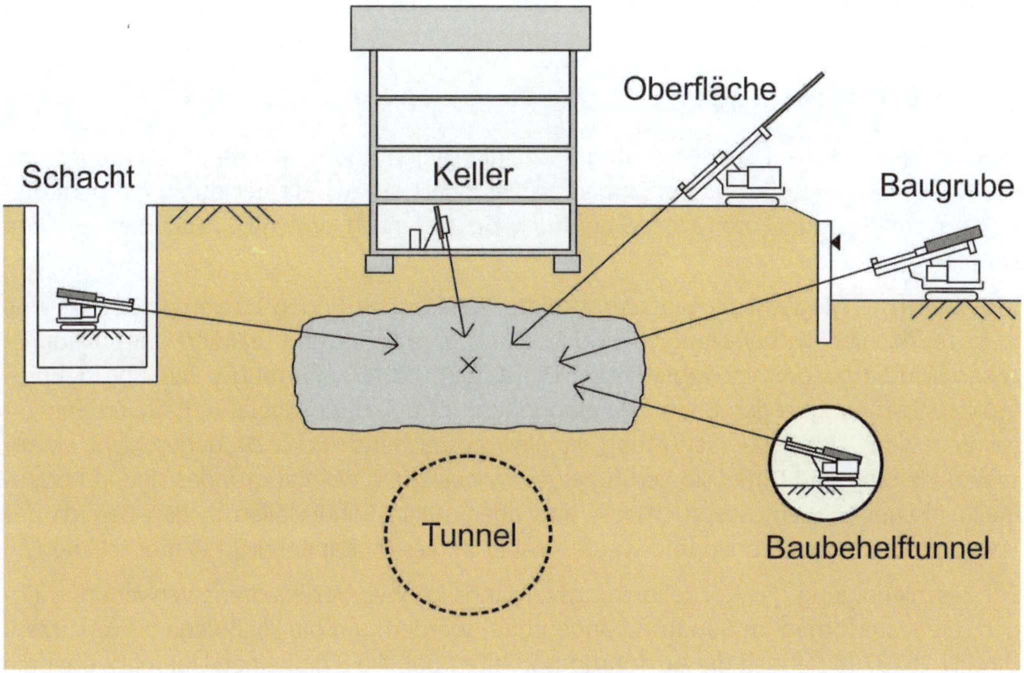

Abbildung 44: Mögliche Bohransatzpunkte für Hebungsinjektionen

Oft wird bei Kompensationsinjektionen durch Erstinjektionen der Baugrund vorgespannt (Erhöhung der Horizontalspannungen auf das Niveau der Vertikalspannungen), um zu einem späteren Zeitpunkt das Volumen nochmals gezielt durch weitere Injektionen zu vergrößern und damit den Bodenkörper zu heben. Zur Qualitätssicherung ist eine umfangreiche messtechnische Überwachung notwendig. Der Abstand der Bohrungen beträgt zwischen 2 m und 4 m. Als Injektionsmittel kommen normalerweise Zementsuspensionen zur Anwendung. Nach [46] sollte der Wasserzementwert unter 1,0 betragen.

7.4.5 Gerätetechnik

Zur Ausführung von Injektionsmaßnahmen sind folgende Geräte erforderlich [11]:

- Bohrgerät
- Spülpumpen
- Manschettenrohre
- Mischer/Rührwerk und Dosiereinrichtungen
- Injektionspumpen
- Vorratsbehälter
- Messtechnik zur Protokollierung und Qualitätssicherung

Aufgrund der Vielzahl an unterschiedlichen Injektionstechniken und der ständig fortschreitenden Entwicklung in der Gerätetechnik sei an dieser Stelle auf eine ausführliche Beschreibung der einzelnen Komponenten verzichtet und auf die Hersteller und bauausführenden Firmen verwiesen.

7.5 Tiefendränage

Werden Bauwerke auf wassergesättigten, feinkörnigen Böden errichtet, treten aufgrund des Konsolidierungseffektes Setzungen zeitverzögert auf [1], da der durch die neue Belastung entstehende Porenwasserüberdruck Δu erst nach und nach abgebaut werden kann.

Die einfachste Möglichkeit, wassergesättigte, feinkörnige Böden zu verbessern, ist eine massive, flächige Vorbelastung, die i.d.R. durch eine Schüttung realisiert wird. Dadurch lassen sich Setzungen vorwegnehmen. Die aufgebrachte Schüttung sollte eine deutlich größere Spannung in den Baugrund einbringen, als durch das geplante Bauwerk hervorgerufen wird. Unter der Schüttung ist eine ausreichend dicke Dränageschicht vorzusehen. Planung und Dimensionierung einer Vorbelastung des Baugrundes sind in bodenmechanischer Hinsicht anspruchsvoll, sind aber nur in Sonderfällen in den Bereich des Spezialtiefbaus einzuordnen und werden daher in diesem Kapitel nicht weiter erläutert.

Zur Beschleunigung des Konsolidierungsvorgangs können Vertikaldräns Verwendung finden, die rasterförmig im Baugrund angeordnet werden, um die Fließwege zu verkürzen. DIN EN 15237 [63] regelt die Ausführungsarbeiten. Tabelle 9 gibt einen Überblick über die gängigen Vertikaldräntypen.

Tabelle 9: Vertikaldräntypen

Vertikaldräntyp	Abmessung	Einbaumethode
Sanddrän (Herstellung in-situ)	Ø 0,2 - 0,6 m	gerammt oder gerüttelt mit kompletter Verdrängung des Bodens
Sanddrän (vorgefertigt)	Ø 0,06 - 0,15 m	gerammt oder gerüttelt mit verminderter Verdrängung des Bodens
Sanddrän (Herstellung in-situ)	Ø 0,3 - 0,5 m	gebohrt mit Hohlbohrschnecke bei geringer Verdrängung oder gespült
Vorgefertigte Dräns (Kunststoff, Pappe, nicht gewobenes Filtomat)	Ø 0,05 - 0,1 m	gedrückt oder gerüttelt mit Lanze mit Vollverdrängung

Beim Einbau der Dräns hat häufig die Tragfähigkeit des Baugrundes eine entscheidende Bedeutung. Bei solchen Bauaufgaben ist nur eine geringe Tragfähigkeit des Baugrundes zu erwarten. Die Gerätschaften müssen das Areal erreichen und befahren können. Als Arbeitsebene ist die ohnehin notwendige horizontale Dränageschicht, in die die Vertikaldräns entwässern, geeignet. Die horizontale Dränageschicht sollte mindestens 0,3 m bis 0,5 m dick sein. Die Anordnung der Vertikaldräns erfolgt in regelmäßigen Rastern (dreieickig oder viereckig). Nach Herstellung der Vertikaldräns wird die Vorbelastung aufgebracht. Größe und Dauer der Vorbelastung sind abhängig von der vorwegzunehmenden Setzung. Dabei kann die Konsolidierungszeit durch den Durchmesser und den Abstand der Vertikaldräns beeinflusst werden [64].

Eine alternative Art der Vorbelastung ist die Vakuumkonsolidierung [1]. Dabei werden die Oberfläche des zu konsolidierenden Bereichs mit einer Kunststoffdichtungsbahn abgedichtet und die Vertikaldräns an eine Vakuumpumpe angeschlossen. Der erzeugte Unterdruck liegt bei rd. 0,7 bar. Dies entspricht einer Auflastspannung von rd. 70 kN/m². Die Vakuumkonsolidierung eignet sich besonders für Böden mit weicher bis flüssiger Konsistenz und Durchlässigkeiten von $k < 10^{-7}$ m/s bis $k < 10^{-10}$ m/s.

Die Vorteile der Vakuumkonsolidierung sind:

- Zeitersparnis durch beschleunigte Entwässerung bzw. Konsolidierung des Bodens
- An- und Abtransport sowie Aufbau von Schüttmaterial entfallen
- Unterdruck erzeugt eine Vorbelastungsspannung über die gesamte Fläche in vertikaler und horizontaler Richtung

Beispiele zur Vakuumkonsolidierung sind in [65] und [66] ausführlich erläutert.

7.6 Bodenvereisung

Die erste Anwendung der künstlichen Bodenvereisung erfolgte in Südengland zu Beginn der 1860er Jahre [67]. Bereits 20 Jahre später enthielt die erste Patentschrift zum Gefrierschachtbau alle wesentlichen, noch heute verwendeten Bestandteile der Bodenvereisung. Seither entwickelte sich die Bodenvereisung zu einem flexiblen Spezialtiefbauverfahren für temporäre Stütz- und Abdichtmaßnahmen.

Das Verfahren der Bodenvereisung ist derzeit nicht normativ geregelt. Bei der Bodenvereisung wird dem Boden Wärme entzogen, bis das Porenwasser gefriert. Dieser Vorgang erzeugt eine reversible Festigkeits- und Steifigkeitserhöhung. Die Bodenvereisung ist in nahezu allen Bodenarten möglich, wobei die jeweilige Grundwassersituation entscheidend ist. Verglichen mit Baugrundsituationen mit geringer oder gar keiner Grundwasserströmung ist bei starken Grundwasserströmungen für die Herstellung eines Vereisungskörpers im Boden ein erheblicher Mehraufwand notwendig. Darüber hinaus sind aber auch der notwendige Wassergehalt sowie die Volumenänderung beim Gefrieren und Auftauen zu beachten. Das Anwendungsgebiet umfasst u.a.:

- Abdichtung von Fehlstellen in Verbaukonstruktionen
- Abdichtung von geometrischen oder materiellen Übergängen in Verbaukonstruktionen
- Unterfangung von Fundamenten
- Verbaumaßnahmen für Baugruben
- Sicherungsmaßnahmen im Tunnelbau und Rohrvortrieb

Beispielhaft stellt Abbildung 45 eine Vereisungsmaßnahme zur Herstellung von Querschlägen beim U-Bahn-Bau in Amsterdam, Niederlande, dar. Nach [67] weist die Bodenvereisung folgende positive Merkmale auf:

- jede Bodenart kann gefroren werden; Schichtgrenzen sind kein Hindernis
- Frostkörper können kraftschlüssig an andere Bauteile angeschlossen werden
- Bestimmung der Ausdehnung und des Materialverhaltens anhand von Temperaturmessungen
- viskoplastisches Materialverhalten von Frostkörpern verursachen Kriechverformungen, die kritische Zustände rechtzeitig anzeigen, sofern eine präzise messtechnische Überwachung erfolgt
- Möglichkeit der nachträglichen Ertüchtigung

Abbildung 45: Bodenvereisung zur Herstellung von Querschlägen beim U-Bahn-Bau in Amsterdam, Niederlande

7.6.1 Verfahrensgrundlagen

Der Wärmeentzug im Boden zum Gefrieren des Porenwassers erfolgt über in Gefrierrohren zirkulierende Fluide. Die Gefrierrohre werden in den Baugrund eingebohrt, eingerammt oder in vorgefertigte Bohrlöcher gestellt. Grundsätzlich sollte der Sättigungsgrad S_r des Baugrundes zwischen 0,5 und 0,7 liegen. Ist der Sättigungsgrad S_r zu gering, muss der Boden aufgesättigt werden, um einen geschlossenen Gefrierkörper aufzubauen. Gefriervorgänge können je nach Baugrund- und Grundwassersituation zwei bis vier Wochen dauern.

Die Festigkeit gefrorener Böden ist stark von der Temperatur abhängig. I.d.R. wird der Boden auf mindestens -10 °C bis -20 °C herabgekühlt [67]. Da aus dem Baugrund, der den Frostkörper umgibt, ständig Wärme zufließt, muss die Kühlung über die gesamte Bauphase aufrechterhalten werden.

Die eingebrachten Gefrierrohre sind doppelwandig. Durch das Innenrohr, auch Fallrohr genannt, strömt das Kältemittel ein. Über den Raum zwischen Innen- und Außenrohr strömt das Kältemittel wieder nach oben. Das Prinzip ist in Abbildung 46 dargestellt.

Derzeit finden zwei unterschiedliche Kältemittel Anwendung: Stickstoff oder Sole.

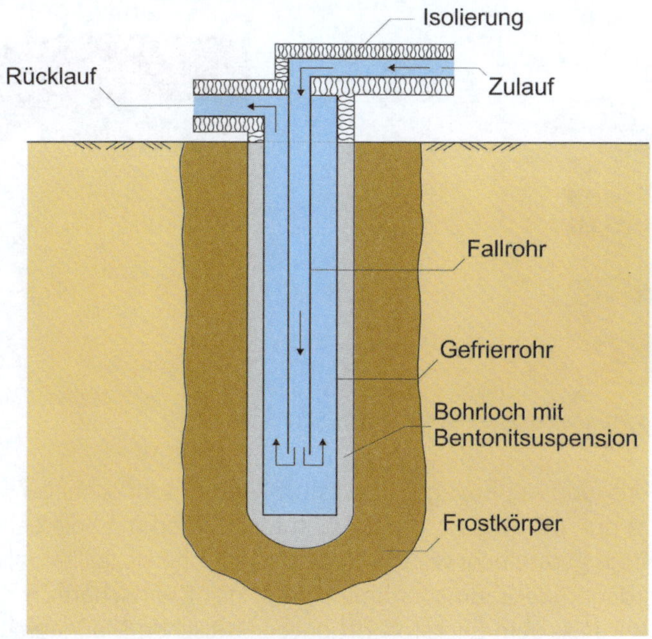

Abbildung 46: Schematische Darstellung eines Gefrierrohres

7.6.1.1 Bodenvereisung mit flüssigem Stickstoff

Der flüssige Stickstoff wird mit isolierten Tankwagen auf die Baustelle geliefert und dort zwischengelagert. Der flüssige Stickstoff wird über das Fallrohr eingeleitet, verdampft und tritt gasförmig durch den Ringraum zwischen Innen- und Außenrohr wieder aus. Aufgrund der extrem niedrigen Temperatur des flüssigen Stickstoffs von -196 °C ist eine Zuführung zu den Gefrierrohren nur über besonders isolierte Leitungen, Ventile etc. möglich. Der Einsatz von zusätzlicher Maschinentechnik zur Förderung des Stickstoffs im Rohrsystem ist nicht notwendig, da der benötigte Druck bereits im System herrscht. Der aus den Gefrierrohren zurückströmende, gasförmige Stickstoff kann frei in die Umgebung abströmen [67]. Zwar ist Stickstoff weder toxisch noch brennbar, aber aufgrund der temperaturbedingten höheren Dichte kann er in Baugruben und Schächten die Umgebungsluft verdrängen. Für einen ausreichenden Arbeitsschutz sind ggf. entsprechende Ableitungen und eine messtechnische Überwachung erforderlich. Da beim Verdampfen sich das Volumen des flüssigen Stickstoffs erheblich vergrößert (Faktor 691 bei +15 °C und 1 bar), müssen die Ableitungen entsprechend größere Querschnitte haben. Eine Prinzipskizze ist in Abbildung 47 dargestellt.

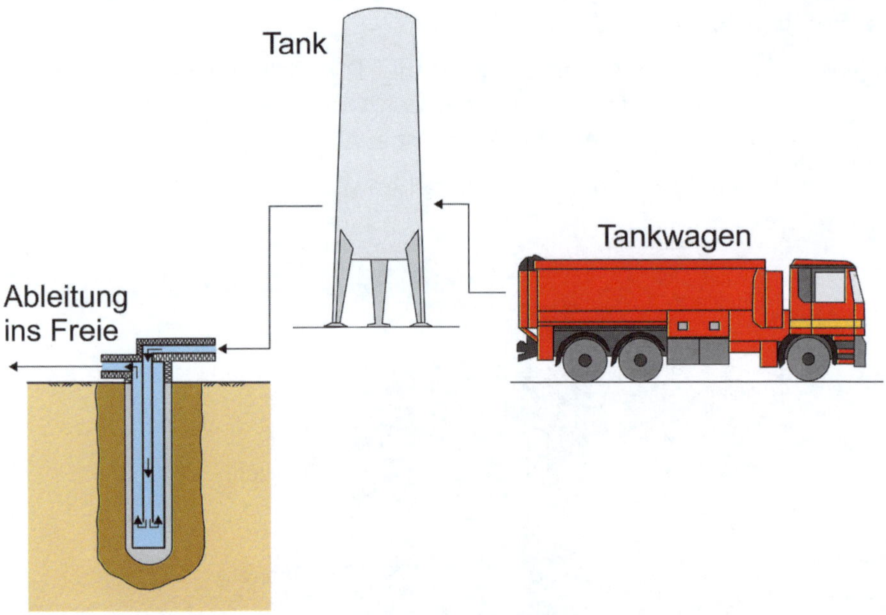

Abbildung 47: Baugrundvereisung mit flüssigem Stickstoff

Der Vorteil der Vereisung mit flüssigem Stickstoff liegt im sehr schnellen Kühlprozess. Die Gefrierzeit beträgt nur 1/5 der Zeit, die bei Gefrierverfahren mit Sole benötigt wird. Zwar bedeutet der geringe gerätetechnische Aufwand eine hohe Flexibilität, allerdings ist es für große und längerdauernde Baumaßnahmen meist nicht wirtschaftlich. Daher findet die Bodenvereisung mit flüssigem Stickstoff oft bei zeitkritischen Maßnahmen oder zum Anfangsgefrieren Anwendung. Das Volumen des Frostkörpers beträgt meist unter 200 m³.

7.6.1.2 Bodenvereisung mit Sole

Bei der Bodenvereisung mit Sole kommen nicht gefrierende Fluide (meist Salzlösungen) zur Anwendung. Dies können z.B. Magnesiumchlorid- und Calciumchloridlösungen mit Temperaturen von -20 °C bis -35 °C sein, wobei auch Soletemperaturen von bis zu -50 °C möglich sind [3]. Die Sole wird in einem Kälteaggregat abgekühlt und über korrosionsbeständige Kreiselpumpen in das Fallrohr gepumpt. Über Rücklaufleitungen wird die wärmer gewordene Sole zurückgeführt, wo sie im Kälteaggregat erneut abgekühlt und wieder in die Gefrierrohre gepumpt wird. Abbildung 48 zeigt den prinzipiellen Aufbau der Bodenvereisung mit Sole. Besondere Sorgfalt ist auf die Montage der Rohrleitungen, Gefrierrohre etc. zu legen. Austretende Sole kann eine Kontamination des Baugrundes verursachen und ein Wiederauftauen des Frostkörpers zur Folge haben. Eine Dichtprobe des gesamten Kühlsystems vor Beginn der Abkühlung ist daher angezeigt.

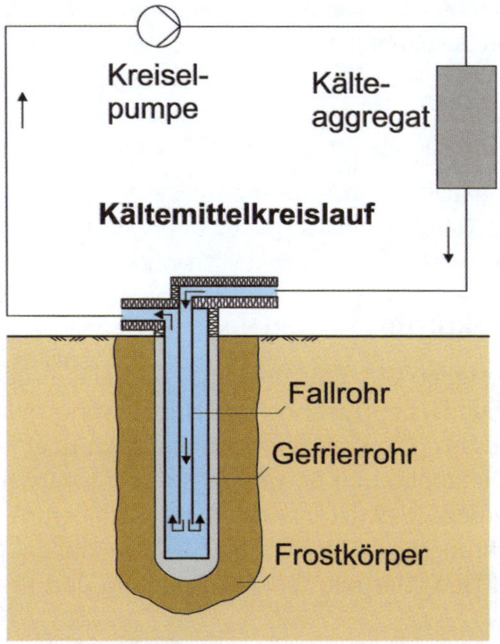

Abbildung 48: Baugrundvereisung mit Sole

Im Vergleich zur Bodenvereisung mit flüssigem Stickstoff ist die Verwendung von Sole in der Anlagentechnik deutlich aufwendiger; die Betriebskosten sind jedoch deutlich niedriger. Zu beachten ist die zeitintensive Ausbildung des Frostkörpers. Die Bodenvereisung mit Sole kommt daher bei großen zu erzielenden Frostkörpern, die über lange Zeiträume aufrechterhalten werden müssen, zur Anwendung. Aufgrund der höheren Viskosität der Sole haben die Gefrierrohre und Rohrleitungen bei der Bodenvereisung mit Sole deutlich größere Durchmesser als bei einer Stickstoffkühlung.

7.6.2 Qualitätssicherung

Zur Qualitätssicherung sind die Anlagen kontinuierlich zu überwachen und die Lage und Ausdehnung des Frostkörpers zu überprüfen. Dies erfolgt i.d.R. mit Temperaturmessungen. Empfohlen wird ein Temperaturfühler je 15 bis 30 m^3 Frostkörper. In kritischen Fällen sind die durch den Gefrierprozess möglichen Hebungen zu untersuchen [68].

Da zu Beginn der Gefrierphase eine größere Kühlleistung erforderlich ist, wird meist mit zwei Kälteaggregaten bzw. mit einer größeren Stickstoffbevorratung gearbeitet. Für den

Standardbetrieb werden die überschüssigen Kapazitäten dann als Reserven für unvorhergesehene Ausfälle vorgehalten.

Zur Optimierung der Anordnung der Gefrierrohre sind nicht nur analytische und numerische Verfahren dienlich, sondern auch Versuche im Labor und in-situ [69], [70].

7.7 Bewehrung des Bodens

Eine Bewehrung des Bodens erfolgt analog zum Stahlbetonbau mit Geotextilien oder Geogittern [71]. Geotextilien und Geogitter gehören in die Produktgruppe der Geokunststoffe. In geeigneten Fällen kommen auch Stahlmatten, Drahtnetze und Raumgitterstrukturen aus Draht (z.B. Gabionen) zur Anwendung. Im Nachfolgenden wird der Begriff Bewehrungselement als Sammelbegriff für alle vorgenannten Bewehrungsarten verwendet [72].

Für Bemessung und Bauausführung sind insbesondere die EBGEO [73] und die DIN EN 14475 [74] maßgebend. Darüber hinaus gibt es eine Vielzahl zusätzlicher Regelwerke aus dem Bereich des Verkehrswasserbaus sowie des Straßen- und Schienenwesens.

7.7.1 Bewehrte Erdkörper

Bewehrte Erdkörper bestehen aus Bodenmaterial und einem geeigneten Bewehrungselement, das dem Verbundsystem bei noch zulässigen Verformungen zusätzliche Kraftreserven zur Verfügung stellt. Die Kraftübertragung erfolgt über Reibung bzw. Adhäsion. Die systembedingten Dehnungen im Bewehrungselement müssen bei der Dimensionierung berücksichtigt werden. Dies gilt insbesondere für dauernde Beanspruchungen, die ein Kriechen des Bewehrungselements zur Folge haben können. Normalerweise werden daher Geotextilien und Geogitter mit geringer Dehnung und Kriechneigung verwendet [71].

Bewehrte Erdkörper können u.a. sein:

- Stützwände (Abbildung 49)
- Böschungen
- Brückenwiderlager
- Aufstandsflächen von Dämmen, Straßen, Schienenwegen (Abbildung 50)
- Baustraßen (Abbildung 51)
- Gründungspolster
- Ummantelung von Säulen aus Schotter, Kies, Sand
- Sicherungsmaßnahmen gegen Erdfälle

Abbildung 49: Mit Geogittern bewehrte Stützwand (Foto: NAUE)

Abbildung 50: Einbau eines Geogitters unter einer Planumsschutzschicht (Foto: NAUE)

Abbildung 51: Zweilagig bewehrte Baustraße (Foto: NAUE)

Abbildung 52 zeigt den prinzipiellen Aufbau von bewehrten Erdkörpern. Vorteile von bewehrten Erdkörpern sind u.a. [75]:

- große Flexibilität und Duktilität
- große Toleranzen gegenüber Abweichungen bei den Bodenkennwerten durch robuste Bauweise bzw. Möglichkeiten zur Verbesserung (z.B. Kompensation geringer Scherfestigkeiten der Füllböden durch größere Zugfestigkeiten der Bewehrungselemente)
- schrittweise Herstellung
- Berücksichtigung von Setzungsdifferenzen bereits hergestellter Abschnitte
- leichte Durchdringbarkeit beim Bohren oder Rammen für nachträglich herzustellende Bauteile
- wirtschaftliche Attraktivität
- gute Umweltbilanz
- zahlreiche Gestaltungsmöglichkeiten

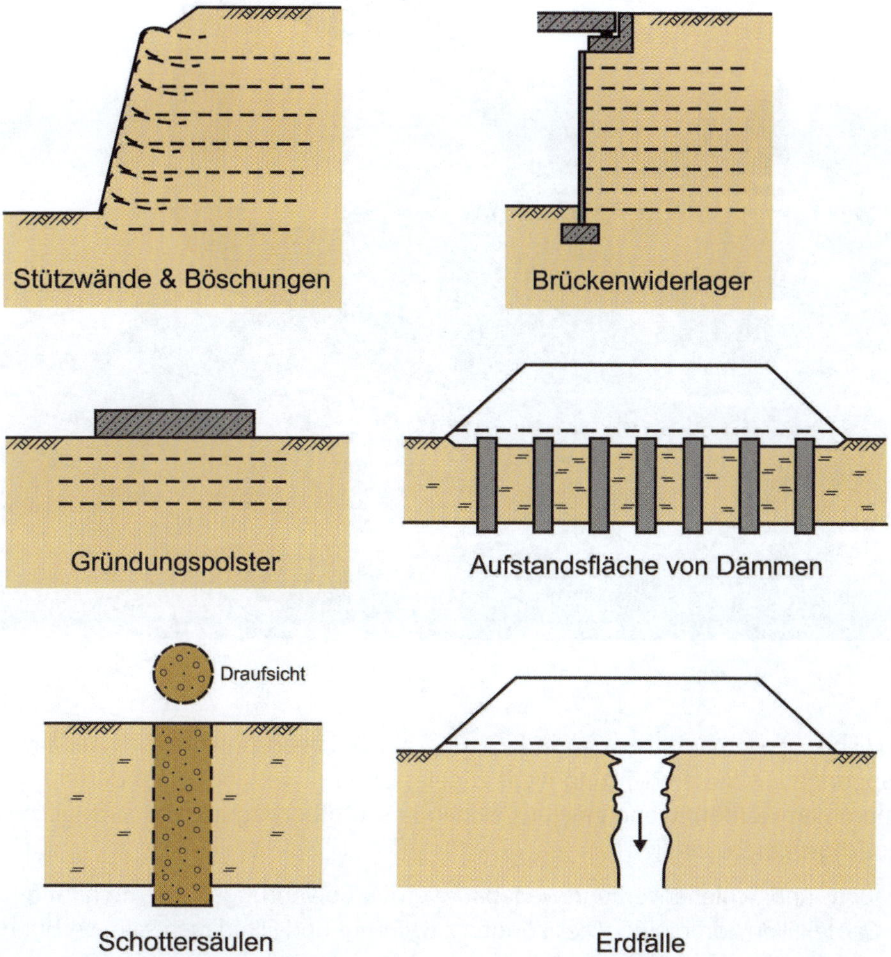

Abbildung 52: Bewehrte Erdkörper

7.7.2 Bauausführung

Die Phasen der Herstellung können wie folgt zusammengefasst werden [75]:

- Aufstellen/Umsetzen von Hilfsschalungen, sofern notwendig (Abbildung 53)
- Vorbereitung der Verlegeflächen
- Verlegung der Bewehrungselemente
- Einbau und Verdichtung der Erdbaustoffe

Abbildung 53: Umsetzen der Hilfsschalung (Foto: NAUE)

Die Bewehrungselemente werden in Richtung der Zugbeanspruchung eingebaut, wobei Überlappungen in dieser Richtung nicht zugelassen sind. Verbindungen dürfen nur dann vorgenommen werden, wenn eine ausreichende Kraftübertragung bei verträglicher Dehnung nachgewiesen wird [71].

Im Straßen- und Schienenverkehrswegebau werden Bewehrungselemente häufig mit anderen Geotextilien kombiniert. Dies können z.B. Trenn- und Filterlagen sein. Verbundstoffe sind in diesem Bereich des Spezialtiefbaus üblich.

Müssen z.B. Verkehrswegedämme auf wenig tragfähigem Baugrund errichtet werden, so kommt häufig eine Kombination aus pfahlähnlichen Tiefgründungselementen (z.B. Rüttelstopfsäulen) und flächigen Bewehrungselementen zur Anwendung. Bei wenig tragfähigem Baugrund tritt oft noch ein stark zeitvariantes Verformungsverhalten auf. Eine messtechnische Überwachung im Sinne der Beobachtungsmethode ist in solchen Fällen üblich. Die rechtzeitige Planung und Abstimmung des Messkonzeptes mit allen am Bau Beteiligten ist für eine zügige Umsetzung der Baumaßnahme grundlegend.

Bei der Sicherung von Erdbauwerken gegen Erdfälle, die z.B. aufgrund von Subrosion oder Bergbau entstehen können, werden Bewehrungselemente als präventive Maßnahme angeordnet. Dadurch soll verhindert werden, dass ein Erdbauwerk plötzlich und vollends versagt. Durch die Bewehrungselemente erhält das Erdbauwerk ein duktileres Verhalten, bei dem sich ein Versagen frühzeitig durch entsprechende Verformungen ankündigt. Das Erdbauwerk kann dann gesperrt und saniert werden [71]. Da aber Lage und Durchmesser solcher Erdfälle nur bedingt abgeschätzt werden können, sind entsprechende Reserven in der räumlichen Anordnung der Bewehrungselemente vorzusehen.

Beim Einbau von Bewehrungslagen für Brückenwiderlager, Stützwände, Böschungen etc. sind die maximale Größe und die Last des Verdichtungsgerätes, das an der Front des Bauwerks verwendet wird, zu prüfen. Üblicherweise kommen im Frontbereich kleinere Verdichtungsgeräte zum Einsatz, als dies im Inneren des Baukörpers der Fall ist. Dies kann im Frontbereich zu dünneren Lagen des einzubauenden Erdbaumaterials führen [73]. Baugeräte mit einer Masse von mehr als 1,5 t müssen einen Abstand zur Front von mindestens 1 m haben.

In Bereichen, die Frost ausgesetzt sind, dürfen grundsätzlich nur frostsichere Materialien verbaut werden.

Die Bewehrungselemente sind auf einer ebenen Fläche zu verlegen und müssen ggf. mit der Frontausbildung verbunden werden. Wellen und Falten sind zu beseitigen. Werden bei den Bewehrungselementen Aussparungen oder Abweichungen in der Lage notwendig, so sind diese mit den Fachplanern abzustimmen.

Am Ende eines jeden Arbeitstages ist die Oberfläche der Schüttung mit einer Neigung von 2 % bis 4 % zur Front hin auszubilden und oberflächennah zu verdichten. Damit soll gewährleistet werden, dass Oberflächenwasser abgeleitet wird.

Bei der Schüttung von Dämmen in Längsachse sollte die Beschüttung im zentralen Bereich des Dammes dem Beschütten entlang des Fußpunktes des Dammes vorauseilen. Damit werden Verschiebungen und Verdrückungen der Bewehrungselemente entlang und quer zur Dammachse reduziert.

7.8 Literatur

[1] Sondermann, W.; Kirsch, F. (2018): Baugrundverbesserung und Injektionen. Grundbau-Taschenbuch, Teil 2: Geotechnische Verfahren. Ernst & Sohn Verlag, Berlin, 8. Auflage, 167 bis 262.

[2] Schmidt, H.-H.; Rumpelt, T. (2009): Erdbau. Grundbau-Taschenbuch, Teil 2: Geotechnische Verfahren. Ernst & Sohn Verlag, Berlin, 7. Auflage, 1 bis 100.

[3] Buja, H.O. (2001): Handbuch des Spezialtiefbaus. Werner Verlag, Düsseldorf, 2. Auflage.

[4] Buja, H.O. (2004): Der Spezialtiefbau – Aktueller Stand der Geräte- und Verfahrenstechik. Bautechnik Spezial, Ernst & Sohn Verlag, Berlin, 25 bis 109.

[5] Hrsg. Adam, D.; Herrmann, R.A. (2010): Symposium Baugrundverbesserung in der Geotechnik. Siegen.

[6] Schönit, M.; Quasthoff, P. (2019): Kompendium Spezialtiefbau, Teil 1: Bohren. Ernst & Sohn Verlag, Berlin.

[7] Schönit, M.; Quasthoff, P. (2022): Kompendium Spezialtiefbau, Teil 2: Baugrundverbesserung. Ernst & Sohn Verlag, Berlin.

[8] Floss, R. (2019): Handbuch ZTVE-StB – Kommentar und Leitlinien mit Kompendium Erd- und Felsbau. Kirschbaum Verlag, Bonn, 5. Auflage.

[9] Forschungsgesellschaft für Straßen- und Verkehrswesen (FGSV) e.V. (2017): Zusätzliche Technische Vertragsbedingungen und Richtlinien für Erdarbeiten im Straßenbau (ZTV E-StB 17). FGSV Verlag, Köln.

[10] Deutsches Institut für Normung e.V. (2005): DIN EN 14731 Ausführung von besonderen geotechnischen Arbeiten (Spezialtiefbau) – Baugrundverbesserung durch Tiefenrüttelverfahren. Beuth Verlag, Berlin.

[11] Maybaum, G.; Mieth, P.; Oltmanns, W.; Vahland, R. (2011): Verfahrenstechnik und Baubetrieb im Grund- und Spezialtiefbau. Vieweg + Teubner Verlag, Wiesbaden, 2. Auflage.

[12] van Impe, W.F., de Cock, F., Massarsch, R., Mengé, P. (1994): Recent experiences and developments of the resonant vibrocompaction technique. XIII International Conference on Soil Mechanics and Foundation Engineering, 5.-10. Januar, Neu-Delhi, Indien, Vol. 3, 1151 bis 1156.

[13] Wehr, W.; Herle J.; Arnold, M. (2008): Comparison of vibro compaction methods by numerical simulations. Amgissworkshop, Glasgow, Großbritannien, 3 bis 12.

[14] Schneider, H. (1938): Das Rütteldruckverfahren und seine Anwendungen im Erd- und Betonbau. Beton und Eisen 37, Heft 1.

[15] Kirsch, K. (1993): Baugrundverbesserung mit Tiefenrüttlern. 40 Jahre Spezialtiefbau: 1953 - 1993. Werner Verlag, Düsseldorf, 219 bis 256.

[16] Degen, W. (1997): 56 m Deep Vibrocompaction at German linguite mining area. 3rd International Conference on Ground Improvement Geosystems, London, 3.-5. Juni, Großbritannien, 128 bis 133.

[17] Mitchell, J.K.; Zoltan, V.S. (1984): Time-Dependent Strength Gain in Freshly Deposited or Densified Sand. Journal of Geotechnical Engineering, Vol. 110, No. 11, USA, 1559 bis 1576.

[18] Schmertmann, J.H. (1991): The Mechanical Aging of Soils. Journal of Geotechnical Engineering, Vol. 117, No. 9, USA, 1288 bis 1330.

[19] Massarsch, K.R. (1991): Deep soil compaction using vibratory probes. Deep Foundation Improvements: Design, Construction and Testing, STP 1089, ASTM, USA, 297 bis 319.

[20] Kirsch, K.; Chambosse, G. (1981): Deep vibratory compaction provides foundations for two major overseas projects. Ground Engineering, Vol. 14, No. 8, 31 bis 35.

[21] Raju, V.R.; Hoffmann, G. (1996): Treatment of tin mine tailings in Kuala Lumpur using vibro replacement. 12th South East Asian Geotechnical Conference and the 4th International Conference on Tropical Soils, 6.-10. Mai, Kuala Lumpur, Malaysia, Vol. 1, 303 bis 308.

[22] Hrsg. Moseley, M.P.; Kirsch, K. (2004): Ground Improvement. CRC Press, London, 2nd Edition.

[23] Kempfert, H.G. (1995): Zum Tragverhalten geokunststoffbewehrter Erdbauwerke über pfahlähnlichen Traggliedern. Schriftenreihe Zentrum Geotechnik der Technischen Universität München, Sonderheft, 146 bis 152.

[24] Heitz, C. (2006): Bodengewölbe unter ruhender und nichtruhender Belastung von Bewehrungseinlagen aus Geogittern. Schriftenreihe Geotechnik der Universität Kassel, Heft 19.

[25] Greenwood, D.A.; Kirsch. K. (1983): Specialist ground treatment by vibratory and dynamic methods. International Conference on Advances in Piling and Ground Treatment for Foundations, 2.-4. März, London, Großbritannien, 17 bis 45.

[26] von Bank, M.; Durchholz, M.; Gündling, N. (2014): Die Erschließung eines Gewerbegebietes durch Baugrundverbesserung vor dem Verkauf. Mitteilungen des Institutes und der Versuchsanstalt für Geotechnik der Technischen Universität Darmstadt, Heft 93, 89 bis 100.

[27] Adam, C.; Adam, D.; Falkner, F.-J.; Gruber, B.; Paulmichl, I. (2016): Untersuchungen zur Wirkung des Impulsverdichters. Bauingenieur 91, Heft 6, VDI Fachmedien, Düsseldorf, 1 bis 12.

[28] Bißmann, M. (2014): Unterwegs mit TERRA-MIX entlang der Donau von Leipheim bei Ulm bis Constanta am Schwarzen Meer im Dienste der Bodenverbesserung. 15th Danube-European Conference on Geotechical Engineering, 9.-11. September, Wien Österreich, 277 bis 282.

[29] Kolymbas, D. (1992): Sprengungen im Boden. Bautechnik 69, Heft 8, Ernst & Sohn Verlag, Berlin, 424 bis 431.

[30] Raju, V. (1994): Spontane Verflüssigung lockerer granularer Körper – Phänomene, Ursachen, Vermeidung. Veröffentlichungen des Institutes für Bodenmechanik und Felsmechanik der Universität Karlsruhe, Heft 134.

[31] Kuntze, W.; Warmbold, U. (1994): Sicherung böschungsnaher setzungsfließgefährdeter Kippenbereiche an Tagebau-Restseen. 23. Baugrundtagung der Deutschen Gesellschaft für Geotechnik e.V., 12.-14. September, Köln, 331 bis 347.

[32] Gudehus, G.; Kuntze, W.; Raju, V.; Warmbold, U. (1997): Field tests for blast compaction of loose sand deposits. 14th International Conference on Soil Mechanics and Foundation Engineering, 6.-12. September, Hamburg, Vol. 2, 1593 bis 1597.

[33] Mitchel, J.K. (1981): Soil improvement, state-of-the-art report. 10th International Conference on Soil Mechanics and Foundation Engineering, 15.-19. Juni, Stockholm, Schweden, Vol. 4, 509-565.

[34] Buja, H.O. (2014): Spezialtiefbaupraxis, Band 1 von 2, Verlag BoD, Norderstedt.

[35] Keller Grundbau GmbH (2024): Die Tiefenrüttelverfahren. Offenbach am Main.

[36] Bauer Maschinen GmbH (2012): Baugrundverbesserung mit Tiefenrüttler. Schrobenhausen.

[37] Reitmeier, W. (1995): Grundlagen und praktische Erfahrungen bei der Bodenstabilisierung mit Kalkpfählen. Schriftenreihe Zentrum Geotechnik der Technischen Universität München, Heft 21, 427 bis 439.

[38] Deutsches Institut für Normung e.V. (2005): DIN EN 14679 Ausführung von besonderen geotechnischen Arbeiten (Spezialtiefbau) – Tiefreichende Bodenstabilisierung. Beuth Verlag, Berlin.

[39] Reitmeier, W. (2013): Baugrundverbesserung nach dem CSV-Verfahren. Bautechnik 90, Heft 9, Ernst & Sohn Verlag, Berlin, 539 bis 549.

[40] Keller Grundbau GmbH (2024): Tiefreichende Bodenstabilisierung – Bodenverbesserung durch Bodenmischverfahren. Offenbach am Main.

[41] Bauer Maschinen GmbH (2023): SMW Soil Mixing Wall-Verfahren. Schrobenhausen.

[42] Bauer Maschinen GmbH (2014): CSM Cutter Soil Mixing-Verfahren und Geräte. Schrobenhausen.

[43] Sarhan, A. (1999): Optimierung des FMI-Verfahrens unter erdstatischen Gesichtspunkten. Geotechnik 22, Heft 4, Verlag Glückauf, Essen, 269 bis 272.

[44] Dörken, W.; Dehne, E.; Kliesch, K. (2020): Grundbau in Beispielen Teil 3. 5. Aufl., Reguvis Fachmedien, Köln.

[45] Deutsches Institut für Normung e.V. (2019): DIN EN 12716 Ausführung von besonderen geotechnischen Arbeiten (Spezialtiefbau) – Düsenstrahlverfahren. Beuth Verlag, Berlin.

[46] Kutzner, C. (1991): Injektionen im Baugrund. Ferdinand Enke Verlag, Stuttgart.

[47] Engel, J. (2024): Geotechnik. Schneider Bautabellen für Ingenieure, Reguvis Fachmedien, Köln, 26. Auflage.

[48] Hornich, W.; Stadler, G. (2009): Injektionen. Grundbau-Taschenbuch, Teil 2: Geotechnische Verfahren, Ernst & Sohn Verlag, Berlin, 7. Auflage, 159 bis 198.

[49] Saufnauer, K. (1999): Neue Entwicklungen in der SOILCRETE-Technik. 2. Österreichische Geotechniktagung, 22.-23. Februar, Wien, Österreich, 307 bis 323.

[50] Ulrich, G.; Ulrich, L.-G. (2018): Bohrtechnik. Grundbau-Taschenbuch, Teil 2: Geotechnische Verfahren, Ernst & Sohn Verlag, Berlin, 8. Auflage, 469 bis 504.

[51] van der Stoel, A.E.C. (2001): Grouting for pile foundation improvement. Delft University Press, Delft, Niederlande.

[52] Martak, L. (1999): Jet-Grouting, die Problemlösung im Tiefbau? Entwurfsgrenzen und Verfahrensrisiken. 2. Österreichischen Geotechniktagung, 22.-23. Februar, Wien, Österreich, 284 bis 305.

[53] Hornisch, W. (2000): Eignungsversuche zum Düsenstrahlverfahren (DSV) anhand großdimensionierter Probefelder am Beispiel der Bauvorhaben Tunnel Frankfurter Kreuz und Hauptkläranlage Wien. TU Graz, Institut für Bodenmechanik und Grundbau, Heft 7, Österreich, 83 bis 99.

[54] Berg, J. (2002): Das Düsenstrahlverfahren im Spezialtiefbau – Voraussetzung, Planung, Ausführung. Baupraxis + Dokumentation, Band 19, Expert Verlag, Renningen.

[55] Hoffmann, H.; Katzenbach, R.; Quick, H.; Weidle, A. (2000): Überlegungen zum Risk Assessment beim Düsenstrahlverfahren auf der Basis aktueller Entwicklungen. TU Graz, Institut für Bodenmechanik und Grundbau, Heft 7, Österreich, 31 bis 46.

[56] Kluckert, K.D. (1996): 20 Jahre HDI in Deutschland, von den Fehlerquellen über die Schäden zur Qualitätssicherung. 24. Baugrundtagung der Deutschen Gesellschaft für Geotechnik e.V., 25.-27. September, Berlin, 235 bis 258.

[57] Brandstätter, C.; Lackner, R.; Mang, H.A. (2002): Bestimmung von Materialeigenschaften zementgebundener Werkstoffe mittels Temperaturmessungen: Anwendung im Rahmen des Düsenstrahlverfahrens. Bauingenieur 77, Heft 1, Springer VDI Verlag, Düsseldorf, 51 bis 57.

[58] Schubert, A. (1986): Erfahrungen bei der Anwendung des „Jet-Grouting"-Verfahrens bei Unterfangungen im süddeutschen Raum. Geotechnik 9, Heft 4, Verlag Glückauf, Essen 181 bis 186.

[59] Kawasaki, K.; Kotera, H.; Nishida, K.; Murase, T. (1996): Deep mixing by Spreadable Wing Method. Grouting and Deep Mixing, 14.-17. Mai, Tokyo, Japan, 315 bis 319.

[60] Miyoshi, A.; Hirayama, K. (1996): Test of solidified columns using a combined system of mechanical churning and jetting. Grouting and Deep Mixing, 14.-17. Mai, Tokyo, Japan, 743 bis 748.

[61] Deutsches Institut für Normung e.V. (2021): DIN EN 12715 Ausführung von besonderen geotechnischen Arbeiten (Spezialtiefbau) – Injektionen. Beuth Verlag, Berlin.

[62] Perbix, W.; Teichert, H.-D. (1995): Feinstbindemittel für Injektionen in der Geotechnik und im Betonbau. Taschenbuch Tunnelbau, Verlag Glückauf, Essen, 353 bis 389.

[63] Deutsches Institut für Normung e.V. (2007): DIN EN 15237 Ausführung von besonderen geotechnischen Arbeiten (Spezialtiefbau) – Vertikaldräns. Beuth Verlag, Berlin.

[64] Katzenbach, R.; Leppla, S.; Hoffman, H.; Giegerich, G. (2012): Harbour constructions on very soft soils. 12th Baltic Sea Geotechnical Conference, 31. Mai - 2. Juni, Rostock, 161 bis 170.

[65] Schiffer, W.; Varaksin, S.; Chaumeny, J.-L. (1994): Vakuumkonsolidierung von frisch aufgeschüttetem Boden am Beispiel des Ausbaus Vorwerker Hafen in Lübeck. 23. Baugrundtagung der Deutschen Gesellschaft für Geotechnik e.V., 12.-14. September, Köln, 233 bis 240.

[66] Kolb, H.; Küster, E. (2006): Vakuumkonsolidierung mächtiger Flusssedimente für den Bau eines Kraftwerks. 5. Kolloquium Bauen in Boden und Fels, 24.-25. Januar, Ostfildern, 509 bis 515.

[67] Orth, W. (2018): Bodenvereisung. Grundbau-Taschenbuch, Teil 2: Geotechnische Verfahren, Ernst & Sohn Verlag, Berlin, 8. Auflage, 299 bis 373.

[68] Kellner, C. (2008): Frosthebungsverhalten von Böden infolge tief liegender Vereisungskörper. Schriftenreihe Zentrum Geotechnik der Technischen Universität München, Heft 42.

[69] Martak, L.; Lackner, R.; Kloiber, A. (2004): Gefrierversuche und Vereisungskonzeption für die Unterquerung des Donaukanals in Wien mit der Station Schottenring der U-Bahn Linie U2. 29. Baugrundtagung der Deutschen Gesellschaft für Geotechnik e.V., 22.-25. September, Leipzig, 285 bis 293.

[70] Fillibeck, J.; Kellner, C.; Rieken, W.; Scharrer, S. (2005): Bahnsteigerweiterung der U6 unter dem neuen Rathaus München – Spritzbetonvortrieb mit Vereisung. Bautechnik 82, Heft 7, Ernst & Sohn Verlag, Berlin, 416 bis 425.

[71] Saathoff, F.; Bräu, G. (2018): Geokunststoffe in der Geotechnik und im Wasserbau. Grundbau-Taschenbuch, Teil 2: Geotechnische Verfahren, Ernst & Sohn Verlag, Berlin, 8. Auflage, 915 bis 1036.

[72] Vollmert, L. (2014): Stabilisierung ungebundener Tragschichten im Straßen- und Wegebau – eine Standortbestimmung. geotechnik 37, Heft 3, Ernst & Sohn Verlag, Berlin, 210 bis 213.

[73] Deutsche Gesellschaft für Geotechnik e.V. DGGT (2010): Empfehlungen für den Entwurf und die Berechnung von Erdkörpern mit Bewehrungen aus Geokunststoffen – EBGEO. Ernst & Sohn Verlag, Berlin, 2. Auflage.

[74] Deutsches Institut für Normung e.V. (2006): DIN EN 14475 Ausführung von besonderen geotechnischen Arbeiten (Spezialtiefbau) – Bewehrte Schüttkörper. Beuth Verlag, Berlin.

[75] Vollmert, L.; Ewert, W.; Ramkema, A.; Verhoeff, G. (2013): Baupraktische Aspekte bei der Ausführung geokunststoffbewehrter Erdbauwerke am Beispiel der A2 Utrecht-Amsterdam. Erd- und Grundbautagung 2013, 5.-6. März, Bamberg, FGSV C 12, Schriftenreihe der Arbeitsgruppe „Erd- und Grundbau", FGSV Verlag, Köln, 40 bis 50.

8 Grabenloser Leitungs- und Tunnelbau

Marcus Lübbers

8.1 Allgemein

8.1.1 Einleitung

Der grabenlose Leitungs- und Tunnelbau hat in den letzten Jahren an Bedeutung gewonnen und wird in den kommenden Jahrzehnten ein zunehmend wichtigerer Bestandteil im Ausbau von Versorgungsnetzen in vielen Bereichen werden. Er bietet zahlreiche Vorteile gegenüber konventionellen Tiefbauverfahren und ermöglicht eine effizientere und umweltschonendere Realisierung von Infrastrukturprojekten. Anwendungsgebiete des grabenlosen Leitungs- und Tunnelbaus sind beispielsweise der Bau von Wasser- und Abwasserleitungen, die hauptsächlich als Freispiegelleitungen mit strengen Anforderungen an eine definierte konstante Neigung ausgelegt sind, sowie die Installation von Stauraumkanälen oder Fernwärme- und Gasleitungen. Eine weitere wachsende Anwendung sind im Zuge der Energiewende Versorgungstunnel für Strom- und Telekommunikationsleitungen, insbesondere für sensible Kreuzungen im Netzausbau, und für Offshore-Onshore-Verbindungen für Kabel, die an Land kommen, um Offshore-Windparks mit dem Verteilungsnetz zu verbinden.

In diesem Kapitel werden die verschiedenen Verfahren des grabenlosen Leitungs- und Tunnelbaus vorgestellt, die in Abhängigkeit von den projektspezifischen Rahmenbedingungen eingesetzt werden können. Bei der Auswahl des Verfahrens spielen unter anderem der Baugrund, die Trassenführung sowie Wirtschaftlichkeits-, Sicherheits- und Umweltaspekte eine entscheidende Rolle. Neben dem klassischen Tunnelbau im Rohrvortrieb oder Tübbingausbau stehen heute weitere grabenlose Technologien zur Verfügung, um das gesamte Spektrum an Anforderungen im Leitungsbau abzudecken: Pilotrohrvortrieb, Horizontalbohrverfahren (HDD), Direct Pipe® und E-Power Pipe®.

8.1.2 Planungsgrundlagen und Baugrund

Bei der Wahl des geeigneten Verlegeverfahrens sind genaue Kenntnisse der geologischen Verhältnisse entlang des Trassenverlaufs unabdingbar. Die benötigten Informationen können aus den Daten der Baugrunduntersuchung abgeleitet werden. Wichtige Aussagen für den Vortrieb sind die Lösbarkeit, die Abrasivität und die Standfestigkeit des Baugrunds, der Einfluss von Berg- und Grundwasser sowie die Förderbarkeit und Separierbarkeit des Bodens. Des Weiteren bestimmen projektspezifische Anforderungen wie Verlegegenauigkeit, Tiefenlage und Produktrohreigenschaften, welche Verfahren den Auftraggebern, Planern und ausführenden Bauunternehmen theoretisch zur Verfügung stehen. Es gilt dann im Vorfeld der Umsetzung, die verschiedenen Verfahren projektspezifisch zu bewerten und das am besten geeignete Verfahren auszuwählen.

8.2 Mikrotunnel- und Tunnelbauverfahren

Der Tunnelbau in kleinen Durchmessern ist eine der zentralen Disziplinen beim Bau von Infrastruktur im Ver- und Entsorgungsbereich, die die ständig wachsende Nachfrage nach sicheren, effizienten und zukunftsfähigen Netzen bewältigen muss. In diesem Zusammenhang gewinnt der Mikrotunnelbau zunehmend an Bedeutung, da er es ermöglicht, Leitungen sicher und umweltschonend zu verlegen. Im Vergleich zur traditionellen offenen Bauweise zeichnet sich der Mikrotunnelbau vor allem durch eine erhebliche Reduzierung der Eingriffe an der Oberfläche und eine erhöhte Arbeitssicherheit aus.

Mikrotunnelbau, im Folgenden Rohrvortrieb genannt, erfolgt ferngesteuert und umfasst im allgemeinen Sprachgebrauch sowohl die begehbaren als auch die nicht begehbaren Tunneldurchmesser (kleiner DN 1200 mm). Von einem Startschacht aus werden eine Tunnelbohrmaschine und die einzelnen Produktrohre mithilfe eines Pressenrahmens in Richtung des Zielschachts durch den Baugrund vorgetrieben. Während des Vortriebs ist der gesamte Rohrstrang in Bewegung. Rohrvortrieb wird heute in zahlreichen, ganz unterschiedlichen Projekten eingesetzt. Technologische Weiterentwicklungen machen Vortriebe über lange Strecken, in großen Durchmessern und mit engen Kurvenradien möglich.

Beim Tunnelbau mit Tübbingausbau hingegen entsteht der Tunnel im hinteren Teil der Tunnelbohrmaschine. Aus Betonsegmenten, sogenannten Tübbingen, werden die Tunnelringe im Schutz des Schildmantels im hinteren Teil der Maschine zusammengebaut. Die Vortriebspressen stützen sich für den eigentlichen Vortrieb der Maschine auf den jeweils zuletzt gebauten Ring.

In Abhängigkeit vom Tunneldurchmesser, definiert durch den Innen- bzw. Außendurchmesser der Vortriebsrohre oder Betonsegmente, stehen unterschiedliche Typen von Vortriebsanlagen zur Verfügung, wie folgende Abbildung zeigt.

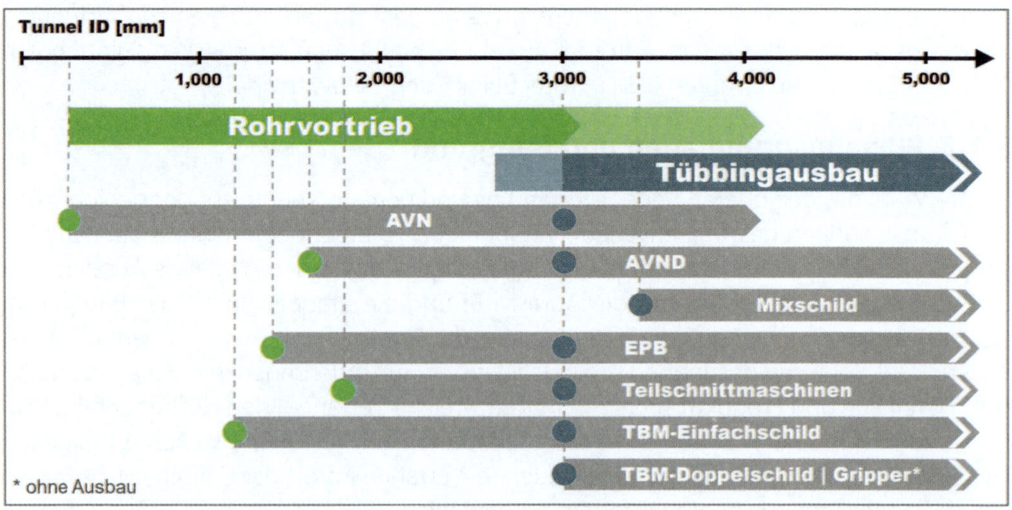

Abbildung 1: Übersicht über die Maschinentypen für Rohrvortrieb und Tübbingausbau in Abhängigkeit vom Tunnelinnendurchmesser (© Herrenknecht AG)

8.2.1 Maschinentechnik

Die am besten geeignete Maschinentechnik der Tunnelbohrmaschine wird in erster Linie anhand der Boden- und Grundwasserverhältnisse bestimmt.

Tabelle 1: Einsatzspektrum der Maschinentechniken in unterschiedlichen Baugründen (© Herrenknecht AG)

	Einsatz im Grundwasser	
AVN AVND Mixschild	**bis 3 bar** Höher möglich mit Anpassungen an Maschine	
Erddruckschild (EPB)	**bis 3 bar** Höher möglich mit Anpassungen an Maschine	
Teilschnittmaschine (MH/MHSM)	**!** Abhängig von Geologie	< 80MPa
Schild-TBM	---	
Gripper-TBM	---	

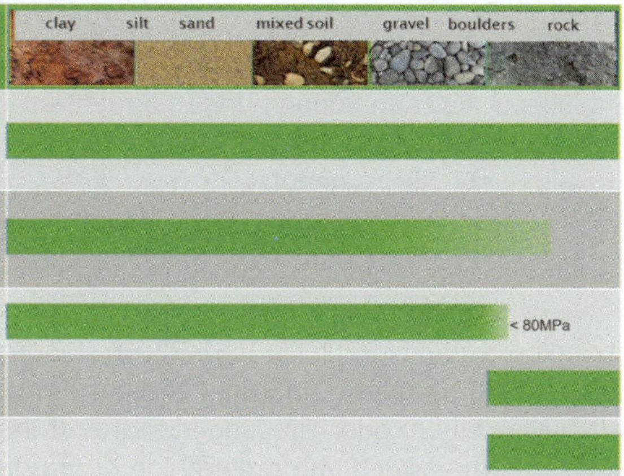

Der Abbau des Bodens an der Ortsbrust kann im Voll- oder im Teilschnittverfahren erfolgen. Maßgeblich unterscheiden sich die Maschinenkonzepte außerdem in der Art der Abraumförderung und in den Möglichkeiten zur Ortsbruststützung, wie in den folgenden Abschnitten beschrieben wird.

Tabelle 2: Maschinentechniken und ihre Funktionsweise (© Herrenknecht AG)

	Abbau (Abbauwerkzeuge)	Stützung Ortsbrust	Förderung Abraum	
AVN AVND Mixschilde	Vollschnitt (Schneidraddesign abhängig von Baugrund)	Flüssigkeitsgestützt / optional Druckluft	Spülförderung	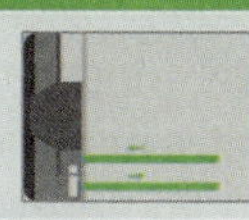
Erddruckschilde (EPB)	Vollschnitt (Schneidraddesign abhängig von Baugrund)	Erdddruck	Förderschnecke Kübel / Tunnelband	
Teilschnittmaschinen (MH/MHSM)	Teilschnitt (Bagger/Schräme)	Mechanisch	Bandaustrag Kübel / Tunnelband	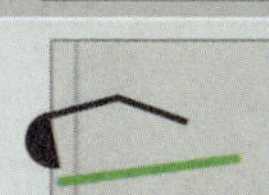
Schild-TBM	Vollschnitt (Felsbohrkopf)	Mechanisch / Schneidrad	Bandaustrag Kübel / Tunnelband	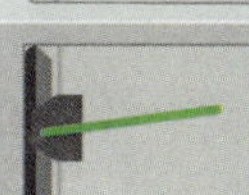
Gripper-TBM	Vollschnitt (Felsbohrkopf)	Mechanisch / Schneidrad	Bandaustrag Kübel / Tunnelband	

Klassische Vortriebsanlagen können mit ihren spezifischen Verfahren bei wechselnden Baugründen entlang der Tunneltrasse an technische oder wirtschaftliche Grenzen stoßen. Solche Streckenverläufe gehören zu den anspruchsvollen Anforderungen im Tunnelbau.

Für eine größtmögliche Sicherheit und Flexibilität während des gesamten Vortriebs wurden kombinierte Konzepte für Tunnelbohrmaschinen entwickelt, die sich hinsichtlich ihres Stütz- und Abbauverfahrens flexibel an wechselnde Baugrundbedingungen anpassen lassen.

8.2.1.1 Tunnelbohrmaschine mit Spülförderung

Vollschnittmaschinen mit flüssigkeitsgestütztem Abbaukonzept, hydraulischem Förderkreislauf und einem Konusbrecher werden auch AVN (Automatische Vortriebsmaschine Nass) oder AVND (mit optionaler Druckluftstützung) genannt. Für Tunnelinnendurchmesser größer 3.400 mm können diese Vortriebsanlagen auch mit einem Zangenbrecher ausgestattet werden (Mixschild). Die Spülflüssigkeit wird gleichzeitig auch als Stützmedium zur Stützung der Ortsbrust genutzt.

Der anstehende Boden wird mit einem auf die geologischen Bedingungen angepassten Schneidrad abgebaut. Dadurch können die Maschinen nahezu in jedem Baugrund eingesetzt werden. In weichen Böden und Mischgeologien kommen Standard- oder Mischbodenbohrköpfe zum Einsatz. Für Vortriebe in standfestem Gestein wird ein Felsbohrkopf mit Schneidrollen montiert. Ein kegelförmiger Konusbrecher im Abbauraum (bei AVN- und AVND-Maschinen) oder ein Zangenbrecher (Mixschild) zerkleinert den gelösten Abraum parallel zum Vortrieb auf förderfähige Korngrößen. Anschließend fällt das Material durch siebartige Öffnungen vor dem Saugstutzen und wird mit der Suspension über die Förderleitung abgesaugt. Das Schneidrad ist durch eine sogenannte Druckwand vom hinteren Teil des Schildes abgetrennt. Der so gebildete Raum wird Abbaukammer oder auch Brecherraum genannt. Der Stützdruck wird direkt durch das Zu- und Abpumpen der Stützflüssigkeit in die Abbaukammer gesteuert. Druckaufnehmer in der Abbaukammer und in den Speise- und Förderleitungen messen den vorhandenen Stützdruck. Alle für den Vortrieb wichtigen Daten werden in einem oberirdischen Steuerstand zusammengefasst und visualisiert.

Der Bohrdurchmesser kann mithilfe eines Aufdoppelmantels und eines angepassten Schneidrads innerhalb einer gewissen Bandbreite flexibel vergrößert werden. Dadurch können mit einer Vortriebsanlage unterschiedliche Durchmesser und verschiedene Rohrmaterialien im Rohrvortrieb realisiert werden.

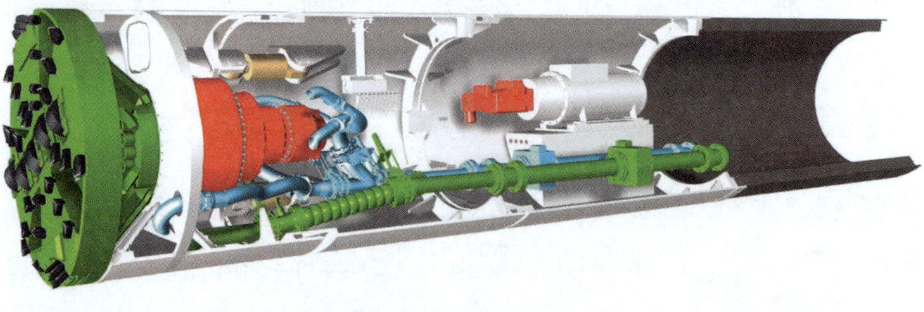

Abbildung 2: Aufbau einer Tunnelbohrmaschine am Beispiel einer AVN 1600 (© Herrenknecht AG)

Abbildung 3: Aufbau einer Tunnelbohrmaschine am Beispiel einer AVND 2500 (© Herrenknecht AG)

8.2.1.1.1 Stützung der Ortsbrust mit Druckluft

Für zusätzliche Sicherheit in inhomogenen, weniger standfesten Geologien und bei größeren Durchmessern wurde die AVN-Technik erweitert. Mixschilde und AVND-Vortriebsanlagen sind im Vergleich zu AVN-Maschinen noch flexibler in ihrem geologischen Einsatzbereich, beispielsweise in wechselhaften, anspruchsvollen oder heterogenen Böden. Bei solchen Maschinentypen mit Spülförderung wird der Stützdruck der Ortsbrust durch ein zusätzliches Druckluftpolster geregelt. Eine zusätzliche Tauchwand teilt die Abbaukammer in zwei Bereiche. Die Steuerung des Stützdrucks erfolgt über eine kommunizierende Röhre und ein automatisch geregeltes Luftpolster in der Druckkammer. Der wesentliche Vorteil hierbei besteht darin, dass die Regelung des Stützdrucks und die Durchflussmenge des Förderkreislaufs voneinander getrennt werden. Die Flüssigkeit aus der hinteren Kammer bildet eine Art Puffervolumen, durch das plötzliche Verluste der Stützflüssigkeit, z.B. beim Anfahren von Störzonen, ohne Einbruch des Stützdrucks an der Ortsbrust temporär ausgeglichen werden können. Auch Änderungen der Durchflussmengen im Förderkreislauf können ohne Beeinflussung des Stützdrucks vorgenommen werden.

Abbildung 4: Funktionsprinzip der Druckluftstützung einer AVND-Vortriebsanlage (© Herrenknecht AG)

Statt Wasser wird in setzungsempfindlichen Bodenverhältnissen als Fördermedium eine Bentonitsuspension eingesetzt, die an der Ortsbrust einen Filterkuchen bildet. Zur Bergung von Hindernissen oder für Arbeiten am Schneidrad wird die Suspension aus der Abbaukammer abgelassen, und die Stützung der Ortsbrust erfolgt allein durch Druckluft. Der Filterkuchen verhindert dabei das Entweichen der Luft. Sobald die Ortsbrust auf diese Weise gestützt wird, kann Personal zu Wartungszwecken über eine Personenschleuse in die Abbaukammer eingeschleust werden. Eine normkonforme Schleuse nach DIN EN 12110:2014-10 ist ab einem Tunnelinnendurchmesser von DN°1400 und einem Schilddurchmesser von mindestens 1740 mm möglich. Bei dünnwandigen Stahlrohren ist dieser Schilddurchmesser maßgeblich. Eine Personenschleuse bietet ein hohes Maß an Sicherheit zu Wartungszwecken, bei setzungssensitiven Vortrieben, unter hohen Grundwasserdrücken oder bei geringen Überdeckungen. Der Betriebsmodus mit Stützung der Ortsbrust mit Druckluft lässt sich bei Bedarf, auch unter Tage, umstellen.

8.2.1.1.2 Wasseraufbereitung und Separationstechnik

Wesentliche Bausteine für den Projekterfolg von Rohrvortrieben mit Spülförderung sind das Design und die Auslegung der Separationsanlagen. Der Umgang mit dem abgebauten Boden, seine Trennung und Wiederverwertung sind nicht nur für die allgemeine Vortriebsleistung, sondern auch für eine effektive Kostenplanung und aus Umweltgründen wichtig.

Um die maximale Leistung der Tunnelbohrmaschine zu erzielen, sollten die richtigen Komponenten für einen optimalen Separationsprozess berücksichtigt werden. Je geringer die Dichte der zugeführten Spülflüssigkeit ist, desto mehr Material kann gefördert werden.

Die Separationsanlage sollte nicht zum Engpass im gesamten Prozess werden. Die Anlage muss deshalb entsprechend den erwarteten geologischen Bedingungen entlang der Strecke dimensioniert und feinabgestimmt werden. Die Verwendung einer zweiten Separationsstufe mit Zentrifugen, Filterpressen oder einem Dichteregulierungssystem zur Behandlung feinerer Materialien wie Schluff und Ton gewährleistet eine längere Lebensdauer der Spülflüssigkeit, senkt damit die Gesamtkosten und ermöglicht seitens der Separationstechnik die bestmögliche Leistung der Vortriebsanlage, indem die Dichte so niedrig wie möglich gehalten wird.

Ein Hauptfaktor, der leider oft unterschätzt wird und einen großen Einfluss auf die Gesamtkosten des Projekts hat, sind die Entsorgungskosten für die gebrauchte Spülflüssigkeit und den Abraum. Mit zunehmenden Umweltvorschriften wird es immer schwieriger, Boden zu entsorgen, was die Kosten erhöht. Daher sollte eine effektive Separationsanlage so viel Festbestandteile wie möglich abtrennen und möglichst trocken abwerfen. Dies reduziert die Entsorgungskosten und verlängert die mögliche Nutzungsdauer der Spülflüssigkeit. Auch die Aufbereitung und das Recycling von Wasser direkt vor Ort werden aus Kosten- und Umweltgründen immer wichtiger.

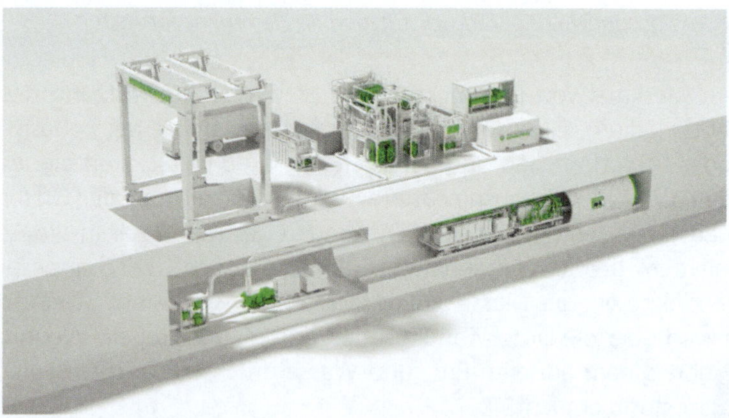

Abbildung 5: Separationsanlage: Beispiel einer Tunnelvortriebsbaustelle (© Herrenknecht AG)

8.2.1.2 Erddruckschilde

In weichen, bindigen Böden werden bevorzugt Vortriebsmaschinen mit Erddruckstützung eingesetzt. Bei den sogenannten Erddruckschilden (engl. Earth Pressure Balance Shield, kurz EPB) dient ein Erdbrei aus abgebautem Material und Konditionierungsmitteln als plastisches Stützmedium. Dies ermöglicht den nötigen Ausgleich der Druckverhältnisse an der Ortsbrust, verhindert ein unkontrolliertes Eindringen des Bodens in die Maschine und schafft die Voraussetzung für einen schnellen und sicheren Vortrieb.

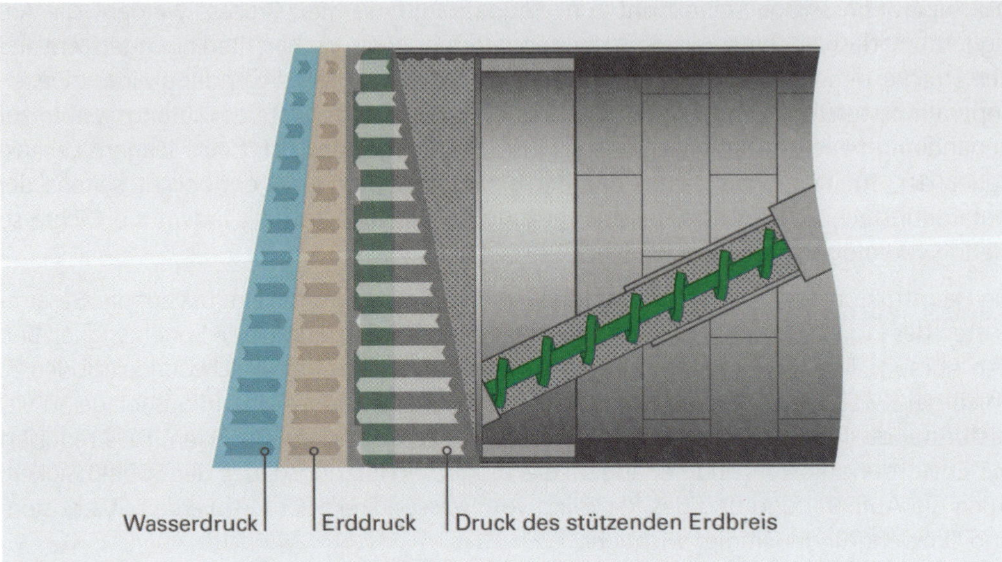

Abbildung 6: Funktionsprinzip der Erddruckstützung (© Herrenknecht AG)

Das besondere Merkmal von Erddruckschilden ist die direkte Nutzung des abgebauten Bodens als Stützmedium. Dieses Verfahren wird insbesondere bei kohäsiven Böden mit hohen Ton- oder Schluffanteilen und geringer Wasserdurchlässigkeit eingesetzt. Das mit entsprechenden Werkzeugen ausgestattete Schneidrad wird an die Ortsbrust gedrückt und löst den anstehenden Boden. Über Öffnungen gelangt dieser in die Abbaukammer, wo er sich mit dem bereits vorhandenen Erdbrei vermischt. Mischarme an Schneidrad und Druckwand kneten die Masse zur gewünschten Konsistenz. Der Druck der Vortriebspressen wird über die Druckwand auf den Erdbrei übertragen. Wenn der Druck des stützenden Erdbreis dem äußeren Erd- und Wasserdruck entspricht, ist der notwendige Gleichgewichtszustand erreicht.

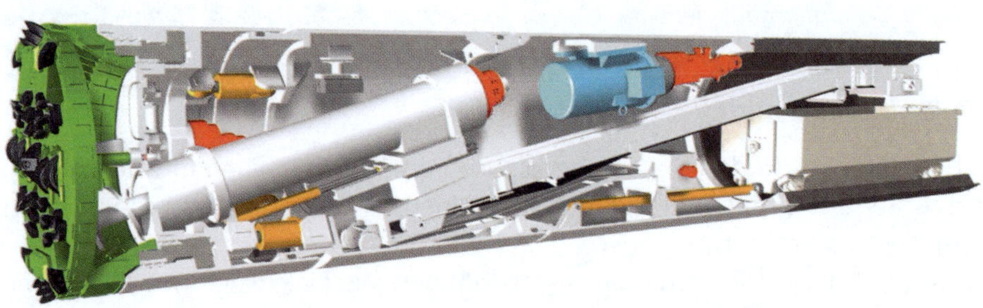

Abbildung 7: Aufbau einer EPB-Maschine mit Schneckenförderung am Beispiel einer EPB 1600 für Rohrvortrieb (© Herrenknecht AG)

Durch eine Förderschnecke wird der Boden aus der Abbaukammer gefördert. Dieser Vorgang muss gesteuert erfolgen, um den Druck des Erdbreis kontrollieren zu können. Der Weitertransport durch den Tunnel kann mit Band- und/oder Wagenförderung erfolgen. Eine Separierung des Abraums ist nicht erforderlich.

Erddruckschilde werden bevorzugt in bindigen Böden mit guten Plastizitätseigenschaften eingesetzt. Darüber hinaus können EPB-Maschinen auch in standfesten Geologien eingesetzt werden, was allerdings zu erhöhtem Verschleiß an der Schnecke und dem Bohrkopfwerkzeug führen kann. Unter bestimmten Voraussetzungen und mit entsprechender Bodenkonditionierung sowie Zusatzmaßnahmen ist ein eingeschränkter Einsatz aber auch in Sanden möglich. Zur Verbesserung der Bodeneigenschaften ist der Einsatz von Zusatzstoffen möglich, wie z.B. Schaum, Bentonitsuspension oder spezielle Additive bei zu niedriger Kohäsion des Bodens.

8.2.1.3 Teilschnittmaschinen

Bei Teilschnittmaschinen ist die Ortsbrust frei zugänglich und wird nicht im Vollschnittverfahren durch ein Schneidrad bearbeitet, sondern durch einen Abbaubagger oder eine Schräme, die vom Maschinenfahrer unter Tage bedient werden. Teilschnittmaschinen stellen generell in inhomogenen und annähernd standfesten Böden mit moderaten Grundwasserdrücken eine wirtschaftlich interessante Lösung dar. Der Maschinenführer hat direkten Sichtkontakt zur Ortsbrust, kann den Abbau steuern und auf Änderungen und Hindernisse im Baugrund reagieren.

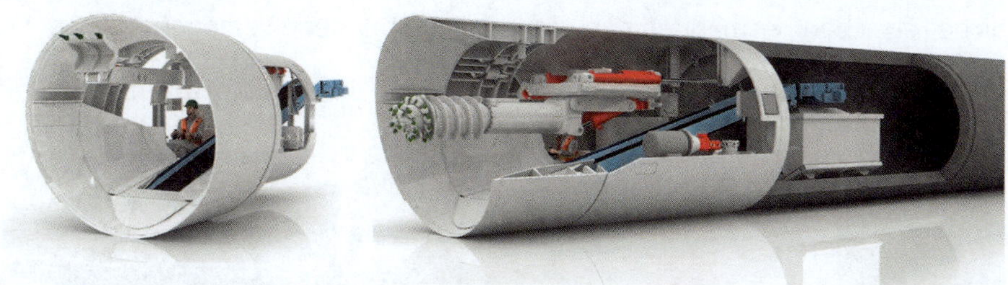

Abbildung 8: Aufbau einer Teilschnittmaschine mit Bagger (links) oder Schräme (rechts) (© Herrenknecht AG)

Der Einsatz von Teilschnittmaschinen ist auch unter dem Grundwasserniveau möglich, dann aber nur mit Druckluftstützung der Ortsbrust. Dabei befindet sich das Bedienpersonal ebenfalls ständig unter Druckluft. Neuere Konzepte für Teilschnittmaschinen ermöglichen bei Bedarf auch eine Druckluftstützung der Ortsbrust, wobei sich das Bedienpersonal hinter einer Druckwand im atmosphärischen Bereich befindet. Da in diesem Fall keine direkte Sicht zur Ortsbrust möglich ist, werden Kameras eingesetzt, und der abgebaute Boden wird über eine Förderschnecke aus der Abbaukammer gefördert. Durch die Fernsteuerung der Schräme oder des Baggers vom atmosphärischen Bereich der Maschine aus wird das Verfahren deutlich effizienter, da zeitaufwendige Schleusvorgänge für das Personal und das abgebaute Material entfallen.

8.2.1.4 Hartgesteins-TBMs mit Bandaustrag

Im Festgestein und anderen standfesten, nicht wasserführenden Böden kommen Tunnelbohrmaschinen mit Bandaustrag zum Einsatz. Es erfolgt grundsätzlich keine Stützung der Ortsbrust, und der weitestgehend geschlossene Bohrkopf verhindert lediglich das ungehinderte Eindringen größerer Mengen Gestein direkt in die Abbaukammer. Der Bohrkopf wird entsprechend den Gesteinsparametern optimal mit Schneidrollen bestückt. Durch eine definierte Anpresskraft und die Abrollbewegung der Schneidrollen brechen einzelne Felsstücke, sogenannte Chips, aus dem anstehenden Gebirge. Diese Chips werden durch Öffnungen am äußeren Umfang des Bohrkopfs aufgenommen und mit Leitblechen zum Zentrum geführt, wo sie direkt auf ein Förderband fallen und aus der Abbaukammer transportiert werden. Die optimale Anzahl und Anordnung der Schneidrollen auf dem Bohrkopf, ein leistungsstarker Antrieb mit hoher Drehzahl sowie hohe Anpresskräfte sind die wichtigsten Faktoren für einen schnellen, möglichst verschleißarmen Hartgesteinsvortrieb. Je nach Standfestigkeit des Baugrunds kommen geschildete Vortriebsanlagen (Schild-TBMs) oder Gripper-TBMs (ohne Tunnelausbau) zum Einsatz. Dabei können Schild-TBMs sowohl für den Rohrvortrieb als auch für den Tübbingausbau konstruiert werden.

8.2.1.4.1 Schild-TBMs

Im Bereich der Schild-TBMs werden Einfach- und Doppelschild-TBMs unterschieden. Der Bohrdurchmesser ist bei allen geschildeten Vortriebsanlagen größer als der Schildmantel. Ein vergrößerter Überschnitt ermöglicht die Steuerung der Maschine und schützt vor einem Verklemmen, vor allem im Gebirge. Einfachschild-TBMs werden im Rohrvortrieb ab einem Tunnelinnendurchmesser von 1.200 mm sowie im Tübbingausbau eingesetzt. Zusätzliche Felssicherungsmaßnahmen und damit verbundene Verzögerungen im Vortrieb sind in der Regel nicht notwendig.

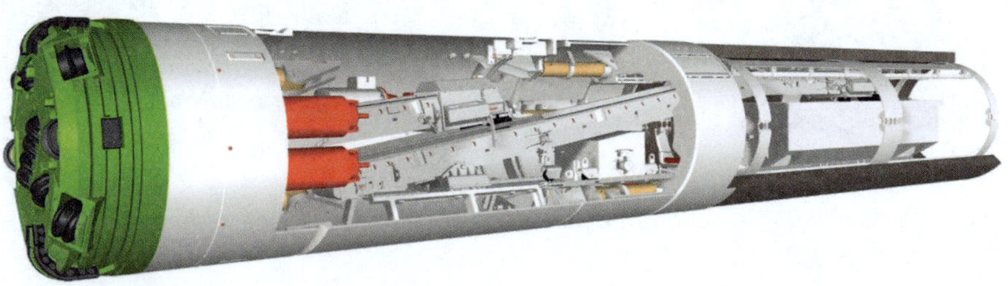

Abbildung 9: Aufbau einer Schild-TBM am Beispiel einer TBM 1600 für Rohrvortrieb (© Herrenknecht AG)

Während bei Einfachschild-TBMs, wie allgemein im Tübbingausbauverfahren üblich, der Vortrieb während des Ringbaus pausiert, erlaubt das Maschinenkonzept der Doppelschild-TBM einen kontinuierlichen Vortrieb parallel zum Ringbau. Dazu verfügt die Doppelschild-TBM über eine zusätzliche Verspanneinheit im mittleren Bereich der Maschine. Über Hydraulikzylinder verspannt sich so die TBM im umgebenden Gebirge und wird über einen zweiten Satz Vortriebszylinder vorangetrieben, während im hinteren Bereich der Maschine der Ringbau stattfinden kann.

8.2.1.4.2 Gripper-TBMs

Gripper-TBMs verspannen sich vor jedem Bohrhub mithilfe von seitlich ausfahrbaren Hydraulikzylindern fest an der zuvor ausgebrochenen Tunnelwand. Die außen liegenden Gripperplatten oder Gripperschuhe sind kern- und namensgebendes Element des Maschinentyps. Vortriebszylinder stützen sich anschließend an der verspannten Grippereinheit ab und drücken den rotierenden Bohrkopf gegen die Ortsbrust. Nach dem Abbohren eines Bohrhubs wird der Vortrieb unterbrochen und die Verspanneinheit nach vorn umgesetzt. In Verbindung mit zusätzlichen Grippereinheiten als Rückfallsicherung können Gripper-TBMs auch bei sehr großen Steigungen (z.B. 45°) eingesetzt werden.

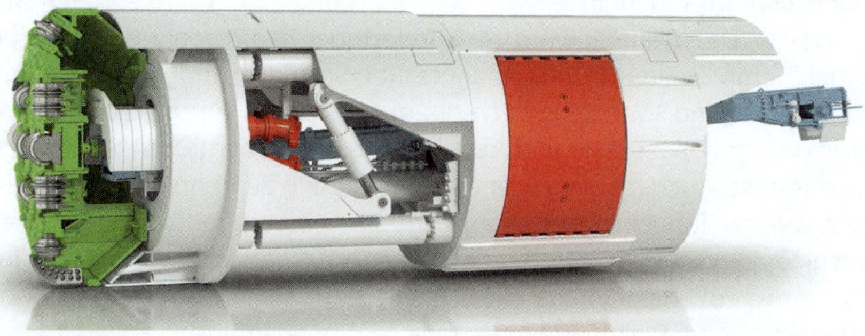

Abbildung 10: Aufbau einer Gripper-TBM mit einem Bohrdurchmesser von 3.500 mm (© Herrenknecht AG)

Gripper-TBMs zählen zu den offenen Vortriebsanlagen und verfügen nicht über einen geschlossenen Schildmantel. Daher hängt die Vortriebsleistung entscheidend vom Zeitbedarf für die gegebenenfalls notwendigen Felssicherungsmaßnahmen durch Felsanker, Bewehrungsmatten oder Stahlbögen ab. Eine weitere Sicherung des ausgebrochenen Tunnelquerschnitts kann im Nachläuferbereich mit Spritzbeton erfolgen.

8.2.1.5 Regelwerke

In Deutschland und in Europa wurde für Tunnelbohrmaschinen im Schild erstmalig im Jahr 2005 eine Norm für die Sicherheitsanforderungen veröffentlicht, die 2010 überarbeitet und schließlich 2014 komplett neu gefasst und in die derzeit gültige Fassung überführt wurde. Momentan sind die Sicherheitsanforderungen an Tunnelbohrmaschinen in der harmonisierten Norm DIN EN 16191:2014 definiert. Durch die Einhaltung dieser Norm wird auch die allgemeine Maschinenrichtlinie 2006/42/EG eingehalten; damit ist gewährleistet, dass sowohl der Betrieb als auch die Zulassung im europäischen Wirtschaftsraum einheitlich erfolgen. Die aktuelle Fassung wird gegenwärtig überarbeitet mit dem Ziel, die Sicherheit auf Tunnelbohrmaschinen weiter zu verbessern, da noch einmal erhöhte Anforderungen an die Sicherheitsausrüstung gestellt werden. Darüber hinaus werden auf den Maschinen größere Zugangsöffnungen und -wege gefordert, wodurch die Arbeitssicherheit optimiert wird und die Fluchtmöglichkeiten und Rettungszugänglichkeiten im Fall eines Unfalls verbessert werden. Diese erhöhten Anforderungen haben insbesondere Auswirkungen auf die Konstruktion und den Bau von kleinen Tunnelvortriebsanlagen für den Tübbingausbau. Hier ergeben sich Mindestmaße für den Innendurchmesser von ca. 3.000 mm bis 3.500 mm, die bei der Planung von Tunnelbauprojekten berücksichtigt werden müssen.

Neben den normativen Anforderungen, die sich ausschließlich auf die Maschine selbst beziehen, werden in den einzelnen Ländern von den jeweiligen Tunnelbauverbänden Empfehlungen für den Mindestquerschnitt des Tunnels ausgesprochen, um den praktischen Erfahrungen aus dem Baubetrieb Rechnung zu tragen. In Deutschland ist hier der »Leitfaden für Sicherheit und Gesundheitsschutz auf Untertagebaustellen« zu nennen, der vom DAUB (Deutscher Ausschuss für unterirdisches Bauen e.V.) erarbeitet wurde. In diesem Leitfaden werden unter anderem für den Tunnelvortrieb mit Tübbingausbau Mindestdurchmesser ermittelt, und zwar in Abhängigkeit von der Tunnellänge, dem verwendeten Maschinentyp und der Logistik. Des Weiteren wird ein Mindestquerschnitt von 2.850 mm für bemannte Rohrvortriebe empfohlen. Für unbemannte Rohrvortriebe und deren Zugänglichkeit für Wartungsarbeiten und Werkzeugwechsel am Schneidrad hat die Deutsche Vereinigung für Wasserwirtschaft, Abwasser und Abfall e.V. im Arbeitsblatt DWA-A 125 Empfehlungen zusammengestellt. Auch hier wird generell der Zugang zu Rohrvortriebsmaschinen in Abhängigkeit von der Tunnellänge kategorisiert, z.B. werden Rohrvortriebstunnel mit einem Innendurchmesser von 1.400 mm für den Zugang zu Wartungszwecken bei Tunnellängen unter 250 m akzeptiert, während der Zugang zu Tunneln mit einem Innendurchmesser von 1.000 mm nur bei Vortriebslängen unter 150 m erlaubt ist.

8.2.2 Tunnelausbau

8.2.2.1 Tübbingausbau

Der Tunnelausbau mit Tübbingen hat eine lange Tradition im maschinellen Tunnelbau. Das Prinzip des Bodenaushubs mit Tunnelbohrmaschine und Ringbau aus Tübbingen im Maschinenschild ist in der Bauindustrie weithin bekannt, insbesondere für den Bau großer Verkehrstunnel. Auch im Bereich kleiner Tunnel mit einem Innendurchmesser von bis zu 4.000 mm wurden weltweit unzählige Projekte im Tübbingausbau ausgeführt. Aufgrund verschärfter Sicherheitsvorschriften steigt jedoch der Mindestdurchmesser in diesem Bereich. Daher gewinnt das ferngesteuerte Rohrvortriebsverfahren zunehmend an Bedeutung. Die folgende Abbildung gibt einen Überblick über den gängigen und technisch machbaren Durchmesserbereich für Projekte im Rohrvortrieb und im Tübbingausbau.

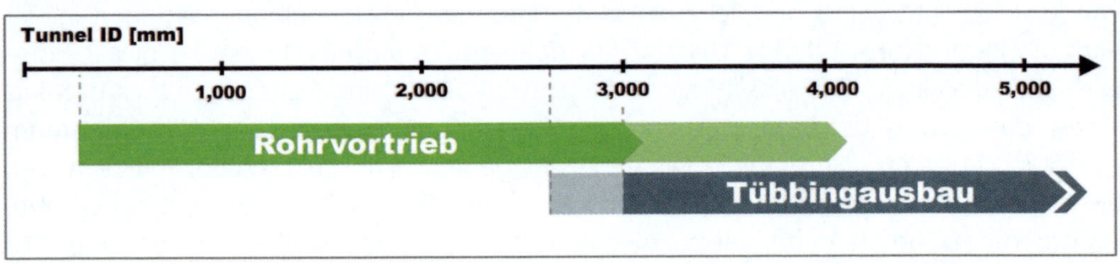

Abbildung 11: Durchmesserbereich für Rohrvortriebe und Tübbingausbau (© Herrenknecht AG)

8.2.2.1.1 Verfahrensbeschreibung

Während das Rohrvortriebsverfahren für kleinere Tunneldurchmesser und eher kürzere Haltungslängen konzipiert ist, kommt ab einem Tunnelinnendurchmesser von 3.000 mm und für lange Tunnelvortriebe der Tübbingausbau zum Einsatz. Der wesentliche Vorteil des Verfahrens besteht darin, dass die Tunnelröhre aus einzelnen Ringen besteht, die wiederum aus sogenannten Tübbingen zusammengesetzt werden. Dies erleichtert die Handhabung bei größeren Tunneldurchmessern. Die Tunnelbohrmaschine drückt sich dabei mithilfe von Hydraulikzylindern immer am letzten Tunnelring ab. Die bereits gebaute Tunnelröhre wird nicht mehr bewegt. Reibungskräfte entstehen deshalb lediglich im Bereich der Tunnelbohrmaschine. Je nach Durchmesser, Geologie und Tunnellogistik können im Tübbingausbau Vortriebslängen von über 10.000 m realisiert werden. Außerdem erlaubt eine entsprechende Geometrie der Segmente eine höhere Flexibilität zur Realisierung von Kurvenvortrieben. Die Wahl des Vortriebskonzepts, d.h. der Maschinentechnik, ist in erster Linie abhängig von den zu erwartenden hydrologischen und geologischen Randbedingungen. Das Tübbingdesign orientiert sich zusätzlich an der vorgesehenen Tunnelverwendung (vorhandener Überdruck, Korrosionsbeständigkeit etc.) und an den Gegebenheiten während des Tunnelbaus (Dichtheit, Wasserdruck, Erddruck, Kurvenradien etc.).

Abbildung 12: Aufbau einer Baustelle für Tübbingausbau am Beispiel einer EPB-Maschine (© Herrenknecht AG)

Ausgehend von einem Startschacht, in dem die Tunnelbohrmaschine aus ihren einzelnen Elementen zusammengesetzt wird, startet der Vortrieb. Im geschützten hinteren Teil der Tunnelbohrmaschine, im sogenannten Schildschwanz, wird aus Segmenten ein kompletter Tunnelring zusammengesetzt. Anzahl und Form der Segmente, die einen kompletten Tunnelring bilden, können je nach Projektanforderung variieren. Die Tunnelbohrmaschine ist mit Hydraulikzylindern ausgestattet, die die sogenannte Vortriebseinheit bilden.

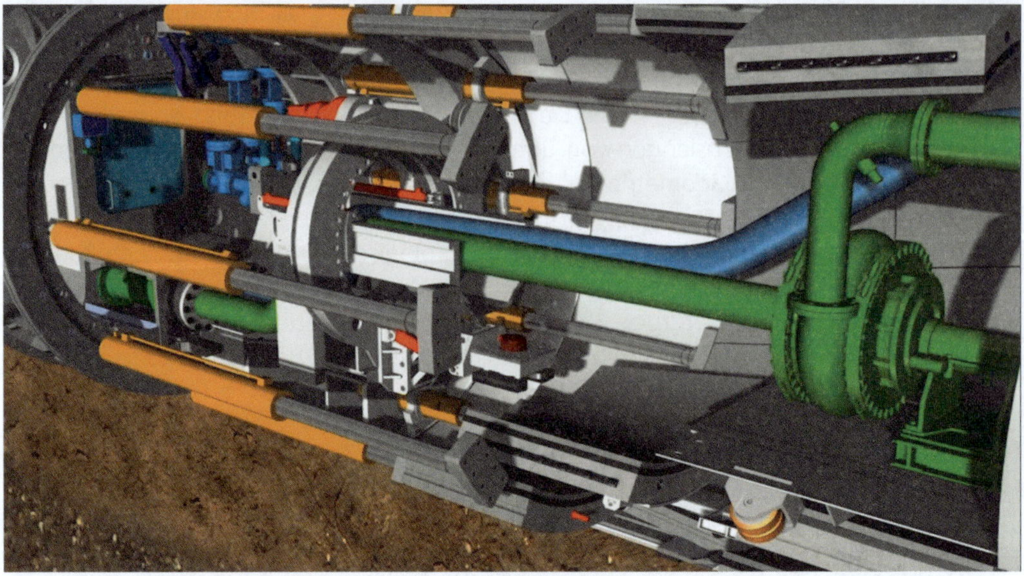

Abbildung 13: Blick in eine Tunnelbohranlage mit Spülforderung für Tübbingausbau (© Herrenknecht AG)

Mithilfe der Hydraulikzylinder drückt sich die Tunnelbohrmaschine am jeweils zuletzt gebauten Ring ab und bohrt sich mit dem Schneidrad einen Hub (= Tübbinglänge) weiter in den Untergrund. Ist dieser Vortriebszyklus abgeschlossen, werden die Zylinder nach und nach eingefahren, um den Segmenten zum Ringbau Platz zu machen. Das bedeutet, dass der Vortrieb während des Ringbaus unterbrochen werden muss.

8.2.2.1.2 Anwendungsbereiche

Tunnelbau im Tübbingausbauverfahren bietet eine hohe Flexibilität bei der Planung von Tunneltrassen. Lange Strecken und enge Kurvenführungen sind aufgrund geringerer Reibung im Vergleich zum Rohrvortrieb möglich, bei dem der gesamte Tunnel kontinuierlich in Bewegung ist. Für lange Tunnel werden im Tübbingausbau weniger Schächte benötigt als im Rohrvortrieb, der im Gegenzug kleinere Schächte erfordert. Die Anzahl und Größe der Schächte ist bei steigender Verlegetiefe oder in heterogenem, wasserführendem Boden von erheblicher Bedeutung. Dies muss hinsichtlich der Machbarkeit und Wirtschaftlichkeit im Zuge der Projektplanung gesondert bewertet werden.

8.2.2.2 Rohrvortrieb

Das Rohrvortriebsverfahren, auch Microtunnelling genannt, zeichnet sich dadurch aus, dass Rohrleitungen unterirdisch ferngesteuert verlegt werden können. In den meisten Fällen werden Tunnelbohrmaschinen mit Spülförderung für den Rohrvortrieb verwendet, insbesondere beim Bau von nicht zugänglichen Rohrleitungen mit einem Innendurchmesser unter 1.200 mm. In größeren Durchmessern hat das Rohrvortriebsverfahren in Kombination mit Spülförderung den großen Vorteil gegenüber dem Tübbingausbau, dass keine Tunnellogistik für den Tunnelvortrieb erforderlich ist. Der Tunnelquerschnitt wird lediglich durch die erforderlichen Förder- und Belüftungsleitungen und bei Bedarf durch zusätzlich im Tunnel installierte Förderpumpen reduziert. Die Länge eines Rohrvortriebs hat somit direkten Einfluss auf den realisierbaren Mindestdurchmesser solcher Tunnel und umgekehrt.

Abbildung 14: Aufbau einer Baustelle für Rohrvortrieb am Beispiel einer AVND-Maschine (© Herrenknecht AG)

Kontinuierliche technische Weiterentwicklungen zur Verbesserung von Prozessen und einer Erhöhung der Vortriebsleistung sind erforderlich, um die Einsatzgrenzen im Rohrvortrieb weiter zu verschieben. Spezielle Anwendungsbereiche wie Rohrschirme, Sacklochbohrungen und Querschläge machen die Rohrvortriebstechnologie unverzichtbar für die Bauindustrie. Mit dem zunehmenden öffentlichen Bewusstsein für Umweltaspekte und erhöhte Sicherheitsanforderungen wird der Rohrvortrieb häufig in sensiblen Bereichen eingesetzt, etwa für den Bau von Rohrleitungen im Küstenbereich, die beispielsweise für Wasserentnahme, Ausleitungen oder Pipelineanlandungen notwendig sind.

8.2.2.2.1 Verfahrensbeschreibung

Im Rohrvortrieb werden mit Unterstützung eines Kompaktpressenrahmens oder einer Hauptpressstation von einem Startschacht aus Mantel- oder Produktrohre durch den Baugrund bis in einen Zielschacht vorgetrieben. Die am häufigsten verwendeten Rohrmaterialien sind Beton und Steinzeug. Der Boden wird an der Ortsbrust von der vor den Rohren angeordneten Tunnelbohrmaschine abgebaut und zum Beispiel mit einer Spülförderung oder Schnecke mit Wagenförderung zum Startschacht befördert. Der gesamte Rohrstrang ist während des Vortriebs in Bewegung, und mit zunehmender Vortriebsstrecke steigt die Mantelreibung entsprechend an. Die daraus resultierenden Vortriebskräfte begrenzen somit die möglichen Vortriebslängen. Durch eine gute Schmierung des Rohrstrangs mit Bentonit und den Einbau von Zwischenpressstationen, die die Leitung in kürzere Teilstücke aufteilen, kann die mögliche Vortriebslänge bei begehbaren Rohrvortrieben ab 1.200 mm Innendurchmesser vergrößert werden. Rohrvortrieb ist für Tunnelinnendurchmesser von 250 mm bis ca. 4.000 mm möglich, wobei der maximale Durchmesser meist durch die Logistik und das Handling der Vortriebsrohre begrenzt ist.

Beim Rohrvortrieb ist im Vergleich zum Tübbingausbau weniger Personal erforderlich, und die erhöhte Arbeitssicherheit als Resultat der Fernbedienbarkeit von der Oberfläche aus wird als großer Vorteil angesehen. Bei anspruchsvollen Rohrvortriebsprojekten spielt die Erfahrung des Maschinenfahrers bei der Bedienung modernster Rohrvortriebsfunktionen wie volumengesteuerter Bentonitschmierung, Separations- und Navigationstechnik eine entscheidende Rolle für die Vortriebsleistung und den Projekterfolg.

8.2.2.2.2 Bentonitschmierung

Die Mantelreibung ist der wesentliche Parameter für die Höhe und Entwicklung der Vortriebskräfte, die durch die Vortriebszylinder der Presseinheit im Startschacht erzeugt werden. Außer durch die maximale Kraft der Vortriebszylinder wird die Obergrenze der zulässigen Vortriebskräfte auch durch die Aufnahmefähigkeit der Vortriebsrohre für die übertragenen Längskräfte bestimmt. Um möglichst lange Vortriebsstrecken zu erzielen, muss die Mantelreibung gesenkt werden. Als erster Schritt hierzu ist auf eine möglichst glatte und saubere Oberfläche der Rohre sowie auf eine genaue Geometrie zu achten, sodass der Reibungsbeiwert so gering wie möglich gehalten werden kann. Ungenauigkeiten in den Rohrabmessungen können während des Vortriebs zu Zwängungskräften führen.

Die Rohrvortriebsmaschine besteht aus einem Maschinenschild und z.T. mehreren Maschinenrohren. Die einzelnen Maschinenteile sind im Durchmesser abgestuft und werden mit einem größeren Durchmesser hergestellt als der Außendurchmesser der vorzupressenden Rohre. So wird erreicht, dass sich das Gebirge oder der umgebende, nicht standfeste Boden nicht direkt auf die Maschinenrohre legt. Zur Schmierung des Rohrstrangs wird eine Stützflüssigkeit in den Überschnitt gepresst, die sich gleichzeitig mindernd auf die Reibung auswirkt. Meist wird hierzu eine Bentonitsuspension verwendet. Bentonit ist ein feines Tonmehl, das zusammen mit Wasser zu einer thixotropen Suspension angemischt wird. Das Bentonit dringt unter dem Einpressdruck bis zu einer bestimmten Tiefe in den Boden ein und bildet einen Filterkuchen um das Rohr. Die Eindringtiefe der Suspension im Boden hängt von der Durchlässigkeit des Bodens und den Fließeigenschaften der Bentonitsuspension ab. Feinkörniger Boden mit einer kleinen Durchlässigkeit erfordert daher eine Suspension mit niedriger, ein Boden mit großer Wasserdurchlässigkeit eine Suspension mit hoher Fließgrenze. Durch den Filterkuchen kann zwischen Gebirge und Rohr ein Stützdruck aufgebaut und so ein Anlegen des Bodens an das Rohr verhindert werden.

Um einen durchgehenden Schmierfilm im Ringraum zu erzeugen, muss der Ringraum so früh wie möglich mit der richtigen Bentonitmenge gefüllt werden. Darüber hinaus gilt es, den Bentonitschmierfilm entlang des ganzen Rohrstrangs zu pflegen und nachzuversorgen. Mit bisherigen Bentonitschmiersystemen ist dies nur durch manuelle Einstellung der Schmierzyklen möglich. Eine permanente Überwachung und erfahrenes Vortriebspersonal waren notwendig.

Das volumenkontrollierte Bentonitschmiersystem steuert automatisch die Erstverpressung direkt bei der Maschine, um den Ringraum zu füllen und zu stützen, sowie die Nachverpressung in jedem dritten bis fünften Vortriebsrohr, um den aufgebauten Schmierfilm zu pflegen und zu erhalten. Je nach Vortriebsgeschwindigkeit und Geologie wird das Bentonit in benötigter Menge an den entsprechenden Stellen rund um den Rohrstrang verpresst. Die automatische Abgabe von definierten Mengen Bentonit für die einzelnen Abschnitte vermeidet eine Über- oder Unterversorgung und stellt eine effiziente Schmierung sicher.

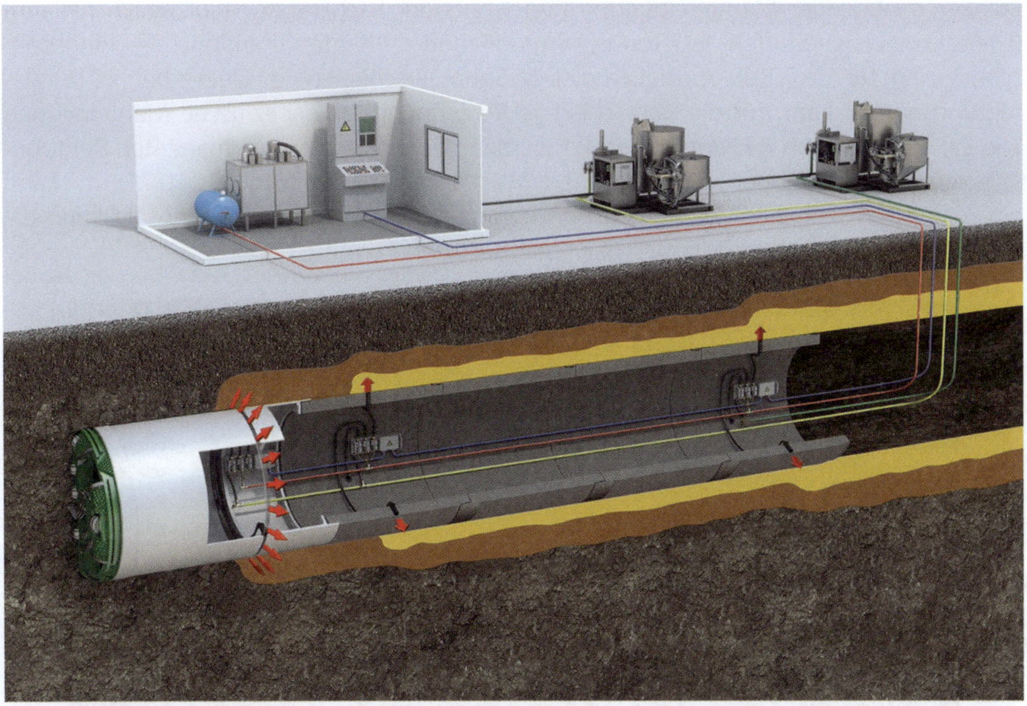

Abbildung 15: Skizze des Prinzips der volumenkontrollierten Bentonitschmierung mit Erst- und Nachverpressung (© Herrenknecht AG)

Bei der eigentlichen Volumenkontrolle wird der Tunnel zunächst in Abschnitte gemäß der Geologie unterteilt. Jedem Abschnitt wird ein bestimmtes zu verpressendes Bentonitvolumen zugeordnet. Dies ermöglicht eine genaue Anpassung der Bentonitmengen an die Untergrundbedingungen, auch für verschiedene Gesteine, z.B. Kies, Sand oder Ton. Jedes der Schmierrohre wird von einer eigenen Bentonitschmierstation mit jeweils drei individuellen Bentonitventilen versorgt. Die bewährte Ansteuerung jeweils eines einzelnen Bentonitventils pro Bentonitleitung ermöglicht zudem die direkte Zuordnung der einzelnen Verpressmengen, die mit dem Durchflusssensor bestimmt werden. Das System erlaubt die Versorgung von bis zu vier Schmierkreisläufen bzw. Bentonitleitungen.

8.2.2.2.3 Dehnerstationen

Eine weitere Lösung, um hohe Vortriebskräfte in schwierigem Untergrund oder bei langen Vortriebslängen zu überwinden, ist der Einsatz von Zwischenpressstationen, sogenannten Dehnerstationen. Diese werden in speziellen Produktrohren ab DN 1200 in definierten Abständen im Rohrstrang installiert und dienen dazu, den Tunnel in Abschnitten voranzutreiben. Im Allgemeinen ist nicht vorgesehen, die wiederverwendbaren Dehnerstationen kontinuierlich zu nutzen. Üblicherweise werden Dehnerstationen erst dann verwendet, wenn die zulässigen maximalen Pressenkräfte an der Hauptpressstation erreicht sind oder die Rohrleitung längere Zeit nicht bewegt wurde (z.B. aus Gründen der Wartung). Bei Bedarf können die Dehnerstationen auch verwendet werden, um einzelne Tunnelabschnitte bei Stillstand der Vortriebsanlage in Bewegung zu halten.

Die Berechnung der Mantelreibungskräfte ist aus der Fachliteratur hinlänglich bekannt (Literaturhinweis: Steffen Praetorius, Britta Schößer: Bentonithandbuch – Ringspaltschmierung für den Rohrvortrieb, Ernst & Sohn, erschienen im Dezember 2015). Erfahrungsgemäß kann für die überschlägige Berechnung eine spezifische Mantelreibung von ca. 1,5 kN/m² bis 4 kN/m² angesetzt werden, wenn von einer permanenten Bentonitschmierung ausgegangen wird. Ab einem Wert von ca. 7,5 kN/m² bis 10 kN /m² kann es zu einem Feststecken des Rohrstrangs kommen. Über diesen Rechenansatz kann die grobe Anzahl der Dehnerstationen bzw. deren Abstand ermittelt werden.

Abbildung 16: Funktionsweise von Dehnerstationen und Einsatz entlang des Tunnels (© Herrenknecht AG)

8.2.2.2.4 Groß- und Langstreckenrohrvortriebe

Technologischer Fortschritt, die wertvolle Praxiserfahrung von Bauunternehmen in nationalen und internationalen Projekten sowie die Planung einer möglichst ressourcenschonenden und wirtschaftlichen Tunneltrasse nähren den Wunsch, die Grenzen in Bezug auf erreichbare Vortriebslängen und Tunneldurchmesser im Rohrvortrieb auszudehnen. Gemeinsame Chancen, Erfahrungen und Errungenschaften der Auftragnehmer fließen bei der Planung neuer Infrastrukturprojekte mit ein. Natürlich sind das spezifische Projekt und dessen Randbedingungen wie Baugrund, Tunneldurchmesser und -länge sowie Baustellengegebenheiten entscheidend für die Auswahl des am besten geeigneten und wirtschaftlichsten Tunnelbauverfahrens. Es existieren aber schon heute Projektreferenzen mit Rohrvortrieb bis zu 2.500 m Vortriebslänge und es wurden bereits Projekte mit 4.000 mm Innendurchmesser erfolgreich als Rohrvortrieb durchgeführt. Die Entscheidung für die Planung und Durchführung eines Tunnel- oder Leitungsbauprojekts mit kleinem Durchmesser, ob mit Rohrvortrieb oder Tübbingausbau, hängt stark vom Hintergrund der beteiligten Parteien ab. Eine Zusammenarbeit des Technologielieferanten und des Bauunternehmens beim Design des Equipments ist unverzichtbar für einen erfolgreichen Projektabschluss und für den guten Ruf der Technologie und des Verfahrens.

Auch wenn das Rohrvortriebsverfahren im Bereich des Startschachts im Vergleich zum Tübbingausbau deutlich weniger Platz in Anspruch nimmt, stellen das Handling und die Lagerung der Vortriebsrohre eine Herausforderung dar, die mit dem Durchmesser wächst.

Eine Rohrfabrik vor Ort zur Herstellung von großen Vortriebsrohren mit einem Außendurchmesser von 3.500 mm oder mehr kann dieses Problem lösen. Es ist ein Lagerbereich für eine ausreichende Menge an Rohren für einen kontinuierlichen Tunnelvortrieb erforderlich.

Mit steigendem Rohrdurchmesser sind die Herausforderungen ähnlich wie bei Langstreckenvortrieben, wobei das Hauptziel darin besteht, die Vortriebskräfte niedrig zu halten und gleichzeitig einen kontinuierlichen Vortrieb mit hoher Leistung sicherzustellen. Um den Anforderungen erhöhter Reibungskräfte in größeren Dimensionen gerecht zu werden, wurden die Konzepte für den Einsatz von Dehnerstationen und effizienten Bentonitschmiersystemen stetig weiterentwickelt.

8.2.2.2.5 Rohrvortrieb als Alternative zum Tübbingausbau

Mit zunehmender Bedeutung der Sicherheitsaspekte im maschinellen Tunnelbau haben in den letzten Jahren unbemannte Verfahren wie das Rohrvortriebsverfahren gewonnen. Es ist heutzutage eine alternative Tunnelbaumethode im Durchmesserbereich von bis zu 4.000 mm, der zuvor vom Tübbingausbau dominiert war. Gleichzeitig haben sich die Sicherheitsanforderungen hinsichtlich Maschinendurchmesser und Zugänglichkeit erhöht, was erhebliche Auswirkungen auf die Logistik bei Tübbingprojekten hat.

Von technischer Seite betrachtet kann der Rohrvortrieb auf langen Strecken von über 1 km Länge eine Alternative zum Tübbingausbau im kleinen Durchmesserbereich (ID 3.000 bis 4.000 mm) sein. Eine detaillierte Untersuchung und Projektplanung sowie der Einsatz neuester Technik durch erfahrene Auftragnehmer sind für den Projekterfolg unerlässlich. Der Langstreckenrohrvortrieb erfordert in der Regel eine Zugänglichkeit der Tunnelbohrmaschine für Wartungsarbeiten (z.B. Werkzeugwechsel). Deshalb haben lange Vortriebe im Allgemeinen einen Mindestdurchmesser von 2.000 mm. Neben dem entsprechenden Design der Tunnelbohrmaschine und des Schneidrads gemäß dem erwarteten Baugrund stellt die Begrenzung der Vortriebskräfte die Hauptproblematik bei Langstreckenvortrieben dar.

Tabelle 3: Überblick Vergleich Rohrvortrieb und Tübbingausbau (© Herrenknecht AG)

	Rohrvortrieb	Tübbingausbau
Durchmesser (ID in mm)	250 – 4000	≥ 3000
Haltungslänge	Bis 2,5 km Abhängig von Durchmesser und Baugrund	Bis 10 km Abhängig von Durchmesser und Logistik
Erzeugter **Überschnitt**	Gering	Größer Aufgrund der Mörtelverpressung
Personaleinsatz	2-3 im Schacht 5-8 auf der Baustelle	5-7 auf TBM/im Tunnel 2-3 im Schacht 5-7 auf der Baustelle

8.2.2.2.6 Auslegung von Vortriebsrohren

Die Vortriebsrohre (nachfolgend »Rohre«) und der daraus gebildete Tunnel stellen in den meisten Anwendungen das vom Bauherrn bestellte Bauwerk oder zumindest einen wichtigen Bestandteil davon dar. Gleichzeitig spielen die Rohre während des Bauvorgangs mit folgenden Funktionen eine entscheidende Rolle:

- Übertragung der Vortriebskraft von der Hauptpresse bzw. von den Zwischenpressstationen zum Bohrkopf
- Minimierung der Mantelreibung zwischen Rohraußenfläche und Baugrund
- Gewährleistung der Tragsicherheit des Tunnels
- Gewährleistung der Dichtigkeit des Tunnels
- Versorgung von Bohrkopf und weiterer Vortriebsausrüstung

Diese Funktionen müssen die Rohre wahrnehmen, ohne dass ihre Funktionalität oder Dauerhaftigkeit während der Nutzungsdauer beeinträchtigt wird. Dabei gilt es zu bedenken, dass der Bauvorgang bzw. Vortrieb in den meisten Fällen der maßgebende Belastungszustand für die Rohre darstellt und dass das Versagen eines Rohrs schlimmstenfalls die Fertigstellung eines Vortriebs verzögern kann, mit entsprechenden Folgekosten. Als Besonderheit kommt hinzu, dass die Rohre während des gesamten Vortriebs in Bewegung sind, wobei die zu durchörternden Bodenschichten unter Umständen sehr unterschiedliche geotechnische Eigenschaften haben können. Selbstredend ergibt sich aus diesen Funktionen für die Rohre die Anforderung einer hohen baustatischen Robustheit. Eine hochausgereizte statische Bemessung der Rohre und zu große Sparanstrengungen ohne adäquate Reserven sind im Rohrvortrieb fehl am Platz, sie treten aber leider immer wieder auf und führen dann zu Problemen. Gelegentlich werden Vortriebsrohre nur über eine kurze Zeitspanne benötigt, z.B. für den Einzug eines Druckrohrs (z.B. Gaspipeline), danach wird der verbleibende Raum mit einem tragfähigen Dämmer verfüllt. In solchen Fällen sind die Anforderungen an die Dauerhaftigkeit der Rohre geringer.

Logistische Randbedingungen wie Abmessungen und Gewicht von Rohren und Bohrausrüstung, Abmessungen des Startschachts, die Kapazität von Hebemitteln und Transportfahrzeugen usw. sind meist limitierende Faktoren bei der Bestimmung der Größe der Rohre. Aber auch eine erforderliche Kurvengängigkeit des durch den Boden gepressten Tunnels schränkt die Länge der Rohre ein.

Abbildung 17: Vortriebsrohr aus Stahlbeton mit Hydraulischer Fuge beim Einbau im Startschacht (© Jackcontrol AG)

In den meisten Fällen bestehen die Vortriebsrohre aus Stahlbeton, sehr häufig in der Festigkeitsklasse C 50/60. Stahlbeton verbindet folgende für den Rohrvortrieb vorteilhafte Eigenschaften:

- hohe Druckfestigkeit
- hoher Biegewiderstand
- hoher Durchstanzwiderstand
- duktiles Bruchverhalten
- Langlebigkeit
- ausreichende Formgenauigkeit (bei schalungserhärteten Rohren)
- gutes Preis-Leistungs-Verhältnis.

Daneben werden im Rohrvortrieb in Abhängigkeit von den Projektanforderungen und den weltweit unterschiedlichen bautechnischen Gepflogenheiten und Herstellern Rohre aus folgenden Materialien eingesetzt:

- glasfaserbewehrter Kunststoff (GFK)
- Polymerbeton
- Stahl
- Verbundwerkstoff, meist Stahlbeton mit Inliner aus Kunststoff, GFK oder Stahl

Eine entscheidende Rolle für eine gute Funktionalität von Vortriebsrohren fällt der Rohrkupplung zu, die folgende Aufgaben zu erfüllen hat:

- Übertragung der Vortriebskräfte (Längs- und Querrichtung)
- Gewährleistung der Dichtigkeit (Grundwasser und Boden)
- Gewährleistung der Rotationsfähigkeit
- Sicherstellung eines schnellen und sicheren Zusammenbaus

Es bestehen verschiedene Arten von Rohrverbindungen, wobei deren Verwendung meist abhängig vom Material der Vortriebsrohre ist. Die heute am meisten eingesetzten Arten von Rohrkupplungen sind in Abbildung 18 dargestellt.

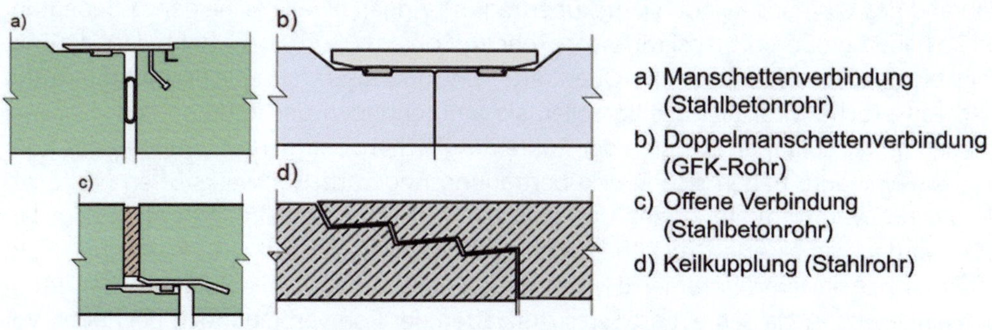

Abbildung 18: Übersicht über gängige Rohrverbindungen – Vortriebsrichtung jeweils von links nach rechts (© Jackcontrol AG)

Bei Rohren aus Stahlbeton hat sich die Manschettenverbindung (siehe Abbildung 18a) durchgesetzt, denn sie verbindet eine gute Dichtleistung mit einer hohen Robustheit und einem guten Preis-Leistungs-Verhältnis und eignet sich auch bei Kurvenfahrten. Bei Rohren aus glasfaserbewehrtem Kunststoff und Polymerbeton kommt meist die Doppelmanschettenverbindung (siehe Abbildung 18b) und bei Stahlrohren die Keilkupplung (siehe Abbildung 18d) zum Einsatz. Als Dichtungselement wird praktisch immer ein Elastomer-Ring (siehe Abbildung 18-1) verwendet, meist mit einem keilförmigen Querschnitt.

Abbildung 18–1: Typischer Elastomer-Ring mit keilförmigem Querschnitt auf Vortriebsrohr (© Jackcontrol AG)

Bei der Verwendung von mehreren Dichtringen hintereinander ist Vorsicht angebracht: Dies kann insbesondere bei Kurvenfahrt dazu führen, dass zwei Dichtringe vorliegen, die in ihrem gesamten Umfang nicht die volle Dichtleistung erbringen.

Während des Vortriebs fällt den Druckübertragungsringen eine entscheidende Bedeutung zu: Sie haben große Vortriebskräfte von Rohr zu Rohr zu übertragen, ohne dass die Tragfähigkeit der Rohre (Längsdruck, Querkräfte, Zwängungskräfte/seitliche Bettungskräfte) überbeansprucht wird, gleichzeitig sollen sie Verdrehungen der Rohrkupplung zulassen und geometrische Imperfektionen der Rohre ausgleichen. Seit den Ursprüngen des Rohrvortriebs bis heute haben sich Druckübertragungsringe aus Holzwerkstoffen (siehe Abbildung 18c) vor allem auf kurzen und geraden Vortrieben bewährt. Seit etwa dem Jahr 2000 werden verbesserte Druckübertragungsringe aus Kunststoff (z.B. EDAR) und fluidgefülltem bewehrtem Elastomer (Hydraulische Fuge, siehe auch Abbildung 18a) erfolgreich eingesetzt; sie lassen ein größeres Aufklaffen der Rohrverbindungen bei hohen Vortriebskräften zu, weshalb sie sich insbesondere für den Kurvenvortrieb eignen. Zudem erlauben diese neueren Druckübertragungsringe eine zuverlässige Bestimmung der Größe und Exzentrizität der Vortriebskraft und damit auch die Bestimmung von deren Grenzwert, was für die Überwachung und Qualitätssicherung laufender Vortriebsarbeiten von großer Bedeutung ist.

8.2.2.2.7 Kurvenvortriebe mit engen Radien

In den letzten Jahren hat die Nachfrage nach Kurvenvortrieben im Tunnelbau stetig zugenommen. Die Notwendigkeit, Kurven in Tunneltrassen zu realisieren, resultiert aus verschiedenen Gründen. Einer davon ist die topografische Beschaffenheit des Geländes, insbesondere in städtischen Gebieten, wo Tunnel oft unter bestehenden Straßen oder Gebäuden verlaufen müssen. Kurvenvortriebe ermöglichen es, den Tunnelverlauf an die örtlichen Gegebenheiten anzupassen und so Hindernisse zu umgehen. Die heutigen Tunnelbohrmaschinen verfügen über entsprechende Steuerungsmöglichkeiten und Navigationssysteme, die präzise Kurvenvortriebe ermöglichen. Horizontale und vertikale Kurven sowie Raumkurven erlauben den Planern eine flexible, an die Gegebenheiten anpassbare Gestaltung der Trassenführung. Die zunehmende Komplexität von Rohrvortrieben zeigt sich auch in der Forderung, immer engere Kurvenradien aufzufahren. Besonders im asiatischen Raum sind Vortriebe mit Kurvenradien von beispielsweise 50 m durchaus verbreitet und seit Jahrzehnten etabliert.

Abbildung 19: Blick in den Tunnel, Beispiel einer Kurvenfahrt mit Rohrvortrieb DN 2000, R = 110 m (© Herrenknecht AG)

8.2.2.2.7.1 Einfluss auf Maschinentechnik

Um der Krümmung einer Kurve zu folgen, ist es notwendig, die zylindrischen Maschinenteile tangential zur Krümmung der Kurve auszurichten. Diese Maschinenteile sind über hydraulische Steuerzylinder miteinander verbunden. Durch eine entsprechende Anpassung der unterschiedlichen Zylinderhübe ergibt sich eine Abwinkelung der Maschinenteile zueinander und die Maschinenteile folgen der vorgegebenen Kurvenkrümmung. Bei sehr engen Kurvenradien (≤ 80 m) gibt es dafür allerdings mechanische Grenzen und die Abdichtung des Steuergelenks wird immer schwieriger.

Statt eine unverhältnismäßig hohe Verwinkelung in nur einem Steuergelenk zu erzeugen, besteht konstruktiv die Möglichkeit, die notwendige Abwinkelung der Maschinenteile auf zwei oder mehr Steuergelenke zu verteilen. Dadurch ergibt sich eine harmonische Anpassung der Maschinenteile an die Kurvenkrümmung. Mechanische Grenzen der Steuerzylinder können eingehalten und die Steuergelenke besser abgedichtet werden.

Alternativ kann ein Steuergelenk der Maschine auch in X-Form konzipiert werden, um zwei Maschinenteile stark zueinander abzuwinkeln und kleinste Kurvenradien zu ermöglichen. Dabei sind das vordere und das hintere Maschinenteil in einem kugelförmigen Gelenk mit Abdichtung zueinander verbunden. Der Drehpunkt der Maschinenteile liegt in diesem Fall auf der Mittelachse. Um die Dichtheit des Gelenks zu gewährleisten, muss der Mittelpunkt auch beim Betätigen der Steuerzylinder exakt auf der Mittelachse verbleiben. Aus diesem Grund ist hier ebenfalls ein zwingendes Zusammenspiel der Steuerzylinder erforderlich.

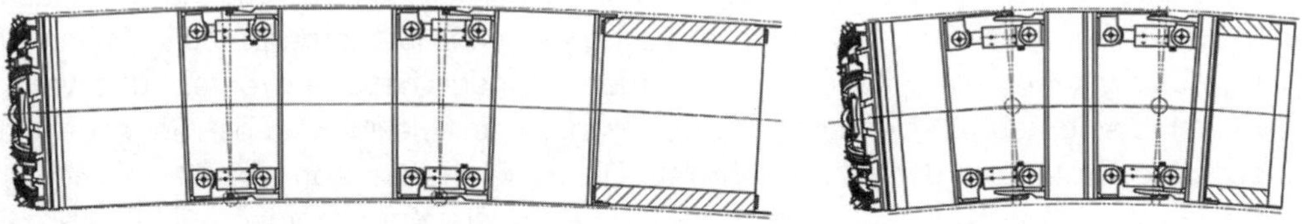

Abbildung 20: Beispiele von Lösungen für enge Kurvenradien: zwei Steuergelenke (links) und ein Steuergelenk in X-Form (rechts) – (© Herrenknecht AG)

Generell gilt, dass durch eine starke Verwinkelung der Maschinenteile in engen Kurvenbereichen eine deutlich höhere Mantelreibung entsteht als bei geraden Trassen. Die zum Kurveninneren liegenden Steuerzylinder tragen die Hauptlast der Vortriebskräfte, was bei der Dimensionierung der Steuerzylinder berücksichtigt werden muss.

8.2.2.2.7.2 Einfluss auf Vortriebsrohre

Bei der Einordnung des Kurvenradius gilt es zu unterscheiden in dickwandige Rohre (Stahlbeton, Polymerbeton, Verbundwerkstoff) und dünnwandige Rohre (GFK, Stahl). Bei den dickwandigen Rohren konzentriert sich die Krümmung praktisch vollständig auf die Rohrkupplung, was einen passenden Druckübertragungsring erforderlich macht. Bei dünnwandigen Rohren verteilt sich die Krümmung hingegen mehr oder weniger kontinuierlich über die Rohrlänge, weshalb bei dünnwandigen Rohren meist auf die Verwendung eines Druckübertragungsrings verzichtet wird. Dies führt dazu, dass bei dünnwandigen Rohren im lastfreien Zustand eine klaffende Fuge vorliegt, weshalb dünnwandige Rohre bei engen Kurvenradien selten eingesetzt werden. Aus diesem Grund beschränken sich die nachfolgenden Ausführungen auf dickwandige Rohre.

Für die Einordnung des Kurvenradius sind bei dickwandigen Rohren in geometrischer Hinsicht die Rohrlänge, der Rohrdurchmesser sowie die Rotationsfähigkeit der Rohrkupplung die relevanten Parameter. Sobald die Kurvenfahrt zu einer Differenz der Fugenspaltweite zwischen Kurveninnenseite und Kurvenaußenseite von Ds größer 10 mm führt, kann von einem engen Radius ausgegangen werden. In Abhängigkeit von der Rohrlänge kann für diese Eingrenzung folgende Faustformel festgehalten werden:

$$R_{\text{Grenz}} < 100 \times L \times DN$$

Dabei sind L die Länge und D der Nenndurchmesser der Rohre. Das bedeutet, dass beispielsweise bei einem 3 m langen Vortriebsrohr mit DN 1600 bei R < 480 m ein enger Radius vorliegt. Es gilt dabei zu bedenken, dass sich vertikale und horizontale Krümmungen überlagern können und der daraus resultierende räumliche Kurvenradius relevant ist. Zudem sind die Steuerbewegungen des Bohrkopfs zu berücksichtigen: Dafür wird der planmäßige räumliche Kurvenradius in der Regel um einen Faktor 0,85 bis 0,70 gemindert.

Im Vergleich zu Vortrieben mit gerader oder leicht gekrümmter Linienführung kommen bei engen Radien folgende Einflüsse dazu, die beim Rohrdesign und auch beim Vortrieb selbst beachtet werden müssen:

Rotationsfähigkeit der Rohrkupplung

Es gilt sicherzustellen, dass die mit der Kurvenfahrt einhergehenden Verdrehungen der Rohre zueinander ohne Einschränkungen der Funktionalität oder gar Beschädigungen der Rohrkupplung gewährleistet werden können. Dabei steht die Funktionstüchtigkeit der Manschettendichtung in maximal abgewinkelter Lage im Vordergrund. Zu garantieren ist aber auch, dass Manschettendichtung und Spitzende zweier benachbarter Rohre nicht unzulässig in Berührung kommen und sich beschädigen.

Exzentrizität der Vortriebskräfte

Infolge der Verdrehung der Rohrkupplung entstehen bei Verwendung von Druckübertragungsringen aus Holzwerkstoffen ungleichmäßige Spannungsverteilungen auf den Rohrstirnflächen, verbunden mit Spannungsspitzen auf der Kurveninnenseite, die die Festigkeit des Rohrwerkstoffs ohne Weiteres überschreiten können, was verhindert werden muss. Zudem erfolgt bei einer Verdrehung der Rohrkupplung der Angriff der Vortriebskraft exzentrisch bezüglich der Rohrachse.

Seitliche Bettungskräfte und Umlenkkräfte

Die Exzentrizität der Vortriebskraft führt aus Gleichgewichtsgründen vor allem bei der Ein- und Ausleitung von Kurven, aber auch bei unplanmäßigen Steuerbewegungen zu namhaften, nicht zu vernachlässigenden Kräften, die quer zur Rohrachse wirken, sogenannte Bettungskräfte. Deren Stärke kann bei großen Rohren, bei denen der Durchmesser und die Länge ähnlich groß sind, und bei der Verwendung von Druckübertragungsringen aus Holzwerkstoffen die Größenordnung der Vortriebskraft selbst erreichen, was für die Rohre eine beachtliche Zusatzbelastung bedeutet. Dieses Problem kann durch die Verwendung von fluidgefüllten Druckübertragungsringen (Hydraulische Fuge, siehe Abbildungen 17, 18a) nachhaltig entschärft werden. Infolge der Krümmung der Rohrachse selbst entstehen geometrisch bedingte Umlenkkräfte, die ebenfalls quer zur Rohrachse wirken, aber erst bei sehr engen Radien eine Rolle spielen. Für ein schadloses Lastspiel zwischen benachbarten Rohren ist eine robuste und gut verankerte Stahlmanschette von größter Wichtigkeit. Ein gutes Verständnis von der Kinematik und dem Kräftespiel zwischen den Rohren während des Vortriebs ist für den Erfolg eines Rohrvortriebsprojekts unabdingbar. Sparmaßnahmen an dieser Stelle sind zu vermeiden.

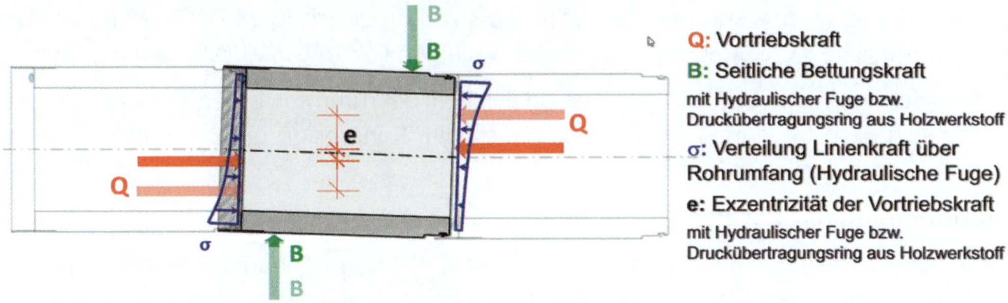

Abbildung 21: Kräfte infolge des Vortriebs (© Jackcontrol AG)

Unter Nutzung der gut bestimmbaren mechanischen Eigenschaften der in Kapitel 2.2.2.6 erwähnten neuen Druckübertragungsringe können seit ca. 2005 elektronische Systeme die Einhaltung der minimal zulässigen Kurvenradien und der maximal zulässigen Vortriebskräfte in Echtzeit überwachen und dem Schildfahrer anzeigen. Auch die effektiven Steuerbewegungen des Bohrkopfs werden in der Berechnung der zulässigen Vortriebskräfte berücksichtigt.

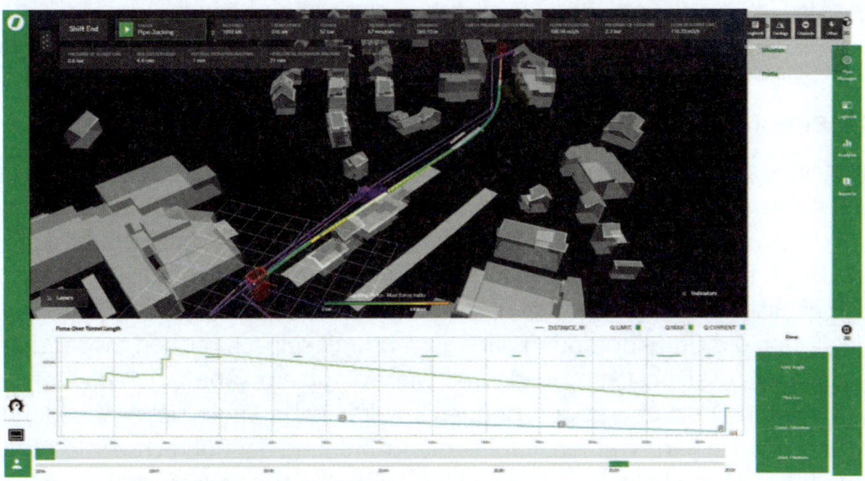

Abbildung 22: Benutzeroberfläche einer modernen elektronischen Vortriebsüberwachung am Beispiel des MSS-Systems (© Jackcontrol AG)

Abgesehen vom Kräftespiel der Vortriebsrohre gilt es bei engen Kurvenradien die stark erhöhten Anforderungen an die Navigation und die Vermessung des Vortriebs zu beachten: Eine der gekrümmten Linienführung angepasste Navigation samt Kontrollvermessungen ist unabdingbare Voraussetzung dafür, dass die planmäßigen Kurvenradien nicht unterschritten werden und die geplante Linienführung ausreichend genau eingehalten wird. Mehr dazu findet sich im Unterkapitel Navigationssysteme.

8.2.2.2.8 Spezialanwendungen im Rohrvortrieb

8.2.2.2.8.1 Sea Outfalls

Eine bedeutende Anwendung des Rohrvortriebsverfahrens stellen sogenannte Sea Outfalls dar. Dabei wird von einem Startschacht auf der Landseite aus die Tunnelbohrmaschine in Richtung Meer vorangetrieben und dort vom Meeresboden geborgen. Die Tunnelbohrmaschine kann dafür mit einem Bergemodul inklusive Schottwand und Teleskopzylindern ausgestattet werden. Die Schottwand dichtet die Maschine ab, die Teleskopzylinder sorgen für ein sicheres, ferngesteuertes Abkoppeln der Maschine vom Tunnel.

Benötigt werden solche Outfall-Leitungen für Abwasser, für die Wasserentnahme für Entsalzungsanlagen oder Kraftwerke bzw. für Anlandungen von Pipelines und Kabeln. Gerade im sensiblen Küstenbereich bietet das Rohrvortriebsverfahren mit einer auf die Randbedingungen abgestimmten Maschinentechnik eine sichere und umweltschonende Verlegung von Rohrleitungen und Schutzrohren.

Abbildung 23: Sea Outfall im Rohrvortrieb und Unterwasserbergung der TBM (© Herrenknecht AG)

8.2.2.2.8.2 Querschläge

Sogenannte Querschläge gewinnen in Tunnelprojekten aufgrund der Urbanisierung, des zunehmenden Verkehrsaufkommens und der höheren Sicherheitsstandards zunehmend an Bedeutung. Für zukünftige Straßen- und Schienentunnel werden vermehrt zwei Tunnelröhren für jeweils eine Fahrtrichtung erstellt. Damit kann eine Röhre im Fall eines Brandes in der anderen Röhre als Flucht- und Rettungstunnel dienen. Für die Verbindung dieser beiden Tunnelröhren werden dann Querschläge benötigt. Neben der Verbindung zwischen zwei Tunneln ist auch die Verbindung eines Schachts mit einem Tunnel ein Konzept für Notausgänge. Querschläge können zudem eine Rolle spielen, wenn Abwasserkanäle an bestehende Systeme oder neue Sammler an das vorhandene System angeschlossen werden müssen.

Der Bau von Querschlägen stellt besonders in wasserführenden Böden mit hohem Grundwasserdruck eine große Herausforderung dar. In der Vergangenheit konnte dies oft nur durch Bodenvereisung oder umfangreiche Injektions- und Konsolidierungsmaßnahmen gemeistert werden. Seit einigen Jahren kommt für derartige Anwendungen auch das Rohrvortriebsverfahren mit Vollschnittmaschinen und Spülförderung zum Einsatz, da diese Kombination eine sichere Lösung darstellt und ein flexibler, kompakter Aufbau im Start- und im Zieltunnel möglich ist.

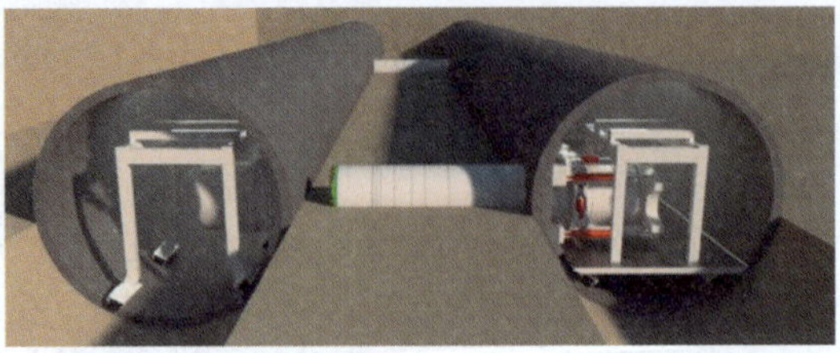

Abbildung 24: Mögliches Szenario der Querschlagstechnik mit AVN (© Herrenknecht AG)

8.2.2.2.8.3 Sacklochbohrungen

Für die Herstellung von Sacklochbohrungen im Rohrvortriebsverfahren wird ein Maschinenkonzept verwendet, das es erlaubt, die Vortriebsanlage nach Erreichen des Zielpunkts zum Startschacht zurückzuziehen. Dies ist dann erforderlich, wenn kein Zielschacht zur Bergung der Maschine vorhanden ist. Um die Maschine durch den fertigen Tunnel zum Startschacht zurückzuziehen, verfügt die Tunnelbohrmaschine über ein äußeres und ein inneres Schild. Außerdem muss das Schneidrad entsprechend einklappbar oder mit einem äußeren und einem inneren Schneidring konzipiert werden.

Vor dem Zurückziehen der Maschine müssen die Versorgungsleitungen von der Maschine getrennt und separat durch den Tunnel zurückgezogen werden. In einem zweiten Schritt wird das Schneidrad entweder eingeklappt oder von seinem äußeren Ring getrennt. Der innere Schild der Maschine wird vom äußeren Schild getrennt und die Maschine kann zurückgezogen werden.

Klassische Anwendungsgebiete solcher Sacklochbohrungen im Rohrvortrieb sind die Schutzrohrverlegung für das Horizontalbohrverfahren in Kiesschichten oder Tunnelprojekte, bei denen der Bau eines Zielschachts beispielsweise aus Platzgründen nicht möglich ist.

Abbildung 25: Bohrkopfdesign einer rückziehbaren AVN 800 für Sacklochbohrungen (© Herrenknecht AG)

8.2.2.2.8.4 Rohrschirme

Für die Herstellung kurzer Unterführungen mit großem Durchmesser, z.B. für Fußgänger, oder kurzer Abschnitte von Verkehrstunneln in sehr setzungssensiblen Bereichen kann das Rohrvortriebsverfahren auch zur Erstellung eines sogenannten Rohrschirms eingesetzt werden. Zunächst werden mehrere Rohrvortriebe durchgeführt, in der Regel mit Stahlrohren. Durch die Verbindung der einzelnen Bohrungen entsteht eine Art »Schutzrahmen« für den späteren, mit bergmännischem Verfahren erstellten Tunnel. Bei Bedarf kann die Maschine nach jeder Bohrung zurückgezogen werden, um sie von derselben Seite beim nächsten Tunnel bzw. bei der nächsten Bohrung zu verwenden.

Abbildung 26: Bauausführung eines Rohrschirms im Rohrvortriebsverfahren DN 1200 (© Herrenknecht AG)

8.2.3 Digitalisierung und Automatisierung

Auch im Tunnelvortrieb hält die Digitalisierung und Automatisierung vermehrt Einzug. Wo vor Jahren noch die Maschinendaten per Speicherstick vom Computer der Tunnelbohrmaschine gezogen werden mussten, um sie über Tabellenkalkulationsprogramme manuell auszuwerten, gibt es heute Softwarelösungen, die dem Anwender die erforderlichen Auswertungsmöglichkeiten direkt zur Verfügung stellen. Die Daten werden dazu meist direkt in einer Cloud gespeichert und können durch Webanwendung online visualisiert und analysiert werden. Dabei beschränkt sich die Auswertungsmöglichkeit nicht auf Tages- oder Schichtberichte für den wichtigsten Parameter, die Vortriebsleistung, vielmehr werden alle Sensordaten der Tunnelbohrmaschine gespeichert und können dann entsprechend ausgewertet werden.

Stand der Technik ist auch, dass der Inhalt des Bedienermonitors am Steuerstand per Internetanbindung auf jeden Rechner weltweit gespiegelt werden kann. So können die Echtzeitdaten der Maschine kontrolliert und der Maschinenfahrer kann bei Bedarf aus der Ferne unterstützt werden. Bei einer stabilen Internetverbindung können zu Wartungszwecken auch Spezialisten aus der Ferne direkt auf die speicherprogrammierte Steuerung (SPS) zugreifen. Mit diesen Tools steht vor allem dem Baustellen- und Projektmanagement ein orts- und zeitunabhängiges Monitoring aller vortriebsrelevanten Daten zur Verfügung.

In den nächsten Jahren werden sich Assistenzsysteme und vollautomatisierte Teilsysteme im maschinellen Tunnelvortrieb etablieren. Grundlage für diese Systeme sind die neuen Auswertungsmöglichkeiten der Daten, die durch die Echtzeitüberwachung kontinuierlich aufgezeichnet und dadurch immer genauer werden. Erste Teil-Assistenzsysteme, insbesondere im Bereich Tübbingausbau, wurden bereits entwickelt und können künftig eingesetzt werden, um das Bedienpersonal bei der Tübbinghandhabung oder beim Ringbau zu unterstützen bzw. diese sogar komplett zu übernehmen. Aber auch im Rohrvortrieb sind solche Systeme in der Entwicklung, um den Vortriebsprozess zumindest in Teilen zu automatisieren.

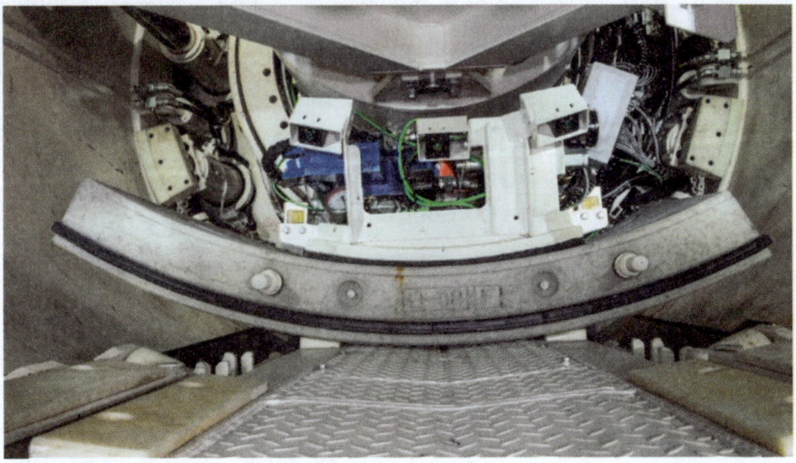

Abbildung 27: Versuchsstand eines automatischen Ringbausystems (© Herrenknecht AG)

8.3 Pilotrohrvortrieb

Der Pilotrohrvortrieb ist eine kostengünstige Methode zur millimetergenauen grabenlosen Verlegung von Rohren kleiner Nennweiten (i.d.R. 100 mm bis 1.400 mm) in Böden und Fels in Längen von bis zu max. ca. 120 m. Im Unterschied zum Mikrotunnelbauverfahren ist der Pilotrohrvortrieb meist mehrstufig. In einem ersten Schritt wird eine bodenverdrängende oder bodenentnehmende gesteuerte Pilotbohrung durchgeführt, die als Führung für alle folgenden Verfahrensschritte dient.

Ein besonderes Merkmal des Pilotrohrvortriebs ist der mechanische Transport des abgebauten Bodens durch Förderschnecken in Stahlschutzrohren. Durch den Bodentransport mit Förderschnecken kann auf eine Separation, wie sie beim Mikrotunnelbauverfahren mit Spülförderung benötigt wird, verzichtet werden. Hierdurch ist der Aufwand für die Baustelleneinrichtung deutlich geringer. Im Grundwasser sind je nach Geologie ggf. Zusatzmaßnahmen erforderlich.

8.3.1 Maschinentechnik

8.3.1.1 Maschinen

Zur Durchführung von gesteuerten Pilotvortrieben werden spezielle Maschinen benötigt. Diese Maschinen bestehen aus einem Grund- oder Pressrahmen mit einem Drehantrieb und einem üblicherweise diesel- oder elektrisch betriebenen Hydraulikaggregat.

Der Pressrahmen hat drei Aufgaben zu erfüllen:

a) Er muss die Presskraft zum Vorpressen der Rohre aufbringen.

b) Er muss einen Drehantrieb zum Drehen des Pilotgestänges und der Förderschnecken für die Bodenentnahme haben.

c) Es muss eine hohle Maschinenachse haben, damit eine gerade Sichtachse durch die Maschine bis zur Laser-Zieltafel im Pilot- oder Bohrkopf gewährleistet werden kann.

Für die unterschiedlichen Anwendungen gibt es speziell angepasste Maschinenkonzepte. Bei innerstädtischen Anwendungen mit typischen Vortriebsrohren aus Steinzeug, Beton, Polymerbeton oder glasfaserverstärktem Kunststoff (GFK) werden sogenannte Kompaktmaschinen verwendet, die üblicherweise aus Kreisschächten mit einem Durchmesser von 2 m Vortriebsrohre in 1 m Länge oder aus Kreisschächten mit 3,2 m Durchmesser 2 m lange Vortriebsrohre pressen können.

Abbildung 28: Kompaktmaschine (© Bohrtec GmbH)

Für Anwendungen mit verschweißten Stahlschutzrohren gibt es Langrahmenmaschinen, die im Vergleich zu den Kompaktmaschinen eine deutlich größere Grundlänge haben, aber im Unterschied zu diesen einfach und kostengünstig verlängerbar sind.

Abbildung 29: Langrahmenmaschine (© Bohrtec GmbH)

Für Anwender, die sowohl Produktrohre aus Steinzeug, Beton, Polymerbeton oder glasfaserverstärktem Kunststoff (GFK) als auch verschweißte Stahlschutzrohre verlegen wollen, gibt es einen speziellen Maschinentyp, die sogenannten LSC-Maschinen. Dies sind Langrahmenmaschinen mit einem kompakten, ebenfalls leicht verlängerbaren Grundrahmen.

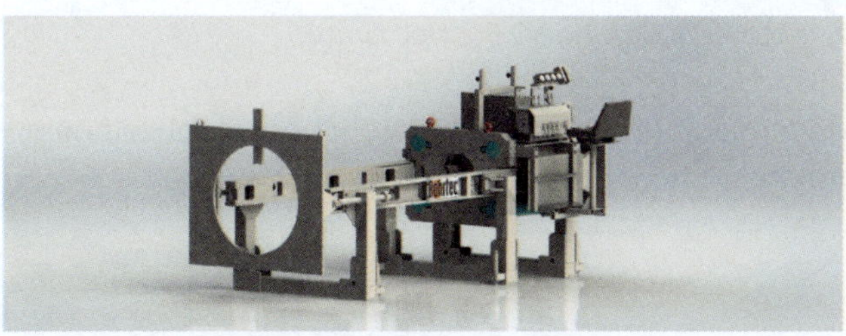

Abbildung 30: LSC-Maschine (© Bohrtec GmbH)

8.3.1.2 Bohrausrüstung

Als Bohrausrüstung stehen sämtlichen Maschinen folgende Optionen zur Verfügung:

a) Pilotgestänge zum Pilotrohrvortrieb in verdrängbarem Boden

b) Passive Aufweitstufen mit wiedergewinnbaren Stahlschutzrohren und Förderschnecken zum Aufweiten des Pilotgestänges auf den Vortriebsrohrdurchmesser bei verdrängbaren Böden

c) Aktive Aufweitstufen zum Aufweiten des Pilotgestänges auf den Vortriebsrohrdurchmesser in verdrängbarem Boden im Grenzbereich zum nicht verdrängbaren Boden

d) Hydraulisch angetriebene Aufweitstufen zum Aufweiten des Durchmessers der wiedergewinnbaren Stahlschutzrohre auf Vortriebsrohre mit größerem Durchmesser bei gleichzeitiger Nutzung der Stahlschutzrohre und Förderschnecken aus der ersten Aufweitstufe

e) Front Steer zum Pilotrohrvortrieb mit Bodenentnahme in nicht verdrängbarem Boden und leichtem Fels

f) Front Steer mit Imlochhammer zum Pilotrohrvortrieb mit Bodenentnahme im Fels

g) Imlochhammerzugsystem für ungesteuerte Schneckenbohrungen im Fels

h) Bohrköpfe und Ausrüstung für ungesteuerte Bohrungen

8.3.2 Verfahrenstechniken

8.3.2.1 Pilotrohrvortrieb mit bodenverdrängender Pilotbohrung

Ein Pilotrohrstrang wird bodenverdrängend gesteuert vorgetrieben.

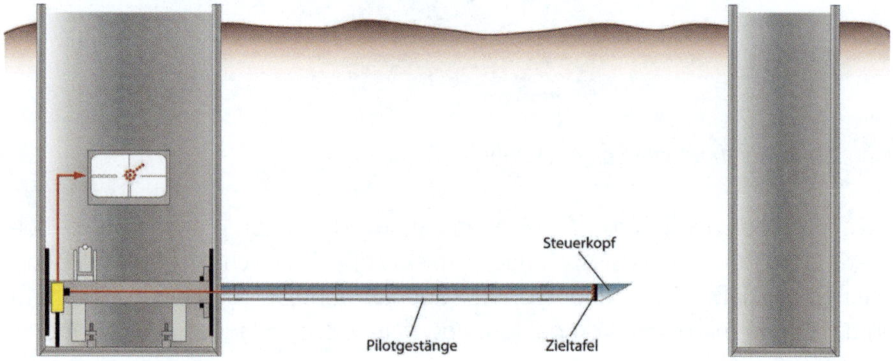

Abbildung 31: Gesteuerte Pilotbohrung (© Bohrtec GmbH)

Danach werden wiedergewinnbare Stahlschutzrohre bei gleichzeitigem Herauspressen der Pilotrohre vorgetrieben.

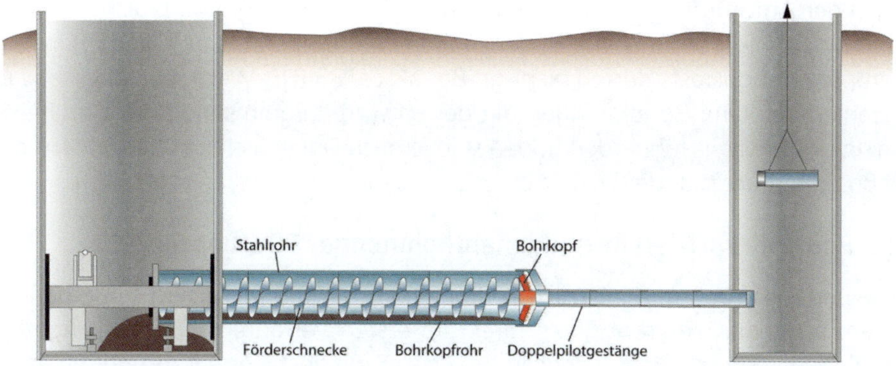

Abbildung 32: Aufweitungsbohrung (© Bohrtec GmbH)

Im dritten Verfahrensschritt werden die wiedergewinnbaren Stahlschutzrohre mithilfe der Vortriebsrohre in den Zielschacht gepresst und dort entnommen.

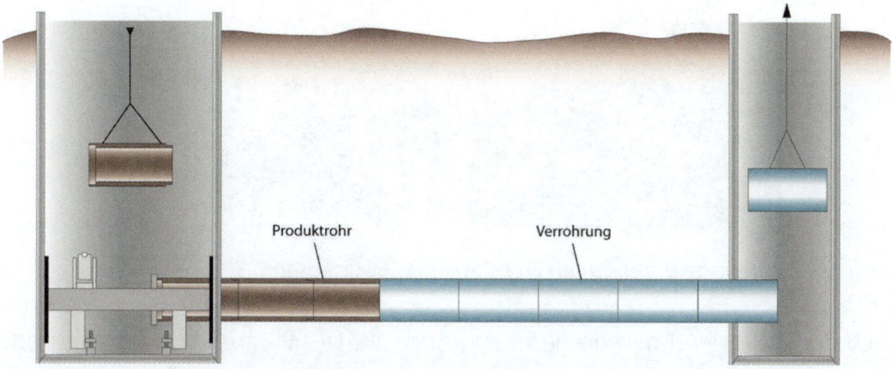

Abbildung 33: Nachschieben der Vortriebsrohre (© Bohrtec GmbH)

Größere Außendurchmesser erfordern eine hydraulisch angetriebene Aufweitung. Dabei werden die Vortriebsrohre in den Boden gepresst und der in der Aufweitstufe abgebaute Boden wird durch die wiedergewinnbaren Stahlrohre in den Zielschacht gefördert.

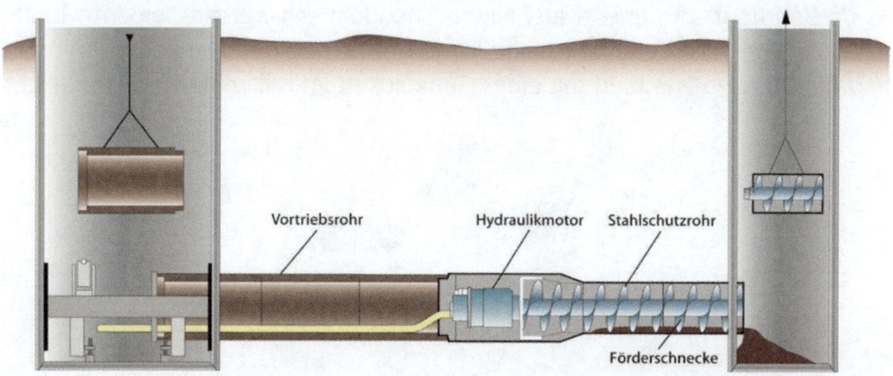

Abbildung 34: Hydraulisch angetriebene Aufweitstufe (© Bohrtec GmbH)

Bezüglich der Anforderungen an den Baugrund gilt: Für den Pilotrohrvortrieb mit bodenverdrängender Pilotbohrung muss der Boden verdrängbar sein. Die SPT-Werte des Standardpenetrationstests dürfen nicht größer als ca. 35 (N_{30}-Wert) sein, alternativ dürfen Schlagzahlen bei Rammsondierungen mit der schweren Rammsonde nicht größer als ca. 25 sein. In grundwasserführenden Böden sind je nach Durchlässigkeit des Bodens ggf. Zusatzmaßnahmen wie z.B. der Einsatz einer Grundwasserschnecke erforderlich.

8.3.2.2 Pilotrohrvortrieb mit bodenentnehmender Pilotbohrung

Die gesteuerte Pilotbohrung inklusive Bodenentnahme wird mit einem steuerbaren Bohrkopf, dem sogenannten Front Steer, direkt im ersten Verfahrensschritt durchgeführt. Je nach Außendurchmesser der Vortriebsrohre erfolgt die gesteuerte Bohrung mit einer wiedergewinnbaren Stahlschutzverrohrung, die dem Außendurchmesser der Vortriebsrohre entspricht. Alternativ wird nach der gesteuerten bodenentnehmenden Pilotbohrung eine aktive Aufweitungsbohrung vorgenommen.

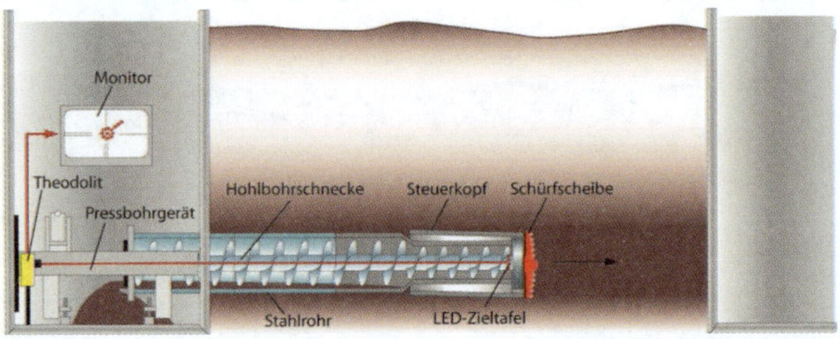

Abbildung 35: Gesteuerte Bohrung mit Front Steer (© Bohrtec GmbH)

Bezüglich der Anforderungen an den Baugrund gilt: Der Pilotrohrvortrieb mit bodenentnehmender Pilotbohrung kann in nicht verdrängbaren Böden oder bei Einsatz eines Imlochhammers in Fels mit Gesteinsfestigkeiten von bis zu 250 MPa eingesetzt werden.

8.3.3 Vermessungssystem und Messdatenerfassung

Die gesteuerte Pilotbohrung wird sowohl beim bodenverdrängenden als auch beim bodenentnehmenden Pilotrohrvortrieb ausgeführt mithilfe eines optischen Vermessungssystems im Bohrkopf, bestehend aus einem Theodolit mit Kamera, einem Monitor und einer Laser-Zieltafel. Hierdurch wird eine im Gegensatz zu den Horizontalspülbohrungen (HDD) höchst präzise Verlegung mit einer Genauigkeit im Millimeterbereich erreicht.

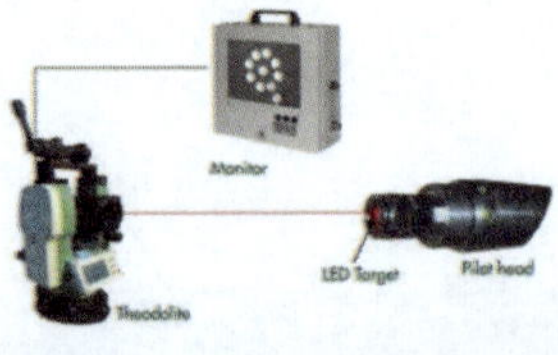

Abbildung 36: Optisches Vermessungssystem (© Bohrtec GmbH)

Gemäß Arbeitsblatt A125 der DWA (Deutsche Vereinigung für Wasserwirtschaft, Abwasser und Abfall e. V.) müssen die nachfolgend genannten Vortriebsparameter kontinuierlich gemessen und in Vortriebsintervallen von max. 100 mm Länge oder max. 90 s Dauer automatisch aufgezeichnet werden: Datum und Uhrzeit, Vortriebslänge und Vorpresskräfte.

Ein spezielles Messdatenerfassungssystem für Pilotrohrvortriebe, das mit entsprechenden Sensoren ausgestattet ist, ermöglicht die Aufzeichnung dieser Parameter und bietet darüber hinaus die Möglichkeit, zusätzliche vortriebsrelevante Daten und Informationen zu erfassen und zu speichern.

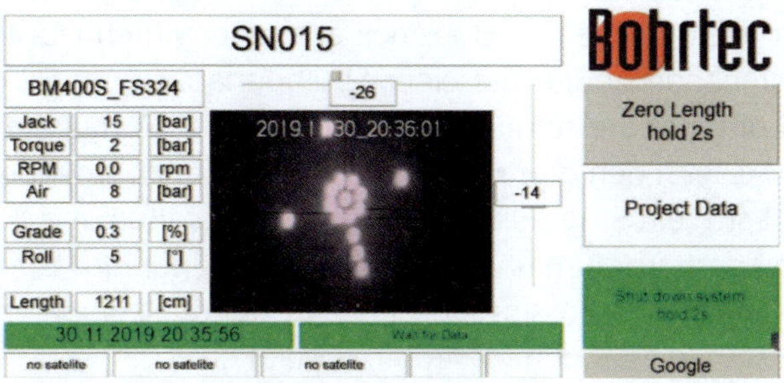

Abbildung 37: Messdatenerfassung (© Bohrtec GmbH)

8.3.4 Anwendungsbereiche im Pilotrohrvortrieb

Pilotrohrvortriebe zur grabenlosen Verlegung von Rohren kleiner Nennweiten kommen in verschiedenen Anwendungen zu Einsatz. Das häufigste und ursprüngliche Einsatzgebiet von Pilotrohrvortrieben ist die präzise grabenlose Verlegung von Abwasser-Freigefälleleitungen. Aufgrund der verschiedenen Verfahrensvarianten können hier sowohl Vortriebsrohre als auch Kunststoffrohre benutzt werden. Als Rohrmaterialien dienen üblicherweise Vortriebsrohre aus Steinzeug, Beton, Polymerbeton oder glasfaserverstärktem Kunststoff (GFK). Bei der grabenlosen Verlegung von Kunststoffrohren werden in der Regel Rohre aus PEHD, PP oder PVC verwendet. Außerdem werden Pilotrohrvortriebe zur grabenlosen Unterquerung von Verkehrswegen häufig im Zuge von Pipelineprojekten eingesetzt. Als Rohrmaterialien werden hierbei in der Regel verschweißte Stahlschutzrohre herangezogen. Ein weiteres typisches Einsatzgebiet von Pilotrohrvortrieben ist die Herstellung von Rohrschirmdecken. Dabei werden Stahlschutzrohre tangierend oder mit geringem Abstand gesteuert aufgefahren, die anschließend auszementiert werden und im Boden verbleiben. Üblicherweise wird im Schutz dieser Rohrschirmdecken ein Tunnel hergestellt. Neben diesen klassischen und weit verbreiteten Anwendungen werden Pilotrohrvortriebe auch zur Herstellung von Drainagebohrungen oder Horizontalfilterbrunnen eingesetzt.

8.4 Gesteuerte Horizontalspülbohrtechnik (Horizontal Directional Drilling, HDD)

Das HDD-Verfahren ist ein mehrstufiges Verlegeverfahren vornehmlich für die Querung von Flüssen, Straßen, Eisenbahntrassen oder sonstigen natürlichen Hindernissen. Das Verfahren ist heutzutage weitreichend etabliert und dient zur Verlegung von Kabeln, Rohren und Pipelines für verschiedenste Anwendungen.

8.4.1 Verfahrensbeschreibung

Das HDD-Verfahren lässt sich in drei Arbeitsschritte splitten: Pilotbohrung, Aufweitung und Rohreinzug. Im ersten Schritt wird mit Unterstützung des HDD-Rigs vom Startpunkt aus eine Pilotbohrung in Richtung Zielpunkt erstellt. Das rotierende Bohrgestänge wird durch ein Vermessungssystem direkt hinter dem Bohrmeißel exakt entlang der Soll-Trasse geführt. Spülpumpen befördern während der Bohrung durch das Bohrgestänge eine Bentonitsuspension direkt zu den im Bohrmeißel angebrachten Düsen. In weichen Geologien wird der anstehende Boden mit einer Spülbohrlanze (»Jet Bit«) hydromechanisch abgebaut. Bei Felsbohrungen erfolgt der Abbau mechanisch mithilfe eines Düsenrollenmeißels (»Rock Bit«). Durch den größeren Durchmesser des Bohrmeißels im Vergleich zum Bohrgestänge ergibt sich ein Ringraum zwischen Bohrgestänge und Bohrloch. Das Bentonit vermischt sich mit dem Abraum und fließt durch den Ringraum zum Startpunkt zurück. Eine Separationsanlage trennt flüssige und feste Bestandteile voneinander und führt die aufbereitete Suspension wieder dem Bentonitkreislauf zu.

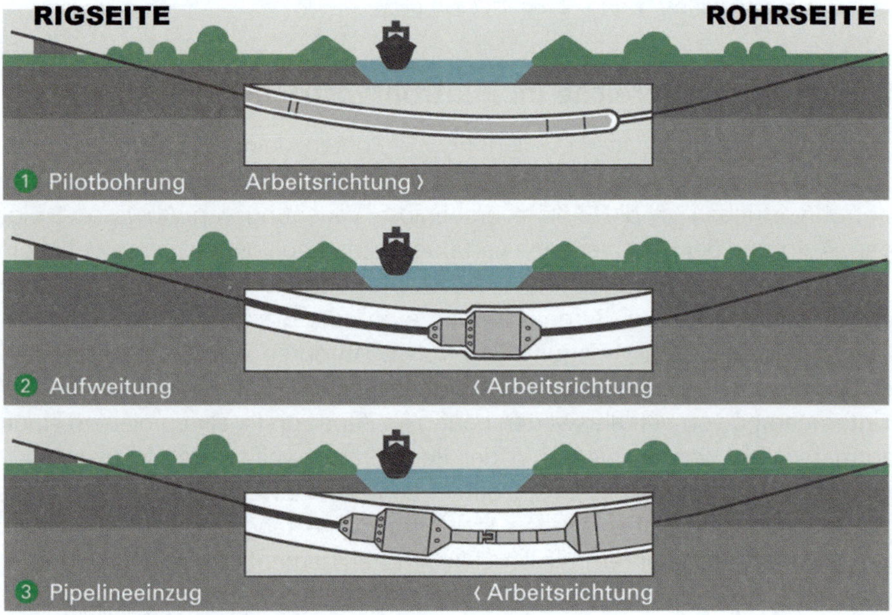

Abbildung 38: Arbeitsschritte im HDD (© Herrenknecht AG)

Der Pilotbohrung folgt im zweiten Schritt das Aufweiten. Nach dem Austritt am Zielpunkt wird die Pilotbohrgarnitur inklusive Vermessungssystem demontiert und durch einen Räumer ersetzt. Mit Abbauwerkzeugen und Bentonitdüsen wird das Erdreich beim Zurückziehen des Bohrstrangs sowohl hydraulisch als auch mechanisch abgebaut. Die Wasser-Bentonit-Mischung stützt das aufgeweitete Bohrloch, sorgt für den Abtransport des Bodens und kühlt gleichzeitig alle Komponenten. Die Aufweitung erfolgt meist in mehreren Schritten bis zum finalen Bohrlochdurchmesser. Dieser ist etwa 20 bis 50 % größer als der Rohrdurchmesser. Der Aufweitprozess, auch Backreaming genannt, findet in der Regel immer in Richtung Eintrittspunkt (Rig-Seite) der Bohrung statt.

Im dritten Schritt erfolgt das Einziehen des Produktrohrs. Dazu wird die vorgefertigte Rohrleitung mit dem Bohrstrang verbunden. Durch Anheben im vorderen Bereich wird ein sogenannter Überbogen erzeugt und der Eintrittswinkel der Pipeline dem Austrittswinkel des Bohrlochs angepasst. Gleichzeitig verhindert dies ein Unterschreiten des minimalen Biegeradius. Hinter einem Räumer und einem Drehgelenk wird die Rohrleitung vom HDD-Rig zum Eintrittspunkt in ihre endgültige Position zurückgezogen. Bentonit minimiert dabei die Reibung zwischen Rohrmantel und Erdreich.

Das Bohrgestänge, das eine Zugkraft vom Rig erfährt, ist mit dem Aufweitwerkzeug verbunden. Das Aufweitwerkzeug selbst ist über einen Drehwirbel an den am Einzugsrohr verbundenen Zugkopf gekoppelt. Mithilfe des Drehwirbels wird die Drehung des Einzugsrohrs verhindert.

8.4.2 HDD-Rigtypen

8.4.2.1 Einordnung nach Zugkraft

Bei der Projektplanung ist die korrekte Festlegung der Zugkraft in Abhängigkeit von Rohrdurchmesser, Bohrlänge, Rohrmaterial und -ballastierung, Trassenverlauf und Geologie notwendig. Demnach erfolgt auch die Einteilung der Rigs üblicherweise über ihre maximale Zugkraft.

Tabelle 4: Einteilung der HDD-Rigs nach Zugkraft, Drehmoment und Gewicht (Quelle: DCA-Richtlinie 2015)

Bohrgerät (Typ)	Max. Zugkraft in kN	Max. Moment in kNm	Gewicht in t
Mini	≤ 150	10 bis 15	< 10
Midi	> 150 bis ≤ 400	15 bis 30	10 bis 25
Maxi	> 400 bis ≤ 2.500	30 bis 100	25 bis 60
Mega	> 2500	> 100	> 60

8.4.2.2 Einordnung nach Bauart

Die Bauweise der HDD-Rigs ist von den Anforderungen und dem Einsatzzweck abhängig. Im Folgenden werden die drei gängigsten Bauweisen erläutert.

8.4.2.2.1 Trailer-Rigs

Ein HDD-Rig in Trailer-Bauweise mit 2-Achs-Fahrwerk eignet sich für den einfachen Transport als Lkw-Auflieger. Der Vorteil liegt im einfachen sowie schnellen An- und Abkuppeln des gesamten Rigs ohne zusätzlich notwendige Hilfsgeräte.

Abbildung 39: HDD-Trailer-Rig (© Herrenknecht AG)

8.4.2.2.2 Crawler-Rigs (Kettenfahrwerk)

Bei der Crawler-Bauweise wird das Rig mit einem Raupenantrieb ausgestattet. Eine weitere Besonderheit ist das OnBoard-Energieaggregat, zuständig für den translatorischen sowie rotatorischen Antrieb des Bohrschlittens. Es ermöglicht eine eigenständige Mobilität ohne zusätzliche Hilfsgeräte. Die Steuerung des Rigs erfolgt von einer externen oder einer OnBoard-Steuerkabine aus. Für den Transport des HDD-Rigs über größere Strecken ist ein Tieflader erforderlich.

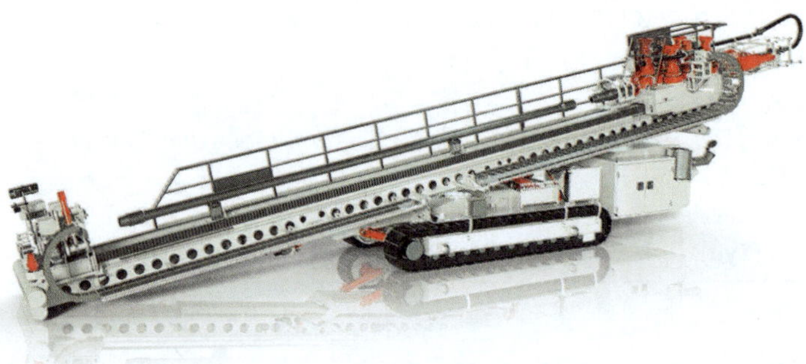

Abbildung 40: HDD-Crawler-Rig (© Herrenknecht AG)

8.4.2.2.3 Frame-Rig

Ein HDD-Rig in Frame-Bauweise stellt die einfachste Lösung in Bezug auf den Aufbau dar. Das Rig kommt ohne jegliche Transportmöglichkeit aus, wodurch diese Bauweise im Vergleich zu anderen eine kostengünstige Alternative darstellt. Transportiert wird das Rig auf einem Tieflader. Zum Be- und Entladen des Rigs wird in der Regel ein Kran verwendet. Bei Anlagen mit hohen Zugkräften sind modulare Lösungen mit zweigeteiltem Bohrmast möglich.

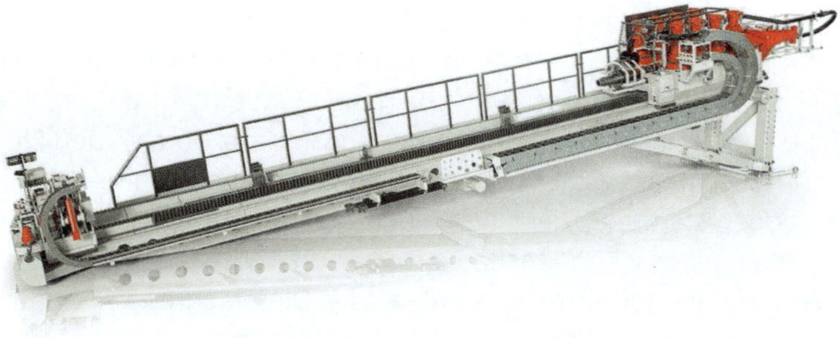

Abbildung 41: HDD-Frame-Rig (© Herrenknecht AG)

8.4.2.3 Einteilung nach Antriebsart

Bei der Wahl des passenden Antriebs für ein Horizontalbohrgerät spielen verschiedene Faktoren eine Rolle. Einerseits geht es um die Leistung und Effizienz des Geräts, andererseits um die Umweltverträglichkeit und die Kosten. Die drei gängigen Antriebsarten für Horizontalbohrgeräte sind dieselhydraulisch, elektrohydraulisch und vollelektrisch. Jede Variante hat ihre Vor- und Nachteile und eignet sich für unterschiedliche Anwendungen.

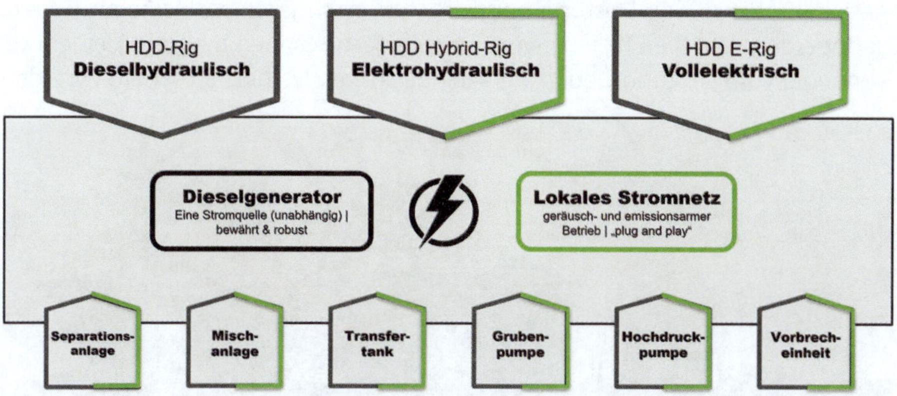

Abbildung 42: Antriebsarten von HDD-Rigs und Elektrifizierung des Equipments (© Herrenknecht AG)

8.4.2.3.1 Dieselhydraulischer Antrieb

Zur Aufbringung des notwendigen hydraulischen Drucks wurde vor allem in der Vergangenheit auf die Verwendung von Dieselmotoren gesetzt. Der Dieselmotor betreibt die Pumpe für den hydraulischen Druck. Der Vorteil des Dieselaggregats ist die Unabhängigkeit von externen Stromquellen, da der Kraftstoff nachgetankt werden kann. Auf die Umwelt hingegen wirkt sich die Abgas- und Geräuschemission nachteilig aus. Preislich lässt sich der dieselhydraulische Antrieb zwischen dem elektrohydraulischen und dem vollelektrischen Antrieb einstufen.

8.4.2.3.2 Elektrohydraulischer Antrieb

Ein Schritt in Richtung Elektrifizierung und bei Nutzung von erneuerbarer Energie in Richtung Nachhaltigkeit stellt die Verwendung eines hybriden Antriebskonzepts dar. Die Funktionsweise beim hybriden Antrieb ist beinahe identisch mit der des Dieselaggregats. Der Unterschied liegt im Ersetzen des Verbrennungsmotors durch einen Elektromotor, der die Pumpeneinheit antreibt. Durch den Verzicht auf einen Verbrennungsmotor werden die Abgasemissionen stark reduziert, was einen geringeren ökologischen Fußabdruck zur Folge hat. Darüber hinaus können Bauvorhaben in innerstädtischem Gebiet einfacher realisiert werden, da die hohe Geräuschkulisse des Dieselaggregats wegfällt. Die Elektromotoren werden entweder durch die direkte Anbindung an ein Stromnetz oder die Verwendung von Generatoren betrieben, wodurch die Einsatzflexibilität weiterhin gegeben ist.

8.4.2.3.3 Vollelektrischer Antrieb

Ein konsequenter Schritt in Richtung Energiewende ist die Entwicklung eines vollelektrischen HDD-Bohrgeräts, das eine höhere Effizienz ohne Verluste durch das Hydrauliksystem gewährleistet. Bei der neuen vollelektrischen Rig-Generation werden durch den Wegfall des Verbrennungsmotors und der Hydrauliksysteme zudem die Abgas- und Geräuschemissionen auf ein Minimum begrenzt, was insbesondere die Verwendung in Wohn- und Naturschutzgebieten erleichtert. Im Fall nicht vorhandener Anschlussmöglichkeiten an ein Stromnetz kann die nötige Leistung beispielsweise mit mehreren kleineren Generatoren garantiert werden. Um die Effizienz weiter zu steigern, können mehrere kleinere Generatoren abhängig vom Leistungsbedarf der Anlage sukzessive hinzugeschaltet werden.

Abbildung 43: Vollelektrisches HDD-Rig HK300TE (© Herrenknecht AG)

8.4.3 HDD-Bohrwerkzeuge

Neben dem Bohrkopf für die Pilotbohrung existieren verschiedene Werkzeuge, die den bestmöglichen Bohr- und Aufweitprozess sicherstellen. Im Folgenden wird auf die gängigen Werkzeuge und auf Hilfswerkzeuge im Bohrprozess eingegangen.

8.4.3.1 Bohrwerkzeuge für Pilotbohrung

Grundsätzlich kann bei einer Pilotbohrung der Abbau vorwiegend hydromechanisch oder über eine Kombination aus hydromechanisch und vollständig mechanisch mit einem Bohrlochsohlenmotor – auch »Mud Motor« genannt – oder einem Doppelbohrgestänge erfolgen. Ein rein hydromechanischer Abbau eignet sich in erster Linie für weiche Geologien, während Bohrlochmotoren und Doppelbohrgestänge vorwiegend im Fels eingesetzt werden.

Das Doppelbohrgestänge besteht aus einem innen und einem außen liegenden Gestänge. Während die Ausrichtung des Außengestänges die Bohrrichtung bestimmt, überträgt das innere Bohrgestänge durchgängig eine Rotation zum Bohrkopf. Da das Innengestänge lediglich verhältnismäßig geringe Kräfte aushält, findet sich diese Technik nur bei kleinen Rigs. Bei großen Anlagen wird eher ein Mud Motor verwendet. Hierbei erzeugt die Bohrspülung an einer Exzenterschnecke eine rotatorische Bewegung, die an den Bohrkopf übertragen wird.

Für die Löseverfahren werden zusätzlich Bohrköpfe genutzt. Die Bohrköpfe können in drei Kategorien gegliedert werden: Bohrköpfe mit Schrägplatte, Düsenrollenmeißel und mit polykristallinen Diamanten besetzte Bohrkronen (PDC = »Polycrystalline Diamond Compact«). Düsenrollenmeißel, häufig auch Tricone-Meißel genannt, gibt es als Bohrköpfe mit gefrästen Zähnen (»Milled Tooth«) oder mit Wolframcarbid-Einsätzen (»Tungsten Carbide Inserts« = TCI).

Bohrköpfe mit Schrägplatte kommen überwiegend bei reinen Spülbohrungen zum Einsatz und sind für lockere Böden gedacht. Düsenrollenmeißel mit gefrästen Zähnen (»Milled Tooth«) werden sowohl mit einer Spülbohrung als auch mit einem Bohrlochmotor eingesetzt und sind daher besonders gut für sandige oder kiesige Geologien und weichen Fels geeignet. Düsenrollenmeißel oder Bohrkronen mit TCI oder PDC werden hingegen vor allem bei Hartgesteinsbohrungen und daher eher in Kombination mit einem Bohrlochmotor bzw. Doppelbohrgestänge verwendet.

8.4.3.2 Aufweitwerkzeuge

Nachdem die Pilotbohrung durchgeführt wurde, werden weitere Bohrwerkzeuge zur Aufweitung des Bohrlochs benötigt. Dabei werden hauptsächlich drei Arten von Aufweitwerkzeugen unterschieden, deren Verwendung maßgeblich vom Baugrund abhängt.

Abbildung 44: Aufweitwerkzeuge von IDS und Inrock im Überblick (© Herrenknecht AG)

8.4.3.2.1 Barrel Reamer

Für weiche Bodenformationen kommen Fassräumer bzw. Barrel Reamer zum Einsatz. Diese Art von Aufweitwerkzeug hat einen zylindrischen, tonnenförmigen Stahlkörper. Zur Auflockerung und Abtragung des Erdreichs sind Spüldüsen und Rundschaftmeißel an der Vorder- und Rückseite des Barrel Reamers angebracht.

8.4.3.2.2 Fly Cutter

Weist der Boden eine steife, dicht gelagerte oder mittelharte Formation auf, eignet sich der Fly Cutter. Im Vergleich zum Barrel Reamer ist der Fly Cutter kürzer und besteht lediglich aus einem Schneidring, der mithilfe weniger Streben mit dem mittigen Rohr verbunden ist. Sowohl der Schneidring als auch die Streben können mit Spüldüsen und Rundschaftmeißeln zum Abtrag des Erdreichs ausgestattet sein. In der Praxis wird häufig eine Kombination aus Fly Cutter und Barrel Reamer verwendet, um die jeweiligen Vorteile auszunutzen: Während der Fly Cutter den Boden besser schneidet, sorgt der Barrel Reamer für eine intensivere Verdichtung des Bodens und dadurch für eine erhöhte Stabilität des Bohrlochs. Gleichzeitig sorgt der Barrel Reamer für eine ordentliche Zentrierung der Bohrwerkzeuge.

8.4.3.2.3 Hole Opener

Soll das Bohrloch in einer harten Bodenformation, z.B. Fels, aufgeweitet werden, bieten sich Hole Opener an. Ein Hole Opener besteht hauptsächlich aus einem Felsbohrkopf mit mehreren Schneidrollen. Die Schneidrollen sind für das Aufbrechen des Gesteins zuständig und drehen sich aufgrund der vom Bohrgestänge weitergeleiteten Drehbewegung.

8.4.3.2.4 Full Face Hole Opener

Für einen schnelleren Aufweitprozess in weichem Fels oder Hartgestein wurde der Full Face Hole Opener (FFHO) entwickelt. Mit diesem Werkzeug kann das Bohrloch in nur einem Vorgang auf den Enddurchmesser aufgeweitet werden. Dies reduziert die Anzahl der benötigten Aufweitschritte auf einen, was eine kürzere Baustellendauer zur Folge hat.

Abbildung 45: Full Face Hole Opener – FFHO (© Herrenknecht AG)

8.4.4 HDD-Zusatzequipment

Zusatzequipment sowohl für die Pilotbohrung als auch für die Aufweitbohrung reduziert das Risiko eventueller Ausbläser oder Bohrlochstopfer.

8.4.4.1 Weeper Subs

Ein Weeper Sub (Spüladapter) besteht aus einer kürzeren Bohrstange mit einer aufgesetzten Exzenterplatte. Er wird in Abständen von 200 bis 300 m im Bohrstrang eingesetzt . In der Exzenterplatte ist eine in Richtung Eintrittspunkt auf der Rig-Seite weisende Düse integriert, die einen Teil der im Bohrstrang beförderten Bentonitsuspension in den Spülkreislauf im Ringraum einleitet. Dadurch wird der Fluss im Ringraum erneut angeregt. Der Abraum kann besser aus dem Bohrloch gefördert werden, was geringere Ablagerungen zur Folge hat. Des Weiteren wird durch die Nutzung mehrerer Weeper Subs das Druckniveau im Bohrloch sukzessive gesenkt. Dies reduziert den Druck im Bohrloch und senkt das Risiko für Ausbläser.

8.4.4.2 Strahlförderpumpe

Aufgrund des hohen Abtragungsvolumens während des Aufweitprozesses besteht die Gefahr, dass ein Teil des Abraums nicht mit der Bentonitsuspension in Richtung Pipe-Seite abtransportiert wird. Der in der Bohrung verbleibende Abtrag führt zu einer höheren Reibkraft während des Rohreinzugs. Bei diesem Problem hilft eine Strahlförderpumpe (Down Hole Jet Pump – DHJP). Die DHJP ähnelt im Aussehen einem Barrel Reamer, wobei an der Vorder- und Außenseite große Öffnungen vorgesehen sind, die den Abraum einsammeln und ins Innere leiten. Die dort verbaute Strahlpumpe befördert den eingesammelten Abraum mit hoher Geschwindigkeit durch das Bohrgestänge in Richtung Pipe-Seite. Das Resultat ist ein sauberes Bohrloch, was den anschließenden Rohreinzug vereinfacht.

Abbildung 46: HDD-Zusatzequipment (© Herrenknecht AG)

Für eine zügige und gleichzeitig saubere HDD-Bohrung bietet sich die Kombination aus dem Full Face Hole Opener und der Strahlförderpumpe an. In diesem Szenario befindet sich die DHJP hinter dem FFHO und sammelt den Abraum ein, wodurch das Bohrloch nahezu frei von Schmutzpartikeln ist. Anschließend kann das Produktrohr bzw. die Pipeline problemlos eingezogen werden.

Abbildung 47: Full Face Hole Opener-FFHO mit Strahlförderpumpe-DHJP (© Herrenknecht AG)

8.4.5 Ortungs- und Steuerungstechnik

Für einen punktgenauen Austritt der Pilotbohrung auf der Pipe-Seite muss der Bohrer gezielt gesteuert werden. Dafür ist es nötig, die exakte Position und Richtung des Bohrers während des Bohrprozesses zu kennen. Nachfolgend wird näher auf verschiedene Ortungs- und Steuerverfahren eingegangen.

8.4.5.1 Ortungstechnik

Mithilfe der vorhandenen Ortungstechnik werden folgende Informationen aus den aufgenommenen Daten abgeleitet:

1. Bohrlochneigung (Inklination): Nutzung des Schwerkraftfelds – vertikale Abweichung
2. Richtung der Bohrlochneigung (Azimut): Nutzung des Erdmagnetfelds – horizontale Abweichung
3. Steuerfläche (Toolface): Abweichung des Bohrwerkzeugs von einer Referenz in Drehrichtung des Bohrgestänges
4. Tiefe des Bohrkopfs unter der Geländeoberkante

5. Spülungsdruck

Generell bewähren sich drei Verfahren zur Ortung des Bohrwerkzeugs: das Walk-Over- und das Wire-Line-Verfahren sowie die Kreiselmesstechnik. Im Folgenden werden diese Verfahren näher beschrieben und die jeweiligen Einsatzgrenzen in Tabelle 5 im Überblick dargestellt.

Tabelle 5: Zusammenfassung der Ortungsverfahren (Quelle: DCA-Richtlinien 2015)

Verfahren		Maximale Bohrungstiefe	Zugänglichkeit des Geländes über der Bohrachse erforderlich	Störung durch magnetische Felder
Walk-Over		ca. 15 m	ja	ja
Wire-Line	o.k.M. *1)	ca. 40 m	nein	ja
	m. k. M. *2)	ca. 40 m	ja	gering
	m. k. M. *3)	ca. 100 m	ja	gering
Kreiselkompass		> 100 m	nein	nein

*1) o. k. M. = ohne künstliches Magnetfeld (Steering Tool)
*2) m. k. M. = mit künstlichem Magnetfeld (Tru-Track)
*3) m. k. M. = mit künstlichem Magnetfeld (Para-Track II)

8.4.5.1.1 *Walk-Over-Verfahren*

Das einfachste Verfahren stellt das Walk-Over-Verfahren dar. Es wird meist bei kleineren Horizontalbohranlagen eingesetzt. Hierbei ist im Bohrkopf ein batteriebetriebener Sender verbaut, der ein elektromagnetisches Signal abgibt. Ein Bediener muss sich simultan mit dem Bohrkopf an der Oberfläche bewegen und mit einem Empfänger das Signal aufnehmen. Aus den Daten können die Position und die Richtung des Bohrkopfs bestimmt werden. Dieses Verfahren ist allerdings nur für Bohrungen mit geringer Bohrtiefe geeignet, da die Genauigkeit mit der Tiefe abnimmt. Darüber hinaus ist das Walk-Over-Verfahren nur bedingt für Querungen unter Flüssen oder unter Wohngebieten geeignet.

8.4.5.1.2 *Wire-Line-Verfahren*

Beim Wire-Line-Verfahren wird ein Kabel vom Bohrkopf durch den Bohrstrang in den Steuerstand verlegt. Eine Messsonde mit Magnetometern und Inklinometern im Bohrkopf misst, orientiert am Magnet- und Schwerkraftfeld der Erde, Azimut und Inklination und sendet die Messwerte an den Steuerstand. Liegen Störungen des Erdmagnetfelds durch metallische Objekte vor, kann durch die Verlegung eines stromdurchflossenen Oberflächenkabels ein künstliches Magnetfeld erzeugt werden (Magnetic-Guidance-Verfahren). Dieses Magnetfeld ist deutlich stärker als das Erdmagnetfeld und daher weniger störungsanfällig gegenüber metallischen Objekten. Die Messsonde im Bohrloch verwendet dann nicht mehr das Erdmagnetfeld als Referenz, sondern das Magnetfeld des Oberflächenkabels.

8.4.5.1.3 *Kreiselkompass*

Bei hohen Anforderungen an die Genauigkeit der Pilotbohrung, bei Störungen des Magnetfelds oder bei einer tiefen Bohrung kann die Vermessung mit einem Kreiskompass (Gyrotechnik) erfolgen.

8.4.5.2 Steuerungstechnik

Zur Steuerung des Bohrstrangs wird ein Knickstück (Bent Sub) zwischen dem Bohrkopf und der nächsten Bohrstange eingesetzt. Der starr ausgeführte Bent Sub hat einen vordefinierten Winkel, der je nach rotatorischer Ausrichtung in die jeweilige Richtung bohrt. Vom Anlagenbediener wird für einen exakten Bohrverlauf mit dem jeweiligen Vermessungssystem viel Erfahrung gefordert.

8.4.6 Bohrspülung

Die Bohrspülung füllt während der Pilot- und Aufweitbohrung den gesamten Ringraum, stützt das Bohrloch, fördert das Bohrklein und spielt damit für den erfolgreichen Projektabschluss eine entscheidende Rolle. Außerdem unterstützt die Bohrspülung gerade in weichen Bodenformationen das Lösen des Bodens, schmiert den Bohrstrang und kühlt die Bohrwerkzeuge.

Je nach Anforderung der HDD-Bohrung kommen unterschiedlich zusammengesetzte Bentonitspülungen zur Anwendung, die mit Additiven wie Polymeren angereichert werden können. Mithilfe einer Separationsanlage an der Oberfläche wird das Bohrklein von der Spülflüssigkeit getrennt. Durch Zufuhr von wenig Frischwasser kann die Spülflüssigkeit über das HDD-Rig der Bohrung in einem Kreislauf wieder zugeführt werden.

8.4.7 Einsatzgrenzen im HDD

8.4.7.1 Baugrund

Eine detaillierte geotechnische Untersuchung des Baugrunds entlang der Bohrtrasse ist auch bei der Planung von HDD-Projekten von entscheidender Bedeutung. Während Bodenformationen wie Lehm, Ton, Sand oder Festgestein kein Hindernis für das Verfahren darstellen, müssen in nicht standfestem Baugrund wie z.B. Kies entsprechende Vorkehrungen getroffen werden.

Die Querung natürlicher Fließgewässer birgt üblicherweise die größten geotechnischen Herausforderungen für das Horizontalbohrverfahren. Während Bauwerke wie Straßen in der Regel Hindernisse auf oder in einem relativ homogenen Baugrund darstellen, ist der Baugrund unter und um ein größeres Fließgewässer herum meist sehr heterogen und schwer zu modellieren. Auf kurzen Distanzen wechseln sich verschiedene Korngrößen ab (Blöcke, Kiese, Sande, Schluffe, Tone und Mischungen daraus). Der Baugrund unter einem Fluss kann also deutlichen Wechseln unterliegen.

Um bautechnische Schwierigkeiten so weit wie möglich zu minimieren, ist es notwendig, die Lokalitäten aller schwierigen Böden so gut wie möglich zu kennen. Als besonders herausfordernd stellen sich dabei meist gerade nicht die besonders harten Formationen dar. Oft sind es vielmehr die besonders instabilen Gesteinsschichten, die das Erstellen eines stabilen Bohrlochs erschweren. Üblicherweise handelt es sich hierbei um gleichkörnige, eher grobkörnige Sande und Kiese mit sehr wenig Feinanteilen und einer lockeren Lagerungsdichte. Eine besondere Herausforderung sind sogenannte Rollkieslagen, die ein besonders großes Porenvolumen und eine besonders geringe innere Reibung aufweisen. Aber auch sehr weiche bis breiige Schluffe oder Tone können zu instabilen Bohrlöchern führen. Eine weitere Schwierigkeit von Tonen ist deren Verklebungsneigung, die abhängig von den vorhandenen Tonmineralen sehr stark schwanken kann.

Durch Erkundungsbohrungen, Bohrlochversuche und Laboruntersuchungen der gewonnenen Bohrproben können potenziell schwierige Böden erkannt und lokalisiert werden. Werden die schwierigen Böden lediglich bis zu einer bestimmten Tiefe lokalisiert, kann die Hauptstrecke der Bohrung unterhalb ausgeführt werden.

8.4.7.2 Bau eines Schutzrohrs

Um schwierige Schichten dennoch zu durchbohren, können für eine anschließende HDD-Bohrung temporäre Schutzrohre eingebracht werden, die in der tieferliegenden standfesten Schicht enden. Temporäre Schutzrohre sind seit Langem ein Standard in der Verlegetechnik mit HDD. Eine geringe Überdeckung im Startbereich der Bohrung, die Durchlässigkeit des Baugrunds und fehlende Standfestigkeit können diese Speziallösung erforderlich machen.

Dazu wird ein Schutzrohr im sensiblen Bereich eingebracht, dessen Durchmesser meist so konzipiert ist, dass es sowohl das Produktrohr als auch alle Bohrwerkzeuge aufnehmen kann. Ein solches Stahlschutzrohr kann mithilfe des Rohrvortriebsverfahrens verlegt werden. Da die Bohrung in der tiefer liegenden standfesten Schicht endet und dort eine Bergung der Vortriebsmaschine nicht erfolgen kann, wird diese so konzipiert, dass sie durch das installierte Stahlrohr zum Startschacht zurückgezogen werden kann.

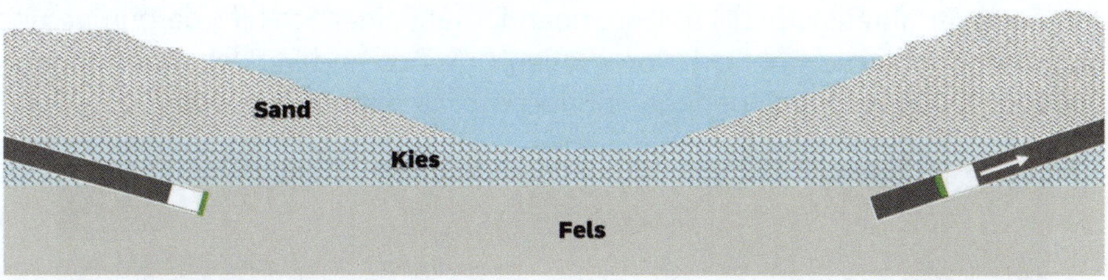

Abbildung 48: Einbringung eines HDD-Schutzrohrs durch rückziehbares Microtunnelling (© Herrenknecht AG)

Neben einem einklappbaren Schneidrad wird die Vortriebsmaschine mit einem doppelten Schildmantel ausgestattet, wobei der äußere Mantel nach dem Rückzug der Maschine als Teil der Schutzverrohrung im Boden verbleiben kann. Ein großer Vorteil ist der gesteuerte Vortrieb, der es ermöglicht, das Schutzrohr auch in einem Radius oder gesichert gerade zu verlegen. Mit der rückziehbaren Technik können Schutzrohre mit einer Länge von über 200 m verlegt werden.

8.4.8 Spezialanwendungen im HDD

Mithilfe des HDD-Verfahrens können sowohl Stahlrohre als auch nicht druckfeste Schutzrohre, z.B. aus HDPE für Erdkabel, grabenlos verlegt werden. Meist werden mittels HDD Flüsse, Straßen oder Bahntrassen unterquert. Außer für solche Standardquerungen kann die HDD-Technologie auch für spezielle Projekte herangezogen werden. Zu diesen Projekten zählen beispielsweise Uferanlandungen (Sea Outfalls), das Aufwärtsbohren (Upwards Drilling) oder Intersectbohrungen (Meeting in the Middle). Zur Durchführung dieser Bohrungen sind in vielen Fällen zusätzliche Hilfsmittel, Konstruktionsänderungen und insbesondere erfahrene Baustellencrews erforderlich. Im Folgenden wird näher auf diese Verfahren eingegangen.

8.4.8.1 Uferanlandungen mit HDD

Ein steigendes öffentliches Bewusstsein für Umweltschutz und Nachhaltigkeit führt heute weltweit dazu, dass Auflagen zum Schutz von Flora und Fauna immer umfassender werden und Baumaßnahmen und damit verbundene Eingriffe in die Natur im Zentrum der öffentlichen Aufmerksamkeit stehen. Dies gilt vor allem im küstennahen Bereich und betrifft in hohem Maß Schutzgebiete. Grabenlose Technologien ermöglichen hier eine möglichst umweltschonende Verlegung von Schutzrohren und Pipelines mit minimalem Eingriff in die Natur am Start- und Zielpunkt der Bohrung. Neben anderen grabenlosen Verfahren bietet auch die Horizontalbohrtechnik im küstennahen Bereich zahlreiche Vorteile im Vergleich zur offenen Verlegung auf dem Meeresboden und im Strandbereich. Die Bauausführung ist weitgehend unabhängig von äußeren Einflussfaktoren wie Wetter oder Gezeiten. Außerdem ist davon auszugehen, dass die grabenlose Verlegung mit entsprechender Bettung des Rohrs auch die Lebensdauer des Bauwerks erhöht. Die Baustelleneinrichtung kann an Land oder auf See erfolgen und richtet sich nach den Projektanforderungen und den Platzverhältnissen. Emissionen und Vibration sind auf ein Minimum reduziert. Die Wasserqualität kann erhalten werden. Neue Entwicklungen in der Horizontalbohrtechnik erhöhen die Sicherheit des Verfahrens erheblich. Durch den Einsatz einer Strahlförderpumpe und von Weeper Subs können das Bohrloch von großen Cuttings und Verklebungen freigehalten und das Frac-Out-Risiko durch geringe Bohrlochdrücke minimiert werden.

Abbildung 49: Sea Outfall mit HK150C – Crawler Rig – an der Côte d'Azur (© Herrenknecht AG)

8.4.8.1.1 Szenarien für Anlandungen mit HDD

Die Horizontalbohrtechnik bietet im Bereich Anlandungen und Offshore-Onshore-Verbindung eine hohe Flexibilität hinsichtlich der Anpassung der Baustelleneinrichtung an die lokalen Gegebenheiten und Projektanforderungen. So lässt sich das HDD-Rig onshore oder offshore auf einer Barge, einer Jack-up-Plattform oder einem Kofferdamm platzieren. Je nach Platzverhältnissen kann die Pipeline oder das Schutzrohr an Land oder auf dem Meer für den Einzug vorbereitet werden. Beim Einzug der Pipeline kann ein sogenannter Pipe Thruster als Schubeinheit unterstützen. Letztlich richtet sich die Bauausführung der unten beschriebenen Verfahrensschritte nach den Gegebenheiten vor Ort (Wettereinflüsse, Wassertiefe etc.) und den Auflagen, die im Küstenbereich gelten.

8.4.8.2 Aufwärtsbohren

Im Rahmen der Energiewende gewinnen Wasserkraftanlagen in Gebirgsregionen zunehmend an Bedeutung. Um eine Wasserkraftanlage zu realisieren, ist es notwendig, eine Bohrung mit einer bestimmten Höhendifferenz vorzunehmen. Die HDD-Technologie ermöglicht eine solche Bohrung. Es bestehen zwei Möglichkeiten, eine solche Bohrung vorzunehmen: entweder bergauf oder bergab. Wenn von der erhöhten Position aus gebohrt werden soll, muss das Rig in einem steileren Winkel als gewöhnlich aufgestellt werden können. Alternativ kann von einer tieferen Position bergauf gebohrt werden, was als Aufwärtsbohren (Upwards Drilling) bezeichnet wird. Im Gegensatz zu Standardbohrungen wird das Rig dabei horizontal oder in einer nach oben geneigten Position aufgestellt, um den erforderlichen Eintrittswinkel der Bohrung zu erreichen.

Abbildung 50: Aufwärtsbohrung mit HK250C – Crawler Rig – in Norwegen (© Herrenknecht AG)

8.4.8.3 Intersectbohrungen

Sind Bohrungen notwendig, die die gewöhnlichen 2.000 m Bohrlänge überschreiten, besteht die Möglichkeit einer Intersectbohrung (Meeting in the Middle). Bei diesem speziellen Verfahren werden zwei gegenüberliegende Pilotbohrungen durchgeführt mit dem Ziel, die Bohrungen in der Mitte zu verbinden. Dadurch kann die Bohrlänge im Vergleich zu Standardbohrungen verdoppelt werden. Bei diesem Verfahren besteht jedoch die Gefahr, dass die Pilotbohrungen nicht auf einer Achse aufeinander zulaufen und die andere Bohrung verfehlen. Daher ist es wichtig, die Bohrungen genauestens zu planen, die richtige Vermessungstechnik einzusetzen sowie erfahrenes Bedienpersonal zu wählen.

8.5 Direct Pipe®

8.5.1 Einsatzbereich im Pipelinebau

Das von Herrenknecht technologisch entwickelte und erstmals 2007 unter dem Rhein bei Worms eingesetzte Verfahren ist mittlerweile ein weltweit etabliertes Verlegeverfahren, um Stahlrohrleitungen grabenlos in schwierigen Geologien zu installieren. Direct Pipe kombiniert Microtunnelling mit dem Einsatz eines Pipe Thruster als Vorpresseinheit im Startschacht und vereint deren Vorteile, um die Risiken zu reduzieren, die typischerweise mit HDD in speziellem Baugrund verbunden sind. Direct Pipe ermöglicht den Aushub des Bohrlochs, dessen permanente Stützung und die gleichzeitige grabenlose Verlegung einer vorgefertigten und geprüften Rohrleitung in einem einzigen kontinuierlichen Prozess. Üblicherweise wird das Verfahren zur sicheren Querung von Flussläufen eingesetzt. Durch technische Weiterentwicklung und den wachsenden Zuspruch der Auftraggeber und Bauunternehmen hat sich das Einsatzspektrum von Direct Pipe in den vergangenen Jahren jedoch stetig erweitert. So wird Direct Pipe heute auch zunehmend für Pipelineanlandungen eingesetzt. Dabei kann die AVN-Vortriebsanlage an ihrem Zielpunkt im Meeresboden von der Pipeline entkoppelt und geborgen werden.

Gleichzeitig hat sich das Verfahren auch hinsichtlich der Verlegelängen und Durchmesser weiterentwickelt. In Neuseeland wurde 2020 mit der Installation einer 2021 m langen, 48" großen Abwasserpipeline ins offene Meer ein Weltrekord erreicht. Neue Entwicklungen in der Maschinentechnik, beispielsweise die Strahlförderpumpe und das Bohrkopfdesign, machen heute den Einsatz von Direct Pipe auch bei kleinem Durchmesser schon ab 24" möglich.

Abbildung 51: Erste 28" Direct-Pipe-Anlage mit Strahlpumpe im Einsatz in Polen (© GGT Solutions S.A.)

8.5.2 Verfahrensbeschreibung

Von der Startgrube aus erfolgt der Abbau des Bodens mit einer flüssigkeitsgestützten Herrenknecht-Microtunnelling-Maschine (AVN). Sie transportiert den Abraum über einen Förderkreislauf innerhalb der vorgefertigten Pipeline über Tage zu einer Separationsanlage. Die oberirdisch auf Rollenböcken ausgelegte und an die Maschine angeschweißte Pipeline wird zeitgleich mit der Bohrung in das erzeugte Bohrloch geschoben. Die erforderliche Vortriebskraft liefert ein Pipe Thruster. Er presst die Microtunnelling-Maschine zusammen mit der Pipeline mit einer Schubkraft von bis zu 750 t in Hüben von 5 m voran. Die Kraft wird über die Klemmeinheit des Pipe Thruster auf die Pipeline und über diese bis zum Bohrkopf der Maschine übertragen. Während des Vortriebs kann die Ortsbrust mithilfe der flüssigkeitsgestützten Vortriebstechnik auch bei heterogenen, wasserdurchlässigen Böden permanent sicher kontrolliert werden.

Abbildung 52: Einstufiges Direct-Pipe-Verfahren mit AVN-Vortriebsanlage und Pipe Thruster im Startschacht zur Verlegung von Pipelines (24" bis 60") – (© Herrenknecht AG)

8.5.3 Pipe Thruster

Der Pipe Thruster wird beim Direct-Pipe-Verfahren als Vorpresseinheit im Startschacht installiert und schiebt die Vortriebsanlage mit Pipeline in Richtung Zielpunkt durch das Erdreich. Mit Schub- und Zugkräften von bis zu 750 t übernimmt der Pipe Thruster aber auch eine Schlüsselrolle beim Verlegen von Pipelines im Allgemeinen. Mit der Bereitstellung zusätzlicher Schub- oder Zugkraft kann der Pipe Thruster als Unterstützung auf HDD-Bohrungen eingesetzt werden, um dessen Einsatzmöglichkeiten hin zu noch längeren Pipelines mit größeren Durchmessern oder schwierigen Baugründen zu erweitern. Selbst festsitzende oder fehlerhafte Rohrleitungen kann der Pipe Thruster bergen. Weitere Anwendungsfelder sind der Einzug bzw. Einschub von Pipelines in bestehende Tunnel oder bei Sea-Outfall-Projekten: Hierbei werden Gaspipelines oder Abwasserrohre ausschließlich von Land aus mit dem Pipe Thruster Richtung See geschoben. Aufwendige Vortriebseinrichtungen offshore sind somit unnötig. Durch einfaches Austauschen der Klemmplatten kann der nutzbare Pipelinedurchmesser von 8" bis 60" variiert werden.

Abbildung 53: Einsatz des Pipe Thruster zum Einschub einer Pipeline in einen bestehenden Tunnel (© A. Hak International B.V.)

8.5.4 Sea Outfall mit Direct Pipe

Jede Offshore-Pipeline muss letztendlich an das Verteilungsnetz an Land angeschlossen werden. In den letzten Jahren hat die Anzahl der Landanbindungen aufgrund des wachsenden Energiebedarfs der Bevölkerung zugenommen. Gleichzeitig nimmt das Bewusstsein für Nachhaltigkeit und Umweltbelange zu. Direct Pipe bietet bei der Verlegung von Pipelines im Küstenbereich aufgrund der hohen Genauigkeit und der breiten Anwendungsmöglichkeiten, besonders aber unter bestimmten geologischen Bedingungen klare Vorteile gegenüber dem HDD-Verfahren. Besonders in stark durchlässigen oder heterogenen Böden gilt dieses Verfahren als die sicherste und zuverlässigste Technologie, da es die Pipeline in einem einzigen Schritt mit dauerhafter Bohrlochstützung installiert.

Ein weiterer Vorteil von Direct Pipe besteht darin, dass der abgebaute Boden über den Spülkreislauf durch die Vortriebsanlage und die Rohrleitung zur Oberfläche transportiert wird. Im Gegensatz zu HDD ist das Bohrloch nicht unter Druck gesetzt, wodurch Ausbläser in sensibler Küsten- und Meeresumgebung vermieden werden.

Da sich die gesamte Baustellenausrüstung und die vorgefertigte Pipeline an Land befinden, werden kostspielige Offshore-Arbeiten erheblich reduziert. Darüber hinaus hängt der gesamte unterirdische Bau kaum von Wettereinflüssen oder Wasserständen ab. Dies erleichtert die Planung und Bauausführung erheblich und spart Zeit und Kosten.

8.5.4.1 Bergung der Vortriebsmaschine

Die Bergung der Direct-Pipe-Vortriebsanlage vom Meeresboden ist der einzige Teil des Prozesses, der maritime Arbeiten erfordert. Mit der Erfahrung aus über 30 Jahren im klassischen Rohrvortrieb, bei zahlreichen Sea-Outfall-Projekten weltweit und mehr als 200 erfolgreichen Querungen mit Direct-Pipe wurde ein Bergemodul für Direct Pipe entwickelt, um die Unterwasserbergung auch für dieses Verfahren möglich zu machen und sicher zu gestalten.

Das Bergemodul ermöglicht ein ferngesteuertes Abkoppeln der Leitungen. Anschließend werden vor der eigentlichen Bergung der Vortriebsanlage alle Leitungen und Installationen aus dem Inneren der Pipeline entfernt. Eine Schottwand kann vorgesehen werden, falls die Pipeline nicht geflutet werden darf. Meist wird die Direct-Pipe-Vortriebsanlage mit einem schwimmenden Kran vom Meeresboden gehoben und geborgen. Um unabhängiger von den Offshore-Bedingungen zu sein, kann beispielsweise auch eine Hubplattform eingesetzt werden, die höhere Gewichte heben kann. Eine andere Möglichkeit, die Vortriebsanlage vom Meeresboden zu bergen, besteht darin, sie mithilfe von Auftriebskörpern an die Oberfläche zu bringen, zum nächstgelegenen Hafen zu schleppen und abschließend unter Verwendung von landbasierten Hebevorrichtungen zu verladen.

Abbildung 54: Direct-Pipe-Anlage im Hafen, nach Offshore-Bergung vom Meeresgrund (© McConnell Dowell)

8.6 E-Power Pipe®

8.6.1 Einsatzbereich

Mit E-Power Pipe wurde das Rohrvortriebsverfahren zu einem zweistufigen Verfahren weiterentwickelt, um Produktrohre mit kleinem Durchmesser über lange Distanzen von bis zu 2.000 m schnell und sicher im Untergrund zu installieren. Als zweistufiges Verfahren ermöglicht E-Power Pipe eine präzise und sichere Installation von Leitungen aus druckfesten und nicht druckfesten Rohrmaterialien auch in geringen Tiefenlagen. Dabei kombiniert E-Power Pipe die bewährten Bohrtechnologien HDD und Rohrvortrieb. Ziel ist es, die Grenzen für spezielle Projektanforderungen hinsichtlich Sicherheit, Präzision und Tiefenlage zu verschieben.

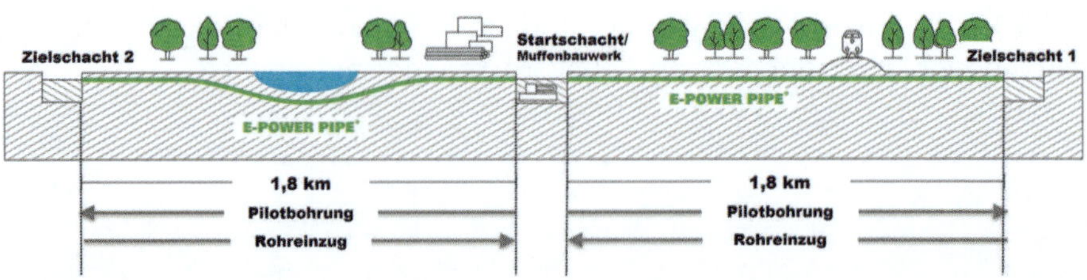

Abbildung 55: Szenario für die Verwendung von E-Power Pipe zur Verlegung von Kabelschutzrohren (© Herrenknecht AG)

Außer für den ursprünglichen Anwendungsbereich der Verlegung von Kabelschutzrohren eignet sich das Verfahren auch zur grabenlosen Verlegung von Pipelines aller Art. Ein Schwerpunkt liegt hier im Ausbau neuer Pipelinenetze für die nachhaltige Nutzung von Fernwärme, Wasserstoff und Kohlendioxid.

8.6.2 Verfahrensbeschreibung

In einer Startbaugrube wird der Pressenrahmen installiert, der die Vortriebsmaschine mit der Strahlförderpumpe (AVNS350XB) und die speziell dafür entwickelten, wiederverwendbaren Stahlvortriebsrohre entlang der vorgegebenen Trasse durch das Erdreich schiebt. Nach dem Durchstich am Zielpunkt wird die Vortriebsmaschine von den Stahlvortriebsrohren getrennt und stattdessen ein Zugkopf montiert. Das vorgefertigte Produktrohr wird mit dem noch im Bohrloch befindlichen Stahlvortriebsrohr über den Zugkopf verbunden und über das Rückziehen der Stahlvortriebsrohre durch den Pressenrahmen eingezogen. Das Bohrloch bleibt dabei permanent mechanisch gestützt. Während des Einzugs wird das Produktrohr unter Zugabe von Verfüllmaterial (Mörtelinjektion, Dämmer, Bentonit etc.) mechanisch und thermisch an den Untergrund angebunden.

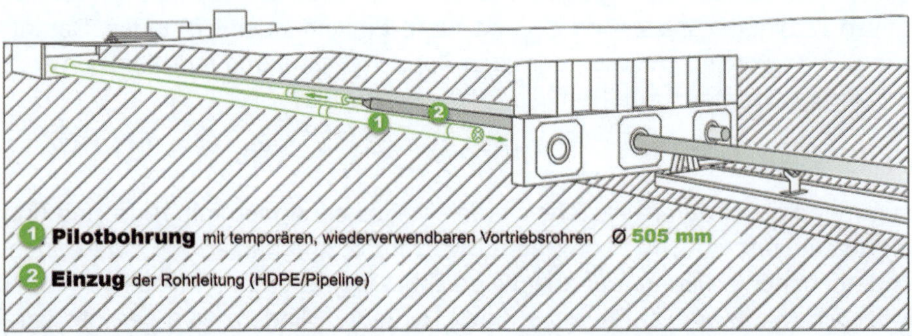

Abbildung 56: Zweistufiges E-Power-Pipe-Verfahren mit Pilotbohrung und Einzug der Rohrleitung (© Herrenknecht AG)

8.6.3 Kernkomponenten

8.6.3.1 Maschinentechnik AVNS

Die Vortriebsmaschine AVNS350XB mit einem Bohrdurchmesser von 505 mm ist das Herzstück des E-Power-Pipe-Verfahrens. Die komplett ferngesteuerte Vortriebsmaschine ist mit einer Strahlpumpe als Förderpumpe sowie mit einem integrierten Hydraulikaggregat ausgestattet, um Vortriebe von bis zu 2.000 m Länge realisieren zu können. Das kreiselkompassbasierte TUnIS-Navigationssystem ermöglicht eine permanente Positionsbestimmung und ist eine aus dem Microtunnelling bekannte, hochpräzise Steuerung im nicht begehbaren Durchmesserbereich. Die Präzision des Kreiselkompasses wird durch regelmäßige Korrekturmessungen über eine Magnetsonde gewährleistet. So können bestehende Installationen wie Rohrleitungen, Straßen, Schienen und Gewässer mit nahezu beliebiger Bohrlinienführung sicher und präzise unterquert werden.

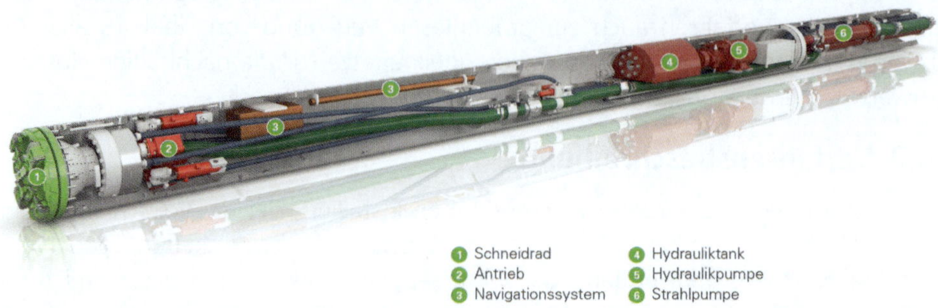

Abbildung 57: Aufbau der Vortriebsanlage AVNS350XB mit Strahlförderpumpe (© Herrenknecht AG)

8.6.3.2 Stahlvortriebsrohr

Die temporären Stahlvortriebsrohre wurden mit einer Länge von 9 m so konzipiert, dass durch eine möglichst geringe Anzahl an Rohrwechseln hohe Vortriebsleistungen erzielt werden können. Für den Einzug des Produktrohrs sind die Stahlvortriebsrohre mit einem innovativen Verbindungssystem druck- und zugfest miteinander verbunden. Das integrierte Muffensystem vereinfacht außerdem den Koppelvorgang und reduziert den Zeitbedarf für einen Rohrwechsel auf nur 10 min.

8.6.3.3 Pressenrahmen

In Abstimmung auf das Vortriebsrohr wurde ein Pressenrahmen mit 10 m Hub und einer Druck- und Zugkraft von 340 t konzipiert. Die Kraftübertragung erfolgt durch einen elektrisch angetriebenen Schlitten, der über einen Druckring fest mit dem letzten Vortriebsrohr verbunden ist. Mit in der Lafette integrierten Hydraulikzylindern wird der Pressenrahmen im Startschacht verspannt. So können sowohl Zug- als auch Druckkräfte direkt in den Startschacht eingeleitet werden. Für das Rückziehen der Vortriebsrohre sind keine weiteren Umbaumaßnahmen erforderlich.

Abbildung 58: *Startschacht mit Pressenrahmen und Vortriebsanlage AVNS350XB (© Herrenknecht AG)*

8.6.4 Aufweitstufe für größere Rohrdurchmesser

Aktuell wird die E-Power-Pipe-Technik weiterentwickelt und damit die Diversifizierung für den Gebrauch in anderen Anwendungsbereichen. Ziel dieser Entwicklung ist die Benutzung des bestehenden Equipments, im Speziellen der Vortriebsrohre, um das Verfahren auch für größere Produktrohrdurchmesser und Materialien anzuwenden. Angelehnt an die HDD-Technik, wo nach der Pilotbohrung auch meist ein Räumschritt eingesetzt wird, um das Bohrloch zu erweitern, wird bei E-Power Pipe nach erfolgreicher Pilotbohrung eine Aufweitmaschine an die Vortriebsrohre angebaut und zurückgezogen (Backreaming).

Der zentrale Unterschied zu HDD ist, dass beim Rückzug der Aufweitmaschine das Produktrohr ebenfalls in das Bohrloch gezogen wird. Dieser Umstand erlaubt es, auch schwierig zu stützende Böden zu durchörtern, da Maschine, Vortriebsrohre und Produktrohr das Bohrloch beständig mechanisch stützen. Wie beim E-Power-Pipe-Verfahren wird das Produktrohr überwacht eingezogen, d.h., zu jeder Zeit des Rohreinzugs kann die am Produktrohr anliegende Kraft online verfolgt werden.

Abbildung 59: *E-Power-Pipe-Verfahren mit Aufweitstufe für die Verlegung größerer Rohrdurchmesser (© Herrenknecht AG)*

Das Backreaming-Verfahren soll hauptsächlich für die Verlegung von Fernwärmerohren zum Einsatz kommen. Fernwärmeleitungen werden meist oberflächennah und parallel verlegt. Zudem erschwert die Wärmeisolation der Rohre das direkte Klemmen und Schieben, wie es beispielsweise bei Direct Pipe der Fall ist. Deshalb wird diese Art von Rohren meist ziehend in das Bohrloch eingebracht. Das E-Power-Pipe-Verfahren mit Backreaming kann selbstverständlich auch für alle anderen Rohrmaterialien verwendet werden und dabei die Vorteile von E-Power Pipe nutzen: reduzierte Ausbläsergefahr und ständige mechanische Bohrlochstützung, besonders in wechselhaften, nicht standfesten Baugründen.

8.7 Navigationssysteme für Microtunnelling-Verfahren

Charakteristisch für Microtunnelling-Verfahren ist, dass während der Bauphase immer der gesamte Rohrstrang in Bewegung versetzt wird, um den entsprechenden Vorschub der Vortriebsmaschine zu erzeugen. Die Kraftübertragung erfolgt aus dem Startschacht heraus und wird über die installierten Rohrsegmente auf die Maschine übertragen. Dabei ist es vorteilhaft, der vorgegebenen Soll-Trasse mit möglichst geringen Abweichungen zu folgen, um die Belastung der Rohrsegmente möglichst gering zu halten. Der Maschinenfahrer muss zu jeder Zeit die räumliche Lage seiner Vortriebsmaschine sehr genau kennen. Eine permanente Positionsbestimmung ist daher unverzichtbar.

Manuelle Verfahren zur Bestimmung der Maschinenposition verursachen eine Unterbrechung des Vortriebsprozesses, da die erforderlichen Vermessungsarbeiten nur bei ruhendem Rohrstrang durchgeführt werden können. Sie eignen sich also nicht für eine permanente Positionsbestimmung. Diese Aufgabe übernehmen automatisierte Navigationssysteme, die in der Lage sind, dem Maschinenfahrer zu jeder Zeit präzise Informationen zur räumlichen Ausrichtung der Vortriebsmaschine zur Verfügung zu stellen, damit durch geeignete Gegenmaßnahmen (z.B. Änderung der Abwinkelung des Steuerkopfs durch Anpassen der Steuerzylinderausfahrungen) möglichst schnell auf Kursabweichungen reagiert werden kann.

8.7.1 Übersicht und Funktionsweise der gängigen Navigationstechnologien

In den vergangenen Jahren haben sich vier Technologien durchgesetzt, mit denen fast alle Arten von Microtunnelling-Vortrieben präzise navigiert werden können. Die Auswahl der zu den Projektanforderungen passenden Technologie folgt vornehmlich technischen Rahmenbedingungen wie Rohrdurchmesser, Trassenführung und eingesetzte Vortriebstechnik. Zuweilen muss aber auch betrachtet werden, wie effizient sich ein Navigationssystem in den gesamten Vortriebsprozess integrieren lässt.

8.7.1.1 Laser-Zieltafelsystem

Laser-Zieltafelsysteme sind die in der Anwendung einfachsten Navigationssysteme. Sie bestehen im Wesentlichen aus drei Komponenten:

- Tunnellaser
- elektronische Zieltafel
- Wegmessrad

Der Tunnellaser sendet einen gerichteten Laserstrahl auf die fest in der TBM montierte elektronische Zieltafel. Der Laserstrahl ist dabei exakt parallel zur geplanten Soll-Trasse ausgerichtet. Die Zieltafel erfasst den auftreffenden Laserstrahl in einem Koordinatenraster. Die Abweichung des Laserauftreffpunkts vom Zentrum der Zieltafel ist ein direktes Maß für die Abweichung der Maschine von ihrem Soll-Kurs.

In der Zieltafel integrierte Inklinometer erfassen die Längsneigung und die Verrollung der Maschine. Auch die horizontale Auslenkung der Maschine (Zieltafel) gegenüber dem Laserstrahl wird durch Messeinrichtungen in der Zieltafel bestimmt. Somit stehen alle Informationen zur Bestimmung der räumlichen Ausrichtung der TBM in Bezug zur Soll-Trasse zur Verfügung. Das Wegmessrad, ein Abrollmechanismus, der im Startschacht auf den Rohrsegmenten aufliegt, misst den Vorschub und ermittelt so die Stationierung der Vortriebsmaschine.

Abbildung 60: 3D-Ansicht Laser-Zieltafelsystem (© VMT GmbH)

Laser-Zieltafelsysteme eignen sich ausschließlich für kurze, gerade Vortriebsstrecken mit einer maximalen Länge von 200 m bis 250 m. Limitierender Faktor ist hier vornehmlich die Refraktion, durch die die ermittelte Höhenlage stark verfälscht werden kann. Luftverwirbelungen, Hitze, Staub und Wasserdampf sorgen außerdem dafür, dass mit wachsender Vortriebslänge der Auftreffpunkt des Laserstrahls auf der Zieltafel nur bedingt ermittelt werden kann.

8.7.1.2 Laser-Zieltafelsystem mit elektronischer Schlauchwasserwaage

Das Laser-Zieltafelsystem kann durch Einbindung einer elektronischen Schlauchwasserwaage erweitert werden. Daraus ergeben sich folgende Systembestandteile:

- Tunnellaser
- elektronische Zieltafel
- Wegmessrad

- elektronische Schlauchwasserwaage mit Höhen- und Referenzsensor, verbunden über eine durchgängige Schlauchleitung

Eine elektronische Schlauchwasserwaage ergänzt das Laser-Zieltafelsystem und liefert eine zusätzliche, durch Refraktionseffekte nicht beeinflusste Bestimmung der Höhenlage der Vortriebsmaschine. Zwei Höhensensoren messen den anstehenden Druck einer Messflüssigkeit mit Bezug auf dasselbe Flüssigkeitsniveau in einem Referenztank. Die Höhensensoren sind über Schlauchleitungen mit dem Referenztank verbunden. Ein sogenannter Referenzsensor ist fest im Startschacht fixiert und definiert die Referenzhöhe für die Schlauchwasserwaage. Der zweite Sensor befindet sich in der Vortriebsmaschine. Aus der Druckdifferenz zwischen den beiden Sensoren wird die Höhenlage der Maschine berechnet. Die horizontale TBM-Positionsberechnung erfolgt entsprechend der bereits beschriebenen Funktionsweise eines Laser-Zieltafelsystems.

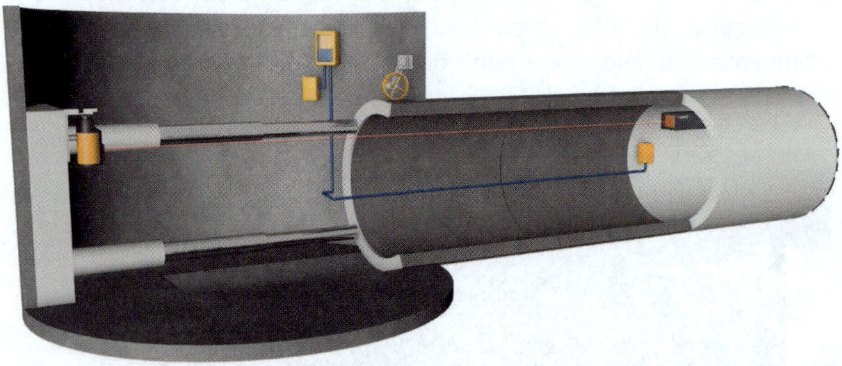

Abbildung 61: 3D-Ansicht Laser-Zieltafelsystem mit elektronischer Schlauchwasserwaage (© VMT GmbH)

Auch diese Navigationssysteme eignen sich ausschließlich für gerade Vortriebsstrecken, jedoch können durch die Eliminierung der Refraktionseinflüsse Vortriebslängen von bis zu 450 m erreicht werden. Der limitierende Faktor ist die Reichweite des eingesetzten Tunnellasers in Verbindung mit den Umgebungsbedingungen im Rohrstrang. Luftverwirbelungen, Hitze, Staub und Wasserdampf reduzieren die Reichweite des Laserstrahls.

8.7.1.3 Laser-Totalstation mit aktiver Zieltafel

Die Komponenten dieses Systems werden mit Ausnahme des Wegmessrads im vorderen Tunnelbereich hinter der Vortriebsmaschine installiert:

- elektronische Zieltafel
- Laser-Totalstation
- Automatik-Dreifuß zur Horizontierung der Totalstation
- ein Satz Vermessungsprismen
- Wegmessrad

Die Vortriebsmaschine erzeugt einen Hohlraum, der für die nachfolgenden Rohre die Lage und Höhe relativ genau vorgibt. Diese Annahme bezeichnet man als Invarianz des Rohrstrangs bzw. als Prinzip der Ortstreue. Dieses Prinzip bildet die Berechnungsgrundlage für das Laser-Totalstationssystem. Eine elektronische Zieltafel als Lagereferenzsystem wird fest in der Vortriebsmaschine montiert. Dahinter wird eine Laser-Station – Servo-Totalstation mit Laser-Kollimator – fest im Rohrstrang eingebaut. Ein automatischer Dreifuß gewährleistet die permanente Horizontierung.

Im rückwärtigen Bereich befindliche Prismen bilden die Richtungsreferenz für die Messungen. Laser-Station und Richtungsreferenz befinden sich während des Vortriebs in ständiger Bewegung, ihre Koordinaten müssen daher auf der Basis der aufgezeichneten Fahrspur der Maschine permanent neu berechnet werden. Der Leitstrahl des Lasers trifft ständig auf die aktive Fläche der elektronischen Zieltafel. Dies ermöglicht eine kontinuierliche Positionsbestimmung der Maschine auch während des Vortriebs. Im Bereich zwischen TBM und Laser-Station befinden sich zwei weitere Referenzprismen im sogenannten Referenzrohr. Mit diesen Prismen wird die Ist-Lage des Rohrstrangs redundant ermittelt, wodurch der Einfluss der Ausschleifung des Rohrstrangs, der insbesondere in Kurven auftritt, in die Berechnungen einbezogen wird.

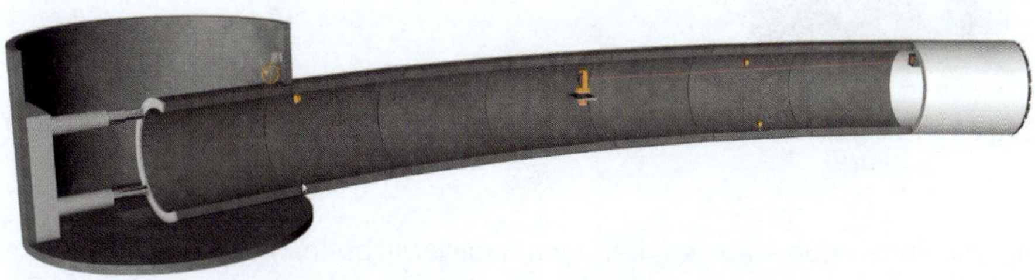

Abbildung 62: 3D-Ansicht Laser-Totalstationssystem im Rohrvortrieb (© VMT GmbH)

Das System eignet sich im Besonderen für Langstrecken- und Kurvenvortriebe ab einer Nennweite von DN 1600. Durch die erforderlichen Einbauten im Rohrstrang ist die Nutzbarkeit in kleineren Durchmessern projektspezifisch zu überprüfen. Ebenso sind diese Einbauten bei Vortrieben mit Lorenförderung zu beachten. Die im Rohrstrang montierte Laser-Station darf durch die Lore nicht gefährdet werden.

Grundsätzlich kann das System auch für kurze, gerade Vortriebsstrecken genutzt werden, doch sind hier Aufwand und Nutzen zu kalkulieren. Die Handhabung ist für nicht vermessungstechnisch geschultes Personal schwieriger. Obwohl das System während des Vortriebs und somit »in Bewegung« vermisst, können sehr hohe Genauigkeiten erreicht werden, weshalb Kontrollvermessungsintervalle großzügig gewählt werden können (in der Regel 80 m bis 120 m). Das ist vor allem bei Projekten mit Durchlaufbetrieb, bei denen keine Stillstandzeiten für Kontrollvermessungen genutzt werden können, von Vorteil.

8.7.1.4 Kreiselsystem mit elektronischer Schlauchwasserwaage

Kreiselbasierte Navigationssysteme bestehen typischerweise aus folgenden Komponenten:

- nordsuchender Kreiselkompass in der TBM

- elektronische Schlauchwasserwaage mit Höhen- und Referenzsensor, verbunden über eine durchgängige Schlauchleitung
- Wegmessrad

Ein in der Vortriebsmaschine fest montierter nordsuchender Kreiselkompass ermittelt auf Anforderung die Nordrichtung in Referenz zur Maschinenachse. Per Koppelnavigation wird basierend auf der zuletzt bekannten Position die aktuelle Position der TBM ermittelt. Verrollung und Längsneigung werden aus den Inklinometerwerten des Kreiselkompasses ausgelesen. Die Höhenberechnung erfolgt über eine präzise elektronische Schlauchwasserwaage, deren Genauigkeiten absolut, d.h. über den gesamten Vortrieb gleich, und frei von refraktions- und streckenabhängigen Fehlereinflüssen sind. Der Höhenunterschied wird mithilfe der Differenzdruckmessung zwischen dem Höhensensor in der Maschine und dem Referenzmodul im Startschacht berechnet.

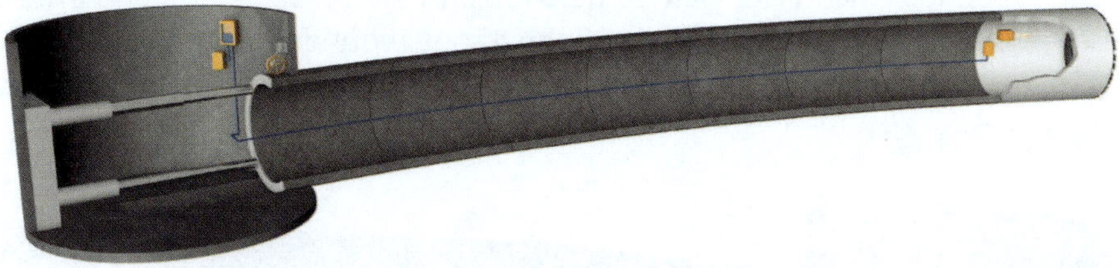

Abbildung 63: 3D-Ansicht Kreiselsystem mit Schlauchwasserwaage im Rohrvortrieb (© VMT GmbH)

Vortriebe mit engen Kurvenradien, häufigen Radienwechseln und geringeren Nennweiten (≤ DN 1600) sind mit dieser Systemtechnik problemlos zu navigieren. Die erforderlichen Installationen beschränken sich auf TBM und Startschacht, durch den Rohrstrang werden lediglich Daten- und Schlauchleitung geführt. Sichtverbindungen zwischen den Komponenten sind nicht erforderlich. Vortriebe mit Lorenförderung werden nicht behindert.

Grundsätzlich ist zu beachten, dass die ermittelte horizontale TBM-Position sehr stark davon abhängt, in welchem Maß die TBM driftet. Insbesondere bei Vortriebstrassen mit häufigen Krümmungswechseln verfälscht die dabei auftretende Drift das Berechnungsergebnis für die horizontale TBM-Position merklich. Regelmäßige Kontrollvermessungen in Intervallen von 40 m bis 50 m zur Kalibrierung des Systems sind daher unerlässlich.

Durch die kompakte Bauweise kann das System prinzipiell bereits in Vortrieben mit Nennweiten von DN 600 eingesetzt werden. Dabei ist jedoch unbedingt zu beachten, dass Vortriebe mit Nennweiten kleiner DN 1200 aus Sicherheitsgründen als nicht begehbar eingestuft sind und die erforderlichen Kontrollvermessungen nur bedingt durchführbar sind. Die Einhaltung der geforderten Toleranzen kann hier nicht mehr garantiert werden.

Prinzipiell kann das System auch bei kurzen, geraden Vortriebsstrecken eingesetzt werden, jedoch sind hier Aufwand und Nutzen zu kalkulieren. Gleiches gilt für Projekte mit Durchlaufbetrieb, bei denen die Zeitfenster für die häufigeren Kontrollvermessungen kaum vorhanden sind. Die Handhabung ist für nicht vermessungstechnisch geschultes Personal schwieriger.

8.7.2 Einsatzgebiete und Einsatzgrenzen

Neben finanziellen Erwägungen (Anschaffungskosten, Kosten für Fachpersonal, Vortriebsunterbrechungen aufgrund von Kontrollmessungen etc.) spielen bei der Auswahl des geeigneten Systems folgende Kriterien eine entscheidende Rolle:

- Rohrdurchmesser (Platzverhältnisse)
- Haltungslänge (Montage- und Vermessungszeiten)
- Trassengeometrie (Sichtverhältnisse)
- Geologie (Driftverhalten der Maschine)
- Abbauverfahren (Vibrationen, Platzverhältnisse)
- Förderverfahren (Sicht- und Platzverhältnisse)
- Genauigkeitsanforderungen (zulässige Toleranzen)

Die nachfolgende Tabelle gibt einen schnellen Überblick über die Eignung der beschriebenen Navigationstechnologien bei bestimmten Projektkonfigurationen.

Tabelle 6: Einsatzgebiete und Einsatzgrenzen der gängigen Navigationstechnologien (© VMT GmbH)

System	✓ optimal geeignet	✗ ungeeignet	Kontrolle
Laser-Zieltafel 	▪ Alle kurzen, geraden Vortriebsstrecken bis 250m ▪ Alle Durchmesser	▪ Vortriebe mit mehr als 250m Länge. ▪ Kurvenvortriebe	▪ Laserausrichtung regelmäßig prüfen ▪ Kontrolle TBM-Position nach 50m
Laser-Zieltafel + Schlauchwaage 	▪ Mittellange, gerade Vortriebe bis 450m ▪ Nennweiten ab DN600 (*)	▪ Vortriebe mit mehr als 450m Länge ▪ Kurvenvortriebe	▪ Laserausrichtung regelmäßig prüfen ▪ Schlauchwaage auf Luftblasen untersuchen ▪ Kontrolle TBM Position nach 50m/250m
Kreiselsystem + Schlauchwaage 	▪ Kurvenvortriebe im Durchmesserbereich von DN600 bis DN1600 (**) ▪ Enge Kurvenradien (R < 400m)	▪ Effizienz prüfen (Anzahl erforderlicher Kontrollmessungen) ▪ DN < 800mm	▪ Schlauchwaage auf Luftblasen untersuchen ▪ Kontrollmessungen alle 40m-50m
Laser-Totalstation 	▪ AVN-Maschinen ≥ DN1600 ▪ Langstrecken- und Kurvenvortriebe mit R > 400m ▪ 24/7-Vortriebe (high performance)	▪ Vortriebe < DN1600 (***) ▪ Vortriebe mit Lorenbetrieb und eingeschränkten Sichten im Rohrstrang	▪ Kontrollmessungen alle 80m-120m ▪ Regelmäßige Überprüfung der Referenzspur

(*) Lufteinschlüsse im Schlauchwasserwaagensystem können bei Nennweiten kleiner DN1200 nicht mehr beseitigt werden.
(**) Vortriebe mit Nennweiten kleiner DN1200 gelten aus Sicherheitsgründen als nicht begehbar und die erforderlichen Kontrollvermessungen zur Kalibrierung des Kreiselsystems sind nur bedingt durchführbar. Die Einhaltung der geforderten Toleranzen kann ggf. nicht garantiert werden.
(***) AVN Vortriebe in DN1200 sind grundsätzlich möglich, jedoch müssen die Projektparameter im Vorfeld geprüft werden.

8.7.3 Notwendigkeit von Kontrollmessungen

Die konventionelle, geodätische Vermessung sorgt dafür, dass der Vortrieb an dem geplanten Startpunkt beginnt und mit der geforderten Genauigkeit am Soll-Zielpunkt ankommt, wobei auf der gesamten Strecke die vorgegebenen Toleranzen einzuhalten sind. Alle Navigationssysteme, die zwischen den geodätischen Kontrollmessungen die Hauptverantwortung für die Genauigkeit der dargestellten TBM-Position tragen, unterliegen verschiedenen äußeren Störeinflüssen, die mit wachsender Vortriebslänge die Messungen und Berechnungen immer stärker verfälschen. Die maximal tolerierbaren Ungenauigkeiten für die angezeigte TBM-Position in Verbindung mit den jeweiligen Störeinflüssen haben direkten Einfluss auf die Häufigkeit der durchzuführenden Kontrollvermessungen. Es ist daher unumgänglich, für jeden Vortrieb ein individuelles Messprogramm auszuarbeiten, das unter Berücksichtigung der Einflussfaktoren die Häufigkeit der durchzuführenden geodätischen Kontrollmessungen festlegt. Diese Einflussfaktoren sind:

- Einbauposition der Messtechnik
- Maschinentechnik
- Trassengeometrie
- Geologie
- Bewegungen und Vibrationen
- Staub, Hitze, Wasserdampf
- Maschinendrift
- Refraktion
- Aufschwimmen
- zulässige Toleranzen

Dieses Messprogramm wird im laufenden Betrieb ständig angepasst und optimiert, um die Parameter des laufenden Vortriebs einzubeziehen. Ziel ist es, das optimale Messprogramm für die jeweilige Baustelle zu finden, um mit möglichst geringem Einsatz das bestmögliche Ergebnis zu erzielen.

8.7.4 Zusatzsysteme für besondere Herausforderungen

Besondere Projektanforderungen können dazu führen, dass der alleinige Einsatz der beschriebenen Navigationssysteme nicht ausreicht, die geplanten Vortriebsstrecken innerhalb der erforderlichen Genauigkeit zu realisieren:

- Kurvenvortriebe bei kleinen, nicht begehbaren Leitungsquerschnitten
- Vortriebe ohne jegliche optische Verbindung zwischen Maschine und Startschacht
- Projekte, bei denen Vortriebsstillstände möglichst zu vermeiden sind

In diesen Fällen kann auf Zusatzsysteme zurückgegriffen werden, die die eingesetzten Navigationssysteme stützen und ergänzen. Den Zusatzsystemen obliegt dabei in der Regel die Aufgabe, die für die Kalibrierung der Navigationssysteme notwendigen Kontrollvermessungen bereitzustellen.

8.7.4.1 Multi Station System

Unter einem Multi Station System versteht man eine Kette von Totalstationen, die fest im Rohrstrang installiert werden und so angeordnet sind, dass eine permanente Verbindung zwischen Startschacht und Vortriebsmaschine hergestellt wird. Die Systemkomponenten sind:

- mehrere Totalstationen, deren Anzahl sich aus dem Leitungsquerschnitt und der Vortriebslänge in Verbindung mit der Trassengeometrie ergibt
- ein Satz Vermessungsprismen

Jede Totalstation ist auf einem Automatik-Dreifuß aufgebaut. Dieser gewährleistet, dass die Stationen immer horizontiert und somit messbereit sind. Zu jedem beliebigen Zeitpunkt kann nun eine Kontrollmessung ausgelöst werden. In deren Verlauf misst das Multi Station System binnen weniger Minuten vollständig automatisiert einen Polygonzug, beginnend im Startschacht und endend an einem Referenzpunkt in der Vortriebsmaschine. Damit wird die üblicherweise vom Vermessungsfachpersonal manuell durchgeführte geodätische Kontrollvermessung vollständig automatisiert.

Abbildung 64: 3D-Ansicht Multi Station System im Rohrvortrieb (© VMT GmbH)

Die möglichen Einsatzgebiete des Multi Station Systems decken sich mit denen der Laser-Totalstation-Navigationssysteme; auch hier sind die erforderlichen Einbauten im Rohrstrang und die notwendigen Sichtverbindungen zwischen den Stationen der limitierende Faktor.

8.7.4.2 Elektromagnetische Ortungssysteme

Bei Vortriebsanlagen, die keinerlei optische Sichtverbindung zwischen Startschacht und Vortriebsmaschine zulassen, muss die Position des Navigationssystems – aufgrund der fehlenden Sichtverbindungen in diesen Fällen zwingend ein kreiselbasiertes System – ebenfalls in regelmäßigen Abständen kontrolliert und kalibriert werden. Geschieht dies nicht, sind mit wachsender Vortriebslänge große Abweichungen zur Soll-Trasse unumgänglich. Unter bestimmten Voraussetzungen lässt sich die Positionskontrolle mithilfe elektromagnetischer Ortungssysteme realisieren. Dieses System besteht aus folgenden Komponenten:

- Referenzkabel an der Oberfläche über den gesamten Verlauf der Vortriebsstrecke
- Magnetsonde in der Vortriebsmaschine

Dabei wird an der Oberfläche entlang der vorgegebenen Soll-Kurve ein Referenzkabel ausgelegt und in Lage und Höhe eingemessen. Das Referenzkabel wird mit Strom beaufschlagt und erzeugt ein bestimmtes elektromagnetisches Feld. In der Vortriebsmaschine in unmittelbarer Nähe des Kreiselkompasses wird eine Magnetsonde installiert. Diese Magnetsonde ist nun in der Lage, die Richtung und den Abstand zum Referenzkabel an der Oberfläche zu bestimmen. Auf der Basis dieser Messwerte und in Verbindung mit der bekannten Lage und Höhe des Referenzkabels lässt sich nun die tatsächliche Position der Vortriebsmaschine ermitteln und damit das Navigationssystem kalibrieren.

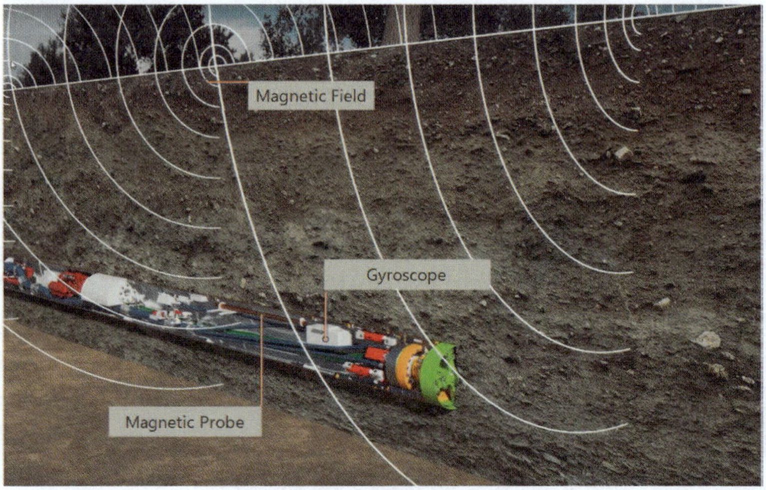

Abbildung 65: 3D-Ansicht Kreiselsystem in Verbindung mit elektromagnetischer Ortungstechnik (© Herrenknecht AG)

Beim Einsatz dieser Technologie ist zu beachten, dass die erreichbare Genauigkeit mit wachsendem Abstand zwischen Magnetsonde und Referenzkabel abnimmt. Gute Systeme erzielen eine Genauigkeit von ca. ± 2 cm pro Meter Abstand, d.h., bei 5 m Tiefenlage ist bereits mit ± 10 cm Messunsicherheit zu rechnen.

Zudem erzeugen metallische Gegenstände (z.B. Spundwände, Bewehrungen in Fundamenten, eisenhaltige Bodenschichten, Versorgungsleitungen etc.) im Messbereich Interferenzen, die Messergebnisse verfälschen können oder Messungen sogar gänzlich unmöglich machen. Des Weiteren ist zu beachten, dass hinter der Vortriebsmaschine ein entmagnetisiertes Rohr mitzuführen ist, da die Feldstärken im künstlich erzeugten Magnetfeld nur dann eindeutig von der Sonde eruiert werden können, wenn das Maschinenrohr keine magnetischen Metalle enthält.

8.7.4.3 TUnIS.pipelight

Eine gänzlich neue Technologie nutzt das TUnIS.pipelight zur Durchführung automatisierter Kontrollvermessungen für kreiselbasierte Navigationssysteme. Das System besteht aus:

- mehreren Kamerasensoreinheiten, deren Anzahl sich aus dem Leitungsquerschnitt und der Vortriebslänge in Verbindung mit der Trassengeometrie ergibt
- TBM-Referenz
- Schacht-Referenz

Die sehr kompakte Bauweise der eingesetzten Sensoren erlaubt ihren Einsatz bereits in beengten Tunnelquerschnitten, die nur sehr schwierig oder überhaupt nicht begehbar sind. TUnIS.pipelight funktioniert ähnlich wie ein automatischer Polygonzug bzw. ein Multi Station System und stellt eine geometrische Verbindung zwischen dem Festpunktfeld im Startschacht und der Vortriebsmaschine her. Neuartige Sensoren in sehr kompakter Bauweise ermitteln den Horizontal- und den Vertikalwinkel mit Kameras, die LED-Lichtpunkte überwachen. Zusammen mit definierten Abständen zwischen den Sensoreinheiten ist es möglich, die Koordinaten von Festpunkten im Startschacht direkt an die Maschine zu übertragen. Die so ermittelte Ist-Position eines maschinennahen Referenzpunkts kann dann zur Kalibrierung des Kreiselnavigationssystems verwendet werden, um die Genauigkeit beim weiteren Vorschub der Maschine zu gewährleisten.

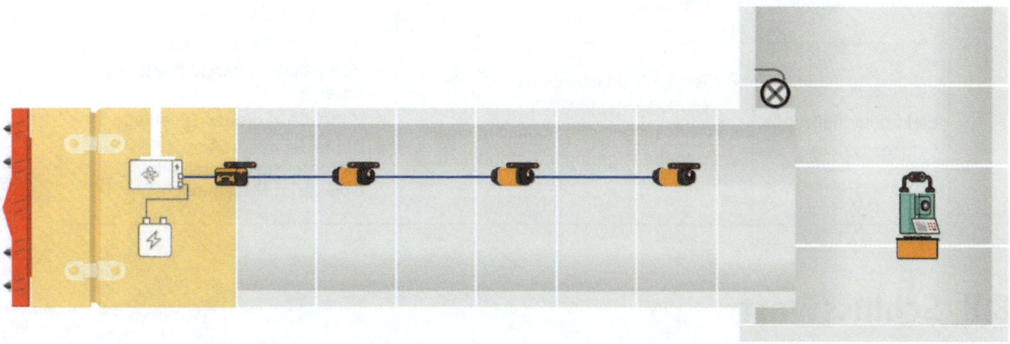

Abbildung 66: Ansicht Kreiselsystem in Verbindung mit TUnIS.pipelight (© VMT GmbH)

Beim Einsatz dieser Systemtechnik ist zu beachten, dass es sich um ein optisches System handelt, d.h., die im Tunnel angeordneten Sensoreinheiten müssen sich zum Zeitpunkt der Messung gegenseitig sehen können und eine durchgängige Messkette bilden.

8.7.4.4 Abgrenzung der Einsatzgebiete der Zusatzsysteme

Die Nutzbarkeit der Zusatzsysteme bei bestimmten Vortriebsprojekten wird maßgeblich von einigen wenigen technischen Rahmenbedingungen beeinflusst:

- Vorhandensein einer durchgängigen optischen Gasse im Rohrstrang/in der Pipeline
- Durchmesser der aufzufahrenden Leitung
- Trassengeometrie, insbesondere die Größe der planmäßigen Kurvenradien
- zulässige Abweichungen von der Soll-Achse

Die nachfolgende Tabelle gibt einen schnellen Überblick über die Eignung der beschriebenen Zusatzsysteme bei bestimmten Projektkonfigurationen:

Tabelle 7: Einsatzgebiete und Einsatzgrenzen der Zusatzsysteme (© VMT GmbH)

System	✓ optimal geeignet	✗ ungeeignet
Multi Station System	▪ Vortriebe mit AVN Maschinen und Leitungsquerschnitten ≥ DN1600 ▪ Langstrecken- und Kurvenvortriebe mit R > 400m	▪ Vortriebe < DN1600 ▪ Vortriebe mit Lorenbetrieb und eingeschränkter Sicht im Rohrstrang
TUnIS.pipelight	▪ Direct-Pipe-Vortriebe ▪ Kleine, auch nicht begehbare Leitungsdurchmesser ab DN600 ▪ Standard-Rohrvortriebe <DN1200 mit Kurven und Trassenlänge bis 300m	▪ Vortriebe mit sehr hohen Genauigkeitsanforderungen ▪ Rohrleitungen ohne durchgängige optische Gasse
Elektromagnetisches Ortungssystem	▪ Kleine, nicht begehbare Leitungsdurchmesser ▪ Rohrleitungen ohne optische Gasse ▪ Vortriebe in geringer Tiefenlage (bis 6m)	▪ Vortriebe im innerstädtischen Bereich ▪ Vortriebe in großer Tiefenlage ▪ Baufelder mit großen Störbereichen (metallische Objekte im Messbereich)

8.8 Schlusswort

Dieses Kapitel soll dem Leser einen Überblick über den Stand der Technik im grabenlosen Leitungs- und Tunnelbau geben. Die Beschreibung der Verfahren und deren Einsatzmöglichkeiten sollen Auftraggebern, Projektplanern und Bauunternehmen als erste Orientierung dienen. Im Wesentlichen wurden in diesem Kapitel die Verfahren und Entwicklungen aus dem Hause Herrenknecht berücksichtigt. Die Auswahl der geeigneten Verlegetechnik ist nach projektspezifischen Gegebenheiten im Einzelfall zu bewerten.

Ein besonderer Dank gilt den folgenden Mitautoren, die ihr Fachwissen für die Erstellung dieses Kapitels unentgeltlich zur Verfügung gestellt haben:

Dr.-Ing. Gregor Nieder, Bohrtec Gesellschaft für Bohrtechnologie mbH, Alsdorf

Dipl.-Ing. Jürgen Göckel, VMT GmbH, Bruchsal

Dr. sc. techn., Dipl. Bauing. Stefan Trümpi, Jackcontrol AG, Schweiz

Außerdem bedanken wir uns bei allen Kolleginnen und Kollegen im Hause Herrenknecht, die mit unterschiedlichen Beiträgen und Erfahrungsberichten aus ihren jeweiligen Fachbereichen an diesem Kapitel mitgewirkt haben.

9 Grundwasserhaltung

Stefan Ebneth

9.1 Allgemeines

Bei anstehenden Baumaßnahmen, wie z.B. bei Tiefbau- oder Rohrbauarbeiten, ist es notwendig, dass tiefe, in den Grundwasserkörper eintauchende, Baugruben temporär entwässert werden. Das Arbeiten in einer trockenen Baugrube ist durch die klar sichtbaren Verhältnisse übersichtlich und bietet zudem noch eine hohe Sicherheit für Mensch und Bauwerk. Die Grundwasserhaltung hat sich dabei im Vergleich mit anderen Bauweisen außerordentlich bewährt, da sie sich meist auch als wirtschaftlicher erwiesen hat.

Ihre Anwendung findet sich im Bauablauf zum einen durch das Sammeln und Abpumpen von eindringendem Grund- und Schichtenwasser (offene Wasserhaltung) oder zum anderen durch eine Absenkung des Grundwasserspiegels (geschlossene Grundwasserhaltung). Die geschlossene Wasserhaltung stellt eines der wichtigsten Verfahren innerhalb der Grundwasserhaltung für die künstliche Trockenlegung einer Baugrube (bis UK des tiefsten Fundaments) dar (Abbildung 1).

Unterstützend können außerdem vertikale und/oder horizontale Grundwasser-absperrungsverfahren, ein Teilbereich des Spezialtiefbaus, unterstützend angewendet werden (Abbildung 2).

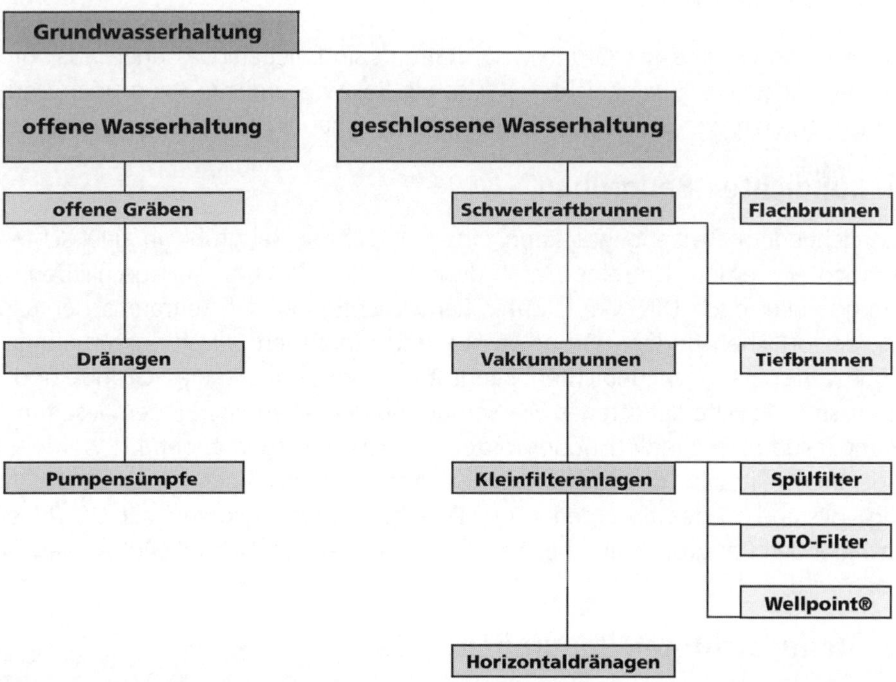

Abbildung 1: Schema Grundwasserhaltungsarten

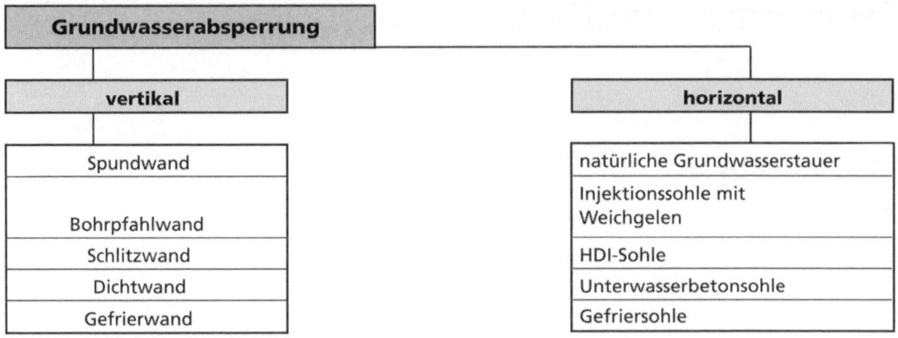

Abbildung 2: Grundwasserabsperrung

Vor einer Grundwasserhaltungsmaßnahme ist es wichtig, sich mit den wasserrechtlichen Vorschriften vertraut zu machen, da grundsätzlich eine Anzeige bzw. wasserrechtliche Erlaubnis für einen Eingriff in den natürlichen Grundwasserhaushalt erforderlich ist. Dies geschieht vor dem Hintergrund, dass die künstliche Grundwasserabsenkung erhebliche Auswirkungen auf den Grundwasserhaushalt, die Vegetation oder die Leistung benachbarter Versorgungsbrunnen haben kann. Zusätzlich kann es zu ungleichmäßigen Setzungen des Untergrunds und somit zu erheblichen Schäden (z.B. Rissen) an benachbarten Gebäuden kommen.

9.2 Einsatzgebiete

Die Anwendungsgebiete der Grundwasserhaltung sind vielfältig, können aber größtenteils auf »undichte« –, »teilgedichtete« – sowie Restwasserdichte Baugruben und Rohrgräben eingegrenzt werden, welche im Folgenden genauer beschrieben werden.

9.2.1 »undichte« Baugruben

Bei ausreichendem Platzangebot kann eine »undichte« Baugrube in geböschter Bauweise errichtet werden. Um eine Gefährdung der Beschäftigten auszuschließen, ist der Böschungswinkel nach DIN 4124, unter Berücksichtigung des Zeitraums der Baumaßnahme, der örtlichen Boden-, Grundwasser- und randlichen Belastungsverhältnisse, der Baugrube anzupassen. In undichten Baugruben kann zufließendes Grund- und Oberflächenwasser mit Hilfe der offenen Wasserhaltung in Gräben und Rinnen gesammelt und den Pumpensümpfen zugeführt oder mittels flachen Dränagen abgeführt werden. Dafür muss sichergestellt sein, dass die anfallende Wassermenge durch diese Art der Wasserhaltung vollständig erfasst werden kann. Dies hängt vorrangig von der Durchlässigkeit des anstehenden Baugrunds ab, welcher durch den k_f-Wert (Durchlässigkeitsbeiwert) beschrieben wird.

9.2.2 »teilgedichtete« Baugruben

Wenn das Platzangebot (z.B. im urbanen Raum) nicht ausreichend ist und die Rahmenbedingungen eine geböschte Baugrube ausschließen, werden zur Begrenzung häufig u.a. vertikale Spund-, Schlitz- oder Dichtungswände eingesetzt. Die Spundwände werden in sich und im Erdreich verankert, die Schlitzwände entstehen durch Befüllung von eingefrästen Schlitzen mit Beton, die Dichtungswände hingegen durch Verfüllung mit abdichtendem Material. In »teilgedichteten« Baugruben können je nach benötigter Grundwasserabsenkungstiefe und vorhandenen Bodenverhältnissen alle gängigen Verfahren der Grundwasserhaltung angewendet werden.

9.2.3 Restwasserdichte Baugruben

Bei restwasserdichten Baugruben erfolgt nicht nur eine vertikale Abdichtung der Baugrube, sondern auch eine, falls durch natürliche Grundwasserhemmer nicht bereits vorhandene, horizontale künstliche Abdichtung. Dies geschieht meist durch Injektionssohlen, in die Weichgele je nach Art und Beschaffenheit des Untergrunds »injiziert« werden. Eine Alternative zu den Injektionssohlen stellt das Hochdruckinjektionsverfahren (HDI) dar, welches durch Druck ausgespültes Bodenmaterial durch eine Zementsuspension ersetzt. Diese Methode wird vor allem dann gewählt, wenn einer permanenten großräumigen Absenkung des Grundwasserspiegels behördlich nicht zugestimmt wird oder die Grundwasserentnahmemengen begrenzt werden sollen. Als Kriterium der Wasserdichtigkeit einer Baugrube gilt ein Wasserzufluss von maximal 1,5 l/s und 1000 m^2 benetzter Baugrubenfläche.

9.2.4 Rohrgräben

Die Grundwasserhaltung in Rohrgräben, wie zum Beispiel im Rohrleitungs- oder Kanalbau, ist meist eine Kombination aus offenen (Strecken) und teilgedichteten Baugruben (Straßen- oder Bahnkreuzungen). Aus diesem Grund finden auch hier, je nach geplanter Absenkung des Grundwasserspiegels und anstehendem Boden, alle Arten der Grundwasserhaltung Anwendung.

9.3 Verfahren der Grundwasserhaltung

9.3.1 offene Wasserhaltung

Bei der offenen Wasserhaltung (Abbildung 3) wird das einer Baugrube durch Gravitation seitlich zufließende Grund- und Oberflächenwasser in Gräben, Dränagen oder Sickerleitungen gesammelt und zu Pumpensümpfen (Abbildung 4) weitergeleitet. Von dort aus wird es permanent oder zeitweilig abgepumpt und zur festgelegten Einleitstelle geleitet. Es ist notwendig, dass die gesamte anfallende Wassermenge aufgenommen und abgeführt werden kann. Dies hängt vom Durchlässigkeitsbeiwert (k_f) des Bodens und dem Grundwasserspiegelunterschied ab (Abbildung 5). Wenn es möglich ist, das eindringende Wasser in Höhe des Grundwasserspiegelniveaus gänzlich zu fassen und abzupumpen, spricht man von offener Wasserhaltung.

Offene Wasserhaltungen sind wegen der bestehenden Grundbruchgefahr nur bis in geringe Tiefen möglich, da mit zunehmender Tiefe der hydrostatische Druck wächst. Ein zusätzliches Gefahrenpotenzial birgt eine längerfristige offene Wasserhaltung im urbanen Raum für die umliegende Vegetation und den potenziellen Eintrag von wassergefährdenden

Stoffen (z.B. aus Altlasten, Emissionen) der ungesättigten Zone des oberen Grundwasserleiters.

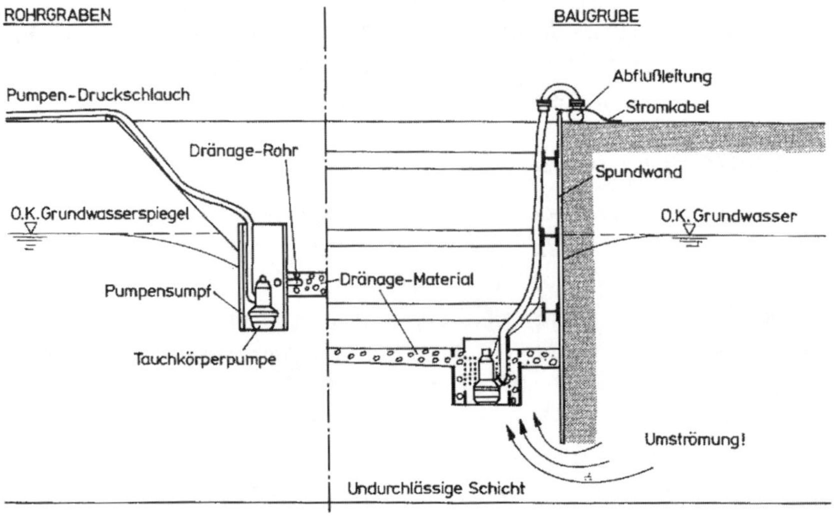

Abbildung 3: Beispiele für offene Wasserhaltungen

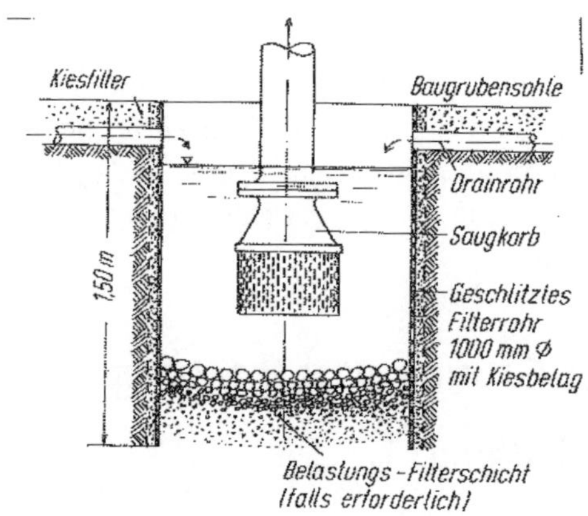

Abbildung 4: Pumpensumpf – schematisch

9.3.2 geschlossene Wasserhaltung

Unter geschlossener Grundwasserhaltung versteht man die künstliche Absenkung des Grundwasserspiegels in und um eine Baugrube mit Hilfe von vertikalen Brunnen (Schwerkraft- oder Vakuumbrunnen), Kleinfilteranlagen oder Tiefendränagen. Diese Art der Wasserhaltung wird angewendet, wenn der Wasserandrang so hoch ist, dass ein Abpumpen mit offener Wasserhaltung nicht ausreichen würde, eine trockene Baugrube zu gewährleisten.

Beim Einsatz von Brunnen wird entlang oder um eine Baugrube herum durch sich überschneidende Absenktrichter der Grundwasserspiegel kontinuierlich so weit abgesenkt, bis das Absenkziel erreicht ist und sich ein nahezu stationärer Zustand einstellt. Aus Sicherheitsgründen erfolgt die Absenkung bis ca. 0,5 bis 1,0 m unter Baugrubensohle.

Je nach geplanter Absenkungstiefe des Grundwasserspiegels wird vor der Baumaßnahme entschieden, ob *Flach- oder Tiefbrunnen* gebohrt werden. Lediglich der k_f-Wert des anstehenden Baugrundes entscheidet danach darüber, ob man eine *Vakuum- oder eine Schwerkraftentwässerung* anwendet. Die Vakuumentwässerung wird vorrangig bei tonigen Schluffen bis Feinsanden, die Schwerkraftentwässerung bei fein- bis grobsandigem Untergrund eingesetzt (Abbildung 5).

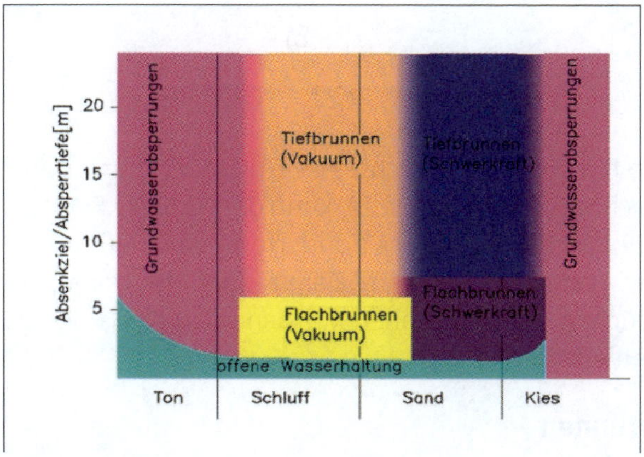

Abbildung 5: Grundwasserabsenkungsverfahren in Abhängigkeit von Korngröße und Absenkungsziel

9.3.2.1 Schwerkraftbrunnen

Bei der Schwerkraftentwässerung fließt das Grundwasser entsprechend dem hydrostatischen Gefälle bzw. der Gravitation dem Brunnen zu.

Schwerkraftbrunnen werden zur Grundwasserhaltung, zur Trinkwassergewinnung und zur Sanierung von kontaminiertem Grundwasser eingesetzt. Empfehlenswert ist der Einsatz dieser Brunnen bei kleinen Absenkzielen als Flachbrunnen und bei größeren Absenkzielen als Tiefbrunnen in Fein- bis Grobsanden (k_f-Wert: $1x10^{-2}$ m/s bis $1x10^{-5}$ m/s) (Abbildung 5). Die Brunnen können Durchmesser zwischen 324 und 2000 mm besitzen und in Tiefen von bis zu 100 m gebohrt werden. Als Filterrohre können PVC-, HDPE- oder Stahlschlitzbrückenfilterrohre verbaut werden. Diese können bei erhöhtem Feinkornanteil im Boden noch zusätzlich mit Kunststoff- oder Metallgewebe umwickelt werden. Die Schlitzweiten der Filterrohre sowie die Filterkiesauswahl werden gemäß den einschlägigen DVGW-Richtlinien festgelegt.

Bei den Schwerkraftbrunnen unterscheidet man zwischen *vollkommenen Brunnen* und *unvollkommenen Brunnen*.

Vollkommen ist ein Brunnen, wenn seine Filterstrecke die gesamte Grundwasserleitermächtigkeit erfasst und auf einer praktisch wasserundurchlässigen Schicht abgesetzt ist. Dabei erfolgt eine ausschließlich horizontale Anströmung des Grundwassers.

Ein *unvollkommener* Brunnen hingegen erfasst nur einen Teil des Grundwasserleiters, der Grundwasserzustrom ist horizontal als auch vertikal gerichtet (Abbildung 6).

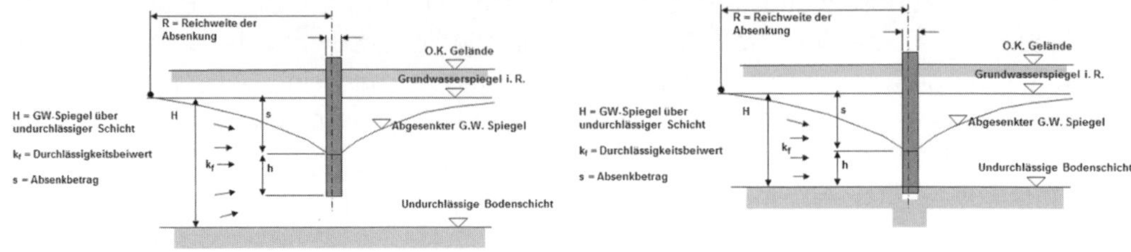

a) b)

Abbildung 6: a) unvollkommener und b) vollkommener Brunnen

Wenn die Baugrube horizontal abgedichtet ist, entweder durch natürliche Hemmer oder eine künstliche Abdichtung (siehe Kap. 2.3), kann der vertikale Belastungsdruck durch Auftrieb auf die Baugrubensohle durch eine Sonderform von Tiefbrunnen, den sogenannten Entlastungsbrunnen, gemindert werden. Damit sinkt die potenzielle Gefahr von hydraulischen Grundbrüchen. Diese Brunnen werden sowohl als Schwerkraft- als auch als Vakuumbrunnen betrieben.

9.3.2.2 Vakuumbrunnen

Vakuumbrunnen werden im Rahmen der Grundwasserhaltung in gering durchlässigen Böden (k_f: 1x10^{-5} m/s bis 1x10^{-7} m/s) je nach geplantem Absenkziel als Vakuumflach- oder Vakuumtiefbrunnen eingesetzt (Abbildung 5). Sie entwässern dort, wo eine normale Schwerkraftentwässerung nicht zielführend ist, mittels eines künstlich erzeugten Vakuums im Brunnenrohr. Der Brunnendurchmesser kann zwischen 324 und 700 mm liegen und es werden Brunnentiefen bis ca. 50 m verwendet. Der Ringraum oberhalb der Filterstrecke wird nach dem Ausbau mit Filterrohr und Filterkies durch eine Tonsperre abgedichtet (Abbildung 7). Ein Vakuumluftaggregat sorgt an der Oberkante des Brunnens für einen Unterdruck von bis zu -0,9 bar im Brunneninnenraum. Dies begünstigt bei besonders schlecht durchlässigen, bindigen Böden eine schnellere und weiträumig bessere Entwässerung des Bodens.

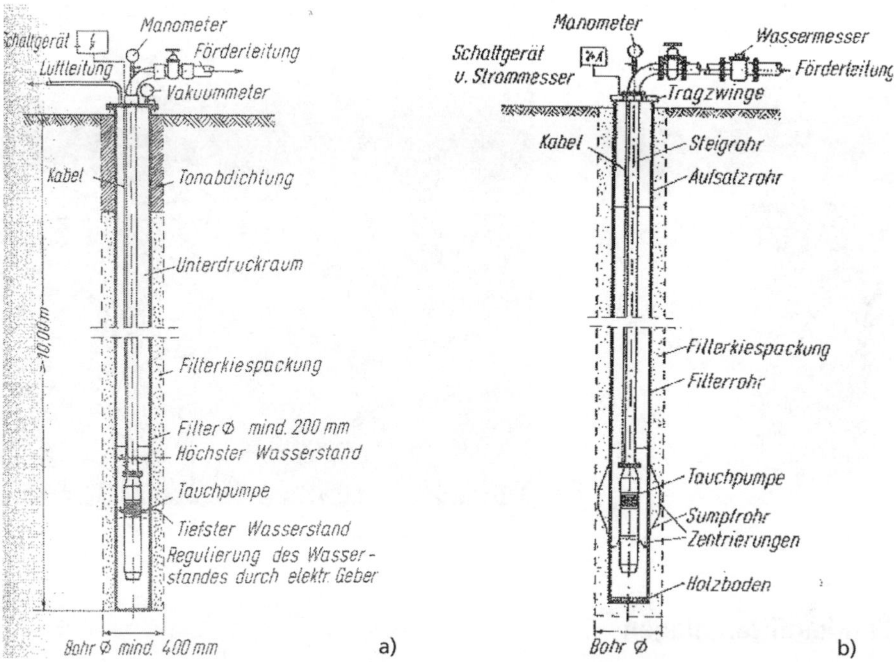

Abbildung 7: Ausbauschema a) Vakuumtiefbrunnen und b) normaler Tiefbrunnenausbau

9.3.2.2.1 Brunnenanordnung und Ausbau

Vor dem Aushub einer Baugrube werden Brunnen gebohrt, Rohrleitungen verlegt, Pumpen installiert und die Wasserhaltung in Betrieb genommen. Ist das gewünschte Absenkziel unter der geplanten Grubensohle erreicht, beginnt der Aushub. Die Anordnung der Brunnen sollte möglichst außerhalb der geplanten Baugrube erfolgen, um den Aushub und das spätere Arbeiten in der Baugrube nicht zu behindern. Es kann vorkommen, dass es bei größeren Baumaßnahmen notwendig ist, die Brunnen innerhalb der Baugrube zu platzieren, um das gewünschte Absenkziel zu erreichen. In diesem Fall müssen spezielle Vorkehrungen für die Arbeitssicherheit als auch für die spätere gesicherte Abdichtung des Bauwerks (mittels Brunnentöpfen) (Abbildung 8) getroffen werden.

Die Brunnen können dort mit Kappen (Abbildung 8) abgedeckt oder mit Betonringen vor Maschinen geschützt werden. Die Sammelleitungen und Kabel der eingebauten Tauchmotorpumpen müssen oberirdisch verlegt, geschützt oder als verlorenes Material im Untergrund vergraben werden.

a)

b)

Abbildung 8: a) Stüwa-Brunnentopf, b) Brunnenschutzkappe

9.3.2.3 Kleinfilteranlagen

In der Bauwasserhaltung werden auch bei geringen Absenkbeträgen und kleinen Baugruben Spülfilter, Wellpoint oder OTO-Filter mit Vakuumanlagen bzw. Vakuumkolbenpumpen eingesetzt.

Die Kapazität einer Vakuumanlage, auch Vakuumkesselpumpe genannt, ist für die Grundwasserabsenkung im Allgemeinen größer als bei der Vakuumkolbenpumpe. Es können bei einer Spülfilteranlage mit Spülfiltern, *OTO-Filtern* oder einer *Wellpointanlage* deutlich mehr Filter an eine Grundwasserabsenkungsanlage mit Vakuumkesselpumpe angeschlossen werden.

Vakuumfiltersysteme mit OTO-Filtern werden bevorzugt bei feinkörnigen Böden und kleinen Absenkbeträgen (bis 1,5 m) aufgrund der begrenzten Saughöhe von ca. 6 m eingesetzt. Bei der Herstellung wird ein bis zu 8 m tiefes und bis 110 mm breites Bohrloch gespült und mit einem 50 mm breiten PVC-Rohr zentrisch versehen. Das Rohr besitzt am unteren Ende einen 1 bis 2 m langen Gewebefilter. Nach dem Ausbau des verbleibenden Ringraums mit Filterkies (feinster Körnung) und einer Tonsperre, die in Höhe des ruhenden Grundwasserspiegels platziert werden sollte, werden mehrere »OTO«-Filter mit PVC-Saugschläuchen ausgestattet und an eine Ringleitung angeschlossen. Mittels Vakuumkolben- bzw. Vakuumkesselpumpen kann ein Unterdruck von bis zu -0,9 bar auf die Filter und den anstehenden Boden ausgeübt werden. Dieser Unterdruck dient zum einen zum Heben des geförderten Wassers aus den Filtern und zum anderen zur weiteren Entwässerung und Stabilisierung des Bodens (Abbildung 9).

Der Aufbau und die Herstellung einer Spülfilter- bzw. *Wellpointanlage* (Punktbrunnen) entsprechen im Wesentlichen denen einer Vakuumspülfilteranlage mit OTO-Filtern. Der Unterschied besteht darin, dass der erzeugte Unterdruck nur im Brunneninnenraum und nicht im anstehenden Boden wirkt. Da Spülfilter- und Wellpointanlagen bevorzugt in gut durchlässigen Böden eingesetzt werden, fließt das Wasser hier aufgrund seines hydrostatischen Gefälles dem Brunnen zu. Die Spülfilter besitzen an ihrer Unterseite ein Ventil, das sich während des Betriebs durch den aufgebauten Unterdruck schließt. Eine Wellpointanlage besteht aus 8 bis 10 m langen und im Durchmesser 35 bis 100 mm breiten Flachbrunnen einfachster Art, bei denen das Filterrohr gleichzeitig als Saugrohr dient. Die unteren 1 bis 2 m des Brunnenrohrs sind als Filterrohr ausgebaut. Wenn die Filterrohre enge Schlitzweiten besitzen, ist eine Kiesschüttung nicht notwendig. Wenn Wellpointanlagen in Böden mit geringen k_f-Werten (< 10^{-5} m/s) eingesetzt werden, können sie wie Vakuumanlagen mit OTO-Filtern wirken, da der Unterdruck dann auch außerhalb des Brunnens wirkt. In einem solchen Fall müssen allerdings leistungsstärkere Vakuumpumpen verbaut werden.

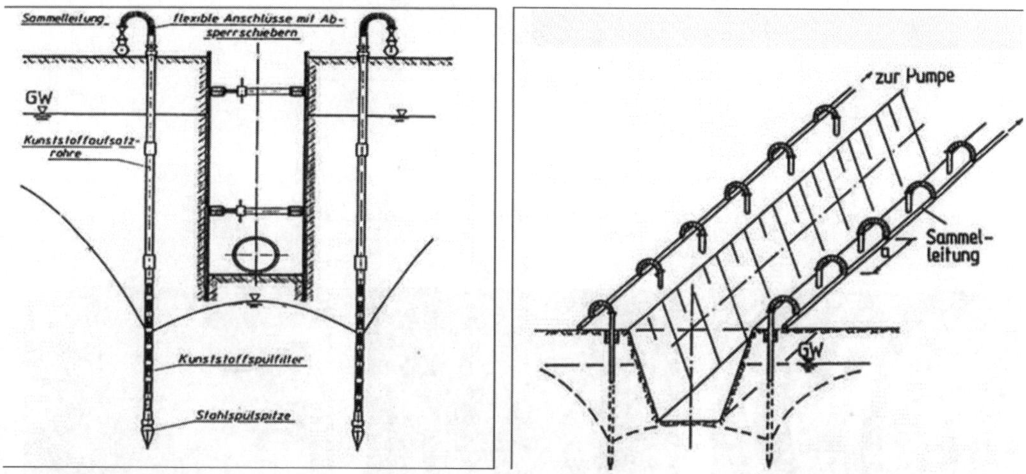

Abbildung 9: Aufbau einer Vakuumspülfilteranlage – (a) Seitenansicht und (b) Draufsicht Filterstaffelung

9.3.2.4 Horizontaldränagen

Neben vertikalen Brunnen und Filtersystemen können auch horizontale Dränagen neben oder unter der Baugrubensohle maschinell eingefräst werden. Ihre Anwendung finden sie meist bei Streckenbauwerken oder langgestreckten bzw. großflächigen Baugruben mit gut durchlässigen bis schwach bindigen Böden (k_f: 1×10^{-3} m/s bis 1×10^{-7} m/s) (Abbildung 10).

Das Einbringen der Dränagen mit einem Durchmesser von 80 bis 160 mm in bis zu 10 m Tiefe sowie die anschließende Verfüllung mit oder ohne Filterkies erfolgen mit einer Dränagefräse. Je nach Korngröße des Untergrunds können zusätzlich Spezialdränagen (z.B. Kokos- oder Fließummantelung) verwendet werden (Abbildung 11). Der Betrieb erfolgt mit Hilfe von Vakuumkolbenpumpen, welche das geförderte Wasser über Sammelleitungen zur Einleitstelle ableiten. Der Drainagestrang sollte aus Sicherheitsgründen nicht wesentlich länger gewählt werden.

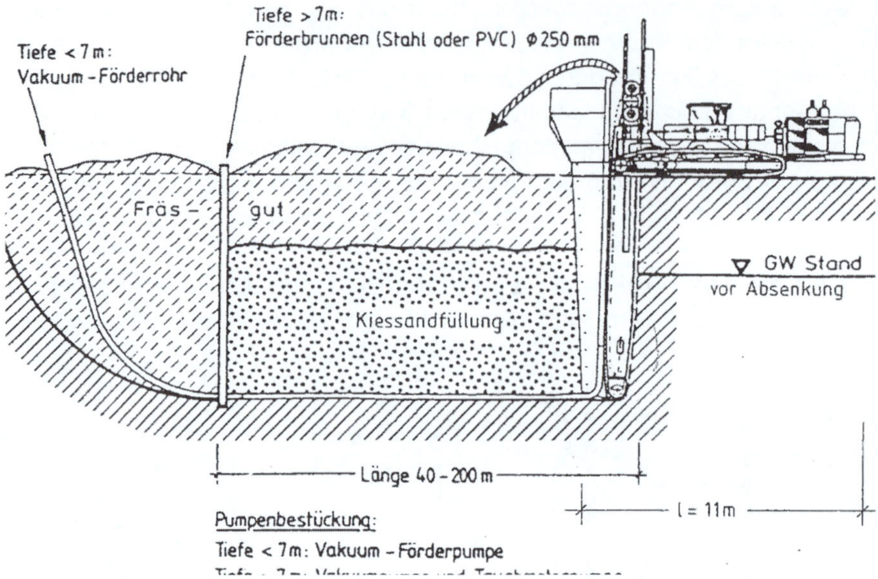

Abbildung 10: Schema Herstellung und Ausbau einer Horizontaldränage

Abbildung 11: a) Dränageschlauch, b) Kokosdränage, c) Fließdränage (Hersteller: Grainplastics)

Besonders erwähnenswert sind bei dieser Art der geschlossenen Wasserhaltung die baubetrieblichen Vorteile, da bei der Entwässerung keine Bauteile der Wasserhaltung in der Baugrube angeordnet werden müssen. Die zur Förderung eingesetzten Kolben- oder Kesselpumpen werden seitlich außerhalb der Baugrube installiert. Es gibt im Baufeld auch keine Saug- oder Druckleitungen, die die Erd- oder Rohbauarbeiten beeinträchtigen.

Bei der Bemessung der Filterstabilität haben sich die Ansätze der Bahnrichtlinie 836 (Handbuch Erdbauwerke der Bahnen) bewährt. Dies sei am folgenden Beispiel für einen typischen sandigen Baugrund der Norddeutschen Tiefebene erläutert. Aus den Kornsummenkurven der untersuchten Bodenproben im Tiefenbereich der installierten Horizontaldrainagen werden die relevanten Summenwerte und der Ungleichförmigkeitswert abgeleitet. Dann kann mit Wahl eines geeigneten Drainrohres bzw. dessen Schlitz- bzw. Öffnungsweite die Sicherheit gegen Kontakterosion und für ein ausreichendes Fassungsvermögen rechnerisch nachgewiesen werden.

Bei einem gut durchlässigem sandig bis kiesigem Boden mit wenig Unterkorn kann der Boden ggf. selbst als Filter angesetzt werden.

Nachweis Filterstabilität Horizontaldrainage ohne Verkiesung bzw. verstürzter Boden als Stützfilter

Bauvorhaben:		**Hohenwarthe**		
Baugrubenabschnitt		**Baugrube**		
Bezeichnung	Abkürzung	Wert	Einheit	Bemerkung
Boden, d_{10}-Wert	d_{10}	0.20	mm	
Boden, d_{50}-Wert	$D_{50,vorh}$ bzw. d_{50}	0.39	mm	Bodenprobe BS 4
Boden, d_{60}-Wert	d_{60}	0.42	mm	
Boden, U_D-Wert		2.10		
gewähltes Filtermaterial		Vlies		Produkte Fa. Grainplastics: O_{90} und Dicke Textilvlies PP450: 0,45 mm mit d = 5 mm Textilvlies PP700: 0,70 mm mit d = 5 mm Textilvlies PP1000: 1,00 mm mit d = 5 mm Kokofil normaal: 1,00 mm mit d = 5 mm Kokofil zwaar: 0,70 mm mit d = 5 mm Vlies: 0,18 bis 0,24 mm mit = d = 1.5 mm Schlitzweite: 1,5 mm
Schlitzweite bzw. O_{90}	$O_{90,w}$	0.45	mm	
Dicke des Filtermaterials	d	5.0	mm	
Beiwert für Struktur	n	1.5		n = 1,0 bei Perforation im Rohr und Geotextilien mit d < 10 x $O_{90,w}$ n = 1,5 für Geotextilien mit d ≥ 10 x O90,w
Abstandsverhältnis Erosion	A_E	1.15		gemäß Nomogramm
Abstandsverhältnis Kolmation	A_K	0.21		gemäß Nomogramm

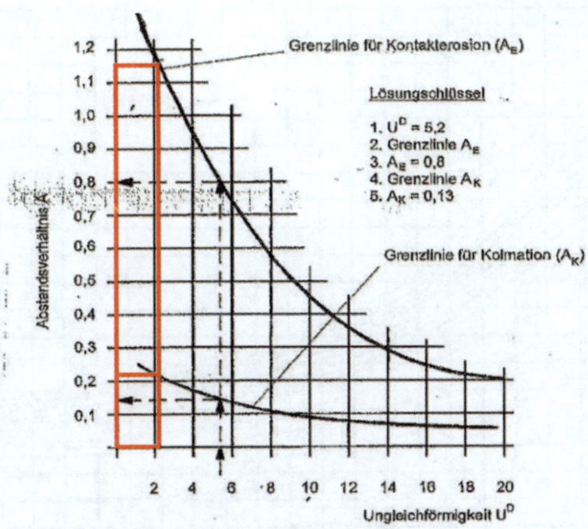

Zulässige Abstandsverhältnisse A_E und A_K

a) Sicherheit gegen Kontakterosion ist vorhanden, wenn

$$O_{90} = w_{vorh} \leq w_{zul} = A_E \times n \times D_{50,vorh}$$

$$O_{90} = w_{vorh} = 0.45 \leq w_{zul} = 1.15 \times 1.5 \times 0.39 = 0.67$$ vorhanden

Die Sicherheit gegen Kontakterosion ist vorhanden

b) Sicherheit gegen Kolmation und für ausreichende Wasserdurchlässigkeit ist vorhanden, wenn

$$O_{90} = w_{vorh} > w_{zul} = A_K \times D_{50,vorh}$$

$$O_{90} = w_{vorh} = 0.45 > w_{zul} = 0.21 \times 0.4 = 0.08$$ vorhanden

Die Sicherheit gegen Kolmation und ausreichende Wasserdurchlässigkeit ist vorhanden

Abbildung 12: Bemessung einer Horizontaldrainage mit dem anstehenden Boden als Filterschicht

Nachweis Filterstabilität Horizontaldrainage mit Verkiesung in Kontaktzone 1: Boden-Kies

Bauvorhaben: **Berlin, Köpenick**

Baugrubenabschnitt **Baugrube**

Bezeichnung	Abkürzung	Wert	Einheit	Bemerkung
Boden, d_{10}-Wert	d_{10}	0.05	mm	
Boden, d_{15}-Wert	d_{15}	0.07	mm	
Boden, d_{50}-Wert	d_{50}	0.16	mm	Bodenprobe 18/20
Boden, d_{60}-Wert	d_{60}	0.18	mm	
Boden, U_d-Wert	U_d	3.62		
Kies, d_{10}-Wert	D_{10}	0.23	mm	
Kies, d_{15}-Wert	D_{15}	0.35	mm	
Kies, d_{50}-Wert	$D_{50,vorh}$	0.41	mm	Filterkies 0 - 2
Kies, d_{60}-Wert	D_{60}	0.46	mm	
Kies, U_D-Wert	U_D	1.98		
Beiwert für die Kornform	η	1.00		η = 1,0 für rundes Korn η = 1,33 für kantiges Korn
Abstandsverhältnis $A_{50,zul}$	$A_{50,zul}$	11.20		gemäß Nomogramm

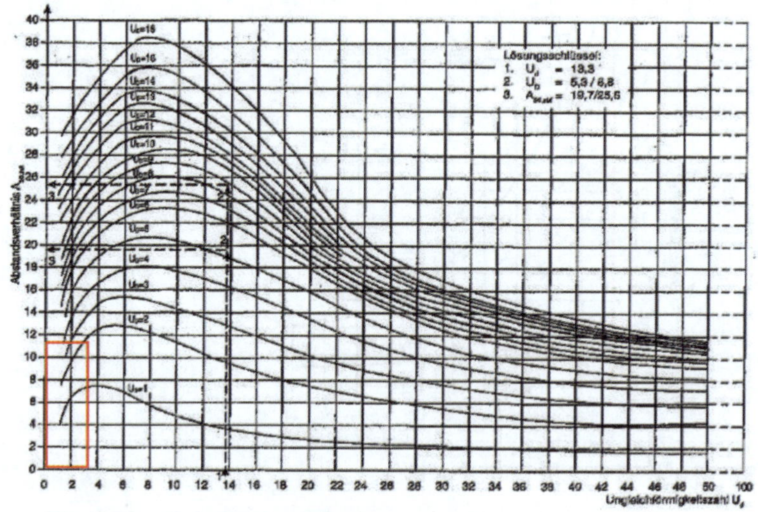

Zulässiges Abstandsverhältnis $A_{50,zul}$

a) Sicherheit gegen Kontakterosion ist vorhanden, wenn

$D_{50,vorh} \leq D_{50,zul} = 1/\eta \times A_{50,zul} \times d_{50,vorh}$

$D_{50,vorh} =$ 0.41 $\leq D_{50,zul} =$ 1.00 x 11.20 x 0.16 = 1.78 vorhanden

Die Sicherheit gegen Kontakterosion ist vorhanden

b) Sicherheit für ausreichende Wasserdurchlässigkeit ist vorhanden, wenn

$D_{15,vorh} \geq D_{15,zul} = 4 \times d_{15,vorh}$ und $U_D \leq U_d$ (Regel nach Terzhagi)

$D_{15,vorh} =$ 0.35 $\geq D_{15,zul} =$ 4.00 x 0.070 = 0.28 vorhanden

$U_D =$ 1.98 $\leq$ $U_d =$ 3.62 vorhanden

Die Sicherheit für aussreichende Wasserdurchlässigkeit ist vorhanden

Abbildung 13a: Bemessung einer Horizontaldrainage mit Einsatz einer abgestimmten Filterschüttung und dazu passendem Drainagerohr – Kontaktzone 1

Nachweis Filterstabilität Horizontaldrainage mit Verkiesung in Kontaktzone 2: Kies-Rohr

Bauvorhaben:		**Berlin, Köpenick**		
Baugrubenabschnitt		**Baugrube**		
Bezeichnung	Abkürzung	Wert	Einheit	Bemerkung
Kies, d_{10}-Wert	D_{10}	0.23	mm	
Kies, d_{50}-Wert	$D_{50,vorh}$	0.41	mm	Kies 0-2
Kies, d_{60}-Wert	D_{60}	0.46	mm	
Kies, U_D-Wert	U_D	1.98		
gewähltes Filtermaterial		Vlies		Produkte Fa. Grainplastics: O_{90} und Dicke Textilvlies PP450: 0,45 mm mit d = 5 mm Textilvlies PP700: 0,70 mm mit d = 5 mm Textilvlies PP1000: 1,00 mm mit d = 5 mm
Schlitzweite bzw. O_{90}	$O_{90,w}$	0.45	mm	Kokofil normaal: 1,00 mm mit d = 5 mm Kokofil zwaar: 0,70 mm mit d = 5 mm Vlies: 0,18 bis 0,24 mm mit = d = 1.5 mm
Dicke des Filtermaterials	d	5.0	mm	Schlitzweite: 1,5 mm
Beiwert für Struktur	n	1.5		n = 1,0 bei Perforation im Rohr und Geotextilien mit d < 10 x $O_{90,w}$ n = 1,5 für Geotextilien mit d ≥ 10 x O90,w
Abstandsverhältnis Erosion	A_E	1.20		gemäß Nomogramm
Abstandsverhältnis Kolmation	A_K	0.23		gemäß Nomogramm

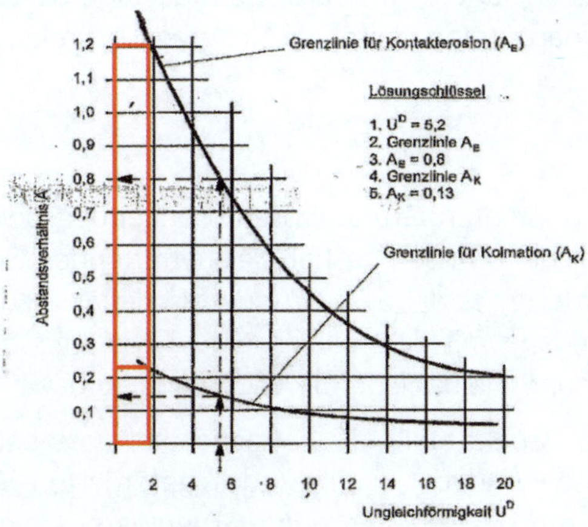

Zulässige Abstandsverhältnisse A_E und A_K

a) Sicherheit gegen Kontakterosion ist vorhanden, wenn

$$O_{90} = w_{vorh} \leq w_{zul} = A_E \times n \times D_{50,vorh}$$

$$O_{90} = w_{vorh} = \quad 0.45 \leq w_{zul} = \quad 1.20 \times 1.5 \times 0.41 = 0.74$$ vorhanden

Die Sicherheit gegen Kontakterosion ist vorhanden

b) Sicherheit gegen Kolmation und für ausreichende Wasserdurchlässigkeit ist vorhanden, wenn

$$O_{90} = w_{vorh} > w_{zul} = A_K \times D_{50,vorh}$$

$$O_{90} = w_{vorh} = \quad 0.45 > w_{zul} = \quad 0.23 \times 0.4 = 0.09$$ vorhanden

Die Sicherheit gegen Kolmation und ausreichende Wasserdurchlässigkeit ist vorhanden

Abbildung 13b: Bemessung einer Horizontaldrainage mit Einsatz einer abgestimmten Filterschüttung und dazu passendem Drainagerohr – Kontaktzone 2

Bei Vorhandensein von viel Unterkorn ist ein abgestufter Filter erforderlich. In diesem Fall wird der Drainageschlitz mit einem geeigneten, auf den anstehenden Boden abgestimmten Filtermaterial bis mindestens zum ruhenden Grundwasserstand aufgefüllt. Das Drainagerohr wird dann bezüglich des gewählten Filtermaterials bemessen.

Die Anzahl, Länge und Anordnung der Horizontaldrainagestränge für eine Flächenabsenkung bestimmen sich rechnerisch aus deren Fassungsvermögen in Bezug auf die zur Absenkung erforderliche Fördermenge. Hier können die einschlägigen Ansätze von Chapman (oder die entsprechende Software) verwendet werden. Für den Längenansatz des Horizontaldrainagestranges sind jedoch nicht nur dessen rechnerisches Fassungsvermögen, sondern auch die zur Förderung geplante Unterdruckpumpanlage und die Einbautiefe der Drainage zu berücksichtigen. Dem Stand der Technik entsprechend werden als Unterdruckpumpanlagen meist Kolbenpumpen mit einem relativ begrenzten Luftvolumen eingesetzt. Bei hoch liegenden Drainagen kann es zu Luftverlusten an der Drainage kommen, weil der Grundwasserstand besonders am Anfang des Strangs vollständig abgesenkt und Bodenluft angesaugt wird. Nach Erfahrungen bei Maßnahmen in der Lausitz und in Berlin haben sich Stranglängen von 20 bis ca. 45m als praktikabel erwiesen. Zur Orientierung kann die maximal mögliche Länge des offen liegenden Stranges für die zur Verfügung stehende Luftleistung der geplanten Unterdruckpumpanlage berechnet werden. Der zur Installation geplante Drainagestrang sollte aus Sicherheitsgründen nicht wesentlich länger gewählt werden.

9.3.3 Re-Infiltration

Alle über die Bauwasserhaltung getätigten Grundwasserabsenkungen oder Entnahmen stellen einen Eingriff in den natürlichen Wasserhaushalt des betreffenden Gebiets dar. Ziel der Re-Infiltration ist es, das geförderte Wasser dem Grundwasserleiter wieder zuzuführen und somit einen schonenden Umgang mit den lokalen Grundwasserressourcen im Hinblick auf zu große Absenktrichter und die umliegende Vegetation zu bewirken.

Einen besonders wirtschaftlichen Aspekt stellt die Tatsache dar, dass bei genauer Beobachtung der Grundwasserstände und der Qualität des geförderten Wassers durch die Wiedereinbringung in den Grundwasserleiter keine Grundwassereinleitgebühren in die Kanalisation und keine behördlichen Entnahmeentgelte anfallen. Bei der klassischen Re-Infiltration werden Versickerungsbrunnen eingesetzt (Abbildung 14). Bei der konventionellen Rückführung liegt das Verhältnis von Entnahme- und Versickerungsbrunnen je nach Bodenverhältnissen bei 1:2 bis 1:4, da die Menge des reinfiltrierbaren Wassers pro Sickerbrunnen deutlich geringer ist als die im Förderbrunnen.

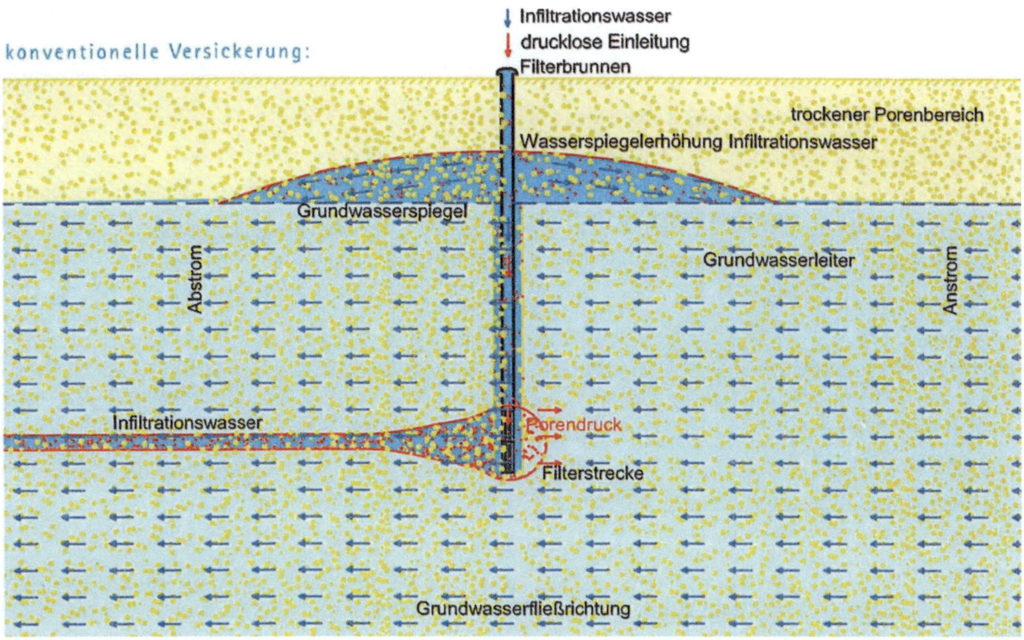

Abbildung 14: Schema – konventionelle Re-Infiltration

9.3.3.1 Düsensauginfiltrationsverfahren (DSI®)

Beim innovativen DSI®-Verfahren wird das geförderte Grundwasser nicht durch Gravitation dem Grundwasserleiter wieder zugeführt, sondern es werden durch eine spezielle hydraulische Untersuchung Horizonte im Aquifer identifiziert, in denen das Grundwasser vergleichsweise schnell fließt. Bei einem luftdichten Anschluss an diese Schichten kann die durch Adhäsion der Wassermoleküle entstehende Saugspannung zu einer Infiltrationskapazität führen, die erheblich über der klassischer Reinfiltrationsbrunnen liegt. Hierfür werden in den DSI®-Einheiten spezielle Düseneinsätze verwendet (Abbildung 15).

Die Vorteile dieser umweltschonenden Technik ergeben sich aus der deutlichen Verringerung der abzuleitenden Fördermengen, einer teilweise bis zu hundertprozentigen Re-Infiltration des geförderten Grundwassers, vereinfachten Genehmigungsverfahren und der sich daraus ergebenden Wirtschaftlichkeit durch das Wegfallen von Einleitgebühren, behördlichen Entnahmeentgelten sowie einer deutlichen Energieersparnis.

Man unterscheidet bei den DSI®-Einheiten die *Typen Glindow* und *Brandenburg*.

Beim Typ *Glindow* erfolgt die Reinfiltration mit DSI® mit Förderwasser aus einer klassischen Fassung in einer räumlich getrennten Re-Infiltrationsanlage.

Die Einheit vom Typ *Brandenburg* hingegen fördert und reinfiltriert das Grundwasser an gleicher Stelle bzw. in einem »Brunnen« und refinfiltriert unterhalb der Absenkung in den Grundwasserleiter.

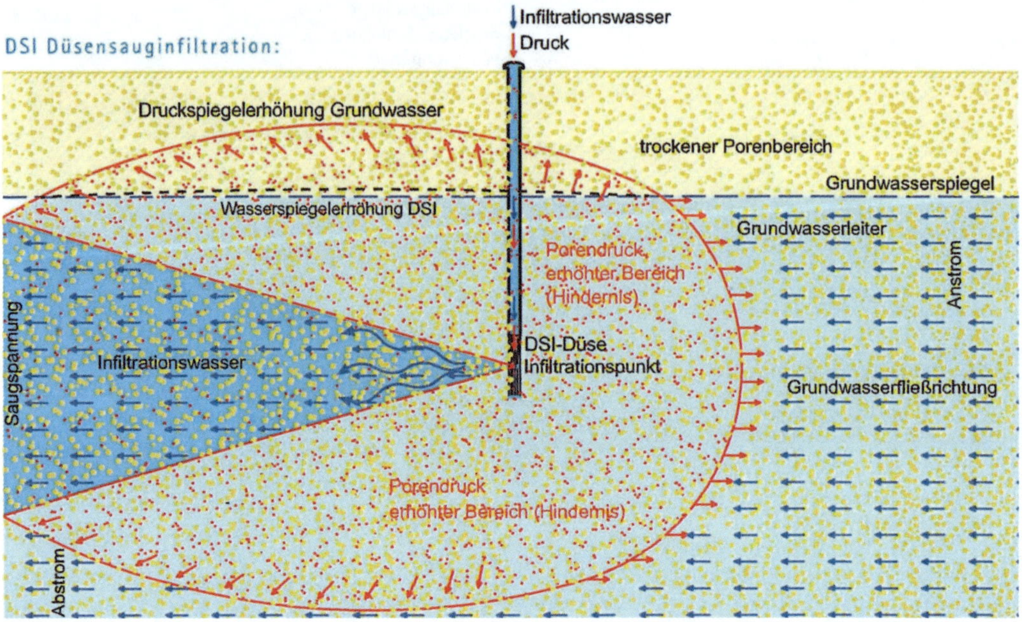

Abbildung 15: Schema DSI®

9.4 Rohrleitungen

Das geförderte Wasser wird meist über Rohrleitungen aus PVC oder Stahl zur Vorflut geleitet. Die Auswahl des Materials ist individuell nach den Baustellenbedingungen und den Fördermengen zu wählen.

Die in den Brunnen von Brunnenunterkante bis Oberkante eingebauten Steigleitungen (ø 80 bis 150 mm) werden über Krümmer an Sammelleitungen (ø 150 bis 300 mm) angeschlossen, welche zum Vorfluter, zum Sickerbrunnen oder zu Sickerflächen führen. Bei kleineren oder kurzfristigen Baumaßnahmen haben die Ablaufleitungen Schnellverschlüsse (sogenannte SK-Rohre) (Abbildung 16a). Damit sich diese nicht unabsichtlich lösen, muss auf eine gute Sicherung geachtet werden.

Vorflutleitungen (ø 200 bis 500 mm) und Formteile sind überwiegend mit Flanschverbindungen versehen (Abbildung 16b).

Bei der Planung und beim Aufbau eines Rohrleitungssystems ist darauf zu achten, dass Anschluss-stellen für eine eventuell später notwendig werdende offene Wasserhaltung oder zusätzliche Brunnen geschaffen werden, da sich diese während des laufenden Betriebs sonst nur schwer integrieren lassen. Außerdem sind Zapfstellen einzubauen, die zur Überprüfung der sandfreien Förderung der Brunnen und zur Beprobung für die Grundwasseranalytik dienen.

Reibungsverluste, welche durch diverse Formstücke oder Schieber im Rohrleitungssystem entstehen, müssen bei der Planung berücksichtigt werden.

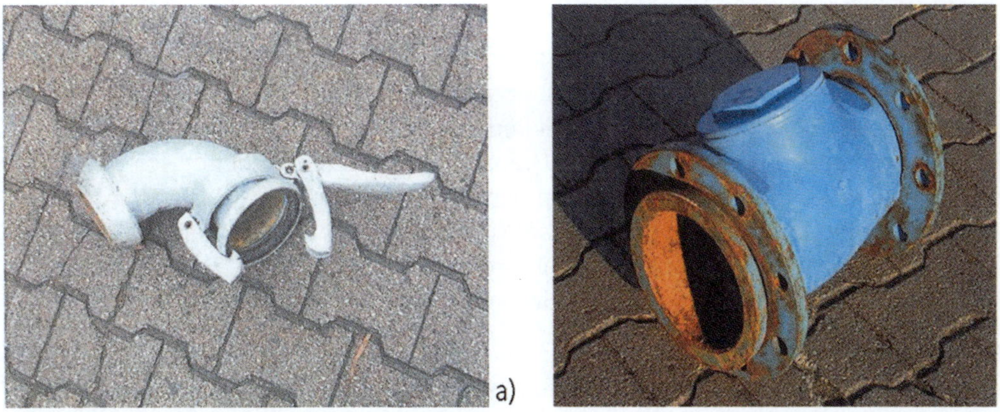

a) b)

Abbildung 16: Verschlussarten a) SK und b) Flansch

Um Böschungsschäden und Versandungen in Vorflutern zu vermeiden, ist es notwendig, den Auslauf der Rohrleitung genau auf die jeweilige Einleitstelle anzupassen. Hilfreich ist die Vorschaltung eines Zwei- bis Drei-Kammer-Sandfangbeckens, welches die Strömungsgeschwindigkeit und die Turbulenz des einströmenden Wassers verringert und eventuell geförderte Sedimente zum Absetzten bringt.

Wenn die Ablaufleitung zum Vorfluter sehr lang ist, sollten Druckerhöhungsstationen zwischengeschaltet werden, in denen der durch Reibung in den Leitungen und Formstücken verlorengegangene Leitungsdruck mittels Tauchpumpen wieder auf das gewünschte Niveau erhöht wird.

Bei Unterdruckanlagen sind die Saugleitungen nicht nur an den Filtern bzw. an den Brunnen, sondern auch zwischen der Saugleitung und der Vakuumpumpe mit Schiebern zu versehen, damit eine weitgehend luftfreie Förderleistung gewährleistet werden kann und immer ein ausreichender Unterdruck im Brunnen und im Leitungssystem vorherrscht.

9.5 Pumpen

Zum Betrieb einer offenen oder einer geschlossenen Wasserhaltung stehen verschiedene Arten von Pumpen zur Verfügung. Oft sind für die jeweilige Form der Wasserhaltung aber nur wenige geeignet. Eckdaten für die Auswahl der richtigen Pumpe sind dabei vorrangig die Art der Wasserhaltung, die Wirtschaftlichkeit hinsichtlich der Anschaffung und des Einbaus als auch die Wasserbeschaffenheit (Korrosionsbeständigkeit) und der Gesamtwirkungsgrad aus Pumpe und Antriebsmotor.

An vorderster Stelle für die richtige Auswahl einer Pumpe stehen ihre Leistung und die damit verbundenen Förderraten. Dafür ist die Förderhöhe einschließlich sämtlicher Reibungsverluste in den Rohrleitungen und Formstücken in Bezug auf die Fördermenge unter Berücksichtigung eventueller maximaler und minimaler Werte entscheidend. Hierfür stellen die Herstellerfirmen Kennlinienblätter zur Verfügung, anhand derer die jeweils günstigste Pumpe gewählt werden kann.

Offene Wasserhaltung

Bei der offenen Wasserhaltung führt man das in Pumpensümpfen, Drän- und Sickergräben gesammelte Wasser mittels Tauch- und Saugpumpen ab. Um verfahrensbedingte Schäden an den Pumpen zu verhindern sollten, bei Bedarf, spezielle Schmutzwassertauchpumpen installiert werden. Bei oberflächennahen Dränagen werden dazu elektronisch oder kraftstoffbetriebene Vakuumkolbenpumpen an den Dränagestrang angeschlossen (Abbildung 17a). Diese laufen durchgängig mit konstanter Förderkapazität. Im Unterschied dazu können auch elektronisch betriebene Vakuumkesselpumpen (Abbildung 17b) verwendet werden, die ihre Förderleistung an den Grundwasseranfall anpassen.

Geschlossene Wasserhaltung

Bei der Auswahl von Brunnenpumpen unterscheidet man zwischen dem Einsatz in Flach- oder Tiefbrunnen. Dabei sind in jeden Fall die geplante Absenktiefe, der anstehende Boden, die Nutzungsart (Versorgungsbrunnen oder Bauwasserhaltungsbrunnen) und die Nutzungsdauer entscheidend. Die meisten Hersteller bieten dafür leichte Schmutz- oder Reinwasserpumpen schlanker Bauart für verschiedene Absenkziele mit der entsprechenden Förderleistung an (Abbildung 17c, d).

Die Reinwasserpumpen unterscheiden sich von den Schmutzwasserpumpen dadurch, dass das Filtersieb mittig im Pumpengehäuse positioniert ist. Bei den Schmutzwasserpumpen liegt das Filtersieb am Boden der Pumpe. Wenn der Baugrund aus feinkörnigem Material beschaffen ist, muss die Förderung mittels einer Tauchpumpe noch unterstützt werden durch eine Vakuumentwässerung (siehe Kap. 9.3.2.2). Hierfür stehen Vakuumaggregate zur Verfügung.

Bei Spülfilter-, OTO- oder Wellpointanlagen werden Vakuumkesselpumpen oder Kolbenpumpen eingesetzt.

a)

b)

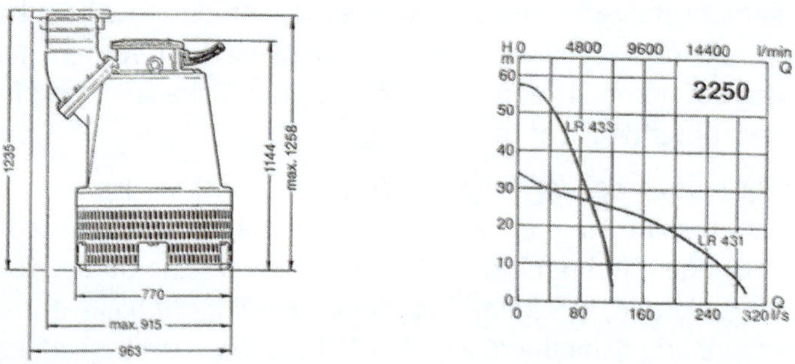

Sieböffnung 15 x 45 mm
(alle Maße in mm)

Max. zulässiger Pumpendruck 10 bar

c)

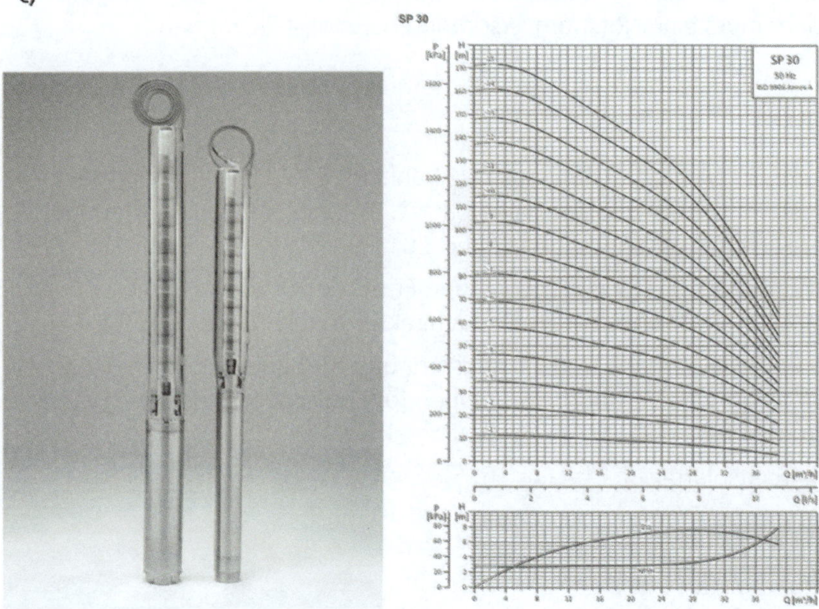

d)

Abbildung 17: a) Koop Wasserbau – dieselbetriebene Vakuumkolbenpumpe, b) Hüdig HC 487 –Vakuumkesselpumpe, c) Flygt BIBO 2250 – Schmutzwasserpumpe mit Kennlinienblatt, d) Grundfos SP 30 – Tauchmotorpumpe mit Kennlinienblatt

9.6 Betrieb und Betriebssicherheit von Wasserhaltungsanlagen

Bevor eine Wasserhaltung in Betrieb geht, ist es unerlässlich, sich auf eventuell eintretende Gefahren- oder Störfaktoren vorzubereiten. Dazu ist eine genaue Prüfung der Faktoren notwendig, die den Bauablauf potenziell beeinflussen oder behindern können. Das bedeutet, genaue Kenntnis über den Baugrund, die hydrogeologische Beschaffenheit, angrenzende Gebäude oder Straßen, geplante Wasserentnahmemengen, beeinflusste Flora und Fauna usw. zu haben.

Kommt es nach Beginn der Baumaßnahme durch die Wasserhaltung zu ersthaften Schäden von Natur, angrenzenden Gebäuden oder sogar Menschen wegen mangelhafter Vorbereitung, wird der Bauherr/Auftraggeber sich in seinen Schadensersatzforderungen immer zuerst an die ausführende Fachfirma wenden.

Es empfiehlt sich daher immer, bei der Angebotsabgabe schriftliche Haftungsausschlüsse zu vereinbaren. Zusätzlich sollte eine lückenlose Dokumentation der Baumaßnahme z.B. durch gemeinsame Ortsbegehungen mit dem Auftraggeber, welche durch Protokolle und Abbildungen unterstützt werden, erfolgen. Dies ist notwendig, um bei eventuellen rechtlichen Auseinandersetzungen nach einem Schadensfall die Beweislast zu erleichtern.

Der Betrieb einer Wasserhaltungsanlage erfolgt im Regelfall mit elektrischer Energie aus dem öffentlichen Netz. Bei Ausfall dieser Stromversorgung sind Baugrube und Bauwerk gefährdet. Daher muss eine Notstromversorgung bereitgestellt werden.

9.7 Literatur

[1] Maybaum, G., Mieth, P., Oltmanns, W., Vahland, R. (2011): Verfahrenstechnik und Baubetrieb im Grund- und Spezialtiefbau, 2. Auflage, Vieweg und Teubner Verlag I Springer Fachmedien Wiesbaden GmbH 2011.

[2] Herth, W., Arndts, E. (1994): Theorie und Praxis der Grundwasserabsenkung, 3. Auflage, Ernst und Sohn, Verlag für Architektur u. techn. Wiss., 1994.

[3] DIN 18305, VOB Vergabe und Vertragsordnung für Bauleistungen – Teil C: Allgemeine technische Vertragsbedingungen für Bauleistungen (ATV) – Wasserhaltungsarbeiten

[4] DVGW-Arbeitsblätter

Internetquellen:

[5] www.grundfos.de

[6] www.flygt.com

[7] www.huedig.de

[8] www.drossbach.de

[9] www.stuewa.de

[10] www.koopwasserbau.de

10 Belastungs- und Qualitätsprüfung Probebelastung und Qualitätskontrolle von Tiefbaukonstruktionen

Josef Pusztai, David Turi, Melvin England, Rolf Balthes

10.1 Allgemeines

Die Qualitätskontrolle bei Tiefbaukonstruktionen ist eine der größten Herausforderungen des Ingenieurfachs.

Bei diesen Konstruktionen kann man grundsätzlich zwischen zwei Kontrollarten unterscheiden:

1. Verifikation und der Ausführung vorlaufende Kontrolle, Vor-Ort Untersuchungen (z.B. Probebelastungen)
2. Nachträgliche Zertifizierung der gebauten Konstruktionen (z.B. Integritätsprüfungen)

Tiefbaukonstruktionen werden i.d.R. unterirdisch errichtet und können damit nicht in Augenschein genommen oder kontrolliert werden. Außerdem bedarf die Bemessung von Tiefbauelementen (z.B. Pfähle, Anker, Stützwände) ebenfalls erheblichen Ingenieurfachwissens, da die Lastübertragung sich üblicherweise aus der Wechselwirkung von Boden und Konstruktion ergibt. Die Klassifizierung des Bodens (z.B. mit bodenmechanischen Parametern) wurde in den vergangenen Jahrzehnten erheblich weiterentwickelt. Die Anwendung verbesserter Bohrtechniken, die Verbreitung der Drucksondiertechnologie »Cone Penetration Test – CPT«, die verbesserte Zuverlässigkeit und Qualität von Laboruntersuchungen machen die Modellierung des Erdkörpers immer effektiver und ermöglichen durch die Anwendung von FEM-Software eine genauere und wirtschaftlichere Planung.

Die Unsicherheit bei der Klassifizierung der Bodenparameter erscheint während der Planung als Sicherheitsfaktor. Dieses Fachgebiet der Geotechnik ist das wahrscheinlich letzte Gebiet des Ingenieurwesens, wo die geplante Konstruktion (z.B. Pfahl) vor Ort in einem Modellversuch im Maßstab 1:1 überprüft wird. In Kenntnis dieser Ergebnisse wird im Zuge der Planung das geotechnische Modell weiter verfeinert und überprüft. Die Durchführung von Tragfähigkeits- und Festigkeitstests vor Ort ist i.d.R. kostenintensiv, sodass die Unsicherheiten nur mit der vorsichtigen (zumeist geschätzten) Annahme von Sicherheitsfaktoren ausgeschlossen werden. Bei bestimmten Investitionen bieten allerdings die Tragfähigkeits-/Festigkeitstests nicht nur eine kostengünstige Lösung, sondern sind im Normenwerk sogar vorgeschrieben. Die Tragfähigkeits-/Festigkeitstests ermöglichen generell eine optimierte Planung, da das Maß des Sicherheitsfaktors einzeln geprüft werden kann. Dadurch können die Kosten der Tiefbauaufgabe z.T. deutlich gesenkt und gleichzeitig das Sicherheitsniveau erhöht werden. Die Durchführung der Tragfähigkeits-/Festigkeitstests speziell bei kompliziertem bzw. ungünstigem Baugrund kann für die Planung der zu bauenden Konstruktionen notwendig sein.

Bei Tiefbaukonstruktionen sind folgende Prüfmethoden bekannt und anerkannt:

- Bei Bohr-, Schlag-, Verdrängungspfählen: Druck- und Zugversuche, horizontale Probebelastungen, Integritätsprüfungen, Entnahme von Betonprobekörpern
- Bei Stützwänden: Prüfungen während der Bauphase (z.B. Ausbreitmaß- und Betondruckprüfung, Integritäts- und Cross-Hole Versuche, Schlitzwandvermessungen, Lotrechtigkeit, Betonuntersuchungen)
- Bei Spundwänden: dynamische Schlagarbeit und Eindrängungsversuch
- Bei Tiefenverdichtung: Sondierungen (CPT und DPH), Proctor-Untersuchungen, Tragfähigkeitstest mit Plattendruckgerät

10.2 Probebelastung von Pfählen

10.2.1 Allgemeines

Pfahlgründungen werden vor allem in Gebieten angewendet, in denen kostengünstigere Flach- oder Polstergründungen z.B. aufgrund großer Tiefenlage der tragfähigen Schichten oder ungünstiger Wasserstände nicht realisierbar wären. Pfahlgründungen werden vorzugsweise bei Konstruktionen mit großer, oft punktförmiger Belastung oder ungewöhnlicher Form angewendet und ihre Tragfähigkeit wird in der Regel mittels Probebelastung nachgewiesen. Eine Pfahlprobebelastung wird im Allgemeinen zum Nachweis der erforderlichen Tragfähigkeit oder zur Erhebung von Daten, die eine wirtschaftlichere Planung ermöglichen, durchgeführt.

Eine der größten Aufgaben des Ingenieurfaches der vergangenen Jahre war die Vereinheitlichung der verschiedenen nationalen baufachlichen Regelungen und Normen. Gleichzeitig zur Einführung der neuen europäischen Normen (EN) können die früheren nationalen Normen ihre Gültigkeit entweder verlieren oder aber sie bleiben parallel zu den neuen EN-Normen gültig.

Bei der Planung und Durchführung der Probebelastungen sind die folgenden relevanten Normen zu beachten:

1. DIN EN 1997-1:2014-03:Eurocode 7: Entwurf, Berechnung und Bemessung in der Geotechnik – Teil 1: Allgemeine Regeln
2. DIN EN 1997-2:2010-10: Eurocode 7: Entwurf, Berechnung und Bemessung in der Geotechnik – Teil 2: Erkundung und Untersuchung des Baugrunds (
3. DIN 1054:2021-04:Baugrund – Sicherheitsnachweise im Erd- und Grundbau

Ergänzende Regelungen zu DIN EN 1997-1

1. ISO 22477-1:2018: Geotechnische Erkundung und Untersuchung – Prüfung von geotechnischen Bauwerken und Bauwerksteilen – Teil 1: Statische axiale Pfahlprobebelastungen auf Druck (korrigierte Fassung 2019-03); Deutsche Fassung EN ISO 22477-1:2018
2. ISO/DIS 22477-2:2022: Geotechnische Erkundung und Untersuchung – Prüfung von geotechnischen Bauwerken und Bauwerksteilen – Teil 2: Statisch axiale Pfahlprobebelastung auf Zug; Deutsche und Englische Fassung prEN ISO 22477-2:2022

3. ISO 22477-10:2016: Geotechnische Erkundung und Untersuchung – Prüfung von geotechnischen Bauwerken und Bauwerksteilen – Teil 10: Pfahlprüfungen: Schnellprüfung mit axialer Druckbelastung; Deutsche Fassung EN ISO 22477-10:2016
4. DIN EN 1536:2010: Ausführung von Arbeiten im Spezialtiefbau – Bohrpfähle

Lt. den Vorschriften der DIN EN 1997-1:2014-03 müssen Pfahlprobebelastungen in folgenden Fällen ausgeführt werden

- Wenn eine Pfahlart oder ein Herstellungsverfahren angewendet wird, für das es keine vergleichbaren Erfahrungen gibt.
- Wenn die Pfähle noch nicht unter vergleichbaren Baugrund- und Belastungsverhältnissen probebelastet worden sind.
- Wenn die Pfähle unter Belastungsbedingungen eingesetzt werden sollen, für die Theorie und Erfahrung noch keine ausreichende Bemessungssicherheit ergeben. Die Probebelastung sollte dann mit der vorgesehenen Belastung vergleichbar sein.
- Wenn Beobachtungen bei der Herstellung ein Pfahlverhalten zeigen, dass erheblich andere Ergebnisse zeigt, als sie auf Grund der Baugrunderkundung und der Erfahrung zu erwarten wären, und ergänzende Baugrundaufschlüsse zu keiner Klärung der Gründe für diese Abweichung führen.

Die Vorschriften zur Planung und Ausführung von Probebelastungen werden in den Normen (4) bis (6) aufgeführt. Die Normen unterscheiden im Hinblick auf die Belastungsart zwischen den Probebelastungstypen der Tabelle 1, in der ebenfalls die Anwendungskriterien für verschiedene Arten der Probebelastung aufgeführt sind.

Tabelle 1: Anwendungskriterien der Pfahlprobebelastung

Prüfungsart	**Anwendung**		
	Nachweis vom Bruchwiderstand des Pfahls	**Nachweis des Nutzungs-Formänderungs-Bereichs**	**Unversehrtheit der Konstruktion (Integrität)**
Probebelastung mit gleicher Last	Ja	Ja	Manchmal möglich
Probebelastung mit gleicher Geschwindigkeit	Ja	Im rolligen Boden entsprechend langsam durchführen (Versuchsgeschwindigkeit anpassen)	Nein
Dynamische Probebelastung	Ja	Möglich	Ja
Probebelastung mit Osterberg-Zelle	Ja	Möglich	Ja
Integritätsprüfung	Nein	Nein	Ja

Aufgrund der derzeit gültigen Normen bzw. der praktischen Methoden kann grundsätzlich zwischen folgenden Probebelastungsarten unterschieden werden

1. Statische Probebelastung der Druckpfähle
2. Probebelastung der Zugpfähle
3. Horizontale Probebelastung
4. Dynamische Probebelastung
5. Probebelastung mit Osterberg-Zelle

Zum Nachweis der axialen und der horizontalen Tragfähigkeit von Bohr- und Verdrängungspfählen sind sowohl statische als auch dynamische Probebelastungen anwendbar. Die statische Probebelastung setzt sich aus der Belastung des Pfahls sowie aus der Messung der Verschiebungen zusammen. Bei der dynamischen Probebelastung wird meistens ebenfalls die statische Tragfähigkeit des Pfahls bestimmt, sodass die Pfahlverschiebung infolge der dynamischen Last mittels Spannungs-Wellenanalyse geprüft wird. Die allgemeinen Ziele sowie die am weitesten verbreiteten Prüfmethoden bezüglich der statischen und dynamischen Probebelastungen werden im nächsten Kapitel beschrieben.

10.2.2 Statische Probebelastung von Druckpfählen

Die statische Probebelastung von Druckpfählen ist eine der ältesten und gleichzeitig zuverlässigsten Methoden zur Feststellung des Druckwiderstands im Boden. Hinsichtlich der Belastung wird zwischen sog. Planungstests und Kontrolltests unterschieden.

Das Ziel einer Probebelastung in der Planungsphase ist es, Informationen über den charakteristischen Wert des Druckwiderstands des Bodens zu ermitteln, d.h., die Probebelastung soll bis zum Erdbruch durchgeführt werden. Bei einem Kontrolltest ist die Last auf dem Pfahl gleich der Grundlast und erhöht sich um einen Sicherheitsfaktor. Hierbei wird die Verschiebung am Pfahlkopf gemessen. Liegt die Pfahlkopfverschiebung unter dem zulässigen Grenzwert, so ist die Anwendbarkeit des Pfahls nachgewiesen. Eine Kontrollbelastung wird im Zuge der Qualitätssicherung im Allgemeinen während der Pfahlherstellung durchgeführt.

Der Zeitpunkt der Probebelastung ist im Normenwerk festgelegt. In der durch den Pfahlbau gestörten Umgebung muss erst die Wiederherstellung des originalen, sog. in-situ Zustands abgewartet werden, messbar z.B. über die Absenkung des Porenwasserdrucks auf den Ausgangszustand. Mit der Probebelastung nach der Anfertigung des Probepfahls kann folgendermaßen vorgegangen werden

1) Bei Prüfungen für die Planung
   a) Mind. 7 Tage nach Herstellung, falls der Pfahl im rolligen (sandig/kiesig) Boden gebaut wurde
   b) Bei bindigem Boden, bei Bohrpfählen mind. 3 Wochen sowie bei Verdrängungspfählen mind. 5 Wochen nach Herstellung

2) Bei Kontrollprüfungen
   a) Mind. 5 Tage bei rolligem (sandig/kiesig) Boden nach Pfahlherstellung
   b) Bei bindigem Boden bei Bohrpfählen mind. 2 Wochen sowie bei Verdrängungspfählen mind. 3 Wochen nach Herstellung

Die klassische statische Probebelastung von Bohr- und Verdrängungspfählen bedingt die Einrichtung eines Widerlagers, eine entsprechend dimensionierte Belastungseinrichtung sowie die Ermöglichung der stufenweisen Lastveränderung (in der Mehrheit der Fälle durch eine hydraulische Presse). Das Widerlager wird mit mindestens zwei, meistens allerdings mit vier ausreichend dimensionierten Reaktionspfählen im Boden verankert (siehe Abbildung 1). Die Lastgröße wird mit einer Kraftmessdose, die Pfahlkopfverschiebung wird z.B. mit einem digitalen Wegaufnehmer, welcher an einer unabhängigen Messbrücke befestigt ist, sowie mit geodätischen Verfahren gemessen. Werden die Wegaufnehmer bei der Messung der Vertikalverschiebung im Inneren des Pfahls aufgebracht, so besteht die Möglichkeit, die Kraftverteilung entlang des Pfahls zu bestimmen. Die Probebelastung von zug- sowie von querbelasteten Pfählen wird mit der Umlagerung des Widerlagers und/oder der Belastungsvorrichtung, somit mittels der Veränderung der Einwirkungsrichtung der Last, ermöglicht. Obwohl die traditionelle Probebelastung kostspielig und äußerst zeitaufwändig ist, ist es die zuverlässigste und eingeführteste Methode zur Bestimmung der Pfahltragfähigkeit, da die Belastungsmethode dem Zustand bei Betriebslast sehr nahe kommt.

Abbildung 1: Versuchsaufbau in situ

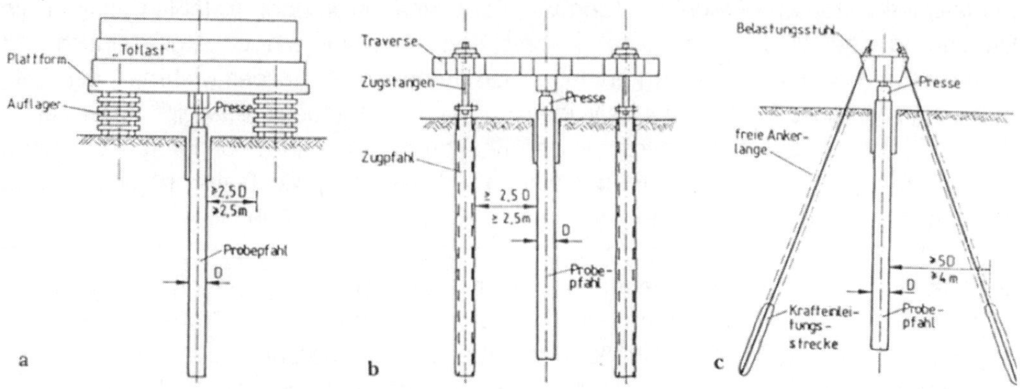

Abbildung 2: Schematischer Versuchsaufbau für statische, axiale Probebelastung

Zur statischen Probebelastung von Pfählen gibt es zwei eingeführte Methoden

(1) Versuch mit konstanter Verschiebungsgeschwindigkeit (CRP: Constant Rate of Penetration; Entwickelt durch: Building Research Establishment)

(2) Versuch mit konstanter Belastung (ML: Maintained Load)

Beim Versuch mit konstanter Verschiebungsgeschwindigkeit (CRP) wird die Versuchslast des Pfahls so variiert, dass sich der Pfahl in den Boden mit konstanter Geschwindigkeit so lange verschiebt, bis die Bruchlast erreicht wird.

Der CRP-Versuch mit konstanter Verschiebungsgeschwindigkeit ist vorzugsweise zur Bruchlastbestimmung geeignet. Dementsprechend wird diese Methode vorzugsweise bei Vorab-Probebelastungen oder bei Forschungstests verwendet. Der Vorteil der Methode liegt in der Schnelligkeit, da die Konsolidierung nicht abgewartet werden muss. Die konstante Verschiebungsgeschwindigkeit beträgt in der Praxis ca. 0,75 mm/min. beim schwebenden Pfahl im Lehmboden, sowie ca. 1,55 mm/min. beim stehenden Pfahl im rolligen (sandig/kiesig) Boden. Die erreichte Verschiebungsgeschwindigkeit ist neben der verwendeten Versuchslast eine Funktion der Steifigkeit bei bindigen Böden und der Lagerungsdichte bei rolligen Böden. Diese Methode ist zur Bestimmung der maximalen Verschiebung bei einer gegebenen Last nicht geeignet.

Bei der Methode der konstanten Belastung (ML) wird die vertikale Last in mehreren Belastungsstufen bis zum Bruch bzw. bis zum 1,5- bis 2,0-fachen der Nutzlast erhöht. Die einzelnen Be- und Entlastungsstufen können nach dem Abklingen der Konsolidierung beendet werden. Die Versuchslast soll bei einer jeden Belastungsstufe so lange beibehalten (konsolidiert) werden, bis der Wert der Verschiebung weniger als 0,1 mm/20 Min. beträgt. Die Versuchsmethode ML ist zur Bestimmung sowohl der Bruchlast als auch der Verschiebung bei gegebener Last geeignet.

Aufgrund der Probebelastungsergebnisse kann der Druckwiderstand eines einzelnen Pfahls in Mantel- sowie Spitzenwiderstandswerte aufgeteilt werden. Die Abbildung 3 zeigt das Ergebnis einer typischen, nach DIN 1054 durchgeführten Probebelastung.

Der charakteristische Wert des erhaltenen Druckwiderstands ($R_{1,k}$) kann aus dem bei der Probebelastung ermittelten Wert (R_{1m}), im Fall von mehreren Versuchen aus den Werten so bestimmt werden, dass diese durch den Streuungsfaktor dividiert werden (Streuungsfaktor, ξ).

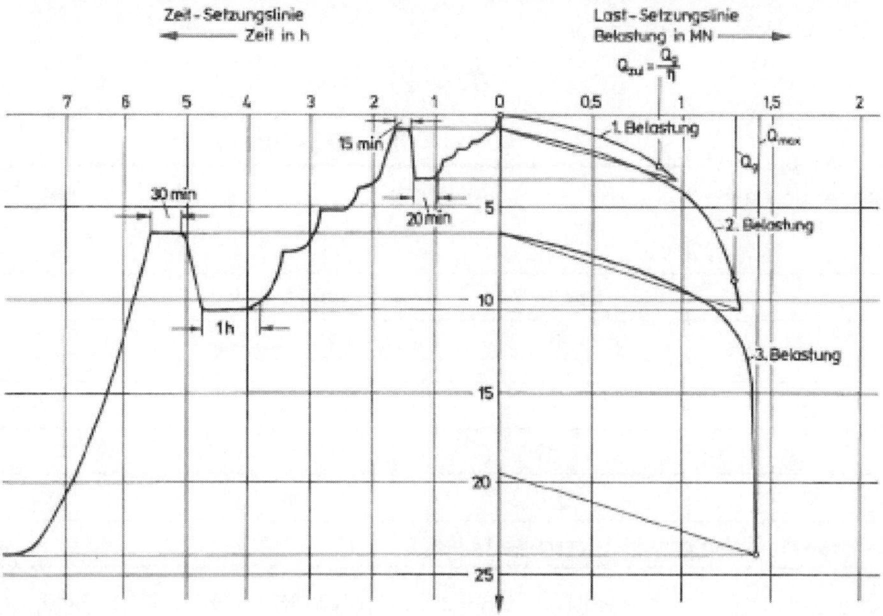

Abbildung 3: Versuchsergebnisse Pfahlprobebelasung

Der Wert des Streuungsfaktors kann mit zwei Methoden bestimmt werden:

1. Bei einzelnen Pfählen mit einem Wert, der dem Mindestwert der Probebelastungsergebnisse zugeordnet ist ($R_{1m,min}$). Die Ermittlungsformel des charakteristischen Druckwiderstands ist:

$$R_{l,k} = R_{lm,min} / \xi$$

2. Wenn die Last auf mehrere Pfähle verteilt wird und der Variationskoeffizient $s_N / \overline{R}_{lm} \leq 0{,}25$ ist, darf der Streuungsfaktor ξ nach Tabelle 2, Spalten 2 und 3, auf den Mittelwert der Probebelastungsergebnisse bezogen werden:

$$R_{l,k} = \overline{R}_{lm} / \xi$$

Der Ermittlung des Streuungsfaktors ξ nach Tabelle 2, Spalten 2 und 3, liegt zugrunde:

$$s_N = \sqrt{\sum_{i=1}^{N} \left(\overline{R}_{lm} - R_{lm,i}\right)^2 / (N-1)}$$

Dabei sind

s_N die Standardabweichung

$\overline{R}_{lm}$ der Mittelwert der Pfahlprobebelastungsergebnisse

$R_{lm,i}$ der Einzelwert eines Pfahlprobebelastungsergebnisses

N die Anzahl der Pfahlprobebelastungen

Tabelle 2: Ermittlung Streuungsfaktor

($N \geq 2$)

Zahl der Probebelastungen N	Streuungsfaktor ξ		
	Mittelwert $\overline{R}_{lm}$ [a]		Kleinstwert $R_{lm,min}$
Spalte 1	Spalte 2	Spalte 3	Spalte 4
	$s_N / \overline{R}_{lm} = 0$	$s_N / \overline{R}_{lm} = 0{,}25$	
1	–	–	1,15
2	1,05	1,10	1,05
>2	1,00	1,05	1,00
[a] Zwischenwerte dürfen geradlinig interpoliert werden			

Der charakteristische Wert des Druckwiderstands von Pfählen kann auf Basis von Probebelastungen in die charakteristischen Werte vom Mantel- und Spitzenwiderstand aufgeteilt werden (Abbildung 4).

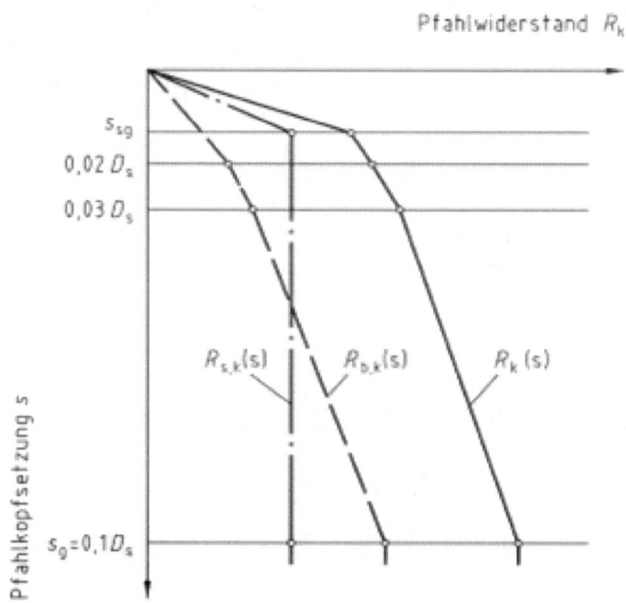

Abbildung 4: Widerstandssetzungslinie

Die Elemente der charakteristischen Widerstands-Setzungs-Linie werden bis zu einer Setzung von $s_1 = s_g$ dargestellt. Dabei ist

s_1 die Setzung im Grenzzustand der Tragfähigkeit (GZ1)

s_g die Grenzsetzung bzw. Bruchsetzung

Es ist zu unterscheiden zwischen dem setzungsabhängigen Pfahlfußwiderstand $R_b(s)$ und dem Pfahlmantelwiderstand $R_s(s)$.

Für $R_{b,k}$ ($s_1 = s_g$) gilt eine Grenzsetzung

$$s_g = 0{,}10 \cdot D_s \text{ bzw. } s_g = 0{,}10 \cdot D_b$$

Dabei ist

D_s der Pfahlschaftdurchmesser

D_b der Pfahlfußdurchmesser

Für $R_{s,k}$ (s_{sg}) in MN gilt im Bruchzustand eine Grenzsetzung

$$s_{sg} = 0{,}50 \cdot R_{s,k}\left(s_{sg}\right) + 0{,}50 \le 3{,}00 \text{ cm}$$

Der charakteristische axiale Pfahlwiderstand ist aus dem nachfolgenden Ansatz zu ermitteln.

$$R_k\left(s\right) = R_{b,k}\left(s\right) + R_{s,k}\left(s\right) = q_{b,k} \cdot A_b + \sum_i q_{s,k,i} \cdot A_{s,i}$$

Dabei ist

A_b der Nennwert der Pfahlfußfläche

$A_{s,i}$ der Nennwert der Pfahlmantelfläche in der Schicht i

$q_{b,k}$ der charakteristische Wert des Pfahlspitzenwiderstandes nach den Tabellen 3 und 4

$q_{s,k,i}$ der charakteristische Wert der Pfahlmantelreibung in der Schicht i nach den Tabellen 5 und 6

$R_{k(s)}$ der setzungsabhängige charakteristische Pfahlwiderstand

$R_{b,k(s)}$ der setzungsabhängige charakteristische Pfahlfußwiderstand

$R_{s,k(s)}$ der setzungsabhängige charakteristische Pfahlmantelwiderstand

s_{sg} die Grenzsetzung für den setzungsabhängigen charakteristischen Pfahlmantelwiderstand

Tabelle 3: Pfahlspitzenwiderstand in Abhängigkeit von der auf den Pfahl(fuß)durchmesser bezogenen Pfahlkopfsetzung bzw. dem mittleren Sondierspitzenwiderstand im rolligen (sandig/kiesig) Boden

Bezogene Pfahlkopfsetzung s / D_s bzw. s / D_b	Pfahlspitzenwiderstand $q_{b,k}$ MN/m² Bei einem mittleren Spitzenwiderstand q_c der Drucksonde MN/m²			
	10	15	20	25
0,02	0,70	1,05	1,40	1,75
0,03	0,90	1,35	1,80	2,25
0,10 ($\hat{=} s_g$)	2,00	3,00	3,50	4,00
Zwischenwerte dürfen geradlinig interpoliert werden. Bei Bohrpfählen mit Fußverbreiterung sind die Werte auf 75 % abzumindern.				

Tabelle 4: Pfahlspitzenwiderstand in Abhängigkeit von der auf den Pfahl(fuß)durchmesser bezogenen Pfahlkopfsetzung in bindigen Boden

Bezogene Pfahlkopfsetzung s / D_s bzw. s / D_b	Pfahlspitzenwiderstand $q_{b,k}$ MN/m² Bei einer Scherfestigkeit $c_{u,k}$ des undränierten Bodens MN/m²	
	0,10	0,20
0,02	0,35	0,90
0,03	0,45	1,10
0,10 ($\hat{=} s_g$)	0,80	1,50
Zwischenwerte dürfen geradlinig interpoliert werden. Bei Bohrpfählen mit Fußverbreiterung sind die Werte auf 75 % abzumindern.		

Tabelle 5: Bruchwert der Mantelreibung im rolligen (sandig/kiesig) Boden

Mittlerer Spitzenwiderstand q_c der Drucksonde MN/m²	Bruchwert $q_{s,k}$ der Pfahlmantelreibung MN/m²
0	0
5	0,040
10	0,080
≥ 15	0,120
Zwischenwerte dürfen geradlinig interpoliert werden.	

Tabelle 6: Bruchwert der Mantelreibung in bindigen Böden

Mittlerer Spitzenwiderstand q_c der Drucksonde MN/m²	Bruchwert $q_{s,k}$ der Pfahlmantelreibung MN/m²
0	0
5	0,040
10	0,080
≥ 15	0,120
Zwischenwerte dürfen geradlinig interpoliert werden.	

10.2.3 Probebelastung von Zugpfählen

Das Ziel der Probebelastung von Zugpfählen besteht darin, den Zugwiderstand, d.h. den Mantelwiderstand des Pfahls zu bestimmen. Hinsichtlich dessen, dass nur selten Zugpfahlprobebelastungen angewendet werden, bzw. diese immer individuelle, spezielle Ansprüche erfüllen, ist die Durchführung von Zugpfahlprobebelastungen weniger stark geregelt als bei Druckpfählen. Bei der Zugpfahlprobebelastung sind keine Verankerungspfähle erforderlich, das Widerlager (Belastungseinrichtung) liegt – soweit es möglich ist – auf dem Boden auf. Als Auflage dienen bei Böden mit schwacher Tragfähigkeit Betonplatten. Die Spannungszustände im Boden, die in der Umgebung des Zugpfahls entstehen, sind der Abbildung 5 zu entnehmen. Punkt a. der Abbildung zeigt den Ausgangs- oder ruhenden Spannungszustand, Punkt b. der Abbildung 5 die Spannungsverteilung infolge des Zugs um den Pfahl.

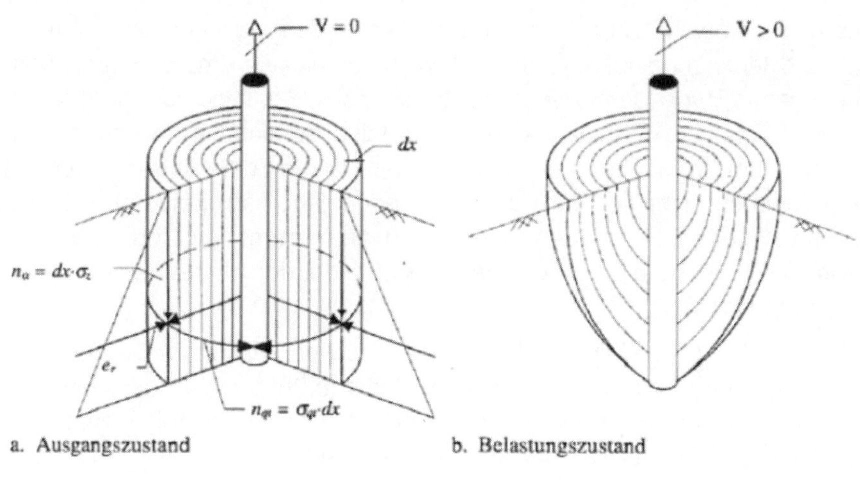

Abbildung 5: Spannungszustände im Boden

Der Zugwiderstand kann auch in außergewöhnlichen Fällen ermittelt werden. Abbildung 6 zeigt einen Versuch, bei dem der Mantelwiderstand von sich kreuzenden Pfählen einer Pfahlwand geprüft wurde.

Abbildung 6: Zugversuch – Versuchsanordnung in situ

Horizontale Probebelastung

Die statischen Bemessungstheorien haben sich in den vergangenen Jahren weiterentwickelt. Die Bemessung auf horizontale Belastung erhält eine immer größere Bedeutung im Ingenieurbereich, vor allem wegen der horizontalen Beschleunigungen in Gebäuden bzw. wegen der plötzlich entstehenden horizontalen Belastungen in den Fundamenten bei Erdbeben. Dementsprechend entstand die berechtigte Forderung, das Verhalten von Gründungssystemen nicht nur auf vertikale, sondern auch auf horizontale Belastungen untersuchen zu können. Ein spezieller Zweig sind die horizontalen Probebelastungen. Bei der horizontalen Probebelastung kann der horizontale Erddruck des Bodens bzw. dessen Beiwert bestimmt werden.

Der Bruchzustand entsteht beim Auftreten des passiven Erddrucks. Die Belastung wird meistens an zwei eng benachbarten Pfählen durchgeführt, wobei der eine Pfahl horizontal belastet wird, während der andere als notwendige Stütze zur Aufnahme der Belastungskräfte dient. Die Belastungskraft wird dann mittels hydraulischer Presse auf den Pfahl übertragen (Abbildung 7).

Abbildung 7: Horizontale Belastung – Versuchsanordnung in situ

Bei der Belastung wird die horizontale Verschiebung des Pfahlkopfes bzw. dessen Drillung gemessen.

Die im Boden auftretenden Spannungen während der Belastung werden in der Abbildung 8 dargestellt. Der Beiwert des aktiven horizontalen Erdrucks kann mit der Formel $k_s = E_s/D_s$ errechnet werden, wobei D_s für den Durchmesser des untersuchten Pfahls steht.

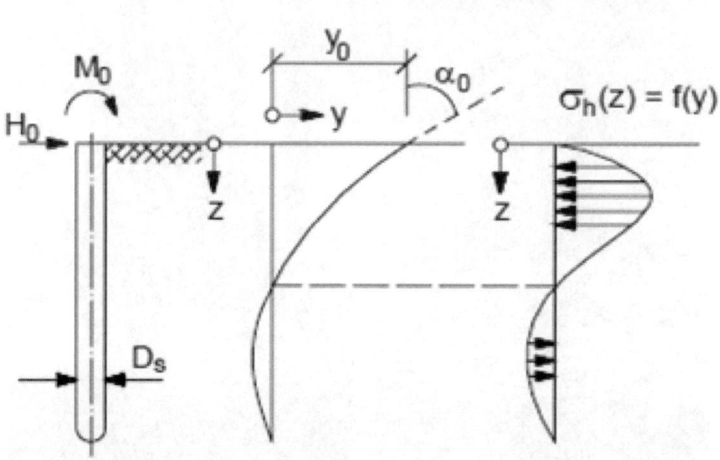

Abbildung 8: Horizontale Belastung – Spannungsverlauf

Die horizontale Last wird meistens nicht bis zum Erreichen des Bodenbruchs, sondern bis zum Wert der charakteristischen Last erhöht, was wesentlich kleinere Kraftausübung bedeutet. Da es nicht das Ziel ist, den Bodenbruch zu erreichen, können horizontale Probebelastungen sowohl am Probe- als auch am Konstruktionspfahl durchgeführt werden. Alternative Probebelastungen mit Osterberg Zellen wurden speziell für dieses Problem entwickelt.

10.2.4 Pseudo-statische Probebelastung

Methoden, die die Vorteile der dynamischen und traditionellen statischen Probebelastungen in sich vereinigen, werden Statnamic® bzw. Pile Load Tester Untersuchungen genannt. Beide Methoden ähneln der dynamischen Probebelastung wegen der stoßweisen Belastung. Der Unterschied liegt darin, dass sie die Entstehung der Wellenverbreitungswirkung so verhindern, dass sie den Zeitraum der Energieübertragung hinauszögern. Die Ähnlichkeit zur statischen Probebelastung liegt darin, dass auch diese Untersuchungen als Ergebnis eine Belastung-Verschiebung-Kurve ergeben.

10.2.4.1 Statnamic

Das 1988 von kanadischen und holländischen Forschungsinstituten entwickelte statnamische Probebelastungsverfahren sollte die Mängel der früheren Probebelastungsarten (statisch, VUIS, dynamisch) bzw. die Kostspieligkeit und Zeitaufwändigkeit von statischen Probebelastungen überwinden. Der Hauptvorteil der statnamischen Probebelastung liegt darin, dass es eine zerstörungsfreie Versuchsmethode ist, d.h., ein oder mehrere Konstruktionspfähle können an ihrem endgültigen Einsatzort so überprüft werden, dass sie später als vollwertige Bauwerkspfähle genutzt werden können. Es ist zu berücksichtigen, dass die Hersteller die Pfähle für die Probebelastungen grundsätzlich immer mit großer Sorgfalt anfertigen, d.h., diese Untersuchung kann nicht sicher als repräsentativ für »unter Produktion stehende« Pfähle betrachtet werden.

Abbildungen 9 + 10: Stanamic – Versuchsaufbau/-durchführung in situ

Mittels Statnamic-Untersuchung können der axiale und der seitliche Widerstand der Pfähle gemessen werden. Während des Tests wird das Gegengewicht auf dem Pfahlkopf mit einer Explosion angehoben und somit eine stoßartige Belastung im Pfahl erzeugt (Abbildungen 9 und 10). An der Unterseite des Gegengewichts wird der Schlag von einer Spiralfeder gedämpft und die Energieübertragung dadurch verlängert. Die Größe der stoßartigen Last wird von einer kalibrierten (dynamischen) Kraftmessdose am Pfahlkopf registriert, während die resultierende Pfahlkopfverschiebung in der Regel geodätisch mit Laser gemessen wird. Das System wirkt mit linear erhöhender Kraft auf den Pfahl, welcher abhängig vom Widerstand in den Boden sinkt. Die Absenkung infolge des Schlages entstehend aus der Explosion setzt sich aus flexibler verbleibender Formänderung zusammen. Aus Sicherheitsgründen lässt man sich das Gegengewicht meistens nur in einem geschlossenen Rahmen bewegen, der die seitliche Verschiebung und das Rückfallen nach dem Rückstoß verhindert.

Aus der Messkurve kann man fünf verschiedene Phasen unterscheiden (Abbildung 11):

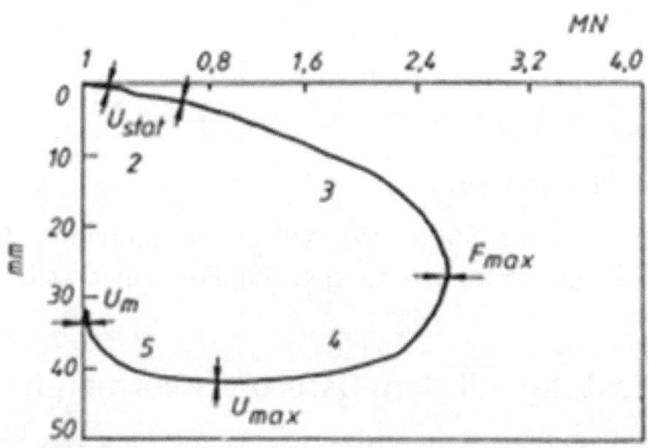

Abbildung 11: Messkurve Stanamic

1. Phase:
Zeigt, dass das Reaktionsgewicht auf den Pfahl gelegt wurde. Das Last-Verschiebungsverhältnis ist vollständig statisch.

2. Phase:
Das Reaktionsgewicht ist bereits in Bewegung, und die statnamische Belastung hat bereits angefangen. Man kann feststellen, dass bei flexiblem – sich linear erhöhenden – Bodenwiderstand Trägheits- und Dämpfkräfte auftreten.

3. Phase:
Der statische Erdwiderstand erreicht seinen Bruchwert, und bei einem Grenzwert erfolgt das Fließen. Die Geschwindigkeit und die Trägheitskraft erhöhen sich rasch. Am Ende der Phase wird der Höchstwert der statnamischen Last erreicht.

4. Phase:
Die statnamische Last sinkt. Wegen der Trägheit des Pfahls läuft die Absenkung weiter. Das Bodenfließen folgt weiter. Die Geschwindigkeit des Pfahls sinkt auf Null und wechselt ins Negative. Wegen der Null-Geschwindigkeit sinken die Dämpfkräfte ebenfalls auf Null,

daher kann an dieser Stelle der statische Erdwiderstand aus dem Unterschied zwischen statnamischer Kraft und Trägheitskraft errechnet werden. Diese Kraft gilt als die unterste Grenze des vom Boden ausgeübten statischen Widerstands.

5. Phase:
Der statische Erdwiderstand wirkt entgegengesetzt zu den nach unten wirkenden Kräfte und schiebt den Pfahl nach oben. Der Endpunkt der Kurve zeigt die verbleibende Pfahlsenkung infolge der Probebelastung.

Wesentliche Vorteile der statnamischen Prüfmethode sind

- Zerstörungsfreie Untersuchungsmethode
- Bei allen Pfahlgrößen und -materialien einsetzbar
- Für jeden Pfahltyp einsetzbar
- Konzentriert sich nicht auf den Einzelpfahl. Einsetzbar sowohl für Pfahlgruppen als auch für Stützwände
- Mobil, günstiger als die statische Probebelastung, schnell, leicht wiederholbar
- Kraft und Verschiebung werden direkt gemessen
- Sofortiges Ergebnis
- Bedarf minimaler Pfahlvorbereitung

Auf Grund der relativ hohen Kosten für die traditionelle statische Probebelastung können ca. drei bis vier statnamische Probebelastungen zum Preis einer statischen Probebelastung durchgeführt werden.

10.2.5 Probebelastung mit dem Osterberg-Verfahren

Bei der statischen Pfahlprobebelastung mit Lasteinleitung am Pfahlkopf ist ein nicht unerheblicher Aufwand erforderlich, um als Ergebnis die Aufteilung der Pfahlwiderstände in Spitzendruck und Mantelreibung zu erhalten. Beim Osterberg-Verfahren hingegen sind diese Widerstandsanteile als Ergebnis des Versuchs durch Einleitung der Prüflasten im Bereich des Pfahlfußes unmittelbar verfügbar.

Die Einleitung der Prüflast erfolgt hier durch hydraulisch betriebene Osterberg-Pressen, die direkt in die Gründungsstruktur einbetoniert werden. Sie sind werkseitig kalibriert und für den Einmaleinsatz ausgelegt. Sie bringen im Kräftegleichgewicht die Prüflast im unteren Pfahlbereich in beide Richtungen auf.

Die somit auf beide Pfahlabschnitte einwirkende Kraft wird direkt bestimmt. Sie wirkt nach oben gegen die Mantelreibung des oberen Pfahlsegments und nach unten im Wesentlichen gegen den Pfahlsohldruck sowie die auf den unteren Pfahlabschnitt wirkende Mantelreibung. Daraus werden rechnerisch der Pfahlfußwiderstand und der Pfahlmantelwiderstand separat ermittelt.

Da die Zone des Kräftegleichgewichts in die Tiefe verlagert ist, entfallen die sonst üblichen Reaktionseinrichtungen am Pfahlkopf: Die Osterberg-Pressen beziehen ihre Aktions- und Reaktionskraft aus den Tragkraftkomponenten des Pfahls selbst.

Aufgrund ihrer Eigenschaft als eingebauter Bestandteil der Gründungsstruktur ist die Probebelastung mit der Osterberg-Presse nicht durch die Grenzen von über Kopf aufzustellenden Belastungseinrichtungen, Widerlagern, Traversen und Zugelementen eingeschränkt.

Reaktionspfähle sowie Anker und Lasteinleitungssysteme über Tage entfallen. Die Reaktionskräfte werden direkt aus dem Boden- und/oder Felssystem abgeleitet. Vereinfacht ausgedrückt kann das Verfahren so beschrieben werden, dass der Spitzendruck und die Mantelreibung des unteren Abschnitts den Widerstand für die Mantelreibung im oberen Abschnitt des Belastungstests aufbringen, während die Mantelreibung im oberen Abschnitt den Widerstand für den Spitzendruck und die Mantelreibung im unteren Abschnitt aufbringt.

Die Durchmesser und Lastbereiche der Osterberg-Pressen werden so ausgelegt, dass sowohl Pfähle mit kleinem Durchmesser als auch Großbohrpfähle bis an die Grenze ihrer inneren Tragfähigkeit belastet werden können. Typische Prüflasten liegen in der Größenordnung von ca. 30 MN. Das Osterberg-Verfahren kann für die Probebelastung an Ortbetonbohrpfählen, Rammpfählen, Endlosschneckenbohrpfählen und Schlitzwänden eingesetzt werden. Die derzeit verfügbaren Lastbereiche reichen von 0,7 MN bis über 200 MN.

Bei Probebelastungen mit Lasteinleitung am Pfahlkopf nehmen schon ab 12 MN Prüflast und besonders bei über 20 MN Prüflast die Widerlagerkonstruktionen an der Geländeoberkante beachtliche Dimensionen an. Werden zum Aufbringen der Prüflast am Pfahlkopf hydraulische Pressen verwendet, stellt die Auslegung der Widerlagerkonstruktion eine ingenieurtechnische Herausforderung dar. Bei Verwendung von Totlasten anstelle von Reaktionspfählen kommt ein nicht zu vernachlässigender Sicherheitsaspekt bei der Ausführung der Probebelastung hinzu.

Beim Osterberg-Verfahren entfallen die Auslegung und der Aufbau von Widerlagerkonstruktionen im Baufeld. Damit einhergehend entfallen auch die Kosten für deren Transport und die für den Aufbau erforderliche Zeit. Da sich alle belasteten Bauteile im Untergrund befinden, wird auch ein erhöhtes Sicherheitsniveau erreicht, da weder Lasten, Traversen, Pressen noch Kugelkalotten über Kopf oder auf dem Gelände benötigt werden.

Die maximal erzielbare Prüflast wird durch die Kapazität der hydraulischen Osterberg-Pressen bestimmt. Der theoretische Aufbau des Systems kann der Abbildung 12 entnommen werden. Er besteht aus der kalibrierten Osterberg-Presse, dem Hydrauliksystem und der Pumpe einschließlich Steuerung sowie aus der notwendigen Messtechnik mit automatischer Datenerfassung.

Ein Aufbau mit nur einem Pressenhorizont wird als einstöckiger Versuch oder »Single-Level-Test« bezeichnet. Hierbei wird der Pfahl in zwei Abschnitte oder Segmente unterteilt. Es können aber auch mehrere Pressenhorizonte vorgesehen werden. Der doppelstöckige oder mehrstöckige Versuch wird auch als »Multi-Level-Test« bezeichnet.

Bei einer einstöckigen Probebelastung mit dem Osterberg-Verfahren wird der erzielbare Pressenhub, d.h. der zu messende Wert, im Wesentlichen von zwei Faktoren bestimmt

1. Dem oberen Pfahlsegment, dessen Widerstand durch die Mantelreibung bestimmt wird.
2. Dem unteren Pfahlsegment, dessen Widerstand in erster Linie durch den Spitzenwiderstand, in zweiter Linie durch die Mantelreibung bestimmt wird, je nachdem, in welcher Tiefenlage der Pressenhorizont angeordnet wurde.

Mit einem mehrstöckigen Versuch, bei dem die Pressenhorizonte kongruent mit den Bodenschichten angeordnet werden (Abbildung 13), können nicht nur die Mantelreibungen der einzelnen Bodenschichten getrennt bestimmt werden, es ist sogar möglich, den E-Modul des Pfahls zu bestimmen.

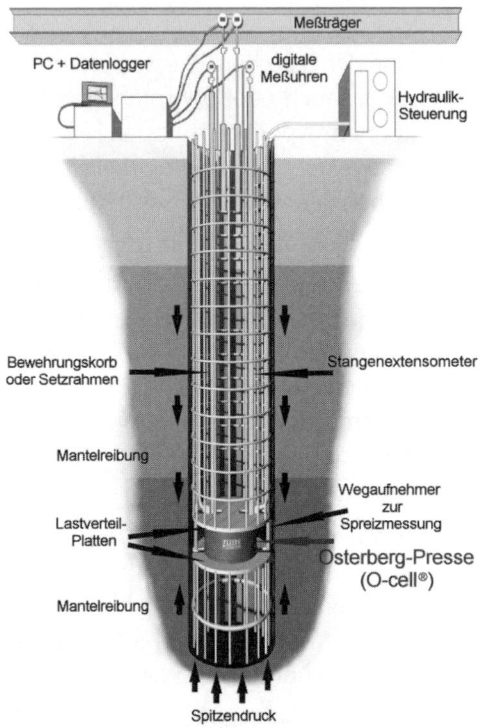

Abbildung 12: Osterberg-Zellen in der Stahlkonstruktion des Stützpaneels

Abbildung 13: Versuchsaufbau kongruenter Pressen in situ

Wie bereits erwähnt, liegt ein Vorteil des Systems darin, die Mantel- und Spitzenwiderstandswerte der geprüften Konstruktion eindeutig trennen zu können. Die Abbildung 14 zeigt die Auswertung einer durchgeführten Probebelastung. Bei der Belastung wurde der Mantelwiderstand des oberen Pfahlteils ausgeschöpft und danach der Spitzenwiderstand durch Extrapolation ermittelt.

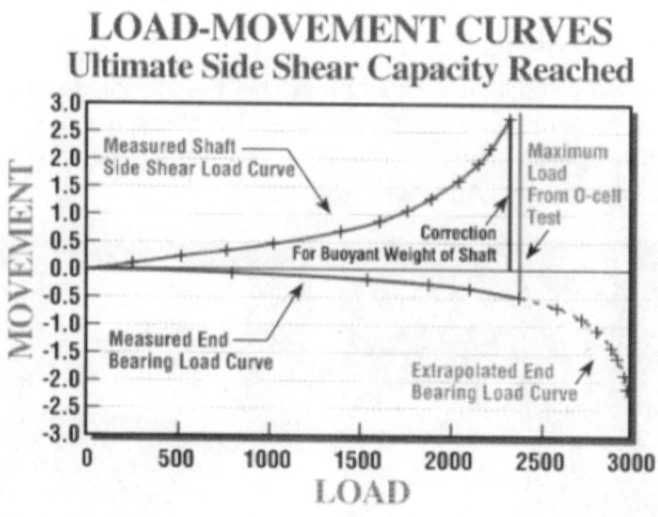

Abbildung 14: Messprotokoll einer Probebelastung mit dem Osterberg-Verfahren

Eine einfache Verpresstechnik nach Versuchsabschluss erlaubt unter bestimmten Bedingungen die Verwendung eines Probepfahls als Bauwerkspfahl. Das Osterberg-Verfahren eignet sich außerdem besonders für die Untersuchung von Felssockeln, da die Prüflast direkt an oder im Sockelbereich eingeleitet wird.

Die Probebelastung kann an breit gefächerte Vorgaben des Planers angepasst werden, einschließlich zyklischer Belastung, spezieller Stufen der Lastkonstanthaltung und zeitabhängiger Vorgänge wie Kriechen und Einfahrverhalten.

Für Pfähle, die vom Wasser aus geprüft werden müssen, oder bei stark eingeschränkter lichter Höhe über Gelände sowie bei versenktem Pfahlkopf ist die Verwendung des Osterberg-Verfahrens oft der einzig gangbare Weg.

10.3 Integritätsprüfung

10.3.1 Low Strain Integrity Testing

Das Verhalten jeglicher Tiefgründungskonstruktionen bei bestimmter Belastung wird von ihrer Festigkeit und ihrer Kontinuität bestimmt. Die geplante Form und Kontinuität der Futterrohr- oder Bohrpfähle wird vom umgebenden Boden, Materialqualität, Einarbeitungsart, Ausführungsmethode und Ausführungsqualität beeinflusst. Bei Rammpfählen entstehen durch den Rammbären/hydraulischen Rammkopf außergewöhnlich große Spannungen, die im Pfahlkopf oder Pfahlschaft zu Konstruktionsschäden führen können. Die zerstörungsfreie (non-destructive testing – NDT) dynamische Methode der kleinen Verschiebungen, die oft als Pile Integrity Test (PIT oder SIT) beschrieben wird, bietet eine bequeme und wirtschaftliche Lösung zur Integritätsprüfung von Pfählen mit Futterrohr, Betonbohrpfählen, mit Beton gefüllten Stahlpfählen, eventuell von Holz- und Stahlpfählen.

Untersuchungsbeschreibung

Bei der Untersuchung wird ein äußerst empfindlicher Beschleunigungsmesser auf den bis zum gewünschten Niveau – meistens bis zur untersten Ebene des Kopfbalkens – zurückgebauten Pfahl (Messpunkt) angebracht und in dessen Nähe mit einem speziellen Hammer auf den Pfahl geschlagen (Abbildung 15).

Abbildung 15: Versuchsdurchführung Pile Integrity Test

Zum Zeitpunkt des Schlags empfängt der Beschleunigungsmesser zunächst die sich an der Oberfläche ausbreitenden sog. Rayleigh Wellen. Die Welle wird vom Schlag im Idealfall im bestehenden Querschnitt erzeugt, verbreitet sich bei einem Pfahl mit kontinuierlichem Material in dessen Längsrichtung zum Pfahlfuß und reflektiert vom Pfahlfuß oder von einer jeden Oberfläche mit Kontiuitätsmangel (z.B. Riss). Bei den praktisch imperfekten Pfählen entstehen reflektierende Wellen an den Stellen, wo sich der Querschnitt und/ oder die Materialqualität (Elastizitätsmodul, Dichte) verändern. Die reflektierenden Wellen werden ebenfalls vom Beschleunigungsmesser am Messpunkt empfangen. Die Wirkung des Bodens, die das Messverfahren beeinflussen würde, kann mit unterschiedlichen Filterverfahren beseitigt werden.

Die vom Beschleunigungsmesser registrierten Daten werden von einem Computer aufgezeichnet und zur Erleichterung der Verarbeitung sowie der Präsentation (anstelle der Geschwindigkeit-Zeit-Kurve) unmittelbar als Geschwindigkeit-Pfahllänge-Kurve dargestellt. So sind die Pfahllänge sowie die Stelle der eventuellen Kontinuitätsveränderungen bzw. deren Typ sofort zu sehen. Die erste Auswertung der Daten erfolgt vor Ort, woran sich später eine Auswertung mit spezieller Software anschließt.

Auswertung der Messdaten

Den theoretischen Hintergrund für die Interpretation dieser Integritätsversuche bildet die eindimensionale Wellenausbreitungstheorie.

Stellt man die Geschwindigkeit im Verhältnis zur Zeit dar, erhält man den Pfahltyp, dessen Länge, den Ort und Typ der Kontinuitätsveränderungen unmittelbar (Abbildung 6).

Unter Pfahltyp versteht man Folgendes:

- Pfahl mit freiem Ende (schwebender Pfahl): An der Zeit-Geschwindigkeits-Kurve erscheint die vom Pfahlkopf erzeugte Welle auf der gleichen Seite wie die vom Pfahlfuß reflektierte Welle
- Spitzenpfahl (stehender Pfahl): An der Zeit-Geschwindigkeits-Kurve erscheint die vom Pfahlkopf erzeugte Welle auf der gegenüberliegenden Seite der vom Pfahlfuß reflektierten Welle

Unter Kontinuitätsveränderung versteht man Folgendes:

- Ist die durch die Kontinuitätsveränderung erzeugte Welle an der gleichen Seite der Zeit-Geschwindigkeits-Kurve wie die Welle vom Pfahlkopf zu sehen, handelt es sich entweder um Querschnittverengungen, Risse oder Verminderungen des Elastizitätsmoduls
- Ist die durch die Kontinuitätsveränderung erzeugte Welle auf der gegenüberliegenden Seite der erwähnten Kurve zu sehen, handelt es sich in der Regel um einen Querschnittszuwachs im Pfahlmaterial oder die Erhöhung des Elastizitätsmoduls

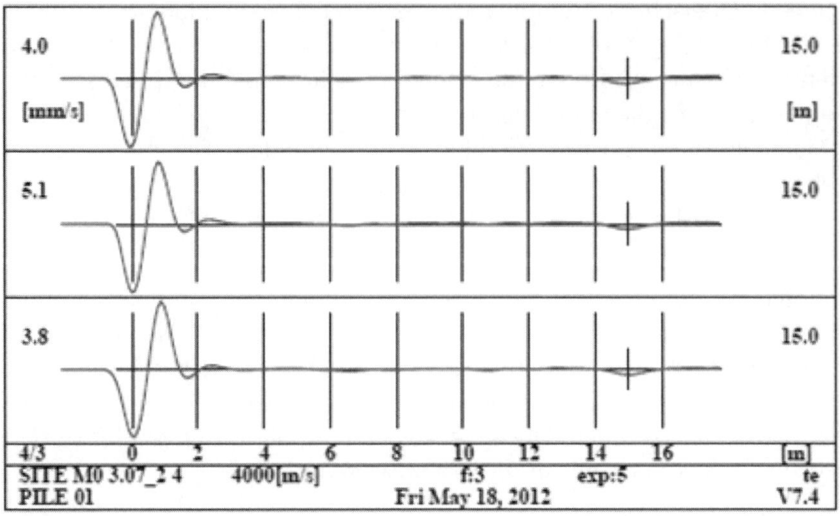

Abbildung 16: Typischer Messwellenverlauf

Vorteile der Integritätsprüfung sind

- Das zu prüfende Element bedarf nur minimaler Vorbereitungen, daher ist eine zufällige Auswahl vor Ort auf der Baustelle möglich
- Die Prüfung ist einfach, schnell und günstig (20 bis 50 Pfähle/Tag)
- Erkennt die Hauptmängel leicht (z.B. Tiefenlage, Querschnittswert, Materialqualität)
- Die Prüfung kann bereits im frühen Stadium (mind. 7 Tage nach Herstellung) durchgeführt werden
- Die Pfahllänge kann i.d.R. mit hoher Genauigkeit bestimmt werden
- Für alle zugänglichen Pfähle geeignet, die Oberflächenarbeiten beeinflussen die Messungen nicht

Nachteile der Integritätsprüfung sind

- Die Auswertung der Daten bedarf einschlägiger Erfahrung
- Die Tiefengrenze liegt beim 25- bis 50-fachen des Pfahldurchmessers
- Die Genauigkeit der Tiefe des entdeckten Mangels wird von der Ausbreitungsgeschwindigkeit der Spannungswelle beeinflusst
- Kleine Fehler, kleine Mängel im Querschnitt (kleiner als 5 % des Querschnitts) sowie mehrfache Mängel werden in der Regel nicht erkannt
- Die Lage des Mangels im Querschnitt kann nicht bestimmt werden
- Bei Stahlpfählen ohne Betonfüllung sowie bei Pfählen aus mehreren Stücken (gekoppelte Pfähle) nicht verwendbar
- Der Pfahlfuß kann nicht immer sicher bestimmt werden, da große Mantelwiderstände die Energie der Rückprallwelle vermindern

Weitere Anwendungsgebiete

Ein neuartiges Anwendungsgebiet der PIT-Methode ist die Bestimmung von unbekannten Längen der Tiefgründungen unter bestehenden Konstruktionen (z.B. Brücken, Telekommunikationstürme, Hochhäuser). Obwohl die Bewertung der Tiefgründungselemente von bestehenden Konstruktionen die Details der Gründung und der Konstruktion stark beeinflusst, ist vor der Durchführung von komplizierten und teuren Tests eine Probe mit dieser vergleichsweise einfachen und kostengünstigen Methode zu empfehlen.

Anwendungserfahrungen

Über die Kontinuität und Integrität der Pfähle können auf Basis dieser Untersuchungen belastbare Aussagen getätigt werden.

Bei der Untersuchung eines Pfahls kann es aufgrund der zugrunde liegenden theoretischen Gleichungen zwischen gemessener und tatsächlicher Pfahllänge Unterschiede von mehreren Dezimetern wegen der schlecht eingestellten Wellenausbreitungsgeschwindigkeit geben. Eine erfahrene Messperson kann aus Betonqualität, Alter, Ausführungstechnologie sowie weiteren Faktoren den zu erwartenden Wert der Wellenverbreitung zuverlässig schätzen und somit die Pfahllänge mit entsprechender Genauigkeit messen. In der deutschen Fachliteratur sind Empfehlungen zur Aufnahme der Wellenausbreitungsgeschwindigkeit (Tabelle 7) im Zusammenhang mit der Betonfestigkeitsklasse zu finden (Tabelle ZTE).

Tabelle 7: Zusammenhang zwischen Wellenverbreitungsgeschwindigkeit und Betonfestigkeitsklasse

Betonfestigkeitsklasse	Elastizitätsmodul nach DIN 1045 E (MPa)	Dynamischer Elastizitätsmodul E_{dyn} (MPa)	Wellenverbreitungsgeschwindigkeit (m/s)
B5	18,000	22,050	3,00
B10	22,000	25,878	3,25
B15	26,000	30,013	3,50
B25	30,000	34,453	3,75
B35	34,000	39,200	4,00
B55	39,000	44,253	4,25

Die Werte der Wellenausbreitungsgeschwindigkeit sind umso genauer zu bestimmen, je mehr Messungen durchgeführt werden und je mehr sonstige Informationen zur Verfügung stehen (Bodenmechanisches Gutachten, Bohr- und Pfahlherstellungsprotokolle, geplante Pfahllänge, Bewehrung usw.). Falls bei einer Pfahlgruppe von zehn Pfählen beispielsweise bei sieben Pfählen der gleiche Wert – d.h. Pfahllänge – gemessen wird, kann nach Vergleichen mit der geplanten Pfahllänge und Bohrprotokollen der genaue Wert der Wellenausbreitung bestimmt werden. Nachdem es eingestellt wird, kann genau bestimmt werden, um wie viel die drei verbleibenden Pfähle kürzer oder länger als geplant sind.

Nach den Erfahrungen der durchgeführten Messungen sollte die Zahl der mindestens notwendigen Pfahlprüfungen pro Betonqualität wie folgt bestimmt werden (wenn nicht explizit die Untersuchung aller Pfähle erforderlich ist):

- Bei weniger als 7 Pfählen sollte jeder Pfahl untersucht werden
- 7 bis 30 Pfähle: mind. 50 %, jedoch mind. 7 Pfähle
- 30 bis 80 Pfähle: mind. 30 %
- Mehr als 80 Pfähle: mind. 20 %

Diagramme mit untypischem Wellenverlauf, welche die Tragfähigkeit stark beeinflussen (Schlammkissen, Bodenauflockerung, Erdeinsturz, Auswaschung wegen Bodenwasserströmung, eingestürzte Bohrtrommel), werden in den Abbildungen 17 und 18 dargestellt.

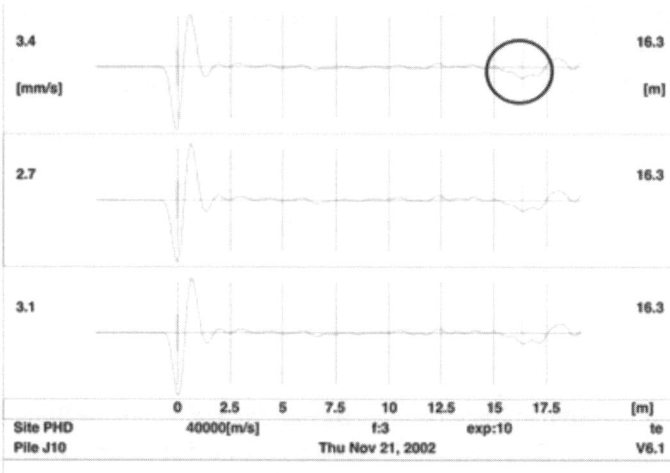

Abbildung 17: Schlammkissen oder Bodenauflockerung unter dem Pfahlfuß

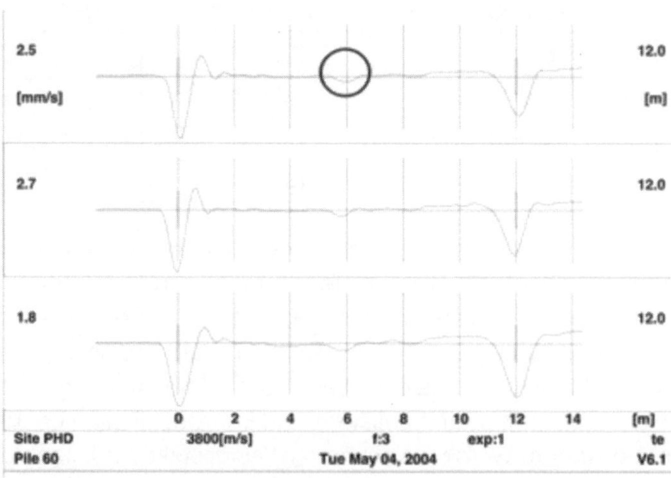

Abbildung 18: Erdeinsturz oder Auswaschung im Pfahlkörper

10.3.2 Cross-hole Sonic Logging

Bei Tiefgründungen werden Pfähle mit großem Durchmesser, Stützwände sowie Stützpfähle oft in komplizierten Bodenverhältnissen und/oder zum Abtragen hoher Lasten eingesetzt. Im Hinblick auf ungewöhnliche Boden- und/oder Belastungsverhältnisse bei diesen Konstruktionen ist die Qualitätskontrolle und -sicherung aller Konstruktionselemente eine große Herausforderung, die außergewöhnlicher Sorgfalt bedarf. Die bereits vorgestellte Integritätsprüfung bietet aufgrund ihrer physischen Grenzen (querschnitts- und tiefenmäßige Grenzen) sowie wegen der linearen Art (1D) des Ergebnisses keine befriedigende Lösung zur Prüfung der nicht gängigen Konstruktionen. Eine bewährte Methode zur Prüfung der Kontinuität von Bohrpfählen mit großem Durchmesser, von Pfählen mit Futterrohr oder von Pfählen mit Bohrschlamm ist die Cross-hole Sonic Logging (CSL) Methode. Mit dieser Methode können über die im Gründungselement vorab eingebauten Rohre die Homogenität und die Kontinuität der Betonkonstruktion geprüft werden.

Zur CSL-Prüfung sollen Messrohre mit kleinem Durchmesser (meistens PVC- oder Stahlrohre) in der vollen Länge des Pfahls oder der Stützwand während der Ausführung eingebaut werden (Abbildungen 19 und 20). Die notwendige Stückzahl der Rohre bei der Prüfung kann pro Element als der Wert des Elementdurchmessers dividiert durch 30 cm bestimmt werden. Der Einbau von mind. vier Rohren ist aber auf jeden Fall notwendig. Die Messrohre werden möglichst symmetrisch an der Bewehrung befestigt und somit in das Fundament hinuntergelassen. Nach Einbau und Einbetonierung werden die Rohre sofort mit Wasser gefüllt.

Abbildung 19: Eingebaute Messrohre für Cross-hole Sonic Logging – Test

Abbildung 20: Armatur mit den Messrohren

Das Prüfgerät beinhaltet ein Ultraschallgerät, einen separaten Empfänger sowie eine Datenbank. Das Ultraschallgerät und die Empfängerköpfe werden in zwei verschiedenen Messrohren bis zum Boden des Rohrs heruntergelassen und mit gleicher Geschwindigkeit hochgezogen (wobei beide möglichst auf gleicher Höhe sein sollen). Dabei werden die Ultraschallsignale ständig vom Empfänger aufgezeichnet (im Allgemeinen alle 1 bis 5 cm). Aus den registrierten Ausbreitungsgeschwindigkeiten lässt sich auf die Qualität und Porosität des Betons zwischen den beiden Messprofilen schließen. Der Vorgang wird wiederholt, wobei die Variationsmöglichkeiten der unterschiedlichen Messprofile ausgenutzt werden. Auf diese Weise entsteht ein umfassendes Bild über die Betonqualität und die Kontinuität nahezu des gesamten Pfahl- bzw. Wandquerschnitts (Abbildung 21).

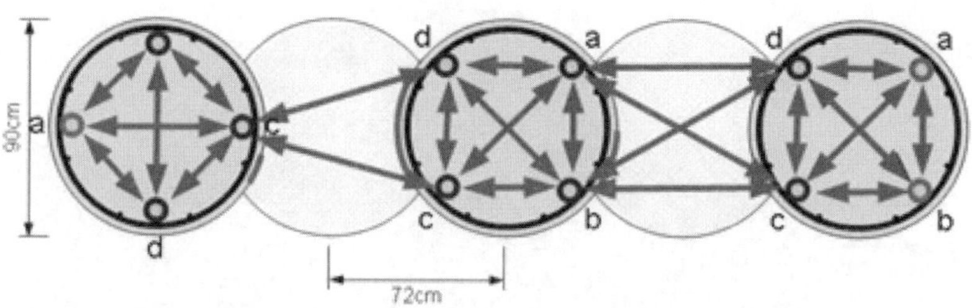

Abbildung 21: Prüfvarianten

Die Ausbreitungsgeschwindigkeit des ersten Signals (First Arrival Time – FAT) dient mittels der angewandten Signalfrequenz (40 bis 80 kHz) zur Bestimmung der Ergebnisse (Abbildung 22). Die Auswertung der Daten umfasst die Bestimmung der Prüfsignalstärken (Energieanteil).

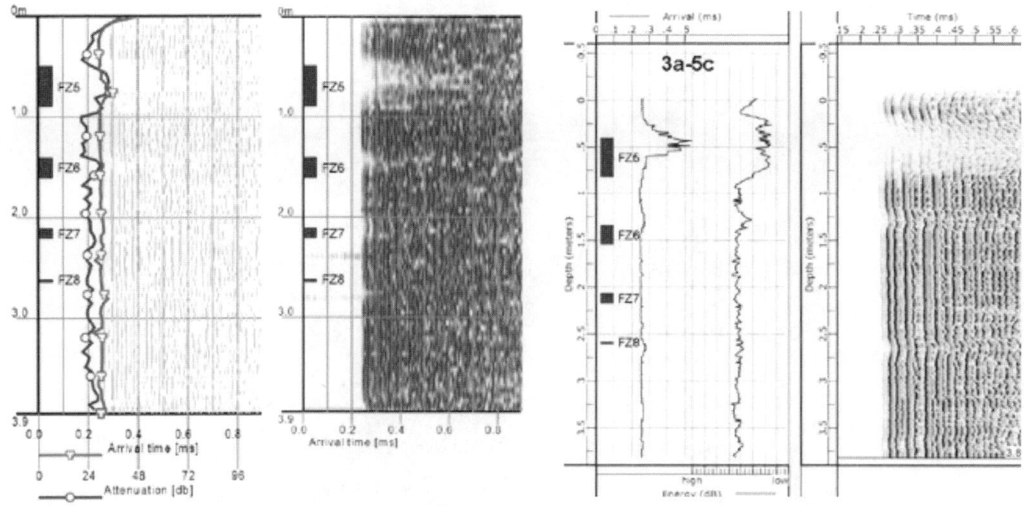

Abbildung 22: Prüfergebnisse in 1D-Darstellung

Die Vorteile der CSL-Methode sind:

- Keine Tiefengrenzen
- Abweichungen werden sowohl axial als auch in der Längsrichtung lokalisiert
- Unabhängig von der Bodenart anwendbar
- Einfache Auswertung der Daten

Die Nachteile der CSL-Methode sind:

- Die Messrohre müssen bereits vor der Betonierung in die Elemente gelegt werden
- Die Tiefengrenze der Methode ist abhängig von der Länge der Bewehrung
- Kann ausschließlich zur Qualifizierung des Elements innerhalb der Bewehrung angewendet werden
- Die komplexe, mehrdimensionale Auswertung der Daten (Tomographie) erfordert hohes spezifisches Fachwissen

Dank der Entwicklung der Berechnungs- sowie numerischen Technologien können die CSL-Daten ebenfalls zur Durchführung einer Tomographie (cross-hole tomography – CT) verwendet werden. Zur Tomographie werden mindestens sechs Rohre pro Fundament benötigt, die eine umfassende, eventuell sogar 3D-Untersuchung ermöglichen. Tomographie wird vor allem dann verwendet, wenn Ort, Größe und Form des Kontinuitätsmangels bestimmt werden sollen. Die Untersuchung ist vergleichsweise zeitaufwendig, ermittelt allerdings wesentlich genauere und detailliertere Informationen über die Qualität der Konstruktion.

Der größte Unterschied zur CSL ist, dass hier der Signalgeber und der Empfänger nicht auf gleicher Höhe bewegt werden müssen und so die Möglichkeit der in Querrichtung verschobenen Untersuchungen besteht. Das hilft, ein 3D-Bild über das Gründungselement zu schaffen (Abbildung 23).

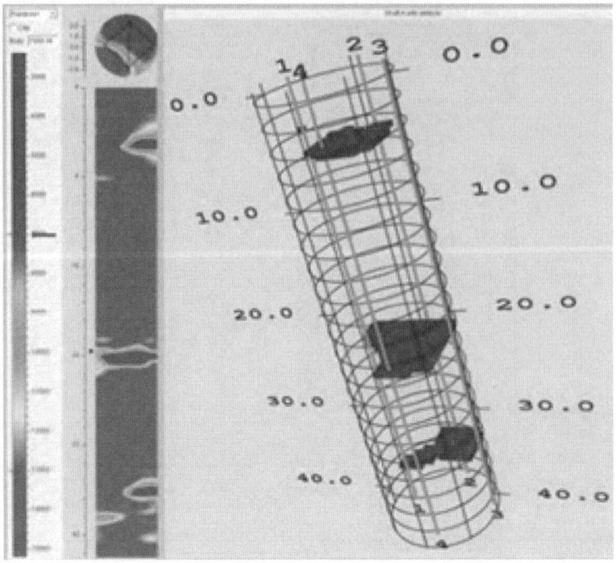

Abbildung 23: 3D-Ergebnis der Tomographie

Eine ähnliche Methode ist das Single Hole Sonic Logging (SHSL), wobei nur ein einziges Rohr im Element platziert werden soll. Bei der Untersuchung werden der Signalgeber und der Empfänger in kleiner Entfernung voneinander gleichzeitig zum Rohrboden hinuntergelassen und umgekehrt bis zur Ebene des Pfahlkopfs nach oben gezogen. Diese Methode wird meistens bei Pfählen von kleinem Querschnitt mit Futterrohr verwendet.

10.3.3 Infrarote thermische Integritätsuntersuchung

Die thermische Integritätsuntersuchung (Thermal Integrity Profiler, TIP) analysiert die Qualität von monolithischen Beton-Bohrpfählen mittels Messung des Wärmegenerationsprofils des abbindenden Betons. Zu den ermittelbaren Informationen gehören Pfahllänge und -durchmesser, die Abweichungen innerhalb und außerhalb der Bewehrung, die Lotrechtigkeit der Bewehrung sowie die entsprechende Hydratation des Betons. Die größte Stärke der Methode ist die quantitative Ermittlung der Betonteile außerhalb der Bewehrung.

Der Vorteil der infraroten Integritätsuntersuchung liegt darin, dass sie im Gegenteil zu den anderen Integritätsuntersuchungen über den vollen Querschnitt des Pfahls Informationen über die Kontinuität, das Querformat sowie Mängel im Querschnitt liefert (Abbildung 24). Die Abbildung zeigt deutlich die Auswölbung des Pfahls in schwächeren Bodenschichten.

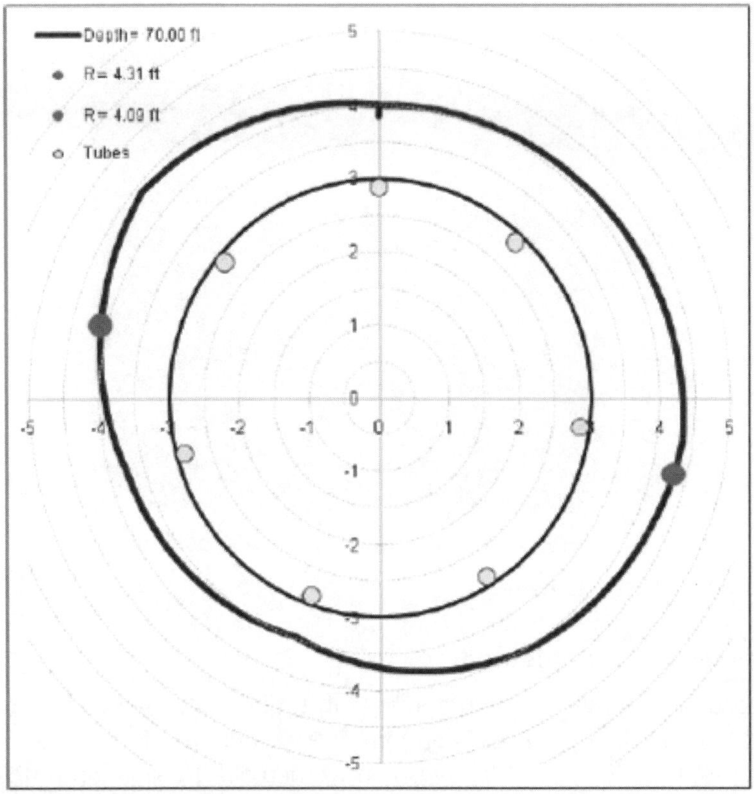

Abbildung 24: Messprotokoll einer thermischen Integritätsuntersuchung (Thermal Integrity Profiler, TIP)

Im Allgemeinen werden die Betonmängel als »kälter«, Betonüberschüsse als »wärmer« angezeigt. Die Temperaturen sind vom Pfahldurchmesser, von der Mischung der Betonkomponenten sowie von der Messdauer abhängig. Da die Verteilung der Wärmeverteilungskurve normal ist, führt jegliche Schiefheit des Pfahls zur Deformation des Glockendiagramms, den Materialüberschuss bzw. -mangel in der Umgebung indizierend.

Der Zusammenhang zwischen Durchmesser und Temperatur ist um die Bewehrung herum stark linear. So zeigen die Temperatur/Tiefe-Kurven die Form des Pfahls an, was mit dem Bau- und Betonierungstagebuch verglichen werden kann.

Die Untersuchung kann grundsätzlich mit zwei unterschiedlichen Methoden durchgeführt werden.

Sondierungsmethode

Die Temperatur in der Sonde kann mit vier orthogonal angebrachten Infrarot-Sensoren gemessen werden. Die Sonde soll in normgerechten, 38- oder 50-mm-Kunststoff- oder -Stahlrohren herabgelassen werden (Abbildung 25). Die Rohre werden an der Bewehrung vor dem Einbau der Bewehrung befestigt. Die Temperatur wird meistens 12 bis 48 Stunden nach der Einbetonierung gemessen.

Abbildung 25: Einbau der Messrohre

Eingebettete/Eingebaute Methode

Die Untersuchung wird mit Sensoren durchgeführt, die an der Bewehrung befestigt und einbetoniert werden. Die Werte des Thermometers werden über Messkabel in eine Datenbank eingelesen. Die Messwerte der Sensoren werden alle 15 Minuten festgehalten. Das so erstellte System ermöglicht eine Online-Messung.

Neben dem Vergleich mit dem Bau- und Betonierungstagebuch können mittels Wärmemodellierung auch Datenanalysen durchgeführt werden, bzw. aus den gemessenen Daten können die Wirkungen der verschiedenen Bauarten simuliert werden. Die Ergebnisse werden üblicherweise in 2D und 3D dargestellt (Abbildung 26).

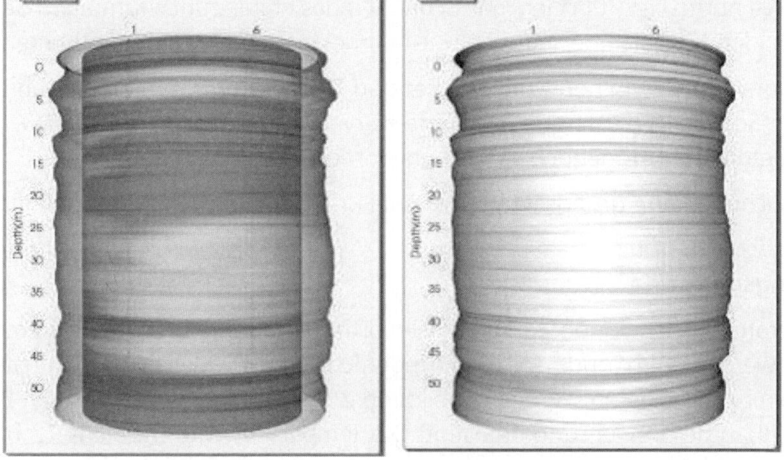

Abbildung 26: 3D-Auswertebeispiel für eine thermische Integritätsuntersuchung

11 Arbeiten in kontaminierten Bereichen

Matthias Vogler

11.1 Allgemeines

Kontaminierte Bereiche sind Standorte oder ehemalige Standorte (Grundstücke, bauliche Anlagen, Produktionsanlagen, Militärstandorte etc.), oder Altablagerungen (Deponien, Ablagerungen von Abfällen etc.), die in Boden, Wasser oder (Boden-)Luft in einem über eine gesundheitlich unbedenkliche Grundbelastung hinausgehenden Maß mit Gefahrstoffen verunreinigt sind.

Arbeiten in kontaminierten Bereichen können z.B. sein:

- Sanierung von schadstoffbelasteten Böden, baulichen Anlagen, Grundwasser sowie der Bodenluft
- Sanierung, Ertüchtigung oder Erweiterung von Deponien
- Sicherung, Abdeckung oder Einkapseln von kontaminierten Bereichen
- Betrieb mobiler oder stationärer Anlagen zur Behandlung kontaminierter Materialien und Stoffe
- Arbeiten zur Änderung oder zum Rückbau von kontaminierten Gebäuden und technischen Anlagen
- Schadstoffsanierung, Räumung, Entkernung oder Reinigung von kontaminierten Gebäuden oder Anlagen
- Gleisbauarbeiten, bei denen eine Verunreinigung des Gleiskörpers mit Gefahrstoffen zu vermuten ist
- Arbeiten aus Rüstungsaltlasten, Altstandorten und
- Gründungsarbeiten zur Errichtung von baulichen Anlagen auf kontaminierten Bereichen, z.B. Neubau von Produktionseinrichtungen auf Altstandorten.

Da die Arbeiten vielfach den Spezialtiefbau tangieren, haben sich einige Unternehmen auch um die Abwicklung der Gesamtmaßnahme bemüht. Technisch treten dabei die eigentlichen Spezialtiefbauarbeiten in den Hintergrund, wenn man einmal von den umfangreichen Sicherungsarbeiten absieht.

Die gerätetechnischen Anforderungen sind sehr hoch und müssen in der Regel dem jeweiligen Projekt angepasst werden. Dabei sind z.T. hohe Investitionen erforderlich. Des Weiteren sind besondere Erfahrungen im Umgang mit den unterschiedlichen Schadstoffgruppen unter Berücksichtigung der stoffspezifischen Eigenschaften erforderlich.

11.2 Spezialtiefbauarbeiten in kontaminierten Bereichen

11.2.1 Allgemeines

Spezialtiefbauarbeiten in kontaminierten Bereichen können in die nachfolgenden Gruppen aufgeteilt werden:

- Erkundungsarbeiten zur Ermittlung des Untergrundaufbaus, der Bodenwasserverhältnisse und der Schadstoffverteilung
- Sicherung von kontaminierten Bereichen durch vollständige oder teilweise Einkapselung mit horizontalen und vertikalen Dichtelementen
- Sanierung von Boden-, Grundwasser- und Bodenluftkontaminationen
- Gründungsarbeiten zur Errichtung von baulichen Anlagen auf kontaminierten Flächen
- Verdichtungsarbeiten zur Verdichtung setzungs- bzw. sackungsempfindlicher Kontaminationen
- Entwässerungs- und Entgasungsarbeiten

Wesentlich ist, dass in kontaminierten Bereichen hohe Anforderungen im Arbeits- und Emissionsschutz zu beachten sind (s. auch Abschnitt 3 – *Sicherheitstechnik*).

11.2.2 Erkundungsarbeiten

Vor der Durchführung von Spezialtiefbauarbeiten ist eine umfassende Erkundung der Untergrund- und Grundwasserverhältnisse und der im Untergrund und im Grundwasser vorhandenen Stoffe erforderlich. Hierzu werden im Wesentlichen Baugrundaufschlussbohrungen und Kleinbohrungen als Sondierungen mit der Rammsonde bzw. im Direct-Push-Verfahren als Kleinbohrungen hergestellt.

Abbildung 1: Bohrgerät zur Baugrunderkundung

Mit Bohrgeräten für Erkundungsbohrungen werden verrohrte Bohrungen mit Durchmessern von 13 cm bis 42 cm als Kernbohrungen hergestellt. Vorteil der Kernbohrungen ist die universelle Einsetzbarkeit auch bei nicht sondierfähigem Untergrund. Hindernisse können durchkernt und die Bohrungen im Allgemeinen auf die gewünschte Endtiefe abgeteuft werden. Des Weiteren liefern Kernbohrungen die höchstmögliche Probenqualität und ein großes Probenvolumen. Im Vergleich zu den Sondierverfahren sind jedoch der Aufwand und die Kosten höher, sodass häufig bei umwelttechnischen Aufgabenstellungen eine Kombination aus wenigen Kernbohrungen mit einer größeren Anzahl von Sondierungen ausgeführt wird.

Das bei umwelttechnischen Aufgabenstellungen am weitesten verbreitete Aufschlussverfahren ist die Rammkernsondierung. Bei der Rammkernsondierung (RKS) wird ein, an einer Seite geschlitztes, Hohlrohr mittels eines schlagenden Bohrverfahrens in den Untergrund eingebracht. Übliche Durchmesser der Sondiergestänge liegen zwischen 36 mm und 80 mm. Die erreichbare Tiefe ist stark von dem Baugrundaufbau und dessen Rammbarkeit abhängig. Die üblichen Sondiertiefen liegen bei 2 m bis 10 m. Aufgrund des geringen Durchmessers der Sondiergestänge können nur verhältnismäßig kleine Probenvolumina gewonnen werden. Für orientierende Untersuchungen können die mit dem Sondiergestänge hergestellten Bohrungen als Kleinpegel für Grundwasserstandsmessungen sowie als Bodenluftpegel zur Entnahme von Bodenluftproben ausgebaut werden.

Abbildung 2: Rammkernsondierung mit Absaugung der austretenden Bodenluft

Beim Direct-Push-Verfahren wird ein Sondiergestänge statisch drückend oder hochfrequent schlagend in den Baugrund abgeteuft. Mit diesem Verfahren ist eine Vielzahl von umwelttechnischen Felduntersuchungen wie z.B.

- Elektrische Leitfähigkeitssondierungen
- Bodenluftsondierungen
- Linersondierungen
- Injection-Logging
- Slug Testing
- Direct-Push Grundwassermessstellen
- Bohrlochabdichtung
- Injektion von Substraten zur Grundwassersanierung

möglich.

Abbildung 3: Sondierung mit dem Direct-Push-Verfahren

Beim Einsatz von Drucksondiergeräten können, durch den Einsatz von Spezialsonden, neben der Dichte des Untergrundes auch weitere Parameter wie z.B. die Leitfähigkeit oder der Gehalt an Kohlenwasserstoffen im Untergrund erkundet werden. Das Fugro-Drucksondiergerät besteht aus einem Raupengerät, das in unwegsamem Gelände eingesetzt werden kann. In mit LKW befahrbarem Gelände können die Drucksondierungen ohne Abladen des Raupengeräts direkt vom LKW aus durchgeführt werden.

Abbildung 4: Drucksondiergerät als Kombination von LKW und Raupengerät (links), Drucksonde (rechts).

11.2.3 Sicherung von Kontaminationen und Deponiebau

Sicherungsverfahren sind bauliche Maßnahmen, die durch Einbau von vertikalen und/oder horizontalen Barrieren die Ausbreitungspfade von Schadstoffen absperren und somit eine weitere Ausbreitung von Schadstoffen im Boden, im Grundwasser und in der Bodenluft sowie ein Ausgasen von Schadstoffen in die Umgebungsluft verhindern.

Die Sicherung als vollständige Einkapselung von kontaminierten Bereichen besteht aus den zwei horizontalen Dichtelementen, der Oberflächenabdichtung und der Basisabdichtung, und dem vertikalen Dichtelement, die die Kontamination an der Oberfläche, den Seiten und unterhalb des verunreinigten Bereichs flächig abdichten.

Die Oberflächenabdichtung ist in der Regel entsprechend den Anforderungen der Deponieverordnung wie folgt aufgebaut:

- Drainageschicht zur Deponiegasentspannung
- undurchlässige mineralische Abdichtungsschicht (2 × 25 Zentimeter bei DK II)
- HDPE-Folie (nur bei DK II und III), mindestens 2,5 Millimeter Dicke)
- Entwässerungsschicht oder Dränmatte (zur Ableitung des die Rekultivierungsschicht durchdringendes Niederschlagswassers)
- Rekultivierungsschicht (mindestens ein Meter)

Für die Basisabdichtung wird, sofern in ausreichender Ausdehnung und Dicke vorhanden, eine Baugrundschicht mit geringer Durchlässigkeit verwendet. Wenn eine entsprechende Baugrundschicht nicht oder erst in einer großen Tiefe vorhanden ist, kann die Basisabdichtung z.B. mittels Injektionen oder im Düsenstrahlverfahren hergestellter Dichtschichten ausgeführt werden. Diese Basisabdichtungen können entweder mit von der Geländeoberfläche aus abgeteuften Bohrungen hergestellt werden, die durch den kontaminierten Bereich hindurch gebohrt werden. Alternativ kann die Basisabdichtung auch aus unterhalb des kontaminierten Bereichs eingebrachten Stollen oder als Fächer aus Schächten heraus hergestellt werden.

Die vertikale Barriere kann mit unterschiedlichen Verfahren des Spezialtiefbaus errichtet werden.

Weit verbreitet ist die Umschließung mit Schlitzwänden. Mit Schlitzwänden können aufgrund der verfügbaren Gerätetechnik vergleichsweise große Tiefen bis zu 100 m erreicht werden. Zur Minimierung des Schadstofftransports durch die Schlitzwand werden in Sonderfällen zusätzliche Dichtelemente z.B. als HDPE-Folien oder als Glassandwichelemente in die noch nicht erhärtete Dichtwandsuspension eingestellt.

Ein vergleichsweise kostengünstiges Verfahren zur Herstellung einer vertikalen Barriere ist die Umschließung des kontaminierten Bereichs mittels Rüttelschmalwänden. Die Systemdurchlässigkeit von Rüttelschmalwänden ist jedoch gegenüber der von Schlitzwänden deutlich größer.

Insbesondere bei kleinräumig begrenzten Kontaminationen wird die vertikale Barriere durch das Einrütteln oder Einpressen von Spundwänden hergestellt. Im Hinblick auf die Beständigkeit des Spundwandstahls kommen hier auch beschichtete oder im Schloss abgedichtete Spundwände zum Einsatz.

11.2.4 Sanierung von Altlasten

Beim Ausführen von Sanierungsarbeiten auf Altlasten und Altstandorten sind zunächst die für die Arbeiten relevanten Wirkungspfade zu ermitteln. Die Schadstoffe können im Untergrund in flüssiger, fester oder gasförmiger Form, d.h. als feste Phase oder als Anhaftung an der festen Phase, als eine oder mehrere nichtmischbare flüssige Phasen, ggf. mit gelösten Schadstoffen oder als Gasphase vorhanden sein. In Abhängigkeit von der Zustandsform der Schadstoffe und den durchzuführenden Arbeiten können die Schadstoffe über unterschiedliche Wirkungspfade in andere Phasen überführt werden bzw. mit der Umwelt in Berührung kommen. Aus diesem Grund ist die Kenntnis der möglichen Wechselwirkungen und der Auswirkungen der Schadstoffe auf die Umwelt für die Planung der Spezialtiefbauarbeiten in kontaminierten Bereichen und die zugehörigen Schutz- und Arbeitsschutzmaßnahmen von grundlegender Bedeutung.

Die Abbildung N-5 zeigt exemplarisch die Phasenverteilung im Untergrund. Die feste Phase wird durch die Sandkörner gebildet. Der Porenraum wird durch die flüssigen Phasen Wasser (durchsichtig), Mineralöl (blau) und die Gasphase, die als Luftbläschen erkennbar ist, gebildet.

Abbildung 5: Phasenverteilung im Untergrund

Infolge von Spezialtiefbauarbeiten kann die Verteilung der Schadstoffe im Untergrund durch unterschiedliche Vorgänge verändert werden (Abbildung. 6):

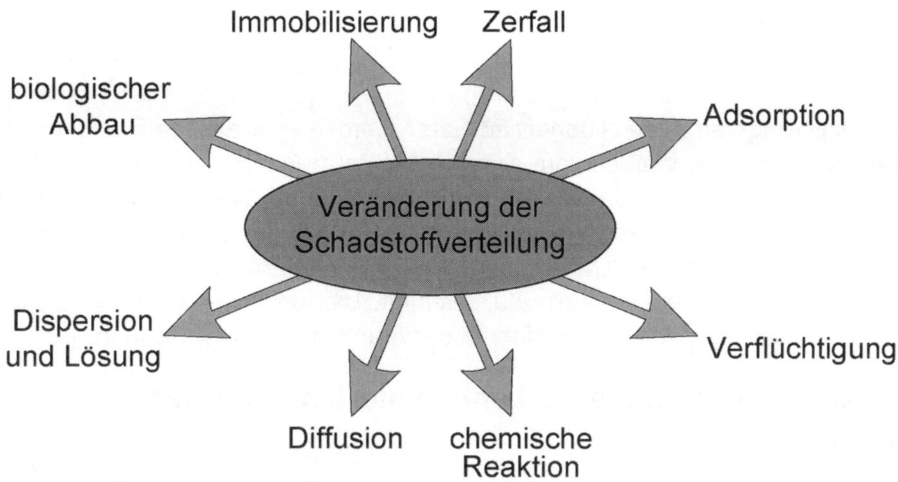

Abbildung 6: Vorgänge, die die Schadstoffverteilung im Untergrund beeinflussen

Dies sind zum einen nichtdestruktive Vorgänge, bei denen der Gesamtgehalt an Schadstoffen unverändert bleibt, wie z.B.:

- Adsorption von Schadstoffen an organischen und anorganischen Bodenpartikeln
- Lösung und Verdünnung der löslichen Anteile der Schadstoffe im Grund- und Sickerwasser
- chemische oder biologische Immobilisierung
- Diffusionsvorgänge im Grundwasser infolge von Konzentrationsgradienten

oder destruktive, d.h. Schadstoffe zerstörende Vorgänge, wie z.B.:

- aerober und anaerober biologischer Abbau der Schadstoffe
- chemischer Abbau der Schadstoffe, Redoxreaktionen, Dechlorierungsprozesse, Zerfall von Schadstoffen.

Die Sanierung von kontaminierten Bereichen kann mit einer Vielzahl unterschiedlicher Sanierungsverfahren durchgeführt werden.

- Aktive Verfahren zur Grundwassereinigung (Pump and Treat)
- Passive Verfahren zur Grundwasserreinigung, z.B. „Funnel and Gate"
- Bodenreinigung
  - chemisch-physikalische Verfahren
  - thermische Verfahren
  - mikrobiologische Verfahren
  - Immobilisierung von Schadstoffen
  - Bodenluft-Absaugverfahren
- Aushub, Aufbereitung und Deponierung auf einer zugelassenen Deponie

Bei der Herstellung der einzelnen Bauteile kommen insbesondere Bohrverfahren zur Herstellung von Grundwasser- oder Bodenluftbrunnen sowie der zugehörigen Messstellen zum Einsatz.

Bei dem Sanierungsverfahren „Funnel and Gate" werden vertikale Barrieren in den Untergrund eingebracht. Hier werden zum einen dichte Bauteile, z.B. aus Schlitzwänden oder aus Spundwänden, in den Grundwasserleiter eingebracht. Diese Dichtelemente leiten durch ihre im Grundriss trichterförmige Geometrie (Funnel) das Grundwasser auf ein oder mehrere zentrale Durchlässe (Gate) zu. Im Bereich dieser Gates wird das Grundwasser durch Reinigungsbauwerke geleitet und gereinigt. Hierfür stehen je nach vorhandener Kontamination unterschiedlichste Verfahren der Abreinigung zur Verfügung.

11.2.5 Gründungsarbeiten in kontaminierten Bereichen

11.2.5.1 Allgemeines

Bei der Herstellung von Pfählen besteht die Gefahr, dass Schadstoffe in tieferliegende unbelastete Bereiche gelangen. So können Schadstoffe unterhalb der Pfahlspitze in den nicht kontaminierten Grundwasserleiter eingebracht werden und sich im unbelasteten Grundwasser horizontal und vertikal ausbreiten. Auch im Bereich des Pfahlmantels kann kontaminiertes Bodenmaterial verschleppt werden, und dies umso stärker, je rauer die Oberfläche der Pfähle ist. Bei Ortbetonrammpfählen sollen daher keine überstehenden Fußplatten verwendet werden.

Zur Vermeidung von Schadstoffverschleppungen wird in der Regel vor der eigentlichen Pfahlherstellung eine Bentonitplombe gesetzt oder beim Durchfahren der kontaminierten Schicht eine Mantelverpressung vorgenommen.

Anforderungen an das Pfahlsystem:

- Es soll kein Bohrgut oder Aushubmaterial anfallen
- Es dürfen keine Schadstoffe nach unten verschleppt werden
- Der anstehende Schichtenaufbau darf nicht verändert werden
- Eine Vollverdrängung ist anzustreben
- Die Dichtwirkung muss dauerhaft sein

11.2.5.2 Verfahren Centrum-Injektionspfahl

Die wesentlichen Vorteile des *Centrum-Injektionspfahls* liegen sowohl in der Wirksamkeit der Abdichtung als auch in der einfachen Anwendung auf der Baustelle. Der Pfahl ist bei werkseitiger Fertigung mit einer Spitze versehen, die während der Rammung den Untergrund durchschneidet und eine seitliche Verdrängung des Bodens bewirkt. Dies verhindert die Verschleppung von Stoffen aus oberen Schichten in das Grundwasser.

Für die Abdichtung einer möglichen Wasserwegsamkeit an der Kontaktfläche zwischen Pfahl und Boden wird der Pfahl mit Injektionsrohren zur Mantelverpressung ausgerüstet. Verpresst wird mit einer Bentonit-Zement-Suspension, die eine eventuell entstehende Kontaktfuge dauerhaft schließt.

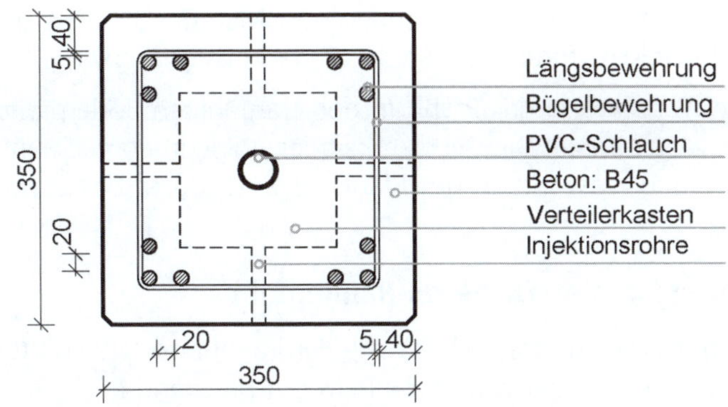

Abbildung 7: Pfahlquerschnitt mit Verpressrohren zum Injizieren bei der Pfahleinbringung [F-95]

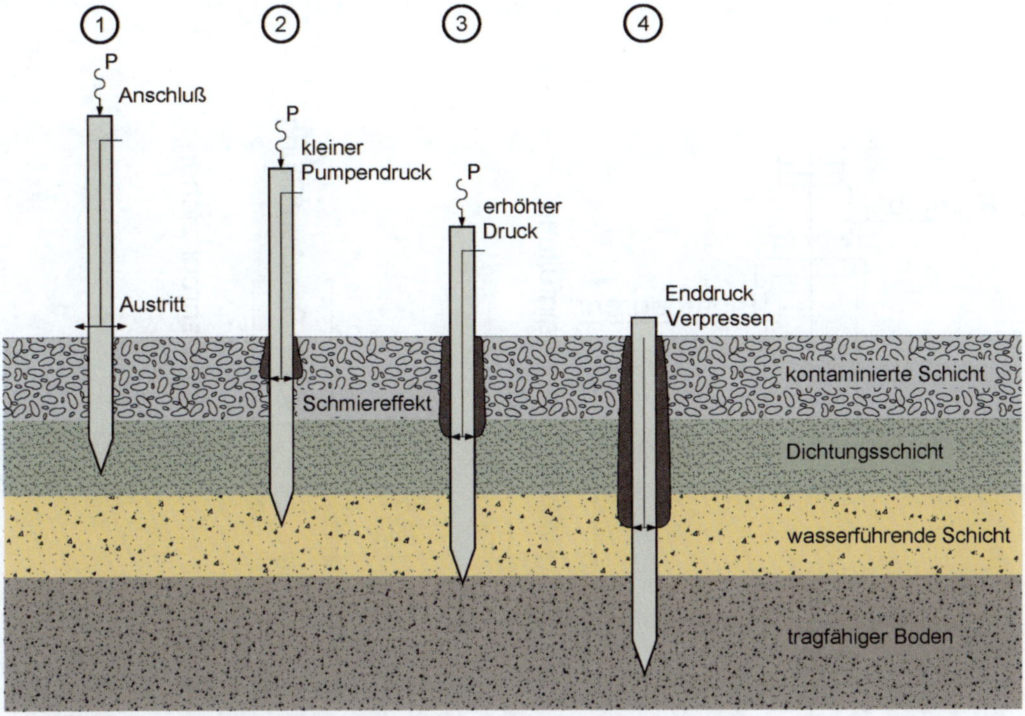

Abbildung 8: Herstellung beim Centrum-Injektionspfahl [F-95]

1. Der *Centrum-Injektionspfahl* wird mit einbetonierten Verpressrohren und Spitze angeliefert. Die Austrittsöffnungen für das Verpressmittel werden im Werk anhand der Bodenprofile und in Absprache mit dem Bodengutachter angeordnet. Der Rammvorgang beginnt.
2. Sind die Verpressöffnungen auf Geländehöhe, wird die Bentonit-Zement-Suspension angepumpt. Es wird sichergestellt, dass alle Öffnungen Material abgeben. Beim Durchrammen der Oberschicht werden somit Hohlräume und Sickerwege abgedichtet.

3. Ist die Dichtungsschicht erreicht, wird der Verpressdruck erhöht und bis zum Erreichen der Endteufe gehalten. Das Verschleppen von Material am Übergang zur wasserführenden Schicht ist aufgrund der Spitze vernachlässigbar gering.
4. Nach erfolgter Einbindung des Pfahls in den tragfähigen Boden wird für kurze Zeit mit vollem Druck gefahren. Die Wirksamkeit der Abdichtung nach unten wird sowohl durch die Verdrängungswirkung des Pfahls als auch durch das Verpressmaterial voll gewährleistet.

11.2.5.3 Verfahren Simplex-Ortbeton-Rammpfahl

Das Verfahren eignet sich grundsätzlich für alle Verdrängungspfähle (Ortbetonpfähle und Fertigpfähle). Bei diesem System wird mit einem entsprechend großen Vortreibrohr eine Bentonitplombe eingesetzt. Der Durchmesser sollte mindestens 50 cm größer sein als der eigentliche Pfahldurchmesser (Abbildung. 9). Durch diese Plombe wird dann der Pfahl eingerammt (Abbildung. 10).

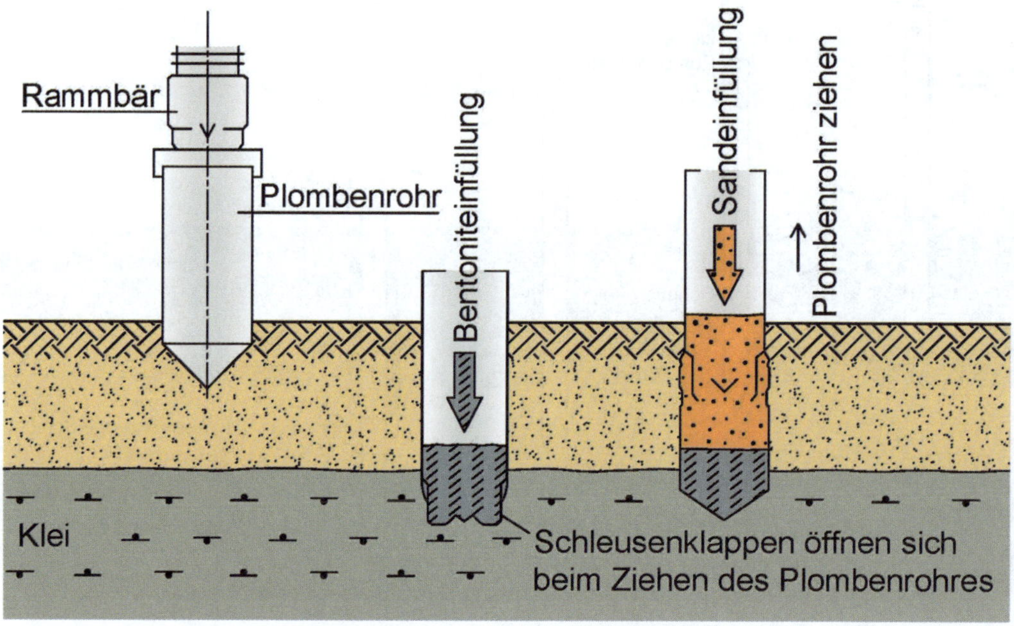

Abbildung 9: Herstellen einer Bentonitplombe

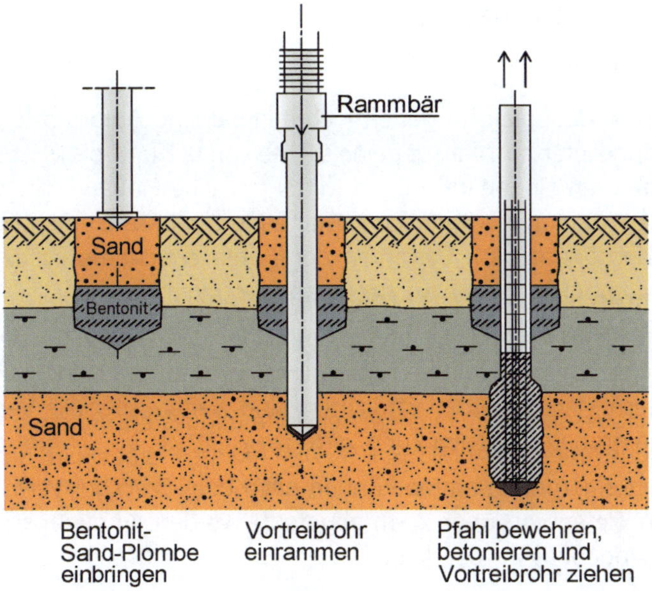

Abbildung 10: Herstellung eines Simplex-Ortbeton-Rammpfahls mit Bentonitplombe

11.2.5.4 Verfahren Frankipfahl

1. Einrammen des Vortreibsrohrs für die Plombe in die Sperrschicht.
2. Ziehen des Rohres und gleichzeitiges Füllen des freigegebenen Querschnitts mit Dichtmasse.
3. Durchrammen der Dichtmasse mit dem Rammrohr und Herstellung des *Frankipfahls* nach dem üblichen Herstellungsverfahren.

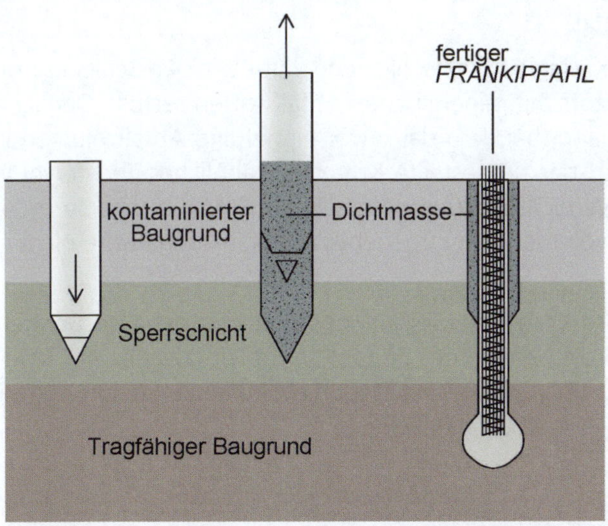

Abbildung 11: Herstellung eines Frankipfahls mit einer Dichtplombe

11.2.6 Verdichtungsarbeiten

11.2.6.1 Allgemeines

Auf bestehenden Altdeponien, in denen nichtmineralische Abfallstoffe abgelagert wurden, wurde der angelieferte Abfall, der eine Dichte von 0,1 t/m³ bis 0,5 t/m³ aufweist, mit Hilfe von Kompaktoren eingebaut, die im Mittel nur eine Einbaudichte von 0,8 t/m³ bis 0,9 t/m³ erreichten. Dadurch wurde das bestehende Deponievolumen nur unzureichend genutzt. Durch den Einsatz von Verfahren der Tiefenverdichtung ist eine nachträgliche Verdichtung des Deponiekörpers bzw. der Altablagerung möglich.

In oberflächennahen Bereichen bis etwa 7 m Tiefe kann mit Hilfe der Fallplattenverdichtung zusätzliches Deponievolumen gewonnen werden. Um Deponiekörper von mehreren Zehnermetern Mächtigkeit zu verdichten, sind weitere spezielle Verfahren erforderlich, die über eine größere Tiefenwirkung verfügen.

Durch den Einsatz einer Innenramme können nach dem *Brückner-Verfahren* (geschützt) Bohrungen bis in Tiefen von über 20 m abgeteuft werden, in die anschließend der angelieferte Abfall eingebaut werden kann.

Beim *Leffer-Verfahren*, welches ebenfalls geschützt ist, werden durch eine spezielles Seitenverdrängungssystem bis zu 15 m tiefe Bohrungen abgeteuft.

Diese unterschiedlichen Verfahren können je nach Bedarf einzeln oder in Form einer Verfahrenskombination eingesetzt werden.

11.2.6.2 Fallplattenverdichtung

Durch den Einsatz der Fallplattenverdichtung, bei der ein Fallgewicht von 20 bis 30 t mehrmals aus einer Höhe von bis zu 30 m ungebremst auf den zu verdichtenden Deponiekörper aufschlägt, wird er unterhalb des Verdichtungspunktes verdichtet. Gleichzeitig wird neues Deponievolumen gewonnen. Für die Fallplattenverdichtung wird ein speziell konzipierter Seilbagger eingesetzt.

Der entstandene Krater wird anschließend mittels einer Schieberaupe oder eines beigestellten Kompaktors mit mineralischen Abfallstoffen verfüllt. Danach erfolgt der zweite Verdichtungsübergang, bei dem das zuvor eingefüllte Abfallvolumen in den Untergrund verdrängt wird und der hergestellte Krater ein ähnliches Trichtervolumen aufweist wie nach dem ersten Verdichtungsübergang. Dieser Vorgang wird so oft wiederholt, bis ein bestimmtes Kratervolumen bei vorgegebener Herstellungsweise nicht mehr erreicht werden kann.

Die hier aufgeführte Vorgehensweise wiederholt sich bei allen übrigen Flächenpunkten. Abschließend wird die bearbeitete Deponiefläche ein zweites Mal nivelliert, um den Verdichtungserfolg zu überprüfen. Der Deponievolumenzugewinn beträgt bei diesem Verfahren bis zu 8 m³ je m² Deponiefläche.

Abbildung 12: Fallplattenverdichtung auf einer Deponie

11.2.6.3 Tiefenverdichtung System Brückner

Beim *Brückner-Verfahren* erfolgt die Verdichtung durch ein spezielles Fallgewicht, das im Bohrrohr fallengelassen wird. Durch das schlagende Fallgewicht wird zunächst der anstehende Abfall vertikal und seitlich verdrängt. Zur Stützung des so hergestellten Hohlraums wird ein Bohrrohr nachgeschoben, wodurch die Wandung im Abfallkörper abgestützt wird. Dieser Vorgang der Hohlraumherstellung und Bohrlochsicherung wird durch Nachdrehen des Bohrrohrs bis zur Endteufe wiederholt. Anschließend wird die so hergestellte Bohrung chargenweise mit Abfallstoffen verfüllt und das Bohrrohr um eine zuvor definierte Wegstrecke gezogen. Danach erfolgt der eigentliche Verdichtungsvorgang, indem das Fallgewicht jetzt den eingefüllten mineralischen Abfall nach unten und zur Seite verdrängt. Dieser Vorgang wiederholt sich bis zum Erreichen der Geländeoberfläche. Mit diesem Verfahren kann ein sehr hoher Volumenzugewinn je m² erreicht werden, der von der Bohrlochtiefe abhängig ist.

Vorteile des Verfahrens.

- Mit diesem Verfahren ist ein sehr hoher Verdichtungsgrad bis in Tiefen von über 20 m erzielbar, wobei die Tiefe variiert werden kann.
- Es entsteht keine erhöhte Belastung für die Umwelt, da die hergestellten Bohrungen umgehend verfüllt und verdichtet werden.
- Durch den Einsatz des *Brückner-Verfahrens* erfolgt eine Verdichtung und Homogenisierung des Deponieköpers, wodurch sich die Tragfähigkeit erhöht.
- Es ist keine Konditionierung der angelieferten Abfallstoffe erforderlich.
- Die Geruchsbelästigung kann minimiert werden, da die Bohrlochwandung verrohrt ist und unmittelbar nach der Herstellung mineralischer Abfall eingebaut und verdichtet wird.

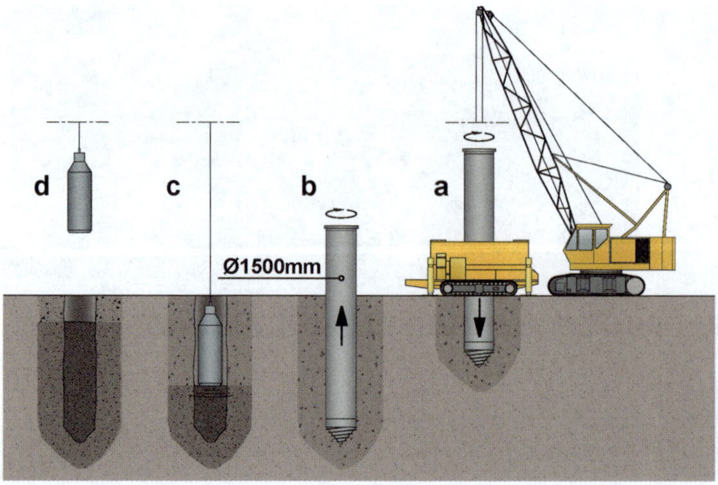

Abbildung 13: Verfahrensablauf Tiefenverdichtung mit dem Brückner-Verfahren auf einer Altablagerung [F-16].

11.2.6.4 Seitenverdrängungsverfahren System Leffer

Bei diesem Verfahren wird ein spezielles Verdrängerrohr mit einem Durchmesser von 1.500 mm bis 2.000 mm, das mit einer schneckenförmigen Spitze verschlossen ist, in den Deponiekörper eingedreht. Dies erfolgt mit Hilfe einer schweren Rohrdrehmaschine, die über ein entsprechendes Drehmoment verfügt. Die Bohrung wird auf Endtiefe niedergebracht und anschließend das Bohrrohr wieder gezogen. In das offene Bohrloch kann nun chargenweise mineralischer Abfall eingefüllt und mit einem speziellen Fallgewicht verdichtet werden. Der Volumenzugewinn beträgt bei diesem Verfahren bis zu 7 m^3 je m^2 Deponiefläche und hängt vom Aufbau des Deponiekörpers ab.

Die Vorteile dieses Verfahrens sind denjenigen des *Brückner-Verfahrens* ähnlich, jedoch werden geringere Verdichtungstiefen erreicht und die Geruchsemissionen sind erhöht, da die Bohrlochwandung vorübergehend unverrohrt ist. Ebenso können bei diesem Verfahren Bohrhindernisse nicht so problemlos überwunden werden wie beim *Brückner-Verfahren*.

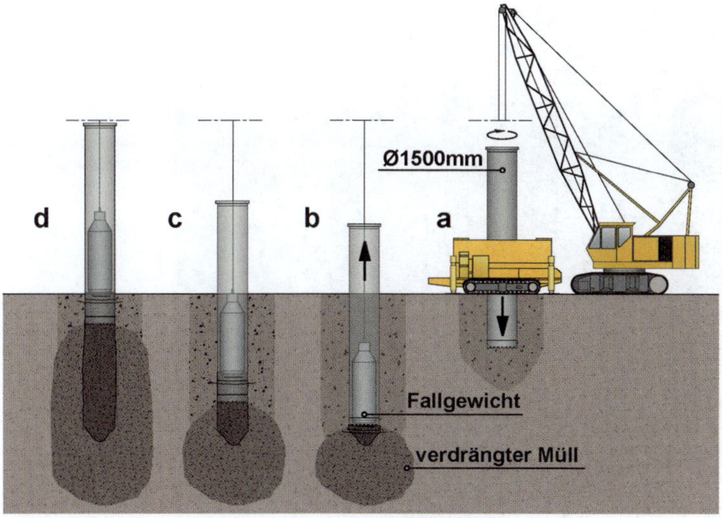

a Niederbringen des offenen Bohrrohrs und Verdichten des Mülls mittels Fallgewicht

b Stufenweises Zurückziehen des Bohrrohrs

c Einfüllen und Einstampfen von Müll

d Ausstampfen des Mülls und schrittweises Ziehen der Verrohrung

Abbildung 14: Schematische Darstellung der Arbeitsschritte beim Seitenverdrängungsverfahrens System Leffer [F-56]

11.2.7 Entwässerungs- und Entgasungsarbeiten

11.2.7.1 Allgemeines

Sowohl bei der Neuverlegung von Deponiesickerwasserleitungen als auch bei der Sanierung bestehender Leitungen kommen immer wieder neue Materialien zum Einsatz. Mit dem nachfolgend beschriebenen *Preussag-Tandemschacht-Verfahren*, das zwischenzeitlich von der BHG Brechtel GmbH fortgeführt wird, können z.B. bei vertretbarem Aufwand defekte Deponiesickerwasserleitungen innerhalb der Deponie saniert bzw. neue Leitungen hergestellt werden. Darüber hinaus wurden Verfahren entwickelt, die es erlauben, Schächte großer Durchmesser im Deponiematerial abzuteufen.

11.2.7.2 Beschreibung des Verfahrens

Zunächst werden zwei Bohrungen mit einem Enddurchmesser von 2.500 mm im Trockenbohrverfahren als verrohrte Greiferbohrungen im Abstand von 3 m bis auf die Deponiesohle abgeteuft. Zwischen den Einzelschächten eines Tandems wird eine Tunnelverbindung hergestellt. Der so geschaffene Raum dient als Arbeitsraum für die notwendigen Baumaßnahmen.

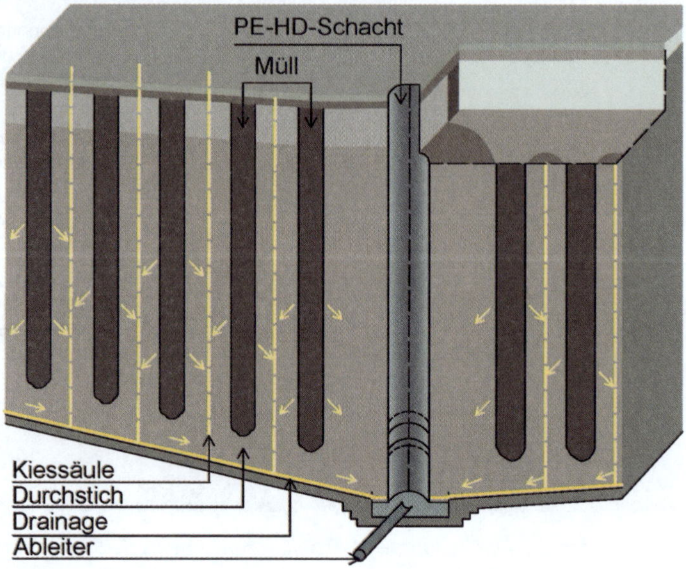

Abbildung 15: Schematische Darstellung des Tandemschacht-Verfahrens [F-93]

Nach Fertigstellung der Tandemschächte werden die defekten Dränageleitungen zerstört. Anschließend wird die Bohrung aufgeweitet und ein gelochtes PE-HD-Rohr (bis DN 355, PN 16) eingezogen. Dabei bietet sich an, vor dem Ziehen der Bohrrohre die Schächte zu Gasbrunnen auszubauen oder an den Einmündungen der Dränagerohre in den Hauptsammler Kontrollschächte zu erstellen. Werden die Schächte mit einer abgestuften Filterkiesschüttung aufgefüllt, dienen sie auch als Vertikaldränagen.

Auch die komplette Neuverlegung eines Hauptsammlers ist möglich. Dabei werden nacheinander Einzelschächte im Abstand von etwa 3 m bis auf die Basisabdichtung abgeteuft und dann miteinander verbunden. Anschließend werden PE-HD-Rohre auf der Deponiesohle verlegt, mit einer Kiesschüttung ummantelt und wieder verfüllt.

Ist die Dränage eingebracht, wird der erste Schacht gezogen und hinter dem zweiten Schacht ein weiterer Schacht abgeteuft. Mit Verbindungen zwischen dem zweiten und dem dritten sowie weiteren Schächten wird sukzessive der Rohrleitungsstrang erstellt.

Stationäre Gas-, Mess- und Warnanlagen in den Schächten dienen dem Arbeitsschutz. Die kontinuierlichen Gasmessungen (Methan, Sauerstoff, untere Explosionsgrenze, Schwefelwasserstoff usw.) werden aufgezeichnet.

Das Personal, das in den Schächten arbeitet und am ehesten mit kontaminiertem Material in Berührung kommen kann, ist mit Schutzanzügen, die gegen Chemikalien beständig sind, ausgerüstet. Die Versorgung mit Atemluft erfolgt mit umgebungsunabhängiger Atmosphärenluft. Zusätzlich wird durch eine intensive Bewetterung eine unmittelbare Gefährdung durch Deponiegas verhindert.

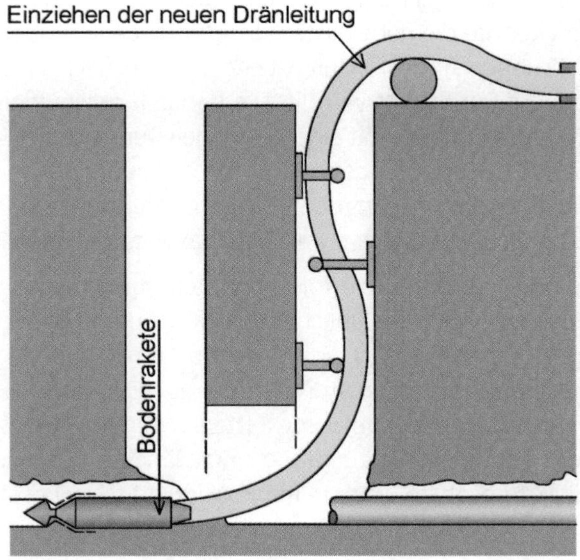

Abbildung 16: Einbau der Dränleitung [F-93]

Das *Tandemschacht-Verfahren* zeichnet sich dadurch aus, dass durch den Einbau von Stahlrohren ein stabiler Verbau erreicht wird, der das Volumen des Aushubs minimiert. Diese Technik wird auch beim Bau von Entgasungsbrunnen auf Deponien erfolgreich eingesetzt. Durch den geringen Platzbedarf der eigentlichen Baustelle wird die Störung des laufenden Deponiebetriebs erheblich reduziert. Ein Ausgasen der Deponie wird weitgehend vermieden, da die Schachtwände geschlossen sind. Ebenso wird der Sauerstoffeintrag minimiert. Die notwendige Bewetterung lässt sich im Vergleich zu einer offenen Bauweise wesentlich effektiver gestalten, da das Volumen geringer ist.

Eine eventuell notwendige Wasserhaltung ist technisch einfach in den Schächten durchführbar. Im Nahbereich der Deponiesohle wird der Schacht manuell abgeteuft. Dadurch wird eine Beschädigung der Basisabdichtung vermieden.

11.2.7.3 Ausführungsbeispiel

Auf die verfüllte Altdeponie Arnshausen des Landkreises Bad Kissingen sollte im Zeitraum 1997 bis 1998 ein Oberflächen-Abdichtungssystem aufgebracht werden. Im Vorfeld dieses Bauvorhabens mussten Maßnahmen ergriffen werden, um den in der Deponie vorhandenen Sickerwasseraufstau zu vermindern und damit die Standsicherheit der Hangdeponie zu verbessern.

Quer zum Hangkörper wurde eine Kette von 25 verrohrten Großbohrungen (Durchmesser 2.500 mm) mit einem Achsabstand von etwa 4,10 m abgeteuft. Die Bohrtiefe von OK Abfallkörper bis zur OK Basisabdichtung betrug zwischen 11 und 20 m. Zwischen den jeweils benachbarten Bohrungen wurde auf der Sohle oberhalb der Basisabdichtung in bergmännischer Bauweise ein Durchstich hergestellt. Um die extreme Arbeit zu erleichtern, hat man den Abfall vor Beginn der Handschachtung mit einer hydraulischen Presse von einer Bohrung in die nächste gedrückt. Daraufhin wurden der Durchstich mit Handarbeit erweitert und die Basisabdichtung freigelegt. Durch den Einsatz einer entsprechend hohen Anzahl an Bohrrohren konnte die neue Sickerwasserdränage in größeren Abschnitten verlegt werden. Die Bohrungen und die Durchstiche wurden nach Einbringen der Leitung und Ziehen der Rohre mit Basaltsplitt verfüllt. Die dadurch entstandene Sickerwand quer durch den gesamten Deponiekörper mit einer Dränageleitung auf der Sohle bildet nun das Hauptelement des Sickerwasserfassungssystems. Am Tiefpunkt der neuen Dränageleitung wurde innerhalb einer Spritzbetonbaugrube (Durchmesser 11 m) ein PE-HD-Fertigschacht gesetzt, von dem aus auch der Ableiter zum Sickerwassersammelbehälter geführt wurde.

Die Handarbeiten in den Schächten erfolgten unter aufwendigen Arbeitsschutzmaßnahmen. Diese waren – zusätzlich zur üblichen Arbeitsschutzbekleidung – das Tragen von Einwegschutzanzügen und der Einsatz von umgebungsluftunabhängigem Atemschutz. Neben dieser persönlichen Schutzausrüstung wurde auch die technische Ausrüstung für Tätigkeiten in kontaminierten Bereichen ausgestattet. In den explosionsgefährdeten Zonen kamen u.a. explosionsgeschützte Beleuchtung und ständige Bewetterung zum Einsatz. Die Überwachung der Atmosphäre erfolgte mit kontinuierlich eingesetzten Gasmess- und Gaswarnanlagen.

Ausgeführt wurden die Arbeiten von der *Preussag Spezialtiefbau GmbH* in Arbeitsgemeinschaft mit der *Hochtief AG*.

11.3 Sicherheitstechnik bei Arbeiten in kontaminierten Bereichen

11.3.1 Allgemeines

Bauarbeiten in kontaminierten Bereichen bergen eine große Gefahr, welche von den chemischen Stoffen und Stoffverbindungen ausgeht, die die Verunreinigungen verursachen bzw. verursacht haben. Teilweise werden derartige Verunreinigungen des Bodens und es Grundwassers zufällig angetroffen, wie z.B. bei Aushubarbeiten im Zuge einer Schlitzwand- bzw. Bohrpfahlherstellung. Oder es handelt sich um bekannte bzw. vermutete Verunreinigungen. In beiden Fällen sind grundsätzlich präventiv Sicherungsmaßnahmen sowohl zum Schutz der Beschäftigten als auch für das Umfeld der Baustelle zu treffen.

11.3.2 Schutzmaßnahmen

11.3.2.1 Allgemeines

Im Hinblick auf das Arbeiten in kontaminierten Bereichen sind neben den üblichen Sicherheits- und Arbeitsschutzanforderungen und den in der DGUV-Regel 101-008 (vormals BGR 161) der Berufsgenossenschaft der Bauwirtschaft enthaltenen Regeln für Arbeiten im Spezialtiefbau besondere Schutzmaßnahmen erforderlich. Diese Schutzmaßnahmen sind insbesondere in den Technischen Regeln für Gefahrstoffe TRGS 524 und die Schutzmaßnahmen bei Arbeiten in kontaminierten Bereichen in der DGUV-Regel 101-004 (vormals BGR 128) der Berufsgenossenschaft der Bauwirtschaft zusammengestellt.

Nach Ermittlung der zu erwartenden Gefährdung und der zu erwartenden Gefahrstoffe sind die für den Einzelfall zu ergreifenden Schutzmaßnahmen festzulegen (siehe auch Kapitel 13).

Bei allen Maßnahmen für den Arbeits- und Emissionsschutz gilt, dass

- Bauverfahren zur Anwendung kommen, die geringe Gefahrstoff-Freisetzungen erwarten lassen bzw. diese verhindern,
- Gefahrstoffe nicht frei werden können,
- Beschäftige durch freigesetzte Gefahrstoffe nicht gefährdet werden können,
- die beim Umgang mit Gefahrstoffen beteiligten Personen mit persönlicher Schutzausrüstung zuverlässig geschützt werden,
- technische Schutzmaßnahmen immer den Vorrang vor organisatorischen und persönlichen Schutzmaßnahmen haben.

11.3.2.2 Technische Schutzmaßnahmen

Zu den technischen Schutzmaßnahmen gehören Anlagen und Einrichtungen, welche die Gefahrstoffe möglichst direkt an ihrer Quelle erfassen und abführen. Dazu zählen Absauganlagen in Verbindung mit einer Kapselung der Gefahrenbereiche.

Fahrerkabinen auf Erdbaumaschinen und Maschinen des Spezialtiefbaus werden mit Filteranlagen ausgestattet, die die belastete Umgebungsluft mittels geeigneter Filter reinigen.

11.3.2.3 Organisatorische Schutzmaßnahmen

Zu den organisatorischen Schutzmaßnahmen gehören Regelungen zur Baustelleneinrichtung und Maßnahmen für das Verfahren der Beschäftigten auf der Baustelle. Hierzu zählen:

- Erarbeitung eines Arbeits- und Sicherheitsplans (A+S-Plan),
- Erarbeitung eines messtechnischen Überwachungsprogramms für die Arbeitsplätze der Beschäftigten,
- Durchführung eines arbeitsmedizinischen Begleitprogramms für die Beschäftigten,
- Unterweisung der Beschäftigten zur Gefahrensituation,
- Erstellung einer Notfallplanung,
- Ausstattung der Baustelle mit einer geeigneten Baustelleneinrichtung, wie z.B. einer Schwarzweißanlage und einer Dekontaminationsanlage für Fahrzeuge und Geräte.

11.3.2.4 Persönliche Schutzausrüstung

Die Auswahl der im Einzelfall erforderlichen persönlichen Schutzausrüstung hängt von der Art und Menge der ermittelten oder vermuteten Gefahrstoffe sowie der Art der durchzuführenden Arbeiten ab. Neben einer Mindestausstattung, die z.B. Einwegschutzkleidung umfasst, kann in einigen Fällen das Tragen von Atemschutzgeräten und in der Barrierewirkung hochwertiger Schutzkleidung erforderlich werden. Die einschlägigen technischen

Regeln hinsichtlich der Beschaffenheit der Ausrüstungen und der gesundheitlichen Anforderungen an die Benutzer sind dabei unbedingt zu beachten.

11.3.2.5 Beispiel für eine praktische Maßnahme

Für die Herstellung einer überschnittenen Bohrpfahlwand in einem kontaminierten Gelände einer chemischen Fabrik mussten die Arbeiten unter Teilschutzbedingungen ausgeführt werden. Hierzu gehörten:

- Arbeitsmedizinische Eignungs- und Vorsorgeuntersuchung
- Belehrung über besondere Gefahren im kontaminierten Arbeitsbereich
- Erarbeitung einer auf die Baustellenverhältnisse abgestimmten Arbeitsanweisung
- Auswahl von zusätzlicher persönlicher Schutzausrüstung
- Einrichtung von Personalschleusen mit Umkleideräumen, Ausgabe- und Pflegestation für persönliche Schutzausrüstung, Duschkabinen, Ruhe- und Aufenthaltsräumen
- Festlegung des Arbeitsrhythmus, da durch die erforderlichen Atemschutzfiltergeräte nur zwei Stunden mit anschließender Pause von einer Stunde (inkl. Ein- und Ausschleuszeit) gearbeitet werden kann
- Dekontaminationsstation für Gerät und Material vor Abtransport von der Baustelle, Reinigen des Wassers von Schadstoffen aus der Dekontamination
- Begleitende Luftmessungen und Beprobung des Bohrgutes zur Sicherstellung der Einhaltungen der MAK-Werte (max. Arbeitsplatzkonzentration)

12 Vertrags- und Rechtsfragen im Spezialtiefbau

Klaus Englert und Florian Englert

12.1 Allgemeines

Spezialtiefbauleistungen aller Art führen zu zahlreichen Streitigkeiten im Zusammenhang mit der Planung, Ausschreibung, Ausführung und Mängelhaftung. Denn hier wird – wie der Begriff schon sagt – nicht nur »*tief*«, sondern auch in spezieller Weise gebaut. Und zwar immer und untrennbar verbunden mit dem Baugrund, der sehr viele Gesichter hat: Angefangen von den Boden- und Fels- bis hin zu den Grundwasserverhältnissen, aber auch möglichen Kontaminationen wie etwa Kampfmittel oder von Menschenhand bzw. von der Natur selbst erzeugte toxische Belastungen. Dass insoweit viele Gerichte die Gleichung »Spezialtiefbau = Spezialwissen« anwenden und so häufig sehr hohe Anforderungen an mögliche Bedenkenhinweise gestellt werden – die bei einem »Normal-Hochbauer« nicht einmal im Ansatz bejaht werden würden –, ist nur eines von zahlreichen Sonderproblemen, mit denen sich Spezialtiefbauunternehmer auseinandersetzen müssen. Das Kernproblem aber liegt darin, dass nur ganz wenige Juristen in der Lage sind, die speziellen technischen Gegebenheiten bei Arbeiten auf, mit und im Baugrund und die deshalb insbesondere in der VOB Teil C entwickelten Regelungen zur gerechten Risikoverteilung zu verstehen. Genau dies aber ist der Grund dafür, dass es eine Vielzahl von offensichtlichen Fehlurteilen deshalb gibt, weil der Nachvollzug nicht gelingt, dass jede Spezialtiefbauleistung zwangsläufig aus den Komponenten Baugrund mitsamt allen Inhaltsstoffen (Grundwasser, Kontaminationen, Kampfmittel, künstliche Einlagerungen etc.) einerseits und dem Einsatz von Maschinen, Geräten, Material und Methoden durch Bauausführende andererseits herzustellen ist. Der bedeutungsvolle Satz von Prof. Hermann Korbion, dem Vordenker des deutschen Baurechts in der zweiten Hälfte des 20. Jahrhunderts, den er im Geleitwort zum maßgeblichen »*Handbuch des Baugrund- und Tiefbaurechts*« [1] geprägt hat, erklärt dazu eigentlich alles: »Ohne Grund und Boden geht das Bauen nicht!« Deutlicher kann nicht gesagt werden, dass denknotwendig jedes Bauwerk in Wechselwirkung zum tragenden, aufnehmenden, abstützenden oder einbettenden Baugrund tritt – vom buchstäblich »ersten Spatenstich« an, der (theoretisch) bereits zu Kornumlagerungen, Erschütterungen, Grundwasserbeeinflussung und vielem mehr führen kann –, was sich am praxisnahen Beispiel der Herstellung eines 100 m tief reichenden Bohrpfahls mit 2000 mm Durchmesser oder der Durchführung von Mixed-in-place-Arbeiten plastisch nachvollziehen lässt.

Es ist damit Aufgabe des planenden Architekten bzw. Ingenieurs sowie der Spezialtiefbauunternehmer, gemeinsam mit den Auftraggebern diese Denknotwendigkeit der Mitverwendung des Baugrunds immer wieder nachzuvollziehen und die daraus resultierenden Besonderheiten zu berücksichtigen. Dabei sind nicht nur die speziellen gesetzlichen Vorgaben zu beachten, sondern auch die zahlreichen Regelungen, die von der VOB Teil C in rechtlicher Hinsicht bestehen, aber von Juristen nur selten und von Spezialtiefbau-Ingenieuren manchmal nur rudimentär beachtet werden.

Aufgabe dieses Beitrages in einem »Handbuch des Spezialtiefbaus« kann es damit nur sein, die Praxisprobleme aufzuzeigen und Lösungen unter Verweis auf die spezielle Literatur (vgl. am Ende) aufzubereiten.

12.2 Der Baugrund als terra incognita für Juristen und Ingenieure

Die schnelle Entwicklung immer neuer Baumaschinen und -geräte, die zur Umsetzung neuer Bauverfahren führt, aber auch die Verschärfung der maßgeblichen Gesetze insbesondere zum Schutz der Umwelt und nicht zuletzt das kontinuierlich anwachsende Wissen und Können der Planer und Ausführenden, aber auch der Baugrundgutachter, führt öfter als früher zur Verwirklichung des sog. Baugrundrisikos. Und so tritt vermehrt Streit im Zusammenhang mit »Arbeiten in der Tiefe« auf, der oft von technisch überforderten Richtern nicht nach den Vorgaben des Gesetzes, sondern aufgrund eigener, auf (vermeintlich richtig verstandene) Sachverständigenaussagen gestützte Rechtseinschätzung einem (Fehl-)Urteil zugeführt wird: Wer die Setzungsproblematik von Deponiegut im Zusammenhang mit der Sanierung einer Hausmüll-Ablagerung nicht nachvollziehen kann, wird zwangsläufig unter Bezugnahme auf die Erfolgshaftung des Unternehmers zur Annahme eines Mangels kommen, der auf dessen Kosten von diesem zu beheben ist – auch wenn technisch feststeht, dass der Müllberg hinsichtlich seiner Setzungserscheinungen niemals konkrete Aussagen zulässt, sodass selbst bei noch so perfekter Ausführung mit Kompensatoren und entsprechendem Gefälle immer wieder ein Erlöschen der Gasflamme zum Abfackeln des Deponiegases bei den über viele Jahre anhaltenden ungleichmäßigen Setzungen zu erwarten steht ([1]; OLG München, IBR 2004, 7). Oder: Wer das Prinzip der Bodenvermörtelung, dessen unschätzbarer Vorteil das Belassen des Baugrunds an Ort und Stelle mit entsprechender Einsparmöglichkeit für Material und Transport ist, nicht kennt, kann kein Recht dazu sprechen! Oder: Wer die Problematik der »Uneinsichtigkeit« von Bodenschichten in großer Tiefe nicht nachvollziehen kann, wird bei der Frage, warum trotz großer Düsmengen und fachlich richtiger Ausführung keine dichte HDI-Sohle entsteht, eher die Erfolgshaftung als Grundsatz anstelle der Befreiung von dieser als Ausnahme zur Entscheidungsgrundlage machen.

Kurzum: Es fehlen den Baurichtern und -anwälten oftmals das technische Verständnis und das Wissen um die rechtliche Besonderheit, die der Baugrund als Universalbaustoff, der von der Erdgeschichte geschaffen und vom Auftraggeber als condito sine qua non immer zur Ausführung von Bauarbeiten gestellt werden muss, im Gesetz und in der VOB als Bibel des Baurechts erfährt. Dieses Wissen ist aber Voraussetzung für das Verständnis der BGH-Rechtsprechung zum Baugrundrisiko!

12.2.1 Begrifflichkeit Baugrund – Gebirge – Deponiegut

»*Baugrund*« oder – synonym für Untertagebauarbeiten ATV DIN 18312 – »*Gebirge*« sind Begriffe, die im maßgeblichen Sinn die Bedeutung »Träger von Bauwerken aller Art« haben. Mit »Baugrund« wird ausgedrückt, dass jegliche Bauleistung letztlich in irgendeiner Wechselwirkung zum jeweiligen Baugrund steht: Selbst der Einbau eines Blitzableiters oder die Anbringung des Wetterhahns auf dem Dach kann – theoretisch – dazu führen, dass die Standsicherheit eines Gebäudes in Frage zu stellen ist, weil der »tragende Baugrund« nicht mehr in der Lage ist, die zusätzlichen Lasten (und seien es nur einige Kilogramm) ohne Verformung aufzunehmen.

Leuchtet vielen Juristen noch ein, dass »die Baugrube«, in der etwa ein Keller hergestellt wird, in irgendeiner Form etwas mit »Erde« oder »Baugrund« zu tun hat oder dass ein Tunnel im Fels, also – laienhaft verstanden – »im Gebirge« ausgebrochen wird, so fehlt im Regelfall das Verständnis dafür, dass auch andere Medien, in oder auf denen Bauleistungen ausgeführt werden (müssen), als »Baugrund« bezeichnet und so auch in der maßgeblichen Norm für Erdarbeiten (ATV DIN 18300 VOB/C) behandelt werden: Abfall- und Recyclingmaterial, insbesondere aber Deponiegut (OLG München, IBR 2007, 7).

Ein weiteres Verständnisdefizit hinsichtlich der umfassenden Bedeutung des Begriffs »Baugrund« ist schließlich in der Bau- und Gerichtspraxis häufig festzustellen: Erst wenn der Normentext dazu vorgelegt wird, dass Baugrund nicht nur Boden und Fels, sondern auch alle »Inhaltsstoffe« – wie z. B. das Grundwasser, (Kampfmittel-)Kontaminationen oder künstliche »Bodenbestandteile« wie Brunnenschächte, Spunddielen, Bodendenkmäler oder Auffüllungen – bezeichnet, wandelt sich der vorher enge zum universalen Begriff – und damit zum Generalbegriff des Bauens überhaupt!

12.2.2 Rechtsprobleme im Zusammenhang mit dem Baugrund

Im Zusammenhang mit dem Baugrund gibt es eine ebenso große Fülle an rechtlichen Problemen, wie sich die Bautechnik immer wieder mit neuen Überraschungen und Herausforderungen konfrontiert sieht. Um dies nachvollziehen zu können, ist zunächst die rechtliche Qualifizierung des »Baugrunds« bzw. »Gebirges« oder auch Deponieguts vorzunehmen.

Was ist – im Rechtssinne – »Baugrund«? »Etwas« von der Erdgeschichte Vorgegebenes und dem Recht deshalb entzogen? Oder – einfach – ein nicht wegdenkbarer Bestandteil eines jeden Bauwerks, aber auch einer jeden Bauleistung, die letztlich in irgendeiner Form – und sei es nur durch das Gewicht sowie die Verbindung mit dem Bauwerk und damit dem Baugrund – diesen »Grund und Boden« tangiert? Lässt sich eine juristisch nachvollziehbare Qualifizierung finden?

12.2.2.1 Baugrund als „Vorgabe" des Auftraggebers und „Baustoff"

Wesentliche Bestimmungen des gesetzlichen Werkvertragsrechts – §§ 631 ff. BGB – und der VOB, Teil B enthalten den Begriff **»Stoff«**.

So gibt **§ 644, Absatz 1 BGB** vor:

> *»Gefahrtragung. Der Unternehmer trägt die Gefahr bis zur Abnahme des Werkes. Kommt der Besteller in Verzug der Annahme, so geht die Gefahr auf ihn über. Für den zufälligen Untergang und eine zufällige Verschlechterung* ***des vom Besteller gelieferten Stoffes*** *ist der Unternehmer nicht verantwortlich.«*

§ 645 BGB regelt die »Haftung des Bestellers« wie folgt:

> *»Ist das Werk vor der Abnahme infolge eines Mangels* ***des von dem Besteller gelieferten Stoffes oder infolge einer von dem Besteller für die Ausführung erteilten Anweisung untergegangen, verschlechtert oder unausführbar ge-***

> ***worden,*** *ohne dass ein Umstand mitgewirkt hat, den der Unternehmer zu vertreten hat, so kann der Unternehmer einen der geleisteten Arbeit entsprechenden Teil der Vergütung und Ersatz der in der Vergütung nicht inbegriffenen Auslagen verlangen.«*

In der VOB Teil B (Ausgabe 2019) finden sich ebenso wichtige wie unverstandene Regelungen zum »Stoff«

§ 4 Abs. 3 VOB/B (Bedenken) lautet:

> *»Hat der Auftragnehmer Bedenken gegen die vorgesehene Art der Ausführung (auch wegen der Sicherung gegen Unfallgefahren), gegen* ***die Güte der vom Auftraggeber gelieferten Stoffe*** *oder Bauteile oder gegen die Leistungen anderer Unternehmer, so hat er sie dem Auftraggeber unverzüglich – möglichst schon vor Beginn der Arbeiten – schriftlich mitzuteilen; …«*

Eine weitere Regelung findet sich in

§ 13 Abs. 3 VOB/B (Mängelhaftungsfreistellung)

> *»Ist ein Mangel zurückzuführen auf die Leistungsbeschreibung oder auf Anordnungen des Auftraggebers, auf die von diesem* ***gelieferten oder vorgeschriebenen Stoffe*** *oder Bauteile oder die Beschaffenheit der Vorleistung eines anderen Unternehmers, haftet der Auftragnehmer, es sei denn, er hat die ihm nach § 4 Abs. 3 obliegende Mitteilung gemacht.«*

Auch § 18 Abs. 4 VOB/B (Meinungsverschiedenheiten) **regelt allgemein:**

> *»Bei Meinungsverschiedenheiten* ***über die Eigenschaft von Stoffen*** *und Bauteilen, für die allgemeingültige Prüfungsverfahren bestehen, … kann jede Vertragspartei nach vorheriger Benachrichtigung der anderen Vertragspartei die materialtechnische Untersuchung durch eine staatliche oder staatlich anerkannte Materialprüfungsstelle vornehmen lassen; deren Feststellungen sind verbindlich.«*

Mehrere weitere VOB/B-Regelungen nennen ebenso den Begriff »Stoff«: §§ 2 Abs. 4; 4 Abs. 1 Nr. 2; 5 Abs. 3; 8 Abs. 3 Nr. 3; 15 Abs. 1 Nr. 2; 16 Abs. 1 Nr. 1.

Auch die **VOB Teil C** führt bei allen DIN-Normen jeweils als Überschrift des 2. Abschnitts auf: »***Stoffe,*** *Bauteile*«.

Im Beiblatt 1 zur DIN 4020 (Ausgabe 2003) findet sich »Zu 3.1« die Vorgabe

> *»…, dass der Baugrund einschließlich seiner Inhaltsstoffe ein inhomogener, von der Natur vorgegebener Werkstoff ist …«*

12.2.2.2 „Baugrund" ist „(Bau-) Stoff" im Sinne der §§ 644 und 645 BGB sowie der VOB/B und VOB/C!

Der Begriff »Stoff« umfasst »***alle Gegenstände, aus denen, an denen oder mit deren Hilfe das Werk herzustellen ist«.*** (BGHZ 60,14, 20; 61, 144). Damit sind sowohl der Baugrund [2] als auch die »Gesamtheit des Baugrundstücks« [1] ***Baustoff***.

Diese – vom OLG München bestätigte weite Auslegung des Begriffs – wird durch eine technische Vorgabe bestätigt: Im Eurocode 7 (ENV 1997-1, Abschnitt 1.5.2) ist Baugrund wie folgt definiert: »*Baugrund: Erde, Steine und Füllung, die vor Beginn der Baumaßnahme vor Ort vorhanden sind.*«

Die »Füllung« ist dabei der Überbegriff. Er umfasst alles, was »im Grundstück unter der Oberfläche verborgen« ist: Böden aller Art, Fels, aber auch Findlinge, Torflinsen, Grundwasser, Auffüllungen, Holzkohlereibsel, Kampfmittel- und sonstige Kontaminationen, alte Brunnen, Stahlträger etc.

Und mit dieser »Füllung« oder »dem vom Auftraggeber bereitgestellten Baugrund(stück)« müssen die Baubeteiligten letztlich auch »arbeiten«: Der Architekt muss wie der Tragwerksplaner seine Überlegungen – im Sinne einer wirtschaftlichen, aber auch sicheren Planung – auf die Baugrund-Problematik ebenso richten wie der Bauunternehmer (evtl. auf Kosten des Bauherrn bei Besonderen Leistungen) mit den »Überraschungen« oder Inhomogenitäten aus dem Baugrund heraus fertig werden muss.

12.2.2.3 Rechtsfolgen für die Baupraxis

Der Baugrund, ob gelöst oder in situ, ist »Baustoff« = »Werkstoff« = »Stoff« im Sinne des Rechts. Und dieser »Stoff« wird grundsätzlich vom Grundstückseigentümer bzw. Bauherrn bzw. Auftraggeber »geliefert«, »vorgegeben« oder »beigestellt« bzw. »vorgeschrieben«, – so die verschiedenen Formulierungen in den oben zitierten Normen bzw. VOB-Regelungen. Hinzu kommt, dass im Verhältnis zwischen Hauptunternehmer – Nachunternehmer bzw. Nachunternehmer – Nach-Nachunternehmer (Subsubunternehmer) jeweils der Auftraggeber in dieser Vertragskette gleichfalls den »Baustoff Baugrund« »vorgibt« oder »liefert«. Dies bedeutet, dass auch in diesen Vertragsverhältnissen die gesetzlichen bzw. VOB-Vorgaben gelten. Dies wird in der Baupraxis, aber auch bei Gericht häufig übersehen. So werden Bedenken nicht (rechtzeitig und gegenüber dem richtigen Adressaten = Auftraggeber) angemeldet und damit auch die Mängelhaftungsbefreiungsmöglichkeit gemäß den §§ 13 Abs. 3 i.V.m. 4 Abs. 3 VOB/B nicht genutzt. Die Befreiung von der Verantwortung nach § 644 BGB bleibt ebenso oft unbemerkt wie ein Vergütungsanspruch auch ohne Erfolgsherbeiführung gemäß § 645 BGB. Schließlich wird oft auch die Möglichkeit der schnellen Streitentscheidung bei unterschiedlichen Meinungen über die Bodenverhältnisse etc. gem. § 18 Abs. 4 VOB/B nicht ergriffen.

12.2.3 Kernproblem: Risikoverwirklichung

Im Zusammenhang mit Arbeiten auf, mit und im Baugrund müssen schon im Planungsvorfeld zahlreiche mögliche Risiken erkannt und berücksichtigt werden, soll es nicht später während der Ausführung zu – oft sehr kostenaufwändigen und auch (lebens-) gefährlichen – Überraschungen kommen. Die beiden großen Risikobereiche werden dabei durch das Baugrundrisiko einerseits und das Systemrisiko andererseits gebildet.

Das Baugrund- oder auch Gebirgsrisiko beinhaltet wiederum eine Reihe von Spezialrisiken, angefangen bei Boden- und Wasserrisiken über Setzungs- bzw. Hebungsrisiken bis hin zum Risiko einer (Kampfmittel-)Kontamination. Gleiches gilt für das Systemrisiko.

12.2.3.1 Das Baugrundrisiko

Von einer Verwirklichung des Baugrundrisikos spricht man im Einklang mit der DIN 4020:2010-12 (Geotechnische Untersuchungen für bautechnische Zwecke – Ergänzende Regelungen zu DIN EN 1997-2:2010-10), Abschnitt A 1.5.3.17 (früher Abschnitt 3.5 der

DIN 4020) dann, wenn diese – maßgebend von Prof. Dr.-Ing. Rolf Katzenbach und Prof. Dr. jur. Klaus Englert erarbeitete – Definition erfüllt ist:

> *»Baugrundrisiko ein in der Natur der Sache liegendes, unvermeidbares Restrisiko, das bei Inanspruchnahme des Baugrundes zu unvorhersehbaren Wirkungen bzw. Erschwernissen, z.B. Bauschäden oder Bauverzögerungen, führen kann, obwohl derjenige, der den Baugrund zur Verfügung stellt, seiner Verpflichtung zur Untersuchung und Beschreibung der Baugrund- und Grundwasserverhältnisse nach den Regeln der Technik zuvor vollständig nachgekommen ist, und obwohl der Bauausführende seiner eigenen Prüfungs- und Hinweispflicht nachgekommen ist.«*

12.2.3.2 Das Systemrisiko

Das Systemrisiko zählt – obwohl dutzendfach in der VOB Teil C geregelt – zu den Bereichen des Baurechts, die nur verstehen kann, wer technisch-physikalisch-chemische Reaktionen von Baumaterialien im Zusammenhang mit der Witterung, Baumethoden und Bauaufgaben entsprechend den großen Unterscheidungskriterien zuordnen kann.

Es geht dabei um die Abgrenzung von abstrakt-generellen zu konkret-individuellen Reaktionen.

Beispiel:

Abstrakt-generell kann zu jeder Sekunde an jeder beliebigen Stelle der Erd- oder Meeresoberfläche ein Meteorit einschlagen. Konkret-individuell lässt sich der Aufschlagsort ebenso wenig vorhersagen wie die Zeit. Oder: Ein Müllberg wird sich immer – abstrakt-generell betrachtet – über die Jahre und Jahrzehnte hinweg durch Verrottungs- und Fäulnis- sowie andere Prozesse ungleichmäßig setzen. Konkret-individuell lassen sich jedoch für keinen Bereich einer Deponie das Setzungsmaß und die Setzungszeit vorherbestimmen. Oder: Beim Einbringen von Gründungspfählen wird abstrakt-generell immer durch entsprechende Kornumlagerung etwa in einem Baugrund mit Feinsand eine Setzung eintreten. Konkret-individuell kann jedoch eine solche Setzung allenfalls näherungsweise, nie aber als absoluter Wert angegeben werden.

Deshalb gibt die VOB/C entsprechende Vertragsregelungen vor, wenn und solange sich dieses Risiko, das ebenso mit dem Baugrund zusammenhängt, verwirklicht. Der Unterschied zum Baugrundrisiko ist dabei relativ einfach:

Während beim echten Baugrundrisiko ein Problem deshalb auftritt, weil der beschriebene und der angetroffene Baugrund nicht übereinstimmen, da Aufschlüsse im Baugrund immer nur Stichprobencharakter haben können und für die zwischen den Erkundungsstellen liegenden Bereiche stets nur Wahrscheinlichkeitsaussagen zulassen, gilt für das echte Systemrisiko: Alle haben alles richtig gemacht, auch der Baugrund ist richtig beschrieben (in den vorstehenden Beispielen: Inhomogener Müllkörper, Feinsand) – aber dennoch kommt es zu Mängeln oder Schäden, weil der anstehende Baugrund auf das zum Einsatz kommende Bauverfahren in letztlich nicht konkret-individuell vorhersehbarer Weise reagiert.

Das Verständnis für diese naturwissenschaftlichen Phänomene fehlt oft bei geotechnisch weniger bewanderten Baujuristen – mit der Folge von vermeidbarem Streit oder Fehlurteilen. Schlimmer aber: Viele Richter und Anwälte kennen nicht die fundamentalen Vorgaben des Bundesgerichtshofs zur rechtlich richtigen Behandlung der gesamten Baugrundproblematik, die gerade in jüngster Zeit sich in maßgebenden Urteilen finden.

Diese Vorgaben zu kennen und zu beachten wäre im Sinne einer einheitlichen Rechtsprechung jedoch Pflicht eines jeden deutschen Gerichts.

12.3 Die Lösung von Spezialtiefbau-Streitfällen auf der Basis der Rechtsprechung des Bundesgerichtshofes und des Vergaberechts

In der Gerichts- und Baupraxis herrscht seit mehr als 25 Jahren Streit über die richtige Lösung von Problemfällen, die im Zusammenhang mit dem Baugrund bei Spezialtiefbauarbeiten entstehen können. Letztlich gibt es zwei Lager: Ein Teil der Gerichte und in der Literatur verneint mit dem Argument der Erfolgshaftung die Verantwortung des Auftraggebers für den von ihm denknotwendig bereit zu stellenden Baugrund und verweist auf das Primat der vertraglichen Regelungen, obwohl genau in den gesetzlichen und vertraglichen Regelungen, die das BGB und die VOB bereitstellen, die rechtlich richtige und auch faire Verantwortungsverteilung geregelt wird, wie der BGH in seinem Urteil vom 28.1.2016 (dazu unten) unmissverständlich klargestellt hat. Dem folgt die herrschende Meinung in Rechtsprechung und Literatur. Deshalb wird nachstehend aufgezeigt, welche eindeutigen »Spielregeln« jeden Baugrund-Rechtsstreit richtig lösen helfen.

Die Feststellung der Verantwortung für die Baugrundverhältnisse bei öffentlichen Bauaufträgen zählt mit zu den schwierigsten Aufgaben für die damit befassten Baujuristen. Denn der »Überraschungsbaustoff Baugrund« entzieht sich nicht nur einer sicheren geotechnischen Beschreibung der Boden-, Fels- und Wasserverhältnisse, weil er bis tief unter der Erdoberfläche »unsichtbar« ansteht, sondern auch einer rechtlich einfachen Beurteilung nach rein rechtsdogmatischen Grundsätzen. Deshalb gibt das Vergaberecht für den öffentlichen Auftraggeber mit der verpflichtend anzuwendenden VOB, insbesondere den Teilen A und C, für alle Bauverfahren, die in irgendeiner Form mit dem Baugrund in Interaktion treten, klare Regelungen für die Fälle des Antreffens von problematischen Baugrundverhältnissen vor. Diese Vorgaben der VOB finden jedoch, obwohl der Teil C Vertragsinhalt ist, oftmals – da offenbar unbekannt – in der Instanzrechtsprechung und Teilen der Literatur keine Anwendung und führen so zur rechtlich nicht haltbaren Beurteilung der Verantwortung für die Baugrundverhältnisse.

12.3.1 Einführung

Der Baugrund stellt bei Bauwerken aller Art die conditio sine qua non zur Herstellung dar. Denn »Ohne Baugrund geht das Bauen nicht!«, wie Prof. Hermann Korbion , der Ur-Vater des Deutschen Baurechts, schon 1993 im Vorwort zu dem maßgeblichen Handbuch Baugrund- und Tiefbaurecht festgestellt hatte. Seit dieser Zeit findet eine Diskussion zur Frage statt, wer die Verantwortung für den von der Erdgeschichte geschaffenen, aber auch von Menschenhand veränderten und letztlich bis zur Freilegung nicht einsehbaren und deshalb niemals sicher beschreibbaren Baugrund zu tragen hat: Der Auftragnehmer, weil er den Erfolg schuldet? Oder der Auftraggeber, weil er denknotwendig den in die Bauwerksherstellung einzubeziehenden Baugrund zur Verfügung stellen muss? Obwohl der BGH mit einem oftmals falsch verstandenen Urteil vom 28.1.2016 – I ZR 60/14 als obiter dictum die Verantwortung des Auftraggebers für »seinen« Baugrund herausgearbeitet und auch die Baustoff-Eigenschaft in den Vordergrund gestellt hatte, negieren immer wieder Instanz-Gerichte und auch die Vertreter der Theorie, wonach der Bauunternehmer wissen müsse, welche Schwierigkeiten der niemals vollständig beschreibbare Baugrund aufweise, diese von der h.M. in Rechtsprechung und Lehre längst manifestierte Erkenntnis: Der Bauherr oder Auftraggeber muss zwangsläufig und denknotwendig »seinen« Baugrund in Form des Baugrundstücks zur Verfügung stellen, damit überhaupt gebaut werden kann. Und deshalb hat er insb. nach den Vorgaben der VOB Teil C, aber auch der §§ 642; 645 BGB, grundsätzlich die Verantwortung für die Kompatibilität von Baugrund und beauftragtem Bauverfahren zu tragen. Diese Vorgaben bleiben oftmals unbeachtet in der Gerichtspraxis.

Der Grund für dieses wiederholt anzutreffende Fehlverständnis der Baugrundproblematik insbesondere im Zusammenhang mit öffentlichen Bauaufträgen ist die Außerachtlassung der Vorgaben des Vergaberechts und insbesondere der vertraglich vereinbarten Regelungen durch den vorgeschriebenen Einbezug der VOB Teil C. Deshalb finden sich Ausführungen zur Anwendung der VOB nur in seltenen Fällen – obwohl der BGH schon 2006 mit Urteil vom 27.7.2006 – VII ZR 202/04 = NZBau 2006, 777 und ausdrücklich 2013 mit Urteil vom 21.3.2013 – VII ZR 122/11 die Bedeutung der VOB Teil C hervorgehoben hat!

Es ist deshalb notwendig, der Baurechtspraxis ein belastbares Prüfschema zur Beurteilung von Baustreitigkeiten mit Baugrundbezug an die Hand zu geben.

12.3.2 Der Baugrund als unverzichtbare Baukomponente

Für Infrastrukturmaßnahmen wie Straßen, Tunnel, Brücken sowie öffentliche Gebäude stellt der zur Ausführung dieser Projekte unabdingbare Baugrund die conditio sine qua non dar. Deshalb rückt dieser »Untergrundbereich« immer wieder in den Fokus nicht nur der Geotechnik, sondern auch des Baurechts. Zudem führt die stetige Fortentwicklung von Tiefbaumaschinen und -verfahren zu immer mehr Möglichkeiten, in, mit und auf dem Baugrund Tiefbaugewerke zu errichten. Während jedoch Probleme mit Boden, Fels und Grundwasser bis etwa 1980 nahezu unbekannt waren, weil die bis dahin üblichen Baugerätschaften nur so lange und so tief eingesetzt werden konnten, bis sich durch die vorhandenen Baugrundverhältnisse kein Baufortschritt mehr erzielen ließ, galt nach und nach durch die Entwicklung von Schlitzwandfräsen, Mixed-in-Place-Verfahren, Ankerbohrgeräten, Rammen und vielem mehr in der Baupraxis der Satz: Geht nicht, gibt es nicht! Dieser Anschauung machten aber immer häufiger die Baugrundverhältnisse als Grundvoraussetzung für das Gelingen eines Tiefbaugewerks einen Strich durch die Rechnung: Sie erwiesen sich als nicht kompatibel und es mussten neue Wege zur Verwirklichung der immer komplexer werdenden Tiefbauleistungen gesucht und gefunden werden. Das aber war grundsätzlich mit einem sehr hohen finanziellen Aufwand verbunden und somit kam und kommt es immer wieder sehr rasch zum Streit zwischen den Vertragsparteien: Die ausführende Bauunternehmung verweist auf eine Unvereinbarkeit des Baugrunds mit dem vereinbarten Bauverfahren und den Baumaschinen, der Auftraggeber hingegen besteht auf seinem Anspruch, eine mangelfreie, vertragsgemäße Leistung zu erhalten. Die Verantwortung für die Komponente »Baugrund« bleibt dabei unbeantwortet. Vielfach werden auch mangels technischen Verständnisses dezidierte Regelungen innerhalb der Tiefbaunormen der VOB Teil C, ATV DIN 18300 bis 18326 und 18459, obwohl Vertragsinhalt, nicht beachtet, da nicht bekannt. Und grundlegende Vorgaben der maßgebenden Baugrunduntersuchungs- und -beschreibungsnormen, insb. der DIN EN 1997-2 mit DIN 4020, die eine klare Definition des Begriffs »Baugrundrisiko« enthalten, werden nur selten zur Begründung der Verantwortungszuweisung herangezogen. Dabei ist es im Prinzip sehr einfach, die Abgrenzung der Verantwortungsbereiche durch die sog. 5-M-Methode, die in den 90er Jahren des 20. Jahrhunderts entwickelt worden war und heute von vielen Sachverständigen sowie Gerichten als Beurteilungs- oder Entscheidungshilfe verwendet wird, vorzunehmen. Dies zeigen die nachstehenden Prüfschritte für Baugrund-Fälle, die als hilfreiche Schemata in der Streitpraxis verwendet werden können, auf.

12.3.3 Ein typischer Baugrund-Fall

Zum besseren Nachvollzug der Prüfschritte wird ein öffentlicher Auftrag als Beispiel für eine Baugrund-Risiko-Prüfung gebildet: Eine Stadt beauftragt einen Spezialtiefbauunternehmer mit der Herstellung von Gründungspfählen für die Widerlager einer Brücke. Unerkannt in der Tiefe liegt im Sandstein eine Klüftigkeit vor, zudem steht gespanntes Wasser an. Beide Inhomogenitäten werden im Baugrundgutachten nicht aufgeführt. Dies führt zum Verlust des frischen Betons in Teilbereichen der Pfähle, die damit den Integritäts-Test nicht bestehen und aufwändig durch neue Pfähle mit anderer Ausführungsart ersetzt werden müssen. Der Auftragnehmer verlangt dafür Zahlung und verweist auf das Baugrundrisiko, die Auftraggeberin weigert sich mit Hinweis auf die Erfolgshaftung. Wer hat recht?

12.3.3.1 Geotechnische Grundlagen

Aus der DIN-Norm 4020 als nationale Ergänzungsnorm zur europäischen Baugrund-untersuchungsnorm DIN EN 1992-2 ergibt sich:

> *»zu 2.1.1 Aufschlüsse in Boden und Fels sind als Stichproben zu bewerten. Sie lassen für zwischenliegende Bereiche nur Wahrscheinlichkeitsaussagen zu, so dass ein Baugrundrisiko verbleibt.«*

Hier findet sich also deutlich der Begriff des »Baugrundrisikos« in der Normung, deren vertragliche Verbindlichkeit ausdrücklich in Abschnitt 2.1 der maßgebenden VOB Teil C-Norm ATV DIN 18301 (Bohrarbeiten) – wie auch bei allen anderen Tiefbaunormen – vorgegeben ist.

Nimmt man dann noch die Kernaussage zur Baugrunduntersuchung, festgeschrieben in der europäischen Norm DIN EN 1997-2 in Abschnitt 2.1.1 Allgemeines dazu, dann gilt zunächst:

> *»(1) Geotechnische Untersuchungen sind so zu planen, dass die wesentlichen geotechnischen Informationen und Kennwerte mit Sicherheit in den verschiedenen Projektphasen zur Verfügung stehen. Die geotechnischen Informationen müssen ausreichen, um bekannten oder voraussichtlichen Gefahren für das Bauvorhaben zu begegnen. Für Bauzustände und den Endzustand sind Informationen und Daten bereitzustellen, um die Risiken von Unfällen, Bauverzögerungen und Schäden abdecken zu können.«*

Diese Regelungen sind von der Stadt als öffentliche Auftraggeberin aufgrund der §§ 98 ff. GWB; §§ 8a bzw. 8a EU VOB/A verbindlich anzuwenden.

Dabei legt sich die öffentliche Hand selbst eine Beschränkung der Verantwortungsüberbürdung in Form der §§ 7; 7 EU VOB/A Abs.1 Nr. 3 auf. Danach gilt: Dem Auftraggeber darf kein ungewöhnliches Wagnis aufgebürdet werden für Umstände und Ereignisse, auf die er keinen Einfluss hat und deren Einwirkung auf die Preise und Fristen er nicht im Voraus schätzen kann! Das ist bei nicht sicher erkundbaren Baugrundverhältnissen der Fall: Hier geht die Rechtsprechung davon aus, dass dem Auftragnehmer niemals eine Verantwortung für die Tauglichkeit und die Reaktionen des Baugrunds, in, mit und auf dem ein Bauwerk errichtet werden soll, überbürdet werden darf, insbesondere auch nicht durch AGB. Denn zum einen stellt der Auftraggeber denknotwendig diesen Baugrund bereit, zum anderen kann der Bieter bzw. Auftragnehmer nicht mehr (er-)kennen als der Auftraggeber, der seinerseits durch seinen Baugrundgutachter das überhaupt Mögliche an Erkenntnissen zu den Baugrundverhältnissen untersuchen und beschreiben lässt.

Es ergibt sich damit für die Feststellung, welche Bestimmungen von der Stadt zu beachten waren, zunächst der folgende Überblick:

12.3.3.2 Die Regelungskaskaden zur Lösung der Streitfragen

Das Problem bei der Entscheidungsfindung im Zusammenhang mit Baugrundfragen ist stets, dass eine klare Wegweisung verfolgt werden muss, um das Ziel, d.h. das rechtlich richtige Ergebnis zu erhalten. Dies kann mit Hilfe von drei Prüfschemata erfolgen.

1. Prüfschema 1

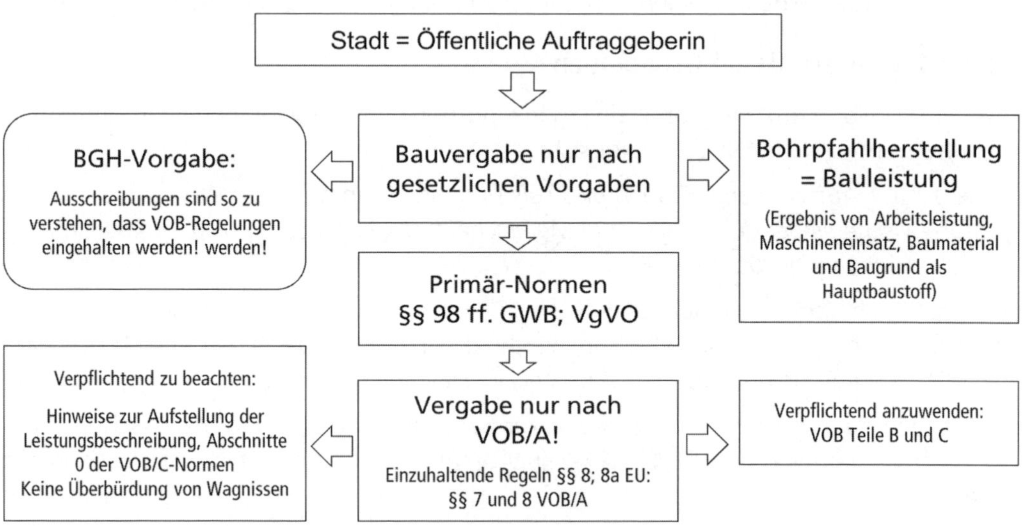

Dieses Prüfschema 1 ist einfach zu füllen:

Die Stadt ist öffentliche Auftraggeberin und deshalb gesetzlich verpflichtet, die Ausschreibung und Vergabe von Bauleistungen nach den Regelungen der §§ 98 ff. GWB vorzunehmen. Denn die Herstellung von Bohrpfählen tief im Baugrund stellt eine Bauleistung i.S.d. § 1 VOB/A dar: Mit Hilfe von Arbeitskraft (z.B. (Ober-)Bauleiter, Poliere, Geräteführer, Vermesser, Fach- und Hilfsarbeiter), einem Bohrgerät (z.B. BG 20) und weiterer Hilfsgeräte wie z.B. Hebezeuge und Lkw sowie Baumaterial (z.B. Beton für die Pfahlherstellung, Stahl für Bewehrungen) müssen im von der Stadt festgelegten Baubereich nach Tiefenlage, Durchmesser und Länge exakt definierte Gründungs- und Kran-Fundamentpfähle hergestellt werden. Der in den Bohrbereichen erwartete – jedoch im Voraus nicht verlässlich verifizierbare – Baugrund mit seiner Reaktion auf das Herstellungsverfahren stellt die weitere nicht hinwegdenkbare Komponente dieser Herstellung dar. Mit anderen Worten: Für jede Bauleistung ist letztlich die Kompatibilität mit den Baugrundverhältnissen die *conditio sine qua non* einer vertragsentsprechenden Umsetzung: Einerseits generell das Vorhandensein von Baugrund und andererseits die Wechselwirkung zwischen dem Baugrund –– (in dem, auf dem und mit dem jede erdberührende Bauleistung zu erbringen ist) – und der Herstellungsmethode im Entstehungsprozess sowie der Herbeiführung des Bau-Erfolgs zur Abnahmefähigkeit.

Die vorstehenden Ausführungen dürften, da im Baurecht verankert, ohne Widerspruch bleiben.

Nach der Rechtsprechung des BGH ist deshalb davon auszugehen, dass sich selbstverständlich ein öffentlicher Auftraggeber an die geltenden Ausschreibungs- und Vergaberegeln auch halten will (was in der Praxis öffentlicher Auftragsvergaben manchmal übersehen wird). Damit aber ist ebenso unstrittig, dass Vertragsinhalte im Zweifel so zu verstehen bzw. auszulegen sind, dass mit der Bestimmung des Vertragsinhalts auch diese Vorgaben der VOB Teil A, die letztlich der Ausfüllung gesetzlicher Vorgaben in den §§ 98 ff. GWB dienen, beachtet werden.

Damit aber sind insbesondere die folgenden Grundregeln der VOB Teil A in Verbindung mit der höchstrichterlichen Rechtsprechung vorliegend von Bedeutung:

a) Die Stadt wollte als öffentliche Auftraggeberin mit der Ausschreibung der Klägerin keine ungewöhnlichen Risiken überbürden, deren Auswirkungen auf die Preise und Fristen die Klägerin im Voraus nicht abschätzen konnte, § 7 Abs. 1 Nr. 3 VOB/A (Ausgabe 2019), wie der BGH mit Urteil schon vom 9.1.1997 – VII ZR 259/95 vorgegeben hatte.

b) Die Stadt wollte ebenso die »für die Ausführung der Leistung wesentlichen Verhältnisse der Baustelle, z.B. Boden- und Wasserverhältnisse« so beschreiben, »dass der Bewerber ihre Auswirkungen auf die bauliche Anlage und die Bauausführung hinreichend beurteilen kann«, §§ 7; 7 EU, je Abs. 1 Nr. 6 VOB/A (Ausgabe 2019). Sind bestimmte Umstände nicht beschrieben, obwohl dies nach der VOB/C erforderlich gewesen wäre – z.B. gespannt anstehendes Kluftwasser im Sandsteinbereich –, so kann der Auftragnehmer davon ausgehen, dass die Vergütungsvereinbarung die Leistung unter diesen Umständen nicht erfasst, wie der BGH mit Urt. v. 21.3.2013 – VII ZR 122/11 ausdrücklich festgestellt hat. Liegen solche Beschreibungen nicht vor und hat der Auftragnehmer auch keine Gelegenheit gehabt, insoweit Feststellungen zu treffen, wird der Auftraggeber redlicherweise davon ausgehen müssen, dass der Auftragnehmer keine außergewöhnlichen Gegebenheiten voraussetzt. Denn der Auftragnehmer darf bei der Kalkulation berücksichtigen, dass ihm keine ungewöhnlichen

Wagnisse auferlegt werden sollen, wozu auch Bauumstände gehören können, die redlicherweise deshalb beschrieben werden müssen, weil sie von den gewöhnlichen Gegebenheiten abweichen. Dies hat der BGH in ständiger Rechtsprechung klargestellt, wie das Studium der folgenden Urteile belegt: BGH Urt. v. 22.12.2011 – VII ZR 67/11; Urt. v. 21.3.2013 – VII ZR 122/11 sowie BGH Urt. v. 30.6.2011 – VII ZR 13/10. Die Stadt wollte – wie es das Vergaberecht vorgibt – mit der Ausschreibung die »Hinweise für das Aufstellen der Leistungsbeschreibung« nach den Abschnitten 0 der VOB Teil C beachten, §§ 7; 7 EU jeweils Abs. 1 Nr. 7 VOB/A (Ausgabe 2019). Die Pflicht zu dieser Beachtung der Hinweise – in der Baupraxis häufig übersehen – ergibt sich aus dem Wortlaut der VOB Teil A selbst, wie der BGH mit seinen richtungweisenden Urteilen vom 12.9.2013 – VII ZR 227/11, 21.3.2013 – VII ZR 122/11 und 22.12.2011 – VII ZR 67/11 wiederholt ausdrücklich festgestellt hat. Vorliegend gibt die ATV DIN 18331 in Abschnitt 0.2.29 verpflichtend für die Stadt zur Angabe vor: 0.2.29 Mechanische, chemische und dynamische Beanspruchungen, denen Stoffe und Bauteile während und nach dem Einbau ausgesetzt sind.

Strömendes, da gespanntes oder artesisches Grundwasser aus Kluftbereichen wirkt mechanisch auf Frischbeton bis zu dessen Aushärtung ein. Die Stadt hätte deshalb diese Einwirkung angeben müssen, wenn diese bekannt gewesen wäre. Damit aber musste auch die Auftragnehmerin nicht davon ausgehen, dass eine derartige Beanspruchung des Betons bei der Betonage der Pfähle vorliegen würde, wie der BGH in den vorgenannten Entscheidungen ausdrücklich betont: Was nicht angegeben ist, aber angegeben werden müsste, muss vom Bieter nicht kalkuliert werden! Dabei kommt es nicht darauf an, ob die ausschreibende Stelle selbst unwissend war: Was die Auftraggeberseite nicht kennt, kann auch die Auftragnehmerseite in Bezug auf die tatsächlich anstehenden Baugrundverhältnisse nicht berücksichtigen. Nur in Ausnahmefällen kann deshalb Anlass zu einer Bedenkenanmeldung gemäß den Vorgaben der Abschnitte 3 aller VOB/C-Tiefbaunormen ATV DIN 18300 ff. i.V.m. § 4 Abs. 3 VOB/B bestehen.

c) Die VOB mit den Teilen B und C muss unverändert dem Vertrag zugrunde gelegt werden. Dies folgt ausdrücklich aus den §§ 8a Abs. 1; 8a EU Abs. 1 VOB/A (Ausgabe 2019).

d) Der Baugrund stellt als nicht wegdenkbarer Bestandteil jedes Bauwerks die wesentliche Grundlage für jegliche Bauleistung dar. Er wird vom BGH im Urteil vom 28.1.2016 – I ZR 60/14 ausdrücklich als »Stoff« im Sinne des § 645 BGB und der §§ 4 Abs. 3; 13 Abs. 3 VOB/B behandelt.

e) Dieser »Baustoff Baugrund« wird nach der höchstrichterlichen Rechtsprechung, gefolgt von Wissenschaft und Lehre, denknotwendig von der Auftraggeberseite auf dem gesamten Baufeld für die Pfahlherstellung vorgegeben. Und zwar so, wie er sich im Zusammenwirken mit der Arbeitsleistung, dem Maschineneinsatz und den verwendeten Baumaterialien in situ tatsächlich verhalten hat, nicht aber, wie sich der Baugrund möglicherweise theoretisch verhalten hätte sollen. Insoweit kann jede Vorgabe zu den Baugrundverhältnissen in Baugrundgutachten, Baubeschreibungen und Leistungsverzeichnissen immer nur – wie die maßgebliche und nach Abschnitt 2.2 der einschlägigen ATV DIN 18301 zwingend anzuwendende Baugrund-Untersuchungsnorm DIN EN 1997-2 mit DIN 4020 vorgibt – eine Wahrscheinlichkeitsangabe mit Stichprobencharakter darstellen, nicht aber den Anspruch auf Richtigkeit und Vollständigkeit erheben. Die Kongruenz oder Nicht-Kongruenz zwischen Baugrund-Beschreibung und Baugrund-Realität ist denknotwendig erst dann zu erkennen, wenn die unmittelbare Konfrontation der Bauleistungs-Bestandteile Arbeitsleistung, Maschineneinsatz und Baumaterialverwendung mit den Baugrundverhältnissen erfolgt.

Sind diese vorstehenden Prüfschritte erfolgt und kann die Einhaltung aller Vergabe-Regeln bejaht werden, dann schließt sich das Prüfschema 2 an.

2. Prüfschema 2

Mit Hilfe dieses, auf dem Prüfschema 1 aufbauenden Kaskaden-Schemas ist mit Hilfe der »5-M-Methode« überprüfbar, welche Verantwortungssphären bestehen. Danach besteht jede Bauleistung denknotwendig immer aus den 5 M-Komponenten: Medium (M 1), Mensch (M 2), Maschine (M 3), Material (M 4) und Methode (M 5).

Und für alle diese fünf Komponenten gibt es Verantwortliche dafür, dass sie jeweils kompatibel zur Herbeiführung des vereinbarten Bau-Erfolgs ist.

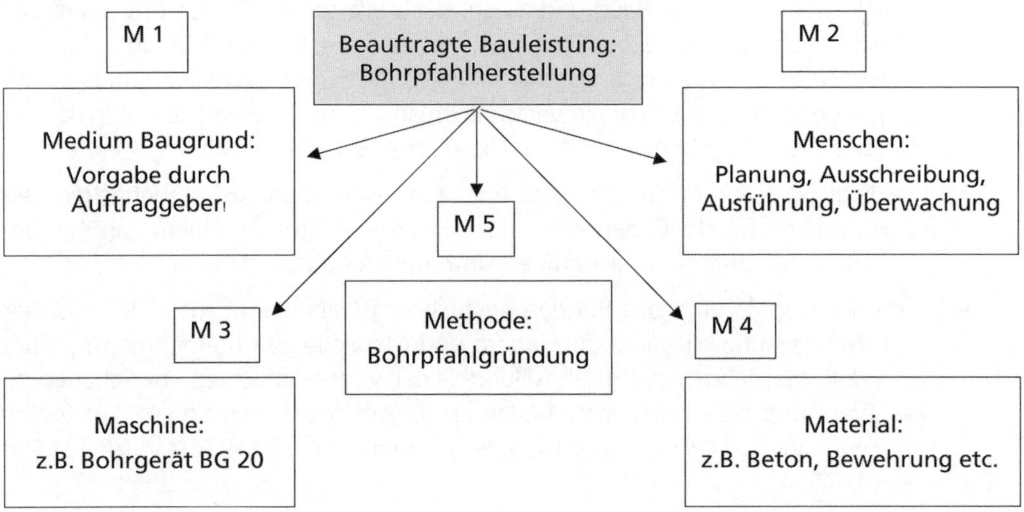

Geht man dieses Prüfschema 2 anhand der nachträglich von einem Sachverständigen für Geotechnik festgestellten tatsächlichen Baugrundverhältnisse auf der Basis des einleitenden Beispielsfalles durch, so ergibt sich:

a) M 1 = Medium Baugrund weist Eigenschaften und Reaktionen mit den Vortriebskomponenten »Bohrgerät« und »Bohr-Methode« auf, die weder vom Baugrundgutachter im Zuge der Baugrunderkundung und -beschreibung festgestellt werden, noch aus anderen Gründen erkannt werden konnten: Eine Wasserwegigkeit mit gespannt anstehendem Kluftwasser in großer Tiefe im Sandstein-Bereich stellt eine deutliche Abweichung der angetroffenen von den durch die Baugrundbeschreibung zu erwartenden Baugrundverhältnissen, die weder die Klüftigkeit noch das gespannte Grundwasser aufzeigen konnte, dar. Diese Nichtkompatibilität des Mediums Baugrund mit der ursprünglich von allen Parteien vorgesehenen Ausführung liegt in der Verantwortungssphäre der Stadt. Denn die AG-Seite hatte den »Baustoff Baugrund« so bereitzustellen, dass mit der beauftragten und ausdrücklich von der AG-Seite mit dem LV und dem Geotechnischen Bericht auch vorgegebenen Methode »Bohrpfahlgründung« insgesamt alle Pfähle hergestellt werden konnten.

Die Feststellung, dass die Baugrundverhältnisse zu anderen, als den bei Vertragsabschluss von beiden Vertragsparteien angenommenen Problemen führen, beinhaltet grundsätzlich keinerlei Verschuldensvorwurf gegenüber dem Baugrundgutachter oder dem ausschreibenden Fachingenieurbüro der Stadt. Es ist vielmehr in der Geotechnik bekannt und in der DIN 1997-2 mit DIN 4020 ausdrücklich genormt, dass auch bei noch so umfangreicher Baugrunderkundung und -beschreibung immer Fragezeichen aufscheinen können, die nicht von der Technik, sondern nur über zusätzlich erforderlich werdende Leistungen mit entsprechender Vergütungsfolge beantwortet werden können.

Alleine schon aus dem *obiter dictum* des 1.Senats beim BGH im Urteil vom 28.1.2016 mit dem Aktenzeichen I ZR 60/14 ist nachvollziehbar, dass bei Verwirklichung des Baugrundrisikos keinem der Baubeteiligten ein Schuldvorwurf zu machen ist, weil es eben nicht möglich ist, die Baugrund-, insb. auch Wasserverhältnisse in bestimmten Tiefenbereichen sicher anzugeben. Dennoch gibt es – wie die 5-M-Prüfung aufgezeigt hat –, verschiedene Verantwortungssphären, durch die dann auch die Vergütungs- und Haftungsfrage (ohne dass es auf ein Verschulden ankommen würde!) zu klären ist. Vier der maßgeblichen Vorgaben des BGH im Urteil vom 28.1.2016 – I ZR 60/14 lauten:

- Allerdings ist es grundsätzlich nicht unangemessen, dem Auftraggeber die Verantwortlichkeit für die Bodenbeschaffenheit im Verhältnis zu einem von ihm beauftragten, auf einer Baustelle tätigen Unternehmer aufzuerlegen.
- In der Rechtsprechung des Bundesgerichtshofs ist anerkannt, dass der Besteller einer Werkleistung alles ihm Zumutbare und Mögliche zu unternehmen hat, um den Werkunternehmer bei der Erfüllung seiner Vertragspflichten vor Schaden zu bewahren, und zwar auch vor Schäden an seinem Arbeitsgerät (BGH, Urteil vom 9.7.1959 – VII ZR 149/58, VersR 1959, 948; Urteil vom 3.10.1974 – VII ZR 156/72, VersR 1975, 41).
- Im Regelfall wird der Auftraggeber einer Leistung, die an einem Bauwerk zu erbringen ist, Eigentümer oder Besitzer des Grundstücks sein. Er wird aus diesem Grund die örtlichen Gegebenheiten besser kennen als der Auftragnehmer. Dazu zählen nicht erkennbare unterirdische Risiken. Deshalb erscheint es gerechtfertigt, ihm das Risiko der Eignung der Bodenbeschaffenheit für die Ausführung des Auftrags zuzuweisen.
- Für eine Verantwortlichkeit des Bestellers von auf einer Baustelle auszuführenden Werkleistungen für den Baugrund spricht die Regelung des § 645 BGB. Wenn es Sache des Bestellers ist, den Stoff für die Herstellung des Werks zu liefern, muss er auch die Verantwortung dafür tragen, dass der Stoff zur Herstellung des Werks tauglich ist, und zwar ohne Rücksicht auf ein etwaiges Verschulden. Der sich aus der Beschaffenheit des Stoffs ergebenden Gefahr für das Gelingen des Werks steht

der Besteller, wenn er den Stoff zur Verfügung stellen soll, näher als der Unternehmer.

Vorliegend kommt eine weitere Vorgabe des BGH zum Tragen:

Verspricht der öffentliche Auftraggeber, durch Befolgung der VOB/A die Bodenverhältnisse so zu beschreiben, dass ihre Auswirkungen auf die Bauausführung hinreichend beurteilt werden können, so kann der Auftragnehmer im Zweifel darauf vertrauen, dass dies auch so erfolgt ist.

Fasst man die Erkenntnisse zu den vorliegenden Baugrundverhältnissen unter Einbezug der höchstrichterlichen und obergerichtlichen Rechtsprechung sowie der h.M. im Schrifttum und in der Lehre zusammen, dann hat sich vorliegend zweifelsfrei ein Baugrundrisiko verwirklicht, für das keine der Bauvertragsparteien und niemand von Seiten der Baugrundgutachter oder Ingenieurbüros haftbar gemacht werden kann. Jedoch trägt die Verantwortung und damit die Vergütungsfolge für die Bewältigung dieser Risikoverwirklichung in Form von Ausschwemmungen des Frischbetons die Stadt als Bereitstellerin des Baustoffs Baugrund, wenn sich nicht aufgrund der nachstehenden Bau-Komponenten etwas anderes ergibt:

b) M 2 = Mensch.
Es bestehen ohne besondere Erkenntnisse keinerlei Anhaltspunkte dafür, irgendeinem Gutachter, Planer, Ingenieur, (Ober-)Bauleiter, Polier, Gerätefahrer oder Facharbeiter einen Vorwurf fehlerhafter Leistungen machen zu können. Man kann also hinter M 2 grundsätzlich einen Haken machen.

c) M 3 = Maschine.
Das zum Einsatz kommende Bohrgerät muss zur Bewältigung des beschriebenen (!) Baugrunds geeignet und damit auch in der Lage sein, alle Pfahlbohrungen auf jeweils planliche Endteufe zu bringen. Maßstab für die Beurteilung durch Sachverständige ist dabei der beschriebene bzw. aus sonstigen Angaben abzuleitende wahrscheinlich anzutreffende Baugrund. Im Regelfall gibt es auch hier keine Probleme.

d) M 4 = Material
Hinsichtlich der zur Pfahlherstellung erforderlichen Bewehrung und des verwendeten Betons sind in der Praxis kaum Fälle bekannt, dass hierbei Fehler gemacht werden.

e) M 5 = Methode
Die Tiefbaumethode (z.B. Bohren, Rammen, Pressen, Düsen etc.) wird im Regelfall durch den Baugrundgutachter vorgegeben, abgestimmt auf die beschriebenen Baugrundverhältnisse. Entspricht die Umsetzung der Methode dann dem state of the art, ist eine mangelfreie Herstellung ohne Probleme zu erwarten. Aufgabe des Sachverständigen ist es dann, die Umsetzung der Methode einerseits und die Gründe für ein Fehlschlagen andererseits zu prüfen.

Das Prüfschema 2 führt damit in vielen Fällen zu dem Ergebnis:

Alle Baubeteiligten, insb. Baugrundgutachter, Planer, Ingenieure, (Ober-)Bauleiter, Poliere, Gerätefahrer und Facharbeiter, haben alles richtig gemacht – nur der Baugrund in seiner Uneinsehbarkeit und Unbestimmbarkeit aufgrund der vielen Milliarden an Jahren seiner ständigen Umwandlung und Bewegung – etwa durch Gletscherwanderung –, aber auch durch über die Jahrtausende hinweg erfolgten Eingriffe von Menschenhand, hat nicht »mitgespielt« und mit seiner Reaktion auf das zutreffend gewählte Bohrpfahlverfahren die Mängel verursacht.

Damit kommt man zum Prüfschema 3. Dabei geht es nur noch um die Zuordnung der Baugrundrisikoverwirklichung im System der VOB-Vergütungsregeln, die beim öffentlichen Bauauftrag maßgebend sind.

3. Prüfschema 3 (am Beispiel von Gründungspfählen)

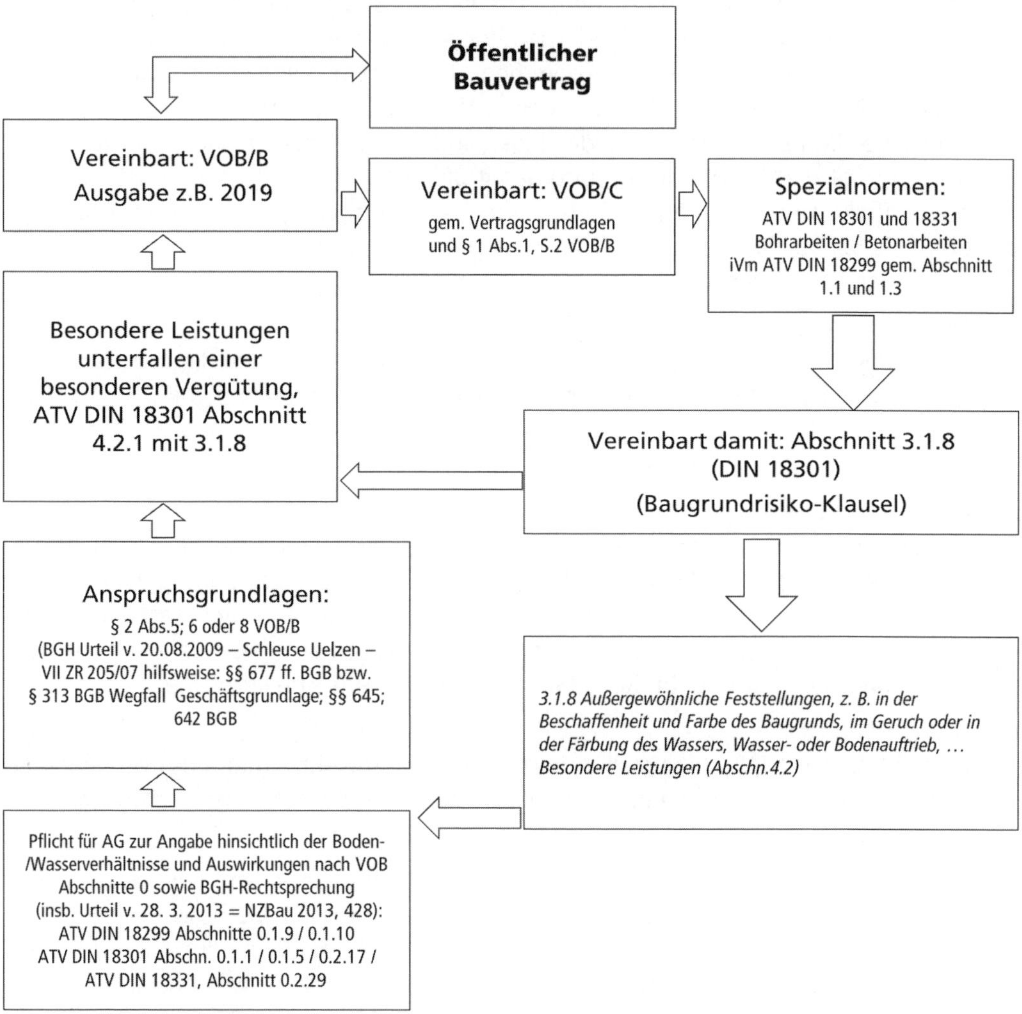

Die Ausfüllung dieses Prüfschemas 3 erfolgt mit den nachstehenden Schritten:

a) Ist die VOB Teile B und C und damit auch die einschlägige Spezialnorm für Bohrarbeiten ATV DIN 18301 sowie für Betonarbeiten ATV DIN 18331 vereinbart, § 1 Abs. 1 Satz 2 VOB/B? Dabei ist auf die jeweils geltende VOB-Ausgabe zu achten, da sich Regelungen von Ausgabe zu Ausgabe ändern können.

b) Mit der VOB/B und C wird automatisch auch die ATV DIN 18299 vereinbart, wie die Abschnitte 1.3 der ATV DIN 18301 und 18331 vorgeben.

Vertraglich vereinbart ist demnach, dass dann, wenn *von der Leistungsbeschreibung abweichende Boden-, Fels- und Wasserverhältnisse angetroffen werden, dies dem Auftraggeber mitzuteilen ist. Weiter gilt auch: Die Leistungen für gemeinsam festzulegende Maßnahmen sind Besondere Leistungen (siehe Abschnitt 4.2.1).* Die Mitteilungspflicht beim Auftreten von Baugrundproblemen versteht sich von selbst. Insgesamt wird mit der VOB-Vereinbarung jedoch zwischen den Parteien vereinbart: Treten von der Leistungsbeschreibung abweichende Bodenverhältnisse (nicht zu verwechseln mit Bodenklassen oder nunmehr Homogenbereichen nach den Abschnitten 2 der ATV DIN 18300 ff. VOB/C !) auf, dann sind die zu treffenden Maßnahmen als Besondere Leistungen zu vergüten. Sofern man insoweit eine zumindest konkludente Anordnung zur Problembewältigung jeweils verneinen will und damit § 2 Abs. 6 bzw. 5 VOB/B nicht unmittelbar zur Anwendung kommen würde, dann hilft der BGH mit dem Urteil vom 20.8.2009 – VII ZR 205/07 (Schleuse Uelzen) damit, dass in solchen Fällen § 2 Abs. 8 Nr. 2 VOB/B mit dem Rückverweis auf die Absätze 5 und 6 des § 2 VOB/B anzuwenden ist. Dieses bedeutsame Urteil wird in der Anwalts- und Gerichtspraxis häufig unzutreffend, da aus dem Zusammenhang gerissen, als vermeintliche Argumentationshilfe verwendet.

Es geht damit allein um die Frage, ob auch wirklich »*von der Leistungsbeschreibung abweichende Bodenverhältnisse*« vorgefunden wurden, die letztlich die mängelfreie Herstellung aller Pfähle verhindert haben.

Wenn »der Fall der Fälle« tatsächlich eintritt, kann nur rückwärtsgerichtet festgestellt werden, welche Ursachen für eine Risikoverwirklichung maßgebend waren, womit man wieder bei der »5-M-Prüfung« ist: Haben geschulte Menschen mit tauglichen Maschinen und passendem Material die vorgegebene Methode richtig umgesetzt? Wenn dies alles zu bejahen ist – wie im Regelfall –, dann liegt die Ursache im 5. M, nämlich dem Medium Baugrund, begründet!

12.4 Exkurs: „Der Baugrund ist, wie er ist!"?

Das häufig gebrauchte Argument, dass der Baugrund »ist, wie er ist« und er damit keine Mängel aufweisen könne, kann aber auch aus einem anderen Grund, als nur den Vorgaben in der VOB Teil C zur Verteilung der Verantwortung im Zusammenhang mit Baugrund-Problemen, nicht greifen:

Der Grat zwischen einer zulässigen Überwälzung von Risiken und der Auferlegung ungebührlicher Wagnisse ist schmal. Wirtschaftliche Interessen führen dazu, dass die Beteiligten den Rahmen des Zulässigen häufig voll ausschöpfen. Die Vorschriften zum ungewöhnlichen Wagnis schließen nicht aus, dass unkalkulierbare und damit sehr riskante Leistungen ausgeschrieben werden. Auch einen Rechtsgrundsatz, dass riskante Leistungen von einem Bieter nicht übernommen werden dürfen, gibt es nicht. Grundsätzlich ist zudem davon auszugehen, dass jedem Vertrag gewisse Wagnisse innewohnen, die der Auftragnehmer bei der Ausführung der Leistung meistern muss. Hierunter fallen die

Risiken aus Vertragserfüllung, Verzug und Mängelhaftung. Das sind alles bekannte Grundsätze aus der Rechtsprechung zum Baurecht und sie müssen hier nicht näher vertieft werden. Denn dadurch wird der Grundsatz nach den §§ 7; 7 EU Abs. 1 Nr. 3 VOB/A nicht abgeschafft, der zum Inhalt hat:

Auftraggeber dürfen Auftragnehmern über die Leistungsbeschreibung keine ungewöhnlichen Wagnisse in technischer und wirtschaftlicher Art für Umstände und Ereignisse aufbürden, auf die diese keinen Einfluss haben und deren Einwirkung auf die Preise und Fristen sie nicht im Voraus abschätzen können. Mit anderen Worten: Die Leistungsbeschreibung darf nicht gegen die §§ 7; 7 EU Abs. 1 Nr. 3 VOB/A verstoßen. Diese Vorschriften dienen der Gewährleistung der Chancengleichheit der Bieter und dem Schutz vor einer unangemessenen Überbürdung von Risiken durch den Auftraggeber. Da diese Vorgaben in Verbindung mit den Bestimmungen des allgemeinen Kartellrechts – Stichwort: Nachfragemacht der öffentlichen Hand in bestimmten Marktsegmenten – als Verbotsvorschrift einzustufen ist, jedoch nach der oben zitierten Rechtsprechung des BGH davon auszugehen ist, dass ein öffentlicher Auftraggeber sich rechtskonform verhalten will, sind Ausschreibungen immer so zu verstehen, wie sie objektiv zur Einhaltung der Vergabevorschriften gefasst sein müss(t)en.

Die Auftragnehmern aufzubürdenden Wagnisse dürfen also – unter Berücksichtigung der besonderen Gegebenheiten des Auftrags – nach Art und Umfang nicht ungewöhnlich sein. Als gewöhnliche Wagnisse gelten solche, die zum leistungstypischen Risiko eines Unternehmers, zu seiner Sphäre, gehören. Darunter fallen Risiken wie die Beschaffbarkeit und Finanzierbarkeit von Materialien oder technische Schwierigkeiten der Ausführung. Nicht in die Sphäre eines Auftragnehmers fallen die Baugrundverhältnisse, wie auch der BGH mit dem Urteil vom 28.1.2016 – I ZR 60/14 unmissverständlich begründet hat. Die Baugrundverhältnisse werden aber dann Teil der Verantwortungssphäre des Auftragnehmers, wenn sie so, wie beschrieben, auch tatsächlich angetroffen werden und der Auftragnehmer damit ein Problem hat. Dies setzt aber voraus, dass es überhaupt möglich ist, die Baugrundverhältnisse gesichert beschreiben zu können. Das aber ist, wie die geotechnischen Normen aufzeigen, häufig nicht möglich. Denn bis heute gibt es keine verlässliche Methode, die Baugrund-, insb. Grundwasserverhältnisse auch nur annähernd richtig so zu beschreiben, dass eine absolut sichere Grundlage für die voraussichtlichen Probleme und die dazu erforderlichen Lösungsmöglichkeiten bejaht werden könnte. Denn damit würde man vom Bieter im Zuge der Angebotserstellung verlangen, dass er eine worst-case-Betrachtung und entsprechende Bepreisung vornimmt. Der Auftraggeber erhielte in einem solchen Fall Steine statt Brot: Würden alle Bieter diese eigentlich »unschätzbare« Bewertung in diesem Sinne durchführen, dann erhielte der ausschreibende öffentliche Auftraggeber nur Angebote mit Höchstpreisen. Denn die Bieter müssten dieses sehr hohe Risiko, bedingt durch die für alle Seiten nicht mögliche genauere Beschreibung der Bodenverhältnisse z.B. im Zusammenwirken mit der Herstellung von Bohrpfählen, mit Höchstpreisen anbieten. Kennzeichen ungewöhnlicher Wagnisse ist immer, dass für den jeweiligen Bieter im Voraus nicht einschätzbar ist, ob und gegebenenfalls in welchem Umfang sich das ihm aufgebürdete Wagnis realisieren wird. Da ein Bauunternehmer möglichst zutreffend auch im eigenen Interesse kalkulieren muss, um nicht das Insolvenzgericht bemühen zu müssen, umgekehrt aber ein öffentlicher Auftraggeber mit Blick auf die ihm anvertrauten Steuergelder nicht unnötig Geld ausgeben darf, ergibt sich die einfache Gleichung:

Ist keine sichere Grundlagenermittlung für die Preisbildung möglich, dann will der Auftraggeber keine Vorsichtskalkulation mit Höchstpreisen und der Auftragnehmer keine Wagniskalkulation mit möglichen Unterpreisen. Der goldene Mittelweg liegt in solchen Fällen darin, dass von normalen Baugrundverhältnissen, die theoretisch kompatibel mit dem gewählten Bauverfahren sind, ausgegangen wird und entsprechend die Kosten hierfür Vertragsinhalt werden, jedoch bei objektivierbaren anderen Baugrundverhältnissen die Parteien eine Nachtragsvereinbarung gem. § 2 Abs. 5 oder 6 VOB/B schließen: Damit wird die Auftraggeberseite nicht übervorteilt, weil sie nur dann eine in diesem Fall ohnehin erforderlich werdende zusätzliche Vergütung zu bezahlen hat, wenn sich die unaufklärbaren Baugrundverhältnisse anders als »normal« in situ zeigen. Und die Auftragnehmerseite geht nicht das Risiko ein, den Kopf für etwas hinhalten zu müssen, was sie nicht beeinflussen kann (Baugrundverhältnisse) oder aber bei sicherer, also worst-case-Kalkulation, keine Auftragschance zu haben.

Es gilt also die vergaberechtliche Regel: Gemäß § 7 Abs 1 Nr. 3 VOB/A kann der Bieter die Einwirkung des ihm aufgebürdeten Wagnisses auf die Preise nur dann schätzen, wenn er im konkreten Fall die Höhe des Risikos und die Wahrscheinlichkeit seiner Verwirklichung selbst einzuschätzen und die daraus resultierenden Auswirkungen auf den Preis zu ermessen vermag.

Es fällt damit alles wieder auf die Füße der Fairness und des Rechts, letztlich in Übereinstimmung mit den §§ 242; 313 BGB, in erster Linie aber mit den vertraglichen Regelungen, die sich wiederum aus einem Rückschluss auf den erkennbaren Vertragsinhalt anhand der Ausschreibung ergeben, wie der BGH in mehreren Entscheidungen ausdrücklich vorgegeben hat:

Danach darf ein Bieter bei der Angebotsbearbeitung davon ausgehen, dass aufgrund der Vorgaben in der Ausschreibung die für eine Bohrpfahlherstellung maßgebenden Boden-, Wasser- und Felsinformationen im Einflussbereich der Bohrung über die grundlegenden Angaben nach Abschnitt 0.1.9 und 0.1.10 der ATV DIN 18299 (anzuwenden gemäß Abschnitt 1.3 der ATV DIN 18301) hinaus angegeben werden. Ebenso darf der Bieter darauf vertrauen, dass sich nach der Herstellung des Bohrlochs und der Einstellung der Bewehrung im Zuge der anschließenden Betonage keine wesentlichen Änderungen der Eigenschaften und Zustände von Boden, Grundwasser und Fels gegenüber den Ausschreibungsvorgaben ergeben würden. Denn andernfalls hätten diese konkret angegeben werden müssen, um eine sichere Kalkulation gemäß den §§ 7; 7 EU, je Abs 1 Nr. 1 und 2 VOB/A zu ermöglichen.

Es handelt sich im vorliegenden Beispielsfall durch das im Vorfeld nicht feststellbare gespannte Kluftwasser mithin um ein typisches Baugrundrisiko, das bei objektiver Betrachtung ein öffentlicher Auftraggeber – so die Rechtsprechung des BGH – keinesfalls dem Auftragnehmer überbürden will. Denn der Auftraggeber stellt immer denknotwendig die wichtigste Komponente zur Herstellung von Gründungs- und Kranfundamentpfählen, nämlich den Baugrund, in dem die Pfähle – eingebettet wiederum von allen Seiten vom Baugrund – hergestellt werden müssen, um als solche durch die Lastabtragung über den Spitzendruck und die Mantelreibung verwendet zu werden.

Insoweit liegen durch die Angaben zu den Baugrundverhältnissen (nicht zu verwechseln mit der bloßen Beschreibung des Baugrunds als solchem, z.B. Fels, Mergel, Sand!) zwar Anhaltspunkte allgemeiner Art vor, die jedem Tiefbauunternehmer ebenso wie Fachauftraggebern geläufig sind, es fehlt aber die zum Ausschluss einer Wagnis-Überbürdung notwendige Präzisierung, weil eine Angabe der Auswirkung von Grundwasser, wie es im Bereich der Bohrungen angetroffen wurde, nicht konkret möglich ist. Dann nämlich hätte von Anfang an eine Position »Hüllrohr« oder »Bullflexschlauch« im LV aufgenommen werden müssen, womit das eventuell, aber nicht konkret vorhersehbare Problem der Ausspülung des Frischbetons im Sandsteinbereich durch gespanntes Kluftwasser gelöst hätte werden können. Dann wären die Pfähle von Anfang an tauglich gewesen – aber dies hätte eine worst-case-Ausschreibung bedingt, die der öffentliche Auftraggeber im Interesse der Steuerzahler gerade nicht vornehmen und auch der Bieter umgekehrt nicht ins Blaue hinein anbieten darf. Deshalb verbleibt das Risiko einer Abweichung der von beiden Seiten vorgestellten Möglichkeit unproblematischer Herstellung mit Hilfe eines normalen Bohrvorgangs mit anschließender Bewehrungseinstellung und Betonage ohne zusätzliche aufwändige Hilfsmaßnahmen auf der Auftraggeberseite. Denn dieser ist es schon durch die Vergaberegeln der §§ 7; 7 EU VOB/A verwehrt, dieses unter keinen Umständen ausschließbare sehr große und – wie sich in der Praxis immer zeigt – äußerst kostenaufwändige Risiko der Bieterseite zu überbürden: Die Stadt stellte den Baugrund, sie bestimmte das Verfahren und legte die Tiefenlage und den Baubereich fest. Damit aber lagen detailliert beschriebene Bodenverhältnisse mit nicht möglichen exakten Angaben zur Reaktion mit dem gespannten Kluftwasser vor. Dies führt aber zu einer Beschränkung im Vergütungssoll auf diese Bodenverhältnisse, wie der BGH im Urteil vom 20.8.2009 – Az: VII ZR 205/07 sowie im Urteil vom 20.6.2013 – Az: VII ZR 103/12 unmissverständlich klargestellt hat. Denn die Stadt wollte bei objektiver Sicht sicherlich nicht, dass alle Bieter das in jeder Hinsicht unbestimmbare, dennoch aber immer latente Risiko einer eventuell vorhandenen gespannten Grundwassersituation und Klüftigkeit aus kaufmännischer Vorsicht heraus mit der worst-case-Sicht in die Preisbildung aufnahmen.

Dies wird auch mit Blick auf die normierte Definition eines Baugrundrisikos nachvollziehbar.

Tritt ein solcher Fall ein, dann ergeben sich die finanziellen Folgen nachlesbar aus der einschlägigen vertraglichen Regelung in ATV DIN 18301 Abschnitt 3.1.8 mit 4.2.1 und § 2 Abs. 6 bzw. 8 VOB/B. Denn der Auftraggeber müsste in Ausfüllung des Kooperationsgebots, das der BGH in ständiger Rechtsprechung vorgibt, in aller Regel den Fortgang der Arbeiten unter geänderten Boden- und Wasserverhältnissen anordnen. Denn regelmäßig ist der Werkerfolg sonst nicht zu erreichen. Dies nur entspricht der Notwendigkeit, »*gemeinsam*« die festzulegenden Maßnahmen zu bestimmen, wie die ATV DIN 18301 in Abschnitt 3.1.8 ausdrücklich vorgibt.

Der BGH sieht deshalb bei von der Leistungsbeschreibung abweichenden Bodenverhältnissen wegen der Notwendigkeit, weiterzuarbeiten und nicht erst längere Zeit (auch vor Gericht) im Hinblick auf die damit verbundenen Mehrkosten zu streiten, eine konkludente Anordnung des Auftraggebers für gegeben: Danach fordert der Auftraggeber das Weiterarbeiten unter den erschwerten oder geänderten Bedingungen, lässt aber die Vergütungsfrage offen. Dazu weist der BGH ebenso im Urteil vom 20.8.2009 noch einen zweiten Weg: Er sieht in solchen Fällen auch § 2 Abs. 8 VOB/B i.V.m. Abs. 5 und 6 als mögliche Anspruchsgrundlage, sofern nicht ohnehin eine stillschweigende Anordnung bei abweichenden Bodenverhältnissen festzustellen ist.

Vertraglich vereinbarte Bodenverhältnisse waren bei Auslegung des Vertrages nach den Regeln des BGH, wonach u.a. ein Auftragnehmer nicht verifizierbare Risiken nicht kalkulieren kann und muss, solche Boden- und Wasserverhältnisse, die kompatibel mit den Vorgaben »Bohrpfahlherstellung« waren. Denn ein Bieter muss nicht annehmen, dass ein Fachauftraggeber Bauleistungen ausschreibt, von deren Erbringung mit Hilfe der Vorgaben im LV er selbst Zweifel hat: Nachdem vorliegend die Stadt die Gründungspfähle etc. geplant hatte, den Baugrund untersuchen und beschreiben lies und zu den dabei festgestellten Baugrundverhältnissen die (vermeintlich) passenden Vorgaben hinsichtlich des anzuwendenden Bauverfahrens zwingend vorgegeben hatte (Herstellung von Bohrpfählen), konnten und mussten die Streitparteien davon ausgehen, dass die Hinweise im Geotechnischen Bericht berücksichtigt worden waren. Dem ist nochmals die Quintessenz aus einer der wichtigsten Entscheidungen des BGH im Urteil vom 20.8.2009 zu Baugrundverhältnissen anzufügen: Danach ist die – auch stillschweigende – Anordnung des Auftraggebers, die Leistung trotz der veränderten Umstände zu erbringen, eine Änderung des Bauentwurfs im Sinne des § 1 Nr. 3 VOB/B mit der Folge, dass ein neuer Preis nach Maßgabe des § 2 Nr. 5 VOB/B zu bilden ist. Zudem sind an eine Risikoübernahme, die unbekannte Bodenverhältnisse betrifft, jedenfalls dann strenge Anforderungen zu stellen, wenn sie die Baukosten erheblich beeinflussen können.

Überträgt man diese lehrbuchhaften Vorgaben des VII. BGH-Senats auf den Beispielsfall, so ist hervorzuheben, dass die Stadt nicht nur den Baugrund gestellt und beschrieben, sondern auch das zur Bewältigung dieses Baugrundes anzuwendende Bauverfahren verpflichtend vorgegeben hatte. Schließlich enthält das vorzitierte Urteil noch eine deutliche Klarstellung zur Risikoübernahme durch Auftragnehmer: Danach sind an eine Risikoübernahme, die unbekannte Bodenverhältnisse betrifft, jedenfalls dann strenge Anforderungen zu stellen, wenn sie die Baukosten erheblich beeinflussen können! Damit schließt sich der Kreis des Prüfschemas 3.

12.5 Zusammenfassung

Mit Hilfe der vorstehenden drei Prüfschemata kann jeder Baugrund-Fall nachvollziehbar einer Lösung zugeführt werden. Denn dieser Weg wird der Tatsache gerecht, dass denknotwendig der öffentliche Auftraggeber gemäß den §§ 642; 645 BGB den »Baustoff Baugrund« zur Verfügung stellen muss, damit überhaupt gebaut werden kann. Dementsprechend greift auch die Freizeichnungsmöglichkeit der §§ 4 Abs. 7; 4 Abs. 3; 13 Abs. 3 VOB/B. Denn der Baugrund ist ein vom Auftraggeber bereitgestellter Stoff i.S.d. Regelungen. Er trägt demnach grundsätzlich die Verantwortung für dessen Tauglichkeit! Im Wesentlichen gelten die vorgenannten Grundsätze und Regelungen auch bei Spezialtiefbauverträgen zwischen einem privaten Auftraggeber und dem Spezialtiefbauunternehmen. Zum einen ist regelmäßig auch hier die VOB Teil C Vertragsbestandteil, zum anderen helfen hier die Regelungen von Treu und Glauben, § 242 BGB, zu ausgewogenen Entscheidungen zu kommen.

Seit 1.10.2023 ist für Spezialtiefbauarbeiten auch die neu eingeführte ATV DIN 18302 (Spezialtiefbauarbeiten zum Ausbau von Bohrungen im Ergänzungsband 2023 zur VOB/C zu beachten!

12.6 Maßgebliche Literatur

[1] Englert/Katzenbach/Motzke: Beck'scher VOB- und Vergaberechtskommentar, VOB Teil C, 4. Auflage 2021, Verlage C. H. Beck, München, und Beuth, Berlin

[2] Englert/Grauvogl/et al: Handbuch des Baugrund- und Tiefbaurechts einschließlich des Altlasten-, Deponie- und Kampfmittelrechts, 5. Auflage 2016, Werner Verlag, Köln

[3] Boley/Englert/et al: Baurecht-Taschenbuch; Sonderbauverfahren Tiefbau: Technische Erläuterungen – Rechtliche Lösungen: Rohrvortrieb, HDD, Pipelinebau, Tunnel-, Kanal- und Deponiebau, Wasserhaltung, Düsenstrahlarbeiten, Spundwände, Bodenstabilisierung, Abbruch- und Rückbauarbeiten, Kampfmittelproblematik, 2011, Verlag Ernst & Sohn, Berlin

[4] Englert/Motzke/Wirth: Baukommentar, 2. Auflage 2009, Werner Verlag, Köln

[5] Englert, Christine/Englert-Dougherty, Stephanie, Die Verantwortung für die Baugrundverhältnisse, NZBau 2023, 1 ff.

[6] Englert, Florian, Die Störerhaftung der Bundesrepubilik Deutschland im Zusammenhang mit Kampfmitteln, Berlin 2016

[7] Englert, K.: »Baugrundrisiko: Schimäre oder Realität beim (Tief-) Bauen?«, NZBau 2016,131 ff.

[8] Englert, Beweisführung im Tiefbau – keine Glaubensfrage mehr mit der »5-M-Methode«!, in: Festschrift Jagenburg, C.H.Beck, 2002

[9] Kapellmann/Franke/Grauvogl (Hrsg.), »Geheimnisse des Baugrunds«, Festschrift für Klaus Englert zum 65. Geburtstag, C.H.Beck, 2014

13 Sicherheit und Gesundheit

Andreas Ehmke

13.1 Einleitung

Eine sorgfältige Arbeitsvorbereitung unter Berücksichtigung von Sicherheits- und Gesundheitsschutzaspekten gewährleistet eine reibungslose, wirtschaftliche und sichere Durchführung von Bauarbeiten. Verantwortlich für Arbeitsschutz sind in erster Linie die Unternehmer. Sie haben alle erforderlichen Maßnahmen zu treffen und diese auf ihre Wirksamkeit zu überprüfen. Einen Teil der Pflichten können sie auf fachlich geeignete Führungskräfte wie Bauleiter, Meister und Vorarbeiter übertragen. Diese sind als Ansprechperson vor Ort für die sichere Durchführung der Arbeiten verantwortlich und müssen die Beschäftigten motivieren, informieren und aktiv an den Maßnahmen zur Sicherheit und zum Gesundheitsschutz beteiligen.

Darüber hinaus tragen auch Bauherr, Generalunternehmer, Architekt, Bauleiter sowie Sicherheits- und Gesundheitsschutzkoordinator Verantwortung für den Arbeitsschutz auf der Baustelle.

13.2 Rechtsgrundlagen

Die rechtlichen Grundlagen für Sicherheit und Gesundheit bei der Arbeit sind in EU-Richtlinien, die in Deutschland in Gesetzen und Verordnungen des Staates sowie in DGUV-Vorschriften der Berufsgenossenschaften (»duales System«) umgesetzt werden, festgeschrieben. Gesetze und Verordnungen werden durch Technische Regeln und Normen, DGUV-Vorschriften durch DGUV Regeln und Informationen erläutert und konkretisiert.

Die wichtigsten staatlichen Vorschriften sind das Arbeitsschutzgesetz (ArbSchG), das Arbeitssicherheitsgesetz (ASiG), das Produktsicherheitsgesetz (ProdSG) sowie die Baustellenverordnung (BaustellV), die Betriebssicherheitsverordnung (BetrSichV), die Maschinenverordnung (9. GSGV), die Arbeitsstättenverordnung (ArbStättV) und die Gefahrstoffverordnung (GefStoffV).

In der zentralen DGUV-Vorschrift »Grundsätze der Prävention« (DGUV-Vorschrift 1) wird auch Bezug auf das staatliche Recht genommen. Damit stützen die Berufsgenossenschaften ihre Präventionstätigkeit auf berufsgenossenschaftliches und auf staatliches Recht.

Für die Herstellung, Montage, Instandhaltung, Änderung, Demontage und Beseitigung von baulichen Anlagen einschließlich der hierfür vorbereitenden und abschließenden Arbeiten gilt die DGUV-Vorschrift »Bauarbeiten« (DGUV-Vorschrift 38). Weitere für Tiefbaubaustellen besonders relevante DGUV-Vorschriften sind die Vorschrift »Elektrische Anlagen und Betriebsmittel« (DGUV-Vorschrift 3), die Vorschrift »Krane« (DGUV-Vorschrift 52) und die DGUV-Regeln »Arbeiten im Spezialtiefbau« (DGUV-Regel 101-008) sowie »Betreiben von Arbeitsmitteln« (DGUV-Regel 100-500).

13.3 Organisation des betrieblichen Arbeitsschutzes

Das Arbeitsschutzgesetz verlangt, dass Arbeitgeber für eine geeignete Organisation sorgen und die erforderlichen Mittel bereitstellen. Sie haben Vorkehrungen zu treffen, dass die Maßnahmen in die betrieblichen Führungsstrukturen eingebunden und bei allen Tätigkeiten beachtet werden.

Für viele Unternehmen empfiehlt sich daher die Einführung eines Arbeitsschutzmanagementsystems, wie zum Beispiel AMS BAU (Arbeitsschutz mit System der BG BAU), SCC (Safety Certificate Contractors) oder DIN ISO 45001, mit dem Ziel, den Arbeitsschutz in die betrieblichen Abläufe und Strukturen einzubinden, um damit Sicherheit und Gesundheitsschutz der Beschäftigten bei der Arbeit zu gewährleisten und zu fördern.

Vorteile für das Unternehmen sind:

- Störungsfreie und optimierte Arbeits- und Bauabläufe
- Motivation der Beschäftigten durch eine transparente Aufbau- und Ablauforganisation
- Vorbeugung von Unfällen und Krankheiten im Betrieb
- Kostenreduzierung durch geringe Ausfallzeiten
- Steigerung der Qualität
- Imagegewinn als Wettbewerbsvorteil

Durch die organisierte Einhaltung von Gesetzen und Vorschriften wird auch die Rechtssicherheit für Unternehmer und Führungskräfte erhöht.

13.4 Verantwortung der Unternehmer

Unternehmer haben die erforderlichen Maßnahmen zur Verhütung von Arbeitsunfällen, Berufskrankheiten und arbeitsbedingten Gesundheitsgefahren sowie für eine wirksame Erste Hilfe zu treffen. Sie haben die Arbeitsbedingungen zu beurteilen und Maßnahmen zu planen, zu organisieren, durchzuführen und erforderlichenfalls an veränderte Gegebenheiten anzupassen. Sie dürfen keine sicherheitswidrigen Weisungen erteilen.

Unternehmer haben die Beschäftigten über die mit ihrer Arbeit verbundenen Gefährdungen regelmäßig, mindestens jedoch einmal jährlich, zu unterweisen. Die Kosten für Arbeits- und Gesundheitsschutzmaßnahmen dürfen nicht den Beschäftigten auferlegt werden.

(Siehe auch § 2, DGUV-Vorschrift »Grundsätze der Prävention« (DGUV-Vorschrift 1))

13.5 Verantwortung der Führungskräfte

Unternehmer können zuverlässige und fachkundige Personen, z.B. Bauleiter, Schachtmeister oder Vorarbeiter, schriftlich damit beauftragen, die ihnen nach Unfallverhütungsvorschriften obliegenden Aufgaben vor Ort in eigener Verantwortung wahrzunehmen.

Arbeiten des Spezialtiefbaus müssen von fachlich geeigneten Vorgesetzten, die die vorschriftsmäßige Durchführung der Arbeiten gewährleisten, geleitet werden. Aufsichtführende müssen die Tätigkeiten beaufsichtigen und auf der Baustelle ständig anwesend sein.

(Siehe auch § 3, DGUV-Vorschrift »Bauarbeiten« (DGUV-Vorschrift 38))

13.6 Verantwortung der Beschäftigten

Auch Beschäftigte ohne Weisungsbefugnis sind für ihren Aufgabenbereich verantwortlich. Sie sind verpflichtet, gemäß den Weisungen des Unternehmers für ihren eigenen Arbeitsschutz zu sorgen. Sie müssen die Vorschriften einhalten und auch ihre Kollegen vor Schaden bewahren.

Das Tragen der persönlichen Schutzausrüstung, die ihnen vom Unternehmen kostenfrei zur Verfügung gestellt werden muss, gehört ebenfalls zu ihren Pflichten.

(Siehe auch Drittes Kapitel, DGUV-Vorschrift »Grundsätze der Prävention« (DGUV-Vorschrift 1))

13.7 Sicherheitsbeauftragte

Neben der Fachkraft für Arbeitssicherheit hat der Unternehmer in Betrieben mit mehr als zwanzig Beschäftigten einen oder mehrere Sicherheitsbeauftragte zu bestellen. Sie sind im Allgemeinen nicht weisungsbefugt und dürfen bei der Wahrnehmung ihrer Aufgaben nicht benachteiligt werden. Die Ausbildung erfolgt z.B. durch die Teilnahme an Lehrgängen der BG BAU.

Sicherheitsbeauftragte haben die Unternehmer bei der Durchführung der Maßnahmen zur Verhütung von Arbeitsunfällen, Berufskrankheiten und arbeitsbedingten Gesundheitsgefahren zu unterstützen, insbesondere sich von dem Vorhandensein und der ordnungsgemäßen Benutzung der technischen und persönlichen Schutzausrüstungen zu überzeugen und auf Unfall- und Gesundheitsgefahren für die Beschäftigten aufmerksam zu machen. Sicherheitsbeauftragte können an Betriebsbesichtigungen in ihrem Bereich sowie an Untersuchungen von Unfällen und Berufskrankheiten teilnehmen.

Aufsichtführende und andere betriebliche Vorgesetzte sollen nicht zu Sicherheitsbeauftragten ausgebildet werden.

(Siehe auch § 20, DGUV-Vorschrift »Grundsätze der Prävention« (DGUV-Vorschrift 1))

13.8 Betriebsrat

Auch die Mitglieder des Betriebsrats sind in die betriebliche Arbeitsschutzorganisation einzubinden und an Maßnahmen für den innerbetrieblichen Arbeitsschutz zu beteiligen. Sie erfahren durch die Kollegen oft frühzeitig von Belastungen und Gefahren und können Maßnahmen beim Unternehmen beantragen und über Vorschläge von Beschäftigten verhandeln.

13.9 Fachkraft für Arbeitssicherheit (SiFa)

Jedes Unternehmen mit Beschäftigten muss eine Fachkraft für Arbeitssicherheit bestellen. Die Fachkraft für Arbeitssicherheit unterstützt die Unternehmer und die für Sicherheit und Gesundheitsschutz verantwortlichen Personen bei der Wahrnehmung ihrer Aufgaben. Sie ermittelt und beurteilt Gefährdungen und Belastungen, z.B. bei Neu- oder Umgestaltung von Arbeitsplätzen oder Veränderungen von Arbeitsverfahren.

Um den vielfältigen Anforderungen, die die Fachkraft für Arbeitssicherheit als qualifizierte Beratende des Unternehmens erfüllen soll, gerecht zu werden, fordert der Gesetzgebende den Nachweis der sicherheitstechnischen Fachkunde. Diese liegt bei einer beruflichen Qualifikation als Ingenieur, Techniker oder Meister, mit mindestens zweijähriger beruflicher Praxis und einer erfolgreich abgeschlossenen Ausbildung zur Fachkraft für Arbeitssicherheit vor.

(Siehe auch § 19, DGUV-Vorschrift »Grundsätze der Prävention« (DGUV-Vorschrift 1) und DGUV-Vorschrift 2 »Betriebsärzte und Fachkräfte für Arbeitssicherheit«)

13.10 Betriebsarzt

Der Betriebsarzt hat die Aufgabe, den Unternehmer und die sonst für den Arbeitsschutz und die Unfallverhütung verantwortlichen Personen bei der Unfallverhütung und in allen Fragen des Gesundheitsschutzes wirkungsvoll zu unterstützen. Er berät u.a. bei

- der Planung, Ausführung und Unterhaltung von Betriebsanlagen und von sozialen und sanitären Einrichtungen,
- der Beschaffung von technischen Arbeitsmitteln und der Einführung von Arbeitsverfahren und Arbeitsstoffen,
- der Organisation der »Ersten Hilfe« im Betrieb.

Die Mitgliedsbetriebe der BG BAU sind i.d.R. dem Arbeitsmedizinischen Dienst (AMD der BG BAU GmbH) angeschlossen, der durch Zentren, Untersuchungsmobile und Einsätze vor Ort eine betriebsnahe Betreuung gewährleistet.

(Siehe auch § 19, DGUV-Vorschrift »Grundsätze der Prävention« (DGUV-Vorschrift 1) und DGUV-Vorschrift »Betriebsärzte und Fachkräfte für Arbeitssicherheit« (DGUV-Vorschrift 2))

13.11 Arbeitsschutzausschuss

Der Unternehmer hat in Betrieben mit mehr als zwanzig Beschäftigten einen Arbeitsschutzausschuss zu bilden. Dieser Ausschuss setzt sich aus dem Arbeitgebenden, einem Mitglied des Betriebsrats, dem Betriebsarzt, der Fachkraft für Arbeitssicherheit und ggf. einem Sicherheitsbeauftragten zusammen.

Der Arbeitsschutzausschuss tritt mindestens einmal vierteljährlich zusammen und berät u.a. über Maßnahmen, die Unfall- und Gesundheitsgefahren verhindern können, koordiniert Arbeitssicherheitsaufgaben und wertet Unfallgeschehen und Arbeitsausfallzeiten im Betrieb aus.

(Siehe auch § 11, Arbeitssicherheitsgesetz)

13.12 Erste Hilfe

Arbeitgeber haben dafür zu sorgen, dass zur Ersten Hilfe und zur Rettung aus Gefahr die erforderlichen Einrichtungen und Sachmittel sowie das erforderliche Personal zur Verfügung stehen. Sie haben zu gewährleisten, dass nach einem Unfall unverzüglich Erste Hilfe geleistet und eine erforderliche ärztliche Versorgung veranlasst wird. Bei zwei bis zu zwanzig anwesenden Beschäftigten muss ein Ersthelfender, bei mehr als 20 anwesenden Beschäftigten müssen in Verwaltungs- und Handelsbetrieben 5 % und in sonstigen Betrieben und auf Baustellen 10 % der anwesenden Beschäftigten Ersthelfende sein.

(Siehe auch Kap IV, Dritter Abschnitt, DGUV-Vorschrift »Grundsätze der Prävention« (DGUV-Vorschrift 1))

13.13 Gefährdungsbeurteilung

Arbeitgeber haben nach dem Arbeitsschutzgesetz (ArbSchG) die Sicherheit und den Gesundheitsschutz der Beschäftigten zu gewährleisten und wenn nötig zu verbessern. Sie haben eine Gefährdungsbeurteilung, die aus einer systematischen Feststellung und Bewertung von relevanten Gefährdungen und der Ableitung entsprechender Maßnahmen besteht, durchzuführen.

Die Ermittlung von Gefährdungen und die Bewertung der damit verbundenen Risiken sind Voraussetzung für das Ergreifen von wirksamen und betriebsbezogenen Arbeitsschutzmaßnahmen. Welche Schutzmaßnahmen im Betrieb erforderlich sind, ist durch eine Beurteilung der konkreten Arbeitsbedingungen vor Ort festzustellen. Die abgeleiteten Maßnahmen sind regelmäßig auf ihre Wirksamkeit hin zu überprüfen und gegebenenfalls an sich ändernde Gegebenheiten anzupassen.

Die nachfolgende, nicht abschließende Tabelle aus der DGUV-Regel 100-001 gibt eine systematische Übersicht über mögliche in der Praxis ermittelte einschlägige Gefährdungen und Belastungsarten.

Tabelle 1: Übersicht über mögliche in der Praxis ermittelte einschlägige Gefährdungen und Belastungsarten.

Gefährdungen/Belastungsarten	Beispiele
1. Mechanische Gefährdung	Quetsch- und Scherstellen an Maschinenteilen, Ausrutschen, Stolpern, Abstürzen
2. Elektrische Gefährdung	Gefährliche Körperströme durch Berühren unter Spannung stehender Teile, Lichtbogenbildung durch Kurzschluss

Gefährdungen/Belastungsarten	Beispiele
3. Chemische Gefährdung	Einatmen giftiger, ätzender oder reizender Stoffe, Holzstaub, Umgang mit Kraftstoffen
4. Biologische Gefährdung	Infektionsgefahr durch Mikroorganismen und Viren, Umgang mit gentechnisch veränderten Organismen
5. Brand- und Explosionsgefährdung	Umgang mit Sprengstoffen, Bildung gefährlicher explosionsfähiger Atmosphären, Schweißarbeiten
6. Thermische Gefährdung	Verbrennungen an heißen Oberflächen, Aufenthalt in Kühlräumen
7. Physikalische Gefährdung	Lärm, Ultraschall, Schwingungen, Strahlung
8. Gefährdung durch Arbeitsumgebungsbedingungen	Hitze, Witterung, Kälte, Nässe, Zugluft, Belüftung, Beleuchtung am Arbeitsplatz
9. Physische Belastung	Bewegen schwerer Lasten, einseitige Arbeitshaltung, Zwangshaltung
10. Belastung aus Wahrnehmung und Handhabbarkeit	Gestaltung von Bildschirmen, Anordnung von Stellteilen und Anzeigen, Handhabbarkeit von Arbeitsmitteln
11. Psychomentale Fehlbelastung	Ständig wechselnde Arbeitsstätten, Arbeiten unter Zeitdruck, kurzzyklisch sich wiederholende Tätigkeiten, Nachtarbeit, Überforderung
12. Gefährdung durch Mängel in der Arbeitsorganisation	Unterweisungs-, Unterrichtungs-, Ermittlungs- und Prüfpflichten, Erste Hilfe, Bereitstellung von geeigneten Arbeitsmitteln, arbeitsmedizinische Vorsorge

Die Methoden und Mittel zur Gefährdungsbeurteilung sind nicht vorgeschrieben. Einfache Möglichkeiten zur Feststellung von Gefährdungen sind z.B. Betriebsbegehungen oder Auswertungen von Unfallereignissen und sonstigen Schadensereignissen. Handelt es sich um Tätigkeiten oder Arbeitsplätze mit einem hohen oder komplexen Gefährdungspotenzial, z.B. Spezialtiefbauarbeiten, Arbeiten auf hochgelegenen Arbeitsplätzen, Sprengarbeiten, Arbeiten in Kanalisationsanlagen, Feuerarbeiten in brand- und explosionsgefährdeten Bereichen, ist eine umfangreichere Gefährdungsbeurteilung erforderlich.

Gleichartige Tätigkeiten oder Arbeitsplätze können vergleichbar beurteilt werden. Dabei ist es ausreichend, eine Tätigkeit oder einen Arbeitsplatz musterhaft zu beurteilen und die Ergebnisse zu übertragen. Bei einzelnen Abweichungen von musterhaft beurteilten Tätigkeiten oder Arbeitsplätzen reicht es in der Regel aus, nur die Abweichungen neu zu beurteilen.

Bei nicht stationären Betrieben, z.B. Baustellen des Spezialtiefbaus, ist es im Regelfall nicht ausreichend, nur eine einzige Gefährdungsbeurteilung zu erstellen, ohne diese für den Einzelfall anzupassen. Hier unterscheiden sich die Arbeitsbedingungen z.B. durch andere wechselnde Gegebenheiten oder unterschiedliche Arbeitsabläufe, sodass die Gefährdungen sehr unterschiedlich sein können. In der Regel ist die Anwendbarkeit auf den neuen Arbeitsbereich von Fall zu Fall zu prüfen. Gegebenenfalls ist die Gefährdungsbeurteilung an die sich verändernden Bedingungen anzupassen. Ergänzungen oder Anpassungen können auch vor Ort, z.B. durch die Bauleitung, vorgenommen werden.

Die BG BAU stellt Handlungsanleitungen und Praxishilfen zur qualifizierten Erstellung einer Gefährdungsbeurteilung zur Verfügung. Beispielsweise Handlungshilfen Online und als App oder als Offline-Version zum Downloaden. Ausgehend von der Betrachtung der betrieblichen Organisation – z.B. klare Regelung der Verantwortlichkeiten, effektive Kommunikationswege – können die Standardprozesse im Betrieb effektiv beschrieben, die Risiken eingeschätzt und notwendige Maßnahmen formuliert werden.

Typische Tätigkeiten und Leistungen der jeweiligen Branche sind in vorbereiteten Formularen angelegt. Für die Beschreibung besonderer Lösungswege oder die Dokumentation von Ausnahmefällen können die Formulare erweitert oder durch Bemerkungen ergänzt werden.

Unter der Rubrik Tief- und Straßenbau findet man u.a. folgende Fragestellungen:

- Wie werden Gefährdungen beim Einrichten und Benutzen von Arbeitsplätzen und Verkehrswegen vermieden?
- Welche Schutzmaßnahmen werden für den Hebezeugbetrieb (z.B. Autokran, LKW mit Anbaukran und Betrieb von Turmdrehkran) ergriffen?
- Wie wird die Gefahr des Berührens von spannungsführenden Teilen (z.B. defekte Maschinen oder schadhafte Leitungen) verhindert?
- Welche Maßnahmen werden getroffen, um körperliche Überlastung durch häufiges Handhaben schwerer Lasten oder Arbeiten in Zwangshaltung zu verhindern?
- Welche Maßnahmen werden bei lärmintensiven Arbeiten (Tageslärmexpositionspegel > 80 dB[A]) getroffen?
- Wie werden überdurchschnittliche Vibrationseinwirkungen auf die Beschäftigten vermieden?
- Welche Maßnahmen werden beim Betrieb von Erd- und Straßenbaumaschinen gegen Umkippen, Überschlagen und Gefährdungen aus dem Einsatz als Hebezeug ergriffen?
- Welche Maßnahmen sind zum sicheren Führen von Spezialtiefbaumaschinen sowie gegen Absturzgefahr notwendig?
- Welche Maßnahmen sind gegen Gefährdungen durch Erdleitungen (Strom, Gas, Abwasser) im Einzugsbereich durchzuführen?
- Welche Maßnahmen werden beim Arbeiten in kontaminierten Bereichen getroffen?
- Welche Maßnahmen werden gegen Dieselmotoremissionen oder andere Motoremissionen in geschlossenen oder teilgeschlossenen Räumen oder unter Erdgleiche getroffen?
- Welche Maßnahmen werden beim Umgang mit Mörtel, Kalk, Gips und Beton getroffen?

- Wie werden Gefährdungen durch abrutschende Erdmassen und labilen Untergrund in Baugruben und Gräben verhindert?
- Welche Maßnahmen werden gegen Absturzgefährdungen bei offenen Schlitzlamellen, Schachtöffnungen oder Bohrungen ergriffen?
- Welche Maßnahmen werden beim Elektroschweißen bzw. beim Schutzgasschweißen gegen Gase und Rauche, UV-/Infrarotstrahlung sowie Brand- und Explosionsgefahr getroffen?

Mit Hilfe des Programms können zu diesen und anderen Fragen Risikoabschätzungen durchgeführt und relevante Maßnahmen festgelegt werden. Die Umsetzung, die Maßnahmenkontrolle und der Handlungsbedarf können dokumentiert und regelmäßige Wirksamkeitskontrollen erfasst werden.

(Siehe auch § 3, DGUV-Vorschrift »Grundsätze der Prävention« (DGUV-Vorschrift 1) sowie § 5 und § 6, ArbSchG)

13.14 Rangfolge der Schutzmaßnahmen

Es gibt verschiedene Möglichkeiten, sich vor Unfällen und Gesundheitsschäden zu schützen. Die Festlegung der Rangfolge der zu ergreifenden Maßnahmen erfolgt in der Gefährdungsbeurteilung. Grundsätzlich gilt für die Rangfolge der Schutzmaßnahmen T-O-P (technisch-organisatorisch-persönlich).

Vorrangig sind technische Maßnahmen. Um z.B. ein Abstürzen von Personen zu verhindern, müssen z.B. Absturzsicherungen oder Auffangeinrichtungen vorhanden sein. Der Einsatz von lärmmindernden Sägeblättern oder Abdeckungen an Maschinen sind ebenfalls technische Maßnahmen. Alternativ können organisatorische Maßnahmen durchgeführt werden, z.B. Arbeitszeitbegrenzungen in Lärmbereichen. Erst wenn technische und organisatorische Maßnahmen nicht durchführbar sind, kann Persönliche Schutzausrüstung, wie z.B. Gehörschutz oder Anseilschutz, zum Einsatz kommen.

Vor der Verwendung eines Gefahrstoffs ist darüber hinaus zunächst zu prüfen, ob nicht ein alternatives, weniger gefährliches Material eingesetzt werden kann (Substitutionsprüfung, z.B. ein formaldehydfreies Desinfektionsmittel für Reinigungsarbeiten).

13.15 Persönliche Schutzausrüstungen

Unternehmer haben für Arbeiten des Spezialtiefbaus folgende persönliche Schutzausrüstung zur Verfügung zu stellen:

- Kopfschutz (Schutzhelme),
- Fußschutz (Sicherheitsschuhe oder Sicherheitsgummistiefel mit durchtrittsicherem Unterbau) und
- Handschutz (Schutzhandschuhe).

Entsprechend der Gefährdungsbeurteilung müssen sie gegebenenfalls zusätzlich

- Gehörschutz,
- Augenschutz,
- Hautschutz,
- besondere Schutzkleidung, z.B. bei Schweißarbeiten, beim Umgang mit Gefahrstoffen,
- Atemschutz,
- Anseilschutz und
- Rettungswesten

zur Verfügung stellen.

Die Beschäftigten haben die zur Verfügung gestellten persönlichen Schutzausrüstungen bestimmungsgemäß zu benutzen. Sie haben die Ausrüstungen vor der Benutzung augenscheinlich auf den ordnungsgemäßen Zustand und erkennbare Mängel zu prüfen. Mangelhafte persönliche Schutzausrüstungen dürfen nicht benutzt werden.

(Siehe auch Vierter Abschnitt, DGUV-Vorschrift »Grundsätze der Prävention« (DGUV-Vorschrift 1))

13.16 Maßnahmen vor Arbeitsbeginn

Vor Beginn der Arbeiten ist zu ermitteln, ob im vorgesehenen Arbeitsbereich Anlagen oder Stoffe vorhanden sind, durch die Personen gefährdet werden können. Gefahren können z.B. von elektrischen Anlagen und Leitungen, Rohrleitungen, Kanälen oder in Betrieb befindlichen Anlagen ausgehen. Kann eine Kontaminierung des Bodens durch Gefahrstoffe oder das Vorhandensein von Kampfmitteln, z.B. Bombenblindgänger, nicht ausgeschlossen werden, sind weitergehende Untersuchungen durchzuführen.

Bei Arbeiten in der Nähe elektrischer Freileitungen sind entsprechende Sicherheitsabstände nach DIN VDE 0105 einzuhalten oder in Abstimmung mit dem Eigentümer oder Betreiber der Leitungen andere Sicherungsmaßnahmen gegen Stromübertritt durchzuführen.

Tabelle 2: Schutzabstände bei Freileitungen nach DIN VDE 0105 Teil 1 »Betrieb von Starkstromanlagen; Allgemeine Festlegungen«

Nennspannung [Volt]	Sicherheitsabstand [Meter]
bis 1 000 V	1,0 m
über 1 kV bis 110 kV	3,0 m
über 110 kV bis 220 kV	4,0 m
über 220 kV bis 380 kV	5,0 m
bei unbekannter Nennspannung	5,0 m

Wenn Arbeiten im Bereich des öffentlichen Straßenverkehrs ausgeführt werden, müssen in Absprache mit den zuständigen Straßenverkehrsbehörden, Tiefbauämtern und Polizeibehörden Verkehrssicherungsmaßnahmen vorgenommen werden.

13.17 Arbeitsplätze und Verkehrswege

Arbeitsplätze für Bauarbeiten müssen so eingerichtet und beschaffen sein, dass sie entsprechend der Art der baulichen Anlage, den wechselnden Bauzuständen, den Witterungsverhältnissen und den jeweils auszuführenden Arbeiten ein sicheres Arbeiten gewährleisten. Anlegeleitern dürfen als Arbeitsplätze für Bauarbeiten grundsätzlich nicht verwendet werden. Werden hochziehbare Personenaufnahmemittel verwendet, ist deren erster Einsatz auf mindestens 14 Tage vor der Arbeitsaufnahme der Berufsgenossenschaft schriftlich anzuzeigen.

Arbeitsplätze müssen über sicher begehbare oder befahrbare Verkehrswege, wie z.B. Treppen, Laufstege oder in Ausnahmefällen auch Leitern, zu erreichen sein.

(Siehe auch § 8, DGUV-Vorschrift »Bauarbeiten« (DGUV-Vorschrift 38))

13.18 Zusammenarbeit mehrerer Unternehmen – Koordinierung

Übernehmen Unternehmer Aufträge, deren Durchführung zeitlich und örtlich mit Aufträgen anderer Unternehmer zusammenfällt, sind sie verpflichtet, sich mit dem für die Baustelle bestellten Koordinator des Auftraggebenden abzustimmen, soweit dies zur Vermeidung einer gegenseitigen Gefährdung erforderlich ist.

Vergibt der Unternehmer Arbeiten an andere Unternehmer, dann haben sie, soweit dies zur Vermeidung einer möglichen, gegenseitigen Gefährdung erforderlich ist, eine geeignete Person zu bestimmen, die die Arbeiten aufeinander abstimmt. Sie haben dafür zu sorgen, dass diese Person im Hinblick auf Arbeitssicherheit und Gesundheitsschutz Weisungsbefugnis gegenüber den Auftragnehmenden und deren Beschäftigten hat.

(Siehe auch § 6, DGUV-Vorschrift »Grundsätze der Prävention« (DGUV-Vorschrift 1) und § 8 ArbSchG)

13.19 Absturzsicherungen

Bei einer Absturzhöhe von mehr als 1 m besteht Absturzgefahr. Um Absturzgefahren auf ein akzeptables Risiko zu reduzieren, sind Maßnahmen zu treffen, die ein Abstürzen von Personen verhindern. Unternehmer haben dafür zu sorgen, dass Einrichtungen, die ein Abstürzen von Personen verhindern (Schutzvorrichtungen), vorhanden sind

- Unabhängig von der Absturzhöhe an Arbeitsplätzen an und über Wasser oder anderen festen oder flüssigen Stoffen, in denen man versinken kann,

- Unabhängig von der Absturzhöhe an Verkehrswegen über Wasser oder anderen festen oder flüssigen Stoffen, in denen man versinken kann,
- Bei mehr als 1,00 m Absturzhöhe an freiliegenden Treppenläufen und -absätzen, Wandöffnungen und Verkehrswegen,
- Bei mehr als 2,00 m Absturzhöhe an allen übrigen Arbeitsplätzen sowie
- An Öffnungen in Böden, Decken und Dachflächen sowie Vertiefungen.

Der Seitenschutz muss dreiteilig mit Geländerholm, Zwischenholm und Bordbrett ausgeführt werden. Bei einem Pfostenabstand bis 2,00 m können z.B. Bretter mit einem Mindestquerschnitt von 15 × 3 cm und bei einem Pfostenabstand bis 3,00 m Bretter mit einem Mindestquerschnitt 20 × 4 cm ohne statischen Nachweis als Geländer- und Zwischenholm verwendet werden. Bordbretter müssen 3 cm dick sein und den Belag um mindestens 15 cm überragen. Geländer- und Zwischenholm sind gegen unbeabsichtigtes Lösen, das Bordbrett ist gegen Kippen zu sichern.

Lassen sich aus arbeitstechnischen Gründen Absturzsicherungen nicht verwenden, müssen an deren Stelle Einrichtungen zum Auffangen abstürzender Personen (Auffangeinrichtungen) vorhanden sein.

Anseilschutz darf nur verwendet werden, wenn für die auszuführenden Arbeiten geeignete Anschlageinrichtungen vorhanden sind und das Verwenden von Auffangeinrichtungen unzweckmäßig ist. Die geeignete Persönliche Schutzausrüstung gegen Absturz (PSAgA) muss sich aus der Gefährdungsbeurteilung ergeben. Dabei hat der Vorgesetzte die Anschlageinrichtungen festzulegen und dafür zu sorgen, dass der Anseilschutz benutzt wird. Die Beschäftigten müssen in der Verwendung der PSAgA und über die Durchführung der erforderlichen Rettungsmaßnahmen unterwiesen werden.

Wenn in mindestens 2 m Abstand von der Absturzkante eine feste Absperrung angebracht ist, z.B. mit Geländer, Ketten, Seilen (kein Flatterband), kann auf Flächen mit nicht mehr als 20 Grad Neigung auf einen Seitenschutz an der Absturzkante verzichtet werden. Bei Öffnungen und Vertiefungen kann auf Seitenschutz an der Absturzkante verzichtet werden, wenn diese mit begehbaren und unverschiebbar angebrachten Abdeckungen versehen sind.

(Siehe auch § 9, DGUV-Vorschrift »Bauarbeiten« (DGUV-Vorschrift 38))

13.20 Arbeiten am, auf und über Wasser

Können Absturzsicherungen nicht verwendet werden, müssen bei Arbeiten an, auf und über Wasser sowie bei Verkehrswegen automatisch aufblasbare Rettungskragen getragen werden. Zusätzlich müssen Rettungsmittel in ausreichender Zahl einsatzbereit zur Verfügung stehen und benutzt werden.

(Siehe auch Kapitel 4.1.10.3, DGUV-Regel 101-008 »Arbeiten im Spezialtiefbau«)

13.21 Baugruben und Gräben

Bei Arbeiten an und vor Erd- und Felswänden sowie in Baugruben und Gräben sind Erd- und Felswände so abzuböschen oder zu verbauen, dass durch Abrutschen von Massen keine Gefährdung entsteht. Dabei sind alle Einflüsse zu berücksichtigen, die die Standsicherheit des Bodens beeinträchtigen können. Bei den Aushubarbeiten sind alle Einflüsse zu berücksichtigen, die die Standsicherheit beeinträchtigen können. Das sind z.B.:

- Störungen des Bodengefüges (Klüfte, Verwerfungen),
- Aufschüttungen,
- Grundwasserabsenkungen,
- Zufluss von Schichtenwasser oder
- starke Erschütterungen (Verkehr, Rammarbeiten).

Insbesondere sind die Standsicherheit angrenzender Bauwerke zu gewährleisten und vorhandene Ver- und Entsorgungsleitungen (Gas, Wasser, Abwasser, Strom, Telefon usw.) gegen Beschädigungen zu schützen.

Baugrubenwände, die nicht verbaut werden, sind entsprechend der Bodenart und den örtlichen Verhältnissen abzuböschen. Ohne Nachweis der Standsicherheit dürfen folgende Böschungswinkel nicht überschritten werden:

- bei nichtbindigen oder weichen bindigen Böden $\beta = 45°$,
- bei steifen oder halbfesten bindigen Böden $\beta = 60°$,
- bei Fels $\beta = 80°$.

Erd- und Felswände dürfen nicht unterhöhlt werden und Überhänge, Findlinge sowie Bauwerksreste, die abrutschen können, sind unverzüglich zu beseitigen.

Die Standsicherheit ist zu nachweisen, wenn die genannten Böschungswinkel überschritten werden, die Böschung höher als 5 m ist, vorhandene Leitungen oder bauliche Anlagen gefährdet werden können oder Mindestabstände von Fahrzeugen, Baumaschinen und Baugeräten nicht eingehalten werden können.

Die Baugrubengröße ist entsprechend den auszuführenden Arbeiten festzulegen, wobei eine Arbeitsraumbreite von mindestens 0,50 m einzuhalten ist. Zum Betreten und Verlassen von Baugruben und Gräben mit mehr als 1,25 m Tiefe sind Treppen, Leitern oder Laufstege vorzusehen. An den oberen Grubenrändern ist ein mindestens 0,60 m breiter Schutzstreifen freizuhalten.

Gräben dürfen, wenn keine besonderen Einflüsse die Standsicherheit gefährden, mit senkrechten Wänden ohne Verbau bis 1,25 m Tiefe hergestellt werden. Wenn der mehr als 1,25 m über der Sohle liegende Bereich der Grabenwand mit 45° abgeböscht wird, dürfen unverbaute Gräben bis 1,75 m Tiefe hergestellt werden.

Die Grabenbreite ist entsprechend der auszuführenden Arbeit festzulegen und einzuhalten. Die Grabenbreiten für Abwasserleitungen und -kanäle sind der DIN EN 1610 zu entnehmen. Für alle übrigen Leitungsgräben gilt die DIN 4124. Bei Gräben mit einer Breite von mehr als 0,80 m sind mindestens 0,50 m breite Übergänge erforderlich. Bei einer

Grabentiefe von mehr als 1 m müssen die Übergänge beidseitig mit dreiteiligem Seitenschutz versehen sein.

(Siehe auch DIN 4124)

13.22 Baugrubenverbau – Trägerbohlwände und Spundwände

Da Trägerbohlwände und Spundwände keine Normverbaue nach DIN 4124 sind, ist die Standsicherheit nachzuweisen. Hierbei sind insbesondere die Baugrund- und Grundwasserverhältnisse, angrenzende Bebauung, vorhandene Leitungen sowie der Einfluss von Lasten aus Kranen, Fahrzeugen und Baumaschinen zu berücksichtigen.

Der Verbau muss in jedem Bauzustand, beim Einbau und beim Rückbau bis zur vollständigen Verfüllung standsicher sein. Vor Beginn des Aushubs müssen Informationen, die aus der Baugrunderkundung und aus dem Bohren und Rammen gewonnen werden konnten, eingeholt und bei der Planung des Bauablaufs berücksichtigt (z.B. Rollkieslagen) werden.

Die Ausfachung von Trägerbohlwänden muss stets mit dem Aushub fortschreitend eingebracht werden, beginnend spätestens bei einer Tiefe von 1,25 m. Der Verbau muss vollflächig und dicht anliegen und die Ausfachungen sind so einzubauen, dass ein sattes Anliegen des Verbaus am Boden erreicht wird. Mehraushub über das Sollmaß hinaus ist zu vermeiden bzw. durch Hinterfüllen und Verdichten mit Bodenmaterial zu beheben. Der Einbau von Anker oder Steifen muss beginnen, sobald die Aushubtiefe 0,50 m bis 0,80 m unter der geplanten Abstützung liegt. Alle Teile des Verbaus sind regelmäßig zu überprüfen, insbesondere nach längeren Arbeitsunterbrechungen, wesentlichen Veränderungen der Belastung, starken Regenfällen, einsetzendem Tauwetter, Sprengungen.

Vor Beginn des Rückbaus sind Informationen, die beim Einbau des Verbaus und während der Nutzungsdauer gewonnen werden konnten, einzuholen und bei der Planung des Bauablaufs zu berücksichtigen (z.B. Rollkieslagen, Nachrutschungen). Verbau soll im Boden belassen werden, wenn er nicht gefahrlos entfernt werden kann.

Vor dem Einbringen von Spundwänden ist die Rammfähigkeit des Untergrundes zu prüfen. Im Zweifel sind Proberammungen bis zur geplanten Rammtiefe durchzuführen. Bei unterschiedlichen Grundwasserständen innerhalb und außerhalb der Baugrube ist die Sicherheit gegen hydraulischen Grundbruch nachzuweisen. Das Aufbrechen der Baugrubensohle infolge des Strömungsdrucks kann durch größere Einbindetiefen der Spundbohlen oder durch eine Grundwasserabsenkung auch außerhalb der Baugrube verhindert werden. Bei ausgesteiften oder verankerten Spundwänden ist eine einwandfreie Kraftübertragung von den Einzelbohlen auf die Stützungen (Anker oder Steifen) erforderlich. Wenn nicht mindestens jede Doppelbohle gestützt ist, müssen hierzu Zangen oder Gurte, z.B. Stahlprofile oder Stahlbeton, eingebaut und die Lastübertragung nachgewiesen werden. Zwischenräume aus Rammungenauigkeiten sind mit Blechen, Keilen oder Beton auszugleichen.

13.23 Verbaute Gräben

Leitungsgräben können z.B. mit Grabenverbaugeräten oder mit Normverbau nach DIN 4124 gesichert werden. In der Norm wird ein waagerechter und senkrechter Verbau aus Holzbohlen oder Kanaldielen beschrieben. Werden die Maße und Abstände eingehalten, ist kein zusätzlicher rechnerischer Standsicherheitsnachweis erforderlich.

Grabenverbaugeräte sind Konstruktionen zur Sicherung von senkrechten Grabenwänden. Sie bestehen aus vorgefertigten Bauteilen, die nach dem Zusammenbau eine Grabenabstützung ergeben. Bei der Verwendung von Grabenverbaugeräten ist die Betriebsanleitung des Herstellers zu beachten.

Der Verbau muss die auftretenden Belastungen aus den Grabenwänden aufnehmen können und er muss bis zur Grabensohle reichen. Treten beim Einbau Hohlräume auf, sind diese sofort kraftschlüssig zu verfüllen. Auch die Stirnseiten des Grabens sind zu sichern. Der Überstand über Geländeoberkante muss mindestens 5 cm und bei mehr als 2 m Grabentiefe mindestens 10 cm betragen. Am oberen Rand ist beidseitig ein mindestens 0,60 m breiter Schutzstreifen freizuhalten.

Der Rückbau des Verbaus muss im Wechsel mit der Verfüllung erfolgen.

(Siehe auch DIN 4124)

13.24 Aushub neben bestehenden Bauwerken – Unterfangen

Nicht fachgerecht geplante und ausgeführte Ausschachtungsarbeiten im Einflussbereich bestehender Gebäude können die Standsicherheit des Gebäudes und der Baugrube bzw. des Grabens beeinträchtigen.

Bei der Planung und Bauvorbereitung sind daher die örtlichen Gegebenheiten, Baugrund, vorhandene Fundamentunterkanten, Standsicherheit des Gebäudes und im Baugrund wirkende Kräfte (z.B. waagerechte Krafteinleitung aus Gewölbe- oder Rahmenwirkung) zu erkunden und zu berücksichtigen. Beweissicherungen sollten durchgeführt werden. Bereits vorhandene Risse sollten dokumentiert und während der Ausführung der Arbeiten beobachtet werden.

In einfachen Fällen kann die DIN 4123 »Ausschachtungen, Gründungen und Unterfangungen im Bereich bestehender Gebäude« ohne umfangreiche Standsicherheitsnachweise angewendet werden. Die Standsicherheit der bestehenden Fundamente kann durch Einhaltung der Bodenaushubgrenze sichergestellt werden. Sind die Voraussetzungen nach DIN 4123 nicht gegeben, ist für alle Bauzustände ein Standsicherheitsnachweis zu führen. Dies gilt auch, wenn besondere Gründungsverfahren, z.B. Schlitzwände, Bohrpfahlwände, Injektionen, angewendet werden.

(Siehe auch DIN 4123)

13.25 Einsatz von Maschinen

Unternehmer müssen Spezialtiefbau-Maschinenführende schriftlich beauftragen.

Maschinenführende, die mit dem selbstständigen Führen und Warten von Maschinen des Spezialtiefbaus beauftragt werden, müssen das 18. Lebensjahr vollendet haben. Sie müssen zuverlässig sowie körperlich und geistig geeignet sein. Maschinenführende müssen die Betriebsanleitung kennen und diese am Fahrerplatz oder an der Verwendungsstelle leicht zugänglich aufbewahren. Sie haben die Baumaschine bestimmungsgemäß zu benutzen und festgestellte Mängel dem Aufsichtführenden mitzuteilen.

Unternehmer haben die Maschinenführenden über Gefährdungen und erforderliche Schutzmaßnahmen beim Einsatz zu unterweisen, die erforderlichen Vorschriften, Regeln und Informationen (z.B. Betriebsanleitung des Herstellenden) zur Verfügung zu stellen und verständlich zu vermitteln und sich die Befähigung zum Führen und Warten von Baumaschinen nachweisen zu lassen. Eine arbeitsmedizinische Vorsorgeuntersuchung für Fahr- und Steuertätigkeiten wird empfohlen.

Während des Einsatzes von Baumaschinen ist der unbefugte Aufenthalt im Gefahrenbereich verboten. Halten sich dennoch Personen im Gefahrenbereich auf, hat der Maschinenführende die Arbeit zu unterbrechen, bis der Bereich wieder frei ist. Sind Arbeiten auszuführen, bei denen sich Personen im Gefahrenbereich aufhalten müssen, hat der Unternehmer besondere Schutzmaßnahmen, z.B. Überwachungseinrichtungen oder Sicherheitsposten, festzulegen.

Die Standsicherheit für Maschinen des Spezialtiefbaus muss, soweit sie nicht offensichtlich gegeben ist, durch eine Berechnung, die alle bestimmungsgemäßen Betriebszustände umfasst, nachgewiesen werden. Maschinen des Spezialtiefbaus dürfen nur auf tragfähigem Untergrund aufgestellt, betrieben und verfahren werden. Dabei sind die Einsatzgrenzen, z.B. Neigungen und Bodenpressungen, die dem Standsicherheitsnachweis zugrunde liegen und die in der Betriebsanleitung enthalten sind, zu beachten. Ungenügend tragfähiger Untergrund kann z.B. durch die Verwendung lastverteilender Platten, Bodenaustausch oder Bodenvermörtelung in seiner Tragfähigkeit verbessert werden.

Baumaschinen sollten mindestens einmal jährlich durch eine befähigte Person (Sachkundigen) geprüft werden. Sie sind darüber hinaus entsprechend den Einsatzbedingungen und den betrieblichen Verhältnissen nach Bedarf zwischenzeitlich prüfen zu lassen.

Die Personenbeförderung fällt i.d.R. nicht unter die bestimmungsgemäße Verwendung der Baumaschinen des Spezialtiefbaus. Sie ist nur in Ausnahmefällen unter Beachtung der BG-Regel »Hochziehbare Personenaufnahmemittel« (DGUV-Regel 101-005) zulässig und der Berufsgenossenschaft mindestens 14 Tage vorher schriftlich anzuzeigen.

(Siehe auch Kapitel 4.1.12, DGUV-Regel 101-008 »Arbeiten im Spezialtiefbau« und Kapitel 2.12, DGUV-Regel 100-500 »Betreiben von Arbeitsmitteln«)

13.26 Arbeiten im Spezialtiefbau

13.26.1 Bohrarbeiten

Bei Bohrungen in nicht standfesten Böden sind Vorkehrungen gegen das Hereinbrechen von Material zu treffen. Dies kann z.B. durch Verrohrung, Injektion oder Verwendung von Stützflüssigkeit erreicht werden.

Bohrrohre und Bohrwerkzeuge sind während aller Arbeitsprozesse gegen Umfallen zu sichern. Eine Sicherung gegen Umfallen ist z.B. gegeben, wenn Bohrrohre und Bohrwerkzeuge durch Führungen oder Halterungen am Bohrgerät oder durch entsprechende Hilfskonstruktionen gehalten werden. Die Standsicherheit kann gegebenenfalls auch durch ausreichend tiefes Eindrehen ins Erdreich oder beim Abstellen auf einer befestigten, horizontalen Fläche gegeben sein.

Bohrgeräte mit Vorschublafetten, bei denen das Risiko besteht, dass Personen von den drehenden Teilen erfasst und verletzt werden können, müssen mit zusätzlichen Schutzeinrichtungen versehen sein. Sind solche Schutzeinrichtungen vom Herstellenden nicht vorgesehen, oder sind Einrichtungen aus Platzgründen oder wegen betrieblicher Anforderungen nicht nachrüstbar, muss der Gefahrenbereich beim Bohren und bei der Ausführung anderer gefährlicher Arbeiten so abgesperrt sein, dass der Zutritt von Personen sicher verhindert wird.

(Siehe auch Kapitel 4.5, DGUV-Regel 101-008 »Arbeiten im Spezialtiefbau«)

13.26.2 Schlitzwandarbeiten

Bei Schlitzwandarbeiten ist durch konstruktive Maßnahmen sicherzustellen, dass beim Anmischen der Suspension das Freisetzen von Staub vermieden wird. Die Zuführungs- und Absaugleitungen für die Stützflüssigkeit sind arbeitstäglich auf Leckstellen zu prüfen.

Die Standsicherheit der Erdwände muss – auch bei unvorhergesehenem Ausfließen der Stützflüssigkeit in Hohlräume – durch geeignete Maßnahmen gewährleistet sein. Geeignete Maßnahmen sind ausreichend dimensionierte Leitwände, rechnerischer Nachweis der inneren und der äußeren Standsicherheit, Bereitstellung einer ausreichenden Bevorratung von Stützflüssigkeit mit mindestens der doppelten Menge des Stützvolumens, Vorhalten von Abdichtungsmaterial wie Bodenmassen, Zement in Säcken, Mischung von Sand oder Kies mit Tonmehl in Säcken und in Schlitznähe gelagert sowie die Überwachung der Schlitze bei Arbeitspausen. Bei außergewöhnlichem Verbrauch der Stützflüssigkeit ist der Aufsichtführende sofort zu benachrichtigen und dieser hat die erforderlichen Maßnahmen zu veranlassen.

Arbeitsplätze und Kontrollstege sind mit Seitenschutz zu versehen und so zu gestalten, dass ein Verschmutzen durch ausfließende Suspension möglichst verhindert wird. Mit Suspension gefüllte Schlitze sind abzudecken oder anderweitig zu sichern.

Beim Betonieren ist darauf zu achten, dass die Stützflüssigkeit rechtzeitig abgesaugt wird und nicht über die Oberkante der Leitwände austritt.

(Siehe auch Kapitel 4.6, DGUV-Regel 101-008 »Arbeiten im Spezialtiefbau«)

13.26.3 Injektionsarbeiten

Vor Beginn der Arbeiten ist sicherzustellen, dass Druckschläuche, ihre Verbindungsteile und Anschlüsse geprüft werden.

Beim Aufbau der Geräte ist sicherzustellen, dass

- nur Schläuche verwendet werden, die hinsichtlich zulässigen Drucks und Herstelldatum gekennzeichnet sind,
- beim Verlegen der Förderleitung zwischen Pumpe und Injektionsstelle keine Scheuerstellen vorhanden sind, an denen der pulsierende Schlauch beschädigt werden kann,
- die Schlauchverlegung geradlinig und ohne Schlaufen erfolgt,
- Beschädigungen durch andere auf der Baustelle auszuführende Arbeiten ausgeschlossen sind,
- bei Beschickung der Mischanlage über Baustellensilos auf die dafür erforderlichen Fundamente und gegebenenfalls Verankerungen geachtet wird.

Bei Injektionsarbeiten ist sicherzustellen, dass

- der Druckablasshahn in der Förderleitung täglich gereinigt und auf Funktion geprüft wird,
- Druckschlauchleitungen mit sämtlichen Anschluss- und Verbindungsstellen wöchentlich mindestens einmal auf ordnungsgemäßen Zustand geprüft werden,
- Schäden an druckbeaufschlagten Teilen sofort nach Erkennen ordnungsgemäß behoben werden,
- während der Pumparbeiten Pumpenfahrer und Lanzenführer den Bedienungsstand nicht verlassen; zwischen Pumpenfahrer und Lanzenführer muss immer Verständigung möglich sein (Sicht-/Sprechverbindung),
- der Systemdruck ständig beobachtet wird,
- Bohrgestänge mit Beschädigungen an Gewindeteilen oder Schweißnähten ausgesondert werden,
- beim Ein- und Ausbauen von Bohrgestänge und Lanzen Augen- und Gesichtsschutz getragen werden.

(Siehe auch Kapitel 4.7, DGUV-Regel 101-008 »Arbeiten im Spezialtiefbau«)

13.26.4 Hochdruckinjektionsarbeiten

Bei Hochdruckinjektionsarbeiten sind zusätzlich folgende Sicherheitsmaßnahmen zu beachten:

1. Aufbau der Geräte

- Bei der Aufstellung der Förderpumpe ist sicherzustellen, dass beim Platzen des Berstschlauches aus dem Hüllrohr austretendes Fördermedium gefahrlos abgestrahlt wird; zusätzlich sind der Gefahrbereich durch eine feste Absperrung zu sichern und ein Hinweis anzubringen.

- Schlauchverbindungen sind durch Fangeinrichtungen gegen Wegfliegen zu sichern.
- Der Bereich der Förderleitungen ist deutlich erkennbar abzusperren und das gesamte auf der Baustelle tätige Personal über die Gefahr bei Beschädigung zu informieren.

2. Hochdruckinjektion

- Die Funktion der Not-Befehlseinrichtung (Not-Aus) an der Pumpe sowie am Bohrgerät ist arbeitstäglich zu prüfen.
- Die Überdruckabschalteinrichtung ist täglich einer Funktionsprüfung zu unterziehen.
- Beim Ziehen des Gestänges ist darauf zu achten, dass die Hochdruckpumpe vor dem Austreten der Injektionsdüse aus dem Bohrloch rechtzeitig abgeschaltet wird; nach örtlichen Gegebenheiten ist dies vom Aufsichtführenden festzulegen.

(Siehe auch Kapitel 4.8, DGUV-Regel 101-008 »Arbeiten im Spezialtiefbau«)

13.26.5 Ankerarbeiten

Für das Spannen der Anker sind die Spannpressen so zu befestigen, dass ein Herabfallen oder seitliches Umschlagen verhindert wird. Vor Beginn der Spannarbeiten sind die Ansatzflächen der Pressen (Ankerplatten, Ankerglocken) gut zu säubern. Ihre planmäßige Lage ist zu prüfen.

Hydraulikschläuche sind so zu verlegen, dass sie zugentlastet und gegen mechanische Beschädigung (z.B. Überfahren) geschützt sind. Beschädigte Hydraulikschläuche und Anschlussteile sind der Benutzung zu entziehen.

Der Aufenthalt hinter der Spannpresse ist beim Vorspannen verboten. Der Gefahrenbereich ist weiträumig abzusperren. Bei Unregelmäßigkeiten im Verlauf des Spannvorgangs ist das Spannen sofort abzubrechen und der Aufsichtführende zur Festlegung weiterer Maßnahmen unverzüglich zu verständigen.

Sind bei Temporärankern die Ankerköpfe im Zuge des Baugrubenrückbaus wieder auszubauen, müssen die Anker gefahrlos entlastet werden können. Kann die Entlastung mittels Spannpresse nicht gezielt erfolgen und sollen die Anker durch Abbrennen mit dem Schweißbrenner gelöst werden, müssen die hierbei zu beachtenden Abläufe und Schutzmaßnahmen im Unternehmen in einer Betriebsanweisung festgelegt werden.

Festlegungen zum Ablauf: z.B.

- Randbedingungen aus der Statik (Stand der Baugrubenverfüllung, Wasserstände und Ähnliches),
- Reihenfolge, nach der die Anker entlastet werden dürfen,
- Zeitlicher Ablauf (langsames Erwärmen des Ankerstahls, dadurch teilweiser Spannungsabbau im Ankerstahl, Durchtrennen).

Schutzmaßnahmen: z.B.

- Kein Aufenthalt unmittelbar hinter dem Verankerungselement,
- Verwendung besonderer Schweißbrenner,

- Sicherung der freiwerdenden Ankerköpfe und Spannstahlenden gegen Herabfallen,
- Schutz gegen freigesetzte Gefahrstoffe.

(Siehe auch Kapitel 4.9, DGUV-Regel 101-008 »Arbeiten im Spezialtiefbau«)

13.26.6 Arbeiten in Bohrungen

Vor Beginn der Arbeiten hat der Unternehmer in Befahrungsanweisungen Maßnahmen festzulegen, die ein sicheres Arbeiten gewährleisten. Der Aufsichtführende muss während der Arbeiten in der Bohrung ständig auf der Baustelle anwesend sein und hat die Arbeitsplätze in Bohrungen mehrmals täglich zu kontrollieren. In Bohrungen tätige Beschäftigte müssen durch eine Sicherungsperson vom oberen Bohrlochrand aus ständig beobachtet werden. Die Sicherungsperson muss zuverlässig sein und darf nicht zusätzlich mit anderen Aufgaben betraut werden. Zwischen der Sicherungsperson und den Beschäftigten in der Bohrung muss jederzeit eine Verständigung gewährleistet sein.

Der Aufsichtführende hat dafür Sorge zu tragen, dass erst mit den Arbeiten begonnen wird, wenn die erforderlichen Schutzmaßnahmen getroffen sind und die festgelegten Schutzmaßnahmen während der Arbeiten eingehalten werden. Solche Schutzmaßnahmen können z.B. sein:

- Verkehrssicherung
- Messtechnische Überwachung
- Lüftungsmaßnahmen
- Besondere Arbeitsverfahren

Arbeitsplätze und Verkehrswege in Bohrungen müssen ein Mindestlichtmaß von 0,80 m Durchmesser aufweisen.

In Bohrungen darf nur eingefahren werden, wenn die Bohrlochwandung durch Verrohrung gesichert ist. Abweichend ist das Einfahren in unverrohrte Bohrungen zulässig, wenn die obersten 4,0 m verrohrt sind und die Bohrlochwandung standsicher ist. Die Standsicherheit kann durch Maßnahmen zur Bodenverfestigung verbessert werden, z.B. Gefrierverfahren, Injektion.

Bohrlöcher müssen mit einem dichten, mindestens 20 cm über die Geländeoberkante reichenden Schutzkragen gesichert sein. Bohrgut, Baustoffe, Geräte und dergleichen müssen vom Bohrlochrand so weit entfernt gelagert werden, dass sie nicht in die Bohrung hineinfallen können. Wird in Bohrungen nicht gearbeitet, müssen die Bohrlöcher so abgedeckt oder umwehrt sein, dass Personen nicht hineinstürzen können.

Bei Ausbrucharbeiten, z.B. Fußverbreitungen von Hand, sind gegen Hereinbrechen des Gebirges geeignete Maßnahmen zu treffen. Geeignete Maßnahmen sind z.B.:

- Verbau,
- Stahlbogen mit Verzugsblechen,
- Gebirgs- oder Bodenverfestigung durch Injektion oder
- Vereisung.

Bohrungen gelten im Sinne der VDE-Bestimmungen als feuchte und nasse Räume. In Bohrungen dürfen Leuchten und ortsveränderliche elektrische Betriebsmittel nur mit Schutzkleinspannung, Schutztrennung oder Fehlerstromschutzschaltern mit einem Nennfehlerstrom von höchstens 30 mA betrieben werden.

In Bohrungen darf nur bei ausreichender Beleuchtung (mindestens 60 Lux) gearbeitet werden.

Kann ein Stromausfall Gefährdungen für die Beschäftigten in der Bohrung mit sich bringen, müssen auf der Baustelle Ersatzstromerzeuger mit ausreichender Leistung vorhanden sein und in Bereitschaft gehalten werden. Die Betriebsbereitschaft ist in angemessenen Zeitabständen, mindestens jedoch einmal wöchentlich, zu prüfen. Zu einer Gefährdung für die Beschäftigten in der Bohrung kann es kommen, wenn durch Stromausfall z.B. die Wasserhaltung, die Belüftung oder die Beleuchtung der Bohrung beeinträchtigt wird.

Jeder Beschäftigte muss in Bohrungen eine netzunabhängige Taschen-, Hand- oder Stollenlampe mit sich führen. Offenes Licht, z.B. Karbidlampe, ist nicht zulässig.

Arbeitsplätze und Verkehrswege in Bohrungen müssen so belüftet sein, dass

1. an jeder Arbeitsstelle ein Sauerstoffgehalt von mehr als 19 Vol.-% vorhanden ist,
2. die zulässige Konzentration von Gefahrstoffen in der Atemluft nicht überschritten wird,
3. keine explosionsfähige Atmosphäre in gefahrdrohender Menge entstehen kann.

Ein Unterschreiten des Mindestsauerstoffgehalts kann z.B. eintreten durch

- Veränderung des Sauerstoffgehalts durch andere Gase,
- Entzug von Sauerstoff durch Zufluss von sauerstoffarmen Wassern,
- bei Wetterlagen mit nur schwacher Luftzirkulation schon bei geringen Bohrlochtiefen.

Können die Forderungen durch eine freie (natürliche) Lüftung nicht sichergestellt werden oder werden Arbeitsverfahren angewendet, bei denen Gefahrstoffe in die Atemluft freigesetzt werden, ist eine technische (künstliche) Lüftung vorzunehmen. Vor dem ersten Einfahren in die Bohrung ist eine Kontrollmessung durchzuführen. Das Einhalten der Bedingungen muss durch ein Sauerstoff-Messgerät mit Alarmschwelleneinstellung überwacht werden. Über die Messergebnisse ist ein Messprotokoll zu führen.

Bei Auftreten von Unregelmäßigkeiten, die zu Gefahren für die Beschäftigten führen können, ist die Bohrung sofort zu verlassen. Solche Unregelmäßigkeiten sind z.B.: plötzlich steigende Wasserzuflüsse, Veränderung am Gebirge, Auftreten schädlicher Gase, Antreffen von Versorgungsleitungen, Ausfall der Energieversorgung, Schäden an elektrischen Anlagen oder Kabeln, Ausfall der Belüftung oder Ausfall der Wasserhaltung. Unregelmäßigkeiten sind dem Aufsichtführenden unverzüglich zu melden. Die Arbeiten dürfen erst nach dessen Anweisung wieder aufgenommen werden.

Zur Verhütung und sofortigen Bekämpfung von Bränden in Bohrungen müssen Vorkehrungen getroffen werden. Löscheinrichtungen müssen auf die jeweils vorgesehenen Arbeitsverfahren und Arbeitsstoffe abgestimmt sein.

Bei Arbeiten in Bohrungen müssen an der Bohrstelle für den Notfall geeignete Rettungsmittel vorhanden sein, die ein jederzeitiges Bergen von Mitarbeitern ohne deren Zutun ermöglichen. Geeignete Rettungsmittel sind z.B. Rettungshubgeräte, Rettungsgurte, Einfahrhosen oder Einfahrsitze.

(Siehe auch Kapitel 4.11, DGUV-Regel 101-008 »Arbeiten im Spezialtiefbau«)

13.27 Staatliche Aufsichtsbehörden

Die Überwachung der Einhaltung der Gesetze und Verordnungen zum technischen und sozialen Arbeitsschutz ist staatliche Aufgabe. Sie wird in den Bundesländern durch die Staatlichen Gewerbeaufsichtsämter oder durch die Bezirksregierungen wahrgenommen.

Die mit der Überwachung beauftragten Personen sind befugt, Geschäfts- und Betriebsräume zu betreten, zu besichtigen und zu prüfen. Außerdem sind sie befugt, Betriebsanlagen, Arbeitsmittel und persönliche Schutzausrüstungen zu prüfen, Arbeitsverfahren und Arbeitsabläufe zu untersuchen, Messungen vorzunehmen und insbesondere arbeitsbedingte Gesundheitsgefahren festzustellen und zu untersuchen, auf welche Ursachen ein Arbeitsunfall, eine arbeitsbedingte Erkrankung oder ein Schadensfall zurückzuführen ist.

Die zuständige Behörde kann im Einzelfall anordnen,

1. welche Maßnahmen die Arbeitgebenden und die verantwortlichen Personen oder die Beschäftigten zur Erfüllung der Pflichten, die sich aus Gesetzen und Rechtsverordnungen ergeben, zu treffen haben,
2. welche Maßnahmen die Arbeitgebenden und die verantwortlichen Personen zur Abwendung einer besonderen Gefahr für Leben und Gesundheit der Beschäftigten zu treffen haben.

13.28 Berufsgenossenschaften

Die gesetzliche Unfallversicherung ist – ebenso wie Kranken-, Renten-, Pflege- und Arbeitslosenversicherung – eine Pflichtversicherung. Träger der gesetzlichen Unfallversicherung für den gewerblichen Bereich der Wirtschaft sind die nach Branchen gegliederten Berufsgenossenschaften.

Bereits mit der Gründung wird ein Betrieb Mitglied der zuständigen Berufsgenossenschaft. Durch die Mitgliedschaft wird die Haftung des Unternehmers für Arbeitsunfälle und Berufskrankheiten abgelöst und auf die Berufsgenossenschaften übertragen. Die Ansprüche des Verletzten bzw. Erkrankten richten sich somit nicht gegen den Unternehmer, sondern unmittelbar gegen die Berufsgenossenschaft.

Verletzte erhalten bei Vorliegen eines Arbeitsunfalls oder einer Berufskrankheit die bestmögliche medizinische Betreuung und eine finanzielle Absicherung. Versichert sind Arbeits- und Wegeunfälle sowie Berufskrankheiten.

Zu den Aufgaben der Berufsgenossenschaften gehören:

- Die Verhütung von Arbeitsunfällen, Berufskrankheiten und arbeitsbedingten Gesundheitsgefahren mit allen geeigneten Mitteln (Prävention)

- Die Wiederherstellung von Gesundheit und Arbeitskraft mit allen geeigneten Mitteln (Rehabilitation)
- Die finanzielle Entschädigung (Rente, Sterbegeld, Hinterbliebenenleistungen)

Zur Erfüllung der Präventionsaufgaben beschäftigen die Berufsgenossenschaften erfahrene Ingenieure, Meister und Techniker, die zusätzlich zu ihrer fachlichen Ausbildung eine spezielle sicherheitstechnische Ausbildung zur Aufsichtsperson absolviert haben. Aufsichtspersonen sind in erster Linie Beratende und Partner für Unternehmer, Aufsichtführende, Beschäftigte, Mitglieder des Betriebsrats, Fachkräfte für Arbeitssicherheit, Sicherheitsbeauftragte sowie für Bauherren, Architektur- und Ingenieurbüros. Sie sorgen auf Baustellen und in den Betrieben dafür, dass der Arbeits- und Gesundheitsschutz praktisch umgesetzt wird. Dabei nehmen sie beispielsweise folgende Aufgaben wahr:

- Beratung,
- Untersuchung und Auswertung von Unfällen,
- Erarbeiten von Vorschriften und Regeln,
- Überwachung der Arbeitssicherheit und des Gesundheitsschutzes am Arbeitsplatz,
- Durchführung von sicherheitstechnischen Lehrgängen,
- Sicherheitstechnische Prüfung von Maschinen und Geräten,
- Lärmmessungen und Gefahrstoffmessungen im Rahmen der Beratung und Überwachung,

Bei groben Verstößen gegen die Arbeitssicherheit oder den Gesundheitsschutz sind Aufsichtspersonen befugt, die Arbeiten in den gefährdeten Bereichen einstellen zu lassen und Bußgelder zu verhängen.

Darüber hinaus bietet die BG BAU ein umfangreiches Schulungsprogramm an und unterstützt Mitgliedsbetriebe bei der Beurteilung von Gefährdungen, bei betrieblichen Unterweisungen, beim Umgang mit Gefahrstoffen und bei Bedarf auch bei der Einrichtung eines Arbeitsschutzmanagementsystems. In besonderen Aktionen werden Unfallschwerpunkte aufgegriffen und Möglichkeiten zu deren Reduzierung entwickelt und umgesetzt.

(Siehe auch Sozialgesetzbuch VII)

13.29 Gemeinsame deutsche Arbeitsschutzstrategie (GDA)

Bund, Länder und Unfallversicherungsträger entwickeln im Interesse eines wirksamen Arbeitsschutzes eine gemeinsame deutsche Arbeitsschutzstrategie und gewährleisten ihre Umsetzung und Fortschreibung. Mit der Wahrnehmung der ihnen gesetzlich zugewiesenen Aufgaben zur Verhütung von Arbeitsunfällen, Berufskrankheiten und arbeitsbedingten Gesundheitsgefahren sowie zur menschengerechten Gestaltung der Arbeit tragen Bund, Länder und Unfallversicherungsträger dazu bei, die Ziele der gemeinsamen deutschen Arbeitsschutzstrategie zu erreichen. Die gemeinsame deutsche Arbeitsschutzstrategie umfasst:

1. Die Entwicklung gemeinsamer Arbeitsschutzziele
2. Die Festlegung vorrangiger Handlungsfelder und von Eckpunkten für Arbeitsprogramme sowie deren Ausführung nach einheitlichen Grundsätzen
3. Die Evaluierung der Arbeitsschutzziele, Handlungsfelder und Arbeitsprogramme mit geeigneten Kennziffern
4. Die Festlegung eines abgestimmten Vorgehens der für den Arbeitsschutz zuständigen Landesbehörden und der Unfallversicherungsträger bei der Beratung und Überwachung der Betriebe
5. Die Herstellung eines verständlichen, überschaubaren und abgestimmten Vorschriften- und Regelwerks

Im Jahr 2021 ist die 3. Periode der Gemeinsamen Deutschen Arbeitsschutzstrategie (GDA) gestartet, sie läuft bis 2025. Geplant ist, dass die Träger der GDA insgesamt 200.000 Betriebsbesichtigungen mit Systembewertungen durchführen. Das strategische Ziel lautet: „Arbeit sicher und gesund gestalten: Prävention mit Hilfe der Gefährdungsbeurteilung". Darüber hinaus setzen sich die Aufsichtspersonen insbesondere für gute Arbeitsgestaltung bei Muskel-Skelett-Belastungen, bei psychischen Belastungen und für einen sicheren Umgang mit krebserzeugenden Gefahrstoffen ein.

13.30 Ausblick

Zur Deregulierung wurde bereits mit In-Kraft-Treten der Betriebssicherheitsverordnung (BetrSichV) und der DGUV-Vorschrift 1 »Grundsätze der Prävention« eine Reihe von Verordnungen und Vorschriften zurückgezogen und die Aufsichtspersonen der Berufsgenossenschaften haben nun die Möglichkeit, auch staatliches Recht zu überwachen.

Ziel der Berufsgenossenschaften ist es, weitere Doppelregelungen zu beseitigen, sodass langfristig nur Basisvorschriften für gefährdungsträchtige Schwerpunkte bestehen bleiben.

Durch eine verbesserte Zusammenarbeit zwischen staatlichen Arbeitsschutzbehörden und Berufsgenossenschaften z.B. im Rahmen der »Gemeinsamen deutschen Arbeitsschutzstrategie« werden sich weitere Synergien ergeben.

13.31 Literaturauswahl und Internetadressen

Gesetze

- Arbeitsschutzgesetz (ArbSchG)
- Arbeitssicherheitsgesetz (ASiG)
- Gesetz über Ordnungswidrigkeiten (OWiG)
- Produktsicherheitsgesetz (ProdSG)
- Sozialgesetzbuch VII

Verordnungen

- Arbeitsstättenverordnung (ArbStättV)
- Baustellenverordnung (BaustellV)
- Berufskrankheiten-Verordnung (BKV)
- Betriebssicherheitsverordnung (BetrSichV)
- Gefahrstoffverordnung (GefStoffV)
- Lärm- und Vibrations-Arbeitsschutzverordnung
- Lastenhandhabungsverordnung (LasthandhabV)
- Maschinenverordnung
- Verordnungen zum Produktsicherheitsgesetz (ProdSV)
- Verordnung zur arbeitsmedizinischen Vorsorge (ArbMedVV)

Technische Regeln für Arbeitsstätten (ASR)

- ASR A1.3 Sicherheits- und Gesundheitsschutzkennzeichnung
- ASR A1.8 Verkehrswege
- ASR A2.1 Schutz vor Absturz und herabfallenden Gegenständen, Betreten von Gefahrenbereichen
- ASR A2.2 Maßnahmen gegen Brände
- ASR A2.3 Fluchtwege und Notausgänge, Flucht- und Rettungsplan
- ASR A4.3 Erste-Hilfe-Räume, Mittel und Einrichtungen zur Ersten Hilfe
- ASR A4.4 Unterkünfte
- ASR A5.2 Anforderungen an Arbeitsplätze und Verkehrswege auf Baustellen im Grenzbereich zum Straßenverkehr – Straßenbaustellen

DGUV Vorschriften

- DGUV-Vorschrift 1 Grundsätze der Prävention
- DGUV-Vorschrift 2 Betriebsärzte und Fachkräfte für Arbeitssicherheit
- DGUV-Vorschrift 3 Elektrische Anlagen und Betriebsmittel
- DGUV-Vorschrift 38 Bauarbeiten
- DGUV-Vorschrift 40 Taucherarbeiten
- DGUV-Vorschrift 52 Krane
- DGUV-Vorschrift 68 Flurförderzeuge

DGUV Regeln

- DGUV-Regel 100-001 Grundsätze der Prävention
- DGUV-Regel 100-500 Betreiben von Arbeitsmitteln
- DGUV-Regel 101-004 Kontaminierte Bereiche
- DGUV-Regel 101-005 Hochziehbare Personenaufnahmemittel

- DGUV-Regel 101-007 Bauarbeiten unter Tage
- DGUV-Regel 101-008 Arbeiten im Spezialtiefbau
- DGUV-Regel 101-604 Branche Tiefbau
- DGUV-Regel 103-011 Arbeiten unter Spannung an elektrischen Anlagen und Betriebsmitteln
- DGUV-Regel 112-189 Benutzung von Schutzkleidung
- DGUV-Regel 112-191 Benutzung von Fuß- und Knieschutz
- DGUV-Regel 112-192 Benutzung von Augen- und Gesichtsschutz
- DGUV-Regel 112-193 Benutzung von Kopfschutz
- DGUV-Regel 112-194 Benutzung von Gehörschutz
- DGUV-Regel 112-195 Benutzung von Schutzhandschuhen
- DGUV-Regel 112-198 Einsatz von persönlichen Schutzausrüstungen gegen Absturz

DGUV Informationen

- DGUV-Information 201-004 Fahrerkabinen mit Anlagen zur Atemluftversorgung auf Erdbaumaschinen und Spezialmaschinen des Tiefbaus
- DGUV-Information 201-011 Handlungsanleitung für den Umgang mit Arbeits- und Schutzgerüsten
- DGUV-Information 201-020 Sicherheitshinweise für grabenloses Bauen
- DGUV-Information 201-027 Handlungsanleitung zur Gefährdungsbeurteilung und Festlegung von Schutzmaßnahmen bei der Kampfmittelräumung
- DGUV-Information 201-029 Handlungsanleitung für Auswahl und Betrieb von Arbeitsplattformen an Hydraulikbaggern und Ladern
- DGUV-Information 201-034 Tauchereinsätze in kontaminiertem Wasser
- DGUV-Information 201-035 Sicher arbeiten im Tunnelbau (Leitfaden für Tunnelbauer)
- DGUV-Information 201-049 Tiefbauarbeiten (Baustein-Merkheft)
- DGUV-Information 203-006 Auswahl und Betrieb elektrischer Anlagen und Betriebsmittel auf Baustellen
- DGUV-Information 203-017 Schutzmaßnahmen bei Erdarbeiten in der Nähe erdverlegter Kabel und Rohrleitungen
- DGUV-Information 208-016 Handlungsanleitung für den Umgang mit Leitern und Tritten
- DGUV-Information 212-515 Persönliche Schutzausrüstungen

Das komplette Vorschriftenwerk kann unter der Internetadresse www.bgbau-medien.de kostenfrei heruntergeladen werden.

Normen

- DIN 1054 Baugrund – Sicherheitsnachweise im Erd- und Grundbau
- DIN 4017 Baugrund – Berechnung des Grundbruchwiderstands von Flachgründungen
- DIN 4123 Ausschachtungen, Gründungen und Unterfangungen im Bereich bestehender Gebäude
- DIN 4124 Baugruben und Gräben – Böschungen, Verbau, Arbeitsraumbreiten
- DIN EN 474 Erdbaumaschinen – Sicherheit
- DIN EN 791 Bohrgeräte – Sicherheit
- DIN EN 1610 Verlegung und Prüfung von Abwasserleitungen und -kanälen

Internetadressen

- dguv.de — Deutsche Gesetzliche Unfallversicherung
- dguv.de/fb-bauwesen/sachgebiete/tiefbau/spezialtiefbau — Sachgebiet Tiefbau, Themenfeld Spezialtiefbau
- bmas.de — Bundesministerium für Arbeit und Soziales (BMAS)
- baua.de — Bundesanstalt für Arbeitsschutz und Arbeitsmedizin (BAuA)
- osha.europa.eu/de — Europäische Agentur für Sicherheit und Gesundheitsschutz bei der Arbeit
- www.inqa.de — Initiative Neue Qualität der Arbeit
- gda-portal.de — Gemeinsame Deutsche Arbeitsschutzstrategie (GDA)
- din.de — DIN Deutsches Institut für Normung e. V.
- arbeitshilfen-kampfmittelraeumung.de/ — Kampfmittelräumung
- www.bgbau.de — Berufsgenossenschaft der Bauwirtschaft
- bgbau.de/service/bildungsangebote/lernportal — Lernportal der BG BAU

14 Beobachtungsmethode und Messtechnik

Jens Turek

14.1 Einleitung

Anspruchsvolle Spezialtiefbaumaßnahmen werden häufig durch geodätische und geotechnische Messungen begleitet. Spätestens seit Einführung der Beobachtungsmethode ist eine messtechnische Überwachung bei bestimmten Bauaufgaben zu einem Bestandteil des Sicherheitskonzepts geworden. Die geotechnischen Messverfahren haben sich in den vergangenen Jahren stetig weiterentwickelt und heutzutage steht eine Vielzahl von Messverfahren und spezialisierten Messinstrumenten der verschiedensten Hersteller zur Verfügung. Die nachfolgenden Abschnitte sollen dem Leser einen kurzen Überblick über die Ziele einer messtechnischen Überwachung auch im Zusammenhang mit der Beobachtungsmethode und über einige häufig eingesetzte Messverfahren geben. Neben den hier beschriebenen Verfahren werden zahlreiche weitere, auf spezielle Anforderungen abgestimmte Verfahren angewendet. Auch vor dem Hintergrund, dass die geotechnischen Messverfahren keine Spezialtiefbauverfahren, sondern lediglich einen Aspekt im Zusammenhang mit der Ausführung dieser Verfahren darstellen, ist es nicht Ziel dieses Beitrags, die Vielzahl der existierenden Messverfahren und -instrumente umfassend zu beschreiben. Eine sehr umfassende Darstellung findet sich in Dunnicliff (1994) und ein guter Überblick wird beispielsweise von Fecker (1997), Thut (2001) oder von Burland et al. (2012) gegeben. Die Empfehlungen des Arbeitskreises »Geomesstechnik« (2022) sind ein umfassender Leitfaden für die Planung, Durchführung und Auswertung von geotechnischen Messungen. Daneben existieren zahlreiche Beiträge, in denen einzelne Verfahren oder Fallbeispiele beschrieben sind. Beispielhaft seien hier die Tagungsbände des von der Technischen Universität Braunschweig veranstalteten Fachseminars »Messen in der Geotechnik« oder der internationalen Tagung »Field Measurements in Geomechanics« genannt.

14.2 Ziele einer messtechnischen Überwachung

Im Hochbau werden güteüberwacht hergestellte Baustoffe (vorwiegend Beton, Stahl und Holz) eingesetzt, deren Werkstoffeigenschaften bekannt und in technischen Regelwerken festgelegt sind. Der planende Ingenieur kann Werkstoffe mit an seine Planungsaufgabe angepassten Eigenschaften wählen und die Werkstoffkennwerte aus Tabellen in den technischen Regelwerken entnehmen. Im Rahmen der Planung und Bemessung sind im Hochbau deshalb i.d.R. keine Untersuchungen im Hinblick auf die Werkstoffeigenschaften erforderlich.

Das Verhalten geotechnischer Konstruktionen wird vom Verhalten des Baugrunds bestimmt. Die Werkstoffeigenschaften des Baugrunds sind dabei zunächst nicht bekannt und infolge der Inhomogenität des Baugrunds i.d.R. auch innerhalb des betrachteten Bereiches veränderlich. Im Unterschied zur beschriebenen Vorgehensweise bei der Planung im Hochbau ist es deshalb zu Beginn des geotechnischen Planungsprozesses erforderlich, die Eigenschaften des Baugrunds im Rahmen einer Baugrunduntersuchung zu untersuchen (vgl. Abbildung 1). Basierend auf den Ergebnissen der Baugrunderkundung und von Laborversuchen werden dann für die verschiedenen angetroffenen Schichten repräsentative Bodenkennwerte festgelegt. Eine Baugrunderkundung erfolgt stichpunktartig mit Hilfe von Bohrungen und Sondierungen und nur wenige Bodenproben werden im Labor untersucht. Es wird somit nur ein verschwindend kleiner Teil des durch eine Baumaßnahme beeinflussten Bodenvolumens untersucht. Da der Baugrundaufbau meist inhomogen ist und die Eigenschaften des Bodens sogar innerhalb einer Bodenschicht schwanken, liegt es in der Natur der Sache, dass die Festlegung der Materialkennwerte mit einer deutlich höheren Unsicherheit behaftet ist als im Hochbau.

Auch im Hinblick auf die Güteüberwachung bei der Bauausführung besteht ein wesentlicher Unterschied zwischen Baukonstruktionen im Hochbau und geotechnischen Konstruktionen. Im Hochbau sind alle Bauteile zugänglich und die Qualität der Bauausführung ist visuell und mit festgelegten Verfahren prüfbar. Geotechnische Konstruktionen wie Pfähle, Verbauwände oder Anker befinden sich teilweise oder vollständig im Untergrund und sind deshalb häufig nicht visuell prüfbar. Hier sind spezielle bauteilbezogene Prüfmethoden erforderlich und eine Prüfung kann häufig nur stichprobenartig erfolgen (z.B. Pfahlprobebelastung). Bezüglich der Ausführungsqualität besteht bei geotechnischen Konstruktionen deshalb ebenfalls eine größere Unsicherheit als bei Hochbaukonstruktionen.

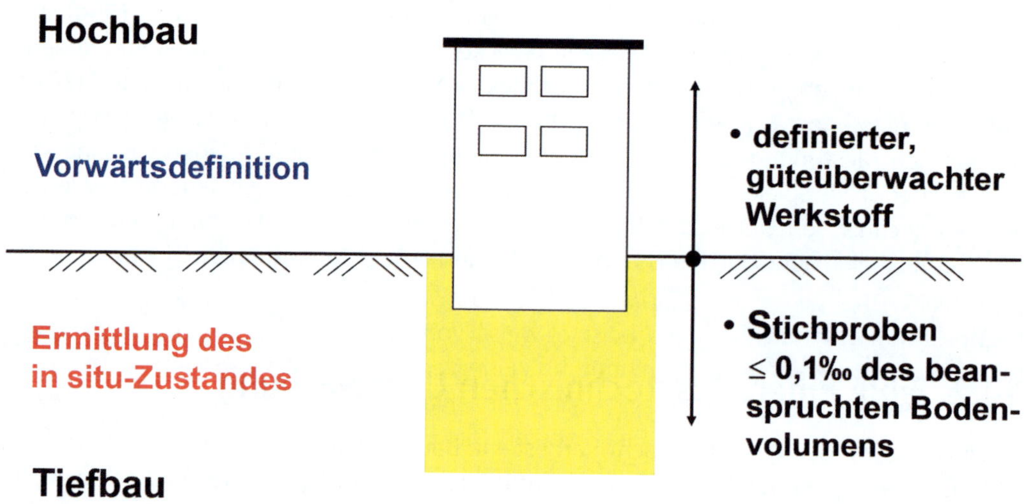

Abbildung 1: Unterschied hinsichtlich Werkstoffeigenschaften im Hochbau und im Spezialtiefbau

Um den oben beschriebenen Defiziten bei Planung und Ausführung geotechnischer Konstruktionen Rechnung zu tragen, wird das Tragverhalten solcher Konstruktionen im Bedarfsfall mit Hilfe von geodätischen und geotechnischen Messungen überprüft. Auf diese Weise ist ein Abgleich von im Rahmen der Planung getroffenen Annahmen mit dem tatsächlichen Tragverhalten möglich und vorhandene Defizite im Hinblick auf die Standsicherheit und Gebrauchstauglichkeit einer Konstruktion können u.U. aufgedeckt werden. Mit Hilfe von in der Vergangenheit durchgeführten Messungen konnten wesentliche Erkenntnisse zum Tragverhalten geotechnischer Konstruktionen und zur Baugrund-Tragwerk-Interaktion gesammelt werden, sodass heute eine deutlich zutreffendere Einschätzung und Prognose möglich ist. In Abbildung 2 sind verschiedene Gründe für die Durchführung geotechnischer Messungen zusammengestellt und am rechten Bildrand ist angegeben, in welcher Phase eines Projekts die jeweiligen Messungen stattfinden.

1. Ermittlung der Eigenschaften des Baugrundes
2. Qualitätssicherung/Güteüberwachung
3. Anwendung der Beobachtungsmethode, Messungen als Bestandteil des Sicherheitskonzeptes, wenn keine zuverlässige, rechnerische Vorhersage möglich ist
4. Beweissicherung
5. Überprüfung des Tragverhaltens um für vergleichbare Bauwerke abgesicherte Erkenntnisse zu sammeln
6. Bauwerksüberwachung zur Sicherstellung der Funktionsfähigkeit und der Dauerhaftigkeit

Abbildung 2: Gründe für geotechnische Messungen

14.3 Beobachtungsmethode

Schon seit mehreren Jahrzehnten werden geotechnische Messungen zur Beobachtung und Überprüfung des Tragverhaltens beispielsweise von Gründungskonstruktionen, Tunnelbauwerken oder Baugruben durchgeführt. Eine verbindliche Festlegung in einem technischen Regelwerk existierte diesbezüglich zunächst nicht. Nach den heute für die geotechnische Bemessung gültigen Regelwerken DIN EN 1997-1:2014-03, DIN EN 1997-1/NA:2010-12 und DIN 1054:2021-04 (nachfolgend zusammenfassend als EC 7 bezeichnet) ist eine messtechnische Kontrolle im Zusammenhang mit der Beobachtungsmethode ein Bestandteil des Sicherheitskonzeptes.

Gemäß EC 7 ist die ((Zitat Anfang)) »*Beobachtungsmethode eine Kombination der üblichen geotechnischen Untersuchungen und Berechnungen (Prognose) mit der laufenden messtechnischen Kontrolle des Bauwerkes und des Baugrundes während dessen Herstellung und gegebenenfalls auch während dessen Nutzung, wobei kritische Situationen durch die Anwendung geeigneter technischer Maßnahmen beherrscht werden müssen*« ((Zitat Ende)). Der grundsätzliche Ablauf der Beobachtungsmethode ist im Abbildung 3 mit Hilfe eines Flussdiagramms vereinfacht dargestellt. Die Beobachtungsmethode soll angewendet werden, wenn die Vorhersage des Tragverhaltens schwierig ist. Dies gilt insbesondere für Baumaßnahmen mit hohem Schwierigkeitsgrad (Geotechnische Kategorie GK 3) oder einer ausgeprägten Bauwerk-Baugrund-Wechselwirkung.

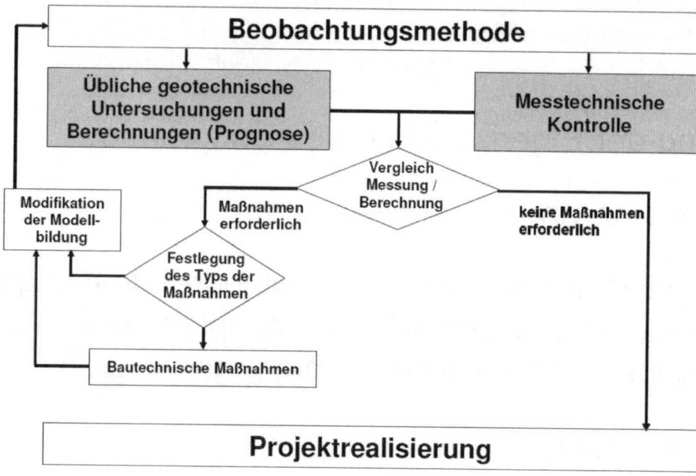

Abbildung 3: Schematische Darstellung der Anwendung der Beobachtungsmethode

Die Anwendung der Beobachtungsmethode setzt voraus, dass sich das Versagen des Bauwerks vorab ankündigt (z. B. durch eine sukzessive Zunahme der Verschiebungen). Die Messungen müssen geplant werden und für das Bauwerk sind zulässige Grenzen festzulegen. Es sind Gegenmaßnahmen zu planen, die ergriffen werden, falls die messtechnische Überwachung Ergebnisse liefert, die außerhalb der festgelegten Grenzen liegen (vgl. Abbildung 3).

14.4 Aufstellung eines Messprogramms

Die Messungen für eine Bauaufgabe sind zu planen und die Einzelheiten werden in einem Messprogramm festgelegt. Dabei ist es erforderlich, zunächst festzulegen, welche physikalischen Größen mit Hilfe der Messungen überwacht werden sollen. Hierzu ist eine gute Kenntnis des zu erwartenden Tragverhaltens des Bauwerks notwendig. Es werden i. d. R. jene physikalischen Größen messtechnisch überwacht, die das Tragverhalten gut beschreiben und die mit vertretbarem Aufwand und ausreichender Genauigkeit gemessen werden können.

Die wesentlichen physikalischen Größen, die im Rahmen einer messtechnischen Überwachung erfasst werden, sind die folgenden:

- Deformationen (Dehnung, Neigungsänderung, Krümmungsänderung, Verschiebung usw.)
- Kräfte in Bauteilen (Ankerkraft, Normalkraft in einem Druckglied usw.)
- Spannungen (Kontaktspannung, Randspannung in einem Balken, Spannungen im Boden usw.)
- Porenwasserdrücke

- Beschleunigungen
- Geschwindigkeiten

Für die einzelnen Messgrößen ist festzulegen, in welchem zeitlichen Abstand die Messwerterfassung erfolgen soll und mit welcher räumlichen Verteilung die Messgrößen bestimmt werden sollen. Zusammenfassend werden diese Festlegungen als Messprinzip bezeichnet. Hinsichtlich der räumlichen Verteilung werden die punktweise, die linienweise und die flächenhafte Verteilung unterschieden. In Abbildung 4 sind diese Verteilungen für die Erfassung der Oberflächensetzungen infolge eines Tunnelvortriebs schematisch dargestellt.

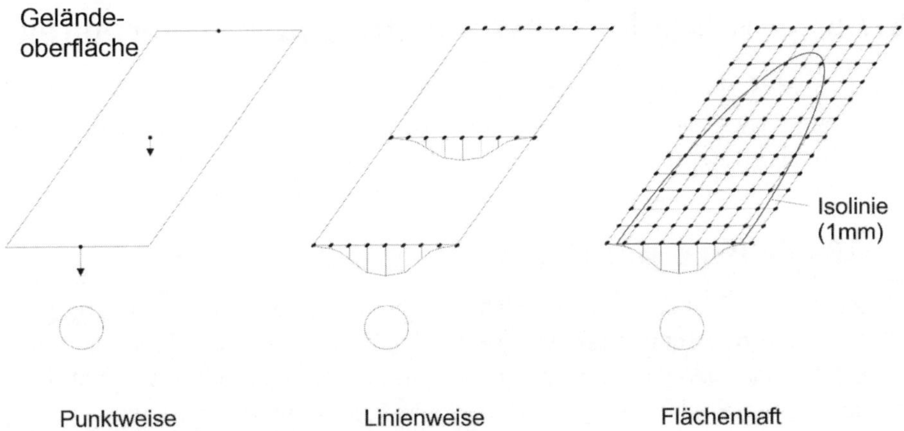

Abbildung 4: Schematische Darstellung der räumlichen Verteilung der Messgröße »Oberflächensetzung« bei einem Tunnelvortrieb

Nach der Festlegung der physikalischen Größen und des Messprinzips werden zur Erfassung der jeweiligen Messgröße geeignete Messinstrumente gewählt. Dabei wird die Wahl der Messinstrumente im Wesentlichen von den folgenden Kriterien beeinflusst:

- Physikalische Größe
- Messprinzip
- Genauigkeit im Feld
- Messbereich
- Robustheit
- Verfügbarkeit
- Zuverlässigkeit
- Kosten

Bei einer hohen Genauigkeit eines Messinstruments können bereits sehr kleine Änderungen einer Messgröße messtechnisch erfasst werden und die Abweichungen des Messwerts vom tatsächlichen Wert einer physikalischen Größe sind gering. Hinsichtlich der Genauigkeit der Messinstrumente ist zu beachten, dass u.U. ein nicht unwesentlicher Unterschied zwischen der Genauigkeit unter Laborbedingungen und der Genauigkeit im Feld besteht. Der Messbereich eines Messinstruments ist der Bereich, in dem die Messabweichungen innerhalb festgelegter Grenzen bleiben. Er gibt somit an, welche minimalen und maximalen Änderungen einer Messgröße erfasst werden können. Zur Festlegung des erforderlichen Messbereichs ist somit eine zuverlässige Prognose der zu erwartenden Größe der Messwerte erforderlich. Da auf einer Baustelle mit starken Temperaturschwankungen, Nässe, Staub, Erschütterungen u.Ä. im Umfeld der Messinstrumente zu rechnen ist, ist die Robustheit eines Messinstruments ein wesentlicher Faktor, der bei der Auswahl zu berücksichtigen ist.

14.5 Ausgewählte Messinstrumente und Messverfahren

Nachfolgend wird ein Überblick über eine kleine Auswahl häufig verwendeter Messinstrumente und Messverfahren zur Messung der oben genannten physikalischen Größen gegeben. Details zu den einzelnen Verfahren können der Fachliteratur entnommen werden. Weitere Verfahren und Instrumente sind ebenfalls in der Fachliteratur beschrieben.

14.5.1 Geodätische Messungen

Einen wesentlichen Bestandteil eines Messprogramms für eine geotechnische Konstruktion bilden neben geotechnischen Messungen i. d. R. geodätische Messungen. Mit Hilfe geodätischer Messungen kann die Lage eines Punktes im Raum gemessen und daraus die Verschiebung eines Punktes innerhalb eines Messzeitraums ermittelt werden. Für baupraktische Anwendungen sind insbesondere die folgenden geodätischen Messinstrumente relevant:

- Nivellier (Messung von Höhendifferenzen),
- Theodolit (Richtungsmessung),
- Tachymeter (Strecken- und Richtungsmessungen),
- Laserscanner (Flächenhafte Erfassung von Geometrien),
- GPS-basierte Messinstrumente.

Typische Beispiele für den Einsatz geodätischer Messverfahren im Zusammenhang mit Spezialtiefbauarbeiten sind:

- Messungen der Setzungen von Bauwerken oder der Geländeoberfläche,
- Messungen der Horizontalverschiebungen von Verbauwänden,
- Überprüfung der Lage von Bauteilen (z. B. Pfahlköpfe),
- Beobachtung von Hangbewegungen,
- Vortriebssteuerung und Profilmessungen im Tunnelbau.

Die Geodäsie ist ein eigenständiges Fachgebiet und umfasst zahlreiche Methoden und Instrumente, die mit einer Vielzahl von Beiträgen in der Literatur beschrieben sind.

14.5.2 Neigungsmessung mit dem Inklinometer

Mit Hilfe eines Inklinometers können die Horizontalverschiebungen des Baugrunds und von Bauteilen unterhalb der Geländeoberfläche gemessen werden. Zur Durchführung von Inklinometermessungen wird ein in einem Bohrloch eingebautes Inklinometerrohr mit einer Inklinometersonde befahren. Dabei wird abschnittsweise die Neigung zwischen der Bohrlochachse und der Vertikalen gemessen. Durch Summation der Messwerte wird der Verlauf der Bohrlochachse bestimmt. Durch wiederholte Messung kann die Änderung des Achsverlaufs bzw. die Horizontalverschiebung innerhalb eines Messzeitraums bestimmt werden.

Die Inklinometersonde besteht aus einem Stahlgehäuse (übliche Sondenlängen L = 50 cm und 100 cm) mit einem Neigungsmesssensor (Servo-Accelerometer). Mit Hilfe eines Datenerfassungsgeräts, das über ein Messkabel mit der Sonde verbunden ist, erfolgt eine elektrische Neigungsmessung. Die Sonde besitzt Führungsräder, welche die Sonde in einem Inklinometerrohr richtungsstabil führen (siehe Abbildung 5).

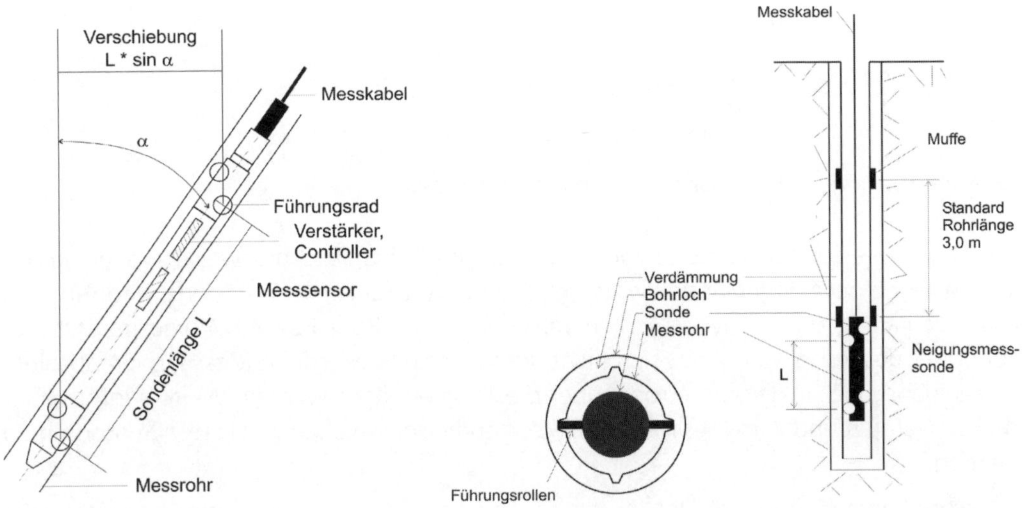

Abbildung 5: Schematische Darstellung Inklinometersonde (links) und Inklinometerrohr (rechts)

Das Inklinometerrohr ist mit vier Nuten versehen, in denen die Sonde in zwei senkrecht zueinander stehenden Messrichtungen geführt wird. Das Rohr wird in ein Bohrloch eingebracht und der entstehende Ringspalt wird mit einem Zement-Bentonit-Gemisch verdämmt.

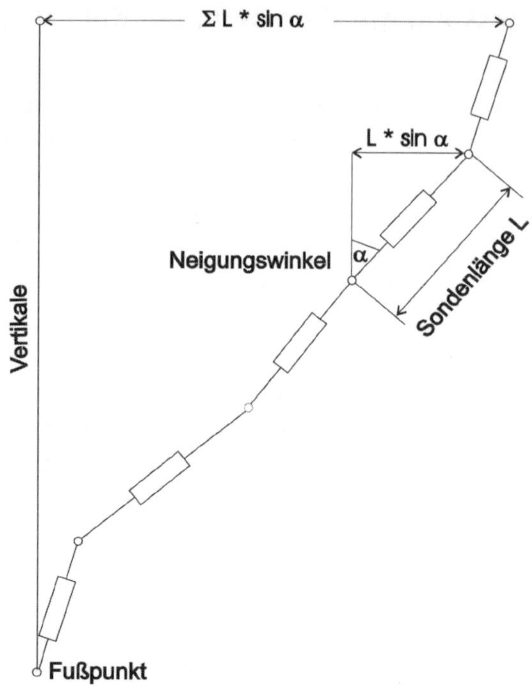

Abbildung 6: Schematische Darstellung Inklinometermessung

Die Messung erfolgt ausgehend vom Fußpunkt des Rohrs abschnittsweise, wobei die Abschnittslänge der Sondenlänge L entspricht (siehe Abbildung 6). Die Sonde wird mit Hilfe des Messkabels, das mit Messmarken versehen ist, im Rohr bewegt. Vorausgesetzt, der Fußpunkt des Rohrs verschiebt sich nicht, kann durch wiederholte Messung die absolute Verschiebung des Inklinometerrohrs über die Tiefe ermittelt werden. Weitere Informationen zu Geräten und zum Messverfahren können beispielsweise Glötzl (1994) entnommen werden.

Typische Anwendungen für Inklinometermessungen sind die Beobachtung von Hangbewegungen und die Messung von durch Baugrubenherstellungen und Tunnelbaumaßnahmen hervorgerufenen Horizontalverschiebungen. Auch zur Überprüfung der Vertikalität von Bohrpfählen und Schlitzwandlamellen können Inklinometersonden eingesetzt werden. Mit Hilfe sogenannter Horizontalinklinometer können horizontal eingebaute Inklinometerrohre befahren und so die Setzungen entlang der Rohrachse ermittelt werden. Solche Horizontalinklinometer werden beispielsweise an der Basis von Dammschüttungen eingebaut, um die Setzungen der Dammaufstandsfläche zu beobachten.

14.5.3 Verschiebungsmessung mit dem Extensometer

Mit dem Extensometer werden Abstandsänderungen von Messpunkten längs einer Bohrung gemessen. Beim nachfolgend beschriebenen Stangenextensometer werden die Abstandsänderungen in Bezug zum Extensometerkopf gemessen. Die Ablesung erfolgt sowohl mit mechanischen und digitalen Messuhren als auch mit elektrischen Wegaufnehmern.

In Abbildung 7 ist der Aufbau eines Stangenextensometers schematisch dargestellt. Das Stangenextensometer wird in eine Bohrung (Neigung beliebig) eingebaut und der Verankerungspunkt am Stangenfuß und der Extensometerkopf werden mit der Bohrlochwandung kraftschlüssig verbunden. Die Extensometerstange wird von einem Hüllrohr umgeben, in dem sie sich verschieben kann. Mit Hilfe einer Messuhr kann der Abstand der Oberkante der Extensometerstange (Messanschlag) zum Extensometerkopf gemessen werden. Durch wiederholte Messung wird die Abstandsänderung zwischen dem Verankerungspunkt und dem Extensometerkopf bestimmt. Es ist möglich, mehrere Extensometerstangen unterschiedlicher Länge in ein Bohrloch einzubauen und die Stangen in unterschiedlichen Tiefen zu verankern (Mehrfachstangenextensometer).

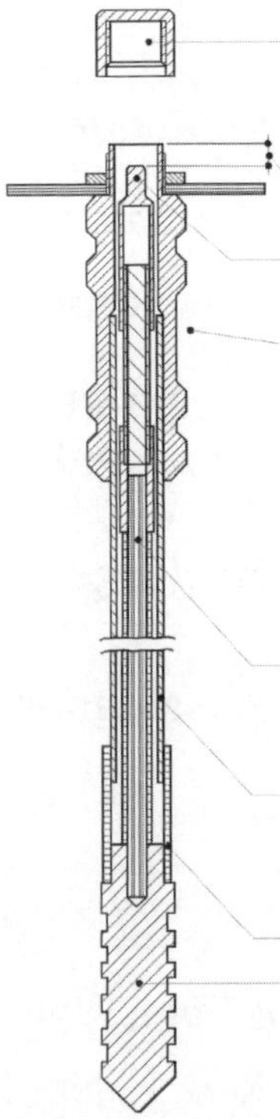

Abbildung 7: Schematische Darstellung Stangenextensometer

Eingesetzt werden Extensometer beispielsweise zur Messung von Bauwerkssetzungen und Zusammendrückungen des Untergrundes unter Bauwerken und Erdschüttungen. Im Tunnelbau werden Extensometer zur Messung der Verformungen in der Tunnelumgebung eingesetzt.

14.5.4 Gleitmikrometer

Mit dem in der Schweiz entwickelten Gleitmikrometer werden Abstandsänderungen von Messmarken längs einer Bohrung gemessen. Zusätzlich sind manche Geräte mit einer Neigungsmesssonde ausgerüstet, sodass gleichzeitig die Neigung des Messrohres erfasst werden kann.

Die Messung erfolgt in einem Messrohr, das im Abstand von 100 cm mit Messmarken versehen ist. Diese sind fest verankert und durch ein Kunststoff-Schutzrohr verbunden (Abbildung 8). Die Sonde wird an einem Bedienungsgestänge schrittweise zu den Messmarken geführt (Gleitposition) und durch eine Drehung am Gestänge zwischen zwei Messmarken verspannt (Messposition). Die Abstandsmessung erfolgt durch einen induktiven Wegaufnehmer (siehe folgender Abschnitt). Die Messgenauigkeit ist sehr hoch, sodass bereits geringe Verschiebungen (< 0,01 mm) erfasst werden können. Es wird deshalb insbesondere im Felsbau eingesetzt.

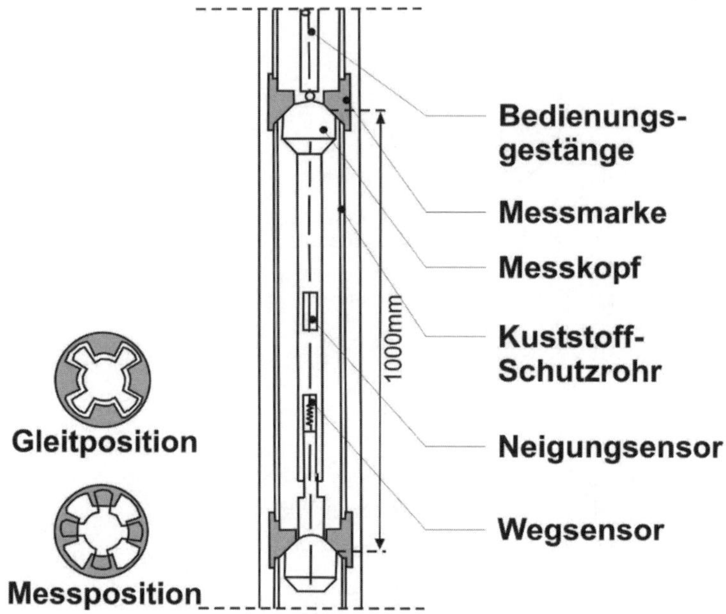

Abbildung 8: Schematische Darstellung Gleitmikrometer

14.5.5 Verschiebungsmessung mit dem induktiven Wegaufnehmer

Der induktive Wegaufnehmer dient zur elektrischen Messung von Abstandsänderungen. Im zylindrischen Aufnehmergehäuse des Wegaufnehmers befindet sich eine Induktionsspule (Abbildung 9). Ein metallischer Tauchanker kann in der Induktionsspule verschoben werden. Hierdurch wird eine Änderung des induktiven Widerstandes der Spule hervorgerufen. Die Widerstandsänderung wird gemessen und der zur Änderung des Widerstands proportionale Verschiebungsweg daraus ermittelt. Die Messung ist hochgenau (µm-Bereich) und der Messbereich entspricht ungefähr der Länge des Aufnehmergehäuses.

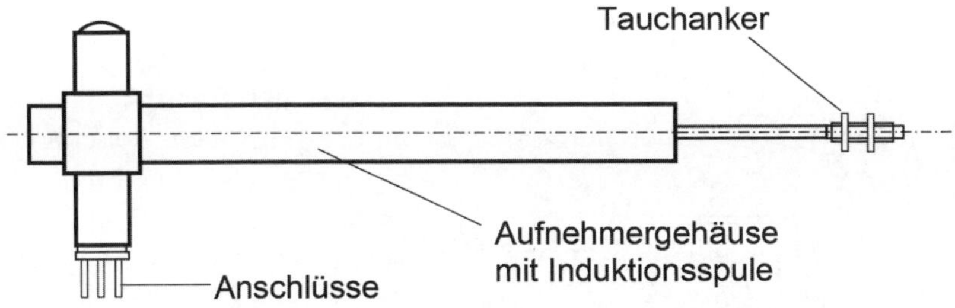

Abbildung 9: Induktiver Wegaufnehmer

Mit Hilfe eines Wegaufnehmers kann beispielsweise die Änderung der Breite eines Risses (z.B. Risse in Bauwerksteilen oder Risse im Fels) überwacht werden. Hierzu wird der Wegaufnehmer fest mit der Bauwerksoberfläche verbunden. Die Messeinrichtung wird als Fissurometer bezeichnet (Abbildung 10).

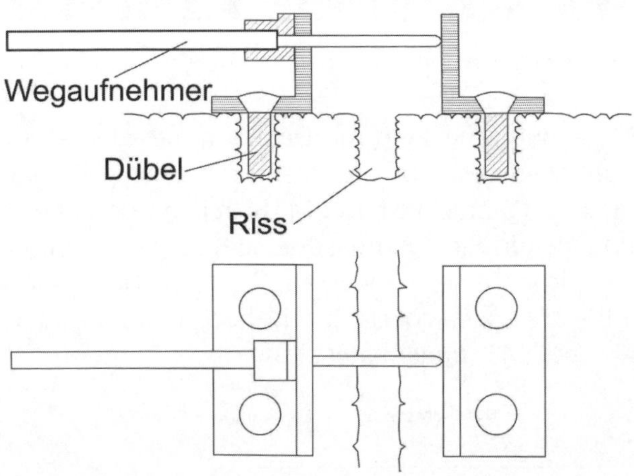

Abbildung 10: Fissurometer

14.5.6 Dehnungsmessungen

Mit Hilfe von Dehnungsmessgebern wird die bezogene Längenänderung bzw. Dehnung eines Werkstoffs elektronisch gemessen. Dazu werden Messgeber auf einem Werkstoff appliziert.

Häufig wird das Messprinzip der schwingenden Saite eingesetzt. Dabei wird eine vorgespannte Messsaite durch einen Elektromagneten zur Schwingung angeregt (Abbildung 11). Die Frequenz (Eigenfrequenz) der Messsaite wird durch eine Messspule gemessen. Die Änderung der Eigenfrequenz ist proportional zur Längenänderung der Saite. Saite und Messspule werden in einem Gehäuse zu einem Messgeber verbaut, der auf der Oberfläche eines Werkstoffs befestigt wird.

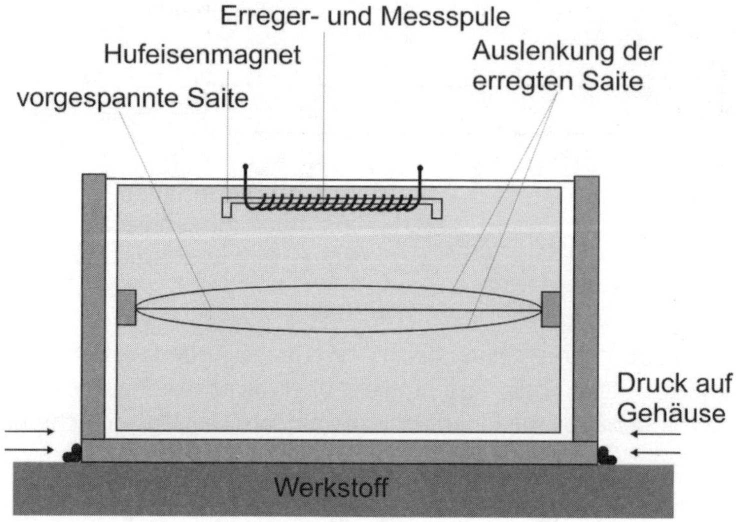

Abbildung 11: Dehnungsmessgeber mit schwingender Saite

Alternativ kann die Dehnungsmessung mit Dehnungsmessstreifen (DMS) erfolgen (Abbildung 12). Diese bestehen aus einer Leiterbahn mit einer Vielzahl paralleler Schleifen, die auf einer Trägerfolie aufgebracht ist. Der Messstreifen wird auf einen Werkstoff appliziert (geklebt). Dehnungen in Richtung des Messgitters (Leiterbahn) rufen Widerstandsänderungen hervor, welche gemessen werden. Aus der Widerstandsänderung wird die Dehnung ermittelt. Die Messgenauigkeit ist sehr hoch und abhängig von verschiedenen Faktoren wie z.B. Art des DMS, Trägermaterial usw.

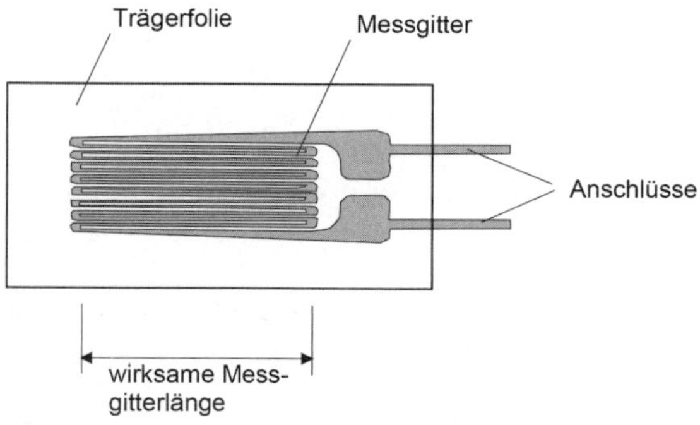

Abbildung 12: Dehnungsmessstreifen

Die Dehnungsmessgeber werden eingesetzt, um die Dehnungen eines Bauelements zu messen. Aus den gemessenen Dehnungen können bei Kenntnis der Querschnittswerte eines Bauteils und der Steifigkeit des Werkstoffs die einwirkenden Schnittgrößen ermittelt werden. In Abbildung 13 ist exemplarisch ein auf einer Stahlrohrstütze applizierter Dehnungsmessgeber dargestellt.

Abbildung 13: Dehnungsmessung an einer Stahlrohrstütze

Im Spezialtiefbau werden Dehnungsmessgeber beispielsweise eingesetzt, um Steifenkräfte oder den Längskraftverlauf in Ortbetonpfählen zu ermitteln. Hierzu werden je nach Art der Pfahlbeanspruchung jeweils zwei bis vier Dehnungsmessgeber in unterschiedlichen Tiefen im Pfahl installiert. Die Dehnungsmessgeber werden dabei an kurzen Bewehrungsstäben (sog. Sisterbars) appliziert, die am Bewehrungskorb eines Pfahls fixiert und einbetoniert werden. Alternativ kommen sog. Integralmesselemente (IME) zum Einsatz. Damit werden die Pfahldehnungen nicht lokal gemessen, sondern integral, d.h. als Mittelwert über eine Länge L von 1 m bis 3 m (vgl. Abbildung 14). Das IME besteht aus einem Stahlrohr mit Flanschen an den Enden. Die Kraftübertragung zwischen Pfahlbeton und IME erfolgt über die Flansche, da durch eine Beschichtung eine Schubspannungsübertragung zwischen Beton und Stahlrohr verhindert wird. Die Dehnungsmessung erfolgt über einen Dehnungsmessgeber (DMS oder schwingende Saite) in der Mitte des Stahlrohrs. Auf der Grundlage der gemessenen Dehnungen kann bei Kenntnis der Pfahlsteifigkeit die Pfahlkraft ermittelt werden.

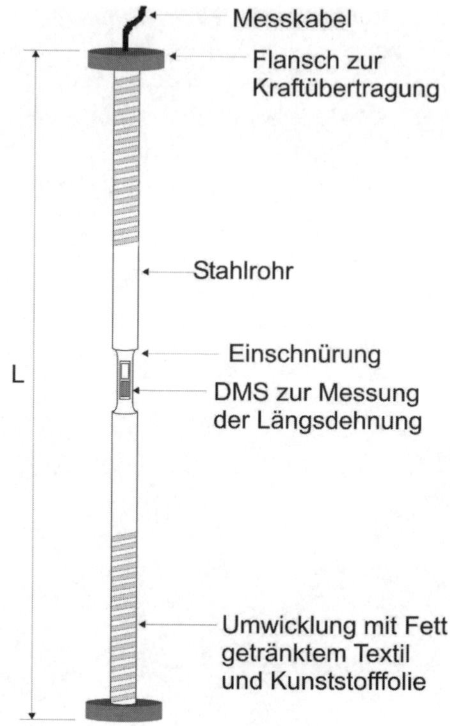

Abbildung 14: Integralmesselement

14.5.7 Kraftmessdosen und Druckgeber

Die Messung von Kräften ist mit Hilfe von Kraftmessdosen möglich. Elektrische Kraftmessdosen (siehe Abbildung 15) bestehen aus einem zylindrischen metallischen Messkörper, der an verschiedenen Stellen mit Dehnungsmessgebern versehen ist. Aus den gemessenen Dehnungen wird die einwirkende Kraft ermittelt. Die Dehnungsmessung erfolgt mit Dehnungsmessstreifen oder der schwingenden Saite. Elektrische Kraftmessdosen werden mit unterschiedlichen Messbereichen und Abmessungen hergestellt. Elektrische Kraftmessdosen werden beispielsweise bei der Anker- und Bodennagelprüfung oder bei statischen Pfahlprobebelastungen eingesetzt.

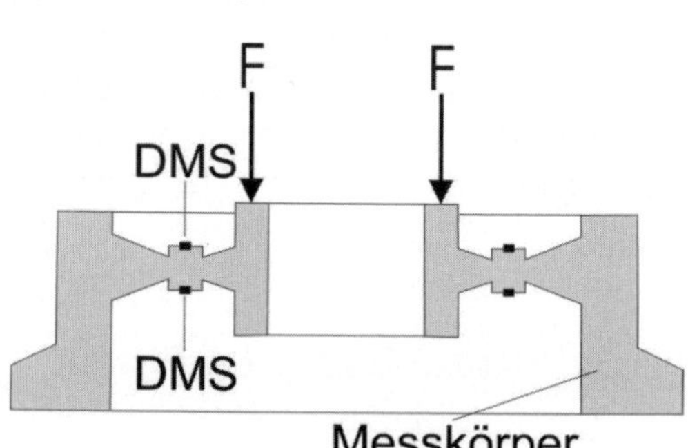

Abbildung 15: Schnitt durch eine ringförmige Kraftmessdose

Spannungsmessungen im Baugrund oder in Kontaktflächen zwischen Bauteilen und Baugrund werden mit hydraulischen Druckgebern, auch Druckkissen genannt, ausgeführt. Das Druckkissen besteht aus zwei am Rand verschweißten Metallplatten mit einer Ventilöffnung (siehe Abbildung 16). Der Hohlraum zwischen den Platten ist mit einer Flüssigkeit (i.d.R. Öl) gefüllt. Das Ventil ist durch Verbindungsleitungen mit Peripheriegeräten (z.B. Ableseeinheit) verbunden. Gemessen wird die normal zur Messdosenebene wirkende Spannung σ.

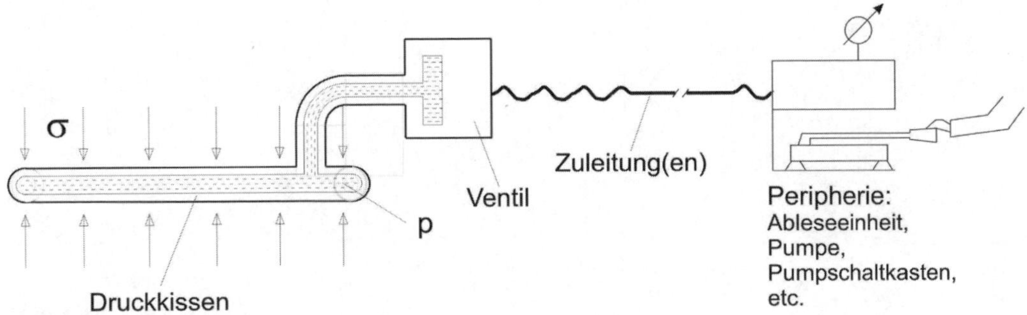

Abbildung 16: Schnitt durch ein Druckkissen

Die Druckmessung erfolgt entweder mit einem elektrischen Druckaufnehmer oder mit der hydraulischen Kompensationsmethode. Bei Anwendung der hydraulischen Kompensationsmethode ist das Druckkissen mit einem Ventil versehen. In diesem Ventil sind die Flüssigkeit, mit der das Druckkissen gefüllt ist, und der Zuleitungsschlauch einer Pumpe, mit der zur Messung ein Druck aufgebracht wird, durch eine Membran getrennt. Mit Hilfe der Pumpe wird der Druck in der Zuleitung p_{ext} gesteigert, bis der Druck der Flüssigkeit im geschlossenen Druckkissen p erreicht ist. Bei Überschreitung des Drucks p hebt die Membran ab und das Ventil wird geöffnet, sodass der Druck nicht mehr weiter gesteigert werden kann, da er durch eine drucklose Rückleitung entweicht (Abbildung 17 links), oder ein Membranschalter löst aus (Abbildung 17 rechts). Bei Erreichen dieses Zustandes wird der Druck abgelesen.

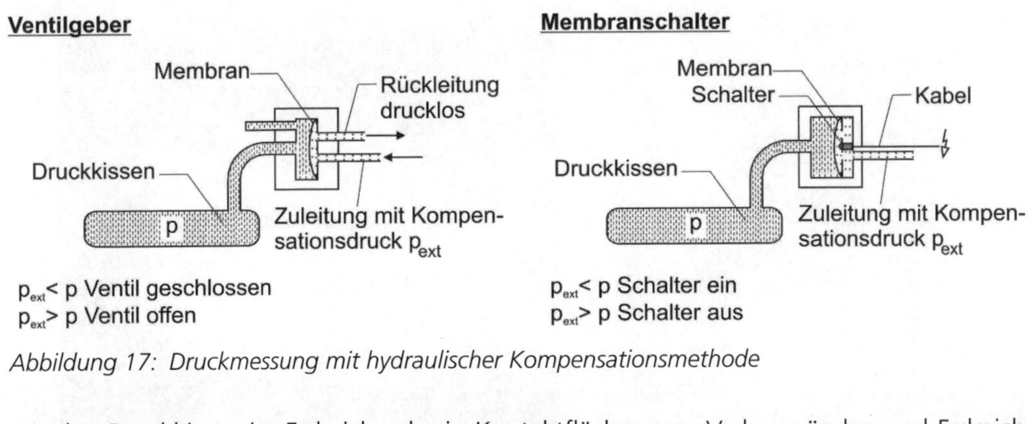

Abbildung 17: Druckmessung mit hydraulischer Kompensationsmethode

Werden Druckkissen im Erdreich oder in Kontaktflächen von Verbauwänden und Erdreich eingebaut, um den wirksamen Erddruck zu messen, so werden sie als Erddruckkissen bezeichnet. Werden mehrere kombiniert, deren Messebenen zueinander verschwenkt sind, wird die Messeinrichtung als Spannungsmonitorstation bezeichnet (Abbildung 18). Horizontal unter einer Bodenplatte eingebaute Druckkissen bezeichnet man als Sohldruckgeber, da mit ihnen die Spannung zwischen Fundamentsohle und Boden gemessen werden kann.

Abbildung 18: Spannungsmonitorstation mit drei Druckkissen

Zur Messung von Pfahlkräften in Bauwerkspfählen werden Druckkissen zwischen Pfahlkopf und Kopfplatte eingebaut. In Abbildung 19 ist links schematisch die Installation eines Druckkissens am Kopf eines Bohrpfahls dargestellt. Nach dem Abstemmen des Pfahlkopfs wird das Druckkissen auf einem ebenen Mörtelbett verlegt (Abbildung 19 rechts). Dabei ist zum Schutz des Ventils der Kissendurchmesser geringer als der Pfahldurchmesser. Um das Kissen wird ein Styroporring verlegt, um eine direkte Kraftübertragung zwischen Kopfplatte und Pfahl zu verhindern. Die Pfahlkraft wird so vollständig über das Druckkissen übertragen und kann aus dem gemessenen Druck ermittelt werden.

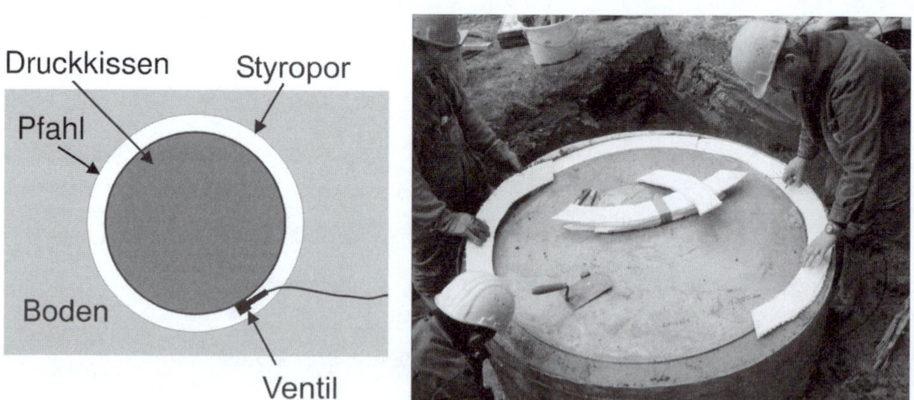

Abbildung 19: Druckkissen am Pfahlkopf

14.6 Auswertung, Darstellung und Bewertung von Messdaten

Nach erfolgter Datenerfassung müssen die Messergebnisse ausgewertet, sinnvoll dargestellt und schließlich bewertet werden. Von Bedeutung ist dabei in der Regel eine kurzfristige, zumindest vorläufige Auswertung und Bereitstellung der Messdaten. Nur wenn den Beteiligten die Daten kurzfristig zur Verfügung stehen, kann zeitnah auf Grenzwertüberschreitungen und unvorhergesehene Entwicklungen reagiert werden. Wie schnell die Messergebnisse zur Verfügung gestellt werden müssen, ist im Rahmen der Aufstellung des Messprogramms zu klären. Mit Hilfe von Internetplattformen ist es möglich, automatisch erfasste Messergebnisse bereits unmittelbar nach der Messung online zur Verfügung zu stellen.

Im Rahmen der Auswertung sollen die Messergebnisse nach Möglichkeit graphisch aufgetragen werden. Graphisch aufbereitete Messergebnisse sind i.d.R. für die Beteiligten einfacher nachzuvollziehen. Des Weiteren lässt sich an graphischen Darstellungen die Entwicklung von Messwerten besser erkennen und eine Tendenz ableiten.

In Abbildung 20 sind beispielhaft die Ergebnisse von Messungen mit einem 4-fach-Stangenextensometer über die Zeit aufgetragen. In einer graphischen Auftragung über die Zeit können wichtige Bauphasen markiert und benannt werden, um die Auswirkungen der jeweiligen Maßnahmen auf die Messergebnisse zu verdeutlichen.

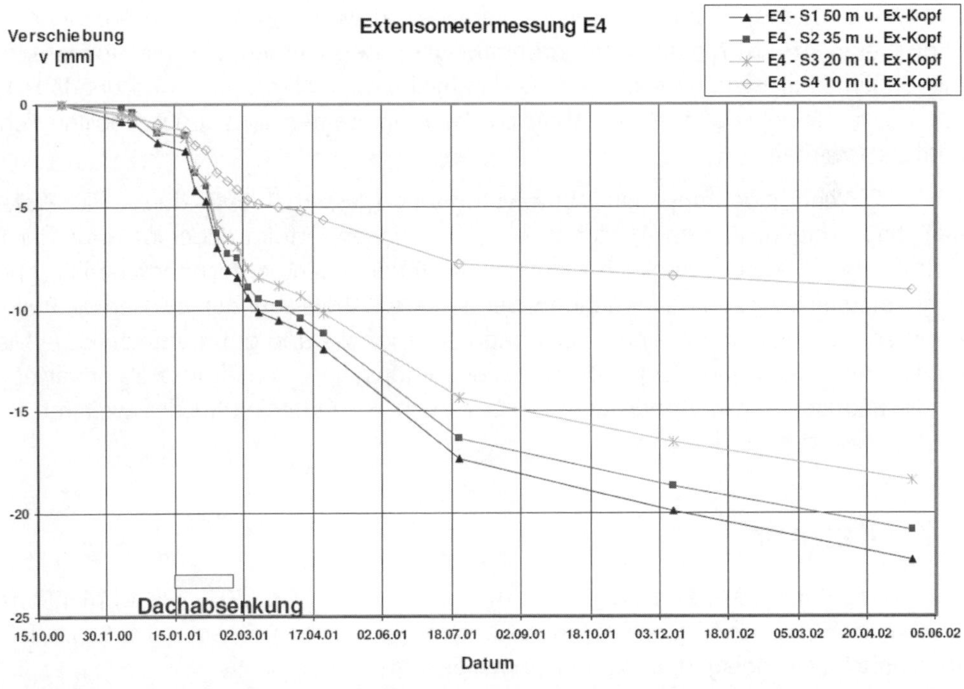

Abbildung 18: Spannungsmonitorstation mit drei Druckkissen

Abbildung 21 zeigt exemplarisch die aus den Ergebnissen von Inklinometermessungen berechnete Verschiebungsgeschwindigkeit einer Rutschung für die einzelnen Messzeiträume. Mit Hilfe einer solchen Darstellung können signifikante Änderungen klar erkannt werden, sodass Gegenmaßnahmen eingeleitet werden können.

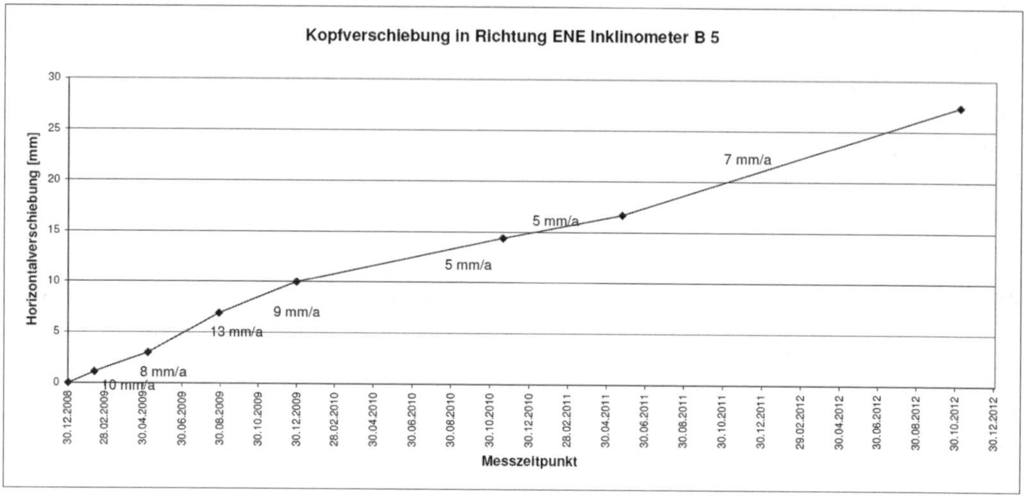

Abbildung 18: Spannungsmonitorstation mit drei Druckkissen

Vor der Weitergabe von Messergebnissen ist ihre Plausibilität kritisch zu prüfen. Auf diese Weise ist es oft möglich, Ablesefehler oder Auswertungsfehler zu erkennen und zu korrigieren. Sofern Messgrößen redundant gemessen werden, z.B. die Horizontalverschiebungen einer Verbauwand mit Hilfe von Inklinometermessungen und geodätischen Messungen, können durch einen Abgleich der redundanten Messgrößen solche Fehler identifiziert werden.

Nach der Weitergabe muss eine Bewertung der Messergebnisse durch die Projektbeteiligten erfolgen. Wie im Abschnitt 14.3 beschrieben, erfolgt dabei im Sinne der Beobachtungsmethode ein Vergleich zwischen den Ergebnissen der rechnerischen Prognose und der messtechnischen Überwachung. Bei stärkeren Abweichungen müssen die Projektbeteiligten entscheiden, ob eine Anpassung der Prognose und ggf. bautechnische Maßnahmen erforderlich sind. Zeigen die Messungen günstigere Verhältnisse als erwartet an, darf die Beobachtungsmethode gemäß EC 7 auch zur Optimierung des weiteren Bauablaufs verwendet werden.

14.7 Literatur

Becker, H. J., Hubrig, M., Stolz, M., Thut, A. und Wörsching, H. (2017): Instrumentierung und Monitoring in der Geotechnik, in: Grundbau-Taschenbuch (Hrsg. Witt, K. J.). Teil 1: Geotechnische Grundlagen, 8. Auflage, Ernst & Sohn

Burland, J., Chapman, T., Skinner, H., Brown, M. (2012): Geotechnical Design, Construction and Verification: ICE Manual of Geotechnical Engineering Volume 2, ICE Publishing

Dunnicliff, J. (1994): Geotechnical Instrumentation for Monitoring Field Performance, John Wiley & Sons

Fecker, E. (2018): Geotechnische Messgeräte und Feldversuche im Fels, 2. Auflage, Springer-Verlag

Glötzl, F. (1994): Digital-Inklinometer – Funktion und Anwendung. Messen in der Geotechnik, Fachseminar in Braunschweig, Mitteilung des Instituts für Grundbau und Bodenmechanik, Technische Universität Braunschweig, Heft 44

Arbeitskreis »Geomesstechnik« (2022): Empfehlungen des Arbeitskreises »Geomesstechnik«, herausgegeben von der Deutschen Gesellschaft für Geotechnik e. V. (DGGT), Ernst & Sohn

Stichwortverzeichnis

Symbole

A

B

C

D

Q

R

S

Z